传统白酒酿造技术（第三版）

余乾伟　编著

中国轻工业出版社

图书在版编目（CIP）数据

传统白酒酿造技术/余乾伟编著. —3 版 .—北京：中国轻工业出版社，2025.4
ISBN 978-7-5184-4403-8

Ⅰ.①传… Ⅱ.①余… Ⅲ.①白酒—酿酒 Ⅳ.①TS262.3

中国国家版本馆 CIP 数据核字（2023）第 059604 号

责任编辑：江　娟　贺　娜
策划编辑：江　娟　　　　责任终审：白　洁　　封面设计：锋尚设计
版式设计：砚祥志远　　　责任校对：宋绿叶　　责任监印：张　可

出版发行：中国轻工业出版社（北京鲁谷东街 5 号，邮编：100040）
印　　刷：三河市万龙印装有限公司
经　　销：各地新华书店
版　　次：2025 年 4 月第 3 版第 2 次印刷
开　　本：787×1092　1/16　印张：45.5
字　　数：1110 千字
书　　号：ISBN 978-7-5184-4403-8　　定价：98.00 元
邮购电话：010-85119873
发行电话：010-85119832　010-85119912
网　　址：http://www.chlip.com.cn
Email：club@chlip.com.cn

250509K7C302ZBW

第三版前言

《传统白酒酿造技术》自2010年出版，2017年再版以来，连续重印10余次，累计销售数万册，成为最畅销的酒类书籍之一，得到社会各界的广泛认可，特别是酿酒界专家、同仁的厚爱。四川大学等多所高校一直将其作为教材及参考书选用，全国众多职业院校、白酒培训班争相使用。

中国白酒近年来发展迅速，特别是“酱酒热”带来的新机遇：行业新技术、新工艺、新产品层出不穷；各大产区秣马厉兵，酒庄酒镇纷纷兴起；同时，随着新一代国家标准的逐步颁布实施，调香白酒不再属于蒸馏酒中白酒的范畴……白酒行业面临新的洗牌，行业的发展、创新进入新阶段。

应出版社将其打造成一本经典酒类书籍的要求，特将该书再次修订。在虚心听取行业专家、教授意见的基础上，结合本人近几年的科研实践及教学经验，并广泛征求一线人员的建议。充分展现“十三五”以来白酒工业的成就，补充了最新的技术创新内容，作为《传统白酒酿造技术》（第三版）出版发行。

将全书体例调整成5篇15章。第一篇概论，整合成酒史说略、酿酒科技发展史2章，全书按GB/T 17204—2021最新表述，补充完善白酒的分布及主要产区，使读者能清楚了解白酒、选购白酒、明白消费。第二篇为原料与制曲，共2章，充分解析环境与酿酒关系，阐明“天时、地利、人和”与传统白酒风味关系，并将此贯串于全书。第三篇为白酒生产原理及方法，保留精华，重点阐述了制曲、原料蒸煮、糖化、发酵、蒸馏过程中的物质变化及原理，这是初学者及酿酒爱好者的福音。第七章为主要香型白酒工艺，是全书的重点，全面系统地讲解了12大香型白酒传统生产工艺，补充了新技术新应用，进行了GB/T 10781.1—2021等新标准的解析；保留我国少数民族酿酒知识的介绍，让读者更深入地了解中国白酒的博大精深；针对时下“酱香热”现象的思考，让大家加深环境与名优酒关系的理解。第四篇为白酒储存、勾调及包装，保留并修改酒体设计、低度白酒、新型白酒、配制酒及露酒、包装检验及生产计算等章节（8~12章）。通过二、三、四篇的介绍，使大家系统地学习从原料到成品酒的相关知识。第五篇特别增加了近年来的技术进步及成就，包括第十三章现代白酒的技术创新（以浓香型为例，丰富了其研究成果，增加窖池价值评估体系，肯定了江淮地区白酒企业的技术进步），修改补充了第十四章、第十五章。针对附录补充完善了最新标准及数据，方便读者查阅。

秉承第二版风格，缩减章节，突出“全、新、精”。重点在传统工艺总结、经验集成，先进成果评述，兼顾教材使用的原则。在保留原书精华基础上，适当增加图片、表格，保留对专业术语进行的注释；技术讲解中力求精练，突出要点，剔除交叉重叠内容。

通过六大白酒产区的介绍，对生态园建设，打造特色酒镇、精品酒庄进行充分解析。充分展示中国白酒的“天时、地利、人和”，让消费者体验到历史悠久的中国酒文化，在世界叫响 Chinese baijiu。

在第三版修订中，继续引用了国家统计局、国家市场监督管理总局、国家卫生健康委员会、国家标准化管理委员会及部分地方政府等官方网站，中国酒业协会、中国食品工业协会、中国酒业新闻网、糖酒快讯等专业网站，云酒头条、知酒、大家酒评、好酒地理局、科学私享等微信公众号的数据分析、资讯报道；采纳了专家们的观点论述；参考了近年来发表的研究成果等。参加编写的还有张星灿、王钢、李同革等。在编写过程中得到四川省食品发酵工业研究设计院领导的关怀，在此一并致谢！限于作者水平，望不吝赐教，欢迎交流学习（邮箱：yuqw 0987@ 163. com；微信：Y20150199）。

余乾伟

2022 年初春于成都

第二版前言

2015 年，全国规模以上白酒企业完成产量 1312. 80 万千升，同比增长 5. 07%。规模以上白酒企业累计完成销售收入 5558. 86 亿元，与上年同期相比增长 5. 22%；累计实现利润总额 727. 04 亿元，与上年同期相比增长 3. 29%；上缴税金 552. 67 亿元，比上年同期增长 4. 78%。民以食为天，作为食品工业支柱产业的白酒工业，产量已连续 10 年创出新高。在为老百姓提供丰富产品，为国家财政税收创收（仅次于烟草制品业居第二位）的同时，白酒工业的发展进入调整阶段。随着新时期国家“创新、协调、绿色、开放、共享”发展理念的提出，新常态下的白酒行业，应该朝着“创新驱动、绿色生态、低碳环保、安全卫生”的方向发展，以精益求精的“工匠精神”，打造白酒产业的“中国酿造”。

《传统白酒酿造技术》自 2010 年出版以来，得到社会各界的广泛认可，受到了酿酒界专家、同仁的厚爱，一些院校生物工程（酿酒工程）、食品类专业将其遴选为教材使用，以及作为全国众多白酒培训班的培训教材。四川大学锦江学院连续几年将其作为酿酒工程本科教材，并力邀作者本人为主讲教授。在与来自全国各地的莘莘学子的授课、交流中，作者感觉到该书作为大学教材有待补充完善，一些专业术语需要注解。

应中国轻工业出版社之邀，特将《传统白酒酿造技术》进行修订。在虚心听取行业专家、教授意见基础上，结合作者近几年的科研实践及教学经验，并广泛征求一线人员的建议，对其体例做了较大幅度的修改，作为《传统白酒酿造技术》（第二版）出版发行。

全书共分 5 篇 16 章。第一篇概论，保留两章（中国酒史、酒的分类及代表），增加第三章（酿酒科技发展史），使读者了解白酒科技的发展脉络；同时增加全国布局概况介绍，让大家了解“中国白酒金三角”及名酒带，看到白酒未来发展趋势。第二篇为原料与制曲，分为第四章（原辅料、环境及水源），解析环境与酿酒关系，并以实例佐证“天时、地利、人和”与传统白酒风味关系；保留第五章（微生物与制曲）。第三篇（传统白酒生产工艺）是全书的重点，新增第六章（传统白酒生产机理），重点阐述了制曲、原料蒸煮、糖化、发酵、蒸馏过程中的物质变化及原理，这是初学者及酿酒爱好者的福音；第七章为传统白酒主要生产方法；第八章为主要香型白酒工艺，全面系统地讲解了各种香型白酒传统生产工艺及其技术进步，增加我国少数民族酿酒内容的介绍，让读者更深入地了解中国白酒的博大精深。第四篇（白酒储存、勾兑及包装），包括第九章（酒体设计），增加白酒的贮存与老熟机理、白酒风味理论的内容；保留低度白酒（第十章），新型白酒（第十一章），第十二章配制酒（露酒）；增加第十三章（包装、检验、生产计算）。通过第二、三、四篇的介绍，使大家从原料到成品酒进行系统的学习。第五篇收录点评了白酒几十年来的技术进步及成就，包括第十四章（现代白酒的技术创新），第十五章（“三废处理”及循环经济建设），第十六章（食品安全及质量体系建设）。该篇重点论述了提高浓香型白酒质量的措施及香型发展，以及白酒生产机械化；突出了白酒行业“三废处理”及清洁化生产；科学解读新时期白酒（食品）安全。最后补充完善了 4 个附录。

第二版在秉承原书风格的基础上，重点放在传统白酒工艺总结、经验集成，先进成果评述上，保留原书精华，推陈出新。第二版中适当增加图片、表格；对部分专业术语，如“有骨力”“肉头好”等，在该页下面，用小一号字体进行详细或通俗的注释，给初学者以帮助；技术讲解中力求精练，突出要点，纠正个别错误；增加实例及其计算方法；尝评章节中增加评分标准；培训中增加白酒大奖赛；增加白酒检验、包装（成品酒生产）章节；并在第一篇中增加中国白酒金三角内容，相应增加其他版块（如江淮派，酿酒大省），以及少数民族酿酒内容。以上增改，使读者能更清楚中国白酒的全貌，了解白酒的昨天、今天和明天，对生产全过程有全面的认识。

在第二版修订中，引用了国家食品药品监督管理总局、国家质检总局、国家卫健委、国家标准化管理委员会、国家统计局等官方网站，中国酒业协会、中国食品工业协会、中国酒业新闻网、中国酿酒网、糖酒快讯网、白酒第一网、食品伙伴网等专业网站的数据分析、资讯报道；采纳了专家们的观点论述；参考了近年来发表的研究成果（《酿酒科技》《酿酒》等）。参加编写的还有沈义文、张崇军、王钢、李同革等，并得到陈万能先生的指点，以及四川省食品发酵工业研究设计院领导的关怀，在此一并致谢。限于作者水平，望不吝赐教，欢迎交流学习（邮箱：yuqw0987@163.com；微信：Y20150199）。

余乾伟

2016 年仲夏于成都

一版序言

中国白酒历史悠久，酒文化源远流长，传统工艺精湛，产品风格独特，是重要的民族工业，在我国食品行业中占有重要的地位。为了发扬和改进传统工艺，余乾伟同志编著的这本《传统白酒酿造技术》，以酿造科学为指导，积多年实践经验总结，工艺中体现了许多创新，是对白酒行业发展的贡献。

余乾伟，高级工程师。从事白酒业生产技术与科研工作二十多年，先后在泸州老窖、五粮液、沱牌、仙潭等名优酒厂进行技术合作完成多项科研项目，发表数十篇科技论文，为企业解决生产难题做出了重大贡献。

该书介绍了白酒发展的历史知识，对浓、清、酱等香型白酒的工艺特点做了较深入的叙述，对发展的其他的香型工艺也做了精明评述，对当前白酒发展的单粮和多粮酿造工艺，提高优质品率，以及白酒后加工技术等有较为全面的论述。该书还特别收集了与企业发展有关的诸多质量体系认证，中国驰名商标、国家标准解读，酒政发展等企业质量管理等需要的知识。

该书的出版，是编著者积多年之经验，对培养技术人才、生产技术开发与创新有借鉴作用，是一本教学和学习的参考书，是企业技术人员的好帮手，为促进白酒业的发展，能发挥积极的推动作用。

中国食品工业协会白酒专业委员会　高级顾问

四川省酿酒协会专家委员会　主任　教授级高级工程师

曾祖训

第一版前言

中国传统白酒历史悠久，以特制酒曲为糖化发酵剂、固态发酵、甑桶蒸馏为特征，是世界著名的蒸馏酒之一，在我国国民经济中占有重要地位；其传统工艺精湛，产品风格独特，是重要的民族工业，“中国蒸馏酒酿造传统技艺”也是世界非物质文化遗产。为了传承与发扬这一传统技艺，特编著此书——《传统白酒酿造技术》。

全书共14章。系统地介绍了传统白酒酿造技术，使读者较全面地了解白酒的发展历史、现状及趋势。对目前12种香型白酒的传统工艺、技术特点、生产要素进行了全面论述。针对生产中的难点及发展趋势，如提高名优酒比率、勾兑用水、低度白酒、单粮改多粮型酒生产进行重点阐述；对现代白酒生产中出现的新技术、新工艺，结合笔者20多年来的科研和生产实践经验加以评述讲解，如酒体设计、香型融合技术、堆积发酵等，同时对迅速发展的保健酒进行了多角度介绍。

本书积极提倡酿酒循环经济及节能降耗技术，并辅以先进经验，希望得到相关企业的借鉴使用，以期促进节能降耗在全行业的推广；对中国白酒质量体系建设、HACCP的具体应用、中国驰名商标及国家地理标志等国家级权威认证体系、行业要求的纯粮标志及酒类质量认证等分别进行叙述。

通过笔者主持参与近100期全国酿酒技术培训班的经验，指出酿酒行业人员培训、职业鉴定的具体要求、操作特点、存在问题，并对我国酿酒队伍的人才建设提出建设性意见。对新旧国家标准的特点比较，对酒类添加剂应用及食品安全等问题进行重点解读。历数我国酿酒业的发展历程、阶段，提出了21世纪中国白酒的发展努力方向。

为突出传统白酒酿造技术及发展，对微生物基础知识、发酵、蒸馏基本理论等，相关书籍有详细阐述，本书一概从略。书稿完成后由我国著名酿酒专家、全国评酒专家组成员、四川酿酒专家组组长曾祖训教授级高级工程师审定并作序。

本书在编著过程中参考了有关作者的研究成果及技术文献，引用了中国酿酒工业协会、国家质检总局、维普信息资源系统等众多专业网站的资料数据，吸收了许多老一辈专家、同行的观点论述，承蒙我国著名酿酒专家曾祖训、李大和等悉心指点，以及四川省食品发酵工业研究设计院领导的关怀！并得到宜宾圆明园酒业、成都锐达机电有限公司的协助，在此一并致谢！

书后附录了新国标等大量白酒相关最新信息资料，内容丰富，实用性强，是广大酿酒工人、技术人员、大专院校师生一本有用的参考书，可作为职业培训教材使用。

回顾过去，展望未来，大家共同努力，为具有悠久历史的我国酿酒工业出谋划策，利用科学发展观理论，指导我国白酒工业朝着健康、良性轨道发展！提高企业技术创新能力，为广大人民群众提供安全、优质的白酒产品，是笔者之目的。

限于时间及水平，书中尚有许多不足之处，恳请专家、学者、广大读者批评指正。欢迎与笔者交流（邮箱：yuqw0987@163.com；微信：Y20150199）。

余乾伟

2009年秋于成都

目　录

第一篇　概　论

第二篇　原料与制曲

第三篇 白酒生产原理及方法

第四篇 白酒储存、勾调及包装

第五篇 白酒制造业技术进步及循环经济

第一篇

概　论

第一章　酒史说略

中国的酒有5000年以上的悠久历史。在漫长的发展过程中，形成了独特的风格，即以生长霉菌为主要微生物的酒曲为糖化发酵剂、复式发酵、固态发酵或半固态发酵为特征，这成为东方酿酒业的典型代表。

第一节　起源与发展

一、考古与传说

在古代，往往将酿酒的起源归于某某人的发明，把这些人说成是酿酒的祖宗，由于影响非常大，以致成了正统的观点。对于这些观点，宋代《酒谱》曾提出过质疑，认为“皆不足以考据，而多其赘说也。”这虽然不足以考据，但作为一种文化认同现象，归纳起来主要包括民间传说、考古文献、科技发展（第二章详叙）等几个方面。

（一）民间传说

1. 仪狄酿酒

相传夏禹时期的仪狄发明了酿酒。公元前二世纪史书《吕氏春秋》云：“仪狄作酒。”战国时期《世本·作》：“仪狄始作酒醪，变五味。”这是造酒最早的文字记载，传至周朝，汉代刘向编订的《战国策》则进一步说明：“昔者，帝女令仪狄作酒而美，进之禹，禹饮而甘之，遂疏仪狄，绝旨酒，曰：‘后世必有以酒亡其国者。’（禹乃夏朝帝王，为夏朝第一代君主）。”

2. 杜康酿酒

东汉许慎《说文解字》“古者仪狄作酒醪，禹尝之而美，遂疏仪狄。杜康作秫酒。”《世本》也有同样的说法。至今杜康造酒之说广为传颂，及至日本人将酿酒工统称“杜氏”。更有曹操《短歌行》：“何以解忧，唯有杜康。”故有人认为杜康是酿酒的祖师爷，这是一种悖论。据宋高承之《事物纪原》：“不知杜康何世人，而古今多言其始造酒也。”说明杜康究竟是哪个时代人，尚未搞清楚，何况当年杜康酿造的酒绝非今日的蒸馏酒，即类似于黄酒的米酒。

3. 酿酒始于黄帝时期

另一种传说则表明在黄帝时代人们就已开始酿酒。汉代成书的《黄帝内经·素问》

中记载了黄帝与岐伯讨论酿酒的情景，《黄帝内经》中还提到一种古老的酒——醴酪，即用动物的乳汁酿成的甜酒。黄帝是中华民族的共同祖先，很多发明创造都出现在黄帝时期。《黄帝内经》一书实乃后人托名黄帝之作，其可信度尚待考证。

4. 酒与天地同时

宋代窦苹《酒谱》："天有酒星，酒之作也，其与天地并矣。"大致说明酿酒早在夏朝或者夏朝以前就存在了，这是可信的，而这一点已被考古学家所证实。夏朝距今4000多年，而目前已经出土距今5000多年的酿酒器具①。这一发现表明：我国酿酒起码在5000年前已经开始。在远古时代，人们可能先接触到某些天然发酵的酒，然后加以仿制。这个过程可能需要一个相当长的时期。

（二） 考古资料对酿酒起源的佐证

谷物酿酒的两个先决条件是酿酒原料和酿酒容器。以下几个典型的新石器文化时期的情况对酿酒的起源有一定的参考作用。

1. 裴李岗文化时期（约公元前6000至公元前5000年）

裴李岗文化是我国新石器时代早期的考古学文化，也是中华民族文明起步文化。20世纪50年代开始，在河南省新郑市新村镇的裴李岗村一带，陆续出土石斧、石铲、石磨盘、陶窑和陶器等。考古学家认为我国的农业革命最早在这里发生，裴李岗居民已进入锄耕农业阶段，处于以原始农业、手工业为主，以家庭饲养和渔猎业为辅的母系氏族社会。由于农业革命的形成以及陶器的遗存，在裴李岗文化时期，已具备酿酒的物质条件。

2. 河姆渡文化时期（约公元前5000至公元前3300年）

河姆渡文化是中国长江流域下游地区发现最早的古老而多姿的新石器文化，因第一次发现于浙江余姚河姆渡而得名。在河姆渡文化遗址普遍发现稻谷遗存，这对于研究中国水稻栽培的起源及其在世界稻作农业史上的地位，具有重大意义。河姆渡文化时期的生活用器以陶器为主，并有少量木器。在这个文化时期陶器和农作物的遗存，表明具备了酿酒的物质条件。

3. 磁山文化时期（约公元前5400至公元前5100年）

磁山文化是中国华北地区的早期新石器文化。因1933年首先在河北武安县磁山发现而命名。磁山文化时期有发达的农业经济，家鸡、家猪、家犬的饲养已比较普遍；有相当一部分人从事专项手工劳动，原始手工业已成为原始农业、渔猎、采集生产及其生活的重要组成部分。1976—1978年在这里进行了三次发掘，发掘灰坑468个，发现其中88个长方形窖穴底部堆积有粟灰，层厚为0.3~2m。粟的出土尤其是粟的标本公之于世之后，引起了国内外专家的极大重视。据统计，在遗址中发现"粮食堆积为100m^3，折合质量50000kg"，同时还发现了一些形制类似于后世酒器的陶器。因此认为磁山文化时期，谷物酿酒的可能性是很大的。

4. 仰韶文化时期（约公元前5000至公元前3000年）

仰韶文化是黄河中游地区重要的新石器时代文化，因1921年在河南省三门峡市渑池

---

①《新民晚报》1987年8月23日"中国最古老的文字在山东莒县发现"——"同时发现5000年前的酿酒器具"。

县仰韶村被发现而得名。到目前为止已发现上千处仰韶文化遗址，以河南省和陕西省最多。1953 年春在西安市东郊 7km 处发现的半坡遗址是黄河流域一处典型的新石器时代仰韶文化母系氏族聚落遗址。在其发掘出的陶器中，已经有了像甲骨文或金文“酉”字的罐子［中国最古老的文字甲骨文和铭刻在铜器上的金文中都有“酒”字。古文字“酒”作“酉”（图 1-1），写法如陶罐的模样］。

图 1-1　中国文字中最早“酒”的写法

5. 三星堆遗址（约公元前 2800 至公元前 800 年）

三星堆遗址被称为 20 世纪最伟大的考古发现之一，昭示了长江流域与黄河流域一样，同属中华文明的母体，被誉为“长江文明之源”。三星堆遗址位于四川广汉市西北的鸭子河南岸，1929 年春开始发现，1980 年起发掘。据考证，其建造年代至迟为商代早期。该遗址现已进行了 14 次大规模发掘（最近一次是 2021 年）。出土文物中发现了大量的陶器和青铜酒器，其器形有杯、觚、壶等，其形体之大也为史前文物中所少见。

6. 大汶口文化墓葬

1979 年，考古工作者在山东莒县陵阳河大汶口文化墓葬中发掘到大量的酒器（距今 4000 年前）。其中有一组合酒器，包括酿造发酵所用的大陶尊，滤酒所用的漏缸，贮酒所用的陶瓮，用于煮熟物料所用的炊具陶鼎，还有各种类型的饮酒器具 100 多件。据考古人员分析，墓主生前可能是一职业酿酒者。在发掘到的陶缸壁上还发现刻有一幅图，据分析是滤酒图。

7. 龙山文化时期（约公元前 2800 至公元前 2300 年）

龙山文化泛指中国黄河中下游地区新石器时代晚期的一类文化遗存，因 1928 年首先在山东省章丘县龙山镇城子崖发现而命名。在龙山文化时期墓葬中发掘到许多酒器，国内学者普遍认为龙山文化时期酿酒已经是较为发达的行业。

以上考古资料大都证实古代传说中的黄帝时期（夏禹时代）确实已存在着酿酒这一行业。

另据报道，河南贾湖遗址研究证明：9000 年前贾湖人已经掌握了酒的酿造方法，所用原料包括大米、蜂蜜、葡萄和山楂等。

（三）现代学者对酿酒起源的看法

根据现代学者的观点，从自然成酒到人工酿酒经历了四个阶段（表 1-1）。从这个意义上讲，人类并不是发明了酒，而只是发现和利用了酒。关于酒的起源，可以从以下几个方面来说明：

表 1-1　酒起源的四个阶段

阶段	与酒有关的事件	推测时间
1	自然界天然成酒	人类产生以前

续表

阶段	与酒有关的事件	推测时间
2	人类饮酒（发现果酒，祭祀天神和祖先）	距今 50 万年左右
3	人类酿酒（发现、认识酒，初步学会酿酒）	距今 4 万 ~5 万年
4	人类大规模酿酒	距今 7000~5000 年（考古、文字）

1. 酒是天然产物

最近科学家发现，在漫漫宇宙中，存在着一些天体，就是由酒精所组成的。所蕴藏着的酒精，如制成啤酒，可供人类饮几亿年。这说明什么问题？正好可用来说明酒是自然界的一种天然产物。人类不是发明了酒，仅仅是发现了酒。酒中的主要成分是酒精（学名是乙醇，分子式为 C_2H_5OH）。许多物质可以通过多种方式转变为酒精，如葡萄糖可在微生物所分泌的酶的作用下转变成酒精；只要具备一定的条件，就可以将某些物质转变成酒精。大自然完全具备产生这些条件的基础。

晋代的江统在《酒诰》中写道："酒之所兴，肇自上皇，或云仪狄，又云杜康。有饭不尽，委馀空桑，郁积成味，久蓄气芳，本出于此，不由奇方。"在这里，古人提出剩饭自然发酵成酒的观点，是符合科学道理及实际情况的。江统是我国历史上第一个提出谷物自然发酵酿酒学说的人。总之，人类开始酿造谷物酒，并非发明创造，而是发现。现代科学对这一问题的解释是：剩饭中的淀粉在自然界存在的微生物所分泌的酶的作用下，逐步分解成糖分、酒精，自然转变成了酒香浓郁的酒。在远古时代人们的食物中，采集的野果含糖分高，无须经过液化和糖化，最易发酵成酒。

2. 果酒和乳酒——第一代饮料酒

人类有意识地酿酒，是从模仿大自然的杰作开始的，我国古代书籍中就有不少关于水果自然发酵成酒的记载。如宋代周密在《癸辛杂识》中曾记载山梨被人们贮藏在陶缸中后竟变成了清香扑鼻的梨酒。金代的元好问在《蒲桃酒赋》的序言中也记载，某山民因避难山中，堆积在缸中的蒲桃（即葡萄，编者注）也变成了芳香醇美的葡萄酒。古代史籍中还有所谓"猿酒"的记载，当然这种猿酒并不是猿猴有意识酿造的酒，而是猿猴采集的水果自然发酵所生成的果酒。

远在旧石器时代，人们以采集和狩猎为生，水果自然是主食之一。水果中含有较多的糖分（如葡萄糖、果糖），在自然界中微生物的作用下，很容易自然发酵生成香气扑鼻、美味可口的果酒。另外，动物的乳汁中含有蛋白质、乳糖，极易发酵成酒，以狩猎为生的先民们也有可能意外地从留存的乳汁中得到乳酒。在《黄帝内经》中，记载有一种"醴酪"，即我国乳酒的最早记载。根据古代的传说及酿酒原理的推测，人类有意识酿造的最原始的酒类品种应是果酒和乳酒。因为果物和动物的乳汁极易发酵成酒，所需的酿造技术较为简单。

3. 谷物酿酒始于农耕时代还是先于农耕时代？

谷物酿酒始于何时，有两种截然相反的观点。传统的酿酒起源观点认为：酿酒是在农耕之后才发展起来的，汉代刘安在《淮南子》中说："清醠之美，始于耒耜。"现代的许多学者也持有相同的看法，有人甚至认为是当农业发展到一定程度，有了剩余粮食后，才开始酿酒的。

另一种观点认为谷物酿酒先于农耕时代，如在1937年，我国考古学家吴其昌曾提出一个很有趣的观点："我们祖先最早种稻种黍的目的，是为酿酒而非做饭……吃饭实在是从饮酒中带出来。"这种观点在国外是较为流行的，但一直没有证据。时隔半个世纪，美国宾夕法尼亚大学人类学家索罗门·卡茨博士发表论文，又提出了类似的观点，认为人们最初种粮食的目的是酿制啤酒，人们先是发现采集而来的谷物可以酿造成酒，而后开始有意识地种植谷物，以便保证酿酒原料的供应。

（四）　蒸馏酒起源的种种观点

蒸馏酒与酿造酒相比，在制造工艺上多了一道蒸馏工序，关键设备是蒸馏器。故蒸馏器的发明是蒸馏酒起源的前提条件，但蒸馏器的出现并不是蒸馏酒起源的绝对条件。因为蒸馏器不仅可用来蒸酒，也可用来蒸馏其他如香料、水银等物质。

关于蒸馏酒的起源，从古代起就有人关注过。现代国内外学者对这个问题仍在进行资料收集及研究，人们对蒸馏酒起源的认识逐步深化。因为这不仅涉及酒的蒸馏，而且还涉及具有划时代意义的蒸馏器。

许赣荣认为，关于蒸馏酒的起源，主要有两个需要解决的问题：其一是我国蒸馏酒起源于何时？其二是我国的蒸馏器或蒸馏技术是从外国传入的，还是本国发明的，或者我国的蒸馏器或蒸馏技术是否向国外输出？历代关于蒸馏酒起源的主要观点如下：

1. 蒸馏酒始创于元代

最早提出此观点的是明代李时珍。他在《本草纲目》中写道："烧酒非古法也，自元时始创其法。用浓酒和糟入甑，蒸令气上，用器承取滴露，凡酸坏之酒，皆可蒸烧。"

元代文献中已有蒸馏酒及蒸馏器的记载。如《饮膳正要》，作于1331年。故14世纪初，我国已有蒸馏酒。但是否自创于元代，史料中都没有明确说明。

2. 蒸馏酒元代时由外国传入

清代檀萃的《滇海虞衡志》中说："盖烧酒名酒露，元初传入中国，中国人无处不饮乎烧酒。"章穆的《饮食辨录》中说："烧酒又名火酒，《饮膳正要》曰'阿剌吉'，番语也，盖此酒本非古法，元末暹罗及荷兰等处人始传其法于中土。"

现代吴德铎则认为撰写《饮膳正要》的作者忽思慧（蒙古族人）当时是用蒙文的译音写成"阿剌吉"，而并未使用旧有的汉文名（烧酒）。故不应看成外来语。忽思慧并没有将"阿剌吉"看作从外国传入的。至于烧酒从元代传入的可信度如何，曾纵野认为："在元时一度传入中国可能是事实，从西亚和东南亚传入都有可能，因其新奇而为人们所注意也是可以理解的。"

3. 宋代中国已有蒸馏酒

（1）宋代史籍中已有蒸馏器的记载　南宋张世南在《游宦纪闻》卷五中记载了一例蒸馏器，用于蒸馏花露。宋代的《丹房须知》一书中还画有当时蒸馏器的图形。吴德铎认为："我们完全可以相信，至迟在宋以前，中国人民便已掌握了蒸制烧酒所必需的蒸馏器。"当然，吴先生并未说此蒸馏器就一定用来蒸馏酒。

（2）考古发现了金代的蒸馏器　20世纪70年代，考古工作者在河北青龙县发现了被认为是金世宗时期的铜制蒸馏烧锅。邢润川认为"宋代已有蒸馏酒应是没有问题。"从所发现的这一蒸馏器的结构来看，与元代朱德润在《轧赖机酒赋》中所描述的蒸馏器结构相同。器内液体经加热后，蒸汽垂直上升，被上部盛冷水的容器内壁所冷却，从内壁冷凝，沿壁流下被收集。而元代《居家必用事类全集》中所记载的南番烧酒所用的蒸馏器尚未采用此法，南番的蒸馏器则与阿拉伯式的蒸馏器相同，器内酒的蒸汽是左右斜行走向，流酒管较长。从器形结构来考察，我国的蒸馏器具有鲜明的民族传统特色。因此也有可能我国在宋代自创蒸馏技术。

（3）宋代文献中关于“烧酒”的记载更符合蒸馏酒的特征　宋代的文献记载中，烧酒一词出现得更为频繁，而且据推测所说的烧酒是蒸馏烧酒。如宋代宋慈在《洗冤录》卷四记载：“虺蝮伤人……令人口含米醋或烧酒，吮伤以吸拔其毒。”这里所指的烧酒，有人认为应是蒸馏烧酒。“蒸酒”一词，也有人认为是指酒的蒸馏过程。如宋代洪迈的《夷坚丁志》卷四的《镇江酒库》记有“一酒匠因蒸酒堕入火中。”这里的蒸酒并未注明是蒸煮米饭还是酒的蒸馏。但“蒸酒”一词清代却是表示蒸馏酒的。《宋史·食货志》中关于“蒸酒”的记载较多。采用“蒸酒”操作而得到的一种“大酒”，也有人认为是烧酒。但宋代几部重要的酿酒专著（朱肱的《北山酒经》，或苏轼的《酒经》等）及酒类百科全书《酒谱》中均未提到蒸馏的烧酒。北宋和南宋都实行酒的专卖，酒库大都由官府有关机构所控制。如果蒸馏酒确实出现的话，普及速度应是很快的。

4. 唐代初创蒸馏酒

唐代是否有蒸馏烧酒，一直是人们所关注的焦点。“烧酒”一词首次是出现于唐代文献中的。如白居易的“荔枝新熟鸡冠色，烧酒初开琥珀香”。雍陶（唐大和大中年间人）的诗句“自到成都烧酒熟，不思身更入长安”。李肇在《唐国史补》中罗列的一些名酒中有“剑南之烧春”。因此现代一些人认为所提到的烧酒即蒸馏的烧酒。

但从唐代的《投荒杂录》所记载的烧酒之法来看，则是一种加热促进酒的陈熟的方法。如该书中记载道：“南方饮‘既烧’，即实酒满瓮，泥其上，以火烧方熟，不然不中饮。”显然这不应是酒的蒸馏操作。在宋代《北山酒经》中这种操作又称为“火迫酒”。故唐代已有蒸馏的烧酒还难以成立。

5. 蒸馏酒起源于东汉

上海博物馆陈列有东汉时期的青铜蒸馏器。该蒸馏器的年代，经鉴定是东汉早期或中期的制品，用此蒸馏器做蒸馏实验，蒸出了酒精度为20.4%vol~26.6%vol的蒸馏酒。而且在安徽滁州黄泥乡也出土了一件似乎一模一样的青铜蒸馏器。吴德铎和马承源认为我国早在公元初或一二世纪时期，人们在日常生活中便已使用青铜蒸馏器了。但他们并未认定此蒸馏器是用来蒸馏酒的。吴德铎在1986年于澳大利亚召开的第四届中国科技史国际学术研讨会上发表这一研究结果后，这一轰动世界科技史学界的论文引起了致力于《中国科学技术史》这一巨著的编撰者——英国剑桥大学东方科学技术史图书馆馆长李约瑟博士的高度重视，并表示要对其原著作中关于蒸馏器的这部分内容重新修正。这篇论文也引起了国内学者的关注。有人据此认为“东汉已有蒸馏酒”。

东汉青铜蒸馏器的构造与金代蒸馏器的构造也有相似之处。该蒸馏器分为甑体和釜体两部分，通高53.9cm。甑体内有储存料液或固体酒醅的部分，并有凝露室。凝露室有管子接口，可使冷凝液流出蒸馏器，在釜体上部有一入口，大约是随时加料用的。在四川彭县、新都先后两次出土了东汉的“酿酒”画像砖，其图形为生产蒸馏酒作坊的画像，该图与四川传统蒸馏酒设备中的“天锅小甑”极为相似。

蒸馏酒起源于东汉的观点，目前没有被广泛接受。因为仅靠用途不明的蒸馏器很难说明问题。另外东汉以后的众多酿酒史料中都未找到任何蒸馏酒的踪影，缺乏文字资料的佐证。

据报道，2015 年江西南昌海昏侯墓出土的蒸馏器考证中国白酒的历史有 2000 多年。中国白酒是世界蒸馏酒当中历史最久远的之一。

可以看出，我国是世界上利用微生物制曲酿酒最早的国家，也是最早利用蒸馏技术创造蒸馏酒的国家，我国白酒的起源比西方威士忌等蒸馏酒的出现要早 1000 年左右。

6. 国外蒸馏酒的起源

在古希腊时代，亚里士多德（Aristotle）曾经写道：“通过蒸馏，先使水变成蒸汽继而使之变成液体状，可使海水变成可饮用水”。这说明当时人们发现了蒸馏的原理。古埃及人曾用蒸馏术制造香料。在中世纪早期，阿拉伯人发明了酒的蒸馏。在十世纪，一位名叫阿维森纳（Avicenna）的哲学家曾对蒸馏器进行过详细的描述。但当时还未提到蒸馏酒，有人认为尽管没有提到蒸馏酒，但蒸馏酒肯定在那个时期已经出现了。公元 1313 年，一位加泰隆（西班牙）的教授，也许是第一次记载了蒸馏酒的人（Alexis Lichines，*New Encyclopedia of Wines and Spirits*）。

国外已有证据表明大约在 12 世纪，人们第一次制成了蒸馏酒。据说当时蒸馏得到的烈性酒并不是饮用的，而是作为引起燃烧的东西，或作为溶剂，后来又用于药品①。

国外的蒸馏酒大都用葡萄酒所蒸馏。英语中的“spirits”来源于拉丁语“spiritus vini”。后来帕拉采尔苏斯（Paracelsus）又把葡萄蒸馏的烈性酒称为“alcohol”。从时间上来看，公元 12 世纪正相当于我国南宋初期，与金世宗时期几乎同时。我国的烧酒和国外的烈性酒的出现时间又是一个巧合吗？

目前学术界，大多数学者倾向于我国是世界上最早研制蒸馏器的国家，我国的蒸馏器创始于宋代，在元代已很普遍，在某些时代及地区，也有可能从国外引进过蒸馏技术及蒸馏酒生产技术。

二、 地位和作用

酿酒工业是食品工业的一大行业，包括白酒、啤酒、葡萄酒、黄酒、果露酒等。从原始的小作坊生产，到如今的大规模机械化、半机械化生产，从发酵酒发展到蒸馏酒高度酒，再发展到蒸馏酒低度酒，产量由小到大，品种越来越多，市场一派繁荣景象，在世界酒林中地位举足轻重，成为国家财政税收的重要来源，在国民经济中占有相当重要的位置。“十三五”末（2020 年），全国酿酒产业规模以上企业 1887 家。完成酿酒总产量 5400.7 万 kL；其中饮料酒产量 4476.5 万 kL，发酵酒精产量 924.3 万 kL。累计完成产品销售收入 8353.3 亿元，同比下降 9.2%；实现利润 1792.0 亿元，同比增长 75.6%。

① Murray Moo-Young. Comprehensive Biotechnology. London：Pergamon Press，2011.

（一） 酿酒工业是制造业的一大组成部分

按《国民经济行业分类》（GB/T 4754—2017），酿酒工业属于第二产业中制造业内的酒、饮料和精制茶制造业（第 15 大类中酒的制造）。白酒行业 1986 年以前是我国的第一大酒种，到 1996 年突破 800 万 kL，此后持续调整，到“十二五”末的 2015 年达到 1312 万 kL 的历史高点。啤酒行业从 2005 年突破 3000 万 kL，连续 10 多年产量保持在 3000 万~4000 万 kL，长期稳居世界第一。酿酒行业通过不断地调整提升，规模化更强，集中度更高。成为我国制造业重要组成部分，为国民经济的发展和人民生活水平的提高做出了巨大贡献。

（二） 国家财政税收的重要来源

我国酿酒行业财政税收仅次于烟草制品业，居第二位。以白酒为例，2020 年 1~12 月，全国规模以上白酒企业产量 740.73 万 kL，同比下降 2.46%；销售收入 5836.39 亿元，同比增长 4.61%；利润 1585.41 亿元，同比增长 13.35%。纵观整个酿酒行业，2020 年白酒行业以 13.71%的产能，完成 69.86%的销售收入，实现 88.47%的利润。

据统计，酒类上市企业 2020 年市值总额为 60484.56 亿元，较上年同期的 32517.87 亿元，增加 27966.69 亿元，同比增长 86.00%。平均市值由上年同期的 774.24 亿元增加至 1440.11 亿元。白酒类 19 家公司 2020 年营业收入 2517.84 亿元，净利润 916.47 亿元。并且骨干企业业绩优良，主导行业发展；同时中国酒类已走出国门、走向世界，其中白酒逐步以一定批量进入全球主流烈性酒市场，每年出口达 7 万~8 万 kL。

酿酒工业在四川、贵州、江苏、山东、河南、湖北等省的产业布局中占有很重要的位置，是当地的纳税大户、社会经济发展的主力军。

（三） 酿酒工业带动了相关行业的发展

酿酒工业是一个劳动密集型的行业，可以解决一些地区的就业问题，特别是白酒工业，传统程度较高，生产间歇大，机械化程度低，基本仍属于手工操作，对解决农村剩余劳动力出路问题做出了一定贡献，一个年产 1000t 的酒厂至少提供 200 个就业岗位。

酿酒工业的下脚料（酒糟）目前越来越引起重视，是生产饲料的好原料，酒糟用于发展畜牧业→提供农家肥→种植酿酒原料→酿酒，形成循环经济，给饲料等相关行业的发展提供了空间。

酿酒工业的发展，必然带动印刷业、制瓶业、陶瓷业、纸箱业的发展，同时促进商业物流、互联网、机械制造、科研设计、教育培训、广告旅游业等相关产业的发展。有利于实现以大带小、以强带弱、以城带乡、以工带农、以工带牧等产业链的进步。

（四） 酒是一种特殊商品

白酒不仅可以佐餐助兴，也是表达情感、表现品位、点缀美好生活的奢侈品。自从我们的老祖宗从腐烂了的野果的酸香味中受到启发，发明了酿酒术，制作出醇厚甘香的美酒，从此人类的生活丰富多彩了许多，人类的文化也变得斑斓多姿。中华人民共和国成立以来，特别是通过改革开放，我国酿酒工业出现迅猛发展，啤酒产量稳步增长，白酒质量提高，黄酒孕育发展，葡萄酒争奇斗艳，保健酒市场有转机，人们的生活更加丰富，与世界人民的交往更加频繁。

这一切，都是与酿酒行业的发展分不开的，由此可见酿酒工业在国民经济发展中占有重要的地位，特别是白酒和黄酒是我国立于世界酒林中重要的民族工业。

三、 发展历程及未来趋势

（一） 我国白酒行业发展历程

我国是世界蒸馏酒产量最大、消费量最大的国家，白酒是我国的传统民族产品，既传承民族的传统酿造工艺，又凝结着灿烂的酒文化内涵，是一项特有的文化产品。白酒产业在产业划分中属制造业，在行业中又归轻工业，从中华人民共和国成立之初至今，经历了不同的发展阶段，如今白酒产业已经发展成为国民经济的重要产业之一。

1. 1949—1978 年：发展起步阶段

这期间，因白酒的税收占国家税收的比例相当大，白酒产业是国民经济的重要支柱，国家鼓励白酒产业发展，并制定了酿酒行业十年规划。白酒行业在此期间取得了巨大的成果，白酒的技术改造取得许多突破性的工作进展，茅台试点、汾酒试点、泸州试点、周口试点等项目的开展，为白酒的快速发展奠定了坚实的基础。中华人民共和国成立之初，我国白酒的产量仅为 10.8 万 t。中华人民共和国成立之后，国家开始重视传统食品以及白酒酿造的发展。随着国民经济日益走上正轨，我国的白酒行业也得到了恢复性的发展。到 1978 年，我国白酒产量已达 143.74 万 t，比中华人民共和国成立之初增长近 15 倍。

2. 1978—1985 年：初步发展阶段

随着我国实行改革开放，经济体制逐步向市场经济过渡。这期间，家庭联产承包责任制的推广，使得农业包产到户，农业生产得到快速的发展，粮食产量大大提高，为酿酒奠定了原料基础。白酒产业从计划发展时代，进入市场发展时代，由于酿酒行业的门槛较低，生产被逐步扩大，白酒产业得到快速的发展。此阶段在四川等酿酒大省曾流行“当好县长、办好酒厂”的口号，国家提出“普通酒向优质酒转变，高度酒向低度酒转变，蒸馏酒向发酵酒转变，粮食酒向水果酒转变”的政策。此阶段白酒行业以中小型企业为主，同时存在大量的手工作坊，生产布局较为分散，除了传统的名优白酒产地外，全国其他地方的小酒厂也迅速发展起来。

3. 1985—1989 年：繁荣发展期

本时期白酒产业的供应量远不能满足我国居民的消费需求，为解决供求矛盾，国家按照“以放为主”的思路进行改革，不断减少价格控制，陆续放开了包括部分名酒在内的大多数农副产品购销价格，白酒行业进入市场化定价阶段。五粮液等白酒企业通过多次提价塑造了高端白酒形象，白酒行业第一阵营初步形成。同时，在价格上涨仍供不应求的背景下，一批名酒企业实施了产能的改扩建工程，白酒行业实现了繁荣发展。

4. 1989—1992 年：初遇调整期

为抑制 1988 年末逐渐开始显现的通货膨胀，国家从 1989 年开始对宏观经济进行“治理整顿”，实行适度从紧的货币政策。这一时期，白酒行业产量依然保持增长，但增速明显下降，初次遇到调整。

5. 1992—1997 年：快速发展期

1992 年，邓小平同志的“南方谈话”推动了新的改革发展热潮，白酒业进入新一轮快速发展期，1996 年产量突破 800 万 t，达到 801.3 万 t。全国性白酒品牌与区域优势白酒企业也得到了很好的发展。同时，白酒企业开始在竞争中着眼布局品牌形象和品牌价值，广告营销投入显著增加。

6. 1998—2003 年：再遇调整期

1997 年爆发的亚洲金融危机，使白酒行业在宏观环境上面临较大的经营挑战。同时，国家在本时期出台了一系列白酒产业政策，如推出白酒生产许可制度、从价和从量复合计征白酒消费税、白酒广告宣传费不予在税前扣除等，对以中低端产品为主的企业造成了较大冲击。为应对艰难局面，白酒企业主动开展生产经营模式创新。如五粮液集团在五粮醇买断经营模式基础上，推出多款买断产品，孕育出了五粮春、金六福、浏阳河、京酒等强势品牌；水井坊和国窖 1573 等超高档白酒产品的出现，体现了白酒市场竞争中价格的重要性，也形成了白酒企业多品牌运作的先河。但这期间产量出现断崖式下滑。

7. 2003—2012 年：黄金发展期

2003—2012 年，我国 GDP 从 13.66 万亿元增长至 53.41 万亿元，年复合增长率超过 10%，在宏观经济的快速增长带动下，白酒行业实现了十年的“黄金”发展期。在这一时期，全国性白酒品牌和地方区域名酒企业均获得了快速发展，白酒企业普遍采用双品牌策略，中高档白酒销量及占比不断提高。在白酒市场量价齐升的背景下，白酒企业的销售收入及利润总额获得了快速增长。

8. 2013—2016 年：深度调整期

这一时期，中国宏观经济再次进入结构调整期，同时国家相继推出“八项规定”“六项禁令”等一系列限制“三公”消费的政策，严格禁止公款消费高档酒。商务消费和政务消费等消费情景受限，极大影响了高档白酒的销售，导致高档白酒产品的销量快速下降，价格体系受到较大冲击。消费需求在短期内快速下降，使得白酒行业存在的产能过剩矛盾凸显，行业进入深度调整期。白酒企业为应对新局面，纷纷推出价位较低、更为适合大众消费的产品。这期间产能得到突破，达到 1312.80 万 kL 历史最高产量。

9. 2016—2020 年：复苏回暖期

2016 年下半年起白酒行业开始复苏，终端用户白酒消费需求有所上升，带来白酒行业整体收入和利润有所增长。2017 年以来，白酒整体呈现量价齐升的局面，中高端白酒复苏回暖较为显著。大众市场消费观念的改变和消费档次的提升是白酒行业发展的主要推动力量。白酒企业需要充分把握大众消费升级的黄金机遇，通过品质提升、市场细分和产品创新等手段，更好地满足大众市场的消费需求，推动产品结构的转型与升级。“酱酒热”兴起。2004—2021 年白酒产量及年增长率随年份变化见图 1-2。

（二）“十四五”及未来发展

2021 年 4 月中国酒业协会在中国国际酒业发展论坛上发布了《中国酒业“十四五”发展指导意见》（简称《指导意见》）。《指导意见》系统总结了我国酒类产业“十三五”发展的成就和面临的形势，勾画了“十四五”及未来酿酒产业发展的战略目标与主要任务，并提出了具体的保障措施和政策建议。现以“稳健、转型、拓新、目标、任务、建

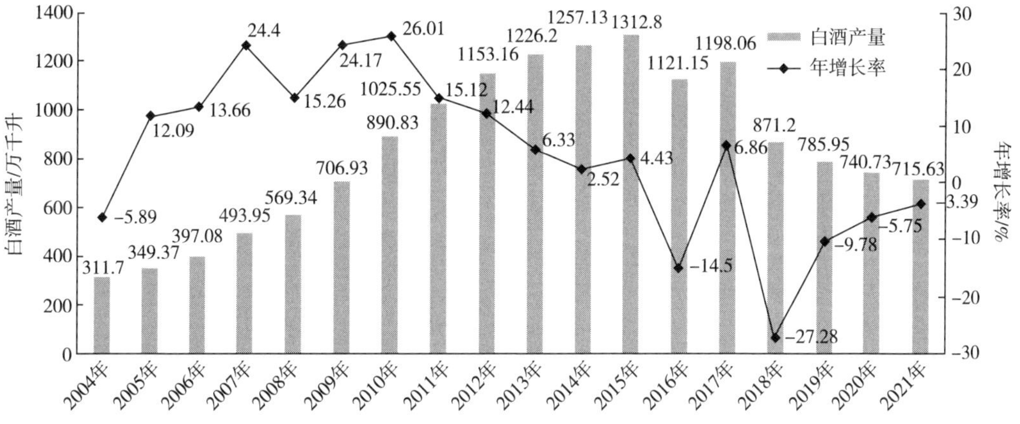

图 1-2　2004—2021 年白酒产量及年增长率随年份变化

议”六大关键词予以摘要解读：

关键词一：稳健

“十三五”期间，中国酒类产业经过持续深度调整，进入恢复性增长阶段。中国酒业经济发展步伐稳健、产业结构持续优化、市场活力有序释放、科创动能有效转化、产品品质稳步提升，酒业经济发展的质量和韧性显著增强，酒类营销创新发展，在全力满足人民群众美好生活对美酒需求的同时，取得了可喜成绩，奠定了酒类产业高质量发展的长远基础。“十三五”末（2020 年），全国酿酒产业规模以上企业 1887 家，相比“十二五”末减少 802 家。完成酿酒总产量 5400.7 万 kL，同比下降 24.7%。其中饮料酒产量 4476.5 万 kL，同比下降 28.1%；发酵酒精产量 924.3 万 kL，同比下降 2.5%。累计完成产品销售收入 8353.3 亿元，同比下降 9.2%；实现利润 1792.0 亿元，同比增长 75.6%。盈利水平主要来自白酒行业（利润 1585.4 亿元），相比“十二五”末增长 117.3%，其他的酒类行业均为下降，啤酒下降 6.1%，黄酒下降 9.8%、其他酒下降 10.0%、发酵酒精下降 61.1%，葡萄酒下降幅度最大，为 95%。2020 年酿酒产业具体指标如表 1-2 所示。

表 1-2　　2020 年酿酒产业主要经济指标

指标		企业数/家	产量/万千升	销售收入/亿元	利润总额/亿元
白酒	数量	1040	740.73	5836.39	1585.41
	同比增减		-2.46%	4.61%	13.35%
啤酒	数量	346	3411.11	1468.94	133.91
	同比增减		-7.04%	-6.12%	0.47%
葡萄酒	数量	130	41.33	100.21	2.59
	同比增减		-6.00%	-29.82%	-74.48%
黄酒	数量	102	134.68	17.04	
	同比增减		-20.18%	-7.86%	

续表

指标		企业数/家	产量/万千升	销售收入/亿元	利润总额/亿元
发酵酒精	数量	86	924.25	556.26	12.63
	同比增减		24.26%	16.15%	
其他酒产业	数量	183		256.83	40.42
	同比增减			-16.21%	-16.78%

注：同比增减，指与2019年相比。

这里有几个特点值得大家关注：

一是规模以上酒类企业数量逐年减少，酒类产业集中式发展趋势越来越明显。

二是产销量基本呈现逐年下降的趋势，体现了市场供需关系和消费需求的变化。

三是产品销售收入在“十三五”中期实现V字形反转。单位产品销售收入却基本呈现逐年增长的趋势，酒类产品的市场议价能力逐步得到提升。

四是利润水平呈现逐年上升，表现出酒业由量变向质变的过程，也体现出消费者追求理性和健康的消费诉求。

总体而言，“十三五”期间，中国酒业转方式、调结构，逐步从以产品为中心，转向以市场和消费为中心，适应市场结构的快速转变，在供给侧改革、消费升级、互联网+等新趋势下取得了阶段性的成效。除此以外，“十三五”期间，中国酒类产业还呈现了产业结构日趋合理、产区建设效果显著、消费升级品质升级、市场变革营销创新、品牌升级服务升级、科技创新释放动能、文化传承有声有色、社会责任体现担当、人才培育多措并举等特点。

关键词二：转型

当前处于最好的发展时期，面向“十四五”，对酒行业而言意义深远。

随着经济的快速发展与人民生活水平的不断提高，带来了消费升级的市场机遇。酒类消费快速升温，市场表现出长期不缺酒，但长期缺好酒的特点。这需要我们从消费者的风味喜好、饮后舒适度、多元化需求、碎片化追求等方面出发，全力满足消费市场需求。同时，广大酒企在酿造美酒的同时，强化消费知识普及、打造新的消费场景，用实际行动走进消费者内心，进而满足消费。

与此同时，国家产业政策的调整，困扰白酒行业发展14年的“紧箍咒”正式解除。综合来看，产业政策调整有利于酒业吸引优质资源、外部资本进入酒类产业，一方面加剧市场竞争，逐步建立良性竞争机制，另一方面及时淘汰落后产能，实现资源优化配置。还有，产业政策的放开对产业高质量发展的指导作用愈加凸显，有助于推动酒业建立良性竞争市场化机制，实现由规模发展向特色、品质效益的高质量发展转变，缓解产业总量过剩与个性化不足之间的矛盾。

纵观酒类产业，任何一次转型都是一个漫长的过程。而由高速增长转向高质量增长对酒类产业来说更是一个艰巨而漫长的过程，但只有真正实现由高速增长向高质量增长的转变，酒类产业才能唱响时代主旋律，实现产业常青，赢得更加美好的未来。此外，我们还面临国际化发展任重道远、新消费需求如何激发产品创新、营销创新体系带来的市场要素和服务体系变化、文化体系创新能力不足等挑战，需要行业凝聚智慧迎接挑战。

关键词三：拓新

根据中央部署，“十四五”时期经济社会发展目标制定新字当头，着眼于未来的长远导向，更着眼于形成强大国内市场，加快构建以国内大循环为主体、国内国际双循环相互促进的新发展格局。酒行业要把握百年未有之大变局的变革方向，坚持目标导向和问题导向相结合，坚持守正和创新相统一，抓住新一轮科技与产业革命的战略机遇，坚持新发展理念引领发展行动，坚持以深化供给侧结构性改革为主线，高质量发展酿酒产业，高水平服务人民美好生活。这是一个真正的新时代，大到世界经济格局，小到个人消费，都发生了翻天覆地的变化。对酒类产业而言，产业政策、生产方式、原料供给、流通渠道、市场策略、品牌传播、消费体验已经不可逆转地发生了转变。影响产业发展的内因变了，而影响市场和消费的外因则变得更多。具体而言：充分挖掘国内市场增长潜力，紧紧抓住消费增长重点，充分发挥消费拉动经济作用；优化产业经济结构，不断提升企业创新能力，促进产业基础高级化、产业链现代化；进一步稳固产业基础，继续强力推进产业协调发展，构建现代化经济体系。坚持为美好生活而酿，为美好生活而表达，满足人民生活对美酒风味和健康的需求以及文化体验的需求；把握酒类市场趋势变化，满足消费升级新需求；创新工作思路和方式，适应酒类市场发展新常态。准确识变、科学应变、主动求变、因势而谋、应势而动、顺势而为，全面深化产业建设，持续加速产业转型升级，共建中国酒业发展新生态。

关键词四：目标

《指导意见》还明确了“十四五”中国酒类产业的十三个主要目标：

在产业经济目标上，预计 2025 年，中国酒类产业将实现酿酒总产量 6690 万 kL，比“十三五”末增长 23.9%，年均递增 4.4%；销售收入达到 14180 亿元，增长 69.8%，年均递增 11.2%；实现利润 3340 亿元，增长 86.4%，年均递增 13.3%。

其中：白酒行业产量 800 万 kL，比“十三五”末增长 8.0%，年均递增 1.6%；销售收入达到 9500 亿元，增长 62.8%，年均递增 10.2%；实现利润 2700 亿元，增长 70.3%，年均递增 11.2%。具体见表 1-3。

表 1-3　　2025 年中国酒业各酒种预期发展目标

	总产量/万千升	较“十三五”末增长	年均递增	销售收入/亿元	较“十三五”末增长	年均递增	利润/亿元	较“十三五”末增长	年均递增
白酒	800	8.00%	1.6%	9500	62.8%	10.20%	2700	70.30%	11.20%
啤酒	3800	11.40%	2.20%	2400	63.40%	10.30%	300	124.00%	17.50%
葡萄酒	70	69.40%	11.10%	200	99.60%	14.80%	30	1058.30%	63.20%
黄酒	240	67.50%	10.90%	500	271.30%	30.00%	100	486.90%	42.50%
其他酒	380	171.40%	22.10%	650	153.10%	20.40%	170	320.60%	33.30%
酿造料酒	总产量 800 万~1000 万千升，诞生一批年产量 10 万千升以上的企业			1000					
酒类总计	6690	23.90%	4.40%	14180	69.80%	11.20%	3340	86.40%	13.30%

在产业结构上，打造“世界级产业集群”。进一步深化产业集群发展和集约化发展，合理布局产业结构，拉动和提升产业链价值，推动产业结构合理化发展，建立产业新格局，培育新的经济增长点。在品牌培育上，实施“世界顶级酒类品牌培养计划”，有效推进中国酒业民族品牌形象提升，推动中国酒品牌走出国门、走向世界，引领世界酒业发展方向。

在文化普及上，打造“世界级酒文化 IP”，将中国白酒传统酿造遗址和酿造活文物（连续使用的窖池）申请世界文化遗产，酿酒技艺申请世界非物质文化遗产。

在社会责任上，打造“世界级公益品牌”，将全国理性饮酒宣传周打造成享誉全球的公益品牌，影响酒类消费人群达 5 亿人次以上。

在人才建设上，打造“世界级酒类教育机构”，成立专业教育培训机构，强化职业序列教育。实现酿酒产业与教育产业相融发展，塑造人才培育联动体系创新教育模式，打造国家、产业、院校、企业四级联动人才培育体系，全面提升酒业人才水准，进而推动产业发展。力争“十四五”期间完成 50 万人的培训鉴定工作。

在市场建设上，实施“酒类大商 1510 培育计划”，培育千亿级酒类大商至少一家，百亿级五家，50 亿级大商十家。

在科技创新上，充分发挥产业力量、产学研相结合模式的优势，形成企业为主体、市场为导向、产学研协相结合的技术创新和合作共建的分享体系，培育和建设“传统制造业（白酒、黄酒、露酒）先进创新中心”。

在生态保护上，构建酒类产业生态酿造体系，促使酒类产业向绿色生态发展全面转型。将通过建设“零碳产区”“零碳工厂”为目标，推动酒业“碳中和”相关标准、规范和机制建设，建立健全酒业碳排放标准体系，形成完整的“零碳”理念和“零碳”发展模式，不断提升酒业在生态环境建设的影响力。

在产品结构上，紧紧抓住消费升级和消费能力逐步提升的契机，以品质消费助力品质升级和市场升级。

在质量安全上，系统构建产业质量标准化体系，做好标准体系的顶层设计。梳理国家标准、行业标准、团体标准的标准化体系。

在知识产权上，设立“反侵权假冒伪劣工作促进委员会”，整合酒业与知识产权领域各方优质资源，协调指导酒业知识产权发展基础。在原料基地建设上，将积极推行白酒、黄酒酿酒专用粮基地建设，全力推进酿酒葡萄品种研究与产区规划工作，推进啤酒原料国产化发展和研究，形成国内、国际双驱动的保障供给格局。

关键词五：任务

《指导意见》共提出了 14 个主要任务。涵盖品质表达、人才培育、文化普及、市场培育、文化遗产保护。

白酒行业要紧紧围绕白酒产业供给侧结构性改革升级发展的核心目标，持续深化白酒优势产区建设，打造世界级白酒产业集群；加强科技创新体系建设，深化科技体制改革，大力推进科学技术支撑高品质白酒的成果转化，助推白酒传统生产工艺技术不断提升与创新；促进优势名酒产区和美酒特色产区发展，大幅提升名优酒比例，从目前的 30 万 kL 提高到 65 万 kL，占比从 4%提升至 8.1%；以标准建设全面推动行业高质量发展，促进老酒市场交易走上一条依法规范、高标准、严要求的发展之道。助力陈年白酒市场超过千亿目标。

露酒行业由于露酒概念的清晰化、标准体系的规范化，将促使露酒迎来新的春天和新的发展机遇，要依靠现代生物及分析技术展开对露酒呈色呈香呈味物质、功能活性物质的来源、提取工艺、酒体稳定性、健康功能机理等系列研究，不断传承与创新，提升露酒生产的科技水平，为生产高品质露酒奠定基础；要打造集健康、养生、风格优雅独特的，彰显露酒产区品性的高品质露酒产品。

国际蒸馏酒及利口酒要逐步形成以白兰地为主导、水果白兰地为补充的高、中、普通型的合理的产品结构和类型。威士忌产品逐步形成以传统麦芽原料生产和本土特色化原料调和生产并重的格局，产品逐步由普及推广型向中高端特色化发展。朗姆酒和伏特加将结合产地情况，向果味多元化和复合化发展，是利口酒的重要基酒，加速优质内循环经济发展。

此外，在“十四五”期间，还将借助5G技术、物联网新技术深化智慧工厂建设，构建产区、酒庄、标准等为一体的中国酒类品质与价值表达体系，打造国家、行业、企业联动人才建设体系，探索并丰富创新白酒文化传播新途径，通过千亿酒商计划、中国国际酒业博览会、青酌奖、酒类产品包装创意大赛、最美酒瓶设计大赛等系列活动，对接酒类市场和影响消费，并强化酿酒技艺非物质文化遗产与酿酒活文物的保护与传承，让美酒更加香醇。

关键词六：建议

产业政策建议：

一是将中国白酒传统酿造遗址，酿造活文物，申请世界文化遗产，将白酒、露酒、黄酒酿酒技艺列入国家申请世界非物质文化遗产进程的建议。

二是推广白酒文化和鼓励白酒出口的建议。

三是加大政策扶持酒类知识产权保护力度。

四是加强国产啤酒大麦产业发展的建议。

五是推动生物燃料乙醇健康可持续发展建议。

六是加强工坊啤酒食品安全监管的建议。

七是完善《中华人民共和国劳动法》及《失业保险条例》等法律、法规的建议。

八是施行制假、售假黑名单制，加大酒类假冒犯罪成本建议。

经济政策建议：

一是取消白酒从量定额消费税的建议。

二是取消白酒原酒重复计征消费税建议。

三是取消国产葡萄酒消费税、降低增值税的建议。

四是加大葡萄酒行业金融信贷扶持力度。

“十四五”时期正处于中国特色社会主义新时代全面建设社会主义现代化强国的开局起步期、世界百年未有之大变局的持续深化期、新一轮科技与产业革命的加速拓展期。要充分认识改革开放对我国经济社会发展起到的重大作用，正是改革开放极大地推动了我国经济社会的高速发展。“十四五”时期酿酒产业要坚持问题导向与目标导向相结合，坚持新发展理念，坚持高质量发展首要战略，坚持以供给侧结构性改革为主线，把握发展大势，加快转变方式，以时不我待、只争朝夕的精神，同心协力、和衷共济，展现新担当、新作为、新风采，为丰富人类美好生活，为实现酿酒产业“十四五”的预期目标而努力奋斗。

2019 年 11 月 6 日，国家发改委发布《产业结构调整指导目录（2019 年本）》，自 2020 年 1 月 1 日起施行，《产业结构调整指导目录（2011 年本）》同时废止。在新版《产业结构调整指导目录》第二类的“限制类”产业中去掉了白酒产业，这意味着白酒产业已不再是国家限制类产业，这将对整个白酒行业是重大利好。

第二节　中国酒的分类及布局

一、分类

从传统来看，中国的酒除了占主要地位的传统白酒和黄酒外，还有各种类型的传统酒类如果酒、药酒、奶酒等，以及近代迅速发展起来的啤酒、葡萄酒等。由于生产历史悠久，原料多样，工艺技术繁杂等多种因素，中国酒种类很多，分类方法也不尽统一。

（一）按国家标准饮料酒的术语和分类（GB/T 17204—2021）

GB/T 17204 从最初的 1998 年首次颁布以来，2008 年修订，为加强饮料酒标准体系顶层设计，充分反映饮料酒行业发展现状，保护传统，鼓励创新，与国际保持接轨，历经 13 年后第二次修订，由国家市场监督管理总局和国家标准化管理委员会于 2021 年 5 月 21 日发布，2022 年 6 月 1 日实施。本次修订在 2008 版的基础上做了较大幅度的调整，如露酒单列，调香白酒不属于白酒。具体如下：

1. 饮料酒（alcoholic beverages）

酒精度在 0.5%vol 的酒精饮料。包括各种发酵酒、蒸馏酒和配制酒；也包括无醇啤酒和无醇葡萄酒。

（1）发酵酒（fermented alcoholic drink）　以粮谷、薯类、水果、乳类等为主要原料，经发酵或部分发酵酿制而成的饮料酒。

（2）蒸馏酒（distilled alcoholic drink）　以粮谷、薯类、水果、乳类等为主要原料，经发酵、蒸馏、经或不经勾调而成的饮料酒。

（3）配制酒（integrated alcoholic beverage）　以发酵酒、蒸馏酒、食用酒精等为酒基，加入可食用的原辅料和/或食品添加剂，进行调配和/或再加工制成的饮料酒。

（4）露酒（lujiu）　以黄酒、白酒为酒基，加入按照传统既是食品又是中药材或特定食品原辅料或符合相关规定的物资，经浸提和/或复蒸馏等工艺或加入从食品中提取的特定成分，制成的具有特定风格的饮料酒。注：酒基不包括调香白酒。酒基中可加入少量粮谷为原料制成的其他发酵酒。

2. 食用酿造酒精（食用酒精）（edible alcohol）

以谷物、薯类、糖蜜或其他可食用农作物为主要原料，经发酵、蒸馏精制而成的，供食品工业使用的含水酒精。

（1）谷物食用酿造酒精　以谷物为主要原料，经发酵、蒸馏精制而成的，供食品工业使用的含水酒精。

（2）薯类食用酿造酒精　以薯类为主要原料，经发酵、蒸馏精制而成的，供食品工业使用的含水酒精。

（3）糖蜜食用酒精　以糖蜜为主要原料，经发酵、蒸馏精制而成的，供食品工业使用的含水酒精。

（4）其他食用酒精　以除谷物、薯类、糖蜜之外的其他可食用农作物为主要原料，经发酵、蒸馏精制而成的，供食品工业使用的含水酒精。

3. 啤酒（beer）

以麦芽、水为主要原料，加啤酒花（包括啤酒花制品），经酵母发酵酿制而成的、含有二氧化碳并可形成泡沫的发酵酒。包括无醇啤酒。新国家标准 GB/T 4927 啤酒质量要求待发布。

按浊度分类：清亮啤酒、浑浊啤酒。

按杀菌工艺分类：熟啤酒、生啤酒（包括鲜啤酒）。

按酵母类型分类：上面发酵啤酒（艾尔啤酒）、下面发酵啤酒（拉格啤酒）、混合发酵啤酒。

按色度分类：淡色啤酒、浓色啤酒、黑啤酒。

按产品特性分类：特种啤酒（干啤酒、冰啤酒、白啤酒、世涛啤酒、皮尔森啤酒、酸啤酒、黑啤酒、无醇啤酒、小麦啤酒、果蔬汁型啤酒、果蔬味型啤酒、工坊啤酒、其他特种啤酒）。

4. 葡萄酒（wines）

以葡萄或葡萄汁为原料，经全部或部分酒精发酵酿制而成的，含有一定酒精度的发酵酒。新国家标准 GB/T 15037 待发布。

按色泽分类：白葡萄酒、桃红葡萄酒、红葡萄酒。

按酒中含糖量分类：干葡萄酒、半干葡萄酒、半甜葡萄酒、甜葡萄酒、自然起泡葡萄酒、超天然起泡葡萄酒、天然起泡葡萄酒、绝干起泡葡萄酒、干起泡葡萄酒、半干起泡葡萄酒、甜起泡葡萄酒。

按酒精度分类：葡萄酒、低度葡萄酒。

按酒中 CO_2 含量分类：平静葡萄酒、含气葡萄酒（起泡葡萄酒、低泡葡萄酒、葡萄气酒）；

按产品特性分类：特种葡萄酒，包括：含气葡萄酒、冰葡萄酒、低度葡萄酒、贵腐葡萄酒、产膜葡萄酒、利口葡萄酒、加香葡萄酒、脱醇葡萄酒（低醇葡萄酒、无醇葡萄酒）、原生葡萄酒（山葡萄酒、毛葡萄酒、刺葡萄酒、秋葡萄酒）、其他特种葡萄酒。

5. 果酒（发酵型）（fermented fruit wine）

以水果或果汁（浆）为主要原料，经全部或部分酒精发酵酿制而成的，含有一定酒精度的发酵酒。

6. 果酒（配制型）（integrated fruit wine）

以发酵酒、蒸馏酒、食用酒精等为酒基，加入水果进行浸泡和/或直接加入果汁，可添加食品添加剂，经调配、加工而成的配制酒。

7. 黄酒（huangjiu）

以稻米、黍米、小米、玉米、小麦、水等为主要原料，经加曲和/或部分酶制剂、酵母等糖化发酵剂酿制而成的发酵酒。国家标准为 GB/T 13662—2018。

按产品风格分类：传统型黄酒、清爽型黄酒、特型黄酒、红曲酒（单一红曲酒、本色红曲酒、特型红曲酒）。

按照含糖量分类：干型黄酒、半干型黄酒、半甜型黄酒、甜黄酒。

按原料分类：稻米黄酒、非稻米黄酒。

8. 奶酒（发酵型）（milk wine）

以牛乳、乳清或乳清粉等为主要原料，经发酵、过滤、杀菌等工艺酿制而成的发酵酒。

注：奶酒指牛奶酒，如以马奶或羊奶为主要原料酿制而成的，可称为马奶酒或羊奶酒。

9. 奶酒（蒸馏型）（milk spirit）

以动物乳、乳清或乳清粉等为主要原料，经发酵、蒸馏等工艺酿制而成的蒸馏酒。

10. 白酒（baijiu①）

以粮谷为主要原料，以大曲、小曲、麸曲、酶制剂及酵母等为糖化发酵剂，经蒸煮、糖化、发酵、蒸馏、陈酿、勾调而成的蒸馏酒。按 GB/T 17204—2021 结合 GB/T 15109—2021《白酒工业术语》分述如下：

（1）按糖化发酵剂分类

① 大曲酒：以大曲为糖化发酵剂酿制而成的白酒。如茅台、五粮液、汾酒。

② 小曲酒：以小曲为糖化发酵剂酿制而成的白酒。如江津白酒。

③ 麸曲酒：以麸曲为糖化剂，加酒母发酵酿制而成的白酒。如北京二锅头。

④ 混合曲酒：以大曲、小曲、麸曲等其中两种或两种以上糖化发酵剂酿制而成的白酒；或以糖化酶为糖化剂，加酿酒酵母等发酵酿制而成的白酒。如董酒。

（2）按不同生产工艺分类

① 固态法白酒：以粮谷为原料，以大曲、小曲、麸曲等为糖化发酵剂，采用固态发酵法或半固态发酵法工艺所得的基酒，经陈酿、勾调而成的，不直接或间接添加食用酒精及非自身发酵产生的呈色呈香呈味物质，具有本品固有风格特征的白酒。

② 液态法白酒：以粮谷为原料，采用液态发酵法工艺所得的基酒，可添加谷物食用酿造酒精，不直接或间接添加非自身发酵产生的呈色呈香呈味物质，精制加工而成的白酒。

③ 固液法白酒：以液态法白酒或以谷物食用酿造酒精为基酒，利用固态发酵酒醅或特制香醅串蒸或浸蒸，或直接与固态法白酒按一定比例调配而成，不直接或间接添加非自身发酵产生的呈色呈香呈味物质，具有本品固有风格的白酒。

（3）按香型分类

① 浓香型白酒（nongxiangxing baijiu）：以粮谷为原料，采用浓香大曲为糖化发酵剂，经泥窖固态发酵、固态蒸馏、陈酿、勾调而成的，不直接或间接添加食用酒精及非自身

---

① 2021 年 1 月 1 日起实行的《中华人民共和国进出口税则》，正式将白酒的英文名称修改为：Chinese baijiu。这样进一步展现出中国白酒的对外影响力。

发酵产生的呈色呈香呈味物质的白酒。执行标准为 GB/T 10781.1—2021。

② 清香型白酒（qingxiangxing baijiu）：以粮谷为原料，采用大曲、小曲、麸曲及酒母等为糖化发酵剂，经缸、池等容器固态发酵、固态蒸馏、陈酿、勾调而成的，不直接或间接添加食用酒精及非自身发酵产生的呈色呈香呈味物质的白酒。新标准 GB/T 10781.2 待发布。

③ 米香型白酒（mixiangxing baijiu）：以大米等为原料，采用小曲为糖化发酵剂，经半固态法发酵、蒸馏、陈酿、勾调而成的，不直接或间接添加食用酒精及非自身发酵产生的呈色呈香呈味物质的白酒。新标准 GB/T 10781.3 待发布。

④ 凤香型（fengxiangxing baijiu）：以粮谷为原料，采用大曲为糖化发酵剂，经固态发酵、固态蒸馏、酒海陈酿、勾调而成的，不直接或间接添加食用酒精及非自身发酵产生的呈色呈香呈味物质的白酒。

⑤ 豉香型白酒（chixiangxing baijiu）：以大米或预碎的大米为原料，经蒸煮，用大酒饼作为主要糖化发酵剂，采用边糖化边发酵的工艺，经蒸馏、陈肉酝浸、勾调而成的，不直接或间接添加食用酒精及非自身发酵产生的呈色呈香呈味物质，具有豉香特点的白酒。

⑥ 芝麻香型白酒（zhimaxiangxing baijiu）：以粮谷为主要原料，或配以麸皮，以大曲、麸曲等为糖化发酵剂，经堆积、固态发酵、固态蒸馏、陈酿、勾调而成的，不直接或间接添加食用酒精及非自身发酵产生的呈色呈香呈味物质，具有芝麻香型风格的白酒。执行标准为 GB/T 10781.9—2021。

⑦ 特香型白酒（texiangxing baijiu）：以大米为主要原料，以面粉、麦麸和酒糟培制的大曲为糖化发酵剂，经红赭条石窖池固态发酵、固态蒸馏、陈酿、勾调而成的，不直接或间接添加食用酒精及非自身发酵产生的呈色呈香呈味物质的白酒。

⑧ 兼香型白酒（jianxiangxing baijiu）：以粮谷为原料，采用一种或多种曲为糖化发酵剂，经固态发酵（或分型固态发酵）、固态蒸馏、陈酿、勾调而成的，不直接或间接添加食用酒精及非自身发酵产生的呈色呈香呈味物质，具有兼香风格的白酒。

⑨ 浓酱兼香型白酒（nongjiangjianxiangxing baijiu）：以粮谷为原料，采用一种或多种曲为糖化发酵剂，经固态发酵（或分型固态发酵）、固态蒸馏、陈酿、勾调而成的，不直接或间接添加食用酒精及非自身发酵产生的呈色呈香呈味物质，具有浓香兼酱香风格的白酒。执行标准为 GB/T 10781.8—2021。

⑩ 老白干香型白酒（laobaigan xiangxing baijiu）：以粮谷为原料，采用中温大曲为糖化发酵剂，以地缸等为发酵容器，经固态法发酵、固态蒸馏、陈酿、勾调而成的，不直接或间接添加食用酒精及非自身发酵产生的呈色呈香呈味物质的白酒。

⑪ 酱香型白酒（jiangxiangxing baijiu）：以粮谷为原料，采用高温大曲为糖化发酵剂，经固态法发酵、固态蒸馏、陈酿、勾调而成的，不直接或间接添加食用酒精及非自身发酵产生的呈色呈香呈味物质，具有酱香风格的白酒。

⑫ 董香型白酒（dongxiangxing baijiu）：以高粱、小麦、大米等为主要原料，按添加中药材的传统工艺制作大曲、小曲，用固态法大窖、小窖发酵，经串香蒸馏、长期储存、勾调而成的，不直接或间接添加食用酒精及非自身发酵产生的呈色呈香呈味物质，具有董香型风格的白酒。

⑬ 馥郁香型白酒（fuyuxiangxing baijiu）：以粮谷为原料，采用小曲和大曲为糖化发酵剂，经泥窖固态发酵、清蒸混入、陈酿、勾调而成的，不直接或间接添加食用酒精及非自身发酵产生的呈色呈香呈味物质，具有前浓中清后酱独特风格的白酒。执行标准为GB/T 10781. 11—2021。

11. 调香白酒（flavored baijiu）

以固态法白酒、液态法白酒、固液法白酒或食用酒精为酒基，添加食品添加剂调配而成，具有白酒风格的配制酒。

12. 白兰地（brandy）

以水果或果汁（浆）为原料，经发酵、蒸馏、陈酿、调配而成的蒸馏酒。国家标准为GB/T 11856—2008。以科涅克白兰地出名。

注：一般专指以葡萄为原料生产的，其他水果为原料的冠以水果名。

白兰地按原料分类：葡萄白兰地（葡萄原汁白兰地、葡萄皮渣白兰地），水果白兰地；

按生产工艺分类：白兰地、调配白兰地、风味白兰地。

13. 水果蒸馏酒（fruit spirit）

以水果或果汁（浆）为原料，经发酵、蒸馏而成的蒸馏酒。

14. 威士忌（whisky）

以谷物为原料，经糖化、发酵、蒸馏、陈酿、经或不经调配而成的蒸馏酒。国家标准为GB/T 11857—2008。以苏格兰产出名。

威士忌按原料分类：麦芽威士忌、谷物威士忌；

按生产工艺分类：威士忌、调配威士忌、风味威士忌。

15. 伏特加（俄得克）（vodka）

以谷物、薯类、糖蜜及其他可食用农作物等为原料，经发酵、蒸馏制成食用酒精，再经过特殊工艺精制加工制成的蒸馏酒。以俄罗斯产最出名。国家标准为GB/T 11858—2008。

按原料生产工艺分类：伏特加、风味伏特加。

16. 朗姆酒（rum）

以甘蔗汁、甘蔗糖蜜、甘蔗糖浆或其他甘蔗加工产物为原料，经发酵、蒸馏，陈酿、调配而成的蒸馏酒。

按原料生产工艺分类：朗姆酒、风味朗姆酒。

17. 金酒（杜松子酒）（juniper-flavoured spirit drinks）

以粮谷等为原料，经糖化、发酵、蒸馏所得的基酒，用包括杜松子在内的植物香源浸提或串香复蒸馏制成的蒸馏酒。

18. 龙舌兰酒（agave spirit）

以龙舌兰为原料，经发酵、蒸馏、陈酿、调配而成的蒸馏酒。

饮料酒的分类见图 1-3 至图 1-5。

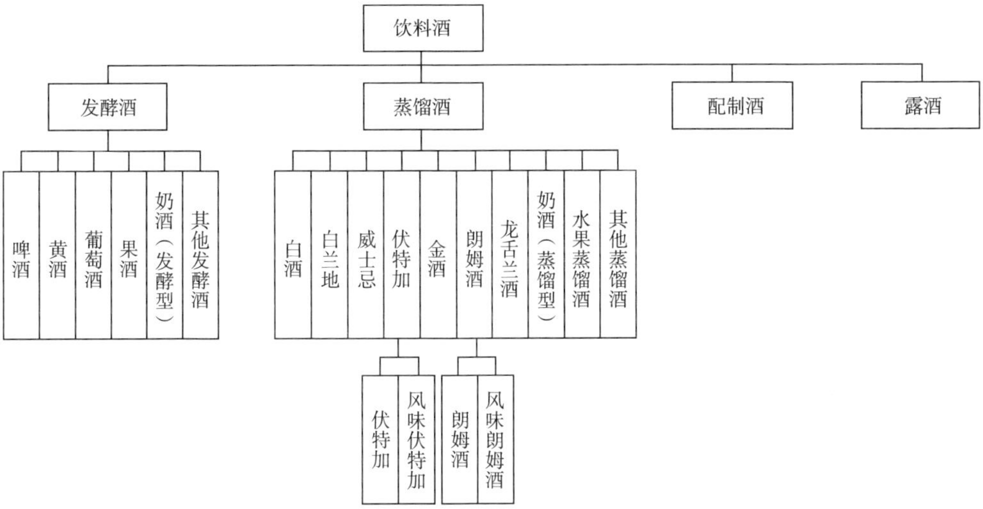

图 1-3　饮料酒分类框架图

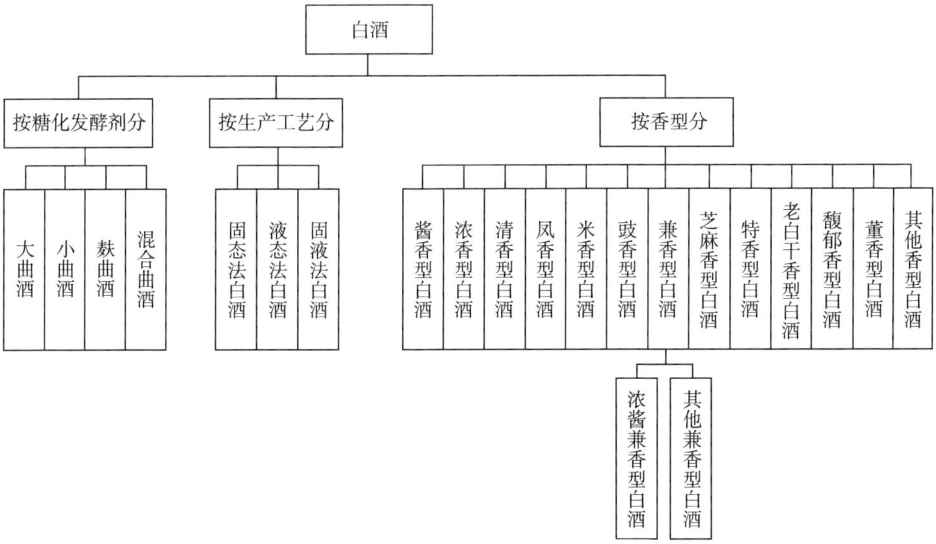

图 1-4　白酒分类框架图

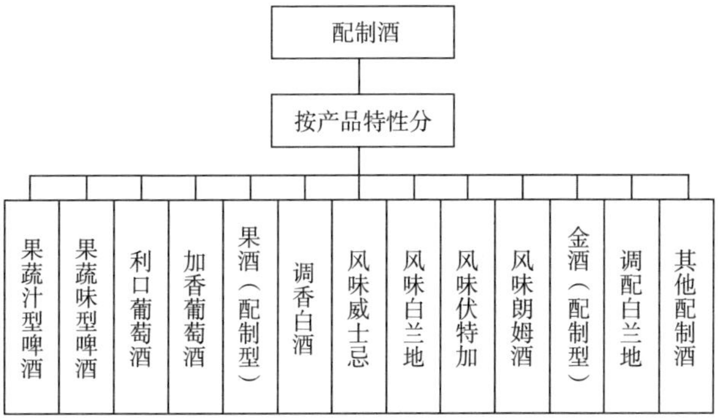

图 1-5　配制酒分类框架图

（二） 按国家统计局的统计标准分类

饮料酒分为啤酒、白酒、葡萄酒、黄酒、果露酒、酒精 6 类，这种分类方法简单明确。按国家统计标准它们归属于“制造业”门类中的 13~43 大类中的 15 大类“酒、饮料和精制茶制造业”。具体分类见下表 1-4。

表 1-4　酒在国民经济中的行业分类（GB/T 4754—2017）

代码				类别名称	说明
门类	大类	中类	小类		
C				制造业	本门类包括 13~43 大类
	15			酒、饮料和精制茶制造业	
		151		酒的制造	指酒精、白酒、啤酒及其专用麦芽、黄酒、葡萄酒、果酒、配制酒以及其他酒的生产
			1511	酒精制造	指用玉米、小麦、薯类等淀粉质原料或用糖蜜等含糖质原料，经蒸煮、糖化、发酵及蒸馏等工艺制成的酒精产品的生产活动
			1512	白酒制造	指以高粱等粮谷为主要原料，以大曲、小曲或麸曲及酒母等为糖化发酵剂，经蒸煮、糖化、发酵、蒸馏、陈酿、勾兑而制成的蒸馏酒产品的生产活动
			1513	啤酒制造	指以麦芽（包括特种麦芽）、水为主要原料，加啤酒花，经酵母发酵酿制而成，含二氧化碳、起泡、低酒精度的发酵酒产品的生产活动，以及啤酒专用原料麦芽的生产活动
			1514	黄酒制造	指以稻米、黍米、黑米、小麦、玉米等为主要原料，加曲、酵母等糖化发酵剂发酵酿制而成的发酵酒产品的生产活动
			1515	葡萄酒制造	指以新鲜葡萄或葡萄汁为原料，经全部或部分发酵酿制而成，含有一定酒精度的发酵酒产品的生产活动
			1519	其他酒制造	指除葡萄酒以外的果酒、配制酒以及上述未列明的其他酒产品的生产活动

1. 统计情况

（1）一般，国家统计局统计年主营业务收入在 2000 万元及以上的法人工业企业（即规模以上企业，2011 年前主营业务收入统计为 500 万元以上）；2003 年及以前计量单位为万 t，以后为万 kL。如 2020 年全国酿酒总产量为 5400.74 万 kL（具体指标见表 1-2）。

（2）其他酒，包括果酒、配制酒及其他蒸馏酒（如白兰地等），由于这 3 类酒产量小，历史原因有相当关联，故合并在一起计算，业内又称为“果露酒”（统计指标以前也这样称谓）。

（3）酒精单列计算，即酿酒总产量=饮料酒总产量+酒精。

2. 按国家统计局的统计标准分类，其统计数据具有以下特点：

（1）权威性　由国家政府组织出面，全国所有省、自治区、直辖市均设有地方统计局，还有遍布各地的调查队，统计资料相当全面。

（2）科学性　按统计销售额作为统计源，达到一定的规模才记入，严格按统计标准进行，其统计数据具有严密的科学性。

（3）指导性　统计数据充分反映各个行业的实际情况，为国家决策提供科学依据，并指导各个行业的健康发展。

笔者注意到，由于种种原因，这种统计资料数据有时存在重复计算的问题。如甲省一酒厂生产的白酒以原酒形式卖到乙省酒厂，乙省酒厂将其降度勾调后以瓶装出厂又卖到市场（消费者），这就可能出现 2 个省都记入产量（产值），这么多年来的“原酒大流通”，其数量不可小视；还有大量小酒厂及作坊酒厂产量未记入（据行业统计年产 120 万 kL 以上，特别是南方的小曲酒），它们中相当一部分卖到有关酒厂，这些酒厂将其或勾调为成品，或作为配制酒、露酒原料使用，这个量如何计？

二、 中国白酒的分布及产区

（一） 全国分布概况

由于地域文化特色和水土渊源，中国的白酒生产企业主要集中在西南地区（四川、贵州）、华东地区（山东、江苏、安徽）和华中地区（河南、湖北、江西），这些地方同时也是白酒消费大省，居民日常交际和餐饮以白酒消费为主。构成了川酒、黔酒、苏酒、鲁酒、豫酒、徽酒等白酒流派和区域化的产业集群效应。

按照中国主要的水系和江河流域，主要的中国白酒大致可划分为三大板块，即长江流域的川黔板块（四川、贵州），黄河流域的鲁豫板块（山东、河南），淮河流域的苏皖板块（江苏、安徽）。据统计，这三大板块白酒的产量、主营业务收入、利润、税收占据了行业大半部分。

1. 长江流域之川黔板块

四川，是传统名优白酒聚集地，是全球规模最大、质量甚优的蒸馏酒产区，是中国白酒的黄金产区。集聚了以五粮液、泸州老窖、剑南春、郎酒、全兴、沱牌六朵金花为代表的中国名酒；丰谷酒业、四川文君、泸州三溪、古川酒业、小角楼酒业、叙府酒业、江口醇酒业、仙潭酒业、金雁酒业、玉蝉酒业等“十朵小金花”；川酒集团等“原酒 20 强”组成的名优酒企；以浓香为主，也有酱香、兼香、小曲清香等白酒品牌。

贵州是中国酱香型白酒之乡，地理纬度较低，常年为亚热带地区湿润季风气候，有得天独厚的地理优势。有茅台、董酒两大国家名酒，及贵州十大名酒为代表的名优酒阵营，以酱香型为主，兼有董香（药香）、浓香品牌。2022 年 1 月 26 日，国务院印发《关于支持贵州在新时代西部大开发上闯新路的意见》，提出发挥赤水河流域酱香型白酒原产地和主产区优势，建设全国重要的白酒生产基地。

由于川黔两地酿酒地域优势，2008 年有四川、贵州省委和省政府联合提出中国白酒金三角的白酒产业战略构想，其目的是弘扬中国酒文化，打造中国的“波尔多”国际品牌，让中国白酒更多地进入国际市场。

此外，长江流域的重庆，有诗仙太白、江津白酒、江小白等白酒品牌。

2. 黄河流域之鲁豫板块

鲁豫地区是中原文化的核心，也是中华文明的发祥地。

山东是白酒产销大省，有600多家白酒生产企业，鲁酒在中国数千年的酒史上有着举足轻重的地位，主要品牌有泰山、景芝、扳倒井、兰陵、趵突泉等优质酒，以浓香、芝麻香为主，近年来芝麻香异军突起，有独特的优势。

河南的酿酒历史可以追溯至远古时代，与酒有关的出土文物众多，文化底蕴深厚。有宋河、宝丰两大国家名酒，有仰韶酒、杜康酒等，有浓香型，也有清香型白酒。

黄河流经的青海、甘肃、宁夏、内蒙古、陕西、山西等省也出产不少优质白酒，如：青海的互助青稞酒独树一帜，是青藏高原的白酒之花；甘肃的金徽酒业、皇台酒业、红川酒业都有一定实力；内蒙古有宁城老窖、蒙古王、鄂尔多斯、河套王等白酒品牌。

陕西主要是凤香型主产区，以国家名酒西凤酒为代表，还有太白酒、白水杜康等代表。

山西是以老四大名酒——汾酒为代表的清香型主产区，还有六曲香等优质酒。

3. 淮河流域之苏皖板块

苏皖地区经济水平高，市场容量大，是白酒的生产大省，酿酒历史悠久。

江苏以浓香型为主，20世纪80~90年代的“三沟一河”闻名于世（“三沟一河”即双沟，高沟——现今世缘、汤沟、洋河），如今的洋河股份拥有洋河、双沟两大国家名酒，洋河股份的市值位于全国19家白酒类上市公司第三，可见其发展动力。

安徽，有源远流长的历史底蕴，中国白酒行业中素有“西不入川、东不入皖”之说，有国家名酒——古井贡酒为代表，迎驾贡酒、口子窖、高炉家酒等组成的白酒阵营。以浓香型为主，也有兼香型白酒。

4. 其他地区

（1）东北及京津冀地区，主要以浓香型、清香型白酒为主。东北是我国的粮仓、重要的工业基地，全国各个酿酒大省都要从东北购买高粱、玉米等。酿酒业发达且规模较大，东北三省均是十大酿酒省份，涌现出不少颇具影响力的品牌。如黑龙江的玉泉酒是浓酱兼香型的代表之一，还有富裕老窖、北大仓、龙滨酒、老村长等品牌；吉林的洮儿河、大泉源、榆树钱等也有一定市场；辽宁有凌塔白酒、道光廿五、三沟酒业等品牌企业。

京津冀地区，是我国经济文化中心，商业发达。北京有牛栏山二锅头、红星酒业两大企业，主要以清香型为主；津酒是天津的主要代表；河北酒业比较发达，拥有上市公司老白干酒，及丛台酒业、山庄酒业、泥坑酒业、十里香等有实力的酒企。

（2）两湖两广地区，浓香、酱香、兼香、米香、豉香各有特色。

九省通衢的湖北，酿酒历史悠久，是十大酿酒大省之一。有第五届国家名酒黄鹤楼，有浓酱兼香型代表之一的白云边，以白酒、露酒闻名的劲牌公司，也有稻花香、石花酒业等相当规模的企业。

湖南，虽然酿酒业规模稍逊湖北，但实力不容小觑，拥有17大名酒之一的武陵酒，有“浓、清、酱”三香合一的酒鬼酒，还有湘窖酒业、浏阳河酒业、德山酒业、白沙液、雁峰酒业等。

广东，是中国最大的酒类销售市场之一，以九江双蒸酒、石湾玉冰烧为代表的豉香型白酒生产大本营。

广西，以桂林三花为代表，成就了中国白酒四大香型之一的米香型，拥有漓泉、三花、湘山等老字号品牌，此外南丹的酱酒也具相当的实力。

(3) 此外，其他省份也有值得称道的好白酒，如江西的四特酒（特香型代表）、李渡高粱酒；新疆的伊力特、古城老窖；云南的玉林泉、鹤庆干酒、杨林肥酒；西藏的青稞酒；台湾的金门高粱酒……

（二） 重点产区

2017 年 11 月 20 日，在上海虹桥国际会展中心举行的“世界名酒·共享荣誉”名酒价值论坛上，中国酒业协会宣布了“世界十大烈酒产区”。产区是世界名酒的最佳表达方式，“世界十大烈酒产区”经由全球顶尖专家组成的世界十大烈酒产区评审委员会，对申报参与评选的全球 20 个产区进行评选，最终依据严格的、不同维度的评选标准，评出“世界十大烈酒产区”。它们是：遵义、宜宾、宿迁、泸州、吕梁、亳州、苏格兰、干邑、波多黎各、瓜达拉哈拉。

在 2017 年评选出“世界十大烈酒产区”的基础上，中国酒业协会组织国内外知名专家经过近一年的时间，依据评审条件，经公平、公正、严格的考核，评选出世界烈酒品牌。2018 年 11 月 16 日，在上海举行的“世界名酒价值论坛”上，发布了“世界十大烈酒产区名牌”。即：遵义产区茅台，宜宾产区五粮液，吕梁产区汾酒，泸州产区泸州老窖、郎酒，亳州产区古井贡，宿迁产区洋河、双沟，干邑产区马爹利，苏格兰产区芝华士、尊尼获加，波多黎各产区百加得，瓜达拉哈拉产区豪帅快活。

随着“世界十大烈酒产区”“世界十大烈酒产区名牌”的发布，将进一步推动世界烈酒产区及品牌影响力，加快中国白酒与世界的交流。现就中国 6 大产区介绍如下：

1. 宜宾

川酒甲天下，精华在宜宾。作为一座拥有 2200 多年建城史、4000 多年酿酒史的古老城市，宜宾素有“万里长江第一城·中国酒都·中华竹都”美誉，有着深厚的酒文化积淀和酒产业基础。2020 年，宜宾全市白酒产业实现产量近 70 万 kL、营业收入超过 1400 亿元，利润总额超 300 亿元，白酒产量、营业收入、利润总额三大指标分别占全省白酒行业的 18.5%、50.2%、59.2%，分别占全国白酒行业的 9.2%、24.5%、19.7%，在全国、全省白酒产业占有举足轻重的地位。规模和增速都是中国白酒的龙头产区。

独有的生态滋养，区域内雨量充沛，气候温和、湿度大，土壤保水性较强，含有对酒分子结构有益的微量元素“镍”和“钴”；水系发达，得金沙江、岷江、长江三江世代滋养。独特的气候、土壤、水源“三位一体”自然条件，造就了特别适合白酒酿造微生物菌群生长，为高品质白酒酿造提供了得天独厚、不可复制的生态环境，被联合国教科文组织及粮农组织认定为“在地球同纬度上最适合酿造优质纯正蒸馏白酒的地区”。

宜宾，是中国浓香型白酒的发源地和世界名酒“五粮液”的产地（图 1-6），有五粮液老作坊、红楼梦糟坊头老作坊两个被列入中国世界文化遗产预备名录的文化遗产，有以“长发升”“利川永”等为代表的八家古传酿酒作坊构成的“明清古窖池群落”，有迄今为止窖池结构保存最完整、微生态环境保持最连续、不间断使用时间最长的“活窖”。其中，距今 650 余年的明代古窖于全国白酒行业都是极其珍贵的资源，是中国最古老的窖池。2005 年，五粮液的明代老窖泥被国家博物馆永久收藏。

图 1-6　宜宾五粮液地标建筑

目前，已形成以中国白酒龙头企业五粮液集团为引领，宜宾酒公司、高洲酒业、叙府酒业、红楼梦酒业等一批拥有知名品牌的白酒企业协同向好的优质白酒产业集群。拥有名酒“五粮液”，国家地理标志保护产品“宜宾酒”；还有“五粮液”“五粮春”“五粮醇”“金潭玉液”“华夏春”等13件中国驰名商标，为产区知名度、影响力不断提升构筑了坚实的品牌基础。

拥有“独特多粮浓香型传统固态法酿造工艺”国家级非物质文化遗产。宜宾浓香型白酒讲究“千年窖池万年糟”，一个窖至少要经历5~10年以上的使用和培养，才能自然“老熟”产出优质白酒，而百年老窖的微生物群落已蔚为壮观，优质品率是新窖的好几倍；讲究“集杂成醇”，由五种粮食精酿而成，五种粮食相互协调，达到醇香、纯正的境界，与其他白酒相比，“犹以味全面”而著称。

此外，四川轻化工大学（中国白酒学院）、国家白酒产品质量监督检验中心（四川）、中国酒业大数据中心、国家酒类品质与安全国际联合研究中心等国家级酒类产学研平台的入驻，也为宜宾白酒产业提供了强大的创新优势。

2009年，中国轻工业联合会、中国酒业协会授予宜宾“中国白酒之都”荣誉称号。2010年，国家质检总局批准“宜宾酒”列为“地理标志保护产品”。宜宾编制发布的《宜宾浓香型白酒生产企业良好行为规范》团体标准，被工信部科技司评为“百项团体标准应用示范项目”，成为四川省深化标准化工作改革以来的首个团体标准，为国内传统食品产业标准化建设树立了标杆。

2021年3月通过的《宜宾市白酒产业发展规划（2020—2025）》提出：“1338”总体发展部署（一个发展定位、三大发展战略、三大发展目标、八大重点任务），实现“酒都宜宾 浓香天下”，成为四川打造白酒世界级产业集群的主要支撑。

2. 遵义

起伏错落的山地，温暖湿润的河谷地带，千百年来不断地酿酒，孕育了遵义特有的酿酒微生物群落。蜿蜒流淌的赤水河，水质含有钾、钙、镁、铁、硫、磷、锰、铜、锌、硒等微量元素，优良的水质成就了沿岸众多佳酿，赤水河也因此被誉为“美酒河”（图 1-7）。

图 1-7　赤水河

红缨子糯高粱颗粒小、支链淀粉含量高、黏性大、耐蒸煮，是遵义特有的酿酒原粮。遵义酿酒生产工艺源远流长，源于商周，始于秦汉，熟于唐宋，精于明清，兴于近代，盛于当代。

酱香型白酒是遵义最引以为傲的佳酿。以茅台为核心的酱酒，带动着整个酱香型白酒品类的发展。酱香酒端午踩曲、重阳下沙等传统酿酒工艺列入贵州省、遵义市、仁怀市级非物质文化遗产名录。遵义产区先后主持制定了《DB52/526—2007 酱香型白酒》地方标准、《GB/T 26760—2011 酱香型白酒》国家标准、仁怀大曲酱香酒技术标准体系团体标准等。

遵义出产了市场上许多优质的白酒，如茅台、董酒、习酒、国台等。近年来还评出“遵义十大名酒”“中国酒都十大质量奖”为代表的“双十”品牌。处于“酱酒热”高潮的“十三五”时期，遵义产区白酒产值年均增长 15%，酱香型白酒产业跨入千亿级产业集群。体现出高速发展态势。2021 年 3 月通过的《遵义市国民经济和社会发展第十四个五年规划和二〇三五年远景目标纲要》提出：

提升白酒首位产业质量效益。围绕打造“世界级酱香型白酒产业基地核心区”目标，以贵州茅台酒为引领，以酱香型白酒为支柱，浓香、董香、茶酒和其他饮料酒为补充。到 2025 年，白酒总产量达 60 万 kL，总产值达 2500 亿元。

坚持以产区集聚产业。做强茅台镇核心产区，支持茅台集团形成茅台酒产能达 10 万 t、习酒产能达 10 万 t、茅台系列酒产能达 10 万 t 规模，力争将茅台集团打造成贵州省内首家“世界 500 强”企业，力争形成茅台镇核心产区 2000 亿元级产业集群。加快建设习酒产区、土城产区、董公寺产区、鸭溪产区、赤水产区，支持现有酒企扩能技改，力争总体产能达 25 万 kL。

壮大白酒市场主体。按照“生态引领、品牌带动、集约规范、特色发展”思路，坚持抓大、扶中、推小。支持茅台集团在千亿的基础上继续做大做强，实施“三翻番、双巩固、双打造”计划，确保“十四五”营业收入达到 2000 亿元。培育壮大习酒、国台、珍酒、董酒等一批有核心竞争力的骨干企业，加大湄窖酒、鸭溪窖酒、安酒、小糊涂仙等竞争力强、成长性好的企业重点扶持。加强白酒行业管理，大力整顿环境不达标、生产工艺落后的低端、低质酒企，推进中小白酒企业做大做强；加快培育 3~5 个白酒上市公司，培育形成 3~5 个百亿产值白酒企业，打造以茅台集团为航母的世界酱香型白酒产业舰队。

增强白酒品牌影响力和竞争力。继续开展“遵义名优白酒神州行”活动，支持茅台集团、仁怀市积极争取举办酱香型白酒交易博览会，以文化引领开辟新的消费群体。加快把国家地理标志证明商标“仁怀酱香酒”打造成为知名公共品牌，重塑董酒、珍酒、鸭溪窖、湄窖等知名品牌形象，提升“中国酱香・赤水河谷”形象品牌，形成各梯度品牌协同发展的良好格局。

全面提升白酒产业本地配套能力。大力发展包装、印务等白酒配套产业。依托遵义红粱集团，建设世界酱香型白酒酒用优质原料供应基地，逐步实现酒用原料本地化。到 2025 年，力争本地包材配套率达 80%以上。

2021 年 5 月《仁怀市国民经济和社会发展第十四个五年规划和二〇三五年远景目标纲要》也明确指出：大力支持茅台集团实施多元化、国际化战略，倾力支持茅台集团及其子公司技改扩能，推动“两个 10 万 t”目标早日实现，助力其成为全省首家“世界 500 强”企业。全力支持茅台集团继续做大做强，到 2025 年，茅台集团营业收入达到 2000 亿元。

未来的遵义产区，前景令人瞩目。

3. 泸州

作为历史悠久、人杰地灵的中国酒城，泸州以白酒闻名于世，有着源远流长的酿造文化和得天独厚的酿造生态，是“世界十大烈酒产区”之一。作为浓香鼻祖诞生地，一部泸州的地方史，就等同于白酒的酿造史。

好山好水，孕育独特酿酒生态。泸州位于北纬 28°酿酒龙脉之上，特定的经纬度、独特的矿物质、神秘的生态环境、长沱两江和美酒河赤水河的世代滋养，成为联合国粮农与教科文组织认定的“地球同纬度上最适合酿造优质纯正蒸馏酒的生态区”，同时也是世界上浓香型白酒和酱香型白酒最佳原产地唯一叠合区。这是泸州白酒产区不可替代、不可复制的核心竞争力。

千年酒史，造就传世酿造工艺。始于秦汉、兴于唐宋、盛于明清，泸州酿酒技艺绵延了两千余年。泸州拥有从明朝万历年间开始便从未间断使用的“1573 国宝窖池群”，至今保存有 400 年以上酿酒窖池 154 口、100 年以上窖池 1619 口、30 年以上窖池 14290 口，成就了泸酒的卓绝品质和独特口感（图 1-8）。泸州老窖始终坚守千年积淀而成的“自然制曲、固态发酵、甑桶蒸馏、陶坛陈酿”的酿造技艺；郎酒秉持一年一周期、二次投料、九次蒸煮、八次发酵、七次取酒形成的“12987”传统酿制工艺，独创“生、长、养、藏”品质秘籍，遵循敬天而酿的古法智慧，为泸州品质美酒保驾护航。

图 1-8　泸州老窖 1573 窖池车间

泸州拥有国家固态酿造工程技术研究中心，行业唯一的四川省固态酿造技术创新中心，国家白酒产业计量测试中心（四川），郎酒品质研究院等，将以川酒为主的固态酿造产业为主攻方向，抢抓“成渝地区双城经济圈”历史机遇、夯实平台建设基础、提升创新能力体系，服务我国固态酿造产业高质量发展。

泸州是中国轻工业联合会与中国酒业协会联合认证的国内首个“世界级白酒产业集群”，这里正在形成“一核三带”的酒业空间布局，即以四川泸州白酒产业园区为核心，建设长江沿岸浓香型白酒产业带、赤水河谷酱香型白酒产业带、沱江沿岸优质原酒产业带。

实施品质提升、品牌培育、品位塑造“三品战略”，坚持“种酿合一”，加快建成全市 100 万亩（1 亩 = 666.7m^2）专业化、标准化酿酒高粱基地；坚持生态优先，致力于产区生态保护，维护独特的微生物环境；坚持品牌化发展战略，用好用活全市 2 个中华老字号、3 个泸州酒地理标志、21 个中国驰名商标、75 个省级品牌资源；坚持集约集群发展，重点优化“一核三带”酒业空间布局，努力打造“产品品质卓越、产区品牌响亮、生产工艺精湛、标准体系权威、生态环境优良、文化资源丰富”的世界级优质白酒产业集群。

2020 年，泸州市酒类产业完成营业收入 1008.4 亿元，泸州白酒产业园区完成营业收入 1005 亿元，成功实现“千亿白酒产业”和“千亿酒业园区”发展目标。“十三五”时期泸州白酒产量基本维持在 200 万 kL 左右，在全国白酒产量的占比还在逐年抬升，到 2019 年已超过 1/4，全国每四瓶白酒里，就有一瓶是泸州产。

在中国白酒六大产区中，泸州产区的白酒产量始终遥遥领先，稳居第一。但规模优势还不算泸州产区最大的优势，近年泸州产区正在构建“全产业闭环链”和集约集群的白酒产业。产业路径的领先，才是其未来的价值优势所在。“全产业闭环链”包括两大产业链，一是涵盖酿制研发、原粮种植、基酒酿造、灌装生产、仓储物流、会展金融六大业态的白酒产业链；二是囊括研发、设计、印制、防伪四个环节和玻瓶、瓶盖、包箱、包盒四类产品的酒类包材配套产业链。

今天的酒城泸州，实力不止在于根基深厚、文化深远，更在于其有完善的产业顶层设计。泸州市“十四五”规划指出：以“6 个 100 亿”项目为抓手，实现“六个打造”，即打造世界一流的白酒产区、打造世界一流的白酒产业园区、打造世界级白酒企业集群、打造世界级优质白酒原产地、打造世界级优质白酒品牌集聚区、打造世界级白酒绿色发展示范区。

4. 宿迁

“酒都，酒都，一镇堪将天下醉。”著名社会学家费孝通这句简短的赞誉，足以道出酒都宿迁深厚的家底。

作为中国东部地区唯一一个“中国白酒之都”，宿迁形成了以洋河、双沟为引领，以乾隆江南、御珍、分金亭等为重要组成，以百威英博啤酒、青岛啤酒为补充的酒企版图。

宿迁坐拥“三河两湖一湿地”的自然生态水系，水域面积达 2367km^2，占全市国土面积接近三分之一，为酿酒提供了源头好水，与苏格兰威士忌、法国干邑并称“世界三大湿地名酒产区”。独特的湿地生态环境，让宿迁与宜宾、泸州遥遥相对，造就了不一样的苏派浓香。

这样一个以湿地闻名的产区，自有其美感，似乎天生就该把白酒和旅游结合起来，洋河酿酒起源于隋唐，素有“福泉酒海清香美，味占江南第一家”的美誉，而双沟因“下草湾人”“醉猿化石”的发现，被誉为“中国最具天然酿酒环境与自然酒起源的地方”。

宿迁拥有中国目前保存最完整、规模最宏大的地下陶坛酒窖——洋河地下酒窖，记载了中国酿酒工业发展的历史进程，成为全国唯一的酿酒贮存环节重点保护文物；“梦之蓝”等六大中国驰名商标。2012 年 8 月，中国轻工业联合会和中国酒业协会授予宿迁“中国白酒之都”的称号。

目前，宿迁正在加快打造国际顶级的浓香绵柔型白酒产区、产城融合示范区和世界著名酒文化旅游目的地。据了解，宿迁的酒庄、酒街、酒村等项目正在持续推进，洋河和双沟也在寻求从 4A 级景区升级为 5A 级景区。

宿迁“十四五”规划指出：加快建设有实力的“中国酒都核心区”，力争“十四五”期间培育年销售 10 亿元酒企 5 家、30 亿元酒企 3 家、50 亿元酒企 1 家。使宿迁“把酒产业打造为具有全国影响力的地标产业”。

5. 吕梁

吕梁地区气候条件优越，为酿酒微生物的生态环境奠定了基础，优质的地下水为酿酒发酵过程中微生物提供了生长所必需的微量元素，并稳定了酿造过程中微生物的群落结构。吕梁地区种植高粱历史悠久，2000 多年前地方志中就有关于种植高粱的记载。考古发现，吕梁境内 6000 年前就有了酿酒的容器，春秋战国时期就有酿酒的记载，北齐时期“汾清”就以醇香甜美名闻天下。吕梁有着 1500 年的成名史、800 年的蒸馏史和 300 年的品牌史，是中国白酒产业的奠基者，是白酒酿造技艺的教科书，也是白酒发展的活化石。

该地区主要盛产清香型白酒，拥有山西杏花村汾酒集团有限责任公司、山西汾阳王酒业有限责任公司等著名酒类企业。1915 年，在美国旧金山举办的巴拿马万国博览会上，汾酒一举荣获最高奖——甲等金质大奖章。杏花村汾酒酿造技艺入选了国家级非物质文化遗产保护名录，竹叶青酒泡制技艺入选省级非物质文化遗产保护名录。拥有“汾”“竹叶青”“杏花村”等中国驰名商标。

吕梁作为“世界十大烈酒产区”“世界美酒特色产区”，是中国最大的清香型白酒生产基地，年产白酒 20 万 t，产值 200 亿元。截至 2020 年，已连续四年举办了山西（汾阳·杏花村）世界酒文化博览会。

未来吕梁将坚持“以酒为基、以旅为纲、酒旅融合、多元发展”的总体方向，继续做大酒产业，进一步扩大吕梁清香白酒的影响力；全力做好酒融合，以杏花古村、汾酒集团、中国汾酒城三大板块建设为突破口，全方位推动酒文旅产业形态融合、业态协同，打造世界著名的清香型白酒集聚区和酒文化旅游胜地。

2021 年 5 月通过的《吕梁市白酒产业十四五规划》提出：“力争到 2025 年，全市白酒产能达到 50 万 t、产量达到 50 万 kL、产值突破 500 亿元、杏花村酒文旅融合发展示范区游客达到 500 万人次”。

6. 亳州

亳州是中国酒文化的重要发祥地之一，地处神奇的“北纬 30 度”名酒带，处于江淮名酒带的核心腹地，酿酒历史悠久，酒文化底蕴深厚。距今 5000 多年的尉迟寺遗址出土了与酿酒有关的陶器，距今约 4000 年的钓鱼台遗址出土了中国最早的小麦，拥有世界上现存最古老的蒸馏酒酿造方法“九酝酒法”，这些都印证着亳州悠久的酿酒文化，酒与城早已融为一体。

2020 年全市规模以上白酒工业总产值为 146.5 亿元，比“十三五”末增长 58.6%，规模以上白酒企业实现的增加值、利润、税收总额稳居全市第 1 位。

2021 年 9 月，在亳州市第五次党代会提出，将以古井集团、徽酒集团等企业为龙头，聚力建设集名酒名镇、酿酒基地、文化传承、康养旅游于一体的“华夏酒城”。把白酒这一亳州名片，做强做优做大。力争到 2025 年，全市白酒企业实现营业收入 300 亿元，酿酒总产量 20 万 kL，培育年营业收入超过 200 亿元的企业 1 家，超 10 亿元企业 1~2 家，超 5 亿元企业 3~5 家，超亿元企业 10 家以上，巩固亳州白酒在全省龙头、全国第一方阵地位，加快建设融名酒名镇、酿酒基地、文化传承、康养旅游于一体的“华夏酒城”。

古井集团在充分发挥国家工业遗产、国家级非物质文化遗产、国家级文物保护单位的价值，高标准推进古井贡酒年份原浆传统酿造区的升级和改造。做好“世界十大烈酒产区”的价值传播，系统梳理和科学阐述亳州的水源、风土、气候、环境等对于酿酒的独特作用，讲清亳州的产区优势；推进文旅融合，打造“传统+现代”的古井酒文化特色小镇，推出沉浸式的酒文化研学、旅游、购物体验区。

在涡阳县高炉镇，高炉家·徽酒集团也延续着辉煌。通过收购兼并，目前在全国拥有 6 大白酒生产基地，为做大、做强、做优奠定了坚实的基础，为“华夏酒城”的建设提供了有力支撑。

在古井集团和徽酒集团的带动下，形成了古井镇和高炉镇两个白酒产业集群区，以及金不换酒业、好运酒业、金口酒业等一批市场占有率较高的骨干企业。同时，酒类研发、生产、包装、物流等产业链条基本齐全，白酒产业呈现出质效双升的高质量发展态势。

古井贡酒是白酒行业第一家 A/B 股同时上市企业，自 2019 年起连续过百亿，2020 年实现营收 102.92 亿元，实现净利润 18.55 亿元。2021 年，古井贡酒品牌价值再创新高，达到 2006.72 亿元，继续位列安徽白酒第一名、中国白酒行业第四名。

2021 年年初，古井集团又与安徽明光酒业达成战略合作，这也是继 2016 年与黄鹤楼酒业开启战略合作后，又一次同业大型并购。至此，古井集团成为唯一一家拥有“三大名酒、四大香型、七大产区”的中国名酒企业。

三、名酒概况

（一）世界名酒

历史、品牌、口感、价值、经典，是成为世界名酒的几大要素。从传统来看，世界名酒主要为蒸馏酒，有 6 大类，即中国白酒、白兰地、威士忌、朗姆酒、伏特加、金酒。它们具有很强的民族属性和文化特征，深受世界各国人民的喜爱。

1. 白兰地

白兰地是英文 Brandy 一词的音译，其用词由荷兰“烧酒”转化而来，有“可燃烧”的意思。最初专指用葡萄酒蒸馏而成的烈性酒，后来逐步扩展为以各种新鲜水果或果汁为原料，经过发酵、蒸馏、贮存、调配而成的蒸馏酒。分为葡萄白兰地和水果白兰地。

白兰地源于英国，但其主要产地为法国科涅克（Cognec，又译为干邑）镇，它位于法国西南部的夏朗德河流域，该地区的气候、土壤特别适合葡萄生长，所产葡萄比波尔多、勃艮第的葡萄酸，缺乏适当的糖度，酿成的酒平均酒精度只有 9.2%vol，将酿成的葡萄酒加以蒸馏，从而形成闻名世界的“科涅克白兰地”。故科涅克又成为世界性葡萄白兰地的代名词。市场常见的科涅克白兰地有 HENNESSY（轩尼诗）、MARTELL（马爹利）、RÉMY MARTIN（人头马）等。专门生产白兰地数量最多的是法国，它每年将 60~120 万 t 的葡萄酒原料和生产葡萄酒后的皮渣来生产大量的白兰地。国内烟台张裕葡萄酒酿酒公司生产的“张裕金奖白兰地”品质也堪称上乘，早在 1915 年就荣获巴拿马金质奖章，在 1952 年举行的第一次全国评酒会被评为“8 大名酒”之一，并蝉联历届全国名酒称号。

白兰地主要（技术）特点见表 1-5。

表 1-5　白兰地主要（技术）特点

特殊设备	夏朗德壶式蒸馏器、橡木桶
主产地	法国、意大利等欧洲各国
工艺特点	葡萄或其他水果经过发酵后，将发酵液及其沉淀物放入蒸馏器加热进行第一次蒸馏，经冷凝管冷却，酒精直接流入木桶，这种白兰地称为“粗白兰地”；将“粗白兰地”进行第二次复蒸，取得中段酒精度在 65%vol~70%vol 的新酒，再降度后装入橡木桶老熟。勾兑成型后，酒精度一般为 38%vol~44%vol。酒龄至少在 2 年以上，如 XO（特级）在 6 年以上
酒体风格	色泽金黄透明，具有和谐的果香、陈酿的橡木香与醇正的酒香，口味幽雅、浓郁、醇和、甘洌、沁润、细腻、丰满、绵延，具有本品独特的风格
香味特征	白兰地的香味主要由乙酸乙酯、乙醛、丙酮、甲醇、异戊醇等几种成分的含量比来决定的，特别是类萜化合物含量最为丰富，远高于其他国外蒸馏酒

2. 威士忌

威士忌（Whisky 或 Whiskey）是以谷物及麦芽为原料，经糖化、发酵、蒸馏、贮存、调配而成的蒸馏酒。威士忌这个词，始于 1715 年，即 WHISKYBAE 的译音，在英语及法语中均称为“生命之水”。英国早在 12 世纪就开始生产威士忌，到 19 世纪才大规模生产。以苏格兰威士忌最负盛名，是英国最重要的出口商品之一。

威士忌的品种有 1000 余种，按其所用原料与生产工艺分为麦芽威士忌、谷物威士忌、调配威士忌和波旁威士忌。著名品牌有苏格兰威士忌 Scotch Whiskey、爱尔兰威士忌 Irish Whiskey、波旁威士忌 Bourbon Whisky。国内最早生产威士忌的厂家是青岛葡萄酒厂，目前已有福建、山东、湖南、四川、内蒙古、云南等地进行规模化生产。

威士忌主要（技术）特点见表 1-6。

表 1-6　　威士忌主要（技术）特点

特殊设备	壶式蒸馏器、橡木桶
主产地	英国（苏格兰）
工艺特点	传统生产先用苏格兰特有的泥炭烘干麦芽（使其带有特有的烟熏味），粉碎后，用带草灰味的水浸渍蒸煮后得到麦芽汁；麦芽汁发酵后经两次蒸馏，取得中段酒精度在 63%vol～71%vol 的新酒。将中段酒降度后入橡木桶老熟 3 年以上，勾兑成型，酒精度一般为 40%vol～44%vol
酒体风格	色泽金黄透明，具有威士忌酒特有的香气，酒体丰满、醇和、干爽，回味中带有泥炭烟熏大麦芽赋予的优雅香味，具备威士忌酒的典型风格
香味特征	富含吡嗪、吡啶类杂环化合物，这表明美拉德反应在威士忌中比其他蒸馏酒中起着更重要的作用。这是它在国外五大蒸馏酒中独有的特点

3. 朗姆酒

朗姆酒（Rum）又称劳姆酒、老姆酒，是指以甘蔗糖蜜或甘蔗汁为原料，经酵母发酵、蒸馏，在橡木桶贮存陈酿至少两年的蒸馏酒。朗姆酒绰号“海盗之酒”，因为过去横行在加勒比海地区的海盗都喜欢喝这种酒，分为传统朗姆酒、芳香型朗姆酒和清淡型朗姆酒。我国于 20 世纪 70 年代末，广州啤酒厂利用废糖蜜进行朗姆酒的生产试验，通过对废糖蜜的预处理，除去糖蜜中的杂质，选用生香酵母、产酒酵母与相关菌种混合发酵，连续蒸馏，提取初馏液，再经蒸馏釜间歇蒸馏，分段取酒，在橡木桶储存 3 年以上，制成具备朗姆酒典型风格的产品，该产品在 1984 年轻工业部质量大奖赛中获奖。朗姆酒生产条件不复杂，加之我国有大量的甘蔗原料，只要调整好成品酒的口感，也是一个较好的酒饮品种。

朗姆酒主要（技术）特点见表 1-7。

表 1-7　　朗姆酒主要（技术）特点

特殊设备	壶式蒸馏器、橡木桶
主产地	西印度群岛的牙买加、古巴等加勒比海国家
工艺特点	选择甘蔗糖蜜或甘蔗汁为原料，加入特殊生香酵母（产酯酵母）和丁酸菌等共同发酵；采用间歇或连续蒸馏，得酒精度在 65%vol～75%vol 的新酒，放入橡木桶储存数年；再经勾兑成型，酒精度在 40%vol～55%vol

续表

酒体风格	色泽多呈琥珀色或棕色，清亮透明，酒香和糖蜜香浓郁，味醇和、圆润，有甘蔗特有的香气和回味，具备朗姆酒的典型风格
香味特征	乙缩醛类化合物含量高，居国外五大蒸馏酒之冠

4. 伏特加

伏特加（Vodka）又名俄得克，源于俄罗斯、波兰，人均消费量居世界之冠，是这两个国家的国酒。

伏特加主要以谷物、薯类或糖蜜等为原料，经发酵、蒸馏制成食用酒精，再经桦木炭脱臭、除杂，精制加工而成，使酒精中所含有的甲醇、醛类、杂醇油、高级脂肪酸等除去，使酒的风味清爽，进一步改善口味、增加醇厚感。我国山东青岛、安徽等地生产的伏特加质量也堪称一流。

伏特加主要（技术）特点见表 1-8。

表 1-8　　伏特加主要（技术）特点

特殊设备	蒸馏塔
主产地	俄罗斯、波兰等国家
工艺特点	谷物等原料经过粉碎、蒸煮、糖化、发酵，制成发酵醪；将其蒸馏成 40%vol~70%vol 的烈性酒，再精馏至 85%vol 以上；经反复过滤脱臭制成无色、无臭、无味的伏特加酒，降度至 38%vol~42%vol 即可
酒体风格	无色清亮透明，具有本品的醇香，口感柔和干爽，无异味，具有本品特有的风格
香味特征	伏特加的要求是没有太多酯香味为好。伏特加标准中总酯限量很低

5. 金酒

金酒（Gin）又名杜松子酒，杜松子具有利尿作用，并具幽雅的香气，被誉为世界疗效酒的鼻祖，是指以粮谷等为原料，经发酵、蒸馏制得食用酒基，加入杜松子配以芳香性植物，经科学工艺浸渍、蒸馏，馏出液分段截取，精心配制而成的低度蒸馏酒。它起源于 17 世纪中叶的荷兰，但发展于英国。

金酒生产中除加入杜松子外，还配以芳香性植物，如苦杏仁、小豆蔻、桂皮、白芷、柠檬、橘子皮等，由于浸泡的药材 Gordon's（植物）较多，故金酒的种类繁多。著名品牌有将军（Beefeater）金酒、哥顿（Gordon's）金酒、皇后（Bombay）金酒、宝马远年（Bokma genever）金酒。我国青岛葡萄酒厂生产的金酒质量已接近英国金酒。

金酒主要（技术）特点见表 1-9。

表 1-9　　金酒主要（技术）特点

特殊设备	壶式蒸馏锅
主产地	荷兰、英国等欧洲国家
工艺特点	以大麦、燕麦、玉米等粮谷为原料，以麦芽为糖化剂，以酵母为发酵剂，发酵 2~3d 后，在第一次蒸馏所得酒中添加杜松子及其他香料，用浸泡法提香；再进行第二次蒸馏、除杂，稀释成 38%vol~44%vol 即成

续表

酒体风格	无色透明，具有杜松子主体芳香，味甘爽柔和，具有金酒的典型风格
香味特征	金酒主要原料是杜松子即杜松的果实。杜松子含有以萜烯为主的多种挥发油，是杜松子的主体香气组成成分

6. 其他

（1）龙舌兰酒（Tequila） 是墨西哥的特产名酒，它是以龙舌兰为原料酿造而成的蒸馏酒，酒精度45%vol左右。其生产为：先将龙舌兰切成4等份，放入蒸汽锅内加热，取出粉碎、榨汁，泵入发酵槽内发酵2d后，进行粗馏及精馏，即成。

（2）日本烧酎（烧酒） 酒精度25%vol~40%vol，1548年（日本大事记）中有饮用米烧酎的记载，当地萨摩、人吉等地使用散曲加水进行液态发酵而成。

日本烧酎分为甲类烧酎：昭和40年（1965年）开始，乙类烧酎（本格烧酎，1971年开始）1975年左右得到全国认同。

甲类烧酎：采用连续式蒸馏机制作的烧酎，原酒度数95度以上，是几乎不含任何杂质的高纯烧酒，甲类烧酎（20度，25度，35度）风味很清淡。

本格烧酎：采用单式蒸馏机制作的烧酎，一般只蒸馏1次，原酒含有微量的挥发性成分、原料来源的特性成分以及酿造过程的特有成分等。

日本烧酎：香味好，纯正，无煤气臭、酸臭等，味轻快淡丽、圆润、甘甜等为上品；高级醇的平衡，乙酸异戊酯、乙酸苯乙酯的酯香受到重视；相反，乙醛、乙酸乙酯、乙酸等不太受欢迎。

（二）中国名优酒

1. 中国白酒及评酒

中国白酒历史悠久，种类繁多，到目前为止，已形成十二种香型白酒。

自从中华人民共和国于1949年成立以来，共进行了五次国家级的名酒评选活动，其目的是加快技术进步，提高酒的质量。除了这些代表国家最高水平的名酒外，还有国家评定的优质酒。

第一次全国评酒会于1952年在北京召开，由中国专卖实业公司主持，根据市场信誉、理化分析的结果进行评议。共评出8种国家级名酒，其中白酒4种，黄酒1种（鉴湖牌绍兴加饭酒），葡萄酒类的张裕红葡萄酒及张裕金奖白兰地、张裕味美思。其中4种白酒即业界统称的“四大名酒”。

第二次全国评酒会于1963年在北京召开，由轻工业部主持，并首次制定了评酒规则，按混合编组大排队，进行密码编号、分组淘汰的办法。共评出国家级名酒18种。其中白酒8种（业界常称的“八大名酒”），黄酒2种，啤酒1种，葡萄酒类6种，露酒1种。

第三次全国评酒会于1979年在辽宁大连举行，由轻工业部主持，按香型、生产工艺、糖化发酵剂种类细致分类的办法，共评出18种国家名酒，47种优质酒。

第四次全国评酒会于1984年在山西太原举行，由中国食品工业协会主持，协调原轻工业部、原商业部、原农牧渔业部进行，本届特制定评选优质食品的标准和办法，共评出国家名酒28种，其中白酒13种。

第五次全国评酒会于 1989 年在安徽合肥市举行，由中国食品工业协会主持，这届评选贯彻了“优质、低度、多品种、低消耗”的发展方针。从白酒中评出 17 种国家名酒、53 种国家优质酒。其他酒类未评。

目前所指的中国名白酒即 1989 年第五届全国评酒会评出的 17 种国家名白酒。

2. 其他名酒

1984 年以前共 4 届评了除白酒外的其他名酒后，相隔 20 年，在 2007 年再次评定。据 2007 年 9 月 11 日在北京举行的 2007 年中国名牌产品暨中国世界名牌产品表彰大会上，3 个产品荣获中国世界名牌产品称号，856 个产品荣获 2007 年中国名牌产品称号，其中酒类品牌有 12 个上榜。即黄酒领域的中国绍兴黄酒集团有限公司的“古越龙山”牌和“沈永和”牌等 7 个，露酒领域的烟台张裕集团有限公司的“张裕”三鞭酒等 7 个品牌，其他蒸馏酒中的烟台张裕集团有限公司的“张裕”白兰地。历届全中国名酒名录见附录。

第二章　酿酒科技发展史

我国酿酒科技的发展总体可分为两个阶段，第一阶段是自然发酵阶段，历经数千年，传统发酵技术由孕育、发展乃至成熟，形成了一个较为完善的传统酿酒技术体系。即使在 21 世纪的今天，自然发酵技术也并未消失，尤其是一些名酒的生产，传统技术仍发挥着极为重要的作用。其中的一些奥秘仍有待于人们去解开。传统酿造技术的特点是人们凭几千年积累的丰富经验指导酿酒，对酿酒过程的微观世界并没有全面深入细致地了解，或者说尚未全部掌控。

第二阶段是从晚清及民国开始的，由于引入西方的科技知识，尤其是微生物学、生物化学和生物工程知识后，传统酿酒技术发生了巨大的变化，人们懂得了酿酒微观世界的奥秘，机械化水平提高，生产过程中劳动强度大大降低，酒的质量更有保障。酒的产量大幅增加，品种更是层出不穷。

我国的酿酒原料以谷物为主，宋代以前，我国的政治、文化和经济中心在黄河流域，酿酒原料主要取自北方的粮食作物，如小麦、高粱和粟等。这从《齐民要术》中的有关记载可以得到验证。但随着南方经济的发展，特别是宋代开始，政治中心逐渐南移，到了南宋，统治区域逐渐缩小到南方的江苏、浙江、江西、广东、福建等地，而这些地区的农作物主要是稻谷，因此黄酒的酿酒原料主要取自稻谷，又因为通过酿酒实践发现糯米是最好的酿酒原料，故大多数黄酒选用糯米，如浙江、江苏等地。北方少数地区由于受传统技术的影响，仍使用粟酿酒，如山东的兰陵酒。

对于中国酿酒科技的发展，朱宝镛、洪光柱等有较深入的研究，下面就对以上两个阶段加以介绍，侧重蒸馏酒（白酒）。

第一节　公元前的酿酒技术

一、 远古时期的酿酒技术

由于年代久远，汉代以前的酿酒技术状况究竟是如何发展的，目前很难还原其真实面貌，只能从零星文字材料和考古资料加以推测。甲骨文中出现大量与酿酒有关的文字，如酉、鬯、蘗等。从商代出土的大量精美的青铜酒器，以及贵族嗜酒成风，最后因酒亡国的历史教训中，可以想象商代的酿酒业是何等繁荣。

（一）用曲酿酒

人们有意识地酿酒，首先从果实或谷物自然发酵成酒得到启发，才开始加以模仿。尽管对远古时期的酿酒技术并不十分清楚，但是大致可认为有两种主要的酿酒方式：即用酒曲酿酒和用糵酿制醴，或用曲糵同时酿制酒精饮料。

有文字记载之前的酿酒技术，只能从其酿造器具加以分析。如 1979 年山东陵阳河大汶口发现的距今五千年的成套酿酒器具；1985 年河北藁城台西商代遗址发现的完整的商代中期的商代作坊等。从这些酿酒器具的配置情况看，远古时期，酿酒的基本过程包括谷物的蒸煮、发酵、过滤、贮酒。经过蒸熟的原料便于微生物的作用制成酒曲，也便于被酶分解，发酵成酒，再经过过滤，滤去酒糟，得到酒液（也不排除制成的酒醪直接饮用）。这些过程及这些简陋的器具是酿酒的基本要素。与古埃及第五王朝国王墓中壁画上所描绘的器具类型基本相同。蒸煮过的谷物只有发霉，培养成酒曲才能用来酿酒。即曲法酿酒是一种主要方式，用曲酿酒后来是我国酿酒的主要方式之一。

（二）《周礼》中的“五齐”“三酒”

在《周礼》中，这“五齐”是指用来祭祀的五种不同规格的酒，也可能是在酿酒过程的五个不同阶段所取的酒。

泛齐：酒刚熟，有酒滓浮于酒面，酒味淡薄。

醴齐：一种汁滓相混合的有甜味的浊酒。

盎齐：一种熟透的白色浊酒。

醍齐：赤黄色的浊酒。

沈齐：酒滓下沉而得到的清酒。

“五齐”也可理解为描述了一个完整的酿酒发酵过程。

“三酒”，即事酒、昔酒、清酒。大概是西周时期王宫内酒的分类。事酒是专门为祭祀或会宾客而新酿的酒，有事时临时酿造，故酿造期较短，酒酿成后，立即就使用，无需经过陈酿。昔酒则是经过较长时间酿造（如冬酿春熟）的酒。清酒是酿造时间最长久而味道最醇美的高档酒，这说明酿酒技术较为完善。

（三）《礼记》中的“六必”

《礼记》作于西汉。其中记载了至今仍被认为是酿酒技术精华的一段话：“仲冬之月，乃命大酋，秫稻必齐，曲糵必时，湛炽必洁，水泉必香，陶器必良，火齐必得，兼用六物，大酋监之，无有差忒”（《礼记·月令》）。“六必”字数虽少，但所涉及的内容相当广泛全面，缺一不可，是酿酒时要掌握的六大原则问题。在 21 世纪的今天来看，这六条原则仍具有相当大的指导意义。下面对其做一简要注释：

秫稻必齐：是针对原料而言的。“齐”的解释很多。可以理解为原料的精选，即所用原料必须饱满整齐；也可以理解为齐备，即原料分量要充足。

曲糵必时：即曲糵的供应、制造时期要适时。

湛炽必洁：湛是浸泡，指浸曲或浸糵，或浸米；炽是蒸煮原料；这些过程都要讲究卫生清洁。

水泉必香：指要选取好的水源。水质必须清洌，无异杂味。

陶器必良：指对酿酒盛器的要求。古代最基本的要求是不渗不漏。

火齐必得：酿造时的温度控制要适当，或理解为原料蒸煮时火力要适当。

（四） 最古老的酿酒工艺记载

商代的甲骨文中关于酒的字虽然有很多，但从中尚未找到完整的酿酒过程的记载。对于周朝的酿酒技术，仅能根据只言片语加以推测。

在长沙马王堆西汉墓中出土的帛书《养生方》和《杂疗方》中可看到我国迄今为止发现的最早的酿酒工艺记载。这是我国最早的一个较为完整的酿酒工艺技术文字记载，而且书中反映的事都是先秦时期的情况。其大致工艺过程如下：

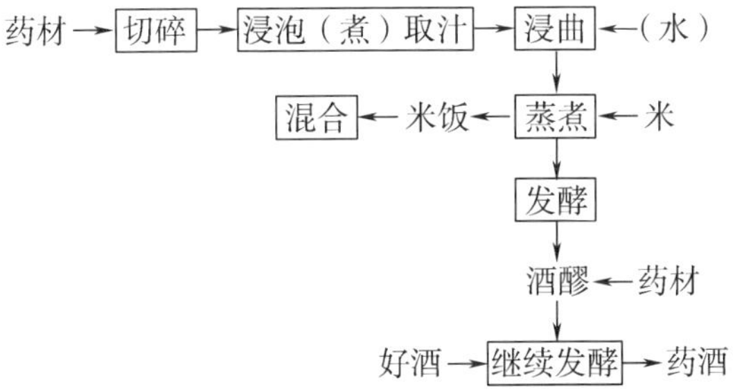

从上述工艺流程可以发现：采用了两种酒曲，酒曲先浸泡，取曲汁用于酿酒。发酵后期，在酒醪中分3次加入好酒，这就是古代所说的“三重醇酒”，即“酎酒”的特有工艺技术。

二、 汉代及魏晋南北朝的酿酒技术

（一） 东汉酿酒图

在东汉的一些画像石和画像砖上，有多幅图是关于汉代的酒垆和酒作坊的，如四川新都出土的东汉酿酒画像砖，四川成都土桥东汉墓出土的酿酒画像石。山东诸城凉台出土的庖厨图中的酿酒情形，把当时酿酒全过程都表现出来了。

新汉王莽当权后，制定了详细的酿酒原料的配比，即一酿用粗米二斛，曲一斛，得成酒六斛六斗，出酒率220%，这个比例与现在很接近。但其酒曲用量很大（占原料的50%），这说明酒曲的糖化发酵力不高。

（二）《齐民要术》中的酿酒技术

汉代以后，酿酒技术有较详细的文字记载留传下来。如贾思勰的《齐民要术》，其中有8例制曲法，40余例酿酒法。所收录的实际上是汉代以来各地区（以北方为主）的酿酒法，是我国历史上第一部有系统的酿酒技术总结，其酿酒技术路线与前面所总结的汉代酿酒路线大致相同。但是更为可贵的是总结了许多酿酒技术的原理，这些原理在现代仍然起着指导意义。

1. 用曲的方法

用酒曲酿酒是我国的特色，曲是糖化发酵剂，在古代，将其看作发酵的引物。古人如何用曲值得研究。

古代用曲的方法有两种：一是先将酒曲泡在水中，过滤后取曲汁，投入米饭开始发酵，这称之为“浸曲法”；另一种是酒曲捣碎成细粉后，直接与米饭混合，这不妨称之为“曲末拌饭法”。浸曲法的优点是酒曲被粉碎后，浸泡在水中，酶制剂已溶入水中，酵母菌也可度过停滞期，并开始繁殖。这样投入米饭后，发酵可以尽快进行。这种用曲法对于当时不常用酒母的北方来说是必要的。同时，古人浸曲也有讲究，会根据季节、水温确定浸曲时间。这表明当时人们认识到温度对酿酒的影响，符合微生物及酶学的有关原理。

在北魏时期，“曲末拌饭法”并不普遍，但后来却成为南方的主要用曲方法。

2. 酸浆的使用

酿酒酵母菌喜欢在较酸的环境中生长，其生长最适 pH 最好在 4.2~5.0。有些微生物如细菌则在中性的 pH 环境下较易生长。在较低的 pH 环境下会受到抑制。米饭加水后，其 pH 往往不在 4.2~5.0 的范围内。为克服这一矛盾，古人除了选择酿酒时间多在温度较低的冬季进行之外，还采用了既大胆又明智的“以酸治酸”的策略：酸浆法。本来酿酒所忌讳的就是酒变酸了。但是古人巧妙地利用先酸化后酿酒的策略，使酒醪中的酸性环境有利于有益酵母菌生长，不利于腐败菌（细菌）的生长，反而可以抑制酒的酸败。应用酸浆是我国古代酿酒技术的一个很重要的发明。

3. 固态及半固态发酵法

我国黄酒酿造的重要特点之一是发酵醪液中固体物质的浓度较高。与国外的葡萄酒发酵、啤酒发酵相比，这一特点就更加明显。啤酒也是采用谷物作原料，其糖化醪中麦芽与水之比为 1∶4.3 左右，威士忌的糖化醪则为 1∶5 左右。

第二节　公元后的酿酒技术

一、 唐宋时期的酿酒技术

（一） 文献资料简述

唐代和宋代是我国黄酒酿造技术最辉煌的发展时期。酿酒行业在经过了数千年的实践之后，传统的酿造经验得到了升华，形成了传统的酿造理论，传统的黄酒酿酒工艺流程、技术措施及主要的工艺设备至迟在宋代基本定型，蒸馏烧酒则处于发展的初期，其他类型的酒也有了进一步的发展。

记述蒸馏技术及烧酒的文字资料在宋代出现，如南宋的《丹房须知》《岭外代答》《洗冤录》等。总的来看唐代留传下来完整的酿酒技术文献资料较少，但散见于其他史籍中的零星资料则极为丰富。宋代的酿酒技术文献资料则不仅数量多，而且内容丰富，具有较高的理论水平。

如果说《北山酒经》是阐述较大规模酿酒作坊的酿酒技术的典范，那么与朱肱同一时期的苏轼的《酒经》则是描述家庭酿酒的佳作。苏轼的《酒经》言简意赅，把他所学到的酿酒方法在数百字的《酒经》中完整地体现出来了。

北宋田锡所作的《曲本草》中，载有大量的酒曲和药酒方面的资料，尤为可贵的是书中记载了当时暹罗（今泰国所在）的烧酒，为研究蒸馏烧酒的起源提供了宝贵的史料。

由于酒在宋代的特殊地位，社会上迫切需要一本关于酒的百科全书方面的书，北宋时期的窦苹写了一本《酒谱》，该书引用了大量与酒有关的历史资料，从酒的起源、酒之名、酒之事、酒之功、温克（指饮酒有节）、乱德（指酗酒无度）、诫失（诫酒）、神异（与酒有关的一些奇异古怪之事）、异域（外国的酒）、性味、饮器和酒令这十几个方面对酒及与酒有关的内容进行了多方位的描述。

大概成书于南宋的《酒名记》则全面记载了北宋时期全国各地 100 多种较有名气的酒名，这些酒有的酿自皇亲国戚，有的酿自名臣，有的出自闻名的酒店、酒库，也有的出自民间，尤为有趣的是这些酒名大多极为雅致。

（二）《北山酒经》中的酿酒理论

在我国古代酿酒历史上，学术水平最高、最能完整体现我国黄酒酿造科技精华，在酿酒实践中最有指导价值的酿酒专著是北宋末期成书的《北山酒经》。全书共分为三卷，上卷为“经”，其中总结了历代酿酒的重要理论，并且对全书的酿酒、制曲做了提纲挈领的阐述。中卷论述制曲技术，并收录了十几种酒曲的配方及制法。下卷论述酿酒技术。《北山酒经》与《齐民要术》中关于制曲酿酒部分的内容相比，显然更进了一步，不仅罗列制曲酿酒的方法，更重要的是对其中的道理进行了分析。因而更具有理论指导作用。

1.《北山酒经》中的酿酒理论

（1）以传统学说探讨发酵的机理　用“阴阳学说”和“气”的动力作用解释发酵机理。古代先浸曲，然后把米饭投入浸曲汁水中，于是开始有气泡产生，这就是发酵。发酵机理就是阴阳结合的结果。

（2）借用“五行”学说解释谷物转变成酒的过程　“五行”是指水、火、木、金、土五种物质。中国古代思想家企图用日常生活中常见的上述五种物质来说明世界万物的起源和多样性的统一。在《北山酒经》中，朱肱则用“五行”学说阐述谷物转变成酒的过程。朱肱认为：“酒之名以甘辛为义，金木间隔，以土为媒，自酸之甘，自甘之辛，而酒成焉。所谓以土之甘，合水作酸，以木之酸，合土作辛，然后知投者，所以作辛也”。

“土”是谷物生长的所在地，“以土为媒”，可理解为以土为介质生产谷物，在此“土”又可代指谷物。“甘”代表有甜味的物质，以土之甘，即表示从谷物转变成糖。“辛”代表有酒味的物质，“酸”表示酸浆，是酿酒过程中必加的物质之一。整理朱肱的观点，可发现当时人们关于酿酒的过程可用下面的示意图表示：

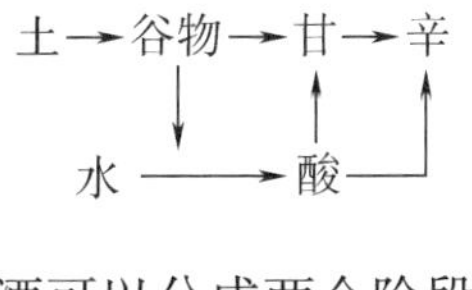

在这一过程中可明显地看到酿酒可以分成两个阶段，即先是谷物变成糖（甘），然后由糖转变成酒（甘变成辛）。

现代酿酒理论阐明了谷物酿酒过程的机理和具体步骤。从大的方面来说也是分为两个阶段，其一是由淀粉转变成糖的阶段，由淀粉酶、糖化酶等催化；其二是由糖发酵成酒精

（乙醇）的阶段，由一系列的酶（也称为酒化酶）催化。可见，现代理论和古代理论二者是相通的，只不过前者是从分子水平和酶作用机理来阐述的，后者是从酒的口感推论出来的。

2.《北山酒经》中的酿酒技术

《北山酒经》中的黄酒酿造技术是较为完善的。一方面，它继续并完善了远古的古遗六法（即《礼记》中的“六必”），继承了北魏《齐民要术》中酿酒科技的精华，另一方面，在经数百年的实践之后，又创造提出了许多新的技术，《北山酒经》对这些做了全面的总结。《北山酒经》虽然只记载了一些酿酒的配方、方法。但这部著作的可贵之处在于阐述传统酿酒理论。不仅说明如何做，更为重要的是阐明为什么要这样做。

根据《北山酒经》的记载，可将主要的酿酒过程整理如下：

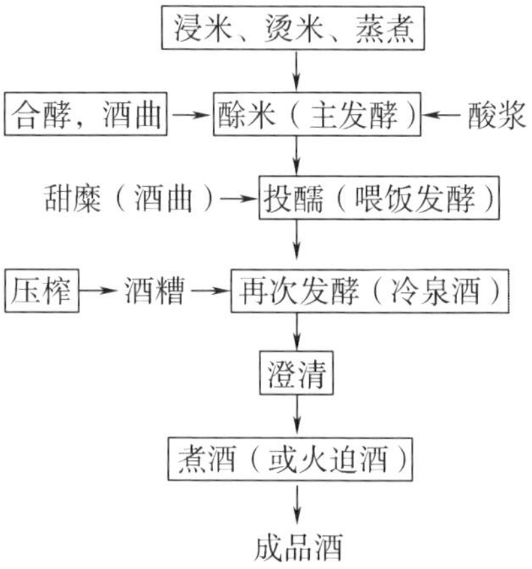

《北山酒经》在阐明古代酿酒传统技术的同时，还反映了宋代酿酒的一些技术进步：

（1）酸浆的普遍使用　《齐民要术》中的40例酿酒法，仅有3例提到了酸浆的使用。这说明那时酸浆的应用并不普遍。人们在认识上也没有把酸浆放在重要的位置上。《北山酒经》中，把酸浆的应用看作酿酒的头等大事。酸浆的制法也有多种形式。

（2）“酴米”“合酵”与微生物的扩大培养技术　“酴米”和“合酵”是《北山酒经》中的两个专门术语。用现代的话来说，“合酵”就是菌种的扩大培养，相当于现在的一级种子培养和二级种子培养；“酴米”就是酒母。“酴米”是三级种子。从《北山酒经》中的记述看来，这样精细的菌种扩大培养技术，早在800多年前，就已达到炉火纯青的地步。但人们对微生物却仍然是浑然无知。

上述合酵制造及使用步骤可用下图表示全过程：

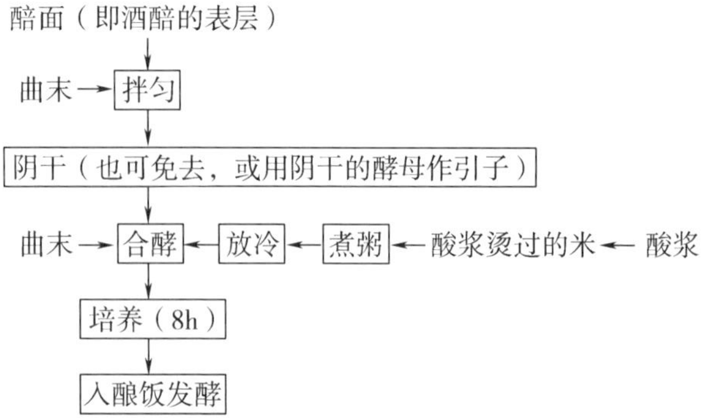

酵母菌的来源是酒醅或酒的醅面，也可来自酒曲。朱肱记载，北方酿酒和南方酿酒最大区别就是北方人酿酒不用酒曲，说明当时的南方人在酿酒技术方面已超过北方，北方可能仍在使用传统的浸曲法酿酒。

《北山酒经》中酴米的酿造过程是：

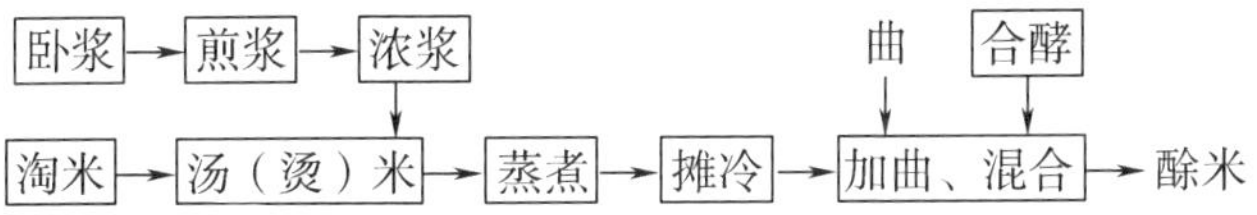

从上述过程可看出酴米的制造过程也相当于一个完整的酿酒过程，但其特点是突出了一个“酸”字。卧浆用来烫米，并一直留在米中，使米粒内部也吸透酸浆。因此酴米的酸度很大。杂菌繁殖的可能性大大降低。酴米酿造过程中的第二个特点是用曲量较大。有时，酒曲全部加在酴米酿造中，有时一部分曲是在补料时加入。

（3）投醹（投料）　东汉时盛行的九酿法，到了宋代，并不强调这么多的投料次数。一般为2~3次，投料依据同《齐民要术》中的“曲力相及”的理论，控制投料次数及投料量。《北山酒经》中提出了两点：一是补料要及时，二是补料的比例要恰当。

（4）压榨技术的新发展　在北魏时代及其以前，酿酒的后道工序是较为简单的。至迟在唐代，已有压榨酒的专用设备。到了宋代，由于压榨设备的改进，压榨工艺技术的完善，压榨酒技术就基本成熟了。压榨设备有家庭用的，较为简单；也有较为复杂的，用于大型酒坊。

《北山酒经》中有“上槽”一节。专门论述压酒操作。对榨酒设备虽没有做具体的描述，但从所叙述的榨酒操作过程中可了解当时所采用的榨酒设备的一些基本结构。

榨具称为“槽”或“榨”。主体结构应是榨箱。酒醪置于其中。附件有“压板”“砧”（捣衣石）“簟”（竹席）。酒醅可能是直接装入榨箱内，还未使用布袋盛酒醪。有可能使用滤布。

在《北山酒经》中对榨酒工艺技术进行了阐述，这在酿酒技术史上是不多见的。其要点有：

酒醪的成熟度应适当。在不同季节，酒的成熟度应不同。如在天寒时，酒须过熟；温晾并热时，须是合熟便压。在压榨过程中可能会发热，导致酒的酸败。压酒时，装料要均匀，压板上“砧”的位置要放正，“所贵压得均干，并无箭（溅）失”。这样可以最大限度地提高出酒率，减少损失。

压榨后的酒，先装入经过热汤洗涤过的酒瓮。然后还需经过数天的自然澄清。并去除酒脚。“直候澄折得清为度，即酒味倍佳”。

《北山酒经》中对“收酒”也有精彩的论述。要求满瓶，并蜡纸封闭。满瓶的目的是尽可能使酒瓶中酒液之上的空气减少，避免酒被空气氧化，也使一些好氧细菌无法繁殖；再加上用密封性能好的蜡纸封闭，空气就无法进入。在人们发明煮酒杀菌技术之前，这大概是常用的避免酒酸败的技术措施之一。

（5）烧酒、火迫酒与煮酒　“烧酒”一词，最初出现于唐人的诗句中。由于诗句中并没有说明烧酒的具体制法，具体含义不清，留下千古之谜。唐朝房千里所著的《投荒杂录》和刘恂的《岭表录异》也提到烧酒，而且讲述了其制法。实际上所谓“烧酒”就是一种直接加热的方式，而并不是蒸馏的方式。这两本书所记载的大同小异，即“实酒满瓮，泥其上，以火烧方熟，不然不中饮”。

“火迫酒”的做法与上述的烧酒相同，在《北山酒经》叙述得较为具体，其过程是在酒瓮底侧部钻一孔，先塞住，酒入内后，加黄蜡少许，密闭酒瓮，置于一小屋内，用砖垫起酒瓮，底部放些木炭，点火后，关闭小屋，使酒在文火加热的情况下放置 7d。取出后，从底侧孔放出酒脚（浑浊之物）。然后供饮用。

唐代的烧酒和宋代的火迫酒，都不是蒸馏酒，人们采用这种做法的目的是通过加热促使酒的成熟，促进酒的酯化增香，从而提高酒质。这种技术实际上还有加热杀菌、促进酒中凝固物沉淀、加热杀酶、固定酒的成分的作用。火迫酒的技术关键是文火缓慢加热，火力太猛，酒精都挥发了。火力太弱，又起不到上述所提到的作用。从酒的质量来看，火迫酒胜于煮酒。书中说此酒“耐停不损，全胜于煮酒也”。

虽说火迫酒质量优良，但生产时较为麻烦，时间也较长（7d）。作为大规模生产，显然火迫酒的这一套做法不大合适。相比之下煮酒较为简便易行。

煮酒，可能就是从唐代的“烧酒”演变过来的。两者的主要区别是唐代的烧酒是采用明火加热，宋代的煮酒是隔水煮。明确记载的煮酒工艺早在《北山酒经》问世之前就被采用。《宋史》卷一百八十五中“食货志”中有此记载。

《北山酒经》中较具体地记述了煮酒技术，其方法是：将酒灌入酒坛，并加入一定量的蜡及竹叶等物，密封坛口，置于甑中，加热，至酒煮沸。煮酒的全套设备就是锅、甑和酒瓶。这说明是隔水蒸煮。这种配合是比较原始的。但与唐代的“烧酒”方式相比又有了进步。酒的加热总是在 100℃的温度下进行，不至于忽然升温而引起酒的涌出。即使有酒的涌出，也是少量的。

《北山酒经》中关于煮酒的目的是延长酒的保藏时间，避免酒的酸败。尽管当时人们并不了解酸败的原因何在。煮酒技术的采用，为酒的大规模生产，为避免酒的酸败损失，提供了技术保障。对于生产环节和流通环节，其意义都是非常巨大的。

我国煮酒加热技术的采用比西方各国要早 700 多年。西方的啤酒和葡萄酒的保藏问题，也有类似发生酸败的问题。但在古代一直未得到解决。19 世纪中叶后，由于一些微生物学家的不懈努力，尤其是经过巴斯德的大量研究，发现引起酒酸败的根本原因是酒中除了有能引起发酵的酵母菌外，还有杂菌存在。正是这些杂菌使酒发生酸败。通过多次试验，巴斯德发现只需将酒加热到 60℃左右，并在此温度下维持一段时间，酒就不会酸败。此法用于啤酒也得到了同样的结果。此法后流行于各国，被称为巴斯德低温灭菌法。

宋代人们还认识到热杀菌并非避免酒酸败，长期保存酒的唯一可行方法。《北山酒经》记载的如同现代所采用的超滤技术，用孔径极细微的膜，可将酒中的细菌过滤去除，从原理上来说，与古人的是相同的。另外如在酒中加入黄蜡（蜂蜜），其目的是消泡，酒液冷却后，蜡在酒的表面形成一层薄膜，有隔绝空气的作用。

3. 黄酒的勾兑技术

南宋罗大经在《鹤林玉露》中有一篇短文《酒有和劲》，是目前已知最早论述黄酒勾兑技术的文章。具体如下：

其一，用于勾兑的原酒各有特色，但又有所缺陷。如小槽、珍珠是两种较为辛辣的酒，兵厨和玉友则是较为柔和的酒。合而为之，才能完美无缺。

其二，两种原酒，要按一定的比例配合。

其三，在酒中加入了石灰，这也是调节黄酒风味的物质之一，石灰还有澄清酒液、调节酸度的作用。

4. 其他酒的进一步发展

唐宋史料中还提到一些果酒。如唐代时从国外学来的“三勒浆”酒，就是由数种果物酿制而成的。《四时纂要》中载有其酿法。《曲本草》中载有“桑葚酒”，说它“补五脏，明耳目”。

最早使用蜜酒治病的是唐初著名的医学家孙思邈（581—682）。明代李时珍在《本草纲目》中对此有说明。北宋苏轼喜爱酿酒，从西蜀道士杨世昌处获得了蜜酒的酿法，并亲酿蜜酒，曾作《蜜酒歌》一诗。

二、 元明清时期的酿酒技术

（一） 史料综述

以绍兴酒为代表的黄酒生产技术自宋代后，有所发展，设备有所改进，但工艺路线基本固定，方法没有较大的改动。由于黄酒酿造仍局限于传统思路之中，在理论上还是处于知其然不知其所以然的状况。在宋代还处于萌芽时期的蒸馏烧酒，从元代开始异军突起，发展迅猛，明代时在北方占领了大部分市场，清代时更是成了商品酒的主流。

元明清时期，酿酒的文献资料较多。如下所示。

《饮膳正要》作者忽思慧，成书于 1330 年，该书对饮酒宜忌做了总结，还简要地叙述了 13 种滋补酒的特点。书中明确地提到了蒸馏烧酒。

《轧赖机酒赋》写于 1344 年，以赋的形式描述了当时的蒸馏器具的结构及作用原理。

《居家必用事类全集》书中有 1 例“南番烧酒法”，还记载了红曲及红曲酒的制法。还有一些书籍记载了黄酒、葡萄酒的制法。

《本草纲目》中关于酒的内容较为丰富，将酒分为米酒、烧酒、葡萄酒 3 大类，还收录了大量的药酒方；对红曲的制法给了较为详细的介绍。

《天工开物》中制曲酿酒部分较为宝贵的内容是关于红曲的制法，还附有插图。《调鼎集》关于绍兴酒的内容最为珍贵。

清代许多笔记小说保存了大量的与酒有关的历史资料。明清有些小说，提到过不少酒，这些酒大部分是当时的名酒，如“金华酒”“绍兴酒”“惠泉酒”“汾酒”等，仅清代《镜花缘》就有 70 多种。这些名酒在许多史籍中得到验证。

（二） 蒸馏酒的传统发酵技术

1. 发酵容器

发酵容器的多样性是造成蒸馏酒香型各异的主要原因之一，传统有陶缸和窖。

自古以来，黄酒发酵使用陶质容器，有的烧酒仍继承陶质容器发酵的传统。如南方的烧酒发酵容器几乎都是采用陶器。即使是糟烧酒，也是如此。但自从出现蒸馏酒后，这一传统观念发生了变化，地窖这一特殊的容器应运而生。所谓地窖发酵，就是掘地为窖，将原料堆积其中，让其自然发酵。地窖分为泥窖、碎石窖和条石窖等多种类型。此法创于何时，目前仍无公认的答案。但考古发现，四川的泸州、宜宾、成都等地窖池，窖龄达五六百年的老窖，其挖筑采用在明代之初。

2. 发酵工艺

蒸馏酒的发酵工艺脱胎于黄酒发酵工艺。但由于蒸馏酒本身的特点，也形成了独特的发酵工艺技术。

（1）与黄酒类似的米烧酒发酵工艺　明代李时珍的《本草纲目》简单地记载了当时蒸馏酒的生产方法，可以认为这是一种与黄酒类似的发酵方法，所不同的是增加了一道蒸馏工艺。该书记载："用浓酒和糟入甑，蒸令气上，用器承取滴露。凡酸坏之酒，皆可蒸烧。近时惟以糯米或粳米，或黍或秫，或大麦蒸熟，和曲酿瓮中七日，以甑蒸取，其清如水，味极浓烈，盖酒露也"。简言之，就是用黄酒发酵常用的一些原料，在酒瓮中发酵 7d，然后用甑蒸馏。所以说，这是类似于黄酒的发酵工艺。

明末清初写成的《沈氏农书》中记载了大麦烧酒方法，从中可知当时南方的烧酒酿造法类似于黄酒的酿造方法。发酵是在陶缸中进行，采用固态发酵。发酵时间为 7d，最后增加了一道蒸馏工艺。

南方的米烧酒，如著名的桂林三花酒，一直到 20 世纪上半叶，仍基本上采用上述方式，前期是固态，主要进行扩大培菌与糖化过程，下缸约 1d 后，加水进行半液态发酵。发酵时间约为 7d。

现在称之为"清楂法"的酿造工艺直接继承了以上工艺，稍有不同的是采用二次发酵，即第一次将发酵成熟的酒醅从缸中挖出，不加新粮，只加少许清蒸辅料，单独蒸酒，蒸馏后的酒糟经冷却，加曲后入缸再次发酵，发酵 28d 左右，再出缸蒸馏，酒糟作饲料用。发酵容器仍是陶缸。在清代，汾酒可能就是采用这种工艺，汾酒成为清代时期烧酒的佼佼者之一。

（2）混蒸续楂法发酵工艺　续楂法可视为循环发酵法，此法的特点是酒醅或酒糟经过蒸馏后，一部分仍入窖（或瓮）发酵，同时加入一定数量的新料和酒曲；还有一部分则丢弃不用。初始采用这种方法的目的可能是节约粮食，同时反复发酵的酒质量也较好。

续楂法起源于何时，也至今未有定论。四川宜宾博物馆所藏的杂粮酒秘方中，最后一句是"糟糠拌料天锅蒸"。这句话明确表明当时采用了酒糟、糠和原料三部分混合后进行蒸馏和蒸煮。这是典型的混蒸混烧的续楂法。采用续楂法的主要优点是原料经过多次发酵，提高了原料的利用率，经过多次发酵，也有利于积累酒香物质。在蒸馏的同时，又对原料加以蒸煮，可把新鲜原料中的香气成分带入酒中。加入谷糠作填充剂，可使酒醅保持疏松，有利于蒸汽流通，在发酵时，谷糠也起到了稀释淀粉浓度、冲淡酸度、吸收酒精、保持浆水的作用。加入谷糠作填充剂的做法起码在明末清初就采用了，最早的文字记载见《沈氏农书》。在《调鼎集》记载的"糟烧"生产过程中，也有类似的做法。

（3）茅台酒工艺　1936 年编修的《续遵义府志》记载："（茅台酒）出仁怀县茅台村，黔省称第一……法纯用高粱作沙，煮熟和小麦曲三分，纳粮地窖中，经月而出蒸烤之，即烤而复酿，必经数回然后成，初曰生沙，三四轮曰燧沙，六七轮曰大回沙，以次概曰小回沙，终乃得酒可饮"。以上记载虽简单，但茅台酒所特有酿造工艺却跃然纸上。

近代对茅台酒的生产工艺进行了整理，其过程大致相近。

3. 传统蒸馏器

东汉的蒸馏器：现藏于上海博物馆的蒸馏器为青铜所制，通高 53.9cm，分为甑体和釜体两部分。甑体有储料室和凝露室，还有一导流管。从器形结构来看，应属于蒸馏器，上海博物馆的研究人员用该蒸馏器还蒸出了酒精度为 20.4%vol～26.6%vol 的酒。

我国蒸馏器的基本结构特点可从东汉的这一青铜蒸馏器得到体现，大致可分为四大部分：釜体（加热或装料部分），甑体（装料或蒸汽挥发），冷凝部分（在古代称为天锅，用来盛冷水，蒸汽在盛水锅的另一侧被冷凝），冷凝液收集部分和冷凝液导出部分。这一器形结构一直延续至今，与国外的蒸馏器有较明显的区别。

宋代蒸馏器：关于宋代蒸馏器的史料有三条，分别代表了两种不同的器形。

《丹房须知》的蒸馏器“抽汞器”，下部是加热用的炉，上面有一盛药物的密闭容器，在下部加热炉的作用下，上面密闭容器内的物质挥发成蒸汽。在此容器上有一旁通管，可使内部的水银蒸汽流入旁边的冷凝罐中。

南宋周去非在 1178 年写成的《岭外代答》中记载了一种广西人升炼“朱银”的用具。从记载文字中可对其结构做出推测。这种蒸馏器的基本结构与《丹房须知》中的大致是相同的，所不同的则在顶部安了一根管子。

南宋张世南的《游宦纪闻》卷五记载了一例蒸馏器，用于蒸馏花露，可推测花露在器内就冷凝成液态了。说明在甑内还有冷凝液收集装置，冷却装置可能包括在这套装置中。

金元时期的蒸馏器：1975 年在河北承德地区青龙县发掘出的金代铜制蒸馏器。该蒸馏器高 41.6cm，由上下两个分体套合组成。下分体是一个半球形甑锅，上分体是一个圆桶形冷却器，穹窿底，据考古分析，该蒸馏器的构造原理和使用方法是：甑锅盛适量的水，水面上近锅腹处安一箅子，箅子上装上已发酵好的酒糟。冷却器严密套合在甑锅上部，器内装满冷水，用活塞堵住排水流。蒸酒时，酒蒸汽上升，在穹窿底被冷却成液态的烧酒，从卷状壁由牡唇导入汇酒糟，通过出酒流注入盛酒器。为了保持冷却作用，排出热水，换进冷水。

无独有偶，元代朱德润在《轧赖机酒赋》中描述的一种蒸馏器，据分析，正好与上述金代的蒸馏烧锅结构相同。

明清以来的蒸馏器的结构如何，大概可从民国时期的资料中得到一些启示。基本结构与宋金元时代的并没有很大的变化，主要是蒸馏器的容积增大了，适用于固态蒸馏的蒸馏器发展得更加完善。南方各地用来蒸馏小曲酒的“土甑”，酒蒸汽引出蒸馏器后在另外的冷却器中冷却。这实际上是由天锅、甑体和地锅所组成的蒸馏器。所谓天锅，是盛冷却水的锅置于最顶部，用于冷却酒蒸汽，甑休内置酒甑，地锅内盛水，是产生蒸汽的部分。

4. 蒸馏工艺技术

（1）液态蒸馏和固态蒸馏　最早的蒸馏方式可能是液态蒸馏法，也可能是固态蒸馏法。但在元代的《饮膳正要》《轧赖机酒赋》及《居家必用事类全集》中所记载的蒸馏方式都是液态蒸馏法。液态蒸馏法是最为简单的方法。元代时的葡萄烧酒、马奶烧酒都属于液态蒸馏这一类型。固态法蒸馏烧酒的历史演变情况不详，但固态法蒸馏花露的最早记载是在南宋《游宦纪闻》。另据考古分析，挖掘出来的金代铜烧酒锅是采用固态蒸馏法。

（2）冷却和酒液的收集　蒸馏时，酒汽的冷却及蒸馏酒液的收集是重要的操作。我国传统的蒸馏器有两种冷却方式。一种是把蒸馏出来的酒蒸汽引至蒸馏器外面的冷却器中冷却后被收集。或让蒸馏出来的酒汽在蒸馏器上部内壁自然冷却。最古老的冷却方法见于元代的《居家必用事类全集》中的“南番烧酒法”，此法似乎是从外番学来的，极为原始。另一种是在蒸馏锅上部的冷凝器（古称天锅、天湖）中冷却，酒液在蒸馏锅内的汇酒槽中汇集，排出后被收集。如《调鼎集》中记载：“天湖之水，每蒸二放，三放不等，看流酒之长短，时候之冷热，大约花散而味淡即止”。

（3）看酒花与分段取酒　我国人民起码在16世纪就懂得，在蒸馏时，蒸馏出来的酒的质量是随蒸馏时间发生变化的。在《本草纲目》中记载道：“（烧酒）面有细花者为真，小便清者，以头烧酒饮之，即止。”这里所说的“酒花”并非酿造啤酒时所用的香料植物酒花，而是在蒸馏时或烧酒经摇晃后，在酒的表面所形成的泡沫。由于酒精度不同，或由于酒液中其他一些成分的种类含量不同，酒的表面张力也有所不同。这会通过起泡性能的差异而表现出来。古人通过看酒花就可大致确定烧酒的质量，从而决定馏出物的取舍。在商业上则用酒花的性状来决定酒的价钱。因此酒花成了度量酒精度酒质的客观标准。《调鼎集》中总结道：“烧酒，碧清堆细花者顶高，花粗而疏者次之（名曰‘朝奉花’），无花而浑者下之。”传统的茅台酒的酒花可分为：鱼眼花、堆花、满花、碎米花和圈花。汾酒的酒花则分为：大花、小花、云花、水花和油花。名称各异，有一些内容实际上是相同的。在古代，还没有酒精度的概念（至民国时，酒度计的使用也不普遍，为了便于民间烧酒作坊统一看酒花的标准，当时的黄海化学工业研究社①的方心芳创造了一种方法，力图把酒花与酒精度联系起来。这套方法规定了酒花的定义、测验方法及单位，并明确了测量时的标准条件，得到了计算公式）。

古代由于掌握了看酒花的方法，分段取酒便有了可靠的依据。《本草纲目》中所说的“头烧酒”就是蒸馏时首先流出来的酒。“头烧酒”的概念与现在所说的“酒头”稍有不同。古代取酒，一般为二段取酒。头烧酒质量较好，第二段取的酒，质量明显较差。头烧酒和第二次取酒的数量比为3∶1。如《沈氏农书》中的大麦烧酒，头烧酒为15斤，次酒为5斤。现代一般分为三段，中间所取的部分作为成品酒，酒头、酒尾不作为成品酒。即所谓的“掐头去尾，中间取酒”。酒头可作为调味酒或重新发酵。酒尾也重新发酵或他用。

5. 风格多样的蒸馏酒

从文史资料的角度考察，古代的蒸馏酒分为南北两大类型，如在明代，蒸馏酒就起码分为两大流派，一类为北方烧酒，一类为南方烧酒。《金瓶梅词话》中的烧酒种类除了有“烧酒”（未注明产地）外，还有“南烧酒”这一名称。但实际情况是在北方除了粮食原料酿造的蒸馏酒外，还有西北的葡萄烧酒，内蒙古的马乳烧酒；在南方还可分为西南（以四川、贵州为中心）及中南和东南（包括广西、广东）两种类型。这样的分类仅仅是粗略的，并无统一的划分标准。

---

① 黄海化学工业研究社：我国最早开展酿酒及微生物研究与应用的科研单位，1922年8月在天津塘沽创立，抗日战争时内迁到四川乐山五通桥。

由于烧酒的主要特点是酒精浓度高，许多芳香成分在酒中的浓度是随着酒精度升高而提高，酒的香气成分及其浓淡成了判断烧酒质量的标准之一。我国风格多样的烧酒，主要是酿造原料的不同而自然形成的。其次是酿造技术等因素。

北方盛产小麦、高粱，南方盛产稻米，广西一带产苞米，新疆盛产葡萄。蒸馏烧酒的酿造原料因地制宜，用不同原料酿造烧酒是很自然的事。在蒸馏酒发展的初期，人们也许并不清楚究竟哪种原料最适于酿造烧酒。经过长时间的比较，人们有机会品尝比较各种原料酿造的烧酒之后，对不同原料酿造的烧酒的特点有了较为统一的看法。

高粱酒：在古代，高粱烧酒受到交口称赞。清代中后期成书的《浪迹丛谈　续谈　三谈》在评论各地的烧酒时说："今各地皆有烧酒，而以高粱所酿为最正。北方之沛酒、潞酒、汾酒皆高粱所为"。清代中后期至民国时期，高粱酒几乎成了烧酒的专用名称。这是由于高粱原料的特性所决定的。

杂粮酒：西南地区的烧酒在选料方面大概继承了其饮食特点，为强调酒香及酒体的丰富，采用各种原料，按一定的比例搭配发酵酿造。据四川博物馆的资料，宜宾的五粮液酒，在明代隆庆至万历年间（1567—1619 年）就被称为"杂粮酒"，所用的混合原料中有高粱、大米、糯米、荞麦、玉米。当地文物部门所收集到的一例祖传秘方中这样写道："饭米酒米各两成，荞子成半添半成，川南红粱凑足数，糟糠拌料天锅蒸，此方传子不传女，儿孙务必深藏之。"（宜宾"叙州府北门外温德丰糟坊陈氏家传"）

米烧酒：东南一带，米烧酒盛行，如明末清初成书的《沈氏农书》曾提到，米烧酒和大麦烧酒相比，后者的口味"粗猛"，质量不及前者。

糟烧酒：主产于南方黄酒产区，以黄酒压榨后的糟粕为原料，进一步发酵后经蒸馏而成。《沈氏农书》中记载了黄酒糟用来制造糟烧酒的方法。

经过长期的品尝比较，人们认识到不同的原料所酿造的烧酒各有其特点，总结出"高粱香，玉米甜，大米净，大麦冲。"

从元代开始，蒸馏酒在文献中已有明确的记载。经过数百年的发展，我国蒸馏酒形成了几大流派，如清蒸清烧二遍清的清香型酒（以汾酒为代表），有混蒸混烧续糟法老窖发酵的浓香型酒（以泸州老窖为代表），有酿造周期多达一年，数次发酵，数次蒸馏而得到的酱香型酒（以茅台酒为代表），有大小曲并用，采用独特的串香工艺酿造得到的董酒，有先培菌糖化后发酵，液态蒸馏的三花酒，还有富有广东特色的玉冰烧，有黄酒糟再次发酵蒸馏得到的糟烧酒。此外还有葡萄烧酒、马乳烧酒。

6. 其他酒类的发展

据记载，我国在 3000 年前的商代就有了葡萄酒，从自然发酵逐步过渡到加曲发酵。药酒滋补酒是我国的民族遗产，在众多史料中有大量记载，在今天也得到广泛应用。

三、 近代酿酒科技的发展

（一） 机械化酿酒工厂的建立

在漫长的社会发展中，中国传统的黄酒及白酒是产量最大的酒类品种，小规模作坊式生产为其最大特点。近代由于各国列强的入侵，西方的酒类品种及生产方式引入国内。从清朝后期开始，啤酒厂和葡萄酒厂先后在国内建立起来。

我国最早的葡萄酒厂——张裕葡萄酿酒公司，是1892年由爱国华侨张弼士先生投资350万两白银在山东烟台创办的。当时在烟台的东山和西山买下几千亩荒山，从欧洲引进葡萄优良品种，并购进了葡萄酒蒸馏机、壶式蒸馏锅、列管式杀菌机、橡木桶。通过多年的发展，成为近代中国葡萄酒工业的重要基地。后来国内又陆续开办了几家葡萄酒厂。

中国最早的啤酒厂是1900年苏联人在哈尔滨开办的乌卢布列夫斯基啤酒厂，1903年德国在青岛开办了"盎格鲁·日耳曼"啤酒公司（简称英德啤酒公司）——即现在的青岛啤酒厂。1904年和1915年在哈尔滨和北京建立的"啤酒汽水厂"和"双合盛五星啤酒厂"被认为是中国民族资本家最早的啤酒企业。

最早的酒精工业是1900年苏联工程师柴可夫斯基集资在哈尔滨创办的"柴可夫斯基"酒精厂，同年苏联人在宁安也建立了一座酒精工厂。也有一种说法是1907年德国人在哈尔滨建立了第一个酒精厂。后续中国人也在福州、北京、上海建立了酒精厂。

（二） 酿酒科学研究的成就

中国人虽然掌握了丰富的酿酒技术，但由于长期的封建统治，专门从事酿酒技术研究的人很少，整个科学技术领域远远落后于西方国家，酿酒科学的研究大致是从20世纪30年代初开始的。

1. 发酵微生物的分离鉴定

在古代，人们对微生物一无所知，微生物这一概念的引入并用其指导酿酒，是从民国时期开始的。中国科学家们在这方面的工作在20世纪30年代开展得极有成就。据记载，1935年，全国各地分别对黄酒酒曲、蒸馏酒酒曲、红曲进行了较为全面的普查，收集到酒药酒曲70余种，分离到的微生物共100余种，经鉴定者有40余种，正在进行试验与鉴定者还有10余种。

当时出版的《农产酿造》对中国传统的制曲技术进行了深入的探讨，认为"制曲为大规模培养微生物的一种操作，用中国旧式方法制曲，材料浪费甚巨，而所得的曲菌，甚不纯粹，酿酒时用量过多，兼具易于酸败的危险性"。书中提出若改用纯粹培养方法，效果较佳，对于同比例的淀粉原料，可减少1/2的用量，且糖化与发酵皆较安全。这种观点对于宋代朱肱的旧曲末接种法来说，是更进了一步，还认识到酿酒用酵母菌驯养工作的重要性，开展了酿酒用酵母的驯养研究工作。对黄酒酵母的驯养，则注重其对乳酸浓度的抵抗性，经过驯养的酵母在乳酸浓度达1%的情况下，发酵力不致减弱。

一批微生物学家从20世纪20~30年代开始从各地酒药中分离酿酒用微生物，并对分离所得的微生物进行形态和生理研究，20世纪30年代还发表了数种红曲菌的研究报告。还有科学家研究酒曲中所加的川芎、白术等11种草药对于酿造的影响，发现草药对酵母菌的生长有促进作用，但对霉菌繁殖不仅没有促进作用，反而有抑制作用，并发现肉桂、陈皮等对发酵也有促进作用，还发现辣蓼含有能刺激酵母及根霉生长的生长素。

2. 酿酒技术改良

民国时期的黄酒和白酒酿造技术与清代相比并没有很大的变化，但对中国传统酿酒技术的总结，做了许多工作。其主要特点是引入了一系列前所未有的科学概念，对酿酒过程中的种种物质、酿造工艺条件有更为明确的定性及定量描述。酿酒业开始从千年来师徒口授相传转到以一定理论作指导，有科学定量作依据的工业化生产的方向上，人们做了大量工作以提高酿酒的出酒率。

民国时期，化学成分的测定在一些条件较好的研究所已能进行。原料成分如淀粉、糊精、粗蛋白、粗纤维、粗脂肪、糖分、灰分、挥发物；酒中成分如酒精、糖分、总酸、氨基酸、糊精、灰分、固形物、挥发酸、不挥发酸、粗蛋白、酯、醛、杂醇油、糠醛等。对酿酒过程应用一些物理概念，如，温度、酒的相对密度等。这些工艺参数的应用，对于酿酒技术的进步具有重要意义。

《农产酿造》一书，采用工艺流程图的方式，叙述了黄酒和高粱酒的完整酿造过程，既简单又明了。并记载当时高粱酒的生产有一整套固定的做法，形成了固定工艺。其显著特点是对于固态发酵、固态蒸馏的传统白酒，能够较充分地利用原料提高出酒率，减少粮食的浪费——即后来所说的老五甑工艺。

1934 年，对汾酒生产工艺进行了研究，发现其发酵时间较长，副发酵作用旺盛，原料损失太多，干酒糟含淀粉达 23%。1935 年又研究高粱酒酿造法的改良，应用纯粹培养法酒曲，每 100 斤高粱平均可出酒 30 斤，较土法的大麦曲及小麦曲有进步；并发现采用高压蒸煮原料，可以提高出酒率。进一步确定蒸馏酒酒精度，并建立了加浆数与酒精浓度的计算公式。

虽然近代酒精技术从国外引进，但由于我国酿造蒸馏酒已有几百年历史，因而在酒精生产领域进行了一系列卓有成效的研究。抗战期间，由于汽油缺乏，以酒精代替汽油作燃料，故酒精工业得到了很大的发展。当时由于缺乏作为氮源的硫酸铵，经试验，改用人尿代替硫酸铵获得成功。以淀粉质为原料生产酒精，除少数工厂曾使用麦芽为糖化剂外，多半是采用米曲霉的固体曲，最初用碎米制成米曲作为糖化剂，这种方法从 1922 年一直延续至 1952 年。

当时对根霉法（时称阿明诺法）发酵酒精做了很多研究工作。1934 年，从中国酒药中分离出一种根霉菌，试用根霉发酵酒精，效率达到 80%以上，但发酵时间太长。1940 年，又加以改进，用根霉酒母与麸曲混合法，采用深层发酵，结果甚佳；用曲量由黄曲法的 10%~13%（对原料）降至 0.5%~1.0%，发酵效率则由黄曲法的 82%~83%提高至 90%~94%。

为了扩大酒精发酵的原料，1939 年开始对菊芋、竹子及木屑为原料制造酒精进行研究。当时生产的酒精中，有很大一部分是用来配制饮料酒。据 1937 年黑龙江资料，我国生产的酒精中 73%用于改制酒或配制酒，其中 20%用于“新高粱酒”，有人认为这是我国最早的液态法白酒，其配方为酒精占 50%、白酒 20%，其余用水。

中华人民共和国成立以后，酿酒科技得到了迅猛发展，其成就在后续章节中分别介绍。

原料与制曲

第二篇

第三章 原辅料、环境及水源

从酿酒原理上讲，只要含淀粉和可发酵性糖或可转化为可发酵性糖的原料，均可用来酿酒。所以酿酒的原料颇多，大致可分为粮谷原料、薯类原料、代用原料及农产品加工副产物原料，它们是酿酒的基础。辅料一般是指固态发酵白酒中的疏松剂（或称填充料），如糠壳等。“名酒出自佳泉”，可见水的重要性。只有充分了解其性能，才能准确合理加以选用，方能达到酿制好酒的目的。

第一节 原　料

传统白酒主要使用粮谷原料，在粮谷原料中，高粱占主导地位，其次为大米、小麦、糯米、玉米、大麦、青稞等，不同原料产出的酒，风格差别很大；产地不同，粮食的品质、成分也有差异，其产品质量和出酒率亦大有不同。酿酒原料一般要求碳水化合物含量高，蛋白质和单宁含量适当，适合于微生物的需要和吸收利用，原料要容易贮藏，严格控制含水量，以防霉烂变质，且不含对人身体健康有害的物质。实践证明：“高粱产酒香、玉米产酒甜、大米产酒净、糯米产酒绵、小麦产酒冲。”白酒主要原料成分分析见表3-1。

表3-1　白酒主要原料成分　　单位：%

类别	原料名称	样品说明	干物质	无氮浸出物	粗脂肪	粗蛋白	粗纤维	粗灰分
禾谷类	高粱	17省市，38个样本均值	89.3	72.9	3.3	8.7	2.2	2.2
	稻谷	9省市，34个样本均值	90.6	67.5	1.5	8.3	8.5	4.8
	大米	9省市，16个样本均值	87.5	75.4	1.6	8.5	0.8	1.2
	糯米		86.9	73.0	1.4~2.5	5.0~8.0	0.4~0.6	0.8~0.9
	玉米	23省市，120个样本均值	88.4	72.9	3.5	8.9	2.0	1.4
	小麦	15省市，28个样本均值	91.8	73.2	1.8	12.1	2.4	2.3
	大麦	20省市，49个样本均值	88.8	68.1	2.0	10.8	4.7	3.2
	荞麦	11省市，14个样本均值	87.1	60.7	2.3	9.9	11.5	2.7
	青稞		87.4	70.3	1.8	10.1	1.8	2.1

续表

类别	原料名称	样品说明	干物质	无氮浸出物	粗脂肪	粗蛋白	粗纤维	粗灰分
薯类	红薯（鲜）	7 省市，8 个样本均值	25.0	22.0	0.3	1.0	0.9	0.8
	红薯干	8 省市，40 个样本均值	90.0	79.9	1.3	3.9	2.3	2.6
	马铃薯（鲜）	10 省市，10 个样本均值	22.0	18.7	0.1	1.6	0.7	0.9
	马铃薯干		84.8	75.3	0.2	5.1	1.9	2.3
	木薯（鲜）		37.8	34.4	0.3	1.2	0.9	0.5
	木薯干		88.0	64.5	2.7	6.0	8.5	6.3
豆类	豌豆	10 省市，30 个样本均值	88.0	55.1	1.5	22.5	5.9	2.9

注：（1）无氮浸出物又称可溶性碳水化合物，主要包括单糖、双糖及多糖（淀粉）。

（2）资料来源《中国饲料成分及营养价值表》，原载于《中国饲料》，2008（21）：29-39。

一、粮谷原料

优质白酒酿造中使用的粮谷类原料主要是高粱，其次为大米、小麦、玉米、糯米、大麦等。这几种原料的比较见表 3-2。

表 3-2　白酒主要原料成分比较　单位：%

名称	水分	淀粉	粗脂肪	粗纤维	粗蛋白	灰分
高粱	11~13	56~64	1.6~4.3	1.6~2.8	7~12	1.4~1.8
小麦	9~14	60~74	1.7~4.0	1.2~2.7	8~12	0.4~2.6
大麦	11~12	61~62	1.9~2.8	6.0~7.0	11~12	3.4~4.2
大米	12~13	72~74	0.1~0.3	1.5~1.8	7~9	0.4~1.2
玉米	11~17	62~70	2.7~5.3	1.5~3.5	10~12	1.5~2.6
糯米	12~13	69~71	1.9~2.2	0.2~0.4	6.5~7.3	0.5~0.7

1. 高粱

（1）高粱的特性　高粱又称蜀黍、红粮等，属禾本科，原产地为东北，在全国种植极广，耐旱耐涝。依穗的色泽可分为红、白、黄、青、黑几种高粱，颜色的深浅，反映其单宁及色素成分含量的高低。依性质来分有糯高粱（多产于南方，又称黏高粱）、粳高粱（多产于北方，又称饭高粱）。高粱的内容物大部分为淀粉颗粒，外面包有一层由蛋白质和脂肪所组成的胶粒层。选料时要求颗粒饱满，无杂质、无霉烂。由于大曲酒采用的是混蒸工艺，霉烂原料淀粉含量低，影响酒质和产量。成熟的高粱见图 3-1。

淀粉是一个复杂的化合物，由几百到几千个葡萄糖分子组成，可发酵生成酒精，是酿酒原料的主要成分。从理论上讲，每 50kg 淀粉可生产质量分数为 65%的白酒 49.26kg，故含淀粉越多出酒率越高。另外，淀粉也是酿造微生物的营养物质和能源。淀粉因结构不同又分为直链淀粉与支链淀粉。糯高粱几乎完全是支链淀粉，具有吸水性强、容易糊化的特点，是优良酿酒原料。

图 3-1　成熟的高粱

高粱中含有单宁，尤其壳内含量较多，为 2%~3%；粉粒中仅 0.2%~0.3%。单宁有涩味和收敛性，遇铁生成黑色沉淀，并有凝固蛋白质的能力，有澄清作用，会阻碍大曲的糖化和发酵，但微量的单宁却有抑制杂菌的作用，不仅发酵率高，还能赋予白酒特殊香味（如生成丁香酸、丁香醛等）；当含量过多时，能抑制微生物的生长，会使淀粉酶钝化，出现酒醅发黏并在开大汽蒸馏时会被带入酒中，使白酒带有苦涩味，以致降低出酒率等。

在固态发酵中，高粱经蒸煮后，疏松适度，熟而不黏，利于固态发酵生产大曲酒。但在液态发酵中，由于黏度大，输送、搅拌都有一定困难，因此需要先经淀粉酶进行液化。高粱的成分见表 3-3。

表 3-3　　高粱的成分　　单位:%

种类	水分	淀粉	粗脂肪	半纤维	粗纤维	灰分	单宁	粗蛋白
有壳高粱	11.37	56.2	1.20	10.05	2.08	2.72	0.17	11.05
无壳高粱	13.75	61.31	4.32	5.80	1.84	1.47	0.16	8.41

关于粳高粱与糯高粱：北方大曲酒多用粳高粱，对于清香型大曲（如汾酒），直链淀粉含量高的非糯型品种较好；南方的大曲酒和小曲酒多用糯高粱。糯高粱结构较疏松，吸水性强，易糊化，非常适宜根霉的生长，四川、贵州的名酒多以糯高粱为原料，人们认为糯高粱品种出酒率高，酒质也好。不同类型高粱籽粒品质比较详见表 3-4。

表 3-4　　不同类型高粱籽粒品质比较（四川省农科院水稻高粱研究所）　　单位:%

类型	品种数	总淀粉	直链淀粉	支链淀粉	单宁	蛋白质	千粒重/g
北方粳型红粒种	37	63.18	24.21	75.79	0.5	8.77	21.13
北方粳型白粒种	50	62.80	28.52	71.48	0.08	9.76	25.30
四川糯型黄、褐、红粒种	134	62.64	5.58	94.42	1.44	8.92	14.59
四川粳型黄、褐、红粒种	38	61.50	20.95	79.05	1.43	9.58	15.94

从表 3-4 中可以看出，粳型高粱的直链淀粉与支链淀粉之比近于 1∶3，而糯型高粱则为1∶17，差异极大。业界认为，支链淀粉高的原料，其产质量均较好。原料中的蛋白质在发酵过程中分解成为各种氨基酸，是高级醇及吡嗪等香味成分的前体物质，又是微生物的营养物质及生成酶的必需成分。但氨基酸过量则使酒有邪杂味，并生成过量的高级醇（杂醇油），影响酒的质量及卫生指标。

关于脂肪含量，脂肪含量高对酿酒不利，会导致发酵过程中升酸快、幅度大，出酒率低，酒液浑浊，也影响酒味。应尽可能选用脂肪含量低于 4%的高粱品种。

某些杂交高粱种皮较厚，质地坚硬，果胶质和生物碱含量较高，酿酒时必须严格破碎，掌握蒸煮条件，做到“熟而不黏，内无生心”，方能保证酿酒质量。

经验表明，高粱品种不同，其籽粒成分有一定差异，酿酒的工艺参数要做相应调整，只要掌握了粳高粱的特性，选用红粒种，调节原料配比，稍加改进发酵工艺，粳高粱的某些弱点可以克服，其产酒量和酒质可接近糯高粱的指标。

习酒钟敏综合各方研究发现，酱香型白酒生产用的糯高粱需满足籽粒小皮厚、颗粒饱满紧实、角质率高，籽粒总淀粉含量应在 70%以上、支链淀粉含量 88%以上、蛋白质含量 7%~9%、脂肪含量在 4%以下、单宁含量 1.4%~1.8%、粗纤维 1.5%~2.0%、灰分含量 2%以下、果胶 10%左右，才能酿造出高品质的酱香型白酒。

另外，高粱适宜在低温、干燥的环境下贮存。调查发现如果贮存的高粱杂质多，水分高，那么在保管中易引起发热。高粱发热迅速，在 15d 内就可能导致高粱结块、霉变。有的企业采用不锈钢夹层保温罐，符合标准的高粱才能入库，入仓后定期倒仓，通风换气。条件好的大企业可采用大型金属粮仓，效果很不错。

如剑南春公司采用国际先进设备和技术，建设钢板筒仓仓储粮食。整个粮仓系统由 8 台主仓、3 台日仓（出仓）、自动控制系统、温度监测系统、料位监测系统、清选除尘系统及通风冷却和自动清仓系统等组成，自动完成对粮食的初清、去铁、除尘和入仓前的计量等工序。在出仓过程中，完成去石工序，并直接经皮带机输送到五粮粉碎车间，减少人工搬运及汽车转运工序。粮仓采用低温储存，将仓内粮温控制在 10~12℃，保持恒定低温，不使用磷化铝等农药及杀虫剂，避免了传统贮粮方式造成的二次污染，使粮食能够保鲜、防虫、防霉、不陈化。

（2）我国高粱产区　按生态区域划分主要有四个产区，即东北粳高粱优势区、西北和华北高粱优势区、西南糯高粱优势区、长江及黄河流域中下游高粱优势区。东北粳高粱优势区包括黑龙江省、吉林省和辽宁省大部分及内蒙古部分区域，主要种植粳高粱品种，用作粮食、饲料或酿酒原料。西北和华北高粱优势区包括河北省和山西省大部分及陕西省、内蒙古、宁夏和甘肃部分区域，以种植杂交粳高粱为主，主要作为酿造和饲用原料使用。西南糯高粱优势区包括贵州省和四川省大部分以及湖南省部分区域，生产上以种植糯高粱品种为主，大部分用作酿酒原料。长江及黄河流域中下游高粱优势区则包括了河南、山东、安徽、湖北等省部分区域，适宜多种类型高粱的种植，是发展多用途高粱的潜在区域。

根据高粱的成熟时间，可将全国高粱种植区域分为春播早熟区、春播晚熟区、春夏兼播区和南方区。春播早熟区的范围与东北粳高粱优势区的范围相近，生产品种以早熟和中早熟种为主，由于积温较低，高粱生产易受低温冷害的影响，应采取防低温、促早熟的技术措施。本区为一年一熟制，通常5月上、中旬播种，9月收获。春播晚熟区的范围与西北和华北高粱优势区的范围相近，是春播晚熟高粱主产区，单产水平较高，近年由于耕作制度改革，麦收后种植夏播高粱，变一年一熟为二年三熟或一年二熟。春夏兼播区的范围与长江及黄河中下游高粱优势区的范围相近，春播高粱与夏播高粱各占一半左右，春播高粱多分布在土质较为瘠薄的低洼、盐碱地上，常采用中晚熟种，夏播高粱主要分布在平肥地上，作为夏收作物的后茬，多采用生育期不超过100天的早熟种，栽培制度以一年二熟或二年三熟为主。南方区范围较广，但多为零星种植，种植相对多而集中的范围基本就是前面提到的西南糯高粱优势区，采用的品种是短日性很强，糯性品种较多，大部分具有分蘖性，栽培制度为一年三熟，再生高粱有一定发展。

从种植规模上来看，全球高粱年产量在6500万t左右，而中国的产量仅500万t左右，需求量却近1000万t，一半以上需要进口。2015年，我国高粱种植面积前十的省份依次为吉林、贵州、内蒙古、四川、辽宁、黑龙江、重庆、山西、陕西、河北，这十省的高粱种植面积之和占全国90%以上。2015年全国高粱产量前十的省份依次为吉林、四川、内蒙古、辽宁、贵州、黑龙江、重庆、山西、甘肃、河北，产量之和约占全国高粱总产量的95%。作为以高粱为主要原料的白酒，2017年白酒产量位居前十的省份有四川、河南、山东、江苏、吉林、湖北、黑龙江、贵州、安徽、北京，四个省份与高粱产量前十的省份相同，并且这些省份多分布在四大高粱优势区域范围内。

据公开资料，不同生态区域的高粱，由于高粱品种和生长地域地理环境的差异，使得高粱的品质形状存在不同，进而对酿酒的风味带来影响。卫永太等对中国不同生态区域高粱品质性状分析发现，华中地区高粱的粗蛋白含量较低但赖氨酸含量较高。我国高粱籽粒蛋白质含量平均为10%左右，北方地区高粱籽粒蛋白质含量普遍高于南方地区品种；赖氨酸含量变化趋势与蛋白质变化相类似。南方地区高粱籽粒单宁含量普遍高于北方地区，其分布具有明显的地域性特点。田晓红等发现，贵州仁怀等地糯高粱具有支链淀粉含量和粗脂肪含量高，籽粒尺寸较小和千粒质量较低等特点（贵州早在2014年就制定了《酱香型白酒酿酒用高粱》地方标准，以规范酱酒用高粱）。朱志华等研究表明，高粱籽粒粗蛋白含量与淀粉、赖氨酸等存在一定的相关关系，而淀粉含量与赖氨酸、单宁含量也存在一定的相关关系。除了籽粒淀粉、蛋白质和单宁含量等营养品质指标外，高粱的加工品质也是实际利用过程中应关注的重点。何诚等对高粱的蒸煮品质进行分析发现来自四川的糯高粱在糊化率和吸水率等方面均高于北方粳高粱，南方区糯高粱具有明显的耐蒸煮特征。刘涵等对高粱的润粮、蒸粮等问题的研究，再次证明了不同酿酒工艺对应的原料品质是不同的，这是不同地区酿酒专用高粱发展迅速的一个重要原因。刘茂柯等对四川糯高粱与北方粳高粱的吸水性能进行比较发现糯高粱的饱和吸水量较小但吸水速率较快，在酿造性能上与粳高粱区别明显。

（3）高粱的种植　高粱酿造白酒，实属我国独步世界，久享盛名。闻名中外的茅台酒、五粮液、泸州老窖等名酒无一不是以高粱作主料或辅料酿造而成。高粱白酒以其色、香、味和风格展现了我国酒文化的深厚底蕴。

目前在全国高粱种植中，约80%的高粱被用作酿酒原料，而在川黔，高粱几乎全部用来酿酒。透过高粱的种植规模，可以看到白酒行业大致的兴衰，这在四川表现得尤为明显。

在20世纪80年代以前，四川省白酒产业所需高粱与本地所产高粱基本持平。从

1985 年前后，白酒行业迎来第一次辉煌。这一年，四川省高粱种植规模达到 170.4 万亩，比十年前多了 40.5 万亩左右，亩产从 1975 年的 100kg 提升至 218.3kg，产量从 13 万 t 提升到 37.2 万 t。

随着白酒产能的增加，原料的缺口越来越大，扩大高粱种植面积成为当务之急。2009 年到 2012 年是四川省高粱种植规模的增长巅峰。2009 年，按照打造“中国白酒金三角基地，建 1000 亿白酒产业”的规划，四川全省开始大规模建设酿酒高粱基地。到 2012 年，“大种高粱”的气氛已经在全省扩散，省财政专项及地市投入总计上亿元。该年全省酿酒高粱种植面积达 151.4 万亩，其中泸州 54 万亩、宜宾 40.71 万亩、自贡 21.78 万亩。到 2020 年泸州全市酿酒专用高粱种植面积 100 万亩；宜宾 160 万亩，其中糯红高粱 50 万亩。再加上自贡和其他地区，还会更多。

再看贵州，2019 年，贵州省公布的高粱种植面积为 161.40 万亩，总产量 44.71 万 t。2020 年，全省酿酒高粱种植面积达到 200 万亩。2019 年 8 月正式启动的仁怀市茅台酒酿造用有机高粱高标准种植示范基地项目，按照省委、省政府和遵义市委、市政府要求，3 年时间内，仁怀市要建成 30 万亩高标准有机高粱基地，打造高标准的茅台集团第一车间。

据云酒头条好酒地理局 2020 年调查，由于西南地区地形限制，无论本地糯高粱还是杂交高粱，都需要人工收割。本地常规糯红高粱的收购价格为 7~8 元/kg，茅台对红缨子高粱的收购价达到 9.2 元/kg，而杂交糯高粱为 5~6 元/kg，成本却差不多，因此农户更愿意种植利润空间大的品种。而东北高粱收购价约为 3 元/kg。

2. 麦类

（1）小麦　常见的有黄白色、黄色和金黄色。小麦颗粒由皮层、胚和胚乳三部分组成。小麦的胚乳是制粉的基本成分，占全麦粒质量的 80%以上，其主要成分是淀粉，其次是蛋白质。因为小麦中含丰富的面筋质（以麦胶蛋白和麦谷蛋白为主），黏着力强，营养丰富，适于霉菌生长，所以是制曲的最好原料，对酿酒微生物繁殖、产酶有相当促进作用。小麦中的碳水化合物，除淀粉外，还有少量的蔗糖、葡萄糖、果糖等（含量为 2%），及 2%~3%的糊精，小麦蛋白质的组分中，麦胶蛋白尤以氨基酸为多（20 多种），这些氨基酸可在发酵过程中形成香味成分，丰富酒的风味；小麦还会有较多的维生素及 K、P、Ca、Mg、S 等矿物元素，是优良的天然物料。研究表明，小麦其挥发性成分比较单纯，主要为 C_1~C_9的饱和醇、C_2~C_{10}的饱和醛、个别不饱和醛、C_2~C_7饱和脂肪酮及少量的乙酸乙酯。

小麦的采购标准：颗粒饱满，无虫蛀，无霉烂。杂质≤1%，水分≤13.5%，淀粉≥61%。制曲使用时要将麦皮压成薄片（俗称梅花瓣），而麦心成细粉的粗麦粉。未通过 20 目筛的粗粒及麦皮占 50%~60%，通过 20 目筛的细粉占 40%~50%（大多数北方酿酒企业要求）。

小麦的贮存与高粱相比较容易，因为小麦具有较高的耐热性，但易受虫害。在水分安全的基础上，可进行高温密闭自然缺氧的方法保存。有条件的采用不锈钢夹层保温罐贮存。

（2）大麦　其主要成分除淀粉外，还有蛋白质、脂肪、纤维素等，大麦含有较多的 α-淀粉酶和 β-淀粉酶，制曲中为微生物在曲坯生长繁殖提供了先决条件。同样，大麦经微生物利用可产生香兰素，香兰素赋予白酒特殊香味。研究表明，大麦受热时生成的挥发性组分较多，有醇、酸、酚、酮及内酯、呋喃、吡啶、吡嗪类化合物，其中羰基化合物、内酯类及吡嗪类化合物贡献最大，即含量较高。

小麦和大麦除用于制曲外，还可用于酿酒，特别是多粮型酒，如五粮液、剑南春及叙府大曲等，均使用一定的小麦。但小麦的用量要得当，以免发酵时产生过多的热量。

五粮液生产原来使用过荞麦，但因去壳不尽而使酒苦涩味较重，故后改用小麦。

（3）青稞　是我国藏区人民对当地裸大麦的俗称，在其他地区也称为大麦、米麦、裸麦、元麦，属禾本科植物，是大麦的一个变种。

青稞按其棱数来分，可分为二棱、四棱和六棱，我国主要以四棱裸大麦和六棱裸大麦为主。青稞是一种很重要的高原谷类作物，耐寒性强，生长周期短，高产早熟，适应性广（可种植于海拔3000m以上的地区）。青稞颜色有灰白色、灰色、紫色、紫黑色等。

青稞籽粒粗蛋白质含量约10.1%，高于许多谷类作物；纤维素含量1.8%左右，低于小麦但高于其他谷类作物；矿物质和维生素均比其他的谷类作物高。脂肪含量偏低，糖类含量低于其他谷类作物，见表3-5。

表3-5　　青稞与其他谷类原料的化学成分比较（每100g含量）

品种	水分/g	糖类/g	蛋白质/g	脂肪/g	纤维素/g	钙/mg	铁/mg	磷/mg	硫胺素/mg	核黄素/mg	烟酸/mg
青稞	12.6	70.3	10.1	1.8	1.8	83.0	14.5	364.0	0.42	0.09	6.3
小麦	12.0	72.9	11.8	1.9	2.4	43.0	5.9	330.0	0.42	0.10	4.0
玉米	14.0	70.6	8.2	4.6	1.3	17.0	2.0	219.0	0.42	0.14	2.4
高粱	11.4	75.6	8.4	2.7	0.6	7.0	4.1	188.0	0.26	0.09	1.5
大米	14.0	77.3	6.6	0.9	0.3	18.0	2.6	172.0	0.26	0.08	3.7
糯米	14.0	77.5	6.4	0.8	0.3	23.0	2.4	149.0	0.26	0.08	2.6

青稞淀粉成分独特，普遍含有74%~78%的支链淀粉，有些甚至高达或接近100%，是酿酒的好原料。我国少数民族历来就有青稞酿酒的传统。第一批获得“全国地理标志产品”的青海“互助青稞酒”就是青稞酿酒的典型代表。

3. 谷类

大米有粳米和糯米之分，南方多将粳米称为大米。但粳米中又有黏度介于糯米和籼米之间的优质粳米，江浙一带将优质粳米简称为粳米，而北京等地称为好大米。北方有些地区将籼米称为机米。随着农业技术的提高，现已培育出多种高产杂交稻谷，有早熟和晚熟之分，晚熟稻谷的大米蒸煮后较软、较黏。

粳米淀粉结构疏松，利于糊化，因其质地纯正，蛋白质、脂肪及纤维素含量较少，因而酿出的酒较净，如传统四特酒、文君酒等均以粳米为主料，而三花酒、玉冰烧、长乐烧等小曲酒则全是以粳米为原料。五粮液、剑南春、叙府大曲等均配一定量的粳米，就是利用其在混蒸混烧的蒸馏中，可将饭的香味成分带至酒中，使酒质爽净。

研究表明，大米及糠壳含有250多种挥发性物质，其中包括醇、醛、酮、酸、酯、酚、内酯类、乙缩醛类、呋喃类、吡嗪类、噻吩、噻唑类等化合物。其中内酯类如γ-壬内酯、2、3-二甲基-2-壬烯-γ-内酯，香气温和，甜而浓重或称老练。甲基酮类如3-戊烯-2-酮，甜而略带酸味。其中2-乙酰基噻唑、苯噻唑是米糠气味的重要特征组分。米糠中不愉快的气味物质为4-乙烯基苯酚、4-乙烯基愈创木酚，呈腐败的稻草臭味。

糯米是酿酒的优质原料，淀粉含量比粳米高，几乎全为支链淀粉（遇碘呈紫色），经蒸馏后，质软、性黏易糊烂，单纯使用如果蒸煮不当而太黏，则容易导致发酵不正常，发酵温度难以控制，必须与其他原料配合使用。五粮液酒的原料中，配有18%的糯米，产出的酒具有醇厚绵甜的风味。糯米、大米、玉米的成分比较见表3-6。

表3-6　　糯米、大米、玉米的成分比较　　单位：%

名称	水分	淀粉	粗蛋白	粗脂肪	粗纤维	灰分
大米	12~13.5	70~72	7~9	0.1~0.3	1.5~1.8	0.4~1.2
糯米	13.0~15.5	65~68	5~8	1.4~2.5	0.4~0.6	0.8~0.9
玉米	11~19	58~66	8~16	2.7~5.3	1.5~3.5	1.5~2.6

4. 玉米

玉米又称苞谷，品种很多，其颜色有黄、白两种，一般黄玉米的淀粉高于白玉米，淀粉主要集中在胚乳内，颗粒结构紧密，质地坚硬，蒸煮时间宜长才能使淀粉充分糊化，经蒸煮后的玉米，疏松适度，不黏糊，有利于发酵。

玉米中含有较丰富的植酸（$C_6H_{18}O_{24}P_6$），是工业微生物的理想原料。在酿酒发酵过程中它分解成环已六醇和磷酸，前者使酒呈甜味，两者都能促进酵母菌生长及酶的代谢与甘油的生成，加上玉米在蒸煮后疏松适度，不黏糊，有利于发酵，因此玉米酒醇甜干净。但玉米的蛋白质及脂肪高于其他原料，特别是胚芽中脂肪含量高达30%~40%，在发酵中难以被微生物所利用，易使酒中高级脂肪酸乙酯的含量增高，加之蛋白质含量高而杂醇油生成量多，导致白酒邪杂味重，降低出酒率。并因其籽粒坚硬难以糊化透，所以，纯玉米原料（酿制）的白酒不如高粱酿出的香醇（玉米酒闻香上有明显的脂肪发酵味，多数人不是很喜欢，故玉米只能酿制普通白酒。但我国部分少数民族地区特别喜欢玉米酒）。生产中选用玉米作原料时，可将其胚芽除去后酿酒，故浓香多粮型酒酿造原料中只加少量玉米。研究表明，玉米含有60多种挥发性成分，包括C_1~C_9的饱和醇及1-辛烯-3-醇、4-庚烯-2-醇；C_2~C_9的饱和醛及2，4-癸二烯醛；C_6~C_9的饱和甲基酮及4-庚烯-2-酮；芳香族化合物及2-戊基呋喃。可见白酒中芳香族化合物有些来源于玉米。

对玉米原料酿酒除基本要求外，果胶质含量越少越好，不得含有过多的含氰化合物、番薯酮、龙葵苷及黄曲霉毒素等有害成分。

二、 薯类原料

薯类原料主要包括甘薯、马铃薯、木薯、山药等。

1. 甘薯

甘薯是薯蓣科薯蓣属的一个重要栽培种，为蔓生性草本植物。又名山芋、甜薯、红薯（南方）、番薯、地瓜（北方）、红苕（南方），按肉色分为红、黄、紫、灰4种，按成熟期分为早、中、晚熟3种。

甘薯中含2%~7%的可溶性糖，有利于酵母的利用，其成分含量见表3-7。

表3-7 甘薯及薯干成分含量 单位:%

名称	水分	淀粉	粗蛋白	粗脂肪	粗纤维	灰分
四川鲜薯	69.8	27.7	1.1	0.2	0.7	0.7
华北鲜薯	81.6	14.6	1.3	0.1	0.3	0.5
广东鲜薯	74.6	18.2	0.6	0.5	0.2	0.6
上海鲜薯	75.3	21.5	1.1	0.2	—	0.6
天津薯干	10.9	70.2	2.3	3.2	3.3	2.0
河南薯干	10.1	68.1	4.6	0.9	—	2.8

薯干的淀粉纯度高、淀粉颗粒大，组织松散，含脂肪及蛋白质较少，易糊化，发酵过程中升酸幅度较小，所以淀粉出酒率高于其他原料。但甘薯中含有绝干计为0.35%~0.4%的甘薯树脂，对发酵稍有影响；薯干的果胶质含量也较多，使成品酒中杂醇油及甲醇含量较高（甲醇超标，20世纪60年代曾出现过饮此种酒中毒的事件）；染有黑斑病的薯干，在蒸煮后有霉坏味及苦味，其苦味物质会抑制微生物的生长繁殖，导致发酵不正常，并将番薯酮 $C_{15}H_{22}O_3$ 带入酒中，使酒中出现“瓜干苦味”。若酒中番薯酮含量达到100mg/L，则呈严重的苦味及邪杂味，其酒糟对家禽也有毒害作用。

鲜甘薯易染病，常见的如黑斑病、烂心的软腐病、内腐病，经冻伤的坏死病等，若酿造白酒一定要选择正常的甘薯，且只能酿制普通白酒。薯干多数是用来生产酒精，经多级蒸馏塔蒸馏，降低杂醇油及甲醇含量。

2. 木薯

木薯，为大戟科、木薯属。大戟科的几个经济物种如橡胶树、蓖麻、小桐子均具有乳汁和高生物量的特征。木薯是全球三大薯类作物之一，种植面积仅次于马铃薯，大于甘薯，全球有6亿多人口以木薯为生。我国南方的广东、广西、福建等地盛产木薯。

木薯又名树薯，有野生和人工种植及苦味和甜味木薯之分。

木薯具备独特的生物学适应性和经济价值。其块根淀粉率高，木薯块根淀粉含量一般在26%~34%，木薯干淀粉含量达70%左右，被誉为“淀粉之王”，高于甘薯和马铃薯，并且淀粉粒较大，透明度、黏度高，是被世界公认为具有很大发展潜力、很有前途的酒精生产的可再生资源。

木薯中含有较多的果胶质及氢氰苷等有害成分，应用大量水浸泡后清蒸处理，才能进行下一步发酵酿酒（可用麸曲为糖化剂、酒母为发酵剂进行固态发酵）。木薯主要用来作酒精生产原料，淀粉出酒率可达80%以上。

3. 马铃薯

马铃薯又名洋山芋、土豆。目前，我国已在22个省、市、自治区种植马铃薯533.3

万 hm^2 左右，总产量达 8000 万 t，约占世界总量的 26%，是世界马铃薯第一生产大国。2015 年，中国启动马铃薯主粮化战略，推进把马铃薯加工成馒头、面条、米粉等主食，马铃薯将成为稻米、小麦、玉米外的又一主粮。

马铃薯的淀粉颗粒较大，较易糊化，固态发酵使用马铃薯酿酒，辅料用量较大。注意马铃薯发芽后，其有毒的龙葵苷含量为 0.12%，但呈绿色部分，其龙葵苷含量会增加 3 倍，外皮及幼芽中含量则更高，龙葵苷对发酵有危害作用。

木薯及马铃薯成分见表 3-8。

表 3-8　木薯及马铃薯成分　　单位：%

名称	水分	碳水化合物	粗蛋白	粗脂肪	粗纤维	灰分	维生素/（mg/100g）
鲜木薯	70.25	26.58	1.2	0.41	1.11	0.54	—
广西木薯干	13.12	73.36	—	—	—	1.69	—
广东木薯干	14.17	72.10	2.62	0.86	3.55	2.85	—
黑龙江马铃薯	—	24.60	1.68	0.62	1.24	—	18.08
北京马铃薯	—	16.00	1.90	0.70	1.40	1.20	18.54

除上述原料外，酿造白酒的原料还有甘蔗糖蜜、甜菜糖蜜、柿子、橡子、土茯苓、蕨根等，但目前使用这些代用原料的已很少见，且酿出酒的质量也得不到保证。

三、豌豆

豌豆因蛋白质含量高，不是酿酒的好原料。有些酒厂用它来制曲，过去洋河酒厂制曲用的原料，豌豆占 10%；清香型汾酒厂制曲，豌豆占 40%。豌豆中含有丰富的香兰素等酚类化合物，可能在白酒香上有作为。研究表明：豌豆中 2-甲基-3-乙基吡嗪、2-甲氧基-3-异丁基吡嗪最为重要，具有极强的坚果香及甜焦香气；并含有丰富的蛋白质和维生素，为白酒香味组分形成提供了丰富的前体物质。所以某些酿酒企业，利用大麦及豌豆为制曲原料，其目的是增加酒体中的香味成分，而使酒体优雅丰满。

有人认为在酿酒原料中适量加入豌豆，可使酒质变得柔和。洋河酒厂曾做过试验，豌豆作为单一原料酿浓香型酒，有明显的豌豆味，味冲，欠协调，浓香不突出，酒质是最差的一个；在生产试验中，加豌豆 8%口感最好，微有熟豆香气令人愉快，入口浓厚绵甜确具特色。

第二节　辅　料

一、辅料的作用与要求

固态发酵酿制白酒时要使用一定量的填充剂，即辅料和填充料。常用的辅料有麸皮、谷糠、高粱糠；常用的填充剂有稻壳、酒糟、高粱壳、玉米芯等。辅料和填充料经蒸熟后使用，调节入池酒醅的淀粉浓度和酸度，保持一定的水分和酒精浓度，并对酒醅起疏松作用，做到合理配料。

填充剂的质量优劣和用量多少，关系到白酒产品的质量及出酒率，在白酒生产中受到极大重视，要求有疏松性、吸水性好、含杂质少、无霉变等。

辅料要有一定的储存量，辅料较易吸潮变质，运输过程中一定要做好防雨淋，仓库贮存要防潮，仓库门窗要严密，严防漏雨。如果使用霉变的辅料会使酒质产生怪味，严重影响酒的质量。

二、常用辅料及特性

1. 麸皮

麸皮是小麦加工面粉过程的副产品，其成分因加工设备、小麦品种及产地而异。在麸曲白酒和液态法白酒的生产中，使用麸皮为制曲原料，其原因除麸皮可给酿酒用微生物提供充足的碳源、氮源、磷源等营养物质外，还含有相当数量的α-淀粉酶，其次是麸皮比较疏松，有利于糖化剂曲霉菌、根霉菌的生长繁殖，可以制得质量优良的曲块。

2. 稻壳

稻壳又名稻皮、谷壳、砻糠，南方多称为糠壳，是水稻籽粒的附属物，根据外形可分为长瓣稻壳和短瓣稻壳。长瓣稻壳皮厚，壳质较硬；短瓣稻壳皮薄，壳质较软。因为稻壳是酿制大曲酒的填充料，所以不能太细，一般脱粒后为2~4瓣使用较好（因细壳中含大米的皮较多，故脂肪含量较高，疏松度较低）。一般使用前清蒸处理30min，在蒸酒蒸粮时起到减少原料相互黏结，避免塌汽，保持粮糟柔熟不腻的作用。糠壳中有显腐烂稻草味的4-乙烯基苯酚、4-乙烯基愈创木酚及少量的H_2S和乙醛，所以使用糠壳为酿酒辅料，必须先行清蒸，将其挥发。

稻壳的检验可用目测法，将稻壳放入玻璃杯中，用热水烫泡5min后，闻稻壳的气味，判断有无异味。一般要求新鲜、干燥、无霉味，呈金黄色。

江南大学、五粮液等对糠壳进行了较深入的研究，采用同时蒸馏萃取法（SDE）和固相微萃取法研究了酿酒用糠壳的挥发性气味成分。用GC-MS采用大体积进样方式分析，蒸馏前糠壳气味成分物质共检出175种，其中烃类14种、醛类16种、酮类13种、醇类11种、酸类4种、酯类11种、苯类30种、其他类33种，未知物43种。蒸后糠壳共检出了41种成分，远远少于前者，含量上也相对较少。并发现trans-1，10-Dimethyl-trans-9-decalol（译为土臭素）。据报道，该化合物的感官特征为：土霉或糠臭味（土霉异味）。该化合物在46%vol酒精度溶液中的阈值为0.11μg/L，在水中阈值为0.011μg/L。可见白酒中存在微量的土臭素对其风味也会造成较大的破坏。

长期以来，糠味一直是影响中国白酒感官品质的重要异味，目前能够做的就是适当延长辅料清蒸的时间，最大限度地消除辅料中的异杂物质，但是蒸过的糠壳是否合格并适用于生产，还是仅仅靠生产人员凭感官经验鉴定，如何建立快速简便的方法、标准并检测，还需要进一步的研究。只有系统地研究异杂味物质的本质、产生过程及机理，以及生产过程中的产生环节，才能有效地防止。

3. 谷糠

谷糠是小米或黍米的外壳，注意与稻壳的区别，制白酒使用的是粗谷糠。其用量较少而使发酵界面较大。在小米产区多用谷糠作为优质白酒的辅料，也可与稻壳混用，清蒸后的谷糠会使白酒具有特别的醇香和糟香，多作为麸曲白酒的辅料，可使麸曲白酒纯净适口，是辅料中的上品。

4. 高粱壳

高粱壳是指高粱籽粒的外壳，其吸水性能较差，用高粱壳和稻壳作辅料时，酒醅的入窖水分稍低于使用其他辅料的酒醅。高粱壳虽然含较高的单宁，但对酒质无明显的不良影响。在传统西凤酒及六曲香酒酿造中均使用新鲜高粱壳作辅料。

5. 玉米芯

玉米芯是玉米穗轴的粉碎物，粉碎度越大，吸水量越大。但多缩戊糖含量较多，在发酵时会产生较多的糠醛，对酒质不利。现在已经很少用了。

6. 鲜酒糟

传统固态法白酒生产中产生的废酒糟量很大，除少量可以继续作酿酒的辅料（鲜酒糟干燥后使用）外，还有大量要做处理，如何合理利用酒糟已成为酿酒界需要解决的问题，实现从“资源—产品—废弃物—再生资源—再生产品”的良性循环，是当今“节能减排”的重点。可喜的是目前已有不少成功的经验，且做过不少研究。主要有：一作饲料；二作肥料；三充当制曲辅料；四作锅炉燃料；五作食用菌培养基；六作甲烷发酵液等。实践证明，这些都是行得通的途径。

7. 其他辅料

高粱糠及玉米皮既可以作制曲原料，又可以作为酿酒的辅料。花生皮、禾谷类秸秆的粉碎物等，均可作为酿酒的辅料，但使用时必须清蒸排杂；甘薯蔓作为酿酒的辅料会使成品酒较差；麦秆会导致酒醅发酵升温猛、升酸高；荞麦皮含有紫芸苷，会影响发酵。单独使用花生皮作辅料，成品酒中甲醇含量较高。

从白酒产品质量和饲料价值角度考虑，在几种填充剂中，以稻壳和小米糠为最好。常用辅料及其特性详见表 3-9。

表 3-9　各种辅料的理化性质比较　单位：%

名称	水分	粗淀粉	纯淀粉	果胶	多缩戊糖	松紧度	吸水量
高粱壳	12.7	29.8	1.3	—	15.8	13.8	135
玉米芯	12.4	31.4	2.3	1.68	23.5	16.7	360
谷糠	10.3	38.5	3.8	1.07	12.3	14.8	230
稻壳	12.7	—	—	0.46	16.9	12.9	120
花生皮	11.9	—	—	2.10	17.0	14.5	250
鲜酒糟	63	8~10	0.2~1.5	1.83	6.0	—	—
玉米皮	12.2	40~48	8~28	—	—	15.6	—
高粱糠	12.4	38~62	20~35	—	—	13.2	320
甘薯蔓	12.7	—	—	5.81	11.9	25.7	335

注：高粱壳含单宁 1.2%~2.8%，松紧度和吸水量的单位为 g/100mL。

三、 辅料的使用原则

辅料的使用与酿酒的产质量密切相关，因酿酒工艺、季节、淀粉含量、酒醅酸度等不同而异。习惯称为粮糠比，实际应为糠粮比，即辅料占投粮的比例，具体用量举例如下：浓香型大曲酒为 22%左右，酱香型茅台酒辅料较少；一般手工操作的麸曲白酒为 25%~30%，优质麸曲白酒用量不超过 20%。传统工艺中对“合理配料”的要求是：

（1）按季节调整辅料用量，冬季适当多点，有利于酒醅升温，提高出酒率。

（2）按底醅（底糟）升温情况调整辅料用量，每次增减辅料时，应相应地补足和减少量水，以保持入窖水分标准。

（3）按出窖糟醅的酸度、淀粉调整辅料用量。

（4）在出酒率正常条件下，因季节等原因要减少投粮时，应相应减少辅料，保持粮糟比的一致。

第三节　水

地球上的水源可分成五类（表 3-10），而无论哪一类水，均是含有各种溶解或不溶解杂质的非纯水，即天然水。

表 3-10　　地球上水源的种类

类别	水源
第一类	雨水、雪水、冰山水
第二类	地表水（江水、河水、湖水、泊水、浅井水、水库水等）
第三类	地下水（深井水、泉水等）
第四类	海水
第五类	冰源水（南极、北极冰水等）

自古以来，酿酒用水历来都很受重视。从古人作坊式生产到今天现代化酿酒，都对水——这一酿酒原料给予极大的关注。传统经验认为“湛炽必洁、水泉必香”，可见对水的要求之严。“名酒产地，必有佳泉”，这是古代对水质与酒质关系问题得出的结论，现代的分析技术证实了这一结论是科学的。从实际中也不难看出，许多名酒厂都选建在有良好水源的地方，它们在宣传中也都强调或标榜所用水质优异而酒质优良，如茅台、郎酒就建于赤水河边，五粮液、泸州老窖都位于长江上游，剑南春有玉妃矿泉水，洋河有美人泉，古井有古井泉水等。可见水质对酿酒行业来说何等重要。

黄酒、啤酒、清酒等非蒸馏酒，由于水直接参与发酵并进入成品酒中，与酒质有直接关系，因而对水质要求极为严格；蒸馏酒的生产对水质要求比非蒸馏酒要宽松一些，但仍需要硬度低而纯净，在白酒的降度勾兑中，对水的要求更严格，可以说，优良的水质是提高名优白酒质量的一个关键要素；配制酒对水的要求同样如此。

工艺用水的基本要求详见 GB 5749—2022《生活饮用水卫生标准》。

酿酒生产用水，是含有各种矿物质的自然水，与酿造过程中微生物生长、酶促反应活性、耐热性、pH 变化等有关，并影响酒的风味。对水源的要求无污染，最好选择溪水和矿泉水，其硬度较低，含杂质及有害成分少，微生物含量少，且含有适量的无机离子。其次选择深井水，再次是自来水，慎用地表水。对白酒而言，酿造用水主要包括生产过程用水、加浆降度用水、包装洗涤用水等。

一、 生产过程用水

酿酒生产用水与制曲、发酵以及酒质的关系，目前尚无定论。但起码要达到 GB 5749—2022 要求，有利于酿酒微生物的生长繁殖，无异臭、异味、污染。另外酿酒用水的几个指标还应高于生活饮用水卫生标准：总硬度（以 $CaCO_3$ 计）≤250mg/L 最好，pH 在 6.8~7.2，无细菌等。表 3-11 为茅台集团习酒酿造用水的分析结果，供参考。

表 3-11　习酒酿造用水的分析结果

分析项目	生产用水		赤水河水	
	夏季	冬季	夏季	冬季
色	无色	无色	色微	色微
臭	无	无	无	无
味	无	无	微泥土	微泥土
pH	7.78	7.15	7.67	7.10
总硬度/(mg/L)	81.6	118.4	76.9	117.4
氟离子(F^-)/(mg/L)	0.351	0.44	0.384	0.47
硝酸根(NO_3^-)/(mg/L)	8.835	7.36	9.768	5.24
硫酸根(SO_4^{2-})/(mg/L)	87.678	137.81	68.282	138.38
氯离子(Cl^-)/(mg/L)	11.509	5.38	3.071	5.82
溴离子(Br^-)/(mg/L)	低于 0.003		低于 0.003	
碘离子(I^-)/(mg/L)	低于 0.02		低于 0.02	
磷酸根(PO_4^{3-})/(mg/L)	低于 0.06		低于 0.06	
亚硝酸根(NO_2^-)/(mg/L)	低于 0.06		低于 0.06	
亚硫酸根(SO_3^{2-})/(mg/L)	低于 0.06		低于 0.06	

对生产过程的几个环节，还有相应的注意事项。

1. 锅炉用水

符合国家相关要求，通常应无固形悬浮物，总硬度低；并按锅炉用水规范进行处理。

2. 底锅水

蒸馏后底锅水中含有大量营养丰富的有机物，每天下班后必须清淘干净。如底锅水搁置一夜，必然出现酸败并产生异味，次日被蒸进酒中将严重影响产品质量。

3. 冷却水

不管是固态发酵法还是液态发酵法，生产过程中，蒸煮醪和糖化醪的冷却，发酵温度的控制，以及各类白酒蒸馏时冷却，均需大量的冷却水。因其不与物料直接接触，故只需温度较低、硬度适当即可。但硬度过高，也会使冷却设备结垢过多而影响冷却效果，这点应特别注意，同时为节约用水，冷却水应尽量回收利用（或循环使用或作清洁水或他用）。

4. 管路

酒厂的水管布置是个重要环节，在设计规划、建造时注意科学合理，一定要选择材质较好的水管、阀门及水泵，避免使用含塑化剂的橡胶管，避免出现不必要的麻烦。这在很多酒厂都有惨痛的教训。因管路积水、老化，往往带来铁质，铁质在水中以各种形态出现：离子铁、化合态铁、胶质状态铁、沉淀状态铁等。铁混入黄酒、啤酒、清酒等非蒸馏酒中，使酒呈暗褐色；混入白酒中使酒呈黄色，严重影响酒的色泽，还会使酒带有铁锈味和鱼腥味。

二、加浆降度用水、包装洗涤用水

二者可统称后处理用水，加浆降度用水又称为勾兑用水；包装洗涤用水直接会接触成品酒，所以对最后趟酒瓶的水要求如同勾兑用水。对它们的基本要求：

（1）总硬度应小于1.783mmol/L（即89.23mg/L），硬度单位的换算见表3-12；低矿化度，总盐量少于100mg/L，因微量无机离子也是白酒组分，故不宜用蒸馏水作为降度用水。

（2）NH_3含量低于0.1mg/L。

（3）铁含量低于0.1mg/L。

（4）铝含量低于0.1mg/L。

（5）不应有腐蚀质的分解产物。将10mg高锰酸钾溶解在1L水中，若在20min内完全褪色，则这种水不能作为降度用水。

（6）自来水应用活性炭将氯吸附，并经过滤后使用。

表3-12　硬度单位的换算

硬度单位	毫摩尔浓度/（mmol/L）	德国硬度/°d	碳酸钙/（mg/L）
毫摩尔浓度/（mmol/L）	1	2.804	50.045
德国硬度/°d	0.35683	1	17.847
碳酸钙（mg/L）	0.01998	0.0560	1

若水质达不到以上要求，必须处理后方可使用，特别是低度酒生产。常用的方法有：煮沸法、砂滤法、活性炭过滤法、离子交换树脂过滤法、反渗透法、超微渗透法等，目前市面上已有相应成套设备出售，根据水质具体情况选用。不少酒厂都有自己的水处理方法，如沱牌集团采用由美国引进的国际一流的活性水处理设备处理，通过两级反渗透处理后，有效去除水中的无益成分，使产品品质得以保证。

第四节　环境

一、环境与酿酒

酿酒界公认的“天时、地利、人和”，在传统名优白酒生产中体现出更多、更深远的实际意义。

几乎所有的原始发酵酒类的产生，都具有一定的偶然性。存在于空气或环境中的霉菌、酵母等微生物自然混入淀粉类（糖类）食物中，通过对食物成分的利用和改造，以及转化糖类为二氧化碳和乙醇而产生芳香的酒类物质。

由于微生物与其存在的自然环境有着一定的相关性，因此，世界不同的地域、不同的民族在长期的历史进程中，受其地域的自然资源、气候土壤、民族饮食习惯的影响，形成了不同风格的酒类产品。在蒸馏酒中，中国有白酒，法国有白兰地，英国有威士忌，俄国有伏特加，美洲有朗姆酒，北欧有金酒等。

中国白酒的名酒之多，闻名全世界，这是由得天独厚的自然环境决定的。我国幅员辽阔，气候带、土壤、水质、资源各具特色，因此在这片古老的土地上名酒频出，成为世界酒文化的发祥地之一。其中，几种名优白酒酿造的自然环境概况见表3-13。

表3-13　几种名优白酒酿造的自然环境

酒名	产地	气候带	水源	土壤
五粮液	四川宜宾	亚热带湿润性季风	岷江江心、安乐泉	紫色土（黄黏土）
茅台	贵州仁怀	亚热带湿润性季风	赤水	赤土
泸州老窖	四川泸州	亚热带湿润性季风	长江江心	黄黏土
汾酒	山西汾阳	温带大陆性季风	当地古井和深井	黄土

从上表可知，一般名优酒的酿造都依赖于其特殊的自然环境，包括湿润的气候条件、优质的水源、适宜酿酒微生物生长的土壤，这些地理环境是酿造优质白酒的重要条件。2005年颁布的《地理标志产品保护规定》明确规定：地理标志产品，是指产自特定地域，所具有的质量、声誉或其他特性本质上取决于该产地的自然因素和人文因素，经审核批准以地理名称进行命名的产品。目前获得“地理标志产品”的白酒有50多个，包括中国白酒金三角区域的所有名酒系列，以及洋河、宝丰、古井、三花、西凤、北京醇、崇明老白酒、大泉源白酒、口子窖、酒鬼酒、景芝、张弓、四特、玉泉、牛栏山等。“地理标志产品”就是地理环境对白酒生产重要性的一个体现。下面就“天时、地利、人和”与酿酒关系做一阐释。

二、“天时、地利、人和”与酿酒

《孟子·公孙丑下》：“天时不如地利，地利不如人和。”《孙膑兵法·月战》：“天时、地利、人和，三者不得，虽胜有殃。”指作战时的自然气候条件、地理环境和人心的向背。

1. 天时

“天时”从字面上讲就是指社会所遭遇的种种福祸灾祥等，“天灾”即自然灾害，“人祸”即社会动乱。古代的天时，包含人类无法预知和控制的外界因素，诸如天气、机遇、命运等。

“天”，包括天气，气候变化等。人们常说靠天吃饭，比如适度下雨有利于农作物的生长。“时”，指选择做事的时间。比如农业的春播秋收，就是顺应了天时。《说文》：“时，四时也”，即春夏秋冬的季节变迁。人们很早就直观地感觉到太阳运行引起季节的变迁，而称之为“时”。三国演义中的诸葛亮巧用了天时草船借箭，就是很好的说明。

“天时”可以理解为天气、气候、温湿度适宜，这种条件特别适合酿酒微生物的繁殖、驯化……

例如，举世闻名的茅台，每年五月踩曲、九月重阳下沙（投粮），一年为一个大生产周期，发酵一个月为一个小生产周期——这就是充分利用“天时”的佐证。通过历年的经验，五月的仁怀气候适宜制曲微生物的繁殖生长，温度偏高、湿度适宜，特别适合高温曲的培养，这是酿造酱香型白酒的必要条件；九月属于秋季，粮食收获的季节，新粮大量上市，茅台利用当地盛产的糯高粱进行生产，当地秋季的气候特别适宜酱香型白酒的堆积发酵、窖内的升温，为下步长达一年的多轮次发酵、取酒奠定基础。

2. 地利

“地利”从字面上讲就是指地方上的种种便利，包括适于战争方面的地势、城池等，适于工商贸易方面的道路交通、水力资源等，适于农业方面的日照、温度、水土、物产等。总之，就是由所处地理位置的优越而获得的种种便利。在古代“地利”完全是从农业生产中得出的概念。“利”虽用“以刀割禾”会意，但“禾”只是作代表，“利”可泛指土地之所出。与“地利”密切相关的还有“地宜”或“土宜”的概念。《左传·成公二年》：“先王疆理天下，物土之宜，而布其利”。讲“土宜”正是为了尽“地利”，因为只有用其宜，才能得其利。

“地利”在酿酒上可以理解为地理环境优越、地质地貌特殊、土壤结构良好、地下水质优良——良好的生态资源环境特别适合酿酒微生物的生长繁殖。以四川为例，四川盆地得天独厚的自然地理环境和悠久的人文智慧积淀，造就了“天府之国”的历史沉积。如果说大量出产的水稻、蚕丝、生铁和盐奠定了蜀地农耕社会长期高水平发展的生产基础；那么，高质量的茶叶和美味香浓的醇酒，便是巴蜀地区商业繁盛的两根定海神针。这样的自然条件适合种植粮食及手工业。经联合国粮农与教科文组织考证的酿造名优白酒的最佳产区位于北纬27°50′~29°16′，东经103°36′~105°20′。这一带地质、地貌特殊，主要为黄黏土——是酿酒微生物生长繁殖的理想天堂，铸就了辉煌的“川酒”——五粮液、泸州老窖、郎酒等众多闻名于世的白酒。

唐亚等对全国5000多家酒厂的地理分布的分析发现，白酒企业具有明显的地域聚集性，而以四川宜宾、泸州和贵州仁怀在我国白酒生产上最为重要。全国酒厂的地理分布特征及在全国白酒行业中的地位揭示了自然条件在白酒酿造上的重要性。一个地区的地理位置、气候、地质、地貌、土壤、水质、生物等自然条件的综合特性，是区别于其他地区的重要特征，也是在其他地方不能复制的。白酒的酿造实践证明，自然条件是一个地区能否酿造好酒的决定性因素——即“天时、地利”。

3. 人和

人和的主体是“人”，中心思想则为“和”。这里的“和”取意“中和”“平和”“和谐”。

“人”，是做人，为人处世。人为万物之本，亦为万世之主。做人，是一种态度，也是一门学问。学会如何做人，则人生无忧也。我欲做人，应先学会立足于“天地”之“中”。

人，生长于天地之间，下立足于“地”，上敬奉于“天”。在“天地”之间休养生息本意应该是取其“中”。

“人和”就是指人与人之间的团结和睦、相互协作、相互支持、同心同德、共御外侮的良好社会关系。

例如，宜宾是五粮浓香型白酒的发源地，沿袭数千年传承的酿酒技艺，汇聚了众多中国白酒业的高端人才及一批技艺精湛的一线技术骨干，目前拥有中国酿酒大师 7 名，国家级白酒评委 20 余名，四川省酿酒大师 7 名，在中国白酒业首屈一指。在这一批精英的带领下，利用五种粮食，通过诸多环节和谐相扣的酿造和一流的质量要求，长期陈酿、匠心勾兑（独特的大罐循环勾兑工艺）。近年来在继承传统技艺的基础上，五粮液团队协同发展，其独特的生产工艺技术不断完善，应用高新技术与传统工艺结合，走创新和特色之路，研究形成了不少具有自主知识产权和难以复制、模仿的酿酒技术，使五粮液始终走在中国白酒技术的前列，为中国“酒业大王”奠定了坚实基础。这是整个五粮液上下齐心协力、互助发展的结果，是“人和”理念的最好诠释。

“天地人和”——将人处于“和谐”与“平和”的世界之中，处于天地之中。它所阐述的是一种思想，更应该是一种境界。“天地人和”，传承于古而宣扬于今，顺应社会发展，共建“和谐”与“和平”，更有“天时，地利，人和”的意境，如果真如此，则事业昌盛，人生吉祥也。

《荀子·天论》：“天有其时，地有其财，人有其治，夫是之谓能参。”最能反映“三才”理论中人与自然的关系。在这个天地人的统一体里，人和自然是相互协调的，而不是相互对抗的。进一步说，天地万物都是和谐统一的，“万物各得其和以生，各得其养以成。”正是在这个基础上，中国很早就出现了保护和合理利用自然资源的思想。人们从正反两方面的经验中认识到“苟得其养，无物不长；苟失其养，无物不消”（《孟子·告子上》）的道理。《荀子·天论》说：“财非其类以养其类，夫是之谓天养。”这里的所谓“养”已包含了自然界各种生物之间互养共生的意义在内。人们要注意不去打断天地万物互养共生的这种自然过程，进而采取适当的措施去辅助它和促进它，并有节制地加以利用，以期达到和谐发展、永续利用的目的。

“天时不如地利，地利不如人和”不仅是名言，而且，还更为广泛地应用于各个领域。在酿酒方面，如闻名于世的五粮液，就是得益于这得天独厚的自然环境，宜宾地处南亚热带到暖湿带的立体气候带，山水交错，常年湿润多雨，十分有利于微生物的生长繁殖；当地土壤肥沃，土质为弱酸性黄黏土，黏性强，富含多种矿物质，是酿酒微生物生存的沃土。空气和泥土中的微生物构成了酿造高品质白酒特有的微生物群。利用在原料、水源、气候、地质和人才等方面的独特优势，沿袭数千年传承的酿酒技艺，采用五种粮食混合、特制包包曲发酵、传统跑窖工艺……其工艺和口感充分体现了“天人合一、和谐共生”的思想。

三、 实例佐证

1. 中国白酒金三角

提起法国会想到波尔多红酒，提起德国会想到慕尼黑啤酒，提起俄罗斯会想到伏特加酒，提起中国自然想到茅台、五粮液等，这些已成为国家的文化符号。中国白酒是中国的原创，是农耕文化的精髓，是中华文明传承的活载体，它既是精神的又是物质的，酒文化几千年来已经渗透到中国社会生活的各个领域。因此，在中国现存酒种中，白酒最有机会打造成为世界级奢侈品。

中国是世界三大农业起源中心之一，酒的产生与农业的发展密不可分。发达的农业生产为酒的酿制奠定了坚实的基础，谷物粮食酿制的酒是酒类的主体。随着时间的推移，依托独特的地理位置和气候环境，逐渐形成了长江流域、黄淮流域两条白酒名酒带。以四川产区为代表和核心的长江上游地区，其独特的生态与环境特征是白酒酿造产业不可复制的优势，是一片“被酒神亲吻过的土地”。在这种气候、地理环境中所形成的特有的微生物群与土地、空气的完美融合造就了中国顶级白酒产区的地位——天时地利。据联合国粮农组织专家论证：“在地球同经纬度上，只有沿长江两岸的泸州、宜宾等才是能酿造出纯正的蒸馏酒的生态区。”“一是当地所产谷物品质纯正；二是具有独特的沙溪岩土壤；三是北纬28°~30°地带湿热，水质纯净，自然条件适合酿酒；四是曲药独特；五是自然微生物接种制成的老窖泥池及酿酒技艺一直沿用数百年”。

中国白酒金三角是2008年由四川省委省政府发起，贵州省委省政府积极响应一个横跨川黔两地更大范围的白酒产区概念，也是2012年7月10日，获得原国家质检总局认证的国家地理标志保护产品“超级产区品牌”。以贵州遵义、四川宜宾与四川泸州为三大支点，涵盖贵州茅台酒、宜宾五粮液、泸州老窖、四川郎酒、贵州董酒、沱牌舍得、全兴水井坊、剑南春八大中国名酒在内广泛的川黔产区，是四川省委省政府/贵州省委省政府实施名酒战略、复兴名酒产区重要战略性举措。

由于中国白酒金三角长期以来酿酒业的发展，创造总结出无数精湛酿酒技艺（如泥封窖池、低温入窖、堆积发酵、双轮底增香、分层蒸馏、量质摘酒、勾兑调味等），涌现出一大批国家级“酿酒大师”（约占全国1/3），良好的“人和”环境诞生了中国仅有的几个“世界非物质文化遗产”。占据“天时、地利、人和”优势的中国白酒金三角无论在过去、现在，还是将来都是中国乃至世界蒸馏白酒的“波尔多”。

处于中国白酒金三角核心地之一的泸州（高粱基地），独具冬暖、春早、夏热、秋雨，湿度大、日照少的气候特点，土壤多以侏罗纪紫色母岩发育而成的沙壤和黏壤土为主，土质肥沃，团粒结构好，富含有机质和磷、钾等元素。在这几千亩的净土之上，农户全部采用原生态种植方式，承袭“天地人和”的哲学思想，尽心尽力参悟耕作之道；采纳以物养物的轮间作业制度，不使用任何有机化肥，属天然栽种，杂质含量低。泸州老窖为此成立了专业科研机构进行管理与技术支持，力争将所有一切与工业化过程隔绝，竭力维护这片黄金产地的纯粹性。泸州老窖采用优质糯高粱，承袭“混蒸混烧”固态蒸馏法以及超常发酵技术，长时间的活力发酵，使原粮充分吸收窖泥的香味成分，复合磨炼，终得甘醇。其固态蒸馏发酵方式，合孔子“天人合一”的思想，体现着“天地同酿、人间共生”的理念。

经过将近15年建设，中国白酒金三角已经当之无愧成为世界级核心烈性酒产区。2021年度，四川省优质白酒产业实现营业收入3451.4亿元，同比增长14.0%，比2020年净增长601.7亿元，川酒营收在整个中国白酒营收占比已达57.2%。实现净利润660.85亿元，同比增长24.9%，与2020年川酒利润529.1亿元相比较，利润净增长百亿级以上，川酒利润占全国白酒净利润比重达38.8%。川酒产能也实现了突破。2021年，川酒产量为381.2万kL，同比增长3.7%，全国白酒产能占比53.26%，实现了“二瓶有一瓶川酒”战略目标。2021年度，贵州省白酒主要经济指标同样亮眼。全省白酒产量34.81万kL，比上年增长30.5%，占全国白酒产能4.9%；实现营业收入1568亿元，占全国白酒营收比重约26%；净利润889.6亿元，约占全国白酒利润52.3%。中国白酒金三角过去15年市场成就可谓十分辉煌。2021年，川黔两地，中国白酒金三角产能合计达416万kL，全国产能占比达58.1%；川黔两地营收达3451.4+1568=5019.4亿元，占全国白酒营收比例达83%；川黔两地净利润660.85+889.6=1550.45亿元，全国占比高达91.15%。中国白酒金三角以绝对优势牢牢占据中国白酒行业话语权。

第一，中国白酒金三角名酒品牌多。横跨川黔中国白酒金三角是中国名酒数量与质量最高集群。中国四大名酒，川黔拥有两枚，茅台酒与泸州老窖；中国老八大名酒，川黔拥有5枚；中国新八大名酒，川黔同样拥有5枚；中国十三大名酒，川黔拥有7枚；而中国十七大名酒，川黔拥有8枚。中国白酒金三角不仅名酒数量多，名酒质量也高。目前，茅台酒已经成功进入千亿级体量，五粮液进入700亿赛道；泸州老窖实现200亿+，剑南春/郎酒等进入100亿+级阵营，沱牌舍得瞄准50亿规模。中国白酒金三角核心竞争力走在行业前列。

第二，中国白酒金三角形成梯度。金三角不仅有强势名酒库，也有良好的梯度企业。在四川，川酒六朵金花之外还是川酒十朵小金花，包括丰谷、潭酒、叙府、江口醇、小角楼等梯度企业，形成了川酒不断发展，持续推进的产业基础。在贵州，同样有贵州十大名酒历史沉淀，包括习酒、安酒、鸭溪窖、贵州醇、青酒等特色传统名酒，以及新近成长起来的国台、珍酒、钓鱼台、金沙摘要等酱香型白酒核心品牌。中国白酒金三角产业根基十分厚重。

第三，中国白酒金三角有独特的品类符号。川黔两地产区既有独特的产区符号，又有兼容性品类特征。川浓黔酱是两大省级产区基本符号，而兼香型、清香型、芝麻香型等四川产区也有强大产能支撑。品类符号构成了产区独特的密码，也成为推动产业发展的重要基础。

从酿造能力上看，白酒金三角基本上具备全品类酿造能力，特别是基础性香型酿造能力比较强势。从品类产区识别看，白酒金三角最近几年也在变化，黔酒秉持了“黔酱”超级品类符号，而川酒已经走向了“浓酱并举”，显示出产区品类扩张态势。

第四，中国白酒金三角产业链完整。庞大的产能，强势的品牌，独特的品类催生了金三角完整产业链配套能力，包括技术、物流、商贸、零售，种植养殖、商旅文旅酒旅等完整产业链，白酒已经成为川黔地区最具活力的市场化产业，也是地方经济强大支柱。

2. 黄淮流域名酒带之双沟

据考证，双沟地区酿酒最早可追溯到新石器中期的双沟醉猿和距今约5万年前旧石器时代晚期下草湾智人。纵观中外美酒产地，多数离不开理想的自然和地理环境。双沟千年美酒闻名遐迩，与她所处的自然环境是密不可分的。

2001年，中国科学院徐钦琦在其著述《从南京猿人到下草湾人》一文中说："双沟地区是新生代世界生物的进化中心之一，也是世界上人类起源的中心之一。因为双沟地区的自然环境是得天独厚的。"他在2002年出版的《双沟醉猿》一书中称"这里成为我国最具酿酒天然环境的地区"，是"自然酒"起源的地方之一。

古人类、古地质科学家尤玉柱教授在《识别双沟》一书《从地质变迁看双沟》一文中写道："人们都说双沟地区的自然环境是得天独厚的。"任何地方，其自然地理环境是优是劣，应由诸多因素决定：包括地质基础、地理位置、气候条件、土壤、植被、水资源、动物和地下沉积物等。各种因素的相互影响和组合，形成该地区生态的统一体。双沟在苏北平原的西南部，地貌位置在山前丘陵地带的前缘，地理坐标为北纬33°12′，东经118°10′，日照2168.3h/年。大致在中国版图东端的中间位置。双沟下草湾地区年平均气温在15℃，湿度76%。7月份最热，月均温度26℃；1月份最冷，月均温度1℃，可见气候是十分宜人的。这样的气候非常有利于霉菌、酵母菌等各类菌种菌群的生长、作用。双沟下草湾一带每年6月20日前后，迎来夏季季风时，开始出现阴雨（入梅），经历2~3周，比一般南方短1周左右。这为农耕一年两熟创造了条件，加上有充沛质优的水源，生产优质红高粱，也产稻麦、豆秫等五谷杂粮。双沟地区土地肥沃，湖岗兼有，物产丰饶，自古就是鱼米之乡，为我国著名的粮仓之一。这里除了双沟大曲、洋河大曲外，还有久负盛名的清代贡品双沟空心挂面、天岗湖银鱼、上塘青秆黏子米、淮河白鱼、洪泽湖玉鳖等著名特产。

"水为酒之血"，水是酿造好酒的重要条件之一。双沟下草湾地区地下水质不仅好，而且来源渠道多，既有基岩裂隙水，也有第四纪松散层沉积物的孔隙水，还有地表水的补给，其地下水含矿度小于1g/L，水质优良。它的地层是由粗砂、砾组成的，中间夹若干砂质泥岩。厚近百米的粗细相间地层，犹如一个巨大的天然过滤系统，把渗入的地表水、补给水进行缓慢地改造，再汇入基岩裂隙水和玄武岩的渗水，最终形成优质的地下矿水。双沟下草湾位于淮河与洪泽湖交汇处，地层属于河流、湖泊的沉积物。江淮下游地质在新第三纪时伴着玄武岩喷发，曾沉积了不同时期的中新世、上新世地层，是一个沉积区，或是以沉降为主的地区。到上新世后，地壳相对上升，又使新第三纪地层露出地表。当年气候湿热、水草资源丰富，是一个以森林和丛林为主的植被环境。这一带冈峦起伏、翠岭蕴秀、气候温和、四季分明，适宜人居，更适宜酿造美酒。众多文人骚客写下的名篇佳句从不同角度反映双沟地区酿酒业的兴旺、繁荣和悠久的历史，不同侧面体现出天时、地利、人和与酿酒业的关系。

纵观中外美酒产地，绝大多数离不开理想的自然和地理环境，每一个名酒厂无不集聚一批人才精英和良好的人文环境，这充分体现"天时、地利、人和"与酿酒之间密切关系，这是大自然赋予人类的。今天我们在享受美酒的同时，更应该保护好环境，做好生态酿酒循环产业链，造福子孙后代。

酿酒界公认“天时、地利、人和”，可见地理环境对酿酒（特别是白酒）的重要意义。

注：原文《“天时、地利、人和”与酿酒哲学》为2014年度“中国白酒文化知识有奖征文活动”获奖征文，余乾伟发表于《酿酒科技》2013年12期，105-108。

第四章　微生物与制曲

第一节　白酒中的微生物及特点

对白酒的微生物的研究，需要明确 2 点：

1. 有害菌和有益菌的概念

白酒生产中哪些是有害菌和有益菌，在生产的不同阶段有一定区别；要充分了解它们的生长特性，做到有的放矢。近几十年来在广大科研工作者的努力下，取得了很大的成绩，但要真正做到“有的放矢”，还需进一步研究。

2. 提高纯种的分离、选育、培养、鉴定工作

提高纯种的分离、选育、培养、鉴定工作，并且在此基础上，处理好纯种与天然菌的关系；怎样将纯种与多菌种混合（发酵），提高白酒风味，这是相当长时间内需要进行的研究，也是今后白酒发展方向之一。

第二节　大　　曲

一、大曲分类及特点

我国用曲酿酒历史悠久，酒曲种类数不胜数，现代一般大体上将酒曲分为五大类，分别用于不同酒的酿造。中国酒曲的主要种类及用途见表 4-1。

表 4-1　中国酒曲的主要种类及用途

类　别	品　种	用　途
大　曲	传统大曲 强化大曲（半纯种） 纯种大曲	白酒
小　曲	按接种法，分为传统小曲和纯种小曲 按用途，分为黄酒小曲、白酒小曲、甜酒药 按原料，分为麸皮小曲、米粉曲、液体曲	黄酒、白酒
红　曲	主要分为乌衣红曲和红曲 红曲又分为传统红曲和纯种红曲	黄酒

续表

类别	品种	用途
麦曲	传统麦曲（草包曲、砖曲、挂曲、爆曲） 纯种麦曲（通风曲、地面曲、盒子曲）	黄酒
麸曲	地面曲、盒子曲、帘子曲、通风曲、液体曲	白酒

1. 大曲的定义

酿制白酒用的糖化发酵剂是以小麦（或大麦、豌豆、高粱等）为主要原料，经自然培菌、发酵、储存而成的，富含多菌群多酶系、具有产酒和生香功能的块状制品。

2. 大曲的分类及特点

大曲按品温分为高温大曲（品温 60～65℃）、中温大曲（50～60℃）、低温大曲（40～50℃）；按其生产的产品可分为酱香型大曲、浓香型大曲、清香型大曲、兼香型大曲等；按工艺区分为传统大曲、强化大曲、纯种大曲。生产大曲的主要原料为：小麦、大麦、高粱、豌豆等。

大曲中的三系：菌系——微生物；酶系——生物酶；物系——化学物质。

大曲中的生物酶（酶系）主要有 α-淀粉酶、β-淀粉酶、糖化型淀粉酶、蛋白酶等；大曲中的物质主要为淀粉、水分、粗蛋白、粗脂肪、灰分、氨基酸。了解大曲的三系以后，就不难理解大曲在酿酒中的作用了（四大作用：提供菌源、糖化发酵、投粮作用、生香作用）。

二、 大曲中的微生物

大曲中的微生物主要有：霉菌类、酵母类、细菌类 3 大类。

1. 霉菌类

大曲的制作原理就是最大限度地让相关霉菌着生繁殖，“菌丝内插、水分挥发”是大曲的培养原理，即大曲的培菌过程主要是霉菌的生长过程。大曲培养时霉菌的菌丝起到引水的作用（即将水分挥发），孢子起着色作用（即形成大曲五颜六色的部分）。

与酿酒有关的霉菌包括曲霉属、根霉属、毛霉属、红曲霉属、青霉属、犁头霉属。

大曲中常见的曲霉有黑曲霉（如 UV-11）、黄曲霉、米曲霉、栖土曲霉等；根霉在小曲中应用较广；青霉属在大曲乃至酿酒过程中完全属于有害菌，要特别注意的是，大曲中心有时出现的红、黄斑点就是红曲霉作用的结果。

2. 酵母菌类

主要酵母菌有酒精酵母、产酯酵母、假丝酵母属。

酒精酵母，是原料发酵的根本，它的存在对大曲、大曲酒的质量起着决定性的作用。

产酯酵母，它是大曲酒产香的基础条件，又称生香酵母，在酯酶作用下将醇酸结合而产生酯。由于产酯酵母的重要性，对其研究较深入，并成功运用于酿酒生产中，取得了良好效果。

3. 细菌类

细菌对生产普通白酒来说，一般视为有害菌，但对生产优质大曲酒来说，很多细菌起到良好作用，如在浓香型窖泥中梭状芽孢杆菌生成乙酸及其酯类，形成浓香型大曲酒主体香。大曲酒中主要细菌有乳酸菌、醋酸菌、枯草芽孢杆菌等。

乳酸菌较喜欢低温，在大曲培养时顶点品温不足及时间短时，乳酸会大量生成，这会导致后续的大曲酒中乳酸乙酯偏高，酿酒界提倡的“增己降乳”，就是需要重视大曲生产过程中乳酸菌过度繁殖。

醋酸菌在大曲中以杆菌居多，是典型的好气菌，其作用是氧化葡萄糖生成醋酸和少量酒精，并会抑制酵母菌的生长和作用。醋酸菌主要在大曲培养的前、中期生长繁殖。在新曲中含量最多，但它在干燥低温的环境下芽孢会失去发芽能力，故新曲应储存3个月至半年以上使用。

枯草芽孢杆菌在大曲细菌中数量较多，它是形成酒体芳香类物质的重要菌源，值得深入研究。

三、 大曲制作工艺（以浓香型大曲为例）

大曲制作工艺如下：

小麦及其他谷物→润水→翻糙堆积→磨碎→加水拌和→装入曲模→踩曲→晾汗→入室安曲→保温培养→翻曲→打拢（收堆）→出曲→入库贮藏→成品曲

（一） 主要工艺要点

1. 原料润水及粉碎

大曲的原料为小麦、豌豆和大麦，其配比也随各地而有所不同。有的用纯小麦制曲，如五粮液；有的加豌豆10%左右，如洋河等。

原料润水操作要翻拌均匀，使粮食普遍吸收水分，做到水洒均、翻糙匀。

润麦的标准：原料表面收汗，内心带硬，口嚼不粘牙，略有干脆响声。

传统制曲要求是将小麦磨成“烂心不烂皮”的“梅花瓣”，即将麦子的皮磨成片状、心子磨成粉状。这对于微生物的生长繁殖、培养温度调节有相当的帮助。泸州老窖制曲时的粉碎度见表4-2。

表4-2　小麦粉碎度

未通过筛孔	20	40	60	80	100	120
直径/mm	1.00	0.5	0.3	0.2	0.15	0.125
百分比/%	77.71	6.227	2.79	2.49	4.93	2.20

2. 拌料踩曲

传统制曲均采用人工制作，原料拌和前，所有踩曲场、拌料锅、曲箱等都要清扫干净，以减少有害杂菌的侵染。

拌料用铁锅置于木架上，每锅拌麦粉30kg，加水9～10kg，即水分占原料的30%～33%，除夏季用冷水外，一般用40～60℃的热水。2人对立，用手拌和，要求拌和均匀，无疙瘩、灰包，手捏成团而不沾手为标准。注意此时的水分要适当。水分过小，会使曲坯表面过早干燥，菌类生长不足（又称不挂衣）；水分过大则曲坯容易变形，升温快、湿度大，易滋生絮状的毛霉和黑霉，影响曲的质量。

拌和好的曲料，立即用双手从锅内推到踩曲场，再细致迅速拌和一次，以彻底消灭疙瘩、灰包，随即装入曲模，装好后先用足掌从中心踩一遍，再用足掌从四周踩两遍，要踩紧、踩平、踩光，特别是四周更要踩紧，翻过来再踩，不能缺边掉角。踩完后，将曲坯倒出置于一旁晾置，待曲坯表面收汗，曲坯由微黄色变成乳白色立即入房。

3. 入室培养

传统曲房一般为砖木结构，要求能通风、保温、保湿。先在曲房地面上撒一层新鲜稻壳。曲块成型后，送入曲房安曲，并覆盖稻草。微生物菌体是由多种渠道自然接种的。在密闭的曲房内，微生物开始繁殖，并散发热量，温度的升高又加速水分的蒸发，使整个曲房内温度和湿度都上升。

曲坯升温的快慢视季节及室温高低而不同，24h 内品温（曲心）上升到 40℃，曲坯表面长出菌丝，取出湿稻草，翻第一次曲，方法为底翻面，四周翻到中间，中间翻到四周，翻第一次曲后，要求品温逐渐上升（开、闭门窗调节）；以后每隔 1～2d 翻一次，方法如前；当曲心水分大部分蒸发，品温逐渐下降时，进行最后一次翻曲，即“收堆”。

制曲的经验是要做到“前火不可过大、后火不可过小”“前缓、中挺、后缓落”。这是因为前期曲坯微生物繁殖旺盛，温度极易增高，如不及时控制，则细菌大量繁殖；后期微生物繁殖缓慢，水分逐渐减少，温度下降，有益微生物不能充分生长。

大曲向高温曲的方向发展，一个重要原因则是人们意识到高温曲所酿造的酒香气较好。其机理虽未完全阐明，但有一条是较为肯定的，即酒曲上生长的高温菌与低温菌的比例随培养温度而变，高温菌代谢产物对酒的香气成分具有一定的作用。

现代白酒生产，国家名优酒都采用传统法制作的大曲。为减轻制曲工人的劳动强度，相关酒厂纷纷采用机械化制曲或架式制曲等，取得了一定效果，如四川泸州、山东等的工业化制曲已形成相当规模。不管是人工制曲，还是机械化制曲，具体怎样使用或搭配，应根据各自工艺决定，且不可照搬。

4. 高、中、低三种曲的特点

不同的大曲，培养时期的最高温度有所不同。大致可分三种类型：低温曲、中温曲、高温曲。

低温曲以清香型白酒汾酒所用的大曲为代表，最高温度为 50℃以下。其培养过程的特点是：制曲着重于曲的排列，曲房的窗户昼夜两封两启，温度则两起两落。控制热曲和晾曲温度较为严格，热晾升降幅度较大，小热大晾，适合于多数中温性微生物生长，以白色曲较多。低温曲的糖化力、液化力和发酵力最高，微生物菌系也较丰富。故在名酒酿造中清香型汾酒的发酵时间较短，这同它的用曲有直接关系。低温曲发酵好、出酒率高，酒中的乙酸、乳酸及其乙酯也高，伴随低沸点香味物质增多的同时，醇类物质也较高。由此该类酒具有清雅纯净的个性特色。

中温曲以浓香型白酒所用的大曲为代表。制曲时期最高温度达 60℃（著者注：目前实际制曲生产中，一些地区浓香型大曲的制曲温度向高温转变，人们认为使用该曲可改善酒质的陈香味、增加酒的醇厚感和丰满感），制曲期间，以曲的堆积为主，覆盖严密，以保潮为主。培养期间温度的掌握主要靠翻曲来实现，只有当最高温度超过工艺要求的极限时，才进行翻曲，放潮降温。工艺特点为多热少晾。糖化力、液化力和发酵力不及低温曲。比较出名的如五粮液的“包包曲”。由于培养条件特别是影响微生物生长繁殖的水分、温度发生变化，中温曲的微生物区系及酶活性发生变化，使用该曲酿酒，产出的香味物质明显比低温曲多，同时因窖泥微生物的影响特别是已酸菌的作用，已酸及已酸乙酯生成较多，故产出的酒窖香浓郁、酒体丰满。

高温曲以酱香型白酒所用大曲为代表。如茅台酒用的大曲，制曲时着重于曲的堆积，覆盖严密，以保温保潮为主，每当曲温升至 60～65℃ 时才开始翻曲。高温曲的糖化力、液化力和发酵力均最低。故曲的用量最大，茅台酒用曲，曲粮比高达 1∶0.9。同中、低温曲一样，在发酵过程中会生成乙酸、乳酸及其乙酯外，同时产生大量的高级醇、醛类、酚类等香味物质，使产品具有酱香突出、幽雅细腻、回味悠长的独特风格。这类酒的香味物质，应该说是曲药香味物质的带入和酿酒发酵产生的香味成分的复合体。虽然至今尚未找出该香型的主体香。

（二）低温曲、中温曲、高温曲的制作说明

1. 低温曲生产

低温曲以传统汾酒大曲为主，其关键是原料配合、拌和踩曲、入房、上霉、晾霉、潮火、干火、后火、养曲。要培养出好曲首先要在制曲上下功夫，制曲中的一个环节出问题都会影响曲房内的管理。因此在大曲生产中必须将制曲与曲房内培养两部分紧密结合在一起，要让制曲的工作人员懂得曲房培养，负责曲房培养的工作人员了解制曲，才能做出高质量的大曲。

（1）配料　豌豆∶大麦为 4∶6，要根据原料的品种和产地与气候适当调整，配料要准确，拌料要均匀。

（2）粉碎　清香型大曲在培养中每天品温要“两起两落”，曲坯要有较好的通透性，粉碎时要使豌豆、大麦皮保持完整，淀粉要磨得细些，不可有太多的淀粉颗粒。粉碎要经过两道辊子磨。第 1 道辊子磨出来后过筛，将皮分出来与过了第 2 辊子的细粉混合入仓。低温大曲的原料适宜粉碎度见表 4-3。

表 4-3　低温大曲的原料适宜粉碎度

筛孔直径/mm	>2.5	>1.0	>0.6	>0.3	>0.15
粉碎度/%	4.86～6.88	18.56～20.48	29.54～42.90	60.94～66.27	83.57～80.71

（3）踩曲

① 加水拌和是踩制曲坯的关键，粉碎曲料要粗细均匀下料，才能保证曲坯的正常水分。如下料粗细不匀，曲坯的水分、轻重、硬度等差别很大，培养时很难控制。下料粗细要合适，水分 36%～58%，要求曲坯既无白点也不发软。

② 清香型大曲要求踩压曲尽量紧，这样曲内部在培养中温度上升缓慢，经得住晾。

（4）曲房内培养　清香型大曲是以晾为主的低温曲。曲块断面要求茬口清亮，所以曲房应两面通风，窗户要易于开关，既能保温保潮，又能降温排潮。曲坯培养可分为保潮阶段和排潮阶段，培养前期只是曲坯表面的微生物生长而曲表水分很容易散发，影响

上霉，所以要喷湿地面，盖湿席子保持一定的湿度，创造适合上霉的环境。从晾霉开始则需利用微生物生长所释放的热量提高品温逐渐向外排出水分。从晾霉到养曲是排潮阶段。大曲的培养过程实际是一个放潮、排潮过程，这样才能不断地积累各种酶系和保存酶系。如果不分情况一味地保潮，就会影响曲坯的升温和降温，曲坯就会产生烧圈、断面发暗。清香型大曲在培养过程中必须注意的就是晾（即放潮）。掌握好了，可做出高质量的大曲。曲房中曲坯的排列也很讲究，因不同的时间有不同的排列，摆曲一定要整齐，距离一致，才能使每房内的曲坯升、降温比较统一。

① 上霉：曲坯入房后先将曲坯晾几小时，其目的一是将表面水分散发一些，给微生物创造一个较合适的水分环境，避免曲坯升温后曲表皮水分太大出现“水淹皮”。二是由于每房曲的入房时间都较长，品温差别较大，晾几小时后使所有的曲坯从同一温度开始升温上霉，一般冬季控制品温在14℃左右，其他季节能低则低，这样升温很缓，上霉均匀，曲皮也薄。盖席后一般2~3d①，曲坯表面就可看到白色菌落，品温不超过32℃，菌落长满曲坯后，揭席。

② 晾霉：曲表面上好霉后要晾霉，首先是揭席子，以散发温度和潮气，这期间曲房的温度增长较快。当品温和室温接近，曲房的湿度趋于饱和时，就要开窗放潮。晾霉期品温控制在30~54℃，让曲坯微热，适时放潮，切不可只保温不晾，这样易使曲坯过早起火，缩短成曲时间，但也不能只晾不保温，品温过低，易长黄曲霉和青霉等产生异味，也易使曲皮发软变形，使后期升温困难。晾霉期是关键，曲坯培养由保温转为排潮，要注意在保持一定品温的前提下缓慢排潮，曲坯在晾霉期只是表皮较热，曲心是凉的。如晾过头，影响后期的升温。晾霉3~4d，以每天提高1~2℃来控制品温，当曲坯表面发干、坚硬就可进入潮火期。

③ 潮火：在潮火期由于曲坯刚开始升温，放出潮气很大，曲房内的湿度也很高，这期间要多放潮。潮火期逐渐升温，每天“两起两落”，升温要尽量缓，最高升至42~44℃。当品温升起来后要保持一段时间，使热量把曲心里的温度带起来。晾时要慢慢开窗，晾的时间不要过长，只要曲房里的潮气排尽就可关窗再缓慢升温。如曲房的潮气排不尽，既影响曲坯再次升温，也会使曲房内产生异味。在晾曲时，手摸曲坯微热就可视为晾到要求。潮火期曲坯只是热在表面，曲心还没热透，晾时不可太低，以免产生黑圈、窝水。

④ 干火：潮火期与干火期无明显界限，曲坯由外往里成熟，水分由微生物生长产生的热量带出，越往里带出的水分越少。曲房的潮气也越来越小，以致曲房升温时发干。带有炒麦香味，就进入干火期。干火期曲心已热，升温快，降温难，品温要控制在42℃左右，不可太高。由于微生物已由表面蔓延到曲坯内生长繁殖，产生热量，曲坯干硬部分加厚，热量散发困难。品温过高就会烧心，干火期一定要晾透。大火期晾曲的最高温度达45~48℃，时间7~8d；潮火期是排曲房的潮气，4~6d，注意翻曲。

⑤ 后火：后火期品温保持在36~38℃，每天晾一次，时间不必过长，当品温降至30℃左右就进入养曲阶段。大曲质量受很多因素影响。只要搞好翻曲和曲房管理，就能

---

① d：天（时间单位），英文day的简写，3d即3天。全书中涉及的还有，t：吨（计量单位），ton的简写；s：秒（时间单位），second的简写；ms：毫秒（时间单位），millisecond的简写。

生产出高质量大曲。

清香型低温曲的品温控制严格遵循“前缓、中挺、后缓落”的原则。汾酒大曲一般分3种（清茬曲、后火曲、红心曲），其要点为：清茬曲的操作要点是“大热大晾”；后火曲的操作要点注意“大热中晾”；红心曲则为“大热小晾”。在培养时要严格控制。出房后的3种曲分别储存，使用时按4∶3∶3的比例混合粉碎。

2. 中温曲生产

一般浓香型大曲酒酿造均采用中温大曲，制曲温度在50~60℃，基本制作工艺（以泸州为例）见上。全国17大名酒中有9个是浓香型，可见使用中温大曲的比例很大，各大名酒厂制曲各有特点，从原料的选择、配比，曲坯的培养，温度的控制，到成曲的使用都有自己的独特之处，从而形成百花齐放、浓香型酒雄踞天下的格局。

（1）原料配比　见表4-4和表4-5。

表4-4　　传统制曲原料配比及曲块特性

	小麦	大麦	豌豆	高粱	种曲	形状	大小/cm	质量/g
五粮液	100					中间丘状凸起	26.8×17.5×5	2715
泸州老窖	90~97			3~10		长方形	30×20×5	3200~3500
剑南春	85	15				长方形	30×18.5×6	2800~3600
全兴大曲	95			4	1	长方形，中间凸起	19×10.3×6	
洋河大曲	50	40	10			长方形		
古井大曲	70	20	10			长方形，截去四角	26×13×6	1685
茅台大曲	100				3~8	长方形		
汾酒大曲		60	40			长方形		1867
西凤大曲		60	40			长方形	28.3×17.2×6	2238

表4-5　　制曲原料的成分比例　　单位：%

项目	小麦	大麦	豌豆	高粱
水分	12.8	11.5~12.0	10.0~12.0	12.7~13.2
粗淀粉	61.0~65.0	61.0~62.5	45.2~51.5	61.0~62.1
粗蛋白	7.2~9.8	11.2~12.5	25.5~27.5	8.6~10.1
粗脂肪	2.5~2.9	1.9~2.8	3.9~4.0	2.3~4.1
粗纤维	1.2~1.6	7.2~7.9	1.3~1.6	1.1~1.8
灰分	1.7~2.9	3.4~4.2	3.0~3.1	1.0~1.4

原料上，四川浓香型不用豌豆，而以洋河大曲为代表的江淮流域浓香型均采用一定量的豌豆，这就直接影响到下步的酿酒工艺，传统工艺所产的酒带有较明显的“豌豆清香”（笔者认为这与其制曲时加豌豆有直接关系，即“曲定酒型”），这也是酿酒界普遍流行的观点来源之一，业界认为传统浓香型名酒可分为3个流派，以五粮液、剑南春为代表的浓香五粮型（采取跑窖法工艺）；以泸州老窖、全兴大曲为代表的原窖法工艺；以洋

河、双沟为代表的江淮纯浓派（老五甑工艺）①。由于其原料、制曲、酿酒工艺不同，其风格特点差异较大。近年来，随着技术的革新，饮酒观念改变，加之“原酒的大流通”，浓香型的区域性逐步在减弱。

（2）原料的粉碎度　各大名酒厂制曲的原料的粉碎度有一定差异，传统要求是将小麦磨成“烂心不烂皮”的“梅花瓣”。宜宾五粮液的要求是过 20 目筛占 30%~35%，剑南春的小麦磨成过 40 目筛为 50%，而泸州老窖则是过 20 目筛占 20%~25%；洋河大曲是将制曲的原料磨成粗细各半，安徽古井贡酒厂则粗粉占 60%，细粉占 40%。原料的粉碎度根据原料品种、制曲季节、制曲工艺、酿酒要求等具体情况，应适当调整。

（3）踩曲　宜宾五粮液酒厂踩成的曲呈“包包曲”，其方法为：原料拌料前，将场地、器具等打扫干净，将麦粉倒于地面，粉堆成凹型，用量水桶将水注入麦粉堆凹中，用耙梳、铁锹等工具彻底拌和均匀。拌料加水量 37%~40%（以麦粉重计），加水量视季节不同而有差异，水温也不同（夏季用冷水，冬季用 40~60℃热水）。将拌好均匀的曲料装入曲盒，用手压紧，再用双足掌从两头往中间踩，踩出包包并提出麦胶（俗称浆子）。踩曲要注意踩紧，特别是四周一定要踩实在，松紧适度，中间可略松，结构紧密，应均匀无裂缝。而一般浓香型则是踩成平板曲。

（4）培养　五粮液传统的经验是，当品温上升至 40℃左右，第一次翻曲，底翻面，四周翻到中间，硬度大的放在下层；以后 2~5d 再翻曲，2 次翻后即堆烧，堆至 4~5 层。收堆后应搭盖草帘保温，避免品温急剧下降。堆烧品温原则上≤60℃，否则应开窗调节，堆烧时曲坯间应留 3cm 间距。若发现曲心的水分已大部分蒸发，品温逐渐下降，可进行最后一次翻曲，即收拢（打拢），此时曲坯间不再留空隙，可堆至 5~6 层。收拢后应避免品温下降过快，致使后火太小，产生黑心曲、窝心曲等。曲坯入房到成熟约需一月（季节、气温不同有伸缩），成熟后运至干燥通风的贮曲房。

（5）入库贮存　培养好的曲即入库贮存，入库前应将曲库清扫干净，铺上糠壳，曲坯入库后应堆码整齐，曲间应留有空隙，并保证曲库通风良好。一般贮存 3 个月后的陈曲方可投入酿酒生产。五粮液和剑南春有使用贮存 1 年以上的陈曲的习惯（特别是夏季）。这是其一大特色。因为 1 年的陈曲贮存期长、染菌少，其糖化力不高，酵母数相应减少，但其他酿酒发酵的有益菌较多，仍生长繁殖，能耐比较高的温度，有利于安全度夏。在热季温度高的情况下，有利于控制发酵缓慢升温，这样才能出好酒。这里要特别指出的是，传统浓香单粮型大曲踩成平板曲，而多粮型大曲则要求踩成包包曲，踩曲过程更细致。虽然平板曲和包包曲均属中温曲，但包包曲因“包包”部位较厚且较疏松，在培菌过程中其品温相对较高，是中温曲块中的高温区，该高温区由于温、湿度同平面部位的差异，在其发酵过程中微生物生长及代谢产物的积累有所不同。包包曲既有浓香型大曲的共性又有其个性，其个性的形成与多粮型独特风格之一（酱）陈味的产生有相当大的关系，使得多粮型酒带有陈味，并衬托出主体香更加突出，酒体更加丰满。现有关酒厂

---

① 原窖法工艺：本窖发酵后的糟醅，经出窖系列操作后，重新放回原来的窖池内发酵的生产工艺。

跑窖法工艺：本窖发酵后的糟醅，经出窖系列操作后，放到另外的窖池内发酵的生产工艺。

老五甑工艺：将窖中发酵完毕的酒醅分成五次配料、蒸酒的传统操作方法。窖内有四甑酒醅，即大楂、二楂、小楂和面糟各一甑。在第 7 章有详细说明，相关名词术语可参见 GB/T 15109—2021《白酒工业术语》。

也从平板曲逐步改为包包曲。

3. 高温曲生产

高温大曲主要用于生产酱香型白酒，以茅台酒为典型，高温曲酱香浓郁，直接影响到白酒的风味。其制曲温度 60~65℃。

（1）工艺流程

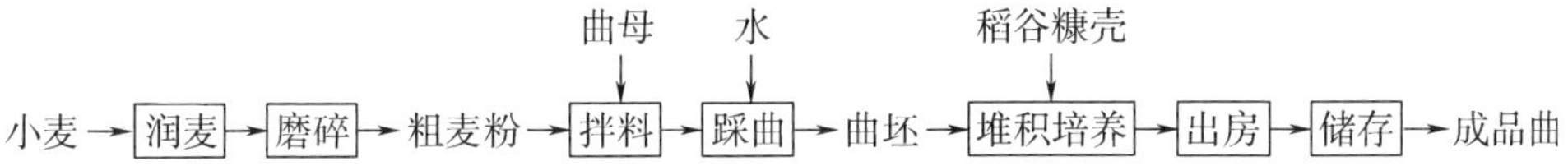

（2）工艺操作

① 原料的选择及粉碎：以小麦为原料，选用的小麦必须符合标准。为促进前酱香物质的形成，增加有益微生物的比例，加快有益微生物的繁殖，制曲过程中加入母曲。选用母曲要求色泽金黄，酱香味突出。小麦经除尘、除杂后，加 2%～3%的热水（60～80℃），拌匀润湿 3~4h，用钢磨粉碎。

小麦的粉碎直接影响曲质的优劣。粉碎要求是，将小麦压成“梅花瓣”，粗粒及麦皮不可通过 20 目筛，细粉则要求通过 20 目筛，混粉中细粉占 40%~45%，感官要求无整粒小麦，手摸不糙不腻为宜（也有一些厂家小麦的粉碎较粗，母曲接种较大）；母曲粉碎越细越好，要求为粉尘。

② 拌料踩曲：拌料前先配料，配料比例为，一定量的麦粉，夏天加入 4%～5%的母曲，冬天加入 5%~8%的母曲。配好料后加水拌和，一般要求加水量为原料的 37%~40%，水分过多，曲坯不易成型，不利于有益微生物的繁殖，且表面易长毛霉，同时在培菌管理过程中，曲温升得过快，易引起酸败，影响成品曲的质量；水分过少，曲坯在发酵过程中升温慢，妨碍微生物的生长繁殖，影响曲的质量。拌料要求均匀透彻，无白粉，无灰包，无球团，用手握成团后不散，不粘手。曲坯制作分人工踩曲和机械制曲两种。曲坯要求松而不散。

③ 晾曲：曲坯制好后，将其侧立进行晾曲，需晾 2～3h，晾曲时间要灵活掌握，时间太长，表面水分蒸发太多，曲坯入房后升温慢，没有菌丝生长，形成光面曲，降低了曲的质量；时间过短，曲坯水分挥发少，曲坯太湿，入房后升温快，热量不易散失，容易生成黑曲。

④ 入房堆曲：曲坯晾好后搬到曲房内按照一定的规定进行堆放，曲坯进房前，首先将曲房打扫干净，久未生产的曲房要进行消毒。堆放前，先将稻草铺在曲房靠墙地上，厚 6~15cm。排列方式是，将曲块侧立，靠墙横放两块，然后侧立直放，三横三竖，曲块和曲块之间要塞草，塞草最好新旧草搭配。塞草的目的是：避免曲块和曲块之间互相粘连，并便于曲块通气、散热和制曲后期的干燥。当一层排满后，要在上面铺一层草，厚 3~6cm。再排第 2 层，直至堆放 4 层或 5 层为止。一行排满后，又排第 2 行。注意上下左右错位排列，最后留一行空位作为翻曲用。堆放完毕，为了增加曲房湿度，减少曲块干皮现象，除了要在曲堆上面盖草外，还要洒水几十千克，并将门窗关闭或稍留气孔，保温保湿。

⑤ 培菌管理：曲块进房后，由于条件适宜，微生物大量繁殖，曲块温度逐渐上升，一般夏季 5~6d、冬季 7~9d，中间曲块温度可达 63℃，曲坯表面霉衣已长出，手摸最下

层曲块已经发热，即可翻曲，若翻曲太早了，下层的曲块还是生麦子味；太迟了则中间曲块升温过猛，大量曲块变黑。因此过早与过迟翻曲都不好。曲块经过第1次翻曲后，上下调换了位置，在翻曲过程中，散发出了大量的水分和热量，品温可降至50℃以下，但过1~2d后，品温又很快回升。至第2次翻曲（一般进房第14天）时，品温又升至接近1次翻曲时温度，进房40d后，一般就可出曲。这时曲块品温已经降至40℃以下，水分降至16%左右。

⑥ 拆曲：当曲块品温下降到室温时，曲块绝大部分已干燥，即进行拆曲，拆曲时如发现有的曲堆下层的曲块过湿，含水量大于16%，则应置通风处，促使曲坯干燥。

下面谈谈曲药质量标准问题，以前许多教科书及科技文献中，测定大曲糖化力、发酵力和蛋白质分解力的方法，都是借用原轻工业部食品工业局的“固体曲的检验方法”，这个方法主要是针对麸曲而制定。将这个方法应用在大曲的测定，是将大曲视为单一微生物菌体或单一酶制剂，忽视了大曲是一种典型的“多酶多菌”的微生物制品。实践证明，原方法测定的结果远远不能代表曲药与酿酒产质量的关系。于是有些企业，就以“感官鉴定”为主，即以皮张厚薄、断面菌丝、颜色、香味等作为曲质的重点根据，但感官指标，全凭感官、经验，难以量化，常常引起争议，造成划定等级的困难。

泸州老窖沈才洪等经多年研究，提出将大曲质量标准体系设置为三大部分，即生化指标、理化指标和感官指标。其中生化指标占65%（酒化力30%、酯化力20%、生香力15%）；理化指标占25%（曲块皮重15%、水分5%、酸度5%）；感官指标占10%（香味4%、外观2%、断面2%、皮张2%）。尽管这个标准体系设置的指标不可能尽善尽美，但这个新的体系研究，摒弃了传统标准体系的“静止”观念，实现了以“运动变化”的观点来设置新的标准体系，并主要以“量化”指标来衡量大曲的品质，降低了“感官”这一不确定因素在标准判定中的权重，显著增强了标准的可操作性和客观公正性。曲药质量标准的制定和测定方法的相应配套，是业内企盼的。特别是很多中小型酒厂一直是购买大曲进行酿酒，自己不培养大曲，为规范大曲市场，2011年年底，工业和信息化部相继颁布了QB/T 4257—2011《酿酒大曲通用分析方法》、QB/T 4258—2011《酿酒大曲术语》，QB/T 4259—2011《浓香大曲》等。这对规范大曲市场起到了积极作用。

第三节 小　曲

古代酒曲的发展历史时间轴如图4-1所示。周代的《尚书·说命下》中记载到“若作酒醴，尔惟曲糵”，当时用于酿酒的酒曲均为散曲；《楚辞》中有记载春秋战国时期“吴醴白糵，再宿为醴”，其中的白糵意为白米之曲，以稻米为原材料的小曲此时初步形成；汉代人们先制散曲，在散曲基础上制成块状曲；北魏时期的《齐民要术》总结了9种酒曲的制作工艺，尤其是利用“曲范”模具将曲块加工成型，改进了原来手工捏制成型的工艺。此外，北魏时期人们开始制作药小曲；药小曲制曲工艺在晋代发展成熟（晋嵇含《南方草木状》记载了南方米曲的制作），人们将草药汁加入由大米捣碎而成米粉中，制成卵状放置于蓬蒿中一个月成曲；唐代为节省曲房空间，将散放酒曲改进为堆放，称为堆曲，并沿用至今；发展到宋朝时酒曲制作工艺已经完善，人工接种技术开始应用，而中草药广泛用于制作酒曲；到了元、明、清时期，更多的中草药被应用在小曲的制作中，使药小曲的制作工艺得到了进一步的发展。

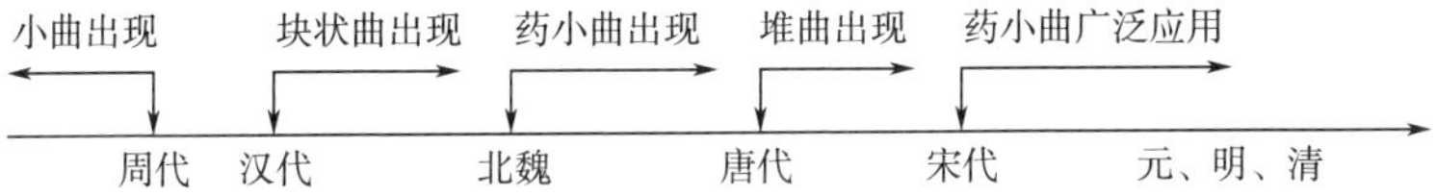

图 4-1　酿酒小曲发展时间轴

自从小曲第一次在文献中出现以来，名称繁多，各地称呼不同，如酒药、酒饼、白曲、米曲等。它们基本上以米粉、米糠为原料，有的加少量中草药或辣蓼粉，有的加少量白土（作填料），接种少量母曲，加水制成坯，在一定温度、湿度的条件下培养而成，因曲块体积小，故称为小曲。

一、 小曲的特点

1. 小曲具有丰富的糖化酶和酒化酶

小曲中主要微生物是霉菌和酵母菌，霉菌中又以根霉为主，根霉具有下列优势。

（1）根霉菌具有边生长繁殖、边糖化、边发酵的特点，所以小曲酒的酿造中用曲量少（是所有传统白酒中用曲量最少、发酵时间最短的）。一般用量只要 0.2%左右就能达到较高的糖化发酵能力，这就是利用了根霉这个特点，这种生产方式独具一格。

（2）适宜多菌混合培养环境，即“共栖性”，这是根霉的一大优点，它和其他菌一起培养时，生长相当旺盛，故小曲酒又有“纯种”（根霉）酿造的概念。

（3）适合中小型酒厂制作，不需特殊的设备和保温设施，一般 7、8、9 月生产即可。加上小曲酒的生产方式简便，在我国被广泛运用，特别是南方各个县、乡村都有小曲酒的作坊，这也给酒类监管带来了难度。

生产中常用的根霉有河内根霉 AS3.866、白曲根霉、米根霉、Q303 根霉等，其中 AS3.866 根霉糖化力强，能生成乳酸等有机酸，酒化酶活性也高，是目前广泛使用的菌种；白曲根霉、米根霉糖化力强，产酸力高，还具有一定的产酒能力，适于米糠制曲和散曲；Q303 根霉生长速度快，糖化力、产酸力比 AS3.866 更强，酒化酶活性较弱，也是目前广泛使用的菌种，在产量很大的川法小曲酒中被大量应用。

传统小曲培养使用的酵母菌主要有 Rasse Ⅻ（拉斯 12 号、德国 12 号）、南洋混合酵母 1308、米酒酵母等，它们具有适应性好，发酵能力强，产酒稳定，酒质较好的优点。

应该注意的是，固态小曲酒的生产是开放式的，这给细菌的侵入创造了条件，如何减少细菌的污染，是小曲酒生产中必须予以重视的问题。

2. 添加中草药是培养小曲的特色

这是我国古代劳动人民的一大发明，历史悠久。在 20 世纪 40 年代，方心芳等就对添加中草药培养小曲进行了研究，结果发现，在当时设备条件差、生物环境极其复杂的情况下，部分药材在促进有益菌繁殖、抑制杂菌生长等方面起到了一定作用，但也有部分药材的作用并不明显，有的药材还对制曲生产有妨碍。其中 10 种对酵母菌最有益，如薄荷、杏仁、桑叶等；黄连对酵母菌有害；木香对根霉有害。小曲生产中添加适宜的中草药，对促进有益微生物的生长和抑制杂菌的繁殖起到一定的作用，也给白酒带来特殊的药香味。关于中草药对酿酒微生物的影响，还有待深入研究。

二、 小曲制作工艺

酿酒小曲的分类见表 4-6。小曲以邛崃米曲、四川无药糠曲、厦门白曲、桂林酒曲丸、广东酒曲饼较为著名。下面分别予以介绍。

表 4-6　　酿酒小曲的分类

分类依据	种类				
是否纯种微生物	纯种小曲	传统小曲			
是否添加中草药	药小曲	无药白曲			
原料	米曲	糠曲	麸曲		
发酵用途	白酒小曲	甜酒小曲	黄酒小曲		
生产地区	桂林酒曲丸	厦门白曲	广东酒曲饼	邛崃米曲	四川无药糠曲
形态	曲饼 	曲丸 	条块状曲 	粉状曲 	散曲 

（一） 邛崃米曲

四川邛崃米曲（药曲）历史悠久，在明末清初已发展极盛。它分大曲母和小曲母两种，小曲母是培养大曲母的种子，其大小为 3cm 见方，20g 左右；大曲母为圆形，直径约 8cm，厚 3cm，重约 110g。大曲母和小曲母的培菌要求是一致的，只是在制坯、曲箱管理方面略有差异。

1. 小曲母

通常选择湿度较小、气候温和的 3、4、9 月份制作。小曲母除直接用于生产大曲母外，也可作为下季度制作小曲母的种子。其工艺流程如下：

大米、水→浸泡→碾碎→配料（曲母、中草药）→制坯→进箱→培养→出箱→烘干→米曲

（1）制坯

① 原料配比：每箱使用大米 35kg，中药材粉 1kg（共 67 种，表 4-7）。种子为上季度的小曲母，用量为 0.3kg。加水量为 16~17L。

表 4-7　　小曲母中药材配比（份额）

名称	数量	名称	数量	名称	数量	名称	数量	名称	数量	名称	数量
蓼子草	125	大茴香	125	草豆蔻	125	砂头	250	建苓	250	神曲	250
桂皮	375	香附	375	公丁香	125	白芍	250	均姜	375	杜仲	250
白芍	250	广香	250	双术	375	麦芽	500	牛膝	250	玉桂	250
胡椒	250	蓖麻	500	苓皮	500	甘草	375	排草	125	巴头	250
大黄	250	枳壳	375	独活	375	灵草	125	羌活	375	栀子	375
斑蝥	250	麻黄	625	北辛	375	甲壳	625	丑牛	375	白芷	375
山柰	375	甘松	250	良姜	375	官桂	625	丹皮	250	小香	750
中茂	375	榔梗	375	黄柏	125	小荷	375	法夏	250	石一	125
南星	250	川乌	1000	灵先	625	台乌	375	生地	250	茵陈	375
薄荷	375	粉可	625	菊花	250	茶花	250	通片	625	土皮	625
牙皂	375	桑皮	625	柴胡	375	荆芥	375	南藤	375	坝归	375
香加皮	375										

② 泡米及粉碎：因水温而异，大米浸泡 30~50min 后沥水，碾碎成无半粒状米时，撒入药粉再碾 1~2min，混合均匀。

③ 拌料成坯：将上述粉料倒入木盆，加入母曲粉和水拌匀后制成约 6g 重的 $3cm^3$ 的方块坯。

（2）入箱培养

① 入箱：将坯轻轻地倒入曲箱，摆放均匀，并插入温湿度计。

② 生皮阶段：即霉菌在坯表面生长，并布满表面形成菌膜阶段，历时 17~23h。

③ 干皮阶段：历时 12~13h。该阶段曲块水分大量挥发，曲心酸度略有上升，酵母在较低的温度下稍有增殖。

④ 过心阶段：历时约 40h。该阶段霉菌向曲心生长，曲心颜色逐渐转白并逐渐成熟，酸味也逐渐消失。

（3）烘曲、存放　小曲母培养成熟出箱后，在 50~60℃ 烘 2d，使其水分降至 12% 以下。再存放于干燥、低温处。

（4）小曲母的质量指标，如表 4-8 所示。

表 4-8　　小母曲的质量指标

项目	指标	项目	指标	项目	指标
色泽	内外全白	液化力/（U/g）	153.8	泡度	适当
气味	有曲香，无异味	总酸/（g/100g）	0.383	水分/%	8.23
pH	5.8	酵母数/（个/g）	161.6×10^6	菌丝	均匀细小
发酵力/%	12.74	糖化力/（U/g）	44.9		

注：为真实反映资料的准确性，上表及后文中的项目（分析方法）及数据为原文（二十世纪五六十年代），和第十二章介绍的生产计算中的分析方法有一定出入，请使用时注意！

2. 大曲母的制作

（1）原料配比及其处理

① 原料配比：大米 80kg，小母曲 0.25kg，中药材粉 2.75kg。中药材共 72 种（表 4-9）。经科学试验证明，部分药材的作用不明显。独活、白芍、川芎、砂头、北辛，能促进小曲中根霉等有益菌的生长，起到清糊（由糊精水解为糖液）的作用；桂枝等能抑制醋酸菌的繁殖；薄荷、牙皂、木香等能抑制念珠霉的滋生。至于中药材与小曲酒酿造中微生物及成品酒质量的关系，还有待研究。

表 4-9　大曲母的中药材组成（份额）

名称	数量	名称	数量	名称	数量	名称	数量	名称	数量	名称	数量
神曲	2000	北辛	750	茵陈	750	砂头	375	均姜	250	甘松	625
牙皂	750	公丁香	250	麦芽	1000	小荷	875	粉可	1000	广香	250
苓皮	625	羌活	625	勾片	625	胡椒	250	枳壳	625	白附子	375
通片	625	栀子	938	斑蝥	250	甲皮	750	土皮	1000	丑牛	875
白芷	875	香本	625	川乌	1750	中茂	875	丹皮	500	良姜	563
南星	1000	麻黄	2000	香附	250	建苓	500	双球	1000	南藤	1000
灵草	125	川芍	750	大黄	500	灵先	1000	山柰	375	条芍	500
木香	563	桑皮	1000	独活	1000	草乌	500	桂枝	625	前胡	250
草豆蔻	250	蓖麻	875	甘草	625	柴胡	750	付片	563	台乌	875
官桂	1125	荆芥	750	白芍	750	榔梗	375	黄柏	875	香茄	563
卜桂	500	坝归	625	杜仲	375	紫苏	1250	排草	125	生地	500
小茴香	625	荆芥子	250	大茴香	375	薄荷	1125	石一	250	巴豆	875

② 大米浸泡：通常用冷水浸泡。浸泡时间以大米质地及水温而异，一般为 20~40min。浸泡至以手捻易碎，微带硬心为度。若浸泡时间过长，米粒含水量高，则碾碎后易发烧，滋长杂菌，产酸馊味；若浸泡时间过短，米粒较硬，则不易碾碎，曲面黏结性差，难以制坯成型。浸泡后应立即沥干，其含水量为 30%~32%。

③ 碾碎：将上述湿米倒入碾槽，碾至手捻成片、无半粒状米时，加入母曲再碾 1~2min，并加入中草药粉碾匀。经碾后的物料，要求粗细适度：不能通过孔径 1mm 筛孔者，约占 30%；能通过 1mm 而不能通过 0.5mm 筛孔者，占 40%左右；能通过 0.5mm 筛孔的细粉，约占 30%。若物料太粗，则制坯时不易成型。

（2）拌料、制坯

① 拌料：经碾碎的物料，不宜放置过久，应立即倒入木盆内，加水拌和均匀，保持含水量为 42%左右。

② 制坯：将拌匀后的物料分次移至木板上，和匀揉紧，以免成坯后碎散。米曲饼坯直径为 8~9cm，厚为 3~3.5cm，质量约 110g。曲坯大小均匀一致，便于培养时控制温度和水分。

（3）入箱培养

① 入箱：将曲坯逐行交错排列于曲箱内。要求摆置均匀，不得重叠。每箱排列 16~17 行，每行约 15 块。培养过程经生皮、干皮、过心三个阶段，其间需加强温度和湿度的管理。

② 生皮阶段：曲坯入箱后，加盖竹席、草垫，并于箱底加木炭生火保温。要求在入箱后 2h 之内，箱温不低于 25℃，入箱后经 14h 左右，为有益菌有氧呼吸的旺盛繁殖阶段，产生水分，曲块变软，甚至变形，俗称“软坯”。这时品温应控制在 32~33℃。形成软坯后 3~4h，品温升至 34~35℃，这时曲块表面布满菌膜，在显微镜下可观察到曲块的主要微生物根霉菌已大量繁殖，菌丝包裹着曲块，俗称“生皮”。在该阶段，霉菌在曲块表皮生长极为旺盛，但曲心未生长。酵母繁殖的数量不多。当曲皮体积多于曲心时，细菌也大量生长，酸度开始上升。

③ 翻箱：曲坯入箱 24h 左右，品温升至 37~38℃即可翻箱。将箱边与箱中部的曲块互换位置，以调节箱内的水分、品温，并排除积聚的 CO_2。判断该不该翻箱的条件是：曲块水分由 43%降至约 38%；霉菌在培养料表面发育健壮，占据绝对优势，并产生皱纹。翻箱时应使曲块保持原有的形态。待品温降至约 32℃时，即可加箱盖和草帘，使品温不低于 30℃。

④ 发泡：翻箱后 14h 左右，曲块水分从 38%降至 33%左右，总酸度为 0.8g/100g 左右。翻箱后 14~16h，曲块水分继续挥发，曲块体积不变而重量减轻，在曲块内部形成许多的空隙，这种现象俗称“发泡”。在发泡时取样镜检，可以发现霉菌已从曲块表面向曲心部位扩展；酵母数量增多，约为炒翻箱时的 1.5 倍；细菌繁殖也较前健壮，生酸量增多，达最高值。自翻箱至发泡这段时间里，不必供给过多的氧气，而应控制品温不再升高，并使曲块水分得以适当挥发。

⑤ 揭烧散温：发泡后为降低品温及加强供氧，促使霉菌进一步繁殖，可将箱上的草帘等所有的覆盖物揭去，俗称“揭烧”，使曲块裸露于空气中。揭烧后品温降至 28~30℃，并维持此温度，可再用草帘保温。

⑥ 过心：揭烧后约 48h，霉菌的白色菌丝可布满曲心，俗称“过心”。过心后的曲块，其含水量又比发泡时低 5%，即为 28%左右。总酸降为 0.45g/100g。镜检时可见霉菌繁殖充分，已全部过心。酵母菌也得以大量繁殖至足够数量。细菌的生长，已基本受到抑制。

（4）出箱、烘干、保存

① 出箱：过心后待曲块内部菌系相对平衡时，即可出箱。这时镜检，可见曲块内部含有较多的霉菌和酵母外，还保持大量的细菌，主要是醋酸菌、乳酸菌、丁酸菌、枯草芽孢杆菌，对白酒中有机酸的生成及成品酒风味的形成，具有一定的作用。自曲坯入箱至出箱，共历时约 92h。

② 烘干：曲块出箱后，倒入烘烤灶内，盖上稻草，用木炭在灶内生火烘烤。品温以 40℃为宜，最高不超过 60℃。烘烤 24h 后，翻动 1 次，即将上下部位的曲块互换位置，再烘烤 24h，待曲块水分降至 10%左右即可。

③ 保存：将上述成曲置于箩筐内，加防潮纸，放在通风干燥处，可保持 1 年左右不变质。

邛崃米曲制造培养记录见表 4-10。

表 4-10 邛崃米曲制造培养记录

时间/h	室温/℃	品温/℃	箱温/℃	箱底温/℃	水分/%	酸度	备注	时间/h	室温/℃	品温/℃	箱温/℃	箱底温/℃	水分/%	酸度	备注
0	22	22	21	25	42.6	0.13	进箱	48	20	29	21	25	32	0.61	
4	20	25	25	36	42.6	0.14		52	18.5	28	20	29	32.1	0.58	
8	18.5	26	26.5	35	42.7	0.18		56	18	29	20	23	31.4	0.56	
12	17	29.5	30	53	43.2	0.34		60	16.5	30	18	24	31.0	0.54	
16	19	33	32	50	44.2	0.53		64	17.5	29	16	22.5	30.6	0.53	
20	20	35.5	34	48	43.0	0.68		68	23	28	20	21	30.2	0.52	
24	20	37.5	31	46	41.2	0.73	翻箱	72	24	29	21.5	21	29.9	0.51	
28	19	30	29.5	45	40.0	0.80		76	24	30	21	21	29.6	0.49	
32	18	30.5	29	34	38.6	0.81		80	21	29	21	22	29.3	0.48	
36	17	33	27	32	36.4	0.79		84	20	28	20	22	29.0	0.47	
40	17.5	38	20	29	34.8	0.74	揭烧	88	19	29	19	23	28.8	0.46	出箱
44	20	30	21	26	33.7	0.38		92	19	29	19	22	28.6	0.46	

（5）成曲的感官鉴定

① 色泽：曲块表面、底部及心部，均应呈一致的白色。若在保温培养期内管理不善，则会产生异常色泽。

② 皮片：即曲块表皮的褶皱及其厚度多少，可以表示微生物生长的程度。

③ 泡度：即发泡程度，可表示曲块的质量。因为微生物在曲块中繁殖的同时，消耗曲中的营养成分并产生相应的 CO_2，而且挥发水分，形成空隙，才使曲块“发泡”。

④ 菌丝：曲块内部应密布油润发亮的白色菌丝。若菌丝色泽灰暗，则表示生长不够健壮。更不得夹有黄、黑等杂色菌丝。

⑤ 闻香：应具有本曲的特有曲香。若产生酸馊味，则表示醋酸菌等繁殖过度或污染某些腐败菌，故不能用于生产。

（二） 四川无药糠曲

1. 工艺流程

大米细糠→碾细→加碾细的种曲→加“煮米粉”拌和→踩曲→切曲→撒“穿衣粉”并团曲→生火入房摆曲→关门保温→通气→亮门→带门→关烧→（加大火力）烘曲→出房→成曲

2. 配方及碾料

（1）配方　大米细糠 87%~92%，碎米 5%~10%，种曲 3%。配料过程中的总用水量为上述物料总量的 64%~74%。若水分过大，则曲坯粘手，易酸败，不利于霉菌的生长和代谢而影响曲子质量；若水分过低，则培养时霉菌菌丝难以生长，并易产生干皮。

（2）碾料　大米细糠要碾至用手捻时，感到绒软而不带细粒为准。应先将糠筛过后再碾，以提高效率和保证糠粉质量。种曲可放在最后一次碾碎的糠内碾细、碾匀。每天碾完糠后，再碾碎米。在碾碎米前 1.5～2h，先往碎米内浇冷水 20%～25%。碾好的碎米粉，应及时交车间摊晾，并及时使用。因夏天湿米粉易变馊，最好改用干碾或干磨法。

3. 制坯

（1）煮米粉　按每盆曲料所需用的水量，再预加 3%的蒸发量，将水倒入锅内，待接近煮沸时，用少量的冷水将米粉泡湿后，倾入沸水中搅拌均匀，并加以煮沸，不必久煮。泡米粉的水必须计入总用水量内。

（2）拌料　先在拌料场上将糠粉、种曲粉及"煮米粉"用木锨拌匀后，再将物料过秤、装入盒内，边加水边用木铲拌和，要求拌得快、拌得散、拌得匀，纵横拌 3～4 遍。要求拌好的物料水分均匀，不出现干粉或水分过大的料团。应认真检查物料的水分：用手紧握物料，以从指缝间漏出 1～2 滴水为宜。要求置于曲架上、中、下层的曲坯含水量依次递减 1%～2%，置于温度较高的灶膛、火边或火堆周围的曲坯含水量应多些，置于温度较低的边角处的曲坯水分应低些。总的要求是曲坯的平均含水量应为 45%～48%。

（3）踩曲、切曲、团曲　可 2 人同踩一箱，要求踩紧、踩平。踩后用曲刀按紧，用木枋擀紧、打平。切曲要求切断、切正、切匀，每块约 3.7cm^3。团曲时即使切好的坯块也要去掉棱角而呈光滑的球状。将可盛方坯的簸箕悬于高约 47cm 的木架上。簸箕可用 3 根长 35cm、直径 3cm 的木棒或竹竿系于其上作提手。先在方坯上撒以等量种曲粉与碎米粉混合而成的所谓"穿衣粉"，用量为 100kg 干料需 0.6kg，再由 1 人用手一按一推、一提一拉地顺势操纵簸箕，每次 60～70 转即可。这样的操作方式，与传统的绍兴酒药的制法相似，当天拌好的曲料必须全部制成曲坯。

4. 生火、摆曲

（1）生火　曲坯入房时，室温须保持约 22℃，故除夏天外，应在入房前生火保温。如用炉灶，只要关闭灶门或另生火炉则室温可很快上升；如用稻壳火，则将 50～70kg 的稻壳，在过道两端靠墙边处分两个圆堆踩紧，于堆顶加火种，再用稻壳灰把全部稻壳盖严，以免冒烟。需要火大时可拨灰，需要火小时可盖灰。

（2）摆曲　摆曲时的程序为自上而下，自边角而后中心。曲坯间应稍留空隙。除夏季外，摆曲时应关闭门窗，以保持曲房的温湿度。摆曲后，将门窗紧闭，同时开启气窗使空气流通。

5. 培曲过程

在培曲全过程中，要严格检查并防止灶膛、火道或火堆漏烟，加强曲室温度和湿度的管理，并注意曲块的感官检查。

（1）入室后 8h 之内，室温从 22～25℃缓慢地升至 27℃，品温从 22～25℃缓慢地上升到 26℃，干湿球温度差一直保持在 2℃。

（2）入室后 10～24h，室温自 28℃逐渐升至 38～39℃，品温从 27℃逐渐升至 37～38℃，干湿球温度差一直保持在 1.5℃。其间曲块的感官变化为：入室 10h 后呈香甜，12h 后"出针"，14h 后"针齐"，16h 后呈"浅白"，22～22.5h 后呈甜浓香，22.5～24h

后“全跑白”。操作上在24h后“亮门”，即调节门窗的开启程度，以降低室温和品温，该阶段可谓菌丝生长期。

（3）入室后25~40h，为“出汗”阶段。该阶段的室温及品温均应控制在30℃左右，但干湿球温度差一直为3.5℃。其间感官变化：25~30h，呈甜浓香。操作上该阶段应“带门”。

（4）入室后42~56h，为排潮阶段。该阶段室温从31~32℃缓慢地升至33~34℃，品温从32℃升至36~38℃，干湿球温度差保持为2.5℃。其间感官变化：42~44h呈清香，48h“起烧”，起烧时的室温以控制在不超过34℃为宜，以霉菌等自然繁殖升温为好，52~56h呈清香。排潮操作：每次敞开门窗3~5min，以排除过多的潮气。若在“起烧”前后曲块粘手时，则应加大火力，并增加排潮次数。

（5）入室后60~90h，为关气窗、大火烘曲阶段。该阶段的室温从33~34℃升至35℃以上，品温从36~38℃升至40℃以上，干湿球温度差由3℃上升为5℃。

6. 制曲全过程注意事项

（1）制曲原料　米糠最好为稻谷加工成米时去除粗糠的二细糠，称为毛糠。这种糠含适量淀粉，又无过多角质的稻皮及富含蛋白质的米皮。其次为统糠，即为稻谷一次加工成米所得的糠。

（2）制曲种曲　可使用前述的邛崃米曲。也可用无药糠曲，但只能连续使用2~3代。

（3）制曲要点

① 一匀：原料、种曲、水三者拌和均匀。

② 二准：水分准，温度准。品温及平均含水量以“中楼”中间曲块的曲心温度和水分为准。室温差以悬于“中楼”中间的温度计和干湿球计所显示的数据为准。通常每2h检测1次。

③ 三不可：不可用馊酸原料，不可用粗的糠粉，不可在起烧前后窝潮。

7. 成品曲

（1）质量要求　具有甜清香味，菌丝生长均匀致密，色白光滑，菌丝过心，曲心空隙多。

（2）水分含量　9%~10%，成品率为原料的82%左右。

（3）贮存要求　成曲应存放于相对湿度在75%以下、干燥通风的库内。

（三）桂林酒曲丸制作方法

1. 工艺流程

大米→浸泡→粉碎→拌和（加经过干燥粉碎的香草药）→接种母曲→制坯裹粉→入室培养→出室→干燥→成曲

2. 原料配比

（1）大米粉　以投料1次20kg计，其中15kg用于制坯，5kg细粉用作裹粉。

（2）草药　只使用一种香草药，其用量为制坯米粉量的13%。香草药是茎细小的桂林特种草药，应予以干燥磨成粉后用。

（3）曲母　是从上次成曲中选取的优良小曲。其用量为坯粉量的2%，为裹粉量的4%。

（4）加水　为坯粉量的60%左右。

3. 制作过程

（1）浸米　大米加水浸泡（夏季为23h，冬季为6h左右），浸透后沥干备用。

（2）粉碎　将上述沥干后的大米先用石臼捣碎，再用粉碎机碎成米粉后，用180目筛筛出5kg作为裹粉用的细粉。

（3）制坯　将米粉15kg，香草药粉1.95kg，曲母300g，水约9L混合均匀后，制成饼团。再在制坯架上压平，用刀切成约2cm见方的小块，并用竹筛筛成球形的坯。

（4）裹粉　将5kg的细米粉加入0.2kg的曲母混合均匀后，先撒一部分裹粉于簸箕中。并第一次洒少量水于坯上，使其外表湿润。再将坯倒入簸箕，用振动筛筛成圆形后，又洒水、裹粉，直至细粉用完。总洒水量为0.5L。然后将坯分装于特制的小竹筛内摊平，入曲室培养，坯含水量为46%左右。

（5）培曲　可分为3个阶段。

① 前期：室温为28~31℃。在曲坯上面盖1只空簸箕。培养20h左右，待霉菌菌丝生长旺盛后倒下、曲粒表面起白珠时，可将盖在上面的空簸箕掀开。这时品温为33~34℃，最高不宜超过37℃。

② 中期：曲坯入室培养24h后，进入中期，酵母开始大量繁殖。该阶段历时约24h，其间室温应控制在28~32℃，不得超过35℃。

③ 后期：需48h。该品温逐渐下降，而曲子渐趋成熟。

（6）干燥、贮曲　将上述成熟的曲子移至40~50℃烘房，经1d即可烘干。也可移至室外晒干，不得暴晒。经干燥的成曲，应置于阴凉干燥的库房内贮存。自曲坯入曲室至成曲入库，只历时5d左右。

4. 成曲质量要求

（1）感官要求　带白色或淡黄色，无黑色，质地疏松，具有本曲特殊的芳香味。

（2）理化分析　水分为12%~14%，总酸为0.6g/100g以下，发酵力为每100kg大米可产酒精体积分数为58%的白酒60kg以上。发酵力具体测定方法为：取新鲜、精白度较高的大米50g，用清水洗3遍后沥干，置于500mL三角瓶内，加水50mL，塞上棉塞并以牛皮纸包扎，常压蒸30~40min。再用灭菌的玻棒将饭团搅散，再塞好棉塞，待饭粒晾至30℃左右，加入上述曲粉0.5g拌匀，在30~31℃下培养24h后，视其有无菌丝生长。再加入冷水100mL，继续保温培养至96~100h，然后加入适量的水，蒸馏至馏出液为95mL，加水至100mL混合均匀后，用酒精计测量酒精体积分数，即可换算出1kg小曲能使100kg大米生产出酒精体积分数为58%的白酒的千克数（备注：部分地区小曲酒出酒率按58%vol计）。

（四）广东酒曲饼

块形小曲是制造豉味玉冰烧米酒的糖化发酵剂，俗称大酒饼，因为它的形状比一般小曲大得多，为20cm×20cm的方形块，故也有称为“大曲”（注意与制造大曲酒的大曲有别），由于它以小曲为曲母接种，主要含有根霉和酵母菌种，与一般小曲的菌系接近。

又是制造大米酒的糖化发酵剂，故也应属于小曲的范畴。大酒饼是按照传统的方法进行制作的，制曲师傅凭借丰富的实践经验，根据天气变化、原料质量情况等，严格控制温度、湿度、水分、时间及配料量，以利于有益菌类的生长繁殖，从而保证酒的质量和出酒率。

1. 原料配方

大豆：10kg，要求新鲜，饱满，无虫蛀、霉烂和变质；大米：50kg，以糙米为佳。

曲种：0.5kg，要求白色略带微黄色，指弹有空响、无黑心，菌丝多而粗壮整齐，闻之有甜香味，无酸败臭味或其他杂味。配料前需磨成粉状。

曲药配方：串珠叶或山橘叶 4.5kg，桂皮 0.5kg（共 5kg）。要求干燥、杂质少，无霉败及变质现象。在配料前需将曲药烘干和磨碎备用。

填充料：白癣土泥 20kg；水 40~42.5kg。

2. 工艺流程

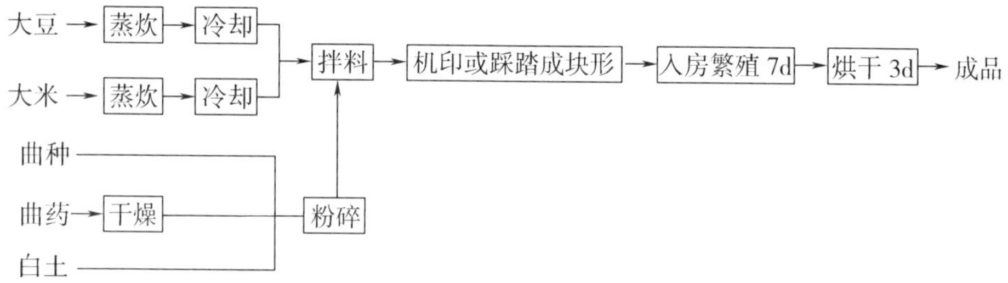

3. 蒸粮

蒸炊大米主要应注意蒸汽量及水分，根据大米的质量情况，加入 80%~85%的水。操作上采用“二炒二蒸”法，即水开装粮，开大蒸汽蒸炊 5min 后，用木锨将米饭翻转，使底面熟度均匀，加盖。再用少量蒸汽蒸 5min；继而再用上法进行第二次炒和蒸。蒸料时间共约 15min，熟度为 75%~80%即可。蒸粮需注意熟度和水分。太熟或水分过多，曲醅稀软，影响成形、挂曲和曲菌繁殖，曲心易变黑；若水少或过生，则曲菌繁殖慢，甚至生长不正常，造成曲面龟裂，也影响曲的质量。

蒸豆必须熟透，以手捏时糜烂为宜。目的是在制曲过程中，使豆中蛋白质能很好分解供给曲菌生长所需的营养及改善风味。为达到工艺要求，蒸豆时间一般较长，为 16~20h。

4. 制曲

大米蒸至熟度适中后，即用铁铲将饭铲出摊于干净地面上，用风扇吹冷，并用木锨翻拌以加快冷却速度。当饭温冷至 36℃以下时，即可加入大豆、曲种、曲药及填充料等，用人工进行三拌三翻，以求拌料均匀一致。也可用拌料机拌料，拌料机构造类似水泥拌浆机。混合好原料，装入井字形木曲模中（曲模内容积为 20cm×20cm×3cm），用脚踩曲，要求四角齐正，厚薄一致，表面光滑，水分均匀，软硬适中。有印曲机的厂用印曲机制曲可提高速度和减轻劳动强度，每 5min 可制曲 25~30kg。

曲室为土木建筑平房，长 5~6m，宽 2.5~3m，高 3.1m 左右，备有易开关门窗及天窗，曲在入室前调节室温为 28~32℃。成形块曲进房品温 29~30℃，放入曲房用麻绳挂于木架上。繁殖一个星期，每天至少应检查 2~3 次，调节曲房干湿度和控制品温。

夏天可开启门窗天窗，冬天则用蒸汽保温，使室温为 28～32℃，相对湿度变化小。挂曲后要挂顶席及边席，并注意揭席时间。不宜过早或过迟，避免曲黑心或生斑点。曲醅入房上架7～8h 后，品温上升至 40℃，应进行第一次揭席（顶席），根据实践经验，曲身发白、产生白色的细微菌丝时，揭第二次席（边席）。曲房应保持清洁卫生，经常用杀虫药扑灭曲虫及杂菌等，保证曲菌繁殖正常，减少杂菌感染。曲醅成熟后，再转入焙房干燥 3d，以便于贮藏，防止发霉变质。焙房温度为 40℃，干燥后的成品曲每块约重 0.55kg。

5. 质量指标

规格：块曲为方形，规格是 20cm×20cm×3cm。

（1）感官鉴定：

① 颜色：曲面、曲心颜色比较一致，无黑心，曲心菌丝多而粗壮，分布均匀。

② 泡度：曲应发得透、发得松、无裂皮、无离壳。

③ 气味：具清香、味爽等正常曲味，无霉、酸等杂味。

（2）分析检验

酸度以 10g 曲消耗 0.1mol/L NaOH 计，糖化力以 1g 曲在 35℃下于 1h 糖化淀粉的 U/g 数表示，发酵力以 35℃下产酒精的理论值计，结果如表 4-11 所示。

表 4-11　曲饼分析检验结果

水分	酸度	淀粉含量	pH	酵母数	糖化力	发酵力
≤10%	3～4	30%～35%	5.5～6	3.5 亿～4 亿个/g	≥25U/g	≥75%

（五）董酒小曲

1. 制坯

（1）原料粉碎　将制大曲的小麦和制小曲的大米先用粉碎机粉碎后，再用磨盘磨成细粉。要求米粉越细越好，而小麦粉则较粗。

（2）中药材粉碎　制小曲用的 95 味中药材和制大曲用的 40 味中药材，如表 4-12、表 4-13 所示。将其分别按比例配好后粉碎，备用。

表 4-12　制小曲用的 208.5kg 药材的组成　单位：kg

药名	用量	药名	用量	药名	用量	药名	用量
姜壳	2.5	粉葛	3.0	丹皮	2.0	白术	1.5
升麻	3.0	大黄	3.0	苍术	2.5	白芷	3.0
黄芩	3.0	远志	2.0	麻黄	3.0	知母	2.5
天冬	2.5	荆芥	3.0	防己	2.0	桔梗	1.5
柴茉	3.0	泽泻	1.5	半夏	1.5	小荷	2.5
草乌	2.0	南星	1.5	木贼	2.5	蛇条子	1.5
大具	2.0	黄精	2.5	黑故子	2.5	花粉	2.5

续表

药名	用量	药名	用量	药名	用量	药名	用量
玄参	2.5	香薷	2.5	独活	2.5	益智	1.5
淮通	2.5	羌活	2.0	白芍	2.5	香附	2.5
防风	2.5	生地	2.0	瞿麦	2.0	藁本	2.5
红花	1.5	大茴香	2.5	小茴香	2.5	藿香	2.0
甘松	2.5	良姜	2.0	山柰	2.5	前仁	1.5
茯苓	2.5	黄柏	3.0	桂枝	2.5	生膝	2.5
柴胡	3.0	前胡	3.0	大腹皮	2.5	五加皮	2.5
枳实	1.5	青皮	2.5	肉桂	2.5	官桂	2.5
斑蝥	1.0	石膏	1.0	菊花	2.0	蝉蜕	1.5
大枣	2.0	马鞭草	2.5	朱苓	2.0	茵陈	2.0
川乌	2.0	厚朴	2.5	牙皂	3.0	杜仲	2.0
木瓜	2.5	桂子	2.5	蜈蚣	500 条	绿蚕	1.0
自然铜	1.0	泡参	2.5	甘草	2.5	雷丸	1.5
马蔺子	1.5	枸杞	2.0	吴茱萸	2.0	栀子	2.5
化红	2.0	川椒	2.0	陈皮	2.5	山楂	2.5
红娘子	1.5	百合	2.5	穿山甲	2.0	干姜	2.5
白芥子	1.5	神曲	2.5	大鳖子	1.5		

表 4-13　　大曲用中草药 400kg 配比　　单位：kg

药名	用量	药名	用量	药名	用量	药名	用量
黄芪	10	砂仁	10	波扣	10	龟胶	10
鹿胶	10	虎胶	10	益智仁	10	枣仁	10
志肉	10	元肉	10	百合	10	北辛	10
山柰	10	甘松	10	柴胡	10	白芍	10
川芎	10	当归	10	生地	10	熟地	10
防风	10	贝母	10	广香	10	贡术	10
虫草	10	红花	10	枸杞	10	丹皮	10
杜仲	10	黑故子	10	麻黄	10	大茴香	10
小茴香	10	丹砂	10	桂枝	10	安桂	10
尖具	10	茯神	10	荜茇	10	犀角	10

（3）拌料　将小麦粉和米粉各加 5%的中草药后，再分别接种大曲粉 2%和小曲粉 1%，并添加原料量 50%~55%的洁净水，用搅拌机充分拌和均匀。

（4）成型　将上述拌好的物料置于板上踩紧，其厚度约为 3cm，再用刀切成块，大曲坯大小为 11cm 见方，小曲坯为 3.5cm 见方。

2. 培曲

(1) 曲坯入室 将上述曲坯移入垫有稻草的木箱中，并把箱堆成柱形。在室温 28℃下开始培养，以后视具体情况调节室温。

(2) 揭汗 培养 1d 左右，即可达到揭汗温度。小曲揭汗温度为 37℃，若采取较低品温揭汗，则为 35~36℃；大曲揭汗温度为 44℃，低温揭汗温度为 38℃。

(3) 翻箱 揭汗后，将曲箱错开，每隔 2~3h，上下翻箱 1 次，使上、中、下品温基本一致。

(4) 反烧 揭汗后曲块品温下降，但小曲经 24h、大曲经 7d 左右，品温回升，称为“反烧”。通常小曲的升温幅度大于大曲，但小曲品温也不宜超过 40℃。若小曲品温太高，则应注意勤翻箱，必要时打开门窗降温。大曲反烧与曲块烘干的时间基本上可衔接，故品温稍高也无妨。大曲和小曲培养约 7d 后即可成熟。

3. 烘曲

培养成熟的曲子，应及时烘干。烘干的温度以不超过 45℃为宜，时间为 7d。

（六） 纯种根霉曲的制造

纯种根霉曲是目前使用量较大的小曲，在南方很普遍。它是采用纯种培养技术，将根霉和酵母在麸皮上分别培养后再混合配制而成。我国利用根霉酿酒的历史源远流长。但长期以来，对根霉的利用始终停留在混菌培养生产的各种小曲上。制造小曲多以上等大米为原料，配以数十种中药材，生产周期长，曲箱温度不易控制，酿酒淀粉利用率较低。中华人民共和国成立后，中科院微生物所等单位收集了全国各地有名的小曲百余种，对其主要糖化菌——根霉进行了系统的分离鉴定，获得了许多优良的根霉菌株，并在全国推广应用。

以麸皮为原料生产纯种根霉曲，不仅节约了大量的上等白米和中药材，而且可大幅度提高原料出酒率，这是小曲生产技术的进步。

1. 制曲原料

生产纯种根霉曲普遍采用麸皮为原料。要求麸皮新鲜、干燥、洁净、无污染、无虫蛀、无霉变或潮湿酸败。以麸皮为原料制曲，其优点有：

(1) 麸皮具有合适的密度和松散性。

(2) 麸皮内含有根霉、酵母菌生长繁殖过程中所需的淀粉（一般含 42%~44%）、蛋白质和各种微量无机盐。如 C、N 含量适宜，完全能满足霉菌所需的 C：N=5：1 和酵母菌所需的 C：N=10：1 的要求。

(3) 麸皮中所含的蛋白质是谷氨酸、蛋白胨、天冬氨酸等成分，这些物质又是菌种生理代谢的最佳蛋白质，也是产生淀粉酶不可少的物质。

2. 根霉的扩大培养

(1) 试管培养 生产上把试管种称为一级种子，一级种的培养尤为重要。在根霉曲的生产中，由于频繁移接，易造成试管菌种的污染，严重影响出酒率。因此，试管一级种子的培养必须保证质量。

目前根霉曲生产中常用的菌种有：

① 根霉：3.866（中科院微生物所）；Q303（贵州省轻工研究所）；C-24，LZ-24

（泸州酿酒科研所）。

② 酵母：2.109，2.541，K 氏酵母及南洋混合酵母。对菌种可根据季节和各地实际情况来选用。

（2）三角瓶扩大培养

① 流程

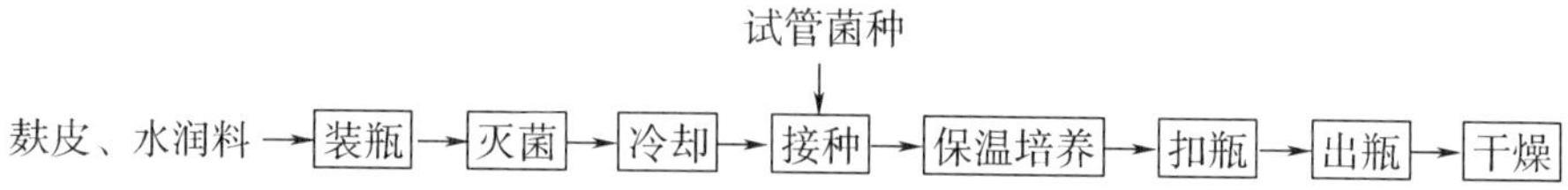

② 润料、装瓶、接种：称取麸皮倒入容器内，加水 70%~80%，充分拌匀。用大口径漏斗将湿料分装入经洗净烘干的 500mL 三角瓶内，每瓶装料 40~50g，塞好棉塞，用牛皮纸包扎瓶口，在 0.1MPa 压力下灭菌 30min。取出三角瓶，趁热轻轻摇动，将瓶内结块的麸皮摇散（冷后不易摇散），并将瓶壁部分附着的冷凝水回入培养基内。待冷却到 30~35℃，在无菌条件下（无菌箱、无菌室或净化工作台）接入培养成熟的根霉试管菌种，摇匀，使菌体分散，利于培养。

③ 培养、烘干：三角瓶接种完毕，置于恒温箱内保温（28~30℃），培养 2~3d，待菌丝布满培养基，麸皮连结成饼状时，进行扣瓶。扣瓶时将瓶轻轻振动放倒，使麸饼脱离瓶底，悬于瓶的中间，以增加与空气的接触面积，促进根霉在培养基内生长繁殖。扣瓶后继续培养 1d，即可出瓶烘干。三角瓶种子的烘干一般在培养箱内进行，烘干温度为 35~40℃，使之迅速除去水分，菌体停止生长，以利保存。烘干后在无菌条件下研磨成粉状，装入无菌干燥的纸袋中，置于干燥器内保存。

3. 浅盘曲种的培养

（1）工艺流程

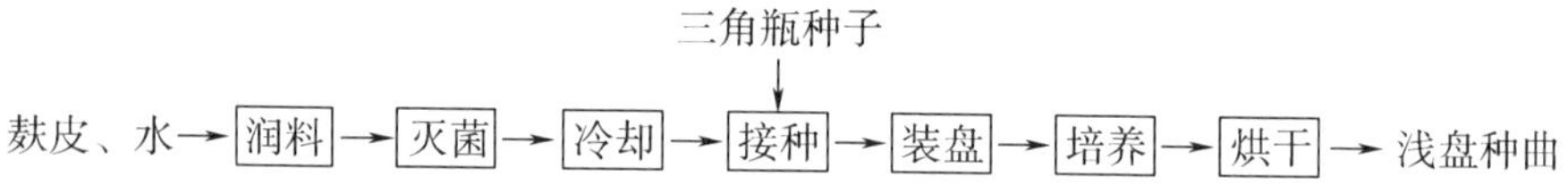

（2）工艺操作

① 润料、灭菌：称取麸皮，加水 70%~80%，充分拌匀，打散团块，用纱布包裹或装入竹箩中，在高压锅内 0.1MPa 压力下灭菌 30min。

② 接种、培养：麸皮灭菌后，置于无菌室内冷至 30℃左右，接入三角瓶根霉种子 0.3%，充分拌匀，即进行装盘，装盘要厚薄均匀。放入保温箱（室）内，叠成柱形，保温 28~30℃培养 8h 左右，孢子萌发。约 12h，品温开始上升，至 18h 左右品温升至 35~37℃，将曲盒摆成“X”形或“品”字形，使品温稍有下降。培养 24h 左右，根霉菌丝已将麸皮连结成块状，即进行扣盘。再继续培养至品温接近 30℃左右便可出曲烘干。

③ 烘干：烘干最好分两个阶段进行，前期烘干时因曲中含水量较多，微生物对热抵抗力较差，温度不宜过高，一般控制在 35~40℃。随着水分的逐渐蒸发减少，根霉对热抵抗力逐渐增加，故后期烘干温度可提高到 40~45℃。

4. 根霉曲的生产

纯种根霉曲的生产有曲盘制曲和通风制曲两种。曲盘制曲用于小规模生产，操作基本上与“浅盘曲种”相同，故不再重复。下面着重介绍通风制曲。通风制曲具有节省厂房面积、节省劳力、设备利用率高等特点。

（1）工艺流程

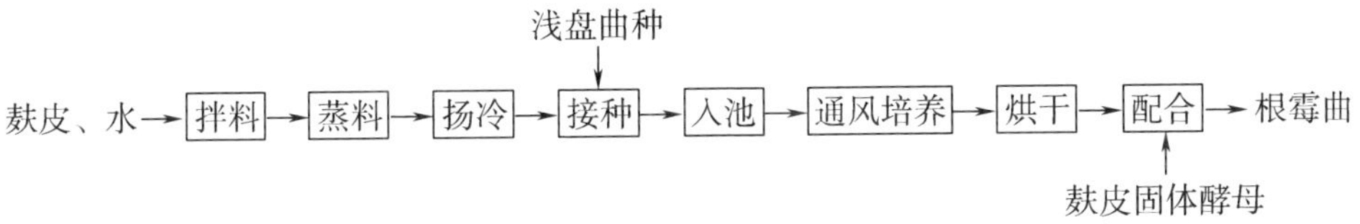

（2）工艺操作

① 拌料：将拌料场地打扫干净，倒出生产需要量的麸皮，加水拌和，加水量为60%~70%，先人工初步拌和，再用扬麸机打散拌匀。润料加水量视气候、季节、原料粗细及生产方式、设备条件等灵活掌握。拌料时，还可适量加入稻壳，以利疏松。

② 蒸料：蒸料是使麸皮中的淀粉糊化并杀死料内杂菌。生料与熟料要分开，工具也要杀菌后才用。采用常压蒸料，用一般的甑子即可。将拌匀的麸皮轻轻地装入甑内，圆汽后蒸 1.3~2.0h。

③ 接种、培养：麸皮蒸好后，用扬麸机或人工扬冷，待品温下降至 35~37℃（冬季）、夏季接近室温时，即可进行接种。接种量一般为 0.3%~0.5%（冬多夏少）。接种方法：先将浅盘曲种搓碎混入部分曲料，拌和均匀，再撒于整个曲料上，充分拌和；或用扬麸机再拌和一次（注意温度），迅速装入通风培养池内，厚度一般为 25~30cm。先进行静置培养，使孢子尽快发芽，品温控制在 30~31℃。装池后 4~6h，菌体开始生长，品温逐渐上升，待品温升至 36℃左右，自动间断通风，使曲料降温。培养约 15h，根霉开始旺盛生长。由于根霉的呼吸作用，品温上升较快，可连续进行通风培养，使品温维持在 35~37℃。一般入池后 24h，曲料内即布满菌丝，连结成块的麸皮养分逐渐被消耗，水分不断减少，菌丝已缓慢生长，即可进行干燥。

④ 烘干：操作和要求与浅盘曲种相同。

5. 麸皮固体酵母

麸皮固体酵母供配制根霉曲使用。

（1）工艺流程

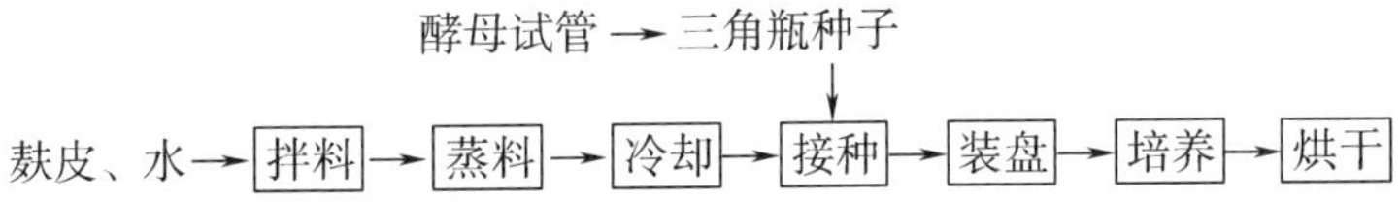

（2）工艺操作

① 三角瓶液体酵母培养：取麦芽汁或 5%的葡萄糖豆芽汁培养基，装入 500mL 三角瓶中，塞上棉塞，包扎好瓶口，高压灭菌 25min，冷却后在无菌条件下接入试管酵母菌种 1~2 环，28~30℃保温培养 24~36h，在培养液内气泡大量上升繁殖旺盛时，即可作为生产固体酵母种子使用。

② 固体酵母的生产：原料处理与根霉曲生产基本相同，但润料时加水量稍有增加。因充足的水分更适于酵母生长繁殖，同时酵母培养时翻动次数较多，水分损失较大，故

一般应比培养根霉时增加5%~10%水分。若麸皮较细，可加适量稻壳，以增加疏松程度。麸皮经灭菌、降温后，接入2%~5%的三角瓶酵母种子液，拌匀（也可同时接入0.2%的根霉曲种）。装入曲盘或簸箕中，置曲室内保温28~30℃培养。至8~10h品温开始上升，翻拌1次，并变换曲盘或簸箕的位置，隔4~5h再翻2次，至15h酵母细胞繁殖旺盛。因品温变化大，应随时注意翻拌，以控制温度变化。24~36h即可培养成熟，随即进行干燥。干燥操作同根霉曲一样。在固体酵母培养过程中，翻拌操作极为重要。因酵母在繁殖过程中需大量空气，并排出CO_2。翻拌操作既能排除培养基内的CO_2、补充氧气，又能使繁殖生长后的酵母细胞不断分布到还没有繁殖酵母的培养基中，增加麸皮酵母中的细胞数，提高曲的质量。

6. 根霉曲与酵母曲的配比

将培养成熟并干燥后的根霉曲和麸皮酵母曲按一定比例配合，便成为市售的根霉曲。根霉曲中加入酵母的数量视固体酵母的质量而定，若固体酵母中酵母细胞数为4亿个/g左右，则配入的固体酵母可为6%。现在有的根霉曲生产厂为了减少工序、降低成本，不再自己生产麸皮固体酵母，而在根霉曲中加入活性干酵母，其效果是一样的。还有的厂为了提高出酒率，在根霉、酵母曲中添加部分糖化酶。但添加量应适当，否则会影响传统小曲酒的风味。

第四节 麸　曲

白酒酿造中麸曲的使用是中国酿酒业的一次重大改革。自从1956年确立了以麸曲、酒母为核心的《烟台酿酒操作法》以来，这一方法得到了大力的推广，现在已成为我国白酒生产的主要操作方法之一。其主要优点是麸曲的糖化发酵力强，酿酒原料的利用率比传统酒曲提高10%~20%；麸曲的生产周期短，而且便于实现机械化生产。液态法白酒也是在麸曲法的基础上形成的。但是麸曲法生产的白酒香气香味等方面较为欠缺。不少厂家则采用多种微生物发酵（如添加生香酵母、己酸菌等）加以弥补。

一、 麸曲的特点

麸曲是采用纯种霉菌菌种，以麸皮为原料经人工控制温度和湿度培养而成的散曲。它具有制作周期短、出酒率高、节约粮食的优点。它适合中、低档白酒的酿造，并且具有成本低、资金周转快的特点。麸曲主要起糖化作用，酿酒时需要与酵母菌（纯培养酒母）混合进行酒精发酵。制备麸曲常用菌种主要有曲霉、根霉、富含纤维素分解酶的霉菌、其他霉菌4大类。

1. 曲霉

曲霉主要是黑曲霉诱变菌AS3.4309（中科院微生物研究所分离，又称UV-11)；黑曲霉变异菌种——河内白曲霉。

2. 根霉

根霉有中科院微生物研究所分离的5株，菌种编号为：AS3.851、AS3.852、AS3.866、AS3.867、AS3.868，以及贵州轻工业科学研究所分离的4株，菌种编号为

Q301、Q302、Q303、Q304，其中 Q303 属台湾根霉，糖化发酵率最高，且产酸低，性能稳定，是目前国内应用最多的菌种。

3. 富含纤维素分解酶的霉菌

含纤维素分解酶的菌株——龙轻 52 号，它是 1972 年黑龙江轻工研究所选育、分离的，其纤维素酶活性可达 35mg/（g·曲）以上，将它与曲霉菌混合制成麸曲，可提高出酒率，对发酵工业来说是一个有前景的课题。

二、 麸曲的制作工艺

常用制麸曲的方法有：盒子曲法（又称曲盘法）、帘子曲法、通风制曲法。前两种方法适合规模小的企业，后一种适合生产量大的企业。制曲工艺分为固体斜面培养、扩大培养、曲种培养和麸曲培养四个阶段，实际上是逐步扩大培养的过程。

《烟台酿酒操作法》明确规定五个制麸曲的重要环节，即严格配料、控制蒸煮、掌握温度（室温、品温）、保潮放潮、防止杂菌。现以通风法制曲加以说明。

1. 工艺流程

主要工艺为：原菌试管→斜面试管培养→三角瓶扩大培养→曲种→机械通风制曲。

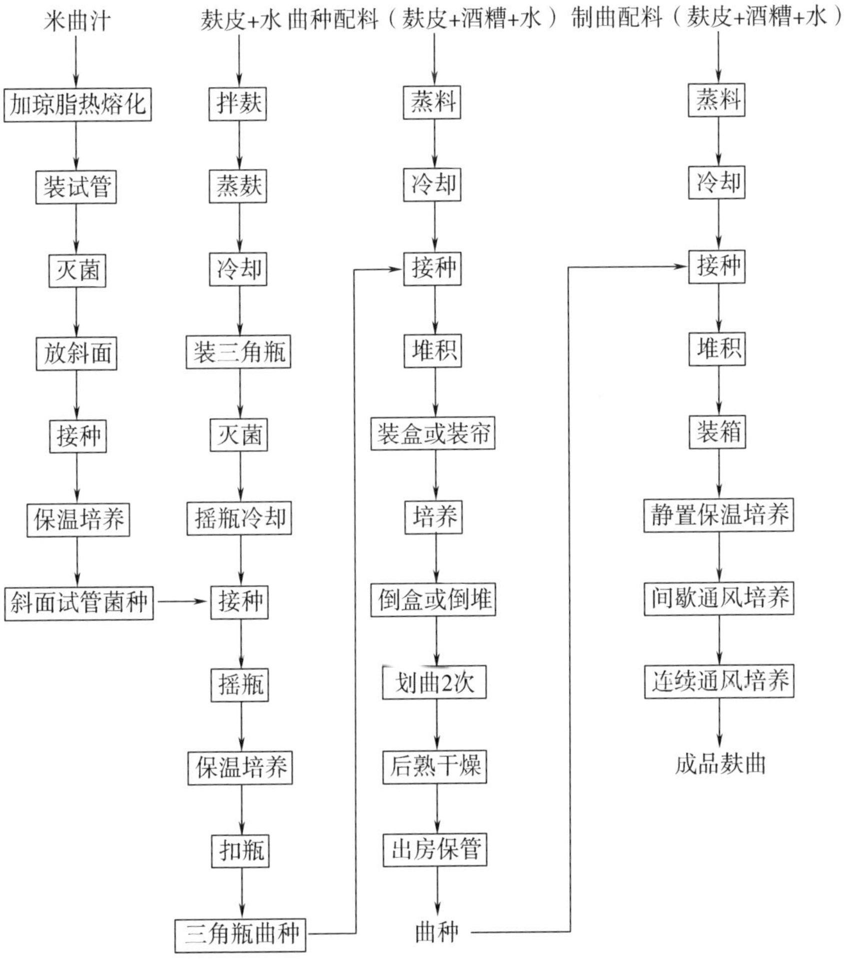

2. 工艺要点

（1）试管及三角瓶培养。

（2）曲种培养　用具必须清洗、灭菌，种曲室按1m^{3}用硫黄5g进行灭菌。麸皮85%，新鲜酒糟15%，加水（占麸皮量的90%~100%），拌匀过一遍筛或扬楂机，使曲料匀散后装锅蒸料，待锅圆汽后蒸1h；边冷却边打散，至34℃接种三角瓶培养的原菌0.4%~0.5%，拌匀冷却，于培养室的床上堆积，保持品温不超过35℃，然后装入曲盒，上下4层摆放，控制温度进行培养，5~6h倒盒或打开帘子罩，再过5~6h倒盒开帘，控制品温在32℃。再培养20~24h，进行划盒或划帘，随之曲料开始生孢子，此时注意保潮及提高室温。自接种后55~60h，即出房干燥，成为种曲。

（3）成品麸曲制作　一般通风池的大小为10m×12m×0.5m，装干曲料800kg，曲层厚度不超过30cm。通风法制曲配料为麸皮80%，新鲜酒糟15%，糠壳5%，加水（占麸皮量的70%~80%），拌匀过用扬楂机打一遍，使曲料匀散后装锅蒸料，待锅圆汽后常压蒸1h；出锅后扬冷，至34℃左右接种曲0.3%~0.5%，然后入房堆积。

堆积保持品温不低于28℃，且不超过35℃，每隔4h倒堆1次，总堆积时间8~12h。堆积后曲料温度降至28~30℃时开始入池。入池应提高室温并通风。33~35h后，曲子淀粉酶活性最高时即可出曲。

（4）成品曲质量检查

感官检查：曲子应呈松软饼状，无干皮和白心，菌丝多而内外一致，无孢子或孢子极少。具有曲霉麸曲固有的曲香味，不得有酸臭味及其他霉味。

显微镜检查：菌丝健壮整齐，无异状菌丝，杂菌少。

第五节　酶制剂和活性干酵母的应用

我国的发酵工业，在中华人民共和国成立后得到长足的发展，特别是在糖化菌种、酵母菌种的选育、推广及应用方面，取得了良好成绩。从20世纪60年代开始专业化的糖化酶生产，到70年代日趋成熟，成为我国发酵工业的新行业之一；从80年代末期开始固体活性干酵母的生产，到90年代中期，其品种、数量、性能均得到很大提高，发展成为又一个新兴行业。

酶制剂工业的兴起，活性干酵母的大力推广，很大程度上改进了酒精厂的生产工艺，对白酒的生产也有一定促进。传统制曲存在着质量不稳定、制曲占用厂房面积大、耗用制曲原料多、手工操作劳动强度大等缺点，微生物酶制剂的开发利用，可代替部分曲药酿酒；但对今天的白酒工业而言，主要是为了提高出酒率，多使用在丢糟中的残余淀粉。应用于酿酒工业的主要有纤维素酶、淀粉酶、糖化酶、果胶酶、蛋白酶等。现就应用最广的糖化酶做一介绍。

一、糖化酶产品及其应用

1. 糖化酶的特性及使用要点

糖化酶又称葡萄糖淀粉酶，即α-1，4-葡萄糖水解酶，是优良的黑曲霉菌株。糖化酶有固体糖化酶和液体糖化酶两种形式。固体糖化酶是发酵液经盐析、过滤、干燥而成的，液体糖化酶是发酵液经过滤、除菌、超滤浓缩而成的，具有以下特点：

（1）专一性强，糖化酶只作用淀粉和糊精的 α-1，4 键和 α-1，6 键，生成葡萄糖。

（2）效率高，如蔗糖酶水解蔗糖的速度比盐酸快 2 亿倍。

（3）反应条件温和，不需要高温高压，不需要任何激活剂就能表现其糖化酶活性。

（4）能与水任意混溶。

糖化酶应用的最佳工艺：温度 60℃±1℃，一般 55~60℃；最适 pH3.5~4.2，一般 4.2~5.0，过酸过碱都可能导致失活；最适用量 100U/g 淀粉，最高用量 200U/g 淀粉，最低用量 80U/g 淀粉。

2. 糖化酶在白酒工业上的应用

目前糖化酶已广泛应用于液态法白酒、固态法白酒及串香白酒中，要求用法得当。

（1）在液态法白酒（酒精）上应用，现已比较普遍，一般提高出酒率 10%以上，并节省劳动力，节约能源。

糖化酶与淀粉酶配合使用，在浓醪酒精发酵配料比 1∶4 或小于 1∶4 时，加入 α-淀粉酶（2000U/g）0.025%拌匀，升温液化后，加入糖化酶 100U/g 淀粉进行糖化，温度 58~60℃，时间 30min，间歇搅拌，然后进行发酵。

（2）在固态法白酒上应用　普通白酒采用糖化酶代替部分麸曲和小曲，可提高出酒率，但酒质不够理想。

在大曲优质白酒中可局部少量使用，如大曲丢糟再发酵，应用效果较明显，不管是浓香型大曲酒、清香型大曲酒还是酱香型生产中，其丢糟含残余淀粉等均较高，加上其他可发酵成分，利用糖化酶代替部分大曲进行再发酵、蒸馏（可携带出前期已生产的大量香味成分)，这种酒比串香等工艺酒要好，这其实是“废物再利用”，这是糖化酶在白酒工业上应用最多的地方。在提倡“节能降耗”的今天具有一定的现实意义。

二、 活性干酵母

活性干酵母属固体酵母，具有使用简单、操作简便、便于保存、便于运输等特点，在发酵中则表现出纯度高、活性好、适应性强、产酸幅度小等优点。广泛应用于酒精、白酒、啤酒、黄酒、葡萄酒（果酒）上，目前已开发出耐高温活性干酵母、生香活性干酵母及葡萄酒专用酵母等，使用部分活性干酵母参与酿造白酒成为可能。使用活性干酵母酿酒应注意掌握几个关键。

（1）生产中酵母组织的含水量为 78%左右，而活性干酵母的含水量只有 5%左右，此时酵母细胞处于休眠状态，必须先复水使其恢复生理活性，复水温度 35~38℃，时间 15~30min，同时加 2%左右的蔗糖进行活化，以提高酵母出芽率、促进酵母增殖。

（2）采用活性干酵母酿酒，最好配合糖化酶使用，其配合比例因工艺要求不同而异。

（3）要注意传统工艺的“稳、准、细、净”操作原则，因为浓度高、使用量小，特别是在喷洒、翻拌工序上。

（4）要不断总结、分析，以提高使用效率。

这里要明确，使用糖化酶和活性干酵母对提高白酒出酒率帮助较大，但忽略了酒的风格形成，传统固态白酒是多种复合微生物代谢的产物，所以今天的固态白酒生产企业，主要使用在丢糟的追酒上。

第三篇

白酒生产原理及方法

第五章　白酒生产原理

第一节　原料浸润及蒸煮中的物质变化

一、原料浸润中的物质变化

1. 固态发酵法白酒原料的润水

在蒸料前对原料进行润水，称为润料。在这一操作中，淀粉颗粒吸收水分，稍有膨胀，为蒸煮糊化创造条件。但润水的程度即加水比及润料时间的长短，由原料特性、水温、润料方法、蒸料方式及发酵工艺而定。如汾酒虽以水温90℃的高温润料，但因采用清蒸二次清工艺，故润料时间为18～20h；浓香型大曲酒的生产，以酸性的酒醅拌和润料，因淀粉颗粒在酸性条件下较易润水及糊化，又为多轮次发酵，故润料只需2h左右。

2. 小曲酒生产中大米浸洗时的物质变化

（1）洗米中的成分变化，主要流失淀粉、钾、磷酸及维生素。若间歇式水洗4次，则白米减重约2.3%，粗脂肪约65%、灰分约49%流失。洗米过程中，还除去附于白米上的糠、尘土及杂物。

（2）浸米过程中米的成分变化，浸米时，米中的钾和磷酸最易溶出，洗米和浸米共溶出钾约50%。边浸边流1h，钾流失60%～70%，磷酸流失20%。浸米时，钠、镁、糖分、淀粉、蛋白质、脂质及维生素等，均有不同程度的溶出，相反，水中的钙及铁却被米粒吸着。

二、原料蒸煮中的物质变化

原料蒸煮的目的主要是使淀粉颗粒进一步吸水、膨胀、破裂、糊化，以利于淀粉酶的作用；同时，在高温下，原辅料也得以灭菌，并排除一些挥发性的不良成分。但实际上，在原料蒸煮中，还会发生其他许多物质变化；对于续糙混蒸而言，酒醅中的成分也会对原料中的成分作用。因此，原料蒸煮中的物质变化也是很复杂的。

（一）碳水化合物的变化

1. 淀粉的特性及其在蒸煮中的变化

（1）淀粉的特性　含于原料细胞中的淀粉颗粒受到细胞壁的保护，在原料粉碎时，部分植物细胞已经破裂，但大多数仍需经蒸煮才能破裂。淀粉颗粒实际上是与纤维素、半纤维素、蛋白质、脂肪、无机盐等成分交织在一起的。即使是淀粉颗粒本身，也具有抵抗外力作用的外膜。其化学组成相同于内层淀粉，但因其水分较少而密度较大，故强度也较大。淀粉颗粒是由许多呈针状的小晶体聚集而成的，用 X 射线透视，生淀粉分子呈有规则的结晶构造，小晶体由一束淀粉分子链组成，而淀粉分子链之间则由氢键连接成束。

$$\text{淀粉分子链}\xrightarrow{\text{氢键}}\text{针状晶体}\xrightarrow{\text{凝聚}}\text{淀粉颗粒}$$

在显微镜下观察，淀粉颗粒呈透明状，具有一定的形状和大小，大体上可分为圆形、椭圆形和多角形三类。通常含水分高、蛋白质含量低的植物果实，其淀粉颗粒较大，形状也较整齐，多呈圆形或卵形。如白薯淀粉颗粒为圆形，结构较疏松，大小为 15~25μm；玉米淀粉颗粒呈卵形近似球形，也有呈多角形的，结构紧密坚实，其大小为 5~26μm；高粱的淀粉颗粒呈多角形，大小为 6~29μm。据测试，1kg 玉米淀粉约含 1700 亿个淀粉颗粒，而每个颗粒又由很多淀粉分子组成。

淀粉颗粒的大小与其糊化的难易程度有关。通常颗粒较大的薯类淀粉较易糊化；颗粒较小的谷物淀粉较难糊化。

（2）淀粉在蒸煮中的变化

① 物理化学变化

a. 淀粉的膨胀：淀粉是亲水胶体，遇水时，水分子因渗透压的作用而渗入淀粉颗粒内部，使淀粉颗粒的体积和质量增加，这种现象称为淀粉的膨胀。在淀粉颗粒的膨胀过程中，淀粉颗粒犹如一个渗透系统，其中支链淀粉起着半渗透膜的功能。渗透压的大小及淀粉颗粒的膨胀程度，则随水分的增加和温度的升高而增加。在 40℃ 以下，淀粉分子与水发生水化作用，吸收 20%~25% 的水分，1g 干淀粉可放出 104.5J 热量；自 40℃ 起，淀粉颗粒的膨胀速度就明显加快。

b. 淀粉的糊化：当温度达到 70℃ 左右，淀粉颗粒已膨胀到原体积的 50~100 倍时，分子间的联系已被削弱而引起淀粉颗粒之间的解体，形成均一的黏稠体。这时的温度称为糊化温度。这种淀粉颗粒无限膨胀的现象，称为糊化，或称淀粉的 α-化或凝胶化，使淀粉具有黏性及弹性。

经糊化的淀粉颗粒的结构，由原来有规则的结晶层状构造，变为网状的非结晶构造。支链淀粉的大分子组成立体式网状，网眼中是直链淀粉溶液及短小的支链淀粉分子。

研究发现，淀粉的糊化过程与初始的膨胀不同，它是个吸热过程，糊化 1g 淀粉需吸热 6.28kJ。

由于淀粉结构、颗粒大小、疏松程度及水中盐分种类和含量的不同，加之任何一种原料的淀粉颗粒大小都不均一，故不宜采用某一个糊化温度，而应自糊化起始至终了，确定一个糊化温度范围。例如玉米淀粉为 65~75℃，高粱为 68~75℃，大米为 65~73℃。对粉碎原料而言，其糊化温度应比瘪粒者高些。因粉碎原料中的糖类、含氮物及电解质等成分会降低水对淀粉颗粒的渗透作用，故使膨胀作用变慢。植物组织内部的糖和蛋白质等对淀粉有保护作用，故欲使糊化完全，则需更高的温度。

实际上，原料在常压下蒸煮时，只能使植物组织和淀粉颗粒的外壳破裂，但一大部分细胞仍保持原有状态。而在生产液态发酵法白酒时，当蒸煮醪液吹出锅时，由于压差而致使细胞内的水变为蒸汽才使细胞破裂。这种醪液称为糊化醪或蒸煮醪。

c. 液化：这里的“液化”概念，与由 α-淀粉酶作用于淀粉而使黏度骤然降低的“液化”含义不同。当淀粉糊化后，若品温继续升至130℃左右时，由于支链淀粉已几乎全部溶解，网状结构完全被破坏，故淀粉溶液成为黏度较低的易流动的醪液，这种现象称为液化或溶解。溶解的具体温度因原料而异，例如玉米淀粉为146~151℃。

淀粉糊化和液化过程中，最明显的物理性状的不同是醪液黏度的变化。但糊化以前的黏度稍变不足为据。即在品温升至35~45℃时，因淀粉受热吸水膨胀而醪液黏度略有下降；继续升温时，黏度缓慢上升；当温度升至60℃以上时，部分淀粉已开始糊化，随着直链淀粉不断地溶解于热水中，致使黏度逐渐增加；待品温升至100℃左右时，支链淀粉已开始溶解于水；温度继续上升至120℃时，淀粉颗粒已几乎全部溶解；温度超过120℃时，由于淀粉分子间的运动能增高，网状结构间的联系被削弱而破坏，断裂成更小的片段，醪液黏度则迅速下降。

上述的糊化和液化现象，也可用氢键理论予以解释：氢键随温度升高而减少，故升温使淀粉颗粒中淀粉大分子之间的氢键削弱，淀粉颗粒部分解体，形成网状组织，黏度上升，发生糊化现象；温度升至120℃以上时，水分子与淀粉之间的氢键开始被破坏，故醪液黏度下降，发生液化现象。

淀粉在膨胀、糊化、液化后，尚有10%左右的淀粉未能溶解，须在糖化、发酵过程中继续溶解。

d. 熟淀粉的返生：经糊化或液化后的淀粉醪液，绝不同于用酸水解所得的可溶性淀粉溶液。当其冷却至60℃时，会变得很黏稠；温度低于55℃时，则变为胶凝体，不能与糖化剂混合。若再进行长时间的自然缓慢冷却，则会重新形成结晶体。若原料经固态蒸煮后，将其长时间放置、自然冷却而失水，则原来已经被 α-化的 α-淀粉，又会回到原来的 β-淀粉状。

上述两种现象，均称为熟淀粉的“返生”或“老化”或 β-化。据试验，糖化酶对熟淀粉及 β-化淀粉作用的难易程度，相差约5000倍。

老化现象的原理是淀粉分子间的重新联结，或者说是分子间氢键的重新建立。因此，为了避免老化现象，若为液态蒸煮醪，则应设法尽快冷却至65~60℃，并立即与糖化剂混合后进行糖化；若为固态物料，也应迅速冷却，在不使其缓慢冷却且失水的情况下，加曲、加量水入池发酵。如果条件允许，则可将刚蒸好的米饭迅速脱水至白米的含水量，可防止老化。这种干燥后的米饭，称为 α-米，即通常所说的方便米饭。在使用时加入适量的水，即可复呈原来的米饭状态。α-米的制作，按脱水方法不同可分为3种：高温通风干燥法；酒精脱水法；限定吸水的高压蒸饭通风干燥法。其中酒精脱水法较易于工业化，该法还能使米饭的粗脂肪及灰分降低。

② 生化变化：白酒的制曲及制酒原料中也大多含有淀粉酶系。当原料蒸煮的温度升到50~60℃时，这些酶被活化将淀粉分解为糊精和糖，这种现象称为“自糖化”。例如甘薯主要含有 β-淀粉酶，故在蒸煮的升温过程中会将淀粉变为部分麦芽糖及葡萄糖。整粒原料蒸煮时，因糖化作用而生成的糖量很有限；但使用粉碎原料蒸煮时，能生成较多的糖，尤其是在缓慢升温的情况下。

以续楂混蒸的方式蒸料时，因酸性条件而使淀粉水解的程度，并不明显。

2. 糖的变化

白酒生产中谷物原料的含糖量最高可达4%左右；在蒸煮时的升温过程中，由于原料本身含有的淀粉酶对淀粉的水解作用，也产生一部分糖。这些糖在蒸煮过程中会发生各种变化，尤其是在高压蒸煮的情况下。

（1）己糖的变化多为有机化学反应

① 部分葡萄糖等醛糖会变成果糖等酮糖。

② 葡萄糖和果糖等己糖，在高压蒸煮过程中可脱水生成的5-羟甲基糠醛很不稳定，会进一步分解成2-羰基戊酸及甲酸。

（2）美拉德反应，又称氨基糖反应。即己糖或戊糖在高温下可与氨基酸等低分子含氮物反应生成氨基糖，或称类黑精、类黑素，这是一种呈棕褐色的无定形物质。它不溶于水或中性溶剂，但能部分地溶于碱液。因其化学组成类似于天然腐殖质，故也被称为人工腐殖质。氨基糖和天然腐殖质中的元素含量见表5-1。

表5-1　　氨基糖和天然腐殖质中的元素含量

	C	H	N	O
氨基糖	58.85%	4.82%	4.35%	31.88%
天然腐殖质	56.10%	4.40%	4.90%	34.60%

氨基糖的生成，不是一个简单的凝聚反应，其反应过程很复杂。己糖经一系列反应生成羟甲基糠醛等中间产物，戊糖则生成糠醛等中间产物。这些中间产物再继续与氨基酸等作用，进行一系列的聚合和缩合反应，最终生成氨基糖：

$$\begin{matrix}\text{己糖}\\\text{戊糖}\end{matrix} \longrightarrow \begin{matrix}\text{羟甲基糠醛}\\\text{其他醛、酮类等中间产物}\end{matrix} \xrightarrow{+RNH_2\text{、聚合、缩合}} \text{氨基糖}$$

生成氨基糖的速度，因还原糖的种类、浓度及反应的温度、pH而异。通常五碳糖与氨基的反应速度高于六碳糖；在一定的范围内，若反应温度越高、基质浓度越大，则反应速度越快。据测，美拉德反应的最适温度为100～110℃，pH为5。但也有学者认为在碱性条件下更有利于类黑精的生成。

若酒醅经蒸汽蒸馏将微量的氨基糖带入酒中，可能会起到恰到好处的呈香呈味作用；但生成氨基糖要消耗可发酵性糖及氨基酸，且氨基糖的存在对淀粉酶和酵母的活力均有抑制作用。据报道，若发酵醪中的氨基糖含量自0.25%增至1%，则淀粉酶的糖化力下降25.2%。

（3）当原料的蒸煮温度接近糖的熔化温度时，糖会失水而成黑色的无定形产物，称为焦糖。糖类中，果糖较易焦化，因其熔化温度为95～105℃；葡萄糖的熔化温度为144～146℃。焦糖的生成不但使糖分损失，且焦糖也影响糖化酶及酵母的活力。蒸煮温度越高、醪的糖度越大，则焦糖生成量越多。焦糖化往往发生于蒸煮锅的死角及锅壁的局部过热处。在生产中，为了降低类黑精及焦糖的生成量，应掌握好原料加水比、蒸煮温度及pH等各项蒸煮条件。

3. 纤维素的变化

纤维素是细胞壁的主要成分。蒸煮温度在 160℃以下，pH 为 5.8~6.3，其化学结构不发生变化，而只是吸水膨胀。

4. 半纤维素的变化

半纤维素的成分大多为聚戊糖及少量多聚己糖。当原料与酸性酒醅混蒸时，在高温条件下，聚戊糖会部分地分解为木糖和阿拉伯糖，并均能继续分解为糠醛。这些产物都不能被酵母所利用。多聚己糖则部分地分解为糊精和葡萄糖。半纤维素也存在于粮谷的细胞壁中，故半纤维素的部分水解也可使细胞壁部分损伤。

（二） 含氮物、脂肪及果胶的变化

1. 含氮物的变化

原料蒸煮时，品温在 140℃以前，因蛋白质发生凝固及部分变性，故可溶性含氮量有所下降；当温度升至 140~158℃时，则可溶性含氮量会增加，因为那时发生了胶溶作用。

整粒原料的常压蒸煮实际分为两个阶段。前期是蒸汽通过原料层，在颗粒表面结露成凝缩水；后期是凝缩水向米粒内部渗透，主要作用是使淀粉糊化及蛋白质变性。只有在以液态发酵法生产白酒的原料高压蒸煮时，才有可能产生蛋白质的部分胶溶作用。在高压蒸煮整粒谷物时，有 20%~50%的谷蛋白进入溶液；若为粉碎的原料，则比例会更大些。

2. 脂肪的变化

脂肪在原料蒸煮中的变化很小，即使是 140~158℃的高温，也不能使甘油酯充分分解。据研究，在液态发酵法的原料高压蒸煮中，也只有 5%~10%的脂类物质发生变化。

3. 果胶的变化

果胶由多聚半乳糖醛酸或半乳糖醛酸的甲酯化合物所组成。果胶质是原料细胞壁的组成部分，也是细胞间的填充剂。果胶质中含有许多甲氧基，在蒸煮时果胶质水解，甲氧基会从果胶质中分离出来，生成甲醇和果胶酸，其反应式如下：

$$\underset{\text{果胶质}}{(C_6H_{10}O_5)_n} \xrightarrow{+nH_2O} \underset{\text{果胶酸}}{(C_5H_8O_5)_n} + \underset{\text{甲醇}}{nCH_3OH}$$

原料中果胶质的含量因其品种而异。通常薯类中的果胶质含量高于谷物原料。温度越高，时间越长，由果胶质生成甲醇的量越多。

甲醇的沸点为 64.7℃，故在将原料进行固态常压清蒸时，可采取从容器顶部放汽的办法排除甲醇。若为液态蒸煮，则甲醇在蒸煮锅内呈气态，集结于锅的上方空间，故在间歇法蒸煮的过程中，应每间隔一定时间从锅顶放一次废汽，使甲醇也随之排走。若为连续法蒸煮，则可将从气液分离器排出的二次蒸汽经列管式加热器对冷水进行间壁热交换；在最后的后熟锅顶部排出的废汽，也应通过间壁加热法以提高料浆的预热温度。如此，可避免甲醇蒸气直接溶于水或料浆。

（三） 其他物质变化

蒸料过程中，还有很多微量成分会分解、生成或挥发。例如由于含磷化合物分解出磷酸，以及水解等作用生成一些有机酸，故使酸度增高。若大米的蒸饭时间较长，则不饱和脂肪酸减少较多，而醋酸异戊酯等酯类成分却增加。据分析，饭香中有 114 种成分，其中 38 种是挥发性的。饭香中还检出 α-吡咯烷酮。米粒的外层成分对饭香的生成具有重要的作用。

通常使淀粉 α-化的最短时间为 15min，因此无论是使用蒸桶或蒸饭机蒸饭，自蒸汽接触米粒算起，均需至少蒸 20min；但要获得饭香，则需蒸 40min 以上。

物料在蒸煮过程中的含水量也是增加的。例如，饭粒吸水率是指自浸渍前的白米至饭粒的总吸水率，通常为 35%~40%，比蒸饭前浸过的米多 10%。

第二节 制曲及制酒母过程中的物质变化

一、 制曲过程中的物质变化

若制取非纯培养的大曲或小曲，则通常认为其主要目的是繁殖一定量的有利于糖化和发酵的微生物，并积累大量的酶源。因此，过去着重注意为达到这两个目的而所需的条件及其结果，同时也注意曲的色、香、味等感官指标。但对制曲过程中，尤其是制大曲过程中的各种物质变化，研究得很不够。而事实上在制曲过程中，生料本身带来的酶及制曲时新生的酶，每时每刻都在起各种作用；各种微生物，特别是某些特种微生物，在特定的高温等条件下，进行着特殊的新陈代谢活动，产生着特别的成分。这些尚未被人们所认识的极为微量的成分，可能具有举足轻重的作用。或这些成分本身单独起作用；或作为前体再继续进行一步或多步反应而生成特殊成分；或与别的一些成分形成恰到好处的量比关系……使成品酒构成特有的风格。

因此，不应将大曲和小曲看成单纯的糖化剂，只着重考察其淀粉酶及菌数等内容；而同时应将其看作一种进行糖化发酵的极为重要的特种原料，由微生物和酶类等在特殊条件下进行生理生化反应，将初始原料中的成分转变成许多新的成分，其中也包括特别的成分，而且这些成分之间也在进行着错综复杂的种种反应。大曲酒的用曲量如此之大，制曲操作又那么复杂，制曲周期又那么长，很有必要探究其间形成的一些成分。只有将制曲条件、菌的消长、酶的形成、制曲过程中的成分变化、糖化发酵，以及酒的色、香、味六个方面联系起来，找出关键所在，才能掌握并主动地运用白酒酿造的客观规律。

对于纯种培养的曲，则往往着眼于其对糖化是否有利。但白酒曲与酒精生产用曲不同，如六曲香的曲，其成分也较复杂。这些曲中成分也与发酵及酒质密切相关，其中某些成分起到微妙的作用。因此，即使是纯培养曲，我们对其的认识也应进入更深的层次。

二、 制酒母时的成分变化

在利用酵母等微生物制取酒母时，除了微生物的生长、呼吸等生理现象外，也有许多物质变化。这些物质变化很多与发酵时的物质变化相同，但也有区别。因此，对酒母培养过程中成分变化的分析，也不能仅停留在糖、酒、酸及菌数等项目上，应注意与发酵及成品酒的风味相关的某些成分的分析。

总之，对制作糖化发酵剂过程中的成分变化，目前的认识显然是远远不够的。

已故的我国著名微生物学家方心芳曾在《谈高温曲》一文中提到茅台酒曲的高温培养及晾堂堆积（有人将此称为二次制曲）。那么，在高温制曲及高温堆积中，究竟除了有关的微生物之外，其成分变化又是怎样呢？固态培养曲与液态培养曲的成分变化有何不同？其原因何在？高温曲与中温曲的成分，主要区别又是什么呢？所有这些，都是值得我们探究的内容。

可喜的是，进入21世纪以来，国内众多机构对此做了卓有成效的研究，对制曲过程中微生物的变化有了比较清晰的认识，为进一步探索奠定了基础。

第三节　糖化过程中的物质变化

将淀粉经酶的作用生成糖及其中间产物的过程，称为糖化。在白酒生产中，除了液态发酵法白酒是先糖化、后发酵外，固态或半固态发酵的白酒，均是糖化和发酵同时进行的。糖化过程中的物质变化以淀粉酶解为主，同时也有其他一系列的生物化学反应。

一、　淀粉糖化过程中的物质变化

1. 淀粉的酶解及其产物

淀粉酶解成糖的总反应式如下：

$$\underset{\text{淀粉}}{(C_6H_{10}O_5)_n}+\underset{\text{水}}{nH_2O}\xrightarrow{\text{淀粉酶}}\underset{\text{葡萄糖}}{nC_6H_{12}O_6}$$

由上式中各成分的相对分子质量不难算出，理论上100kg淀粉可生成111.12kg葡萄糖。

淀粉酶包括α-淀粉酶、糖化酶、异淀粉酶，β-淀粉酶、麦芽糖酶、转移葡萄糖苷酶等多种酶。这些酶都同时在起作用，故产物除可发酵性糖以外，还有糊精及低聚糖等成分。

其中转移葡萄糖苷酶还能将麦芽糖等低聚糖变为α-1，6键、α-1，2键及α-1，3键结合的低聚糖，它们不能被糖化酶分解，是非发酵性糖类；转移葡萄糖苷酶还能将葡萄糖与酒精结合，生成α-乙基葡萄糖苷。

另外，酸性蛋白酶与α-淀粉酶等协同作用，进行淀粉的糖化，这说明淀粉酶的作用也不是孤立进行的。

2. 淀粉及其酶解产物的分子组成及其特性

（1）淀粉的结构及其特性　淀粉的分子式为 $(C_6H_{10}O_5)_n$，是由许多葡萄糖苷（1个葡萄糖分子脱去1分子水）为基本单位连接起来的。可分为直链淀粉和支链淀粉两大类。凡是糯性的高粱、大米、玉米等的淀粉，几乎全是支链淀粉；而呈粳性的粮谷中，大约有80%是支链淀粉，20%左右是直链淀粉。

① 直链淀粉：由大量葡萄糖分子以α-1，4键脱水缩合，组成不分支的链状结构。其

相对分子质量为几万至几十万；易溶于水，溶液黏度不大，容易老化，酶解较完全。

② 支链淀粉：呈分支的链状结构，且在分支点的 2 个葡萄糖残基以 α-1，6 键结合，每隔 8~9 个葡萄糖苷单位即有 1 个分支。其相对分子质量为几十万至几百万；热水中难溶解，溶液黏度较高，不容易老化，糖化速度较慢。

（2）淀粉酶解产物的特性　糖化作用一开始，就生成中间产物及最终产物，但以中间产物为主。随着糖化作用的不断进行，碳水化合物的平均相对分子质量、物料黏度及比旋光度等会逐渐降低；但还原性逐渐增强，对碘的呈色反应渐趋消失。通常，可溶性淀粉遇碘呈蓝色→蓝紫色→樱桃红色；淀粉糊精及赤色糊精遇碘也呈樱桃红色；变为无色糊精后的产物，遇碘时不再变色，即呈黄的碘液色泽。淀粉酶解产物的若干特性如表 5-2 所示。实际上，除液态发酵法白酒外，醅和醪中始终含有较多的淀粉。淀粉浓度的下降速度和幅度受曲的质量、发酵温度和升酸状况等因素的制约。若酒醅的糖化力高且持久、酵母发酵力强且有后劲，则酒醅升温及生酸速度较稳，淀粉浓度下降快，出酒率也高。通常在发酵的前期和中期，淀粉浓度下降较快；发酵后期，由于酒精含量及酸度较高，淀粉酶和酵母活性减弱，故淀粉浓度变化不大。在扔糟中，仍含有相当浓度的残余淀粉。淀粉糊精可沉淀于 40%的酒精中，赤色糊精可用 65%的酒精沉淀，无色糊精和寡糖则需 96%的酒精才能沉淀。

表 5-2　淀粉酶解产物的若干特性

名称	相对分子质量	聚合度	比旋光度/ $[\alpha]_D^{20}$	还原糖含量/%
可溶性淀粉	208	1300	199.7	0.073
淀粉糊精	10000	61	196	0.5
赤色糊精	6000	38	194	2.6
无色糊精	3200	20	192	5.0
四糖	661	4	168	25
三糖	504	3	164	33
双糖（麦芽糖）	342	2	136	60
葡萄糖	180	1	52.5	100

① 糊精：糊精是介于淀粉和低聚糖之间的酶解产物。无一定的分子式，呈白色或黄色无定形，能溶于水成胶状溶液，不溶于乙醚。淀粉酶解时，能产生如上所述的不同糊精，通常遇碘呈红棕色（或称樱桃红色），生成的无色糊精遇碘后不变色。

通常认为，糊精的分子组成是 10~20 个以上的葡萄糖残基单位；按其相对分子质量的大小，又有大糊精和小糊精之分，凡具有分支结构的小糊精，又称为 α-界限糊精或β-界限糊精。

② 低聚糖：人们对低聚糖定义说法不一。有说其分子组成为 2~6 个葡萄糖苷单位的，或说 2~10 个、2~20 个葡萄糖苷单位的；也有人认为它是二、三、四糖的总称；还有称其为寡糖的。但一般认为的寡糖是非发酵性的三糖或四糖。在转移糖苷酶的作用下，使 1 个葡萄糖苷结合到麦芽糖分子上形成 1，6 键结合，成为具有 3 个葡萄糖苷单位的糖，称之为潘糖（因其是我国学者潘尚贞在 1951 年首次发现的，故名）。但该糖不能与异麦

芽糖混为一谈，因后者是具有 α-1，6 葡萄糖苷键结合的二糖，它也是淀粉的酶解产物。低聚糖以二糖和三糖为主。凡是直链淀粉酶解至分子组成少于 6 个葡萄糖苷单位的低聚糖，都不与碘液起呈色反应。因每 6 个葡萄糖残基的链形成一圈螺旋，可以束缚 1 个碘分子。

③ 二糖：又称双糖，是相对分子质量最小的低聚糖，由 2 分子单糖结合而成。重要的二糖有蔗糖、麦芽糖和乳糖。1 分子麦芽糖经麦芽糖酶水解时，生成 2 分子葡萄糖；1 分子蔗糖经蔗糖酶水解时，生成 1 分子葡萄糖、1 分子果糖；1 分子乳糖经乳糖酶作用，生成 1 分子葡萄糖及 1 分子半乳糖。麦芽糖的甜度为蔗糖的 40%；乳糖的甜度为蔗糖的 70%。

④ 单糖：不能再继续被淀粉酶类水解的最简单的糖类。它是多羟醇的醛或酮的衍生物，如葡萄糖、果糖等。单糖按其所含碳原子的数目又可分为丙糖、丁糖、戊糖和已糖。每种单糖都有醛糖和酮糖。如葡萄糖，也称右旋糖，是最为常见的六碳醛糖。其甜度为蔗糖的 70%，相对密度为 1.544（25℃），熔点 146℃（分解），溶于水，微溶于乙醇，不溶于乙醚及芳香烃，具有还原性和右旋光性。在淀粉分子中，葡萄糖单位呈 α-构型存在；酶解时，生成的葡萄糖为 β-构型，但在水溶液中，可向 α-构型转变，最后两种异构体达到动态平衡。果糖也称左旋糖，是一种六碳酮糖，是普通糖类中最甜的糖。其甜度高于蔗糖，水溶解度较高，熔点为 103~105℃，能溶于乙醇和乙醚，具有左旋光性。葡萄糖经异构酶的作用，可变为果糖。通常，单糖及双糖能被一般酵母所利用，是最为基本的可发酵性糖类。

白酒醅中还原糖的变化微妙地反映了糖化与发酵速度的平衡程度。通常在发酵前期，尤其是开头几天，由于发酵菌数量有限，而糖化作用迅速，故还原糖含量很快增长至最高值；随着发酵时间的延续，因酵母等微生物数量已相对稳定，发酵力增强，故还原糖含量急剧下降；到发酵后期时，还原糖含量基本不变。发酵期间还原糖含量的变化，主要受曲的质量及酒醅酸度的制约。发酵后期醅中残糖的含量多少表明发酵的程度和酒醅的质量，不同大曲酒醅的残糖也有差异。例如，清蒸清烧的大楂酒醅的淀粉浓度很大，发酵后酒醅中的残糖为 0.8%左右；混蒸续烧发酵后的酒醅残糖可低至 0.2%~0.5%。

二、蛋白质、脂肪、果胶、单宁等成分的酶解

1. 蛋白质的酶解

蛋白质在蛋白酶类的作用下，水解为胨、多肽及氨基酸等中、低分子含氮物，为酵母菌等及时地提供了营养。

2. 脂肪的酶解

脂肪由脂肪酶水解为甘油和脂肪酸。一部分甘油是微生物的营养源；脂肪酸的一部分受曲霉及细菌的 β-氧化作用，除去 2 个碳原子而生成种种低级脂肪酸。

3. 果胶的酶解

果胶在果胶酶的作用下，水解成果胶酸和甲醇。

$$(RCOOCH_3)_n \xrightarrow[nH_2O]{\text{果胶酶}} (RCOOH)_n + nCH_3OH$$

果胶质　　　　果胶酸　　甲醇

4. 单宁的酶解

$$\underset{\text{单宁}}{CH_2O\ (CHOR)_5} \xrightarrow{\text{单宁酶}} \underset{\text{丁香酸}}{C_9H_{10}O_5}$$

5. 有机磷酸化合物的酶解

在磷酸酯酶的作用下，磷酸自有机磷酸化合物中释放出来，为酵母等微生物的生长和发酵提供了磷源。

6. 纤维素、半纤维素的酶解

部分纤维素、半纤维素在纤维素酶及半纤维素酶的催化下，水解为少量葡萄糖、纤维二糖及木糖等糖类。

7. 木质素的酶解

木质素在白酒原料中也存在，它是一种含苯丙烷、邻甲氧基苯酚等以不规则方式结合的高分子芳香族化合物。在木质素酶的作用下，可生成酚类化合物，如香草醛、香草酸、阿魏酸及4-乙基阿魏酸等。若粮糟在加曲后、入窖之前采用堆积升温的方法，则可增加阿魏酸等成分的生成量。

此外，在糖化过程中，氧化还原酶等酶类也在起作用；加之发酵过程也在同时进行，故物质变化是错综复杂的，很难说得非常清楚。

第四节　发酵过程中的物质变化

一、白酒发酵过程中物质变化的类型

通常的发酵类型有常压或带压、间歇或半连续及连续、敞口或半密闭及密闭发酵之分；但从原料及发酵进程中的生物化学变化来分，则有单式及复式发酵两大类，复式发酵又有单行及并行之分。而白酒发酵包括了上述所有的发酵类型，故其复杂性是其他任何酒类所无法比拟的。

1. 单式发酵

单式发酵是指使用糖质原料，无需糖化过程的一类发酵。例如以各种果类及制糖副产物等为原料制取烧酒等。

2. 复式发酵

复式发酵是指使用含淀粉的原料，需经淀粉酶进行糖化的一类发酵。

（1）单行复式发酵　指淀粉质原料经蒸煮后，先由曲类等糖化剂将淀粉糖化为可发酵性糖，再添加发酵剂进行发酵的一类发酵。例如以高粱、玉米、薯类等为原料，采用液态发酵法生产白酒，即属于这种发酵类型。

（2）并行复式发酵　指使用淀粉质原料，糖化和发酵同时进行的一类发酵。例如大曲及麸曲固态发酵法制白酒，以及小曲酒的生产，均属这种发酵类型。在小曲白酒生产中，如三花酒的发酵前期，物料呈固态，以糖化作用为主，故人们习惯上称其为先糖化、然后再加水继续进行糖化发酵。但实际上由于小曲本身既是糖化剂又是发酵剂，且物料呈固态状的发酵前期的温度等条件也适于发酵菌的发酵，故总的说来，其整个发酵过程仍应称为并行复式发酵，因为它与上述的液态发酵法制白酒的单行复式发酵有实质性的区别。

二、醇类的生成

醇包括一元醇、多元醇和芳香醇，由霉菌、酵母菌、细菌等微生物利用糖、氨基酸等成分而生成。

（一）酒精的生成机理

酵母菌、细菌及根霉都能将葡萄糖发酵成酒精（乙醇），但各自发酵机理不同。

1. 酵母菌的酒精发酵机理

酵母菌由酒化酶作用于葡萄糖生成酒精和二氧化碳，这是无氧发酵过程。这一过程包括葡萄糖酵解（EMP 途径）和丙酮酸的无氧降解两大生化反应过程。详见《生物化学》相关章节。总反应式如下：

$$\underset{\text{葡萄糖}}{C_6H_{12}O_6}+2ADP+2H_3PO_4 \xrightarrow{\text{酒化酶}} \underset{\text{酒精}}{2C_2H_5OH}+2CO_2+2ATP+10.6kJ$$

理论上，100kg 葡萄糖可生成 51.1kg 酒精。

白酒生产中，酒醅中的酒精含量随着发酵时间的推移而不断增加。前期，因酒醅中含有一定量的氧，故酵母菌得以大量繁殖，而酒精发酵作用微弱；发酵中期，因酵母菌已达足够数量，酒醅中空气消耗殆尽，酒精发酵较强，酒醅中酒精含量迅速增长；后期，因酵母菌逐渐衰老或死亡，酒精发酵基本停止。通常混蒸混烧法大曲酒出窖时酒醅中酒精含量约为 6%，高达 7%~8%；清蒸清烧法大曲酒大楂酒醅出缸时酒精含量 11%~12%，但二楂酒醅出缸时酒精含量仅为 5%左右。

2. 细菌的酒精发酵机理

细菌由 ED 途径将葡萄糖发酵成酒精。由生物化学原理可知，细菌发酵酒精的产率较高，但产酒精的同时，大多生成一些副产物，诸如丁醇，2，3-丁二醇等醇类，甲酸、乙酸、丁酸、乳酸等有机酸，阿魏酸、甘油、木糖醇等多元醇，以及甲烷、二氧化碳、氢气等气体。

（二）杂醇油的生成机理

杂醇油是含 2 个以上碳原子的一元醇的总称，又名高级醇。其生成途径有 3 条，主要为前两条，即由酵母利用糖及氨基酸合成杂醇油。如下：

（1）由氨基酸脱氧、脱羧，生成比氨基酸少 1 个碳原子的高级醇。

（2）由糖代谢生成丙酮酸，丙酮酸与氨基酸作用，生成另一种氨基酸和另一种有机酸（α-酮酸）；该有机酸脱羧变为醛，再还原成高级醇。

酵母菌生成杂醇油的组分和含量，与原料、菌种、接种量、酒醅成分及发酵条件有关。

（3）丙酮酸与乙酰辅酶 A 结合，由于碳链的增长，在蔗糖存在下，也可促进杂醇油的生成。

（三） 多元醇生成机理

多元醇属于不挥发醇类，在用甑蒸馏酒醅时，由水蒸气将其部分地带入酒中，多元醇是白酒中甜味及醇厚感的重要成分，其甜度随羟基数增加而增加。

1. 甘油的生成

酵母菌在生成酒精的同时，生成部分甘油。酒醅中蛋白质含量越多，温度及 pH 越高，则甘油的生成量越多。主要产于发酵后期。某些细菌在有氧条件下也产甘油。

2. 甘露醇的生成

许多霉菌能产甘露醇。某些混合型乳酸菌也能利用葡萄糖生成甘露醇，并生成 2，3-丁二醇、乳酸及乙酸。

3. 2，3-丁二醇的生成

除上述混合型乳酸菌可生成该醇外，还有 4 条途径。

（1）由双乙酰生成。先由双乙酰生成醋鎓及乙酸，再由醋鎓生成 2，3-丁二醇。

（2）由多黏菌及产气杆菌生成。

（3）由赛氏杆菌生成。

（4）由枯草芽孢杆菌生成，同时生成甘油。

三、 酸的生成

酵母菌在产酒精的同时，也产生多种有机酸，根霉等霉菌也产乳酸，但大多数有机酸是由细菌生成的。通常在发酵前期及中期生酸量较少，后期产酸较多。白酒酒醅（醪）中形成的有机酸种类很多，产酸的途径也很多。很多有机物都能经生物化学反应生成有机酸，低级的有机酸也可逐步合成较高级的酸，醇和醛也可氧化为相应的有机酸。

（一） 甲酸的生成

甲酸是酒精发酵的中间产物之一。

（二） 乙酸（醋酸）的生成

（1）酵母菌酒精发酵产生乙酸。

（2）醋酸菌将乙醇氧化为乙酸。

（3）糖经发酵生成乙醛，再经歧化作用生成乙酸。当糖分发酵约 50%时，酒醅中乙酸含量最高；在发酵后期，酒醅中酒精含量较多时，则乙酸生成量较少。通常，在酵母菌生长及发酵条件较好时，乙酸生成量较少。若酒醅中进入枯草芽孢杆菌，则乙酸生成量较多。

（4）异型乳酸菌也产乙酸，见下文叙述。

（三） 乳酸的生成

乳酸是含有羟基的有机酸，它也可由多种微生物产生。

（1）由乳酸菌发酵生成乳酸，分为同型乳酸发酵和异型乳酸发酵。前者发酵产物全为乳酸；后者因发酵菌种而异，除生成乳酸外，还同时生成乙酸、乙醇、甘露醇等。

（2）由霉菌产乳酸　毛霉、根霉等也能产L型乳酸。

（四）琥珀酸的生成

琥珀酸又名丁二酸。主要由酵母菌产生于发酵后期，通常延长发酵期可增加其生成量。生成途径有以下2条。

（1）由酵母菌作用于葡萄糖和谷氨酸而生成琥珀酸，生成的氨被酵母合成自身的菌体蛋白。

（2）由乙酸转化为琥珀酸。

另外，红曲霉等霉菌也能生成极微量的琥珀酸。

（五）丁酸（酪酸）的生成

（1）由丁酸菌将葡萄糖、氨基酸、乙酸和乙醇生成丁酸。

（2）丁酸菌将乳酸发酵为丁酸。

（六）己酸的生成

1963年，巴克等在研究甲烷菌时偶然发现产己酸的细菌。该菌与奥氏甲烷菌共栖，能将低级脂肪酸合成较高级的脂肪酸，命名为克拉瓦梭菌。它可将乙酸和乙醇合成丁酸和己酸；也可由丁酸和乙醇结合成己酸；还能将丙酸和乙醇合成戊酸，进而合成庚酸。

1. 由乙醇和乙酸合成丁酸或己酸

1）当酒醅中乙酸多于乙醇时，主要产物为丁酸。

$$\underset{\text{乙醇}}{CH_3CH_2OH}+\underset{\text{乙酸}}{CH_3COOH} \longrightarrow \underset{\text{丁酸}}{CH_3CH_2CH_2COOH}+\underset{\text{水}}{H_2O}$$

2）当酒醅中乙醇多于乙酸时，主要产物为己酸。

$$\underset{\text{乙醇}}{2CH_3CH_2OH}+\underset{\text{乙酸}}{CH_3COOH} \longrightarrow \underset{\text{己酸}}{CH_3CH_2CH_2CH_2CH_2COOH}+\underset{\text{水}}{2H_2O}$$

这一过程实际上极为复杂，经研究，普遍认为克拉瓦梭菌等在合成己酸时，须经过11步反应。

2. 由乙醇和丁酸合成己酸

巴克等认为，己酸菌将乙醇和丁酸合成己酸时，必须先由丁酸菌将乙醇与乙酸合成丁酸。

$$\underset{\text{丁酸}}{CH_3CH_2CH_2COOH}+\underset{\text{乙醇}}{CH_3CH_2OH} \longrightarrow \underset{\text{己酸}}{CH_3CH_2CH_2CH_2CH_2COOH}+\underset{\text{水}}{H_2O}$$

3. 先生成丙酮酸，丙酮酸再变为丁酸，丁酸再与乙酸合成己酸。各反应式如下：

$$\underset{\text{葡萄糖}}{C_6H_{12}O_6} \longrightarrow \underset{\text{丙酮酸}}{2CH_3COCOOH} + \underset{\text{氢气}}{2H_2}$$

$$\underset{\text{丙酮酸}}{2CH_3COCOOH} + \underset{\text{水}}{2H_2O} \longrightarrow \underset{\text{丁酸}}{CH_3CH_2CH_2COOH} + \underset{\text{乙酸}}{CH_3COOH} + 2O_2$$

$$\underset{\text{丁酸}}{CH_3CH_2CH_2COOH} + \underset{\text{乙酸}}{CH_3COOH} + \underset{\text{氢气}}{2H_2} \longrightarrow \underset{\text{己酸}}{CH_3(CH_2)_4COOH} + 2H_2O$$

（七） 戊酸及庚酸的生成

先由丙酸菌将丙酮酸羧化为草酰乙酸，再还原成苹果酸后，进一步脱水、还原为琥珀酸，然后脱羧成丙酸，最后，由羧状芽孢杆菌经类似丁酸、己酸的合成路线，将丙酸合成戊酸和庚酸。

四、 酯类的生成

白酒中的酯主要是乙酸乙酯、乳酸乙酯、丁酸乙酯及己酸乙酯，即四大酯。酯是由醇和酸的酯化作用而生成的。其途径有二：一是通过有机化学反应生成酯，但这种反应在常温条件下极为缓慢，往往需经过几年时间才能使酯化反应达到平衡，且反应速度随碳原子数的增加而下降；二是由微生物的生化反应生成酯，这是白酒中产酯的主要途径。

（一） 乙酸乙酯的生成

由丙酮酸脱羧为乙醛，再氧化成乙酸，并在转酰基酶作用下生成乙酰辅酶 A；或由丙酮酸氧化脱羧为乙酰辅酶 A。乙酰辅酶 A 在酯化酶作用下与乙醇合成乙酸乙酯。

（二） 乳酸乙酯的产生

乳酸乙酯的合成符合一般脂肪酸乙酯的共通途径。即乳酸经转酰基酶活化成乳酰基酶 A，再在酯化酶作用下与乙醇合成乳酸乙酯。

（三） 丁酸乙酯与己酸乙酯的产生

1. 丁酸乙酯的生成

$$C_3H_7COOH \xrightarrow[\text{转酰基酶}]{\text{CoASH，ATP}} C_3H_7CO \sim SCoA \xrightarrow[\text{酯化酶}]{C_2H_5OH} C_3H_7COOC_2H_5$$

2. 己酸乙酯的生成

$$C_5H_{11}COOH \xrightarrow[\text{转酰基酶}]{\text{CoASH，ATP}} C_5H_{11}CO \sim SCoA \xrightarrow[\text{酯化酶}]{C_2H_5OH} C_5H_{11}COOC_2H_5$$

五、 羰基化合物的生成

醛类及酮类，均含有羰基（$>C=O$），故统称为羰基化合物。其生成途径很多，如醇经氧化、酮酸脱羧及氨基酸脱氨、脱羧等反应，均可生成相应的醛、酮。以下简述白酒中几个主要羰基化合物的生成机理。

（一） 乙醛的形成

1. 由葡萄糖酵解生成的丙酮酸脱羧而成

$$\underset{\text{葡萄糖}}{C_6H_{12}O_6} \xrightarrow{-2H_2} \underset{\text{丙酮酸}}{2CH_3COCOOH} \xrightarrow{-2CO_2} \underset{\text{乙醛}}{2CH_3CHO}$$

2. 由乙醇氧化而成

$$\underset{\text{乙醇}}{2C_2H_5OH}+\underset{\text{氧气}}{O_2} \longrightarrow \underset{\text{乙醛}}{2CH_3CHO}+\underset{\text{水}}{2H_2O}$$

3. 由丙氨酸脱氨、氧化而成的丙酮酸脱羧而成。
4. 由丙氨酸水解、脱氨、脱羧生成的乙醇氧化而成。

（二） 丙烯醛的形成

丙烯醛又名甘油醛。酒醅中含有甘油，当酒醅或发酵醪感染大量杂菌时，甘油转化为丙烯醇，从而生成大量的丙烯醛。

（三） 糠醛、缩醛及高级醛、酮的形成

1. 糠醛的形成

半纤维素经半纤维素酶分解成的戊糖，由微生物发酵生成糠醛。白酒中的糠醛等系列呋喃衍生物，以及以呋喃为分子结构基础的复杂物质，是白酒特别是酱香型、芝麻香型白酒中特殊的成分之一，有待进一步研究剖析。

2. 缩醛的形成

缩醛由醛与醇缩合而成。白酒中的缩醛主要为乙缩醛，其含量高者几乎接近于乙醛。

3. 高级醛、酮的形成

高级醛、酮是指含 3 个碳原子以上的醛、酮。酒醅或发酵醪中的高级醛、酮由氨基酸分解而成。

（四） α-联酮的形成

因 2，3-丁二醇虽是二元醇，但它具有酮的性质，故通常将双乙酰、醋鎓及 2，3-丁二醇，统称为 α-联酮。

1. 双乙酰的生成

有如下 3 条途径。

（1）由乙醛与乙酸缩合而成。

（2）由乙酰辅酶 A 和活性乙醇缩合而成，即酵母的辅酶 A 与乙酸作用形成乙酰辅酶 A，再与活性乙醇缩合而成双乙酰。

（3）由 α-乙酰乳酸的非酶分解而成，α-乙酰乳酸是缬氨酸生物合成的中间产物。

2. 醋鎓的生成

醋鎓又称 α-羟基丁酮或乙偶姻及 3-羟基丁酮。其生成途径有如下 4 条。

（1）由乙醛缩合而成。

（2）由丙酮酸缩合而成。

（3）由双乙酰生成，同时生成乙酸。

（4）由双乙酰和乙醛经氧化还原生成。

六、芳香族化合物的生成

芳香族化合物是指苯及其衍生物的总称。凡羟基直接连在苯环上的称为酚，羟基连在侧链上的称为芳香醇。白酒中的芳香族化合物多为酚类化合物。它们来自小麦或制麦曲过程中由微生物生成；或在制麦曲时形成中间产物，再由酵母菌或细菌发酵而生成，并在发酵过程中相互转化；或由某些氨基酸及高粱中的单宁生成。

（一）阿魏酸、香草醛、香草酸、香豆酸的生成

小麦中含有少量的阿魏酸、香草酸、香草醛。在使用小麦制曲时，曲块升温至 60℃以上，小麦皮能产生阿魏酸；由微生物作用也能生成大量香草酸及少量香草醛。另，4-甲基愈创木酚也可氧化为香草醛；木质素可在微生物产生的氧化酶类作用下，进一步生成阿魏酸、香草醛、香草酸、香豆酸等产物。

（二）4-乙基愈创木酚、酪醇及丁香（系统）成分的生成

1. 4-乙基愈创木酚的生成

（1）由阿魏酸经酵母菌或细菌发酵而生成。

（2）香草醛经酵母菌或细菌发酵而生成 4-乙基愈创木酚。

（3）大曲经发酵后，部分香草酸生成 4-乙基愈创木酚。

2. 酪醇的生成

酪醇又名对羟基苯乙醇，可由酵母菌将酪氨酸脱氨、脱羧而成。

3. 丁香（系统）成分的生成

据分析，小麦及小麦曲不含丁香系统的成分。而高粱中的单宁经酵母菌发酵后生成丁香醛、丁香酸等芳香族化合物。

七、硫化物的生成

白酒中的挥发性硫化物，如硫化氢、二甲基硫及硫醇，大多来自胱氨酸、半胱氨酸及甲硫氨酸等含硫氨基酸。

1. 硫化氢的生成

细菌、酵母菌、霉菌大多能将胱氨酸、半胱氨酸分解出硫化氢，并生成相应的醛，尤其是细菌及球拟酵母等，生成硫化氢的能力均较强。硫酸盐可经一系列酶促作用变为亚硫酸盐，再由还原酶作用生成硫化氢。

另外，当酒醅内含有胱氨酸和半胱氨酸时，在高温蒸馏下能与乙醛及乙酸作用，也

可生成硫化氢。若接酒温度较低，则硫化氢不易挥发。若冷凝器的锡不纯而含铅量高时，则蒸馏过程中会与硫化氢生成黑色的硫化铅，沉积于盛酒器的底部。

2. 二甲基硫的生成

二甲基硫由酵母作用于甲硫氨酸而生成。

在白酒生产中，对宏观方面较为重视，如酒醅发酵中水分的增加，升酸幅度符合要求，则表明发酵正常。但对发酵过程中某些微量成分形成机制的研究，还有相当多的工作要做。

第五节　蒸馏过程中的物质变化

一、物质变化

在白酒蒸馏过程中，通常对馏分中几大类成分较为注意。例如对酒精含量、酯类、酸类及杂醇油在馏分中变化规律的摸索等，这无疑是非常必要的。但实际上在蒸馏过程中，由于传热、传质的作用，来自酒醅或发酵醪的很多成分本身的变化，以及相互之间复杂的作用，往往会产生一些新的成分。例如酒醅中的胱氨酸、半胱氨酸与乙醛和乙酸能生成硫化氢等。另外，酒精等醇类在高温下与有机酸也有一定的酯化作用；蒸馏时产生少量的乙醛；还可发生诸如美拉德反应等其他许多反应。

在注意“提香”的同时，也应探究蒸馏过程中的“增香”作用及其条件。从其他蒸馏酒中也可以探究借鉴一些，如为什么白兰地的蒸馏设备以铜为材质呢？据说铜在白兰地的蒸馏过程中起着特殊的作用；又如为什么有的白兰地蒸馏器至今仍以直接火加热呢？这恐怕也与某些成分的变化有关……当然我们不必照搬这方面的内容用于白酒蒸馏，但由此可得到一些启发，即不应停留在原有的认识上，需运用各种知识去探究白酒蒸馏过程中各种成分的变化，并与蒸馏设备的材质和构造、蒸馏的操作和工艺条件等因素联系起来，使这方面的研究工作不断取得进展。

二、蒸馏原理

在传统固态法白酒生产中，发酵成熟的酒醅采用甑桶蒸馏而得白酒。甑桶蒸馏可以认为是一个特殊的填料塔。含有60%水分以及酒精和数量众多的微量成分的固态发酵酒醅，通过人工装甑逐渐形成甑内的填料层。在蒸汽不断加热下，甑内酒醅料温度不断升高，下层醅料的可挥发性组分浓度逐层不断变小，上层醅料的可挥发性组分浓度逐层不断变浓，使含于酒醅中的酒精及微量成分经过汽化、冷凝、汽化，而达到多组分浓缩、提取的目的。少量难挥发组分也同时带出蒸入酒中。

（一）甑桶蒸馏的主要作用

（1）将含有4%左右的发酵酒醅分离浓缩成含酒精55%vol～65%vol的高度白酒。在混蒸混烧工艺中，在蒸酒的同时，还担负着新投粮食的淀粉糊化作用。

（2）将发酵酒醅中存在的微生物代谢副产物，即数量众多的微量香味成分，有效地浓缩提取到原酒中。

（3）存在于发酵酒醅中的某些微生物代谢副产物，在蒸馏过程中进一步起化学反应，产生新的物质，即蒸馏热变效应。

（4）对发酵酒醅进行消毒杀菌，用于下排入窖配料。

在众多名优白酒生产中，蒸馏分级接酒还是勾兑工作的起始基础，称为“第一次勾兑”。

（二） 甑桶蒸馏的几个技术问题

1. 蒸馏条件对白酒生产的影响

上甑技术、醅料的松散程度、蒸汽量的大小及均衡供汽、量质摘酒等蒸馏条件是影响蒸馏效率及质量的关键因素。

（1）上甑技术的影响　其要点是做到“松、轻、准、薄、匀、平”，以期达到丰产丰收，在后续章节中详细介绍。

（2）缓慢蒸馏是白酒（浓香型）的操作关键。

2. 酒花与酒精含量的关系

看花摘酒是白酒蒸馏过程中掌握酒精度高低的传统技艺，一直延续至今。桂林三花酒，就是观花定酒精度，俗称“堆三花”，历史上该厂采用将酒三次回锅复蒸办法，“三花酒”名就此沿袭下来。

看花量度是基于各种浓度的乙醇和水的混合溶液，在一定压力和温度下，其表面张力不同的原理。因此，在摇动酒瓶或冲击酒液时，在溶液表面形成的泡沫大小、持留时间也不同。以此便近似地估计出酒液的酒精含量。

酒花的变化也可反映上甑技术的优劣。

3. 掐头去尾、量质摘酒

见浓香型工艺。

4. 甑边效应及减少酒损的措施

固态发酵酒醅在上甑过程中，可以发现酒气经常由甑边率先穿出醅料层，然后再向甑中心区扩散。探汽上甑的结果是甑边料层高于中心区，形成凹状的表面料层，即甑边效应。这一物理现象不仅发生于白酒蒸馏的甑边固-固界面上，而且发生在固-液界面上。甑边效应意味着在甑内醅料层上汽的不均匀性。尤其当蒸馏甑的结构、连接不合理或设备不保温等原因存在时，更会影响蒸馏效率。

第六章　传统白酒主要生产方法

第一节　固态发酵法

固态发酵法酿造白酒，是我国古代劳动人民的伟大创举，也是我国独有的传统工艺。其主要特征是：利用天然微生物接种、固态糖化发酵、固态甑桶蒸馏。

一、大曲酒生产方法

大曲酒，以大曲为糖化发酵剂，大曲的原料主要是小麦、大麦，有的加上一定数量的豌豆。大曲又分为低温曲、中温曲、高温曲。一般是固态发酵，大曲酒所酿的酒质量较好，多数名优酒均以大曲酿成。大曲酒生产方式主要有续楂法、清楂法2种。

1. 续楂法

续楂法是将粉碎的原料，配以出窖（池）酒醅，经蒸酒和蒸料、摊晾后，加入大曲粉拌匀入窖，进行糖化发酵的生产过程。传统浓香型大曲酒均采用此法。其特点为“混蒸混烧、千年老窖万年糟”。

2. 清楂法

以汾酒为代表的清香型大曲酒采用清楂法。它是将粉碎的原料拌入辅料后，经蒸料糊化、摊晾后，加入大曲和水入缸进行糖化发酵，再出窖蒸馏的生产过程。其特点为“清蒸清烧二次清”。

二、小曲酒生产方法

小曲酒生产方法在我国南方比较盛行，它是以小曲为糖化发酵剂生产的白酒，所用原料有大米、高粱、玉米、稻谷、小麦等。其生产工艺主要有3类：先固态培菌糖化、后发酵法（如川法小曲酒）；边糖化边发酵法；配醅固态发酵法。

三、麸曲酒生产方法

麸曲酒生产方法是在总结“烟台白酒操作法”的基础上发展起来的，以高粱、玉米、薯干及高粱糠等为原料，以纯培养的曲霉菌及纯培养的酒母作为糖化发酵剂，发酵时间较短，由于生产成本较低，为多数酒厂所采用，此种类型的酒产量较大。“烟台白酒操作法”其精髓为“麸曲、酒母，合理配料，低温入窖，定温蒸烧”。这一经验在酿酒生产上广泛应用。其曲主要有根霉麸曲、曲霉麸曲两种；工艺上有混烧法（北方普遍）、清蒸法

（南方采用），国内酒厂大量采用的“老五甑工艺”即为混烧法。

四、其他

代表性的酒如董酒：采用大曲和小曲混用。其特点有三：

（1）用小麦为原料，加5%的40味中药制大曲；用大米为原料，加5%的95味中药制小曲，均接种制曲。

（2）大曲制香醅，发酵10月；小曲制酒醅，发酵7d。

（3）酒醅在下、香醅在上进行串香蒸馏操作。

另外大曲、麸曲也可结合，北方已有厂家用此法生产出优质酱香型酒，效果不错。其他香型酒也可效仿。

第二节 半固态发酵法

一、先培菌糖化后发酵法

米香型白酒是这一工艺的典型代表，采用大米为原料，用药小曲为糖化发酵剂，培菌糖化20~24h（固态）；后期液态发酵7d，再用特殊蒸馏釜液态蒸馏而成，桂林三花酒和全州湘山酒即用该法生产，并连续4届被评为全国优质酒。

二、边糖化边发酵法

它是采用大米为原料，用小曲扩大培养的酒曲饼为糖化发酵剂，在半固态状态下，经边糖化边发酵后，蒸馏而成的小曲米酒的方法。我国南方多用，广东的豉味玉冰烧是这一工艺的典型代表，其出口量居单一白酒之首，肥肉酝浸是玉冰烧生产工艺的重要环节，它是豉味形成的主要原因。

第三节 液态发酵法

液态发酵法是采用酒精生产方法的液态白酒生产工艺，具有机械化程度高、劳动生产率高、淀粉出酒率高等特点。但解决白酒的生香难度较大，现在基本上都是走传统固态白酒与食用酒精相结合（加调香工序）的道路。

一、液态发酵法的类型

1. 全液态发酵法

全液态发酵法是以液态蒸煮糊化、液态糖化、液态发酵、液态蒸馏生产白酒的工艺，习惯称一步法。基本上就是简单的酒精生产方法，在20世纪60年代较盛行，由于该法生产的酒质量较差，现已基本淘汰。

2. 串香法

串香法是以食用酒精为酒基，利用固态发酵法的酒醅（或特制的香醅）进行串香（或浸蒸）而制成的白酒，如传统的山东坊子白酒。

3. 固液结合法

即液态除杂、固液结合增香。

4. 调香法

即食用酒精、水、食品添加剂（香料）等混合调制而成。

二、几种液态发酵法的比较

几种液态发酵法的比较详见表6-1。

表6-1　几种液态发酵法的比较

发酵方法	优点	缺点
全液态发酵法	生产效率最高，可完全摆脱固态法生产方式	机械化程度要求高，产品质量不完善，在增香及蒸馏方面还有许多工作要做
串香法	产品有固态风味，酒质相对最好，一般小酒厂均可生产	串香时的酒精损耗较大，成本较高，劳动强度较大
固液结合法	操作简便，物耗少，是目前较好的方法	仍保留固态法生产方式，劳动强度相对最大
调香法	操作最简便，物耗最少，所有酒厂均可采用	产品风味差，缺乏协调和自然感，酒质相对较差

第七章　主要香型白酒工艺

中国白酒是以富含淀粉质的粮谷类为原料，以中国酒曲为糖化发酵剂，采用固态、半固态或液态发酵，经蒸馏、贮存和勾调而成的含酒精的饮料。中国白酒博大精深，悠久的酿造历史孕育出多种香型白酒，可谓百花齐放。据统计目前已定型的有 12 种香型，随着科技的进步，还会有新香型诞生。综合研究表明，酱、浓、清、米香型是基本香型（也有认为浓香、酱香、清香为主流香型），它们独立地存在于各种白酒香型之中。

其他 8 种香型是在这 4 种基本香型基础上，以 1 种、2 种或 2 种以上的香型，在工艺的糅合下，形成了自身的独特工艺，衍生出来的香型。如图 7–1 所示。

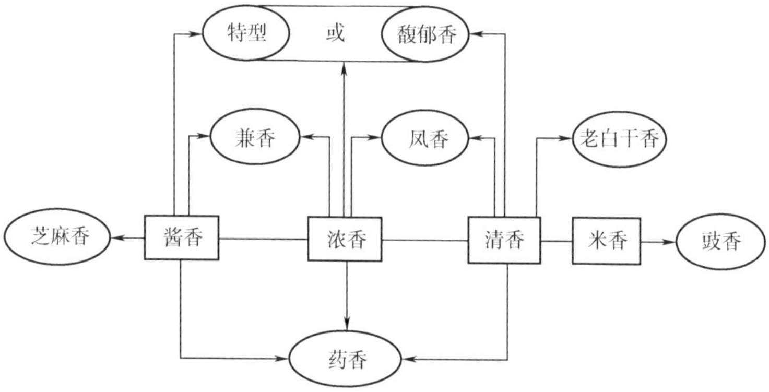

图 7–1　中国白酒香型衍生图

浓酱结合衍生兼香型（如，酱中带浓，浓中带酱）。

浓清结合衍生凤香型。

浓清酱结合衍生特型或馥郁香型。

以酱香为基础衍生芝麻香型。

以米香为基础衍生豉香型。

以浓酱米为基础衍生药香型。

以清香为基础衍生老白干香型、小曲清香型、二锅头、青稞酒。

不同的香型白酒体现着不同的风格特征（或称典型性），而这些风格的形成源于酿酒各自采用的原料、曲种、发酵容器、生产工艺、贮存、勾调技术以及不同的地理环境，从而形成了中国白酒百花争艳、各有千秋的格局。

第一节　浓香型白酒工艺

浓香型最先称之为泸型，以泸州老窖的特点命名，20 世纪 70~80 年代开始统称为浓香型。浓香型分大曲浓香型和麸曲浓香型两种，又以大曲浓香型最为著名，在我国所有白酒香型酒中浓香型的产量最大。

一、 大曲浓香

浓香型大曲酒是我国珍贵的民族遗产，在世界酒林中独树一帜，以五粮液、泸州老窖为代表的浓香型大曲酒誉满神州，它以“窖香浓郁，甘洌清爽，饮后尤香，回味悠长”的优美风韵而蜚声中外，饮者甚众。据行业统计，我国白酒市场上各种香型的产量所占比例大致为：浓香型占 66%，清香型为 12%（包括小曲清香），兼香型为 7%，酱香型为 5%，米香型为 3%，豉香型为 2%，凤香型为 1%，特型、老白干型为 0.8%，其他香型 2.2%，功能性白酒（含露酒）为 1%。第五届国家评酒会评出的 17 大名白酒中就有 9 个浓香型，且均为大曲浓香（即五粮液、洋河大曲、剑南春、古井贡酒、泸州老窖特曲、全兴大曲、双沟大曲、宋河粮液、沱牌曲酒）。可见该类酒在消费者中的魅力。

业界认为，传统浓香型大曲白酒可分为 3 个流派（也有称为 2 个流派的，即长江流域的川派、江淮流域包括苏鲁皖豫等在内的江淮派——又称黄淮名酒带）。以五粮液、剑南春为代表的浓香五粮型（采取跑窖法工艺），以酒体丰满著称；以泸州老窖、全兴大曲为代表的（单粮）原窖法工艺，其酒体以窖香浓郁著称；以苏、鲁、皖、豫等地区的洋河、双沟、古井为代表的纯浓派（老五甑工艺），酒体以绵软著称。由于其原料、酿酒工艺不同，其风格特点差异较大。为方便起见，本书根据工艺及酒质特点，以 3 个流派划分加以叙述。

浓香型大曲酒的发酵可分三个阶段，即：

主发酵期 →	生酸期 →	香味形成期
淀粉→糖→酒精（边糖化边发酵）；温度缓慢升高，产生 CO_2	生成大量乳酸、乙酸等；品温趋于稳定	酯类生成，尤其是己酸乙酯、乙酸乙酯、乳酸乙酯、丁酸乙酯，以及芳香族化合物产生；品温下降，逐渐趋于稳定

浓香型大曲酒酿造，千百年来，世代相传，积累了丰富的经验，其传统操作有许多独到之处，混蒸续糟发酵、母糟润粮、熟糠拌料、轻撒匀铺、探汽上甑、缓火流酒、大火蒸粮、量质摘酒、高温量水、适当用曲、低温入窖、缓慢发酵、滴窖勤舀、加回减糠、回酒发酵、醇酸酯化、控制窖帽、泥封发酵等都是传世之作，内涵丰富，道理深刻。据李大和介绍，20 世纪 50 年代泸州的写实和 60 年代泸州、五粮液的查定总结，对许多行之有效的传统操作，进行了初步系统的阐述，使这些传统操作在全国得以普及和推广，并加以创新。

（一）传统工艺浅释

1. 混蒸续糟发酵法

固态法白酒酿造分为清蒸和混蒸两种方法。浓香型大曲酒传统采用混蒸续糟法生产（“清蒸清楂”“清蒸混楂”“混蒸混楂”是白酒酿造的3个重要的配料工艺），根据本产品的香型和质量风格特点，选择适合于本产品特点的配料操作方法。

（1）清蒸清楂　它的特点是突出“清”字，一清到底。在操作上要注意楂子清、醅子清，醅子和楂子要严格分开，不能混杂。也就是说，本工艺操作是采取原料清蒸、辅料清蒸、清楂发酵、清蒸流酒，并要求清洁卫生严格，清字到底，主要用于清香型大曲酒（如汾酒）的生产。

（2）清蒸混楂　混楂又称续楂，即粮食与酒醅混合配料，酒醅先蒸酒，后配粮，粮食与配醅混合发酵，叫“清蒸混楂”。本法的优点是，既保持了清香型白酒清香纯正的质量特色，又保持了混楂发酵的清香浓郁、口味醇厚的特点。川法小曲酒和某些清香型大曲酒用此工艺。

（3）混蒸混楂　是将发酵好的酒醅与原粮按比例混合，一边蒸酒，一边蒸粮，出甑后经冷却、加曲、加酒母，混楂发酵。本法有利于提高出酒率。浓香型大曲酒生产采用“混蒸混楂、续糟发酵法”工艺，即取发酵好的酒醅（母糟）与粮粉、稻壳按比例混合，边蒸粮边出酒，出甑后经打量水、摊晾、撒曲后入窖，混楂发酵。因为酒醅连续使用，故又称为“万年糟”，谓之“续糟发酵”。“混蒸混烧”是将原粮粉与酒醅混合，粮粉可从酒醅中吸取水分和有机酸，给蒸粮糊化提供有利条件，混烧可将“饭香”带入酒中，并增加酒的“回甜”。

续糟发酵，即母糟连续循环使用，淀粉多次利用，可提高出酒率；“万年糟”有利于生香前体物质的积聚，对提高酒质作用甚大。

2. 原辅料处理

酿制浓香型大曲酒的原料，必须粉碎。其目的是要增加原料受热面，有利于淀粉颗粒的吸水膨胀、糊化，并增加粮粉与酶的接触面，为糖化发酵创造良好条件。原料颗粒太粗，蒸煮糊化不透，曲子作用不彻底，将许多可利用的淀粉残留在酒糟里，造成出酒率低；原料过细，虽然易蒸熟，但蒸馏时易压汽，酒醅发腻（黏），易起疙瘩，这样就要加大填充料用量，给成品质量带来不良影响。由于浓香型大曲白酒均采用续糟法，母糟都经过多次发酵，因此，原料并不需要粉碎过细。为了增加曲子与粮粉的接触面，曲块要进行粉碎，一般控制曲粉热季适当放粗，冬季适当加细。当然，原料与大曲的粉碎度各厂因原料（单粮与多粮）、工艺，其要求也不尽相同，现以四川某名酒厂为例，其粉碎度见表7-1，供参考。

表7-1　高粱与大曲的粉碎度　单位：%

原料	未通过筛孔（目）						通过120目
	20	40	60	80	100	120	
高粱	35.1	29	14.23	12.33	7.36	1.23	0.75
大曲	51.03	20.6	8.63	5.23	9.23	2.4	2.48

稻壳是酿造浓香型大曲酒的优良填充剂，要求粒粗。但稻壳中含有果胶质和多缩戊糖等，在发酵和蒸煮过程中能生成甲醇、糠醛等有害物质。为了驱除稻壳中的霉味、生糠味及减少上述杂质，各厂都使用熟糠。安徽省濉溪酒厂对不同清蒸时间的稻壳进行了测定，结果见表 7-2。

表 7-2　　稻壳不同清蒸时间的多缩戊糖含量

蒸糠时间/min	0	30	60	90
多缩戊糖含量/%	0.4576	0.1367	0.1137	0.0992

稻壳清蒸一般要求圆汽后蒸 30min，嗅其蒸汽没有怪味、霉味、生糠味后，即可出甑，然后摊开、晾干备用。稻壳清蒸，虽没有很高的技术要求，但有的厂确实太马虎。

（1）只蒸 10 多分钟甚至只有几分钟即出甑，霉味、糠腥味、异杂味未除去。有的厂糠壳保管不善，日晒雨淋，鸟粪鼠屎狼藉，清蒸又不彻底，将异杂味带入酒中。

（2）下班前将稻壳倒入甑内，蒸汽开一点点，让其蒸一夜，稻壳上水、变软，如何有“骨力”[①]？

（3）稻壳不是现蒸现用，蒸后又堆存，再次生霉变味。

3. 开窖鉴定

浓香型大曲酒生产，开窖后在滴窖期间要进行“开窖鉴定”，就是对该窖的母糟、黄浆水，用“一看、二闻（嗅）、三尝”的感官方法进行技术鉴定。以前是老师傅（班头）根据经验自行判断，现在是车间主任、班组长召集当班人员对黄水、母糟，结合化验数据进行开窖鉴定，总结上排配料和入窖条件的优缺点，根据母糟（酒醅）发酵情况和黄水的色、味，确定下排配料和入窖条件。这是四川名酒厂传统采用的方法，对保证酒的产量和质量有十分重要的作用。开窖鉴定过程就像老中医给人看病的过程，先是“摸脉”，即查看当排发酵温度记录，升温快慢，最高温升到多少，升到最高温要几天，温度挺住的天数，窖温下降情况，“窖跌”情况等；然后是看“排泄物”，即看母糟和黄水。最后判断是否有病，有什么病，才能“对症下药”（确定下排配料和入窖条件），并“药到病除”（使母糟保持活力，产质量稳定）。下面将四川某名酒厂对母糟、黄水感官鉴定的方法介绍如下（备注：这是 20 世纪 70 年代以前，浓香型单粮传统手工操作，窖池小，甑容小，发酵周期短——45～60d，制曲温度≤60℃，入、出窖淀粉均较低，单锅单甑燃煤等的经验总结。经传承创新，目前各浓香型白酒厂部分机械化，窖池大，甑容大，发酵周期长——75～120d，制曲温度偏高，出窖淀粉均较高，锅炉集中供汽。操作上有改进、创新。请注意因地制宜，结合下面（五）入窖条件诸要素分析）。

（1）母糟的鉴定

① 母糟疏松泡气，肉头好，有骨力，颗头大，红烧（即呈深猪肝色——浓香单粮的特点，下同）。鼻嗅有酒香和酯香；黄浆水透亮，悬丝长，口尝酸味小，涩味大。这种情况，本排母糟产、质量都较正常。这是因为上排配料恰当，而且入窖条件也较适宜，入

---

① 骨力：传统术语。指发酵后的酒糟内部组织较为紧密，用手捏感觉有力度，即为有“骨力”；反之，内部的组织疏松，受外力作用后，容易改变形状，有时酒糟会显得比较“腻”。在浓香型白酒生产中多用。下同。

窖时做到了“柔熟不腻，疏松不燥”，发酵良好，窖池管理也搞得较好。下排应稳定配料，细致操作，才能保证酒的产量和质量。

② 母糟发酵基本正常，疏松泡气有骨力，呈猪肝色（上层糟呈红褐色、下层糟呈猪肝色），鼻嗅有酒香。黄浆水透明清亮，悬丝长，呈金黄色，口尝有酸涩味。这种情况母糟产的酒，香气较弱，有回味，酒质比前一种情况略差，但出酒率较高。

③ 母糟显粑（软），没有骨力，酒香也差。黄水黏性大，呈色黄中带白，有甜味，酸、涩味少。这种黄水不易滴出。此种母糟因发酵不正常，故酒的产量少，质量也差。这种情况一般发生在冬、春季，有时夏季也会发生。这是由于连续几排的配料中，稻壳用量少，量水多，造成母糟显软，没有骨力。粮糟入窖后不能正常糖化发酵，造成出窖糟残余淀粉高。尤其是黄水中含糊精、淀粉、果胶等物质。使黄水白黏浓酽，不易滴出（不同地域，母糟显粑——也可能其他原因，要结合当地、上下排情况、化验数据综合分析）。解决的办法是，下排加糠减水，使母糟疏松，并注意入窖温度。要通过连续几排的努力，才能使母糟逐步恢复正常。

④ 母糟显糙，没有肉头。这一是上排水多、糊化过度，黄水呈深酱油色，母糟见风变色（转黑）；二是上排用糠量过大，黄水较清，悬头小，酸涩味少。这种情况，出酒率稍高，但酒味较淡，缺乏浓厚感。下排配料应考虑加粮减糠，适当减少量水用量，并注意入窖温度，通过几排“对症下药”，才能使母糟逐步恢复正常。

⑤ 母糟显腻，没有骨力，颗头小。黄水浑浊不清，黏性也大。这是因为连续几排配料不当，糠少水大，造成母糟显腻，残余淀粉较高。下排配料时，可考虑加糠减水，以恢复母糟骨力，使发酵达到正常。

（2）从黄水的味道判断母糟发酵情况

正常的黄水：挂排、透亮，悬丝长（像黄鳝尾巴），口尝酸味小，涩味大，轻微酒香、酯香。此时还原糖 0.5%左右。不正常情况有：

① 黄浆水显酸味：如果黄浆水黑清、显酸味、涩味少，说明上排粮糟入窖温度过高，并受醋酸菌、乳酸菌等产酸菌的感染，抑制了酵母的繁殖活动，因而母糟残余淀粉较高，有的还原糖还未被利用。这种情况，一般出酒率较低，质量也较差。体现出发酵不良、升温幅度不够。

② 黄浆水显甜味：黄浆水较酽，黏性大，以甜味为主，酸涩味不足。这是入窖温度偏低，淀粉糖化良好，但发酵不完全，使一部分可发酵性糖残留在母糟和黄浆水中所致。此外，若粮食糊化不彻底，造成糖化发酵不良，也会使黄浆水带甜味。这种情况，一般出酒率都较低。

③ 黄浆水显苦味：如果黄浆水明显带苦味，说明用曲量太大，而且量水用量不足，造成粮糟入窖后因水分不足而“干烧”，就会使黄浆水带苦味。另外，若窖池管理不善，窖皮裂口，粮糟霉烂，杂菌大量繁殖，也会给黄浆水带来苦味。这种情况，母糟产酒质量低劣，出酒率也低。

④ 黄浆水显馊味：如果黄浆水显馊味，一是说明酿酒车间清洁卫生太差，连续把晾堂上残余的粮糟扫入窖内。二是有的车间用冷水冲洗晾堂后，把残留的粮糟也扫入窖内，造成杂菌大量感染，也会引起馊味。三是润粮时间过长、堆积过长，在晾堂就会出现馊味。此外，若量水温度过低（冷水尤甚），水分不能被淀粉颗粒充分吸收，引起发酵不

良，也是一个重要的原因。这种母糟产的酒，质量甚差。

⑤ 黄浆水显涩味：母糟发酵正常的黄浆水，应以涩味为主，酸味适中，不带甜味。这是上排粮糟配料比例适宜、操作细致、糖化发酵好的标志。这种母糟产酒质量好，出酒率高。

在开窖鉴定中，用嗅觉和味觉器官来分辨母糟和黄浆水的气味，从而分析判断发酵优劣，用以指导生产，是一个快速、简便而有效的方法，在生产实践中起着重要的作用。各厂因地理位置、气候条件、原料配比、操作工艺不尽相同，对母糟、黄浆水的感官鉴别指标应有差异，要善于观察、总结，积累经验，才能准确判断，"对症下药"。

4. 配料

酿造浓香型大曲酒的主要原料是高粱、小麦、大米、糯米、大麦、玉米、豌豆等。制曲原料均以小麦为主，也有添加部分大麦、豌豆的。因制曲原料、微生物区系、菌落中微生物数量和种类及其比例不同，加之操作工艺的差异，以致对酒的风格的影响不容忽视。酿酒原料配比，自古以来就分为两种，一种是用纯高粱（最好是糯高粱），现习惯称之为"单粮型"；另一种是以适当配比，传统为"杂粮"酒，现习惯称之为"多粮型"。"单粮型"和"多粮型"因原料及配比上的显著不同，必然造成酒质和风格上的差异。

为了发挥各种酿酒原料的优势，"五粮液""剑南春""诗仙太白酒"等传统都用多粮酿制，其配比见表 7-3。

表 7-3 "多粮"酿酒原料配比 单位:%

酒名	高粱	大米	糯米	小麦	玉米	荞麦
五粮液	36	22	18	16	8	—
剑南春	40	20	20	15	5	—
诗仙太白酒	50	15	15	—	10	10

虽然都采用"多粮"酿造，但因配比、地域、微生物区系、操作工艺、勾调技术等的差异，各酒厂又具自己独特的风格。

5. 润料、拌和

浓香型大曲酒采用混蒸续糟发酵法酿制。在蒸酒蒸粮前，用钉耙在堆糟坝挖出约够一甑的母糟，或从窖内取出约够一甑的母糟，堆于靠近甑边的晾堂上，倒入粮粉，随即拌和两次。要求拌散、和匀，消灭疙瘩、灰包。和毕，撒上已过秤的熟糠，将糟子盖好。此一操作、堆积过程称为"润料"。上甑前 10~15min 进行第二次拌和，把稻壳、粮粉、母糟三者拌匀，收堆，准备上甑。润料是使粮粉从母糟中吸取水分和有机酸，以利糊化。各厂因工艺操作不尽相同，润料时间也长短不一。1965 年在轻工业部项目"泸州老窖大曲酒微生物性状、生化活动及原有工艺的总结与提高"的研究中，对润料时间的长短与糊化率的关系，进行了系统的测定。

通过该项目的研究表明：润料时间越长，糊化率越高。润料 40min 和 50min 均比不润料的糊化率高 1%~3%。润料 40min 和 50min 的糊化率基本一致。在固定上甑人、粮粉、酒醅、稻壳比例和固定蒸粮时间的条件下，上甑时间越长，糊化率越高。

总之，润料时间越长，糊化率越高。但在实际操作中润料时间不可能太长，一般以润料40~50min为宜。在“润料”操作中有时存在以下问题：

（1）润料时，将母糟、淀粉、稻壳同时拌和，有些粮粉进入稻壳内，不能直接从母糟中吸取水分和酸，这些干粉不易蒸熟。

（2）润料时间过长，有些一上班就起糟拌粮上甑，头一甑没有润料，影响糊化，常发现“生心”；而另外几甑也开始润料，在晾堂堆积时间长达5~6h，粮粉吸足水分和酸，并变软，甚至“发倒烧”，蒸酒蒸粮后，增加黏性，采用多粮尤甚，只好加大糠壳用量，增加了酒中的异杂味。

注：目前工业化生产的大曲，其糖化力、发酵力不比以前；工艺上采用多种粮食，锅炉集中供气等诸因素，润料时间一般在1.5~2h，请注意。

（3）加水润粮　有些厂沿用生产大路货白酒操作方法，加水润料，每天下班时将第二天要用的粮粉加水（有的还用温水）润粮。加水润粮对酒质影响更大，其一，加水润粮后再与母糟、糠壳拌和上甑蒸馏，使淀粉的糊化度不够，同时降低了母糟中酒精含量，不利于己酸乙酯及其他香味物质的提取；其二，加水润粮时间长达10多个小时，粮粉吸足水分变软，酒醅黏度增加（或称发腻），势必增加辅料（填充料）用量，酒质下降，发酵升温猛，又影响下排酒质，造成“恶性循环”；其三，遇上热天，气温高，润粮过夜，粮粉变馊带酸味，异杂味全部带入酒中，酒的味道可想而知。在配料润粮时会遇到部分出窖母糟由于上排操作和配料上的原因，使粮糟发酵不良，母糟保不住水分而出现干、糙，没有足够的水分润粮，若遇到这种情况，可考虑采取下述技术措施：

① 黄水润粮：在入窖糟酸度不超过2.0的前提下，可缩短这种母糟的滴窖时间，以增加母糟含水量，并可用本窖黄水泼在母糟上，拌和均匀，随即倒入粮粉，翻拌均匀后收堆润粮（如果发酵期要延长，不建议使用黄水润粮）。

② 酒尾润粮：视母糟干燥程度，采用二道酒尾水15~20kg，均匀泼洒在粮糟上，翻拌后润粮。酒尾中也可适当加入黄水，以提高母糟酸度。

③ 打烟水：在抬盘出甑时若发现由于粮粉没有润好而糊化不完全时，可在出甑前10min将80℃以上的热水20~30kg泼于甑桶内的粮糟上，这就是打烟水。然后翻拌一次，盖上云盘（甑盖），再蒸一段时间。出甑后打量水时，扣除打烟水重量（注意：以前单锅单甑燃煤和现在锅炉集中供汽，操作不一样，慎重使用打烟水）。

6. 蒸馏操作

“生香靠发酵，提香靠蒸馏”，因此，认真细致的蒸馏操作是丰产又丰收的关键。酒醅蒸馏主要是提取酒精及香味物质，并蒸入一定量的水，也混入一些微量物质。另外，从气相排出一些低沸点杂质，如二氧化碳、乙醛、硫化氢、游离氨等。在分离的同时，对酒精及香味成分起到了浓缩作用。将酒醅中4%~6%的酒精浓缩到50%~70%，其他香味物质也增加了浓度，从而使白酒保持应有的酒精量并具有特殊的芳香。蒸馏操作的要求：拌料均匀，轻撒匀铺，探汽上甑，边高中低，缓火蒸酒，大火蒸粮。蒸馏操作好的，可将酒醅中80%的香味物质转移到酒中；蒸酒操作粗糙，酒和芳香成分的提取损失就大，严重时损失近一半。

（1）蒸馏时糟醅的含水量　若出窖糟醅的含水量为61%，通过加粮润料，糟醅、粮粉、糠壳混合后，水分若减少10%，即上甑糟醅的水分只有51%左右，这种情况有利于酒精、己酸乙酯和其他香味成分的提取；若滴窖不净或入窖量水用量过多，上甑糟醅水分超过 51%，己酸乙酯的提取量减少 10%~20%，酒精的提取也受影响，不但造成酒中己酸乙酯含量下降，而且乳酸乙酯含量增加，从而造成己、乳比例失调，影响酒质。

（2）上甑技巧　上甑技巧非常重要，凡严格按工艺操作上甑的，可以多出酒，降低粮耗，而且酒质好。20 世纪 60 年代在泸州酒厂顶丰恒小组查定，测定蒸馏效率，取同一窖上、中、下层均匀的母糟，称重，拌入粮粉润料，盖上糠壳，上甑前拌匀，取样测定含酒量。同样的糟醅，同样的粮、糟、糠比，不同的人上甑、烧火、接酒，结果老师傅上甑，认真细致、轻撒匀铺，“回马上甑”，火力也控制得好，比一般师傅每甑多出 3~4kg 酒，酒质也高一个等级（即老师傅接的是头曲，一般师傅接的是二曲）。可见上甑技巧的重要性。可是，有些厂是两三个人用铲子一起上甑。轻一铲重一铲，糟子在甑内呈“鸡屎堆”，一些地方已经穿汽，另一些地方还是冷的，穿汽不匀，造成“夹花流酒”，接出来的酒高达 70%vol，酒中仍带“尾子味”，对酒质造成严重影响。

（3）上平甑还是上“窝窝甑”（即边高中低）　大曲酒蒸馏的酒甑都呈“花盆状”，即上大下小，这主要是考虑酒醅在甑桶蒸馏时，蒸汽的纵向扩散作用（包括涡流扩散和纵向分子扩散）和边界效应的关系，酒糟颗粒与甑桶黏着力小于酒糟颗粒本身的黏着力，因此阻力也小，蒸汽易沿甑边上升。若上平甑，甑边上汽较快，甑心上汽较慢，造成来汽不匀；上凹甑（即边高中低）则可克服蒸汽的纵向扩散和边界效应，做到上汽均匀。所以一般控制甑边的酒醅比中间高出 2~4cm，并适当压边。

（4）上甑时间　上甑时间与上甑时火力或蒸汽大小密切相关。大曲酒中的芳香成分十分复杂，有数百种之多，其沸点悬殊，低的只有几十摄氏度，高的近 300℃。在甑桶中各种物质相互混溶在一起，沸点也发生变化。形成特有的蒸发系数，各种香味成分相伴馏出。如果缓慢蒸馏，酒精在甑桶内最大限度地浓缩，并有较长的保留时间，其中溶解的香味成分就增多。反之，大汽快蒸，上甑时间短，酒精快速流出，酒醅中即使高产己酸乙酯及其他香味物质也难丰收于酒中。实践证明，上甑时间（甑容为 1.5m^3左右）35~40min，比上甑时间 20min 或 50min 以上的己酸乙酯高 20%左右。而且大火快蒸，因酒精浓度迅速下降，乳酸乙酯却大量馏出，使香味成分失调，酒质下降。

7. 量质摘酒

大曲酒蒸馏是采用混蒸间歇式蒸馏。在蒸馏过程中，酒精浓度不断变化，馏出的酒其酒精度随着酒糟中酒精成分的减少而不断降低。但是温度不断上升，而使酒内挥发性有机酸的浓度不断增加，一些高沸点物质也不断增多。通过对蒸馏过程中不同馏分的微量成分的测定，可以了解酒中微量成分在整个蒸馏过程中的变化。20 世纪 80 年代初，四川省食品发酵工业研究设计院在“泸州大曲酒微量成分与风味关系的探讨”项目研究中，对泸州老窖和五粮液不同馏分进行了系统的色谱检测。不同馏分微量组分的变化见表 7-4。

表 7-4　不同馏分微量组分的变化　单位：mg/100mL

成分	泸州酒厂			五粮液酒厂			含量变化
	酒头	中段	酒尾	酒头	中段	酒尾	
己酸乙酯	567	334	190	574	325	76	↘

续表

成分	泸州酒厂			五粮液酒厂			含量变化
	酒头	中段	酒尾	酒头	中段	酒尾	
乳酸乙酯	132	253	353	134	262	397	↗
乙酸乙酯	625	195	45	610	285	30	↘
丁酸乙酯	97	40	14	26	11	11	↘
棕榈酸乙酯	37.6	5.4	3.4	24.5	14.5	4.3	↘
油酸乙酯	19.5	6.11	2.7	12.6	5.1	1.6	↘
亚油酸乙酯	26.3	7.2	3.4	11.9	5.0	4.0	↘
戊酸乙酯	24	12	5	16	9	2	↘
乙酸	36.7	51.5	60.05	50.8	55.1	59.0	↗
丙酸	0.6	0.9	1.2	1.2	1.6	2.4	↗
正丁酸	9.9	16.8	24.2	8.6	16.6	25.8	↗
乳酸	17.9	17.4	3.01	21.5	44.6	22.2	↘
己酸	18.6	31.4	49.5	31.8	69.1	28.9	↗
庚酸	0.3	0.4	0.5	0.2	0.4	0.5	↗
壬酸	0.04	0.03	0.04	0.02	0.02	0.02	→
棕榈酸	16.8	0.90	0.32	3.1	1.54	0.03	↘
亚油酸	15.3	0.70	0.20	2.9	1.2	0.04	↘
油酸	15.3	0.70	0.20	2.9	1.2	0.04	↘
甲醇	18.6	15.9	19.5	5.4	7.3	8.4	↗
正丙醇	25.7	19.8	15.3	21.7	16.2	4.4	↘
异戊醇	47.0	37.4	27.0	75.1	51.9	12.9	↘
2，3-丁二醇	3.89	2.01	2.82	4.2	2.6	0.61	↘
β-苯乙醇	0.23	0.15	0.38	0.18	0.41	1.52	↗
乙醛	130.2	50.1	14.9	166.8	42.5	9.6	↘
乙缩醛	318.4	111.7	25.5	149.9	12.7	13.2	↘
双乙酰	19.9	7.5	4.0	25.9	5.8	2.4	↘
醋鎓	4.6	3.8	2.6	3.7	—	—	↘
糠醛	0.98	1.50	2.49	0.89	2.98	11.2	↗

从检测结果可以看出，酒头中含有大量的酯、酸、甲醇、醛和较高的酒精分及杂醇油等物质，形成较浓的酯香味，以致刺鼻，且味杂、糙辣。因此，大曲酒蒸馏时，一般摘酒头0.5kg左右。因酒头中芳香成分多，可选择优者经贮存作调味酒之用。大曲酒中芳香成分众多，既有色谱骨架成分，又有复杂成分，其沸点相差极为悬殊。例如，甲醛20℃，乙醛21℃，甲醇64.7℃，甲酸100.7℃，乙醇18.30℃，乳酸乙酯118.13℃，乙酸

乙酯 77℃，已酸乙酯 167℃，而甘油却为 290℃。尽管如此，甑内气相温度在 95℃以下（实测数据）时，各物质组分均可按定比关系蒸出，在甑桶中各种物质相互溶混在一起，其沸点必然发生变化，形成特有的蒸发系数。例如，乙酸乙酯和己酸乙酯都溶于酒精蒸气中，它们的馏出量与酒精浓度成正比，如果“缓火蒸馏”，使酒精在甑内最大限度地浓缩，并有较长的保留时间，其中溶解的上述酯类就增高。反之，大汽快蒸，酒精快速流出，酒醅中虽高产已酸乙酯，但却不能丰收于酒中。乳酸乙酯和甘油等易溶于水蒸气中，酒精浓度较高，它们馏出量较少，酒精度降低，它们则大量馏出。有的曲酒糟味较重，后味很涩，这除了其他物质平衡失调以外，主要是双乙酰和乳酸乙酯含量过高。

量质摘酒，就是根据不同馏分微量成分含量的差异，用感官品评进行鉴定，根据酒质不同来分段接酒。通过认真地上甑操作和流酒过程中细致地品评，上层糟有时也会摘到优质的“合格酒”。量质摘酒要求管甑人有较熟练的品评技术，并对流酒过程酒质的变化有较深的实践，需要不断总结，仔细分析，积累经验，才能得心应手。但多数情况下，一般还是“看花摘酒”。

8. 缓火蒸酒、大火蒸粮

“缓火蒸酒，大火蒸粮”是传统操作中蒸馏工序的经验总结。“缓火蒸酒”的科学含义前已述及，不再重复。“大火蒸粮”是指蒸煮糊化。

（1）蒸煮的作用　蒸煮的作用是利用高温使淀粉颗粒吸水、膨胀、破裂，给大曲的糖化发酵作用创造条件。蒸煮还能把原料上附着的野生菌杀死，并驱除不良气味。浓香型大曲白酒系用混蒸法，即蒸酒蒸粮同时进行，因此，蒸煮（馏）除起上述作用外，还可使熟粮中的“饭香”带入酒中，形成特有的风格。淀粉是一种亲水胶体，吸收水分后能发生膨化现象，这是由于水分渗入淀粉颗粒内部，使淀粉的巨大分子链扩张，因而体积膨大，质量增加，随着温度的升高而继续膨化。在一定范围内，当淀粉颗粒的体积已增加到 50~100 倍时，各巨大分子间的联系削弱，从而导致淀粉颗粒的解体，此现象称为淀粉糊化。在糊化时，淀粉结晶体的构造仅部分破坏，本来排列整齐的淀粉层变化成错综复杂的网状结构，这种网状结构是由巨大分子的胶淀粉的支链相互联系的。随着温度的继续升高，此种网状结构可断裂成更小的片段。

（2）影响糊化的因素　原料糊化的好坏与产品质量和出酒率有密切关系。影响糊化的因素很多，操作时要特别注意。

① 原料粉碎度：酿造大曲酒的原料大多先经过粉碎，粉碎过粗或过细都不利于糊化和发酵。但浓香型大曲白酒的酒醅都经过多次发酵（续糟发酵），原料并不需要过细。

② 出窖糟的水分和酸度：粮粉在蒸煮前先经过润料，有利于糊化。出窖酒醅中水分越大，酸度越高，粮粉吸收更加容易；母糟干燥则粮粉吸水困难。

③ 润料时间长短：淀粉在润料时吸取了酒醅中的水分，颗粒略有膨胀，为糊化提供良好条件，同时淀粉在酸性介质中比中性或碱性介质中容易糊化。润料时间越长，粮粉吸水越多，对糊化越有利。

④ 粮粉、酒醅、稻壳的比例：三者适当地混合，可为蒸煮糊化创造有利条件。粮粉与酒醅配比大，吸水和酸的机会增多，适当地配以稻壳，可使穿汽均匀。

⑤ 上甑速度和疏松程度：上甑太快，来汽不均，粮粉预煮时间减少，影响糊化；太慢又会跑汽，影响产酒。上甑要求轻撒匀铺，探汽上甑，边高中低。

⑥ 底锅水量和火力大小：底锅水量的多少，直接影响蒸汽上升量，火力大小（或蒸汽的压力高低）也影响蒸汽的上升速度。蒸汽的上升速度及数量都是影响糊化的重要因素。

⑦ 蒸煮时间的长短：在蒸煮（馏）过程中，前期（初馏阶段）甑内酒精浓度高，而甑内温度较低，一般只有 95~100℃。到后来，随着流酒时间的增长，酒精浓度逐渐降低，这时甑内温度达到 102℃（吊尾阶段），可使糊化作用加剧，并将部分杂质排出。因此，摘酒完毕，加大火力既可“追酒”较完全，也可加速糊化。有的厂不规定具体的蒸煮时间，只是吊尾完即终止。蒸煮时间短，起不到应有的作用，造成出酒率低，尤其对发酵期短的影响更甚。但蒸煮过度，酒醅发黏、显腻，给操作和糖化发酵带来恶果。

总之，影响糊化的因素很多。直到现在，对大曲酒蒸煮糊化质量的检验尚无一套合理、准确的方法。一般根据传统操作的经验，做到“熟而不黏，内无生心”就可以了。

9. 打量水

“打量水”是浓香型大曲白酒酿造中的重要操作。粮糟经蒸酒蒸粮过程虽然吸收了一定的水分，但尚不能达到入窖最适水分，因此必须进行打量水操作，以增加其水分含量，有利于正常发酵。量水温度要求不低于 80℃（目前多使用沸点量水，海拔高的地区更应注意），才能使水中杂菌钝化，同时促进淀粉细胞粒迅速吸收水分，使其进一步糊化。所以，量水温度越高越好。量水的用量视季节不同而异。一般出甑粮糟的含水量为 50%左右，打量水后，入窖粮糟的含水量应在 53%左右（扣除摊晾撒曲水分损失）。老酒师的经验是夏季多点，冬季少点。一般每 100kg 粮粉打量水 80~90kg（各厂不一），便可达到粮糟入窖水分的要求。量水用量要根据温度、窖池、酒醅的具体情况，灵活掌握。若量水用量不足，发酵不良；用量过大，酒味淡薄。量水用量是指全窖平均数，有的厂是打平水，即上下一样；有的是底层较少，逐层增加，上层最多，即所谓“梯梯水”。这种打法有调节上下水分均衡的作用。打量水操作并不复杂，只要在出甑粮糟上均匀泼入 80℃以上的热水便可。但操作中容易存在一些问题。

（1）量水温度不够或使用冷水　有的厂对量水温度要求不严格，只要是热水，哪怕只有 40~50℃，就往粮糟里泼，北方不少厂就用冷水，其理由是北方天气寒冷，水温低，杂菌少，泼入粮糟后可缩短摊晾时间。须知出甑粮糟温度甚高，若即泼入冷水或温热水，膨胀的淀粉颗粒迅速收缩，水分附在表面，发酵期间这些水很快下沉，造成上、中层酒醅缺水发酵，酒醅发干，造成发酵不正常。

（2）在甑内打量水　为了减少工作量，很多酒厂直接在甑内打量水，除不够均匀外，更重要的是增加淀粉的流失。现在许多酒厂使用的是金属甑篦，上面布满圆孔，粮糟易往底锅里掉，要出甑的粮糟经水一泼，有的甚至用水管往里冲水，增加了粮糟中淀粉的流失。笔者曾在某名酒厂实地观察，发现每甑由甑篦掉入底锅的粮糟多达 8~10kg，有的还超过此数。若粮糟中含淀粉 20%，每窖以 10 甑粮糟计，则损失淀粉 16~20kg，折合成原料为 24.61~30.77kg（原料淀粉以 65%计），若一个窖每年周转 6 次（发酵期以 60d 计，很多厂发酵期只有 40d 左右，此数就更大），则每个窖由此造成的原料损失为 184.62kg，若全厂 1000 个窖池，则原粮损失达 184.62t，这个数目相当可观，若原粮以每吨 3800 元计（若用多粮工艺，还要高），则损失 70.16 万元。

10. 入窖发酵条件

（1）入窖温度　入窖温度，如四川传统操作都以地温为标准，但地温的高低又随气温的变化而异。所谓地温系指靠近窖池阴凉干燥的地面温度。由于地温与窖池温度接近，比较稳定，当粮糟入窖后，其温度基本上与窖池温度接近，因此便于掌握，而气温则差异较大。泸州传统的入窖温度是“热平地温冷 13℃”。也就是控制较低的温度入窖发酵，控制“低温缓慢发酵”，做到“前缓、中挺、后缓落”。但热季因气温较高，无法做到低温入窖发酵，只能尽量做到平地温入窖。那么，控制低温缓慢发酵有什么好处呢？

① 有利于醇甜物质的形成：发酵温度的高低与酵母及其他微生物在窖内的繁殖情况有着密切的关系。在发酵时，酵母菌在生成酒精的同时，能产生一些以甘油为主的多元醇。多元醇生成量的多少与菌种、菌数及原料等有关，也与发酵速度、酒精成分密切相关。大曲和酒醅中的野生酵母，以及生产场地、用具上的野生耐高渗压酵母等菌类，在适宜条件下能产生较多的甘油和少量的阿拉伯醇等多元醇，这是酒内醇甜成分的一个重要来源。但它们产生这类物质与酒醅的含磷量有一定关系。浓香型大曲的酒醅中，含磷量为 1%~2%，只能适应这类酵母产生多元醇之需。当发酵温度较低，发酵缓慢，窖内含氧逐渐减少时，磷氧比是缓慢增大的，这时有利于多元醇的生成。若温度高，发酵速度快，糟内含氧量迅速减少，多元醇的产量也就大大地减少了。

在固态发酵中，甘油及其他多元醇的生成是很缓慢的，在酵母活动的末期产生较多。如果入窖温度高，发酵升温猛，酵母早衰，产生这类物质就少。正是由于醇甜物质生成缓慢，所以一般认为发酵期长些较好，但也不能认为发酵期越长越好，应该说是在一定范围内发酵期适当长些，醇甜物质就会多些，酒质也就更好。

酒中甜味物质还有如 α-联酮、2，3-丁二醇等，这些物质可以互相转化。在固态发酵中，它们是酵母和细菌活动的副产物。当工艺条件适宜，酒醅成分合理并相对稳定，发酵缓慢时，就有利于这类物质的形成。

② 有利于控酸产酯：生产实践证明，凡是低温缓慢发酵的，升温幅度小，产酒正常。据泸州查定，发酵时间与酸度等一系列指标变化见表 7-5。

表 7-5　　发酵时间与酸度等一系列指标变化

项目 天数	水分/%	淀粉/%	还原糖/%	酸度	pH	含酒量/%vol	活酵母数/×10^6
入窖	54.3	16.15	—	1.9	3.8	—	47.5
封窖	55.4	14.89	1.49	2.0	3.8	0.40	45.0
1	55.6	14.86	2.82	2.0	3.8	1.07	54.0
3	59.9	10.33	0.68	2.2	3.8	3.74	54.5
5	61.0	9.28	0.52	2.2	3.8	4.10	68.5
8	61.0	8.61	0.36	2.2	3.8	4.76	72.0
15	62.5	7.57	0.42	2.4	3.7	4.62	63.5
20	64.1	7.05	0.24	2.6	3.7	4.61	63.0
30	64.1	6.90	0.24	2.9	3.6	4.65	60.0
40	64.1	6.62	0.22	3.2	3.4	6.44	57.0

封窖至第8天，含酒量达最高峰，窖内温度也升至最高点，主发酵基本结束，这时酸度为2.2。升酸幅度仅为总升酸量的40%以下。低温缓慢发酵，就能在发酵的大部分过程中保持高酒精度和适当的酸度。这样不仅有利于本排和下排的正常发酵，而且对产生浓香型曲酒主体香酯有一定的影响。

研究认为，己酸乙酯形成的过程在窖内进行是比较缓慢的。如果发酵速度过快，窖内迅速升温，酸度也很快上升，这样就很可能出现酒量少而酸高的现象，这时乙酸乙酯的形成大幅度地增加，于是在窖的上层会出现酸和乙酸乙酯的量大于乙醇的情况。这样，产酯反应往往趋向于到丁酸乙酯为止。

$$CH_3COOC_2H_5+C_2H_5OH \rightarrow CH_3(CH_2)_2COOC_2H_5+H_2O$$

只有当乙醇量大于乙酸乙酯时，反应才会继续到生成己酸乙酯：

$$CH_3(CH_2)_2COOC_2H_5+C_2H_5OH \rightarrow CH_3(CH_2)_4COOC_2H_5+H_2O$$

夏季入窖温度高，发酵升温快，酸度也高，会造成乙酸乙酯含量大于乙醇，酒的香味往往不如冬季的浓。

③ 有利于控制高级醇的形成：任何种类的酒，在发酵过程中都会生成不同量的高级醇。高级醇是由原料中的蛋白质或酵母细胞中的蛋白质水解为氨基酸，酵母利用了这些氨基酸（如亮氨酸、异亮氨酸）中的氨，并经脱羧后生成。可见，酒中高级醇的量与原料中蛋白质含量、酵母及其他微生物性状和数量有关。在相同条件下，发酵温度和速度对高级醇的生成量有较大的影响。若发酵温度高，发酵速度快，酵母在恶劣条件下，其代谢产物的高级醇量会增加，在酵母早衰的末期，高级醇会较大幅度地增长。若前火猛，发酵不正常，在缺氧条件下，一部分蛋白质被微生物分解产生甲硫醇、硫化氢等物质，使酒味冲辣带臭。

从气相色谱分析结果可知，浓香型大曲酒的醇酯比（高级醇与总酯的比值）是所有白酒中较低的一种，一般醇酯比为1：6以上。高级醇含量过多，会使酒苦、涩、辣味增大。以江苏洋河酒厂为例，优质洋河大曲酒和普通洋河大曲酒所用原料和大曲配方都相同，总的生产工艺也大体类似。前者发酵比后者长1个月，优质酒的高级醇不超过0.07g/100mL，而普通酒的高级醇却达到0.1~0.14g/100mL。优质酒的醇酯比为1：8，普通酒的醇酯比为1：2.5左右。其原因除与大曲有关（优质酒用中偏高温曲，普通酒用中温曲）外，更重要的是优质酒的发酵温度一般都比普通酒低4~8℃，前者发酵速度慢于后者（前发酵期分别为15d和6~8d）。由此可见，发酵温度和速度对高级醇的影响更甚于发酵期延长等因素。所以，低温缓慢发酵对控制高级醇生成量，使之不致过多，以便合理地缩小醇酯比是有效的。

④ 有利于加速新窖老熟：保证老窖酒质稳定、提高人工老窖的成香效果除了取决于窖泥中己酸菌的数量和性状外，还取决于细菌繁殖活动的环境是否适宜和营养是否充足。后两个方面主要是靠发酵来满足。除了在培养窖泥时要保证质量外，还要在搭窖后给以适宜的条件，才能加速新窖老熟，并且稳定提高。窖泥内的己酸菌等功能菌，在大曲酒发酵这一特定环境下，活动比较缓慢，低温缓慢发酵是与此相适应的，如发酵速度过猛，则升酸快，己酸菌等繁殖受抑制，活动减弱，窖泥逐渐板结。实践证明，低温缓慢发酵

能促使泥窖成香，相应地酒质也会逐渐提高。

⑤ 控制缓慢发酵适温入窖。缓慢发酵是老酒师们长期实践经验的积累，如何才能控制缓慢发酵可从下述几方面来考虑。

a. 适当提高制曲温度，使用偏高温曲；把曲子的粉碎度适当放粗，并合理控制用曲量。在正常情况下，使用偏高温曲比使用中温曲的发酵速度慢 1~2 倍以上。

b. 量水要用高温，一般在 80℃以上，越高越好。

c. 使用适量的填充料。在保证粮糟疏松的前提下，尽量减少填充料用量，不使淀粉颗粒之间含水量和含氧量过多。同时，适当踩窖，排出多余空气也是控制缓慢发酵的有效措施。

d. 控制酸度。入窖酸度 1. 2~1. 7（各地略有差异）有利于发酵。酸度高，发酵困难；太低往往发酵又较快。

e. 适当控制入窖粮糟淀粉含量，尤其在夏季更应严格控制。

f. 回酒发酵。在入窖粮糟中适当泼入少量低度酒（酒精含量 20%vol），不仅可以缓和发酵，而且可以提高酒质。

关于入窖温度与酒质的关系，20 世纪 80 年代以后也有不同论点。有人认为入窖温度适当提高，已酸乙酯生成量增加；相反，入窖温度低，已酸乙酯生成量少。例如，冬天入窖温度为 13~15℃，出酒率高，酒质醇和、绵甜，但浓香较差，即杂质生成少，已酸乙酯也少；而夏季入窖温度在 25℃以上，出酒率低，酒质浓香味杂，即已酸乙酯生成量虽然有提高，但杂质生成量也随之增加。有人曾做过生产试验，结果是 13~15℃入窖比 25℃以上入窖的已酸乙酯生成量减少 20%~30%。因此，认为 18~20℃入窖，既能保证出酒率，又能使酒质浓而不杂。所以后来发展成“热平地温冷 17℃”。当然，浓香型大曲酒的质量，不能只强调已酸乙酯的含量，而是要看其他微量成分（特别是复杂成分）的量比关系。

（2）入窖酸度　在发酵过程中，除生成酒精外，也产生许多副产物，有机酸是其中之一，促使淀粉糖化，由糖变酒的必然产物。乳酸菌消耗糖产生乳酸，醋酸菌消耗酒产生醋酸，其反应如下：

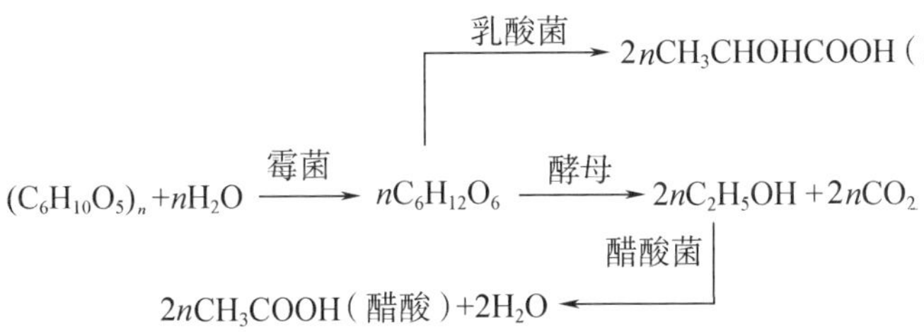

入窖酸度，历来是酒师十分重视的条件，过去没有化验，全靠酒师“一看、二闻（嗅）、三尝”，来判断母糟的酸度。入窖酸度的高低，直接影响糖化、发酵的速度和酶活性，所以发酵的酸度过高或过低均不适宜。适当的酸度，不仅有利于蒸煮糊化，而且有利于糖化和发酵。低温缓慢发酵，前发酵期长，升温缓慢，有益微生物生长旺盛，可抑制有害微生物的生酸作用，因而出窖酸度增加不多，给下排入窖的酸度创造良好条件。据四川某名酒厂的传统经验，生产上一般入窖酸度在 1. 7 以下时，出窖酸度在 2. 5 左右；

入窖酸度在 1.8~2.0 时，出窖酸度在 3.0 左右；若入窖酸度在 2.0 以上时，则出窖酸度在 3.0 以上。夏季入窖温度高，升温猛，窖内温度很快就超过酵母最适温度（28~32℃），使它们活力下降，不能充分利用淀粉，剩余的糖分被乳酸菌所利用而生酸，导致出窖酸度高，这是夏季“倒窖”（掉排）的原因之一。20 世纪 60 年代，泸州查定证实，入窖温度、酸度和粮耗有密切关系（表 7-6）。

表 7-6　入窖温度、酸度与出窖酸度和粮耗的关系

入窖温度/℃	入窖酸度	出窖酸度	粮耗/kg	原料出酒率/%
13~14.5	1.7	2.7	188.8	52.97
16.5~17.5	1.8	3.1	200.3	49.93
22.5~23.5	2.2	3.3	216.3	46.23
27	2.3	3.5	221.9	45.07

窖内发酵糟酸度增高的原因，有以下几方面。

① 入窖温度、酸度、淀粉含量高，发酵升温快，是生酸菌最适环境，使之繁殖加快。

② 稻壳用量过多，窖内糟子疏松，空气较多，微生物繁殖迅速，而发酵升温快，这不仅会使酵母过早衰老，而且也促使杂菌繁殖生酸。

③ 摊晾时间过长，感染空气及场地中的杂菌多。

④ 滴窖时间短或滴窖不勤舀，造成酒醅中黄浆水多，酸度必然增高。

⑤ 窖皮管理不严格而裂口，杂菌大量侵入。

⑥ 环境和工具卫生工作不彻底。

根据上述原因，制定相应的措施，是降低母糟酸度的有效办法。在适宜的入窖酸度范围内，酸度低的生成己酸乙酯少，酸度大的生成己酸乙酯多。入窖酸度在 1.8 左右比入窖酸度在 1.0 左右增加己酸乙酯含量 30~50mg/100mL。所以，控制适宜的入窖酸度是提高己酸乙酯和降低粮耗的较好措施。

（3）入窖水分　水是窖内一切生化变化的重要物质，但过多或过少均不适宜。有经验的酒师用手抓一把糟子，稍用力一捏，就知道母糟中水分的多少，准确度还颇高。据生产实践，若水分过大，糖化发酵快，升温猛，母糟酸度大；水分过低，酒醅发干或起坨坨，窖内黄浆水少，也不能正常发酵。入窖水分小的己酸乙酯生成量多，入窖水分大的己酸乙酯生成量少，水分适当可增加己酸乙酯含量 10~30mg/100mL。根据泸州的经验，较适宜的入窖水分为 53%~54%，若入窖水分增大到 56%以上，己酸乙酯的生成量也随之受到影响，以致酒味较淡。除了入窖水分外，量水的成分也与酒质有关，有些研究尚在进行中。

（4）入窖淀粉　淀粉在发酵过程中，除大部分变成酒精外，还产生 CO_2 和少量的酸、酯、醛、醇、酮等物质。此外，还供给微生物生长的需要。适当控制淀粉含量，与产质量的提高有密切关系（表 7-7）。

入窖淀粉含量应随季节不同而增减。冬季气温低，入窖温度低，淀粉含量可高达 18%~22%；夏季气温高，入窖温度也高，淀粉宜降到 14%~16%。据四川名酒厂的经验，在一定范围内，淀粉含量高，生成的己酸乙酯多。入窖淀粉 18%~22%的比入窖淀粉 15%

左右的可增加己酸乙酯含量 10~30mg/100mL。故应根据出窖酒醅淀粉含量来决定粮糟比。四川某名酒厂各季入窖条件和原料配比见表 7-8，供参考。

表 7-7　　入窖淀粉含量与粮耗的关系

项目	1 次		2 次	
每甑投粮量/kg	120	130	110	120
入窖温度/℃	22.5	22	23	23
入窖淀粉/%	16.32	17.62	15.29	16.46
用曲量/%	19.23	20	19.13	19.58
发酵最高温度/℃	35	38	35.5	38
升温幅度/℃	12.5	16	12.5	15.5
出窖淀粉量/%	8.06	8.70	8.07	9.86
粮耗/（kg/100kg 酒）	216.30	226.11	238.88	244.89

表 7-8　　各个季节入窖条件和原料配比

项目	旺季（12~5 月）	平季（6 月，10 月和 11 月）	淡季（7~9 月）
地温/℃	≤20	20~25	≥26
糠壳用量/%	20~22	19~21	17~19
量水用量/%	60~65	65~70	65~75
母糟用量/%	480	560	580
入窖温度/℃	13 或高于地温 1~2	平或高于地温 1	平或低于地温 1
入窖酸度	1.0~1.4	1.3~1.6	1.5~1.8
入窖淀粉/%	16~17	15~17	15~16
入窖水分/%	53~54	56	54~55
出窖酸度	2.5~2.8	2.6~3.0	3.0~3.2
出窖淀粉/%	6~7.5	7~8.5	7.5~9
出窖水分/%	57~60	59~60	59~60

（5）稻壳用量　大曲酒酿造中加入稻壳，是为了增加酒醅的疏松度，以利发酵和蒸馏。但糠壳用量过多（不少厂没有具体规定，由操作人自由使用）有以下弊病：

① 发酵时糟醅内含空气过多，窖内升温猛而高，生酸也多。

② 糟醅太糙，保不住黄水，黄水过早下沉，上部糟醅显干，发酵不正常，己酸乙酯等香味物质生成少，酒质差。

③ 蒸馏时带来更多异杂味。因此，应严格控制稻壳用量。据经验，一般单用高粱酿酒的，糠壳用量为 20%~22%；采用多粮酿酒，因大米、糯米等黏性强，糟醅易起坨坨，稻壳用量可增至 23%~26%。若糟醅酸度较低，出窖酸度在 2.5 以下，可采用“加回减糠”的办法，即加大回醅量以减少糠壳用量，这样既能提高入窖酸度，又能减少用糠量，一举两得。

11. 滴窖勤舀

滴窖就是将酒醅中的黄浆水滴出，从而降低出窖酒醅的酸度和水分。黄浆水是怎样形成的呢？酒醅入窖后在发酵过程中，淀粉由糖变酒，同时产生 CO_2，单位酒醅的质量相对减少，结晶水游离出来，原料中的单宁、色素、可溶性淀粉、酵母自溶物、还原糖等溶于水中沉下窖底而形成黄水。在窖内，黄浆水浸没的酒醅，水分都在 62%以上。不利于蒸馏，对下排发酵造成不良影响，酸度过高，酿酒微生物生长繁殖受到抑制，不能正常发酵。滴窖，是降低下层酒醅的水分和酸度，为蒸馏操作和下排发酵创造良好条件，并避免黄水味从母糟带入酒中。黄水成分见表 7-9。

表 7-9　　　　黄水成分（20 世纪 60 年代泸州酒厂查定数据）

项　目	酸度			
	5.3	5.3	4.8	4.8
淀粉含量/%	1.9	1.69	1.46	1.28
还原糖/%	0.69	0.71	0.36	0.34
酒精含量/%vol	8.04	7.15	7.04	7.91
pH	3.5	3.4	3.6	3.5
黏度/（Pa·s，$\times10^{-3}$）	4.35	4.01	2.42	3.56
单宁及色素含量/%	0.19	0.16	0.12	0.145

滴窖操作是在开窖起母糟时，看见黄水（或母糟较湿），即停止起窖，在窖内剩余的母糟中央或一侧挖一黄水坑滴窖。坑长、宽 70~100cm，深至窖底，随即将坑内黄浆水舀净，以后则滴出多少舀多少，每窖最少舀 4~6 次，即要做到“滴窖勤舀”。过去，老酒师为了使黄水滴净，半夜都起来舀黄水，真正做到细致操作。滴窖时间一般要求 12h 以上。

北方有的厂在建造窖池时，为了避免黄水在窖内的积聚，在窖底挖一个坑，坑底有一通道，直通窖外，这样窖内不可能存留黄浆水，即有多少就流多少。酿酒前辈周恒刚多次到四川考察，深感“黄水是个宝”，黄水对浓香型曲酒香味成分的形成作用甚大。根据四川传统的经验，凡是保不住黄水的窖池，酒的产质量都较差。

12. 加醅减糠、回酒发酵

稻壳是优良的酿酒辅料。在配料时加入稻壳，既可稀释粮糟中的淀粉含量，又起到疏松作用，这在固态发酵酒中有着重要意义。但稻壳用量不宜过多，否则，不但直接影响酒质，而且造成窖内发酵糟淀粉颗粒之间空隙加大，发酵速度加快，也影响产量和质量。所以有的厂采用“加醅减糠”的办法，即配料时多加酒醅，少加稻壳。实践证明，这是一个保证出酒率和稳定产品质量的有效措施。“加醅减糠”工艺操作中，应注意出窖酒醅的酸度，若酸度高时，不宜采用此法，否则会影响下排出酒率。

回酒发酵，经长期生产实践证明是提高产品质量的有效措施，但回酒量不宜过多，一般每甑回酒（以酒精含量 60%vol 计）2.5~4kg，入窖酒醅的含量不超过 2%，否则妨碍发酵。分层回酒的方法，是用本窖的丢糟黄水酒（或质量较差的酒）加 2 倍左右的水，稀释到酒精含量为 20%左右，每甑或隔甑泼入窖内。回酒时要窖边多泼，洒匀，并应从量水中扣除其数量。

回酒发酵可起下列作用：

（1）使入窖酒醅有一定的酒精含量，抑制产酸菌的生长繁殖。

（2）己酸发酵需要有酒精作为基质，因此回酒，特别是在窖壁上泼入，有利于己酸菌的生长繁殖。

（3）有利于酯化作用的进行。但是，若母糟发酵不正常，操作工艺和管理不当，回酒发酵作用甚微。

13. 泥封发酵

装完面糟后，即将已踩柔熟的窖皮泥抬至面糟上，一面用泥掌①（或铁铲）刮平抹光，厚20cm左右。以后每天清窖一次，直到窖泥表面不粘手，即可在窖皮面上盖上塑料薄膜（传统是盖稻壳），以防窖面干裂，用塑料薄膜覆盖，每天应揭开清窖一次，直至出窖，以防窖皮干裂、发霉、生虫（这里要强调，生产中忌用塑料薄膜，如果一定要使用，必须使用不含塑化剂的，以免塑化剂超标。关于塑化剂在后文食品安全中重点谈及）。

封窖的目的是杜绝空气与杂菌的侵入，造成窖内厌氧环境，以抑制大部分好气菌的生酸作用；同时酵母在空气充足时，繁殖迅速，大量消耗糖分，发酵不良。在空气缺乏时，才能起到正常的缓慢发酵作用，因此严密封窖、清窖是十分必要的。

浓香型大曲酒生产传统操作中易存在的问题。

（1）窖皮泥质量差 有的厂反复使用窖皮泥，每次不加或少加新黄泥，以致窖皮泥很糙，泥中稻壳、丢糟甚多，造成密封不严（漏气）。

（2）窖皮泥薄 封窖泥用量太少，窖皮薄，有的只有2~3cm，极易裂口，杂菌大量侵入，上层酒糟发霉，特别是青霉，使酒带霉味并发苦。

（3）封窖后不加管理 有的厂用泥封窖后，发酵期间再也无人过问。造成窖边严重缺水而裂口，窖边糟发霉，上半截窖泥也长霉；窖皮泥“色彩斑斓”，小动物满地爬，此种窖池如何出好酒？

因此，封窖泥应定期更换，要优质黄泥与老窖皮泥合理搭配；封窖泥若使用培养泥则效果更佳。封窖泥厚度应坚持10cm厚以上，四周更要加厚。封窖后，每天清窖一次，用铁铲拍紧，泥掌抹光。窖皮收汗后，每天在面上洒开水（或85℃以上热水），再用铁铲拍紧、抹光，以保持水分，每天如此，直至出窖。

发酵期间，在清窖的同时，检查一次窖内温度的变化和观察吹口的变化，并详细记录，这一工作至少要坚持20~30d，有的厂能一直坚持到出窖。正确掌握发酵期间温度的变化规律，给开窖鉴定和下排配料提供科学依据。此外，还应选重点窖做全面分析检验，如水分、酸度、淀粉、还原糖、含酒量等，以积累资料，逐步掌握发酵规律，从而指导生产。

（二） 原窖法与跑窖法工艺比较

1. 原料及其配比

原窖法以高粱为主，故又称“单粮型”；跑窖法采用多粮，又称“多粮型”。“单粮

① 泥掌：即抹子，泥水匠抹墙用的工具。此处用它将封窖泥刮平抹光。

型”和“多粮型”因原料及配比上的显著不同，必然造成酒质和风格上的差异。“原料及配比与酒质的关系”，此项研究还有待深入。

2. 制曲

川酒中“单粮”与“多粮”两种不同典型风格的酒，除在原料及配比上有重大区别外，在制曲工艺上也差异较大。“多粮”工艺使用包包曲，“包包”部位较厚且较疏松，有利于酿酒微生物生长繁殖，断面均匀一致，曲香较浓，有利于酒中“曲香”的提高。现不少酒厂也已从平板曲改为“包包曲”。制曲工艺详见第四章。传统五粮液曲与泸州大曲质量标准见表 7-10。

表 7-10　　传统五粮液曲与泸州大曲质量标准（供参考）

曲名		感官指标	理化指标
五粮液曲	优级	曲香纯正，气味浓郁；断面整齐，结构基本一致，皮薄心厚，一片猪油白色，间有浅黄色，兼有少量（≤8%）黑色、异色	发酵力>200mL CO_2/（g 曲·72h） 糖化力>700mg 葡萄糖/（g 曲·h） 水分<13%（夏），<15%（冬）
	一级	曲香纯正，气味较浓郁；无厚皮生心，猪油白色在 55%以上，淡灰色、浅黄色、黑色和异色在 20%以下	发酵力>150mL CO_2/（g 曲·72h） 糖化力>600mg 葡萄糖/（g 曲·h） 水分：同上
	二级	有异香、臭气味；皮厚生心，风火圈占断面 2/3 以上	发酵力<150mL CO_2/（g 曲·72h） 糖化力<600mg 葡萄糖/（g 曲·h） 水分：同上
泸州曲	一级	曲香浓烈纯正，曲香明显大于陈香；外表灰白色，菌丝生长良好；断面整齐，泡气，呈灰白色，菌丝生长丰满；皮厚≤0.15cm；综合评分 90 分以上	发酵力≥1.0g CO_2/（g 曲·72h） 糖化力 700~900mg 葡萄糖/（g 曲·h） 液化力≥1.0g 淀粉/（g 曲·h） 酸度 0.9~1.3；淀粉≤58%；水分≤13.0%
	二级	曲香味较浓，无异味，曲香与陈香均等；表面多数为灰色；菌丝不均匀；断面呈灰白色，泡气，有少量黄红斑；皮厚≤0.25cm；综合评分 80 分左右	发酵力≥0.68g CO_2/（g 曲·72h） 糖化力 300~700mg 葡萄糖/（g 曲·h） 液化力≥1.0g 淀粉/（g 曲·h） 酸度 0.6~0.9；淀粉≤60%；水分≤13.0%
	三级	曲香淡薄，有异味，陈香明显大于曲香；外表多数为灰白色，有灰黑色，絮状菌丝或呈棕色；断面灰白色，欠泡气，少许黑色或青霉感染；皮厚>0.25cm；综合评分 60 分左右	发酵力≥0.38g CO_2/（g 曲·72h） 糖化力≤250；≥900mg 葡萄糖/（g 曲·h） 液化力≥1.0g 淀粉/（g 曲·h） 酸度 0.4~0.6；淀粉≤61%；水分≤13.0%

3. 酿酒工艺操作

浓香型川酒生产分为原窖法工艺与跑窖法工艺两种类型。两种类型各有优缺点，初步比较如下。原窖法工艺以泸州老窖、成都全兴为代表。原窖就是本窖的发酵糟醅经过加原辅料后，再经蒸煮糊化、打量水、摊晾下曲后仍然放回原来的窖池内密封发酵。跑窖法工艺是以五粮液和剑南春为代表。跑窖就是操作时需开两口（有时需开三口）窖才能使发酵糟正常循环。例如，2#窖或 3#窖的发酵糟醅经加粮蒸煮等一系列工序后，入窖时却投入 2#或 1#窖（即不是原窖）。

（1）窖池内发酵糟的循环

① 跑窖循环：必须开两口或两口以上的窖才能使发酵糟醅正常循环；开窖至封窖的时间比原窖法多 1~2d，使窖壁上半部的水分损失增大；专设回沙（红糟、回活）窖，增加了窖池设备，减少了堆糟坝面积。

② 原窖循环：只开一口窖就能使发酵糟正常循环；开窖至封窖的时间比跑窖法少1~2d，减少窖壁上半部水分的损失，对保窖养窖有好处；不专设回沙窖，减少窖池，但增加了堆糟坝面积。

（2）起运发酵糟

① 跑窖法工艺：该班当日做多少甑就起运多少发酵糟，余下的存放于窖内，使发酵糟接触空气的面小，酒及香味成分损失少；发酵糟与甑灶的距离远，室温要低些，易挥发物质的损失相应地就要小些；夏季即使气温较高，一般发酵糟不易出现“返烧”现象。

② 原窖法工艺：整口窖的发酵糟全部起运置于堆糟坝上，不但使发酵糟接触空气的面广，而且堆放时间又长，损失自然增加。五粮液酒厂曾做试验，第一天下班时，起运一甑发酵糟置于堆糟坝上成圆锥形，拍紧拍光，撒上一层稻壳，第二天蒸馏就少产酒 5kg 左右，质量也有所下降。

发酵糟离甑灶距离近，温度高，易挥发物质损失增多；热季气温高，不但上述损失大，且易受杂菌感染。发酵糟“返烧”，对产量、质量均有影响。

（3）混合使用发酵糟与分别使用发酵糟

① 原窖法工艺：发酵槽混合使用，调整了全窖发酵糟水分、酸度、残余淀粉、酒精含量等，使每甑的配料基本一致，配料技术较易掌握；每口窖只需化验 1 次就能基本掌握全窖发酵糟情况，利于化验数据及时地指导生产；甑与甑之间成品酒的产量基本相同；要生产优质酒和调味酒需采取特殊工艺。

② 跑窖法工艺：每口窖的上、中、下层发酵糟的水分、酸度、残余淀粉、含酒量等均有差异，配料时必须视发酵糟的情况决定原辅料的用量。这样，配料技术较难掌握；每口窖需化验 3 次才能基本掌握该窖发酵糟的情况；甑与甑之间成品酒的产量均有所差异，特别是层与层之间差异更大；有利于新窖产优质酒和制作调味酒。

五粮液酒厂实践认为，混合使用发酵糟是搞了一次“大型勾兑”，使一些下层糟能产优质酒的而未能成为优质酒，同时使上层糟醅（一般带有异味或略带杂味）流入酒内，影响了味的净爽；如果异杂味过大，严重影响酒的风格。跑窖法分别使用发酵糟则无此弊病。20 世纪 80 年代末，泸州老窖酒厂综合了原窖法、跑窖法、老五甑法工艺，成功地创造了“原窖分层酿酒工艺”（又称“六分法”即分层投粮、分层发酵、分层堆糟、分层蒸馏、分段摘酒、分质并坛），使酒产、质量显著提高。

（4）看花摘酒与量质摘酒　在原窖法的传统工艺操作中，一般采用看花摘酒或“断花摘酒”，即从流酒开始到断花的全部馏分均混在一起，没有认真区别酒质，许多好酒（或有特点的酒）被浪费掉，而且酒质波动也大。这种操作，摘酒技术要求较低，只要能辨别酒花状就会摘酒；摘酒时，除“双轮底”糟外，其他就根据窖池的新、老将酒摘取，盛于坛内，经尝评后确定等级。

1963 年以后，宜宾五粮液酒厂根据流酒过程中各段酒的质量均有不同的特点，将

“断花摘酒”改为“量质摘酒”，为稳定和提高酒质做出了贡献。

（5）工艺参数　在浓香型川酒生产中，一些生产数据，对曲酒的产量、质量有着重要影响，如粮糟比、填充料用量、用水量、发酵周期等，以及发酵糟中的酸度大小、淀粉浓度、水分多少及其变化等，构成一系列的相关参数。现将泸州酒厂与五粮液酒厂20世纪60年代的一些工艺参数做对比（表7-11），以供参考。

表7-11　工艺参数对比

项目	泸州酒厂	五粮液酒厂
糠壳/%	20~22	25~30
量水/%	60~70	70~80
粮糟比	1：（4.5~5.5）	1：（4~5）
入窖温度/℃	13或高于地温1~2	比室温高2~3
入窖酸度	1.0~1.4	上层1.5~1.7；中层1.1~1.2；下层1.2~1.3
入窖水分/%	53~54	上层55；中层52；下层50
入窖淀粉/%	16~18	上层19；中层20；下层22
发酵周期/d	60	70~90
出窖酸度	2.5~2.8	上层2.5~2.7；中层2.9~3.0；下层4以上
出窖水分/%	57~60	58~61
出窖淀粉/%	8~10	11~12

从工艺参数对比可见，五粮液酒厂因采用多粮酿制，糯米等黏性较大，故稻壳用量较多。跑窖法工艺中，上、中、下层糟出、入窖的酸度、水分、淀粉均有较明显的差异，一般比“单粮”的高，即“高进高出”，有利于酒质的提高。

综上，不难看出“窖泥是基础、曲药是动力、操作是关键”这一经典总结的科学性。

（三）老五甑工艺

传统的老五甑生产工艺是续楂配料的典型操作方法之一，以班组为单位，每个班组将所投入的糁、辅料按比例分成3份。再与酒醅配料，配料方式是窖池酒醅自上而下，先起面糟（蒸酒后作为扔糟）再起回楂、三楂、大楂、二楂，分别蒸酒后自窖池底部依次入大楂、二楂、三楂、回楂，然后封窖。整个操作用五甑蒸馏，称为老五甑操作法。以苏、鲁、皖、豫等地区的洋河、双沟、古井为代表的纯浓派均采用此工艺酿酒（涉及具体操作各厂有一定差异）。该法的优点是，淀粉浓度逐渐变稀，淀粉被充分利用，强调低温缓慢发酵，淀粉出酒率较高，酒质甜、绵性较好。

浓香型老五甑也同时贯彻：混蒸混烧、续楂配料、清蒸辅料、出池分层、入池分楂、配醅准确、轻撒匀铺、探汽上甑、上平上匀、缓火蒸馏、量质摘酒、分级贮存。现举一例说明。

1. 续楂配料

老五甑要求严格按粮醅比、粮辅比进行，将发酵成熟的酒醅与原辅料充分拌匀，并彻底消除疙瘩。拌料操作做到稳、准，各甑分清，按甑次分成堆，并撒一层糠壳拍紧。配料比一般要求如下：粮醅比为 1∶（4.5~5）；粮辅料比 1∶（0.15~0.20）；粮曲比 1∶（0.20~0.26）。各甑配料要求如下，见表 7-12。

表 7-12　　老五甑各甑配料要求

项目	大楂	二楂	三楂	回楂
高粱	40%	40%	20%	0
大曲粉	6%~8%	6%~8%	5%~6%	3%~4%
辅料	5%~6%	5%~6%	4%~5%	4%~5%

2. 缓火蒸馏

上甑要做到轻撒匀铺、探汽上甑、上平上匀，并量质摘酒。流酒时，蒸汽压力应控制在 0.05~0.1MPa，流酒温度 25~35℃，入库酒的酒精浓度在 63%vol 以上。

3. 入窖发酵

酒醅入窖时必须各甑分清，每甑入窖完毕要摊平，并用少量糠壳分隔，用泥封窖，泥厚 7~10cm，上盖塑料薄膜，冬季要加强保温，可加盖 4~6 包糠壳。老五甑酒醅出入窖要求见表 7-13。

表 7-13　　老五甑酒醅出入窖要求

项目	水分/%	酸度	糖分	淀粉/%	酒精含量/%vol	温度/℃
入窖	53~56	≤1.5	≤0.6	18~23	—	冬 13~18，其余季节略低于室温；回楂为 28~32
出窖	58~62	1.8~3.0	≤0.5	11~14	2.0~4.0	25~38

（四）三大流派形成的差异分析

原料、曲药、设备以及酿造工艺，对白酒风格形成的重要意义早已成为业界的共识。因此，通过对原料、曲药、设备、工艺等差异性的分析，帮助我们认识不同香型、不同流派风格特征的形成有着重要作用。

1. 地理环境的差异是形成三大流派的先决因素

众所周知，不同区域的自然环境，会有不同的气候（温度、降雨量、湿度）、土壤、水质、空气等。而正是这些自然环境的差异性，造成了当地微生物区系的差异。不同地理环境，微生物菌群落类别、数量均不相同（由于浓香型白酒是开放式生产，制曲就是网罗、富集、繁殖环境微生物；窖池微生物也受环境因素的影响，粮醅在生产过程中也是在网罗、富集环境微生物），因而在不同地理环境下酿酒，会形成不同的酒体风味物质，从而决定了酒体的风格特征。这种地理环境的差异，形成了中国白酒生产的不同名酒带。

长江流域的四川盆地，属亚热带季风气候，地处群山合围之中，冬暖夏热，风微雨多，空气中活跃着大量微生物。如五粮液研究过，宜宾属南亚热带到暖湿带的立体气候，山水交错，地跨北纬 27°50～29°16′，东经 130°36～105°20′，年平均气温在 15～18.3℃，全年降雨量平均高达 1200mm，年平均相对湿度 81%～85%，年平均日照 950～1180h，常年温差和昼夜温差小，湿度大，土壤丰富，有水稻土、新积土、紫色土等六大类优质土壤，非常适合种植糯米、水稻、玉米、小麦、高粱等作物。而这些正是酿造五粮液配方中的主要原料。特别是宜宾紫色土上种植的高粱，属糯高粱种，所含淀粉大多为支链淀粉，是五粮液独有的酿酒原料。五粮液的生产需要 150 多种空气和土壤中的微生物参与发酵，因此，必须要有能适应 150 多种微生物共生共存的自然生态环境。

据双沟酒业谢玉球等研究，同是浓香型白酒产地，而淮河流域处丘陵地带，山岗起伏、雨多风大，夏热冬凉，年平均气温 15℃，年平均降水量 924mm，温和湿润、温湿差比四川大，空气中微生物的种类、数量相对要少，生产出的浓香型酒淡雅绵柔，形成纯浓（又称淡雅）流派。尽管江淮流域某些企业选用了五粮酿造，但因地理环境中气候、土壤、水质、空气的影响，所产白酒仍然是淡雅型流派风格。从而可见环境因素是影响白酒风格的重要先决因素。

2. 酿酒原料的差异

“粮为酒之肉”。原料是浓香型白酒发酵的物质基础，不同原料拥有不同的成分含量、分子结构和存在形式。因此，使用不同的生产原料，其发酵产物必然不同。五粮型白酒使用的原料为高粱、糯米、玉米、大米、小麦 5 种粮食，突出多种粮食的复合香；而传统泸州老窖则使用单一的川产糯高粱酿造，其酒香浓郁；淡雅型白酒也主要以单粮（高粱）酿造为主。在淮河流域也有借鉴、吸收五粮配料进行技术创新的企业，但由于影响白酒风格特点的因素错综复杂，由于受环境等关键因素的影响，在淮河流域使用五粮生产的酒仍为淡雅型白酒，多粮复合香不过是对淡雅流派白酒风格的一种补充和完善。“水为酒之血，名酒必有佳泉”。酿酒生产用水的水质也会形成产品风格的差异，不同水质含有不同的金属离子，而这些离子对微生物的生长和繁殖产生重要影响，同时也会影响贮存过程中的酒体变化。不同种类的金属离子，与酒中的高级脂肪酸酯会形成不同配位数的胶体，从而影响酒体风格特点；加浆用水的水质也会直接影响白酒的口味。由于长江流域名酒带与淮河流域名酒带存在土壤、环境、水质的不同，势必形成白酒的不同风格。

3. 曲药制作的差异

“曲为酒之骨”，可见曲药对白酒风格的影响作用之大。曲药是白酒发酵中最重要的糖化发酵剂，由于制曲的原料不同，曲坯形状、大小不同，培养环境条件不同，微生物的种类、数量也有所不同，所积累酶的种类和含量、曲香味也不同，从而在酿酒生产过程中，造成酒中香味成分的不同，最终形成酒体的不同风格。

（1）制曲原料不同　制曲原料中川酒一般以纯小麦制曲；而苏皖豫则以小麦、大麦、豌豆三者搭配制曲，特别是豌豆的应用，增加了香兰素、香兰酸等呈香呈味物质，可给大曲带来清香味。原料不同，成分不同，松黏程度不同，造成曲质差异。

（2）踩曲工艺　川酒制曲原料在粉碎前一般要先润料，使皮子带潮，不易成粉，方可“心烂皮不烂”；润料水温冬热夏冷。粉碎要求各厂有异：五粮液润料水温一般为 60～75℃，用水量 4%～5%，润料时间为 35～40min。粉碎度冬季（<15℃）为未通过 20 目筛的占 74%左右，未通过 40 目筛的占 84%左右；春秋季（15～30℃）为未通过 20 目筛的占 70%左右，未通过 40 目筛的占 78%左右；夏季（>30℃）为未通过 20 目筛的占 65%左右，未通过40目筛的占73%左右。不同季节、气温有不同的粉碎度。而泸州老窖则是过20目筛占20%~25%。

苏、皖、豫一带，制曲原料粉碎前一般不润料，传统粉碎度要求为：洋河曲、宋河曲通过40目筛孔的占50%；双沟曲通过40目筛孔的占40%；古井贡曲通过40目筛孔的占38%（冬）或40%（夏）。制曲原料粉碎度一般为冬粗夏细，春秋介乎两者之间。川酒曲粉碎较粗，苏皖豫酒曲粉碎较细。

踩曲时加水量与季节、气候密切相关。一般来说，川酒地区湿度较大，加水较少，且曲块成型后要在晾曲场放置1~2h，使其收汗，曲坯化验水分在36%~38%；苏皖豫一带，气候较干燥，加水量较大，曲坯化验水分在38%~40%，冬季偏小，夏季偏大是共同点。

从踩曲的形状看，五粮液、剑南春传统制“包包曲”，泸州老窖制“平板曲”，淮河流域白酒生产企业生产的都是块状曲。曲模规格不同，大小有异，厚薄不一，以致每块曲的重量不一样，古井贡曲最轻，仅1.45kg/块，洋河曲最重，达3.9kg/块，其余一般为3~3.5kg/块。各厂均有所不同。

（3）入室培养　卧曲方式在传统工艺中，川酒的“平板曲”一般采用“Ⅲ≡Ⅲ”的卧曲方式，如泸州、沱牌曲等，曲间距冬季10mm，夏季20~30mm，春秋季20mm。五粮液“包包曲”多采用“□□□□”的卧曲方式。苏皖豫一带的洋河、双沟、古井贡、宋河均采用“Ⅲ Ⅲ Ⅲ”的形式卧曲，曲间距为2~3mm，“似靠非靠”。

四川浓香型制曲温度在55~60℃（但是五粮液“包包曲”，其曲心温度相对较高，有时会超过60℃），制曲温度高，细菌占优势，霉菌较少，酵母菌少，成品曲的香气也浓。用中偏高温曲酿酒，生产用曲量略大，出酒率低，但酒的香气就显得丰满浓郁，酒体醇厚；而江淮流域制曲温度在53~56℃（表7-14），制曲温度比四川要低，酵母、细菌、霉菌皆有一定的数量。用中温曲酿酒，用曲量较低，出酒率略高，酒的香气略为单薄，香气显得淡雅。制曲过程中，由于制曲温度较高，会发生美拉德反应。由于美拉德的非酶褐变受温度影响，不同温度条件下，美拉德反应的程度不一样，曲的香味也不一样。温度越高，曲香气越重；温度较低，曲香味就淡。所以制曲工艺和最高品温控制的差异，造成微生物种类、数量及酶类的差异，从而影响着酒的质量和风格。

表7-14　9种浓香型名酒制曲最高温度（20世纪90年代统计，仅供参考）

曲名	最高制曲温度/℃	曲名	最高制曲温度/℃	曲名	最高制曲温度/℃
五粮液曲	56~58	双沟大曲	53~55	全兴大曲	55~60
洋河大曲	55~58	剑南春曲	54~57	宋河曲	50~55
泸州大曲	53~54	古井贡曲	50~53	沱牌曲	60~65

4. 发酵设备——窖池的差异

窖池是浓香型大曲酒的发酵容器，以黄泥筑成。尽管有的厂用砖砌窖墙，甚至糊上水泥，但都要在窖墙表面涂上一层人工培养的窖泥，池底则无一例外都是窖泥。也就是说，浓香型曲酒发酵离不开泥窖。通过许多酿酒工作者的研究，发现老窖泥中富含腐殖质、氨基酸、有机氮、速效磷、有机酸及铁、铝、钙、镁、锰、钼、锌、钛、硼等微量元素，且新、老窖泥中含量差异较大。窖泥中还有经长期在特定环境中驯养的窖泥功能菌，如已酸菌、丁酸菌、2，3-丁二醇菌、甲烷菌、甲烷氧化菌、放线菌、酵母菌等，这些微生物对浓香型曲酒香味物质的形成起着重要的作用。以五粮液为例，筑窖和喷窖用的弱酸性黄黏土，黏性强，富含磷、铁、镍、钴等多种矿物质，尤其是镍、钴这两种矿物质只有五粮液培养的窖泥中才有微弱量，其他酒厂的培养泥中都难有，这个窖泥生态环境非常有利于酿酒微生物的生存。

四川建窖用黏土，黏性好、不渗水、保水性强，因而黄水多；窖泥培养是利用原老窖泥做母本（微生物来源充分），合理配料、均匀踩制，在其环境下经自然发酵培养成熟，因而其窖泥中微生物种类齐、数量多。而江淮流域建窖用土含硅高、易渗水，保不住黄水；窖泥生产是人工培养已酸菌、丁酸菌等复合菌群接入窖泥中，经发酵培养成熟后使用，忽视了经过长期驯化的老窖泥的作用，造成窖泥中微生物种类单一且数量不足。菌源不同、泥土不同、环境条件不同，对用于发酵的窖池设备质量影响巨大，从而造成酒质的差异。

5. 工艺操作的差异

相同的原料，不同的酿造工艺，酿出的酒风味也会不同。三大流派浓香型酒的生产，在生产工艺上也存在诸多差异，主要表现在以下几方面：

发酵时间的不同，对发酵过程中的香味物质变化会产生影响，主要表现在发酵时间越长，酒醅中的酸酯等香味物质产生越多，所蒸馏出酒的酒体也会香浓些，有利于形成酒体的浓厚感。因而有的企业把延长发酵周期作为提高产品酸酯含量的重要手段，所以剑南春总结出“一长二高三适当”工艺。五粮液传统的发酵周期都在70~90d，而原窖法工艺的泸州老窖则为60d以上（这二者均一般使用储存3个月以上的陈曲作为糖化发酵剂）；据谢玉球调查，淡雅流派白酒的发酵周期都在40~50d（一般不使用储存3个月以上的陈曲，而且有些还添加糖化酶、干酵母，强调出酒率，这是酒淡薄的原因之一）。

四川的浓香多粮型酒生产，往往采用跑窖生产方式，这对窖池内壁水分、微生物种类及数量均会产生一定影响。跑窖分层蒸馏法生产工艺，增加了窖内网罗、富集、繁殖微生物的时间，增加窖内参与发酵微生物的种类和数量，同时操作仔细，更加有利于强化所酿酒体的浓郁风格。而泸州老窖操作技艺精湛，直接影响酒质的风格，从跑窖法与原窖法具体操作工艺可以看出，浓香多粮型与浓香单粮型2种工艺产出的酒酒体的不同。四川浓香型白酒打量水要求水温在85℃以上（五粮液甚至使用沸点量水），在熟粮醅出甑时边出甑边泼入量水，既保证糟醅充分吸水又不发黏，不影响摊晾和加曲发酵。

江淮流域的浓香型白酒，都是采用老五甑生产工艺。这样，窖池敞口的时间相对要短，网罗、富集、繁殖微生物的种类、数量就少些，参与发酵的微生物亦少，所酿酒的浓郁程度就淡些。同时发酵过程中产生的黄水量少，不需要滴窖，对窖泥的成熟保养不利。对打量水的水量及温度要求不严，造成糟醅水分过大或过小。

四川浓香型白酒生产中，窖池容积一般在15m^3以上，并都有较高的窖帽，且用优质黄泥封窖，注重窖池管理。窖帽越高，它受环境温度的影响就越大，与环境的传热速度就越快；而淡雅型白酒的窖池较小，采用平窖法，且窖池管理不如四川的严格，主要是受地温变化的影响，与环境散热、吸热的热传导功能相对较弱。

四川浓香型白酒发酵中有的在窖内安放一根竹筒，把窖内发酵产生的CO_2吹出（窖吹工艺）。窖内CO_2浓度降低，会减少对窖内微生物的生长抑制，有利于窖内微生物的代谢，使酒体更加浓郁。而淡雅浓香型酒的生产则没有该工艺。

在蒸馏方面，四川的两个工艺均注重缓慢蒸馏、量质摘酒、分级分段储存；而江淮一带许多厂，大水大汽，快火蒸馏，对流酒质量帮助不大，并且少有分级分段接酒的和分别储存的。量质摘酒、分级储存对酒的后熟、酒体组合有相当大的关系。

另外在勾兑成型方面，五粮流派更加注重香与味的协调，体现陈香、复合香，强调酒体的丰满，做到诸味协调、恰到好处；泸州老窖则突出糟香，注重窖香浓郁、酒体醇厚、回味悠长等特点；而纯浓流派则是以“味”为主，酒体设计主要体现甜、绵、柔、净，而对“香”的要求则是淡雅飘逸。

6. 微量成分的差异

酿酒工艺的不同，直接导致酒体微量成分的差异。表 7-15 是三大流派代表酒微量成分比较。

表 7-15　　泸州老窖特曲、五粮液、剑南春、洋河大曲微量成分　　单位：mg/100mL

成分	泸州老窖特曲（1#）	五粮液（1#/2#）	剑南春（1#）	洋河大曲（2#）
己酸乙酯	223.2	198.4/254	218.4	235
乳酸乙酯	161.6	135.4/165	134.5	180
乙酸乙酯	121.5	126.4/113	101.3	124
丁酸乙酯	21.8	20.5/13.8	39.8	31
戊酸乙酯	7.3	5.7/5.4	9.3	3.5
棕榈酸乙酯	6.5	6.17	5.17	—
亚油酸乙酯	6.3	3.8	3.5	—
油酸乙酯	5.2	3.13	2.16	—
辛酸乙酯	5.2	5.21/4.4	3.17	—
甲酸乙酯	4.3	7.94/8.5	16.0	—
乙酸特丁酯	7.4	4.94	8.8	—
庚酸乙酯	3.9	2.6	3.6	5.2
乙酸异戊酯	—	/4.7	—	—
主要酯类合计	574.2	520.19/568.8	545.7	578.7
乙酸	45.1	46.5/44.4	54.6	24.9
己酸	36.1	29.6/67.8	29.1	26.1
乳酸	33.2	25.7/44.6	21.0	7.6
丁酸	12.9	40.4/12.5	15.4	9.2
戊酸	1.61	1.52/1.6	1.73	2.4
甲酸	3.2	2.40/3.8	9.35	2.7

续表

成分	泸州老窖特曲（1#）	五粮液（1#/2#）	剑南春（1#）	洋河大曲（2#）
棕榈酸	1.68	0.44	0.27	—
亚油酸	1.54	0.54	0.30	—
油酸	1.31	0.50	0.22	—
辛酸	0.59	0.38	0.91	0.3
丙酸	—	0.88/1.3	2.16	2.4
异丁酸	0.70	0.94	1.48	—
异戊酸	—	1.04	1.38	—
庚酸	—	0.23	0.28	0.4
壬酸	—	0.023	0.017	—
十八酸	—	0.034	0.013	—
癸酸	—	0.018	0.044	—
月桂酸	—	0.018	0.032	—
肉豆蔻酸	—	0.032	0.007	—
主要酸类合计	137.93	151.2/176.0	138.293	76
异戊醇	31.6	34.1/39.6	34.9	71
正丙醇	17.5	17.1/11.5	23.6	22
甲醇	13.7	9.6/18	10.6	16.7
异丁醇	11.3	10.5/10.6	13.3	14
正丁醇	7.9	7.0/5.2	34.3	13
仲丁醇	5.9	5.5/2.4	6.8	8
正己醇	6.6	6.4/4	12.7	8
2，3-丁二醇	2.28	1.63	1.41	—
β-苯乙醇	0.33	—	—	—
辛醇	—	—	—	4.3
主要醇类合计	97.11	91.83/92.93	137.61	157
乙缩醛	52.6	46.8/53.2	108.8	38.9
乙醛	33.6	35.5/16.3	58.0	29.3
醋酚	9.2	5.2/51.2	4.2	—
异戊醛	5.9	6.5/9.8	6.5	2.1
丙醛	2.4	1.3/3.6	1.54	3.2
异丁醛	1.5	2.0/2.1	1.5	0.4
糠醛	1.4	1.9/3.5	3.9	6.7
正丁醛	0.57	0.66	0.1	—

续表

成分	泸州老窖特曲（1#）	五粮液（1#/2#）	剑南春（1#）	洋河大曲（2#）
丙烯醛	0.21	0.06	0.11	—
丙酮	0.39	0.46	0.01	—
丁酮	0.16	0.22	0.03	—
2，3-丁二酮	—	/3.2	—	0.7
双乙酰	8.7	11.8	40.2	—
羰基化合物合计	116.63	112.4/156.1	224.89	81.3

注：（1）数据1#系四川省食品发酵工业研究设计院20世纪80年代检测结果。

（2）数据2#系洋河范文来20世纪90年代末检测结果。

综上所述，由于在环境、原料、曲药、设备、工艺上都存在一定差异性（但是传统浓香型酿酒操作人为因素较多，还要相当重视人在这些过程中的作用）。由于这些差异因素的存在，最终形成了中国白酒浓香型的三大流派，极大丰富了中国白酒的类型，满足了消费者的不同需求。

（五）入窖条件诸要素分析

影响浓香型白酒固态发酵的因素有入窖温度、淀粉、酸度、曲药用量、糠壳用量以及糟醅使用等要素。赖登燡等认为，浓香型白酒的固态发酵过程就是一个典型的微生物群落的演替过程和各菌种间的共生、共酵、代谢调控过程；浓香型白酒发酵系统的两大要素由窖内微生物区系（包括糟醅微生物区系和窖泥微生物区系）与其生态环境（糟醅、窖池等）构成。微生物区系与其生态环境相互作用，并表现为一种“协同进化”的关系。入窖诸因素是既矛盾又统一的整体，它们之间相互制约、影响和相互促进。它们整体地表现在入窖糟醅上，构成浓香型白酒发酵的控制系统，为窖内微生物区系的生长繁殖及其代谢提供适宜的微生态环境。这些因素都是相互关联、不可分割的。一个条件或因素的改变，必然引起其他因素的改变。因此对于这些因素的调整应该综合起来考虑。入窖七因素之间的关系见图7-2。

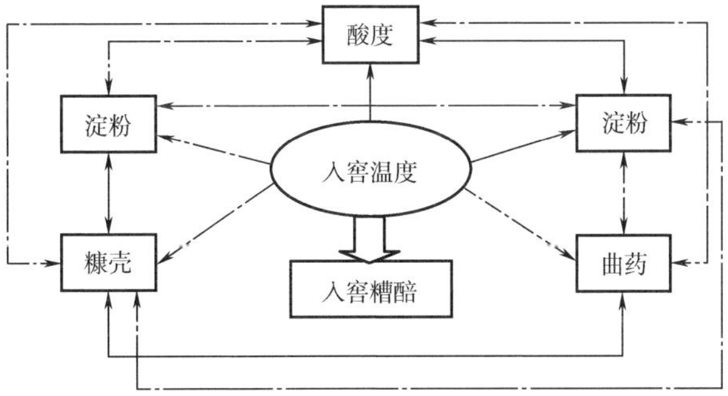

图7-2 入窖七因素之间的相关关系图

正（负）相关关系是指同时适当增高（降低），诸因素均以入窖温度为核心因素的变化而变化。下面就此详细分析。

1. 入窖温度

入窖温度是七要素之首，所有其他因素都应该以温度为前提。微生物的繁殖和代谢条件包括温度、碳源、酸度、水分、氧气、压力、渗透压、微量元素、生长素、能量等。其中在浓香型白酒生产中起着主导作用的条件是温度。不同的微生物对温度的适应性不同，如酵母、霉菌、细菌。而且生物酶作用也有相应适应的最佳温度，温度过高或过低皆不利于有些香味物质的生成。

（1）温度对窖内微生物的影响　每一种微生物都有其最适的生长和繁殖温度，只有在其最适温度条件下，微生物才能正常生长和繁殖，代谢产生出我们所需要的物质。

（2）窖内温度的变化　一般入窖后 24h 糟醅开始升温，到主发酵 15d 左右升至顶温，升温幅度为 15℃左右。顶温维持 5~7d 称为顶温期，以后随着糖的消耗，能量来源减少，温度逐渐下降到 23~27℃。

（3）不同季节入窖温度　入窖温度过去是“热平地温冷 13”，现在一般要求“热平地温或略低于地温冷 17”。17℃左右入窖，一般升温至 32~35℃，这个温度范围既有利于酵母繁殖代谢产生乙醇，又有利于己酸菌的繁殖代谢。正常季节要求低温入窖。根据我们对多组发酵窖池的比较，一般 45d 左右发酵，在入窖温度低于 20℃以下、糟醅酸度在 3.2 以下时，当主发酵结束时，一般生酸幅度在 0.5 以下。这样就能很好地控制产酸，糟醅活力就好，给下排用糟和发酵的正常进行提供了条件。根据己酸乙酯的生成机理来看，己酸乙酯的生成是十分缓慢的。如果发酵速度过快，酸度也快速升高，此时就会出现酒少而酸多，不利于己酸乙酯的生成。而生成己酸的主要菌种——己酸菌是以乙醇为碳源的，如果缺少碳源，己酸菌的繁殖就会受到影响，不利于窖池的养护。相反，如果发酵正常，糟醅中含酒量多，己酸菌的繁殖就会比较旺盛。窖泥也会越来越好。

（4）温度同其他入窖条件的关系　入窖各条件间相互影响、相互关联，一个条件的变化必然引起其他条件的变化，因此，当其他条件发生变化时，温度作相应变化，才能满足糟醅正常发酵。

① 温度与入窖淀粉的关系：入窖淀粉高，则能量来源足，根据理论计算，每消耗一个淀粉，糟醅升温 2℃，实际生产中的经验数据是每消耗一个淀粉，糟醅升温 1.5℃左右。冬季气温低，粮糟比高［1：（4~4.5）］，投入淀粉为 10~12 个，根据经验可以升温 15~18℃，如果按照顶温 34℃算，则入窖温度为 16~19℃；平季节[①]室内气温 20~25℃，地温略低于气温，粮糟比为 1：（4.5~5），淀粉投入为 9~10 个，可以计算出升温幅度为 13.5~15℃，所以平季应该尽量做到低温入窖；热季则应尽量做到低于地温入窖。但冬季应注意入窖温度不能太低，否则会导致酵母繁殖过缓而增殖数量不足，影响正常发酵，导致残余淀粉高、出酒率低等。温度与入窖淀粉的关系是负相关关系。

② 温度与入窖水分的关系：入窖水分高，则细菌繁殖好。如果入窖温度也相应高，那么细菌繁殖和代谢必然更旺盛，发酵后糟醅酸度大，淀粉利用率低，出酒率低，且出

---

① 在白酒生产中，特别是浓香型，一般旺季指 12 月、1 月、2 月、3 月、4 月、5 月；平季为一年中的 6 月、10 月、11 月；淡季指 7 月、8 月、9 月（又称热季）。不同地域略有差异。

窖糟柔腻、骨力差，给下排发酵带来不利影响。所以冬季因入窖淀粉高，相对水分低，则可以适当提高入窖温度；平季和淡季，入窖水分相对大一些，相应尽量做到低温入窖。这也就是为什么现在入窖温度由传统的“热平地温冷 13”变成“热平地温冷 17”的原因之一。

③ 温度与曲药用量的关系：平、淡季气温高，则环境、器具、空气中微生物及酶活性强；反之冬季由于气温低，相应的微生物及酶活性低，微生物数量少。所以，冬季温度低时，可适当增加用曲量；夏季气温高，应适当减少用曲量。

④ 温度与入窖酸度的关系：微生物及其产生的酶类都有其最佳生长和作用适宜酸度。酸度越高，则微生物及酶活性越差。因此，如果入窖糟醅酸度高，应相应增加用曲量，以弥补酶损失；当酸度低时则应减少用曲量，以防止糟醅发酵过快而导致升温猛。

⑤ 温度与糠壳用量的关系：用糠量越大，富集的氧多，糟醅活力强，有利于好氧微生物的繁殖和代谢。如果用糠量大，可适当降低入窖温度；反之，如果糟醅腻、发软，可适当提高入窖温度，即入窖温度与用糠量呈负相关。

⑥ 温度与糟醅用量的关系：糟醅的主要成分也是糠壳，一般情况下，用醅量大，则会减少用糠量，淀粉投入比也会偏小，那么可能使入窖糟醅酸度偏大或酶活性偏低，这种情况应适当提高入窖温度。反之，则应适当降低入窖温度。

2. 入窖淀粉

（1）淀粉的作用　前已叙及，淀粉是酒精发酵的基本物质，淀粉通过蒸煮糊化，摊晾加曲，在窖内缓慢糖化并最终变成乙醇、水、CO_2，以及其他一些有机成分如酸、酯、醛、高级醇、多酚等。同时淀粉是窖内能量的主要来源，淀粉通过酵母等微生物作用产生的能量，对于窖内能量平衡和温度的保证十分重要。因为窖内微生物的生长繁殖代谢对温度都是有要求的。同时淀粉对糟醅的保水性影响非常大，从而影响糟醅密度、比热容。也就是说，入窖淀粉高的糟醅由于其保水性好，因而糟醅密度、比热容会增加，在相同能量的情况下，会使糟醅的升温和降温变慢，反之，则由于密度和比热低而使升温和降温变快。原料投入不仅可以带入淀粉，而且可以给酒带来粮香，不同的粮食香味也不同，我们可以很容易分辨不同大米蒸饭后不同的香味，比如用香米煮的饭在未揭锅盖前我们就能闻到和一般大米煮的饭不同的“饭香”。

（2）淀粉在窖内的消耗变化　淀粉在润粮时吸收水分和有机酸，并通过蒸煮糊化，一部分变成糊精，入窖后在曲药中淀粉酶和酸的作用下进一步降解为短链糊精、多糖、双糖、单糖，而在酵母中酒化酶的作用下代谢为乙醇、CO_2和有机酸等。其实酵母对淀粉的代谢产物不仅仅是乙醇和二氧化碳，还有如乙酸、乳酸、杂醇油及热量等，非常复杂。表 7-16 是某厂入窖糟不同时间测定的淀粉含量。

表 7-16　入窖糟不同时间的淀粉含量　单位:%

2d	4d	6d	8d	10d	12d	14d	30d	45d	60d	75d
22.43	22.04	16.75	14.21	13.18	13.15	13.01	12.56	11.14	10.56	10.22

一般入窖后 3~4d 还原糖会到一个峰值，后很快下降，到主发酵期结束后基本达到一个平衡。酒精的产生主要在前 15 天左右，因此，我们人为地把发酵分为主发酵期和后发

酵期。

在主发酵期主要是淀粉糖化和糖被酵母作用生成酒精，后发酵期包含生酸和产酯以及其他呈香呈味物质的生成和积累。

（3）淀粉的投入对酸度、水分、入窖淀粉的影响　根据不同季节，淀粉（原料）的投入是不一样的。我们一般是按照粮食同母糟之比来确定投粮的。如冬季粮糟比一般为1∶（4~4.5），平季一般是1∶（4.5~5），夏季为1∶（4.5~5），当然在同一个季节还要根据出窖淀粉、出窖水分、出窖酸度等综合安排投粮。

粮食中淀粉含量为58%~70%。多粮平均约为65%，如果按照1∶4的粮糟比，则通过投粮可以降酸约为20%，降水约为17.6%，增加淀粉含量为12%~13%；如果按1∶4.5的粮糟比，则通过投粮降酸降水约为14.8%，增加淀粉含量约为11.5%；如果是1∶5的投粮，则降酸和降水约为14.4%，淀粉增加约10.5%。所以投粮应根据出窖糟淀粉含量确定，至于水分和酸度可以根据糟醅出窖情况和不同糟层进行调整。对于水分变化较为准确的算法是：

$$S_{增} = S_{出} - [(1 \times 0.13 + Z_{比} \times S_{出})/H]$$

式中　0.13——原料含水量

$S_{出}$——出窖糟含水量

1——原料投入比

$Z_{比}$——母糟用量与用糟比

H——投粮和用糟比之和

如出窖糟水分为0.62、粮糟比为1∶4.5，那么拌粮后水分变化为：0.62-［（1×0.13+4.5×0.62）/5.5］=0.089，其变化率为0.089/0.62×100%=14.4%。因为我们在配糟时，糟醅用量是估计的，不能较为准确地计算，所以用经验可以较快计算出配粮后糟醅的含水率。

（4）入窖淀粉与其他入窖条件之间的关系

① 与入窖温度的关系：入窖温度是白酒发酵最关键的因素，它主导着其他因素的变化。我们要求窖内发酵温度变化应符合“前缓、中挺、后缓落”的规律。对于这样一个传统总结，我们分析认为在不同的温度变化段，符合窖内不同微生物繁殖和代谢所需较佳温度有关。糟醅入窖时，曲药、环境、场地、器具等所带入的微生物大多是休眠状态，入窖后吸收糟醅中的水分开始进行呼吸，然后逐步开始进行繁殖，扩大自身数量；酶也需吸水恢复酶活性，糟醅中大部分物质变化不大。这点从入窖后糟醅升温及吹口①情况可以看到。一般入窖后24h内冬季及平季几乎没有升温现象，吹口也没有表现。48~72h后出现明显的吹口，升温开始，但此时升温一般是24h约0.5℃。72~96h窖内还原糖出现一个峰值，说明在这个时候，糖化酶开始发挥作用，霉菌已经开始生长，酵母开始繁殖，但还未到一个相对足够的数量，使窖内糖分出现积累。96h后酵母繁殖开始旺盛、数量增加，还原糖很快下降，出现明显“吹口”，温度也开始明显上升，一般此时温度的变化为1.5~2℃。5~8d时可能会出现温度上升速度变慢而后又继续正常升温的现象。

---

① 吹口：物料进入发酵容器后，用以了解物料的发酵状况的观察口。在浓香型和小曲酒生产中使用得较多。

我们知道，酵母菌的生长繁殖条件：有氧气、pH3.0~7.5（最适 pH 为 4.5~5.0）、最适温度为 20~30℃及一些营养源。在“前缓”期窖内正好处于有氧条件，温度也恰好在 20~30℃，此时是酵母的生长繁殖和代谢期，也就是产酒期。当发酵进入 15d 时，进入“中挺”期，窖内温度上升到 33~35℃，窖内氧气也随着酵母的繁殖而减少，恰好给窖内细菌创造了厌气条件，而且温度也更适合细菌的繁殖和代谢，水分也由于窖内的降解，A_W 值上升，这个阶段应该是细菌尤其是己酸菌及其复合菌群的繁殖期。而后随着窖内营养消耗、酸度上升、可发酵物质降低、能量减少，温度逐渐下降。当温度下降到 30℃左右时，以己酸菌为主的复合菌群以及酯化酶系将糟醅中的有机酸和乙醇合成相应的酯类，这个时期为生香期，也即“后缓落”期。如果此时温度过低，己酸菌群及酯化酯类活力会降低，则不利于酯类合成，而影响酒的质量。

冬季气温低，环境温度低、散热快，而且通过曲药、环境、器具进入糟醅中的微生物数量少、活力相对低，入窖淀粉应相对高一些。平季气温比冬季高，一般在 20~25℃，入窖糟醅温度比冬季稍高一些、散热损失也小一些，此时入窖淀粉可以低一点。淡季也即夏季，气温高，环境、器具中带入糟醅中的微生物数量多、活力高、热散失损失小，此时应注意入窖淀粉不能太高，以免糟醅升温过快、过高，使窖内酵母很快失活，细菌繁殖良好，产生大量有机酸，而浪费粮食，降低糟醅活力，给下排糟的调整带来困难。所以入窖淀粉与气温的关系是负相关关系，气温越高，投入淀粉少一些；反之，气温低，投入淀粉应多一些。

入窖淀粉高，则糟醅保温效果好，“中挺”时间相对较长。淀粉糖化发酵是窖内升温的能量来源。根据季节不同，可适当增加入窖淀粉含量，提高发酵升温幅度，有利于产酸、产酯。入窖淀粉与升温幅度的关系见表 7-17。

表 7-17　　入窖淀粉与升温幅度的关系

窖号	入窖淀粉/%	入窖温度/℃	发酵顶温/℃	升温幅度/℃	出酒率/%	基酒酸度
36	17.26	17	28	11	38.75	0.57
38	18.45	17.5	30.5	13	40.07	0.61
40	19.17	17.5	31.5	14	41.87	0.64
42	20.02	18	33.5	15.5	43.53	0.7
44	20.73	18	34	16	44.27	0.78

从表 7-17 可以看出入窖淀粉较高升温幅度也大，基酒中总酸含量也增加。同时出酒率在合理的入窖温度和淀粉条件下也是上升的。有资料报道，相同季节，在其他入窖条件基本相同的情况下，18%的入窖淀粉比 15%的酒中己酸乙酯可增加 10~30mg/100mL，酒体更丰满。

淀粉具有升温、保水、保温的作用，合理的入窖淀粉浓度对发酵、生酸、产酯、产酒都有好处。

② 入窖淀粉与酸度的关系：有机酸可以促进淀粉糊化，但过高的酸度也会因抑制酶活性，抑制微生物的繁殖和代谢。对于窖内主要的微生物而言，大多数最适酸度在 pH5~7。一般来说，霉菌最适酸度在 pH5~6，细菌最适酸度在 pH6.5~7.5，酵母菌最适

酸度在 pH4.5~5。随着发酵的进行，窖内酸度逐渐增加。

合理的淀粉投入，一方面是提供产酒基质，另一方面也可以很好地调节糟醅酸度，使入窖糟醅酸度符合酵母、己酸菌群繁殖和代谢的需要。如果出窖酸度过大，可以多投入原料，增加淀粉，以降低酸度。因为出窖酸度大的糟醅一般都是水分高、残余淀粉少。窖内生酸期主要在糟醅主发酵期结束后，窖内糟醅处于较高的温度 30~35℃（即后缓落期，入窖 15~30d 后），此时酵母基本死亡，糟醅中糖分被产酸细菌利用产生有机酸。如果在主发酵期刚结束不久就出窖，则糟醅升酸幅度小，经蒸馏后进入基酒中的有机酸就少。下面是对某厂一车间的 30 个窖池在不同酸度入窖时，不同发酵时间所测得的糟醅酸度平均值（表 7-18、图 7-3）。

表 7-18　30 个窖池在不同酸度、不同发酵时间所测得的糟醅酸度平均值

入窖酸度	30d	45d	60d	75d
1.6	2.4	2.7	3.5	4.1
1.8	2.3	2.7	3.4	4.0
1.7	2.3	2.8	3.6	4.2
1.9	2.2	2.7	3.5	3.9

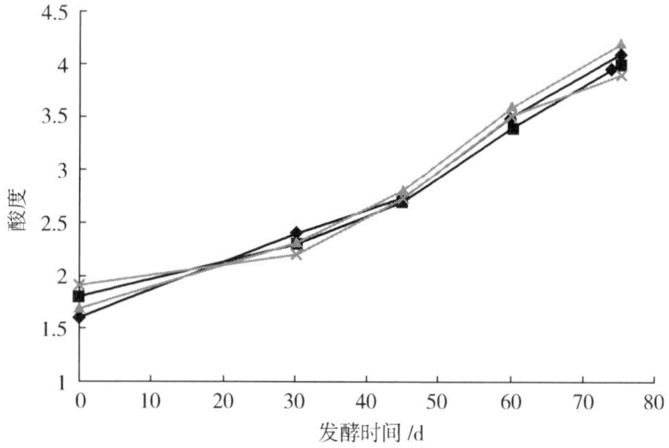

图 7-3　30 个窖池在不同酸度、不同发酵时间所测得的糟醅酸度变化图

从表 7-18、图 7-3 可以看出：发酵 30d 后，糟醅升酸幅度平均为 0.5；发酵 45d 后，平均升酸幅度为 1.0；发酵 60d 后，平均升酸幅度为 1.75；发酵 75d 后，平均升酸幅度为 2.3，说明窖内生酸期主要是在入窖后的 30~75d，也即发酵的中后期。

如果出窖糟酸度高，说明上排糟醅含水量大一些，而残余淀粉低。淀粉应该投入大一些，以达到降酸、增加淀粉和降低上排糟醅水分的目的。相反，如果出窖糟酸度过低，则可能糟醅在上排发酵不好，残余淀粉含量高，母糟相对含水量小，应适当减少投入淀粉量。否则，由于母糟含水量小，可能会导致润粮不好，给糊化和下排发酵带来困难。

③ 入窖淀粉和水分的关系：淀粉的吸水率要远高于糟醅中其他物质。淀粉的糊化必须在充分吸收水分的情况下才能进行。拌料后糟醅的含水量应该在 51%左右，这样有利

于糟醅中酒精和其他呈香呈味物质的萃取。如果上甑时水分高于51%，则蒸馏效率和香味成分的馏出会受到影响，淀粉还可能因吸水过度而糊化过度；如果水分太低，虽然蒸馏效率高了，但淀粉因吸水润粮不好，可能会导致生心等糊化差的现象，不利于下排发酵。出窖水分的多少和滴窖有关，也和发酵有关。发酵好的，出窖淀粉正常，一般保水也好；发酵不正常的糟醅，要么水分过大，要么残余淀粉过高，有些甚至滴不出黄水，残余淀粉也高。所以原料投入也要根据出窖糟水分大小调节，水分大的可以多投入原料，水分少的应少投料。当然，如果出窖淀粉过高而水大则不宜用此法。

④ 入窖淀粉和曲药的关系：一般来说，曲药用量要根据入窖淀粉调节，而不是入窖淀粉根据曲药用量调节。但如果原料已经投入，经蒸馏出甑后，发现淀粉过高或过低，此时应根据曲药和糟醅情况对曲药的用量进行调节，淀粉多的糟醅在其他条件相当的情况下应多加曲药，淀粉含量少的糟醅应少投曲药。旺季淀粉投入大，用曲量也应相应增加；平季和淡季投入淀粉少，应减少曲药用量。

⑤ 入窖淀粉和糠用量的关系：淀粉是窖内能量来源，也左右着糟醅比热、吸水率、含氧量、界面等。入窖淀粉高的用糠量应相应大一些，入窖淀粉少的应适当减少用糠量。入窖淀粉高则吸水也多，淀粉经糊化后容易粘连，而使糟醅结团，使糟醅含氧量和界面不足，适当加大用糠量，同时按比例增加用水量，可以增强糟醅骨力和含氧量，解决糟醅入窖后酵母的增殖问题，使糟醅能正常发酵；如果入窖淀粉低，则糟醅吸水率小、比热容小，在相同能量的情况下，糟醅升温会更猛一些，此时应减少用糠量，有利于糟醅保水性的提高，增加糟醅比热容，从而保证正常发酵。

⑥ 入窖淀粉和糟醅的关系：不同季节，气温不同，入窖糟醅温度也不同。根据季节不同，淀粉投入也不同。一般酒厂是用“粮糟比”来表现粮糟关系的。冬季气温低，入窖糟温度能较好地控制在17~18℃，而冬季窖外温度低，和窖内温度差较大，热能散失也大，要使糟醅能正常升到要求的顶温，所需的能量也要多一些，所以淀粉投入也应相应大一些，这个时候的“粮糟比”应该大一些；平季气温一般会略高于入窖要求温度，此时应适当减少淀粉投入，而略增加用糟量，以达到缓慢升温的目的；淡季气温高，糟醅升温快，而散热慢，此时应减少淀粉的投入而增加用糟量，一方面降低能量来源，另一方面可以提高入窖糟的酸度而达到缓慢升温和以酸控酸的目的。

⑦ 入窖淀粉和发酵周期的关系：前面谈到糟醅在窖内不同时间，其淀粉消耗和产酸情况。在45d左右，糟醅中淀粉含量在11%~12%，根据上排投粮和发酵情况不同有些不同，而糟醅酸度增加值约为1，说明因生酸而消耗的淀粉也只有约为1个，所以发酵周期短的，可以适当少一些淀粉。发酵周期在75d左右时升酸2~2.5，因生酸而消耗的淀粉为2~2.5，糟醅中残余淀粉只有不到10%，此时应相应增加淀粉的投入。

⑧ 入窖淀粉和窖池新老的关系：新窖中微生物数量少，尤其是细菌含量少，其产酸能力相对低一些，所以新窖可以适当少投入淀粉，可以少降一些酸，防止入窖酸度过低；老窖中微生物数量多，因细菌产酸而多消耗淀粉，可以多投入一些淀粉，一是可以通过增加淀粉投入来降低入窖酸度，二是可以改善母糟保水情况，增强糟醅保水能力。表7-19、表7-20、表7-21为窖泥中微生物情况。

表 7-19　　各类厌氧细菌在不同窖泥中的数量分布　　单位：个/g 干土

厌氧菌		己酸菌	丁酸菌	乳酸菌	甲烷菌	硫酸盐还原菌	硝酸盐还原菌
新黄泥		1.74×10	9.75×10^5	2.57×10^4	0.61×10	4.00×10	1.11×10
中龄窖	H17	7.3×10^5	1.07×10^4	4.70×10^5	2.17×10	1.07×10^3	5.80×10^3
	G218	3.2×10^5	2.80×10^5	1.90×10^6	2.10×10^3	8.30×10^5	3.20×10^3
	C13	6.8×10^6	5.12×10^4	6.26×10^6	8.60×10^2	2.10×10^3	7.60×10^4
	G221	7.6×10^5	3.10×10^4	9.91×10^5	2.20×10^2	2.60×10^3	2.30×10^3
新窖	G379	4.0×10^3	1.66×10^4	1.32×10^5	0.1×10	2.80×10^3	5.31×10^2
	G21	3.93×10^2	2.18×10^4	6.00×10^5	0.16×10	7.00×10	3.20×10^2
	G350	5.84×10^3	1.41×10^4	2.9×10^6	2.03×10	2.03×10	1.20×10^2
老窖	C1	8.10×10^7	6.70×10^4	3.60×10^6	3.31×10^4	1.82×10^5	2.80×10^5
	C2	3.80×10^7	5.20×10^5	7.70×10^6	2.60×10^3	6.20×10^2	9.31×10^5

表 7-20　　不同窖龄窖泥中细菌分布　　单位：万个/g 干土

	老窖	中龄窖	新窖	老窖/新窖
细菌总数	104.1	39.3	33.7	3.1
好气细菌数	17.2	11.0	12.1	1.4
厌气细菌数	86.3	28.3	21.6	4.0
厌气菌/好气菌	5.0	2.6	1.8	—
芽孢菌总数	46.1	21.6	20.5	2.3
好气芽孢菌数	9.9	5.2	6.5	1.5
厌气芽孢菌数	36.2	16.4	14.0	2.6
厌气芽孢菌/好气芽孢菌	3.6	3.1	2.1	—

表 7-21　　泸州老窖不同窖龄的窖底泥和窖壁泥厌氧芽孢细菌的变化

单位：万个/g 干泥

部位	400 年窖龄	100 年窖龄	40 年窖龄
窖壁	2.83	0.89	0.21
窖底	59.66	2.51	0.30
窖底/窖壁	21.08	2.82	1.43

⑨ 入窖淀粉和地域的关系：北方空气干燥，空气相对湿度小，空气中微生物数量相对较少，因此可以多投入一些淀粉，一方面可以增加糟醅吸收和保水的能力，二来可以增加糟醅保温、生酸能力，以提高糟醅产香的能力；南方气候条件和北方相反，空气湿度大，常年温差小一些，空气中微生物的种类和含量远高于北方，因此南方酒厂糟醅保温保水能力以及升温能力都比较高，为了防止升温、生酸过猛，可以适当减少一些淀粉投入。

3. 入窖水分

在浓香型白酒生产过程中，水始终贯穿于白酒生产的全过程。在浓香型白酒窖内发酵系统中，水既是窖内微生物生存代谢的重要条件，同时也是整个系统中传质、传热的重要载体；在蒸馏过程中，水参与发酵产物的蒸馏、提取过程并最终成为基酒组成成分。

（1）浓香型白酒发酵系统中的水分含量指标及其变化

① 水分含量与水活度对微生物生理代谢的影响：传统浓香型白酒生产采用固态发酵，因此，就窖内发酵而言，浓香型白酒发酵体系中所含的水分应包括两部分，即基质（糟醅）含水量与气相中含有的水分，前者以单位质量糟醅所含的水量表示；后者以气相中水蒸气分压与同温度下水的饱和蒸汽压之比表示，即相对湿度。现代微生物固态发酵研究表明，微生物生长代谢与基质的含水量有着密切的关系，并存在一个峰值，而该基质的最佳含水量又与气相相对湿度的大小有关。换而言之，在固态发酵体系中，微生物在该基质上的生长代谢，取决于该基质的水活性因子 A_W 值，即水活度。

在微生物学研究中，水活度（A_W）定义为：在同一温度下，基质的平衡蒸汽压（p_S）与纯水的平衡蒸汽压（p_W）之比。即 $A_W = p_S/p_W$。水活度表示了紧靠微生物周围的非结合水的量，它与基质含水量有关。不同的微生物，要求的 A_W 值不同。细菌要求 A_W 值为 0.90~0.99，大部分酵母菌要求 A_W 值为 0.80~0.90，真菌和少数酵母菌要求 A_W 值为 0.60~0.70，如果 A_W 值发生微小的波动，则会对微生物的生长和代谢产生较大的干扰，因此从对维持微生物的生理活性来分析，A_W 值要比基质含水量更为重要，它表示了基质中水的一种潜在的能量，即渗透压和表面张力。

由上述定义可以看出，基质水活度高低取决于该物质的化学组成、含水率和物理状态（如温度、压力）等因素。因此，在浓香型白酒发酵过程中，一方面是由于糟醅中水分的流动与蒸发，另一方面是由于温度的升高，糟醅的 A_W 值是不断变化的，当生产配料不当时，中、上层糟醅（主要指黄水线以上的糟醅）的 A_W 值呈现出线性减小的过程，从而对窖内微生物种群的演替产生较大的影响。

由于水活度值测量的困难，目前国内对糟醅水活度值尚无相关报道，对浓香型白酒入窖水分一般仍采用单位糟醅含水量表示。江南大学刘焕龙等研究了几种湿酒糟（未加入浓缩可溶物）的物理特性和化学成分，对水活度进行估算，$A_W = 1.00$ 时的湿基水分质量分数在 58.20%~65.87%。

② 浓香型白酒发酵过程中糟醅水分含量的变化

a. 材料及分析方法：电热烘干箱，干燥皿，130℃烘干法。

b. 实验方法：采用传统生产工艺，双轮底发酵。发酵糟醅按上层（黄水线以上）和下层（齐黄水线）分 5 点取样，混匀后作为 1 个样品进行分析。入窖水分 56%、入窖淀粉浓度 20%，入窖发酵，每隔一定时间测定糟醅含水量，发酵时间 4~6 月，发酵周期 60d，结果见图 7-4。

从图 7-4 中可以看出，在整个发酵过程中，虽然微生物生长代谢要消耗一部分水分，但由于微生物大量繁殖所带来的原料的大量消耗，以及微生物代谢生成的挥发性物质由于实验方法的原因计入含水量，因而实验数据表现为窖内糟醅水分含量的持续增加。

从发酵过程而言，上层糟醅在发酵初期（0~7d）水分含量增长变化明显小于中、下

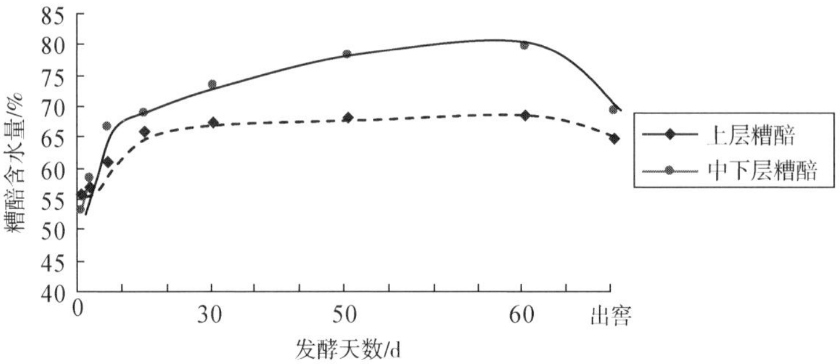

图 7-4　糟醅含水量变化

层糟醅，这是因为上层糟醅的发酵先于中、下层糟醅进入旺盛期，同时多余水分及代谢产物不断下沉；发酵 14d 后，上层糟醅与下层糟醅水分含量基本保持一样，达到 67%左右，并一直维持缓慢的增长至基本饱和状态。

而下层糟醅的水分含量在 7d 内有显著增长，随着发酵的进行，由于代谢产物大量产生及发酵基质的消耗，上层糟醅多余水分及代谢产物沉积并聚集成为黄水，下层糟醅的水分含量持续增长至过饱和状态，形成黄水与糟醅混合发酵的形式，糟醅水分含量可高达 80%左右。

发酵结束后，由于进行滴窖操作，糟醅水分含量均有所下降，需要指出的是，即使经过滴窖操作，下层糟醅的水分含量依然在 69%左右，处于过饱和状态。

③ 出窖糟醅水分含量与润粮及蒸馏的关系：浓香型白酒发酵结束，糟醅出窖经配料后上甑蒸馏，糟醅含水量对润粮及蒸馏工艺均有较大的影响。相关实验数据如表 7-22 所示。

表 7-22　　糟醅水分含量与润粮及蒸馏的关系

出窖糟醅水分/%	润粮后糟醅水分/%	蒸馏效率/%
68	54	63.90
62	51	66.84
60	50	67.52
58	48	69.73

注：（1）投粮均以 22%计。
（2）流酒以盖盘至断花计。
（3）为了计算的一致性，出窖糟醅水分含量为黄水添加到母糟中进行测定。
（4）试验采用自制小型甑桶，传统手工上甑蒸馏。

润粮后糟醅含水量为 48%的糟醅，虽然提取率较高，但出甑后，粮食有生心，糊化不好。一般而言，糟醅水分应在 50%~51%，超过该范围，会影响蒸馏效率，对酒质也有影响。这是因为呈香呈味成分如酯类（除乳酸乙酯外）基本都是醇溶性酯。水分高，则甑内酒精分压小，酒精浓度低，所萃取出的酯类则减少，而乳酸乙酯具有亲水性，更容易同水一起馏出，提高了乳酸乙酯馏出量，从而影响酒质；水分过少又会使糟醅润粮不透，不利于蒸煮糊化，造成粮食生心，影响糟醅发酵，降低淀粉利用率。

（2）浓香型白酒入窖水分的工艺控制

① 入窖水分含量对产量、质量的影响：水是生命之源，所有生命活动都离不开水，它是构成生物细胞的主要成分。在浓香型白酒生产中，历来有“水是酒之血”之说。适当的水分才能使发酵正常进行，才有利于酒的产量和质量。

a. 入窖水分对入窖糟醅的影响：由于水的比热容、相对密度较大，加之其特有的渗透性、流动性及溶解性，因此，水分含量的高低对入窖糟醅有较大的影响（表7-23）。

表7-23　入窖水分对入窖糟醅的影响

水分含量	糟醅性质变化					
	比热容	容重	黏度	导热性	溶氧比	酸度
增加	增加	增加	增加	增加	减少	减少
减少	减少	减少	减少	减少	增加	增加

需要指出的是，加大水分虽然可以降低当排糟醅酸度，但如果水分过大，会导致出窖糟水分增大，酸度高，降低蒸馏效率，在配料时势必会加大用糠量，从而导致下轮发酵不正常，影响下排酒产量和质量。若连续几排母糟缺水，使配料比例严重失调，使糟醅出现“上干下淹”的情况。

b. 入窖水分高低对糟醅、黄水、酒质感官质量的影响见表7-24。

表7-24　入窖水分高低对糟醅、黄水、酒质感官质量的影响

入窖水分	出窖糟醅	黄水	酒质
水分含量过高	糟醅瘦，出窖后见风转黑，骨力差，流水	清，无悬丝，无涩味或涩味淡	味淡，浓香差
水分含量过低	糟醅发暗，干硬，散，酒气大，有倒烧味	少，清，发黑，有煳味	味糙辣，后味苦或后味欠净

② 入窖水分标准：控制入窖水分的基本准则如下：

a. 根据原料不同有所不同：如以粳高粱等直链淀粉为主的原料入窖水分53%~55%，支链淀粉含量较高的原料如小麦、糯米、糯高粱等，入窖水分可略高。因直链淀粉颗粒较小，含300~600个葡萄糖单元，且以1，4-糖苷键连接，易糊化。支链淀粉颗粒较大（600葡萄糖单元以上）且主要以1，6-糖苷键连接，呈网状结构，吸水率高，糊化糖化较难。

b. 根据浓香型白酒生产季节不同而不同：一般来说，旺季少点，淡、平季多点。

c. 根据窖龄窖泥成熟度不同而不同：新窖吸水率较高，入窖水分可略高1%~2%，略高于成熟窖池。

d. 糟层不同入窖水分不同：称之为“打梯梯水”，即下层最少，上层最多，中层适中，每层相差1%左右。

e. 根据地域不同而不同：北方地区干燥，水分易挥发，宜略高1%~2%，南方气候湿润，空气湿度较大，微生物种类和数量丰富，水分可略低。

f. 根据窖池大小不同而不同：大窖淀粉总量较大，比表面积小，能量不易散失，应略增加水分以增大比热，可延缓升温速度，反之小窖热量易散失，升温较难，可适当减少水分。

根据川内各名白酒厂长期经验，入窖水分控制在53%~56%。夏季一般在56%左右，冬季一般在53%左右。

③ 浓香型白酒生产中打量水的工艺控制：据相关报道，糟醅经拌和蒸馏后，糟醅水分含量与蒸馏前糟醅水分含量相差不大，只是糟醅中的微生物代谢产物被水分代替。在生产实际中，入窖水分通过打量水的工艺操作进行补给。

a. 量水用水要求

卫生要求：必须符合国家饮用水标准。清洁、无色，无杂质，无悬浮物，硬度低。

温度要求：传统要求85℃以上量水，现在各厂家基本要求用沸点量水。量水温度高有利于淀粉吸水糊化，有利于防止杂菌感染。如果水温过低，一方面会带入杂菌，引起发酵异常，产生过量联二酮，给酒带来馊味和酸味；其次，蒸馏结束后，糟醅温度能达100~102℃。遇冷水时，淀粉颗粒表面收缩，阻碍淀粉颗粒内部吸水糊化，形成表面水，不利于淀粉糊化、糖化和窖内正常发酵。

操作要求：打量水时尽量要均匀透彻，边打边翻，边翻边打，有利于淀粉吸水均匀糊化，防止打“窝子水”，也要防止打穿打漏。打完量水后应收拢堆积5min左右。

b. 量水用量的计算：如果按出甑后糟醅含水量60%计（粮和糠壳），打入多少量水才能达到不同季节、糟层等要求的水分呢？

根据经验可以简单算出：每打入原料100%的水分，可以获得约6%的水分增加值。

或者按实际粮糟比计算，公式见前。

按所需水分就可以计算出：54%入窖，可打入原料量的4/6约70%；55%入窖，可打入原料量的5/6约80%；56%入窖，可打入原料量的6/6约100%。

（3）入窖水分与其他入窖条件的关系

① 入窖水分和入窖淀粉：淀粉投入越多，应按投粮相应增加量水，以保证合适的入窖水分；反之则应减少量水，量水应遵循量水跟粮走的原则。实际上水分和淀粉在糟醅中类似反比例关系。比如经化验入窖水分56%时，淀粉为20%，折合成54%水分时淀粉为20.9%。

不同水分条件下淀粉、水转换关系如下：设 D 为淀粉含量，S 为水分含量。D_1 为 S_1 时的淀粉含量，D_2 为 S_2 时的淀粉含量，则：

$$D_2 = D_1 \times \frac{1-S_2}{1-S_1} \times 100\%$$

例1：化验糟水分56%时，淀粉为20%，折合成54%水分时的淀粉为：

$$D_2 = 20\% \times (1-54\%) / (1-56\%) \times 100\% = 20.91\%$$

例2：化验糟淀粉22%，水分为54%，折合成56%水分时的淀粉为：

$$D_2 = 22\% \times (1-56\%) / (1-54\%) \times 100\% = 21.04\%$$

即每增减2%的水分，淀粉总降约1%，实际生产中，应是多投粮多打水，少投粮少打水，即“糠随粮走，水随粮糠走”。

② 入窖水分和温度：原则上是温高水大，温低水小。

a. 水能增加糟醅比热容：夏季气温高，多打量水有助于延缓糟醅升温速度，而且夏季水分挥发量大，多打量水可以补充糟醅摊晾时挥发掉的水分；冬季气温及糟醅温度低，少打一点量水有利于糟醅升温，以保证升温速度的幅度，理论上升温幅度可以达到15~16℃，产酒比较理想。如果品温能上升到33~34℃，则母糟产酯能力也较强。

b. 水分增加减少可以调节糟醅容氧比：夏季气温高，微生物活性也较强，环境中微生物数量也多，特别是霉菌、醋酸杆菌属好气性微生物，且霉菌所需最佳水分活度值 A_W 偏低，多打量水可以减少糟醅中的氧气含量，可以有效地抑制好气性微生物的繁殖和代谢，以减少酒中邪杂味的产生，减少糟醅中乙酸以及乙酸乙酯含量；冬季微生物活力差，且环境中数量少，适当少打量水，可以提高糟醅容氧比，如：酵母在容氧比为1~7mg/L时，其繁殖和代谢都较正常，那么产酒量就会较理想，同时醋酸菌属也能很好地繁殖和代谢，生成适量的乙酸乙酯，以增加基酒的放香。

c. 水及水蒸气能改变窖内界面条件：所有的微生物都生长、作用于界面，如果界面值越大，微生物繁殖代谢就越旺盛，水和固态物质间形成固液界面、水和水蒸气及其他气体形成汽液界面、水蒸气及其他气体和固态物质间形成固汽界面，夏季气温高，微生物数量多，增加水分，减少了固汽界面，减少了界面值就可以减缓糟醅发酵速度，达到缓慢发酵的效果。反之，冬季气温低，微生物数量少，活力差，增加固液界面和汽液界面，能有利于提高微生物繁殖和代谢，使糟醅能正常发酵。

d. 夏季气温高，乳酸菌活跃，窖内乳酸钙、乳酸铁结晶的可能性增大，多打量水可以有效溶解乳酸钙、乳酸铁等，有利于防止窖泥老化板结。

③ 入窖水分和入窖酸度：酸大水大，酸小水小。除了原辅料外，水也能稀释和降低酸度，根据出窖酸度高低，适当调整量水量。出窖酸度大，宜多打一点量水；出窖酸度低，宜略少打量水。不宜单纯依靠量水来降酸，一方面，淀粉吸水有限，过多会产生表面水，导致杂菌，尤其是产酸细菌感染和繁殖，从而使糟醅在窖内发酵产生过量的酸，使下排出窖糟酸度高，形成恶性循环。用量水调节酸度只是其他降酸方式的辅助手段。

④ 入窖水分和曲药用量：夏季气温高，投料量少，酶活性高，出窖水分大，量水用量大，应减少用曲量，即所谓水大曲小；冬季气温低，配料略大，入窖水分略低，酶活性低，应略增大用曲量，也就是水小曲大。

⑤ 入窖水分和糠壳用量：旺季应遵循“糠跟粮走，水跟糠走”的原则，夏季则相反。如上所述，加大量水用量，可增大糟醅比热容，稀释酸度，以延缓发酵速度。

⑥ 入窖水分和糟醅关系：出窖糟含有较高的水分，应根据“粮糟比”确定量水用量，若配糟量大，则应相应减少量水用量，以避免水分过大，糊化过度，引起发酵过快，升温过猛；若配糟量小，则应相应加大量水用量，使粮食吸水充分，以利于糊化，达到合理的糊化度和入窖水分。

总之，水分对发酵是十分重要的，应根据季节、气温、粮食品种、糟醅出窖水分、出窖酸度、窖池大小、窖池成熟度等来合理安排入窖水分，使窖内糟醅能正常发酵，获得理想的产量和质量。

4. 曲药和其他因素的关系

(1) 曲药的作用　关于曲药前已叙及，下面就具体讲述大曲中糖化力、液化力与蛋白质水解力对浓香型白酒生产的影响。通常人们将大曲视为糖化发酵剂，随着对浓香型白酒发酵研究的深入及实践，据庄名扬的研究，发现优质大曲应有适宜的糖化力、液化力和蛋白质水解力（表7-25~表7-27）。

表7-25　不同糖化力大曲的生产结果

糖化力/［mg/（g·h）］	920	712	383
酸度/（mg/100g）	1.9	1.4	0.9
出酒率/%	41.0	39.4	38.88
乳酸乙酯/（g/L）	5.98	2.31	1.53
己酸乙酯/（g/L）	1.61	2.65	2.02

表7-26　不同液化力大曲的生产结果

液化力/［g/（g·h）］	1.54	0.88	0.38
糖化力/［mg/（g·h）］	701	754	738
出酒率/%	39.1	36.5	35.6

表7-27　不同蛋白质水解力与酒质的关系

糖化力/［mg/（g·h）］	901	754	383
液化力/［g/（g·h）］	1.54	0.88	0.587
蛋白质水解力/［g/（100g·h）］		2.50	0.68
酸度	1.90	1.4	1.10
丙醇/（g/L）	0.111	0.257	0.155
仲丁醇/（g/L）	0.044	0.264	0.088
异丁醇/（g/L）	0.101	0.122	0.131
丁醇/（g/L）	0.022	0.536	0.124
异戊醇/（g/L）	0.389	0.404	0.278
己酸乙酯/（g/L）	0.666	2.751	2.278
丁酸乙酯/（g/L）	0.034	0.398	0.178
乳酸乙酯/（g/L）	4.278	2.313	1.670

（2）大曲与浓香型白酒入窖条件间的相互关系

①曲药与投入淀粉的关系：在以温度不变为前提，原则上投粮（入窖淀粉）越多，用曲量应按相应比例增加，即“曲随粮走”。其原因是投粮量的改变，其投入淀粉所需的糖化力也应相应改变。所以，曲药用量与投粮（入窖淀粉）呈正相关关系。

②曲药与入窖温度的关系：曲药中各种酶的主要作用温度在40~60℃，在发酵过程中越接近这个温度范围，在其他条件不变的情况下，各种酶越能发挥其活性。所以，入窖品温越高，则用曲量越小，如夏季气温高，用曲量在18%~20%；冬季气温低，入窖品温较夏季低，用曲量应调整为20%~24%。所以，曲药用量与气温（品温）呈负相关关系。

③ 曲药与入窖水分的关系：曲药中酶在干燥情况下处于休眠状态，其酶活性是需要吸收水分恢复的，水分越高，曲药中酶活性越好，故在其他条件相同情况下，入窖水分越大，可向下调整用曲量，如入窖水分越低则应相应上调用曲量，即，用曲量与入窖水分呈负相关关系。

④ 曲药与酸度的关系

a. 在正常季节，曲药用量与酸度的关系：酶类都有其最适酸度（pH），多数酶的最适 pH 在 4.0~6.5，即微酸环境。酸度越高，酶的活性越受到抑制，则应相应增加用曲量，以弥补损失的酶活性。反之，酸度越低，酶活性越强，为防止升温过猛，则应下调用曲量，此时，用曲量与酸度的关系是负相关关系，在夏季则应减少用曲量以防止糟醅升温过快。

b. 转排用曲量与酸度的关系：夏季由于气温高，入窖温度高，从环境及用具、曲药等中带入母糟中的微生物数量多、活力强，为防止升温过快，应下调用曲量，以便安全度夏。

⑤ 曲药用量与糠壳关系：糠壳用量会改变母糟含氧量及界面。用糠量越多，含氧量及界面越多，则好气性微生物或兼性厌气微生物繁殖代谢越旺盛。所以，糠壳用量增加，应减少用曲量；反之，用糠量减少，则应增加用曲量，但夏季由于气温高和品温高，用曲量应减少。在正常情况下，用曲量与用糠量呈负相关关系。

⑥ 曲药用量与母糟的关系：如果母糟骨力好，活力强，为防止升温过猛，应少用曲。反之，如果母糟骨力差，则应略增加用曲量。如果母糟用量大，应增加用曲量，反之，应少用曲药。夏季例外，为防止夏季糟醅升温过猛，应在加大用糟量的同时减少用曲量，在正常季节，曲药用量与母糟骨力呈负相关关系；用曲量与母糟用量呈正相关关系。

⑦ 用曲量与曲药质量关系：如果曲药质量好，糖化力高，则应少用曲，以防止糟醅升温过快；反之，如果曲药质量差应相应增加用曲量，以保证母糟正常发酵。

讨论：曲药是浓香型白酒重要的糖化发酵动力，同时也是发酵生香及呈香呈味物质的重要来源。制曲过程，一定要重视关键工序点，保持正常的水分、升温、穿衣、排潮等。在曲药的使用过程中，应根据入窖淀粉、入窖温度、入窖水分、入窖酸度及母糟情况等其他入窖条件的变化以及曲药自身质量合理使用曲药，保证窖内发酵的正常进行。

5. 入窖酸度

窖内有机酸的来源很多，主要由细菌代谢产生，当然酵母在发酵产生酒精的同时也会产生如乙酸等有机酸，一些霉菌也会有产酸的能力。有机酸既是微生物的产物又反过来制约微生物的繁殖和代谢。不同的微生物有不同的适应范围和最适范围。

合理的入窖酸度是保证糟醅正常发酵的主要因素之一。一般现在入窖酸度在 1.7（滴定酸度）左右。酸度过高，糟醅发酵升温差，影响出酒率，还会给酒带来酸味等。如果入窖酸度过低，那么糟醅中醇酸酯化的前体物质少，生成的酯类少而影响产品质量，而且酸度过低，则糟醅中其他呈香呈味物质也少，也是影响酒质的原因之一。因为加入的原辅料是中性的，通过计算原辅料加入量可以算出降酸幅度。根据经验，通过粮糟比和出窖酸度大概可以算出上甑前糟醅酸度，如，粮糟比为 1∶4.5，出窖酸度为 4，那么配粮后酸度为 $4\times4.5/(1+4.5)=3.27$，加入辅料后和蒸馏后酸度约为 1.9。

6. 糠壳用量

糠壳的作用主要是提供氧气和界面，但也有副作用（如糠味和其他异杂味），所以应注意使用量。一般在不同季节使用量如表 7-28 所示。

表 7-28　糠壳的使用量（按投粮百分比）　单位：%

旺季	平季	淡季
25～28	23～25	20～23

糠壳的一般使用原则是“糠随粮走”，即粮大糠大、粮小糠小。冬季气温低，投粮大，空气、环境及接种进入糟醅中的微生物数量相对较少，糠壳用量可以稍大一些，这样可以适当增加糟醅中氧气含量和界面，使发酵能正常进行。平季气温一般在 25℃左右，此时用糠量应适当减一点，因气温升高的同时，空气湿度也有所上升，空气、环境中微生物数量及活性有所恢复，如果糠壳用量过大，糟醅含氧量和界面过大会使糟醅升温过猛，造成产酒少而杂、苦等。夏季气温高、湿度大，环境中微生物数量多、活力强，应减少用糠量，以防止糟醅升温过猛，产生大量酸，降低出酒率，造成淀粉损失，而且会给酒带来异杂味，同时使糟醅骨力差，给转排后的生产带来难度。

糠壳用量与其他入窖因素的关系

① 用糠量与温度的关系：温度是决定糟醅发酵的主要因素，其他因素都是围绕温度而进行调整。冬季是白酒生产的旺季，主要原因在于糟醅在发酵过程中易保证品温的“前缓、中挺、后缓落”。

② 糠壳与淀粉的关系：糠壳用量与淀粉的关系包含两个方面：出窖淀粉含量（即残余淀粉）和投入淀粉量。入窖淀粉的量是由出窖淀粉和投入淀粉构成，前面也谈到出窖淀粉和新投入淀粉的不同。根据季节不同，投入淀粉也不同。当出窖淀粉高时，糟醅酸度可能相对低一些，而糟醅可能会显得腻一些，本排投入原料应略减少一点，糠壳用量则应稳定。如果用糠量过大，则由于残余淀粉在蒸煮时易糊化，入窖后易造成升温猛。用糠量太少，则会出现糟醅发腻而影响发酵；如果出窖淀粉低，那么糟醅可能会出现含水量大（发酵周期短，水分来不及下降而使糟醅水分过大）或小（发酵周期长，淀粉消耗过多，糟醅不保水，水分下降到窖底使中上层糟含水量不足），出窖糟含水量大，淀粉消耗多，应适当多投入淀粉，但应注意润粮时间不能太长，否则可能会使糟醅润粮过度，在蒸粮时容易使淀粉糊化过度。当出窖糟淀粉低而水分少时，也应适当增加淀粉投入，但必须注意原料的预润料处理，否则易出现润粮不透而蒸粮不熟造成粮食生心，给发酵带来困难。

③ 糠壳与水分的关系：前面已经说过水分与糠壳的关系。当出窖糟水分过大时，糟醅容易显腻，用糠量可适当大点，以避免上甑塌汽、摊晾时甩撒不匀和入窖时糟醅结团影响发酵；当出窖糟水分过低时则可相应增加用糠量，避免糟醅过于干燥和泡气，带入过多的空气，使糟醅发酵过快而升温过猛。

④ 糠壳与曲药的关系：糠壳用量大时，应注意用曲量不能过大，否则因接种量大而且加入的酶多，糖化和发酵易过快；反之用糠量小时可适当加大用曲量，使发酵能正常进行。

⑤ 糠壳与酸度的关系：糠壳有降酸的作用，当酸度过大时，可适当增加一点用糠量，以降低入窖糟的酸度。但因糠壳降酸的作用有限，用糠壳降酸只是当酸度过高时的一种补充方法，不能完全靠用增加糠壳用量来降酸，否则会因用糠量过大而导致升温过猛；当出窖糟酸度过低时，糟醅本身的骨力也较好，因此可以少用糠壳。

⑥ 糠壳与糟醅的关系：糟醅自身也含有大量糠壳，因此用糟量大时应适当减少用糠量；反之，用糟量小时则可增加适量糠壳。比如，冬季是生产的旺季，粮糟比大，也即淀粉投入量大，而用糟量相对少一些，此时可多用一些糠壳，可以达到28%；夏季粮糟比小一些，用糠量为20%~23%。

但如果出窖糟不正常时，则应根据具体情况而定，比如，出窖糟水分大而且糟醅显腻，则应适当增加用糠量；当出窖糟水分小而硬时，则应少用糠壳。

7. 糟醅

糟醅是浓香型白酒生香的基础，浓香型白酒发酵采用“续糟法”，就是为了能利用母糟中的水、有机酸、香味成分、生香前体物质等。

（1）糟醅的成分

① 淀粉、糊精、多糖等：上排发酵未能完全利用的淀粉，可转化成糊精、多糖等，经再次利用，可提高淀粉利用率，提高酒的产量。

② 有机酸：发酵后母糟中淀粉经微生物作用产生各种有机酸，如乙酸、乳酸、己酸、丁酸等，而这些有机酸是生成相应酯类的前体物质。

③ 微量元素：农作物从土壤中吸收氮、磷、钾，经发酵后游离出来，为下排发酵微生物提供相应的营养元素。

④ 蛋白质、氨基酸：酵母营养细胞除水分外，含有大量蛋白质。糟醅发酵前期，酵母大量繁殖，主发酵结束后酵母衰亡自溶产生蛋白质、氨基酸。同时，原料中也含有5%~15%的蛋白质，这些蛋白质可以作为窖内其他微生物的氮源。

⑤ 生长素：酵母自溶后会产生生长素，可以为己酸菌等微生物繁殖提供条件。

⑥ 单宁：谷物原料皮中含有单宁，经发酵后产生丁香酸、芳草酸、芳草醛、阿魏酸等风味物质。

⑦ 纤维素、半纤维素：母糟中纤维素能给微生物繁殖代谢提供界面条件，解决部分糟醅骨力，使入窖糟醅中含氧量达到合理，部分半纤维素还可以转化成可发酵性糖。

（2）母糟的作用

① 母糟中含有大量有机酸，可以为相应的酯类提供前体物质，合理利用母糟，可以给入窖粮糟提供合适的酸度，有机酸有利于淀粉吸水糊化，可以抑制糟醅中有害杂菌的繁殖和代谢，如各种霉菌及细菌耐酸能力都不高。

② 出窖糟中含有62%左右的水分，提供润粮水分，便于淀粉蒸煮糊化。

③ 母糟含有多种呈香呈味成分及其前体物质，能赋予白酒风味。同时给下排生香提供物质基础。

④ 母糟中含有多种微生物繁殖代谢所需要的各种营养成分，为窖内微生物繁殖代谢提供生长繁殖界面。

⑤ 母糟中含有的水分和纤维素能为微生物提供生长期界面。

⑥ 调节配糟淀粉含量，使入窖淀粉达到合理要求。

⑦ 改善窖内糟醅溶氧比，使之适合酵母繁殖代谢，保证发酵正常进行。

（3）母糟的使用　根据出窖糟上下层、水分、酸度、气温、窖池大小等不同，粮糟比应有所不同。

① 糟层不同，使用不同的原则：糟醅在窖内糟层不同，其水分、酸度、骨力均不同。上层糟水分较低，酸度低，骨力好。下层糟水分、酸度较高，骨力较差。因此，根据季节不同，合理使用上、中、下层糟配料，保证合理的水分和酸度。夏季转排时，根据“以酸制酸”的方式可适当多用下层糟醅。

② 季节不同，使用不同的原则：旺季气温低，空气、环境中、器具上的微生物数量少，活力低，宜采用低配糟，高配粮，以降低入窖酸度，增强糟醅活力，粮糟比为1∶4~1∶4.5。平、淡季粮糟比为1∶4.5~1∶5。

淡季气温、地温高，入窖糟醅温度也高，环境、空气中微生物数量多、活力强，容易造成发酵过快，升温猛，不利于酵母繁殖代谢，而有利于产酸细菌繁殖代谢，影响酒的产量。出窖糟醅酸度大、淀粉损失大，同时会给酒带来酸味、苦味、涩味等异杂味。所以夏季应适当增加配糟量，以提高糟醅入窖酸度，同时减少用糠量，加强踩窖，减少窖内空气含量，减少含氧量，以延缓发酵速度，即夏季尤其是转排采用“以酸制酸”的方式达到控制窖内生酸幅度的目的。

③ 水分含量不同，使用不同的原则：拌料上甑时，糟醅水分应控制在50%以下，那么根据出窖糟醅水分不同，用糟量应有所不同。出窖糟水分小，可适当增加配糟量，保证合理的水分，以便于润粮顺利。若出窖水分大，可以适当减少配糟量。拌料后水分最好不要超过51%，否则会影响酒的蒸馏效率，不利于酒精浓缩，妨碍醇溶性酯类及其他呈香呈味成分的萃取和馏出。而且水溶性酯类如乳酸乙酯可能馏出量增加，给酒带来生闷味，造成酯类“馏出比”失调，不利于“增己降乳”。水分过大还容易造成润粮过度，在蒸粮过程中不易控制合理的糊化度。

④ 入窖酸度不同，使用不同的原则：入窖酸度和发酵是密切相关的。因各类微生物都有其最适宜的pH，如酵母pH3.5~6.0、细菌pH5.5~6.5、霉菌pH6~7。酸度过高会抑制发酵，影响出酒率；酸度过低可能导致升温过快，既影响出酒率，也影响产品的口感。合理配糟是调整合理入窖酸度的主要措施之一。出窖酸度低，可以适当增加配糟量或适当配以双轮底，使入窖酸度达到合适的程度。一般冬季1.7~1.8；平季1.8~1.9；淡季2.0~2.2。如果出窖酸度高，应略减少配糟量。

⑤ 窖池大小不同，使用不同的原则：窖池大，保温性较好，比表面积小，可适当增大配糟量，有利于提高酒的产量和质量；窖池小，糟醅同窖泥接触面积较大，保温性稍差，宜减少配糟量以利发酵的正常进行。

⑥ 发酵周期不同，使用不同的原则：发酵周期长，那么消耗的淀粉越多，糟醅酸度也大，应略减少配糟量；发酵周期短，消耗的淀粉少，酸度也低，宜加大配糟量。

⑦ 窖泥新老不同：老窖泥微生物种类多、数量大，尤其是产酸细菌，可略减少配糟量，相应增大了淀粉投入，以提高窖池利用率。新窖泥生香能力低，微生物数量少，可增大配糟量，提高入糟的酸度，以达到生香物质的聚集和加速新窖成熟。

（4）母糟同其他入窖条件的关系

① 温度：气温越高，环境中的微生物数量越多，尤其是霉菌、醋酸杆菌、乳酸菌等。所以，夏季宜适当增大配糟量，以增加糟醅入窖酸度，有效抑制杂菌繁殖，即“以酸制酸”。反之，冬季气温低，环境、器具、空气中的微生物数量少，相对不活跃，可适当减少配糟量，降低糟醅入窖酸度，增强糟醅活力，以利于糟醅正常发酵。气温越高配糟量越大，这样在其他条件不变的情况下可以提高入窖糟酸度。

② 酸度：出窖酸度大，则需加大用糠量，而减少用糟量以达到降酸、提高母糟活力的目的。反之，出窖酸度小，则应加大配糟量，以提高母糟酸度，为窖内生香提供前体物质和提供酒中其他呈香呈味成分。

③ 淀粉：出窖淀粉高应减少用糟量，加大用糠量，使糟醅达到合理的入窖淀粉含量；反之，应加大用糟量，而减少用糠量。投粮一定的条件下，用糟量越大，则淀粉含量越低；用糟量越小，则淀粉含量越高。

④ 水分：从母糟自身含水来说，则糟醅和水分呈正相关关系。从使用糟醅来说，出窖糟水分越大，用糟量越应减少。所以量水应根据出窖糟水分和配糟比来决定，以达到合适的入窖水分。

⑤ 曲药：母糟中有机酸对曲药中的酶活性及曲药中微生物都有影响。虽然酶类和大部分有益微生物作用和代谢都在微酸条件下进行，但一般来说，酸度越高，酶活性越低。反之，酸度低一些，则糟醅活力强一些。入窖酸度高的糟醅，用糟量小，则用曲量应相应增加；反之则应略减少。当然夏季应当例外，夏季用糟量大而且酸度高，为防止糟醅升温过猛，反而应少用曲。

⑥ 糠壳：配糟量大时，应减少用糠量；反之，如果配糟量小，则应增加用糠量，即配糟量与糠壳量呈负相关关系。

综上所述，母糟的合理使用是维系窖内正常发酵的基础。应根据母糟自身情况，结合气温等条件合理搭配使用以达到提高产量和质量的目的。

（六） 酒中常见异杂味与生产的关系

1. 苦味

酒中苦味产生的原因主要有：用曲量过大，使糟醅升温过猛，窖内酵母降解产生的蛋白质和原料蛋白质脱氨脱羧产生大量的高级醇，尤其是异丁醇，使酒带苦味；用糠量过大，糟醅升温猛；用曲量过大，俗话说“曲大酒苦”，用曲量过大也是导致糟醅升温过猛的原因；另外夏季气温高，投粮量过大也是升温过猛的原因之一；窖池管理不善使封窖泥开口而感染杂菌特别是青霉菌，通过蒸馏带入酒中；起窖粗放，使封窖泥中夹入大量的糟和糠壳导致封窖不好、漏气而感染霉菌；环境卫生没做好，带入杂菌；现场糟醅没用完、堆积时间过久而感染杂菌等。

2. 酸味

酒中酸味过大主要原因是：糟醅酸度过大，通过蒸馏进入酒中；糟醅含水量过大，水溶性有机酸进入酒中。

3. 馊味

酒中馊味的来源主要是：量水温度过低而感染过多的好气乳酸菌；环境卫生没做好；

糟醅在润粮后堆积时间过长而感染好气乳酸菌；晾糟时间过久；糟醅入窖后未能及时封窖而感染杂菌等。

4. 涩味

如果接酒时不注意量质摘酒，酒中接入了过多的后段酒，使酒中乳酸乙酯过量，则会出现涩味。

5. 倒烧味

入窖时，如果粮糟水分过低如低于52%时可能会出现霉菌繁殖而产生升温现象，酒中有明显发烧的味道；或出窖糟在现场堆放过久，特别是夏季，就会出现因糟醅感染霉菌而引起发热，出现酒色发黄、倒烧味。

6. 霉味

霉味也是因为感染霉菌引起的，原因有：入窖糟水分过低；用糠量过大，现场卫生没做好，或入窖糟中混有霉变糟等。

7. 黄水味

如果在粮糟蒸馏时，底锅中回入黄水，特别是黄水质量差时更明显。所以一般要求黄水不能回到粮糟底锅，而是回到丢糟底锅中，所得酒称为“丢糟黄水酒”，“丢糟黄水酒”一般不能进入基酒中，而是稀释后回窖养窖，或回底锅中重蒸。

8. 底锅水味

传统生产中要求每甑必须更换底锅水，但生产中有时因为工人操作不注意或因懒惰而没有及时更换底锅水，就会给酒中带来底锅水味。尤其是中小厂，蒸馏过程中用燃料直接加热底锅，此过程带入糟醅中的有机成分进入底锅中，如果不及时更换则会煳锅从而带来煳味，或因在底锅中回入黄水而没有及时更换清水所致。所以生产中一定要严格要求每甑更换底锅水。

9. 辛辣味

如果用曲量过大，升温过猛，糟醅及原料中酪氨酸会生成酪醇等，或因枯草芽孢杆菌等杂菌感染而产生丙烯醛，使酒中出现辛辣味。

还有其他异杂味，如橡胶味、油哈味、机油味等。这些异杂味的产生途径可能有容器、管道或原辅料不清洁等。应注意生产原辅料的卫生、酒容器及管道的清洁。另外容器应注意盖好，以免掉入其他异杂物而带来异味。

此外，近几年来部分地区浓香型大曲酒厂出现乙酸乙酯偏高，有的甚至高于己酸乙酯。对于这种现象要引起重视。初步分析，一是大生态环境发生变化，气候异常等，对酿酒车间小生态影响如何？是否打破了现有酿酒微生物区系？二是酿酒的原料，种植方式的变化，品种的更替，化肥的使用，亩产量的提高，现有酿酒微生物的微生态是否适应？三是部分厂家间断或不间断使用进口的澳洲高粱等酿酒，“洋”高粱是否适应中国本土酿酒生态……

二、麸曲浓香

在第五届全国评酒会上，辽宁的金州曲酒，吉林的德惠大曲、龙泉春酒，内蒙古的宁城老窖、赤峰陈曲，河北的燕潮酩均被评为全国优质酒，其中金州曲酒、燕潮酩连续3届获此殊荣（即第3、4、5届全国评酒会），可见麸曲浓香在白酒中占据的位置。

（一） 麸曲白酒的诞生与烟台试点

据傅金泉介绍，麸曲白酒历史，可以追溯到20世纪30年代，1937年辽宁抚顺酒厂从日本引进菌种开始生产麸曲白酒，但由于战乱，这项技术未能推广开来。1938年8月"黄海化学工业研究社"的方心芳等在四川乐山金华酿造厂进行改造酿酒用大曲的试验，在大曲中接种曲霉、根霉和酵母菌（强化大曲），提高了大曲的糖化和发酵效率，可惜这项研究也仅停留在试验阶段，未得到推广。直到1950年，周恒刚在哈尔滨市第四酒厂，从辽宁引进菌种，使用其单一菌种，麸皮匣曲为糖化发酵剂开始生产白酒，提高了出酒率，节约了粮食。1952年方心芳率队到北京酿酒厂，将大曲生产的二锅头改为麸曲酿酒，后陆续推广。1955年地方工业部在山东烟台试点，提出以米曲霉加酵母为主生产白酒，淀粉出酒率达70%。并总结经验，决定在全国推广，烟台试点在总结烟台酿制白酒经验的基础上，对全国白酒生产技术进行了系统的整理，编写了《烟台酿酒操作法》一书，由中国轻工业出版社于1956年3月出版，受到广大技术人员的欢迎，1964年3月，轻工业部食品工业管理局组织专家进行修订，并改名《烟台酿制白酒操作法》。此操作法经第一届全国酿酒工业会议推广后，在白酒生产工艺改进、提高出酒率、增加积累等方面均取得了很大的成绩，可称之为中国酿酒工业一次大的技术改革。

烟台试点总结的经验是："麸曲酒母，合理配料，低温入窖，定温蒸烧"。

"麸曲酒母"就是要选择适应性强、繁殖能力强、代谢能力强的优良曲霉菌和酵母菌。

"合理配料"是生产工艺的基础，是微生物作用的基础物质：水、淀粉、糖分、酸度等项目合理搭配，它包括制曲配料、酒母配料、制酒配料三个部分，以期提供最佳的糖化发酵条件。

"低温入窖"指控制适宜的发酵温度，尽量做到低温入窖，这样既有利于有益菌的充分作用，又能抑制杂菌，从而提高出酒率，稳定酒质。

"定温蒸烧"就是确定合理的发酵期，当发酵温度达到一定程度时，即着手蒸馏，以确保丰产丰收。它是白酒酿造工艺方法和原则的科学总结，既有侧重，又是一个有机联系的整体。

《烟台酿制白酒操作法》指导中国白酒走过了60多年的光辉历程，其基本原则对今后中国传统白酒的发展仍有重要的指导意义。通过烟台试点总结经验的推广，在全国范围内出现了麸曲酿酒的热潮，先后诞生了麸曲清香、麸曲浓香、麸曲酱香、麸曲其他香等，并确定了"芝麻香"这一香型，这些都有全国优质酒出现，这不能不说是麸曲酿酒的成绩，它在酿酒历史上做出了很大贡献。但由于单一麸曲酿酒的局限性，特别是进入21世纪，为适应不断发展的消费习惯，有的厂家已采用复合工艺进行麸曲酿酒，这种酒比较受饮酒者的喜爱。如山东多家酒厂就采用大曲、麸曲结合，多种微生物共酵，生产出"景芝神酿""扳倒井"等受市场欢迎的产品。

（二） 浓香麸曲酒的生产

传统浓香麸曲酒的生产主要采用混烧老五甑工艺，这在北方较为普遍。现将老五甑工艺简述如下。

1. 老五甑工艺流程（如下）

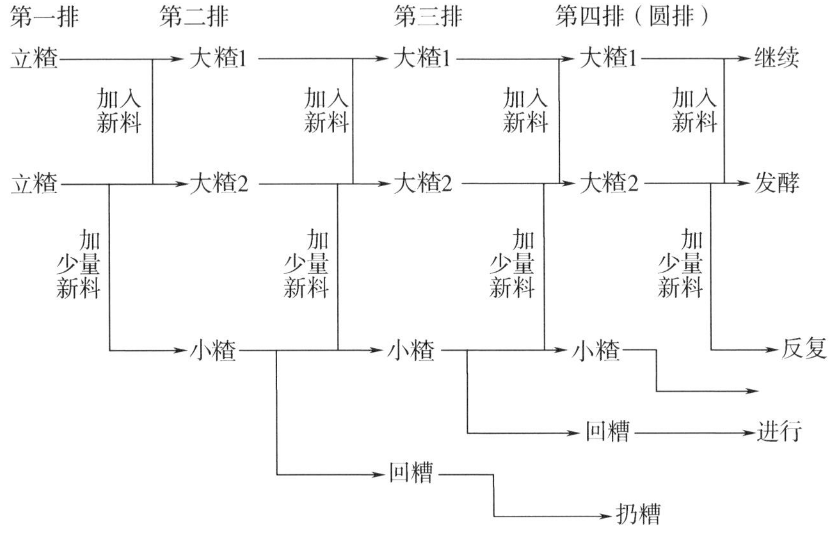

这种工艺是一种续楂的反复过程，刚开始是立楂，立 2 甑，至第二排时分出一部分做二楂，其余大部分加入新料又做成 2 甑大楂。二楂加入新料，再加入曲和酒母入池发酵。经过发酵蒸酒后，再加入曲和酒母成为回糟发酵。回糟发酵蒸酒后成为扔糟。至第二排时，又在大楂中取出一部分作为二楂，二楂按上述工艺做，其余部分投入新料又做成 2 甑大楂，上排的小楂又做成回糟，至第四排又在上次的大楂中取出部分做成小楂，其余加入新料又做成大楂，上次的小楂又做成回糟，上次的回糟发酵蒸馏后成为扔糟，以后按上述工艺顺序周而复始。注意：这里讲五甑即大楂 1、大楂 2、小楂、回糟、扔糟，有的地区又称为大楂、二楂、三楂、回糟、扔糟。

2. 工艺说明

（1）立楂　原料经蒸煮糊化，不配糟只加曲、水、酵母菌，第一次发酵叫立楂，立楂条件如表 7-29 所示。

表 7-29　　开始时的立楂条件

项目	温度/℃	水分	加曲量	加酒母量	加谷壳量	粉碎料量	备注
对原料/%	12~13	57	6	9	6~7	100	第 2 次立楂配方

由于某种原因停产时，培糟可采用下列配方立楂（表 7-30）。

表 7-30　　时停时生产的立楂条件

项目	原料	水分	加曲量	加酒母量	加谷壳量	糟	备注
对原料/%	100	80~90	7~8	4~5	30~40	200~300	醅糟立楂配方

（2）第二排的工艺配方　第一排立的 2 甑大楂到第二排时配成 3 甑，变成 2 甑大楂与 1 甑小楂。大楂占用料总数的 80%，小楂占 20%，具体配方见表 7-31。

表 7-31　　第二排的物料配方

项目 / 甑名	温度/℃	水分占总量/%	加曲占总量/%	加酒母占总量/%	加谷壳占总量/%	原料占总量/%
大楂	11~12	58~60	35.3	33.3	33.3	42.1
大楂 2	11~12	58~60	35.3	33.3	33.3	42.1
小楂	18	58~60	29.4	33.3	33.3	15.8
占总投料/%	—	—	11.4	27	24	100

（3）正常的工艺配方　正常的生产应根据发酵期的不同而确定配方，具体的投料量要根据甑桶的大小而定，一般为每 1m^3投料 275kg 左右，包括酒母料为 300kg。

甑子在池内分回糟（回活）、大楂、大楂 2（二楂）、小楂（三楂）4 层，出池时分层取出配料，现配现装甑蒸酒。不同发酵期不同楂活的具体配方见表 7-32、表 7-33。

表 7-32　　大楂、二楂每 100kg 原料配料量　　单位：kg

发酵期	底醅	填充料	曲	酒母
5d	430	30	16.2	9
4d	430	35	14.6	8
3d	450	35~40	13	7

表 7-33　　小楂每 100kg 原料配料量　　单位：kg

发酵期	底醅	填充料	曲	酒母
5d	1400	100	21~22	19~20
4d	1400	110	20~21	16~18
3d	1400	120	18~20	12~14

（4）蒸馏与蒸煮　配料要求“稳、准、匀、透”，这是老五甑操作的经典。装甑时火力（汽）均匀，不大不小，到快装满时，火力要小，蒸酒尾时火力要大。蒸馏和糊化时间为 35~45min。糊化程度要求熟而不黏，内无生心。

（5）出甑　出甑后夏天要求高扬、少扬，以加快冷却，减少杂菌污染。做到边扬边打散，防止起疙瘩。入池条件见表 7-34~表 7-36。

表 7-34　　室温 15℃以下发酵期 5d 入池条件

	入池温度/℃	水分/%	酸度	淀粉含量/%
大楂	11~13	62~63	0.5~0.6	17
二楂	11~13	62~63	0.5~0.6	17
小楂	18~20	62~63	0.6	12
回糟	28~30	—	0.9	10

表 7-35　　室温 15~20℃发酵期 4d 入池条件

	入池温度/℃	水分/%	酸度	淀粉含量/%
大楂	14~16	62~63	0.6	16
二楂	14~16	62~63	0.6	16
小楂	18~20	62~63	0.7	12
回糟	28~30	—	0.9	10

表 7-36　　室温 20℃以上发酵期 3d 入池条件

	入池温度/℃	水分/%	酸度	淀粉含量/%
大楂	18~22	62~63	0.65	15
二楂	18~22	62~63	0.65	15
小楂	18~22	62~63	0.8	12
回糟	26~28	—	1.0	10

（6）入池发酵要求　根据烟台总结的经验，不同的室温、发酵期和入池条件，其发酵变化和产酒情况见表 7-37~表 7-39。

表 7-37　　室温 15℃以下 5d 正常发酵变化

发酵时间/h	0	24	48	72	96	120
温度/℃	12~13	13	18~19	24~25	28~29	30~31
酸度	0.63	0.7	0.75	0.8	0.9	1.0
糖分/%	≥1.0	≥2.5	1.5	0.9	0.7	0.6
水分/%	60	60.5	62	64	65	66
酒精分/%	—	—	1.5	3	4.5	5

表 7-38　　室温 15~20℃4d 正常发酵变化

发酵时间/h	0	24	48	72	96
温度/℃	14.5	17	25	30	33
酸度	0.7	0.85	0.9	1.0	1.1
糖分/%	1.8	2.6	1.12	0.65	0.6
水分/%	60	61.3	64	65	66
酒精分/%	—	0.5	1.5	3	4.5

表 7-39　　室温 20℃以上 3d 正常发酵变化

发酵时间/h	0	24	48	72
温度/℃	20	30	33	36
酸度	0.75	1.0	1.05	1.25

续表

发酵时间/h	0	24	48	72
糖分/%	≥2	2.6	0.9	0.7
水分/%	60	65	66	66.5
酒精分/%	—	1.5~2.5	4.5	5

3. 生产实例

麸曲浓香的生产在烟台试验推广后，我国北方发展较快，下面以连续3届获全国优质酒的辽宁金州曲酒生产工艺为例说明。

金州曲酒产于辽宁省金县，1973年秋试制，1974年小批量生产，1978年评为辽宁省名酒，1979年获全国优质酒，并连续3届蝉联。金州曲酒是典型的麸曲浓香，具有“芳香浓郁、甘洌爽口、尾味较净、余香较长”的特点。其工艺特点为以东北红高粱为原料，麸曲作糖化剂，以酒精酵母、产酯酵母等为发酵剂，采用清蒸除杂、混蒸混烧老五甑操作，置人工培养的泥窖中发酵40d以上，经缓慢蒸馏，掐头去尾，原酒于瓷缸中置保温库内储藏三个月，经精心勾兑，再储存三个月以上，方包装出厂。要点如下：

（1）原料及处理　传统金州曲酒生产用原料选用籽粒饱满、质地良好的本地高粱，要求淀粉含量在60%以上，高粱粉碎成4~6瓣，清蒸10min（圆汽后），打散配料使用。辅料选用稻壳。

（2）微生物

① 发酵主要采用Rasse 12号酵母菌种，液体培养，质量要求细胞数为1亿/mL以上，无杂菌，细胞健壮。

② 生香酵母采用1312等菌株。

③ 生香细菌采用己酸菌培养液，用以人工老窖及灌窖、喷窖。

（3）出窖与蒸酒　采用老五甑工艺，正常生产窖内有4甑活，即3甑楂活在窖的上部，1甑回糟在底部。

第1甑蒸楂活，将窖顶楂活取出，配入新料100kg，加入新水40kg，然后拌匀。其料：醅=1：14左右，拌匀后堆积润料30min，使新料充分吸收水分。然后蒸酒、蒸料。出甑后，经扬晾，加曲、酒母和生香酵母，拌匀后入窖为下一排回楂。

第2、3、4甑蒸酒蒸料，将余下的两甑多楂活出窖，加新高粱粉800~1100kg，拌匀，再加入稻壳10%（原料量），加水320~440kg，拌匀润料30min。配比为高粱粉：醅：稻壳=1：（4~5）：0.1。然后分3甑蒸酒、蒸料。蒸完后，经扬晾，加曲、酒母和生香酵母，拌匀后，入窖为下排的3甑楂活。

最后，蒸上排的回楂。金州曲酒发酵时，回楂放在窖底，故醅中含水量较大，应注意滴黄水，或适量加入稻壳，以利蒸酒。

蒸酒操作与浓香型大曲酒类似，故不赘述。

（4）扬晾加曲　蒸酒、蒸料结束后，将醅子挖出，放在通风晾楂场地，进行通风晾楂（注意边通风边翻动，防止结块和冷热不均），待醅子温度接近入窖温度时，加入麸曲、液体酒精酵母和生香酵母，翻拌均匀。加曲加酒母量如表7-40所示。

表 7-40 金州曲酒加曲加酒母量 单位：kg

活别	麸曲	酒精酵母（液体）	生香酵母（固体）
糙活	45	35	40
回活	40	35	—

（5）入窖发酵 加完麸曲、酒母后的醅子，经扬晾拌匀后即可入窖发酵。正常生产时窖内有 4 甑活，在窖底放回糙，上面入 3 甑糙活。醅子入窖时应进行踩窖，以便造成厌氧发酵。踩窖时边紧中略松，对发酵期较长的窖子要踩紧些。入窖条件参见表 7-41～表 7-43。

表 7-41 糙活入窖条件

季节	淀粉/%	糖分/%	水分/%	酸度
冬	17～18	≥1.2	53～54	≤2.0
春秋	15～17	≥1.0	53～54	≤2.5
夏	14～15	≥1.0	54～55	≤3.0

表 7-42 糙活入窖温度

气温/℃	25	20	15	10	5	0	-5	-10	-15
入窖温度/℃	17	18	19	20	21	22	23	24	25

表 7-43 回糙入窖条件

季节	淀粉/%	水分/%	酸度	温度/℃
冬	11～12	自然	≤3.0	30～32
其他季节	9～11	自然	≤3.5	26～28

（6）封窖 醅子入窖后，即可封窖。用黄泥加水（1∶1），和熟后封于窖顶，抹严后盖上塑料薄膜，再盖麻袋，泥厚不低于 80cm。自封窖起，每隔 1d 清窖 1 次，至酒醅不再下沉为止。当入窖 6～7d 窖内温度达 30℃以上时，可剥开封窖泥，加灌己酸菌液 150kg 左右，再封严盖好，以利于产酯。传统金州曲酒窖内发酵时间控制在 40～60d，对特殊调味酒生产发酵时间更长些。

目前单一的麸曲浓香也在进行工艺改进，以适应市场及消费习惯的变化。

三、 GB/T 10781.1—2021 新标准解析

国家标准化管理委员会于 2021 年 3 月 9 日发布“2021 年第 3 号中国国家标准公告”，GB/T 10781.1—2021《白酒质量要求 第 1 部分：浓香型白酒》国家标准正式发布，实施日期为 2022 年 4 月 1 日。这次修订从 2014 年立项起，几易其稿，广泛征求意见，终于得以发布，这是白酒历史上的里程碑。主要变化如下：

1. 标准名称

标准名称修改为《白酒质量要求 第 1 部分：浓香型白酒》，强调是对该香型酒的质量要求，与标准实际内容相符；标准代号仍然为 GB/T 10781.1。以后所有香型白酒将呈

系列发布，如目前发布了的第1部分浓香型白酒及第11部分馥郁香型白酒。还有即将发布的第2部分清香型白酒、第3部分米香型白酒。

中华人民共和国国家标准

GB/T 10781.1—2021
代替 GB/T 10781.1—2006

白酒质量要求　第1部分：浓香型白酒

Quality requirements for baijiu—Part 1: Nongxiangxing baijiu

2. 为中国白酒正名

英文名称由“Strong flavour Chinese spirits”修改为“Nongxiangxing baijiu”，“baijiu”有利于中国白酒与国际上其他蒸馏酒的区别，便于与国外消费者交流，希望中国白酒更多地走向世界。

3. 增加了引言

说明了酸、酯在白酒中的作用。进一步阐述了贮存过程中理化指标客观变化，及其在一年前后执行不同的指标，体现出遵循客观规律的科学态度。

引　　言

酯和有机酸是白酒中重要的呈香、呈味物质。在自然条件下，有机酸和醇与酯发生可逆的转化反应，在一定时间内，有利于产品质量风格趋于稳定，口感更加醇厚。

本部分在修订过程中，遵循浓香型白酒产品中酸酯变化的客观规律，对自生产日期一年内和一年后的产品提出不同的理化指标要求。

4. 修改了浓香型白酒的定义

新标准强调了使用“浓香大曲”，便于与《QB/T 4259 浓香大曲》的衔接，与相关标准法规协调一致；采用“泥窖固态发酵”。从标准层面确定了浓香型白酒的传统工艺，与固态法白酒和液态法白酒产品区分，进一步规范该香型白酒的发展。取消了老标准中“具有以己酸乙酯为主体复合香的白酒”。

3.1

浓香型白酒　nongxiangxing baijiu

以粮谷为原料，采用浓香大曲为糖化发酵剂，经泥窖固态发酵，固态蒸馏，陈酿、勾调而成的，不直接或间接添加食用酒精及非自身发酵产生的呈色呈香呈味物质的白酒。

5. 增加了酸酯总量的术语和定义

将酸酯总量定义为“单位体积白酒中总酸和总酯的总含量”。

3.2

酸酯总量 sum of total acid and total ester

单位体积白酒中总酸和总酯的总含量。

这是根据行业调研和样品分析情况，白酒尤其是低度浓香型白酒在贮存一段时间后，在自然条件下，总酸和总酯发生可逆的平衡反应，相互转化，总酯含量下降，总酸含量则上升，酸和酯是白酒中重要的风味物质，酸酯含量的变化将会影响白酒风格，另外由于总酸和总酯分析方法中分别以乙酸和乙酸乙酯计，而浓香型白酒中酸类和酯类成分复杂，乙酸和乙酸乙酯并不能完全代表其中酸类和酯类，因此为客观、科学地体现浓香型白酒中酸酯平衡和酸类、酯类物质总量表征问题，本标准中将总酸和总酯分别根据其分析方法折算成消耗氢氧化钠标准溶液的毫摩尔数加和以表示产品中的酸酯总量。同时己酸乙酯是浓香型白酒主要代表的酯类物质之一，在乙醇溶液中将会发生酸酯可逆反应，与己酸相互转化，因此本标准将己酸和己酸乙酯的含量进行合并计算代替原标准中的己酸乙酯含量。

6. 调整了酒精度

这是根据行业实际情况和产业政策的调整，将高度浓香型白酒的酒精度上限不变，高低度白酒的界限设为40%vol，即，高度酒：40%vol<酒精度≤68%vol；低度酒：25%vol<酒精度≤40%vol。同时解决原标准中高低度酒界限模糊的问题，与国际接轨。

7. 修改了感官要求

新标准从“色泽和外观、香气、口味口感、风格”四个方面分别对高度酒、低度酒的感官要求进行描述，取消了2006版中“己酸乙酯为主体复合香”的描述，使之与浓香型白酒的定义相一致。这一表述能够充分反映浓香型白酒的特点，而且在字面意思上更便于监督检验机构、消费者正确品评与欣赏浓香型白酒，感知其特殊风味，在监管与引导消费上都具有很好的作用，体现了浓香型白酒作为发酵食品饮料的属性。高度酒感官要求和低度酒感官要求分别见表7-44和表7-45。

表7-44　　高度酒感官要求

项目	优级	一级
色泽和外观	无色或微黄，清亮透明，无悬浮物，无沉淀[a]	
香气	具有以浓郁窖香为主的、舒适的复合香气	具有以较浓郁窖香为主的、舒适的复合香气
口味口感	绵甜醇厚，谐调爽净，余味悠长	较绵甜醇厚，谐调爽净，余味悠长
风格	具有本品典型的风格	具有本品明显的风格

[a] 当酒的温度低于10℃时，允许出现白色絮状沉淀物质或失光。10℃以上时应逐渐恢复正常。

表 7-45　　低度酒感官要求

项目	优级	一级
色泽和外观	无色或微黄，清亮透明，无悬浮物，无沉淀[a]	
香气	具有较浓郁的窖香为主的复合香气	具有以窖香为主的复合香气
口味口感	绵甜醇和，谐调爽净，余味较长	较绵甜醇和，谐调爽净
风格	具有本品典型的风格	具有本品明显的风格

[a] 当酒的温度低于 10℃时，允许出现白色絮状沉淀物质或失光，10℃以上时应逐渐恢复正常。

8. 理化指标增加了酸酯总量和己酸+己酸乙酯

新标准的指标不同，这在销售环节要特别注意。

新标准增加了酸酯总量和己酸含量的测定方法，便于在实际操作中规范执行。高度酒和低度酒的理化要求见表 7-46 和表 7-47。

表 7-46　　高度酒理化要求

项目			优级	一级
酒精度/（%vol）			40[a]~68	
固形物/（g/L）		≤	0.40[b]	
总酸（g/L）	产品自生产日期≤一年的执行的指标	≥	0.40	0.30
总酯（g/L）		≥	2.00	1.50
己酸乙酯/（g/L）		≥	1.20	0.60
酸酯总量/（mmol/L）	产品自生产日期>一年执行的指标	≥	35.0	30.0
己酸+己酸乙酯/（g/L）		≥	1.50	1.00

[a] 不含 40%vol。

[b] 酒精度在 40%vol~49%vol 的酒，固形物可小于或等于 0.50g/L。

表 7-47　　低度酒理化要求

项目			优级	一级
酒精度/（%vol）			25~40	
固形物/（g/L）		≤	0.70	
总酸（g/L）	产品自生产日期≤一年的执行的指标	≥	0.30	0.25
总酯（g/L）		≥	1.50	1.00
己酸乙酯/（g/L）		≥	0.70	0.40
酸酯总量/（mmol/L）	产品自生产日期>一年执行的指标	≥	25.0	20.0
己酸+己酸乙酯/（g/L）		≥	0.80	0.50

后记

本标准根据《国家标准委关于下达 2014 年第一批国家标准制修订计划的通知》（国标委综合〔2014〕67 号），《浓香型白酒》国家标准列入修订计划（计划编号：20140434-T-

607)，历时 7 年。通过几十家单位、上万批次样品的分析，终于正式颁布。相关生产厂家要认真研读标准，特别是理化指标及其检测方法，补足短板，尽快跟上。

第二节　酱香型白酒工艺

酱香型又称为茅香型，以茅台酒为代表，以其香气幽雅、细腻、酒体醇厚丰满著称，深受消费者喜爱。酱香型酒分为大曲酱香、麸曲酱香，大曲酱香历史悠久，源远流长，麸曲酱香是 20 世纪 50 年代后发展起来的，也出现不少优质产品。酱香型酒的生产工艺复杂，周期长，与其他香型酒生产工艺区别较大。

一、大曲酱香

以贵州茅台、四川郎酒为代表的大曲酱香（大曲酱香中还有，湖南常德的武陵酒在第 3、4 届全国评酒会中评为优质酒，第 5 届晋升为名酒；哈尔滨的特酿龙滨酒也连续 2 届评为全国优质酒）其质量风格以微黄透明、酱香突出、幽雅细腻、酒体醇厚、空杯留香持久而著称，有低而不淡、香而不艳之口感。其独特的风格来自精湛的酿酒工艺，科学而巧妙地利用了当地特有的气候、优良的水质、适宜的土壤环境。其主要技术特点是高温制曲、两次投料、高温堆积、条石筑窖、多轮次高温发酵、高温流酒，再按酱香、醇甜、窖底香 3 种典型体和不同轮次酒分别长期贮存、精心勾兑而成。有专家这样总结，酱香型大曲酒的生产是“四高两长，一大一多”[两长即生产周期长、贮存时间长；一大即用曲量大，是所有香型酒中用曲量最大的，与投粮原料比 1∶（0.85~0.95）；一多即多轮次取酒]，“四高两长，一大一多”比较全面地概括了酱香型白酒的生产工艺特点。

茅台试点总结出：传统酱香型酒生产，一年一个周期，两次投粮，经九次蒸煮，八轮次发酵（每轮次 1 个月），七次分层蒸馏取酒（即“12987”工艺），分别贮存 3 年后才能勾兑成型。它的生产十分强调季节，传统为伏天踩曲，重阳下沙，即每年端午前后开始制大曲，重阳前结束。因为伏天气温高、湿度大，空气中的微生物种类、数量多又活跃，有利于大曲培养。由于在培养过程中曲温高达 60℃以上，故又称为高温大曲。

（一）茅台试点历史经验回顾

茅台经验的总结是我国传统白酒规模较大、成绩突出的一次系统科学总结。具有亲身经历的熊子书介绍：1956 年，国家科委制定 12 年长远科技发展规划，其中列有总结提高贵州茅台酒传统特产食品的课题，又被轻工业部列为“中苏合作”重大科研项目。1959 年 4 月至 1960 年 3 月，组织由轻工业部科学研究院发酵所、中科院贵州分院化工所、贵州省轻工业科学研究所、贵州农学院和茅台酒厂约 10 人组成茅台酒总结工作组（以周恒刚为首）。经研究决定总结工作内容后，在新老车间选出相同条件的酒窖各 8 个，从投料到丢糟，经过一个大生产周期的跟踪研究，总结出一套比较完整的技术资料，找出了改进和提高产品质量的措施，使传统工艺更加合理与科学化，提高了生产技术水平，保证了产品质量的巩固和提高，同时提高原料出酒率在 10%以上。这份资料定名为“贵州茅台酒整理总结报告”初稿，为生产和科研提供了重要文献，又为酱香型白酒发展提供了科学依据。现归纳整理如下：

根据1959—1960年茅台酒的跟踪研究，总结出其操作特点，以高温制曲、高温堆积，高温发酵、高温流酒和贮存期长，称为“四高一长”操作法，产品具有独特优雅的酱香风味，独树一帜，成为酱香型白酒的典型代表，也称茅型。主要工艺要点如下：

1. 设备

茅台酒的生产当时属手工操作，设备简单，粉碎原料沿用石磨，以畜力推磨，后改用滚筒磨碎机和排牙滚碎机后，提高粉碎率10倍以上。制曲曲模大小与制曲质量有密切关系，其内径为370mm×230mm×65mm。酒灶的构造较一般酒厂酒灶不同，酒甑、天锅等要求较高，天锅蒸酒对产品质量有直接影响，必须选用纯锡制（当时的条件）。酒窖有大小两种，小酒窖容积约14m^3，用大小不等的鹅卵石与黏土砌成；大酒窖是用长砂石砌成，窖底均有排水沟，以红土筑窖底。从酒窖生产管理上看，小酒窖比大酒窖好，又从酒窖产品质量来看，老酒窖比新酒窖好。贮酒容器为陶坛，一般容积在250kg左右，坛外托竹筐，防止翻倒。按新建的设备与工具作示意图计算，当年度计划生产茅台酒的规模为2000t。

2. 原料

酿造原料为高粱，以本地供应为主，或从四川采购，对其水分、淀粉、蛋白质等化学成分进行了分析，总结出了酿造原料的感官指标。对水源和辅料也很重视，对杨柳湾沟水、一车间井水和赤水河水的理化成分进行了分析，了解了其水质与酿酒的关系。辅料为稻壳，生产中应用较少，也应进行清蒸，晾干后备用。

3. 制曲

用小麦制曲，称为麦曲，一般认为“伏曲”质量好。通过生产实践，只要生产设备和操作技术到位，同样可生产好曲。常说“看酒必先看曲”，即酒好必须曲好，这有一定的科学道理。制曲工艺要点如下：

（1）原料　小麦原料质量要求颗粒饱满、干燥、无霉变和虫蛀。粉碎适当，粗粉为65%，细粉35%，感官检查无粗块，以手摸不糙手为宜。拌曲用水要清洁，其用水量为小麦粉量的37%~40%。

（2）踩制曲坯　踩制曲坯前，要加曲母粉，以前为4.5%~8%，总结组建议减少至3%~5%，有利于提高麦曲的质量。茅台曲坯较大，中部凸起，称为包包曲。过去是人工踩曲，现改为机械制成，要求曲坯平整光滑，四周紧中心较松为宜。

（3）入房培养　曲坯“收汗”后，入房培养，掌握好堆积品温。随着微生物的生长繁殖和代谢活动，产生大量的热。培养至6~7d，品温上升至61~64℃，即进行第一次翻曲，可闻到轻微的曲香和酱香；再经8~10d，品温又上升，则进行第二次翻曲，曲坯香气要比第一次翻曲浓些，并有酱香，大约经过40d出房。

（4）入库贮存　干曲坯放置8~10d，待水分降至15%左右，运至曲库储存3个月为成品曲。经检测好曲为黄褐色，具有浓厚的酱香和曲香；曲块干，表皮薄，无霉臭等气味；以细菌为主的传统大曲，制曲过程中芽孢杆菌最多，属高温酒曲，有氨态氮含量高和糖化力低等特点。

4. 酿酒

每年五月端午踩曲，九月重阳下沙（投料）酿酒。一年为一个大生产周期，发酵一个月为小生产周期。常说“重阳酿酒满缸香”，这与季节气候和新粮上市相关联。酿酒原料高粱，要求颗粒饱满、无虫蛀和霉变等现象。它的粉碎度较粗，生沙为二、八成，糙沙三、七成，加水量包括两次润粮及量水，总量不超过高粱质量的56%。润粮水温在90℃以上，润粮时间保持在18h以上。润粮中加母糟（酒醅），其用量为主原料质量的10%，在蒸粮前和蒸粮后（洒酒尾前）各为5%，要求翻拌均匀，蒸粮时间在2h以上，以蒸熟无白心为宜。

熟粮出甑，摊晾撒曲，其用曲量依轮次而不同，总用量为粮重的84%~87%，然后洒酒尾。开始堆积，这是独特而重要的工艺，起到培菌增香的作用。收堆时必须注意收堆的位置、高矮和温度等，使酒醅疏松，含空气要多，并要均匀一致，堆积2~3d，品温达32℃时，闻有带甜的酒香，即可入窖发酵。入窖前，酒窖使用100kg左右木柴烧窖，烧窖时间为1~2.5h，可消灭杂菌和提高窖温，扫净后撒底曲。入窖时，将堆积醅稍加拌和，开始入窖，每隔2~3甑洒酒尾一次，边入边洒，窖底宜少，逐渐由下而上加大酒尾用量，入窖时间宜短，保持正常发酵。入窖完毕，扒平撒一薄层稻壳，加盖两甑盖糟，用泥密封，严禁踩窖，不让窖泥有裂缝，特别要注意管窖工作。

酿酒工艺可分生沙、糙沙和熟糟（醅）3个阶段，生沙操作经发水（润料）、糙母糟、泼量水、摊晾、洒酒尾、撒曲、堆积、烧窖、下窖、发酵等工序，以烧窖和堆积工序最为独特，与产品质量有密切关系；糙沙操作为新原料与生沙糟各半，经润粮、开窖、蒸酒、蒸粮、堆积、发酵等工序，其中堆积温度高，最高为45℃，发酵温度也高，一般为41℃；熟糟操作为开窖蒸酒、摊晾撒曲、堆积、发酵等工序，连续不断地（不再投料）进行6次蒸酒，发酵期均为一个月，堆积和发酵温度均较高，前者温度为36℃，后者温度达39℃。上甑（即装甑）蒸酒非常重要，稻壳用量甚少，从第三次蒸酒后才逐渐少量使用，必须细致，做到疏松均匀，不压汽、不跑汽，以缓慢蒸酒为宜，流酒温度宜高，以流酒的香味和酒精度相结合进行摘酒。入库时按不同轮次与单型酒分别盛于传统陶坛中，让其自然贮存老熟，称为陈酿。有专职人员进行管理。新酒贮存一年后，按不同轮次和单型酒进行并坛，称为“盘勾”，再继续贮存。

5. 成品

每年酿酒操作经过八个轮次的发酵蒸酒，一轮酒称为生沙酒，二轮为糙沙酒，从第三轮开始不加新原料的为大回酒，以三至五轮酒产量多、质量好，六轮小回酒，七轮枯糟酒，八轮丢糟酒，仅取其中二至七轮酒为入库酒，贮存3年后再进行精心勾兑，然后包装出厂。

（1）勾兑　茅台酒操作独特，历来讲究勾兑，称为勾酒。勾酒前先了解陈酿酒的酒龄、轮次和酒精度等，决定选用哪些酒来勾兑，然后将选出的酒逐坛取样尝评，如无水、油、苦味者取出一小杯倒入酒瓶中，经混合后认为符合产品质量标准，由厂质量委员会鉴定后，方可正式进行勾兑。每次勾酒30~40坛，使其酒精度一致，香味协调，但调整酒精度是严禁加浆的。将刚勾兑好的酒与前批出厂酒同时取样尝评，认为这两批酒风味有差别时，可将两批酒混合，或重新进行勾兑，达到出厂质量标准为止。勾兑好的酒，装瓶后需要静置15~20d，其色泽、香气和口感更加谐调丰满。从酒库取酒时，尚保留5%~10%陈酒，可起接种老熟的作用。

（2）酒精度　出厂酒精度由酒师勾酒“看花”来决定。看花方法是用瓷碗舀动酒液，产生酒泡浮于液面，这种浮于液面的酒泡，称为“酒花”。由于酒精与水的混合液在不同的酒精浓度时产生不同的表面张力和黏度，酒液中酒花的大小、多少及留存时间，能决定酒精度的近似值。茅台酒生产中常见的酒花有鱼眼花、堆花、满花、碎米花和圈花5种，以满花为出厂标准。经检测，满花时酒精度相当于48%vol。

（3）尝评　酒厂成立有尝评委员会，对入库酒和出厂酒进行感官质量检查。出厂酒留有对照样，按照色、香、味的优劣来判断。

（4）包装　包装选用特制陶质酒瓶，有外销和内销两种，外销为白色，内销呈褐色，容积均为0.5kg。包装有严格的规章制度，对洗瓶、灌酒、盖木塞和贴商标等要一丝不苟。外销瓶上系有丝带，织有“中国贵州茅台酒”字样，防止伪造。特别是酒瓶和商标具有民族风格，代表着产品的重要特征。

6. 总结成果

茅台酒是世代相传的珍品，通过跟踪研究和总结工作，对传统工艺进行了改进，如从作坊式操作到工业化生产；从肩挑背扛到半机械化作业；从手摸足踢、灵活掌握到有文字资料传授。这些都使茅台酒工艺不断得到发展与创新，提高了生产技术水平和产品质量，成为最早的国营大型一级企业之一。

（1）微生物分离鉴定　1975年，贵州省轻工业科学研究所对茅台酒酿造微生物开始进行研究，经分离与观察制曲酿酒中微生物，种类繁多，相当复杂，常见的有细菌、根霉、毛霉、念珠霉、曲霉、酵母等。制曲过程中微生物主要来源于曲母，以细菌最多，念珠霉次之，酵母、根霉、毛霉等较少。酿酒车间的微生物，以酵母和细菌最多，霉菌次之，因取样季节等不同而异。这项工作是胡国焕历时9个月的努力，初步统计制曲酿酒中微生物共有35种，其中细菌和酵母各有10种，霉菌15种，常见的有16种，并绘出了形态示意图。

1960年，中国科学院学部委员、中国科学院微生物研究所方心芳赴茅台酒厂调查访问，见到《贵州茅台酒整理总结报告》资料，后派该所郑文尧去茅台酒厂分离菌种，并请贵州省轻工业科学研究所同志到微生物所分离鉴定茅台酒曲。经分离鉴定茅台酒曲的微生物，确认证实芽孢杆菌最多，鉴定的17种芽孢杆菌（枯草芽孢杆菌）中有5株产生黑色素。这些菌株培养在碎麦粉中，也生成像茅台酒曲的香味。茅台酒醅中有酒精发酵力较强的卡尔斯伯酵母、酿酒酵母，产生香气的白地霉、假丝酵母，还有粟酒裂殖酵母、球拟酵母、毕赤酵母，甚至有掷孢酵母等。建议在气温低的地方，有必要混合培养酵母菌，可以提高茅台大曲的质量。茅台酒曲中也分离出各种霉菌，如曲霉、根霉、毛霉、青霉甚至很难生长的红曲霉。这些霉菌多在曲子表面繁殖，生成孢子，耐高温高湿的孢子才能幸存下来。另外在“高温培养中发现一种高温霉菌，像黄曲霉，不过菌丝稍长。32~35℃不生长，45℃才生长”。这有点像日本斋藤肾道所描写的金色嗜热子囊菌（*Thermoascus aurantiacus*）的特征。通过方老调查研究，确认茅台酒曲是一种细菌曲，认为以前少见，从此得到共识。

（2）制曲的改进与正名　酿酒必先制曲，它是培养有益菌类，利用自然界微生物分泌出许多复杂的酶，应用它的化学性能来完成的。制曲配料中加入4.5%~8%大曲粉，有优化接种的作用。总结时建议选用生产中好曲作曲母，减少曲母量至3%~5%，有利于提高大曲的质量。经生产实践证明，能起到良好的效果。检测酒曲中微生物，不论是好曲、次曲、新曲或老曲大致相同，细菌数最多（约占84%以上），霉菌次之，酵母最少，一致称为细菌曲。

（3）酿酒操作中的难题　总结期间，发现大生产发酵糟（酒醅）有结饼现象，称为“烧包、烧籽”，影响了产品质量。这种结饼现象的产生，是由于发酵窖泥封不严，让空气进入窖内，霉菌繁殖，使酒醅结饼。借鉴泸州老窖大曲酒的管窖经验，建议密封管窖，经班组在酒窖上插“红旗”竞赛，终于消灭了历年来酒醅结饼的“老大难”问题，提高了产品质量和出酒率。在酿酒过程中，因稻壳使用甚少，生产轮次又多，酒醅黏性大，装甑蒸酒是最大的难题。经测定蒸酒效率，最低为61.5%，最高为85%，其中大回酒蒸酒效率在65%左右，出甑糟含酒精为1.5%~2.95%，说明蒸酒效率较低。经生产班组技术比武，要求以“细、匀、轻、快”的操作要点，即装甑操作要细，醅料要细，装甑要匀、醅料要匀，见汽就撒，装甑动作要轻，盖甑要快，尽量避免跑汽，其结果提高了出酒率，一致认为比过去出酒多了。

（4）制定产品质量指标　根据历年来入库酒70个酒样和出厂酒25个酒样的分析数据，暂定其理化指标如表7-48所示。按照成品酒色、香、味的优劣，拟定了感官质量指标为：

入库酒：无色透明，芳香醇和，有回甜味，糙辣轻，无怪味。

出厂酒：无色（或微黄）透明，特殊芳香，醇和浓郁，味长回甜。

表7-48　茅台酒的理化指标（总结资料）　单位：g/100mL

成分	入库酒	出厂酒
酒精度/%vol	51~67	53~55
总酸（以乙酸计）	0.08~0.16	0.12~0.17
总酯（以乙酸乙酯计）	>0.23	>0.31
总醛（以乙醛计）	0.03~0.07	0.03~0.06
杂醇油（以戊醇计）	0.13~0.25	0.16~0.20
糠醛	<0.05	<0.04
甲醇	<0.03	<0.025
固形物	<0.02	<0.02
铅/$\times10^{-5}$	<1.00	<1.00

（5）大生产的异常情况　制曲酿酒过程中，因工作量大，操作繁重，影响操作因素较多，常出现一些异常情况，总结出其防止和处理办法。制曲时如有曲皮变黑、白色皮曲和醋虱等病害，制定了防治的方法。酿酒的发酵糟水分不足，有“烧包、烧籽”现象，蒸出的酒带泥味或酸味，制定了操作处理办法。

（二）酱香型大曲酒基本工艺

1. 工艺流程（以茅台酒为例）
2. 工艺操作

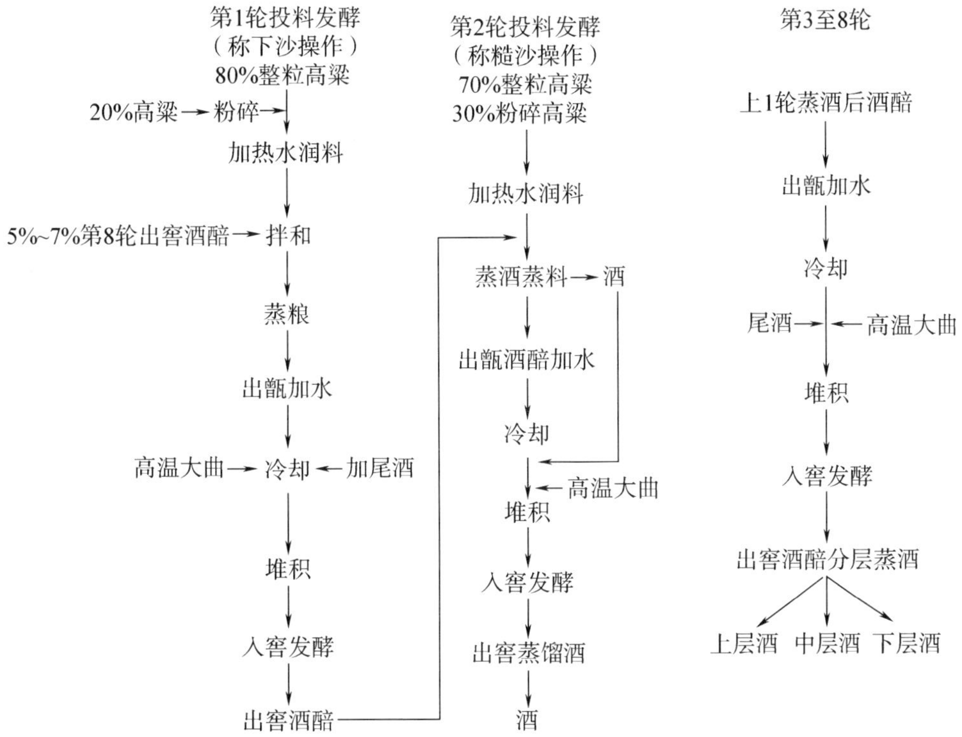

在每年大生产周期中，分两次投料，第一次投料称下沙（酱香型酒酿造中原料高粱称之为“沙”），投料量占总量的50%，发酵1个月后出窖，再第二次投入余下的50%的粮，称糙沙，原料仅少部分粉碎。发酵1个月后出窖蒸酒，以后每发酵1个月蒸酒1次，只加大曲不再投粮，共发酵8轮次，历时10个月完成1个酿酒发酵周期。

（1）下沙操作　取占投料总量的50%高粱。其中80%为整粒，20%经粉碎，加90℃以上的热水称为发粮水，润粮4~5h（泼水时边泼边拌，使原料吸水均匀。也可将水分成两次泼入，每泼一次，翻拌三次。注意防止水的流失，以免原料吸水不足），加水量为粮食的42%~48%。继而加入去年最后1轮发酵出窖而未蒸酒的优质母糟5%~7%拌匀（经测定，其淀粉浓度11%~14%，糖分0.7%~2.6%，酸度3~3.5，酒精度4.8%~7%vol），装甑蒸粮1h至七成熟，带有三成硬心或白心即可出甑。在晾场上再加入10%~12%的90℃量水（对粮），拌匀后摊开散冷至30~35℃。洒入尾酒及加入10%~12%的大曲粉（加曲粉时应低撒扬匀），拌匀收堆（要堆圆、匀，冬季较高，夏季堆矮），此时温度在30℃左右，堆积4~5d。待堆积温度达45~50℃，用手插入堆内，当取出酒醅中有香甜味和酒香味时，即可入窖发酵。下窖前先用尾酒喷洒窖壁四周及底部，并在窖底撒些大曲粉。酒醅入窖时同时浇洒尾酒，其总用量约3%，入窖温度为35℃左右，水分42%~43%，酸度0.9，淀粉含量32%~33%，酒精含量1.6%~1.7%。用泥封窖发酵30d。

（2）糙沙操作　酱香型白酒生产的第2次投料称为糙沙。取总投料量的其余50%高粱，其中70%高粱整粒，30%经粉碎，润料同下沙操作。然后加入等量的下沙出窖发酵酒醅混合装甑蒸酒蒸料。首次蒸得的生沙酒，一般不作原酒入库，全部泼入出甑冷却后的酒醅中，再加入大曲粉拌匀收拢成堆，堆积、入窖发酵同下沙，封窖发酵1个月。出窖蒸酒，量质接酒即得第1次原酒，入库贮存，此为糙沙酒。此酒甜味好，但味冲，生涩味和酸味重。

（3）第3轮至第8轮操作　蒸完糙沙酒的出甑酒醅不再添加新料，经摊晾、加尾酒和大曲粉，拌匀堆积，再入窖发酵1个月，出窖蒸馏所得的酒即第2次原酒，称为回沙酒。以后每轮次的操作方法同上，分别蒸得第3、4、5次原酒，统称为大回酒。此酒香浓、味醇、酒体较丰满。第6次原酒称为小回酒，此酒醇和、煳香好、味长。第7次原酒称为追糟酒，醇和、有煳香、但微苦，糟味较大。第8次发酵蒸得的酒为丢糟酒，稍带枯糟的焦苦味，有煳香，一般作尾酒，经稀释后回窖发酵（即实际只接了7次酒），即完成一个酿造周期，“2次投料、8次发酵、7次流酒”。

（三）形成酱香风格的关键工艺

1. 高温制曲

高温制曲为生成酱香物质提供了基础，生产酱香型酒，曲药质量对形成酒的风格和提高酒质起着决定性的作用。对酱香型酒来说，“好曲产好酒”与浓香型酒“百年老窖产好酒”是一个道理。酱香制曲中必须把握好高温、多水、微氧或缺氧这三个条件，才能做出优质的高温大曲，为生产优质大曲酱香酒打好基础。

（1）高温是关键　郎酒的崔利等研究认为，高温加速了化学、生物化学、褐变反应的发生与进行，生成了众多的加热香气成分。众所周知，温度是化学反应的重要条件，无论是化学的反应还是生物化学的反应。在高温制曲中的反应很多是酶促反应，但每种酶都有其反应的最适温度，在最适温度以下，温度每升高10℃，反应速度也相应增加1~2倍。由此看出，没有达到一定的温度条件，反应缓慢，不彻底，就得不到我们需要的在高温下反应生成的香味物质。在高温条件下有哪些反应呢？

① 蛋白质的热分解；
② 氨基酸加热分解；
③ 糖与蛋白质的反应；
④ 糖与氨基酸的反应；
⑤ 糖与氨的反应；
⑥ 糖的裂解生成物与氨基酸的反应；
⑦ 微生物的代谢反应。

重要的还有在高温下发生的褐变反应（美拉德反应、斯特勒克反应、焦糖化反应及酶促褐变反应）。

从表7-49、表7-50可以看出，大曲中香味成分有不少也出现在酒中，比如四甲基吡嗪、三甲基吡嗪、2-甲基吡嗪、2-乙基-3，5-二甲基吡嗪、2，5-二甲基吡嗪、2，6-二乙基吡嗪、吡啶、糠醛等。但各香型白酒中的香味成分无论在种类上还是在含量上差异都很大，酱香型酒显著高于别的香型的酒，这不能不说与高温制曲及其酿酒工艺有关。庄名扬等认为：“从已分析的成分来看，酱香型白酒的某些香味成分是美拉德反应的结果，因而美拉德反应的一些必然产物，也一定存在于酱香型白酒中。”“由美拉德反应所产生的糠醛类、酮醛类、二羟基化合物、吡喃类及吡嗪类化合物，对于酱香型酒风格的形成起着决定性的作用。”

表 7-49　　大曲香味成分定性结果

序号	成分	序号	成分	序号	成分
1	吡嗪	16	2-异戊基-5，6-二甲基吡嗪	31	糠醛
2	三甲基吡嗪	17	2-己基-3，6-二甲基吡嗪	32	5-甲基糠醛
3	2-甲基吡嗪	18	2-乙基-5，6-二甲基吡嗪	33	糠醇
4	2，5-二甲基吡嗪	19	2-乙基-3，5-二甲基吡嗪	34	2-庚基-3，5-二甲基吡嗪
5	2，3-二甲基吡嗪	20	2-乙烯基-6-甲基吡嗪	35	2-戊基呋喃
6	2-乙基-3-甲基吡嗪	21	2，6-二甲基吡嗪	36	呋喃甲酸
7	2，6-二乙基吡嗪	22	吡啶	37	2-己基-3，5-二甲基吡嗪
8	2-乙基-3，5-二甲基吡嗪	23	2-丙基吡啶	38	2，5-二氢-3-甲基-2-呋喃酮
9	2，5-二甲基-3-戊基吡嗪	24	2-乙基-5-甲基吡啶	39	3-羟基-2-甲基吡喃酮
10	2-戊基-3，6-二甲基吡嗪	25	3-羟基吡啶	40	2-哌啶酮
11	2-戊基-2，5-二甲基吡嗪	26	2-乙基-2，5-二甲基吡啶	41	2-甲硫基苯并噻唑
12	2-乙基-3，5，6-三甲基吡嗪	27	2-乙酰基吡咯	42	4-甲基愈创木酚
13	2-葵基-2，5-二甲基吡嗪	28	2-丁基-3，5-二甲基吡嗪	43	4-乙烯基愈创木酚
14	2-异丙烯基吡嗪	29	2-吡咯甲醛		
15	四甲基吡嗪	30	2-乙酰基-6-甲基吡嗪		

表 7-50　　各种香型白酒中香味成分含量比较

香味成分	酱香型茅台酒	浓香型五粮液	清香型汾酒	凤香型西凤酒
含氮化合物/（μg/L）	种类：21 种 64333	种类：13 种 1326	种类：11 种 322	—
吡嗪类，其中：四甲基吡嗪/（μg/L）	53020	195	322	—
呋喃类，其中：糠醛/（g/L）	0.294	0.035	0.004	0.004
羰基化合物/3-羟基丁酮/（g/L）	4.86/1.75	2.235/0.052	1.779/0.716	1.696/0.248
氨基酸/（g/L）	0.189	0.153	0.021	—

另外，褐变反应是造成酱香大曲颜色变深和产生酱香、曲香的主要原因。褐变反应有非酶褐变和酶促褐变，而非酶褐变中又分氨羰反应褐变（美拉德反应）、焦糖化褐变、抗坏血酸褐变三种方式。美拉德反应只是氨羰反应中的一种，其中还有斯特勒克反应。所谓美拉德反应就是当甘氨酸和葡萄糖的混合液在一起加热时会形成褐色的“类黑色素”。这种反应后来在文献中称为“美拉德反应”，包括其他氨基化合物和羰基化合物之间的类似反应在内。反应的终了阶段又有两类反应：一是醇醛缩合作用，二是生成黑色素的聚合作用（黑色素的生成不全是褐变作用，有的微生物也会产生）。这两个作用形成了糠醛、二羰基化合物、还原酮类和糖的裂解所产生的醛等，反应的最终产物总称为类黑色素，是分子结构未知的复杂高分子色素，这些复杂的高分子化合物中很可能就有在茅台酒中分析出的众多吡嗪类、羰基类化合物；焦糖化反应也是非酶褐变反应中的一种，

在没有含氨基化合物存在的情况下加热到熔点（154℃）以上时，也会变为黑褐色的色素物质，称为焦糖素，这些复杂的色素物质的结构还不清楚，但已知的官能团有：羰基、羧基、烯醇基、羟基和酚羟基。而这些基团都是发香基团。糖的焦化作用产生的挥发性产物据统计有40多种，如糠醛、麦芽酚、4-羟基-2，3，5-已烷三酮、4-羟基-2，5-二甲基-3-二氢呋喃酮等。详见表7-51。

表7-51　某些焦糖香气物质的来源

名称	来源	名称	来源
麦芽酚	麦芽	4，5-二甲基-3-羟基-二氢呋喃-2-酮	陈酒
乙基麦芽酚	人工合成	3-甲基-4-乙基-3-羟基-二氢呋喃-2-酮	水解植物蛋白
6-甲基-乙基-3-羟基-4-吡喃酮	精制糖蜜	3-甲基-2-羟基-2-环己烯-1-酮	炒大麦
5-甲基-4-羟基-二氢吡喃-3-酮	牛肉汤	3-甲基-2-羟基-2-环戊烯-1-酮	山毛榉树
2，5-二甲基-4-羟基-二氢吡喃-3-酮	菠萝、草莓、炒杏仁	3-乙基-2-羟基-2-环戊烯-1-酮	香烟雾
5-甲基-2-乙基-4-羟基-二氢吡喃-3-酮	酱油	3，4-二甲基-2-羟基-2-环戊烯-1-酮	咖啡

周良彦等认为麦芽酚、4-羟基-2，5-二甲基-3-二氢呋喃酮（简称HDMF）等是具有酱香的物质。焦糖化反应在高温制曲中也肯定是同时存在的，因为小麦在制曲过程中一开始就有酶的参与，而且最开始就是淀粉的糖化。但是，非酶褐变有一个重要条件，即反应温度要高，在100~180℃。温度低了反应不能进行，太高了要炭化。显然，高温制曲的温度是达不到这一反应要求的。

但高温曲中的加热香味物又是从哪儿来的呢？

贵州曹述舜提出：“褐变反应的中间产物醛类以及由两个分子氨基还原酮环化后生成的吡嗪类化合物，是食品加热时的香气成分。因此美拉德反应不仅是生成色的反应，同时又是使食品具有香气的重要反应”。并说：“据报道，吡嗪类化合物以微生物代谢产物出现是罕见的”。这就提示我们要注意酶促的褐变反应。酶促褐变是酚酶催化酚类物质形成醌及其聚合物（黑色素）的反应。它需要三个条件：适当的酚类底物、酚氧化酶、氧。而这三个条件，高温制曲过程中都存在。还有“氨基酸及类似的含氮化合物与邻二酚作用可产生颜色很深的复合物，很可能这种现象在酶促褐变中也有一定意义。其作用大概是酚类物质先经酶促氧化为相应的醌，然后和氨基酸发生非酶的缩合反应”。我们知道小麦的麸皮中含有阿魏酸，当制曲温度升至60℃以上时，阿魏酸逐步释放，在微生物的作用下生成香草醛、香草酸、香草酸酯、4-乙基愈创木酚、4-甲基愈创木酚、4-乙烯基愈创木酚等酚类化合物。这其中的一些香味成分酱香型酒中就有，如4-乙基愈创木酚等。应当说高温大曲中的褐变反应不管是酶促的还是非酶促的都是存在的，只不过发生在制曲的不同阶段而已。不同的阶段具有不同的温度，不同的温度具有不同的微生物群和不同的酶系，不同的微生物、酶系又产生不同的代谢产物，不同的代谢产物之间在不同温度下发生的不同反应就会形成不同的香味物质。虽然高温大曲发酵温度达不到非酶褐变反应的高温（100~180℃），但在有多种微生物和复杂酶系存在和持续高温、多水（湿度大）、相对缺氧的条件下，在酶促反应与非酶促褐变反应交替进行的特殊情况下，也会产生非酶促反应高温下才有可能产生的各种香味物质——即具有酱香风味的物质。

而且，高温才能培养出我们需要的微生物，才能得到我们所需要的代谢产物：各种酶和香味物质。

熊子书提到："据初步统计，茅台酒麦曲中分离出细菌 47 株、霉菌 29 株、酵母 19 株，共计 95 个菌株……尤其是嗜热芽孢杆菌和耐高温的霉菌有更重要的作用。"在整个高温制曲过程中，细菌数量占绝对优势，一般都占三大类微生物总数的 90%以上。出房干曲中，细菌占 99%左右，霉菌占 1%，酵母则检测不出。我们知道，高温制曲与微生物的种类、数量、代谢产物与香味有关，见表 7-52。

表 7-52　　芽孢杆菌在不同温度培养下与香气的关系

菌株编号	30~45℃	45→60℃	50→60℃	37→60℃
6#	异臭味、带馊味	焦香、浓酱香、曲香	曲香淡、豆豉香	曲香
15#	异臭	豆豉香、带酸味	酱香纯正	曲香较浓
18#	异臭	曲香、带酸味	酱香纯正	曲香较浓
21-1#	豆豉香、焦香、浓酱香		曲香、焦香、酱香	豆豉香浓
21-2#	豆豉香、带氨味	酱香、曲香浓	焦香、香甜味	曲香、酱味

注：（1）6#、18#、21-2#为枯草芽孢杆菌；15#菌株是凝结芽孢杆菌；21-1#菌株是待定种名的芽孢杆菌。

（2）~表示温度范围；→表示培养温度从某温度转入较高温度。

（3）6#、18#菌株来源于茅台酒厂大曲；15#、21-1#、21-2#菌株来源于基地试制茅台酒大曲（引自熊子书《酱香型白酒酿造》，表 7-53、表 7-54 同）。

从表 7-52 可以看出，不同温度下培养的微生物产生的香气是不同的。再看表 7-53 酱香型高温大曲与浓香型中温大曲在微生物的数量与酶活性的差异。从表 7-53 可以看出，高温曲与中温曲相比，细菌、芽孢菌、霉菌在数量上要比中温大曲多得多，但在酵母菌的数量上，中温大曲要比高温大曲多得多。在酶活性上，中温大曲比高温大曲高得多。从作用条件来说，枯草杆菌产生的液化型淀粉酶的最适作用温度是 85~94℃，黑曲霉、红曲霉产生的糖化型淀粉酶的最适作用温度是 60~65℃，都需要高温。

表 7-53　　酱香高温大曲、浓香中温大曲微生物种类及酶活性情况对比

样品	细菌总数/（个/g 干曲）	芽孢菌/（个/g 干曲）	酵母菌/（个/g 干曲）	霉菌/（个/g 干曲）	糖化酶/[g 葡萄糖/(g·h)]	发酵力/[gCO_2/(g 曲·72h)]
高温成曲皮	4×10^7	1×10^7	<10	4.2×10^4	1.56	0.1
高温成曲心	4×10^5	2×10^5	<10	8×10^5	1.401	0.1
中温成曲皮	3.2×10^4	5.6×10^4	8×10^2	3×10^3	17.6	0.39
中温成曲心	6.2×10^2	5.6×10^2	1.1×10^2	8×10	2.34	0.34

王忠彦、胡永松认为：“高温大曲中的微生物主要来自曲母、原料和环境，是个复杂的微生物群。成品曲中，细菌在数量上占绝对优势，只有少量霉菌存在，酵母和放线菌很少，这说明高温制曲使大曲内的菌系向繁殖细菌方向转化。高温细菌在细菌中占据优势，说明高温制曲也是对高温菌的富集过程。”庄名扬等也认为“在酱香型白酒生产过程中，美拉德反应与微生物发酵及其所代谢的酶系有关。”这些都说明高温才能培养出我们所需要的高温微生物和各种酶。

在高温大曲实际生产过程中，为了保持高温，所采取的工艺措施是：

① 增加保温材料。整个曲块几乎是用稻草包裹住，而且层与层之间、块与块之间都覆盖了厚厚的稻草层。浓香型中温大曲则基本没有包裹。

② 增加曲药数量。在同样大小面积的曲房中，堆放的曲药量是浓香型中温大曲的4~5倍。比如同样面积的培曲房，中温制曲的曲药量是1500kg，而高温制曲则是6000~7500kg。

③ 曲块之间不留空隙。中温曲培曲时只堆放一层，并且块与块之间必须相互保持2~3cm的间隔距离（利于散热、空气流通），而高温制曲要重叠堆放5~6层，并且曲块之间紧紧挨在一起，没有间隔距离（中间只用少量稻草相隔，不利于散热，也不利于空气流通）。这些工艺措施都是为了保证高温制曲所需要达到的理想温度，促进各种化学的、生物化学的反应特别是酶促与非酶促褐变反应的进行，同时，也是为了培养耐高温的微生物种群，目的是得到更多的具有酱香的物质。

熊子书认为：“来自原料中的某些物质经过复杂的微生物发酵作用，不但生成了一些含量较多的香气成分，有时还会形成一些含量极微的主体香气成分。例如在酱香型白酒中除了酯香和醇香成分外，还发现有微量的呈现酱香和焦香的吡喃类、呋喃类化合物。”

在高温制曲生产实践中，不同温度阶段的曲药香气是不同的：刚进曲房的曲块其香气是小麦的清香，颜色灰白色；温度达到30~40℃的时候是甜甜的带有淡淡糯米酒香（醪糟味），曲块颜色浅米黄色（曲块外表颜色，下同）；温度达到50~58℃，曲块表面颜色变为淡褐色，有明显曲香味；当曲块温度达到60℃以上时，曲块表面颜色变为深褐色或黑色，曲块横断面为金黄色，并散发出浓郁幽雅的香气（类似黄粑的香气，这种香气在酱香典型酒体中也有，具有这种明显香气并有明显曲香的酒，我们就作为窖面酱香酒），但这种香还不是酱香；待到第一次翻曲后，随着温度的再次上升和水分的蒸发，曲块的外部颜色变为褐色、深褐色、黑色，极少数为金黄色，内部颜色变成浅褐色时，曲块才散发出浓郁的曲香和淡淡的焦香，我们称这种混合香为酱香。

高温制曲不同时期具有不同的温度、不同的香气、不同颜色的现象也说明不同的时期具有不同的微生物种类、不同的酶系、不同的代谢产物。

（2）多水高湿是前提　多水高湿才能保证制曲高温的持续、稳定生化反应的正常进行。水分在高温制曲中除了满足微生物的生理需要、曲块成型、保持曲房空气湿度外，重要的是保持高温曲的高温。因此它的制曲水分要比中温大曲多3%左右（中温曲制曲水分37%，高温曲为40%）。并且在堆曲时还要在每层盖曲的稻草上洒上一定的水分以保持一定的湿度。由于制曲水分较大，温度高及自身重量的挤压，出房的曲块全部变形与变色。这与低、中温曲进房与出房的形状、颜色不变也是不一样的。

为什么会产生这种现象呢？

因为多水。多水使高温制曲的高温得以保持，使高温微生物生长条件得以满足，使各种酶的活性得以发挥，使褐变反应得以进行。如果没有多水这个前提，曲药的高温是无法保持的。否则怎么解释中温大曲的制曲温度也不低，但为什么曲块颜色仍是灰白色而不是黑褐色呢？而高温大曲在达到这一温度时，曲块颜色已开始变为金黄色、褐色了。

前已叙及，使高温大曲颜色改变的褐变作用既有非酶促的也有酶促的。而非酶促的褐变作用与单纯的在高温下发生的褐变作用机制可能是不一样的，因为条件发生了改变，这个改变就是：高温、多水高湿、微氧或缺氧、有微生物参与、制曲时间长并在制曲过程中 pH 及上述条件不断发生变化，因而使平常必须在极高温下才发生的美拉德反应、焦糖化反应等非酶促的褐变反应在高温制曲这样相对较低的温度下也发生了。中温大曲因为缺少多水、微氧的条件没有发生褐变作用，因而曲块的颜色也就没有发生多大改变。相反，中温大曲要是曲块变为黑褐色，行话叫“烧曲”了，是不合格的曲药。由此可见，高温、多水与高温制曲关系是十分密切的。

方心芳认为：“在制曲坯时，加水为原料的 40%（浓香制曲是 37%左右）；曲坯在曲室内是用稻草包围着的，水分很难蒸发；曲子入室 10d 以后，水分才见减少。这种水多高温下宜于芽孢杆菌繁殖。1960 年分离鉴定茅台曲中微生物的结果，确实芽孢杆菌最多，鉴定 17 株芽孢杆菌（枯草芽孢杆菌）中有 5 株产生黑色素，如菌株 AS1. 286，AS1. 433。把这些菌株培养在碎麦粉中，也生成像茅台曲的香味。”有趣的是，在高温大曲发酵完成后的曲块中心紧挨曲块的稻草也是像烧焦了似的成为焦黑色，但又不是炭化，而且不到 70℃的温度也不可能使稻草炭化，这是某些微生物产生的黑色素所致。这也证实，酱香大曲的褐色、黑色并非全是褐变作用形成的，更不是单一的“美拉德反应”形成的，而是微生物的代谢产物之一、香气成分之一。

（3）微氧或缺氧是必要条件　微氧或缺氧条件才能培养出生产需要的厌氧、兼性厌氧微生物，产生我们需要的代谢产物。其目的是抑制耗氧的产酸微生物的生长，以免使曲坯酸度过高不利于褐变反应的进行而有利于厌氧、兼性厌氧菌的生长繁殖和酶作用的发挥（淀粉酶、蛋白酶的最适 pH 为 4. 5~6. 4）。比如从高温曲中分离出的地衣芽孢杆菌、多粘芽孢杆菌、凝结芽孢杆菌等都是兼性厌氧菌。

茅台试点总结出：“从制曲酿酒过程中及生产环境中分离出来的细菌，都是芽孢杆菌属的细菌。它们一般都是兼性厌氧的。”在高温曲的制曲过程中，前期的低、中温阶段，是霉菌、酵母或部分细菌在生长，这个阶段温度较低，水分充足，氧气含量高。随着制曲温度的升高、水分的蒸发、氧气的消耗，好氧的霉菌、酵母被淘汰，而耐高温、只需微氧或缺氧的芽孢杆菌却大量繁殖，“从第二次翻曲（临近几天正是 55~60℃的高温期）起，就检测不出酵母菌了。酵母菌数最大值在进房后的第 2 天，霉菌最大值出现在进房后第 11 天，细菌最大值出现在进房后第 29 天。在整个制曲过程中，细菌数量占优势，一般都占三大微生物总数的 90%以上。出房干曲中，细菌占 99%左右，霉菌约占 1%，酵母则检测不出。”值得一提的是，无论是从高温曲药、糖化堆积中还是窖内发酵糟醅中分离的芽孢杆菌都是兼性厌氧的。高温制曲过程中的密集堆曲，除了保温、保湿作用外，就是造成一个微氧或缺氧的环境，让耐高温、耐微氧或缺氧的芽孢杆菌大量繁殖，以获得我们所需要的香气物质。相反，低、中温曲制曲中的堆曲方式、曲块数量都是有利好氧微生物生长繁殖的。从这些情况看，高温制曲的微氧或缺氧是非常必要的。

2. “四高”之二：高温堆积

高温堆积为进一步生成酱香物质创造了必要条件，高温堆积的作用有三：

第一，网罗、富集微生物（酵母菌等）以利酒精的生成。

第二，糖化发酵。把淀粉酶解为可发酵性糖，把蛋白质酶解为氨基酸。

第三，生香。

崔利认为，在堆积升温过程中使高温大曲中积累的香味物质进一步转化、褐变反应（酶促的和非酶促的）再次发生，同时化学、生物化学的其他反应也一并发生，这些反应都会产生不同的香味物质，有些可能就是酱香或酱香的前体物质。因为糖化堆积的各种条件与高温制曲时的又有了很大的不同（温度、氧气、pH、水分、底物浓度、微生物种类等），这些化学、生物化学的反应也肯定会有新的香味成分的产生，使糟醅中的香气成分更加丰富。糖化堆积中香气与高温制曲中香气不同就是证明，因此高温堆积成为酱香酒风格形成中不可或缺的重要一环。糟醅堆积后微生物变化情况见表 7-54。

表 7-54　　糟醅堆积后微生物变化情况　　单位：个/g

样品	细菌总数	芽孢菌	酵母菌	霉菌
堆积糟堆面	6×10^5	3.12×10^5	3.68×10^5	<100
堆积糟堆心	5.52×10^5	7.04×10^5	$>4\times10^5$	—

生产中，起堆时每克糟醅中酵母菌往往不足 1 万个活菌，而堆积中增加为$>4\times10^5$个。微生物不仅数量增加，种类上也在增加。在堆积糟中，最常见的酵母菌有地霉属、假丝酵母属，另外还有毕赤酵母、克勒克酵母、汉逊酵母菌等。常见的细菌有凝结芽孢杆菌、地衣芽孢杆菌、多粘芽孢杆菌、蜂房芽孢杆菌、浸麻芽孢杆菌等，常见的霉菌有根霉、毛霉、曲霉等。但细菌>酵母菌>霉菌。堆积糟醅中微生物种类、数量增加，代谢产物也会增加，香气成分也会增加。所以说，堆积虽曰糖化，实质是糖化、酒化、酯化、褐化等一系列化学的、生物化学的反应在同时进行。所以它产生的香气幽雅悦人。这些香气虽说还不是酒中呈现出的“酱香”，但谁能说它不是酱香的前体物质和组成酱香的重要成分呢？堆积前后的香气比较见表 7-55。

表 7-55　　酱香型酒高温堆积前与堆积、发酵后的香气比较　　单位：mg/100mL

项目	未堆积糟醅的蒸馏液	高温堆积糟醅的蒸馏液	高温堆积又入窖发酵糟醅的蒸馏液
乙醛	1.0	32.0	35.0
甲酸乙酯	—	5	—
乙酸乙酯	0.3	105	227
己酸乙酯	—	4.2	17.2
乳酸乙酯	361	610	206
戊酸乙酯	—	6.4	3.2
乙缩醛	—	82.2	124

续表

项目	未堆积糟醅的蒸馏液	高温堆积糟醅的蒸馏液	高温堆积又入窖发酵糟醅的蒸馏液
正丙醇	7.1	46.1	51.7
异丁醇	2.8	48.6	22.4
正丁醇	—	12.9	59.8
异戊醇	8.0	121	59.8
感官评语	几乎闻不到茅台酒的“前香”	闻有茅台酒的“前香”	“前香”突出

从表7-55可以看出，未堆积、高温堆积、高温堆积又发酵过的糟醅在香气成分上不仅种类、数量都是不同的，而且在感官香气特征上也是不同的。这就说明，酱香酒的堆积工艺对于酱香风格的形成是十分必要的。就目前来说，对酱香酒的堆积工艺认识还比较肤浅，尤其是对其中微生物的认识是不够的，因为用传统的微生物的方法只能分离培养出很少的一部分，使我们对堆积糖化中的微生物及其代谢产物不能全面了解，限制了我们的视野，造成我们对高温堆积的重要性认识不够深入。但可以肯定地说，没有高温堆积就没有酱香型酒。

郎酒厂彭追远等的试验证明，如果不通过堆积，把糟醅降温后加高温曲直接入窖，根本就不能产酒。因为高温大曲中微生物的主要作用和中温大曲中的微生物不完全相同，它的主要作用只有两个：生香和糖化。高温曲本身由于制曲温度高达65℃左右，酵母被淘汰，发酵力很弱，甚至没有，它的发酵作用是通过堆积过程中网罗空气中、场地上的微生物得到的。

刘晓光等认为，高温曲中微生物的糖化作用与生香作用相比，生香又是主要的。高温曲的糖化力都很低，这是高温大曲与其他大曲最大的差异，这个差异决定了大曲酱香型酒生产的两个显著工艺特点：一是大用曲量，二是窖外堆积。可以从茅台酒厂和郎酒厂高温曲标准看出，两者对糖化力都是控制在300个单位以下，但茅台酒厂的控制下限要高一些（150个单位），郎酒厂的控制下限要低一些（80个单位）。可见，高温大曲中微生物的主要作用是生香，把制曲过程中积累的酱香物质或酱香前体物质带入酒中，通过堆积和发酵，为最终生成酱香型酒主体香味奠定基础。

3. “四高”之三：高温发酵

高温发酵为酒精的生成和酱香物质的最后形成提供了合适的发酵环境。白酒界有句行话叫“生香靠发酵”，可见窖内发酵环境对产生香气物质的重要性。发酵的作用首先是把糖转化为酒，这是基础，没有酒哪来的香味和风格呢？所以我们要保证窖内发酵的正常进行，这样香味物质才能伴酒而生。窖内发酵正常，说明窖内发酵环境适合有益微生物的生长，其产生的代谢产物正是我们需要的。窖内正常的发酵环境是适当的水分、温度、糖分、pH、缺氧等。如果这些条件发生变化，代谢产物也会改变。比如酱香型酒在窖底产生的是窖底香酒，在中部的糟醅中产生的是醇甜型酒，而在窖面产生的却是窖面酱香酒。窖中不同部位酒与出厂酒的香气成分比较见表7-56。

表 7-56　酱香型茅台酒窖中不同部位酒与出厂酒的香气成分比较　单位：mg/100mL

酒样名称	1980 年外销酒	酱香酒	醇甜酒	窖底香酒
乙醛	22.54	26.44	11.96	19.66
乙酸乙酯	228.5	322.1	140.0	302.2
乙缩醛	80.6	127.8	53.6	80.5
仲丁醇	19.5	12.3	—	10.2
丁酸乙酯	184.5	244.7	9.0	48.8
异丁醇	23.2	15.4	10.1	13.2
正丁醇	8.0	6.2	0.6	13.2
戊酸乙酯	4.8	5.2	2.0	18.3
异戊醇	52.3	35.0	33.3	33.4
己酸乙酯	18.0	24.8	17.8	90.3
乳酸乙酯	146.0	232.1	238.2	148.4

如表 7-56 所示，窖中不同部位的糟醅所产的酒香味成分是不完全一样的，感官风味特点也是不一样的。三种酱香单体酒的感官特征是：窖面酱香酒：酱香突出，口感细腻，余香较长，略涩，空杯留香久；窖中醇甜酒：具有酱香气味，入口醇甜，后味爽净。窖底香酒：窖香明显，浓厚丰满，稍暴辣，后味欠爽。从以上资料可以看出，酱香型酒在窖内发酵的不同部位糟醅中所产的酒香味成分与感官特征是不一样的。

窖底糟接触窖泥，发酵温度要比窖中、窖面要低，发酵期长、水分多、酸度高、压力大。窖泥中又有己酸菌，产生的己酸多，生成己酸乙酯也多，自然酒就具有浓香型酒的风格，但它又不同于浓香型酒，因为它还具有明显的酱香；窖面酱香酒产生于窖面是由于发酵过程中产生的热气、CO_2、气态的乙醇往上蹿，遇到窖面密封的冷窖泥后散逸在上层糟醅中，使发酵环境发生了改变，成为固态、气态、液态并存，冷热交替进行，同时又接触窖泥的特殊状态，既不同于窖底又不同于窖中。这种特殊状态可能非常适合耐高温、兼性厌氧、能利用 CO_2和乙醇的微生物生长，因而产生了不同的代谢产物，使窖面酒的风味不同于窖中、窖底糟醅酒的风味；窖中糟醅的环境就没有窖面、窖底这么复杂，因而产生的香气也是相对“纯净”的大宗酱香醇甜型酒的香气。酱香型酒的窖内发酵温度高而且还能正常发酵是因为有耐高温酵母的缘故。

王忠彦、胡永松等在高温大曲中分离出了一株可以在 47℃下良好生长的耐高温酵母菌，名为“卡斯特假丝酵母”。该株高温酵母不仅在 45℃的高温下能良好发酵产生乙醇，而且还能产生乙酸乙酯、乙醛、异丁醇、异戊醇等香味物质。除了在高温大曲中分离的能产生乙醇的耐高温酵母，在堆积过程中还有地霉属、假丝酵母属、毕赤酵母、汉逊酵母等，它们也参与了发酵。另外，还有一部分细菌也有产生酒精的能力，如林氏假单胞菌、嗜糖假单胞菌都能利用葡萄糖进行酒精发酵，所生成的产物和酵母菌的酒精发酵相似，主要是乙醇和 CO_2。乳酸菌的异型发酵也能生成部分乙醇。“多微共酵”是酱香型酒发酵的特点之一，但是，在高温发酵的特殊环境下，产生乙醇的主要还是耐高温酵母。耐高温酵母与 K-酵母在不同温度下的发酵力比较见表 7-57。

表 7-57　　耐高温酵母与 K-酵母在不同温度下的发酵力比较

单位：gCO_2/（g·72h）

发酵温度	28℃	37℃	42℃	45℃
K-酵母	7.175	5.290	3.040	0.000
高温酵母	5.955	6.125	4.455	3.030

从表 7-57 可以看出，高温酵母发酵温度比 K-酵母（一般酵母）要高。王忠彦等认为："高温酵母在高温下能良好发酵，这也许是本项研究的最大意义之所在。高温酵母的耐酒精能力不算突出，常温下的发酵力也不突出。但在 42℃却明显高于其他酵母，45℃时的发酵力还保持在 50%以上。42～45℃是酱香酒的发酵温度，因此至少可以说，高温酵母在酱香型酒的酒精发酵中可以起作用"。这一发现证实了关于酱香型酒高温发酵现象"可能是细菌，即使是酵母也是长期在高温环境下驯化了的耐高温酵母"的推测。

4. "四高"之四：高温馏酒

高温馏酒是提取酱香物质的有效手段。"生香靠发酵，提香靠蒸馏"，这是白酒界的行话。虽然在前面的生产中精心操作，很不容易地在发酵糟醅中积累了大量的香味物质，但如果在蒸馏取酒时不注意方式方法，还是不能把香味物质提取出来收于酒中。前已叙及，酱香型酒的关键工艺环节都离不开一个"高"字，生成的酱香物质"也姓高"，在提取的蒸馏工艺上是不是也应当要高温呢？回答当然是肯定的——高温馏酒。否则就不能完全把我们需要的酱香物质提取出来。酱香型酒香味物质的特征是"四高一低一多"：酸高、醇高、醛酮高、氨基酸高、酯低、含氮化合物多（种类多、数量多）。不同香型酒中香味成分比较见表 7-58。

表 7-58　　不同香型酒中香味成分比较　　单位：mg/100mL

项目	茅台酒	五粮液	汾酒	西凤酒	三花酒
总酸	294.5	191.3	128.6	59.8	120.3
总醇	198.8	106.6	114.2	150.2	169.2
醛酮	431.1	251.2	161.2	151.08	3.8
氨基酸	18.9	15.3	2.1	—	—
总酯	384	544.9	575.5	314.2	120.4
含氮化合物	64333	1326	322	—	—

如表 7-58 所示，酱香型的香气成分与其他香型的酒确实不一样，尤其是加热香气成分，被视为茅台酒特征值的糠醛、含氮化合物。要把这些特殊的香气成分提取出来，就要考虑提取方法，因此就有了酱香型酒的"高温馏酒"。所谓高温馏酒，就是提高蒸馏酒时冷却水的水温，使从冷凝器中流出的酒温升高。别的香型的酒的流酒温度都比较低，浓香型酒更是强调低温流酒。之所以如此，除提高出酒率外，更重要的是因为浓香型酒的主香成分是醇溶性的挥发酯类，如浓香型酒的主体香是己酸乙酯，清香型的主体香是乙酸乙酯。这两种酯都是在酒精浓度高、馏酒温度低时大量馏出，而水溶性的乳酸乙酯则在流酒温度高的酒尾中大量馏出，浓香型酒的低温馏酒、高（酒精）度入库是"增己

降乳”的重要措施之一。但酱香型酒中的酯类却不能高，特别是己酸乙酯不能高。比如茅台酒的总酯（384mg/100mL）就比五粮液的总酯（544.9mg/100mL）低 160.9mg/100mL，比汾酒的总酯（575mg/100mL）低 191mg/100mL。浓香型酒生产工艺是低温缓慢发酵，采用低温馏酒是尽可能把低沸点、醇溶性的酯类物质收集于酒中，使其浓香风格更典型，酒质更好。酱香型酒采用高温馏酒，同样是为了把高温制曲、高温堆积、高温发酵中生成的高沸点、水溶性的酱香物质最大限度地收于酒中，使其酱香突出，风格质量更好。还有一点也可说明的是酱香型酒的入库酒精度是 55%vol~57%vol，与浓香型酒的高酒精度（65%vol）入库正好相反。低酒精度入库恰恰是为了把酒尾中高沸点的酸味物质收入酒中，也因此酱香型酒在出厂时不用加浆降低酒精度（长期贮存使酒精挥发，酒精度降低，因此不加浆）。酱香型酒总酸高也与高温馏酒、低酒精度入库有密切关系。

5. 生产周期长

生产周期长是由酱香型酒多轮次发酵、多轮次取酒的工艺决定的。

酱香型酒从投粮开始到产酒结束（下沙、糙沙到七次酒烤完丢糟），一批酒的生产周期就是一年，这是其他酒种所没有的。这样长的生产周期不仅劳动生产率低、占压资金多、周转慢，而且跨季节生产冷热温差大，微生物的种类变化也大，酒的风味也不完全相同。能不能改变工艺，缩短它的生产周期，减少轮次来解决这些问题呢？贵阳酒厂就做过这方面的尝试，详见表 7-59。

表 7-59　不同酱香生产工艺及生产周期酒质比较

工艺路线	储存期	工艺操作	酒质感官评定
仿茅台工艺	三年	完全按茅台酒生产工艺	酱香突出，醇和丰满，回味悠长
续糙工艺	一年	原料粉碎成 4，6 瓣，清蒸清烧，堆积发酵。发酵期 30d。粮糟比 1∶4；粮曲比 1∶0.4	酱香长，酒体丰满，味较短
四轮清糙工艺	一年	原料粉碎成 2，8 瓣，清蒸清烧，堆积发酵。生产周期四轮次（每轮次 30d）。一次投粮，第二轮取酒。粮糟比 1∶2；粮曲比 1∶0.4	酱香较好，酒体较粗糙，味稍平淡

结果：“通过勾兑品尝，以仿茅工艺酒质较好，而决定采用仿茅工艺生产‘贵酒’”。看来，酱香型酒传统一年的生产周期和多轮次发酵是有科学依据的，轻易不能更改。应该说，正是前面所说的酱香型酒“生产周期长、跨季节生产、微生物种类变化大、风格不完全相同”的“缺点”，恰恰成为它的优点，从而保证了它的风格、质量。同时，它的生产周期长也是多轮次（发酵）取酒工艺所决定的。

6. 贮存时间长

（1）贮存时间长是保证酱香风格质量的重要工艺措施。酱香型的贮存时间之长众所周知，一般都在三年以上，加上一年的生产周期，要四年后才能出厂。有的名酒厂的贮存时间还要长，比如茅台酒的贮存期就是四年以上（不算生产周期）。还有年份酒，其贮存期高达 80 年。近几年来，不少名酒厂家都在不断推出自己的年份酒作为换代产品，在满足市场的同时也提高自己的企业形象。那么，贮存期长的酒是不是质量就好，贮存期与酒质究竟是什么关系？一般来讲，贮存就是使酒老熟，去掉新酒的新酒味、暴辣感，使酒香气优雅圆熟，口感醇和柔顺。

（2）酒的贮存作用

① 缔合作用：经过贮存，通过水分子和酒精分子彼此间氢键的作用缔合成大分子，减少自由酒精分子，改变它们的物理性质如折光率、黏度等，减小了对人感官的刺激感，使酒变得醇和柔顺。

② 挥发作用：经过贮存，把新酒中含有的硫化氢、硫醇、硫醚、二乙基硫及少量的丙烯醛、丁烯醛、游离氨等让人不愉快的气味挥发掉，使酒香圆熟悦人。

③ 氧化与还原作用：此化学反应变化缓慢，需要较长的时间。主要是酒中的酸、酯、醇、醛、酮发生的氧化、还原、酯化、水解、醇醛缩合反应。

由于以上的物理、化学反应，酒在贮存过程中发生了变化，有些香味物质减少甚至消失了，也有些没有的香味成分产生了。这些反应使酒的各种成分充分融合，更加协调，香气更加幽雅悦人，口感更加醇绵柔顺。适当的贮存期会使酒产生一种“陈香味”。周恒刚指出：“所谓酒的陈香风味特征，就是发酵过程终结后，用甑桶进行蒸馏从而取得酒液，再在陶坛或者麻坛内贮存一定的时间，酒液中就会自然产生出一种使人感觉到心旷神怡、优雅细腻、柔和愉快的特殊香味，我们把这种自然的复合香味称为中国名优白酒的陈香风味特征，也把这种酒叫陈香味酒。这种陈香味是在贮存过程中产生的，贮存的时间越长，这种香味越长，这种香味使人感觉的滋味越优美、越明显。”

但是，酒中“陈香味”的产生是需要前提的：一是要纯粮固态发酵的好酒（如浓香型酒的双轮窖底香酒、酱香型的酱面香酒，窖底香酒等好酒）。不是好酒或是酒精勾兑的酒，即使贮存期长也只是增加了酒的醇和柔顺度，却绝对没有所谓的“陈香味”；二是要用陶坛或麻坛作容器贮存的酒。用其他容器贮存产生不了“陈香味”；三是贮存期相对要长。贮存期不长的酒也不可能有“陈香味”；这三个条件缺一不可。所以周恒刚谈到：“目前我们的研究结果显示，酒只有经过麻坛或陶坛贮存才会产生优美的陈香风味特征。其他方法只能把酒做得更加醇和，不能产生陈香风味。”又说：“浓香型酒的陈香风味在感官上的体现是那种自然贮存所产生的特殊气味与主体香气所体现的浓郁甘洌混合在一起表现出来的优雅细腻的感觉，绝不仅仅是以己酸乙酯为主体香的复合香气的感觉，这也是用食用酒精加主体的复合香味成分勾兑而成的同质化产品酒与传统名优白酒的酒体风味特征在感官质量上的区别所在。”还说：“酱香型的独特气味与浓香型的风格大有区别，它是以高温大曲的气味带入酒中的焦香和窖香感觉与发酵产生的优美香气的综合感觉的总称，其陈香感觉与浓香型是有区别的……尽管目前对陈香味感官的叙述不确切，但名优白酒经陶坛贮存自然产生的这种特殊香气是大家都能体会认可的。酒经过贮存，口味变得醇和、绵柔。也可作为老熟的一项指标，但它不是陈香的感官指标，所以就出现了人工老熟这个名词”。酒在不同贮存期的香味物质变化及比较见表 7-60，表 7-61。

从表 7-60 可以看出，浓香型酒在长时期的贮存过程中，除总酸是上升的，其他成分都是下降的。下降幅度最大的是总酮，其次是总酯、总醛，下降幅度最小的是总醇。

表 7-60　浓香型酒在不同贮存期的香味物质变化及比较　单位：mg/100mL

项目	新酒	5 年	10 年	15 年	香味成分比较（升“+”，降“-”）	升降幅度/%
总酯	593. 49	476. 65	425. 92	361. 2	-232. 29	-39. 14
总酸	96. 45	96. 37	114. 04	115. 83	+19. 38	+20. 09
总醇	104. 85	88. 63	91. 17	93. 18	-11. 67	-11. 13
总醛	29. 1	21. 71	19. 69	19. 09	-10. 01	-34. 40
总酮	40. 88	36. 39	29. 09	14. 3	-26. 58	-65. 02

表 7-61　酱香型酒在贮存中香味成分的变化情况　单位：g/L

项目/酒样	15 年	30 年	50 年	50 年*	15 年*
酒精度/%vol	52. 16	52. 14	51. 14	52	52
总酯	3. 428	3. 273	3. 117	3. 735	3. 618
己酸乙酯	0. 157	0. 147	0. 310	0. 142	0. 107
乳酸乙酯	1. 965	1. 808	1. 548	1. 493	1. 704
乙酸乙酯	1. 505	1. 420	1. 348	1. 966	1. 645
丁酸乙酯	0. 121	0. 121	0. 122	0. 090	0. 084
甲酸乙酯	0. 036	0. 038	0. 021	0. 027	0. 029
总酸	2. 363	2. 287	2. 150	2. 40	2. 65
己酸	0. 079	0. 068	0. 076	0. 066	0. 073
乳酸	1. 495	0. 988	0. 898	1. 087	0. 867
乙酸	0. 990	0. 725	0. 924	1. 145	1. 523
丁酸	0. 147	0. 119	0. 136	0. 051	0. 055
丙酸	0. 098	0. 083	0. 098	0. 083	0. 099
戊酸	0. 027	0. 024	0. 022	0. 014	0. 017
异戊酸	0. 028	0. 026	—	0. 022	0. 032
庚酸	—	0. 006	—	—	—
辛酸	—	0. 006	—	—	—
异丁酸	0. 043	0. 022	0. 018	0. 048	0. 099
正丙醇	1. 341	1. 426	1. 637	1. 319	1. 145
仲丁醇	0. 235	0. 172	0. 315	0. 077	0. 072
正丁醇	0. 090	0. 101	0. 121	0. 050	0. 052
异丁醇	0. 139	0. 142	0. 165	0. 169	0. 165
异戊醇	0. 405	0. 408	0. 381	0. 439	0. 434
正己醇	0. 022	0. 024	0. 028	—	—
β-苯乙醇	0. 017	0. 0182	0. 0183	0. 016	—
乙醛	0. 494	0. 482	0. 448	0. 431	0. 468

续表

项目/酒样	15 年	30 年	50 年	50 年*	15 年*
乙缩醛	0.036	0.044	0.054	0.580	0.602
糠醛	0.036	0.044	0.054	0.048	0.056
固形物	0.386	0.412	0.464	—	—

注：* 为外购茅台酒厂的年份酒；其余为广西生产的酱香型年份酒。

(3) 浓香型酒与酱香型酒在贮存期中变化的不同点　浓香型酒和酱香型酒在贮存期中的变化是不一样的，这些变化表现出以下特点：

浓香型酒的总酯是大幅下降的。而酱香型酒则有升有降，升降幅度也小。浓香型酒（贮存 15 年，下同）总酯下降 39.15%。而茅台酒的总酯是（50 年、15 年年份酒，下同）上升的，上升 3.2%。浓香型酒的主体香己酸乙酯在贮存中由 249.64mg/100mL 降为 151.58mg/100mL，下降幅度为 39.28%。而酱香型酒的己酸乙酯含量却不降反升，茅台酒上升 32.7%。

浓香型酒总酸是上升的，升幅较大。酱香型酒有升有降，升幅小，降幅也小。贮存中浓香型酒的总酸上升了 20.09%，但至于酱香型酒的总酸，茅台酒只上升了 11.17%，另一酱香型酒则下降了 5.99%。

浓香型酒中总醛是下降的，降幅大；酱香型酒的醛也是下降的，但降幅小。浓香型酒中总醛下降 34.39%，而酱香型的茅台酒仅下降了 4.8%，另一酱香型酒也只下降了 4.4%。浓香型酒中的乙醛由 19.27mg/100mL 下降为 12.43mg/100mL，下降 35.49%；而另一酱香型酒和茅台酒则只分别下降了 7% 和 7.9%；糠醛在浓香型酒中下降了 25.66%，茅台酒虽然下降 14.29%，但下降幅度大大低于浓香型酒。

浓香型酒中的总醇是下降的，而酱香型酒的总醇是上升的。浓香型酒中高级醇类大部分是下降的，降幅为 11.13%。茅台酒总醇（上表中醇的总量计）由 15 年的 203.92mg/100mL 升到了 50 年的 222.88mg/100mL，上升幅度为 9.29%。可以说通过以上数据可以看出浓香型酒中的总醇大部分是下降的，小部分是上升的，虽然有的升幅较大，仍不能抵消其他绝大多数醇类的下降幅度，所以表现出总醇的下降。而酱香型酒中的总醇大部分是上升的，下降的只是小部分，而且下降幅度小，所以表现为总醇上升。需要说明的是以上数据由于比较少，又仅限于年份酒，有一定的局限性。只是它所表现出的现象值得我们深入探讨和研究。

对于酱香型酒在贮存期中的变化为什么与浓香型酒不一样，这主要是由于酿酒工艺的不同与香味成分组成的差异造成的。前已叙及，酱香型酒的香味特征是“四高一低一多”，即“酸高、醇高、醛酮高、氨基酸高，酯低、含氮化合物多”，而浓香型酒的香味特征与之恰恰相反，是“四低一高一少”，即“酸低、醇低、醛酮低、氨基酸低，酯高，含氮化合物少”。香型的不同是酒中香味物质组成不同造成的，而香味物质不同又源于酿酒微生物种类数量的不同，酿酒微生物的种类数量又与酿酒工艺密切相关，既然如此，酱香型酒的贮存期长就是理所当然，因为它是保证酱香型酒风格质量的一个重要工艺环节，这是不容置疑的。否则酱香型酒厂和各大名优酒厂的名酒占压巨额资金、付出大量利息、占用大面积库房（陶坛贮存），承担数目不小的贮酒损耗、消耗宝贵时间来对酒进行长期陈酿岂不是“太不值得”？但有两点需要强调的：一是提高产品质量的根本措施是生产工艺而不是贮存。质量差的酒贮存期再长也不会变为好酒、高档酒；二是要根据香型做决定。对于含酯量高、以醇溶性酯为主体香的酒，贮存期不宜太长。幽雅的、优美的、妙不可言的陈香是高档酒的标志，现在也只有在高档的茅台酒、五粮液、国窖 1573、剑南春、水井坊、郎酒的红花郎年份酒等酒中才有。所以高档酒的价格高是由纯粮固态酿造、数量有限（浓香型酒的优质酒占比为 15%～30%，酱香型的要高些，为 75%左右）、陶坛长期贮存这几方面的原因决定的。

7. “一大”：大用曲量

大用曲量提供了保证酱香型酒生产正常进行的有益微生物、酶和酱香物质作为酿酒的糖化、发酵剂，高温大曲的作用有三：一是糖化作用，利用微生物产生的淀粉酶、糖化酶把淀粉水解为可发酵性糖；二是通过酵母菌（还有某些霉菌和细菌）把可发酵性糖转化为酒精；三是生香作用，把在制曲过程中经生物、化学、物理反应产生的各种香味物质带入酒中，增加酒的香味成分，使酒的风格更典型，香味更丰满。“大曲是开放式生产，微生物种类繁多，数量大，酶系也比较复杂。它不同于纯种培养的糖化酶和酵母，只能起糖化和发酵作用，除了糖化发酵作用，同时还起着生香作用，使酒具有丰满的香气和怡人的口感，甚至起着决定香型、左右酒的风格质量的作用。可以说，大曲质量的好坏，对出酒率、风格、质量的影响举足轻重。这在大曲酱香型酒的生产中，尤为明显。”在上面讲到，高温大曲的糖化力很低，发酵力也很弱。因此高温曲的主要作用就是生香。把制曲过程中积累的酱香物质或酱香前体物质带入酒中，通过窖外堆积和窖内发酵，为最终生成酱香型酒主体香奠定基础。这就是高温大曲与其他大曲的最大差异。这个差异决定了大曲酱香型酒生产的两个工艺特点：大用曲量、窖外堆积。堆积前已叙及，下面谈谈大用曲量。高温大曲用量与酒质的关系见表 7-62。

表 7-62　高温大曲用量与酒质的关系

高粱用量/kg	大曲用量/kg	产酒/kg	酒质分析			
			酱香占比/%	窖底香占比/%	醇甜占比/%	次品占比/%
1000	65	29.3	3.1	0.1	85.5	12.3
1000	72.3	37.27	4.7	0.3	86	10.0
1000	75.6	39.04	6.23	0.28	88.2	5.29
1000	82	43	9.51	1.27	84.5	4.76
1000	90	43.8	14.7	3.1	78.2	4
1000	97.4	44	14.8	2.1	80.2	2.9
1000	103.4	33.2	22.5	3.0	71.4	2.1

如表 7-62 所示，随着用曲量的加大，出酒率、酱香酒、窖底香酒占比都呈上升趋势。而醇甜型酒、次品酒率则呈下降趋势。其中特别是酱香型酒更是如此。茅台酒厂认为：茅台酒生产的重点是质量，而酱香则是重中之重。这是因为酱香型酒的主体香是“酱香”（虽然酱香的主体香成分没有定论），因而所有的工艺措施都是围绕产生“酱香”制定的，离开酱香就不称其为“酱香型”酒，所以“酱香”是重中之重。这就像浓香型

酒没有高于其他酯的“己酸乙酯”就不称其为浓香型酒一样，因为“己酸乙酯”是浓香型酒的主体香。主体香含量高（香味谐调的前提下）的酒，风味独特，风格典型，质量好。这就是酱香型酒大用曲量的重要原因。还有下面几个因素：

（1）由于高温大曲糖化力低，必然要加大用曲量才能把淀粉酶解为可发酵性糖。

（2）大用曲量带来大量特有的有益微生物种类、酶系，保证酒的正常发酵。

（3）把制曲过程中产生和积累的大量酱香、酱香前体物带入酒中。

（4）增加淀粉含量，提高出酒率。

还有两点可以证实高温曲是产生酱香基础的是：凡是产生酱香特别突出的窖面糟醅，用曲量都特别大；酱香型酒中品质好、酱香也好的 3、4、5、6 次大回酒的糟醅高温曲用量也很大。

8. “一多”，多轮次（发酵）取酒

多轮次发酵让酱香型酒的风味多姿多彩又主香（酱香）突出，风格独具。酱香型酒工艺的又一大特点是多轮次发酵、多轮次取酒，这也是别的酒种所没有的。

如表 7-63，7-64 所示，酱香型酒的 1~7 轮次酒的风味是不一样的，香味物质的含量上也是有差异的。我们把 1~2 轮次酒称为小回酒，意思是它的产量少、酒质不好。它在感官上香气偏“清香”，口感上酸涩味重。在香气成分上 1、2 轮次酒乙酸、乙酸乙酯、正丙醇含量高。在勾兑时只能用一部分，不能多用，多了会影响风格、质量。但是没有 1、2 轮次酒酒体又不丰满；7 轮次酒也是小回酒，酒质也比大回酒要差，但它的糟香（有的叫煳香）会使酒产生独特的香气和空杯留香，也要用大部分；3、4、5、6 轮次酒是大回酒，即出酒量大、质量又好的酒。这几次的酒不仅口感好，香味成分也比较谐调，它是酱香型酒的主体，在勾兑中全部都用。酱香型酒从农历 9 月 9 日重阳节开始投粮（下沙、糙沙）到次年 7 轮次酒丢糟结束。即从公历的约 11 月、12 月投粮，1 月产一次酒开始到次年 11 月左右结束，历经春、夏、秋、冬四季。不同季节产的酒，香味特征不同，口感不同。夏天产酒香，但味较糙；冬天产酒甜、醇，但香较差。二是季节不同，微生物种类不同，代谢产物不同，香味不同。三是糖化发酵轮次多与轮次少积累的香味物质不同，香味不同，香味成分也不同。随着产酒轮次的后移，糖化发酵的轮次越多，添加的高温曲也越来越多，酒中的香味成分也在不断发生变化，造成酒不同轮次在风味上的差异。比如 1、2 次酒有高粱的粮食香，7 次酒带有糟香、煳香，其他次酒就没有。随着轮次的增多，酱香也越来越突出，酒质也越好，代表酱香特征值的糠醛含量也越来越高。

表 7-63　　茅台酒厂不同轮次酒的风味特征

轮次	名称	每甑产量/kg	风味特征
1	生沙酒	—	香气大，具有乙酸异戊酯香味
2	糙沙酒	3~5	清香带甜，后味带酸
3	二次酒	30~50	进口香，后味涩
4	三次酒	40~75	香味全面，具有酱香，后味甜香
5	四次酒	40~75	酱香浓厚，后味带涩，微苦

续表

轮次	名称	每甑产量/kg	风味特征
6	五次酒	30~50	煳香，焦煳味，稍带涩味
7	小回酒	20 左右	煳香，带有糟味
8	枯糟酒	10 左右	香一般，带霉、糠等杂味

表 7-64　郎酒厂不同轮次酒的色谱骨架成分含量　单位：mg/100mL

名称	1 轮次酒	2 轮次酒	3 轮次酒	4 轮次酒	5 轮次酒	6 轮次酒	7 轮次酒
总酸	524	320	286.2	187.7	200	185	172.8
乙酸	289	254.7	237.9	134	131.6	132.8	146.5
乳酸	92	43	45.5	34.5	32.5	42.8	36
丙酸	43.8	16.7	5.0	7.1	3.5	4.5	2.2
己酸	2.1	2.2	4.1	6.7	5.2	5.6	5.1
丁酸	3.5	2.6	3.9	5.4	4.4	6.7	6.3
异丁酸	1.8	2.6	2.3	2.5	5.9	3.6	2.2
总酯	820	612	508	418	440	490	420
乙酸乙酯	580	471	283	220	232	281	258
乳酸乙酯	178	177	197	165.6	188	200.7	150.6
丁酸乙酯	0.53	—	2.36	2.2	3.8	3.7	0.72
己酸乙酯	4.8	3.2	7.38	13.4	12.6	15.1	14.36
戊酸乙酯	0.94	0.41	—	1.8	2.3	2.36	3.4
乙酸异戊酯	5.38	0.3	1.0	0.45	3.3	5.4	4.4
甲醇	15.7	10.0	11.1	8.2	10.9	11.9	14.4
正丙醇	2269	282	102	125	112	255	321
仲丁醇	79.8	1.77	2.06	1.95	2.2	3.7	21.3
异丁醇	23.7	10.6	11.7	10.8	15.1	15.6	17.9
正丁醇	6.5	2.7	5.9	4.5	3.3	4.8	6.47
正戊醇	1.6	1.02	3.5	2.4	1.7	3.4	3.2
异戊醇	—	23.5	29.3	25.73	35.9	44.5	52.2
1，2-丙二醇	14.4	12.6	31.8	13.4	20.8	13.3	15.8
乙醛	17.7	50.9	32.1	64.9	62.1	24.4	37.3
异丁醛	1.8	1.8	1.9	3.1	2.7	3.6	7.4
异戊醛	1.8	1.9	5.5	5.2	7.2	6.4	13.7
糠醛	3.15	7.6	16.6	24.7	33.9	16.5	14.4
三甲基吡嗪	1.28	1.2	5.8	7.7	8.0	0.39	—

综上所述，“四高两长、一大一多”工艺是形成酱香型酒风格、质量的独特工艺和关

键工艺。独特是说它不同于别的香型酒的生产工艺；关键是说缺少这几个工艺环节中的任何一环都不会酿出风格典型、质量优良的酱香型酒。因为酿酒就是培养微生物获取代谢产物——酒精和香味物质的过程。而酿酒工艺则是为培养微生物创造条件，以期获取更多的代谢产物。换言之，酿酒工艺只是手段，优质高产才是目的。有什么样的酿酒工艺，就培养什么样的微生物；有什么样的微生物就会有什么样的代谢产物；有什么样的代谢产物就有什么样的香味成分；有什么样的香味成分就有什么香型风格的酒。我们剖析酱香型酒的独特工艺，是为了探讨形成酱香的来源，从而改进工艺，创造一个适合微生物生长的良好生态环境，让能够产生酱香的微生物更好地生长繁衍，更多得到我们所需要的代谢产物——酒和酱香物质，从而提高酱香型酒的风格质量、出酒率，达到优质高产的目的。

（四）大曲酱香型风格研究

1. 不同调味酒对酱香型白酒感官特征的作用

目前行业内对于酱香型白酒调味酒的运用多凭借品酒师的嗅觉、味觉，关于其科学内涵或风味物质基础的研究较少，针对这一普遍现象，国台酒业通过感官品评评价添加不同种类及比例的调味酒的作用，采用 GC 及 GC-MS 检测相关风味物质，通过分析风味物质含量变化及香气活力值（OAV）的变化，在此基础上建立偏最小二乘回归（PLSR）模型，阐释不同调味酒的感官特性与风味物质之间的相关性。

对酱香型白酒勾调中常用的 3 类调味酒（窖面酒、窖底酒、老酒）的呈香呈味作用进行研究。结果显示：调味酒添加效果与添加量正相关；添加 3%窖面酒、6%老酒均可增强酱香、曲香、陈香、细腻感、干净度，均减弱辛辣感。添加窖底酒则会增强干净度、辛辣感，减弱酱香、曲香、陈香、煳香、醇厚度。可见窖面酒、老酒对感官的影响不仅与窖底酒有明显差异而且呈相反的趋势。对 49 种风味物质定量分析发现，添加不同调味酒后部分风味物质含量变化出现“反常”现象，但仍具有一定规律性；采用偏最小二乘回归分析发现，正丁醇、苯乙酸乙酯、3-甲基丁酸乙酯、2-甲基丙醛与酱香、曲香、陈香、煳香、细腻感、醇厚度呈不同程度正相关，与辛辣感、干净度负相关，戊酸、己酸、己酸乙酯与辛辣感、干净度不同程度正相关，与其他口感负相关。这 7 种物质与各口感均具有相关性，猜测不同调味酒添加后口感差异的形成除与物质种类有关外，还与相关物质量比有关。该研究为酱香型调味酒相关研究积累了经验、开拓了思路，可为勾调过程提供理论支持。

2. 微量成分研究

2020 年，肖作兵对“红花郎 Y1”“郎酒朗哥 Y2”和“老郎酒 Y3”中的关键挥发性香气物质进行了鉴定，结果表明，Y1、Y2 和 Y3 样品中分别含有 60、62 和 61 种对香气有贡献的化合物。此外，还利用香气活力值（OAV）对重要化合物进行了评价，结果表明，2-甲基-3-呋喃硫醇（OAV：20~30）、3-巯基己基乙酸酯（OAV：13~20）、β-大马烯酮（OAV：30~57）、（E）-2-癸烯醛（OAV：9~22）、庚醛（OAV：4~13）、己醛（OAV：9~12）和 2-异丙基-3-甲氧基吡嗪（OAV：4~14）对郎酒香气具有重要贡献。并用 6 个不同 OAVs 的化合物（己酸乙酯、2-甲基-3-呋喃硫醇、（E）-2-癸烯醛、愈创木酚、3-巯基乙酸己酯和 2-异丙基-3-甲氧基吡嗪）研究了它们对芳香重组阈值（AR）

的影响，发现己酸乙酯、2-甲基-3-呋喃硫醇、3-巯基乙酸己酯和2-异丙基-3-甲氧基吡嗪均能显著降低AR阈值。这可能是因为这四种化合物与AR中的香气物质有协同作用。与己酸乙酯和2-甲基-3-呋喃硫醇相比，AR中加入（*E*）-2-癸烯醛时，AR的阈值变化不明显。而加入愈创木酚后，AR阈值明显提高，说明愈创木酚对AR中原有香气物质有掩蔽作用。

2021年，易封萍等通过气相色谱-质谱联用仪、气相色谱硫磷检测器研究3种酱香型习酒（习酒蓝、习酒印象、习酒银质）中的挥发性香气成分，分别鉴定出99、96、98种香气成分，其中各包含12种含硫化合物。基于气相色谱嗅闻仪和香气活力值（OAV）方法，表明己酸乙酯（OAV：1720~1992）、丁酸乙酯（OAV：1401~1523）、辛酸乙酯（OAV：218~327）、3-甲基丁酸乙酯（OAV：835~966）、2-正丁基呋喃（OAV：464~719）、2-甲基丙酸乙酯（OAV：146~342）、3-羟基-2-丁酮（OAV：90~117）、丁酸（OAV：71~79）、2-甲基-3-呋喃硫醇（OAV：33~72）、丁醇（OAV：19~37）、苯乙酸乙酯（OAV：90~91）、己醛（OAV：29~33）、2-甲基丙酸（OAV：13~33）、苯乙醛（OAV：16~35）、糠醇（OAV：7~13）等具有较高的数值，说明这些成分是习酒主要特征性香气成分。通过香气重组、偏最小二乘回归进一步验证，解释习酒中的特征性香气成分与感官属性之间的相关性。最后，利用Feller加和模型研究习酒印象酒中5种含硫化合物和6种酯类化合物之间的感官交互作用，验证习酒特征香气鉴定的准确性。结果表明，丙硫醇、二甲基三硫醚、2-甲基-3-呋喃硫醇、3-巯基己基乙酸酯、3-巯基-1-己醇都可增强己酸乙酯的香气，而对其他5个酯类化合物则有增强也有掩盖的作用。实验数据解释了香气物质之间的作用机理，有助于通过定向调控提高酱香型酒的香气质量。

唐平等为探明赤水河流域范围内不同地区生产的酱香白酒的风味物质组成差异，采用顶空固相微萃取/液液萃取-气相色谱-质谱联用技术对赤水河流域的5个不同地区的56个代表性酱香型白酒样品的挥发性香气物质成分进行检测分析。结果表明，56个酱香型白酒样品中共检测出85种香气成分，其中酯类化合物45种，醇类化合物11种，酮类化合物7种，醛类化合物8种，酸类化合物3种，烷烃类化合物3种，其他类化合物8种，不同地区的酱香型白酒的主要香气种类基本相似，含量差异较大。以57种重要香气化合物作为关键分类因子，建立不同地区酱香型白酒偏最小二乘判别分析分类模型，分类效果明显，并进一步确定出变量重要性因子（>1）20种。利用层次聚类分析结合热图分析，表征赤水河流域的不同地区的酱香型白酒中香气成分的分布规律。

2021年李利利等对酱香型白酒机械化酿造典型体的各轮次基酒（习酒）进行风味结构解析。采用感官评价法与香气活力值相结合，分析机械化酿造不同轮次典型体基酒的感官属性与特征香气化合物的关系，结果表明机械化酿造各轮次酱香典型体基酒中具有香气贡献的特征化合物共有37种，每类挥发性化合物对不同轮次典型体酒样的香气贡献度与感官品评结果相呼应，其中1、2轮次酱香典型体基酒较干净，水果香、花香风味优于酱香风味，3、4、5轮次基酒酱香风味显著，6轮次烘焙香、焦香更突出，7轮次各香气减弱焦煳香突出；其中贡献水果香、花香、甜香的物质主要为戊酸乙酯、异戊酸乙酯、正己酸乙酯、己酸丁酯、辛酸乙酯等19种化合物；呈烘焙香与坚果香物质包括异丁醇、2，6-二甲基吡嗪、2，3，5-三甲基吡嗪、2-乙基-6-甲基吡嗪等；呈焦糖香物质主要是糠醇、糠醛；呈乳酪香风味的物质主要是酸类物质。

二、 麸曲酱香

麸曲酱香是20世纪50年代后，特别是在烟台试点、茅台试点经验总结基础上发展起来的，也出现不少优质产品。北方以河北廊坊迎春酒、辽宁陵川白酒等为代表，南方以贵州黔春酒为代表，南北呼应，各具特色。麸曲酱香以其风格典雅、价廉物美深受广大消费者的好评，且具有出酒率高、发酵期和贮存期短、资金周转快、当年推广当年受益等优点。

（一） 南方麸曲酱香型白酒生产特点

在茅台试点经验基础上，通过分离茅台酒酿造微生物、筛选优良菌种，贵阳酒厂与贵州省轻工业科学研究所合作，于1981年试制成功了麸曲酱香酒，并于该年年底通过了省级鉴定。贵州省已有7个地、州、市的10多家酒厂生产麸曲酱香型白酒，并取得了较好的经济效益。现将贵州麸曲酱香型白酒的酿酒工艺特点简介如下。

1. 原料与粉碎

高粱是酿制优质白酒的优良原料。小麦也是酱香型白酒的重要原料。在茅台酒生产中，小麦的用量超过了高粱。试验结果证明，加入小麦能使麸曲酱香酒的酱香更为明显，用量以10%~25%为宜，用量过大时，对出酒率有影响。

吴广黔等研究表明：粉碎时，高粱应粉碎成4~6瓣，小麦为2~3瓣，应尽量避免产生细粉。此粉碎度能保证堆积时酒醅比较疏松。便于微生物的生长繁殖，同时可减少辅料谷壳的用量。

2. 润料、蒸料

采取2次润料。先将高粱置于晾堂上，加入占原料总质量25%的85℃以上热水，拌匀，将小麦粉覆盖在上面，堆积30min。第二次再加入30%的热水，拌匀后再盖上谷壳，继续堆积1h。这种操作可避免小麦粉因吸水较多而黏结成团。谷壳的用量以保证熟粮不结团为度。装甑蒸粮要求糊化彻底，无硬心，一般要求上大汽蒸粮3h。如非连续作业，可采用蒸料1h，关汽焖粮过夜，早上复蒸1h，即可出甑。蒸粮时可不加盖，而盖上将用于蒸馏时用的谷壳，节省谷壳单独清蒸的工序。

3. 用曲量

以麸皮占酿酒原料的质量计，白曲20%，细菌3%，酵母3%。白曲采用机械通风制曲，糖化力要求≥500mg葡萄糖/（g曲·h）（40℃）。细菌和酵母可采用帘子培养或机械通风培养。

4. 配料、堆积

热粮摊晾后，加入曲子总量一半左右，拌匀1次。取蒸酒后的中糟，粮糟比为1：（4~4.5）（夏多冬少），摊晾后加入另一半的曲子，拌匀后覆盖于熟粮上，留下部分不加粮，另堆作为盖糟。把中糟拌匀后起堆，堆高1.2~1.5m。夏季起堆温度应接近室温，冬季在35~38℃为宜。待堆顶品温达46℃即可下窖。

5. 入窖发酵

下窖时，每窖泼入尾酒量为原料量的20%左右，视酒醅的水分及酸度而定。务必使酒醅水分在54%左右，淀粉为13%~16%。酸度1.5~2.0。中糟与盖糟之间用少量谷壳隔开，当天踩窖封窖，发酵期为21d左右。

6. 起窖蒸馏

盖糟与中糟分开蒸馏，盖糟蒸馏后即为丢糟。盖糟酒应分开贮存，如果质量较差，应作为次品酒处理。出窖中糟要求水分在58%左右，酸度≤3.5，淀粉10%左右。蒸馏时，酒醅应均匀加入经过清蒸除杂的谷壳，顶汽装甑，缓慢蒸馏，分层接酒，接酒56%vol，接足尾酒。接近窖底的一甑酒，应分开入库。

7. 贮存、勾兑

入库酒精度规定为56%vol。香型分为酱香、窖底香、醇甜3类。勾兑时应突出酱香风格，并力求做到醇和谐调、尾净味长。入库酒经贮存6个月后进行勾兑，再存放1个月，经品评检测合格后包装出厂。

8. 成品酒质量要求

酒精度可定在53.0%vol~54.0%vol；总酸（以乙酸计）≥1.2g/L；总酯（以乙酸乙酯计）≥2.5g/L。感官特点为无色（或微黄）、清澈透明、无沉淀、无悬浮物，酱香显著，较幽雅细腻，入口醇和，香味协调，回味较长，有空杯香。

9. 麸曲酱香生产应注意的问题

贵州省轻工业科学研究所认为，酱香成分中的高沸点酸性物质，与在高温条件下培养嗜热芽孢杆菌（包括制曲和堆积过程）所产生的香气关系密切。细菌曲培养36h，如品温过低，则香气淡薄；品温过高，可出现氨味；最高品温在55~57℃，则曲的酱香味最好。再之，低沸点酯类的酱香成分，与堆积过程中酵母所产生的香气关系密切。堆积品温过低，则酯类生成少；品温过高，则易出苦酒，部分酯类也可能分解；当品温在46℃左右时下窖则较为理想。掌握好细菌的培养和高温堆积这两个关键，就可使酒的酱香更加明显。当然，芽孢杆菌的代谢产物在高温条件下产生的酱香味，以及酵母在堆积过程中所产生的酯香，可能直接进入酒中呈味，也可能经过发酵过程的种种变化才形成酒的酱香。

其次，气温高、酒醅水分低、淀粉含量高、用曲量大、堆积时间长，都易使堆积升温猛、品温过高而使酒带煳苦味。所以，夏季应注意采取降低起堆温度、增加配糟量及水分含量、减少用曲量、控制堆积温度等措施。与此相反，在冬季采取提高起堆温度、减少配糟量及水分含量、适当增加用曲量、保持堆积温度等措施，是增加酱香酒比例的有效措施。换言之，如果常出焦煳味、苦味的酒，宜采用前一种做法；如出的酒较多醇甜、酱香不明显、味短谈，则可考虑后一种措施。此外，在夏季气温极高，堆积时间过短以及冬季极低气温，堆积品温难以上升的情况下，最好停产一段时间。有的厂采取薄堆或鼓风降低堆积品温的做法，结果适得其反，由于好氧微生物的旺盛生长而释放更多的热量。有的厂套用浓香型白酒的低温入窖操作，在入窖时鼓风降温，这完全违背了酱香型白酒生产的传统工艺操作，不但未能提高出酒率，相反，在堆积过程中产生的酒精以及香气物质将逸散殆尽。

贮存期对酱香的形成也极其重要，麸曲酱香的新酒一般较易尝出焦香味，而酱香往往不太明显。贮存期较长的麸曲酱香酒，除了因部分杂味成分挥发掉而不干扰品评之外，其高沸点酸性物质与低沸点酯类物质可能经过氧化、还原、缔合等作用，甚至可能带有大曲酱香酒的那种“老酒味”。所以，延长贮存期是突出酱香风格的有效措施。当然，这势必又增加了成本。但是，选择适当延长贮存期的酱香型酒作为勾兑时的调味酒，却是完全必要的。在勾兑时，先勾好基础酒。要求基础酒口味谐调，无杂味，不偏格。接着可勾入少量酱香较好的酒以突出风格，有时甚至勾入少量的苦味酒也能把酱香衬托出来。最后，如果放香不足，可考虑勾入一些窖底香酒，但切忌窖香露头而偏格。

（二）北方麸曲酱香型白酒生产的特点

1. 原料选择

哈尔滨龙滨酒厂利用从茅台酒酿造微生物中分离出的6株产酱香细菌曲，从1987年开始采用麸曲法生产酱香型白酒取得成功。他们认为酱香型白酒生产工艺配料的特点是"氮碳比"较其他香型白酒要高很多；另外，酱香型白酒中的主要香气成分，如酱香、酪醇等芳香族化合物主要来源于氨基酸，同时6株产酱香细菌具有一定的糖化力和蛋白质分解力，可将蛋白质分解成产香前体物质。基于此种考虑，在确定麸曲酱香型白酒工艺配料时，以增加原料氮碳比、提高配料中蛋白质含量为主要原则，以满足河内白曲中酸性蛋白酶和6株产酱香细菌曲的生长和代谢需要。因麸皮中含有较高的粗蛋白，所以，采用添加麸皮和小麦的方式提高氮碳比。根据多年的生产实践，确定麸曲酱香酒工艺配料为酱香型白酒创造了条件，工艺配料为：高粱占79%、小麦占15%、麸皮占6%。制曲所用麸皮占总投料量的30%。高粱、小麦均粉碎成4、6、8瓣，并加少量稻壳，调节淀粉黏度。

2. 采用菌种

（1）产酱香菌种　选用贵州轻工业科学研究所从茅台酒酿造微生物中分离出的产酱香芽孢杆菌属细菌6株。该菌具有一定的糖化力和蛋白分解力，制成麸曲后，不但细菌曲本身带有酱香味，对提高酒的酱香气有利，而且也有利于原料中的淀粉糖化和蛋白质的分解，生成酱香香味物质。

（2）糖化菌种　选用河内白曲作为糖化剂。该菌特点是酸性蛋白酶高，产酸高、耐酸性强，能适应酱香型白酒发酵周期长的特点。

（3）产酯产酒酵母　选用生香酵母5株，如汉逊酵母、球拟酵母、假丝酵母等，此种酵母产酯产酒能力强，能适应酱香酒工艺长期发酵的特点。

3. 应用菌种制作麸曲

（1）产酱香细菌麸曲制作的主要工艺流程：

固体试管→液体培养→浅盘固体培养→成品曲培养（通风槽培养）→成品

① 细菌曲液体培养：产酱香细菌微生物（6株），均为嗜热芽孢杆菌，为好气性，喜食蛋白。因此在培养基的选择上，确定进口蛋白胨为液体培养基。接入菌种后，温度控制在35~38℃，应用电动摇床保持其动态培养，使其充分接触氧气，种子活性大大增强。经检测，菌数比静置培养扩大将近百倍，酱香气明显增加。

② 细菌浅盘固体曲制作：培养基为麸皮，加水60%，加入纯碱6%，调节pH7.2~7.4，加压蒸料2h，冷却至38~40℃，接入液体前代菌种，培养48h。培养期间，品温控制在38~45℃。其间通过翻拌控制品温，并保潮，保证细菌均匀生长。培养成熟后，干燥保存备用。

③ 细菌麸曲培养（成品曲培养）：采用麸皮为培养基，加入纯碱60%，加水60%，pH7.2~7.4，常压蒸料灭菌1h，冷却至40~42℃，接入浅盘细菌曲，培养72h，品温控制

在45~55℃，后期品温控制在55~58℃，采用通风方式控制品温，同时为细菌生长提供氧气。培养过程中，要加强品温控制，过高、过低都将对曲质量产生影响。培养结束后，通风干燥保存。成品曲质量：呈深黄褐色、无杂菌、酱香气明显。

（2）河内白曲的制作　采用机械通风式，培养基为麸皮。为防止原料过黏，加15%~20%稻壳，加水量65%~75%（根据季节不同进行调整），夏季多加、冬季少加，常压蒸料1h，品温控制在35~38℃，培养时间24~30h。培养结束后，通风干燥保存备用。

（3）生香酵母曲的培养　根据其生长特性及生产实践，生香酵母前4代采用液体培养。液体米曲汁糖度13~14°Bx，温度28~32℃，培养24h。通风槽固体培养以麸皮为培养基，加少量玉米面，并添加少量鲜酒糟调节酸度，常压蒸料1h，冷却至30~32℃接种，培养温度控制在34~37℃，培养温度过高，细胞数多而芽孢率低，温度低细胞少，培养时间48h。培养期间，注意保潮，防止水分挥发过快，影响微生物生长。同时也要注意水分不宜过大，否则酵母呼吸旺盛，升温过猛，导致通风量过大，造成香气成分流失，影响成品曲质量。培养结束后，干燥保存备用。要求细胞数在3亿以上，芽孢率达到15%，并带有酯香，绵甜、尾净。

4. 酿酒工艺操作

（1）原料糊化　将高粱、小麦、麸皮、稻壳混拌均匀后，加水润料1h，然后装甑蒸料。操作过程中，要见汽装甑，做到薄、匀、散，圆汽计时。糊化后的原料，要做到熟而不黏，内无生心，扬晾备用。

（2）配醅、加曲　将糊化好的原料与蒸过酒的酸醅混匀，粮醅比为1∶4，加曲温度为38~40℃，加曲量：河内白曲18%~22%、生香酵母4%~5%、细菌曲8%~10%、高温曲6%，并混拌均匀。

（3）堆积　通过堆积，网罗环境中大量有益产香微生物，同时进行繁殖、驯化、筛选，相当于二次制曲。而且，通过自然升温，保证高温入窖。因此，加强堆积工序控制，保证堆积质量，对提高酒质、解决纯种微生物菌系单一有重要作用。具体操作如下：粮、醅子、曲子混拌均匀后，即开始堆积。堆积前要将堆积场地打扫干净，取上窖堆积成熟的少量香醅均匀地撒在堆积场地上，作为底部接种曲。然后，将堆积材料撒在上面。堆积形状为丘形，堆积高度为1.0~1.3m，收堆温度22~24℃（春、秋季），冬季：25~28℃，夏季：25~26℃。最高温度达到45℃，即可捣堆入窖。

（4）入窖发酵　醅子堆积成熟后，即可捣堆入窖。入窖前，先用温水喷洒窖壁，并向醅子内喷入适量酒尾，控制入窖水分53%~55%，淀粉含量14%~16%，酸度1.0~1.8，发酵时间18~21d，用发酵好的窖泥封窖，并注意跟踪踩窖，防止翻边透气。

（5）出窖蒸馏　醅子发酵成熟后，即出窖蒸馏。出窖时，要严防杂物混入酒醅内，给酒带来杂味。蒸馏时，要见汽装甑，做到轻、散、薄、匀，缓慢蒸馏。流酒温度29~30℃，流酒速度4kg/min左右，酒精度控制在54%vol~56%vol。窖底醅单独蒸馏、贮存。

（6）入库贮存、勾兑　入库酒精度一般控制在54%vol~56%vol。入库酒一般分为粮糟酒和窖底酒。新酒一般较冲、欠丰满、醇厚感差、芳香较浓郁、具有酱香。通过贮存，将逐渐变得醇和、绵软、酱香明显，贮存周期为6~12个月。贮存到期，经勾兑后，再贮存半个月以上，即可包装出厂。

（7）成品酒质量标准　感官要求：酒质微黄、清亮透明、无悬浮物、香气协调、酒体醇厚、回味较长、酱香明显，具有本品特有风格。理化指标：酒精度 45%vol±1%vol，总酸≥1.0g/L，总酯≥2.0g/L。

5. 北方生产中应重点加强的工序环节

赵希玉等认为，根据酱香型白酒生产工艺特点及北方地区的环境气候特点，在生产过程中，应重点加强以下工序控制。

（1）选择正确的堆积方式，并注意堆积材料不要四面靠墙，表 7-65 是材料不靠墙和靠墙的对比结果。

表 7-65　　堆积方式对微生物的变化影响　　单位：万个/g

靠墙情况	班组	堆积前		堆积后	
		细菌	酵母	细菌	酵母
不靠墙	1 组	1688	1280	6182	1520
	2 组	3514	1250	8912	1544
二面靠墙	1 组	1874	1496	3216	1856
	2 组	3504	1156	2032	1544
四面靠墙	1 组	1176	1164	2032	1422
	2 组	1304	1256	2764	1624

结果表明，堆积四面不靠墙的细菌上升为原来的 3 倍以上，酵母数也较其他情况上升的幅度大，在此种堆积过程中，微生物生长繁殖旺盛，生化反应强烈，在代谢过程中产生的热量大，且四面和堆顶升温比较均匀，当堆顶温度达 46℃，堆积醅便发出明显的酯香，并带有酒气味。

同时注意收堆温度，由于有益微生物（主要是酵母菌）生长繁殖最适温度 28℃左右，根据季节变化，适当延长在晾堂上摊晾的时间，地面接触的时间长一些，有利于网罗和收集有益微生物，堆积温度由低温升到高温，这样就使适宜低温、高温环境中的有益微生物都得到充分的繁殖，利于产香和出酒。

对堆积工序控制还要注意以下几点：

① 当堆积升温达到工艺要求时，适时入窖。入窖过早，微生物数量不足；入窖过晚，温度高，影响微生物的数量，同时酒精会挥发一部分，从而影响酒的质量和产量，还会给酒质带来焦苦味。

② 针对夏季北方温度偏高、环境干燥的情况，采取降低配料淀粉浓度，减缓升温速度，保证堆积时间，确保微生物的网罗和驯化，从而保证堆积质量。

③ 针对冬季北方过于寒冷的天气情况，为保证堆积材料的正常升温，可采取提高配料淀粉浓度和增加用曲量的方式进行调节，保证堆积质量。

（2）发酵　发酵过程是各种香气成分的主要生成过程，发酵条件直接制约着香气成分的产生，除了要有健壮的酒母和搞好场上堆积外，要注意入窖时尽量减少空气含量。微生物是在厌氧条件下发酵，空气含量越多，窖内材料会升温过猛影响半成品的发酵，同时会使材料升酸，因此入窖材料要踩实后封窖。

冬季发酵周期可延长至 30d，以保证酱香香气成分的生成和积累。

（3）由于北方气候和地理因素的影响，麸曲酱香型酒窖底香不足，为了弥补这样的不足，可在窖底抹一层窖泥接触材料，以提高窖底香酒中的己酸乙酯和丁酸乙酯的含量，有利于增强成品酒中香气的细腻感和放香作用。

（4）延长贮存时间　新酒中通常较易尝出焦香味，而酱香则不太明显，经较长时间的贮存后，其中的杂味成分得以挥发，其高沸点酸性物质及低沸点的酯类物质经过氧化、还原、缔合等作用，可以使酒带有大曲酱香酒的那种“陈香”。

作为一种技术，麸曲酱香自有特点，是一种酿酒工艺的创新。但随着技术的进步，消费者的需求变化，单一的麸曲酱香工艺生产厂家现在越来越少。

三、“酱酒热”现象的思考

近几年出现的“酱香热”引起了业内外广泛的关注，2021 年 2 月 10 日“贵州茅台”股价突破 2600 元。下面我们不妨结合未来智库《如何看待酱香的崛起?》等的研究，希望对这一现象有一个全面清晰的认识。传统的酱香型白酒是如何崛起的？它与原料、环境、水质有何联系？如何采用独特的工艺、精湛的技术？资本是如何运作的？这一系列问题需要思考。期望酱香型白酒健康有序地发展，并为其他香型白酒的发展起到借鉴作用。

（一）酱香崛起是行业近三十年最大的变革

最初是由茅台的品牌热所带动的品类热，但短短数年，酱香崛起如此之迅速，其本质是：在白酒行业近几年来的财富效应下吸引了大批资本和行业外人士关注，这批“新人”“新资本”在上下游联手，打着酱香的“名”，行的是推翻原有体系、为自身赚取利益的“实”，于是，酱香就在这股力量的推动下加速崛起。

1. 行业品牌秩序的建立

白酒行业的品牌秩序由第五届全国评酒会建立，对白酒行业的发展影响深远，普遍被认为是最具权威性的行业标杆，1952 年，首届评酒会中评出“四大名酒”，是中国资历最老、知名度最高的白酒品牌；1979 年第三届评酒会上正式确定了中国白酒的四大基础香型：浓香、酱香、清香、米香，延续至今。五届赛事共评出十七大名酒并建立了白酒行业的品牌次序，奠定了如今的“老名酒”体系，对白酒行业的后续发展影响深远。

2. 企业收入排序的变迁

从 1989 年第五届评酒会结束至今三十余年的时间，白酒企业的收入排序存在变化：

（1）1995 年之前：山西汾酒在中国白酒行业中稳居第一，被冠以“汾老大”的称号，排在其之后的酒企为泸州老窖、沱牌舍得和水井坊。1993 年汾酒营收接近 6 亿元，并在 1988—1993 年蝉联白酒行业“业绩第一名”；1994 年后由于在品牌塑造上失误等影响，收入下滑，被泸州老窖、五粮液等酒企纷纷超越。

（2）1995—2003 年：在该时期五粮液一跃成为白酒行业的老大。20 世纪 90 年代初期，受益于时任五粮液董事长王国春在名酒价格放开后的大举提价和不断对产能进行扩张，且推行品牌买断的经营模式，五粮液开启了其在未来十余年的时间里作为中国高端白酒第一品牌的时代。2000 年五粮液营业收入达到 39.54 亿元，在白酒行业中占比 37.27%。

（3）2003—2009 年：白酒行业进入发展的黄金十年，五粮液、贵州茅台，稳居白酒企业收入排序的前两名，泸州老窖后来居上超越剑南春在白酒行业中排名第三。泸州老窖营收的快速增长受益于品牌制胜的战略方针，及时纠正了“名酒变民酒”的错误战略，潜心打造国窖 1573 高端大单品，营业额从 12 亿提升至 43 亿，2003—2009 年复合年均增长率（CAGR）为 23.7%。

（4）2010—2012 年：在该时期，洋河股份采用“1+1 模式”引领洋河从一个区域企业迅速成长为百亿级的全国化企业，2010 年公司营收超越泸州老窖。

（5）2013 年后：在行业进入深度调整期之后，五粮液逆势提价，造成经销商批零倒挂，渠道利益受损导致产品推力下降，2013、2014 年营收分别同比下滑 9%和 15%。贵州茅台逆势而上，于 2013 年在营收上超越五粮液，成为白酒行业第一品牌。

根据上述对过去三十多年白酒企业的复盘，虽然在不同时期白酒企业的收入排序多有变迁，但是在每个时期领头的酒企均为“十七大名酒”中的一员。即“老名酒”体系一直延续至今。

（二） 财富效应+茅台的品类热，白酒行业最大变革开启

1. 白酒近几年在产业和资本市场中产生巨大财富效应，吸引行业外资本关注

（1）资本市场中　多数白酒公司股价成倍增长，为投资者带来显著财富效应。自 2015 年起，白酒行业一直处于价位升级和品牌集中的过程中，高端、次高端以及光瓶酒龙头市场份额持续提升，在资本市场中为投资者们带来了巨大的财富效应，多数酒企迎来股价上的成倍增长。

（2）从酱香型白酒的稀缺和高利润属性来看　据海纳机构曲朝晖的研究，酱香型白酒的产地除了核心茅台镇，还有沿赤水河流域，甚至其他省市的区域。总体来说酱香型白酒的产量在全国占比很低，长期在 5%左右（近年逐步增加到约 8%），利润超过 40%，如此稀缺和高利润属性，让所有的资本动心。2016—2021 年酱香型白酒销售和利润占比见表 7-66。

表 7-66　　2016—2021 年酱香型白酒销售和利润占比

时间	销售		利润	
	销售收入	收入占比	利润收入	利润占比
2016 年	917 亿元	15%	239.15 亿元	30%
2017 年	847 亿元	15%	359.97 亿元	35%
2018 年	1100 亿元	20%	435 亿元	35%
2019 年	1350 亿元	20%	550 亿元	38%
2020 年	1550 亿元	26%	630 亿元	40%
2021 年	1900 亿元	31.5%	780 亿元	45.8%

2. 茅台带动的品类热打开一道缺口，与新人、新资本“一拍即合”

酱香型白酒行业的高利润与高成长性是吸引业内外资本以及人士进入的主要动力。

在“茅台热”的带动下，消费者逐渐形成酱香酒品质更高、价值更高的认知，酱香酒浓郁醇厚的口感侵袭性更强，导致消费者群体进一步扩大：2020 年酱香型白酒市场的规模达 1550 亿元，超越清香型成为我国第二大白酒香型。2017—2020 年复合年均增长率（CAGR）为 17.3%，明显高于白酒行业整体平均增速（1.3%）。在高利润推动下，一批新人抓住了该轮“酱酒热”的机会，迅速加入这个行业，导致了市面上的酱香型白酒品牌、产品如雨后春笋般纷纷出现。据贵州省酿酒工业协会统计，2020 年茅台镇注册的酒业公司新增了 3000 多家。

（三）上下游“新人”联手借力茅台品牌优势

1. 上游：“酱酒热”带动业内外新资本密集进入，四类参与者目的各异

上游主要分为四类参与者，各方状态、目的不尽相同。从资金来源上细分，现阶段瞄准酱香型白酒市场发力的主要有四类参与者：① 行业外资本；② 除茅台外的从事多年酿酒的其他酱香型白酒企业；③ 行业内部体量较小的其他香型酒企；④ 行业内部其他香型的头部酒企。

2. 原有老名酒体系下的名酒渠道布局大多已经接近尾声，而酱香品牌作为行业新晋品牌招商诉求强烈，给了“新人”入局白酒的机会。

3. 除茅台外的从事多年酿酒的其他酱香型白酒企业，分化剧烈

（1）郎酒、习酒已经坐稳头部酱香酒企　其精力在于升空品牌、抢占千元价格带以及扩充产能。其他进入酱香型白酒行业较早，具备一定品牌知名度的酱香型白酒企业，如国台、金沙、钓鱼台，如何尽快抢占“茅台平替”和“次高端”的酱香型白酒市场，主要考验的是企业品牌力和基酒储备。

因此知名酱香型白酒企业一方面纷纷启动酱香型白酒的技改和扩产项目，尽快抢占茅台提价之后溢出的高端酱香型白酒需求：① 习酒：2019 年投资 84.6 亿元，建设 1.9 万吨酱香酒及配套项目，建成后产能将达到 4 万吨；② 郎酒：2020 年投资 43 亿，两年内实现新增酱香酒基酒产能 2.27 万吨，从而形成 5 万吨的年产能；③ 国台：2020 年投资 20 亿拟扩产达到 1.5 万吨；④ 金沙将于 2021 年、2022 年、2023 年建成投产 5000 吨、5000 吨和 2 万吨的新产能。

另一方面，品牌形象的建设是企业推动高端化、产品持续涨价的原动力：① 郎酒：在近三年合计投放数十亿广告费向消费者传达“赤水河左岸　庄园酱酒”概念，还投资百亿打造郎酒庄园，开创了白酒高端体验式营销的先河；② 国台：入选 2018 年“CCTV 国家品牌计划”；③ 金沙、钓鱼台也有效地提升了营销力度。

（2）其余中小酱香酒企　部分中型酒厂已有品牌意识，开始主推自营品牌。如怀庄酒业、汉台酒业、祥康酒业、五星酒业等已经有意识地推出酱香型白酒产品，借助茅台镇核心产区的背书开始打造自身品牌。

（3）其他香型或类别酒企：在原有“老名酒”体系下并非最大受益者，希望靠酱香产品实现弯道超车。在老名酒体系下，现有的五粮液、汾酒、洋河以及古井等头部企业是最大的既得利益群体，但对于部分在老名酒体系下的一般酒企或者发展不顺利的酒企有很强的动力入局酱香酒——这是一个弯道超车的机会，前者的典型如今世缘、舍得；后者的典型如古越龙山和海南椰岛。

4. 下游：酱香型白酒给了局外人一次机会，“新人”开路、原有大商被裹挟加入

目前做酱香酒经销商的大概可以分为三类：其他行业的经销商或企业，酒水行业中的创业人士，原有白酒大商。酱香型白酒崛起初期新商多、老商重视度低，裹挟之下原有大商逐渐开始加入。

（四）资源优势与工艺技术

1. 产地独特优势

中国酿酒大师、茅台集团名誉董事长季克良先生曾说“离开茅台镇核心产区，就酿不出最好的酱香酒”，茅台镇出产的酱香型白酒具备酱香突出、幽雅细腻、回味悠长、空杯留香持久等特点是由多方因素所造成的（图 7-5），并且是不可替代的。

（1）地理环境　茅台镇地质结构为紫砂页岩，有利于水分渗透过滤和溶解岩层中的有益成分。

（2）气候因素　冬暖夏热雨水少，年均温度为 17.4℃，降雨量仅 800～1000mm，日照量可达 1400h。

（3）原料因素　赤水河水质微甜爽口，是酿酒宝贵的自然水源，茅台镇本地出产的糯红高粱中含有单宁且质地较硬，可以适应酱香型白酒生产中多次取酒、翻造的工艺要求；而且该高粱颗粒坚实、饱满、均匀，干燥，粒小皮厚，耐蒸煮、耐高温、耐翻造，因而酿造时需多次蒸煮，造就“九次蒸煮”特殊工艺。而北方高粱通常颗粒大、皮薄，经受不住多次高温蒸煮。

（4）工艺传承　采用我国固态酿酒中最特殊的工艺，具备悠久的历史传承。其中茅台镇独有的微生物环境是真正将茅台镇酱香型白酒与其他地区进行区分的宝藏，是茅台镇外产区无法克隆的生物圈：早在 1975 年，为扩大茅台酒产量，轻工部从茅台酒厂调动了一批专家，选定了同处赤水河流域的遵义市汇川区，采用同样的酿造，但出产的酒与茅台酒在口感和香味上仍存在差距，最终该酒被命名为“珍酒”。

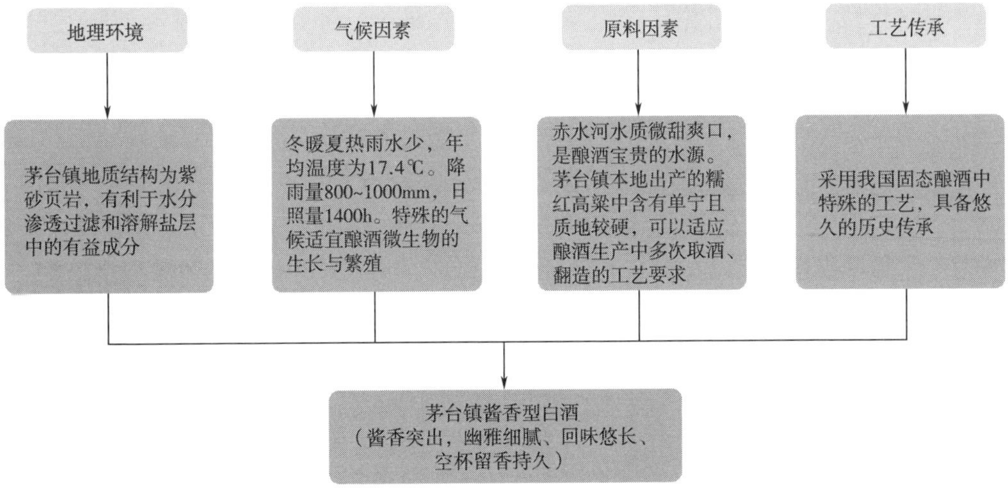

图 7-5　茅台镇酱香型白酒独特风味由多方因素共同导致

茅台镇为中国酱香型白酒核心产区，在新产区体系下是最具有价值的“宝藏”。回顾茅台镇成为中国酱香型白酒核心产区的历史：2000年，茅台集团分别向贵州省人民政府、国家质量技术监督局提出了茅台酒原产地域范围的界定和茅台酒原产地域保护的申请，最终确定了7.5km^2为贵州茅台酒原产地域范围；2010年5月，扩大到15.03km^2。2020年茅台镇酱香型白酒产能占全国的30%，营收占比超70%。茅台镇产区品牌较其他酒企在起跑线上处于领先。

2. 工艺复杂、风味物质更多

众所周知，酱香型白酒的生产工艺相较于浓香、清香更为复杂，生产周期长，属白酒行业中的重资产生产领域。

清香型白酒：通常为地缸、瓷窖发酵，采用“清蒸两次清”工艺，发酵周期约为28d，储存1年即可上市销售，生产周期最短，出酒率最高，接近40%。

浓香型白酒：采取续糟发酵，有“千年老窖万年糟，老窖酿酒，格外生香”之说，强调了泥窖使用时间对酿酒品质的重要影响。发酵周期达2~3个月，陈酿期1~3年，出酒率大概30%左右，素有“三斤粮食一斤酒”。

酱香型白酒：酿造工艺较为复杂，可细分为坤沙、碎沙、翻沙和串沙四种，其中串沙酒已经明确被当地明令禁止。品质最高的当数大曲坤沙工艺，严格按照“12987”工艺，从下沙到出厂约5年，生产周期长、成本高。酱香型白酒的出酒率与浓香、清香相比更低，通常茅台为“五斤粮食一斤酒”，其他酱香型白酒多为“4.2斤粮食一斤酒”。

3. 酱香型白酒工艺被认为是“中国农耕文明的巅峰之作”

“四高两长，一大一多”并不是刻意为之，而是自然条件驱使。茅台镇地处赤水河谷地带，地势低凹，形成了特殊的小气候：冬暖、夏热、少雨，年平均温度17.4℃，夏季最高温度达40℃，炎热季节达半年之久。这种特殊的小气候为茅台酒的酿制造就了一个气温较高、风微雨少、微生物易繁殖而不易失散的稳定环境。由于环境气温偏高，酱香型白酒生产具有“四高”特点（见酱香工艺）。

在“四高”工艺下，低沸点物质在生产过程中也自然挥发较多，高沸点物质更为丰富。并且酱香型白酒在陶坛中储存，陶坛是有孔隙的，易挥发的物质进一步通过孔隙挥发出去，最终实现高品质的“留香+去害”特性。

4. 极致化生产驱动酱香品质优势

酱香型白酒生产工艺节点多，品控能力强，使得产品力极致化。一瓶酱香型白酒的生产需要经历30道工序、165个工艺操作环节，这些控制点在啤酒生产中不过十几个，在清香酒生产中50~60个，在浓香酒生产中70~80个，可见酱香型白酒工艺要求之复杂。其中每一个控制点都需要人的严格把控，才能保证高粱连续生产一年不坏，是极致工艺的体现。

茅台酿造所选用的红缨子糯高粱籽粒中含有一定量的单宁。适量的单宁对发酵过程中的有害微生物群有一定的抑制作用，能提高出酒率。单宁产生的丁香酸和丁香醛等香味物质，又能增加白酒的芳香风味。当前仁怀市有机高粱认证土地约31万亩（1亩≈666.7平方米，余同），高粱年产量7.75万t，几乎全部用于生产茅台。全仁怀市的高粱能支撑约3万t茅台酒的生产。茅台所用高粱需自收割后存放一年才能投入生产，使高粱水分含量更低，有利于提升酱香型白酒品质。

5. 酱香型白酒产能受限，茅台引领关注度提升

酱香型白酒产量占比历来较低。改革开放以后，白酒市场需求快速增长，行业进入“产能为王”时代。受制于生产工艺限制，酱香型白酒的产量并未像浓香型、清香型白酒那样迅速释放，长期以来在行业中产量占比较低。据统计，2019 年，我国酱香型白酒产能约为 55 万 t，占白酒总产量的 7%左右，其中仁怀产区产量 25 万 t，四川产区约 12 万 t，其他产区约 18 万 t。

随着 1997 年后产能出现过剩，行业开始向高端化、品牌化发展。2000 年开始，茅台加快意见领袖培育，掌握核心消费群体，并受益于 2001 年上市之后的新产能投放，可供销售的茅台酒的数量快速提升，伴随着茅台在白酒行业黄金十年期间的起势，酱香型白酒也越来越受到市场的关注。

（1）2009—2012 年，第一轮“酱酒热”是茅台热　酱香型白酒发展的第一次热潮，以茅台批发价的快速上涨为标志，显著拉开了与其他高端酒的价格差距，行业定价权逐渐转移。彼时，茅台的出厂价与五粮液交替上升，但从 2009 年开始，二者批价逐渐出现分水岭。茅台批价从 2009 年年初的 530 元上涨至 2010 年年底的 980 元，而五粮液仅从接近 500 元上涨至 680 元。2011 年，茅台进一步突破千元价格带，批价大幅上涨至 1900 元左右，五粮液跟随其后批价提升至 960 元。

行业深度调整，第一轮“酱酒热”草草收场。2012 年底，行业开始深度调整。茅台镇酱香酒企业扩产热迅速降温，各酒企减少投料、降低产能利用率以求生存，整个茅台镇酒厂开工率不足 40%，多数中小规模的酱香型白酒企业出现经营困难，而此前入局的业外资本也开始撤退。

（2）2018 年以来，第二轮“酱酒热”是品类热　与第一次“酱酒热”相似的是，伴随消费水平的提升、品牌信仰的塑造，茅台批价从回落后的低谷再次稳步上扬，并不断突破行业价格天花板。不同的是，茅台带来的“酱酒热”效应不仅聚焦在自己身上，更多推动了整个酱香型白酒行业的市场关注度。

针对此前的酱香型白酒乱象，2014 年 1 月，我国首个酱香型白酒技术标准体系正式发布，共有 65 项标准，促进酱香型白酒品类的规范化生产。2018 年，仁怀市酒业协会正式启动全市酒类企业诚信体系建设，包括生产企业和销售经营企业。2020 年 6 月，仁怀市酒业协会发布通知，表示要大力整治“串酒”行为，相关部门发布《仁怀市整治生产串酒乱象工作文案》，严查严控串酒行为。2021 年 8 月仁怀市工业和商务局发布《关于严格规范白酒企业生产经营相关工作的紧急通知》，要求定制开发与贴牌产品一律严格到仁怀市酒业协会登记备案。同月，仁怀市召开“领导干部包保白酒产业综合治理暨环境突出问题整改工作动员大会”，主要针对当前仁怀白酒产业突出的生态环境问题和“小散弱”的现象，实现仁怀白酒产业的兼并重组、整合关停、改造升级和转型发展。

在第二轮“酱酒热”中，酱香型白酒企业更注重自身品牌的发展。在酱香型白酒产业链条中，由于生产周期长等产能限制，小企业偏多。据酱香型白酒产能集中的仁怀市统计，截至 2018 年，仁怀市酒类企业（含小作坊）总共约 1723 家，其中有生产许可证的企业仅有 303 家，超过 80%无证（图 7-6），有证企业中规模以上的企业只有 88 家，仅占 29.04%。1723 家企业中产能超过 1000kL 的为 89 家，占比为 5.17%；产能在 400～1000kL 的为 180 家，占比为 10.45%；产能低于 400kL 的为 1454 家，占比为 84.39%。

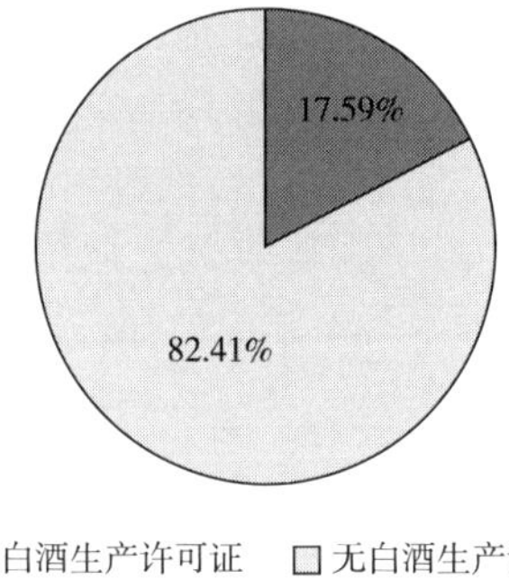

图 7-6　截至 2018 年仁怀市有/无白酒生产许可证的酒企占比

由于缺乏品牌和渠道支撑，多数企业以基酒销售为主。而酱香型白酒品牌多在第二轮“酱酒热”中被广大消费者认识，这些具有一定品牌打造力和渠道推广力的酱香型白酒企业逐渐脱颖而出，行业发展开始从无序走向有序。

从销售规模看，酱香型白酒行业呈现“一超两强，多家竞争”的格局（图 7-7）。茅台处于行业绝对龙头地位，主要面向超高端市场；郎酒、习酒已具备百亿规模，主要面向高端市场；国台、金沙、钓鱼台、珍酒等 20 亿以上规模企业，市场影响力也不断提高。无论是品牌力、产品力、还是渠道力，第一、二梯队企业处于酱香型白酒行业绝对领先的位置，三四梯队企业竞争格局层次分明。

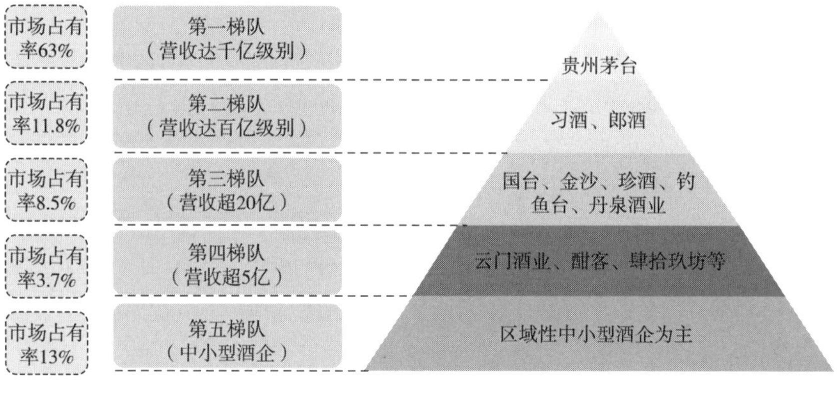

图 7-7　酱香型白酒行业品牌市场占有率

（五）酱香型白酒的未来

时间进入 2022 年，酱香型白酒营业收入已出现千亿茅台。

三家 100 亿级：贵州习酒、四川郎酒、贵州国台。

两家 50 亿~100 亿级：贵州金沙窖酒、贵州珍酒。

一家 20 亿~50 亿级：贵州钓鱼台酒。

十家 10 亿~20 亿级：肆拾玖坊、贵州酣客君丰、贵州金沙古酒、贵州金酱酒业、广西丹泉、湖南武陵、仁怀酱香酒、衡昌烧坊、四川仙潭酒业、贵州夜郎古酒业。

数家 5 亿~10 亿级企业：贵州安酒、贵州醇、贵州国威酒业、贵州怀庄酒业、贵州无忧酒业、贵州天邦酒业、贵州黔酒等。

酱香型白酒市场可分为上、中、下三个阶段：

酱香型白酒上半场：2011—2021 年，为品类扩张期。产能紧张，品牌型企业、基酒型企业和作坊型企业均快速发展。

酱香型白酒的中场：2022—2027 年，从品类扩张转向品牌竞争。品牌企业收割非品牌企业、大型企业收割中小型企业市场份额，酱香型白酒企业数量快速减少，品牌阵营逐渐明朗。

酱香型白酒下半场：从 2027 年开始酱香型白酒进入下半场，即头部品牌竞争时代。企业数量急剧减少，酱香型白酒整体产能出现过剩，进入头部厮杀阶段。

正如中国酒业协会宋书玉所说，面对这股酱香热潮，我们的酱香型白酒企业必须坚守传统工艺（即，遵循“天时地利人和”客观规律），坚持匠心酿造，坚守岁月陈酿，坚持品质底线。对于中国白酒产业未来，我们有责任，更要有担当。所以，在热浪滚滚的时刻，我们要主动慢下来，尊天而酿；静下来，创新提质；沉下来，坚守价值。

为了维护中国白酒高质量发展（特别是当下“酱酒热”），我们认为，作为产区政府管理部门要做好规划引导，行业协会要自律，酱香型白酒企业要传承创新、坚守品质，消费者要理性消费。

第三节　清香型白酒工艺

清香型白酒是我国白酒四大香型之一，历史悠久，工艺独特，在北方及南方一些地区深受喜爱。清香型白酒具备以下优势：发酵周期短，贮酒时间短，生产成本低，资金周转快；因为使用清茬曲，原料出酒率高，节约粮食；采用地缸、低温发酵，生产环境卫生，酒的组成成分相对简单些，口味醇和，是生产药酒、露酒较好的基酒。

清香型主要有大曲清香（以汾酒为代表）、小曲清香（以川法小曲酒为代表）、麸曲清香（如山西的六曲香、辽宁的凌塔白酒、哈尔滨的老白干酒）。

一、 大曲清香

汾酒是大曲清香的代表，它是我国传统的蒸馏酒，全国四大名酒之一，因产于山西省汾阳县杏花村而得名。它的酿造历史悠久，唐诗有“清明时节雨纷纷，路上行人欲断魂，借问酒家何处有，牧童遥指杏花村。”汾酒生产工艺精湛，用大麦与豌豆制曲，高粱酿酒，清蒸清烧，地缸发酵 28d，经贮存勾兑而成，成品具有“入口绵，落口甜，清香不冲鼻，饮后有余香”的固有风格，以清香著称，尤其是用汾酒配制的竹叶青酒，在国内外市场有很高的声誉。1915 年，汾酒参加巴拿马太平洋国际博览会获得一等优胜金质奖章，为祖国争得了荣誉。在全国历届白酒评酒会上都被评为国家级名酒，荣获金质奖，成为我国清香型白酒的典型代表，历史上亦称汾型。随后，武汉市特制黄鹤楼酒和河南宝丰大曲酒相继获得国家金质奖。

（一）汾酒试点历史经验回顾

方心芳先生 1934 年对汾酒酿造进行过调查研究，发表了《汾酒酿造情况报告》《汾酒用水及其发酵秕之分析》等文章，认为汾酒的酿造秘诀：“人必得其精，曲必得其时，器必得其洁，火必得其缓，水必得其甘，粮必得其实，缸必得其湿，料必得其准，工必得其细，管必得其严”，是我国北方酿酒技术的精辟论述。

1964 年 3 月至 1965 年 5 月，轻工业部食品局、轻工业部食品发酵工业科学研究所、山西省轻工厅和杏花村汾酒厂等组成“总结提高汾酒生产经验试点工作组”（以秦含章为首），进行汾酒的科学实验试点工作。该试点从制曲、酿酒和成品等方面开展工作。将代代相传、口授手传的操作经验，较系统地进行研究和整理，初步摸清了汾酒的生产规律，首次揭开了汾酒质量的秘密，提高了汾酒质量和产量，同时降低了成本，提高了劳动生产率，使汾酒的生产技术水平达到新高，也为其他香型的发展提供了科学依据，并得到广泛应用。

汾酒试点是我国酿酒著名的三大试点之一（其他为泸州试点、茅台试点）。根据熊子书的介绍，现将汾酒试点总结出的传统技术与经验整理如下，供参考。

1. 伏曲生产写实

汾酒大曲系用大麦、豌豆和井水为原料踩制而成，为我国古老曲种之一。制曲的目的，主要是利用多种酶类的生化性能，使它变成酿酒需要的糖化剂和发酵剂。为了制造优良的曲，必须选择原料，适当配比，让微生物充分繁殖。因大曲中微生物种类复杂，微生物酶系亦复杂；应用液化酶来液化淀粉，应用糖化酶把淀粉转为糖分，应用酒化酶把糖分转化为酒精。同时，大曲中还有其他多种微生物的分解代谢产物，因而使汾酒具有优异的独特风味。

汾酒酿造使用大曲，中华人民共和国成立前由厂方生产一部分，其余是从徐沟、晋祠、文水等地购买。当时制曲设备条件差，技术水平较低，在掌握温度、湿度方面高低不均匀，以致生产的大曲花色较杂，有清茬、红心、单耳、双耳、二道眉、金黄一条线和菊花心等断面；投入生产时，并不区分花色，而是混合使用。中华人民共和国成立后，在制曲工艺上采取适当的控制，逐步由杂花色发展为单花色。1954 年，为了提高汾酒的风味，要求改进大曲的质量，开始生产单一的清茬曲；1954 年 1 月又开始生产后火曲。汾酒大曲大体上可分为清茬曲、后火曲和红心曲 3 种，其中以生产后火曲为最多，清茬曲生产得最少，其他花色是生产这 3 种大曲过程同时产生的。

（1）制曲原料的条件　要求营养丰富、水分恰当和温度适宜，大麦与豌豆的配比应与季节气候结合起来。大麦皮多，黏性小，疏松，结块后间隙大；上火猛，后火快，水分和热量散发亦快，不能使微生物充分繁殖而获得大量酶。豌豆皮薄，黏性大，结块后水分和热量不易散发，亦不利于微生物的充分繁殖而获得大量的酶。因此，为了使汾酒大曲获得大量的酶，大麦与豌豆以 6∶4 的配比为宜。

（2）制曲原料的粉碎　粉碎程度的粗细与大曲质量有密切的关系，通过 0.3mm 筛孔的占 35%~40%，其体积如小米粒状。若原料粉碎过粗，曲坯空隙大，培菌升温快，落温亦快，水分和热量散失也快，不利于曲坯表面上霉。若原料粉碎过细，曲坯空隙小，黏性大，水分和热量不易散发，易产生酸臭味，所以原料的粉碎度过粗或过细均不适宜制曲。

（3）制曲原料的加水量　一般每100kg原料加水48～50kg，因大曲品种而略有区别，清茬曲宜少，后火曲宜多。踩曲用水应为清洁井水，夏季用凉水，水温15～18℃；冬季用温水（30～35℃）。加水和面时，应充分拌匀，使其无干面、无疙瘩，松散，手握能成团。拌和的制曲原料，应立即踩制成曲坯。曲坯的松紧与软硬，对培菌过程中温度和水分的变化有关系，直接影响大曲的质量。因此，踩制的曲坯，饱满坚实，四角整齐，表面光滑，颜色一致。

（4）制曲的培养管理　是生产不同品种大曲的重要环节，也是制曲好坏的关键。曲坯入房排列后，可分上霉、晾霉、潮火、干火和后火5个阶段，因大曲品种不同而控制条件也不同，其中以清茬曲和后火曲相似，红心曲操作较特殊，它在汾酒厂早已失传。为此，试点组专门请吴效忠技师到汾酒厂进行示范操作、传授，恢复了红心曲这一品种。制造每种大曲的花色与好坏，以掌握"潮火"与"后火"两个阶段最为重要。

（5）大曲贮存期　踩制的大曲出房后，要求贮存半年左右才能使用。一般认为大曲越陈越好，因在贮存过程中，可通风自然干燥，贮存时间越长而菌落死亡越多，可避免在发酵过程中"前火"猛，降低酒醅的总酸度。但经测定3种贮存大曲中酶的活性，糖化酶、液化酶和发酵率等都有降低，因此贮存时间不宜过长，并且易遭虫蛀，故伏曲贮存以3个月左右较好。

2. 伏曲生产总结

伏曲写实工作从1964年6月29日开始，共进行了3轮，每轮约1个月，到9月底为止，历时3个月，然后进入伏曲贮存阶段，截至1965年3月，伏曲生产写实全部结束。通过伏曲生产写实，恢复了汾酒大曲的品种，比较了伏曲的酿酒性能，取得的主要经验如下。

（1）微生物的主要来源　汾酒大曲历来是利用自然界微生物（自然接种），让其生产繁殖而成，依照制曲所在地区环境的不同而有差异。从伏曲生产写实中发现，微生物的主要来源为曲房空气、制曲工具、大麦、豌豆原料和谷糠、芦苇等辅料，初步观察证明，霉菌是由曲房空气以及谷糠、芦苇和席片等辅助材料中接入，酵母和细菌是由制曲原料，即粉碎的豌豆和大麦中带来的。

曲房空气中微生物主要是犁头霉、根霉、米曲霉、拟内孢霉等。拟内孢霉是曲坯"上霉"的主要微生物。曲房空气中，除芽孢杆菌外，通常细菌很少。制曲原料带来的微生物以酵母为主，同时也有一定数量的细菌。从谷糠、席片、芦苇分离到微生物，其种类比较相近，以犁头霉、根霉、拟内孢霉为主。汾酒大曲和酒醅中分离出的菌株，经初步鉴定已确认的有20个属31个种。其中酵母7个属，霉菌5个属，细菌8个属，共计274株，这些菌株都是汾酒生产的宝贵财富。

（2）红心曲的工艺特点　通过汾酒伏曲生产写实，恢复了红心曲的生产，总结其工艺特点，制曲时间短，红心曲为18～20d，清茬曲23～25d，后火曲22～24d；劳动条件较其他两种大曲为好。用红心曲酿酒，甘油含量较高。

（3）汾酒大曲的外观指标

清茬曲：外观光滑，断面青白且稍带黄色，气味清香者为正品。成曲中的正品率应占60%～80%；其他花色如单耳、双耳和金黄一条线曲占20%～30%；曲心黑褐、味臭或酸辣者应在10%以下。

红心曲：断面周边青白，中心红色者为正品。成曲的正品率应占85%~95%；其他花色如二道眉、烧心曲占5%~15%。

后火曲：断面内外呈浅青黄色，带酱香或炒豌豆香味者为正品。成曲的正品率应占80%~90%；其他花色如单耳、双耳和红心曲占10%~20%。

（4）汾酒大曲的化学成分　见表7-67。

表7-67　汾酒3种大曲的化学成分　单位：%

组分	水分	总酸度/（mg/100g）	还原糖	粗淀粉	总氮	蛋白态氮	氨基酸态氮	氨态氮
清茬曲	13.20	5.25	0.14	53.28	3.26	2.79	0.17	0.16
红心曲	13.45	5.52	0.40	53.10	3.22	2.64	0.15	0.11
后火曲	13.00	5.24	0.38	53.00	3.20	2.82	0.18	0.14

注：样品为贮存3个月的大曲。

（5）汾酒大曲的主要微生物　见表7-68。

表7-68　汾酒3种大曲的主要微生物　单位：100个/g干曲

种类	酵母菌	汉逊酵母	拟内孢霉	犁头霉	曲霉	根霉
清茬曲	6.76	3.06	53.87	583	262.73	17.36
红心曲	58.8	8.41	51.90	684	165.36	12.72
后火曲	11.50	43.15	43.30	970	61.47	8.63

注：样品为贮存3个月大曲的3轮平均值。

（6）汾酒大曲的酶活性　见表7-69。

表7-69　汾酒3种大曲的酶活性　单位：U/g干曲

项目	液化酶	糖化酶	蛋白质分解酶	发酵率/%
清茬曲	1.94	797.0	16.33	76.0
红心曲	1.34	974.5	16.60	84.3
后火曲	1.31	795.5	16.07	87.0

注：（1）样品为贮存3个月大曲的3轮平均值。

（2）以上资料摘自《汾酒大曲生产写实总结》（初稿）。

（7）伏曲的化学成分变化和微生物的消长规律　表7-69表明，3种大曲各有优点，以清茬曲的液化、糖化、蛋白质分解酶活性高，后火曲的发酵率最高。根据汾酒大曲曲皮与曲心的测定结果，通常曲皮比曲心的糖化酶活性高，而曲心比曲皮的发酵率高。通过伏曲生产写实，提高了制曲技术水平，汾酒大曲质量有显著的提高。

（8）贮存试验　伏曲经过贮存试验，贮存时间越长，菌落死亡越多，各种酶活性和发酵率都有降低，因此大曲贮存时间不宜过长，最好不超过3个月。选用红心曲酿酒，以贮存时间稍短的较好。大曲经过贮存后，可避免发酵过程的“前火”猛，减少酒醅的总酸度。

（9）伏曲踩制时间　以 8、9 月份较好。经 3 种大曲的酿酒试验，以清茬曲、后火曲和红心曲的混合比例为 3：4：3 较好，采用分别制曲、混合使用的用曲规律，对汾酒的质量与产量均有好处。通过伏曲生产使用，使汾酒大生产有显著提高。从 1965 年 3 月份来看，汾酒原料出酒率较上一年同期提高 3.19%，同时汾酒产品质量合格率为 100%，解决了汾酒产量与质量的矛盾。

3. 汾酒酿造生产写实

汾酒的酿造，在长期生产实践中，积累了丰富的经验，但由于酿造工艺历来都是口授心传，从未科学系统地研究总结过，因而酿造方法还处于经验状态，对于发酵过程的科学理论又尚未明了，工艺操作和产品质量难以控制。因此，认真整理总结汾酒固有的酿造经验，制定出一套具有科学依据的酿造法，既可稳定提高产品质量，还继承和发扬了宝贵的民族遗产。汾酒生产写实，从 1965 年 2~5 月为期 120 多天，通过跟班操作、现场查定、取样实验、反复论证等方式，其主要经验可概括如下。

（1）生产工艺　狠抓了原料粉碎粗细、润糁条件、蒸糁好坏、扬晾下曲、发酵保温及合理利用酒头、酒尾等工序，初步探索了发酵过程中物质的变化规律，观察了微生物的消长情况，为汾酒生产控制操作提供了依据。

（2）发酵条件　汾酒发酵全用地缸，并用石板盖上，一般不让打开，因此对测量酒醅的发酵温度，从来没有一个比较完善的办法，又因地缸的位置、同一缸中发酵酒醅的分布和季节气候的变化，都要引起温度的变化。究竟发酵温度如何？很难提出一个比较可靠的、有代表性的数据。这次使用原轻工业部食品发酵工业科学研究所提供的“曲醅多点温度遥测仪”，测量了汾酒地缸发酵酒醅及保温材料的温度，总结了王巨成小组“前缓、中挺、后缓落”的发酵保温经验。

（3）蒸馏设备　汾酒古老的蒸酒设备系用底锅、甑桶和锡鏊 3 部分组成。底锅中置入一定量的水，直接用火加热进行蒸酒，可将摘取的酒尾回入底锅，以便复蒸为成品酒。后改用新式锅炉蒸汽，通过安置在底锅中的盘管进入甑中，由于底锅内不再放水，酒尾也不再回锅，这样将全部酒尾均送至酒精蒸馏室蒸馏成工业酒精。在研究汾酒香型时，证明汾酒的酒头和酒尾是汾酒香味的重要部分。因此，将底锅中盘管放低，并浸入水中，则酒尾和部分酒头回入底锅中，利用盘管通入的蒸汽加热底锅水产生的二次蒸汽进行蒸酒。

（4）提香　在保持汾酒独特风格的前提下和巩固汾酒现有生产工艺的基础上，进一步增进汾酒香气。采用回糁发酵、回醅发酵、回糟发酵和加香醅蒸酒，均有显著的效果。从产品质量来看，均较大生产酒香气浓厚，不跳出汾酒清香范围，而且饮后有余香。从回醅发酵和回糟发酵两种方法的试验来看，除提高成品酒的总酸、总酯外，提高同级产品优质率为 25%~40%。原料出酒率较大生产高，工艺要求基本不变，简单易行，容易掌握。

（5）陈酿　新蒸出的产品分为大楂汾酒和二楂汾酒，验收入库，分别在陶缸中贮存，保证一定的贮存期。汾酒蒸出的酒精度为 68%vol~71%vol，待出厂前约 3 个月就加入一定量的井水，稀释至 65%vol±1%vol。然后经过过滤，再经适当比例勾兑，包装出厂。

4. 汾酒酿造生产总结

（1）酒醅取样方法的研究　酒醅取样方法有半开竹筒法、铅皮插筒法和汾酒传统的手抓法3种，经过对比试验证实，半开竹筒取样法较好，其特点有三：一是取样均匀，代表性大；二是操作方便，设备简单；三是对发酵酒醅搅动少，减少了由于取样而影响酒醅发酵的正常进行。

（2）解决测量酒醅温度的方法　汾酒厂的传统测温方法是开缸用手抓出酒醅，再用温度计插入酒醅中读出温度。试点时，原轻工业部食品发酵工业科学研究所特制“曲醅多点温度遥测仪”一台，此仪器性能良好，反应稳定，使用方便，测量精确，物美价廉，不仅广泛使用于酒厂，也适用于其他行业。

（3）改用二次蒸汽蒸酒的试验　1958年，汾酒厂建有酒精蒸馏室，将生产车间的酒尾和部分酒头集中蒸馏为酒精，影响了产品质量。将直接蒸汽改为二次蒸汽，即蒸汽管安装在底锅水中，蒸酒效果非常显著。一是汾酒得率提高1.4%，这样在不增加原料和设备的前提下，每年可增产汾酒约55t；二是从感官和分析结果看，无显著的差别，还略有提高；三是生产车间的酒尾和酒头不再运送至蒸馏室，减轻了工人的劳动强度。

（4）汾酒大曲酿酒的试验　汾酒生产中有清茬曲、红心曲和后火曲3种，采用单一或混合大曲进行酿酒对比试验，探索其产量与质量的关系，结果见表7-70。

表7-70　3种大曲酿酒的试验

大曲	清茬曲	红心曲	后火曲	红心曲与后火曲各半	清茬曲、红心曲、后火曲各1/3
试验时间/d	3	3	3	2	3
原料出酒率/%	41.67	39.38	42.33	45.68	45.71

注：本试验单一品种平均原料出酒率为41.09%。

从表7-70试验结果看出，单一品种大曲的出酒率远远不如混合大曲高，其中以红心曲出酒率最低，清茬曲的出酒率又低于后火曲；两种混合大曲的出酒率又略低于3种混合大曲，即3种大曲混合使用出酒率最好。在成品酒质量上无显著差别，发酵过程的变化亦很正常，但其中红心曲“前火”略快些，清茬和后火曲的“后火”劲大些。试点组认为3种大曲分别制造、混合使用最好，与单一品种大曲对比，平均提高出酒率为4.62%，且不影响质量。

5. 制定汾酒传统操作法

使用清茬曲、后火曲和红心曲单品种与3种单品种按3：4：3混合进行酿酒对比，从产量及质量看，以混合曲最好，红心曲最差；若单从质量看，以混合曲最佳，后火曲次之，清茬曲和红心曲较差。4种用曲的原料出酒率为43.37%（两轮平均），比本厂其余11个生产小组同期原料出酒率高0.8%，比本组上一年同期提高2.67%；优质酒率达44.19%，比其余小组同期优质酒率提高8.25%；产品合格率比本组上一年同期提高2.14%。据此，汾酒酿造采用分别制曲、混合使用的原则，是汾酒优质高产的有效措施，也是一套科学的汾酒酿造操作法。

（1）汾酒质量的研究　汾酒是一种含酒精度高的蒸馏酒，汾酒的化学成分是什么物质？从两个方面着手分析，一是用配制已知的人工酒样和汾酒进行对比品评，以摸索接近汾酒的香型。另一种是用分析方法分析汾酒香型，探索构成汾酒的清香物质，建立了微量香味成分的分析方法，初步分析了汾酒中有关的香味成分，研究汾酒风味的典型性，使汾酒质量定型。

（2）建立汾酒品质尝评法　为了研究和鉴定汾酒的质量，采用国际上通行的一些概念。结合我国白酒情况，就感官尝评指标划分为色、香、味和风格 4 个范畴，建立了汾酒品质等尝评法。又从试点组中挑选 3 名评酒员，经过专门的科学培训，同时改进了评酒环境和评酒条件，特制郁金香型的评酒杯，即汾酒尝评杯，评酒结果约有 70%的正确性。

（3）建立汾酒酿造化学分析法　为了获得数据，必须进行分析化验，要将数据建立在同一基础上，对比论证，使其具有可比性。建立一套完整的化学分析方法，解剖汾酒的主要成分，包括汾酒的香气和口味组分，研究汾酒的质量标准。分析方法是科学实验的基础，也是科研人员的工具，这次试点被列为重点研究课题。

（4）加浆用水的处理　汾酒用水稀释酒精度，称为加浆，加浆后往往形成絮状白色沉淀，主要是由于加浆用水硬度过大，将水中的钙盐带进酒中所致。经分析证实沉淀物是硫酸钙（俗称石膏）和有机杂物，其余还有少量的二氧化硅和铁离子等。万良才研究用离子交换树脂处理加浆用水的方法较好，符合生产上加浆用水的要求。最后正式设计加工和安装 20t 规模的大生产汾酒加浆用水处理设备，投入生产后运转正常。

（5）解决了汾酒的蓝黑色沉淀　在全国 30 个城市销售的汾酒中发现有蓝黑色沉淀，要求退货，厂里成立了专题小组。经分析，上述汾酒的瓶盖是用软木塞和铁盖，其中加一层透明纸，它在运输过程中受到较强的振荡作用，透明纸破裂，酒经软木塞与铁盖接触，软木塞含有单宁，与铁相遇就形成蓝黑色沉淀。经试验，蓝黑色沉淀物是单宁与铁的络合物，并设计处理软木塞中单宁的方法，解决了该问题。

（6）制定汾酒质量标准　通过现场调查研究、感官尝评比较、化学分析检验拟定了汾酒产品质量的定型报告。技术指标是按 1964 年 9 月在西凤酒厂全国名酒协作区会议上规定的化验项目，进行了分析，做出比较。对原、辅料的感官指标，完全根据这次试点现场写实的结果。同时研究了出厂汾酒的勾兑方法，使出厂产品达到均匀一致，能长期稳定和提高。汾酒清澈透明，清馨淡雅，口感纯正，柔和，绵甜，诸味谐调，余味爽净，有害成分较少，很卫生。通过这次试点，确定了汾酒的主体香为乙酸乙酯的复合香，发扬了固有的风味，使其质量指标逐步做到定型化，汾酒清香更上一层楼。

6. 经验与体会

试点工作是在边创造条件、边摸索经验、边练基本功、边开展工作的情况下进行的。实行科研、教学和生产三结合，是提高科学研究质量、提高教学质量与效果、提高汾酒质量与产量、教学改革的一项重大措施。

该试点是紧密联系当时生产的，除按试点方案进行工作外，还积极解决了生产的关键问题。如汾酒的白色絮状沉淀、蓝黑色沉淀等。找出了产生沉淀物的原因及其防治方法，又改进了蒸馏设备与方法，将生产中的酒尾和部分酒头回蒸，提高了产品质量，每年增产汾酒 55t。

研究了汾酒的生产工艺与香型，亦用食用酒精合成汾酒、五粮液和泸州老窖大曲酒，与酿造酒的理化指标和感官风味较接近；分析了汾酒的香味成分 60 余种，其主体香为乙酸乙酯的复合香。为清香型白酒提供了理论依据。

这次汾酒质量试点，其试点时间最长，工作量最大，科研数据最多，取得的科研成果也最多。据统计，研究项目 200 个，进行 3000 多次试验，取得 20000 多个科学数据，共完成试点技术资料在 85 万字以上。汾酒厂以试点总结的传统技术和经验，发展了清香型白酒，培养了一批技术骨干，促进了白酒行业的发展。为其他香型白酒的发展提供了科学依据，为我国酿酒工业发展做出了重要贡献。

（二）清香型大曲酒基本工艺

清香型大曲酒采用清蒸二次清、地缸、固态分离发酵法。所谓清蒸，即酒醅的原料（高粱和辅料）都要进行清蒸处理，将蒸煮后的高粱拌曲（低温大曲）后放入陶瓷缸，缸埋入土中，发酵 28d，取出蒸馏。蒸馏后的酒醅不再配入新料，只加曲进行第二次发酵，仍发酵 28d，取出蒸第二次酒，其醅蒸后为扔糟。两次蒸馏得酒，经储存勾兑成汾酒。由此可见，原料和酒醅都是单独蒸馏，酒醅中不再加入新料，与混蒸续楂（如大曲浓香）工艺显著不同，汾酒的主体香是乙酸乙酯与乳酸乙酯，而已酸乙酯和丁酸乙酯基本无痕迹。因为它采用了清楂法，发酵设备为陶瓷地缸、封口用石板，场地、晾堂用砖或水泥地，刷洗很干净，这就保证了汾酒清香、纯净的显著特点。汾酒大生产每年从 8 月底或 9 月初立排投料，至次年 7 月份最后一排挑糟，历经 10～11 个月的生产周期。

主要操作工艺流程图如下：

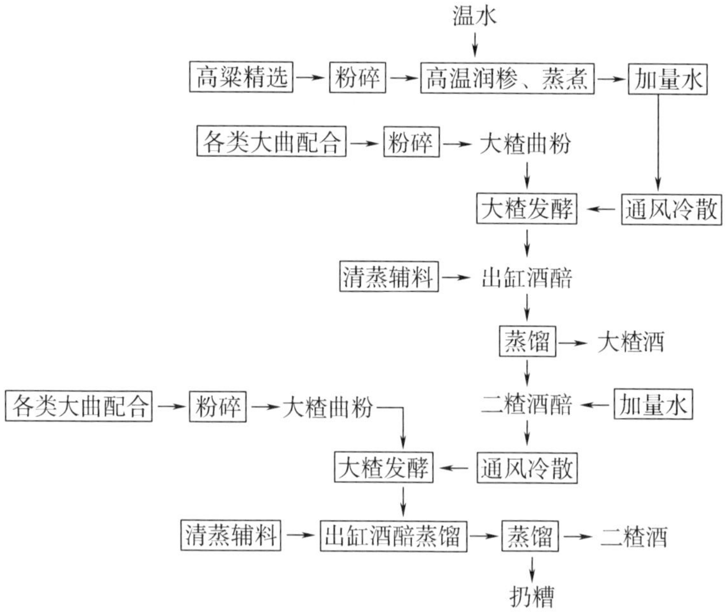

1. 原料处理

高粱和大曲都要精选、粉碎后方可使用。高粱，一般要求每粒粉碎成 4、6、8 瓣大小（辊式粉碎机），能通过 1.2mm 筛孔的细粉不超过 25%，整粒高粱不超过 0.3%，冬季稍细，夏季略粗。大曲的粉碎度随发酵次数不同而异，第一次发酵的大曲，大者如豌豆，小者如绿豆，能通过1.2mm筛孔的细粉不超过55%；第二次则较细，大者如绿豆，小者如小米，能通过1.2mm筛孔的细粉为70%~75%。粗细适宜有利于低温缓慢发酵，对酒质和出酒率都有好处。

2. 高温润糁

粉碎后的高粱原料称为红糁，在蒸料前需用热水润料，称之为“高温润糁”。它与酱香型大曲堆积工艺的性质、方法、目的完全不同。传统清香型大曲酒每班投粮1000~1100kg。

高温润糁是将粉碎后的高粱加入原料质量55%~62%的热水，夏天水温75~80℃，冬季为80~90℃，拌匀后堆积润料18~20h。这时料堆的品温上升，冬季可达42~45℃，夏季可达47~52℃，料堆上应加盖覆盖物。要求润透、不落浆、无干糁、无异味、无疙瘩、手搓成面；在堆积过程中，倒糁2~3次，要倒彻底，放掉“窝气”，做到外倒里，里倒外，上倒下，下倒上。润糁的目的是提前使原料吸水膨胀，便于糊化。

3. 装甑蒸料

蒸糁是清香型酒生产的一道重要工序，是整个工艺过程的基础。蒸糁质量的好坏，直接影响出酒率及后期工作。蒸糁要求“熟而不黏、内无生心”、有糁香味、无异杂味。蒸糁操作要求撒得薄，装得匀。注意清蒸后的辅料只能用于当天。

其操作为：先将底锅水煮沸，然后将润料后的红糁均匀撒入，待圆汽后再将60℃的热水（占原料的26%~30%）泼在上面，以促进糊化（称之为加焖头浆），蒸粮初温98~99℃，上面撒7mm厚的谷糠或加盖芦席，加大蒸汽，温度逐渐上升，蒸汽压力一般0.01~0.02MPa，蒸80min即可出甑。蒸糁前后水分由45.75%上升到49.90%，酸度由0.62上升到0.67。

4. 加水、冷散、下曲

将蒸熟的红糁一边挖出一边加新鲜冷水，经扬糟机打到晾堂上，开启鼓风机降温至要求温度后下曲，注意冬季多翻拌、少鼓风，夏季多鼓风、少翻拌。要求入缸材料做到温度、水分、大曲、材料均匀一致，无疙瘩。

5. 入缸发酵

发酵所用的缸容积为255L大缸及127.5L的小陶瓷缸，1000kg原料用大缸8只或小缸16只。入缸前，必须将发酵缸和石板盖先用清水洗刷干净，再用0.4%花椒水洗一次（每天用花椒20g、5kg开水浸泡后备用）。在红糁发酵缸底撒0.2kg曲面。将配好料、降好温的红糁或二楂入缸材料，均匀投入发酵缸内。二楂材料入缸后，每缸喷洒酒尾约1kg。大楂入缸温度为13~17℃，二楂入缸温度为17~22℃（夏季大楂入缸温度尽可能地低），见表7-71、表7-72。

表7-71　不同季节入缸条件

名称	春季	夏季	秋季	冬季
加曲量/%	35~36	35~40	30~35	30~35
下曲温度/℃	20~22	20~25	23~25	25~30

续表

名称	春季	夏季	秋季	冬季
粮曲比例/%	9~11	9~11	9~11	9~11
入缸温度/℃	13~17	17~25	17~20	13~17

表 7-72　　大糙、二糙入缸条件

糙别	淀粉含量/%	酸度	水分/%	入缸温度	辅料
大糙	65~70	≤0.1	54	低	无
二糙	40~45	1.0~2.0	60	高	有

封缸前，必须把石板盖和缸边四周的材料清扫干净，红糁和二糙封缸材料为一条棉被等，均匀垫好缸表四周，上盖石板。

要根据“前缓、中挺、后缓落”的发酵原则，针对不同季节不同发酵阶段灵活掌握保温层的厚薄程度，保温材料为麦糠，冬季要前踩、中紧、后跟，一直保温到20℃时，夏季要前松，中后留心，保温材料满而密，决不允许漏气。在整个保温过程中，要注意适当调整门窗的开闭。

大、二糙的发酵周期传统一般为21d，后逐步延长到28d（热季可适当缩短发酵周期），目前北方有的酒厂为增加酒的香气和醇厚感，发酵期达40d左右。在发酵管理上要注意“养大糙”和“挤二糙”。所谓“养大糙”，要根据大糙酒醅为纯粮发酵的特点，由于淀粉浓度高，入缸酸度低，酒醅容易升温升酸的特点，应采取一切措施做到低温入缸，定温顶火，控制酒醅升酸。如果大糙养得越好，酸度不大，大糙流酒越多，二糙流酒也越多；如大糙养得不好，酸度较大，大糙虽然流酒较好，但二糙流酒较少；若大糙有酸败，不仅大糙流酒不好，二糙流酒也较少。

6. 出缸蒸馏

把当日出的大、二糙酒缸上盖的保温材料揭开，打扫干净，揭开石板盖、保温棉被等，将缸四周打扫干净，不得把保温材料混入酒醅内，用铁锹把出缸的大、二糙挖入平车内，推到酿造场的指定位置。大糙酒醅用谷糠和稻壳翻拌后，再缓慢加入酒醅搅拌机搅拌均匀，要求无疙瘩，成锥形，上盖清蒸辅料，等待装甑。

装甑前，检查底锅水量，然后在甑箅上撒一层谷糠，加热，待蒸汽逸出时，用簸箕盛酒醅，要求装得轻，撒得匀，撒得散。装甑完毕，迅速盖上甑盖，接上导汽管，开始蒸酒。现将某厂装甑蒸馏过程中注意要点列出，供参考：

（1）在整个装甑蒸馏过程中，见潮就撒，要撒得准、撒得匀、撒得松，不压汽、不跑汽，上汽匀。始终要贯彻“轻、松、薄、匀、缓”五字方针。

（2）严格遵循“蒸汽二小一大，材料二干一湿，缓汽蒸酒，大汽追尾，中温流酒”的方法。

（3）装甑材料要疏松无疙瘩，一个人用簸箕进行有秩序的装甑操作，做到不冒汽、不跑汽、不压汽、撒薄装。

（4）装甑蒸馏时间：装一甑大糙40min左右，流酒35min左右；装一甑二糙35min左右，流酒 25min 左右。

（5）蒸酒时，必须做到“三控制”，一是控制汽门大小，二是控制流酒速度，三是控制流酒温度，反对大汽蒸酒，满管流酒。流酒温度为 22~30℃。

（6）每甑接酒头 1kg，酒精度在 65%vol 以上，交库另存。大楂酒交库酒精度为 67%vol 以上，二楂酒交库酒精度为 65%vol 以上。

（7）截净酒尾：截 25%vol 左右开始接酒尾 5kg 回二楂发酵，开大蒸汽追尽余酒。

（8）大楂蒸酒完毕，敞口排酸 10min。

（三）二锅头酒

作为清香型的另一代表——二锅头酒，主要有牛栏山、红星两大品牌。在北方消费人群中有相当的历史和感情，市场份额较大。其中牛栏山二锅头酒 2007 年获国家地理标准产品称号，红星二锅头 2008 年 6 月入选我国非物质文化遗产保护名录。牛栏山、红星各具特色。下面分别加以介绍。

1. 牛栏山二锅头传统工艺及香味特点

（1）北京顺鑫农业股份有限公司牛栏山酒厂于 1952 年 10 月 26 日在“公利号”“富顺成”“魁胜号”“义信号”四家老烧锅的基础上组建而成，位于北京市顺义区牛栏山镇，傍依风景宜人的潮白河畔，是上市公司——北京顺鑫农业股份有限公司的分公司。在生产工艺和口感上有其自身独特的风格。其主要工艺特征为：以大曲或麸曲为糖化发酵剂，低温制曲，分别采用低温入缸（池）的清蒸清楂地缸发酵、清蒸二次清和瓷砖池发酵，混蒸混楂老五甑工艺，发酵期 21~30d（调味酒发酵期 60d 以上）。出缸（池），缓火蒸馏，掐头去尾，分段量质摘酒，分别入陶坛贮存。这一有特色的传统酿造技艺造就了牛栏山二锅头酒清香、爽净、醇厚和陈味的特点，酸甜苦辣诸味平衡，最终体现为牛栏山二锅头酒甘洌醇厚、清香爽洌、自然协调、后味悠长的风格特点，是我国清香型酒中极具特色的代表性酒品之一。2006 年，被商务部酒类流通管理办公室和中国酿酒工业协会认定为“中国白酒清香型（二锅头工艺）代表酒”。

徐岩等采用液-液萃取法提取牛栏山二锅头白酒中的香气化合物，进行闻香分析、GC-O和 GC-MS 分离鉴定。一次性检出 92 种香气化合物，其中对牛栏山二锅头白酒整体香气贡献大的香气成分有 25 种：3-甲基丁醇、丁酸、3-甲基丁酸、二甲基三硫、香草醛、苯乙醛、乙酸乙酯、苯乙酸乙酯、苯乙酸、2-乙酰基-5-甲基呋喃、三甲基吡嗪、辛酸乙酯、乙酸-2-甲基丙酯、戊酸乙酯、2-羟基己酸乙酯、丁二酸二乙酯、辛酸、2-甲基丙酸、戊酸、2-甲基丙醇、庚醇、4-乙基愈创木酚、乙酸苯乙酯、苯丙酸和四甲基吡嗪。

王勇等在牛栏山二锅头原酒中检测出 9 种有机酸，主要为乙酸和乳酸，乙酸含量 233.86~2416.98mg/L，占有机酸总量的 41.1%~79.3%；乳酸为 18.34~6504.96mg/L，占 14.5%~57.5%；其他有机酸含量较低，占 1.3%~9.0%。

2022 年，黄明泉首次采用感官组学系统分析了不同储存年份的牛栏山二锅头中的风味组成，共确定了 59 种香气活性物质；5 种化合物首次被鉴定为清香型白酒中的香气活性化合物，共有 34 种香气活性化合物的 OAV≥1；重组和缺失实验进一步确定酯类、醇类、乙酸乙酯、丙烯酸乙酯、2-甲基丁酸乙酯、丙位壬内酯、异戊酸乙酯、丁酸乙酯、乙酸异戊酯、辛酸乙酯、戊酸乙酯、异戊醛、β-大马酮和土味素对牛栏山二锅头的香气组成具有重要贡献。通过 3D 散点拟合曲面图进一步发现白酒中大部分关键香气化合物的最高浓度出现在储存时间最长的年份，单因素方差分析进一步发现储存 4~5 年的白酒中的香气化合物相对稳定。

（2）周森等将异常威克汉姆酵母、库氏毕赤酵母两种生香酵母以菌剂模式添加到二锅头发酵过程中，考察不同添加量对产酒、产酸及风味成分的影响。结果表明，生香酵母主要活跃在发酵前期，在发酵 5d 的酒醅中能检测到生香酵母活体菌株；在代谢产物方面，与对照组相比出池酒醅中酒精含量降低，乙酸增高，乳酸变化不大；实验基酒中总酸、总酯和乙酸乙酯含量均得到提升，正丙醇、2-甲基丙醇、3-甲基丁醇等杂醇油含量稍有提升，其余指标影响不大。不同添加量结果表明，添加 7.5×10^{10}CFU 库氏毕赤酵母和添加 1.2×10^{11}CFU 异常威克汉姆酵母对基酒乙酸乙酯提升效果较为理想。

（3）牛栏山酒厂将传统可培养分离方法和高通量测序技术相结合，对大茬酒醅发酵过程真菌进行多样性分析。结果：采用传统分离方法从大茬酒醅中分离获得 559 株真菌，共分为 13 个不同的类群，主要为扣囊复膜酵母、酿酒酵母、伞枝横梗霉。根据微生物数量变化确定大茬酒醅真菌演替规律。扣囊复膜酵母和伞枝横梗霉是发酵初期的主要真菌，以毕赤酵母为主的生香酵母和酿酒酵母在发酵前期快速增长；在顶火期，除酿酒酵母以外的真菌已无法分离到，酿酒酵母成为顶火期和发酵后期的主体真菌。高通量测序中共获得 143 种真菌，主要包括酵母目、毛霉目、散囊菌目和丝孢酵母目，其中扣囊复膜酵母是发酵前期的主要真菌，酿酒酵母是中期和后期的主要真菌。确定了大茬酿造过程中主要真菌为扣囊复膜酵母、伞枝横梗霉和酿酒酵母。

周森等通过传统微生物培养分离，从二锅头酒醅分离得到 260 株乳酸菌，分为 13 个不同类群。根据分离梯度确定前缓升阶段戊糖片球菌数量占优势；发酵模拟实验可知戊糖片球菌在高粱模拟培养基中能够合成乳酸，其含量在 11.8~13.8mg/L，同时产生 26 种以上可挥发性风味物质，主要分为醇类和脂肪酸类。利用可培养方法确定了戊糖片球菌是二锅头发酵前缓升阶段主体乳酸菌，根据模拟发酵实验得出戊糖片球菌能够以高粱为底物生成乳酸和多种风味物质。

胡佳音等对大茬酒醅发酵过程中的细菌群落进行多样性分析表明：入池阶段大茬酒醅内含有大量乳酸菌、芽孢杆菌和其余细菌，随着发酵的进行，乳酸菌数量快速增长，成为发酵过程中的主体细菌，仅在出池阶段数量出现降低。而芽孢杆菌和其余细菌数量基本稳定，放线菌数量较少且无规律性变化；高通量测序共获得 559 种细菌类操作分类单元（OTU），分别为乳杆菌科、高温放线菌科、明串珠菌科和醋杆菌科。发酵温度表现出前缓、中挺、后缓落 3 个阶段，不同种乳酸菌分别成为大茬酒醅中的优势菌群，同时在头发酵过程中首次发现了高温放线菌（*Thermoactinomyces*）。

2019 年，王勇从牛栏山发酵酒醅中共获得 120 株酵母菌，对其 26S rDNA D1/D2 区测序分析，对分离酵母菌进行鉴定，并分别以高粱和酒醅作为酵母培养基，分析不同种酵母菌的代谢产物。结果表明，共分离鉴定得到 9 株酵母菌，在高粱培养基中，库德里阿兹威氏毕赤酵母（*Pichia kudriavzevii*）和异常威克汉姆酵母（*Wickerhamomyces anomalus*）乙酸乙酯产量较高，分别为 969.0mg/L 和 541.4mg/L，9 种蒸馏液中正丙醇、异丁醇、异戊醇含量均高于对照组，尼泊尔德巴利酵母（*Debaryomyces nepalensis*）发酵产乙醛能力最高（58mg/L）；在酒醅培养基中，9 株酵母菌代谢产物中共检测到 24 种酯、9 种醇、5 种酸、

2 种酮、2 种醛、2 种酚及 1 种呋喃，其中 *W. anomalus* 产乙酸乙酯能力最强，为 4494.27μg/L，*P. kudriavzevii* 具有较强的产乙酸乙酯、苯乙醇、异丁醇及异戊醇能力，分别为 546.21μg/L、724.96μg/L、31.56μg/L 及 142.52μg/L，膜醭毕赤酵母（*Pichia membranifaciens*）产乙酸能力最强（498.56μg/L）。

2. 红星二锅头传统工艺及香味特点

红星二锅头主要工艺特征为：老五甑法发酵、混蒸混烧、看花接酒；而割头、去尾、取中段的接酒方式更是北京酿酒技师的绝技，载入中国白酒发展史。北京二锅头酿酒技艺历史悠久，今在京城内仍保留着三条明清时期留下的以“烧酒”命名的胡同遗址，此外，红星商标还被评为“中国驰名商标”“中华老字号”等殊荣，红星二锅头酒是中国清香型白酒的典型代表之一，入口后绵软爽口、酒香清冽、回味悠长。

红星公司始建于 1949 年，是中华人民共和国成立后第一家国营酿酒厂。1993 年，在原北京酿酒总厂的基础上，组建了北京红星酿酒集团公司。2008 年该公司申报的“北京二锅头酒酿制技艺”被批准为中国非物质文化遗产。红星公司因全面继承了北京 12 家老字号酒坊而被列为这一技艺的传承人。

杜艳红等采用浸入式固相微萃取和液液萃取这两种样品前处理技术，对白酒样品定性分析，共定性了红星二锅头酒 138 种风味物质，其中包括 16 种醇类、6 种醛类、16 种酸类、49 种酯类、7 种芳香族及酚类化合物、3 种酮类、3 种呋喃类、1 种吡嗪类、6 种缩醛类、31 种其他类化合物。为进一步深入研究红星二锅头酒的风味物质奠定了基础。

高景炎等通过对红星二锅头 8 个系列白酒进行感官品评，参考国外较为成熟的酒类风味轮构建方法，绘制出红星产品风味轮以及各系列白酒风味轮。通过贡献度计算、主成分分析及聚类分析筛选出能够表达红星白酒风味特征的主要感官描述语。其中包括 5 类香气描述语：原料香、发酵香、植物香、水果香与烘焙香；4 类口味描述语：甜、酸、苦、咸；5 类口感描述语：柔和度、丰满度、协调度、纯净度与持久度；最外层香气描述语共计 25 个。从香气、口味、口感 3 个方面绘制了红星白酒风味轮。直观地展现了红星白酒的感官特征，同时各系列风味轮能较好地表现出不同系列红星白酒的风味特点。对红星产品的感官研究与质量控制提供了一定的指导作用。采用较为贴近生活的食物或植物等进行描述，对于消费者更为浅显易懂，有助于消费者对红星白酒有更好的认知和深刻记忆。此外，该风味轮可以引导酒体设计人员进一步丰富红星白酒风味，提升红星白酒产品品质。

二、小曲清香

（一）小曲白酒概述

小曲白酒是中国白酒的主要酒种之一，约占白酒总产量的 30%。在我国南方、西南地区遍及城乡。根据所用的原料、曲药和生产工艺不同，大致可分四类。

一类是在四川、重庆、云南、贵州、湖北等地盛行的，以高粱、玉米等为原料，采用整粒原料蒸煮，箱式固态培菌糖化，配醅发酵，固态蒸馏的固态法小曲白酒，以四川产量大，历史悠久，常称“川法小曲白酒”，其代表是重庆江津白酒、永川高粱酒、四川资阳的伍市干酒、隆昌高粱酒等。“川法小曲白酒”因其历史悠久、产量大、分布广、市场声誉高，有完整的工艺体系，香味成分有自身的量比关系，有独立的风格，被业内归属于小曲清香型酒。目前已有江小白、重庆江津集团、湖北劲牌公司年产万吨，销售上亿元的企业。以小曲白酒作基酒生产保健酒是传统的，也是公认最好的（这是其他香型白酒不可相比的优势），生产其他露酒或别的香型酒，也是最好的基酒。据专家估计年产量约 70 万 t，由于川法小曲酒一般遍布城乡、规模都较小，很多未计入国家统计局的统计。

二类采用半固态发酵法：以广西桂林三花、全州湘山酒（米香型）为代表。这类产品原粮蒸煮后，拌入 0.8%~1%小曲，在缸中搭窝先行培菌糖化约 24h 后，再加水进入液态双边发酵，成熟醪在蒸馏釜内蒸至酒精度 57%vol 终止。

三类采用液态发酵法：以广东玉冰烧（豉香型）为代表。这类产品原粮蒸煮后没有培菌糖化工序而直接进入发酵罐，边糖化边发酵，与其他发酵形式还有一个不同点就是用曲量大，投料量为 18%~20%，发酵成熟醪在釜式蒸馏器中蒸至酒精度 32%vol 终止。

还有一类是以小曲产酒，大曲产香，串香蒸馏。即以固态发酵小曲酒为基酒，再经特殊工艺发酵 10 个月的大曲香醅串蒸，形成以董酒（药香型）为代表的小曲大曲混用工艺。

（二） 小曲白酒的总结与技术进步

据相关资料统计，有以下 4 个方面：

1. 微生物方面

小曲的俗称各地不一，有酒药、白曲、酒饼、米曲等。传统制曲法如前所述，与大曲相比因其曲块体积小，故称之为小曲。由于地方差异，所用中草药的品种各不相同，四川邛崃米曲为 72 种，董酒的小曲为 95 种，广东酒饼中有 6~28 种，广西桂林三花酒小曲为 3 种。

（1）1931 年由台湾人在厦门首先采用纯种根霉和酵母菌种培养制成无药白曲，用于米酒生产，用曲量 0.5%~1%，大米原料出酒率达 100%（酒精度 37%vol 计），1958 年福建全省组织推广应用。1950 年金荣镰采用纯种根霉制成甜酒曲，后经方心芳等从中分离出 AS3.851、AS3.886 两株根霉菌种。

（2）1930—1949 年，微生物前辈陈騊声、方心芳、金培松、檀耀辉等对小曲微生物进行分离、鉴别、应用，在中草药的作用等方面进行过初步研究。研究显示 30 种中药材对酵母菌多数是有益的，最好的有薄荷、杏仁、桑叶等 10 种，黄连对酵母菌有害，木香对根霉有害。从总体看，小曲生产中添加适量中草药对酿酒菌类的营养和抑制杂菌生长起到一定的作用，也给白酒带来特殊的药香味。

（3）1956 年中科院微生物所乐华爱、方心芳等从全国各地收集了 137 个大曲和小曲的样品，从中分离出毛霉科菌类 828 株，其中根霉 634 株，毛霉菌 185 株，证明小曲中主要菌类是根霉，还有念珠霉、酵母菌等，从中筛选出了 AS3.851、AS3.886、AS3.852、AS3.867 及 AS3.868 5 株优良的根霉菌株，为小曲纯种化做出了重大贡献。20 世纪 50 年代末至 60 年代初，贵州省轻工业科学研究所进行纯培养根霉的研究，并在 1963 年成功地研制了麸皮根霉曲，以替代传统的有药大米小曲，并很快在两广、四川、云南、贵州、两湖等省推广，沿用至今还在不断发展，对小曲白酒的发展做出积极的贡献。该成果荣获 1978 年全国科学大会奖。

（4）1957 年四川糖酒研究室（四川省食品发酵工业研究设计院前身）对邛崃米曲的沿革、设备、原料、操作水平进行了评定总结，写出了《四川邛崃米曲制造》一书，为传统曲药的发展打下了基础。

1959 年四川省在永川酒厂进行无药糠曲的研究获得成功，总结出“二准、一匀、三不可”的无药糠曲操作法，并编写了《无药糠曲制造》一书。随后在本省组织推广应用，年节约大米 8000t 以上，中草药 1500t 以上，降低成本 5%。

1960—1962 年，著名白酒专家周恒刚写出了《邛崃米曲制造》，四川谢明健等写出了《邛崃米曲》。他们进一步对米曲微生物生长、环境条件、中药材性能及提高产品质量的途径进行了科学的总结。1964 年，四川省糖酒公司专门人员在传统的邛崃米曲中分离出优良菌株，为耗淀粉少、产酒高的 $3^{\#}$、$5^{\#}$菌株，并在高粱白酒生产中推广应用。

（5）1977—1978 年贵州省轻工业科学研究所、重庆酒类科学研究所等又分离诱变出 Q303、YG5-5 等优良菌种，使根霉曲的质量与性能进一步提高，20 世纪 90 年代唐玉民等报道了分离、诱变选育出 C-24 和 LZ-24 二株性能优于 Q303 的菌株。近年来也有在小曲培养中添加糖化酶及活性干酵母的强化小曲。

（6）20 世纪 80~90 年代起，对于微生物的研究，由过去的微生物个体的研究转向整个生态系统中微生物多样性的研究，即一个集合群落中，众多不同类型微生物的变化及它们之间相对的丰度。随着分子生物学技术发展而兴起的分子生态学方法，在研究微生物生态系统时具有鲜明的优势。这些方法包括多种“宏”基因组学，它们克服了微生物培养技术的限制，能够分析复杂体系中微生物的种类、分布和功能。

（7）2012 年，徐岩等将 PCR-DGGE 技术和传统微生物培养方法相结合，分析清香型小曲白酒（湖北劲牌）的微生物群落结构及功能微生物。发现小曲和酒醅中优势微生物种属基本一致。不同季节酒醅中微生物组成无明显变化，但微生物生长和消亡规律存在差异。小曲酒中细菌的种类较多，主要以乳酸菌和芽孢杆菌属为主，但对小曲白酒风味特征影响很小。酵母类主要包括扣囊复膜酵母（*Saccharomycopsis fibuligera*）、异常毕赤酵母（*Pichia anomala*）、东方伊萨酵母（*Issatchenkia orientalis*）和酿酒酵母（*Saccharomyces cerevisiae*）。酿酒酵母的作用是酒精发酵产生乙醇，扣囊复膜孢酵母、异常毕赤酵母和东方伊萨酵母是产酯酵母，增加酒体酯香味。霉菌种类相对较少，米根霉（*Rhizopus oryzae*）是主要糖化菌。

（8）2015 年，劲牌团队通过对 7 株酵母小试固态发酵复筛，获得 4 株高产乙酸乙酯产酯酵母，均比对照组提高了近 4 倍以上。并将其应用于中试车间生产，结果添加 Y29 和 Y42 两株酵母产酒中乙酸乙酯含量分别为 2.004g/L、1.523g/L，比对照组提高了 99.4%和 51.5%，正丙醇含量分别下降 44.2%和 42.7%。2020 年，李锐利从小曲中筛选出一株高产乙酸乙酯的汉逊酵母菌株，其产乙酸乙酯量可达 2.152g/L。

（9）2021 年常煦等通过对比分析 8 种根霉小曲和安琪小曲的发酵结果，发现不同根霉小曲酒的出酒量和酒质有着明显的差异，由中试生产得到的 8 种根霉小曲中，F2 对淀粉利用更彻底，F2 酒精度高达 14.4%vol，比安琪小曲高出 0.4 %vol，出酒量也比安琪小曲多 52g，乙酸乙酯高出安琪小曲 16.94 mg/L。

（10）2021 年江汶钰等通过聚合酶链式反应-变性梯度凝胶电泳（PCR-DGGE）技术解析豉香型白酒在生产过程中的酒丸、酒饼和发酵醪液的不同发酵期的微生物群落结构，获得表征豉香型白酒酒丸、酒饼和发酵醪液中细菌和真菌群落结构的 DGGE 指纹图谱，结果表明，三类样本（酒丸、酒饼和发酵醪液）细菌共有 29 种，其中乳酸菌属（*Lactobacillus*）和嗜盐单胞菌属（*Halomonas*）为优势菌群/21 种，其中酵母属（*Saccharomyces*）和毛霉属（*Mucor*）为优势菌属。在发酵醪液中还检测出了许多未培养微生物。酒丸和发酵醪液发酵开始时微生物数量较少，发酵后期微生物数量达到顶峰，酒饼则随着贮藏时间增加，微生物种类不断减少而趋于稳定。PCR-DGGE 技术初步鉴定了部分代表性细菌和真菌的种属类群以及一些未培养微生物，比传统培养法更全面和精确。

（11）韩国强等利用高通量测序对重庆复配小曲清香型白酒酿造过程中微生物多样性及变化规律进行比较分析。结果表明，样品中共检测出 35 个门、378 个属的细菌和 4 个门、38 个属的真菌。优势菌门为厚壁菌门（*Firmicutes*）、变形菌门（*Proteobacteria*）、拟杆菌门（*Bacteroidetes*）、子囊菌门（*Ascomycota*）和毛霉菌门（*Mucoromycota*）。小曲白酒发酵过程中菌群结构不断发生变化，发酵前 2 天细菌优势菌属为不明立克次体菌属（*unidentified Rickettsiales*），发酵 3 天后的绝对优势菌属为乳杆菌属（*Lactobacillus*）直至发酵结束。真菌优势菌属为伊萨酵母属（*Issatchenkia*）、根霉属（*Rhizopus*）、酵母菌属（*Saccharomyces*）和曲霉属（*Aspergillus*）。随着发酵时间延长，根霉属和曲霉属相对丰度都在降低，而酵母菌属在发酵第 2 天后其相对丰度在不断提高并成为优势菌。本研究为复配小曲白酒的生产提供了一定的理论支持。

我国小曲酒的制作环境依赖着一个庞大的生态系统，含有丰富的微生物资源。对小曲白酒微生态研究，除小曲、酒醅外，还应包括空气和水中的微生物。在这个生态系统中，微生物之间相互作用、相互影响，维系着小曲酒发酵过程的生态平衡。只有这样才能产出优质的小曲酒。同时，需学习和借鉴浓香型白酒微生态的研究经验，加快自身种群结构微生物多样性的分析进程，实现从表面到本质、传统到分子、多学科多领域协调配合的跨越式发展。搞清楚微生物种群结构变化，微生物代谢机理，功能微生物的拮抗作用、协同作用及微生物的消长规律等机制，才能对小曲酒的实际生产进行指导。

以纯种根霉和酵母复合的发酵剂酿造出的小曲酒虽具有出酒率高和成本低的优点，但还是以药曲自然接种的小曲酒风味质量较优。怎样解决协调好功能微生物，提高小曲白酒的出酒率和质量，是未来几年内研究小曲酒生产的主要方向。

2. 生产工艺方面

（1）1933 年，南开大学应用化学所研究报告《高粱酒之制造》发表，1935 年方心芳等发表《改造高粱酒酿造之物初步试验》；1944 年檀耀辉研究苞谷酒，找出对糖化酶、酵母菌生长的有利药材，如牙皂、独活等。

（2）1953 年，四川省总结出高产经验“匀、透、适”的“李友澄小组操作法”，并在四川和西南、中南地区及全国推广，形成了川法小曲白酒产区。1954 年原四川万县冉启才小组创造了“焖水蒸粮操作法”，使高粱出酒率（65%vol）达到 46.99%，淀粉利用率提高到 73.43%。

1955 年，四川省在组织结合推广《烟台酿酒操作法》的同时，总结出了玉米小曲酒“高扬散热、低倒匀铺、高温吃曲”的操作经验。

（3）1957 年，国家食品工业部制酒工业管理局和国家酒类专卖公司组织 13 个省市的科技人员，在原四川省永川酒厂进行糯高粱小曲白酒先进经验试点，对全国固态法小曲白酒生产技术做了全面的总结，使淀粉利用率由原来的65%左右提高到81.96%，并于1958年出版了《四川糯高粱小曲酒操作法》，对小曲酒生产技术的发展产生了重大影响。

（4）1964年，唐山全国酿酒会议要求对四川糯高粱小曲白酒的操作规程做系统的修订，并将有关的新技术总结进去。为此，由四川组织专业人员，先后查定了江津等8个酒厂的高粱、玉米小曲白酒现行操作法，并组织高粱小曲白酒试点和玉米小曲白酒试点，以验证并完善各地的经验。编制了《四川小曲酒操作工艺及检验方法》的技术资料，从理论和实践上阐述了小曲酒生产的规律，此次试点总结使小曲白酒生产技术又上了一个台阶。

（5）1978年，四川泸县创造了发酵采用“大底糟”经验；永川总结了“快装、紧桶”的箱桶①配合经验；安县又根据微生物的特征，发明了“延长发酵期”的方法。1981年，四川万源、长宁、邛崃等地酒厂，进行了“糟箱合一”“甑桶合一”的改革尝试，将固态小曲白酒生产车间，改建为年产600t白酒的机械化生产线。采用蒸汽供热，培菌用通风箱，行车搬运进出，发酵桶上蒸酒，将蒸煮、培菌、发酵、蒸馏四大工序合并为三道工序，降低了劳动强度，提高了出酒率。1982年，四川万县对川法小曲白酒做出了“稳、准、匀、适、勤”和“原料是条件、配糟是基础、曲药是动力、质量是前提、操作是关键”等具体的经验总结，以指导实际生产操作。这对固态小曲白酒的生产具有重要的指导意义。

（6）1991年董酒串香工艺由小曲酒串蒸大曲香醅改革为酒醅串蒸。蒸酒时将小曲酒醅装在甑的下部，然后继续装大曲香醅在甑上部进行串蒸得酒。

（7）20世纪80年代后期，除传统药香型生产外，原产小曲酒的少数企业吸取大曲酒的生产工艺采用大小曲混用工艺生产浓香、兼香酒。该工艺采用整粒粮食发酵，小曲培菌糖化，再加大曲入泥窖发酵，固态蒸馏取酒。原料出酒率可达40%~45%。产品有湖南湘泉酒、四川崇阳大曲酒、贵州金沙窖酒、平坝窖酒等。

（8）应用糖化酶及耐高温活性干酵母进行酿酒发酵，以进一步提高小曲酒的出酒率。近年来随着市场经济的发展，吸取大曲酒的产香味及勾兑工艺，在提高质量方面，引用生香酵母，适当延长发酵期，改进蒸馏、贮存、勾兑等工序。生产中档以上的小曲酒也已经面世。

（9）近年来，澳洲、美洲等地高粱逐步进入国内，在各地纷纷用于白酒生产。在小曲生产，常常被杂醇油含量过高的问题所困扰，特别是受夏季高温影响，秋季生产发酵酒醅杂醇油升高尤为严重。这点要引起特别注意。

（10）通过20多年发展，生料发酵酿酒已取得一定成功，该法具有出酒率较高，酒糟可利用的特点，但风味质量有待进一步改善。

其间，多粮小曲工艺、粉料小曲工艺等技术在一些地区得到应用推广。对小曲白酒的发展具有积极意义。

---

① 桶：发酵设备，南方小曲酒以前多用木制圆桶作为发酵容器。现在少用，而改用水泥池，而云南的发酵容器为坛、小罐。为尊重历史，在本书中沿用。还有诸如：撮箕（端撮、囤撮）、木锨等，对带方言的专业术语，建议结合上下文阅读，理解会深刻一点。

3. 设备方面

为了实现小曲酒的规模化生产，在生产设备上也进行了不断的革新，逐步改变了传统手工作坊坛坛罐罐的生产方式。1979 年夏义雄发表了《小曲酒的大容器发酵试验》，为米香型小曲酒大型化生产创造了条件。

为此，广西桂林三花酒厂、广东石湾、九江酒厂采用大型浸米罐、卧式连续蒸饭机 6~50m^3的发酵罐。三花酒厂采用长槽培菌糖化再进入中间贮罐后以压缩空气压入发酵大罐发酵。在蒸馏器采用不锈钢蒸汽蒸酒、适度扩大容量，组成蒸馏器群，以保证产品质量。各厂都应用了先进的过滤设备及灌装流水线。固态发酵法的生产设备改革大体上和大曲酒厂相似，如通风晾槽等。

4. 香气成分分析方面

（1）1982 年广东省佛山市石湾酒厂，委托江苏省日用化工研究所金佩璋等与轻工业部食品发酵工业科学研究所共同承担了玉冰烧酒香气成分特征研究课题，总结该酒风格不同于米香型的缘由。经过一年半的工作，通过生产实地系统取样分析查定，对斋酒、玉冰烧酒、浸酒肥肉老油、斋酒浮油、斋酒浸肉过程中香气成分的系统变化，以及多种引证试验，采用色谱质谱联用、高压液相色谱等先进仪器分析手段，确认了玉冰烧酒的一些特征香气成分。于 1984 年首先由米香型分离出来，确认为豉香型，于第 4、第 5 届全国评酒会均被评为国家优质酒。

（2）20 世纪 80 年代以来，四川对川法小曲白酒的研究也取得重要成果。1992 年，四川省酒类科研所、四川省食品发酵工业研究设计院等，通过对川法小曲白酒、汾酒和三花酒等进行系统的分析，确认川法小曲白酒是以乙酸乙酯、乳酸乙酯和含量高的高级醇为其复合的主体香；证实川法小曲白酒不应属于米香型白酒，而与麸曲清香型和大曲清香型白酒相似，应将固态发酵小曲酒列为清香型，即“小曲清香型”白酒（后详叙）。使人们对“川法小曲白酒”有了明确的认识，良好地促进了“川法小曲白酒”的进一步发展。

（3）2021 年，景思等研究采用液液萃取法（LLE）结合 GC×GC-TOF MS 对 2 种中国劲酒基酒（小曲清香型，J1 为 46%vol、J2 为 41%vol，2017 年 5 月酿造）中的挥发性成分进行分析，共定性出 175 种化合物，其中醇类化合物 41 种、酯类化合物 53 种、醛酮类化合物 24 种、缩醛类化合物 2 种、酸类化合物 25 种、呋喃类化合物 8 种、酚类化合物 3 种、内酯化合物 8 种、含氮化合物 8 种、含硫化合物 1 种和酸酐类化合物 2 种。40 种化合物通过标准品准确定性。2 种基酒的挥发性成分定性结果显示，J1、J2 样品酒中检出的化合物种类分别为 151 种、132 种，共同检测出化合物 108 种。其中，2-甲基吡嗪、2，3-二甲基吡嗪、2，5-二甲基吡嗪、2，6-二甲基吡嗪、2，3，5-三甲基吡嗪和 2，3-二甲基-5-乙基吡嗪和苯并噻唑在中国劲酒中首次发现。

（4）2021 年，劲牌团队使用香气萃取稀释分析方法（AEDA）和 GC-MS 技术，从陈年小曲白酒和新酒中鉴定出 72 种气味，FD 因子范围为 2~2048。包括 19 种酯类、12 种醇类、10 种酮类和醛类、11 种呋喃酮和呋喃类、8 种酸类、6 种酚类、3 种萜类和 3 种硫化物；首次在陈年小曲白酒中发现葫芦巴内酯、3-甲硫基丙醛、3-甲硫基丙醇、柏木烯、雪松醇；通过香气缺失实验，葫芦巴内酯、香草醛、3-甲硫基丙醛被鉴定为小曲白酒陈酒的关键香气物质，乙缩醛、3-甲基丁醛、二甲基三硫、乙酸乙酯和异戊酸乙酯对陈酒的香气轮廓也具有重要影响。本研究有助于小曲白酒陈酿过程中的风味控制与调控优化。

标准方面，2011 年 7 月 20 日，由中国食品发酵工业研究院、中国酿酒工业协会等 9 个单位联合起草的国家标准 GB/T 26761—2011《小曲固态法白酒》发布，最新标准已在修订中，将进一步引导小曲白酒规范化发展。

（三）“川法小曲白酒”的生产

“川法小曲白酒”历史悠久，在西南、中南各省深受喜爱，据不完全统计，年产量约 70 万 t，四川占 50%左右。主要以本地产的高粱、玉米、小麦、荞麦、大麦、青稞、稗子、稻谷、大米、薯类（鲜或干）等为生产原料。川法小曲白酒生产具有投资少、见效快、灵活性高等特点；具有就地生产、就地销售，丢糟被当地农户用作饲料，无废弃糟的污染等优势。

近几十年来，先后总结出许多生产经验成果，现代生产技术也得到较快的发展。《四川糯高粱小曲酒操作法》就是其中的典型代表，它对小曲酒生产技术的发展产生了重大影响，对推动小曲酒的发展起到了积极的作用，其成功经验目前仍广泛应用。现将传统“四川糯高粱小曲酒操作法”详细介绍如下，供参考。

“四川糯高粱小曲酒操作法”包括制曲（前已述）、蒸粮、培菌、发酵、蒸馏等部分。培菌工序指出甑摊晾、撒曲收箱和培菌管理，要注意防止酸箱，摊晾厚薄、撒曲、温度要均匀，掌握箱的老嫩，掌握好升温幅度、箱上常见病害的防治及感官鉴定培菌糟的好坏等；发酵工序指按季节固定配糟，做好配糟用量、配糟温度、装桶条件的控制与管理，防止杂菌侵入，注意清洁卫生；蒸馏工序指放黄水、装甑、蒸酒、配糟管理，工艺操作参数的控制，注意泡粮、初蒸复蒸时间，出甑粮醅水分，用曲量，配糟比例等。

1. 蒸粮工序

（1）泡粮

① 目的：在泡粮时，高粱吸收水分，淀粉粒间的空隙被水充满，淀粉粒逐渐膨胀，使蒸煮过程中易蒸透心，糊化良好。高粱原料中，含有较多的单宁，在泡粮过程中，单宁大部分可溶于水中被除去，有利于糖化和发酵。同时高粱中的灰砂杂物经泡粮后可除去，使原料更加干净。

② 要求：吸水透心、均匀。

③ 要点：泡水要足，泡粮搅拌后保温在 73~74℃。泡粮时间，糯高粱 6~10h，粳高粱 5~7h。干发 8~10h。

④ 操作方法：每天蒸完酒后，洗净底锅。烧开水，泡次日粮。每 100kg 原料，约需水 165kg。泡粮时将开水迅速舀入泡粮桶内，然后将原料倒入，即先水后粮。这样可使泡粮桶内上下水温一致，使粮食受热、吸水均匀。泡水温度 90℃以上。原料倒入泡粮桶后，用木锨或铁铲沿桶边至桶心将高粱翻拌一次，刮平粮面。泡粮水位应淹过粮面约 25cm，此时检查水温应在 75℃以上，随即加盖保温，待 2~3h 后揭盖检查一次，不使粮粒露出水面。经 6~10h 后放出泡水。吊至蒸粮入甑。泡后粮食每 100kg 增重至 168~170kg。

⑤ 注意事项：泡粮要用开水，并必须保温，促进粮食吸水，同时，温度高可杀灭原料中的杂菌并使酶作用钝化，减少淀粉变糖的损失。

泡粮用水量每天要基本固定，使泡粮搅拌后达到 73~74℃，不能过高或过低。如出现高低差可调节水温和水量。如水温超过 74℃，则粮粒中的部分淀粉破裂糊化，容易生泫结块。

泡粮时要翻动一次，使粮食和水混合均匀，避免产生灰包，粮食吃水均匀一致。但不宜翻动过多，更不宜中途翻动，以免造成淀粉损失。

泡粮时间要基本固定，不能过长或过短。若泡粮时间过长，温度下降，杂菌感染翻泡，淀粉和糖分损失；时间不够，粮粒吸水不透，不易糊化彻底。

泡粮时要注意保温。

（2）蒸粮

① 目的：粮食蒸熟，粮粒裂口，利于糖化发酵。

② 要求：熟粮柔熟、泫轻（即泡粮后微微起一点泫）、收汗、水分适当，全甑均匀。出甑时化验水分含量，糯高粱含水量为 59%~61%，粳高粱为 60%~61%。粮粒裂口率为 89%以上。

③ 要点：准确掌握初蒸、焖水、复蒸时间，使熟粮淀粉裂口率高，软硬合适，水分适当，全甑均匀。

④ 操作方法：上班时钩火（或冲蒸汽），加好底锅水，水面离甑桥 15~16cm，安好甑桥甑箅，填好边缘缝隙，撒稻壳一层（2~3kg），用水泼湿扫平，待底锅水烧开后，即可撮粮入甑。在泡好的高粱中拌入适量的稻壳，使疏松上汽均匀，在 40~50min 内装完，再经 2~3min 蒸汽便可穿出粮面。

初蒸：装完甑 5~10min 即可圆汽，加盖初蒸。糯高粱蒸 10~15min，粳高粱蒸 16~18min。糯高粱初蒸时间与出酒率关系见表 7-73，糯高粱破裂率与出酒率关系见表 7-74。

表 7-73 糯高粱初蒸时间与出酒率

酢数	焖水前共蒸时间/min	出酒率/%
10	61.8	49.94
11	68.8	48.93
11	54.4	50.23
13	40.8	50.71

表 7-74 糯高粱破裂率与出酒率

酢数	破裂率/%	出酒率/%
5	82~85	51.28
11	86~88	50.97
19	88~90	52.25
11	92~92	52.28

焖水：初蒸毕，迅速从焖水筒加入焖水（水温 40~45℃），使焖水在甑内由下至上加入，在 4~6min 内加完，水量要淹过粮面 6~7cm。此时，甑内下层水温 60~65℃，粮面层水温 94~95℃。经仔细检查，甑内粮粒不顶手、软硬适当时放去焖水。从焖水淹过粮面

至开始放焖水为焖水时间，一般糯高粱为 10min，粳高粱为 16～20min。糯高粱焖水时间与熟粮水分的关系见表 7-75。

表 7-75　糯高粱焖水时间与熟粮水分

焖水时间/min	2	4	6	8	10
熟粮水分/%	53.00	54.05	55.10	56.15	57.20

复蒸：迅速放去焖水，加大火力蒸粮，圆汽后继续大火复蒸，糯高粱蒸约 60min，粳高粱蒸 80～90min。检查粮食，应不顶手、已完全柔熟、阳水少、表面轻泫，即可出甑。出甑后检查粮食：收汗、裂口率为 89%以上。在熟粮出甑前约 10min 揭盖，将工具、撮箕等敞蒸 10min，利用蒸汽杀菌。蒸好的熟粮每 100kg 约增重至 230kg，化验水分约为 58%。

⑤ 注意事项：蒸粮时应防止塌甑和溢甑。塌甑是指穿汽不均匀或部分不穿汽，这是由于装甑时火力太小，粮食倒得不均匀或甑箅未清洗干净引起的；溢甑是指底锅水沸腾后冲到甑箅上面，这是由于底锅水加得太多或底锅水不清洁所致。此种现象发生时，甑底粮食因吸水过多而结成团块，致使蒸汽上升困难，影响上部粮食糊化。

粮粒入甑和放焖水后的圆汽时间火力要大，穿汽要快（要求不超过 30min 和 15min），使上下甑受热时间差别小，吸水均匀，其他时间可用中等火力。

焖水要从焖水筒中自下而上加入，利用温度之差造成挤压力，促使粮粒裂口。并且为使熟粮淀粉裂口率高，焖水时要求粮粒多数在 70～80℃温水内浸泡。实际上是上层温度高于下层，为了缩小温差，焖水时不开火门，加焖水要快。焖水温度一般为 40～45℃，不宜过高。

底锅水以焖水刚接触甑箅时水温在 70～75℃为宜，可固定焖水温度后增减底锅水调节。但底锅水离甑箅最多不能少于 17～20cm，以防溢甑。当底锅水量调节恰当后，每天应掌握准确，以免影响水温变化。

熟粮水分对培菌发酵有很大影响，不能过多或过少。操作条件固定（如泡粮水温、泡粮时间、初蒸时间、焖水温度等），焖水时间长短可以决定水分多少。据经验，大约延长焖水时间 2min，可增加熟粮水分 1%。实际操作要同时用感官掌握（手捏软硬度），最后用化验数据或称重结果来校正感官的判断。糯高粱焖水温度与熟粮水分、破裂率关系见表 7-76。

表 7-76　糯高粱焖水温度与熟粮水分、破裂率

焖水温度/℃	60	65	70	75	80	85	90
熟粮水分/%	53.90	53.30	53.40	53.70	53.90	54.10	55.00
破裂率/%	82.20	84.00	86.30	86.20	84.20	83.00	83.50

如果发现上下甑的粮粒水分不匀或粮粒上软下稀时，可用放焖水的快慢来调节。如果焖水后发现偏软、偏硬，可适当缩短或延长复蒸时间。糯高粱蒸煮时间、熟粮水分与淀粉破裂率的关系见表 7-77。

表 7-77　　糯高粱蒸煮时间、熟粮水分与淀粉破裂率

初蒸时间/min	4	8	11	14	17	21	25
熟粮水分/%	52.80	53.00	54.70	55.00	55.30	54.40	54.90
淀粉破裂率/%	88.50	87.30	89.10	88.20	86.60	87.60	87.40

熟粮水分多少，应视季节和配糟酸度不同稍加调节。冬天发酵温度较低时，熟粮水分在60%~61%，热天发酵温度高时应为59%~60%，以减缓发酵速度，少生酸。当配糟酸度正常时，熟粮水分为60%~61%合适，如酸度偏大，可减少至59%~60%，严重时可以再降1%，以减少发酵中的生酸量。

熟粮中稻壳用量的多少对培菌有影响，一般用量为原料的2%（包括甑底、甑面、出甑、摊晾所用的全部稻壳）。有时用曲药性能不同，箱温上升缓急不合要求，培菌不好时，可适当增减稻壳用量来调节。箱内使用的稻壳和蒸馏时酒糟中拌入的稻壳，必须使用熟糠。

最后注意每天上班时间应该固定。

2. 培菌工序

（1）出甑摊晾及撒曲收箱

① 要点：短时摊晾品温均匀，掌握温度，撒曲均匀，摊晾工具须清洁，箱要疏松、面要平。

② 操作方法

出甑：出甑前，将晾堂打扫干净，铺好摊席（或打扫清洁通风箱），在摊席上撒少许熟糠。将熟粮撮出，均匀地倒在摊席上，厚6~7cm。

摊晾撒曲：出甑完，即按后出先翻的顺序翻第一次粮，用木锨依次将熟粮翻面、刮平，相隔35~40min（室温25~28℃），冷天待品温降至44~45℃、热天降至37~38℃，按先倒先翻的次序翻第二次粮。翻毕，检查品温已适宜时，即可撒曲，要求弯腰低撒，均匀撒于粮面，减少曲粉飞扬损失，拌匀收拢成堆。撒曲也可分两次撒，第一次翻粮后撒头次，第二次翻粮后撒二次。若用通风箱培菌，可直接在箱内通风摊晾。其操作方法是将熟粮撮出，均匀地倒入箱里，扒平、通风降温，冷天待品温降至38~39℃，热天降至36~37℃时，关闭风扇，撒第一次曲，撒入量为总用曲量的1/2，拌匀；冬天待冷至34~35℃，热天30~32℃（或平室温）撒第二次曲，撒入量为剩下的1/2，拌匀、扒平，此时箱温为冷天28~29℃，热天25~26℃。不同室温条件下收箱品温的控制见表7-78。

表 7-78　　不同室温条件下收箱品温的控制　　单位：℃

项目	0~5	6~10	11~15	16~20	21~25	26~28	28以上
撒曲温度	36~38	34~36	32~34	30.5~32	28.5~30	28	接近室温
进箱温度	30~31	29~30	29	28	27~27.5	接近室温	接近室温
保持最低品温	29~30	28~29	28	27~27.5	26.5~27	接近室温	接近室温
箱厚/cm	16.5~20	16.5~18	16.5~18	15	13~14	10~12	10

收箱：收箱前先扫净底席（在底席下平铺2~3cm厚的稻壳），安上洁净的箱板，箱席上撒一层稻壳和曲粉少许，用木锨将熟粮轻轻地铲入箱内，温度较高的先收在箱边、箱角，温度较低的收在中部，收完用木锨将粮面修整匀平。粮面再撒少许稻壳和曲粉。从开始出甑到收箱完毕的摊晾时间最长可达2.5h。

（2）培菌管理

① 要求：霉菌、酵母生长正常，杂菌少；出箱是绒籽、有曲香，无馊、闷、酒气。尝之，味稍甜，微酸。全箱均匀。每天出箱时间基本一致，老嫩符合发酵装桶要求。

② 要点：曲质好，数量合适，并严格控制培菌温度、时间和出箱老嫩，使有益菌生长适当。工具清洁，减少杂菌繁殖。培菌控制指标见表7-79。

表7-79　培菌控制指标

季节	用曲量/%	箱厚/cm	出箱温度/℃	培菌期/h		出箱还原糖/%	
				糯高粱	粳高粱	糯高粱	粳高粱
冬季	0.3~0.4	16~18	33~35	25~26	25.5~26.5	2.5~3	3~4
热季	0.2~0.3	10~13	33~35	21~22	22~23	1.5~2	2~3

③ 操作方法：收箱后，仔细检查箱内温度，热季接近室温，冬季一般为30~31℃。如品温太低应立即加盖席和草垫；若品温较高，可适当少盖或缓盖，使在5~7h内箱内品温降至26~28℃，保持品温不再下降（即箱内最低温度）。经12h和20h左右分别检查品温一次，适当加减草垫，使冷天经25~26h、热天经21~22h出箱时老嫩合适，品温达34~35℃。采用通风箱培菌，收箱后均匀盖上一层配糟，其厚度视季节气温而定。经12h和18~20h，分别检查品温一次，注意温度变化，控制出箱时间和温度。若冷天要注意保温（用盖配糟厚薄调节），热天注意降温，控制温度，切忌骤冷骤热或过高过低。

（3）注意事项

① 防止酸箱，由于杂菌感染繁殖常引起箱温上升快，培菌糟不甜、不绒籽、气味不正常。防止的办法是：

a. 曲药质量要好、稳定。劣质曲药中，杂菌多、易引起箱温上升快，出箱不绒籽和严重酸箱等事故。因此，每新用一批曲药，必须先经过严格检查、试验。

b. 做好环境卫生和清洁卫生工作。摊晾收箱使用的端撮、木锨等洗净蒸过。潮湿的晾堂要翻整，摊席、箱席、箱板、囤撮要经常清洗，保持干燥清洁。黄水坑要加盖，排水沟要畅通，并定期用石灰水或漂白粉液杀菌，以避免杂菌蔓延传播。

c. 采取灭菌和降温措施。杂菌大部分来源于所用工具和场地，尤以摊席、箱席为主。除前述清洁工作外，出甑摊晾要严格控制摊晾面积并低倒匀铺，以杀灭摊席上的杂菌。摊晾时，翻动次数不宜过多，尽量减少摊晾时间。

d. 严格控制温度和箱温。湿度、温度都是控制微生物生长的重要条件。控制湿度的方法为：正确掌握熟粮水分，注意冲干阳水；适时撒曲，使熟粮水汽在撒曲前适当挥发；箱底稻壳要勤换，以保持干燥。控制温度的方法是：严格掌握撒曲温度、进箱温度，使箱内的最低温度适当；调整收箱厚度和箱底稻壳、箱面加盖的厚度；热季采用收薄箱、糟子盖箱等措施，适时加盖。

② 注意均匀：箱内不匀，对生产有一定影响。因此，摊晾厚薄、撒曲、温度要均匀，否则局部温度过高或未接上菌种，会产生泫坨。

箱底垫的稻壳薄了，会有冷底；收箱温度高，敞晾久了才加盖，箱面会起硬壳；箱底垫的稻壳过厚，下层培菌糟较老；收箱温度低，盖厚了，上层培菌糟较老。出箱时应细心检查，进行调整。冬季箱边散热快，应用稻壳或配糟保温，以防冷边。

③ 认真掌握箱的老嫩：箱的老嫩对发酵快慢影响很大，应认真加以掌握。感官鉴定方法主要是口尝有无甜味和手捏糊水多少，分为转甜箱、泡子箱、点子箱等。一般比较合适的老嫩程度常在转甜箱至小泡子箱之间。这时化验还原糖为2.5%~3.5%，糖化糖为6%~8%，酸度为0.1~0.14，酵母细胞数在1200~1500万个/g。箱老不仅霉菌多消耗淀粉，而且糖化糖多，发酵升温快；箱嫩糖量不足，发酵缓慢，都会使糟子中残余淀粉量增大，生酸也多，出酒率低。为了准确掌握箱的老嫩，出箱鉴定，应考虑到熟粮水分高低的干扰，同时结合培菌期、出箱温度，并用化验和镜检结果验证。

④ 掌握升温幅度：在培菌过程中，升温快慢与培菌糟的质量有密切的关系。培菌阶段主要是保证糖化菌和酵母的繁殖与生长。据经验，在熟粮入箱12h内，应保持一定限度的最低温度，以后每隔2h约上升1℃，至出箱时温度升至34~35℃，这样一般培菌糟的质量较好。

⑤ 箱上常见病害的防治：培养箱上常见的病害很多，主要是由于箱的温度过高或过低、冷热不均、杂菌侵入等原因造成的。

a. 箱底培菌糟微生物繁殖不良，这是由于箱底稻壳潮湿或稻壳层太薄，因而散热快、温度不够所致。挽救办法是：在培菌糟出箱后，将箱底席洗净晒干，将箱底稻壳扒成行，使湿气蒸发，或更换新鲜干燥的稻壳和增加厚度，并将不好的培菌糟加少许曲粉，拌和均匀后装入发酵桶（池）中部。

b. 硬壳、锅巴、冷角、冷边、冷子及底面板所引起。培养箱的底、面、边、角等部位培菌糟的微生物繁殖生长及糖化不良，主要原因是收箱温度过高，培菌糟在箱内敞晾时间长，箱面水分蒸发多；箱板漏风，盖草帘不严；箱底稻壳潮湿或太少，草帘潮湿或太薄；粮食未蒸好，不透心、不均匀；或加盖时间不恰当等。为了避免上述病害，须及时加盖箱席、草帘及调整箱底的稻壳厚度；在箱四周的外部或内部，用热配糟保温，或用热配糟撒于箱面上等；并将这些较差的培菌糟装在发酵桶中心。

c. 泫坨坨。箱内有小团产生，使微生物生长不良，以致小团内仍有熟粮气味和带泫现象，是由于翻粮时，坨坨未打散或撒曲不匀所致。

d. 烧箱不下糊。箱内温度上升过高，在出箱时既无糖化现象，又无糊水，还有怪味。主要是收箱温度过高，盖草帘过厚过早，使细菌繁殖速度加快，霉菌及酵母菌的繁殖减缓，致使有酸臭味；情况严重时，有益微生物生长不好，使粮食发硬，液化和糖化不能正常进行，因而不下糊。挽救办法是通风降温，装桶时再加部分曲粉，并加入适量的淡酒尾，以抑制杂菌，利于发酵。

e. 快箱。培菌温度上升很快，是由于室温高收箱温度亦较高、收得厚又垫得厚或加盖草帘太早等，使微生物繁殖速度快，培菌时间短，箱内有闷气，微生物数量不够，发酵不良。挽救办法是：使箱内迅速散热，缓和升温速度，对培菌糟的摊晾时间可稍延长，使闷气逸散。

f. 酸箱。前已述及，不再重复。

g. 接箱。冬季收箱温度过低，或加盖草席过迟，因而培菌糟升温过慢，不能按时出箱。可揭开草帘，在箱面加盖一层热糟子，再盖上草帘，以提高箱内温度，促使霉菌和酵母生长。此种现象和补救办法俗称接箱。

⑥ 感官鉴定培菌糟的好坏：据经验，出箱培菌糟的质量，从老嫩程度来判别好坏，以出小花偏嫩箱，即培菌糟刚搭味转甜者为佳。感官检查，应清香扑鼻，略带甜味而均匀一致，无酸、臭、酒味，用手捏仅在指缝间有浆液，呈小泡沫状。理化指标为，糖分3.5%~5%，水分58%~59%，酸度0.17左右，pH6.7左右，酵母数（10~12）$\times 10^5$个/g。

3. 发酵工序

（1）要求　箱、桶（池）配合恰当，发酵快慢正常，使多产酒、少产酸和减少其他损失。

（2）要点　根据季节准确使用配糟数量，温度合适，不长杂菌。按室温、配糟温度估计可能达到的团烧温度；根据团烧温度、配糟酸度和熟粮水分确定箱口老嫩和培菌糟、配糟温差。配糟量及配糟温度见表7-80，装桶条件查对表见表7-81。加大摊晾面积，缩短摊晾时间。踩紧桶，灵活上水。再根据前几酢的吹口情况，调整装桶条件。

表7-80　配糟量及配糟温度

季节	100kg原料醅糟量		出箱前醅糟温度
	容积/m^3	质量/kg	
冬季	0.6~0.7	350~400	室温10℃以下，保持24~25℃
一般	0.6~0.7	350~400	室温23℃以下，保持23℃
热季	0.66~0.73	380~420	室温23℃以上，近室温

表7-81　装桶条件查对表（醅糟比例：冬季1∶3.5；夏季1∶3.8）

装桶的适宜条件					操作时掌握的指标		
团烧温度	熟粮收箱水分/%	培菌糟还原糖含量/%	混合糟酸度	最适范围	醅糟酸度	100kg原料出甑质量	出箱老嫩程度
27	56.9	2.6	0.81		1.26	214.1	
26	57.3	2.8	0.79		1.22	216.2	大转甜
25.5	57.5	2.9	0.78	┬	1.20	217.3	↓
25	57.7	3.0	0.77	│	1.18	218.3	↓
24.5	57.9	3.1	0.77	│	1.16	219.5	小泡
24	58.1	3.2	0.76	↓	1.14	220.5	↓
23.5	58.3	3.3	0.75		1.12	221.7	↓
23	58.5	3.4	0.74	↑	1.10	222.8	↓
22.5	58.7	3.5	0.73	│	1.08	223.9	↓
22	58.9	3.6	0.71	┴	1.06	225.1	点子
21	59.3	3.8	0.69		1.02	227.4	

注：团烧温度在进桶后3~4h检查；原料水分以含12%计。

（3）操作方法

① 留用配糟要按季节固定：第一甑装满全部留下，第二甑留一定深度。计算刚好够次日配糟和底面糟数量。囤撮数量根据季节、室温调节，以装桶时温度刚冷至要求为度。出甑时均匀倒在囤撮上。在装桶前，清扫净发酵桶（池）和晾堂，撒稻壳少许，摊开囤撮中的配糟，用木锨刮平。摊晾面积要适当宽些，约 50m^2。

② 出箱摊晾：揭开箱上的草帘、竹席，检查培菌糟。将箱板撤去，用木锨把培菌糟平铺在配糟上，要厚薄均匀，犁成行，摊晾一定时间，收堆装桶。

③ 装桶：先将预留的配糟 150~200kg 装入桶底作底糟（厚约 10cm），撒少许稻壳，随即装入混合糟，边装边踩紧，盖上面糟。装完，适当上热水或不上水。泥封发酵。

④ 发酵管理：泥封后 24h 检查吹口，以后每隔 24h 清桶一次，同时检查吹口。正常情况是：头吹有力；二吹要旺，气味醇香；三吹趋于微弱，气味刺鼻；四吹以后逐渐断吹。从吹口强弱、大小、气味，可判断发酵情况。

（4）注意事项

① 配糟质量：配糟酸度、水分和疏松程度可以影响混合糟酸度、发酵升温、发酵快慢和酒精浓度，淀粉含量对出酒率也有影响。要实现正常生产，配糟质量应力求稳定。因此，操作时不能单纯考虑当排发酵要求，还要着重考虑对下排配糟质量的影响。正常的配糟质量为酸度 1.10~1.18，水分 67%，稻壳含量 12%，淀粉含量 5%~5.1%。熟粮水分重、装桶温度和箱口老嫩配合不好、出箱和发酵温度过高时，发酵生酸常多；出箱老、发酵温度低，配糟水分常增大；当箱桶配合不当，发酵不正常，以及稻壳用量过少时，配糟会显腻。配糟淀粉在正常发酵情况时，应该是含量低的出酒多。但在实际操作中，有时出酒不多，而配糟淀粉显著减少，这表示熟粮水分重或出箱过老，淀粉无形损失增大。生产中应根据配糟质量变化情况，注意加以调整。若当排配糟质量很差、酸度大、水分重、显腻等，淀粉含量虽高亦不能多留，否则会引起连续低产。

② 配糟用量：使用配糟是为了调节温度、酸度、含酒量，利用残余淀粉和提高蒸馏效率，从而提高淀粉出酒率。因此，配糟的使用比例十分重要，它直接决定发酵糟的混合酸度、酒精浓度和发酵升温。用量过少，酒精浓度过高，发酵温度高，阻止了发酵正常进行；用量过多，酸度大，发酵缓慢，工作量大，煤耗多。据经验，混合糟中每产酒 1%时的升温系数为 1.2~1.4。为了减轻劳动强度，节约煤炭，配糟用量应适当。

③ 配糟温度：配糟温度高低对装桶温度、发酵速度有直接影响。要求做到装桶时刚好合适，不能高，高了不易凉，温度不匀；更不能低，低了达不到进桶温度要求，出酒率低。必须在头天结合天气、收箱温度，注意掌握好囤撮数量，使每日装桶时温度均匀合适。如果气候突然变化，上班时检查囤撮内糟子偏热，可踩动撮边，使糟子开口散热；倒糟子时端起撒开，用锨扬、电扇吹或扩大摊晾面积等。配糟过冷可减少用量、缩短摊晾的时间，或换一部分热糟子。

④ 关于装桶条件的配合

a. 控制好底糟和面糟。发酵桶中加底糟和面糟有下列作用：其一，保证正常的糖化和发酵作用。发酵桶的底部接近地面，散热快；桶面与空气的接触面积大，散热也较快，使接近底面的发酵糟的温度容易下降，影响正常的糖化发酵；其二，防止酒精成分损失。在发酵过程中，由 CO_2 带出和由于温度高而自然挥发跑出的酒精，可被面糟吸收，从而减少酒精损失；其三，减少淀粉损失，使残留在配糟中的淀粉继续被利用，减少淀粉损失，提高出酒率。

b. 关于底面糟的数量和温度问题。在正常情况下，底面糟的使用量约等于新投料经发酵蒸馏后糟子的质量，即相当于每日的丢糟量，可使发酵桶的总用料数经常保持不变。根据总的用量，随季节和气温的变化，确定底面糟用量，一般底糟约占总量的2/3，面糟占1/3。底面糟的温度，冬高夏低，与混合糟保持一致。为了保证正常发酵，底面糟温度可比混合糟高2~3℃。

c. 发酵总速度。发酵温度上升大约与发酵产酒的速度一致，速度过快或过慢都会影响产酒。发酵速度在冷热季可调整发酵时间，如6d或5d，但一般不随意变动。因此，必须控制好发酵速度。影响发酵速度的因素有团烧温度、出箱老嫩、混合糟酸度、熟粮水分等。正常的发酵速度为，5d发酵头吹升温10%，二吹升温45%。头吹太快，出酒差些。

d. 糖化发酵速度的配合问题。发酵总速度应当控制适当，糖化和发酵速度亦要平衡，否则发酵不正常，都会少产酒。除熟粮水分重、还原糖多、糖化速度快外，团烧温度高，可促进糖化，抑制发酵；酸度适宜可促进发酵。在实际操作中，主要是通过上述因素的互相约束来使糖化、发酵速度达到基本平衡的。再通过培菌糟、配糟温差尽量达到完全平衡。糖化发酵速度是否平衡，可从吹口气味检查。老工人经验，吹口气味一般为3种：培菌糟热，带甜气；配糟热，带糟子酸气；杂菌多，酵母衰老，带刺鼻气（可能是醛类）。正常的发酵，头吹凉悠悠的带甜香气，糟子气、刺鼻气兼而有之，都不明显。二吹猛，甜、酸气，不刺鼻，不带糟子气。若糖化发酵速度配合不好，如有时培菌糟热，糖化快，发酵跟不上，过量的糖使头吹带甜。有时配糟热，发酵快，头吹带酸味；有时箱嫩，配糟凉，酵母增殖多，糖量不足，酵母早衰；或感染杂菌，头吹刺鼻等。糖化快或发酵快都会导致生酸大，出酒率低。

“装桶条件查对表”是四川糯高粱小曲酒生产经验的总结。从本质上认识了发酵中团烧温度、还原糖、熟粮水分、酸度等因素的内在联系。考虑了发酵总速度和糖化、发酵速度的平衡问题，把促进或抑制发酵的矛盾统一了起来，指出了生产不正常时扭转生产的途径，提供了不同季节达到高产的有效办法，在理论和实践上都有重要的意义。根据装桶查对表，在实际操作中，为了提高出酒率，进桶团烧温度要尽可能控制在23~25℃。室温高时要接近室温，室温低时要提高配糟温度。根据酸度高低掌握熟粮水分，配糟酸度在1.10~1.18较合适。酸高熟粮水分轻，更高可减少配糟或多用稻壳，使本排少受损失，下排正常。酸不足，加底锅水。根据熟粮水分掌握出箱老嫩，水分多时，出箱还原糖可以少些；水分少时，出箱还原糖要求多些。正常的箱是小泡子，还原糖3%~3.4%。任何情况不能出老箱。此外，根据吹口气味，决定配糟温度、培菌糟与配糟温差及摊晾时间。要求团烧温度合适，吹口气味正常。

⑤ 严防杂菌侵入，搞好清洁卫生：缩短培菌糟摊晾时间，培菌糟摊晾最易感染杂菌，不摊晾进桶温度又太高。要缩短摊晾时间，可把箱温控制得低些，还要加大摊晾面积，并用风扇扇冷。并且，装桶前将发酵桶四周用清水洗净，可减少杂菌感染机会，热季尤为重要。配糟在囤撮内摊得过薄，或倒在晾堂摊晾时间过长，杂菌感染繁殖，温度升高，糟子发反烧，头吹猛，吹气刺鼻，出酒率低。

⑥ 总结操作经验，做好原始记录：各工序的操作虽然要求尽量稳定不变，但在实际

工作中总会出现一些特殊情况使操作有波动。特别是箱桶的配合，由于影响发酵的因素众多，除了按一定的方案配合外，还要根据前排桶内温度上升、吹口气味等情况进行调整，才能把发酵速度、糖化发酵速度平衡掌握好。这些复杂情况，不能单凭记忆，必须做好原始记录。及时总结经验，调整操作条件。最好每天酒尾少存些（如另作他用，则另当别论），数量一致。酒尾应折算后在产酒中加减，准确计算出酒率，衡量蒸馏操作的好坏。

川法小曲酒配糟质量（淀粉、酸度、水分）对下排出酒率有影响。因此，看出酒率高低，除本排外，还要将上排和下排结合起来比较。如有时配糟淀粉含量较多，箱老或发酵温度高能多出点酒，但下排照样要低产。因此，必须总结经验，及时采取有效措施，才能做到连续高产、稳产。

⑦ 发酵桶常见病害的挽救：在发酵过程中，由于对温度高低掌握不适当和杂菌的侵染以及设备上的影响等原因，往往使发酵桶产生以下病害：

a. 冷反烧。在装桶时，配糟摊晾过久，极易感染杂菌，以致从吹口逸出的 CO_2气体有怪味，吹气大，现热尾。此时可由桶面灌入热水或热酒尾，以提高桶内温度和增加发酵糟含酒量，抑制杂菌繁殖，使吹口气味逐渐恢复正常。

b. 升温猛。由于装桶温度过高，适宜于杂菌的繁殖，以致吹口的吹气大，现热尾，有怪味，同时桶内升温快而猛。此时，可由桶面灌入冷酒尾，以增加发酵糟的含酒量，从而抑制杂菌生长繁殖；或放掉桶内黄水，或提前开桶蒸馏，避免糖、酒变酸的损失。根据升温过猛的现象，可在下一排采取以下措施：选择当日较低的室温进桶；适当减少投粮，并增加配糟用量；降低配糟温度等。

c. 升温不够。由于装桶时混合糟的温度过低，或由于冬季桶窖四周散热较快，因而桶内糖化发酵作用缓慢，从吹口中吹出的 CO_2少，桶内温度升得太慢或升温不够。此时，可于一、二、三吹时从桶四周加入热水或底锅水，以提高桶内温度。遇到升温不够，下一酢可采取减少配糟用量；装夹糟桶（即在桶内四周装一层热配糟保温）；桶四周用稻草包裹，桶面加盖稻草或稻壳保温。

d. 不升温。在装桶时，温度的掌握虽然适宜，但由于利用封存已久的配糟装桶，或前排曾受病害的糟子装桶，造成箱温不升或升温太慢。此种病害补救办法是：对封存久和受病害的糟子须用焖水蒸糟法处理后才用；最好是在停产前将配糟晒干保存，开工时经蒸煮后作配糟用。此外，配糟温度比正常高 1~2℃。

4. 蒸馏工序

（1）要求　截头去尾，酒精度 63%vol 以上；不跑汽、不夹花吊尾，损失少。

（2）要点　黄水早放；底锅水要净；装甑要均匀疏松，不要装得过满；火力大且稳，流酒温度控制在 30℃，酒尾要吊净。

（3）操作方法

① 放黄水：在放泡粮水后，即可放出发酵桶内的黄水，第二天开桶蒸馏。

② 装甑：在装甑前，先洗净底锅，安好甑桥甑箅，在甑箅上撒一层熟糠。同时，揭去发酵桶上的封泥，刮去面糟（放在囤撮内，留到最后与底糟一并蒸馏，蒸后作丢糟处理），挖出发酵糟 2~3 撮，端放甑边，底锅水烧开后即可上甑。先上 2~3 撮发酵糟，边挖边上甑，要疏松均匀地旋散入甑，探汽上甑，始终保持疏松均匀和上汽平稳。装满甑

时，用木刀刮平（四周略高于中间），垫好围边。上甑毕，盖好云盘，安好过汽筒，准备接酒。

③ 蒸酒：盖好云盘后，检查云盘、围边、过汽筒等接口处，不能漏汽跑酒；掌握好冷凝水温度和火力均匀；截头去尾，控制好酒精度，吊净酒尾。

④ 配糟管理：蒸馏毕，糟子出甑，摆放在囤撮上，作下酢配糟用。囤撮个数和摆放形式，视室温变化而定。

（4）注意事项

① 发酵糟过湿（特别是下层），应酌加熟糠。

② 注意底锅水应清洁，否则会给酒带来异味，影响酒质。

③ 必须探汽装甑，不能见汽装甑，否则会影响出酒率。

糯高粱小曲酒的操作，近几十年经过若干次总结，总的经验是“稳、准、匀、透、适”，即操作要稳，配料要稳；糖化发酵条件控制要准；泡、焖、蒸粮要上下吸水均匀，摊晾、收箱温度要均匀；泡粮、蒸粮要透心；温度、水分、时间、酸度要合适等。在操作中，只有真正做到“稳、准、匀、透、适”，才能使淀粉利用率保持较高的水平。上述经验的总结，一定要结合实际使用。

（四） 川法小曲白酒风格质量特点

1. 川法小曲白酒的香味成分特点

为了搞清川法小曲白酒的风味特征及微量成分与其他小曲白酒的差异，四川省食品发酵工业研究设计院和四川省酒类科研所先后采用气相色谱对川法小曲白酒的微量成分进行了系统的检测，取得了大量的数据，确认四川小曲白酒应为“小曲清香型”。

（1）川法小曲白酒中的酸类物质　小曲白酒含酸量与其他类型酒有显著的不同。发酵期虽短，但含酸量一般在 0.5~0.8g/L，高的可达 1.0g/L。从对不同原料和菌种所生产的酒的测定结果可以看出，产酸的定性组成是一致的。用天然小曲生产的酒产酸幅度大，不同原料之间酸的差别不明显。小曲酒中各种酸的含量比较多，除乙酸、乳酸外，还有丙酸、异丁酸、丁酸、戊酸、异戊酸、己酸等，有的有少量庚酸。酸的构成可与大曲白酒相比，与麸曲清香型白酒相似，但含量较高。米香型白酒几乎不含这些酸。川法小曲白酒中含有较多的低碳酸，特别是丙酸和戊酸的含量较多，酒中的多种酸是构成该酒香味特征的重要因素。

（2）川法小曲白酒中的主要醇、酯、醛类物质

① 高级醇：川法小曲白酒中主要的几种高级醇都有且含量高，尤其是异戊醇含量在 1~1.3g/L，正丙醇和异丁醇在 0.28~0.5g/L，高级醇总量在 2g/L 左右，与米香型和大曲、麸曲清香型白酒相比，还含有较多的仲丁醇和正丁醇。高级醇是构成川法小曲白酒风味的主要成分。

② 酯类：川法小曲白酒中酯含量一般在 0.5~1.0g/L，主要是乙酸乙酯和乳酸乙酯，特别是乳酸乙酯含量较高。这与清香型大曲白酒和麸曲白酒一样，而小曲白酒正好与此相反。此外，小曲白酒中还含有少量的丁酸乙酯（10~20mg/L），或戊酸乙酯和己酸乙酯，量虽少，但阈值低，对口感影响大。虽然酒中各类酸比较全，但相应生成的酯却不多，这是因为发酵期短，来不及酯化形成之故。川法小曲白酒的主要成分与某些香型白

酒的比较结果见表 7-77。

③ 醛类：川法小曲白酒中乙醛和乙缩醛含量大大超过了小曲白酒，也与清香型白酒相似。四川小曲白酒中乙缩醛和乙醛是小曲米酒的 2 倍以上，这又是两种小曲酒在微量成分上的一个显著区别。

（3）川法小曲白酒中的高沸点成分　在川法小曲白酒中，2，3-丁二醇比三花酒要高些，苯乙酸乙酯比其他酒种多；β-苯乙醇含量较高，接近三花酒，对形成川法传统小曲白酒的“糟香”是否起作用，不容忽视。

（4）小曲清香型白酒风格的形成　据曾祖训等对川法小曲白酒测定数据的统计，酒中的酸、酯、醇、醛的比例为 1∶1.07∶3.07∶0.37。这与其他酒种是不同的，主要含乙酸和乙酸乙酯，含高级醇的比例较高，但香味阈值比酯类高得多。

在微量成分的组成上，川法小曲白酒是由种类多、含量高的高级醇类和乙酸乙酯、乳酸乙酯的香气成分，配合相当的乙醛和乙缩醛，除乙酸、乳酸外的适量的丙酸、异丁酸、戊酸、异戊酸等有机酸及微量庚酸、β-苯乙醇、苯乙酸乙酯等物质所组成，具有自身香味组分的特点。

通过各方面的研究，川法小曲白酒历史悠久，产量大、分布广、市场声誉高，有完整的工艺体系，香味成分有自身的量比关系，并且有独特的风格，属小曲清香型白酒是业内的共识。

2. 川法小曲白酒的风味特点

川法小曲白酒具有独特的风格，它的感官特征与主要微量成分同其他小曲白酒有较大的差异。四川小曲白酒的主要成分与某些香型白酒的比较见表 7-82。

表 7-82　　川法小曲白酒的主要成分与某些香型白酒的比较　　单位：mg/100mL

成分	川法小曲白酒						其他			
	永川高粱酒	伍市干酒	江津高粱酒	泸州高粱酒	富顺高粱酒	含量范围	三花酒（米香）	汾酒（大曲清香）	二锅头（麸曲清香）	六曲香
酸类：										
甲酸	1.46	0.94	1.04	0.79	0.57	0.5~1.5	1.22	1.80	1.00	2.00
乙酸	42.2	34.1	42.2	31.2	48.8	30~50	33.0	94.5	89.3	65.7
异丁酸	+++	+++	+	+	++	++	1.06	+	—	—
丙酸	8.4	8.99	7.99	4.28	8.32	4~9	—	0.60	1.30	1.80
丁酸	10.30	14.5	9.09	7.21	13.9	7~14.5	0.32	0.90	1.7	3.4
异戊酸	+	++	+	+	+++	+	—	+	—	—
戊酸	4.16	7.38	2.28	2.38	2.75	2~7.3	—	0.1	0.1	1.2
己酸	1.35	2.77	0.49	0.57	0.69	0.5~3	0.16	0.20	0.50	—
庚酸	0.72	0.59	—	—	—	0~0.7	—	—	—	—
乳酸	6.79	5.30	2.35	2.06	1.92	2~7	52.6	28.4	2.4	5.6
各酸总计	75.4	74.6	65.4	48.5	77	46~93	88.4	126.5	96.3	79.7

续表

成分	川法小曲白酒						其他			
	永川高粱酒	伍市干酒	江津高粱酒	泸州高粱酒	富顺高粱酒	含量范围	三花酒（米香）	汾酒（大曲清香）	二锅头（麸曲清香）	六曲香
醇、酯、醛：										
乙醛	28.0	32.7	39.2	27.0	19.5	20~40	7.42	14.0	4.0	56.4
乙缩醛	27	26.4	36.5	22.5	16.9	17~36	5.79	51.4	16.4	79.5
糠醛	1.49	5.62	—	—	—	0~5	—	0.4	0.3	1.2
乙酸乙酯	55.2	74.1	53.2	27.2	50.6	27~74	25.0	305.9	53.4	172
乳酸乙酯	15.6	25.6	8.4	16.6	40.3	15~40	111.0	261.6	25.5	35.4
丁酸乙酯	2.4	1.5	1.2	2.1	2.0	1.2~2.4	—	—	—	2.3
戊酸乙酯	1.9	2.8	—	—	—	0~3	—	—	—	—
己酸乙酯	+	6.9	+	+	+	0~7	—	2.2	2.0	—
甲醇	7.2	7.2	7.8	8.2	8.4	7~8.5	3.4	17.4	34.0	21.4
正丙醇	32.5	33.1	41.2	30.2	27.9	30~40	17.85	9.5	45.7	24.2
仲丁醇	7.92	6.17	12.3	12.3	7.27	6~12	—	3.3	3.4	3.5
异丁醇	40.8	55.2	51.4	46.8	34.9	35~55	51.58	11.6	22.4	20.4
正丁醇	3.32	3.0	3.57	4.39	5.52	3~5.5	0.41	1.1	2.4	8.3
异戊醇	101.3	137.0	122.3	129.1	101.4	100~130	34.22	54.5	46.3	35.0
高沸点成分：										
庚醇	0.20	0.27	0.24	0.74	0.33	0.2~0.7	+	0.18		
2，3-丁二醇	3.10	3.48	3.26	3.01	4.23	3~4.2	1.72	2.58		
癸酸乙酯	+	0.30	0.32	0.32	0.18	0~0.3	0.21	0.17		
丁二酸二乙酯	0.12	0.35	0.20	0.21	0.1	0.1~0.35	0.67	1.52		
苯乙酸乙酯	++++	++++	++++	++++	++++	++++	+	+		
十二酸乙酯	0.15	0.22	0.20	0.23	0.14	0.1~0.25	0.17	0.14		
β-苯乙醇	1.73	2.81	1.70	2.12	1.69	1.7~2.9	2.44	0.63		
十四酸乙酯	0.86	0.74	0.55	0.97	0.80	0.5~1.0	1.09	0.50		
十六酸乙酯	1.64	1.63	2.20	1.64	1.75	1.6~2.2	2.68	2.43		
油酸乙酯	1.35	1.23	1.71	1.47	1.43	1.3~1.7	1.17	2.03		
亚油酸乙酯	1.26	0.96	1.61	1.00	1.44	1.0~1.5	1.23	2.70		

川法小曲白酒体现出的“清香”具有以乙酸乙酯为主体的复合香气，“糟香”是全固态培菌糖化、发酵、甑桶蒸馏特有的香气。与米香型小曲白酒有显著的差异，也与大曲清香、麸曲清香型白酒不一样。

（五） 云南小曲白酒的生产

云南是生产小曲清香型白酒的典型省份。据该省统计年产量在 30 万 t 左右，约占全国小曲酒总产量的 1/3。由于本地企业主要集中在中低档市场，云南白酒企业很少走出家门，走向全国，因此小曲白酒在全国其他地区的影响力不大。近年来产品质量也逐步提高，其地方标准经过多次修改完善，近年来先后发布了《DBS 53/007—2015 云南小曲清香型白酒》及《DB 53/T 1009—2021 地理标志产品 庙坝白酒》。这些都不同程度规范了该省小曲酒质量，一些有实力的酒厂如茅粮、玉林泉、鹤庆乾、澜沧江等都在积极向中高档市场突围，向省外市场试探。其小曲酒的生产有其自己的特点（发酵时间较长等），和“川法小曲白酒”有一定区别，现以玉林泉酒为代表加以介绍。

据玉林泉的普必恩等多年实践认为，玉林泉酒秉承云南特有的传统小曲小罐工艺，百年一贯的纯粮酿造。在云南小曲白酒发展中，通过传统工艺和现代科技创新，已形成稳定的发展局面。

1. 云南小曲白酒工艺

工艺特点：以河北大花白糯高粱为原料，采用纯种根霉和酵母作菌种，用曲量小，发酵期 35d 左右，出酒率高。其生产工艺流程如下：

原料→初选→浸泡→清洗→蒸煮→出甑→吹晾→撒曲→糖化→发酵→蒸馏→验收→陈酿→勾兑→检验→包装→成品

2. 原辅料

（1）原料高粱　要求颗粒饱满、新鲜，无虫蛀、无霉烂、无异杂味，夹杂物甚少，蛋白质含量适当，脂肪和单宁含量少，并含有多种维生素及无机元素，不得有黄曲霉及农药残留物等有害成分。玉林泉所用原料主要以河北省大花白糯高粱为原料，其支链淀粉含量高，结构较疏松，适于根霉生长。其特点是颗粒大，皮薄肉厚，水分含量低于 13%，淀粉含量在 62%以上。

（2）小曲　小曲是以根霉为主的糖化发酵剂，根霉对原料有着特殊的作用，是酒呈现清香风味的关键所在，使用昆明曲和贵州曲配比的混合曲。

（3）酿造用水　采用甘洌爽口的玉林泉水，该水的 pH7. 1~8. 2，总硬度 24~38mg/L（以 $CaCO_3$计），该水硬度低、适合酿酒，硝酸盐氮<0. 20mg/L，铅、铁、锰、铜等金属元素含量甚少。

3. 操作工序

（1）蒸煮糊化工序

①初选、浸泡、清洗：把优质的高粱倒入泡池中，用清水清洗掉杂物，再用冷却水浸泡 1h，放去泡池中的水，用 70~90℃的上一道煮高粱的水放入池内浸泡高粱；搅拌均匀后静置泡粮 20~24h，避免浸泡过程中粮粒露出水面。第二天上班时再用清水冲洗干净，浸泡后粮粒无白心，手压时粮粒心无白点。浸泡目的是清洗杂质、灰尘，除去部分单宁和果胶质，初步水解淀粉，并且把粮食发泡，便于蒸煮。浸泡时间、温度严格按工艺操作，以便蒸粮时准确掌握水分。

②蒸煮粮食：分为初蒸、焖水、复蒸3道工序。

a. 初蒸：将浸泡好的高粱放入蒸煮甑，盖上甑盖开中汽初蒸30~40min。要求上汽不能太大，受热要均匀，避免溢甑和塌甑。

b. 焖水：将冷凝器中的热水放入初蒸过后的甑内，开中汽煮粮25~40min后及时洒水，关闭蒸汽维持20~30min。

焖水操作应注意，蒸过的高粱，用手捏得扁，放入40℃左右的冷却水，把高粱浸泡20~30min，用铁铲拌匀，观察高粱是否煮透心，用手捏开不顶手，内无生心，熟而不黏时，打开阀门，排出甑内的水。因设备及操作差异，水温及时间长短完全凭借经验来掌握。

c. 排水汽：将闲置30min后的煮粮翻拌一遍，盖上甑盖后开汽冲蒸40min后关汽，“冷吊”至次日复蒸。具体操作是把煮好的高粱沥水1h后开汽，等到汽上匀后，用铁铲翻拌均匀后堆尖，盖上甑盖，冒汽10min左右为佳。因为蒸的时间过长，高粱的香气成分会随着蒸汽挥发掉，对酒质的香味成分有影响，再者是蒸煮时间长、压力大时，粮粒中的蛋白质分解成氨基酸，酒中的杂醇油含量会相应地增加。

d. 复蒸：将头天“冷吊”的高粱重蒸20~40min（冒汽后打开甑盖）后出甑摊晾，转入下道工序。粮粒以小翻花八至九成为佳。

（2）培菌工序

①吹晾：把复蒸后的粮食出甑放在晾床上，打开风扇迅速吹晾，并且不断地用铁铲先倒后翻，趁热排出水分，待温度降至冬天28~32℃，夏天27~30℃。熟粮水分的多少，应视季节和配糟酸度不同稍加调节，以利于调整发酵情况。目的：一是使出甑的粮粒迅速冷至适合酿酒微生物利用的温度，减少杂菌感染；二是使粮粒避免品温相差大，造成培菌与发酵不良。

②撒曲：待品温降至35~40℃时进行第一次下曲，酒饭拌匀后下第二次曲，依次进行4次下曲。由于是将昆明曲和贵州曲混合使用，所以必须采用4次撒曲，翻拌至均匀。用曲量夏季为0.5%，冬季为0.6%。如果酒饭（粮食）煮软的话，必须降低下曲温度和培菌温度2~3℃。曲用量与粮食的软硬度、曲的质量、水的酸碱度及季节变化等有关。上述操作过程必须在90min以内完成。

③糖化：将摊晾加曲后的高粱置入培菌箱内，温度相对较高的先收在箱边，温度较低的收在中部，收完后刮平粮面，再撒少许曲药。培菌箱应采取相应的保温措施，箱内及四周用草帘铺好，冬季箱底和上头要增加草帘3~4层，以达到良好的保温效果，夏季草帘可适当减少。每天出箱后必须勤晒草帘，避免杂菌污染，保证根霉及酵母的正常繁殖。入箱温度冬天为26~28℃，夏天为25~27℃，培菌温度不能超过38~40℃，培菌时间约为24h。

检查糖化是否正常，第二天装罐前打开箱盖，把手伸进箱内或用温度计插入酒饭内，5min后取出，查看培菌温度是否达到工艺参数要求，再用手抓取一撮细闻，有甜白酒香气，无酸臭味，用口尝几粒酒饭，微酸、微甜、无馊味和酒味，并且糖化箱酒饭表层可以看到菌丝，这样就可以配糟装罐发酵了。严禁出老、嫩箱。如果酒饭入箱温度收高了，应把中心扒凹，少盖草帘。如果收低了，则多盖草帘，四周踩紧。糖化工序就是使根霉菌、酵母菌充分繁殖，为发酵工序提供足够的酶量。

（3）发酵工序　糖化结束后，把已吹晾后的配糟置于高粱上，翻拌均匀后按顺序装罐。配糟是为了调节发酵过程中的温度、酸度和含酒精量，按季节准确使用配糟数量，供给微生物养分，利用残余淀粉和提高蒸馏效率。配糟与粮食的比例相当重要，配糟用量少，酒精过少，发酵温度高，影响发酵的正常进行；用量过多，酸度大，容易造成酸败，影响出酒率，并且工作量大；要根据季节的变化进行调节。将冷却至26~28℃的酒饭与配糟按比例，粮食与酒糟比例为夏季1∶0.8，冬季1∶（0.9~1.1）。装罐时掌握好酒饭和酒糟的温度，发酵温度直接影响出酒率高低和酒质的优劣。在生产过程中，由于受到很多因素的影响，需凭长期的经验积累掌握入罐发酵的温度。酒糟和酒饭要拌得均匀一致，起团的酒糟要打散，避免在发酵罐里有发霉现象，拌匀后立即装入专用的小罐，用塑料薄膜和塞子把罐口封紧，做到不漏气、跑气；每个小罐装酒饭35kg左右。装好后送到发酵车间按2~3层堆码整齐。整个发酵过程品温不能超过35~38℃，因为酵母菌生长最适宜的温度为25~30℃，发酵的适宜温度为30~34℃，pH4~5。当温度在40℃时，酵母便会很快衰老，活性减弱，这就是生产在发酵过程中将发酵温度控制在40℃以内的原因。温度是发酵正常的首要条件，如果装罐温度过高，会使发酵升温过猛，使酒醅酸度过高，酒质差，口感不好，醛类等成分的含量也相应地增加；如果发酵温度过低，虽然对控制杂味物质的生成和提高出酒率有利，但乙酸乙酯等香味成分的含量也会减少。发酵时间以35d为宜，最低不得低于30d。

发酵是否正常，可观察糟醅的颜色，质量好的酒醅颜色比较新鲜。若发暗、发黏、发黄等，说明酸度大；若干硬松散，则是酒醅蒸煮质量差；发酵正常的酒醅挤汁尝味，色清而不浊。

（4）蒸馏　酒醅上甑，做到轻倒匀撒、旋撒入甑，疏松均匀，上汽均匀，缓火蒸馏，截头去尾。

在锥形木制的烤甑内打入少量清水后，倒入尾酒，铺上甑篦开汽，以刚好淹没气管为准，开大汽，将发酵到期的酒醅轻松地置入烤甑内。酒饭在酒甑内要四周低，中间高，同甑篱形状相近，利于气体的均衡。装甑过程需40~50min。随时用手指斜插入酒饭内进行探汽，待汽冒出酒饭时，随后均匀地将酒饭旋转倒入酒甑，逐层铺撒。装甑时，蒸汽不断上升，遇到上层酒醅，温度降低，就冷凝而下降，成为液相，这是甑桶内的“回流”现象，回流的酒又遇到酒醅中上升的蒸汽，变为汽相逐步上升，就这样反复地大升小降，于是酒精分子不断浓缩，等将酒醅装满甑桶时，盖上甑盖，安置好过汽管，水封处用水隔离，准备接酒。

接酒过程截头去尾，主要摘取55%vol以上酒入库贮存。接酒温度应保持在20~28℃，如果酒温过低，酒醅中含有的低沸点物质，如乙醛等不能有效排出，多留在酒醅中，由以后的酒精蒸气将其蒸馏出来，混入酒中。酒温高时，相对可缩短新酒的贮存期，同时高沸点物质也混入酒中。冷却水的温度也要先低后高，因为酒头中的暴辣成分较多，如温度高，香气成分被蒸出来，有进入酒头的可能。总之，冷却水的温度要适宜，以促使酒精蒸气和其共沸物都能尽量受到冷凝而反复回流。

（5）勾调、灌装入库　基酒至少经过贮存半年以上才能用来勾调，经过勾调师精心调制，品评与分析检验达到要求后，方可灌装入库。

玉林泉酒作为云南小曲清香型白酒的代表。其酿制方法独特，与川法小曲白酒工艺有不同之处，一是原料糊化过程虽大体一致，但具体工序仍有一定的差别，四川小曲白酒生产的糊化时间相对要短一些；二是用曲量与下曲次数也不同；三是发酵工艺有根本性的区别：云南小曲白酒用小罐发酵，不产黄水，不掺谷壳，配糟量小，发酵时间长达35d；而川法小曲白酒是入池发酵，产黄水，配糟量大，掺谷壳，发酵时间仅为5~7d。还有与各香型名酒工艺相比，工艺中的培菌和发酵是分开的，原因是酵母属兼气厌氧微生物，在繁殖时期需要大量空气，属好气性发酵；在进行酒精发酵时，其不需要空气，属厌气性发酵。所以小曲清香型玉林泉酒工艺中培菌和发酵分开的原因就在于此。

4. 川、滇小曲白酒微量成分比较

川、滇小曲白酒微量成分比较见表7-83。

表7-83　　川、滇高粱小曲白酒微量成分比较　　单位：g/L

成分名称	乙醛	异丁醇	乙酸	β-苯乙醇	乙酸乙酯	戊酸乙酯	乙酸异戊酯	己酸乙酯
四川	0.28~0.34	0.40~0.55	0.34~0.42	0.17~0.28	0.55~0.78	0.19~0.28	—	0~0.007
云南	0.2~0.35	0.18~0.34	0.6~1.2	0.04~0.05	1.2~2.0	0.004~0.016	0.023~0.026	0.005~0.010

成分名称	糠醛	异戊醇	丁酸	丁二酸二乙酯	乳酸乙酯	乙酸/乳酸乙酯	乙酸乙酯/己酸乙酯	乙酸乙酯/乙酸
四川	0.015~0.056	1.0~1.37	0.10~0.15	0.0012~0.002	0.15~0.25	4~5	80~100	1.7~1.8
云南	0.007~0.026	0.55~0.90	0.10~0.18	0.014~0.022	0.14~0.30	7~8	200~240	1.6~1.9

云南小曲白酒中乙酸乙酯含量高于四川小曲酒，故酯香更加突出（因发酵期长）；而四川小曲白酒中2-苯乙醇含量大大高于云南小曲白酒，故“糟香”舒适；四川小曲白酒生产中使用稻壳作疏松剂，故糠醛含量高于云南小曲白酒；云南小曲白酒因发酵期长，故乙酸含量高于四川小曲白酒，但乙酸乙酯/乙酸的比值基本一致。

2021年杜静怡等通过分析云南志都五谷小曲清香型白酒的香气活性成分，共得到40种香气物质，且香气稀释（FD）因子最大的为异丁酸、月桂酸乙酯、愈创木酚和2-苯乙醇（FD>4096），通过质谱、保留指数、香气特征和标准品比对共定性出35种香气活性化合物，以乙酸肉桂酯、4-辛醇和2-甲基己酸为内标对30种化合物进行标准曲线法定量，通过计算香气活性值（OAV），将香气贡献较大（OAV>1）的17种化合物进行重组，获得了模拟酒样，与原酒样相比有良好的相似性。结合FD因子与OAV贡献，对该酒香气有重要贡献的化合物为乙酸异戊酯、3-苯丙酸乙酯、愈创木酚、异丁酸、月桂酸乙酯、3-甲硫基丙醇、乙酸乙酯、2-苯乙醇和3-甲基丁醇。

三、麸曲清香

在第四、五届全国评酒会上，山西的六曲香、辽宁的凌塔白酒、哈尔滨的老白干酒等均被评为全国优质酒（当时考虑酿酒节粮等因素，对哈尔滨老白干酒等予以鼓励表彰，但现在这类酒也逐步在改变工艺，以适应市场变化）。

优质麸曲清香酒的生产多数采用清蒸清烧回醅发酵工艺，也有采用“两排清”工艺的，现以麸曲清香的代表之一的六曲香生产工艺为例来说明。

（一） 六曲香的风格特点

该酒因使用 6 种曲霉菌培养的麸曲而得名，由山西祁县酒厂 1973 年研制成功，是麸曲清香的佼佼者。

1. 感官特征

该酒无色透明、清香纯正、醇和绵柔、爽口回甜、饮后余香，清香风格明显，尤以突出的乙酸乙酯为鲜明的特色。

2. 香味成分特征

（1）以乙酸乙酯为主体香气，其含量在总酯的 90%以上。

（2）含有一定量的乳酸及乳酸乙酯，这与使用多种曲霉菌有关，而且提高了酒的醇厚感。

（3）含有多种有机酸，以乙酸含量为首，占总酸的 60%以上。

（4）含有较多的高级醇，其含量顺序为：异戊醇>正丙醇>异丁醇>正丁醇。

（5）含有少量的己酸乙酯，增加了酒体的丰满程度。

（二） 六曲香白酒的生产工艺

1. 工艺流程

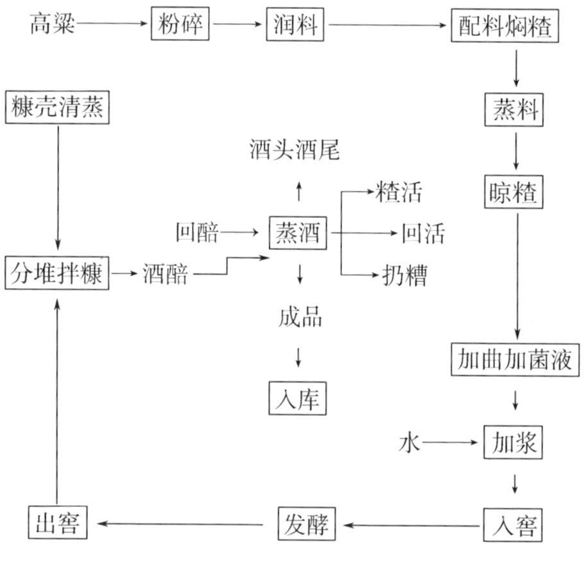

2. 麸曲制作

（1）采用多菌种　曲霉菌 6 种：米曲霉、根霉、毛霉、犁头霉、红曲霉、黄曲霉；其他菌种有：拟内孢霉、酿酒酵母、汉逊酵母、白地霉、汾Ⅱ酵母。

（2）菌种的培养

① 米曲霉、根霉、毛霉、犁头霉培养：采用固体试管、三角瓶扩大培养，帘子种曲，最后分别采用通风法制成麸曲。

② 拟内孢霉培养：经固体试管、三角瓶扩大培养后，制成帘子种曲。

③ 红曲霉培养

试管培养：菌种在米曲汁琼脂斜面上，28℃培养7d。

三角瓶扩大培养：将纯净的小米，在常温下浸泡12h，淋去水分后，常压蒸煮3次，每次40min，每1次蒸加20%的水，最后1次分装在500mL三角瓶中，每瓶装50g后再蒸，蒸后冷却至35~40℃时，每瓶加入0.7~0.8mL醋酸后接种。在28~30℃保温箱中培养，每12h摇瓶1次，培养7d，米粒呈深红色即可使用。

制曲：以新鲜薯干为原料，粉碎通过10~30目筛，加水60%~70%，常压蒸1h，冷却至40~45℃，加入3%的醋酸溶液20%（占原料），接入1%三角瓶菌种，装入曲盒进行培养。7d后曲粒变深红色，即可使用。

④ 酿酒酵母培养：采用试管、三角瓶、卡氏罐扩大培养。

⑤ 汉逊酵母、白地霉培养：以玉米面糖化液、汾Ⅱ酵母为培养基，采用浅盘培养。二者分别培养，混合使用。

（3）各菌种的使用

① 总用量为原料的12%，其中米曲占6%，根霉曲占2%，拟内孢霉占1%，红曲占1%，毛霉、犁头霉混合曲占2%。

② 菌液总用量为原料的8%，其中酿酒酵母3%，汉逊酵母3%，白地霉2%。

3. 酿酒工艺

（1）操作过程　传统六曲香酒生产窖内有4甑活，即3甑楂活、1甑回活。出窖后，蒸酒4甑，蒸料2甑。入窖3甑楂活、1甑回活、1甑扔糟。

具体操作程序如下：

①准备工作，将原料、辅料按配料要求数量分开配料，粉碎曲子，将窖内酒醅出窖。

②第1甑，清蒸出窖酒醅，出甑后加曲、加菌液，入窖为下一排回活。

③第2甑，清蒸出窖酒醅，出甑后趁热加入新料（粉碎后的高粱粉），拌匀焖料。

④第3甑，清蒸出窖酒醅，出甑散冷后加曲，加菌液，均分为2堆，准备与第4、5甑混合入窖。

⑤第4甑，将已焖好的第1甑新料醅，出甑后扬冷，加曲，加菌液，加水，再与第3甑的一半混合均匀，入窖为下一排楂活。

⑥第5甑，操作与第4甑相同。这样第4甑与第5甑的醅子配好入窖后共3甑活。

⑦第6甑，蒸回糟，出甑后为扔糟。

（2）操作方法

① 酒醅出窖后按楂分别堆放，拍紧拍光表面，撒稻壳、盖麻袋，防止酒精分挥发。

② 清蒸酒醅，装甑前放净甑内余水，洗刷干净，再放入清水。水量以蒸馏时不让水分因沸腾而漫入酒醅为度，以防逸锅。

装甑前先将底锅水煮沸，然后轻撒薄铺酒醅，待有酒汽冒出时，压汽装甑。装甑要均匀，中心略低，甑边略高。

蒸酒时接酒头 0.5~1kg，将 20%vol 以下的酒作酒稍子回入下甑底锅回蒸。中间馏分经品尝分级入库。

③ 焖料与蒸料，第 2 甑清蒸后的酒醅与新料混匀后焖料（不少于 60min），以保证吸透水分。蒸料圆汽后不少于 30min，要用大汽蒸煮，以保证糊化和排杂，要求熟而不黏、内无生心。

④ 扬晾加曲，采用通风晾渣机将出甑料醅降温，必要时加强人工翻拌，以利散热均匀。当通风晾渣降到一定温度后，停风，将料醅扒下，加曲，加菌液，拌匀即可入窖。

⑤ 加曲、加菌液拌匀后的醅子由扬渣机扬入窖内，用踩窖板轻轻压平，盖上塑料布、稻草保温。

⑥ 发酵，酒醅入窖后，每天检查一次酒窖，防止窖顶裂缝、塌陷，注意窖中温度等的变化。

⑦ 立排

a. 如果新开工立排时，采用软立的方法，所用的立排糟最好是刚出甑的新鲜糟为好，其酸度为 1.5~2.0，水分在 64%以下，不可用霉烂变质酒糟。立排所采用的粮醅比、原辅料比、曲子和菌液用量与正常生产相同。待酒糟、高粱粉、辅料配好后，经过清蒸、扬晾、加曲、加菌液，做成两个楂活，即可入窖。

b. 第 2 排，将立排酒醅出窖后，分出 1 甑做回糟，其余操作与立排相同。

c. 第 3 排，即圆排，操作与正常相同。

（3）工艺条件

① 原料粉碎度，通过 10~20 目筛的料占 40%~50%，通过 20~40 目筛的料占20%~30%，通不过 40 目筛的料占 20%~40%。

② 粮醅比=1∶(5.5~6)。

③ 辅料占高粱的 30%。

④ 料∶水=1∶0.4。

⑤ 用曲量占投粮量的 12%，其中黄米曲 6%，根霉 2%，拟内孢霉占 1%，红曲占 1%，毛霉、犁头霉混合曲占 2%。3 甑楂活用曲占总用曲量的 80%，回活占 20%。

⑥ 菌液用量占投粮量的 8%，其中酿酒酵母 3%、汉逊酵母 3%、白地霉 2%。在用菌液量中楂活用 80%，回活用 20%。

⑦ 出入窖条件如表 7-84 所示，发酵期 8~10d。

表 7-84　　六曲香入、出窖条件

楂别	入窖条件		出窖条件	
	楂活	回活	楂活	回活
温度/℃	16~18	32~34	30~32	30~32
水分/%	54~56	60~62	60~62	62~64
酸度	0.6~0.8	1.2~1.4	1.2~1.4	1.4~1.8
淀粉/%	16~18	8~10	8~10	8~10
酒精/%vol	—	—	3.5~4.2	1.2~2.0

六曲香白酒经蒸出后，经品尝分级入库，经6个月贮存后，酒质逐步醇厚，再经精心勾兑，即可包装出厂。山西祁县六曲香酒厂2009年3月已由北京红星股份有限公司收购，成立北京红星股份有限公司六曲香分公司。

四、 GB/T 10781.2 标准的修订

根据《国家标准委关于下达2014年第一批国家标准制修订计划的通知》（国标委综合〔2014〕67号），《清香型白酒》GB/T 10781.2—2006 国家标准列入修订计划（计划编号：20140435-T-607），由中国酒业协会、中国食品发酵工业研究院、山西杏花村汾酒厂股份有限公司等单位主要负责起草，全国白酒标准化技术委员会归口。

（一） 主要工作过程

为使标准修订更具科学性与先进性，清香型白酒分技术委员查阅各类清香型白酒资料，为清香型白酒国家标准的制修订工作做了大量的基础性研究工作。

2016年10月，筹建了《清香型白酒》国家标准起草工作组，国内清香型白酒十多家主要生产企业积极申请参与标准修订工作。

2017年5月17日，在山西汾阳正式召开“清香型白酒国家标准修订工作启动会”，会上对清香型白酒的定义进行了讨论，确定了产品各项指标的研究方向，并对修订工作进行了整体安排。

1. 调查取样工作　2017年6月，清香型白酒标委会下发了“征集清香型白酒标准修订工作样品的通知”与“关于征集清香型白酒分析方法实验室比对的通知”，并积极开展了相关工作。此次，共征集汾酒、鄂尔多斯、劲酒、云南玉林泉、重庆江津酒业、北京红星、宝丰酒业、青海青稞酒、北京牛栏山、山西梨花春等16家酒企，不同工艺、不同档次、不同酒精度172个酒样品［其中大曲清香酒77个，小曲清香酒20个，麸曲（包括大麸混合）清香酒75个；高度酒55个，低度酒61个，原度酒56个］。

目前，清香型白酒生产工艺主要有三种：大曲清香工艺、麸曲清香工艺、小曲清香工艺。

2. 产品技术参数确定和验证工作　2017年7月，秘书处与中国食品发酵工业研究院共同对汾酒公司、劲牌公司、山西食品质量安全监督检验研究院、北京红星、重庆江津、宝丰酒业、北京顺义牛栏山、山西汾阳王酒业、互助青稞酒、鄂尔多斯酒业集团十家单位进行了白酒分析方法实验室比对工作，最终确定山西省杏花村汾酒厂股份有限公司、劲牌有限公司、山西食品质量安全监督检验研究院三家单位对样品进行全部检测。

2017年8月到9月，开展了样品测定工作，并根据实验室能力验证结果，三家单位实验室对172个酒样，进行了常规理化指标（总酸、总酯、酒精度、固形物）、微量成分指标（包含乙酸乙酯、乳酸乙酯、乙酸、己酸乙酯、正丙醇等）的检测。

3. 感官标准验证工作　2017年8月，举办了清香型白酒国家感官标准修订会。对收集的山西、湖北等地生产的清香型白酒共172个酒样进行了感官鉴评，感官品评采用密码编号，确保公平、公正、客观、准确。

2017年10月，“国家清香型白酒感官标准修订品评会”在汾酒公司召开。会上，国

家评委采用更易懂的词语对品评的酒样进行了描述，旨在建立与国际接轨的，更科学、更合理的清香型白酒感官标准。

2017年10月，根据样品测定结果，秘书处与中国食品发酵工业研究院对样品检测数据进行了分析，并根据工作组单位反馈的相关数据和讨论意见，起草了《清香型白酒国家标准（讨论稿）》。

2017年12月、2018年3月，先后在北京召开起草工作组讨论会，针对讨论稿主要内容进行了充分讨论，并提出修改意见，在此基础上形成标准征求意见稿。

（二）制标依据和主要条款说明

1. 制标原则，见第十五章标准解读。

2. 主要条款变化说明，下面就征求意见稿摘要介绍，具体以正式发布文本为准。

（1）术语和定义　在原有定义基础上，总结不同工艺类型（大曲、小曲、麸曲等）的清香型白酒生产工艺特征，从糖化发酵剂、发酵容器等方面，明确清香型白酒生产采用大曲、小曲、麸曲及酒母为糖化发酵剂以及缸、池为发酵容器，同时规定不得直接或间接添加食用酒精和其他非白酒发酵的呈色呈香呈味物质。

（2）感官要求　在GB/T10781.2—2006中对清香型白酒的感官要求做了表述，但白酒是传统嗜好性食品，感官要求的表述应同时体现专业性与通俗性，以便专业鉴定与引导消费。为此，标准工作组在充分借鉴了不同清香型白酒产品的专业品评表述的基础上，综合清香型这一大类白酒的感官共性与特性，形成了现修订后表述。这一表述能够充分反映其特点，而且在字面意思上更便于监督检验机构、消费者正确品评与欣赏清香型白酒，感知其特殊风味，体现了清香型白酒作为发酵食品饮料的属性。

（3）理化要求　总酸+乙酸乙酯+乳酸乙酯：根据标准修订过程中，行业调研和样品分析情况，在自然条件下，白酒尤其是低度清香型白酒在贮存一段时间后，总酸和总酯发生可逆的平衡反应，相互转化，总酯含量下降，总酸含量则上升。因此，为客观、科学地体现清香型白酒中酸酯平衡，本次标准修订中将酸和酯加和统一考虑，同时我们通过研究检测，发现乙酸乙酯、乳酸乙酯是清香型白酒的典型风味，也是含量最大的两大酯类物质。鉴于以上两点，取消原标准中总酸、总酯两项指标，以总酸+乙酸乙酯+乳酸乙酯加和方式表示，并统一按45%vol折算，与国际蒸馏酒主流产品酒精度保持一致。

（三）主要试验（或验证）情况

为确保样品数据的可靠性和科学性，根据标准修订启动会确定的工作安排，2017年7月，白酒标委会秘书处与清香型白酒分委会秘书处联合组织10家实验室对理化指标、风味成分的分析方法进行了实验室间比对工作。根据指标分析方法的验证结果显示，总酸、乙酸乙酯、乳酸乙酯分析方法稳定、易于操作，确保了检测结果数据的准确性与可靠性，为产品标准修订提供依据。

（四）其他

本标准的实施将引导广大消费者更加重视产品内在质量；极大地推进白酒检测技术的发展，促进白酒产品质量的提升。

本标准制定过程中未查到同类国外标准。

本标准属于食品标准体系“08 饮料酒”–“01 白酒”–“02 清香型白酒”。

第四节　米香型白酒工艺

米香型白酒是我国白酒中的一朵奇葩，有悠久的历史和丰富的文化内涵，主要分布在我国南方的两广、两湖、云贵川、闽赣、苏皖台地区，代表酒是桂林三花酒。米香型白酒的主要特点是：用料单一，完全用大米为原料酿造；使用小曲为糖化发酵剂；采用独特的半固态发酵工艺。

2015 年 11 月，首届广西米香型白酒发展高峰论坛在广西罗城召开。米香型是中国白酒四大基本香型之一，但由于生产技术、营销理念、消费习惯等原因，米香型白酒却沦落为低端白酒的代表，而且越来越局限于广西、广东、湖南等省份区域消费，大有被边缘化的趋势，因此米香型白酒，尤其是广西的米香型白酒的发展任重而道远。

本次论坛分别围绕为什么要创新以及创新路径及理念及基于风味导向的白酒生产技术及应用两个专题，探讨了其发展前景，并达成共识：广西的米香型白酒需要创新，更需要企业抱团合作，共同推动；该香型是可以生产高端产品的，提升价格是趋势；且已在全国范围内具备良好的消费基础和消费市场，不能局限于两广地区，必须走向全国，甚至海外市场。加强技术创新，提升品质，寻求差异化的营销模式是米香型白酒发展的必由之路。

据 2020 年度统计，广西获证白酒生产企业有 88 家，其中规模以上 7 家，规上企业白酒产量 13 万 kL，但产业规模小、品牌少，技术水平偏低，且销售区域大多限于广西境内，产值利润偏低。为振兴酒产业，广西出台了《桂酒（白酒）振兴三年行动方案（2020—2022）》等政策措施，设立了专项扶持资金，推动打造优势明显、独具特色的桂酒产业格局。

2020 年 5 月 22 日，由广西壮族自治区人民政府主办的“全区振兴桂酒产业发展大会”召开。会议颁布了 2019 年度广西十大名优酒产品，总结了广西酒产业发展情况，研究部署了桂酒振兴有关工作。会议提出四个方面的目标与任务，推进振兴桂酒战略取得实效—— 一是加强宣传，建立自信。二是树立标杆，以点带面。三是整合资源，推动发展。四是营造氛围，引领消费。

一、 传统米香型白酒生产

先培菌糖化后发酵的半固态发酵法是小曲酒生产典型的传统工艺。如广西桂林三花酒、广西全州湘山酒等，它们的特点是采用药小曲或无药纯种小曲，整粒米饭前期固态培菌糖化 18~24h，加水转缸为后期半液态发酵，发酵周期为 7d 左右再经蒸馏而制成。

1. 工艺流程

水（加入浇淋）；小曲粉（加入下缸）；酒尾复蒸（加入蒸馏）

大米→浇淋→蒸饭→摊晾→拌料→下缸（培菌糖化）→转缸发酵→蒸馏→接酒→陈酿→勾兑→装瓶→成品

2. 传统操作

（1）将浇淋过的大米倒入甑内扒平盖盖蒸煮。

（2）待甑内上大汽时，蒸 15~20min，开盖搅拌、扒平，盖上盖子续蒸。

（3）再待上大汽后蒸 20min，揭开盖搅松，泼第一次水，盖好，继续蒸至上大汽 10min 后再泼第二次水，搅松捣匀，再蒸至熟透为止。

（4）蒸煮熟后要求饭粒颗颗熟透，不生不烂，饭的含水量为 60%~61%。

（5）将蒸熟的米饭摊晾至 34~38℃时加入原料量 0.8%~1%的小曲粉拌匀。

（6）拌匀小曲粉的料及时进入饭缸内，每缸 15~20kg 原料量，饭缸中央挖一空洞，以利于足够的空气进行培菌糖化，饭的厚度为 12~15cm。

（7）待品温降至 32~34℃时，将饭缸的簸箕盖密，待其进行培菌糖化。

（8）糖化进行时，温度逐步上升，经 20~22h 品温为 37~39℃为好。根据气候情况做好保温和降温工作，使品温最高不超过 42℃。

（9）在前期饭缸中进行扩大培菌，糖化约 24h 左右，糖化成熟度已达 80%~90%时进行兑水，兑水量为原料的 120%~125%，视汽按情况可加冷水或温水，加水后的醅料品温在 34℃左右为宜。

（10）兑水后的醅料糖分含量应在 9%~10%，总酸含量不超过 0.7，酒精含量在 2%vol~3%vol 为正常。

（11）兑水拌匀后转入醅缸入房发酵。这时应视气温情况做好保温或降温工作，室温应保持在 20℃左右为宜。发酵时间 6~7d，成熟酒醅的残糖含量应无反应，酒精含量在 11%vol~12%vol，总酸含量不超过 1.5g/100g 左右为正常。

（12）将待蒸的酒醅倒入锅中，将盖盖好，并将气筒接至冷却器上进行蒸馏。

（13）初流出的酒头 1~1.5kg，另外接入酒缸中，一直接到混合酒精度 57%vol 为止，以下即为酒尾，待掺入下锅复蒸。

二、米香型白酒风格特点

综合蒋世云等研究成果，米香型白酒香味组分有以下几个特点：

（1）香味成分总含量较少。

（2）总醇含量超过了总酯含量。

（3）酯类化合物中，品种甚少，乳酸乙酯的含量最多，它超过了乙酸乙酯的含量。

（4）醇类化合物中，异戊醇含量最高，正丙醇和异丁醇的含量也相当高。

（5）有机酸类化合物中，以乳酸含量最高，其次为乙酸，它们的含量之和占总酸量的 90%以上。

（6）羰基类化合物含量较少。

香气上，米香型白酒突出了以乙酸乙酯和 β-苯乙醇为主体的淡雅蜜甜香气。另外，在米香型白酒的香气中还存在一种似“煮熟的”稻米香气和似“甜酒酿”样的香气。

典型米香型白酒的风味特征是：无色，清亮透明，闻香有以乙酸乙酯和 β-苯乙醇为主体的淡雅的复合香气，入口醇甜，甘爽，落口怡畅，在口味上有微苦的感觉。香味持续时间不长。

三、米香型白酒的进步与发展

（一）生产技术的进步

多年来通过对传统操作法进行技术改造，设备升级，目的是改善工人操作条件和减轻劳动强度，提高劳动生产率，使米香型白酒逐步实现机械化规模生产，以适应经济社会的发展。

1. 物料输送

在运输方面，采用斗式提升机代替了过去的人工拉米，输送量大，省时省力，不伤物料；用不锈钢管道连接发酵罐、蒸酒锅、清酒罐等设备，代替了原来的醅缸加板车。既减轻了劳动强度，又有效地保证了生产质量。

2. 蒸饭

采用连续自动蒸饭机，将蒸饭、晾饭、加曲合为一道工序。自动蒸饭机的生产能力是传统甑子蒸饭的5~10倍。具有机械化连续操作，设备结构紧凑，使用及维修方便，降低劳动强度，保证职工生产安全，缩短生产周期，同时具有温度调节方便，添加小曲拌料均匀，操控性强，蒸饭质量稳定的特点。目前已有企业采用加压蒸煮方式。

3. 糖化

20世纪70年代，在白酒行业率先设计并采用U形糖化槽进行固态培菌糖化。容量大，相对占地面积较小，操控性强，劳动强度较低。

4. 发酵

采用碳钢或不锈钢发酵罐，增加了温控系统。既避免了发酵醅缸劳动强度大的缺点，又便于控制发酵过程的温度，保证了发酵质量。

5. 蒸馏

采用不锈钢蒸馏釜蒸馏系统，几套蒸馏釜联动，解决生产中的设备匹配，便于对蒸馏进行分段摘酒，极大减轻了劳动强度，提高了劳动生产率，同时避免了酒液中铅含量的超标，保证了产品质量。

6. 贮存

仍沿用陶缸贮存。建立计算机管理系统。新酒需经色谱分析和口尝评分进行分级入库。利用计算机做入库登记，制作直观图进行出入库动态管理。制订保管贮存制度，按规定定期进行检验、检查、品评、并缸、封缸等操作。

7. 勾调

建立计算机勾兑系统。按产品质量模型用计算机进行自动勾兑。经勾兑人员取小样品评后确认配方，然后放大样进行调味、检验、包装。避免了前期勾兑人员的大量计算和品尝工作，有效提高了勾兑的效率和质量。

8. 包装

从原来的手工包装到现在已实现机械化或半机械化作业。桂林三花酒的传统包装是锥形玻璃瓶、扇形标，属于异形瓶、标，不易实现机械化生产，特别是贴标，人工贴标需耗费大量人力，且贴标质量不高，易产生皱标、飞标，影响包装质量。经过连续不断的研究和技术改造，桂林三花酒的包装实现了贴标自动化。

9. 调味酒制备

吴轩德等通过在酿酒酵母转化 L-苯丙氨酸合成β-苯乙醇的基础上，通过紫外诱变育种、好氧发酵与补料厌氧发酵的二步法工艺来研制β-苯乙醇调味酒。通过一定工艺，发酵 8d，酒精度 11.2%，乙酸含量 0.37g/L，β-苯乙醇质量浓度为 1.17g/L，蒸馏酒感官评分为 8.9 分，是不可多得的优质调味酒。

（二） 发展趋势

加快转变经济发展模式、推进节能减排、发展低碳经济已成为我国经济发展的重要策略。在酿酒行业发展循环经济，实行清洁生产，具有良好的经济效益和社会效益。

米香型白酒是传统产品，从最初的手工作坊生产逐步发展为比较现代化生产的酿酒企业。在米香型白酒企业开展清洁生产，不但是实现可持续发展战略的需要，而且是控制环境污染的有效手段。米香型白酒企业只有通过不断地改善管理和技术进步，挖潜降耗，提高资源和能源利用率，提高生产规模和劳动生产率，减少污染和排放，降低运行成本，来实现企业的经济效益和社会效益。

随着科学技术的发展，会有越来越多的成熟技术应用于米香型白酒的生产，推动米香型白酒行业的持续健康发展。

1. 相互融合、互为补充

传统法与现代法并不是对立的，可以互为依存。应坚守千年流传下来的工艺，保持高中档酒传统工艺，以陶缸为主要发酵设备。中低档酒规模化、机械化生产，降低成本，提高劳动生产率。同时，米香型白酒企业要有大米酒的概念，兼收并蓄，打破固有传统风格，利用米香型白酒的自有优势，吸收其他香型白酒的特点，主动融入市场，开发出受欢迎的米酒产品。

2. 生产设备向大型化发展

随着企业规模的壮大，生产设备不断向大型设备发展，蒸饭机效能可达 3~5t/h，发酵罐容量 30~100t，清酒罐容量 100~200t，包装灌装机速度达 10000~20000 瓶/h。以规模创效益，降低劳动成本。

3. 实现生产过程的自动控制

中国白酒的生产逐渐从粗放转向精细，生产过程的工艺控制向自动化转变。糖化发酵蒸馏工序的温度等工艺参数的控制都可以实现自动控制，包装质量的在线检验可以用电子仪器进行自动控制，进一步提高产品质量。

4. 向清洁生产发展

推行清洁生产，更加关注节能环保，特别是在水、汽的回收利用方面。推广新型能源的应用，减少大气污染。提高能源综合利用水平，达到国家白酒企业排污新标准，保护环境，实现经济环境循环可持续发展。

（三） 政策引导推进桂酒振兴

2021 年 3 月 19 日，广西壮族自治区人民政府新闻办发布会透露，基于广西绿水青山生态环境优越的优势，将推进桂酒振兴。为保障工业振兴的顺利推进，2021—2023 年，广西每年将统筹整合 400 亿元用于支持工业振兴，推动工业高质量发展。

据报道，桂林市明确全力打造桂酒产业集群，依托漓泉、三花、湘山等老字号品牌优势及产业基础，引进战略投资，加强技术攻关，提升制造工艺，改良酒类品质，大力开展品牌营销，扩大市场范围，振兴桂酒品牌，将逐步形成100亿元桂酒产业集群。

《关于振兴桂酒产业发展的若干措施》提出，未来三年广西将打造一批具有较强竞争优势的大型桂酒企业集团，培育壮大桂酒龙头企业。对当年年产值达2亿元的给予300万元资金奖励，第三年年产值达5亿元的给予1000万元资金奖励；对兼并重组后注册地在广西的酒类生产、销售企业，且当年新增主营业务收入达到2000万元以上的给予一次性补助；对新获认定或批准建设为国家重点实验室、国家工程实验室、国家工程研究中心的，给予一次性奖励补助1000万元。

第五节　豉香型

豉香型于1984年首先由米香型分离出来，确认为豉香型属其他香型，于第四届全国评酒会被评为国家优质酒。1996年豉香型白酒标准GB/T 16289—1996发布实施，2007年对一些指标进行了相应调整，最新标准已在修订中。2014年9月广东南海九江酒厂的“九江双蒸酒”获国家地理标志保护产品称号，这是全国首家获得国家地理标志保护的豉香型白酒。九江双蒸酒传承了200多年的酿造技艺，其独创的九江双蒸酿造技艺，已于2009年入选广东省“非物质文化遗产”名录。此次获得国家地理标志保护，对九江乃至广东当地特色产品的发展将会起到极大的推动作用。2006年12月原中国酿酒工业协会宣布，广东石湾玉冰烧米酒被评为国家级豉香型代表产品。

一、 传统豉香型生产工艺

玉冰烧酒是边糖化边发酵工艺的典型代表，其生产工艺的特点是没有“川法小曲酒”的培菌糖化工序，因此用曲量大，实际上是传统的液态发酵。据广东的王民俊研究介绍，传统豉香型生产工艺如下。

1. 生产工艺流程

大米→蒸煮→摊晾→配曲搅拌→入埕发酵→蒸馏→肉埕陈酿→沉淀→压滤→包装成品

2. 操作要点

（1）蒸粮　玉冰烧酒所使用的原料是大米，其质量要求：无虫蛀，不霉烂，不变质，含淀粉量75%左右。蒸粮设备采用水泥锅，每锅先加入清水110~115kg，然后通入蒸汽至水沸腾，装大米90kg，加盖至水又滚时进行拌饭，关闭进汽阀门，等米粒吸水饱满，再开小汽煨饭20min左右，便可出饭。

成饭质量要求：软硬适中，饭粒疏松，内无白心。

（2）摊晾　成饭后用铁铲将饭装入松饭机，打松后摊于饭床上摊晾冷却，在冷却过程中常用木掀将饭翻转以加速品温下降，夏天当饭温降至35℃以下，冬天40℃以下时，将饭铲成一堆，准备撒曲。晾饭操作要求：饭温应均匀，饭粒应疏松不得成团。

（3）配曲　当饭温冷却至适中后，将已磨成粉的酒曲撒于饭面，用曲量为原料量的

18%~20%，也可根据成品曲的质量和气候情况而有所增减。

配曲的操作要求：曲和饭应充分拌匀，然后才能装入酒埕发酵。

（4）入埕发酵　入埕前应将酒埕清洗干净，每只埕先加入清水 6.5~7kg，然后将饭平均分装，每埕装料 5kg（以原料计），用埕盖封埕口，移入发酵房发酵。控制好发酵温度是提高出酒率的一项重要技术措施，发酵前 3 天最好能控制发酵房室温为 26~30℃，严格控制品温不得超过 40℃。

玉冰烧酒的发酵期与传统小曲米酒基本相同，夏短冬长，通常要求夏天发酵 15d 左右，冬天 20d 以上，春秋介于两者之间。发酵完毕，酒醪表面平静，闻之有扑鼻芬芳，尝之酒味浓郁，酸味正常，微带苦涩味，即可进行蒸馏。

（5）蒸馏　蒸馏设备可使用改良式蒸馏甑，冷凝器为蛇形冷却管。蒸馏前必须检查蒸馏甑的多个接头，确保不漏酒汽，以免造成不必要的损失。

蒸馏甑每次可投料 250kg（以大米量计），用直接火力或间接蒸汽进行蒸馏，初蒸出酒头应另行收集，然后接中馏酒直至勾兑工序所需酒精度为止，以后蒸出的为酒尾，酒头酒尾应重新复蒸，以减少高、低沸点的杂质，保证酒质的醇和。

（6）肉埕陈酿　刚蒸出的成品酒均呈不同程度的生涩味，缺乏醇厚感，故必须经过一段时间的贮存，然后加入肥肉陈酿，使酒香醇可口。用肥猪肉浸泡酒，其比例是 1∶10，也就是每只贮酒埕放酒 20kg，肥肉 2kg，浸制时间为 3 个月，使肉中脂肪酸缓慢溶解于酒中，给酒带来一股特有的豉香，有人也叫肉香。浸泡埕应加盖以减少酒分的挥发损失，一般在长期浸制过程中，损失的酒精度为 2%vol 左右，故加入浸泡的酒应比产品要求的酒精度略高。

（7）压滤包装　经过肥肉陈酿 3 个月后，将酒倒入大缸或大池中，让其自然沉淀 20d 以上（原浸制埕中肥肉仍存于埕中再放入新酒泡浸），使酒澄清透明。经过品评和化验鉴定，精心勾兑，合格产品除去池中成品酒表面的油污及池底的沉淀物，用抽酒泵将池中间部分澄清的酒送入压滤机中进行压滤，滤出成品装入贮缸或贮池，然后根据需要包装出厂。

二、工艺的继承与创新

1. 豉香型白酒工艺

通过对豉香型白酒传统工艺的细致总结，改进后的工艺主要继承了传统工艺的发酵方式、蒸馏方式及陈肥肉酝浸工艺。豉香型白酒传统工艺的发酵方式类似液态法，适应了南方几乎常年高温的气候，能够保持稳定及较高的出酒率，利于采用机械化生产，因此劳动生产率较高，生产成本较低。蒸馏方式为釜式蒸馏，适宜液态法使用，效率较高，能够保持豉香型基础酒的固有风格。陈肥肉酝浸能使基础米酒香与陈肉香有机结合，形成传统豉香型白酒“豉香”的特有风味。

2. 工艺改良关键点的控制

传统豉香型白酒产品由于风味特殊，且酒质较淡薄，因此存在很大的地域局限性，而且产品的竞争力不强，无法提升产品的价值。广东石湾酒厂为了改良原有风味，从以下几方面对工艺进行改良。

（1）发酵周期　豉香型白酒是低度酒，加上发酵工艺的特殊性，口味比较淡薄。适当延长发酵期有利于风味物质的产生，增加酒体的丰满度，相对改善原有酒体较淡薄的缺点。通过试验，将原工艺15d左右的发酵期提高到20d，最长不超过25d，尤其夏季必须避免发酵期过长导致醪液发酸，影响出酒率和风味。通过延长发酵期，使酸、酯类物质均有所提高，能够比原来增加10%以上，达到总酸0.50g/L以上，总酯1.10g/L以上。这样不仅保证基础酒符合国家标准的要求，而且在口味上由于增加了较多的微量成分，从而使酒体更丰满、味更长。不同发酵周期取样分析数据见表7-85。

表7-85　不同发酵周期取样分析数据　单位：g/L

项目	3d	7d	15d	20d	25d
总酸	0.45	0.65	0.7	0.71	0.73
总酯	0.61	0.89	1.1	1.25	1.4
感官评价	正常发酵香气，较清	正常发酵香气	正常发酵香气，稍浓郁	发酵香气较浓郁	糟味较浓，略显糟臭

（2）酝浸工艺　浸肉是豉香型白酒的关键工序，是典型风格形成的必要工序。传统工艺要求浸泡一个月以上，这样形成的风味对于老顾客还是习惯的，但对于新接触豉香型白酒的消费者来说，口味太过特殊，油哈喇味过重，基本无法接受，因此造成了传统豉香型白酒的消费群体越来越窄的局面。市场也表明，不创新，不改良，传统产品将有可能逐步被市场淘汰。因此，从1998年开始，公司已逐步思考对传统工艺的改良。通过对浸肉工序的跟踪总结，以小陶坛浸肉10~15d为优；大陶缸浸肉20d为佳，不锈钢罐浸肉容器必须以25d为好。小坛浸肉15d，辛二酸二乙酯含量与斋酒馏段的相比明显增加，含量为0.18mg/100mL。浸肉后的感官风味符合要求，到2003年开发玉冰烧酒进行市场测试时，最佳浸肉时间已缩短为6~15d，说明市场消费者口味一直在向轻肉味的趋势改变。因此，新开发的产品调整了浸肉时间，减少了油脂味，口味更清爽，受到了消费者的欢迎。但产品的典型特征成分二元酸二乙酯总量亦相应降低。从原来的7mg/L以上减少到3~4mg/L，而且还有下降的趋势。因此，豉香型白酒行业在讨论标准的修订时，已对此指标项目提出修改论证，目的是更好地适应消费者的需求，在传统工艺的继承与创新中找到新的平衡点，这应该是一个动态、不断改良的过程。

（3）勾兑贮存　传统米酒由于售价较低，在后期处理工艺上较粗放，导致产品品质存在一定的缺陷。通过工艺试验，从几个方面对勾兑贮存工艺进行了改良。

① 参考名优酒的勾兑工艺，细化勾兑操作，从小样调试再到放大样。通过品评，保持每一批次产品的稳定，消除了批次之间质量不稳定的状态。

② 增加调味酒的开发和储备。研试开发一系列的酒头、酒尾、呈酸味、老陈酒等调味酒，解决产品风格较淡的缺陷，并赋予产品典型的风格。

③ 增加储罐，调整不同季节基础酒的差异。也适当地延长贮存期，使酒质更醇和。增加储罐后，基础酒的贮存期增加了一个月的时间。有效地使刺激性杂质得以挥发，这对生产周期较短的豉香型白酒来说，对质量的提高有很大作用。

3. 创新改进后的效果

经过工艺改良创新后的新一代产品石湾玉冰烧酒从2003年9月推出市场后，遏制了原来老产品市场不断下滑的局面，而且每年都能够有较大幅度的增长，在几年后就成为公司最大产量的豉香型白酒品种。产品研发过程中公司摸索出创新的路子，使得传统工艺在继承的基础上不断创新，才能适应市场消费者不断提高的品质需求。并且主动研究适应口味潮流的变迁，使传统白酒产品能够焕发出强大的生命力。

4. 多粮混合对豉香型斋酒发酵的影响

传统的豉香型斋酒是以预碎的大米作为原料，混合大酒饼后经发酵蒸馏而成。广东石湾酒厂试验发现，通过改变发酵过程中粮食的种类及比例，探索出粮食种类对豉香型斋酒理化性质及风味的影响，由实验结果可得碎米与糯米投放比例为 4∶1 时，有较高的出酒率，且口味甘甜；适量添加玉米、小麦或大麦，能使蒸馏出来的斋酒带有其特殊的粮食香气。

三、 风味成分研究

独特的生产工艺使豉香型白酒具有了独特的豉香味。在酒体构成上表现为微量风味成分的组成及量比关系的差异。

1. 早期研究成果总结

1995 年，中国食品发酵工业研究院为确立“豉香”新香型及制定豉香型白酒国家标准，系统分析了一定批次的豉香型白酒酒样，通过液-液萃取浓缩后进质谱分离出 200 余个色谱峰，定性检出豉香型白酒中醇类 23 种、酯类 27 种、酸类 17 种、羰基化合物 13 种、缩醛类 5 种，共 85 种香味物质，准确定量出其中 66 种风味物质。

根据豉香型白酒的特殊生产工艺及其典型风格特征，1996 年 GB/T 16289—1996 豉香型白酒标准发布，是继浓香型、清香型、米香型、凤香型白酒国家标准之后，建立的第 5 个香型白酒国家标准。标准中规定了 β-苯乙醇含量高，及存在二元酸（庚二酸、辛二酸、壬二酸）二乙酯是豉香型白酒产品的特征检验项目。

2001 年，九江酒厂余剑霞采用气相色谱定量分析豉香型白酒中的二元酸二乙酯，结果为：庚二酸二乙酯、辛二酸二乙酯、壬二酸二乙酯的相对标准偏差分别为 3.19%、2.07%和 2.92%。2002 年，金佩璋、袁艳雯采用毛细管直接进样测定分析了豉香型白酒中的高沸点香味物质，通过提高初温、快速程序升温，使目的组分和内标都在恒温条件下出峰，提高了分析速度和定量准确性。2006 年，九江酒厂余剑霞采用高效液相定量分析了豉香型白酒中6 种高级脂肪酸，包括亚麻酸、肉豆蔻酸、亚油酸、油酸、棕榈酸、硬脂酸。

2. 豉香型白酒风味成分定量分析

2011 年，中国轻工业联合会组织专家对中国食品发酵工业研究院和广东省九江酒厂有限公司共同完成的中国白酒 169 计划项目——“中国豉香型九江双蒸白酒风味物质剖析技术的研究及应用”课题进行科技成果鉴定，确立了新的豉香型白酒标准，该检测技术标准将会给白酒产业带来新的飞跃。该项目根据白酒中香味成分的溶解性及极性，通过液液萃取及过柱，氮吹浓缩，将酒样分成 11 个组分进样，用 GC-MS 对样品进行定性。

经过对谱图的解析，定性出风味成分 615 种，其中包括醛类 16 种，酮类 27 种，缩醛类 9 种，醇类 67 种，酯类 116 种，萜烯类 3 种，苯酚类 8 种，硫化物 11 种，酸类 31 种，苯类 33 种，吡啶及吡咯类 7 种，吡嗪类 3 种，呋喃类 7 种，含氨基类 7 种，烷烃类 31 种，其他化合物 5 种，未知峰 234 个等；从 80 种左右的呈香化合物中确定了 11~16 种特征香味化合物。

表 7-86、表 7-87 列举了 1995 年轻工业部食品质量监督检验中心定量分析的 66 种风味成分及本次阶段性研究的定量定性分析结果。

表 7-86　豉香型白酒风味成分定量结果对比

风味类别	1995 年定量结果	2010 年定量结果
醇类	甲醇、仲丁醇、正丙醇、异丁醇、仲戊醇、正丁醇、异戊醇、正戊醇、正己醇、正庚醇、正辛醇、正壬醇、2，3-丁二醇（左旋）、2，3-丁二醇（内消旋）、1，2-丙二醇、3-乙氧基-1-丙醇、苯甲醇、β-苯乙醇、3-甲硫基-1-丙醇、糠醇、丙三醇	仲丁醇、正丙醇、异丁醇、2-戊醇、正丁醇、活性戊醇、异戊醇、正戊醇、正己醇、2，3-丁二醇、1，2-丙二醇、3-甲硫基丙醇、β-苯乙醇、2-辛醇、庚醇、辛醇、苯甲醇、月桂醇、3-苯基-1-丙醇、甘油、赤藓糖醇、木糖醇、山梨醇、甘露醇、半乳糖醇、阿拉伯糖醇、麦芽糖醇
醛酮类	乙醛、正丙醛、异丁醛、正丁醛、异戊醛、2-戊酮、3-羟基-2-丁酮、糠醛、苯甲醛、1，1-二乙氧基甲烷、1，1-二乙氧基异戊烷、1，1-二乙氧基乙烷	乙醛、丙醛、异丁醛、乙缩醛、异戊醛、正己醛、糠醛、正丁醛、2-壬酮、壬醛、癸醛、苯甲醛、5-甲基糠醛、苯乙醛
酯类	甲酸乙酯、乙酸乙酯、乙酸异丁酯、乙酸正丁酯、丁酸乙酯、乙酸异戊酯、戊酸乙酯、己酸乙酯、庚酸乙酯、辛酸乙酯、壬酸乙酯、月桂酸乙酯、肉豆蔻酸乙酯、棕榈酸乙酯、硬脂酸乙酯、油酸乙酯、亚油酸乙酯、乳酸乙酯、乳酸异戊酯、乳酸正丁酯、苯甲酸乙酯、丁二酸二乙酯、庚二酸二乙酯、辛二酸二乙酯、壬二酸二乙酯	甲酸乙酯、乙酸乙酯、己酸乙酯、庚酸乙酯、乳酸乙酯、辛酸乙酯、己酸异戊酯、壬酸乙酯、癸酸乙酯、十四酸乙酯、棕榈酸乙酯、油酸乙酯、亚油酸乙酯、丙酸乙酯、异丁酸乙酯、乙酸丙酯、乙酸异丁酯、丁酸乙酯、异戊酸乙酯、甲酸异戊酯、乙酸异戊酯、戊酸乙酯、己酸甲酯、乙酸己酯、己酸丙酯、乙酸异丁酯、己酸丁酯、己酸戊酯、乳酸丁酯、乳酸异戊酯、己酸己酯、辛酸丁酯、辛酸异戊酯、苯甲酸乙酯、丁二酸二乙酯、苯乙酸乙酯、乙酸苯乙酯、月桂酸乙酯、3-苯丙酸乙酯、庚二酸二乙酯、γ-壬内酯、月桂酸异戊酯、辛二酸二乙酯、己酸-β-苯乙酯、壬二酸二乙酯
酸类	乙酸、丙酸、异丁酸、正丁酸、异戊酸、正戊酸、正己酸、乳酸	庚酸、辛酸、壬酸、癸酸、乳酸、乙酸、丙酸、甲酸、异丁酸、正丁酸、丙酮酸、异戊酸、2-乙基丁酸、戊酸、己酸、山梨酸、琥珀酸、庚二酸、辛二酸、草酸、富马酸、壬二酸、邻苯二甲酸、柠檬酸、乌头酸
其他		1，1-二乙氧基甲烷、1，1-二乙氧基丙烷、苯酚、4-乙基愈创木酚、二乙氧基异戊烷、醋翰

表 7-87　豉香型白酒风味成分定性结果数量对比

风味类别	醇类	酯类	酸类	羰基化合物	缩醛类	萜烯类	硫化物	含氮化合物	苯酚类	苯类	含氨基类	烷烃类	其他化合物	未知峰	总数
1995 年	23	27	17	13	5	—	—	—	—	—	—	—	—	约 115	约 200
2010 年	67	116	31	43	9	3	11	17	8	33	7	31	5	234	119
多检出	44	89	14	30	4	3	11	17	8	33	7	31	5	615	415

对豉香型白酒呈香化合物的研究，为豉香型白酒香型的确立发挥了积极的作用。目

前，国标 GB/T 16289—2007 中，在理化要求上单独对β-苯乙醇和 3 种二元酸二乙酯的量进行了规定，也是大家比较公认的豉香型白酒的重要风味成分。另外，不少专家学者针对豉香型白酒独特的酿造工艺，结合分析结果提出了可能的豉香型白酒特征风味。如 2001 年曾新安等对广东豉香型酒的特征香气成分进行鉴定，认为β-苯乙醇及 9，9-二乙氧基壬酸乙酯是其主要特征香气成分。2004 年，金佩璋通过分析研究，提出 3-甲硫基丙醇也可能是豉香型白酒的特征性成分。

通过对豉香型九江白酒风味成分剖析，微量风味化合物定量达到 122 种，确立了豉香型白酒风味物质标准，并对不同样品中微量风味成分的量比关系进行了分析，找到关键复杂成分的工艺来源，确定了九江双蒸酒重要风味化合物。

2015 年 9 月 23 日在广东九江酒厂成立 63 周年庆典活动上，中国米酒研究院正式宣告成立。中国米酒研究院将围绕中国米酒标准体系、酿造工艺及其装备、健康多元化中国米酒产品及米酒文化传承谱新等各维度，将研究成果与中国米酒企业的生产实践相结合，以产品的形式输送至消费者，满足其不同的需求。

3. 清雅型“玉冰烧”白酒酒体风格特征研究

2020 年，杨帅等对市售的清雅型“玉冰烧”白酒、传统豉香型白酒、传统清香型白酒代表产品的酒体风格特征进行综合比较分析，剖析清雅型白酒酒体风格特征。感官品评结果表明，清雅型“玉冰烧”白酒在米香、醇香、绵甜感等方面表现较好，主要体现为香气清爽、淡雅，口感绵甜、爽洌。风味构成分析结果表明，清雅型“玉冰烧”白酒整体酯类比较单一，以乙酸乙酯和乳酸乙酯为主，且乳酸乙酯和乙酸乙酯的比值为 1.3，较独特，酯类总含量（945.50mg/L）较低；有机酸含量（1530.23mg/L）较高，以乙酸和乳酸为主；高级醇（1555.31mg/L）及多元醇含量（383.67mg/L）较高。独特的风味构成是清雅型“玉冰烧”白酒清爽、淡雅、绵甜、爽洌的重要原因之一。同时该酒中丙三醇、赤藓糖醇、甘露醇等多元糖醇类含量较高，多元醇总含量（383.67mg/L）较高，是清雅型“玉冰烧”白酒绵甜的重要原因。

据报道，2022 年 1 月 16 日，“江南大学石湾清雅型酒研究院”在广东佛山揭牌成立。多年来，广东石湾酒厂集团（陈太吉酒庄）结合传统酿酒技艺与科学理论，先后推出“陈太吉酒”与“石湾玉冰烧”等产品，得到广大消费者的认可与喜爱。“研究院”将从清雅型酒的文化传播、市场方向、酒体优化和生产工艺提升等方面开展研究，持续提升清雅型酒感官和品质水平，推动清雅型酒成为白酒香型新标杆，振兴粤酒，助力酒业高质量新发展。

第六节　凤香型白酒工艺

在第一、二届全国评酒会上，西凤酒蝉联国家名酒。1979 年第三届全国评酒会上，按香型划分评酒，西凤酒名酒落选后，该厂认真从质量上找原因，由省、市相关科研、企业技术人员组成质量攻关组，在酿造工艺方面进行全面深入的分析和总结；同时与陕西省轻工业研究所全面合作，将西凤酒香型研究列为重要科研项目，对西凤酒的微量成分进行全面剖析，研究酒中主要香味成分和量比关系，取得了较好的成绩。在第四、五届全国评酒会上再次连续被评为中国名酒，这也标志着以西凤酒为代表的“凤香型”逐步被确认。凤香型白酒国家标准 GB/T 14867 于 1994 年正式颁布，2006 年修订发布 GB/T 14867—2007。

2021 年 12 月 31 日，西凤集团消息，2021 年销售收入已突破 80 亿大关，职工人数突破 5000 人。这一年，西凤集团公司完成扩建项目工程并投入生产，实现年产优质大曲 3 万吨、净增优质基酒 5 万吨的产能新突破，在产量上再造了一个新西凤。

目前凤香型其代表产品有陕西的西凤酒、太白酒，主要产区在西北、东北一带。现以西凤酒为例加以介绍。

一、 西凤酒的传统操作

西凤酒是以大麦、豌豆制曲，优质高粱为原料，配以天赋甘美的柳林井水，采用高温培曲，土暗窖发酵，续糙混蒸混烧而得的新酒，需贮存三年，再经精心勾兑而成。

1. 原料

西凤酒酿酒原料采用高粱。高粱投产前需经过粉碎，要求粉碎度达到通过 1mm 标准筛孔的占 55%~69%，未通过的为 8~10 瓣，整粒在 0. 5%以下。

大曲粉碎后通过 1mm 标准筛孔的占 35%~40%，未通过的占一半。

西凤酒所用辅料为高粱壳或稻壳，但辅料投产之前必须采取筛选清蒸，以排除辅料味。辅料清蒸条件为圆汽后蒸 30min。辅料用量控制在最低水平，即投料量的 15%以下。

2. 酿酒操作

（1）立窖　在每年一个生产周期中，第 1 次开始投料为排，也就是第 1 排投产。每个投产班组投料 1000kg，拌入清蒸后的高粱壳 150kg，加入 50~60℃清水 1000~1100kg，拌匀后堆积润料 24h，使水分润透粮粉，用手搓即可成面，无异味。分 3 甑蒸粮，自圆汽起，每甑蒸料 60~90min，质量要达到熟而不黏。出甑后分别加梯度开水泼粮，第 1 甑泼开水 170~235kg，第 2 甑泼开水 205~275kg，第 3 甑为 230~315kg。经扬晾后，加大曲粉，依次为 68. 5kg、65kg、61. 5kg。入窖前，窖底再撒大曲粉 4. 5kg。加曲要拌匀，加曲品温依次是 15~20℃、20~25℃、24~29℃。然后即可收堆，入窖发酵 14d。粮醅入窖后，用泥封窖，泥厚约 1cm。经 24h 发酵，窖内放出的 CO_2 可冲出窖皮泥，48h 后，泥皮被鼓起，疏密正常（有时会形成吹口）。此时应注意清窖管理。

（2）破窖（第 2 排生产）　入窖发酵 14d 以后剥去封窖泥，挖出酒醅，在 3 个大楂中拌入高粱粉 900kg 和适量高粱壳，分成 3 个楂和 1 个回活，分 4 甑蒸酒。蒸酒时要求缓火慢蒸馏，蒸馏时间不少于 30min，流酒温度不低于 30℃。流酒时，还采取掐头去尾的措施，以提高酒质。蒸酒后操作与前相同，入窖时分为 3 个粮楂，1 个回楂。楂和回之间用篾隔开。各甑入窖操作条件为：

第 1 甑（回楂），少加或不加水，加曲 42. 5kg，加曲温度 26~30℃，入窖品温 23~27℃。

第 2 甑（粮楂），加量水 90~180kg，大曲粉 42. 5kg，加曲温度 20~24℃，入窖品温 15~20℃。

第 3 甑（粮楂），加量水 108~200kg，大曲粉 45kg，加曲品温 24~29℃，入窖品温 20~25℃。

第 4 甑（粮楂），加水量 126～240kg，大曲粉 40kg，加曲品温 28～32℃，入窖品温 24～29℃。发酵时间 14d，封窖清窖与前相同。

（3）顶窖（第 3 排生产）　将第 2 排发酵好的酒醅出窖后，仍在 3 个楂活中加 900kg 高粱粉和适量高粱壳，挤出 1 个回楂，加上 1 排回楂，共做 5 甑活。其操作过程如下：

第 1 甑蒸上 1 排回楂，经扬晾后加曲粉 20kg，加曲品温为 32～35℃，入窖品温 30～33℃，为下糟醅，顶面用竹篾隔开。

第 2 甑蒸从上排挤出来的 1 甑，不加新粮扬晾，加大曲 34kg，加曲品温为 26～30℃，入窖品温为 23～27℃，与楂活之间用竹篾隔开。

第 3、4、5 甑操作与破窖相同，入窖仍为 3 甑楂活。

（4）圆窖（第 4 排，即圆排）　从第 4 排起，西凤酒生产即转入正常，每天班组投 1 份原料，丢 1 甑扔糟。出甑的酒醅中在 3 甑大楂中加入新高粱粉 900kg，做成 3 甑新的大楂，挤出 1 甑楂后，不加新料做回楂。

出甑后的回楂，蒸酒后经扬晾，加曲入窖为下排糟醅。糟醅蒸酒后即为扔糟，做饲料用。从此以后，每 14d 为 1 小发酵周期，即 1 排。

（5）插窖（每年停产前 1 排）　此排操作是在夏季炎热天气到来之前，由于气温高，易使酒醅酸败，使出酒率明显下降，即通常所说的掉排，这时就要准备停产了。

插窖时将正常生产的酒醅按回楂处理，分 6 甑蒸酒后，变为糟醅，其中 5 甑入窖。糟醅共加入 125kg 大曲粉，加量水 150～225kg，入窖品温控制在 28～30℃。加曲粉和水操作要领均同前，要拌匀曲粉和量水，促进发酵正常、均匀。

（6）挑窖（每年的最后 1 排生产）　挑窖时，将发酵好的糟醅全部起出，入甑蒸酒，蒸酒后的糟醅全部为扔糟，可做饲料用。至此整个大生产周期即告结束。

3. 西凤酒生产的几个特点

（1）发酵容器　采用土窖池发酵，窖池每年更新一次，去掉窖壁、窖底、老窖皮，再换上新土，这样既有生长己酸菌的条件，又能给予严格的控制，使其所产酒中的己酸乙酯等成分受到限制（西凤酒中的己酸乙酯含量一般在 20～50mg/100mL），控制在浓香不露头的程度。

（2）发酵周期　传统发酵周期仅为 14～16d，是 17 个国家名白酒中发酵周期最短的，其出酒率高，消耗少，成本低，经济效益较好。虽然发酵周期短，但是酒中微量香味成分并不少，如西凤酒中微量香味成分能检测出的已超过 400 种，不但有酯类化合物，而且有芳香族化合物存在。

（3）制曲工艺　西凤大曲属中高温曲，热曲最高温度为 60℃。西凤大曲的工艺可以概括为：选用清香大曲的制曲原料而不采用清香大曲的培养工艺，采用了高温培曲工艺而不选用浓、酱香大曲的制曲原料。这就使西凤大曲独具一格，具有清芬、浓郁的曲香，集清、浓香型大曲二者兼一的优点。

（4）贮酒容器　西凤酒的传统容器是用当地荆条编成的大篓，内壁糊以麻纸，涂上猪血等物，然后用蛋清、蜂蜡、熟菜籽油等物以一定的比例，配成涂料涂擦，晾干，称为“酒海”。这种贮存容器与其他酒厂的贮酒容器不同。其特点是造价成本低，存量大，酒耗少，利于酒的熟化，防渗漏性能强，适于长期贮存。这种贮酒容器在北方多数酒厂采用。

原来“酒海”的容量各异，小的50kg，大的5~8t。随着大容器的推广，“酒海”的编制容量也在逐步增大，现已有50t以上容量的“酒海”，同时发展了使用水泥池容器，但其内涂料不变，从而保持了西凤酒的固有风格。

酒海的内涂料对西凤酒的风格起着重要作用，酒海使酒在贮存过程中会溶解进去酒海涂料当中的一些成分。酒海涂料溶出成分有乙酸羟胺、丙酸羟胺和一些十五碳酸乙酯、十六碳酸乙酯、亚油酸乙酯、油酸乙酯、壬烯二酸乙酯及痕量的萜类化合物β-香柠檬烯等，所有这些物质对西凤酒的风格无疑起到了一定的助香作用，使西凤酒有蜜香味。

4. 西凤酒的勾兑特点

据西凤酒厂的李金保等研究，为使西凤酒“具有乙酸乙酯和己酸乙酯为主的复合香气”，口味达到“醇厚丰满，甘润挺爽，诸味谐调，尾净悠长”的感官质量要求，应先确定其微量成分的含量范围，以及主体香气成分和其他香味物质之间的量比关系，再确定选用单样酒的风格质量和类型，并加以识别。

（1）西凤酒贮存老熟后的单样酒的特性见表7-88、表7-89。

表7-88　　贮存三年以上各生产阶段单样酒的感官特征

	感官特征
酒头	放香大，醇香突出，味冲
破窖酒	杂醇油味明显，苦涩、味杂
顶窖酒	主体香不突出，味糙
圆窖酒	西凤酒的风格典型，特点明显，酒体较谐调
插窖酒	总酸含量较高，酒体较净，味较长，西凤酒的风格典型
挑窖酒	总酸含量相对较高，总酯含量最低，绵柔、尾净

表7-89　　单样酒分析结果　　单位：mg/100mL

	酒头	破窖酒	顶窖酒	圆窖酒	插窖酒	挑窖酒
酒精度/%vol	73.4	59.2	69.0	67.5	60.3	57.4
总酸/（g/L）	1.17	1.21	0.98	0.72	0.87	1.22
总酯/（g/L）	4.49	3.47	3.22	3.34	2.81	2.68
乙醛	39.8	13.9	20.8	13.9	18.8	24.5
甲醇	5.9	15.9	10.9	12.4	13.5	16.1
乙酸乙酯	260.9	228.4	165.3	149.7	136.7	126.7
正丙醇	22.8	381.1	33.4	26.3	18.0	47.8
仲丁醇	10.8	86.1	2.9	7.1	8.4	9.2
乙缩醛	26.7	12.1	46.9	18.4	15.6	37.8
异丁醇	87.7	46.2	22.8	23.4	40.7	18.2
正丁醇	17.7	81.6	—	—	13.7	9.6

续表

	酒头	破窖酒	顶窖酒	圆窖酒	插窖酒	挑窖酒
丁酸乙酯	22.1	26.3	17.7	17.8	9.9	10.7
异戊醇	79.5	54.2	29.3	53.1	48.6	66.2
乳酸乙酯	115.9	151.2	167.0	125.4	195.0	168.0
正己醇	5.6	17.1	5.4	3.4	3.2	5.7
己酸乙酯	165.3	41.8	64.2	97.1	84	80.4

（2）基础酒的组合、品评和分析　西凤酒以不同季节、不同阶段所产的圆窖酒按照不同比例作为大宗酒，并以少量的顶窖酒和破窖酒为搭酒，共同完成基础酒的组合。破窖酒总酯高，特别是乙酸乙酯含量较高，杂醇油高，但己酸乙酯相对较低，味较糙辣，适当比例的应用可增加酒体的醇厚感。顶窖酒中的乳酸乙酯含量较高，高于乙酸乙酯，所以酒发闷；圆窖酒中的乙酸乙酯>乳酸乙酯>己酸乙酯>丁酸乙酯；再通过色谱分析，了解基础酒中各微量成分的含量，并通过感官品评，确认其存在的不足。

（3）对基础酒调味　西凤酒中的呈香呈味物质及微量成分的含量较少，主要是总酸低、总酯低、高级醇含量较高，加浆降度后会变得香气不足，口味寡淡，不纯净，酒中各组分含量也随之降低，其中主要组分的量比关系发生很大变化，直接影响酒的内在质量，这就需要通过调味来增加基础酒中主要呈味物质的含量，最终达到酒体的平衡协调。当基础酒感官品评放香不足时，就用老熟的酒头作调味酒。酒头中含有大量的香味物质，主要是低沸点酯类，放香大；多元醇含量也高，可以提高基础酒的前香，并使酒味醇甜。酒的后味短淡时，则选用插、挑窖酒作调味酒。插窖酒的酸含量较高，酒体净；挑窖酒的总酯最低，酸相对较高，可以弥补基础酒后味的不足，使酒体丰满、谐调，回味悠长，保持了西凤酒的原有风格。高度酒勾兑过程中，西凤酒固有的感官特征表现突出，口味苦涩、冲，这时就要选用贮存期长的酒作为调味酒，突出基础酒的风格，使其香气柔和，口味绵顺；还可适当应用一些己酸乙酯较高的调味酒，增加己酸乙酯含量，使酒体变得绵甜、醇厚。

二、 传统工艺的继承发扬

据西凤酒厂介绍，60 多年来，其生产工艺分别于 1956 年、1980 年、1988 年、1997 年进行了四次大的改进，进入 21 世纪以来，又进行了工艺和产品结构调整。下面是西凤酒的一些工艺改进成果。

1. 制曲工艺改进

（1）新凤型大曲工艺

① 调整原料配比：传统西凤酒大曲以大麦、豌豆为原料，改进后的新凤型大曲中减少了豌豆用量，加入了适量的小麦。据西凤酒厂邓启宝等实验，发现减少豌豆用量后，新产酒中的乙醛、糠醛、高级醇含量明显降低，从而减轻了新产酒的暴辣味，很好地突出了醇厚感。而且小麦中含有大曲微生物生长繁殖所必需的营养成分，其氨基酸达 20 余种，维生素含量极为丰富。与大麦、豌豆按比例混合使用，不仅营养丰富，而且各种原

料的制曲性能得以取长补短，使制曲工艺更加合理。对于提高大曲质量具有重要意义。

② 提高制曲温度：在大曲培养中，控制好上霉温度，并及时晾霉。大火期温度一定要控制在58~60℃，并维持3d以上，以达到高温炼菌、优化菌种的目的。在整个培养过程中，温度控制的总体要求是“前缓、中挺、后缓落”。

③ 效果验证：制曲工艺改进项目及效果验证分别如表7-90、表7-91所示。

表7-90　制曲工艺改进项目

项目	改进前	改进后
原料	大麦、豌豆	大麦、小麦、豌豆
大火期温度	56~58℃	58~60℃

表7-91　制曲工艺改进前后大曲质量对照表

项目	水分/%	酸度	糖化力/（U/g）	液化力/（U/g）	发酵力/（g/100g）	感官评价
改进前	11.2	0.68	1013.4	0.19	60.5	典型性好、有豆香
改进后	10.32	0.62	866.5	0.20	64.52	典型性好、香味浓郁

由上述两表可以看出，制曲工艺改进的结果使成品槐瓤曲典型性更加突出，断面菌丝更加丰富，发酵力和液化力同步提高，更加适宜于制酒延长发酵期使用。

（2）西凤调味酒大曲　经过科学论证，反复实验，在北方干旱地区创造了以小麦为主要原料的西凤调味酒大曲生产工艺，极大地丰富了西凤酒大曲。为制酒工艺的改进提供了保证。

① 工艺流程简述

小麦→浸水→堆积→配料→粉碎→加水拌和→踩制成型→入室安曲→保温培菌→翻曲→出房→入库贮存

② 主要参数和操作要求

a. 小麦浸润：8%、60℃左右的热水，堆积3~6h。

b. 粉碎：磨成心烂皮不烂的梅花瓣（过20目筛占40%~60%）。

c. 拌和：用35%~43%、20~35℃的水拌和均匀。

d. 保温培菌：大火期温度在60℃以上维持3d。培养过程应注意防止生心、窝水等弊害。翻曲时注意保温，培养期35d左右。

③ 成品曲质量展示，见表7-92。

表7-92　西凤调味酒大曲检验报告

项目	水分/%	酸度	糖化力/（U/g）	液化力/（U/g）	发酵力/（g/100g）
理化指标	10.61	0.62	744.4	0.20	67.2
感官评价	断面菌丝丰富、色泽灰白、香气浓郁、皮张稍厚				

2. 制酒工艺改进

（1）凤香型白酒工艺　传统的发酵期为14d。随着市场形势的发展，将西凤酒的发酵期延长至30d，并进行了相应的工艺改进。

① 调整大曲、红粮粉碎粒度：曲粉、粮粉颗粒增大后，减少了曲、粮接触界面，保持了大曲效力的持续、舒缓释放，延长了主酵期，保证了整个发酵期的正常、平稳。粉碎度改进前后对比见表7-93。

表7-93　粮、曲粉碎度改进前后对比

项目	红粮粉碎粒度	大曲粒度（过20目筛）	主发酵时间
改进前	6、8瓣	60%以上	7~9d
改进后	4、6瓣	35%~45%	9~13d

② 低温入池、适温发酵：发酵期延长至30d后，约消耗入池淀粉的9%，可使酒醅温度升高18℃左右。控制在15~18℃入池，发酵顶温为33~36℃，这是酵母适宜的发酵温度，有利于酒中甘油、环己六醇、琥珀酸等酸、甜物质的生成。

③ 低温流酒：坚持"轻、松、薄、匀、缓"的装甑五字方针，保持流酒气压"两小一大"原则的同时，将流酒温度保持在27~32℃。保证了西凤酒中各类香味成分的比例协调，保持了西凤酒"诸味协调、回味悠长"的感官特征。

④ 效果验证：制酒发酵期延长前后新产酒质量对照见表7-94。

表7-94　不同发酵期新产酒质量对照

发酵期	生产年份	酒精度/%vol	总酸/(g/L)	总酯/(g/L)	乙酸乙酯/(mg/100mL)	乳酸乙酯/(mg/100mL)	己酸乙酯/(mg/100mL)
14d	1993	65.6	0.69	2.67	126.3	142.4	42.2
	1994	65.8	0.66	2.73	91.9	146.3	37.8
	1995	64.8	0.63	2.52	99.9	171.0	45.3
30d	2001	65.5	0.73	2.91	128.8	147.4	80.8
	2002	65.8	0.72	2.82	112.7	186.7	87.6
	2003	66.3	0.74	3.21	135.1	172.2	79.1

由表7-94可以看出，发酵期延长后，酒中酸、酯含量显著升高。品评也认为新产酒的醇香味增加，新酒味、暴辣味明显减弱。

（2）西凤调味酒工艺　运用人工老窖技术，通过人工窖泥培养等工艺试验，寻找出了适宜于西凤调味酒生产的工艺路线，所产酒达到了设计要求。

① 人工窖泥培养：用黄胶泥土60%，窖皮泥40%，加入干制活性窖泥功能菌并提供微生物所需的营养基质，充分踩匀，在适宜的温度下进行厌氧发酵，40d后取出建造窖池。

② 工艺特点：采用五甑续楂、混蒸混烧工艺，以西凤调味酒大曲为糖化发酵剂，发酵期60d以上。其主要工艺特点是"三高一长"，即入池酸度高，入池淀粉浓度高

（18%～20%），发酵顶点温度高（37～39℃），发酵周期长（60d 以上）；曲、粮粉碎度要求略粗；每天跟踪，定期养窖。

③ 新产调味酒主要指标统计见表 7-95。

表 7-95　新产调味酒主要指标统计

项目	出酒率/%	优等品率/%	主要微量成分/（mg/100mL）		
			乙酸乙酯	乳酸乙酯	己酸乙酯
2001	37.55	89.84	376.00	303.00	189.70
2002	35.33	98.97	404.44	375.00	146.10
2003	33.41	99.51	454.00	489.00	122.30

从表 7-95 可以看出，随着窖龄的增长，己酸乙酯含量明显升高。这对改善西凤酒香味结构、提高酒质起到了重要作用。

3. 改进后的结果

（1）调整制曲原粮配比，提高培曲大火温度后，大曲糖化力明显降低，液化力、发酵力明显提高，更适宜于制酒延长发酵周期使用。

（2）创新西凤调味酒大曲工艺，为突破传统西凤酒生产工艺提供了前提和基础。

（3）延长制酒发酵周期，增加了生香产酯时间，使新产酒的总酸、总酯含量提高，醇香、醇厚感增强。

（4）创新西凤调味酒生产工艺，用人工老窖技术成功地生产出己酸乙酯含量较高的优质调味酒，改善了西凤酒的酒质，使其典型性更加突出。

4. 凤兼复合型白酒的工艺创新

随着工艺改进和技术不断创新，陕西西凤酒厂和太白酒厂先后陆续开发出凤兼浓、凤浓酱等复合香型产品系列。受到了消费者的广泛好评，丰富了凤香型白酒的品种。

2007 年 11 月，陕西省太白酒业有限责任公司“发酵法凤兼复合型白酒生产工艺研究”项目通过省级科技成果鉴定。该项目通过“多粮酿造，发酵成型”的方法生产凤兼复合型白酒，与“分型发酵，勾兑成型”的生产方法有本质的区别。这对其他典型代表酒厂也是一个借鉴，对白酒未来发展起到重要的示范作用。

该研究成果有五点创新：一是采用大麦、豌豆、小麦为制曲原料，提高制曲温度，由中低温曲改变为中高温曲，从而改变了微生物组成及酶活性，并有利于制曲过程中香味成分的生成。二是基础酒发酵周期由 14d 延长至 24d，并引入浓香型酒“双轮底”发酵工艺制调味酒，增强了基础酒的醇厚感。三是将原有单一高粱改为高粱、大米、糯米、小麦多种原料混合发酵，增加了基础酒中复杂成分，使香味更加馥郁。四是改变以往发酵窖池的窖泥，由每年更换一次改为长期使用，有利于香味成分生成。五是改变贮存方法，基础酒先以酒海贮存，保留了乙酸羟胺、丙酸羟胺等特征微量成分，后用酒坛贮存增强了基础酒的氧化还原反应，两种方法有机结合，加快了凤兼复合型白酒的老熟。感官风格独树一帜，个性鲜明。

5. 绵柔凤香型的设计

进入 21 世纪以来，随着人们消费水平的不断提高，人们对白酒品质的要求不断提高，从注重“香”到注重“味”过渡，人们选择白酒产品更多是从饮用舒适度和对身体健康的角度去考虑。为适应市场需要，西凤酒从2012年开始，对绵柔凤香型白酒的工艺进行工艺论证，从酿酒原料的选择、窖池的设计改造、酿酒用曲的选择、发酵工艺、发酵周期、入池条件控制等各方面整体进行了设计和调整。经过两年多，多轮次工艺条件参数的调整，酒质不断得到改善，所产酒质日趋呈现出绵柔、醇和、幽雅的特点，感官品评具有：“香气优雅、入口绵柔、不上头、不干喉，饮后舒适愉快”的特点。历经三年试制，真正做到了从工艺控制酒质，使得绵柔凤香型白酒自然天成，固态感好。其要点如下：

（1）物质准备

① 发酵窖池的改造：传统凤香型白酒发酵窖池采用土窖发酵，每年更换一次新窖泥，使乙酸乙酯、己酸乙酯控制在一定范围内，使凤香型白酒不偏格。窖泥是绵柔凤香型白酒生产的关键因素，是多种酿酒功能微生物的载体，所以窖池使用优质窖泥是关键。绵柔凤香型白酒窖池采用人工老窖技术，将窖壁涂10~15cm优质人工窖泥，坚持功能菌灌窖养窖，制造出己酸菌的生长环境，调整菌群结构，增加己酸的生成，从而促进窖内己酸乙酯的生成，使凤香型白酒的风格向浓香靠拢，增加酒体的绵柔度。通过与优质窖泥指标比对，该厂培养的窖泥已基本达到优质窖泥标准，说明窖泥营养丰富，己酸菌生长繁殖旺盛。己酸产量能够保证，为下一步己酸和乙醇合成己酸乙酯提供了丰厚的前体物质。窖泥指标见表7-96。

表7-96　成熟窖泥与优质窖泥标准对比表

项目	西凤成熟窖泥	洋河优质窖泥
水分/%	36.75	35~45
pH	7.05	5.5~7
氨态氮/（mg/kg）	1053.35	≥1000
有效磷/（mg/kg）	13.79	≥10
腐殖质/%	18.04	≥5
己酸菌/（logCFU/mL）	12.19	5

② 酿酒原料的选用：酿酒界有“高粱香、玉米甜、小麦糙、糯米绵、大米净”之说。充分发挥各种原料的优势，汲取各种粮食的精华，达到互补的作用，为丰富味觉提供较为全面的物质基础。传统凤香型白酒是高粱单粮发酵，绵柔凤香型白酒在酿酒原料上增加了一定量的大米，进行合理配比发酵，使酒体得到改善，较之传统凤香型白酒更加绵软、顺净。

③ 糖化发酵剂的搭配使用：“曲定酒型”，不同类型的大曲其中含有的微生物的种类和菌群结构差异很大，在生物活性上表现出更大的差异。传统制曲中在大麦、豌豆的基础上增加了小麦，丰富了制曲原料的营养成分，为大曲微生物的新陈代谢提供了良好的物质基础，蛋白含量较高的小麦的添加，在制曲时可增加蛋白酶的含量，有利于酿酒过程中蛋白质的分解，增加酒香，为酒体风格更加醇厚奠定了物质基础。绵柔凤香型白酒在糖化发酵剂使用上采用新凤型曲和传统凤型大曲按3∶7的比例搭配使用，从而使其所

产白酒向绵柔、醇厚、甜净的方向靠拢。

④ 发酵工艺的确定：经过多轮次发酵实验总结分析，结合所产酒质的感官和理化指标，从以上诸因素进行了多次工艺条件的论证和调整，形成了较为成熟的工艺方案。从而进入规模生产。表 7-97 是绵柔凤香型白酒与本企业其他两种类型白酒工艺方案的对比。

表 7-97　　西凤不同香型白酒发酵工艺条件对比

项目	酿酒原料	发酵容器	糖化发酵剂	发酵周期
传统凤型工艺	高粱 900kg	泥窖	传统凤型曲 180kg	22d
创新绵柔工艺	高粱 775kg、大米 125kg	人工老窖	新凤型曲 140kg、传统凤型曲 60kg	30d
浓香型工艺	高粱 1350kg、大米 250kg	人工老窖	新凤型曲 324kg、浓香型曲 140kg	60d

（2）绵柔凤香型白酒的酒体特征　表 7-98 是绵柔凤香型白酒与传统凤香型白酒及浓香型白酒的微量成分及酸酯比的对比分析。

表 7-98　　各香型白酒酯类含量对比表　　单位：mg/100mL

项目	乙酸乙酯	乳酸乙酯	己酸乙酯	丁酸乙酯	总酸/（g/L）	总酯/（g/L）	总酸：总酯
传统凤香型白酒	108.2	156.3	78.2	10.1	0.92	3.24	1∶3.52
绵柔凤香型白酒	142.1	133.3	135.9	14.6	0.84	3.13	1∶3.73
西凤浓香型白酒	166.2	193.0	227.5	0.26	1.06	5.85	1∶5.52
某浓香型国家白酒	—	—	—	—	1.34	5.20	1∶3.88

从表 7-93 可以看出，绵柔凤香型白酒主要酯类含量顺序：乙酯>己酯>乳酯>丁酯，依然保持了传统凤香型白酒的风格特点，即以乙酸乙酯为主，己酸乙酯为辅，这就保证了酒体的延续，协调自然，主体香突出。同时乳酸乙酯有所下降，己酸乙酯大幅增加，说明酒体明显偏浓，达到了酒体甜、净、绵、柔的目的。己酯∶乳酯=1∶0.98，遵循了己、乳并重的原则。使乳酯真正达到了助香、平衡作用。不同的是除乳酯有所降低外，其他三大酯的绝对含量均高于传统凤香型白酒，这正是我们的预期目标——增己降乳，减少苦涩感，提高绵柔度，大大提高了饮用舒适度。同时，酸酯比较为适当，很接近某浓香型国家名酒，保证了口味上的香味协调、恰到好处。

绵柔凤香型白酒既具有传统凤香型的醇香优雅，又具有浓香型的绵柔甜爽、入口甘美、绵甜，酒体丰满，余味悠长。其绵柔度、舒适度都得到了提升。

三、酒海贮存中主要变化

2021 年，西凤酒联合陕西科技大学以酒海（国家二级文物、非物质文化遗产）中贮存不同年份的原酒为研究对象，利用气相色谱-火焰离子化检测器法（GC-FID）、超高效液相色谱（UPLC）等技术，分析其酒精度、总酸、总酯、感官以及主要风味物质的变化，掌握其在贮存期间内酒体质量变化的规律，为凤香型白酒的老熟以及勾调做相关的技术支撑。

1. 酒精度的变化

酒精度的变化见表 7-99。

表 7-99　　凤香型白酒在酒海贮存中酒精度的变化

年份（酒样）	酒龄/年	编号	酒精度/%vol
2020（2019 年 12 月圆窖）	0	JH-0	66.67
2015（2015 年 12 月圆窖）	5	JH-5	65.8
2010（2010 年 2 月圆窖）	10	JH-10	62.3
2005（2005 年 2 月圆窖）	15	JH-15	66.1
2000（2001 年 2 月圆窖）	20	JH-20	63.7
1995（1994 年 4 月圆窖）	25	JH-25	59.7
1990（1990 年 2 月圆窖）	30	JH-30	61.7
1985（1985 年 5 月圆窖）	35	JH-35	52.8
1980（1980 年 1 月圆窖）	40	JH-40	59.7

从表 7-99 可以看出，酒精度在基酒贮存过程中是不断变化的，总体而言，呈逐年下降趋势，这与以前的研究结果一致。凤香型圆窖酒的酒精度一般在 65%vol 以上，贮存 15 年后，其酒精度并未发生很明显的变化，一直保持在 65%vol 左右，存 20 年后，酒样酒精度略有降低，贮存 25 年以后，酒样酒精度略低于 60%vol，这可能与酒海的性质有关，经过长时间的贮酒，酒海壁材中的物质溶解或变形导致其通透性变强，乙醇分子和一些低沸点的挥发物质会通过酒海上面的口径慢慢挥发，从而导致酒精度有一些降低。单纯从白酒挥发的角度来考虑，从新酒到贮存 40 年的基酒，其总体损失的酒精度在 6.97%vol 左右，每年酒精度的耗损率在 0.261%左右，远低于每年 2%的酒损，说明酒海用于贮酒其密封性好，酒精挥发少，但若从企业经营成本等方面考虑，则建议最多贮存 20 年以增加酒海风格而最大限度减少酒体挥发。

2. 总酸的变化

总酸含量呈不断波动、总体减少的趋势。其中，新蒸馏出的酒其酸度最高，为 1.08g/L，之后降低到贮存 40 年后的 0.47g/L，其主要原因可能是随着贮存时间的延长，酒海的通透性不断提高，酸的挥发损失增加，这与酒海内涂物中较小比例的生石灰渐渐溶解，产生的氢氧化钙碱性物质与酸的中和作用也密切相关。

研究中发现，贮存 15 年和 25 年的白酒总酸变化较大，结合表 7-99 来看，其原因可能是：15 年和 25 年的酒精度分别为 66.1%vol 和 59.7%vol，是酒精度最高和较低的，总酸与其酒精度有一定的关系，酒在贮存过程中乙醇和酸的损失主要源于挥发，贮存 15 年的基酒，其酒精度高说明所用酒海密封性好，酒精和酸的挥发损失小，故 15 年份酒总酸较相邻年份酒高，而贮存 25 年的酒则酒精度低，也从侧面说明酒海的密封性较差，有较多的氧进入酒中，酒被氧化的程度较大，形成较多的酸，导致醇的含量降低，同时乙醇和酸的挥发较严重，故其总酸较相邻年份酒低。

3. 总酯的变化

总酯的变化趋势为：先降低、贮存 5~20 年总酯基本趋于稳定，贮存 20~40 年不断波动，其总体变化趋势为减少。其中，新蒸馏出的酒样，其总酯含量最高为 8.02g/L，其在贮存前 5 年变化较大，之后贮存 5~20 年趋于稳定，贮存 20 年以上，其总酯波动性较大，在贮存第 35 年时，总酯含量最低，为 2.85g/L，之后在贮存 40 年有一定幅度的上升，但上升幅度不大。

研究发现，酯类物质属于极性较弱的分子，在高酒精度中溶解度大，因高酒精度比低酒精度的极性大，故贮存 25 年、35 年的酒总酯含量变化最大，其中 35 年的酒精度最低，故其总酯含量最低。基于这些变化规律，结合总酸、总酯、酒精度和企业经营成本，考虑原酒在酒海中贮酒 20 年最佳。

4. 主要香味成分变化

（1）四大酯的变化　四大酯的含量随着贮存时间的延长总体呈下降趋势，在局部有限时间中四大酯的含量呈现波动，这可能与贮酒环境的变化，如与温度、湿度和空气流通性变化有关，也与酒海内涂层的通透性、渗透性有关。依据“相似相溶”规律，酯类物质属于醇溶性物质，酒精度高对酯的溶解度大，故测定的总酯含量高，反之亦然；从酒海的结构特点分析，高酒精度的酒海其密封性好，挥发损失小，因此，其总酯含量也就高。

主要酯类其总含量在基酒新酒中是最高的，为 469.27mg/100mL，贮存 35 年的总酯含量是最低的，为 102.72 mg/100 mL，其主要酯类总含量总体是减少的趋势。

而四大酯——乙酸乙酯（新酒为 240.5mg/100mL）、乳酸乙酯（157.73mg/100mL）、丁酸乙酯（10.9mg/100mL）、己酸乙酯（60.14mg/100mL），在 40 年酒海贮存中其含量分别降低了 90%、70%、40%和 20%以上，这种变化符合物质相似相溶规律。四大酯属乙酯类，为醇溶性物质，除乳酸乙酯外，依乙酸乙酯、丁酸乙酯和己酸乙酯的顺序其中所含的脂肪基团越大，其极性越小。和水相比，60%vol 以上的高度酒属于极性小的溶剂，因而极性小的酯在高度酒中溶解度越大，挥发性越小，年份酒中酯的含量就越高，其含量降低就越少。与乙酸、丁酸和己酸相比，乳酸 2#碳原子连接了一个羟基，使其极性最强，在高度酒中溶解度最小，挥发性最强，贮存过程中损失最大，甚至超过乙酸乙酯的损失，但事实上其损失为 70%，低于乙酸乙酯的损失即 90%，这是由于乳酸、乳酸乙酯可以形成分子内氢键，具有五元环结构，分子内氢键的形成降低了 2#碳原子上羟基的极性，故乳酸乙酯的挥发性低于乙酸乙酯，贮存中其损失量小于乙酸乙酯。

（2）主要醇类随时间变化规律　主要醇类正丙醇、仲丁醇、异戊醇、异丁醇含量总体上呈增加趋势，正丁醇、甲醇含量呈下降趋势。这与酒陈化的酯化机理有关，在贮存的初期阶段因酒的蒸馏和运输中与空气接触，较多的氧溶解在其中，由于氧是非极性物质，酒精度越高的酒其极性越小，越有利于氧的溶解，酒中氧的存在使酒中醇类物质被氧化成醛和酸，酸与醇结合生成酯，酯水解生成酸和醇，酯的水解平衡过程一定程度上会导致醇类物质含量的增加。分析表明，在贮存 10 年内几种醇的含量基本是上升的，这可能是酒海内表层涂物为蛋清中蛋白质分解产生硫化氢、硫醇等还原物质将醛类物质还原形成相应醇类物质引起的，事实上在酒海贮酒的前 2 年左右时间里常常能够闻到酒中有类似于臭鸡蛋等不良气味。甲醇的变化与上述差异较大，主要原因可能是新酒与空气接触，还原性很强的甲醛在贮酒前已被氧化成甲醇，而甲醇具有醇中挥发性最强的性质，新酒中的含量相对于其他醇也是最低的。

当酒贮存 10 年以上时，醇类物质被氧化成酸类物质，酒龄 10~30 年的酒中醇的含量基本低于 10 年酒龄。有机酸含量变化也如此，这与其间醇类物质的酯化有关，更主要的原因是在酒海内涂料中有较小比例的生石灰，随着贮酒时间的延长，酒海内涂层空隙增大，导致生石灰溶解形成氢氧化钙碱性物质，中和了部分有机酸，使有机酸含量下降，经测定酒海贮酒 10 年其 pH 大于 6.0，甚至可高达 6.4，而新酒的 pH4.7，足以说明酒海内涂物对有机酸含量的影响。

甲醇在新基酒中其含量为 12.27mg/100mL，之后随着贮存时间的延长呈现降低趋势，其在贮存 40 年时最低，为 3.96mg/100mL。降低了约 67%，主要原因可能是白酒在自然老熟过程中，甲醇与其他几种醇类相比较而言，其分子质量最小，极性最大，在酒中溶解度最小，挥发性最强，从而相较其他醇类其下降幅度更大，这与白酒陈化机理中的挥发机理有关。同时，甲醇也可作为年份酒的标志物之一，该结果与众多研究结果一致。

分析还发现，带有支链的异醇类物质贮存 40 年其含量达到最大，而正醇类物质其含量均低于 10 年或 5 年酒的含量，这可能是因为异醇类因支链的存在，其挥发性低，贮存 40 年其含量达到最大，而正醇类物质为直链，在酒中的挥发性高，导致其含量不超过甚至低于 10 年酒的含量。

另外，主要醇类其总含量在凤香型基酒新酒中是最低的，为 152.73mg/100mL，贮存 40 年的总醇含量是最高的，为 224.96mg/100mL，其主要醇类总含量总体是增加的趋势，其主要原因是可能与白酒老熟过程中的酯的水解反应有关。

总之，六大醇的含量变化，一方面与其物质本身的性质如分子质量、沸点、极性等密切相关，另一方面与酒体中不断进行的各种化学反应如氧化反应、水解反应、酯化反应等密切相关。

（3）主要酸类随时间变化规律　酒中的酸一方面来源于原酒，另一方面来源于贮酒过程中醇氧化，还有酯类物质分解产生的。有研究发现，酒海贮酒过程中酒中的金属离子含量渐渐增加，通透性提高，而金属离子是酯分解反应的催化剂，在高酸条件下导致酯类物质分解，酸含量增加，而通透性的提高为酸类物质的挥发创造了条件。

分析发现，总酸和乙酸含量变化趋势有一定差异，总酸在贮存中总体上渐渐下降，而乙酸的变化呈现出较明显的波动性，其原因可能是在总酸的组成中只有乙酸钙是可溶的，3 个碳以上有机酸的钙盐均为难溶物质，因而乙酸的挥发与酒海通透性和温度变化关系更加密切，随着温度和酒海内涂层空隙变化乙酸的挥发性呈波动变化。

5. 品评结果

邀请 10 位具有省白酒评委资格的人员，对本次基酒样品进行感官品评。在酒海贮存 5 年的基酒已经能呈现凤香型白酒的特点，适合作为大宗酒来勾兑，能满足广大消费者的一般需要；贮存 5~30 年的基酒，其酒体非常细腻、饱满、优雅，陈味和蜜香突出，适合用于高档酒的勾兑；贮存 30 年以上，由于陈味过于突出，蜜香也非常明显，不适用于做大宗酒勾兑，只作为调味酒“画龙点睛”，提高产品质量。

6. 综合相关分析研究，得出如下结论

（1）酒海贮存的凤香型基酒，其酒精度、总酸、总酯均随贮存时间的延长呈降低趋势，酒海密封性能好，用于贮存高度酒效果最好。综合相关的指标认为：酒海中贮存 20 年时最佳，其能在一定程度上减少酒体挥发的同时最大限度增加酒海的典型风格特征。

（2）四大酯主要呈降低趋势，酯的总含量呈降低趋势；六大醇中正丙醇、仲丁醇、异戊醇、异丁醇含量呈增加趋势，正丁醇、甲醇含量呈下降趋势，醇的总含量呈增加趋势；两大酸含量呈增加趋势，酸的总含量呈增加趋势。

（3）主要微量成分的变化与其酒精度、极性、溶解度、挥发性以及氧化、酯化、水解等多种化学反应密切相关，物质之间的变化规律符合相似相溶原理以及相关的白酒老熟机理如“挥发说”“酯化说”“溶出说”“氧化说”等。

（4）酒海有促进凤香型白酒酒体老熟的作用，凤香型白酒在酒海中贮存时间越长，其陈味、蜜香越突出，感官品评越好，但相关的色谱指标较低。

同时，利用电子鼻和气相色谱-离子迁移谱（GC-IMS）分析结果均表明：新产酒与贮酒香气特征有显著差别，陶坛与不锈钢罐贮酒风格相似，而酒海贮酒风格独特。GC-IMS 4 类酒样中共检测出 66 种挥发性成分，主要为酯类、醛类、酮类、醇类物质；不锈钢罐和陶坛贮酒中乙醇酯类、双乙酰、1-丙醇等物质相对含量较高，在酒海贮酒中含有较多的高级醇酯类、醛酮类等物质；酒海贮酒中具有最低总酸质量浓度，最高可溶性固形物质量浓度、乙醇体积分数和最高的 pH。

第七节　兼香型白酒工艺

兼香型广义是指 2 种或 2 种以上香型复（结）合而成（多指生产工艺上的复合生产），如浓、酱结合（占主要），浓、清结合，浓、清、酱结合等；狭义是指在学习浓香型和酱香型基础上，将两种工艺糅合发展起来的。目前列入国家标准的是浓酱兼香型白酒，相信随着酿酒技术的发展，会有更多的兼香型进入国家标准。

兼香型起始于 20 世纪 70 年代，除白云边酒率先荣获 1979 年第三届国家优质白酒（银奖）后，相继有黑龙江玉泉酒、湖南白沙液、湖北西陵特曲获得国家银质奖。业内认为，兼香型一开始就存在以白云边为代表的酱中带浓风格和以黑龙江玉泉酒为代表的浓中带酱风格的两个流派，它们各有所长。浓酱相兼、酱浓协调是兼香型质量的核心。浓酱兼香型白酒最值得称道之处，就是浓香型酒、酱香型酒两者比例可以随品种、市场不同而进行自我调整。这种成品酒的自由勾调性质，正是中国白酒应向国际蒸馏酒借鉴之处。

浓酱兼香型白酒是在我国传统酱香型和浓香型白酒的基础上发展起来的。它吸取了酱香型白酒的工艺特点——高温曲、高温堆积和浓香型白酒的工艺特点——混蒸续糟、泥窖发酵，把两者的生产工艺创造性地结合在一起，形成了浓酱兼香型白酒独特的生产工艺。浓酱兼香型白酒兼具酱香和浓香白酒的风格特点，既有酱香型白酒的幽雅细腻，又有浓香酒的回甜爽净，口感舒适，浑然一体，别具风格。

作为浓酱兼香型白酒的代表——白云边酒，蝉联 1979 年、1984 年、1989 年三届全国评酒会的国家优质白酒（银奖），2001 年 11 月以白云边为主的浓酱兼香型行业标准 QB/T 2524—2001 由中国轻工业联合会发布，2008 年“白云边”经司法认定为中国驰名商标，2009 年 4 月 GB/T 23547—2009《浓酱兼香型白酒》正式发布。这是对兼香型白酒的肯定，也是对兼香型白酒进一步发展的促进。

作为浓酱兼香型另一流派的代表——玉泉酒，2008 年获得国家质量监督检验检疫总局和国家标准化管理委员会联合发布的“玉泉酒国家地理标志产品标准”，这是黑龙江省白酒企业迄今所获得的第一个标志产品，也是中国白酒企业所获得的第九个地理标志产品。对玉泉酒的定义是：以高粱、优质矿泉水为原料，小麦踩制的大曲为糖化发酵剂，按浓香、酱香生产工艺，采取分型发酵，分型陈贮，精心勾调，陈酿而成的浓酱兼香型白酒。具有“香气浓酱协调、幽雅馥郁，口味绵甜爽净、细腻丰满，香味协调、余味悠长”的特点。其关键是采用了独特的浓酱香分型发酵，也就是二步法酿造工艺。

白云边是采用前 7 轮发酵完全按酱香型操作，后 2 轮则转为浓香型生产；而黑龙江玉泉酒为代表的则采用分型发酵后再勾兑组合的工艺。可以看出二者在工艺上的不同。下面以白云边为例介绍浓酱兼香型白酒的生产。

一、 白云边酒制曲工艺

据熊小毛等研究，白云边酒生产采取高温曲和中温曲分开制曲，结合使用，形成了浓酱兼香型白酒特有的制曲工艺体系。这与浓、酱主流香型有一定区别。

1. 高温制曲

白云边酒高温曲以纯小麦为原料，经高温培养而成，最高温度控制在 65℃。

（1）工艺流程

小麦→润麦→磨碎→加母曲、水拌料→踩曲→晾曲→培菌→摘草→质量检验→入库贮存

（2）操作要点

① 润麦：小麦经除杂处理后，加 3%～5%的热水拌匀，水温控制在 60℃左右，让小麦均匀吸水。润麦时间保持在 2～3h。润麦的主要目的是让小麦表皮吸收少量水分，使之在磨碎过程中被磨成片状。

② 磨碎：将润好的小麦用钢磨粉碎，要严格控制粉碎度。麦皮要磨成“梅花瓣”状，通过 20 目筛的细粉控制在 40%～45%。小麦磨碎的粗细与培菌效果和成曲质量关系密切。高温大曲在培菌过程中要保持足够的水分，让微生物旺盛繁殖，积累温度。如果粉碎过粗，制成的曲坯疏松，水分容易蒸发，热量散失快，微生物的生长繁殖受到影响，导致曲坯来火猛，后火不足，成品曲难以成熟。粉碎过细，曲坯容易黏结，不易透气，水分热量难以散失，使曲坯长时间处于高湿高温状态，不仅会使曲坯严重变形，而且容易导致曲坯酸败，成品曲中黑色曲比例过大，质量下降。

③ 拌料：将曲母、水和磨碎的麦粉均匀混合。要求准确配料，充分搅拌，保证拌和好的曲料均匀、无干粉、无疙瘩，手握成团而不粘手。用量一般在 5%左右，根据季节适当调节。加水控制在原料量的 38%～42%。加水量是影响培菌发酵的重要因素，应严格加以控制。加水量过大，曲坯不易成型，或踩制过紧，使晾曲时间过长。入房后，升温猛，散热难，形成“窝水曲”。加水量过小，曲坯不易黏合，入房后，难以保持水分和温度，造成裂口和干皮，微生物不能正常生长和繁殖，成品曲酱味不足，质量差。

④ 踩曲：同酱香型（略）。

⑤ 晾曲：刚踩制成型的曲坯还不能达到搬运的强度，也不能承受较大的压力，需要在踩曲场地放置一段时间。具体操作是将曲坯踩制成型后平放在场地上，稍后侧立放置，以挥发掉部分水分，使曲坯表面收汗，强度增加。晾曲时间一定要恰当掌握。晾曲时间过长，使曲坯表面水分过度挥发，不利于微生物在表皮生长繁殖。

⑥ 入房堆曲：将曲坯运至曲房，按一定的摆放要求堆码。先将曲房打扫干净，在地面铺上 12cm 左右厚的稻草（有些厂家铺稻壳，不利于保温），然后将曲坯侧立排列，曲坯间用稻草隔开，曲间距 2~3cm，排满一层后，在上面铺上一层 12cm 厚的稻草；再排列第二层，依次排列到 4 层为止，成为一行，接着排第二、三行至若干行，每房最后留 2 行位置，作为翻曲倒曲之用。

稻草的主要作用是保温，同时也是微生物的来源之一。曲坯的各个面均与稻草接触，完全处于稻草之中，这不能不说是高温大曲生产中的一大特点。稻草的挑选，要求新鲜，无霉烂，生长过程中无病虫害。

⑦ 培菌：每房堆曲结束时，在曲堆上面覆盖 12cm 厚的稻草，并在稻草上均匀洒水，关闭门窗，调节通气孔，保温保潮培菌。

第一次翻曲。在适宜的温度、湿度条件下，曲坯上的微生物开始生长繁殖，产生热量，使曲坯品温逐渐上升，夏季经 6d 左右，冬季经 8d 左右，曲坯内部温度上升到 65℃，曲房内的湿度也会接近和达到饱和，此时，曲坯表面布满菌丝，这是霉菌和酵母大量繁殖的结果。应及时进行第一次翻曲。翻曲时应将上、下层，内、外行的曲坯位置对调，以均匀调节曲坯各部位的温度，使微生物在整个曲坯上均匀生长，成熟一致。翻曲过程中，对湿度太大的稻草应予以更换。第一次翻曲时的温度不宜超过 65℃，也不应低于 63℃。掌握好第一次翻曲的时机非常重要。要根据季节和环境条件的变化综合判断和分析。一般应考虑季节、曲房多点温度、曲坯内部温度、培菌时间、曲坯表面菌丝生长情况、曲坯感官特征等因素。在恰当的时候进行第一次翻曲。翻曲过早，曲坯温度偏低，制成的成品曲，白色曲多，酱味不足。翻曲过迟，曲坯温度过高，曲坯变形，黑曲多，有煳味，影响白酒发酵和产品质量。

第二次翻曲。经第一次翻曲后，由于散发大量的水分和热量，曲坯品温降到 50℃以下。2d 后品温又开始回升。经 7~9d，曲坯品温又回升到 58~60℃，即可进行第二次翻曲。二次翻曲后，品温先下降，后又缓慢回升，但回升的幅度明显变小。主要是经过前期的高温堆积后，霉菌、酵母大量死亡，曲坯水分减少，高温细菌的繁殖也受到抑制，无力再将温度升到前次的高度。以后品温开始平稳下降，直到与室温相同。

⑧ 摘草：从入房开始，经过 45d 左右的培养，品温逐渐降至室温，曲坯基本干燥，即可把稻草摘去。要求把黏附在曲坯表面的稻草清除干净，把曲块整齐地堆放在曲房，进一步排出水分，让品温完全降至室温，曲坯成熟。

⑨ 质量检验：分感官检验和理化检验两个方面。感官要求：有较浓郁的酱香味，无其他异杂味；曲块表面颜色，黄色占 60%，白色占 30%，黑色占 10%，断面要求皮薄，黄色无生心。理化指标见表 7-100。

表 7-100 成品曲理化指标

项目	水分/%	酸度	糖化力/（U/g）	液化力/（U/g）	发酵力/（g/100g）
指标	≤14	1.2~2.0	180~350	1.5~2.5	1.5~2.0

⑩ 入库贮存：将成品曲运至贮曲库贮存 3~4 个月后，用于酿酒。曲库要求防潮、防虫、通风。并按先进先出的原则投入使用，避免贮存时间过长影响发酵效果。

2. 中温制曲

白云边酒中温曲以纯小麦为原料，经中温培养而成。最高培养温度为 55℃。工艺流程略。

操作要点：润麦、磨碎、拌料、踩曲、晾曲等操作要点与高温大曲大体相同。只是在拌料时，只加水，不加母曲。加水量比高温曲略少。

（1）入房排列　把曲房打扫干净，在地面上撒一层新鲜稻壳。将曲坯按顺序侧立，排满一行后，再排第二行至若干行，只排一层。曲间距、行距 2~3cm。排满一房后，在曲坯上面盖上草帘，均匀洒上水，以保温保潮。要注意洒水不宜过多，防止水渗到曲坯上。操作完毕，关上门窗，保温培菌。

（2）挂衣　即指曲坯上长霉。在适宜的温度、湿度下，微生物迅速生长繁殖。第一天，曲坯表面出现白色斑点和菌丝体。2~3d 后，曲心温度升到 40℃ 左右，曲坯表面 80%~90% 布满白色菌丝体，闻有甜香气，应揭开草帘，进行第一次翻曲。翻曲时，原来着地的一侧翻朝上，四周的转向中间，排列 2 层，硬度大的曲坯排在底层，每房翻完后继续保温保潮培菌。

（3）前火　第一次翻曲后，品温逐渐上升。注意开关门窗以调节温度和湿度，避免大幅升温和降温。约 2d，当曲心温度升至 50℃ 时，进行第二次翻曲。要求上下层对调，中间与周边对调，并根据曲坯软硬程度逐步加高层数。

（4）中火　第二次翻曲后，曲坯层数进一步加高，在保温保潮的条件下，品温又一直上升。经过前期的培养，微生物大量繁殖，处于生长的旺盛期，进入中期发酵，放出大量的热能，曲心温度升至最高控制温度 55℃，应及时开启门窗降温排潮，防止温度进一步升高，并及时进行第三次翻曲，开始并房，并加高层次，保持温度平稳变化。

（5）后火　经过中火以后，曲坯水分大部分散失，微生物生长繁殖受到抑制，品温缓慢下降，可视曲坯水分情况再进行 2~3 次翻曲。后火要保持一定的温度，让曲心水分继续排出，俗称“挤水分”。如果品温过低，曲心水分散发不出来，导致曲心有酸臭味，长黑毛，出现生心等异常发酵情况。因此，中温曲生产，在品温控制上要做到“前稳、中挺、后缓落”。

（6）拢火　后火期过后，品温逐渐下降，曲心水分降至 16% 左右，曲坯基本成熟，即进行拢火。将曲坯侧立靠拢排列，不留间隔，一般叠至 6~7 层。拢火后，利用曲坯的余温将曲心水分进一步排出，使最后含水量达到 13%，曲坯成熟，培菌结束。

从入房算起，约需一个月的时间，即可出房。

（7）质量检验　感官要求：曲香纯正、气味浓郁，表面有均匀一致白色斑点或菌丝，断面整齐呈灰白色，有生长良好的白色菌丝，皮薄心厚，无异色。理化指标见表 7-101。

表 7-101　　中温制曲理化指标

项目	水分/%	酸度	糖化力/（U/g）	液化力/（U/g）	发酵力/（g/100g）
指标	≤13	≤1.2	≥650	≥5	2.0~2.5

（8）入库贮存　将质量检验后的成品曲运到干燥通风防虫的曲库贮存 3 个月左右，再用于酿酒生产。

3. 白云边曲与浓香、酱香型大曲的比较

白云边曲与浓香、酱香型大曲的比较见表 7-102。

表 7-102　　白云边曲与浓香、酱香型大曲的指标比较

项目	酱香型大曲	浓香型大曲	白云边中温曲	白云边高温曲
水分/%	12.5	18.9	14.0	12.0
酸度	1.83	0.96	0.83	1.68
糖化力/（U/g）	270	1045	870	330
液化力/（U/g）	1.35	6.75	5.35	2.62
发酵力/（g/100g）	0.8	2.03	2.06	0.75
酯化酶/（U/g）	0.42	0.56	0.49	0.36
酯分解率/%	40.72	30.6	27.6	27.8
酵母菌/（万/g）	88.7	183.48	113.9	76.63
霉菌/（万/g）	85.23	95.81	172.4	115.4
细菌/（万/g）	359	550	542	422

摘自：吴鸣等．白酒大曲的测定．酿酒，1991（5）：18-21.

（1）高温曲并不一定是温度越高越好　从目前的生产实践看，浓香型、兼香型、酱香型白酒生产厂家，制曲温度都有提高的趋势，其目的是使酒味丰满，增加后味，完善酒体风格，作用是比较明显的。但高温大曲的特点是随着制曲品温升高，导致最终成曲糖化力、液化力低，酸度、酸性蛋白酶高，酵母菌严重不足，影响发酵，势必使出酒率降低。只有出酒率高，产品质量才有保证。因为白酒中许多香味成分是醇溶性的，如果酒醅中的酒精分含量低，在蒸馏时必然有许多醇溶性的香味物质蒸不出来而残存于酒糟中，势必影响酒的质量。

制曲温度过高，除了发酵动力不足外，还容易使酒的煳苦味加重、酒色发黄。成品酒常带有的焦煳味主要来自高温大曲。因此，高温制曲，并不一定是温度越高越好。高温曲的最高温度不宜超过 65℃，中温曲的最高温度不宜超过 58℃。当然各厂操作有一定区别。

（2）白云边高温制曲与美拉德反应　美拉德反应是氨基化合物和还原糖化合物之间发生的反应，广泛存在于食品加工和食品长期贮存过程中，是形成食品香味的主要反应之一。该反应生成多种醛、酮、醇及呋喃、吡喃、吡啶、噻吩、吡咯、吡嗪等杂环化合物。白酒中特别是酱香型白酒和兼香型白酒中含有较多的杂环化合物，应与美拉德反应有密切的关系。美拉德反应的底物是还原糖和氨基酸。其反应的影响因素包括温度、时

间、湿度、pH、底物的浓度和性质等。高温制曲为美拉德反应提供了有利条件。

高温大曲的主要原料是小麦。小麦淀粉含量高，富含面筋等营养成分，含氨基酸20多种，维生素含量也很丰富。小麦蛋白质的组分以麦胶蛋白和麦谷蛋白为主。小麦中的碳水化合物，除淀粉外，还有少量的蔗糖、葡萄糖、果糖等，以及少量的糊精，非常适宜各类微生物生长繁殖，是美拉德反应的物质基础。

高温制曲的前发酵阶段，由于温度水分适宜，霉菌和酵母大量繁殖，各种酶的活性也较强。曲坯中的还原糖和氨基酸的含量不断上升，美拉德反应的底物浓度高，有利于反应的进行。随着发酵时间延长。曲坯品温逐渐上升到65℃，淀粉和蛋白质的分解进一步加剧，曲坯中的氨基酸、多肽、糖类大为增加。有资料介绍，美拉德反应的最佳条件为pH5.0~8.0，还原糖和氨基酸含量要在6%以下，维生素B在10.5%以下，反应速度随温度升高而加快。高温制曲正好满足了这些条件。美拉德反应速度加快，并形成大量的香味物质。

高温制曲达到最高温度65℃以后，霉菌、酵母大量死亡。高温细菌主要是芽孢杆菌生长旺盛，产生较高的蛋白水解酶，并将小麦中的蛋白质分解为大量的游离氨基酸，为美拉德反应提供了足量的前体物质。有试验表明，地衣芽孢杆菌对美拉德反应有催化作用。这说明美拉德反应与高温细菌的发酵及代谢的酶系有关。因此，可以这样认为，高温制曲培养了高温细菌，高温细菌促进了美拉德反应。

高温制曲过程中，如果曲坯水分过大，踩制过紧，在培菌过程中翻曲不及时，曲坯长时间处于高温高湿状态，导致成曲变黑，有焦煳味。推测黑曲是美拉德反应过度的结果。在高温高湿条件下，淀粉与蛋白质过度分解。糖分过高，反应时间过长，出现焦糖化。黑曲过多不仅成曲质量差，而且会给白酒带来焦苦味。高温大曲应该尽量控制黑曲的比例。一般要控制在10%以内。因此在高温制曲过程中，要合理调节温度和湿度。控制美拉德反应，以得到最理想的反应结果。

（3）高温制曲中的水分控制问题　水是微生物生长所需要的重要物质。它虽然不是微生物的营养物质，但它在微生物的生长中起着重要的作用。水是微生物细胞的重要组成成分，占活细胞总量的90%左右，机体内的一系列生理生化反应都离不开水。营养物质的吸收与代谢产物的分泌都是通过水来完成的，同时由于水的比热高，又是良好的导体，因此能有效地吸收代谢过程中放出的热，并将吸收的热迅速地散发出去，避免导致胞内温度陡然升高，故能有效控制胞内温度的变化。水是影响制曲的关键因素。

高温制曲，由于要在高温高湿的条件下培养微生物，因此需要比中温制曲和低温制曲更多的水分。水分控制要注意两个环节：一是要保证有足够的水添加到曲料中去，二是要掌握水分在曲坯中的保留时间和变化的幅度。

水是分两次加到曲料中去的。第一次是粉碎前的润麦，虽然添加量不大，但小麦表皮通过吸收水分而变软，有利于粉碎。第二次是在拌料时加水。加水量为原料的38%~42%，这是控制的重点。传统制曲是手工拌料，料和水分别用定量的容器计量，但很不准确，水分波动幅度大。现在多采用机器拌料。加水量可以精确控制。季节不同，空气温度、湿度不同，吸收和挥发的速度不同，要注意修正。

二、白云边酒酿造工艺

1. 工艺特点

以高粱为原料，多次投料，6 轮堆积，清蒸清烧和混蒸续楂相结合，9 轮操作，7 次取酒，泥窖发酵。

2. 工艺流程

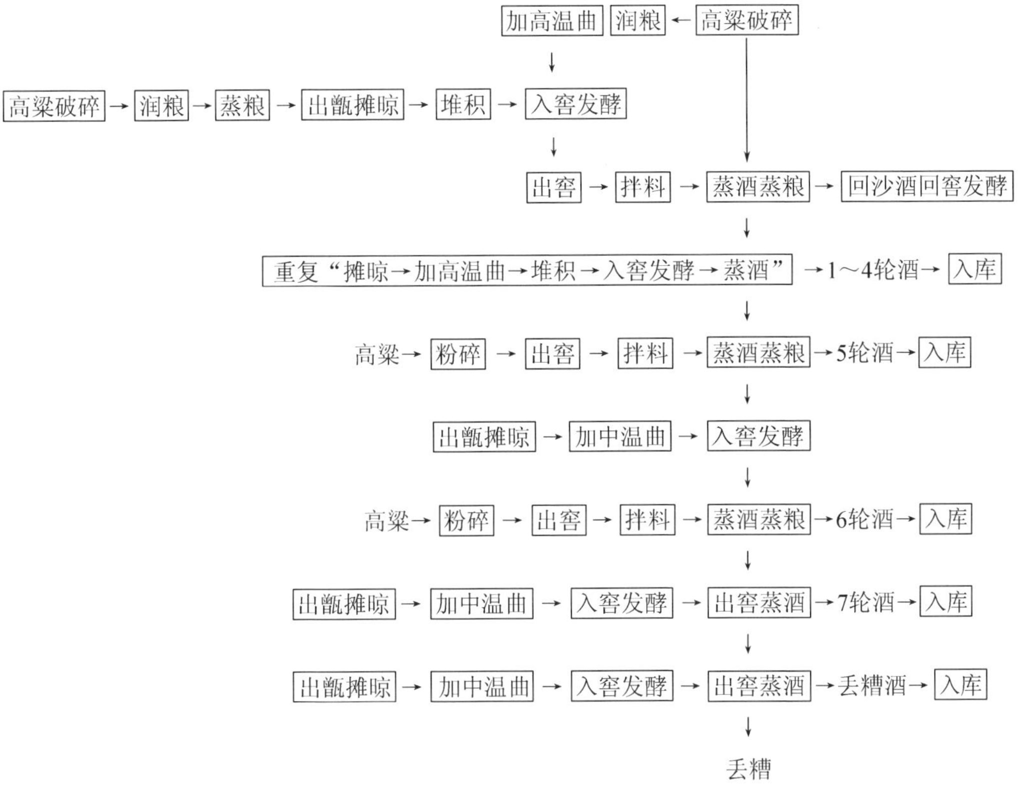

3. 操作要点

（1）第 1 次投料　每年 9 月开始投料，进入新一年度的生产周期。第 1 次投料时间为 15 个工作日，投料量占全年投料总量的 40%。

将高粱破碎，要求 80%的整粒，20%的破碎成 2~4 瓣，运至操作场地，用占投料量 45%的 95℃以上的热水将高粱均匀润湿，收成方堆，放置 8~9h，让其充分吸水后，加入 10%上年度留下来的末轮酒醅拌匀上甑蒸粮。蒸粮时间控制在 100min 左右。要求蒸匀、蒸熟，以无生心为度，不要蒸得过透。将蒸好的粮食出甑，适当补充量水，在晾堂上扬冷至 30℃或平室温，下高温曲，拌和均匀后，运至堆积场地收成圆锥形堆，堆积 2~3d。要求堆体四周同步升温，待堆温升至 55~60℃时，开堆入窖发酵 1 个月。入窖时，要喷酒 2%~3%上年度的末轮酒尾，以调节酸度和增加香味成分。科学利用酒尾，是提高白云边酒质量的有效措施。

（2）第 2 次投料　第 2 次投料时间为 30 个工作日。投料量占全年投料总量的 40%，日投料量为第 1 次日投料量的一半。将高粱破碎，要求 70%的整粒，30%破碎成 3~4 瓣，用占投料量48%的95℃以上的热水将高粱均匀润湿，收成方堆，放置9h。开窖取等量上轮发酵好的酒醅拌和均匀，上甑混蒸混烧。出甑、摊晾、下曲、堆积、入窖发酵与上轮相同。

（3）第3轮操作　将上轮发酵1个月的酒醅取出蒸酒，得到第1轮（次）酒。按酒醅在窖中的位置，分成上、中、下3层，分层取酒，分层分级入库，根据酒醅情况，在上甑时可以适当添加经彻底清蒸后的辅料。蒸完酒后，出甑摊晾至40℃，下高温曲，拌和均匀，运至堆积场地收成圆锥形堆。要求酒醅从堆顶均匀往下滑落，确保收堆温度的一致性。经3d左右的堆积，堆温达到50℃，即可开堆入窖发酵，发酵时间为1个月。

（4）第4~6轮操作　重复第3轮操作过程，分别取得2、3、4轮酒。这几轮操作，时至冬季，热量损失快，下曲温度不能太低，堆积要注意保温。视升温情况，合理掌握堆积时间。随着酒醅的黏性增加，要适当增加稻壳的用量，避免酒醅成团。保证曲粉与糟醅均匀接触，有利于发酵。

（5）第7轮操作　在本轮操作时要加入新料。本轮总投料占全年总投料量的10%。将高粱粉碎，润粮，均匀拌入出窖的酒醅中混蒸混烧，取得第5次酒，出甑摊晾，下中温曲，直接入窖发酵1个月。

（6）第8轮操作　将第7轮发酵好的酒醅取出，添加新高粱粉混蒸混烧，取得第6次酒。蒸完酒后出甑摊晾，下中温曲入窖发酵1个月。本轮总投料量占全年总投料量的10%。

（7）第9轮操作　本轮不加新料，取丢糟酒。取完酒后即行丢糟。另外留一部分不取酒，放在窖中继续发酵，用作下年度生产用母糟。

（8）大生产周期为10个月，每年9月投料，次年6月结束，每轮发酵时间为1个月。

4. 各轮次主要工艺参数

各轮次生产工艺主要参数见表7-103。

表7-103　各轮次生产工艺主要参数

轮次	用曲量/%	辅料用量/%	堆积顶温/℃	入窖水分/%	发酵周期/d
1	10	—	54~59	39~41	30
2	12	—	52~57	41~43	30
3	14	1.5	46~51	43~45	30
4	14	2.5	43~48	45~47	30
5	12	3.5	42~47	46~48	30
6	11	4	42~47	48~50	30
7	8	3	—	50~52	30
8	6	3	—	52~54	30
9	4	3	—	52~54	30

5. 白云边酒生产的特点探讨

（1）高温堆积的作用　高温堆积是白云边酒生产的重要工序。堆积质量的好坏直接影响半成品酒的产量和质量，并对白云边酒风格的形成有重大影响。据白云边酒厂的熊小毛等的分析，白云边酒的高温曲中酵母和霉菌数量极少，以高温细菌为主。曲的糖化力和发酵力较弱。依靠它自身的力量不足以完成发酵过程，必须以适当的途径进行扩大培养和引入酵母菌等酿酒微生物。高温堆积正好解决了这个问题。在堆积过程中，高温曲中的微生物处于适宜条件下，由休眠状态转入生长繁殖状态，并进入对数生长期，微生物数量迅速增加。同时富集了生产场地、空气、操作工具等环境中的微生物，它们在堆积过程中迅速生长繁殖，为糖化和发酵提供了足够的动力，其效果相当于进行了一次中温制曲，并起到了先行糖化的作用。

堆积 2~4d 后，堆表面可见白色菌丝，酒醅酱味浓郁，并有香甜气味。用手插入堆中，可以感觉到较高的温度，足见微生物生长繁殖之旺盛。在堆里边，由于空气相对稀薄，微生物生长繁殖受到抑制，温度变化不大。因此在测定堆温时，应以四周和顶部离堆表面 20cm 左右深处的堆温为准。在第 1 轮和第 2 轮堆积时，由于环境温度较高，酒醅较为疏松，堆积温度上升较快，堆积顶温较高，以后几轮则逐渐下降。

（2）窖池的结构　白云边酒生产窖池的设计考虑了酱浓结合的特点。将窖壁下部 1/3 用黄泥垒成，上部 2/3 用砖砌成，窖底用优质窖泥铺满。这样的窖池结构比全泥窖要好。为保持窖泥的水分，要十分注意保养。在生产过程中，用双轮底发酵提高己酸乙酯含量。

（3）酒醅酸度与发酵的关系　白云边酒总酸含量较高，这与工艺上高温曲、高温堆积、酒醅酸度有直接关系。酒醅发酵需要适当的酸度，因为微生物和糖化发酵的各种酶系总是在适宜的酸度条件下，生长繁殖才最好，酶的活性才最高，积累的代谢产物才最多。白云边酒的酒醅酸度比浓香型要大，生产中大量使用酒尾也是原因之一。实践证明，酸度偏高的酒醅，发酵质量好，酒质也好，产酒也多。酸度对白云边酒发酵的影响，对产品风格形成的作用值得深入研究。

（4）关于高温曲与中温曲结合使用的问题　高温曲的糖化力、发酵力低，生产上必须通过堆积来解决这个问题。而中温曲的糖化力和发酵力比高温曲要高，也可以弥补高温曲的不足。在白云边生产实践中，他们探索出了高温曲和中温曲结合使用的方法，收到了良好的效果。一种是将高温曲与中温曲按比例混合后，在堆积前加入，经堆积培养后入窖发酵。另一种方法是从第 3 次操作开始，堆积用高温曲，在入窖时加入 2%~3%的中温曲，与高温曲协同发酵。实践证明，两种方法都比不加中温曲效果要好。第二种方法优于第一种方法。单从酒醅的酒精含量进行比较，第二种方法比第一种方法提高 8%左右，比不加中温曲提高 10%左右。全轮次综合出酒率提高 5%左右。高温曲与中温曲的结合使用，是浓酱兼香型白云边酒生产特点之一。但高温曲与中温曲怎样协同作用，给发酵过程带来哪些变化，还需深入研究。

（5）丢糟的芳香　白云边酒经过多次投料、9 轮发酵、高比例用曲，积累了大量的芳香物质。但随着发酵轮次的增加，到最后几轮，酒的煳味也增大了，影响酒质。取完第 7 次酒后，酒糟只好全部丢掉。丢糟除了串香以外，残留在丢糟中的芳香物质好像没有其他办法可以利用。在用白云边酒丢糟作饲料发现，将丢糟烘干时放出沁人心脾的芳香，令人陶醉。这是些什么样的物质？为何如此芬芳？究竟有多少进入酒中？能不能把丢糟烘干时产生的气体（香味物质）导入酒中……这些都是值得酒界同仁研究的，对提高兼香型酒质量很有帮助，甚至放大到其他香型酒的生产中去。

三、 白云边原酒贮存与勾兑

1. 白云边原酒的贮存

该厂酿造各班组将当天生产的原酒，按上、中、下层分开并入中转酒库陶坛，并由各班评酒委员自行分级。每周由公司评酒委员对各班组的酒样进行密码品尝、分级。原酒分为优级、一级、二级和不合格4个级别。对初步判断为优级的酒样送色谱室进行色谱分析，将品尝和分析结果结合起来进行综合判定，最终确定级别。全部样品级别确定后，随即计量，分级、分轮、分层入贮存库陶坛密封贮存。陶坛规格有500kg和1000kg两种。对每批入库的原酒要建立档案，用计算机进行管理。最低贮存时间为3年。

白云边酒贮存过程中羟基峰会发生变化，其变化结果见表7-104和表7-105。

表7-104　白云边第2轮酒贮存过程中羟基峰参数变化

样品	新酒	贮存3个月	贮存4个月	贮存5个月	贮存6个月
化学位移	4.733 4.700	4.700	4.700	4.700	4.700
半高峰宽	9.26 2.03	4.03	8.20	3.18	1.36
附注	乙醇羟基峰、水羟基峰	单峰	单峰	单峰	单峰

表7-105　白云边4轮酒贮存过程中羟基峰参数变化

样品	新酒	贮存1个月	贮存2个月	贮存4个月
化学位移	4.700	4.700	4.700	4.700
半高峰宽	7.45	10.37	3.21	1.42

注：样品分别由中科院武汉物理研究所国家重点实验室和华中师范大学分析测试中心跟踪分析。

从理论上可知，反应醇-水体系中氢键缔合状态的核磁共振图谱主要有峰形变化、化学位移、半高峰宽等参数。

由上述两表可以看出，白云边酒经贮存后，羟基的峰形由双峰变成了单峰，其化学位移趋于单一值。这表明，新酒中单独的醇分子聚合体和水分子聚合体均存在，而在贮存过程中，各自的聚合体逐渐解体，彼此通过氢键形成醇—水缔合体或彼此穿插——水分子进入醇分子聚合体，醇分子进入水分子聚合体中。随着贮存时间的延长，羟基氢核峰的半高峰宽值由小变大，再由大变小。这说明水分子和醇分子在进行氢键缔合过程中，彼此羟基的H之间交换速度由慢变快，即由原各自相对稳定的聚合体，由于交换穿插变得不稳定，交换穿插至一定程度又变慢，逐渐形成通过氢键相连的较稳定的醇—水缔合体。

表7-104中，白云边酒第2轮原酒贮存4个月时交换最快，到6个月后趋于稳定。表7-105中，白云边酒第4轮原酒贮存1个月交换最快，贮存4个月趋于稳定，这是因为这种交换受室温及酒中成分不同的影响而有差异，即从缔合角度分析，不同轮次的白云边原酒，其自然老熟的速度是不同的。

2. 白云边酒的勾兑特点

白云边原酒经 3 年以上的贮存后，酒质发生了明显的变化。为准确掌握变化后的情况，先由技术人员对贮存好的酒逐坛进行品尝分类，与入库档案进行对照，并将重新品尝的结果记录在案，存入计算机。然后根据品尝的结果进行勾兑。

（1）原酒分类　通过对贮存的原酒进行品尝，依据其主要感官特征，对每坛酒分出类别。

偏酱香：兼香偏酱；偏浓香：兼香偏浓。

窖底香：己酸乙酯含量较高；乳酯香：乳酸乙酯含量较高。

陈香：具有幽雅的老酒香气；喷香：放香大、浓郁；焦煳香：出现在 6、7 轮酒中。

粮香：具有粮食原料的香气，常出现在 1、2 轮酒中；曲香：类似高温曲的香气；醇香：具有醇甜的香气；回香：余香悠长。

甜：回甜；苦：有后苦味；涩：有涩感；酸：酸味稍重。

幽雅：老熟的标志特征之一；醇厚：酒体醇厚丰满；爽净：后味干净、爽快；细腻：老熟的标志特征之一。

差酒：不能用作白云边酒的勾兑。

（2）同轮次酒组合　白云边酒分 7 个轮次，每个轮次分上、中、下 3 层和优级、一级、二级 3 个级别，根据每个轮次的综合要求和质量标准，把相同轮次的原酒按一定的技术规范组合起来，成为轮次综合酒。

（3）异轮次酒组合　将 7 个轮次的综合酒，按照试验确定的勾兑方案，再一次综合起来，成为基础酒，基本上具备了白云边酒的风格特征，但还不够完美。

（4）调味　首先由勾兑小组集体品尝，认真讨论，找出基础酒不完美的地方，再由首席勾兑师进行小样调味，提出 2~3 个可供选择的调味方案，进行色谱分析，最后由几个国家评酒委员确定一种调味方案，付诸实施。一般通过 2~3 次的调味，即可达到比较理想的水平。

（5）平衡、稳定　通过勾兑调味，原酒的平衡系统被打破，微量成分的量比关系发生了新的变化，需要建立新的平衡。因此，调味后的酒还不能立即装瓶出厂，需要一个平衡稳定的过程，一般要存放 2~3 个月的时间方能出厂。

（6）计算机辅助勾兑　通过品尝评价同一轮次原酒，进行打分，采用组合过程数学模型和最优化方法，对该轮次上、中、下 3 个层次和优级、一级、二级 3 个质量级别的原酒用量进行优化计算，在满足该轮次综合酒质量标准的前提下，最大限度地用质量好的酒带走质量较差的酒，从而提高经济效益。

另外编制了“酒库管理系统”和“知识库管理系统”两个辅助子系统，对库存的动态信息和勾兑调味经验及其规则进行科学的管理，同时为勾兑和调味系统服务。

四、浓酱兼香型新郎酒的工艺创新

四川郎酒集团有限责任公司，是主要以生产销售酱香、浓酱兼香、浓香 3 种香型产品为主的大型现代化企业，以生产优质酱香型白酒——郎酒（国家名酒）而闻名于世。早在 20 世纪 70~80 年代，兼香型产品“郎泉酒”（新郎酒的前身）就以优质的产品质量在消费者心中树立了良好的口碑，尤其在西南地区有极高的知名度。该品牌在 1984 年被评为商业部优质酒；2002 年郎酒改制以后，经过详细的市场调研，确定以“新郎酒”取代原有的兼香型产品，根据自身特点重新设计和创新了科学的生产工艺，形成了合理的产品结构，投放市场后得到了行业专家和消费者的一致肯定。现将其生产工艺特点介绍如下：

1. 新郎酒的生产工艺特点

新郎酒充分利用国家名酒——郎酒得天独厚的地理条件和制酒技术，采用分型发酵产酒、精心勾调的“两步法”生产工艺。它所铸造的优秀品质，来自郎酒“四宝”：佳境、郎泉、宝洞、工艺，在酿造过程中有以下特点。

（1）特殊的酿酒地理环境　郎酒生产基地地处赤水河流域、川黔交界的二郎镇，位于中国白酒金三角的“U”形名酒带上，这里山清水秀，草木葱茏，重峦叠嶂，气候湿润温和，四季分明，特殊的地理位置为酿造最优质的酱香、浓香原酒提供了最佳生态和自然环境；温润的气候和呈弱碱性的土壤，使上百种酿酒有益微生物在二郎镇周围繁衍生息，它们是新郎酒品质形成的必要条件之一。

（2）优质的酿造水源　白酒生产是微生物繁殖及酶活动的过程。此间，都必须有水的参与，水是生命的源泉，也是酿酒的主要原料。古人对酿酒用水极为重视，总结出“湛炽必洁，水泉必香”的经验，故有“佳酿必有佳泉”的说法。新郎酒生产，以郎泉水作为酿造用水。它源于二郎大山，经上千米之厚的地下喀斯特岩层缓慢浸润净化，使郎泉水冬暖夏凉、清澈透明、甘冽清香而微带回甜。有诗云：“出自幽深处，天然更沁香”。足见其天然生成，水质稳定，是酿酒的理想水源，在酿酒过程中能对新郎酒半成品酒基的质量产生积极的影响。经地质部门检测为优质矿泉水。

（3）酿酒原料　新郎酒选用云贵高原及川南种植的米红粮和小麦为原料，米红粮外观：颗粒饱满、大小均匀、壳少皮薄、淀粉含量多，是酿酒的好原料，可使酒体更加细腻、爽净，风格突出。从理化分析上看，单宁含量少，糖化时间短，出酒率高；在淀粉中有 95%左右为支链淀粉，吸水性强，容易糊化。

（4）得天独厚的贮存条件　新郎酒采用国家名酒郎酒的酱香半成品酒作为酒基之一。经“回沙工艺”酿出酱香型原酒，一般需要贮存 3 年以上，才能组合勾调出厂。新郎酒对其酱香酒基的贮存有严格的规定，其贮存时间必须在标注规定的年份时间以上。

新郎酒长时间的贮存对贮酒空间要求非常大。在 20 世纪 70 年代后期几经反复论证，利用美酒河畔五老峰半山腰的两个天然大溶洞来贮藏原酒——天宝洞和地宝洞，上承壁立千仞的二郎大山，下临蜿蜒流转的一线赤水。洞内总面积约 1.42 万 m^2，被称为“神州第一洞藏”，1999 年获上海大世界基尼斯之最。洞里冬暖夏凉，常年保持 19℃ 的恒温。在洞壁密布“酒苔”，滋生着成百上千的有益微生物，新郎酒原酒贮存于洞中，经年累月，自然老熟，幽雅纯正。经研究，洞内贮存的酒体和洞外自然老熟的酒体相比，前者香气更加柔和、优美，酒体更加细腻、协调、丰满。

（5）“两步法”分型发酵产酒工艺　新郎酒其中的酱香原酒生产完全采用国家名酒郎酒的独特工艺，即“四高两长”（高温制曲、高温堆积、高温发酵、高温流酒；贮存期长、生产周期长），经多年洞藏，制成酱香原酒；其浓香原酒酿造同样使用川南优质米红粮，秉承传统的泥窖固态发酵，续糟配料，混蒸混烧法，既采用多粮型制酒工艺，又采用单粮型制酒工艺酿制浓香原酒。两种不同香型的原酒分别贮存于天地宝洞，经一段时间贮存后将两种原酒进行盘勾继续贮存，使其在贮存期得到完全的缔合，呈现出幽雅的香气及和谐的口感。

2. 新郎酒的工艺创新

（1）生产工艺的创新　新郎酒的前身——“郎泉酒”采用前几轮酱香、后3轮浓香这样的大曲酱香型白酒和浓香原酒相结合的生产工艺，1年为1个生产周期。2002年后，经反复实验对比，此工艺生产半成品酒由于存在发酵期较短等诸多原因，其半成品酒质不及两步法生产的酒质。故新郎酒弃用原有的酱浓结合工艺，改为两步法直接生产，酱香原酒采用国家名酒——郎酒的成熟生产工艺。浓香原酒既采用多粮型生产工艺，又采用单粮型生产工艺，为新郎酒的勾兑调味提供优质基酒。

（2）酱香生产工艺的创新　新郎酒的酱香工艺部分进行了多项创新，一是生产原料，高粱破碎度的改进，将传统20%左右的破碎度调整为5%以内，既提高了出酒率，又保证了酒质；二是制曲工艺的创新，将传统制曲品温从62~65℃提高到65~70℃，增加了曲药的酱香和焦香味；三是适当延长了每轮次的发酵期，由28~30d增加到30~35d，使产酒的香气更突出。

（3）浓香生产工艺的创新　在浓香型半成品酒的生产中，对运用生物培养液和翻窖技术的方法进行了实验、分析和总结，创新了一种名为“补充生物培养液进行翻窖的生产技术”的新技术（简称“培养液翻窖技术”），即在窖内糟醅发酵一定时间后，将其翻出，加入适量的“生物培养液”、曲药及稻壳，并充分拌匀，再入池发酵的生产技术。该方法经实验对比，能较大幅度地提高浓香型白酒优质品率。

3. 浓酱兼香型的酒体设计体会

在产品设计时，在适应大多数消费者的同时，也要体现酱香型白酒的幽雅和细腻的风格，所以将浓兼酱、浓头酱尾和绵柔协调作为感官坚持的方向。在勾兑调味上，兼香新郎酒精选天、地宝洞内盘勾后经过长期贮存的酱香、浓香（单、多粮型）两种优质基础酒，按一定比例科学、协调地勾兑融合，然后选用独特的调味酒调味后，其香气呈现高品质酱香与浓香相结合的馥郁感、和谐丰满的口感，体现了川酒注重香气到注重口味的转变：一定量的浓香原酒带来绵甜成分，与酱香原酒结合后给人以酸甜味适中的舒适感觉；一定量的酱香原酒带来多种骨架成分和微量复杂成分，使酒体丰满细腻，后味悠长。

新郎酒采酱香之幽雅醇厚、浓香之甘洌绵甜，通过郎酒特有的盘勾勾兑和调味技艺，将浓、酱两种香型、两种风格迥异的酒体融合得浑然一体，形成浓酱馥郁、谐调舒适、幽雅细腻、丰满圆润、余味悠长、回味爽净的独特风格。它既有浓香型白酒的甘洌与浓郁，又有酱香型白酒的绵软内敛，是传统工艺与现代科学技术的结晶，是通过极致的调和艺术精心打造的上乘和谐佳酿。2005年，新郎酒荣获中国十大最具增长潜力白酒品牌。2010年销售4000多吨，销售收入近6亿元，以后几年销售逐步攀升，其优异成绩被中国酒业协会授予“浓酱兼香型代表”称号。

五、不同流派兼香型白酒的比较

据不完全统计，全国14个主要兼香型白酒生产企业近几年兼香型白酒产量10万kL，销售额约100亿元，出现不断增加的趋势，兼香型白酒在行业的地位不断提升。向军等为进一步了解兼香型白酒市场的口感流行趋势和合理调整产品结构，通过市场采样对全国兼香型白酒酒样进行了感官品评与理化分析。现介绍如下供参考。

1. 兼香型白酒的品评

按照国家白酒感官检评的方式，根据酒精度、价格等因素，按照质量、价格因素将41个酒样分成7轮密码编号，由省级及以上白酒评委组成的评酒委员会成员暗评，综合大多数评委的意见，形成最终评语。将酒样分别从低档、中档、高档对感官评语进行了综合统计。

发现不同企业生产的兼香型白酒产品的个性以及不同流派特点在口感上有很大的区别。

（1）低档兼香型白酒感官品评分析　低档兼香型白酒对口味的要求不高，基本上维持了香气正、口味甜、淡雅、较净爽的特点。这一档次的兼香型白酒产量在整个酒种里所占比例不是很大，在北方销售比较多，其他地区相对较少。白云边42%vol金满缘、45%vol金满缘、42%vol三年陈酿占有一定优势。

（2）中档兼香型白酒感官品评分析　作为兼香型白酒的主打产品，近几年市场流行口感变化较大，以白云边酒为代表产品的兼香型酒从过去强调以酱为主、以浓为辅，现转为酱浓谐调，陈香为辅，香气馥郁；以玉泉酒为代表产品的浓中带酱的兼香型酒从强调浓中有酱，放香浓郁，改为浓中有酱，香气淡雅。从收集到的所有中档兼香型酒样品的综合评语看，中档兼香型酒浓酱谐调，幽雅舒适，口味绵甜，酒体丰满柔和，回味爽净的口感特征是市场认可的主流口感。从整个品评过程中发现，浓香型酒作为白酒市场的主要流派深深地影响着兼香型白酒口味的走向，影响着兼香型白酒主要消费者。所以，绝大多数企业在产品的口味上有了比较大的变化，向川派浓香型酒靠近的趋势更为明显。

（3）高档兼香型白酒感官品评分析　从收集到的高档兼香型白酒的情况看，浓中带酱流派的兼香型白酒不多，酱中带浓流派的兼香型白酒样品占的数量较大，其中白云边、新郎酒、口子窖、今世缘、玉泉酒的内在品质尤其令人称道。酱浓谐调，幽雅馥郁，酒体细腻丰满，回甜爽净依然是高档兼香型白酒口味的流行趋势。对于高端消费群体，品质更重要，他们更喜爱带有明显老陈酒特征的香气，要求酒香幽雅馥郁，口味甘润柔滑。

2. 兼香型白酒微量成分分析

兼香型白酒在标志浓香型和酱香型白酒特征的一些微量香味成分含量上恰好在浓香型和酱香型白酒之间，较好地体现了其酱浓谐调、兼而有之的特点。不同地区所产兼香型白酒因地理环境的不同，酿酒原料、制曲原料、生产工艺的不同，各自具有鲜明的个性特征，这种差别所显现的异同点，在白酒的香气、口味和个性、微量香味成分及相互间的量比关系上体现出来。作为兼香型两个流派的代表白云边、玉泉酒及口子窖酒、兼香新郎酒等优势明显。

（1）兼香型酒样的微量成分分析　对采集的41个全国兼香型酒样做了微量成分的色谱分析，分别从酸类、酯类、醇类、醛类物质来进行分析和探讨。

① 酸类的分析：酸是白酒中最重要的味感物质，是白酒中的协调成分，恰当含量的酸可使酒体丰满、醇和、自然感好，可以延长酒的后味，消除酒的杂味。有机酸的含量高低是酒质好坏的一个标志，在兼香型白酒中含量较高的乙酸、己酸、丁酸、丙酸、戊

酸之间的比例是否合理、协调决定了酒的内在品质和产品档次。我们选择了几种具有代表性的酒样进行酸类色谱分析（表 7-106）。

表 7-106　　酸类组分分析结果　　单位：mg/L

酒样	乙酸	丙酸	异丁酸	丁酸	异戊酸	戊酸	己酸	庚酸
38°玉泉 10 年陈酿	410.49	0.00	4.94	70.10	3.38	12.28	215.97	8.61
50°趵突泉	369.75	41.16	0.00	130.67	8.67	28.07	380.91	8.21
42°藏品新郎酒	420.57	36.86	7.81	95.91	7.92	22.93	494.75	9.39
42°白云边 15 年陈酿	411.96	71.86	13.25	83.75	10.52	23.91	271.65	5.08
48°龙滨王 20 年陈酿	556.77	0.00	13.58	89.94	10.87	19.08	218.46	8.00
46°口子酒 10 年陈酿	438.44	34.78	8.38	118.46	7.11	19.84	656.04	2.30
45°黄鹤楼秘酿壹号	645.92	58.70	11.53	123.88	8.03	32.27	595.66	8.44
45°白云边 20 年陈酿	478.49	61.13	10.77	85.54	9.16	26.75	387.22	9.85
52°白沙液 15 年陈酿	399.65	46.27	12.02	156.69	11.85	41.78	628.51	19.66
42°四开今世缘	338.57	65.46	11.97	199.89	11.38	38.48	718.29	9.58
平均值	447.06	41.62	9.43	115.48	8.89	26.54	456.75	8.91

由上表可以看出，在中、高档兼香型酒中，丁酸、丙酸、戊酸的含量绝大多数是丁酸>丙酸>戊酸，只有含量较高的乙酸、己酸在不同的兼香型酒中含量存在差异，如乙酸与己酸的比值，白云边兼香系列比值为（1.2∶1）～（1.5∶1），45%vol 黄鹤楼秘酿壹号、52%vol 白沙液十五年陈酿、46%vol 口子酒十年陈酿、42%vol 四开今世缘比值为 1∶1.5左右，2 种酸在酒中的比值正好与白云边相反，白云边中、高档兼香型酒中五大含量高的酸类排序为乙酸>己酸>丁酸>丙酸>戊酸，玉泉酒为乙酸>己酸>丁酸>戊酸>庚酸，其他兼香型酒为己酸>乙酸>丁酸>丙酸>>戊酸。乙酸给酒带来愉快的香气和酸味，并使酒有爽快带甜的口感，己酸有强烈脂肪臭，有刺激感，有大曲味，爽口。己酸由于碳链较乙酸长，阈值比乙酸大，延长酒的后味的作用比较明显，同时压香作用也比乙酸明显。因此，在兼香型白酒中含量较高的酸之间的比例合理、协调的前提下，乙酸含量稍高于己酸有利于增加酒香的层次感，使酒更爽净。从表 7-106 中也可知，白云边酒特征性成分之一的庚酸含量在 1.5~24mg/L，并且在白云边酒系列酒中广泛存在。

② 酯类的分析：酯类是白酒香味的重要成分，在白酒中，除了水和乙醇之外，酯的含量占第三位。在酯的呈香呈味上，通常是相对分子质量小而沸点低的酯放香大，且有各自特殊的芳香。相对分子质量大而沸点高的酯类，香味虽然不强烈，却有极其幽雅的香气。己酸乙酯、乙酸乙酯、乳酸乙酯、丁酸乙酯、戊酸乙酯、庚酸乙酯是兼香型白酒中比较重要的酯类。几种具有代表性酒样的酯类色谱分析结果见表 7-107。

表 7-107　　酯类组分分析结果　　单位：mg/L

酒样	甲酸乙酯	乙酸乙酯	丁酸乙酯	乙酸异戊酯	戊酸乙酯	己酸乙酯	庚酸乙酯	辛酸乙酯	乳酸乙酯
38°玉泉 10 年陈酿	0.00	453.67	161.17	0.00	17.78	565.45	4.35	3.27	568.55

续表

酒样	甲酸乙酯	乙酸乙酯	丁酸乙酯	乙酸异戊酯	戊酸乙酯	己酸乙酯	庚酸乙酯	辛酸乙酯	乳酸乙酯
50°趵突泉	0.00	1011.64	193.64	0.00	65.91	1382.56	30.07	29.70	1347.70
42°藏品新郎酒	2.22	879.22	185.57	0.00	35.77	1789.18	12.58	7.70	693.04
42°白云边15年陈酿	4.53	1026.48	164.58	2.74	53.41	1483.51	15.56	10.89	700.64
48°龙滨王20年陈酿	0.00	897.77	142.57	0.00	19.92	842.36	7.22	0.00	1276.75
46°口子酒10年陈酿	0.00	700.58	125.27	0.00	20.41	1164.99	16.90	14.09	563.29
45°黄鹤楼秘酿壹号	4.98	1408.14	191.93	0.00	62.75	1559.86	32.58	12.29	672.05
45°白云边20年陈酿	4.91	1238.81	171.92	3.00	58.09	1658.46	17.32	12.27	668.14
52°白沙液15年陈酿	4.83	866.09	296.47	0.00	67.36	1609.86	30.05	37.07	995.40
42°四开今世缘	2.29	906.04	253.86	0.00	65.01	2185.39	41.72	42.70	1368.18
平均值	2.38	938.84	188.70	0.57	46.64	1424.16	20.84	17.00	885.37

从表7-107可以看出，乙酸异戊酯在有的酒样中不存在，但在白云边系列酒中存在，说明了乙酸异戊酯是白云边兼香型酒的特征性成分。白云边系列酒中戊酸乙酯含量是其他兼香型酒的1~2倍，戊酸乙酯是风味呈陈味的成分之一，能赋予白酒优美的陈香。正是由于白云边酒戊酸乙酯、庚酸乙酯、辛酸乙酯、乙酸异戊酯等相对分子质量大而沸点高的酯类在酒中含量都比其他兼香型酒占优势，才造就了白云边酒的幽雅馥郁香气。从表中组分含量的平均值可知兼香型白酒中己酸乙酯：乳酸乙酯：乙酸乙酯：丁酸乙酯的值约是2：1：1：0.1，与浓香型酒中四大酯的比值一致，说明了从四大基础香型中发展起来的兼香型白酒与浓香型白酒有着很深的渊源，这是兼香型白酒在香型产生和发展过程中科学辩证地吸取其他工艺长处为己用的一种体现。

③ 醇类的分析：醇类化合物在酒中既呈香又呈味，它在挥发过程中“拖带”其他香味成分一起挥发，起到了助香作用，它是形成酯的前体物质。多元醇在白酒中呈甜味，因其具有黏稠性，在白酒中起缓冲作用，增加酒的绵甜感和醇厚感。它也是构成相当一部分味觉的骨架，主要表现为柔和的刺激感和微甜、醇厚的感觉，赋予白酒适量的苦味。几种具有代表性酒样的醇类色谱分析结果见表7-108。

表7-108　醇类组分分析结果　单位：mg/L

酒样	甲醇	仲丁醇	正丙醇	异丁醇	2-戊醇	正丁醇	活性戊醇	异戊醇	正戊醇	正己醇
38°玉泉10年陈酿	0.00	13.34	176.82	34.15	0.00	26.55	26.89	98.14	10.37	11.70
50°趵突泉	70.85	78.79	457.90	131.58	8.58	98.95	82.95	258.11	22.73	46.28
42°藏品新郎酒	54.39	58.17	1022.45	49.44	8.42	46.47	24.66	105.54	17.90	14.54
42°白云边15年陈酿	90.04	31.12	426.78	78.57	8.76	72.72	46.42	181.05	15.45	23.74
48°龙滨王20年陈酿	82.54	0.00	31.92	16.57	0.00	14.84	10.78	46.90	10.58	0.00
46°口子酒10年陈酿	33.34	27.95	143.09	62.25	6.10	96.31	42.19	157.76	6.76	33.63

续表

酒样	甲醇	仲丁醇	正丙醇	异丁醇	2-戊醇	正丁醇	活性戊醇	异戊醇	正戊醇	正己醇
45°黄鹤楼秘酿壹号	63.20	122.00	1319.21	79.65	13.22	68.10	33.04	162.77	13.41	21.05
45°白云边 20 年陈酿	88.08	67.09	713.50	71.90	7.20	67.61	43.04	177.54	10.19	25.04
52°白沙液 15 年陈酿	134.61	50.86	295.13	102.35	14.73	222.99	62.60	242.41	19.63	101.18
42°四开今世缘	100.23	75.40	233.95	83.81	25.67	166.24	40.58	177.33	29.39	97.31
平均值	71.73	52.47	482.08	71.03	9.27	88.08	41.32	160.76	15.64	37.45

从表 7-108 可以看出，白云边、藏品新郎酒、四开今世缘中醇类化合物含量较多，香气更持久，味道更丰满；酱中有浓的白云边跟浓中有酱的玉泉酒相比成分更复杂，说明白云边的整体质量要优于玉泉酒。在醇类化合物中正丙醇对兼香型白酒尤为重要，它在酒中的含量是兼香型白酒区别浓香型和酱香型白酒的特征性成分之一。白云边的正丙醇含量较高，它是玉泉酒和口子酒的 3～4 倍，新郎酒、黄鹤楼的正丙醇含量超过了 1000mg/L。

④ 醛类的分析：醛类是构成白酒香味的重要成分，对白酒的香气有协调作用。它可以提携其他香气分子的挥发，增加酒的放香和进口香。乙缩醛有清香味，可以增加酒体的柔和感；异戊醛、异丁醛呈坚果香；乙醛和乙缩醛的含量多少及其量比关系，直接关系到酒的风格水平和酒体质量水平。几种具有代表性酒样的醛类组分色谱分析结果见表 7-109。

表 7-109　　醛类组分色谱分析结果　　单位：mg/L

酒样	乙醛	乙缩醛	异丁醛	异戊醛
38°玉泉 10 年陈酿	58.59	31.92	0	0
50°趵突泉	236.87	236.92	0	4.15
42°藏品新郎酒	151.06	98.29	2.59	2.58
42°白云边 15 年陈酿	215.38	170.22	5.3	3.73
48°龙滨王 20 年陈酿	140.68	130.05	0	2.86
46°口子酒 10 年陈酿	65.73	64.53	0	0
45°黄鹤楼秘酿壹号	199.15	151.54	2.59	3.19
45°白云边 20 年陈酿	214.39	177.07	4.2	3.07
52°白沙液 15 年陈酿	216.72	262.27	5.07	4.51
42°四开今世缘	163.41	106.71	4.87	5.01
平均值	166.20	142.95	2.46	2.91

数据显示，乙醛、乙缩醛的含量接近于 1∶1，说明兼香型白酒在较长的贮存过程中，醛类间的反应达到了平衡，在感官上呈现出的特点是香气协调，有陈味，口味醇和；另外，白云边、新郎酒、今世缘、趵突泉的乙醛、乙缩醛含量高出口子酒 1 倍，白云边酒的乙醛、乙缩醛含量高出玉泉酒 3 倍，因此酱中有浓的兼香型白酒在香气上更幽雅，陈味更

足，口味更加细腻，酒体更丰满，回香回味更持久。

（2）兼香型酒样理化卫生指标对比　对41个酒样做了理化卫生指标的分析，其中几个酒样的分析结果见表7-110。

表7-110　理化卫生指标的对比分析

酒样	总酸/（g/L）	总酯/（g/L）	甲醇/（g/100L）	杂醇油/（g/100L）	固形物/（g/L）
38°玉泉10年陈酿	0.87	1.36	0.005	0.05	0.6
50°趵突泉	1.37	3.78	0.008	0.08	0.23
42°藏品新郎酒	1.17	2.62	0.010	0.033	0.2
42°白云边15年陈酿	1.02	2.71	0.014	0.086	0.31
48°龙滨王20年陈酿	1.32	3.24	0.008	0.083	5.57
46°口子酒10年陈酿	1.55	2.60	0.006	0.043	0.18
45°黄鹤楼秘酿壹号	1.86	3.12	0.006	0.067	0.31
45°白云边20年陈酿	1.23	2.90	0.015	0.089	0.33
52°白沙液15年陈酿	1.60	3.06	0.010	0.077	0.72
42°四开今世缘	1.37	3.53	0.010	0.086	0.31
平均值	1.34	2.89	0.009	0.069	0.88

分析结果表明，部分低档兼香型酒样中，总酯高于总酸近5倍，明显香大于味。数据显示，玉泉酒总酸为0.87g/L，总酯为1.36g/L，总酸：总酯=0.7：1，香和味比较谐调，香较淡雅，口味较淡薄，回味较净。白云边的总酸平均高出玉泉酒0.2g/L左右，总酯平均高出玉泉酒1.3g/L左右，今世缘总酸与白云边的总酸相近，总酯是白云边总酯的0.5倍。

3. 结论与分析

（1）对全国兼香型白酒酒样的品评，可以看到低档兼香型白酒对口味的要求不高，基本上维持了香气正、口味甜、淡雅、较净爽的特点。以白云边为代表的酱中带浓流派，浓酱谐调、幽雅舒适、口味绵甜、酒体丰满柔和、回味爽净的口感特征得到市场广泛认可；以玉泉酒为代表的浓中有酱流派，在北方凭借浓中有酱、香气淡雅、入口绵甜、诸味谐调、尾味爽净的特点在东三省有着较强的影响力，占据了当地大部分市场；四川、江苏、安徽等地的兼香型白酒也表现出了它们独特的个性及优势。今世缘幽雅馥郁的香气，绵甜圆润的口感得到评委的一致好评。

（2）对微量香味物质成分的分析中，作为白云边酒为代表产品的兼香型酒特征性成分之一的庚酸含量在1.5~24mg/L，并且在白云边系列酒中广泛存在，白云边系列酒中己酸乙酯的含量约是玉泉酒的2倍，乳酸乙酯约是玉泉酒的1.5倍，戊酸乙酯约是玉泉酒的2倍，庚酸乙酯约是玉泉酒的4倍，辛酸乙酯约是玉泉酒的4倍，乙酸异戊酯（9~18mg/L）作为白云边酒的特征性成分，含量虽然少，但是在白云边系列酒中都存在，戊酸乙酯含量是其他兼香型酒的1~2倍，戊酸乙酯正是风味呈陈味的成分之一，能赋予白酒优美的陈香。有些相对分子质量大而沸点高的酯类在酒中还起到烘托主体香，增加和丰富酒的香韵作用。白云边、藏品郎酒的正丙醇含量比其他兼香型的白酒含量高，郎酒、白云边、今世缘、趵突泉的乙醛、乙缩醛的含量较高，大多数的样品乙醛、乙缩醛的含量都接近于1∶1，这说明兼香型白酒在较长的贮存过程中，醛类间的反应达到了平衡，在感官上呈现出的特点是香气协调，有陈味，口味醇和。白云边系列酒总酸与总酯比接近1∶2.5，经过陈酿的酒，大都放香不足，稍高的酯含量有利于酒的香气散发，与挥发性的酸类、羰基化合物、含氮化合物等共同形成兼香型幽雅馥郁的香气。

六、 GB/T 10781.8—2021 新要求

根据2014年9月26日印发的《国家标准委关于下达2014年第一批国家标准制修订计划的通知》(国标委综合〔2014〕67号)，《浓酱兼香型白酒》国家标准列入修订计划(计划编号：20140433-T-607)，以推动浓酱兼香型白酒产品质量提升，既要保证标准修订工作的科学性、合理性，也要兼顾相关方的利益诉求，发挥标准的技术引领作用，促进行业技术进步和健康发展。修改稿经几易其稿，反复征求各方意见，于2021年11月26日发布，2022年6月1日实施，代替GB/T 23547—2009，主要变化如下：

1. 修改名称

修改为“白酒质量要求 第8部分：浓酱兼香型白酒”，同步更改英文名称。

中华人民共和国国家标准

GB/T 10781.8—2021
代替 GB/T 23547—2009

白酒质量要求
第8部分：浓酱兼香型白酒

Quality requirements for baijiu—
Part 8：Nongjiangjianxiangxing baijiu

2. 增加引言

根据相关文献资料和产品的跟踪检测数据研究，白酒在自然条件下，其有机酸类、醇类与酯类物质将发生可逆的相互转化反应，不同白酒产品发生酸酯可逆的相互转化的时间、速度也不相同，这是白酒的自然属性。新标准增加引言，对白酒内在物质的客观规律进行表述，反映白酒的客观实际，也有利于相关方理解和使用标准。

3. 术语和定义

新标准融合了浓香型和酱香型酒的工艺特点，将两者巧妙地结合起来，形成了浓酱兼香型白酒独特的生产工艺。根据对浓酱兼香型白酒典型生产工艺和产品风格特征的提炼和总结，形成其定义和术语：以粮谷为原料，采用一种或多种曲为糖化发酵剂，经固态发酵（或分型固态发酵)、固态蒸馏、陈酿、勾调而成的，不直接或间接添加食用酒精及非自身发酵产生的呈色呈香呈味物质，具有浓香兼酱香风格的白酒。

4. 感官要求

白酒是传统嗜好性食品，感官要求的表述应同时体现专业性与通俗性，以便专业鉴定与引导消费。为此，修改稿在充分借鉴了不同香型白酒产品的专业品评表述的基础上，总结浓酱兼香型白酒的感官共性与特性，有利于监督检验机构、消费者正确品评与欣赏，感受其特殊风味。感官要求见表 7-111。

表 7-111　　感官要求

项目	优级	一级
色泽和外观	无色或微黄，清亮透明，无悬浮物，无沉淀*	
香气	浓酱香气谐调，幽雅，陈香突出	浓酱香气谐调，舒适
口味口感	丰满细腻，绵甜爽净，回味悠长	醇甜爽净，柔和，回味绵长
风格	具有本品典型风格	具有本品明显风格

* 当酒的温度低于10℃时，允许出现白色絮状沉淀物质或失光。10℃以上时应逐渐恢复正常。

5. 理化要求

酸和酯是白酒中重要的风味物质，酸酯含量的变化将会影响白酒风格，理化指标增加了酸酯总量和己酸+己酸乙酯，删除了正丙醇。

根据样品实测情况，对产品按出厂 1 年前后给出具体要求。理化要求见表 7-112。

表 7-112　　理化要求

项目			优级	一级
酒精度/（%vol）			25.0~68.0	
固形物/（g/L）		≤	0.60	
总酸*/（g/L）	产品自生产日期≤一年执行的指标	≥	0.60	0.40
总酯*/（g/L）	产品自生产日期≤一年执行的指标	≥	1.60	1.00
己酸乙酯*/（g/L）	产品自生产日期≤一年执行的指标		0.60~2.00	0.60~1.80
酸酯总量*/（mmol/L）	产品自生产日期>一年执行的指标	≥	35.0	30.0
己酸+己酸乙酯*/（g/L）	产品自生产日期>一年执行的指标	≥	1.20	0.80

* 按 45.0%vol 折算。

第八节　特香型白酒工艺

据考证，江西省境内众多大曲白酒，如江西特曲、李渡高粱、浮云酒、临川大曲等，由于原料相同、工艺相似，因而在香味成分方面具有相同的特征，在感官特征方面也非常相似，均类似于四特酒，都属于特香型白酒。

周恒刚将特型白酒的工艺特点概述为“整粒大米为原料，大曲面麸加酒糟，红褚条石垒酒窖，三型具备犹不靠”（三型指浓、酱、清香型）。特型白酒以四特酒为代表，具有典型风格及独特工艺，该酒荣获全国第五届评酒会国家优质酒称号。

一、 特香型白酒的风格特点

其典型感官特征为“酒色清亮、酒香芬芳、酒味纯正、酒体柔和”，也可表述为“幽雅舒适、诸香协调、柔绵醇和、悠长回甜”，即香气具有多类型、多层次的芬芳，它既清淡又浓郁；既幽雅又舒适。酒味给人以醇和、绵甜、圆润、无邪杂味之感。酒体色香味俱佳，酒体纯净，整体协调和谐。

江西的陈全庚等从1986年起先后承担了“四特酒香型研究”“四特酒香味成分特征研究”“四特酒主要香味成分研究”等纵、横向研究项目，在特香型白酒香味成分特征研究方面做了一些探索，详见表7-113、表7-114、表7-115，发现正丙醇含量高等是特香型白酒香味成分方面的一大特点。

表 7-113　　江西特香型白酒醇类的分析结果　　单位：mg/100mL

酒名	甲醇	正丙醇	仲丁醇	异丁醇	正丁醇	异戊醇	正己醇	各醇之和（*E*）	正丙醇：*E*
四特酒	8.7	252.6	27.4	16.7	4.3	58.7	3.9	372.3	0.68
李渡高粱酒	4.8	69.7	9.0	13.1	7.3	15.8	—	119.7	0.58
浮云酒	4.9	153.5	10.1	18.7	10.6	72.7	4.1	274.6	0.56
江西特曲	6.1	97.1	—	11.6	19.3	7.8	—	146.1	0.66
临川大曲	10.3	97.1	—	11.6	19.3	7.6	—	146.1	0.66

表 7-114　　四特酒与各类香型名优白酒醇类的分析结果　　单位：mg/100mL

酒名	甲醇	正丙醇	仲丁醇	异丁醇	正丁醇	异戊醇	正己醇	各醇之和（*E*）	正丙醇：*E*
汾酒	4.5	17.9	4.0	12.2	—	49.7	—	88.8	0.20
泸州老窖	4.9	17.0	8.7	14.3	18.9	48.5	7.8	120.1	0.14
茅台酒	4.2	37.4	63.2	15.1	6.5	48.5	10.0	175.9	0.21
桂林三花酒	—	20.6	1.3	50.2	—	89.9	—	162.0	0.14
董酒	4.8	90.0	64.3	33.6	13.4	98.3	15.5	319.9	0.28
西凤酒	0.2	52.0	8.4	16.0	56.0	47.3	1.8	181.7	0.29
四特酒	8.7	252.6	27.4	16.7	4.3	58.7	3.9	372.3	0.68

表 7-115　　各类香型国家名优酒中正丙醇香味强度比较

香型	清香型	浓香型	酱香型	米香型	风香型	约香型	特香型
代表酒名	汾酒	泸州老窖	茅台酒	桂林三花酒	西凤酒	董酒	四特酒
香味强度	0.2	0.2	0.5	0.3	0.7	1.3	2.4

从上述三个表中数据可以看出：

（1）江西省境内所产的一些主要“特型”酒所含醇类香味成分中，正丙醇的含量占很大比例，大大高于其他醇类。

（2）在各类香型国家名优白酒中，江西“特型”酒的典型代表——四特酒的正丙醇含量最高，是其他国家名优白酒的4~5倍；就正丙醇含量与各醇含量之和的比值来看，四特酒也大大高于其他国家名优白酒。众所周知，白酒的风味不但与所含香味成分的绝对含量相关，更取决于所含香味成分的香味强度（香味强度=某物质含量/该物质阈值）。

以胡国栋为首的课题组通过多年的研究发现，四特酒的微量香味组分具有独特的量比关系，其主要特点为：

① 富含奇数碳脂肪酸酯（包括丙酸乙酯、戊酸乙酯、庚酸乙酯与壬酸乙酯），其量为各类白酒之冠。

② 含有大量的正丙醇，它的含量与丙酸乙酯及丙酸之间具有极好的相关性。

③ 高级脂肪酸乙酯的含量超过其他白酒近一倍，相应的脂肪酸含量也较高。

二、 特香型白酒的调查研究

1972年5~12月轻工业部食品发酵工业科学研究所与樟树酒厂合作（以熊子书领衔），进行了“提高江西四特酒质量调查研究”，现将此次研究成果总结于后，供参考。

四特酒的工艺特点：以整粒大米为原料，不经粉碎和浸泡；大曲为面粉、麸皮和新酒糟配合踩成曲坯，制曲温度为52~55℃，顶温达58~60℃，属中高温曲，带酱香味；采用传统续糟混蒸4甑操作，发酵池为红褚条石砌窖底，水泥勾缝底垫泥，发酵周期为1个月，然后经蒸酒、存放和调度而成，成品酒勾兑时加入适量的糖。

经过仔细的观察与分析，吸取中国三大香型白酒的经验总结，制订出提高四特酒质量的操作法和技术说明，选出班组进行生产规模的实验，从酿造原料、工艺条件和贮存勾兑等方面分别进行对比，找出影响工艺质量的因素，制订出成品酒的质量标准。

1. 四特酒传统工艺特点

为了提高地方优质酒的质量，在四特酒的原有基础上，以提高其香味为重点。四特酒的质量以香浓、味醇、回甜及无杂味为指标。工艺流程如下，并采用不同酿酒原料和工艺条件进行对比。

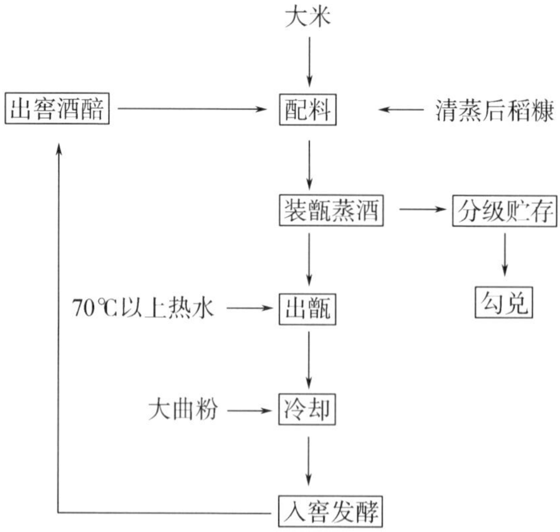

（1）酿酒原料　高粱酿酒香好、味正、风味悠长，中碎米次之。

（2）生产工艺　曾进行了人工老窖、辅料清蒸、截头去尾、回酒发酵、回醅发酵及最后两者合并发酵等的试验，前三者对提高质量均有明显的效果，符合试制的要求，后三者均可提高白酒的香味，以回酒发酵简单易行，不增加劳动强度，容易掌握。

（3）酿酒技术　必须操作细致，要求达到稳、准、细、净，这样可使酒的香味醇厚，带有回甜感，除去异杂味。同时在成品酒中采用勾兑调配，调整风味，以新、老酒和不同香、醇、甜的产品按比例相互调和，取长补短，使产品质量达到一致，才能包装出厂。

2. 提高四特酒质量的技术措施

（1）人工培养窖泥　选用黄土晒干，砸细，加大曲粉、酒尾和黄浆水等拌和，踩成泥状，堆积培养约1个月，填于发酵池底。从试验结果可以看出，发酵酒醅接近人工窖泥的地方，有特殊的香味，似泸型酒风味，有越来越好的趋势，普遍反映良好，准备推广应用。

（2）清蒸辅料　四特酒的辅料为稻壳，它是酿酒的疏松剂，与产品质量和产量有着密切的关系，尤其使用中碎米，因淀粉含量高，其稻壳用量达65%左右。稻壳带有糠腥等邪杂味，还常因大量堆放带来怪味。因此，试验的稻壳采用清蒸30min，晾干备用，这样可减少对成品酒质量的影响。稻壳中含大量的硅酸盐，家畜吃了不容易消化，虽对酿酒质量有好处，也应少用。为了增加酒的香味，宜加大配醅比例，减少稻壳用量，即“增醅、减糠”，这是提高质量的重要因素之一。

（3）掌握好打量水的用量　水是酿酒的主要原料，与发酵关系最为密切。白酒操作中使用的水，有的称为“浆水”，有的也称“打量水”。出酒好坏与打量水的多少是否适宜关系很大。打量水温度宜高，可以钝化水中的杂菌，促使淀粉吸收快，不附着于原料的表面，称为“收汗”。为了提高四特酒的质量，控制入窖水分在57%~60%为宜。

（4）截头去尾　最初蒸出的酒头里含有低沸点的醛类及一些酯类，称为醛酯酒，容易产生异杂味，同时每次蒸酒后的冷凝器，考虑尾酒不能全部流出，一定要适当地截头，每甑为0.25~1kg，如质量好可少截，差则多截。

最后蒸出的酒尾里含有丙醇以上的高级醇，这些物质和水难以溶解，类似油状物，一般称为杂醇油。酒中杂醇油的含量过高，容易使人头痛易醉，且对消费者健康有害，因此不宜过多，蒸酒时常以断花去尾为佳。

（5）回酒发酵　学习茅台酒和泸州老窖大曲酒的经验，酒醅下窖加酒，以酒养糟，故有其很好的风味。将蒸酒时的酒头、尾酒及次品酒泼入大楂、二楂中，促进发酵产酯，增加酒的香味。经试验以回酒发酵的酒醅香浓，成品质量也较好。

（6）回醅发酵　从汾酒试点时开始，利用5%~10%成熟酒醅回入大楂、二楂中，因含有发酵代谢的有机酸和酒精等成分，还有酵母菌及残余酶等有利于发酵过程中增加酒醅香味的物质。通过试验证明，成品酒的总酸、总酯含量均较高，香味浓郁，故能提高四特酒的质量。

（7）勾兑与调配　出厂酒的勾兑调配起到补充、衬托、制约和缓冲的作用，可统一酒质，统一标准，使出厂产品质量得到长期稳定和提高，更能突出其风格。常说白酒质量是七分酿造三分勾兑，说明勾兑的重要性。试制酒以新老酒和香、醇、甜等有差异的酒，采用不同比例进行调配，是提高四特酒质量的有效措施。

（8）严格生产操作规程　试验证明，酿酒工艺、卫生条件与质量稳定关系相当密切。要求生产操作达到“稳、准、细、净”，各个环节必须精工细做，以配料、上甑和蒸酒蒸料等最为重要，必须严格遵守操作规程。

试验酒质量为什么好？初步认为存在水分适宜、入窖温度偏低和用曲量适当等，符合提高质量的要求。为了使四特酒优质高产，应该对原料有一定的要求，制订半成品和成品酒的质量标准，建立一套完整的生产管理制度。

三、工艺特征分析及探讨

1. 独特的酿酒原料——整粒精大米

江西气候温和、雨水充足、土地肥沃，盛产优质大米。该大米富含淀粉、植物性蛋白质、维生素等多种营养成分（其淀粉含量在70%以上，比其他酿酒原料都高，含蛋白质7%~8%，也较高。推测这为特香型白酒——含有大量正丙醇的形成奠定了物质基础）。米香型白酒虽以大米作原料，但要经粉碎；浓香型的四川省的文君酒则采用不脱壳的谷粒作原料（文君酒——老牌四川名酒，生产原料现已改变），而特香型白酒则采用整粒精大米不经粉碎、浸泡，直接与酒醅混蒸，使精大米固有的香味也带入酒中，丰富了酒的香味成分。用去壳的精大米为原料可以避免带入不良的糠味。用作填充料的谷壳，要单独预蒸，以除去糠醛的杂味，直到闻到米香，才取出扬冷备用，操作十分考究。这是与众不同的典型工艺之一。

2. 独特的大曲原料配比

特香型白酒大曲的原料系面粉、麦麸、酒糟，按一定比例混拌，这种原料配比在所有名优白酒生产中是独一无二的。选用酒糟作大曲原料有三大好处：

（1）改善了大曲的酸碱度。酒糟呈酸性，能抑制一些有害杂菌的生长。

（2）改善了大曲的疏松状况，增加了大曲的透气性，大大有利于有益微生物的生长。

（3）再次堆积发酵酒糟的掺入，人为地接种了酿造特香型白酒的特有微生物，大大提高了大曲质量。这是与众不同的典型工艺之二。

据陈全庚等多年检测，江西地区空间霉菌特别多，高达$10^4 \sim 10^5$个/g。鲜酒糟的掺入，人为地接种了空间特有的微生物。据检测，该种大曲中，含霉菌、梭状芽孢杆菌（包括丙酸菌等）特别多，其中毛霉量高达$10^6 \sim 10^7$个/g曲；毛霉能产生一种活性很强的蛋白质分解酶。此酶能使大米中的蛋白质分子水解为胨、多肽，最后形成氨基酸。此外，该种大曲内糖化酶的活性为700单位左右，比一般大曲高。更易于使大米中的淀粉转化成葡萄糖。以上生化反应的结果，为酒中醇类物质的产生奠定了基础。

3. 独特的发酵窖池与蒸馏工艺

特香型白酒的发酵窖池用江西特产——红褚条石砌成，水泥勾缝，仅在窖底及封窖用泥。据分析，红褚条石质地疏松，空隙极多，吸水性强。这种亦泥亦石、非泥非石的窖壁，为有益微生物的繁殖创造了独特的环境。

特香型白酒在原料蒸馏工艺中的做法也是十分独特的。它采用整粒精大米，不经粉碎、浸泡，直接与酒醅混蒸。据陈全庚等推测，用不经粉碎、浸泡的精大米直接蒸馏，有利于保留大米中固有的营养成分，以便进行其特定的一系列生化反应。

根据伊里希（Ehrlich）在1905年提出的由氨基酸形成杂醇油的途径，及苏克

（Thoukia）在 1958 年提出的由糖形成杂醇油的理论，在特香型白酒生产中，在上述特定的酿酒原料微生物及蒸馏工艺条件下，通过如下生化反应途径形成正丙醇。

（1）蛋白质$\xrightarrow{\text{蛋白酶}}$α-氨基丁酸$\xrightarrow{\text{水解}}$正丙醇

后一水解过程的总反应式为：

$$CH_3CH_2CHNH_2COOH+H_2O \longrightarrow CH_3CH_2CH_2OH+CO_2+NH_3$$

（2）淀粉$\xrightarrow{\text{糖化酶}}$葡萄糖$\xrightarrow{\text{丙酸菌}}$苏氨酸$\xrightarrow{\text{脱氨基、羧基}}$丙醛$\xrightarrow{\text{还原}}$正丙醇

以上只是一些探讨，至于窖池发酵、蒸馏提香以及贮存老熟过程中一系列物理、化学变化对正丙醇形成的影响，其过程是十分复杂的，尚待进一步科学的试验、验证。

四、 特香型白酒的勾兑特点

特香型白酒生产核心部分是勾兑。四特酒厂的廖昶等经过几年来的摸索，形成一套行之有效、操作性强的技术。

1. 对库存的酒体进行编码、记录

逐一对库存酒标明入库日期、入库感官评价、入库理化和卫生指标。

2. 对贮存到期（一般库存期半年以上）的酒体进行分析

（1）按国家标准色（10 分）、香（25 分）、味（50 分）、格（15 分）4 个方面进行百分制打分和写评语，以确定其感官质量。

（2）利用色谱分析检测醇、酯、羰基化合物，有机酸、缩醛等组合成分，以确定其理化指标。

3. 对标样进行分析，确定骨架成分

按组分含量把高于 20~30mg/L 的组分列为骨架组分，特型白酒骨架成分见表 7-116。

表 7-116　　四特酒骨架香味组分　　单位：mg/L

醇类组分	标样	酯类组分	标样	酸类组分	标样	羰基化合物	标样
甲醇	139.1	甲酸乙酯	23.7	乙酸	779.1	乙醛	132.3
仲丁醇	148.3	丁酸乙酯	64.2	丙酸	138.3	异戊醛	43.3
正丙醇	1853.7	戊酸乙酯	142.3	丁酸	77.0	醋酴	43.3
异丁醇	193.7	辛酸乙酯	107.3	戊酸	42.7	糠醛	30.3
正丁醇	67.0	己酸乙酯	368.7	己酸	116.1		
异戊醇	483.0	庚酸乙酯	213.7	庚酸	22.3		
2，3-丁二醇	43.3	乳酸乙酯	1298.7				
（左旋）		乙酸乙酯	1354				

4. 勾兑、调味

以标样骨架成分为标准，根据待勾兑各组分感官质量及色谱数据，用注射器边尝边加逐一组合，直至达到感官要求为止，并记录各酒体用量。然后交由评酒员品评和色谱员分析，使其达到标样要求。在小样基础上，准确用酒泵把各类酒体按比例汇集，充分搅拌后，静放一个星期以上。

根据各组分特点，缺什么补什么。一般香由酯决定，低沸点酯类（如乙酸乙酯、丁酸乙酯）决定前香，高沸点酯类（如乳酸乙酯、己酸乙酯）决定后香；味由有机酸决定，低沸点有机酸（如乙酸、丙酸）决定前味，高沸点有机酸（如乳酸、己酸）决定后味，且对应酸酯之间有相互制约关系，酸酯及其他微量成分之间应相互谐调，达到组合平衡。

五、 提升品质研究

近年来，四特酒公司在学习浓香型及酱香型白酒生产工艺的基础上，结合自身生产实际，将一些传统提高酒质的方法运用到四特酒的生产实践中，取得了不错的成效，现摘要介绍如下。

1. 超长发酵期提升特香型基础酒风味成分

由于特香型白酒工艺是由老五甑演变而来，采用“三进四出”“混蒸续糟”的操作工艺。研究通过采用延长发酵周期结合分层摘酒工艺方式，为进一步提升特香型白酒产质量、丰富产品种类、提升产品档次，做好前期工作。

研究试验选在公司祚延园 101 酿二车间进行，随机挑选 2 个班组，每个班组各挑选 10 个发酵正常的窖池，其中 1 班为试验班组，采用超长发酵周期结合分层摘酒的生产工艺方式；2 班为对照班组，按照正常生产工艺。对于试验窖池出池糟醅按照踩糟、原料糟和丢糟进行分层、单独蒸酒。连续开展 2 轮，试验班组窖池平均发酵周期为 185~215d；对照班组 61~99d。

结果表明，连续长发酵周期对特香型基础酒产量影响较大，第 1 轮试验组与对照组窖池酒率无明显差异，第 2 轮试验窖池出酒率比对照窖池低 65. 7%。两轮中丢糟总酸含量均为最高，第 2 轮丢糟总酸含量是第 1 轮丢糟的 1. 56 倍；两轮中踩糟和丢糟总酯含量均为最高，第 2 轮踩糟和丢糟总酯含量分别是第 1 轮的 1. 29 倍和 1. 26 倍；两轮基酒丢糟中异丁酸、丁酸、异戊酸、戊酸、己酸、乙酸等酸类物质含量显著高于原料糟、踩糟及对照（$P<0.05$）；两轮基酒踩糟和丢糟中大部分酯类、醇类及醛类物质含量较高，与对照差异显著（$P<0.05$）。感官方面，丢糟和踩糟样品糟味和窖泥味较重；原料糟和对照样品则较为干净，口感更加协调。

2. 双轮底发酵

在传统双轮底调味酒发酵工艺的基础上进行了工艺改进，以探索出适合特香型白酒生产工艺的制备双轮底调味酒的酿造方法和酿造条件，以扩大特香型调味酒的产量和质量等级。

研究试验随机挑选 2 个班组，每个班组各挑选 10 个发酵正常的窖池，其中 1 班为试验班组，用于双轮底发酵；2 班为对照班组，按照正常生产工艺。对于试验窖池按照原料糟和双轮底糟进行分层、单独蒸酒取酒，蒸馏后的原料糟基酒正常交酒入库；双轮底糟基酒用陶坛进行单独存放。对照窖池，同样按照原料糟和丢糟进行分层蒸酒，待丢糟蒸馏取样后，再将丢糟酒与对照窖池的原料糟酒混合后进行取样。

具体操作工艺为：起窖时，在窖底留 4 小车约 1 甑原料糟不取出，进行再次发酵。待窖池底部丢糟全部取出后，将 4 小车原料糟全部平铺于窖池底部，然后上面放两根竹片隔开，以区分双轮底糟和母糟，然后在原料糟上面铺上粮糟，最后密封发酵。在将未蒸馏的原料糟放入窖池底部的过程中，均匀加入 9kg 特香型大曲。试验窖池与对照窖池投粮情况均为大米 550kg，大曲 144kg，稻壳 264kg，发酵周期 54d。

结果表明，双轮底工艺对特香型基础酒的产量、风味物质成分、感官特征等具有很大的影响。双轮底工艺会降低窖池的产量，增加底部双轮底糟的总酯、乙酸和乳酸含量，有助于促进大部分酯类物质（甲酸乙酯、丁酸乙酯、乙酸乙酯、己酸乙酯、戊酸乙酯、乳酸乙酯等）的酯化作用。双轮底样品的丙酸及高级醇含量低于对照丢糟，甲醇和异戊醛含量则高于对照丢糟。感官方面，双轮底样品糟香味和辣感与其他样品相比较为突出，双轮底和对照丢糟样品的窖泥味比较明显，双轮底较对照丢糟样品的绵甜感更好，而对照丢糟则在酸方面，较其他样品更加突出。原料糟和对照混合样品与双轮底和对照丢糟样品相比，风味更加协调，香气更加纯正，口感更加纯净。

3. 量质摘酒

运用色谱分析技术，探究窖池内不同糟醅酒样的口感特点、理化色谱成分变化规律，设计出一套更适用的生产量质摘酒新工艺，以期把基酒质量管理推进至最前端，大幅提升特香型基酒质量，更好地满足酒体设计需要和稳定酒质。

经过前期对窖池的摸底排查，在酿造车间选取产、质量基本一致的 2 个酿造班组进行取样试验，按照糟醅出窖次序将窖池内糟醅分为上层的踩糟（面糟）、中间层的原料糟（粮糟）、底层的丢糟 3 部分。进行为期 5 个轮次的分层摘酒生产试验。

结果表明，分层摘酒基酒中呈香呈味微量成分的种类和含量不同，且口感特点各具风格。原料糟基酒粮香舒适，香气馥郁，口感丰满、醇厚；踩糟基酒有粮香，稍有糟香，丰满度较粮糟差些，口感绵柔；丢糟基酒窖香浓郁，甚至有窖泥味，口感较单薄。因此，指导车间认真做好分层摘酒、分级分质贮存，可以更好地提高特香型原酒质量风格。

4. 复合大曲的使用

本研究通过改变糖化发酵剂的种类，将传统的特香型中偏高温大曲单一糖化发酵剂调整为特香型高温大曲与正常特香型中偏高温大曲混合使用的复合糖化发酵剂，研究了不同比例混合的复合发酵剂对特香型基酒产量、风味物质骨架成分及感官质量等的影响。试验随机挑选 4 个班组，每个班组各挑选 6 个发酵正常的窖池。

结果表明，试验组与对照组基酒样品之间的产量、总酸含量等无显著性差异（$P>0.05$）。不同比例的复合糖化发酵剂对特香型基酒中的总酯含量，以及丁酸、甲酸乙酯、异丁醇、2-甲基-1-丁醇、乙醛、乙缩醛等微量风味物质成分含量具有显著性的影响（$P<0.05$）。通过感官评价，正常特香型大曲与高温大曲混合比例为 4∶1 时，特香型基酒的感官一级率为 83.3%，酒体更加醇甜与协调、香气更加舒适。

第九节　董香型白酒生产工艺

董酒的生产历史悠久，1963 年第二届全国评酒会进入“中国八大名酒”行列，之后连续四届蝉联中国名酒。1996—2007 年由于内部原因发展停滞。2007 年成功重组并完整地恢复了传统生产工艺流程与原料配方的生产。2008 年 9 月 1 日，贵州省质量技术监督局正式颁布了以董酒为代表的董香型白酒地方标准，成为中国酒类的一个新流派、新香型，填补了中国白酒行业在董香型白酒标准上的空白。其工艺与配方是酒饮料中唯一3次受到科技部和国家保密局保护的长期秘密。它引百草入曲，是世界上唯一同时采用大、小曲发酵，双醅串蒸的蒸馏白酒；是中国传统、平衡和谐的中医理论与白酒文化相结合的精粹；是传统白酒串蒸工艺鼻祖，堪称中国传统白酒的活化石。其“酯香、醇香、百草香”是构成董香型的几个重要方面，有别于酱、浓、清、米香型酒。

董酒以其独特的生产工艺，独特的微量香味组成成分，独特的风格赢得了白酒界专家、行家的赞赏。产品受到广大消费者喜爱。生产不断发展，目前已具有年产董酒3万t的生产能力。贵州、四川、江西、山东、湖北、云南、河南、黑龙江等省类似董酒风格的生产厂家，估计年生产能力在2万t左右。董酒独特的串香工艺已普遍为国内酒厂采用，对提高中低档白酒的质量起了很大作用。

一、 传统董酒的生产特点

据董酒厂的贾翘彦等多年试验研究，传统董酒的生产有以下几个显著特点。

董酒独特的生产工艺可概括为7个方面：酿酒原料不粉碎；采用大、小曲酿酒；制曲要添加少量中草药；独特的筑窖材料；用煤密封大窖（香醅窖）；董酒香醅的制备；蒸馏采用独特的串香工艺。

1. 酿造原料及配比

酿造原料有水、高粱、小麦、大米、中草药（130余味）。3种原料中高粱占88%左右，小麦占11%左右，大米占1%左右。中草药占小麦及大米的4%~5%。同时酿酒原料不粉碎，使用整粒高粱，减少了粉尘及黏度的影响，便于生产操作，还可最大限度地降低辅料稻壳的用量。董酒生产稻壳用量仅占高粱的3%~4%，大大减少了辅料带进酒中的杂味物质。

2. 采用大、小曲酿酒

国家名酒都是采用大曲酿酒，唯独董酒采用大、小曲混合酿酒。小曲用大米生产，又称米曲；大曲用小麦生产，又称麦曲。小曲和大曲分开使用。小曲用来制酒醅，发酵期6~7d；大曲用来制香醅，发酵期长达10个月以上。这样有利于控制产酒产香。经微生物分离测定，生产使用的小曲以糖化菌和酵母菌为主，有少量的细菌；生产使用的大曲以细菌为主，糖化菌和酵母菌次之。这使小曲和大曲各具产酒、产香的主要功能。

3. 制曲要添加少量的中草药

制小曲要添加95味中草药，用量为大米的4%~5%；制大曲要添加40味中草药，用量为小麦的4%~5%，所用中草药有相当部分是名贵或比较名贵的。添加中草药的作用主要有三：

一是大多数中草药对制曲制酒微生物的生长有促进作用，相对来讲，对有害的微生物起到了抑制生长的作用，帮助曲子起烧、发汗、养汗、过心、干皮等过程得以顺利进行。

二是为董酒提供舒适的药香（该项在后面还要专门论述）。

三是使董酒具有一定的保健功能。微量中草药成分的药理作用，对长期适量服用董酒者的确有一定保健作用。事实上已有一些人对此提供了对其风湿病、胃病等治疗作用的证据。董酒具有一定保健功能的特点与确定“董香型”酒关系不大，但很值得今后继续研究。

中草药对微生物的影响试验结果表明，中草药对酵母菌生产影响较大，曲霉次之，根霉甚小。对酵母菌生长促进有明显作用的药材有：当归、细辛、青皮、柴胡、熟地、虫草、红花、羌活、花粉、天南星、独活、蒌壳等。其次有生地、益智、桂圆、桂子、草乌、甘草、茱萸、栀子等；对酵母菌生长有明显抑制作用的只有斑蝥、朱砂、穿山甲。具体制曲工艺见相关章节。

试验中还观察到，董酒生产中的产酒酵母和一般酒精酵母比较，在耐中药性上有明显差异。如该厂分离得到的编号 D_1 的董酒产酒酵母比一般酒精酵母对中药有较强的适应性。

4. 独特的筑窖材料

筑建董酒窖池的材料很特殊，采用当地黏性强、密度大的白善泥、石灰和杨桃藤为主要材料，使窖池偏碱性。这样的窖泥材料对董酒香醅形成极为重要。只有这样，董酒中的丁酸乙酯、乙酸乙酯及己酸乙酯，丁酸、乙酸与己酸，才能形成符合董酒风格的量比关系。

5. 用煤密封大窖（香醅窖）

用煤封大窖，密封性能好，干定后不会产生裂缝，可长期保持大窖中的香醅不变质。近两年研究在香醅顶面与煤层交界之间，加盖一层塑料薄膜，更好地保护了顶层香醅不霉烂，提高了香醅利用率，降低了生产成本。

6. 董酒香醅的制备

董酒香醅制备有其特点。一是工艺比较复杂。它是由高粱酒糟、董酒糟、香醅（未经过蒸馏）3 部分糟醅加大曲发酵而成，类似浓香型酒的双轮底，又不是双轮底；二是发酵期特别长，长达 10 个月以上。董酒的风格主要蕴藏在香醅中，它是构成董酒风格的关键。

7. 蒸馏采用独特的串香工艺

串香工艺是独特生产工艺中重要的一环，传统的串香工艺是先生产高粱酒，再用高粱酒作底锅水串蒸香醅得酒。该法习惯上称为“二次法”串香。就董酒生产而言，这种办法复杂又费事。后来经研究，成功地将“二次法”串香得酒，改为“一次法”（又称“双醅法”）串香得酒。董酒“一次法”串香（“双醅法”串香）及串香技术的研究项目荣获 1987 年度贵州省科学技术进步四等奖。

根据“一次法”串香和“二次法”串香多年生产实际使用情况，“一次法”串香在产量、质量，提高原料出酒率，降低消耗，节约劳动力，节约厂房建筑面积，简化中间环节，降低生产成本等方面均有明显成效，取得了较大的经济效益。从克服董酒酸味及丁酸味稍重，适当改进董酒口味方面不足，更好适应全国各地需要考虑，“一次法”串香取得效果更好。它同样进一步促进了董酒经济效益的增长。

二、 独特工艺与香型形成的关系

1983 年以来，董酒厂与贵州省轻工业科学研究所合作进行了两期“董酒香型的研究探讨”工作，对董酒生产工艺、香味微量成分及量比关系、董酒风格进行了深入研究，取得了比较满意的结果，还请中国科学院昆明植物研究所及清华大学分析中心对董酒香味微量成分及药香进行了分析研究。

1. 串香工艺与董酒的香气

董酒的香气主要来自串蒸工艺的香醅。董酒生产采用传统的串香工艺，董酒香型的形成与该独特工艺的关系很大。表 7-117 反映董酒香型与串蒸用的小曲酒醅的关系，表 7-118反映董酒香型与串蒸用大曲香醅和小曲酒醅的关系。

表 7-117　　小曲酒醅串蒸董酒的香气成分含量　　单位：mg/100mL

组分	董酒 1	董酒 2	董酒 3	小曲酒 1	小曲酒 2
乙醛	19. 61	16. 23	17. 79	11. 88	10. 78
甲醇	24. 88	15. 43	17. 50	12. 71	14. 66
乙酸乙酯	163. 73	142. 11	161. 76	93. 02	91. 43
正丙醇	238. 55	115. 80	126. 69	51. 43	47. 53
仲丁醇	119. 83	70. 92	67. 60	38. 31	39. 48
乙缩醛	49. 10	28. 92	28. 33	22. 25	18. 20
异丁醇	47. 64	40. 38	41. 34	50. 24	55. 19
正丁醇	42. 44	21. 97	21. 99	32. 44	29. 25
丁酸乙酯	40. 51	28. 98	31. 57	5. 66	5. 09
异戊醇	99. 75	90. 60	90. 36	88. 50	88. 76
乙酸异戊酯	7. 80	2. 57	3. 56	1. 83	2. 71
戊酸乙酯	7. 41	3. 67	5. 71	—	—
乳酸乙酯	42. 23	56. 99	61. 08	107. 29	112. 13
正己醇	38. 22	19. 74	17. 06	5. 26	3. 47
己酸乙酯	101. 34	82. 39	87. 32	3. 82	3. 78
甲酸	1. 71	1. 39	1. 09	0. 34	0. 44
乙酸	170. 67	250. 85	240. 00	88. 85	78. 35
丙酸	26. 66	27. 45	25. 51	10. 82	10. 81
丁酸	65. 65	110. 03	102. 31	74. 97	83. 76
戊酸	11. 00	18. 26	16. 81	2. 70	2. 69
己酸	113. 24	152. 22	156. 87	2. 94	1. 14
庚酸	1. 38	1. 62	1. 61	—	—
乳酸	44. 51	48. 69	39. 35	26. 14	27. 35

表 7-118　　董酒香型与串蒸用大曲香醅和小曲酒醅的关系　　单位：mg/100mL

组分	纯高粱小曲酒醅蒸馏得酒	纯香醅蒸馏得酒	香醅串蒸得酒（蒸馏酒基酒）
乙醛	25. 99	9. 25	16. 76
甲醇	13. 59	25. 37	17. 65

续表

组分	纯高粱小曲酒醅蒸馏得酒	纯香醅蒸馏得酒	香醅串蒸得酒（蒸馏酒基酒）
乙酸乙酯	61.88	65.18	82.82
正丙醇	11.16	210.42	117.17
仲丁醇	—	251.91	126.87
乙缩醛	40.76	14.97	19.64
异丁醇	1.72	8.93	42.29
正丁醇	2.16	30.44	17.84
丁酸乙酯	89.16	14.40	1097
异戊醇	—	26.83	88.23
乙酸异戊酯	—	3.83	5.99
戊酸乙酯	121	5.47	—
乳酸乙酯	75	14.16	122.75
正己醇	—	14.71	—
己酸乙酯	—	93.44	31.28

从表7-118及尝评试验中可以看出，董酒的药香、酯香中的丁酸乙酯、乙酸乙酯，高级醇中的正丙醇、仲丁醇，酸类中的己酸主要来源于大曲香醅。酯类中的乳酸乙酯和高级醇中的异丁醇、异戊醇及酸类中的丁酸主要来源于串蒸用的小曲高粱酒醅。

串蒸过程中香气成分的动向，在董酒蒸馏过程中，分别接取前、中、后3部分馏分，并进行香气成分分析。乙酸乙酯、丁酸乙酯、己酸乙酯、正丙醇、乙缩醛等香气香味成分集中在前馏分，异丁醇、异戊醇也是前馏分多，这些香气香味成分都是随着馏分增加，含量呈阶梯式下降。药香也集中在前馏分。后馏分是乳酸乙酯多，各种有机酸多，这些香气香味成分都呈阶梯式上升。整个动向比较有规则，掌握蒸馏过程中香气成分的动向，对我们不断改进工艺、提高产品质量是非常重要的。

2. 董酒主要微量成分的特性

董酒微量成分的特性主要表现在董酒的药香、酯香、高级醇类、醇酯比和酸5个方面。

（1）药香　在董酒中含量极微，估计为μg/L级，目前分析仪还不能有效地对其进行分离和测定，即直接从董酒中测定出药香成分，只能采用富集方式测出少数几种，主要借助于人的感觉来进行探讨，因此，这种探讨是粗略的。通过对中药材闻香和对提香液闻香，对中药材做了如下分类。

① 浓郁的药香：肉桂、官桂、八角、桂皮、小茴香、花椒、藿香7种。

② 清沁的药香：羌活、良姜、前胡、淮通、合香、半夏、荆芥、大腹皮、茵陈、前仁、香薷、山楂、干姜、甘松、木则、藁本、知母、麻黄、大黄共计19种，最后2种清雅带麻。

③ 舒适的药香：独活、玄参、白术、黄柏、白芷、枳实、甘叶、厚朴、茯苓、白芥子、柴胡、泽泻、天冬、木瓜、胡椒、苍术、升麻、蒌壳、栀子、香附、牛夕、雷丸、

远志、羌活、黄精、花红、生地、猪苓、杜仲、五加皮、山柰、丹皮、吴茱萸计 33 种，后 4 种香味更为舒适。

④ 淡雅的药香：泡参、马鞭草、防风、防杞、桔梗、瞿麦、红花、白附子、猪牙皂、白芍、枸杞、花粉、僵蚕、附片共 14 种。

按每种中药材呈香情况，逐个与董酒香气进行对照，选取了 26 种认为比较重要的中药材，它们是：肉桂、八角、小茴香、花椒、藿香、荆芥、升麻、麻黄、藁本、知母、山柰、甘草、独活、橘皮、五加皮、天冬、香薷、补骨脂、厚朴、木瓜、木则、丹皮、香附、当归、良姜、白芍。

为了摸清药香在董酒中的重要性，试验中模拟了一个与董酒各类成分含量很接近的酒，一个添加中药材提取液，一个不添加，结果添加微量中药材提取液的酒，董酒香型顿时变得明显起来，而没有添加提取液的酒，则与董酒风格相差甚远。模拟试验说明：药香在董酒香型中起着不可替代的重要作用。

（2）董酒的酯香　董酒的酯香主要也是由乙酸乙酯、丁酸乙酯、己酸乙酯、乳酸乙酯四大酯类组成，但它们在量比关系上，突出的不同点表现在以下 3 个方面。

① 董酒的酯类含量中，各种酯类不似浓香或清香型酒有主体酯香，而是一种平衡，它不突出某一种酯类而以复合酯香表现。

② 董酒的丁酸乙酯含量高，丁酸乙酯与己酸乙酯的比例也高，一般在（0.3~0.5）：1，高于其他名白酒 3~4 倍。董酒酯香幽雅，入口又较浓郁，这与丁酸乙酯含量高有很大关系。

③ 董酒的乳酸乙酯含量低，为其他名白酒的 1/3~1/2，有利于突出董酒甘爽的风格。

（3）董酒的高级醇　董酒在高级醇含量方面的特点表现为正丙醇、仲丁醇含量高。正丙醇高出其他类型名白酒 1 倍到数倍，仲丁醇高出其他类型名白酒 5~10 倍，这是其工艺决定的，是董酒在香型上一个明显的特征，而且正丙醇加仲丁醇的含量大大超过异丁醇加异戊醇的含量。正丙醇、仲丁醇都有比较好的呈香感，香气清雅，它与酯香复合，突出了董酒香气幽雅的风格。

（4）董酒的醇酯比　和其他名白酒不一样，董酒的醇酯比>1，即醇大于酯，这是董酒在香型上的又一特征。董酒醇酯比一般在 1：（0.8~1.0），而其他名白酒的醇酯比则在 1：3 以上。醇酯比大于 1 或小于 1，确实反映了白酒在不同酿造工艺条件下酒的特点。醇酯比小于 1（酯大于醇），说明酯在该酒的香型中占有较为突出的地位；醇酯比大于 1（醇大于酯），说明高级醇类在该酒中其呈香呈味也占较为重要的地位。

（5）董酒的酸类含量　酸类在白酒中含量较大，主要起呈味作用，还能与白酒中的醇、酯类起协调、平衡和缓冲的作用。董酒中的酸主要由四大酸类组成，但与其他名白酒比较，最突出的是董酒酸含量大于酯且丁酸含量高。其他名白酒都是酯大于酸，而董酒则是酸大于酯。

董酒酸酯比一般在 1：（0.6~0.8），而对照名白酒酸酯比都在 1：2 以上。董酒酸含量大于酯，是董酒在香气组成上又一特征，是在董酒特殊工艺条件下形成的，对董酒后味的爽口起着重要的作用。董酒中丁酸含量很高，高出其他名白酒数倍乃至 10 倍，是董酒香气组成上一个重要的特征。丁酸浓时带臭，淡时带轻度愉快的香气，使人有清沁的感觉。

（6）董酒香型上的独特性

① 药香、酯香、丁酸等香气香味成分的复合，构成了董酒香气幽雅而舒适的风格，这是董酒香型上的最主要特征之一。

② 和其他名白酒比较，董酒在香气香味组分含量的量比关系上，可以概括成“三高一低”。一高是丁酸乙酯含量高；二高是高级醇含量高，主要指正丙醇、仲丁醇含量高；三高是总酸含量高，是其他名白酒酸含量的2~3倍，其中又以丁酸含量高为其主要特征；一低是乳酸乙酯含量低。这些都是董酒香型的重要特征。

（7）董酒的独特风格　可归纳成：酒液清澈透明，香气幽雅舒适，药香舒适（恰到好处），醇和浓郁；饮后甘爽味长。

另外董酒的透明性极好，由于董酒的酯少酸高（在名白酒中浑浊物质最少），导致董酒的透明性比其他名白酒的透明性都好。

3. 董酒中的萜烯类物质

2012年10月，江南大学和董酒股份有限公司共同完成的“董酒特征风味物质及其药香产生途径研究项目”通过国家级鉴定。该项目在董酒的风味特征与重要香气成分定性定量研究方面取得了突破性成果，全面、系统地分析研究了董酒中萜烯在大曲、小曲、酒醅、香醅发酵以及香醅、酒醅蒸馏过程中的分布与变化规律。该项目研究技术水平达到国际先进，其成果对我国药香型白酒的代表——董酒的风味研究、风格研究及其生产效率的提升都具有积极意义。

该项目应用正相色谱技术串联气相色谱-质谱法（GC-MS）检测董酒中萜烯类化合物。通过液液萃取（LLE）分离得到董酒中性/碱性组分。通过质谱谱库检索、标准品保留指数（RI）比对及参考文献的保留指数比对分析，共鉴定出52种萜烯类化合物。通过峰面积百分比分析，发现ρ-茴香醛所占萜烯总峰面积最大（27.21%），其次是白菖油萜（11.31%）、δ-杜松烯（7.38%）、卡拉烯（5.11%）、樟脑（4.13%）、（-）-龙脑（3.65%）、α-雪松烯（3.29%）等。董酒成品酒中的萜烯类物质总量在3400~3600 g/L，居中国白酒之首。就是这些级微含量的香气成分，赋予了董酒舒适的药香。含量较高的是倍半萜烯类以及萜烯醛和酮，说明倍半萜烯类、萜烯醛和酮对董酒的品质影响较大。

通过气相色谱-嗅闻技术（GC-O）与GC-MS分析得到董酒中有115种香气化合物。其中萜烯类26种，酯类23种，醇类15种，挥发有机酸9种，芳香族类14种，酚类7种，醛酮类7种，杂环类6种，缩醛类2种，内酯类2种，硫化物2种，未知物2种。从化合物的种类、数量以及平均香气强度值来看，挥发有机酸、酯类、萜烯类化合物是董酒的重要香气物质，其次是醇类、芳香族类、酚类、醛酮类、杂环类、硫化物对董酒的香气贡献也较大。

具体来看，香气强度较大的物质是丁酸、已酸乙酯、已酸、二甲基三硫、丁酸乙酯、2-苯乙醇、3-甲基丁酸、4-甲基苯酚、4-甲基愈创木酚、β-大马酮、戊酸乙酯、（*E*，*Z*）-2，6-壬二烯醛、（-）-龙脑、小茴香醇等物质，这些物质是药香型董酒的主要香气成分。

第十节 芝麻香型白酒工艺

芝麻香型白酒是中华人民共和国成立后自主创新的两大香型白酒之一。作为一个独特的香型，它以自成一体的风格赢得了消费者的青睐。以山东景芝酒厂、江苏泰州酒厂等为代表的众多生产厂家与有关大专院校科研院所联合开展了近半个世纪的芝麻香型白酒的科学研究终获成功。如江苏泰州酒厂采用麸曲纯菌种，多种微生物培养，高温堆积和发酵工艺，生产出具有独特、典型风格的芝麻香型优质白酒——“梅兰春”，1987 年被评为江苏省优质产品，在多次国家级评比中曾名列前茅，被业内专家誉为我国芝麻香型的代表酒之一。

一、 芝麻香型白酒的发展历程

（1）1965 年轻工业部临沂试点时，熊子书首次对景芝白干的芝麻香进行探索，经纸层析后认为丙酸乙酯可能为主要香味成分。

（2）1975 年、1978 年、1981 年景芝酒厂在华东地区大曲酒技术协作会和全国名白酒技术协作会上，多次提出芝麻香问题，并介绍了本厂初步探索的情况后，引起了广泛的关注，东北、内蒙古等地的企业也在生产中发现了芝麻香味道的酒。景芝酒厂与原山东省轻工科研所和山东大学合作进行研究，取得了初步的成果，1985 年在景芝召开的芝麻香型白酒科研成果评鉴会上得到专家们慎重的肯定，认为：“有别于清、浓、酱三大香型的芝麻香型的眉目已基本清楚，山东省发展芝麻香型是有远见的。”并提出了今后努力的方向。这次会议推动了芝麻香型白酒的发展。

（3）1985—1995 年，经历了 3 个小高潮，一是第五届评酒会时芝麻香型单独列组评比；二是 1991 年 10 月在武汉召开了轻工业部食品发酵工业科学研究所和景芝酒厂、白云边酒厂联合进行的“其他香型白酒香味组分剖析”科研项目鉴定会，会上专家们对研究成果一致给予肯定，以胡国栋为首的课题组做的技术报告和对大量的分析数据运用多变量统计分析技术所做的处理得出的结论，明确地区分了清、浓、酱三大香型，以及芝麻香型独立成型的不争事实，并且研究报告对芝麻香的化学本质从香味成分的量比与工艺的关系及含氮化合物与芝麻香的关系进行了初步的探索，与会专家充分评价了此项研究成果，不仅首次明确地肯定了芝麻香型的存在，而且对该项研究对白酒香型研究的推动作用也做出了明确的评价；武汉会议的成果促成了行业标准的制订，并于 1995 年成立了芝麻香型白酒技术协作组，着手进行芝麻香型白酒行业标准的起草工作。经过艰苦的工作，收集了大量的实物和文献资料，取得了大量的分析数据，经过几度修订，按计划、按标准化的程序完成了有关工作，于 1995 年 12 月 5 日通过了评审批准（QB/T 2187—1995）。

（4）2006 年 12 月，商务部酒类流通管理办公室和原中国酿酒工业协会联合举行仪式，正式授予景芝神酿为中国芝麻香型白酒代表。2006 年又通过了国家标准评审，以 GB/T 20824—2007 发布实施，2021 年 8 月 20 日，GB/T10781. 9—2021《白酒质量要求 第 9 部分 芝麻香型白酒》发布，正式代替 GB/T 20824—2007。这标志着中华人民共和国成立以来仅有的两个创新香型之一的芝麻香型得到快速发展。

至此，芝麻香型白酒经过50多年艰苦卓绝的研究和探索，其香气成分、工艺机理和生产操作要点逐渐明朗，产品风格典型，自成一格，质量稳定，已闻名全国。目前，山东、江苏、黑龙江、吉林、四川等多个地区均有生产，以山东、江苏等地规模较大。由于该酒技术含量高，风格独特，感官好，比较受消费者喜爱，现已成为当地中高档白酒的代表。

二、芝麻香型白酒的风格特点

芝麻香型白酒是一种兼具浓、清、酱三大香型白酒特点，而又独具风格、自成一体的创新香型白酒，具有突出的焦香、轻微的酱香，有近似焙炒芝麻的香气。这一风格特点不但已为酒界所公认，而且也为现代分析技术所证明。有人认为芝麻香型白酒还是浓香型白酒的高级调味酒。

1. 与浓、清、酱三大香型白酒的关系

为了弄清芝麻香型白酒与浓、清、酱三大香型白酒的关系，景芝酒厂的赵德义等对6个不同年份的景芝神酿样品进行检测，并与其他香型白酒特征香味组分进行比较（表7-119）。

表7-119　景芝神酿与其他香型白酒特征香味组分含量对照　　单位：mg/L

组分	景芝神酿	浓香型白酒	酱香型白酒	白云边酒	清香型白酒
己酸乙酯	340~550 (440.1)	1800~2400 (2140)	200~360 (265)	520~1750 (913)	0~13.3 (4.6)
己酸	226~485 (261.1)	390~760 (470)	50~215 (191)	178~679 (311)	0~11.5 (3.7)
糠醛	39~131 (89.4)	24~80 (40)	150~450 (260)	137~174 (152)	0~14.1 (5.2)
β-苯乙醇	10~25 (13.6)	1.5~2.9 (1.9)	12~32 (23)	11~14 (13)	5.4~6.3 (6.0)
苯甲醛	12.9~29.3 (17)	0.6~1.3 (1.0)	4.8~8.5 (5.6)	2.6~4.9 (3.4)	0~5.7 (2.5)
乙酸乙酯	1100~1700 (1413)	800~1700 (1148)	1200~2000 (1480)	1000~1200 (1087)	1300~2500 (2000)

注：表中括号内为平均值。

由上表不难发现：己酸乙酯、己酸是浓香型白酒的典型标志，这两种物质不论是平均值还是含量范围均以浓香型白酒为冠，其次是浓酱兼香型的白云边酒。至于景芝神酿，其己酸乙酯含量范围是340~550mg/L，平均值为440.1mg/L，比酱香型白酒还要高一些，更不用说与清香型白酒相比。

酱香型白酒富含糠醛、β-苯乙醇、苯甲醛是众所周知的，表中的数值清晰地表明了这一特征。就这些与酱香有关的组分而言，糠醛在景芝神酿中的含量低于浓酱兼香的白云边酒，但高于浓香型白酒；β-苯乙醇则与白云边酒基本持平，明显高于浓香型白酒；苯甲醛的含量则比酱香型白酒还要高。

乙酸乙酯是清香型白酒的主体香，但景芝神酿中也有较大含量，在1100~1700mg/L，平均值为1413mg/L，仅明显低于清香型白酒。

2. 特征性香气成分

含氮化合物尤其是吡嗪类化合物是形成焦香的重要物质，也是芝麻香型白酒重要的香气成分之一。表7-120为含氮化合物的测定结果（有的酒只列出部分样品数据）。

表7-120　白酒中含氮化合物的定量结果　单位：μg/L

组分	茅台酒4#	茅台酒5#	郎酒	迎春酒	五粮液	洋河大曲	双沟大曲	白云边	景芝	汾酒
吡嗪	37	33	10	88	—	—	—	—	23	—
2-甲基吡嗪	323	292	199	282	21	25	26	191	154	12
2，5-二甲基吡嗪	143	116	110	87	8	10	21	83	57	9
2，6-二甲基吡嗪	992	969	673	901	376	75	96	792	341	—
2，3-二甲基吡嗪	660	562	117	112	11	18	22	157	48	11
2-乙基-6-甲基吡嗪	796	886	349	399	108	73	78	418	244	—
2-乙基-5-甲基吡嗪	27	25	23	32	—	4	—	—	21	—
三甲基吡嗪	4965	4007	712	627	294	53	69	729	217	27
2，6-二乙基吡嗪	247	166	36	127	—	14	8	88	40	—
3-乙基-2，5-二甲基吡嗪	83	11	23	42	8	4	12	27	31	—
2-乙基-3，5-二甲基吡嗪	1402	83	231	149	57	28	14	299	93	—
四甲基吡嗪	53020	30782	731	653	195	23	120	482	156	75
2-甲基-3，5-二乙基吡嗪	420	277	40	74	23	10	12	61	17	—
3-异丁基-2，5-二甲基吡嗪	143	164	139	48	45	4	14	62	12	14
2-乙基-3-异丁基-6-甲基吡嗪	46	27	10	15	—	13	17	—	33	64
3-异戊基-2，5-二甲基吡嗪	151	260	300	—	—	—	18	—	7	—
3-丙基-5-乙基-2，6-二甲基吡嗪	105	75	15	—	—	—	13	—	26	1
吡啶	180	181	114	188	82	42	59	160	101	19
3-异丁基吡啶	80	60	50	22	—	—	5	67	3	—
噻唑	138	108	88	54	98	39	46	100	49	22
三甲基噁唑	375	324	30	474	—	22	104	—	49	59

在测定结果中，5个景芝酒样具有定量模式基本相同的特征，其吡嗪类化合物总量在1100~1500μg/L，含量相当稳定。这一总量远低于茅台酒（两个样品分别为63560μg/L

和40035μg/L)，也略低于其他酱香型白酒（郎酒及迎春酒）及浓酱兼香型的白云边酒(含量约3000μg/L)，却大大高于汾酒和洋河、双沟大曲（200~500μg/L)。若以景芝酒所含的吡嗪类化合物的量，出现在酱香突出的酱香型白酒中或窖香浓郁的浓香型白酒中，也许起不了多大作用，但在风格淡雅、已酸乙酯含量较低的芝麻香型白酒中，这一族含氮化合物的风味作用就不容忽视了。

呋喃类是与芝麻香相关的另一类杂环化合物，对这类化合物的粗略估计表明，景芝酒的含量低于酱香型的茅台，却高于浓香型白酒，其趋势与吡嗪类大致相同。

3-甲硫基丙醇作为芝麻香型白酒的特征性组分，不仅已在分析研究中得以确认，而且其生成机理也已搞清，虽然其含量低微，不能左右芝麻香型白酒的香气，但与其风格典型性有一定的相关关系。但是3-甲硫基丙醇是由甲硫氨酸经微生物的作用转化而来，而甲硫氨酸自身则为原料所含蛋白质和菌体蛋白酶解转化而来。增加原料的含氮量，可以增加甲硫氨酸的生成量，从而发酵转化为3-甲硫基丙醇，增加芝麻香味成分。究竟蛋白质总含量多少为好？动物蛋白和植物蛋白的比例多少为最佳？尚需进一步研究。

在2007年发布的芝麻香型白酒国家标准中，标出3-甲硫基丙醇为该香型白酒的特征成分。但单一的特征成分很难说清楚芝麻香白酒的香味成分，有必要继续进行深入探讨。

周恒刚曾著书论证，他指出，白酒中的含氮化合物形成的焦香（芝麻香）占有重要地位，是酱香型、芝麻香型白酒中重要的香气成分之一。白酒芝麻香型，顾名思义，是说它具有焙炒芝麻的香气，白酒与炒芝麻不尽相同。在原料上，一个是焙炒，另一个是微生物发酵与蒸馏，但也不能说毫无关系（按照周老的观点，我们能否从芝麻油的香气成分上查找芝麻香白酒的香气成分?)。

关于炒芝麻和芝麻油的香味成分，国外研究工作者曾做过许多研究。一般认为，烷基吡嗪和乙酰基吡嗪是其香气的主要组分。1989年，日本的Suichi Nakamura等人报道了芝麻油挥发性香味组分的系统研究结果，从芝麻油中鉴定了221种组分，其中8个类型共103种组分属于杂环类化合物，它包括38种吡嗪类、17种呋喃类、9种吡咯类、8种吡啶类、4种噁唑类、14种噻唑类、11种噻吩类和2种吲哚类，另有20种含硫化合物和13种酚类化合物。大多数杂环化合物和含硫化合物均具有强烈的放香作用，它们与其他组分一起构成了芝麻油所特有的香气。就组分而言，2-甲基吡嗪占17.2%，其后依次为，糠醇（5.89%)，2，5-二甲基吡嗪（4.77%)，2，6-二甲基吡嗪（3.52%)，愈创木酚(3.13%)，吡咯（2.8%)，3-甲基-2-丁二酮（2.09%)，三甲基吡嗪（1.67%)，吡嗪(1.44%)，2-乙基吡嗪（1.43%)，2-乙酰基吡嗪（1.35%)，2-乙酰吡咯（1.22%)，2-乙酰基-5-甲基吡嗪（1.18%)，2-乙基-6-甲基吡嗪（1.13%)，1-辛烯-3-醇(1.08%)，2，3-二甲基吡嗪（1.02%)，2-吡咯基甲醛（1.02%)，其他组分均在1%以下。从上述结果可以说，吡嗪类化合物在芝麻香气中起着重要作用，仅10种含量在1%以上的吡嗪类组分的含量之和已达34.7%，任何别的杂环类无法与之抗衡。这些吡嗪类的单体多数是焙烤香，有些具有爆米花香，其香气作用与俗称的“焦香”比较相似。只有当它们与呋喃类（甜香)、酚类（烟味)、噻唑（坚果香)、含硫化合物（葱香）等组分以适当的比例共存时才能构成炒芝麻的特有香气。

经检测，以景芝神酿为代表的芝麻香酒的吡嗪类成分含量低于酱香型白酒，也略低于浓酱兼香型白酒，高于浓香型白酒，更高于清香型白酒。由此可以看出，搞清吡嗪类及其他杂环类化合物的定性和定量是揭示芝麻香白酒香气成分的重要一环。

但是，目前关于芝麻香型白酒的香气成分尚无确切结论。酱香型白酒经过数十年分析研究，到目前其香气成分尚无结论，作为酱香型白酒派生出来的芝麻香型酒的研究将更为艰难。虽然标准已出台，但诸多方面的问题需要同仁们共同努力攻克。

三、芝麻香型白酒生产工艺特点

山东黄立业认为，从目前芝麻香型白酒生产企业的工艺操作看，基本成熟，但不像浓香、清香、酱香型白酒经几百年生产实践的不断完善已完全成熟。因此，各企业的生产工艺有共性，也有独到之处，统一地做到了浓、清、酱三大香型白酒生产工艺恰到好处地结合，为芝麻香香气成分生成提供各种条件。据景芝酒业等相关酒厂研究，芝麻香型白酒生产工艺要点为：清蒸续楂，泥底砖窖，大麸结合，多微共酵，三高一长（高氮配料、高温堆积、高温发酵、长期贮存），精心勾调。

基本工艺流程如下：

原料→粉碎→润料→配料→蒸料→摊晾→加水、曲、生香酵母→高温堆积→翻堆→入池发酵→出池→蒸馏→酒

1. 清蒸续楂工艺

清蒸以驱除粮食中的邪杂味，续楂以继承传统工艺，有利于酒醅的发酵和香味成分的积累。近年来，借鉴清香型白酒的清蒸清烧工艺，一改过去的混蒸续楂为清蒸续楂，增加产品的净爽感，突出了产品的淡雅风格。

2. 泥底砖窖发酵容器

砖窖有利于幽雅细腻的芝麻香型白酒风格的形成，借鉴浓香型泥底发酵的方法，一定程度上兼具浓香型白酒的特点，适当的己酸乙酯含量对芝麻香型白酒的放香具有较好的烘托效果，同时对酒体的细腻感和适口性也起到了十分重要的作用。

泥底砖窖的应用，既有别于浓香型的泥窖发酵，又有别于清香型白酒的地缸发酵，与酱香型白酒的碎石窖或条石窖（窖底为泥）具有相似性，只是泥底砖窖用的人工窖泥栖息了数量更多的己酸菌、甲烷菌等窖泥微生物，使芝麻香型白酒己酸乙酯的含量高于酱香型白酒。

具体做法：窖池均为地下，每个池以 10~12m^3 为佳。大多采用泥底砖壁，即窖底铺 15cm 浓香型人工老窖泥，窖壁为砖砌。砖窖能栖息部分微生物，对形成幽雅细腻的芝麻香型白酒风格是有益的。水浒酒厂曾做过砖壁稍挂窖泥的试验，生产的酒己酸乙酯含量较高，影响芝麻香型酒的典型风格。因此，砖壁不挂窖泥。有的厂采用泥底石窖，即窖底铺 15cm 人工窖泥，窖壁用石砌，效果亦可。

3. 高氮配料，底物浓度高

在芝麻型白酒的生产中，配料除了主要原料高粱外，还辅以适量的小麦、麸皮等（尤其是麸皮的添加），以提高发酵材料中的氮碳比，这与清香型白酒和浓香型白酒都有着明显的区别。酱香型白酒总的粮曲比约为 1∶1，故原料中麸皮的成分也比较高。芝麻香型白酒的生产，采用麸皮培养河内白曲、生香酵母、细菌，三者的使用最终使麸皮总量达到 30%以上。

美拉德反应的前体物质是还原糖和氨基酸，还原糖由淀粉转化而来，氨基酸的来源有植物性蛋白和动物性蛋白。美拉德反应既需要植物性蛋白，也需要动物性蛋白，植物性蛋白以麸皮为最好，动物性蛋白以酵母自溶物最佳。故需要为美拉德反应的进行提供物质基础（图 7-8）。

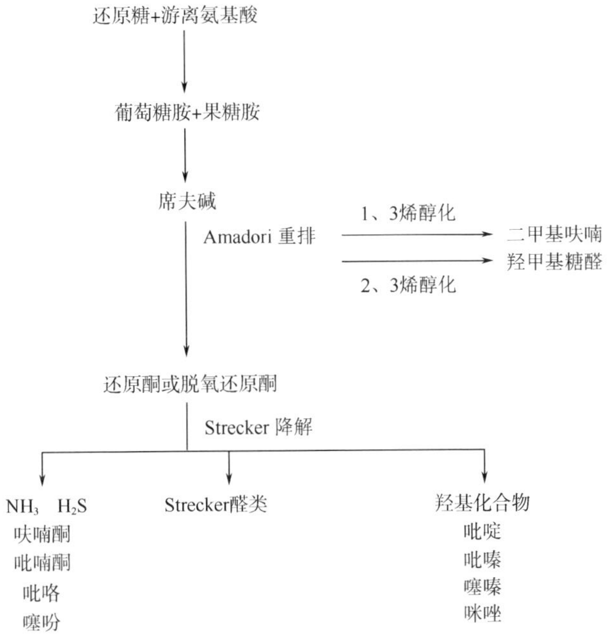

图 7-8 构成芝麻香的重要组分

麸皮中的蛋白质是由许多低分子质量的酶蛋白及球蛋白组成。麸皮中的氨态氮含量特别高。麸皮中阿魏酸含量高，在微生物的作用下生成香草醛、香草酸、香草酸酯、4-乙基愈创木酚、4-甲基愈创木酚、4-乙烯基愈创木酚等酚类化合物，有助于焦香的形成。为此，相关酒厂在芝麻香型白酒配料中均加入一定比例的麸皮和小麦。一般配料为：高粱 80%，小麦 10%，麸皮 10%，由于培养麸曲、细菌和生香酵母菌均采用以麸皮为主的培养基，大曲又用小麦制作，因此，麸皮总量约占 1/3。

目前高氮配料已在全国芝麻香型白酒中广泛应用。其中的蛋白质经蛋白酶水解，可形成氨基酸，为美拉德反应的进行提供了物质基础。研究表明，芝麻香型白酒香味成分的生成与美拉德反应之间存在着极为密切的关系，其反应产物中的含氮化合物，尤其是吡嗪类化合物是炒芝麻的主要香味成分。该成分在芝麻香型白酒中的含量虽比酱香型白酒和浓酱兼香型白酒低，但较某些浓香型白酒和清香型白酒要高得多。这对总体上具有淡雅风格的芝麻型白酒的呈香呈味具有重要作用。因此，芝麻型白酒的风格特点决定了高氮配料的必要性。

4. 大麸结合、多微共酵

芝麻香型白酒最早源于传统大曲白酒景芝白干，随着研究工作的不断深入，逐渐形成了大曲、河内白曲、生香酵母、细菌混合使用、协同发酵的工艺特点，这是传统工艺与现代科技相结合的产物。

（1）中高温大曲　芝麻香型白酒一般采用中高温大曲（60~62℃）或高温大曲和中温曲配合使用，其目的有两点：一是作为糖化发酵剂，用于淀粉转化，产生酒精，二是为蛋白质转化成氨基酸提供酸性蛋白酶，因为高温大曲和中高温大曲中含有较多的酸性蛋白酶。

目前多数企业采用高温大曲和中温曲配合使用。高温大曲糖化发酵力较低，考虑到出酒率和节约成本，还要加适量的中温曲。一般高温大曲添加15%~20%，中温曲5%~10%。有的企业将高温大曲增加到20%，中温曲增加到10%，产出的白酒芝麻香的典型性较好。因为高温曲中含有很多复杂的香味物质和香味前体物质，对增加酒的丰满程度和芝麻香的典型性很有益处。

传统的高温大曲和中高温大曲大多采用小麦制作，也有企业用小麦、大麦、豌豆制曲。豌豆中蛋白质含量高，且硫胺素（维生素 B_1）含量最高，热解产生呋喃、呋喃硫醇、噻吩、噻唑等化合物，使曲幽雅、浓郁。豌豆中的蛋白质和降解产生的香味成分是芝麻香白酒需要的，小麦中加入适量豌豆制曲，对提高芝麻香型白酒的风格特点是否有利，值得研究探讨。

（2）河内白曲　该菌产酸高，耐酸性强，耐高温。能分泌 α-淀粉酶、葡萄糖淀粉酶、酸性蛋白酶及羟基肽酶等多种酶系，其中突出的是酸性蛋白酶分泌较多，该酶能分解蛋白质为L-氨基酸，可供微生物直接利用。

河内白曲采用帘子制曲种，池子发酵，主要原料为麸皮、酒糟，加量为原来的10%。

（3）生香酵母菌　一般选用生香酵母菌（3个标准菌株），山东一企业从优质高温曲和高温堆积的酒醅中筛选出4株高温酵母菌与生香酵母菌一块培养。这些菌不但有较强的产酯生香能力和耐高温能力，而且通过新陈代谢死亡自溶后，可为美拉德反应提供优良的蛋白质。

酵母菌采用以麸皮、玉米面、鲜酒糟为主的固态法培养，一般加量为原料的5%。

（4）芽孢杆菌　枯草芽孢杆菌、嗜热芽孢杆菌、蜡状芽孢杆菌、地衣芽孢杆菌等具有分解蛋白质和水解淀粉的能力，是生成酒体芳香物质的菌源。这些菌主要产生中性蛋白酶，最适pH7左右，45~50℃酶活性最高。培养采取液态转固态的方式，固态培养主要用麸皮等，pH要调整到中性。一般添加量为原料的5%。

近日，山东一企业除选用地衣芽孢杆菌等标准菌种外，又从优质高温曲和高温堆积的酒醅中筛选出5株嗜热芽孢杆菌，培养后用于生产。经对比试验，添加芽孢杆菌的芝麻香型白酒比不加的产出的酒细腻幽雅。

芝麻香型白酒加曲量比酱香型白酒低，但远高于浓、清香型白酒，一般用曲量为1∶（0.4~0.5）。由于历经高温堆积、高温发酵，出酒率较浓香型白酒偏低，一般出酒率为30%左右，生产成本也相应较高一些。

综上所述，由于河内白曲具有酸性蛋白酶含量高，耐酸耐酒精能力强，糖化力相对较高等特点，这在酒糟酸度较大、蛋白质含量较高的芝麻香型白酒的生产中具有较大的优势。生香酵母作为主要的发酵剂，具有较强的产酯能力和发酵能力。耐高温细菌也具有较强的产酯产香能力，它的应用有利于酱香成分的生成。大曲的使用则继承了传统大曲酒的风格，避免了纯麸曲酒生产微生物种类少，酶系单一，形成香味物质的种类和数量少，产酒欠丰满细腻的不足。大麸结合、多微共酵的结果是“芝麻香突出，诸味谐调，丰满细腻，回味悠长”。同时，由于高温曲含有大量的耐高温细菌和酱香成分及其前体物质，少量使用对具有“突出的焦香，轻微的酱香”的芝麻香的形成非常有利。

5. 高温堆积

高温堆积、高温发酵本是酱香型白酒的工艺特点，以后引入了芝麻香型白酒的生产中。实践证明，高温堆积、高温发酵对芝麻香型白酒香味成分的形成起到了非常重要的作用。高温堆积实际上就是二次制曲。根据经验，堆积起始温度：夏秋 26～28℃，冬春 30～32℃。堆积高度要求 50cm 左右，以长条形为宜，以利于粮糟与空气有较多的接触及以后的翻堆操作。堆积糟要疏松且含有较多空气，其厚度、疏松程度及水分、温度等要均匀一致。当堆积温度达到 45～50℃时，堆积糟表层生出大量的白色斑点，用手插入糟内感到热手，取出糟会闻到浓郁的水果香气，此时可翻堆入池。

同样是堆积，芝麻香型白酒和酱香型白酒既有共同点，又有较大区别：二者同样要求升温至 45～50℃，前者只需十几个小时，而后者则需 2～3d，究其原因，前者是以添加人工培养的生香酵母和河内白曲等进行生长繁殖为主；而后者则是以从自然环境中网罗富集微生物为主，以添加高温曲（细菌曲）为辅进行自然扩大培养，故前者速而后者缓，但两种方式都培养了大量的酵母菌等微生物。堆积过程中使这些微生物大量繁殖、驯化，同时又在高温作用下优胜劣汰，为入池高温发酵打下基础。

根据山东某厂经验，对高温堆积的要求如下，供参考。

（1）气温低、保温差的季节应建堆积房，堆积房要宽敞，操作方便并有通风装置。

（2）收堆前加入混合曲，同时加入糟酒 5kg 左右于粮糟中，拌和后收堆。

（3）堆料要求方正平坦坝状，堆高 50～70cm，并视气温高低覆盖草帘，气温低时盖 48h，防止表层失水结块。

（4）堆积的过程中，每天应用 20%vol～30%vol 的酒尾 10～15kg 喷洒表面，保持表面水分，并视堆温变化，24h 倒堆一遍。

（5）收堆条件：温度 25～28℃，水分 52%～53%，淀粉 20%～25%，酸度 1. 5～2. 20。

（6）堆积品温要求不穿皮，表面零点菌落，闻到带甜的酒香味为宜。否则，温度过高，发酵过老，糟醅烧霉成块，会带来不良气味。

6. 高温发酵

高温堆积培养了大量的微生物，其中不乏耐高温的假丝酵母和细菌等。这些耐高温微生物的大量存在，使高温发酵成为可能。而高温发酵又为芝麻香型白酒香味成分的最终生成创造了良好的发酵条件。如前所述，含氮化合物对芝麻香的形成起着十分重要的作用，而这些物质的生成与蛋白质的降解是分不开的。而分解蛋白质的蛋白酶及肽酶作用的最适温度为 40～45℃，这与芝麻香型白酒的发酵温度一致。因此，高温发酵是芝麻香型白酒香味成分形成的重要一环。

芝麻香型白酒的一般入池条件为：水分 53%～55%，温度 28～33℃，回糟 35～40℃，酸度 1. 5～2. 30，淀粉 19%～22%。发酵期在 60～75d 为宜。

7. 分层蒸馏，分段摘酒，分级入库贮存

芝麻香型白酒由于窖池独特，各层发酵糟醅蒸出的酒是不一样的。底层受人工窖泥的影响，己酸乙酯含量较高，酒质偏浓；中层乙酸乙酯含量较高，酒质偏清；上层酒焦香、酱香味略重，酒质偏酱。因此，这三层不同风格特点的原酒要分别蒸馏，按前中后馏分分别摘酒，分级贮存。

由于3-甲硫基丙醇较高含量存在于酒的后馏分中，所以摘酒时要适当注意酒精度。

刚蒸出的新酒，不仅糙辣，口感欠柔和醇厚，酒体欠丰满，带有苦涩味，而且芝麻香不明显，这些不足必须经过贮存老熟，才能得到改善。芝麻香型白酒在贮存过程中的变化规律证明，酸酯等变化前速后缓，三年已渐趋稳定；从感官品评看，新酒焦香突出而芝麻香不明显，要获得芝麻香明显的白酒，贮存期需在两年以上，要想获得香气幽雅、回味悠长、芝麻香突出的白酒，贮存期需3年以上。这就决定了长期贮存的必要性和可行性。

在芝麻香型白酒的贮存过程中，各种香味物质发生着缓慢的物理化学变化，如挥发、氧化、还原、酯化、水解、缩合、缔合等作用，使酒中醇、醛、酸、酯等成分达到新的平衡，不但排杂增香，改进了酒的风味，而且风格更典型。实践证明，与浓香型白酒和清香型白酒相比，芝麻香型白酒的贮存过程对其风格的形成起着更加重要的作用。

芝麻香型白酒的贮存容器为陶坛，与其他容器相比，陶坛贮存更利于白酒的老熟。而且由于陶坛的容积较小，更便于实行量质摘酒，分级并坛，并使分级并坛做得更细。芝麻香型白酒的清蒸混烧、缓慢装甑、缓慢蒸馏等操作要点与传统固态法白酒生产类似，不再一一赘述。

四、 对芝麻香型白酒的新认识

2005年以来，芝麻香型白酒被业界广泛地看好，人们对其表现出浓厚的热情和极大兴趣，从原来山东、江苏、内蒙古等省市自治区少数几个厂家生产迅速席卷全国，山东大部分酒厂都在或多或少地生产，山东省将其作为鲁酒的一大亮点，不惜人力、财力、物力进行研究、推广，还推出了芝麻香型白酒四大领军企业。戚元民等根据芝麻香型技术的积累和研究的深入，提出了以下看法和观点。

1. 芝麻香型白酒继承了中国传统白酒的精华，是香型融合的典范

（1）芝麻香型白酒是行业自主创新的两大白酒香型之一　芝麻香型白酒既有清香型白酒的清净典雅，又有浓香型白酒的绵柔丰满，还具有酱香型白酒的幽雅细腻，综合感官有焙炒芝麻的复合香气，饮后令人心旷神怡。它继承了中国传统白酒浓、清、酱三大香型最经典的内容，又顺应现代人对酒体风味的最新要求，深度融合。前香以清香为主，中香以窖香为主，后香以焦香为主，末香以煳香为主，四香复合，呈现出特有的幽雅、细腻的芝麻香。闻香以清香加酱香为主，略带浓香，陈香突出；入口后焦香及果香味明显；细品有烘炒芝麻香；醇厚丰满，绵甜，余香悠长；风格典型、品质优雅、个性鲜明。

（2）芝麻香型白酒代表着中国白酒由传统向现代的一个过渡和发展　中国白酒一直以来都是以开放式、自然多菌种混合发酵为其特征，而芝麻香型白酒则是在此基础上应用了一系列经过优选后的纯菌种，采用固态培养技术制曲。在此观点之上，传统工艺白酒生产中的主要微生物及其代谢途径也将逐步明朗化，并逐步走上科学化的道路，促使我们对一些传统观念重新认识。芝麻香型白酒的产品风格及质量对环境的依存度要远比酱香型白酒、浓香型白酒低，因为这两个香型白酒的酿酒微生物完全来自所处环境中的微生物，而芝麻香型白酒的主要功能微生物可能来自纯菌种。因此，更有利于芝麻香型白酒率先从地域的局限中突围，向全国推广，一定程度上也打破了麸曲白酒总比大曲白酒口感差的规律。

2. 芝麻香型白酒主体香特征成分与生成机理

（1）对芝麻香型白酒典型特征成分的认识，尽管还不全面，但可以基本确定，杂环类化合物对芝麻香型白酒典型风格的形成具有重要的影响。这些物质的含量极低，有的可能我们现在尚未检出，但并不能因此而否认它们的作用。许多同行与专家很早就对 3-甲硫基丙醇单一作为芝麻香型白酒标准的风格特征成分存在异议，实践表明，它与芝麻香型白酒典型风格的相关性并不强，这些年来对杂环类化合物的分析研究，多种微量特征组分及其产生途径逐渐明朗。

（2）江南大学“1+12”个单位承担的“中国白酒 169 计划”经过 5 年的研究，首次证明了中国白酒吡嗪类物质是由微生物产生，而非化学的美拉德途径产生。这一研究成果是对传统美拉德途径理论的一种挑战，对于芝麻香型白酒的生产和科研具有极其重要的指导意义。

江南大学验证了中国白酒中主要的杂环类化合物四甲基吡嗪（TTMP）主要来自枯草芽孢杆菌的代谢反应，并获得了高产四甲基吡嗪前体物质乙偶姻的菌株 XZ1124，为芝麻香型白酒生产中高温细菌曲的应用提供了理论指导。通过利用 GC-MS 和高效液相色谱（HPLC）对微生物形成四甲基吡嗪的代谢途径以及主要代谢物进行了分析研究，确定四甲基吡嗪主要的代谢途径为：由糖降解产生丙酮酸，两分子的丙酮酸缩合生成 α-乙酰乳酸，α-乙酰乳酸脱羧产生乙偶姻，发酵体系中的乙偶姻与氨作用生成 TTMP。以上结果证明了白酒的风味问题主要是生物学问题，并非化学问题。

吡嗪类化合物并非为芝麻香型白酒所独有，在酱香、兼香型白酒中的含量都远大于芝麻香型白酒，此类化合物在芝麻香型白酒中对其典型风格的形成具有重要作用。

3. 芝麻香型白酒工艺特点及各自的目的性

其工艺特点前已述及，现谈及各自目的性。

（1）大麸结合问题　沈怡方指出：“我国自 20 世纪 70 年代始发展各种麸曲香型酒，至今其风味质量和同香型大曲酒相比总是略逊一筹，这是微生物所造成的结果，唯独芝麻香型却是以麸曲酒母者超过了大曲，这不能不说是以纯种培养有益微生物生产优质白酒的一大突破。”实践证明：纯粹的大曲是难以生产出风格突出的芝麻香型白酒的；使用纯麸曲，其香气的典型性突出，但口感的丰满度、细腻感不足，口味寡淡。“大麸结合”很好地实现了二者的优势互补，相得益彰。早前不同酒厂分别采取不同的糖化发酵剂生产芝麻香型白酒，但最后都走向了“大麸结合”。前述江南大学的科研成果，充分验证了芝麻香型白酒的特征成分来自麸曲中的微生物在特定的环境下的代谢产物，同时也说明芝麻香型对环境的依存度相对较低。实践也表明在不同的区域基本上都可以生产出优质的芝麻香型白酒。

（2）为了提高麸曲白酒的出酒率，许多厂家使用糖化酶，但由于糖化酶含酶系单一，且无蛋白活性，不能形成白酒香味成分的前体物质——氨基酸，致使酒的口味淡薄，香味不浓。根霉是一种具有多酶系特征的霉菌，它除了能分泌糖化酶外，还能分泌酸性蛋白酶、酒化酶及乳酸、琥珀酸等多种有机酸。这是其他霉菌无法比拟的。许多优质大曲、小曲中都含有根霉。所以，根霉用于酿酒，有望在提高出酒率的同时，做到不降质。

在麸曲白酒的生产中，若添加活性根霉曲，必须增加培菌工序，以发挥根霉的最大酿酒性能。

4. 芝麻香型白酒储存中的变化和不稳定性

（1）在储存过程中变化很大，开始阶段变化更快。先是焦香新酒味，其后焦香会很快消失。然后香气会不很舒服，口感很暴辣。再向后会有一定的芝麻香出来，但仍很冲、很暴。其后会感到香气越来越柔和，口感也会变得醇和，香气会更幽雅细腻。目前，芝麻香型白酒一般至少需要3年以上的储存，优质的必须在5年以上，如此长的时间，如何做到科学、合理、经济地储存，尤其需要研究。

（2）芝麻香型白酒的稳定性问题　新酒的变化较快，勾兑后的成品酒变化也较快。因此，芝麻香型白酒在勾兑后，也必须有较长时间的储存，以期达到较稳定的状态。还有装瓶后的稳定性问题，装瓶后相对其他香型白酒而言仍变化较快，表现在乳酸乙酯的水解，口感易出现酸涩及不协调感。

5. 芝麻香型白酒的口感缺陷问题

（1）芝麻香型白酒的后苦问题　芝麻香型白酒，无论是原酒还是成品酒，大多能感到明显的苦味，这种苦味严重地影响了消费者对芝麻香型白酒的喜爱，应通过对工艺的研究，解决或减轻苦味，使生产出来的原酒有绵甜感。

（2）杂味的问题　芝麻香型白酒无论是原酒还是成品酒，都易出现后尾有杂味的现象，对于定位于淡雅风格的芝麻香型白酒而言，这是致命的缺陷。产生的原因可能有两个方面：一个是高温发酵、加曲量大的结果，另一个是芝麻香型白酒的典型特征成分在蒸馏时，相对浓香型白酒而言，许多典型香味物质多在尾部，因而与酱香型白酒一样，其入库酒精度不能像浓香型白酒的那样高，一般在54%vol～60%vol，过低的酒精度，会把尾部的杂质带入酒中，使得酒的杂味偏重。

（3）芝麻香型白酒口感的柔顺感　有观点认为，可以通过长期储存，当然这是必须的，但并不能完全解决问题。从勾兑方面入手，这也是多数人都在采用的手段，但这样做存在一个很大的问题，可能会破坏芝麻香型白酒最优的特色——淡雅。从发酵源头上解决，这一步很难，但不失为最好的解决方式。

6. 芝麻香型白酒勾调实践

芝麻香型白酒：乙酸乙酯>己酸乙酯且含量适中的酒较清爽，芝麻香型白酒风味较具备；乙酸乙酯特高的酒，清爽、偏清香，可增加酒体的净爽感；己酸乙酯>乙酸乙酯的酒，芝麻香典型性含而微露，可增加酒体的醇甜感和圆润度；己酸乙酯特高的酒，糟香好，偏浓香，可增加酒的馥郁度和味的醇甜感、层次感；糠醛含量高的酒，醇厚，偏酱香，可提高芝麻香型白酒的典型性和香味的高雅愉悦度……

若基础酒口味苦涩冲，可使用一部分经陈年储存的窖底调味酒，能使白酒的口味变得绵甜醇厚，香气也变得柔和；当芝麻香典型性稍差时，可使用陈年的，类似爆米花焦煳香味白酒和酱香突出白酒，来提高芝麻香型白酒典型性；当酒的口味不够净爽时，可用部分乙酸乙酯高的清爽型调味酒，提升其净爽度；当酒的味觉丰富程度欠缺时，可用部分粮糟香突出的醇甜酒和陈香老酒来丰富香味，提高馥郁度；当酒的后味不足时，可用部分酸度高偏酱的酒来延长后味。

7. 口感适应市场变化

我国地大物博，人口众多，各地的口感需求差别较大，行业内芝麻香型的研究就出现了馥郁与淡雅等不同的方向，市场的接受程度也不一样，所以是馥郁还是淡雅，是做单独香型的产品，还是做成复合香型的产品，或作调味酒用，要以市场说了算，当然做复合香型的产品或是作调味酒用时肯定要求馥郁一点为好。

五、 新研究以及新应用

近几年来，随着研究的不断深入，对芝麻香型白酒的发展起到了进一步推动作用，现摘要如下，供参考。

（一） 生产技术的研究

1. 蒸馏技术的研究

景芝酒业在 2016 年进行了“机械化条件下流酒速度对浓香酒质量的影响”试验，证明了不同的流酒速度对于浓香原酒质量和产量的影响。2018 年又开展了甑桶蒸馏的技术试验研究，主要针对不同装甑压力和不同流酒速度进行试验，研究了不同的装甑压力和流酒速度对芝麻香白酒质量和产量的影响，得出以下规律：

（1）甲醇的馏出规律为山丘形，随馏分不断升高，约至断花时达到极值，之后随馏分逐渐降低，这一规律与原文献所述一致。由此可以看出，降低原酒中的甲醇含量，只靠掐头去尾是不够的。

（2）从馏分分析结果上看，甲醇和糠醛在缓慢装甑和缓慢流酒时反而含量更高，这可能与蒸馏过程中发生的热变反应有关，甲醇可由原料或酒醅中果胶质受热分解产生，糠醛可由多缩戊糖受热分解产生，说明无论是装甑或蒸馏操作要掌握一个合适的速度。

（3）装甑和流酒控制是白酒蒸馏操作的关键环节，以不同装甑汽压（速度）和不同流酒单独进行试验，对蒸馏技术有了新的认识，比如大汽装甑没有使酒中的乳酸乙酯升高，反而有所降低，这与原有的认识不同，分析原因是大汽装甑使蒸馏后酒的酒精度有所提高造成的。即使如此也不能认为大汽装甑是好的，这仅仅是一个小的方面，控制蒸馏还要从产品质量的各个方面综合考虑确定。

（4）甲酸乙酯和正丙醇在以往的文献中其提取率≥95%，但在本次试验中甲酸乙酯原酒中提取率在 29. 3%～39. 3%，全馏分混合样提取率在 35. 9%～42. 4%。正丙醇原酒中提取率在 26. 8%～28. 5%，全馏分混合样提取率在 31. 6%～31. 7%，这与原文献有差距。

（5）本次试验对乙酸、乳酸的提取率做了测定和计算。从测定值看，酒醅中乳酸的含量约为乙酸的 4 倍，乙酸在原酒中的提取率仅在 1. 13%～1. 25%，全馏分混合样提取率约为 2. 34%，总提取率≤2. 5%。乳酸在原酒中提取率在 0. 2%～0. 24%，全馏分混合样提取率在 1. 63%～1. 8%，总提取率≤2%。丙酸的提取率也≤1. 5%，由此可见酒醅中的有机酸系高沸点成分，只有很少一部分蒸入酒内，如何有效利用酒醅内的有机酸值得研究。

（6）本次试验特别对多元醇，包括 2，3-丁二醇（内消旋）、丙三醇、赤藓糖醇等多元醇做了测定和提取率计算，2，3-丁二醇在酒中的提取率在 0. 21%～0. 24%，在全馏分混合样中的提取率在 0. 5%～0. 53%；丙三醇在全馏分混合样中的提取率在 1%以下，赤藓糖醇在全馏分混合样中的提取率在 0. 9%以下，由此可见，酒醅中的多元醇含量较高，但蒸馏时的提取率很低，系高沸点非挥发性成分，但多元醇对酒的绵甜度有益，同时又是有益人体健康的功能性成分，因此如何开发利用酒醅中的多元醇应是下步研究的课题。

2. 控温发酵

2020 年，江南大学与江苏泰州梅兰春酒厂合作，通过自行设计发酵控温设备发酵芝麻香型白酒，探讨芝麻香型白酒控温发酵的特点。用发酵罐通过控温发酵方式生产芝麻香型白酒对原酒质量有显著提高，控温发酵生产白酒均为优级，窖池生产白酒为一级，同时微生物变化趋势相似，理化指标变化趋势相似，酒醅酒精含量较高，发酵罐出酒率比窖池高 3.4%，出酒率相对提高 9.5%，证明在气温较高时引入温度控制手段可以有效改善生产原酒的品质与提高产量。原酒品质的区别与发酵过程中温度变化有关，窖池中温度变化波动大，且发酵后期温度较高，所产原酒的乙酸乙酯、己酸乙酯含量未达到优级酒标准。

该装备可有效控制发酵温度，在气温较高的夏季能实现芝麻香型白酒生产不停顿，使得全年生产成为可能。同时利用遗传算法对实测温度进行反演计算，得到酒醅的生物反应热变化曲线以及发酵过程与传热有关的参数，为生产放大提供了必要的数据支撑。

本研究的不足之处在于，还需要对温度变化影响芝麻香型白酒生产的机理做进一步的研究，为精细化控制奠定重要的基础。

3. 微生物强化技术

山东扳倒井酒业采用微生物强化技术，通过表面喷洒和内部混料方式将扣囊复膜孢酵母 CICC 33077 应用于芝麻香型白酒高温大曲的生产，通过对照比较大曲的感官特性、微生物指标、内部结构、理化性质和发酵酒样来解析扣囊复膜孢酵母 CICC 33077 在大曲制备过程中发挥的作用。结果表明，与对照大曲相比，强化大曲曲块表面“穿衣”较好，断面整齐，曲皮较薄，内部质地疏松，扣囊复膜孢酵母数量显著增加，达到 10^7CFU/g，糖化力和液化力显著增加，其中喷洒大曲糖化力和液化力分别达到 1361mg 葡萄糖/（g·h）和 5.6g 淀粉/（g·h）。强化大曲发酵得到的酒液色泽透明，香气浓郁，醇甜爽净，优于对照大曲发酵酒样。

4. 多菌种纯种微生物的应用

江苏乾隆江南酒业从芝麻香大曲、粮醅和酒醅中分离出耐高温酵母菌、乳酸菌和细菌，经驯化、纯培养后按一定比例混合，用于绵柔型芝麻香大曲的强化制备。制曲温度可以从传统的 62℃提高到 65~70℃，为绵柔型芝麻香白酒典型风味物质和功能因子的形成奠定了生态基础。又采用多粮高氮配料和高温发酵工艺，促进了含硫化合物、萜烯类化合物和吡嗪类化合物等风味成分和功能因子的生成。将微生物纯培养技术用于绵柔型芝麻香白酒的生产，能够精准控制微生物，稳定发酵性能，大幅度提高酒体的绵柔度、丰满度，增加白酒风味物质和功能因子，提升白酒口感的舒适度和利于健康的有益成分。所述的具有相应酿造功能的微生物为：酿酒酵母、耐酸乳杆菌、地衣芽孢杆菌和枯草芽孢杆菌。上述菌株已保藏于中国微生物菌种保藏管理委员会普通微生物中心，保藏编号为 16875、16876、16877、16878。

5. 高产酯低产高级醇酵母添加试验

因芝麻香白酒酿造工艺所采用的高氮量配料、高糖化发酵剂用量、高辅料配比，导致芝麻香白酒中有较高含量的高级醇生成，造成酒体后味涩苦，优级品率长期低下。天津科技大学在河北山庄酒业以高产酯低产高级醇酵母替代原酿造工艺中的生香酵母进行发酵。按照投入原粮总质量的1%~7%不等的添加量进行发酵。结果表明，3%的添加量替代混合生香酵母菌，高产酯低产高级醇酵母菌可降低酒体中的高级醇含量，均衡乙酯乳酯比，提高芝麻香的特征焦煳香气及口感的细腻度、柔和度，芝麻香典型性更为突出。

（二）香气成分分析

（1）2017年，孙宝国团队在美国《农业与食品化学》杂志发表论文——《芝麻香型白酒中四肽的结构表征及其对人体肝脏癌细胞氧化应激的预防作用》，首次从景芝芝麻白酒中分析出含有生物活性成分四肽（AKRA），其含量达到8.497μg/L。

（2）2019年，北京工商大学应用液液萃取法结合气相色谱-质谱-嗅闻联用仪分析2种芝麻香型白酒（趵突泉白酒BTQ、杨湖白酒YH）中香气活性成分。经保留指数、香气特征并结合标准品比对，BTQ和YH分别定性出挥发性化合物75种和68种；结合气相色谱-质谱-嗅闻联用通过芳香萃取物稀释分析分别嗅闻出香气活性化合物48种和46种，BTQ中香气稀释（flavor dilution，FD）因子值最大的是3-甲硫基丙醛（FD=6561）；YH中FD最大的是苯乙醇、3-甲基-1-丁醇、丁酸乙酯、戊酸乙酯（FD=2187）。通过多种方法联用，对嗅闻到的51种香气活性成分和28种非嗅闻活性成分进行定量分析，并结合相关阈值进行香气活性值（odor activity value，OAV）分析，比较它们对整体香气的贡献程度，发现BTQ中有40种化合物OAV不小于1，YH中有36种化合物OAV不小于1，2种酒中香气贡献度最高的是己酸乙酯、3-甲基丁醛、丁酸乙酯、3-甲基丁酸乙酯。结合FD因子及OAV，可知对这2种芝麻香型白酒香气有重要贡献的化合物有己酸乙酯、丁酸乙酯和3-甲基丁醛。

（3）2019年，白乐宜等对4种芝麻香型白酒中的挥发性成分进行分析和鉴定。对峰型较好且峰面积大于3倍背景噪声值的57种成分进行定量分析，并结合相关阈值进行香气活性值（OAV）分析，比较它们对整体香气的贡献程度。4种芝麻香型白酒中共定性出110种挥发性成分，其中酯类及芳香族50种、酸类12种、醇类15种、醛酮类5种、缩醛类11种、吡嗪类4种，呋喃类7种，酚类2种，硫化物1种。景芝、傅谭春52、傅谭春46、梅兰春4种芝麻香型白酒的总酯相对含量分别为75.15%、57.42%、68.81%、51.5%，均占据着主导地位。在梅兰春和景芝2种芝麻香型白酒中检测到3-甲硫基丙醇，而傅谭春52和傅谭春46两种酒中未检出。4种芝麻香型白酒中香气活性值（OAV）≥1的化合物有30种，景芝中OAV≥1的成分共有22种；傅谭春52有28种；傅谭春46为17种；梅兰春18种。4种酒中己酸乙酯OAV值除傅谭春46外，其他3种酒OAV>10000。

（4）2021年，李贺贺等在芝麻香型白酒中首次发现并鉴定出一种具有浓烈焙烤香气且对芝麻香型白酒的整体香气具有重要贡献的化合物——苄硫醇，含量极低。通过衍生化反应，固相萃取（SPE）富集，结合液相色谱-串联质谱（LC-MS/MS）的定性定量方法，在最优条件下，苄硫醇衍生化产物的检测限（LOD）和定量限（LOQ）可以达到ng/L级别。衍生化产物的回收率可以达到82.12%~93.99%。重组和缺失实验的结果表明，与不含苄硫醇的模拟白酒样品相比，含有苄硫醇的模拟白酒样品的烘烤香气明显增强。苄硫醇对芝麻香型白酒的整体香气做出了重要贡献。

六、 GB/T 10781.9—2021 新要求

2014 年 12 月，根据《国家标准委关于下达 63 项国家标准修订计划的通知》，《芝麻香型白酒》国家标准列入修订工作计划，计划编号 20142741-T-607，由全国白酒标准化技术委员会技术归口。新标准于 2021 年 8 月 20 日发布，2022 年 3 月 1 日实施。代替 GB/T 20824—2007。

1. 修改名称及英文

中华人民共和国国家标准

GB/T 10781.9—2021
代替 GB/T 20824—2007

白酒质量要求
第 9 部分：芝麻香型白酒

Quality requirements for baijiu—
Part 9：Zhimaxiangxing baijiu

2. 术语和定义

（1）产品定义　在原有定义基础上，将芝麻香型白酒典型工艺特征融入，从糖化发酵剂、堆积等方面明确芝麻香白酒生产工艺的关键要素，突出其典型性。

糖化发酵剂：生产所用糖化发酵剂是大曲和麸曲，显著区别于其他香型白酒。

（2）堆积　堆积工艺是芝麻香型白酒生产中重要工艺环节之一，是指按一定比例拌料混合的粮醅，堆成一定形状（如长方体），通过自然环境中的有益微生物进行发酵，达到一定温度或时间后，再入池发酵。高温堆积过程在芝麻香型白酒生产中对芝麻香白酒香气成分的形成起着非常重要的作用，高温堆积过程能网罗环境中的有益微生物，增加其代谢产物的种类和数量，为美拉德反应提供前体物质和反应环境，因此高温堆积又被称为“二次制曲”。

（3）酸酯总量　根据行业调研和样品分析情况，白酒尤其是低度芝麻香白酒在贮存一段时间后，在自然条件下，总酸和总酯发生可逆的平衡反应，相互转化，总酯含量下降，总酸含量则上升，酸和酯是白酒中重要的风味物质，酸酯含量的变化将会影响白酒风格，另外由于总酸和总酯分析方法中分别以乙酸和乙酸乙酯计，而芝麻香白酒中酸类和酯类成分复杂，乙酸和乙酸乙酯并不能完全代表其中酸类和酯类，因此为客观、科学地体现芝麻香白酒中酸酯平衡和酸类、酯类物质总量表征问题，同时与白酒标准体系整体修订方向一致，本次标准修订中将总酸和总酯分别根据其分析方法折算成消耗氢氧化

钠标准溶液的毫摩尔数加和以表示产品中的酸酯总量。

2. 产品分类

根据行业实际情况，将低度芝麻香白酒的酒精度下限由原标准的18%vol 调整为25%vol，并将高低度白酒的界限设为45%vol，高度酒：45%vol≤酒精度≤68%vol；低度酒25%vol≤酒精度<45%vol，同时解决原标准中高低度酒界限模糊的问题。

3. 理化要求

（1）酸酯总量　根据普查数据，酸酯总量合理设置。增加了乳酸乙酯指标。

（2）乙酸乙酯+乙酸　与总酯情况类似，乙酸乙酯在货架期内发生可逆平衡反应，白酒感官主要取决于风味成分的组成和比例关系，因此以乙酸乙酯和乙酸的总量代替原标准中乙酸乙酯含量。

（3）已酸乙酯是浓香型白酒的典型成分，芝麻香型白酒兼具浓、清、酱三者的风格，其中已酸乙酯的含量应保持一定水平，体现其绵柔丰满的特点，但已酸乙酯过于丰富，会影响芝麻香型白酒的风格特点，同时随着消费者感官需求的变化，结合样品实测情况，综合考虑取消原标准中的下限，保留上限。

（4）3-甲硫基丙醇作为芝麻香型白酒产品定型的特征指标，为芝麻香型白酒香型的创立提供了科学依据，但随着芝麻香型白酒生产工艺的不断创新和变革，以及分析技术水平的提升，在对芝麻香型白酒风味组成的深入分析后发现，3-甲硫基丙醇不仅存在于芝麻香型白酒中，在酱香型白酒中也稳定存在，另外随着白酒感官分析技术的发展，行业对3-甲硫基丙醇与芝麻香型白酒的典型风格的关系进行了大量深入的研究，发现二者之间并无明显的对应关系，因此为科学指导白酒企业生产，本次修订中将该指标取消。

理化指标按高度、低度分别要求，见表7-121、表7-122。

表7-121　　高度酒理化要求

项目		优级	一级
酒精度[a]/%vol		40[b]~68	
己酸乙酯/（g/L）		0.1~1.2	
乳酸乙酯/（g/L）		≥0.6	
固形物/（g/L）		≤0.7	
总酸/（g/L）	产品自生产日期一年内（包括一年）执行的指标	≥0.5	≥0.3
总酯/（g/L）		≥2.2	≥1.5
乙酸乙酯/（g/L）		≥0.6	≥0.4
酸酯总量/（mmol/L）	产品自生产日期大于一年执行的指标	≥38.0	≥25.0
乙酸乙酯+乙酸/（g/L）		≥1.2	≥1.0

[a] 酒精度实测值与标签标示值允许差为±1.0%vol。

[b] 不含40%vol。

表 7-122　　低度酒理化要求

项目		优级	一级
酒精度[a]/%vol		25~40	
己酸乙酯/（g/L）		0.1~0.8	
乳酸乙酯/（g/L）		≥0.3	
固形物/（g/L）		≤0.9	
总酸/（g/L）	产品自生产日期一年内（包括一年）执行的指标	≥0.4	≥0.2
总酯/（g/L）		≥1.8	≥1.2
乙酸乙酯/（g/L）		≥0.5	≥0.3
酸酯总量/（mmol/L）	产品自生产日期大于一年执行的指标	≥28.0	≥20.0
乙酸乙酯+乙酸/（g/L）		≥1.0	≥0.8

[a] 酒精度实测值与标签标示值允许差为±1.0%vol。

第十一节　馥郁香型白酒工艺

馥郁香型白酒为我国白酒行业的一种创新香型，凝聚了几代人几十年的研究及心血，下面就以酒鬼酒公司的介绍，一窥馥郁香型白酒的前世今生，供借鉴参考。

一、馥郁香型白酒的发展历程

1956 年 4 月成立的吉首酒厂就是酒鬼酒股份有限公司的前身。到 20 世纪 70 年代后期，企业一直没有自己的拳头产品，发展缺乏后劲，创造自己的名牌产品成为当务之急。1976 年年初，酒厂成立了名酒研制攻关小组，先后派人到全国的名优酒厂学习取经，并获得了宝贵的经验和启示，最后决定在原料成分上借鉴五粮液，在发酵工艺上借鉴董酒，同时尽量保留湘西传统酿造配方来生产自己的酒。该酒以湘西香糯米和云雾糯高粱为原料，取龙、凤、兽三眼穿石而出的泉水，采取大小曲结合发酵，于 1978 年成功酿出了自己的好酒，并取名为“湘泉”。20 世纪 80 年代末期成功开发了更高档的“酒鬼酒”，“酒鬼”是“湘泉”的高起点延伸，其青出于蓝胜于蓝。企业凭借“酒鬼”“湘泉”而走上了腾飞之路。在经历了“七五”起飞（1986—1990）、“八五”辉煌（1991—1995）和“九五”腾飞（1996—2000）后，酒鬼酒公司完成了从传统小作坊式工厂到现代大型上市企业的蜕变，“酒鬼”也成为香飘海外的著名品牌和中国驰名商标。“十五”期间，受诸多因素影响，酒鬼酒发展一度陷入低迷。进入“十一五”，随着 2007 年中粮公司成为第一大股东，企业重组改制工作的成功告罄，标志着公司进入了一个崭新的恢复性发展阶段。纵观企业成长历程，酒鬼酒在追求高品质的道路上凝聚了几代管理团队和科研团队的心血。馥郁香型白酒的研制、定型、论证和提升的过程就是几代酒鬼酒人的一部奋斗史。

1. 香型的困扰

湘泉酒 1978 年试制成功并批量生产。集大小曲酒工艺为一体，容各香型为一味，出厂酒精度为54%vol，后生产38%vol低度湘泉酒。1988年，全国著名酿酒专家秦含章对湘泉酒的评价是："湘泉酒具有用料独特、用曲独特、工艺独特、包装独特之独到之处，为酒类形象之新姿。"时任厂长的王锡炳运用名酒、文化与名人三位一体的办法，走文化路线，极大地扩展了"湘泉"品牌影响力。1989年，酒鬼酒正式面世。产品兼具"泸型之芳香、茅型之细腻、清香之纯净、米香之优雅"，乃酒中无上妙品。著名画家黄永玉为该产品设计了麻袋状紫砂陶瓶，创造出定位准确、契合白酒消费者心理的高档精品品牌，巧妙地绕过了以低档酒带动高档酒销售所难以逾越的"坎"。酒鬼酒的成功成为酒界经营实战的范例。

20世纪70年代后期，白酒就有了香型的概念，并逐步得到了社会的广泛认可。酒鬼酒和湘泉酒尽管有着独特的生产工艺和产品风格，也有良好的口碑声誉，但由于起步较晚，企业的生产规模、科研水平、销售额、市场覆盖面等未能达到国家确定独立香型的基本标准和条件。因此，酒鬼酒、湘泉酒只能长期标注"兼香型"和"其他香型"，错失了进入国家名优酒行列的历史机遇。酒鬼酒、湘泉酒只能以异军突起的地方名酒身份出现，严重影响了品牌形象和行业地位，制约了企业核心竞争力的进一步提高。

2. 香型的首次提出

20世纪90年代初，凭借雅俗共赏的包装、独具风格的质量和恰到好处的市场定价，酒鬼酒在业内已小有名气，在当时学术舆论中，国内许多著名的酿造专家共同认为，湘泉和酒鬼酒博采国内诸多名酒之长，兼纳酱香、浓香、清香、米香、兼香等五大香型之优，从而独树一帜，不能归入任何一种香型，应为"第六香型"或"湘泉香型"。1992年3月，湘泉集团组建酒业研究所，并把研究湘泉酒、酒鬼酒的香型申报列为省级科研项目，开始从湘泉酒、酒鬼酒的生产环境中微生物分布变化、发酵微生物的消长变化、生产工艺特点、微量成分含量和量比关系等方面进行深入研究与分析。同时，多次邀请周恒刚、沈怡方等白酒专家来厂考察指导工作。1994年4月，在吉首召开了"湘泉酒香型研讨会"，与会专家充分肯定了湘泉酒和酒鬼酒独特的生产技术和风格特点，并提出了"保持特色、稳定工艺、扩大家族、形成流派"的要求。会议首次就酒鬼酒、湘泉酒香型的具体名称进行了讨论，初步设想为"复合型"或"结合型"。

3. 香型的研究过程和定型

1985年湘泉集团白酒产量只有500t，1991年发展到2000t，1995年达到8000t，1997年湘酒鬼股票上市。上市后获得了强大的资本支持，1998年生产目标确定为2万t湘泉酒和2000t酒鬼酒。2000年"酒鬼"获中国驰名商标，2001年成为中国白酒业五大畅销品牌、文化酒第一品牌。随着规模的不断扩大，迫切需要质量的提升和香型的准确定位。酒鬼酒的香型从1992年初提出至2005年8月通过鉴定，经历了十几年，其具有飞跃性的研究与突破，可分为5个阶段。

（1）第一阶段：曲药的改进　酿酒主要是靠微生物新陈代谢，曲药是发酵的动力，是决定白酒风格质量的关键之一，所以筛选菌种和优化制曲工艺是前期研究的一项基础工作。湘泉酒和酒鬼酒采用典型的大小曲结合工艺，培菌糖化过程是形成其清香特征的重要工序。原来所用的小曲是沿袭湘西药曲的传统制作方法。药曲以大米粉为原料，添加30余种中药材，用种曲接种的办法，培养成直径5cm左右的球形曲。随着生产规模的扩大，这种原始的生产方法很难满足批量需求，加之酒中的药香味在多数消费者中不受欢迎。1992年，经过试验对比后，决定用纯种根霉曲代替传统药曲作为糖化剂，既能保证良好稳定的糖化效果，又能降低成本和便于扩大生产规模。这充分体现了现代生物技术与传统酿酒工艺的完美结合。在大曲生产上，通过在实践中的长期摸索探讨，中温制曲改中偏高温制曲，类似酱香型制曲。通过适当提高培曲温度，有利于富集更多的生香功能微生物，使产品的香味更趋丰富协调，高温曲本身的幽雅曲香是普通白酒难以达到的境界。

（2）第二阶段：开始香型的专题研究　1994年，由周恒刚带队和在沈怡方、高景炎等的指导下，从生产工艺、发酵微生物、微量成分检测分析等方面首次对湘泉酒、酒鬼酒进行系统全面的研究，研究的总结报告及结论成为以后工作和生产的指南。当时生产工艺和风格质量的现状是：前期培菌糖化而非清香或米香、使用泥窖续糟发酵而非浓香、中偏高温制曲而非酱香或兼香、大小曲皆用而非药香，并就蒸馏工序进行了查定和试验，组织检测、尝评和勾调培训班，提高生产技术人员的基础酒品评分级和酒体设计水平，为稳定产品的风格质量奠定坚实基础。

（3）第三阶段：推动工艺研究　1997年，对酿酒工艺进行系统的研究和准确的总结，完成了“提高酒鬼酒原料出酒率及优级品率研究”。同时，采用气相色谱系统分析了酒鬼酒香味成分，为总结其香味成分规律奠定了基础。通过采用双轮底发酵工艺、窖泥微生物研究与人工培养窖泥提高了基酒优级品率4.5%，通过采用合理配糟、二次冲酸除杂的转排工艺提高了原料出酒率4%。该研究获湖南省科技进步二等奖。2000年，进一步比较了糖化工序“老箱”和“嫩箱”对入池发酵的影响，得出“嫩箱”对质量和产量都是有利的科学结论。这一年，公司的科研中心被授予省级企业技术中心。

（4）第四阶段：改善口感，把握亮点　白酒的销售模式从“做终端销售”向“文化营销”过渡，而白酒从传统的作坊酒、工业酒、广告酒逐步过渡到以品牌文化为宣传手段的文化酒。2000年年底，打出了“做中华文化酒引领者”的旗帜，先后开发出新世纪酒鬼酒、珍品酒鬼酒、三千年酒等新产品。2001年，公司启动“洞藏文化酒工程”，开始了对洞藏白酒老熟的技术研究。采用洞穴储藏的方式，保障酒的老熟，改善酒的口感，实实在在地体现“酒是陈的香”，激活了湘西独特的自然及文化资源，被喻为“中国白酒第一藏”，成为业界一大亮点。2004年，经过较长的生产周期对比，决定把酿酒原料由高粱和糯米改为高粱、糯米、大米、小麦、玉米5种粮食，利用各种粮食自身的香气特点形成复合粮香，改善产品的风味。

（5）第五阶段：香型的确定　经过潜心研究和精心准备，完成了从不同侧面、不同角度对工艺和产品特性的研究，香型鉴定的时机基本成熟。2005年8月，湖南省科技厅在吉首主持召开了“酒鬼酒馥郁香型研究”成果鉴定会，经沈怡方、高月明、曾祖训等15名国内著名白酒专家组成的鉴定委员会鉴定，专家组认为：

① 酒鬼酒系列将我国白酒传统的小曲和大曲两种糖化发酵剂有机结合，采用多粮颗粒原料、小曲培菌糖化、大曲配醅发酵、泥窖提质增香、粮醅清蒸清烧、洞穴贮存陈酿、精心组合勾兑而成，其生产工艺独特，属国内首创。

② 产品质量经检验符合国家相关标准；微量香气成分中尤以相对突出的乙酸乙酯、己酸乙酯含量及近乎平行的量比关系和有机酸高、高级醇含量适中等为特点。经品尝感官质量微妙地糅合了酱、浓、清香的风味，无色透明、芳香秀雅、绵柔甘洌、醇厚细腻、

后味怡畅、香味馥郁、酒体净爽，具馥郁香型优质白酒的典型风格。馥郁香型白酒为我国白酒行业的一种创新香型。

4. 馥郁香型的不断完善

（1）2007 年，中国糖业酒类集团公司入主酒鬼酒股份有限公司，技术团队对酒鬼酒、湘泉酒酒体风格进行了进一步定位和升级。馥郁香型白酒“一口三香”即前浓、中清、后酱的美妙得到充分体现。黄永玉为新品酒鬼酒设计包装，题写了“不可不醉、不可太醉”，很好地诠释了面对物质和生活的一种人生态度，使饮酒从物质享受提升到高层次的精神享受。这一年夏天，公司在吉首举办“馥郁香型酒鬼酒质量研讨会”，酒鬼酒被以沈怡方为首的专家组誉为“文化酒鬼酒，和谐馥郁香”。

（2）2008 年夏，在凤凰县齐梁洞封藏了 7 年之久的“洞藏文化酒”如期启封，推出了收藏版、纪念版两款洞藏酒鬼酒。为完善“洞藏酒鬼酒”质量技术体系，公司与湖南大学合作，成立了“纯粮固态发酵白酒洞穴贮存工艺研究”课题组，以酒鬼酒独有的“馥郁香型”及其香味成分的定性定量分析为基点，以湘西独特地域文化资源和自然资源为依托，以白酒贮存“时间、容器、环境”三要素为核心理念，进一步从“神秘性、稀缺性、独特性、科学性”四方面提升酒鬼酒的品质和品位。2008 年，国家质量监督检验检疫总局正式批准将酒鬼酒列为国家地理标志产品。

（3）2009 年 7 月在长沙举办了名为“新机遇、新使命、新辉煌”的高端酒鬼酒系列产品上市发布会和品鉴会，沈怡方、曾祖训等人组成的专家组对酒鬼洞藏系列酒、酒鬼封坛年份系列酒和湘泉原浆系列酒的口感、香型、风格等方面给予了高度评价。这对提高酒鬼酒品质，扩大馥郁香型白酒的影响力，提升酒鬼酒品牌竞争力具有重要意义。

（4）2010 年，酒鬼酒通过登陆中央电视台、湖南卫视的黄金时段，极大提升了品牌形象。随着生产规模的不断扩大，酿酒车间启用压醅老窖，充分利用 6000 余口老龄泥窖的资源，大幅延长发酵周期，由传统的 40d 发酵期延长到 60d 左右，突出基酒的醇厚绵柔感，强大的原酒生产能力是馥郁香型持续发展的基础保障。同时，公司修建万吨基酒库和标准化包装车间，从硬件上保障“大勾兑”和体现清洁生产的理念，保持馥郁香型白酒产品质量的长期稳定。

（5）未来，公司紧紧围绕“以质量为根本、以产品为重点、以销售为龙头、以管理为基础、以企业文化为动力、争创中国酒业一流品牌”的经营思路，进一步加大产品研发和品牌宣传的力度。可以说，通过艺术大师设计、权威机构加盟、白酒专家团队护航、生产储备优质原酒，确保了酒鬼酒品牌的尊贵品位和卓越品质，馥郁香型白酒将在中国酒业版图中占有重要的一席。

二、 馥郁香型白酒的特征

“馥”指香气，“馥郁”是香气浓郁的意思。“馥”是“香”与“复”的组合，意指这种香气不是一般的单体香气，也不是几种香气的简单叠加，而是由多种单香构成的完美协调的复合香气。在白酒界，对传统白酒香型的命名，都力求从字面上表述出该类酒的风格特点，如“浓香型”表述了窖香浓郁的特点；“酱香型”表述了酱香幽雅的风格；“清香型”体现了干净纯正的优点。专家们对酒鬼酒香型的命名，从最初的“结合型”到“复合型”再到现在的“馥郁香型”，不但真实、客观地表述了酒鬼酒具有多种工艺结合、多种香型复合的特点，也反映了科技工作者严谨务实、精益求精的工作作风。酒鬼酒是馥郁香型白酒的典型代表，具有如下特征。

1. 文化特征

所谓“文化酒”，它实际上是对酒文化的一种物化，是中华民族千年文明史的缩影，是人类社会发展中与酒相关的物质和精神财富的凝练。当代诗人艾青赞美酒鬼酒是“水的外形、火的性格”，非常符合地域、产品的文化属性。湘西位于“鱼米之乡”和“天府之国”的中间，是适宜食品酿造发酵的黄金地带，酒文化源远流长。“酒鬼”二字为产品命名，确是非常人所能想象的大胆创举。这两个字既含褒扬之情亦存贬抑之趣，既透着灵性之光又充满博爱之心，飘逸而超凡脱俗，其浓厚的浪漫色彩与神秘气息，使人们十分自然地联想到湘西旖旎的自然风光与源远流长的湘楚文化之源，出自艺术大师黄永玉之手的“酒鬼”酒瓶堪称上佳之作。它形似饱满且捆扎好的麻袋，初看很土很俗，像出土文物，然大土大俗之中又显大雅大致，具有极高审美价值。以紫砂陶为制作原料，在返璞归真中显示历史的厚重感；构思创意巧妙且寓意深刻，用“麻袋”盛酒，暗示酒是粮食精华。“酒鬼”的瓶型设计化麻袋为神奇，借助天才想象和精妙手笔将湘西这块土地的神秘、奇妙和荒远，湘西人民乐观豪放的人文情感以及湘西少数民族纯朴率真，崇尚自然的民族天性描摹得淋漓尽致。这种艺术化、拟人化包装设计为“酒鬼”酒文化形象的最终确立奠定了坚实基础。

2. 酒鬼酒的独特生产工艺

形成酒鬼酒的特殊馥郁香型与其生产所处的气候和区域环境有不可分割的关系。酒鬼酒出产于湘西。湘西属亚热带湿润季风气候，空气温润，气候温和，四季分明，冬季不太冷，夏季无炎热，热量充足，雨水集中，具有山区立体气候特点。这种气候条件非常适合微生物的自然生长繁殖。其生产基地地处武陵山脉、喇叭山口、浪头河畔，降雨充沛，这独特的地域驯化、富集了适合酿制馥郁香型白酒的独特微生物群体，是理想的酿酒环境。

据酒鬼酒公司研究，馥郁香型将小曲酒生产工艺和大曲酒生产工艺进行巧妙融合。采用五粮为原料、高温泡料、原料清蒸、小曲糖化、大曲发酵、低温入窖、窖泥增香、洞穴贮存、精心勾兑。微量成分酸酯醇醛与浓香型相似，高于小曲清香型；高级醇高于浓香型、清香型，低于小曲清香型；有机酸含量高，低于酱香型，高于浓香型、清香型；使用小曲但不是小曲酒；使用大曲，不是大曲酒。其主要工艺特色有：

（1）多粮颗粒原料

① 采用五粮配方，以高粱为主，占 40%，其余为大米、糯米、小麦、玉米，除玉米要求粉碎成能通过 2.0mm 筛孔的占 3/4 外，其他原料均为整粒使用。

② 高温泡料：高粱必须用水完全浸泡 18~24h，水温要求 70~80℃；糯米、大米和小麦要求浸泡 2~3h，再沥干表面水分，利于打喷；玉米用 40~60℃的温水浸泡 4~6h，要求润料充分、均匀、不流水。

③ 原料清蒸：沥干水的高粱，圆汽清蒸 20min，打第一次喷，即边打散料块，边喷水（使高粱受水均匀）。再蒸 40min 后打第二次喷，而后，再先后加进小麦、糯米、大米、玉米，铺在高粱上，可进行再次打喷。要求 90%以上开花，原料干爽，熟而不黏，内无生心。其工艺流程如下：

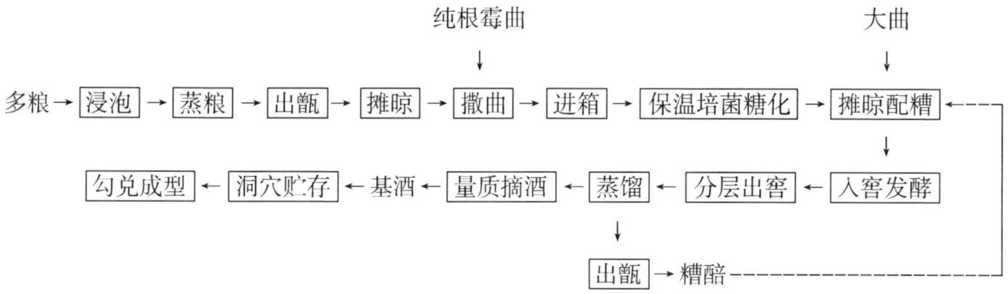

（2）小曲培菌糖化　将蒸好的原料出甑平铺于晾床上，翻拌吹晾至28～32℃，均匀撒上5%～6%的根霉曲，再翻拌均匀打晾到规定温度（表7-123），入糖化箱培菌糖化。糖化要求：清香味甜，不流汁，无霉变和异杂味。

表7-123　　不同室温下培菌条件控制

室温/℃	培菌时间/h	进箱温度/℃	用曲量/%	箱厚/cm
0～5	36	24～30	6	19～21
6～10	36	24～30	6	19～21
11～15	36	24～30	6	19～21
16～20	36	22～26	5	19～21
21～25	24	22～26	5	17～19
26～28	24	平室温	5	17～19
28以上	24	平室温	5	15～17

1994年以前，酒鬼酒一直使用药曲进行培菌糖化，药曲是以大米粉为原料，添加30余种中药材，用种曲接种的办法，精心培养而成的直径5～7cm的球形曲。但随着酒鬼酒生产规模的不断扩大，这种原始的制曲方法实难满足生产要求。加之酒的药香味在酒鬼酒广大的消费群体中并不都受欢迎，1994年以后，酒鬼酒即不再采用药曲而改为纯种根霉曲，多次的实验证明，采用根霉曲培菌，质量更稳定，出酒率更高。

小曲培菌糖化相当于二次制曲，料醅在培菌过程中网罗了空气中大量的微生物；同时，部分淀粉转化为还原糖，并形成一定量的呈香前体物质。微生物由于有了这些营养物质，繁殖速度加快，菌数明显增加。经测定，富集的微生物主要是细菌和酵母菌，其中酵母菌平均增加190倍，细菌平均增加200倍。

白酒的发酵过程是由多种微生物参与的复杂的生化反应过程。微生物的种类和数量直接影响发酵产物的生成，决定了酒中微量香味成分的构成，从而形成了酒的风格特点。酒鬼酒中较高的酯类、酸类和适宜的乙醛、乙缩醛含量是与培菌糖化过程中大量的细菌和酵母菌的生长繁殖息息相关的。

（3）大曲配醅发酵，泥窖增香　将经过蒸馏的酒醅出甑放置于晾床摊晾至接近入窖温度时，加入经培菌后的料醅，撒入20%～22%的大曲粉，翻拌均匀，低温入泥窖发酵，发酵期为50d左右。

酒鬼酒大曲以小麦为制曲原料，制曲最高温度为57~60℃。中偏高温培曲有利于耐高温芽孢菌的生长，大曲液化力高，曲香明显。酒曲的微生物群系有细菌、酵母菌、芽孢菌和放线菌及霉菌，各大类菌数的比例为2.6∶1.0∶0.9∶0.15∶0.13（细菌∶酵母菌∶芽孢菌∶放线菌∶霉菌）。其中霉菌主要有毛霉、黄曲霉、犁头霉和黑曲霉，毛霉占45%，黄曲霉占35%，犁头霉占15.5%，黑曲霉占4.2%，暂时还没有发现根霉和红曲霉，可能是因两种霉菌数量较少（占总菌数的1%以下）或实验误差所致。酒鬼酒大曲微生物群系的分布情况如表7-124所示。

表7-124　　酒鬼酒大曲微生物群系的分布　　单位：万个/g干重

批次	细菌	芽孢菌	酵母	霉菌	放线菌
1	560	270	22	8.3	28
2	270	40	160	34	21
3	230	60	230	13	11

酒鬼酒经过多年的稳定生产，使生产环境、空气、窖泥、大曲中微生物群系分布形成了固有的微生物区系，它是酒鬼酒发酵微生物的主要来源。酒鬼酒具有独特的风格，与空气、窖泥、酒曲中存在的微生物有着重要的关系。

酒鬼酒发酵窖池为优质泥窖。湘西有最优质的黄土壤，其铁、钙的含量低，质地细腻、黏度较高、持水性强，pH一般在6左右，是南方特有的生产优质窖泥的优选泥种。其优质窖泥的有效成分含量丰富、比例协调，非常适合窖泥功能菌的生长繁殖（表7-125）。泥窖发酵对酒鬼酒起到了很好的调节和增香作用，使其具有浓郁的复合香气。

此外，酒鬼酒的堆积发酵，可能产生形成酱香香气的前体物质；采用浓香的双轮底发酵工艺，对生产酒鬼酒的调味酒帮助较大。

表7-125　　酒鬼酒窖泥有效成分分析结果

pH	水分/%	氨态氮/（mg/100g干土）	有效磷/（mg/100g干土）	腐殖质/%
6.9	39.5	278.6	185.4	12.4

（4）清蒸清烧　老五甑操作法的浓香型白酒是在发酵酒醅蒸馏前加入经粉碎的原料及辅料，拌匀后装甑，蒸酒的过程同时也是蒸粮的过程。酒鬼酒使用的是小曲酒的清蒸清烧工艺，即蒸粮与蒸酒彻底分开，这一点与老五甑操作法有着本质上的不同。原料通过清蒸和培菌，使发酵微生物的群体发生了巨大变化，进而影响产品的风格特征。同时单独馏酒也有效排除了因混合蒸烧而带来的生料味，使酒体更加干净。为了提高蒸馏效率，1994年曾进行蒸馏查定试验；蒸馏时严格执行分楂装甑、截头去尾、分级接酒，按质入库贮存。

（5）洞穴贮存陈酿，精心组合勾兑　酒鬼酒基酒分为特优酒、优级酒和普优酒三级，其中特优酒用作酒鬼酒，其他级别酒用作湘泉酒。酒鬼酒的贮存通常采用陶坛洞窖的方式。2001年12月，其基酒的贮存方式由地窖转为溶洞。该溶洞藏于地层，且多阴河伏流，洞内气温一般在15~20℃，湿度在90%以上，地面温湿变化对其影响不大。这种恒温恒湿的天然条件，有利于酒的老熟变化，改善酒的口感，提高酒的质量。

基酒经过3年洞藏方可勾兑使用。勾兑人员根据成熟的色谱骨架成分设计方案，从特优酒中挑选不同香味、不同贮存年限、不同季节、不同发酵期的酒，通过合理搭配，协调成型。然后根据基酒的缺陷和成品酒的质量标准，选用针对性强的调味酒，达到口感的最终完美统一。酒鬼酒公司历来重视调味酒的研制与生产，通过长期生产实践的探索与总结，现已形成了多种调味酒的生产方法，从而有效保障了勾兑调味酒的需求。

3. 香味组分含量特征

酒鬼酒以其“芳香秀雅，绵柔甘洌，醇厚细腻，后味怡畅，香味馥郁，酒体净爽”的典型风格独立于中国白酒之林，其香味组分的含量自有鲜明的个性特征，有别于其他香型白酒。

（1）己酸乙酯和乙酸乙酯含量突出，二者呈平行的量比关系　酒鬼酒中总酯含量较高，己酸乙酯和乙酸乙酯相对较突出，含量达100~170mg/100mL以上，二者含量相当接近，基本呈平行的量比关系（一般是乙酸乙酯略高于己酸乙酯），其比例为己酸乙酯：乙酸乙酯=1.00：1.14，乳酸乙酯含量一般在53~72mg/100mL，丁酸乙酯为16~29mg/100mL，四大酯的比例关系为己酸乙酯：乙酸乙酯：乳酸乙酯：丁酸乙酯=1.00：1.14：0.57：0.19）。酒鬼酒中丁酸乙酯含量较高，一般浓香型酒己酸乙酯：丁酸乙酯为10：1，而酒鬼酒则为（5~8）：1。己酸乙酯是浓香型白酒的主体香气成分，四大酯的含量为己酸乙酯>乳酸乙酯>乙酸乙酯>丁酸乙酯，而酒鬼酒是乙酸乙酯>己酸乙酯>乳酸乙酯>丁酸乙酯，两者截然不同。

酒鬼酒中己酸乙酯和乙酸乙酯在酯类物质中的突出地位和特殊的平行量比关系，在中国现有的各大香型白酒中是少有的；四大酯的含量及量比与浓、清、川法小曲酒有很大差别，说明酒鬼酒用小曲工艺而非清香型小曲酒，用大曲工艺而又不同于浓香型大曲酒，形成了自己的独特风格。

（2）有机酸含量高，总量达到200mg/100mL以上，除低于酱香型白酒外，远高于浓香、清香和川法小曲酒。其中己酸和乙酸占总酸量的70%，乳酸占19%，丁酸占7%。几大酸类物质的比例关系虽与浓香型大致相同，都是乙酸>己酸>乳酸>丁酸，但乙酸和己酸的绝对含量是浓香型酒的2倍以上，而清香型、川法小曲酒中，有机酸种类单一，与酒鬼酒丰富的有机酸相比更有明显的差别。

（3）高级醇含量适中，总量一般在110~140mg/100mL，高于浓香、清香型白酒，低于小曲清香型白酒。含量最高的是异戊醇，在40mg/100mL左右，其次是正丙醇，达25~50mg/100mL，低于酱香、药香和特型白酒，但超过工艺上相对接近的浓、清和川法小曲酒；正丁醇和异丁醇分别为13.7mg/100mL和17.9mg/100mL。4种醇的比例为异戊醇：正丙醇：异丁醇：正丁醇为1.00：0.79：0.47：0.36。

刘建新等认为，高级醇是白酒中不可或缺的风味物质，其中异戊醇有一种独特的香气，和其他成分之间可能存在相乘效果，起到衬托白酒香气的作用。正丙醇有着良好的呈香感，虽然醇类的香味阈值较高，在与大量酯类共存的情况下，它难以左右白酒香气，但正丙醇良好的呈香感，其清雅的香气与酯香复合，很好地衬托出酒鬼酒馥郁幽雅的风格特征，正己醇是一种甜味物质，酒鬼酒口感绵甜与其较高的正己醇含量有关。

（4）乙缩醛含量较高，酒鬼酒中羰基类化合物含量较高，总量达 76.8mg/100mL。其中乙醛和乙缩醛占总醛的 88%，乙醛：乙缩醛＝1.00：1.21。与浓香型白酒相近，高于清香和川法小曲酒。白酒中含有较高的醛类物质，被视为名优白酒的重要特征。

（5）存在四甲基吡嗪等含氮化合物，20 世纪 90 年代中期，中国食品发酵工业研究院在分析酒鬼酒过程中，发现在乳酸乙酯与辛酸乙酯之间有明显的四甲基吡嗪谱峰特征。该厂在以后的系统性分析过程中，该峰也长期存在。对于酱香型白酒的香气组分，目前仍处于研究过程中。吡嗪类含氮化合物的存在对酒鬼酒的风格有着怎样的影响，是否与酒鬼酒中的酱（陈）香有关，尚待进一步研究。

三、 馥郁香型的研究进展

（一） 分析检测

（1）2019 年，常宇桐等采用液液萃取的前处理方法结合全二维气相色谱-四极杆质谱技术，建立了白酒挥发性香气成分的分析方法，以 Rtx-WAX 色谱柱（30m×0.25mm×0.25μm）为一维色谱柱、BPX-5（2.5m×0.1mm×0.1μm）为二维色谱柱组成柱系统进行分离，调制周期 4.2s，四极杆质谱扫描范围为 35～320u 条件下，研究了馥郁香型白酒中的挥发性香气成分在全二维色谱中的分离规律，发现了化合物规律性分布特征。应用该方法在馥郁香型白酒基酒中共定性辨识出 308 种挥发性香气成分（远多于一维色谱的 65 种），主要包括酯类物质 102 种，醇类物质 42 种，酸类物质 33 种，醛类物质 26 种，酮类物质 19 种，其他物质 86 种。同时，运用此方法对市场上不同品评等级的馥郁香型白酒成品酒进行分析，对分析结果建立模型，并将色谱分析结果结合主成分分析的方法预测感官评级。结果显示，运用主成分分析法能够观测到市场上不同等级馥郁香型白酒的分类趋势，且结果与感官品评结果一致，该方法能够为工厂在白酒生产过程中等级评定环节提供理论指导。

（2）为研究馥郁香型白酒瓶贮年份的真实性，2020 年酒鬼酒公司联合中国食品发酵研究院对 37 个馥郁香型白酒样本（包括 8 个 52%vol 内参酒样本、7 个 42%vol 酒鬼酒样本、7 个 52%vol 酒鬼酒样本、6 个 42%vol 湘泉酒样本、9 个 54%vol 湘泉酒样本），通过气相色谱直接进样内标测定馥郁香型白酒样品中 48 种主要风味组分的含量，结合偏最小二乘回归（partial least squares regression，PLSR）多元统计学方法，建立了馥郁香型成品白酒瓶贮年份 PLSR 预测模型。该模型相关系数（R^2）为 0.9534，校正标准偏差（root mean square error of calibration，RMSEC）为 0.2159，预测标准偏差（root mean square error of prediction，RMSEP）为 0.8384，相对分析误差（relative percent deviation，RPD）为 4.6313，模型回归拟合效果好，预测精度高。采用刀切法（jack knife）方法对 PLSR 模型回归系数进行显著性检验，筛选出对预测模型有显著影响的特征标记物，结合白酒自然老熟机制，发现己酸乙酯、乙醛、辛酸乙酯和正丁醇与馥郁香型白酒瓶贮年份显著相关，为馥郁香型白酒瓶贮年份 PLSR 预测模型的特征标记物。为该香型白酒瓶贮年份鉴定提供了新思路，为其贮存机理的研究奠定了基础。

2020 年，闫涵等为探索单粮（高粱）酿造和多粮（高粱、大米、小麦、糯米和玉米）酿造的白酒在发酵过程中挥发性成分的差异，以安徽金种子酒业馥合香型酒醅堆积发酵期3d，入池发酵期60d，分别取堆积发酵第0、1、2、3天和入池发酵第1、5、10、15、20、30、40、50、60天的样品。酒醅取样时，选取4个实验窖池，同一发酵车间正常发酵的4个窖池作为平行对照。分别取窖池上、中、下层中心处的酒醅，采用顶空固相微萃取、液液微萃取结合气相色谱-质谱对不同原料酿造的馥合香型白酒酒醅中挥发性成分进行鉴定。结果表明：在两种酒醅中均检测到86种挥发性成分，单粮酒醅中生成更多的酚类和酸类化合物，多粮酒醅中生成更多的醇类和含氮化合物。比较两种酒醅中关键差异化合物发现，单粮酒醅发酵生成更多的苯乙醛；而多粮酒醅发酵生成更多的乙酸己酯、肉豆蔻酸乙酯、苯甲醇、6-甲基-2-乙基吡嗪和2，3，5-三甲基吡嗪。除上述吡嗪类化合物以外，多粮酒醅中吡嗪类化合物总含量显著高于单粮酒醅（$P<0.05$），这可能是多粮酒醅不同于单粮酒醅的典型特征。

（二） 微生物研究

近年来，酒鬼酒公司联合吉首大学等，对馥郁香型白酒生产中的微生物进行了一些研究，进展如下：

（1）对分离自制曲和发酵车间空气的8株异常球菌属（*Deinococcus*）菌株的特征及系统发育进行研究。采用添加体积分数10%酒鬼酒混合浸汁的营养琼脂培养基分离，挑选并纯化与异常球菌属菌株表型相似的菌株，考察其相关生理生化特征，并进行基于16S rRNA基因序列的系统发育分析。通过表型特点筛选，得到23株异常球菌属疑似菌株。系统发育分析表明，23株菌株中有8株属于异常球菌属，归属于该属的4个种。形态观察和生理生化实验表明，这些异常球菌属菌株在内生孢子、革兰染色、过氧化氢酶实验、生长温度范围、生长pH范围、多聚物水解等特征方面，与它们系统发育关系最为密切的典型菌株之间存在不同程度的差异。

（2）从酒鬼酒窖池中采集成熟酒醅样品，用纯培养法进行芽孢杆菌分离纯化，采用16S rRNA分析，采用水解法对其胞外酶学特征进行观察。采用NA和LA培养基分离纯化得到104株细菌菌株，根据形态特征和产芽孢特征，去除部分冗余，选择28株代表性芽孢杆菌用于进一步研究。系统发育分析结果表明，这28株芽孢杆菌具有较高的类群多样性和物种多样性，属于细菌域（Bacteria）厚壁菌门（Firmicutes）的2个科［芽孢杆菌科（Bacillaceae）、类芽孢杆菌科（Paenibacillaceae）］的3个属［芽孢杆菌属（Bacillus）、短芽孢杆菌属（Brevibacillus）、枝芽孢杆菌属（Virgibacillus）］，分为10个物种。芽孢杆菌属（*Bacillus*）占绝对优势，共26株（92.9%）；其余2株JSM 161009和JSM 166025分属于枝芽孢杆菌属（*Virgibacillus*）和短芽孢杆菌属（*Brevibacillus*）。胞外水解酶学特征观察结果表明，至少产生一种酶的菌株共27株（96.4%）。其中有20株（71.4%）淀粉水解酶阳性，19株（67.9%）明胶水解酶阳性，27株（96.4%）尿素水解酶阳性，21株（75.0%）对4种吐温（20、40、60、80）之一水解活性阳性。在28株受试菌株中，有8株（JSM 161009、163010、163017、166014、167011、167021、168017、168019）水解酶谱较广。这8个菌株均属于芽孢杆菌科（Bacillaceae），其中1株（JSM161009）属于枝芽孢杆菌属（*Virgibacillus*），其他7株属于芽孢杆菌属（*Bacillus*）。

本次实验没有分离到地衣芽孢杆菌，但分离得到了枯草芽孢杆菌和其他7种芽孢杆菌属菌株，以及枝芽孢杆菌属和短芽孢杆菌属各一种。这些结果说明酒鬼酒窖池中芽孢杆菌类群多样性和物种多样性较高。对这 28 株菌株进行产胞外水解酶分析，结果表明，这些芽孢杆菌菌株普遍能产生多种胞外水解酶。在酿造发酵工艺中，淀粉酶对酿造原料进行糖化，酯酶是形成传统发酵产品风味物质的基础，明胶酶对酒体澄清起着重要作用，脲酶能降低酒中氨基甲酸乙酯（EC）含量。本次实验所筛选到的芽孢杆菌在酒鬼酒的酿造形成过程中究竟起着怎样的具体作用，对酒鬼酒独特的馥郁香型的形成有哪些贡献，值得进一步研究。

（3）本研究采用空气自然沉降法和纯培养法从酒鬼酒发酵车间收集分离空气中可培养细菌（含放线菌），运用基于 16S rRNA 研究分析。用添加 10%酒鬼酒酒醅浸汁的营养琼脂、麦芽膏-酵母膏和高氏一号培养基，从酒鬼酒发酵车间分离纯化到 127 株细菌菌株。根据形态观察和部分生理生化实验去冗余，选取 72 株具有代表性的菌株。结果表明，这些分离菌株具有较高的类群多样性，分属于细菌域 4 个门的 17 个科 24 个属。优势类群为放线菌门（Actinobacteria）（34 株，占 47.22%），其中细球菌科（Micrococcaceae）为优势科，含 15 株菌株；其次是变形菌门（Proteobacteria）（24 株，33.33%）和厚壁菌门（Firmicutes）（11 株，15.28 %），还分离到 3 株属于分类名称尚未确定且目前根据《伯杰氏细菌手册》暂称为异常球菌-栖热菌门（Deinococcus-Thermus）的细菌。这些菌株可分为 53 个物种，大部分菌株与其系统发育关系最密切的已知物种的典型菌株之间存在一定的遗传差异。其中至少有 5 株（JSM 2215019、JSM 2215034、JSM2215039、JSM 2215042 和 JSM 2215109）可能代表潜在的新的分类单元（potential new taxa），它们可能分别是鞘脂单胞菌属（*Sphingomonas*），棒状杆菌属（*Corynebacterium*），节杆菌属（*Arthrobacter*），副球菌属（*Paracoccus*）和异常球菌属（*Deinococcus*）的潜在新种。以上结果表明，酒鬼酒发酵车间空气中存在较为丰富的细菌多样性，并且可能潜藏着新的微生物类群（物种）。

（4）采集酒鬼酒成熟糖化料样品，采用纯培养法以 3 种基础分离培养基分离样品中的细菌（含放线菌），采用 16S rRNA 分析。用营养琼脂、LB 和海洋琼脂培养基进行分离，得到 82 个细菌菌株。根据菌落形态、细胞形态和革兰染色实验结果，去除部分冗余，最终得到 47 个代表性菌株。系统发育分析结果表明，所得 47 个代表性菌株分属于细菌域（Bacteria）的 5 个大的系统发育类群/门（phylogenetic group/phylum），近半数菌株（23 株，48.9%）属于厚壁菌门，其中优势菌群为芽孢杆菌科（Bacillaceae）的芽孢杆菌属（*Bacillus*），共有 11 个分离菌株（23.4%）。这 47 个代表性菌株可以归为 31 个不同物种，且大多数与它们的系统发育关系最密切的已知物种的典型菌株之间存在一定的遗传差异。其中有 2 个菌株（JSM 2032011，JSM 2032014）与其系统发育关系最密切的已知物种的典型菌株之间的 16S rRNA 基因序列相似性较低，可能代表潜在的新分类单元（potential new taxa）。菌株 JSM 2032011 与假单胞菌属（*Pseudomonas*）的湖南假单胞菌（*Pseudomonas hunanensis*）的系统发育关系最密切，但它们之间的序列相似性较低（97.54%）；菌株 JSM 2032014 与赖氨酸芽孢杆菌属（*Lysinibacillus*）的赖辛尼芽孢杆菌的系统发育关系最密切，它们之间的序列相似性只有 96.52%。而且这 2 个菌株在系统发育树上形成了独立的进化分支。因此，菌株 JSM 2032011 和 JSM 2032014 可能分别代表了假单胞菌属和赖氨酸芽孢杆菌属的潜在新种（potential new species）。以上结果表明，酒鬼酒成熟糖化料分离的细菌具有较高的类群多样性和物种多样性，且蕴含着一些新的微生物类群（物种）。

这些稀有的微生物（细菌）类群是否为独特的酒鬼酒酿造功能微生物？对酒鬼酒品质的提升和馥郁香型部分特殊风味物质的形成有何贡献？这些问题有待深入研究。

四、GB/T 10781.11—2021 标准

国家标准化管理委员会于 2021 年 3 月 9 日发布“2021 年第 3 号中国国家标准公告”。GB/T 10781.1—2021《白酒质量要求　第 1 部分：浓香型白酒》和 GB/T 10781.11—2021《白酒质量要求　第 11 部分：馥郁香型白酒》国家标准正式发布，2022 年 4 月 1 日实施。

标准正式定义了馥郁香型白酒，制定了理化指标及试验方法等。摘要如下：

1. 术语与定义

明确该香型白酒前浓中清后酱的独特风格。

2. 理化指标

分优级和一级两个等级，分别给出香气、口感、风格的描述，以及理化要求（表 7-126、7-127）。

表 7-126　感官要求

项目	优级	一级
色泽和外观	无色或微黄，清亮透明，无悬浮物，无沉淀*	
香气	陈香、窖香、曲香、蜜香、焙烤香、芳草香等多香馥郁幽雅，诸香协调舒适	窖香、曲香、蜜香、糟香、焙烤香等复合香气突出
口味口感	绵甜细腻、醇厚丰满、酒体净爽、回味悠长	醇甜、柔和、协调爽净
风格	具有本品典型风格	具有本品明显风格

* 当酒的温度低于 10℃时，允许出现白色絮状沉淀物质或失光。10℃以上时应逐渐恢复正常。

表 7-127　理化要求

项目		优级	一级
酒精度/（%vol）		25.0~68.0	
总酸+总酯*/（g/L）	≥	2.60	2.20
总酸*/（g/L）	≥	0.60	0.30
己酸乙酯/乙酸乙酯		0.70~1.60	
固形物/（g/L）	≤	0.60	0.80

* 以 45.0%vol 酒精度折算。

3. 试验方法

针对馥郁香型白酒的特点，给出总酸+总酯，己酸乙酯/乙酸乙酯的测定与计算方法。

（1）总酸+总酯

按 GB/T 10345 规定的方法分别得到样品中总酸的含量（x_1）、总酯的含量（x_2）。

样品中总酸+总酯（按 45.0%vol 酒精度折算）的含量按式（7-1）计算：

$$x_0=\frac{x_1+x_2}{x_3}\times 45 \tag{7-1}$$

式中：

x_0——样品中总酸+总酯（按45.0%vol酒精度折算）的含量，单位为克每升（g/L）；

x_1——样品中总酸的含量，单位为克每升（g/L）；

x_2——样品中总酯的含量，单位为克每升（g/L）；

x_3——样品实测酒精度，以%vol表示；

45——折算酒精度，以%vol表示。

结果保留至小数点后两位。

（2）己酸乙酯/乙酸乙酯

按GB/T 10345规定的方法分别得到样品中己酸乙酯的含量x_5、乙酸乙酯的含量x_6。

样品中己酸乙酯/乙酸乙酯按式（7-2）计算：

$$x_4=\frac{x_5}{x_6} \tag{7-2}$$

式中：

x_4——样品中己酸乙酯/乙酸乙酯比值；

x_5——样品中己酸乙酯的含量，单位为克每升（g/L）；

x_6——样品中乙酸乙酯的含量，单位为克每升（g/L）。

结果保留至小数点后一位。

第十二节　老白干香型白酒工艺

在原中国白酒协会的倡导下，1989年9月20日，全国主要生产老白干型白酒的厂家在天津成立了“老白干酒协作组”，1994年5月30日在衡水召开了老白干酒香型协作组会议，对挖掘、整理、振兴、恢复老白干型酒的历史地位制定了攻关课题。通过10余年艰苦探索和不懈努力，终于协助全国食品发酵标准化委员会酿酒分标委会完成了“老白干香型”白酒的行业标准制定工作，为“老白干香型”白酒的振兴与健康发展奠定了坚实的基础。2004年，老白干香型QB 2656—2004发布实施。2006年通过国家标准评审，国家质量监督检验检疫总局于2007年3月26日批准公布了GB/T 20825—2007（老白干香型白酒），并于2007年7月1日起正式实施。至此“老白干香型”正式成为白酒第十一大香型。

全国白酒标准化技术委员会老白干香型白酒分技术委员会成立大会暨第一届第一次全体委员大会于2011年12月15日在石家庄召开，至此全国白酒标准化技术委员会第10个分技术委员会成立。这将会进一步促进老白干香型白酒的发展和提升老白干香型白酒的知名度，并将对老白干香型白酒的生产技术、产品质量、科研水平、标准建设、食品安全以及保障行业科学、健康发展、保护民族产业，提高中国白酒的国际竞争力起到积极的推动作用。

老白干香型白酒主要产于华北、东北一带（目前西南一带也有老白干香型白酒生产)。以衡水老白干酒为代表，据张志民等研究，其主要生产工艺特征为：纯小麦中温大曲；采用续楂混蒸混烧老五甑工艺；地缸发酵、精心勾兑而成，具有“酒体纯净、醇香清雅、甘洌丰柔”的独特风格。

一、衡水老白干酒的传统工艺

1. 精选优质的原辅料

衡水老白干以优质高粱为原料，高粱淀粉含量高达61%以上，粉碎度要求4~8瓣，细粉不超过20%，蛋白质含量为8%以上。辅料采用色泽鲜艳无异味的稻皮并清蒸40min。

2. 续楂混烧，老五甑生产工艺

采用纯小麦踩制的中温大曲为糖化发酵剂，以精选的高粱为主料，续楂混烧老五甑生产工艺，地缸发酵、混蒸馏酒、分段摘酒、分级贮存、精心勾兑而成，具有发酵期短、产酒率高、贮存期短等特点。续楂混烧增加了淀粉的利用率，提高出酒率，蒸粮蒸酒同时进行，这样增加了酒中的粮香。

3. 发酵期短，出酒率高

衡水老白干发酵周期一般在12~14d，而大曲清香型白酒发酵周期一般在28~30d。衡水老白干所用的是纯小麦踩制的中温大曲，糖化力较高，一般在1300mg葡萄糖/（g曲·h）以上，发酵力80%以上，综合出酒率达50%。

4. 贮存期短，资金利用率高

衡水老白干酒的最佳贮存期一般为3~6个月，贮存期短，周转快，资金利用率高；相比大曲清香型酒则贮存期较长。

总之，由于衡水老白干酒在工艺特点上与清香型白酒存有明显的区别，既而形成了它固有独特风格和典型性。

二、发酵过程理化参数变化规律

朱会霞等研究了不同季节衡水老白干酒“三排净”工艺大茬酒醅理化参数在发酵过程中的变化规律，综合分析不同季节老白干酒的酒质差别。

1. 不同季节酒醅温度变化规律

对春、夏、秋、冬4个季节“三排净”大茬酒醅的上层、中层、下层3部分的温度进行跟踪监测，四季温度变化趋势基本相同，符合“前缓、中挺、后缓落”的规律。均在发酵前期，即0~4d迅速达到“顶火”，随后温度开始缓慢下降。这主要是因为发酵前期酒醅中淀粉浓度高，在霉菌作用下迅速分解为可发酵性糖，被微生物利用后短时间内生成大量发酵热量，导致酒醅温度升高；之后发酵温度缓慢下降。其原因为发酵中期酒醅中的氧气被消耗殆尽及代谢物积累，微生物生长渐缓，后期的发酵环境已无法满足微生物生长发酵，同时酯化过程也吸收了热量。

环境气温的上升，带动了发酵温度的升高。微生物也需要适宜的环境，因此北方春秋季节的气候最适合酿酒微生物的生长与发酵，衡水老白干酒春秋季节的酒质与风味最能体现老白干香型白酒的特点。

综合比较四季温度差异明显，由高到低为夏>秋>春>冬，酒醅上层温度差异更为明显。

2. 不同季节酒醅淀粉变化规律

酒醅细菌及酵母一般不能直接利用淀粉，需通过霉菌和放线菌合成的糖化酶和淀粉酶将大分子淀粉降解为小分子发酵性糖，这种降解作用在发酵初期最为显著，发酵中后期由于霉菌逐渐消亡，淀粉分解利用的速率明显降低。也有文献证实，部分乳酸菌也能产生淀粉酶，参与酒醅中淀粉的转化及降解。

综合比较四季淀粉下降速率趋势差异明显，由高到低依次为冬>夏>春>秋，特别是冬季淀粉下降速率明显高于其他三季。

3. 不同季节酒醅水分变化规律

四个季节“三排净”大茬酒醅水分跟踪监测结果，与“三排净”大茬乙醇变化规律一致。酒醅中不仅包括水，也包括乙醇及其他醇、酸、酯等物质，并随发酵时间的延长不断地增加，说明酒醅中淀粉、蛋白质等大分子物质在微生物的作用下逐步代谢为醇、醛、酸、酯等小分子物质，在各种生理生化反应中，同时产生大量的水，导致酒醅水分增加。伴随水分生成，后期会利用水分生成一些风味物质，且有部分水分流失；整个过程水分含量保持在47%~63%，水分不足会影响微生物生长发酵，降低出酒率，水分过多致使细菌生长旺盛从而使酒醅酸度剧增，败坏酒质；因此，夏季会采取降低入窖酒醅水分含量来延缓微生物生长。酒醅中含水量高低的实验比对分析表明，入池水分低的酒醅出酒率低，但产酒香味较好。

4. 不同季节酒醅还原糖变化规律

随酒醅中淀粉的分解，还原糖含量在发酵前期迅速上升，随即被酒醅中的细菌及酵母消耗，微生物的消耗导致还原糖含量趋于稳定。发酵中后期还原糖含量略有上升，但同时期淀粉含量趋于稳定，并没有明显的下降趋势，说明有其他大分子物质降解，并提供了小分子可发酵性糖，大部分文献认为是纤维素和蛋白质的降解形成的。纤维素结构的破坏会释放其中包裹的淀粉颗粒，同时纤维素降解也生成麦芽糖和葡萄糖等小分子糖；蛋白质降解过程中，除释放氨基酸和小分子肽，也会伴随生成有机酸和糖进入三羧酸循环。来源于这些大分子的可发酵性糖为中后期微生物的代谢提供能源和碳源，同时造成还原糖含量的上升。

还原糖变化规律反映糖化与发酵的平衡程度，酵母发酵作用大时，还原糖减少，霉菌糖化作用大时，还原糖增加。从整个酿酒过程中可发现，还原糖呈现先升高后波动平衡的趋势。

5. 不同季节酒醅酸度变化规律

发酵前期酸度上升缓慢，表明霉菌、酵母及好氧细菌不是产酸的主体；发酵中后期春夏两季酸度上升迅速，说明在温度较高的酒醅中，厌氧及兼性厌氧细菌的大量增殖生成了多种有机酸，导致酒醅酸度迅速增加。而秋季在发酵最后5d时，酸度才急剧上升，冬季则一直未有明显上升，表明温度过低，不利于细菌产酸。这一酸度变化趋势与老白干“三排净”大茬酒醅中乳酸乙酯含量的变化规律一致，说明老白干酒醅中乳酸乙酯的含量与酸度呈正相关，间接说明乳酸为老白干“三排净”大茬酒醅酸度的主要贡献者之一。

微生物代谢产生的酸既能增加白酒的后味、降低水味，使酒体更加丰满；又对微生物的生长代谢起着重要的调控作用。酒醅酸度迅速升高，说明微生物代谢旺盛，生酸作用明显；适宜的酸度有利于酒醅糊化、糖化作用，还可以起到“以酸抑酸”的作用，防止杂菌侵染。整个酿造过程的酸度必须有一个合理、严格的控制范围。酒醅的酸度一般控制在0.3~3.0。

6. 不同季节酒醅乳酸变化规律

由于乳酸沸点高，很难由酒醅中蒸馏至馏出液，因此测得乳酸的数据整体低于酒醅乳酸实际含量，但4个季节乳酸蒸馏、测定方法完全一致，因此乳酸含量的变化规律与酒醅乳酸变化规律一致。冬季乳酸含量明显低于其他三季，在整个发酵过程中几乎没有明显上升的趋势，说明冬季酒醅温度过低，乳酸的生成受到抑制；而春季乳酸含量在发酵末期有迅速下降的趋势，同时乳酸乙酯的含量迅速上升，表明乳酸及乳酸乙酯在春季发酵末期迅速转化。

冬季乳酸及乳酸乙酯的含量过低，乳酸乙酯与乙酸乙酯比例失调，会严重影响衡水老白干酒的品质。根据温度、酸度、乳酸含量及乳酸乙酯含量的综合分析，可以通过提高发酵温度、强化乳酸菌等方法改善发酵工艺，从而提高乳酸及乳酸乙酯在酒醅中的含量，稳定老白干酒的品质与风格。

7. 不同季节酒醅乙酸变化规律

冬季乙酸含量明显低于其他三季，整个发酵过程几乎没有明显上升的趋势，说明冬季乙酸的生成也受到抑制。春、秋季乙酸的含量在整个发酵过程中变化不大，而夏季乙酸含量在19d时达到高峰，随后开始下降。酒醅中乙酸主要由酵母菌和醋酸菌代谢生成。冬季酒醅温度较低，影响乙酸的生物合成。

三、 香气成分分析

张志民等对老白干香型白酒的微量成分有过初步的研究，指出老白干香型白酒中的主要酯类是乙酸乙酯、乳酸乙酯及少量的己酸乙酯和丁酸乙酯，以及较多的棕榈酸乙酯等高级脂肪酸酯，其中乙酸乙酯：乳酸乙酯=1：(1.5~2)；有机酸含量较多的是乙酸、乳酸、戊酸和己酸；醇类含量较多的是异戊醇、正丙醇和异丁醇等。

江南大学联合衡水老白干集团2005年以来开展了“老白干香型白酒香气成分分析”的研究，以老白干香型原酒为研究对象，采用传统的液液萃取技术对老白干香型酒样进行预处理，萃取、分离、浓缩风味物质，应用GC-O强度法和GC-MS结合对其呈香风味化合物进行了定性分析和香气成分的香气强度分析，初步确定了对老白干香型白酒整体香气有重要贡献的呈香化合物，确定了老白干香型白酒的主要香气成分。

1. 老白干香型白酒酸性组分中的呈香物质

老白干香型白酒酸性组分中的呈香物质主要是脂肪酸和酚类化合物，香气描述主要是醋酸、酸臭、汗臭、动物臭、脂肪臭、焙烤香及少数植物气味、水果香等。酸性组分共检测到香气物质34种，该组分中香气强度为强及强以上的香气化合物有14种。这14种香气化合物对老白干香型白酒的整体香气贡献较大，其中4-乙基愈创木酚贡献最大，香气强度为3.83，可以看出酸性组分中的香气物质在老白干香型白酒中的香气上占有很重要的地位。

2. 老白干香型白酒水溶性组分的香气物质

老白干香型白酒水溶性组分的香气物质主要是高级醇类物质，香气描述主要是醇香、水果香、花香及少数其他如焦糖香、植物气味等。水溶性组分共检测到22种香气物质，该组分中香气强度为强及强以上，对老白干香型白酒香气贡献较大的香气物质有5种，其中贡献最大的香气物质是异戊醇和β-苯乙醇，香气强度为3.67。可以看出，高级醇类物质在老白干香型白酒的香气上具有一定的作用，但对酒的整体香气贡献相对较小，香气强度强及强以上的香气物质较少。

3. 老白干香型白酒中性/碱性组分

老白干香型白酒中性/碱性组分是三个组分中最复杂的组分，包含的香气化合物的种类和数量都是最多的。该组分中包含了酯类、醛类、缩醛类、吡嗪类、呋喃类、内酯类化合物，其中最主要的化合物是酯类化合物，香气描述主要是水果香、花香、甜香、焙烤香、植物气味以及少数的塑料臭、医药气味等。老白干香型白酒的中性/碱性组分共检测到的香气物质有63种，其中香气强度为强及强以上，对老白干香型白酒香气贡献较大的物质有27种，其中贡献最大的是乙酸-2-苯乙酯，其香气强度为3.83。可以看出中性/碱性组分的香气物质对老白干香型白酒整体香气的贡献是最大的，是老白干香型白酒的主要香气组分。

综上，老白干香型白酒共检测到的香气物质有107种，其中醇类14种、酯类20种、酸类14种、呋喃类9种、酚类6种、吡嗪类5种、硫化物1种、内酯类3种、芳香族化合物14种、缩醛类化合物2种、其他化合物2种、未知化合物17种。老白干香型白酒中香气贡献非常大的香气物质有2种，分别为香气为丁香的4-乙基愈创木酚，和香气为玫瑰香、花香的乙酸-2-苯乙酯，其香气强度均为3.83。香气贡献大的物质有6种，分别为丁酸、3-甲基丁醇、β-苯乙醇、2-乙酰基-5-甲基呋喃、苯丙酸乙酯、γ-壬内酯，其香气强度为3.67。次重要的香气物质有5种，分别为3-甲基丁酸、香兰素、乙酸乙酯、1，1-二乙氧基-3-甲基丁烷、2，2-二乙氧基乙基苯，香气强度为3.50。这些香气化合物是老白干香型白酒的重要香气成分，对老白干香型白酒的整体香气贡献非常大。另有29种香气强度≥3.00的香气物质，这些香气成分对老白干香型白酒的整体香气有一定贡献，这些化合物分别为2-甲基丙酸、己酸、庚酸、癸酸乙酯、2-乙基呋喃、四甲基呋喃、3-乙基-2，5-二甲基吡嗪、未知物等。2010年4月双方继续合作完成了中国白酒169计划——“中国老白干香型白酒风味物质剖析技术及其关键风味物质微生物研究”。确定老白干香型中关键风味化合物12种。首次发现并确认老白干香型白酒的特征风味成分——土味素，并对该化合物在酿造过程中的产生途径进行全面系统研究，从酿造过程中筛选得到4株产TDMTDL的菌株。据项目负责人徐岩介绍：“确认了该香型白酒主体或特征风味成分后，可以通过微生物工程、酶工程以及分子微生物学的方法，研究整个发酵过程，寻找风味定向微生物，强化白酒中的主体风味物质，从而提高酒类产品的优质品质。这是酿酒界的一个突破。”

2015年，衡水老白干集团联合天津科技大学等完成“顶空固相微萃取-气质联用法分析衡水老白干酒风味物质”项目，在本次研究中检测到萜烯类物质：大马士酮、里哪醇。有研究人员认为，大马士酮对清香型白酒风味有较大贡献。里哪醇是葡萄酒中重要的香气成分，这两种萜烯类物质在老白干香型白酒中是首次发现报道。这类化合物具有抗炎、抗病毒、抗氧化活性，可以认为萜烯类是白酒的功能化合物。

4. 微量成分的新发现

2016年，姜东明等对衡水老白干酒的研究中发现了呈现枣香的物质：月桂酸乙酯，苯丙酸乙酯，十四酸乙酯，进而对中国十一个香型白酒进行了实验，发现这些物质在中国各香型白酒中普遍存在，但强度不同。衡水老白干酒中呈现枣香物质的种类全而且强度最大（这些物质形成的复合香在老白干香型中产生了舒适的枣香），其次是浓香、特香、酱香，而清香型酒中较少，米香型酒中种类最少，只有一种十四酸乙酯且强度较弱。

2019年，马雅杰等对7种传统工艺老白干原酒与3种机械化工艺老白干原酒中的挥发性成分进行分析。从10种原酒中共检测到322种化合物，其中223种经保留指数定性，95种化合物经标准品比对准确定性。从7种传统工艺原酒中共检出305种共有成分，从3种机械化工艺原酒中共检出294种共有成分，两类工艺原酒中有286种共有成分，其中酯类107种，醇类44种，醛类28种，酮类28种，酸类2种，含氮类5种，含硫类6种，呋喃类13种，缩醛类16种，酚类1种，醚类6种，酸酐类3种，烃类27种。这说明老白干香型原酒中的挥发性成分的种类相对稳定。3种机械化工艺原酒中均缺失丙醛和2，3-戊二酮（说明传统工艺的优越性）。使用Fisher比率法（F值，F值是一个相对值，其越大代表样品间该化合物差异越大），对传统与机械化工艺原酒中共有挥发性成分的相对浓度进行了比较，其中F值大于5的化合物有43个。

樊倩等同样应用该法分析了老白干老五甑工艺和三排净工艺2种原酒中的挥发性成分，分别鉴定出234种、253种挥发性成分。在2种原酒中共鉴定出273种挥发性成分，包括85种酯类、35种醛类、44种醇类、11种酸类、35种酮类、5种酚类、8种醚类、9种呋喃类、11种缩醛类、8种含氮类、11种含硫类、3种内酯类和8种萜烯类化合物，其中含量较高的为乳酸乙酯、乙酸乙酯和癸酸乙酯。在老五甑工艺原酒中，醛类、酚类、含氮类和含硫类化合物的含量分别为三排净工艺原酒的1.64倍、2.34倍、1.43倍和1.73倍，使得老五甑工艺原酒酒体更具青草香、麦芽香、烟熏味、烤香以及硫香，香气更加丰富；而在三排净工艺原酒中，酯类、醇类、呋喃类、内酯类和萜烯类化合物的含量分别为老五甑工艺原酒的1.30倍、1.27倍、1.31倍、1.65倍和1.57倍，使得三排净工艺原酒更具果香、花香、甜香，香气更为清雅。

为探究该香型白酒原酒生产过程中批次间主要风味物质含量差异及其变化规律，2021年，王新磊等采用统计学方法对2016年全年生产的2573批次不同工艺、不同种类原酒中的主要风味物质变化规律进行分析，发现三排净工艺原酒和老五甑工艺原酒差异化合物主要为乳酸乙酯、丁酸乙酯、己酸乙酯、乙酸乙酯、异戊醇和正丙醇。其中，乳酸乙酯和正丙醇在三排净原酒中含量明显高于老五甑原酒，其余则低于老五甑原酒。同一工艺不同种类原酒中，乳酸乙酯和乙酸乙酯含量也存在明显差异。4~12月，三排净普通原酒和老五甑普通原酒中主要酯类和醛类含量呈先升高后降低的趋势，而醇类物质含量变化规律不明显。相关性分析表明乙醛与乙缩醛、乳酸乙酯与总酯在两种工艺普通原酒中均呈现强相关性。该结果可为原酒生产过程中质量控制及工艺优化指明方向，也为生产企业优化酒体设计方案、提升产品质量提供理论支撑。

四、 微生物研究进展

（1）2017 年，宫若楠等以衡水老白干酒大曲中分离纯化出的 3 株霉菌为研究对象，以酯化力为评价指标，通过二级筛选得到 1 株高酯化力霉菌 8 号，初步鉴定为毛霉。将其制作成纯种的麸曲进行培养条件优化。结果表明，大曲在目前已测定的 10 个碳原子以下的酸醇反应中，对己酸乙酯具有最高酯化力 101.29mg/g 麸曲。8 号菌在最适培养温度 36℃，发酵酸度 0.40，固态发酵培养基含水量 50%，固态发酵培养基厚度 10mm，此时具有最高酯化力 263.55mg/g 麸曲（以乙酸乙酯计）。

（2）2018 年，文淑婷等采用微生物分离培养与分子鉴定相结合的方法，在对酒曲中的酵母菌进行分离、纯化和形态学鉴定基础上，进行菌株核糖体 26S rDNA 聚合酶链式反应-限制性片段长度多态性分析技术结合的分子鉴定，并采用非培养方法，直接提取酒曲中的总 DNA 进行聚合酶链式反应扩增、电泳和切胶与回收，通过聚合酶链式反应-变性梯度凝胶电泳（polymerase chain reaction-denaturing gradient gel electrophoresis，PCR-DGGE）鉴定酵母菌。结果表明，采用培养方式分离到 57 株 6 种不同形态的酵母菌，经鉴定为 5 种分子类型，分别为奥默毕赤酵母（*Pichia ohmeri*）、葡萄牙棒孢酵母（*Clavispora lusitaniae*）、异常威克汉姆酵母（*Wickerhamomyces anomalus*）、胶红酵母（*Rhodotorula mucilaginosa*）、阿氏丝孢酵母（*Trichosporon asahii*）。经 PCR-DGGE 法鉴定得到 10 株酵母菌，分别为异常威克汉姆酵母、威克汉姆酵母属、阿氏丝孢酵母、热带假丝酵母（*Candida tropicalis*）和假丝酵母属各 1 株，伯顿丝孢毕赤酵母（*Hyphopichia burtonii*）2 株，另有未培养的酵母菌 3 株。培养与非培养两种方式共鉴定得到 10 株酵母菌，分别属于 8 个属，包括奥默毕赤酵母（*P. kudriavzevii*）、葡萄芽棒孢酵母（*C. lusitaniae*）、异常威克汉姆酵母（*W. anomalus*）、胶红酵母（*R. mucilaginosa*）、阿氏丝孢酵母（*T. asahii*）、*uncultured Saccharomycopsis*、伯顿丝孢毕赤酵母（*H. burtonii*）、*Wickerhamomyces* sp.、热带假丝酵母（*C. tropicalis*）、*Candida* sp.，该结果可为进一步研究酒曲的发酵能力提供参考。

（3）2020 年，马冰涛等利用高通量测序技术（HTS）对老白干香型大曲中的微生物测序，同时采用顶空固相微萃取与气相色谱-质谱（HS-SPME-GC-MS）联用技术检测制曲过程中风味成分的组成和变化，绘制风味成分热图。通过计算微生物与风味成分之间和微生物与微生物之间的斯皮尔曼相关系数，绘制可视化网络图。结果显示，老白干大曲中共发现 78 个细菌属和 54 个真菌属，优势细菌属为乳杆菌属（*Lactobacillus*）、魏斯氏菌属（*Weissella*）和链霉菌属（*Streptomyces*），优势真菌属为伊萨酵母属（*Issatchenkia*）和曲霉属（*Aspergillus*）；5~15d 是风味物质高产期，30~120d 是重要酯类物质的合成期；在制曲过程中，对风味成分贡献较大的核心微生物群为芽孢杆菌属（*Bacillus*）、未定义蓝细菌（unidentified—Cyanobacteria）、丝孢酵母属（*Trichosporon*）、旋孢腔菌属（*Cochliobolus*）、海洋杆菌属（*Oceanobacillus*）、假丝酵母属（*Candida*）。通过对制曲过程中微生物多样性分析，明确了对风味成分贡献较大的菌属，进而达到帮助提高白酒品质、改善大曲标准化生产的目的。

（4）马冰涛等还利用高通量测序技术对老白干香型白酒酿造过程中的微生物进行测序，并对得到的有效数据进行 α、β 多样性分析，得到 310 个细菌属和 59 个真菌属，其中优势细菌属为乳杆菌属（*Lactobacillus*）、片球菌属（*Pediococcus*）和魏斯氏菌属

(*Weissella*)，优势真菌属为复膜孢酵母属（*Saccharomycopsis*）、伊萨酵母属（*Issatchenkia*）、根霉属（*Rhizopus*）、丝孢酵母属（*Trichosporon*）、假丝酵母属（*Candida*）和曲霉属(*Aspergillus*)。采用HS-SPME-GC-MS技术检测并定量酒醅中的微量成分，对检测到的微量成分进行热图绘制。结果表明：0~3d是微量成分种类增加的一个小高峰；3~14d微量成分种类变化较小，大部分微量成分含量增加；14~21d大量酯类物质合成；21~30d微量成分增速逐渐减小。通过计算微生物与微量成分之间和微生物与微生物之间的斯皮尔曼相关系数，分析得到对微量成分具有一定贡献的老白干酒酿造核心微生物群为：乳杆菌属（*Lactobacillus*）、芽孢杆菌属（*Bacillus*）、镰刀菌属（*Fusarium*）、葡萄球菌属(*Staphylococcus*）和寡囊盘菌属（*Thelebolus*）。

第十三节 其他白酒工艺

除了以上主要香型白酒外，还有众多小作坊、小酒厂及一些民族酒类，人们继承先辈的传统酿酒技艺或创新发展，生产出不少受当地老百姓喜爱的、物美价廉的酒，如青稞酒、奶酒、粉料酒等，现选择介绍如下。

一、青稞酒

青稞酒已有几百年的酿造历史，在青海、西藏、内蒙古等众多少数民族地区非常流行，传统青稞酒主要以单一的青稞为原料。但是，随着多粮酿酒工艺的发展及多粮型白酒口感被广大消费者的广泛认可，许多这类型的厂家也开始研究多粮工艺酿造青稞清香型白酒。现将青海互助青稞酒股份有限公司的经验总结介绍如下。

（一）青稞酒的传统生产

互助1天佑德等系列青稞酒以高原特有的农作物“青稞”为制曲和酿造原料，是中国白酒酿造中唯一采用“曲粮合一”工艺的传统白酒，独特的“曲粮合一”工艺赋予了青稞酒独特的风格特征。最终结合自身独创的“清蒸清烧四次清”工艺，形成了中国白酒的一个新品类，有“中国青稞香型白酒”之称。

1. 生产工艺特点

（1）制曲　传统原料配比为：青稞50%、小麦30%、豌豆20%，即5∶3∶2的配比方法。这种独特的配比不仅可以提高青稞酒的质量，而且可以改变制曲性能，使制曲工艺合理，大曲质量提高。生青稞质地硬，黏结性差，加入小麦、豌豆后，三种原料混合制得的曲坯，外观质量好，透气性好，曲心水分容易排除，可避免因曲心水分排不出而造成曲断面茬口不正的缺点，减少了成品酒中的霉苦味、邪杂味。曲块入房培养最高曲温控制在48℃，若制曲温度太低，不利于酒醅低温缓慢发酵。

制曲方式与清香型大曲相似，经过制曲机压坯、入室、上霉、晾霉、起潮火、大火、后火、养曲、出房。青稞大曲的外观要求是“白霜满天星”，即曲横断面茬口菌丝生长均匀，且全为白色，似“白霜”，成品曲表面应有颜色一致的白色斑点，似“满天星”。关键工艺在曲房上霉到潮火、大火、后火阶段，操作应仔细、认真。贮存期三个月后按比例混合使用酿酒。

（2）酿造工艺　为“清蒸清烧四次清”工艺。青稞因含玻璃质粒在70%以上，润料吸水困难，经过润料和蒸煮后，也不容易蒸熟，特别是青稞含蛋白质量高，窖内发酵后，易黏结成团，操作十分不便，同时酒醅酸度大幅度增加，影响酒的产质量。采用“清蒸清烧四次清”工艺，原料粉碎较粗，一般用辊式磨粉机粉碎，将麦粒粉碎为4~6瓣，同时根据各楂次醅的情况，控制酒醅酸度和水分，使酒醅在保持发酵材料松散和酒质稳定的前提下，通过多轮次发酵取尽淀粉。在发酵管理上，实施“养大楂，保二楂，挤三楂，追四楂”的工艺原则。

①“养大楂”是根据大楂酒醅为纯粮发酵，淀粉浓度高和青稞材料容易发黏的特点，做到低温低水分入窖，大曲用量占投料量的8%~9%，达到低温缓慢发酵、控制酒醅生酸和原料发黏。

②“保二楂”是大楂出窖后，已含有一定酸度的前提下，尽量做到排酸和用清蒸后辅料来稀释酸度，使二楂酒醅入窖酸度控制在1.5以下，有的厂家为了“保二楂”，还加10%左右的清蒸楂子，这也可以起到降低入窖酸度、调节醅内水分的作用；但这种方法生产的二楂酒质量会受影响，生粮味重，续料中的淀粉也不易取尽。

③“挤三楂、追四楂”都是在酒醅出窖酸度较高、酒醅发黏的前提下，在已有的入窖酸度、淀粉的基础上，考虑如何挤出更多的白酒。这两轮操作可以适当提高入窖温度和水分，但在挤三楂时，不能过分提高入窖温度，否则将会造成前火猛，升温高，使酒醅大幅度生酸，影响本排和下排的出酒。

低温低水分发酵是传统青稞大曲酒又一特点。青稞所含蛋白质高，玻璃质粒比例大，质地坚硬，淀粉难以充分糊化，因此采取低温低水分发酵可以充分利用青稞中的淀粉，并有效地控制酒醅酸度的增加和酒醅发黏，同时由于多轮次定期发酵（发酵周期25d），丰富了酒的微量香味物质，改善了酒的风味，使青稞成品酒芳香、协调、丰满。

在清蒸清烧四次清工艺中，大楂入窖淀粉浓度高，一般为35%，而入窖酸度很低，只有0.2。大、二楂入窖时，刻意采用低温低水分入窖，大楂入窖温度冬季20℃、春秋季15℃、夏季12℃，二楂入窖温度比大楂略高1~2℃。入窖水分：大楂42%，二楂48%，三楂52%，四楂58%。若入窖温度过高或水分太大，窖内发酵升温猛又高，导致醅子酸度高、发黏，操作困难，甚至倒窖。

（3）发酵结束后进行精心蒸馏、量质摘酒，按纯正、醇甜、爽净三个典型体分级贮存。

①原酒储存：原酒由于不同季节、不同班组、不同楂次生产的酒，存在一定的差异，蒸馏后的原酒需按级分别储存在陶坛或酒海中，基酒储存不少于两年，调味酒储存不少于四年。

②基酒勾调：基酒勾调是产品成型前的一个重要环节，有着“七分酿造，三分勾调”之说。目前有豌豆调味酒、糯米调味酒、酯香调味酒，及特香调味酒、多粮调味酒和酱香调味酒等。酒体设计人员根据成品酒风格要求，将目标原酒以一定的比例相互掺兑，达到成品酒勾调的基本要求，再进行小样勾调合格后，再按比例批量组合大样，最终经检测和品评合格后，陈酿3个月，再灌装成为成品。

2. 青稞酒风格特点

（1）风味成分　天佑德青稞酒目前已经发现含有活性成分1399种，其中酯类化合物

290种；含氮化合物111种；醇类化合物214种；呋喃类化合物102种；有机酸类化合物40种；萜烯类化合物91种；醛、酮、缩醛类化合物261种；酚类化合物68种；含硫化合物48种；其他类化合物129种；未知化合物45种。

（2）风格特点　呈现以乙酸乙酯为主体香的清香风格，但由于其独特的“曲粮合一”酿造工艺，使得其具有不同于其他清香型白酒的独特之处，呈现出酸低酯高、萜烯类化合物种类含量丰富的酒体特点，最终形成了天佑德青稞酒“清亮透明，清雅纯正，绵甜爽净，醇厚丰满，香味谐调，回味怡畅”的独特风格。不同清香型白酒酸酯含量差异见表7-128。

表7-128　　不同清香型白酒酸酯含量差异

产品	总酸/（g/L）	总酯/（g/L）	总酸/总酯	萜烯类/种
天佑德青稞酒	0.6	2.0	0.32	90
汾酒	1.0	1.7	0.60	42
老白干	0.9	1.7	0.53	38
宝丰	0.8	1.6	0.51	40
牛栏山	0.8	1.6	0.52	42

天佑德青稞酒与以高粱酿造的典型清香型白酒进行比较分析，从骨架成分定量分析发现，天佑德青稞酒中总酯、总醇含量较高，而总酸含量较低；仲丁醇、正丙醇、活性戊醇的含量显著高于高粱酿造的典型清香型白酒。GC-MS分析发现青稞酒中的2-壬酮含量显著高于其他市售清香型白酒的含量。天佑德青稞酒岩窖和德天下与市售四款高粱酿造的典型清香型白酒相比，己醛、苯甲醛、3-甲基吡嗪的含量差异不明显，但4-甲基吡嗪的含量显著低于市售以高粱酿造典型清香型白酒。从微量成分定性对比分析发现天佑德青稞酒与四款高粱酿造的典型清香型白酒中共有物质207种，而天佑德青稞酒中含有124种特有成分，以及18种特有的萜烯类物质，这些萜烯类化合物可能对青稞酒的健康价值具有独特贡献。

3. 青稞酒质量的改进

近年来，为了适应市场，以互助青稞酒为首也进行一些改进、创新，吸收其他香型白酒好的操作工艺和生产工艺，在保证传统青稞酒风格的前提下，提高和改进青稞酒口味。

（1）改进制曲工艺

①采用青稞和豌豆按7∶3混合进行粉碎，曲料粉碎度通过40目筛孔的细粉在27%±3%之间，水分含量控制在35%±3%。部分原料的成分见表7-129。

表7-129　　部分原料的成分　　单位：%

原料	直链淀粉	支链淀粉	总淀粉
青稞	8~20	47~60	60~65
高粱	10~29	31~51	58~65
粳米	14~20	45~56	60~73

续表

原料	直链淀粉	支链淀粉	总淀粉
糯米	1~10	67~70	69~74
玉米	2~34	28~59	58~65

②踩曲和入房：使用制曲机将曲料压制成长宽高为21cm×16cm×6cm的长方体曲块，每块重3kg左右，每间曲房以容纳4200~4400片曲坯为宜。入房的曲坯侧放排列，曲坯间距为2~3cm，行距3~4cm，曲层高为3层，每层用竹竿分隔，要求行间距匀称，上下左右整齐，横竖端正。

③曲房培养

上霉：上霉又称挂衣。曲坯入房后，在曲坯上面覆盖润湿好的麻袋，关闭门窗，令其徐徐升温，缓慢起火，开始上霉，1~2天内曲间品温上升至38℃时利于上霉。当曲间品温达到40℃时立即揭去麻袋进行缓慢散热，在品温下降至33℃时，为防止散潮，再覆盖麻袋，继续培养至80%以上曲坯表面上霉为好。

晾霉：上霉后曲坯揭去麻袋，开窗排潮，在曲皮不粘手时进行第一次翻曲。曲块由三层翻成四层，以竹竿相隔，呈“一”字形排列，曲间距2~3cm，行距3~4cm。翻曲后曲间品温在28~32℃时，关窗起火。晾霉1~2d后，每天翻曲1次，共2次，曲间品温控制在32~38℃，曲层不变，排列方法相同。晾霉时不允许吹对流风，防止曲块表面受冷风直吹，产生干裂。

潮火：潮火时期为整个大曲培养的关键时期，为各种微生物生长繁殖的最适旺盛期，起潮火前一天应做好准备，将曲间品温提高到38~40℃，再进行起潮火后第一次翻曲，翻曲时抽去苇秆，由四层翻五层，曲间距、行距保持2~3cm。潮火期约4~5d，昼夜升温两起两落，窗户调整两封两起。

大火：曲坯入房后15d起大火，大火期又称干火期。曲室温度较高，而曲心水分已大部分排除，室内潮度不大，感觉干热。品温保持在53~57℃时进入大火阶段，维持4~5d进行翻曲，曲坯由五层翻为六层，此时曲坯断面外围已有2/3的水分被排除，曲室的潮度下降。

后火：大火期结束，曲坯断面约有宽度为1cm左右的水分线，曲心尚留有余温，热曲顶点温度能高则高，但应逐步下降，每天下降约1℃，注意多热少晾。每2~3d翻曲一次，缩小曲坯的间距和行距，收火要求不会烧也不急落。晾曲时注意曲心尚留余热，不可不晾，也不可晾过，保持曲间品温，后火期一般4~5d。

晾曲：曲心温度达到32~33℃时进行最后1次翻曲，将曲块由六层翻成七层，收堆，养曲2~3d后可晾曲。打开全部门窗，放尽全部潮气，进行通风晾曲，验收后即可出房。从曲坯入房培养到培养结束，整个培养周期控制在24~26d。

贮存陈放：刚制成的大曲需排除多余水分、淘汰产酸菌等杂菌，因此需先贮存在专门的曲库内，在通风的条件下，自然干燥。在贮存过程中，各种微生物的呼吸很旺盛，代谢活动还在进行。经贮存三个月后，水分、酸度、酶活性等趋于稳定。因此，用于酿造青稞酒的大曲，必须是经过贮存3~6个月的陈曲。不同大曲的理化指标见表7-130。

表 7-130　　不同大曲的理化指标

大曲	糖化力/（U/g）	液化力/［g/（g·h）］	发酵力/［g/（g·72h）］
青稞大曲	8~20	47~60	60~65
中低温曲	10~29	31~51	58~65
中高温曲	14~20	45~56	60~73
高温曲	1~10	67~70	69~74

（2）酿造工艺

①天酿工艺：由于青海独特的高原环境，天佑德青稞酒可以一年不间断进行酿造，且刚好一个季度三个月为一个酿造轮次，把一年四个季度分为春酿、夏酿、秋酿、冬酿，四季工艺按照四季气候变化精准设定，覆盖 24 个节气，天、地、酒、人合为一体，称之为“天酿生产工艺”。最终形成了迥异的四季原酒风格：春酿柔顺，夏酿醇厚，秋酿净爽，冬酿绵甜。

②养大楂：大楂入窖酸度控制在 0.1~0.6，发酵周期不低于 28 天。春季入窖温度控制在（16±2）℃，入窖水分控制在 39%±2%；夏季入窖温度控制在（16±2）℃，入窖水分控制在 41%±2%；秋季入窖温度控制在（17±2）℃，入窖水分控制在 40%±2%；冬季入窖温度控制在（16±2）℃，入窖水分控制在 40%±2%。

③保二楂：大楂出窖后，在已含有一定酸度的前提下，尽量做到排酸和用清蒸后的辅料来稀释酸度，使二楂酒醅入窖酸度控制在 0.7~2.0，发酵周期不低于 25d。春季入窖温度控制在（19±2）℃，入窖水分控制在 45%±2%；夏季入窖温度控制在（18±2）℃，入窖水分控制在 46%±2%；秋季入窖温度控制在（20±2）℃，入窖水分控制在 45%±2%；冬季入窖温度控制在（20±2）℃，入窖水分控制在 45%±2%。

④挤三楂、追回糟：三、四楂的入窖酸度控制在 0.8~2.1，发酵周期不低于 20d。三楂春季入窖温度控制在（21±2）℃，入窖水分控制在 51%±3%；夏季入窖温度控制在（20±2）℃，入窖水分控制在 52%±3%；秋季入窖温度控制在（22±2）℃，入窖水分控制在 49%±3%；冬季入窖温度控制在（23±2）℃，入窖水分控制在 50%±3%。四楂春季入窖温度控制在（29±2）℃，入窖水分控制在 55%±3%；夏季入窖温度控制在（26±2）℃，入窖水分控制在 57%±3%；秋季入窖温度控制在（27±2）℃，入窖水分控制在 56%±3%；冬季入窖温度控制在（29±2）℃，入窖水分控制在 55%±3%。青稞酒各楂次原酒的理化指标见表 7-131。

表 7-131　　青稞酒各楂次原酒的理化指标

楂次	酒精度/%vol	总酸/（g/L）	总酯/（g/L）	乙酸乙酯/（g/L）	乳酸乙酯/（g/L）
一楂	66.0	0.65	3.50	3.00	0.30
二楂	65.0	0.65	3.00	2.50	0.30
三楂	63.0	0.70	2.30	1.80	0.60
四楂	60.0	0.80	2.00	1.20	1.00

⑤在原料中适当加入高粱、玉米、小麦及大米等多种粮食，使青稞酒在酿制过程中

汲取各种粮食中的精华，增加多种微量成分使青稞酒香气更清雅、怡悦，口感柔和、细腻、丰满。

（3）其他　选用高产菌种，如祁万军等利用青稞酒酿造过程中选育出的 1 株高产乙醇酿酒酵母进行生产应用。借助微生物中试扩培设备，结合青稞与大麦芽混合制备的微生物可培养糖液扩培出高质量的酿酒酵母菌液，该酿酒酵母菌液应用于青稞酒酿造后出酒率提高了 2.77%~4.17%。同时适当延长发酵期，经过比较发酵期定为 35~40d 较为合理。

4. 研究进展

（1）2014 年 12 月 11 日，由中国轻工业联合会主持召开“青稞原料及青稞酒特征风味成分和微生物研究与应用”项目科技成果鉴定会。该项目由青海互助青稞酒股份有限公司和江南大学合作开展。通过 3 年多时间的研究，项目对青稞原料的微量成分进行了定性研究，完成了青稞酒微量化合物成分的检测与定量技术研究，对特征风味物质的含量进行了剖析研究。在风味研究的基础上，首次系统剖析了青稞酒酿造酵母菌群结构，发现了青稞酒中独有的酵母种类，以及青稞酒酵母与典型清香型白酒相比独特的理化特征；首次建立了以现代分子特征学为基础的青稞酒酵母遗传多样性分析方法，并筛选获得了优良性能的酿酒酵母。

（2）为了解不同品种青稞原料对青稞酒主体风味物质的影响，2019 年，贾福晨等以 7 个不同品种的青稞及其酿造出的青稞酒为研究对象，采用气相色谱-质谱联用法，利用谱库进行检索和保留指数验证。结果表明，青稞原料和青稞酒中均鉴别出了 50 多种风味物质 7 大类化合物，主要包括醇类、醛类、酸类、酯类、烷烃类、烯烃类、其他类（酮类、苯类、萘类、酚类）。青稞原料中含量最高的风味物质是醛类，其相对含量在 35%~65%，其次是醇类化合物，相对含量在 15%~26%，而青稞酒中含量最高的是醇类物质，相对含量在 76%~88%，其次为酯类化合物，相对含量在 6%~13%，不同品种青稞及酿造出的传统青稞酒在主体风味化合物种类上差异不显著，风味化合物的种类具有较强的稳定性和一致性，但在风味化合物的含量上存在明显差异。

同时发现，青稞原料和青稞酒中风味物质既有相似性，也存在显著差异。青稞原料和青稞酒中风味物质的类别均含有 7 类化合物，且在 7 大类风味化合物中，均检出部分相同成分；差异性在两者间不同的风味物质种类更多，如青稞原料中检测出 14 种醇类但相应青稞酒中却检测出 17 种醇类，在具体醇类化合物的含量上也各不相同。在青稞原料中主要是以醛类物质为主，这主要是由于醛类物质赋予了原料浓郁的麦香味，正己醛被认为是对大麦芽风味影响最大的化合物之一，而青稞属于禾本科、大麦属，所以在青稞原料中醛类物质也是主体风味物质，在 7 个品种青稞原料中也均检测到了正己醛且含量远高于检测到的其他风味化合物。

（3）为探究青稞酒的老熟，2020 年，秦丹等对 11 种不同贮存时间的青稞酒原酒中主要风味物质进行研究。通过实验验证，酒样添加无水硫酸钠除水后再直接进样不会损失酒样中的挥发性香气成分。随着原酒贮存时间的延长，总酯和总醇含量呈下降趋势，总酸含量呈上升趋势。乙酸乙酯和乳酸乙酯含量随贮存时间的延长逐渐降低。乙酸在贮存 1 个月后下降最显著，之后随着贮存时间的延长不断呈上升趋势，贮存 11 个月，乙酸含量达到贮存过程中的最大值。贮存 2 个月，戊酸乙酯、4-乙基苯酚含量达到贮存过程中的最大值。贮存 9 个月，苯甲醛、乙偶姻、糠醛含量达到贮存过程中的最大值。

（4）2021 年，许锦文等将新酿的青稞原酒分别贮存在新陶坛、存贮过酒的老陶坛和分别添加了 2‰、4‰、6‰ 的经过处理的老陶坛碎片的新陶坛中进行催陈老熟试验，通过理化指标检测分析和感官品评来分析陶坛及其碎片对青稞原酒在贮存一年后的老熟效果及变化情况。试验结果表明在老陶坛中贮存的新酒无论是在酸酯变化和感官品评方面都优于在新坛中贮酒。另外，在新陶坛中添加 2‰的老陶坛碎片效果虽然没有在新坛中贮酒效果显著，但确实有利于原酒老熟。

二、奶酒

1. 奶酒的发展

远古时期，人类将喝不完的牛奶、马奶、羊奶装入羊皮袋中，经过撞击振荡，自然发酵成了酸奶酒。文字记载，2000 多年前的西汉时期，我国北方的游牧民族就已经把酸奶酒作为日常饮品，并传入了中原地区。800 多年前蒙古族兴起，此时是奶酒的辉煌时期。酸马奶酒（蒙语叫七噶）是蒙古族牧民随酿即饮的乳饮料。国外的奶酒发源地是高加索地区，牛奶酒称为开菲尔，马奶酒称为库密斯。

奶酒又称乳酒，它是以乳类或乳制品为原料（如全脂乳、脱脂乳、乳清等）发酵加工制成的。从工艺上讲，奶酒可分为发酵型奶酒和蒸馏型奶酒。蒸馏型奶酒由乳清和鲜牛奶发酵后蒸馏而成，是蒙古族独具民族特色的乳饮料，蒙语叫“赛林艾日哈”。根据目前在国内外市场上流行销售的各种奶酒，按发酵和后处理方式分类，可分为发酵奶酒、蒸馏奶酒、勾兑奶酒、起泡奶酒和加汽起泡奶酒。

根据国家 GB/T 17204—2021，奶酒有 2 种，即：奶酒（发酵型）、奶酒（蒸馏型）。下文仅介绍蒸馏奶酒的生产。

据武庆尉等研究，蒸馏奶酒是蒙古族牧区具有民族特色的个性化产品。千百年来，蒙古族牧民就以这种醇美的奶酒欢庆节日、宴请亲朋。这类奶酒最早是将发酵成熟的马奶酒或牛奶酒，放入一个带有甑桶的蒸锅里，甑桶上面安放一个盛有冷却水的“天锅”（冷凝器），加热蒸馏出来的冷凝液就是奶酒。后来演变为以乳清液为主要原料生产的奶酒。《北虏风俗》一书很详细地记载了改进后的马奶酒的制作方法和过程。其工艺流程为六蒸六酿，“惟取之以造酒，其酒与烧酒无异”。这种经过多次蒸馏工艺酿制的马奶酒，其酒性很烈，饮后极易醉人。据清《瑟榭丛谈》记载，经过这样多次蒸馏精制的马奶酒清澈透明，无臭无味，味微甘香，如饮醇醪，使人不自觉自醉。在元明时为御用名酒，明代时被列为“迤北八珍”之首。这种经过“六蒸六酿”的马奶酒虽说每家每户每年都要酿造，但数量极少，所以一般是用来招待极其尊贵的客人。

蒸馏奶酒清亮透明，具有舒适清雅的奶香和酒香，绵柔醇和，微酸爽口，后味微苦。后味微苦可能和蒸馏奶酒含有较多氨基酸有关，多数氨基酸呈苦味。

2. 蒸馏型奶酒的工艺

传统牧区蒸馏奶酒的制法是将牛奶提取奶油和奶酪后的乳清液，添加陈年酒曲进行发酵，或者用反复打耙的方式自然发酵，为增加奶香分次加入大约 15% 的鲜牛奶，发酵 5d 左右，发酵成熟后再蒸馏而成。酒精度根据蒸馏次数而有高低，一般在 12%vol ~ 40%vol。

传统方法是：将马奶倾入羊皮袋或其他容器中，不时用木棒搅动，数日后待其发酵变酸，便可饮用。通常色白而浊，味微馥香而略有膻气。若搅之7~8d乃至更长时间，则色清而味甜，且无膻味，谓之“黑马奶”。马奶酒有滋补强身、健胃补肾和治疗肺结核的功效（此即发酵奶酒）。把发酵的马奶酒倒入锅中，上面扣一个无底木桶。木桶内侧上端有几个铁钩，将一个小陶瓷罐挂在木桶内侧的小钩上，使其悬空吊在木桶中央。木桶口上放上冷却水的铁锅。烧火煮奶，蒸汽不断上升到铁锅底部，遇冷凝聚滴入小陶罐中，成为色清亮如水的液体，这就是头锅奶酒。头锅奶酒度数不高，称为“阿尔乞如”。还可以将头锅奶酒多次蒸馏，使酒的度数逐次提高。二酿的奶酒称为“阿尔占”，三酿的奶酒称为“浩尔吉”，四酿的称为“德善舒尔”，五酿的称为“沾普舒尔”，六酿的称为“熏舒尔”。六蒸六酿为上品奶酒。

现代工厂化生产蒸馏奶酒，在继承传统工艺的基础上，融入了现代生物技术。采用了筛选的乳酸发酵剂和酵母菌，发酵基质补充了碳源、白砂糖，控温发酵，蒸汽加热蒸馏。因此成品风味有较大改进。据黑龙江轻工研究院等相关单位研究试验，改良了以乳清为原料的蒸馏型奶酒的生产工艺，取得工厂化生产效果。现举一例。

（1）乳清的成分　乳糖3%~4%，乳清蛋白0.3%~0.7%，乳酸1%，柠檬酸≤0.2%，pH为3.8~4.2，以及多种维生素和矿物质。

（2）工艺流程

酵母菌种→扩大培养
↓
乳清→浓缩→灭菌→冷却→发酵→蒸馏→复蒸→勾调→包装→成品

（3）工艺操作

① 浓缩：由于乳清浓度太低，一般固形物质量分数不到5%，直接发酵会造成设备利用率太低，更不利于后面的蒸馏，因此必须进行浓缩（且不能采用真空浓缩），浓缩到固形物含量10%以上为止。

② 灭菌：乳清浓缩工序起到了一定的杀菌作用，但为了保证发酵不染菌，应采用蒸汽间接灭菌，灭菌方式为70~75℃/10min。

③ 冷却：灭菌温度过高，酵母菌无法存活，需降温至（30±2）℃。

④ 菌种扩大培养

培养基：乳清不经浓缩直接经温度80~85℃/10min灭菌后，作为酵母菌液体培养基。

种子生产：

斜面菌种 —30℃，12~14h→ 液体菌种 ——→ 扩大液体种子

种子成熟指标：显微镜检查时，酵母细胞应健壮、整齐，出芽率在25%以上，酵母菌细胞数为0.7亿~1.2亿/mL，死亡率在1%以下，无杂菌。

⑤ 发酵：最佳发酵温度为28~32℃，温差不宜太大，尽量保持恒温发酵。初期适当通风，然后进行厌氧发酵，发酵周期为72~96h，当残糖在0.5%以下时结束发酵。

⑥ 蒸馏：发酵结束后，进入蒸馏工段，蒸馏操作时的进汽量要做到“两头大、中间

稳”，即开始进汽量可以大一些，料液沸腾后可调小进汽量，保持料液沸腾，要结束时可适当调大进汽量。

⑦ 复蒸：由于1次蒸馏后，奶酒中的酒精含量只有8%左右，酒精度太低，需要对其再次蒸馏，复蒸的操作与蒸馏基本相同，复蒸后奶酒的酒精含量可达到15%左右。

⑧ 勾调：由于每批奶酒的质量、酒精含量不一定完全相同，为了保证产品品质的均一稳定，包装前必须对各批奶酒进行勾调。通过勾调可以统一酒质、统一标准，使每批出厂奶酒的品质基本一致。勾调还可以提高奶酒品质，改善奶酒口味，使酒质更加完美。

三、 其他少数民族酿酒的代表

我国是个多民族国家，少数民族为祖国的繁荣富强做出了很大贡献，在酿酒发展上也有一些值得称道的地方。除上面谈到的藏族青稞酒、蒙古族的奶酒外，如满族的道光廿五、土家族的咂酒、侗族的侗家酒、黎族所酿制的“biang”糯米甜酒等酿造历史都比较悠久，下面仅以满族蒸馏酒的代表——道光廿五做一介绍。

据史料记载，东北女真族（满洲人）丰富发展了中原的白酒文化，满洲人称烧酒为阿剌奇、阿剌古。“同盛金烧锅”在白酒的酿造和贮存方面都具有独特的工艺。清代嘉庆六年，锦州府“同盛金”烧锅被授予皇封作坊，成为宫廷贡酒。从此，“同盛金”烧锅历经三朝三代，传承发展了满洲人本民族独特的酿酒、贮存的白酒工艺。

中华人民共和国成立后，这个全国唯一满族酿酒工艺的古老企业，受到中央及各级地方政府的重视。1964年5月20日，国家轻工业部组织酿酒专家到“凌川”筹建满族酿酒工艺试点，进行了26种不同条件下的满族酿酒工艺试验，确认了“干蒸原料”混烧老五甑操作法。20世纪80年代初，凌川酒厂继续努力，在工艺制曲、发酵等方面不断进步，采用草药萃取回醅法，经实验，回酒醅的发酵出酒率高，清香爽口，无草药苦味，芳香浓郁、微甜（甘草作用）。2000年国家经贸委批复辽宁道光廿五集团是我国唯一保留完整的满族酿酒工艺的企业。

经一：曲房

《满洲酒经》记载：“屋用草屋，勿使瓦屋。地须净扫，不得秽恶，勿令湿。”“须西厢，东向开户屋中。凡屋皆得作，亦不要须东向开户草屋也。”

满人先祖对造曲的房屋有特殊的要求：参茸曲坯的野生微生物菌种，是来源于老草屋曲房的，老草屋就是曲种的贮存库，瓦屋光滑，温湿度变化大，菌种无栖身之处，草屋保湿，保潮，曲种质量胜过瓦屋。东北地区北风多，曲房门窗东向可保曲房温度、湿度，对曲种生长有利。实践证明旗人制作参茸酒、满族曲经验很丰富了，很有科学道理。

经二：季节

《满洲酒经》记载：“农历七月中旬，作曲为上时。”“七月上寅日作曲。”“凡曲六月三伏中，曲蘗必时。”

对造曲的时间要求也非常严格：季节也可以灵活机动掌握，只要抓住时机，即气候适宜，是制曲的关键所在。“曲蘗必时”是关键。

经三：造曲

《满洲酒经》记载：造曲“生表择治，甚令粮好种。”“不得令鸡狗见及食。”“用麦子、豌豆、稗谷、薏米、松花粉、鹿茸粉、园参、枸杞、芍药、甘草、杏仁、黑芝麻等

（40余种）。”

对造曲要求：生麦要选好的，除去砂石，还需要是好的品种。制曲的原料要保管好，不能被鸡啄虫咬。满族人的祖先造曲时加入了东北长白山中草药，添加这些中草药目的是抑制杂菌生长，有助于曲子的质量提高，从而增加了酒中的营养成分。

“拌醅三角法。”“炒麦营金丝。”“其麦蒸、炒、生三种齐等。”“麦多少为三勾，蒸、炒二勾，生一勾。”

主要利用野生根霉菌。先人在长期的实践中，体会到根霉菌适合于在生料上生长，改变了过去造曲中原料全蒸的做法，最佳配比“蒸、炒、生”各一份的比例。

“拌（料）时，经干温所得，不可食水，握得聚、扑得散，是诀也。”“水多则糖心，水脉不匀则黑心。”

实践中，制曲拌料时多加水，其危害性极大，使制曲失败。拌料时多少水分合适？握得聚，扑得散，在多年实践中得到有效的方法。水分大，升温猛，出黑心，造成曲子质量下降，也造成出酒率的下降和质量下降。

“捣饮粉细，作熟（拌透）饼圆铁范，令径六寸，厚一寸五分，于平板上，令壮士熟踏之。”“当日使讫，不得隔宿。”“每片可重一斤八两，干时可得一斤四两多。”

踩曲用铁模，踩成直径20cm，厚度5cm的圆形曲坯，强调要用身强力壮的小伙子踏实。拌水的曲料必须当天用完，剩料不能隔宿，踩成后，每块曲坯重900g，成曲可重720g左右。

经四：看曲

《满洲酒经》记载：看曲“七日翻之，二七日聚之，皆还密泥，三七日出外，日中曝令燥，曲成矣。”“如饼未燥、五色衣未成，更停三五日然后出。”“一七日，冷水湿手拭之令遍，即翻之。至二七日，一例侧之，三七日笼之，四七日出置日中，曝令干。”“约发及十余日已来，将曲侧起两两相对，一两日间不住以手挥之。”

以前看曲多为21d，但需灵活运用，当五色衣未成，曲坯干燥不透，还需延长培养时间，所以也有28d才出曲的，基本上是7d翻曲，侧立与调整覆茸，使之通风降温。侧立使菌丝满布曲面，14d将曲坯积聚，笼起后火，为后期霉菌生长以及霉的代谢创造有利条件，冷水湿手，一两日间，不住用手挥之，或亲手来体验其曲坯生长的快慢。如此勤于检查，及时处理，是看曲者的责任。

经五：存曲

《满洲酒经》记载：“曲必须于润，湿则就恶。”“曲成矣，任意举阁，亦不用瓮盛，瓮盛者则曲乌肠，乌肠者绕孔黑烂。”“吸曲要立燥处，不得近地气阴酒屋色舍。盛贮仍防虫、鼠秽污。”“自踏造日开始，约一月余出场子，且淤当风处，井栏垛起，更候十余日，收曲四十九日后方可用。”

以前存曲，成品曲必须确保干燥，否则在贮存期间容易反糊，二次污染，降低大曲质量，造成酒味苦涩。存曲期间还须防范虫、鼠污秽。收曲后要存放49d以后方能使用。

经六：烧酒、入窖、穴藏

《满洲酒经》记载“秫稻必齐、曲蘖必时、湛炽必洁、水泉必香、贮器酒海也，外红松质地，梅鹿血徽宣裱内，廿七封最佳涂二、三回芝麻油。长白地冻天寒，酒温人体为宜，烧酒适贮菜也。火齐必得，六者尽善，更得醞浆，则酒人之事过半矣。”

过去满族人酿酒所用原料，必须颗粒饱满，制曲要选在适宜的季节，酿酒的用具要清洗干净，水质要好，贮存酒的容器要用红松制作，内壁用鹿血徽宣等裱糊好的木酒海，二十七封（每封五层），刷六遍香油，白酒贮存在这样的木酒海里，对白酒后期质量提高有着非常好的作用。东北冬天寒冷，气温低，不利于白酒贮存，满人先祖利用贮菜的方法贮酒，也称入窖穴藏。蒸馏也需要讲究火候。除了掌握这六诀之外，更重要的是调浆，也就是现代勾兑，使白酒的质量批批一样，如把此诀掌握好，运用自如，酿酒工作已完成多半了。此诀至今在酿酒操作上，仍然有指导意义。

目前，道光廿五贡酒沿用满族传统生产工艺，结合现代生物技术的独特工艺，以高粱、薏米、稗谷为原料，使用大曲、麸曲分别发酵。采用高温润料、晾堂堆积、窖泥封顶，砖窖发酵，出窖酒醅分层缓慢蒸馏，分段量质摘酒，其（清香、酱香、药香）三种典型酒经酒海贮存三年以上，精心勾兑而成。

四、 粉碎原料生产小曲白酒工艺

近年来，高粱价格一路上扬，不少小酒厂采用玉米、小麦、稻谷等原料与高粱分轮次投料，并采取将原料粉碎后生产小曲白酒，既保持了小曲白酒的风味，又降低了成本。该工艺的曲药系含高活性淀粉酶的复合曲（市面上又称高产曲），通过特定工艺生产的小曲白酒既要保留固态法小曲白酒的传统风味，符合小曲白酒质量标准，又要使原料中的淀粉较彻底地转化为葡萄糖，然后发酵生成乙醇。该工艺使淀粉利用率达到 80%以上，提高出酒率 5%以上，降低能耗 30%以上，而且还减轻工人劳动强度，缩短劳动时间，提高场地设施使用效率，达到提高经济效益的目的。

1. 工艺流程及操作要点

（1）工艺流程

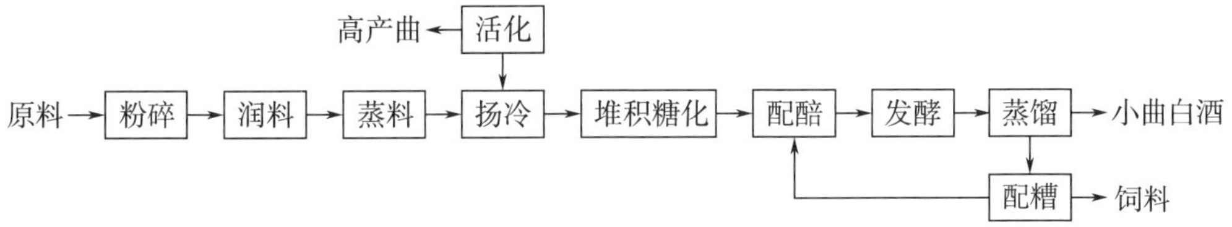

与传统小曲白酒生产工艺比较，新工艺增加了粉碎、润料工序，减少了浸泡、初蒸、焖水、复蒸等工序，收箱培养也改成了堆积糖化，使工作量和作业时间大大减少。

（2）操作要点

粉碎：所有原料都必须通过粉碎，粉碎粒度视原料而定，通常以直径为 1.5~2mm 筛孔为宜。

润料：将原料与母糟拌和后（比例可视原料品种粗细而定），加 15%~25%清水混合均匀，收堆润料。润料时间夏季为 2~3h，冬季为 4~6h。

蒸料：将润好的原料加入 10%~20%的谷壳拌匀后，上甑蒸粮，须边穿汽边上甑，上大汽后蒸 15min，将甑内粮食倒翻 1 次，3~5min 后出甑。

曲药活化：用曲量为投料量的 1%，用水量按投料量的 30%（即 1∶30 的比例）。水温为 39℃，活化时间控制在 60~90min。

下曲：将出甑熟料用扬糟机扬散摊晾，待温度降至 42℃左右（夏天 42℃、冬天 45℃），将准备好的曲药活化液搅拌均匀并泼洒其熟料上，翻拌 2~3 次后收堆糖化。

糖化：堆积糖化的品温需保持在 36℃左右（夏天 34℃、冬天 38℃），保温 120min 左右，此时糖化还原糖应在 5%，出堆酵母应为 0.2 亿个，口尝甜味明显。

配醅：将糖化好的粮糟与配糟［比例为 1：（4~6）］混拌均匀，配糟时温度不能过热或过凉，配醅后入窖混合糟温度宜控制在 23℃左右（夏季平室温）。

发酵：入窖时需将糟醅尽量踩紧，然后密封窖口，不能漏气，每天都应检查加固，发酵时间为 6~7d。

蒸馏：将发酵完毕的发酵糟按照轻倒匀铺使甑面穿汽平整的要求上甑，满甑后立即压盘蒸馏。蒸馏时力求火力平衡。截头去尾，确保流酒质量和产量。

2. 要点分析

（1）水分、温度、pH、时间对工艺的影响　从高产曲的适宜的构成看，主要含淀粉酶和根霉酵母等微生物，而微生物的繁殖、生长、酶分解都离不开适宜的水分、温度、环境、pH 和时间，淀粉酶也同样在作用时要受这几个因素的影响和制约。

① 水分：酿酒过程中水分多少是一个十分重要的因素。如水分过大，蒸料踏汽，糟子现腻，给糊化、糖化和发酵都将带来困难；相反水分过低，微生物和酶同样不能很好地发挥作用。导致发酵不彻底，残余淀粉增加。新工艺中水分的来源不像传统工艺，是在粮食泡、焖、蒸中控制，而是在润料加水量和活化液的水比例中掌握，这两次加水过程又必须视原料水分和母糟水分而定，一般而言，总加水量控制在 45%~60%。

② 温度：根据淀粉酶的适应温度和微生物的生长温度来确定活化水温和堆积糖化温度，活化时水温控制在 37~39℃，既能保证曲药里有效物质不受损失，又能达到吃水迅速、恢复酶与微生物功能的作用，在堆积糖化时，温度控制在 36℃左右，不宜超过 38℃，因为根霉最高的培养温度为 32~34℃，酵母最适培养温度为 27~30℃，糖化酶最佳糖化温度为 50~55℃，这时酵母和根霉迅速培养。糖化酶虽然不是最佳糖化温度，但这阶段主要是创造良好的条件，使根霉与酵母迅速生长和繁殖并合成酶系，而不要求彻底完成糖化。为后期边糖化边发酵做准备。这时的温度如果太低，糖化时间长，容易生酸、感染杂菌，如温度过高，酵母易衰亡，且糖分急剧积累，使发酵不平衡，造成短产。

③ 酸度：固态小曲酒的传统风味离不开各种有机酸的酯化反应，所以发酵必须创造一个和谐的偏酸环境，且糖化酶、根霉、酵母生长和作用时都有一个 pH 的最适环境，酵母 pH 为 4.5，根霉、糖化酶 pH 为 5，如果配糟酸度过大，边糖化边发酵过程不能正常进行，而且生酸必须消耗糖分，影响出酒率的提高，如果酸度不足，酒体风味也会受影响，所以，通过控制水分、谷壳用量，掌握配糟酸度为 0.8~1.2。

④ 时间：操作工艺中各工序都涉及时间的问题。如润料时间不够，原料吃水不均匀，淀粉糊化不彻底，时间过长则易生酸。蒸料时间过短，淀粉糊化不彻底，时间过长易使淀粉在高温条件下转化为焦糖，意外增加不可转化物质；糖化时间不够，酵母培养数太少影响发酵。出堆还原糖太低，不利于进窖后初期发酵的正常进行，时间过长又会造成酵母数量过大，杂菌繁殖消耗糖分，还原糖太高，入窖后前期发酵过猛，酒精积累太快，抑制后期发酵。糖化控制好坏以出堆还原糖和酵母数来衡量。还原糖宜控制在4%~5%，

酵母控制在 0.15 亿~0.2 亿为宜。其与出酒率的关系见表 7-132。发酵时间的长短则是酒质控制的关键，传统工艺发酵 5d 与新工艺发酵 5d 总酸和总酯有一定差距，将发酵时间延长到 6d、7d、8d、12d 进行观察，认为发酵时间延长 1~2d 完全能达到比较好的效果。

表 7-132　　糖化质量与出酒率的关系

项目	时间/h	还原糖/%	酵母/$\times 10^9$	出酒率/%
1	8.29~9.19	4.24	0.126	57.10
2	9.20~9.25	4.36	0.148	58.70
3	9.26~10.3	4.47	0.196	57.95

新工艺与传统工艺发酵 5d 酒质对照见表 7-133。

表 7-133　　新工艺与传统工艺发酵 5d 酒质对照表

项目	酒精度/%vol	总酸/(g/L)	总酯/(g/L)	杂醇油/(g/100mL)	甲醇/(g/100mL)
新工艺	59.97	0.582	0.616	0.149	0.0176
传统工艺	59.71	0.899	0.846	0.154	0.0209

不同发酵时间与酒质对照见表 7-134。

表 7-134　　不同发酵时间与酒质对照表

项目	5d	6d	7d	8d	12d
总酸/(g/L)	0.582	0.702	0.790	0.828	0.890
总酯/(g/L)	0.616	0.882	1.141	1.224	1.262
杂醇油/(g/100mL)	0.149	0.116	0.100	0.133	0.167
甲醇/(g/100mL)	0.0176	0.020	0.020	—	0.020

（2）粉碎粒度对工艺的影响　参考了麸曲白酒的生产工艺，原料粉碎可以促进淀粉均匀吸水，加速膨胀，利于蒸煮糊化。通过粉碎还可增大原料颗粒的表面积，在糖化发酵过程中以便增加与曲霉、酵母的接触，使淀粉尽量得到转化，利于提高出酒率。但也不是粉碎得越细越好，过细则必须增加填充剂以调节疏松度，影响酒质，而且能耗相当大，粉碎设备消耗也大。过粗则达不到以上目的，文明运等通过实验认为，高粱粉碎粒度 1.5mm 为宜（图 7-9）。

（3）配糟用量与出酒率的关系　在固态法小曲发酵工艺中均匀配入大量酒糟，主要是为了稀释淀粉浓度，调节酸度和疏松酒醅，并能供给微生物一些营养物质，同时酒糟通过多次发酵，能增加芳香物质，对提高成品白酒的质量有利，新工艺的原料经过粉碎，更需一定量的酒糟来疏松酒醅和调节淀粉浓度，控制发酵速度。配糟比与出酒率的关系如图 7-10 所示。因此，1∶6 的配糟比能保证出酒率达到最佳点。

（4）生产实验结果　经过实验，根据不同季节，确定不同的小组作为试验组，通过

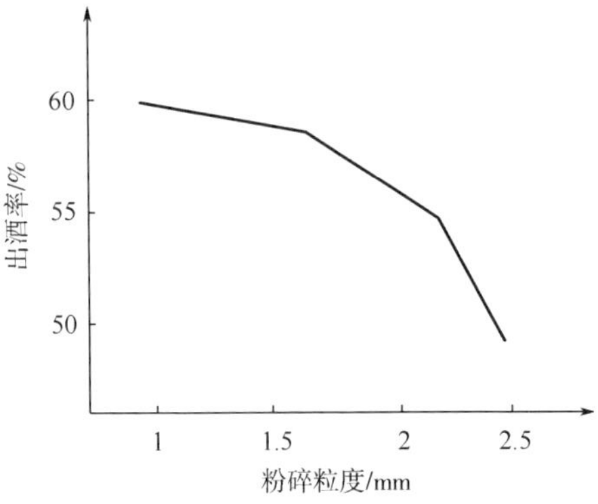

图 7-9　粉碎粒度与出酒率的关系（高粱）

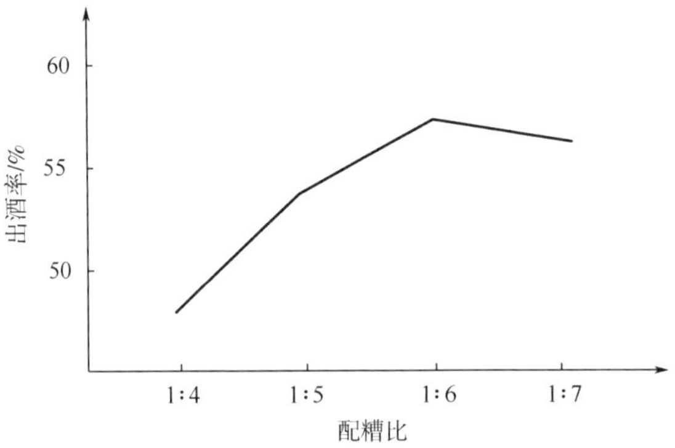

图 7-10　配糟比与出酒率的关系

对产酒情况和节能情况的比较，该工艺完全可以达到预期效果。

① 酒质：酒质经当地市质检所检测，符合 DB50/T 15—2008 小曲白酒的标准要求，见表 7-135。

表 7-135　新工艺酒质检测

项目	酒精度/%vol	总酸/(g/L)	总酯/(g/L)	甲醇/(g/100mL)	杂醇油/(g/100mL)	固形物/(g/L)
指标	实测值	≥0.30	≥0.70	≤0.04	≤0.2	≤0.40
第一批	62.5	0.65	1.33	0.02	0.10	0.13
第二批	62.3	0.68	1.37	0.02	0.10	0.07
第三批	61.8	0.69	1.37	0.02	0.10	0.15

② 降耗节能及成本分析：通过多个试验组的应用与传统工艺平均数对照分析，新工艺比传统工艺的成本降低，同时提高设备场地利用率的效益。

由于采取了粉碎工序，提高了曲药的糖化酶含量和酵母含量，能大幅度提高淀粉利用率和出酒率，提高水平在5%以上。这对节约粮食、增加效益有一定作用。

在糊化过程中减少了浸泡、初蒸、焖水、复蒸工序，减少用水 25%，节约燃煤

32.4%，这对节能降耗起到积极作用。

该技术采取堆积糖化，不做箱，减少占地面积，提高设备、设施利用率，为增量扩产奠定了基础。

③ 该技术减少泡粮、蒸粮时间，不收箱出箱，极大地减轻了工人的劳动强度和工作时间，具有良好的社会效益。

3. 讨论

将原料粉碎使用高产曲酿制小曲白酒是小曲白酒生产的一个新的尝试，通过实验，证明该工艺是可行的，节约成本、减轻劳动量是可能的，但应用中仍有一些方面值得分析和讨论。

（1）该工艺要求用符合国家标准的自来水拌料、活化曲等，特别是高产曲活化时的用水是越清洁越好，以免曲药活化时将水中的杂菌在合适的温度下一并带入，在糖化发酵时消耗营养，代谢其他物质抑制糖化发酵，影响出酒率。所以水质不好的地区，在春夏季最好用开水，冷却后作活化用水。

（2）因为高产曲的霉类主要是接触酶，未被酶接触的原料就有可能不能被糖化，所以要求操作时拌和一定要均匀，不能形成面疙瘩。粉碎粒度要达到要求，玉米、高粱等原料质地较硬，吸水性差一些，粉碎粒度就应小一些（≤1.5mm），小麦、薯类质地较软，吸水性强，粉碎粒度就可以放宽到≤2mm，太糯的原料由于支链淀粉的链结构，黏度很大，不能很好地与糖化酶接触，致使糖化酶发酵不彻底，出酒率反而不如粳粮。

（3）新工艺由于将原料粉碎，蒸料、发酵、蒸馏为了保持一定的疏松度和通透性，谷壳用量比传统工艺多一些，要保证酒质醇正，除了熟糠壳配料，设法降低谷壳用量也是一个值得探讨的课题，特别是原料粉碎后淀粉利用率大一些，残余淀粉相应减少，加上谷壳多，鲜酒糟不如传统工艺的酒糟好销。

（4）对高产曲的研制还仅仅局限于有利糖化效果和酒精发酵，还没有引入生香微生物，提高酒的质量靠的是延长发酵期，这还有待进一步实践。

五、 生料酿酒

生料酿酒于20世纪50年代首先由日本人提出。我国对生料酿酒的研究在20世纪80年代达到了高潮。2001年10月，由黄平主编，中国轻工业出版社出版了《生料酿酒技术》，该书详细阐述了生料酿酒的生产技术及操作方法、生料酿酒技术的作用及其发展前景。现简要介绍如下。

生料酿酒的原理是利用适应生淀粉转化的糖化剂和酒精酵母的作用，将原料生淀粉转变成酒，再经蒸馏而成。它摒弃了传统固态法白酒复杂的工艺，出酒率提高20%以上，设备利用率提高30%，吨耗煤降低35%，单位成本降低200~300元/t酒。另外，生料酿酒后的下脚料富含蛋白质，且不含糠壳等杂质，是优良的饲料。

1. 工艺流程

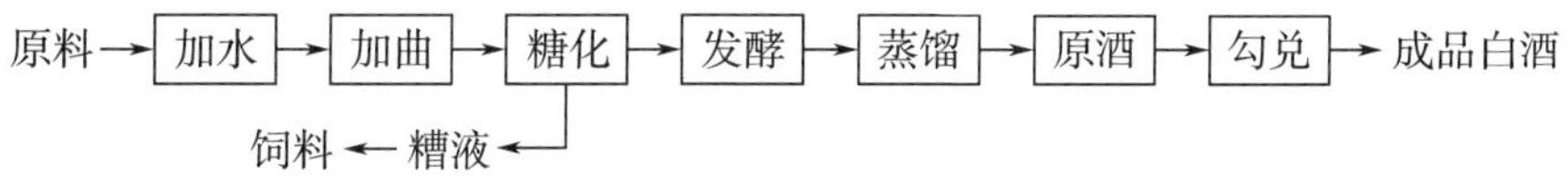

2. 操作要点

（1）原料选择　由于生料发酵没有熟料发酵蒸煮过程中的杀菌作用，因此，对原料的要求相对较高。用于生料酿酒的原料要求无杂质、无虫蛀和无霉变。对于陈粮，一般只有水分含量较低的原料才能用于生料酿酒。

（2）辅料选择　生料酒曲是一种多功能微生物复合酶酒曲，含生淀粉糖化剂、发酵剂和生香剂。同时应辅以适量的酸性蛋白酶、淀粉酶、纤维素酶等，以提高糖化发酵速率。

（3）原料粉碎　大米、碎米可不经粉碎，玉米、高粱粉碎以后经过 40 目筛孔可达 60%~70%。为了便于糖化发酵，防止杂菌污染，缩短发酵时间，大米也可做一定的粉碎，尽可能提高原料利用率。

（4）拌料　按粮水比 1∶（2~3.5）计，将缸内水温调至 30~40℃（夏季 30~35℃，冬季 35~40℃）。下料搅拌均匀，同时下曲，用曲量按要求添加，一般为 0.5%~0.8%。加曲后，料温保持 25~30℃（冬春季 28~30℃）。

（5）糖化发酵　生料发酵是边糖化边发酵的过程。糖化发酵温度以控制室温来掌握。室温 25~30℃，品温 28~35℃为宜，pH 控制在 4~5。夏季控制品温 40℃以下，加强换气通风、洒水降温。

保持清洁卫生，以防杂菌污染。为确保发酵前期酵母繁殖，在封口前增加搅拌（每天 3~4 次），40h 后密封发酵（每天适当搅拌），否则影响发酵，产酸多。

发酵液的成熟检查：一看、二闻、三尝。眼观液面料糟是否都沉入缸底，醪液由浑浊变清，醪液呈淡黄色，表面无气泡，整个发酵醪呈静止状态，发酵终止。闻有舒畅的香味和冲鼻的酒味。口尝微酸涩、不甜。理化检测：含酒精 9%~12%，还原糖低于 0.35%，总酸≤0.5%。

发酵周期：发酵温度在 30℃以下时 10~15d，发酵温度 30℃左右时 7~8d。以大米为原料，其发酵过程如表 7-136 所示。

表 7-136　　发酵过程变化

检测项目	发酵开始	发酵旺盛	发酵衰退	发酵完毕
眼观	液面布满气泡	小气泡增大似肥皂泡，原料上下翻腾，料液变浑浊	原料漂浮于液面，气泡减少，少数原料上下翻动	液面原料沉入底，料液处于静止状态，并由浑浊变清
耳听	有小气泡爆破声	有似蚕吃桑叶声音	声音减弱	无声
鼻嗅	微弱气味	辛辣、冲鼻，有酒味	酒香味，仍辛辣、冲鼻、熏眼	香味柔和，辛辣、冲鼻、熏眼减弱
口尝	无味→酸甜适口	甜味弱，酸甜味增加，有酒味	酸为主，无甜味，酒味刺激	酸而不甜，有酒味，粮食已发空
品温	高于室温 1~2℃	高于室温 3~5℃	温度下降	与室温相同

（6）蒸馏　采用专用设备，截头去尾，量质摘酒，低酒精度复蒸提度除杂。具体操

作：先将甑桶（最好是不锈钢容器）洗净，并注入 15~30L 清洁水，加热至 70~80℃。用醪液泵将发酵成熟的醪液泵入桶中。装料系数 50%~60%。烧火跟传统烤酒一样，“大火蒸料、缓火出酒、猛火追尾”。

3. 生料酿酒的发展

生料酿酒的推广应用在 20 世纪 90 年代曾风靡一时，对生料酿酒的今后发展，笔者认为应该注意两方面的问题。

（1）技术问题　由于生料酿酒的特殊性，酒曲的研究是该技术的关键，酒曲质量的好坏直接影响成品酒质，传统“糖化酶+活性干酵母”制成的酒曲只能生产出质量较差的酒，虽然后来增加了一些生香酵母，效果也不甚理想；研究出复合功能的酒曲是生料酿酒今后技术发展的重点（或突破点）。

生料酿酒是液态发酵、液态蒸馏，可以借鉴酒精生产和米香型酒蒸馏技术，研制出经济适用的蒸馏设备，是解决多数生料酿酒口感差（多带生粮食味）、杂醇油（杂质）偏高的又一技术手段。

以大米生料酿酒为例，蒸馏出的半成品酒，酒体可以看作介于清香型和米香型之间，但其酒中微量成分种类偏少、数量偏低，有的杂醇油还偏高，自身酒体不够完整，如何解决，这就是勾兑水平的问题。

（2）监管问题　由于生料酿酒多数是小作坊式生产，且多处于广大农村地区，这给监管部门带来较大难度，应引起相关部门的高度重视，目前已逐步制定相应的监管制度。同时广大生料酿酒企业（作坊）自身更要加强自律、规范生产，增强法律意识，通过不断提高生产技术水平，加强联合，为广大劳动人民生产出物美价廉、质量安全的酒，共同促进生料酿酒的发展。

4. 研究与进步

文献报道，李学英等在细微玉米粉生料发酵生产酒精研究中，发现酒精度上升较快，发酵 55h 酒精度即可达到 10.6%vol；李永博等对玉米、大米生料发酵酿酒进行研究，生料发酵 10d 时，大米、玉米酒精度分别达到 11%vol、10%vol；以大米、玉米等谷物为原料，经糖化酶处理后进行生料发酵生产乙醇，与熟料发酵对比，生料发酵黏度低，流动性好，有利于实现高效发酵。在小麦生料发酵中，生淀粉的糖化不经过蒸煮环节，利用淀粉酶极强水解特性将淀粉分解成可发酵性糖，经糖化酶糖化后淀粉表面形成无数个小孔，通过水解作用进行转化，提升了转化效率。关于生料发酵生产酒精的研究表明，生料液态发酵酒精度可以达 18%vol 以上，淀粉利用率提高，且发酵醪液黏度小，料液输送性能良好，有利于实现高浓度发酵。

杨晓等以高粱、大米、糯米、小麦和玉米为原料，采用生料液态发酵法在室温条件下酿造浓香型白酒，先使用 5 种原料单独发酵 16d 后，再混合发酵 6d，考察发酵过程中残糖及乙醇的变化，并将发酵醪液蒸馏，分段取酒，测定产品主成分含量并进行感官评价。结果表明，5 种原料单独发酵的总糖利用率均达 90%以上，其中高粱的糖醇转化率最高，达到 47.37%。混合发酵后产品实际出酒率为 41.16%，所得 58 度白酒总酸含量为 0.38g/L，总酯含量为 1.19g/L，甲醇含量为 0.16g/L；65 度白酒总酸含量为 0.31g/L，总酯含量为 1.45g/L，甲醇含量为 0.19g/L，具有浓香型白酒的酒体特征。

第四篇

白酒储存、勾调及包装

第八章　酒体设计

我国白酒经过几十年的发展，勾兑技术的提高，特别是色谱分析技术的应用，对白酒香味物质的剖析取得了重要成绩，为白酒生产提供了一些科学的依据。但这还不够，还不能对生产过程完全掌控。传统白酒的生产影响因素较多，原料、制曲、发酵、蒸馏等和操作人员的熟练程度差异的一系列主客观因素，无一不对产品质量产生或大或小的影响，直接导致产品质量不稳定和名优酒比率低的局面（对浓香型白酒而言，这种情况尤为突出），也就直接影响各个企业经济效益的提高，阻碍了酿酒行业的发展进程。

要解决上述诸多问题，必须依靠技术进步和技术创新，逐步改变酿酒行业落后的工艺技术面貌，用科学研究和实践的成绩把整个白酒生产全过程置于有效控制之中，这就产生了新时期酿酒业的新领域、新学科——酒体设计学（也称酒体风味设计学）。

所谓酒体设计，就是酿酒企业事先将要生产的某一类型的酒的物理、化学性质，风格特点、感官特征以及广大人民群众对这一类型酒的适应程度，本企业生产这一类型酒的工艺技术标准、检测方式、管理法规等内容，通过设计者综合、协调、平衡后制定出来能够对生产全过程进行有效控制、保证产品质量的一整套技术文件和管理准则而进行的一系列工作。要研究酒体设计，需要搞清楚白酒的生产、储存、勾兑等。

第一节　储存与老熟机理

经发酵、蒸馏出来的新酒辛辣暴冲，有强烈的新酒味及其他异杂味，通过一段时间的贮放，新酒味及其他异杂味逐渐消失，辛辣暴冲感减轻。口感变得醇厚、柔顺，香气风味得以改善，这样一个变化过程称为老熟。

一、白酒老熟机理

1935 年，霍克瓦尔特等提出老熟作用分为两个阶段，初期为还原作用，除去新味；后期为氧化作用，使其风味优美。后来，人们在研究白酒的老熟过程中，进一步发现白酒的老熟过程中主要有两种变化，即化学变化，如氧化、还原、合成、分解、缩合等，醇氧化成醛，醛再氧化成酸，醇和酸合成酯，醇和醛合成缩醛等；还有的是物理变化，即挥发、聚合、温度改变、缔合等。挥发会使低沸点醛类和硫化物减少，它们是造成新酒辛辣苦涩和杂味、异臭的主要物质，它们的挥发能改善酒的质量。贮存时酒中的醇类被氧化成酸，羧酸能淡化白酒的苦味，减轻和消去杂味。在酸的催化和微量氧存在下，乙醛和醇生成乙缩醛，丰富酒香成分。

1. 物理变化

物理变化包括挥发、色变及酒中各种分子间的重排、缔合。在物理变化中，低沸点的臭味物质（如 H_2S、NH_3）挥发，酒精分子与水分子通过氢键作用，形成大分子缔合群，自由酒精分子数目减少，导致酒的刺激性减弱，柔和感增强。经发酵、新蒸馏出的白酒，醇香感不强，刺激性气味较重，主要是因为新酒中含有较多的硫化氢、硫醇、二甲基硫等挥发性物质，另外丙烯醛、丁烯醛、游离氨等物质对酒风味的形成影响也较大，在一定条件下贮存 1 年，待酒老熟陈化，刺激性气味基本消失，口感醇香。在白酒的贮存过程中，水分子和酒精分子要重新相互结合，酒精分子和水分子有很强的缔合能力，它可以通过氢键缔合成大分子，贮存时间越长，水-酒精分子缔合群越大，进而有效地束缚酒精分子，自由度也逐渐变小，辛辣刺激性明显减弱，酒变得柔和绵软。短时间内，由于氢键的缔合作用，白酒的辛辣味减少，但是所谓的白酒风味（陈味）并没有形成，必须经过一段时间的贮存才能达到白酒的陈化，因此，水-酒精分子缔合作用不是白酒老熟过程中的决定性因素，贮存过程中发生的化学老熟是陈酿过程中的决定性因素。

2. 化学变化

化学变化包括氧化还原、酯化、水解、聚合等反应。在化学变化中，首先是酒中香味成分的变化，如醇氧化成醛，醛氧化成酸，酸醇酯化生成酯，醇醛缩合为缩醛等。

白酒中存在的酸类物质、高级醇、多元醇以及酯类物质经过一系列的氧化、还原、酯化和水解等化学反应相互转化，在体系中形成新的平衡，同时伴有成分消失或增减，构成白酒新的风味物质，形成不同香型的白酒，如清香型、浓香型、酱香型等，具体的反应：

醇经氧化成醛：$RCH_2OH \longrightarrow RCHO+H_2O$

醛经氧化成酸：$RCHO \longrightarrow RCOOH$

白酒的主要成分是乙醇，乙醇易氧化成乙醛，乙醛被氧化生成乙酸。其他的伯醇氧化后生成含有相同碳原子数的醛和羧酸。醛类量大时，使酒辛辣刺激性强，尤其是乙醛。适量的酸使酒爽冽。

酸醇酯化成酯：$RCOOH+R'OH \longrightarrow RCOOR'+H_2O$

在醇酸的酯化过程中，生成的酯中主要是乙酸乙酯、乳酸乙酯、己酸乙酯、丁酸乙酯等。酯类能增加酒的香味。酯化反应是可逆反应，达到平衡极慢。逆反应水解的速度随 pH 的降低而变小。

醇醛生成缩醛：$2R'OH+RCHO \longrightarrow RCH(OR')_2+H_2O$

醇醛缩合生成缩醛，降低了醇类的含量，减轻了白酒中的辛辣味，并形成和增加了白酒中的柔和香味。

氢键缔合平衡不是酒品质改善的主要因素，即物理成熟过程不是白酒陈酿的控制因素。而经过陈酿后，酒体中所发生的化学变化，导致主要香味成分——酯的增加则为控制陈酿过程的主要因素。因此，在酒的陈酿过程中，人为地给这种液体提供能量或加入催化剂，一方面加快了乙醇-水氢键缔合平衡的建立；另一方面活化了有机分子，使氧化酯化等反应加快，从而达到人工催陈的目的。

二、催陈老熟与贮存条件的关系

白酒刚蒸馏出来，需要进行一段时间的贮存，以什么容器贮存、贮存多长时间、以多高温度贮存，一直是从事白酒行业工作人员所关注和探讨的问题。据黄发琳等总结如下。

1. 贮存容器对催陈老熟的影响

白酒的贮存容器种类较多，有陶坛、酒池和不锈钢罐等容器，不同贮酒容器使用不同的材质，而这些材质中都或多或少含有一些金属元素，酒在这些容器中贮存，金属元素会不同程度地进入酒中，从而影响酒质。任成民等研究发现陶坛容器含有较高的 K、Na、Cu、Ni、Cr 等金属元素，酒在这类容器中贮存，多种金属元素会不同程度地进入酒中，催化酒的老熟，增加醇甜感，去除新酒气味。而不锈钢容器由于含有较高的 Fe、Ni、Cr、Mn 等元素，基本不含 K、Cu 离子，因而对酒的老熟作用不很明显。陶坛贮酒，对新酒的催陈老熟较好，而不锈钢容器对酒的老熟作用不很明显。对浓香型酒而言，使用陶坛贮酒老熟时间在 8 个月左右，而不锈钢容器贮存则需 10 个月。陶坛贮存的酒，香气要柔和一些，口感醇厚绵甜，而使用不锈钢容器贮存的酒，香气淡一些，口感方面也不如使用陶坛贮存的醇厚，绵甜感稍差一些。另外，陶坛是在 750℃左右用黏土烧结而成，其中的有机物被烧掉，气体被排除，因而形成了许多大小不一的孔隙，正是由于这种孔隙具有网状结构和极大的表面积，使陶坛具有氧化作用和吸附作用，促进了酒的氧化老熟，相应地缩短了酒的老熟时间。而不锈钢制作的容器，由于分子间的排列紧密，透气性差，也就没有外界氧化催熟作用，所以老熟时间要长一些。出于经济考虑，由于陶坛贮存的酒量少，占地多，资金占用较大，因此陶坛贮存调味酒，不锈钢罐配制成品酒和用作贮酒周转罐较好。郭文杰等研究发现，在短时期内用坛子存放白酒的效果远远优于罐、池子。但是白酒在坛子中存放一定时间后（一般 3 年以上），酯化、老熟的速度明显减慢。因此，到一定时间后，坛子存放的酒需及时转移到池中，以免减少不必要的损失。

罗政等通过采用有釉与无釉两种不同陶坛容器贮藏浓香型原酒，结果表明，不同的贮藏容器对原酒中的微量成分有一定的影响，其醛、醇、酯等含量变化趋势基本相同，但是采用 3kg 无釉陶坛贮藏的原酒中醛、酯等含量较 0.5kg 有釉陶坛和 2.5kg 有釉陶坛两种储藏容器的低，总酸含量及电导率更低，酒体的口感更加醇厚协调。

卢中明等通过陶坛陈酿、不锈钢桶陈酿、不锈钢桶+陶片陈酿三种方式对酒体主要金属元素含量及感官质量变化规律的研究表明，陶坛陈酿和不锈钢桶+陶片陈酿过程中，原酒中 Cu、K 的含量呈逐渐增加趋势，而不锈钢桶陈酿过程中，Cu、K 的含量变化不明显，陶坛陈酿原酒的电导率明显高于不锈钢桶和不锈钢桶+陶片的电导率，从理论角度分析，陶坛陈酿和不锈钢桶+陶片陈酿的效果应优于不锈钢桶陈酿的效果。

王利峰等将浓香型白酒加陶片浸泡，对浸泡时间长短、基酒酒精度、陶片用量进行研究。结果表明，陶片的用量及浸泡时间对主要理化指标无显著影响；在浸泡 3 个月、60%vol 基酒、陶片用量 6%条件下可获得感官评分较高。

许锦文等将新酿的青稞原酒分别贮存在新陶坛、存贮过酒的老陶坛和分别添加了 2‰、4‰、6‰的经过处理的老陶坛碎片的新陶坛中进行催陈老熟试验，试验结果表明在老陶坛中贮存的新酒无论是在酸酯变化和感官品评方面都优于在新坛中贮酒。另外在新陶坛中添加2‰的老陶坛碎片效果虽然没有在新坛中储酒效果显著，但确实有利于原酒老熟。

2. 贮存条件对催陈老熟的影响

不同的环境具有不同的温度。温度高，分子运动加快，有利于酒的老熟。容器的大小对酒的老熟作用也有一定的影响。潘建军等对3种不同条件下贮存基酒进行试验，分别为：① 室温、满坛；② 高温（45℃）、满坛；③ 室温、半坛。结果表明，高温贮存和半坛贮存都有可能促进酒的老熟，缩短基酒的贮存期。在3个月贮存期内，高温贮存的老熟效果最佳，而半坛贮存的老熟效果优于满坛贮存。这是因为半坛贮存接触了空气中的氧，有助于氧分子与酒中乙醇分子的充分接触，加速老熟。但并不是所有容器越大越有利于老熟，不锈钢罐的大小对酒的老熟区别不大。高温贮存时间不能太久，因为高温也加速了酒精分子的挥发，时间太久，导致不必要的损失。

代金凤等研究认为，不同贮藏环境（桂花林、茅草屋、露天全埋）下贮藏浓香型原酒的醛、醇、酯等含量变化趋势基本相同，醛类物质在贮藏过程中呈现先增加后减少的趋势；甲醇和正丙醇含量随贮藏时间的延长而减少，而正丁醇、异丁醇、仲丁醇和异戊醇的含量随贮藏时间的延长而增加；酯类物质随贮藏时间的延长呈现下降趋势。其中，贮藏于桂花林的原酒中醛、醇、酯类含量较其他两个贮藏点的更低，酒体的口感更加醇香、舒适。

3. 贮存时间对催陈老熟的影响

贮存时间是影响老熟质量的重要因素之一。在老熟过程中发生的乙醇酯化、乙醇氧化、醛类氧化和缩合等反应变化，它们都是有条件的可逆平衡反应，会在白酒体系中存在许多中间产物和终端产物。微量物质如甲醛、异戊醛、正丁醛、丙醛、糠醛等与乙醛有类似变化，贮存期间也能衍生出几十种半缩醛物质和缩醛类物质。结果是体系分子总数减少，变化趋势永远朝着递减的方向逐渐进行。所以贮存时间越长，体系内各类缔合物质越多，酒味变得越柔和协调，香气成分越丰富复杂。但白酒的贮存期并非都要越长越好，如老熟过头，其质量和风味也不一定好。长年陈酿结果，酒精度降低，酸和缩醛总量增加，白酒所具有的乙醇和乙醛特殊刺激和令人兴奋的新鲜感减弱，甚至消失掉。蒋英丽等在酱香型白酒贮存期老熟问题探讨中指出，酒体在贮存前期（1~12个月）口感变化较大，新酒入库贮存时的糙辣、冲鼻等不愉快感逐渐消失，同时香味变得越来越突出，酒体开始变得醇厚，可见影响白酒香气口感的丙烯醛、硫化物等低沸点物质主要在贮存前期以挥发的形式散逸或被氧化。在贮存中期（12~24月）酒体变醇厚细腻，协调感较好。在贮存后期（24~36月）酒体香正突出，陈味逐渐出现，到36个月时陈味较好。贮存过程中，由于酒分子挥发等原因造成酒精度下降，平均每年下降0.1%vol。所以白酒在低温条件下贮存，如陶坛放入防空洞或埋于地下，可以保持稳定的低温，防止挥发，增进酒中香味成分，口味更佳。而对于优质酒，在低温环境下，贮存时间越久，酒质越好。

张树平等通过将浓香型原酒分别贮存在陶坛、不锈钢罐中，并对其进行跟踪分析，得出以下结构。①总体看，陶坛贮存的酒体感官质量优于不锈钢罐，18个月后这种优势越来越明显（与成分变化有对应关系）。②容器材质对浓香型原酒酒体中已酸、乙酸、丁酸、乙酸乙酯影响明显；对总酸、丁酸乙酯、乳酸乙酯、总酯、已酸乙酯影响较小。

③在贮存过程中，整体趋势是陶坛中酒体主要风味成分变化较不锈钢罐缓慢。④贮存期内酒体变化符合“酸增酯减”变化规律，即酒体中酸随着贮存时间延长呈增加趋势，酯呈减少趋势。但有例外，如丁酸乙酯呈增长趋势，乙酸乙酯呈波动趋势。⑤根据研究结果，如果原酒只需短期贮存，建议采用不锈钢罐更经济。如果需要通过长期贮存来达到提升酒体质量的目的，陶坛更具优势。

4. 酱香型白酒的贮存

酱香型白酒中含有大量的风味物质，研究表明，茅台酒中分离出的挥发性风味物质高达 2000 多种。尽管酱香型白酒主体香味成分尚未明确，业界现有 4-乙基愈创木酚学说，高沸点酸和低沸点酯类的复合学说，吡嗪及加热香气学说，呋喃和吡喃学说等多种说法。酱香型白酒在陈酿过程中醇、醛、酸、酯等风味物质处于动态变化，并能逐渐达到平衡。

酱香型白酒在陈酿过程中，化学作用是白酒老熟的决定性因素，陈酿中的化学变化主要包括氧化还原反应、水解反应及酯化反应等，这些化学反应使得酱香型白酒中的某些风味成分增加或减少，从而使酒体香味与口感发生改变。在陈酿过程中，孟望霓等研究发现，酱香型白酒中的低沸点醇类以及大多数酯类物质含量随着陈酿时间的延长呈下降趋势，而高级醇、酸类、醛酮类、苯酚、愈创木酚、4-乙基愈创木酚、三甲基吡嗪、四甲基吡嗪都随时间的延长呈上升趋势。宋丽等通过对贵州珍酒在陶坛陈酿过程中微量成分变化研究发现，随着时间的推移，总酯呈下降的趋势，总酸呈上升趋势，同时酒体也变得醇厚柔和。马荣山等对麸曲酱香型白酒中的醇类物质在不同陈酿期的含量进行了测定，结果表明，仲丁醇、异丁醇、异戊醇的含量随着时间的延长呈下降趋势，而正丁醇呈上升趋势，这使得白酒更加协调；同时总醇含量呈下降趋势，但下降量很小，说明总醇含量较为稳定，酒质也较为稳定。江津津等研究了陈酿 3 个月和 20 年的某酱香型白酒，发现从新酒和陈酒中均能检测到酯、醇、酸以及代表性化合物糠醛等物质，而酱香关键化合物 4-甲基吡嗪的前体物质乙偶姻仅在陈酒中能够检测出，同时陈酒的气味相对清淡，刺鼻味和燥辣味也不如新酒浓烈，而陈酿 20 年的酒的酒体香味更加协调、细腻、幽雅。

以上说明，酱香型白酒在陈酿过程中总体趋势是酸增、酯减。此外，新酒经长时间陈酿后，能使其中低沸点硫化物和游离氨等杂味物质得以挥发，从而使新酒的燥辣及刺激感减轻或消失，同时酒体经过一系列复杂的物理化学反应，各种风味物质趋于平衡，不仅赋予酒体愉悦的陈香，而且使酒体更丰满，更加协调。

陈小林等在对酱香型白酒贮存过程中发现，酱香型白酒酸度高，若长时间采用陶坛贮存会使陶坛产生浸漏，因此要选用内釉较好的陶坛，并勤于检查；另外，橡皮带密封性好，因此陶坛封口尽量采用橡皮带而不用麻绳。

有研究表明，采用露天贮存酱香型白酒，能显著提高酱香型白酒的品质，其原因在于在露天环境中的高温以及较强的温差效应可提高新酒的除杂速度，缩短贮存时间，从而有利于新酒陈酿。蒋英丽等采用自然贮存和天宝洞恒温贮存两种方式，对酱香型白酒进行陈酿，结果发现，自然贮存的酒体香气大，但醇厚、协调及细腻感稍差，这是因为自然贮存冷热季温差大，热季虽有利于酯化但酒损失很大，冷季则不利于酒陈酿，由此表明，酱香型白酒采用恒温贮存较好。沈毅等研究认为，从酱香新酒在露天坛储和室内坛储过程中挥发性硫化物含量的排除速度看，露天坛储对挥发性硫化物的排除更彻底，其排杂脱新效果优于室内坛储；对比两种储存方式下酱香新酒的感官风味变化，说明酱香新酒在露天坛储一年的脱新效果略比室内坛储好。酱香新酒在露天坛储第二年酒体浓度下降速度加快，储存损耗增大，结合排杂脱新效果，说明酱香新酒在露天坛储一年最为合适。

白成松等研究了酱香型盘勾酒在不同贮存温度条件下，总酸、总酯、固形物、电导率、黏度以及气相色谱成分的变化情况，结果表明，盘勾酒的成分和理化性质在不同贮存温度下的变化趋势及变化率是不同的，总体上前期变化率大，后期趋于平稳。总酸和电导率均呈上升趋势，贮存温度越高，上升越快；总酯含量呈下降趋势，贮存温度越高，下降越快；固形物含量呈现先升后降的趋势，贮存温度越高，变化也越快；黏度相对稳定，贮存温度越高，黏度越低；气相色谱成分（乙醛、甲醇、乙酸乙酯等）则呈动态变化，贮存温度对其影响不明显，由此也证实了相对较高的贮存温度和恒温条件有利于酱香型白酒的陈酿。

三、 白酒催陈老熟方法

酒在老熟过程中，氢键缔合作用、氧化反应以及酯化反应对白酒酒品影响较大。大部分的白酒催陈技术都是以这些反应的发生为出发点，其作用主要表现在以下 3 个方面：① 促进缔合作用；② 增强各类物质的分子活化能，提高分子间的有效碰撞率，使酯化、缩合、氧化还原等反应加速进行；③ 加速低沸点成分的挥发。至今用于白酒催熟的方法主要可分为 3 类：物理法、化学法、生物法。

1. 物理法

（1）高温熟化　高温熟化在杀菌的同时也可以使白酒更加醇和，这是一种传统的酒老熟方法，其温度可控制在 50~60℃。梁明锋利用桑拿原理，将储酒温度提高到 40℃，储存半年相当于 20~30℃的室温下储存 2~3 年的质量水平。许福林用瓦坛将各类蒸馏酒在保温和保湿的条件下贮存，温度 30~60℃，湿度要达到 65%~85%；储酒过程中要注意调控温度和湿度，使其规律性地上下波动，这样贮存 3~6 个月白酒口感醇香、绵软，能达到常温贮存白酒 2 年的质量水平。

赵昕等对比了常温、40℃及 55℃贮存对新酒陈酿的影响，结果表明，40℃条件下贮存半年的白酒老熟程度约等于室温贮存 2~3 年，在 55℃条件下贮存 2 个月的白酒约等于室温贮存 2 年，并且高温贮存后的白酒在恢复室温后半年内无明显的逆向反应产生，与常温贮存 2 年的白酒相比，酒体质量也更优。

（2）微波催陈　微波催陈工艺就是以微波场加速新酒醇化的过程。微波场的作用：① 通过高频电磁场使酒中的极性分子和水高频极化，重新组合，使独立的难溶的分子基团有机融合，相互渗透，加快醇化过程；② 在酒体中微波转换为热能，提高了自身的温度，创造出加速醇化的物理环境；③ 微波场在酒这一丰富的有机、无机体系中能引发、加速许多醇化所需的化学反应。

国内用于催陈白酒的微波频率主要是 915MHz 和 2450MHz。林向阳等采用频率为 915MHz、功率为 5kW 的微波对德山大曲酒和长沙大曲酒进行催陈，其处理过的新酒相当于白酒自然老熟 3~4 个月的水平。这类大曲酒一般是自然老熟半年后才出厂，大约可缩短一半贮存期。李承斌等在 50~66℃采用 2450MHz 微波对白酒进行催陈，酒质有明显提高，突出了绵甜醇和的风格。散白酒经微波处理后减少了冲辣味，酒质柔和。微波处理酒的温度以55~69℃为宜，一次处理66℃左右效果最好，温度低效果不好，温度太高挥发多，香气损失多。

杨婷等研究了微波处理不同香型白酒的影响，发现白酒在微波（40±2）℃时处理45min为最佳催陈工艺条件，微波处理同时加入柠檬酸能起到加速酯化的作用。此外，不同香型白酒对微波陈化的敏感性不同，相对于酱香型白酒而言，大部分清香型和浓香型的白酒对微波催陈更加敏感。

（3）超声波催陈　超声波作用于白酒的催陈过程，提高分子的活化能，分子碰撞激烈，促进酯化和氧化还原等反应发生，有利于白酒醇香味的形成。与此同时，超声波还能加强白酒中各个缔合成分间形成缔合体的力度，特别是增加乙醇和水分子的缔合度，形成大而稳固的极性分子缔合群。超声波还具有加速低沸点物质的挥发作用。适当的超声波处理能使酒中酯的含量提高，改善酒的口感，加速酒的陈化。超声波催陈作用效果对于不同种类的酒有着较大的差异，A. C Chang等用超声波（20kHz）处理大米酿酒和玉米酿酒，结果表明，超声波催陈处理大米酿酒效果要比玉米酿酒好得多，这说明白酒的人工催陈要根据酒的种类的不同来选择合适的方法。从目前的研究看，小功率超声波的催陈效果比大功率超声波的催陈效果好。向英等研究了不同超声波参数对豉香型白酒催陈效果的影响，以气相色谱分析了酒样中微量成分含量，研究发现：在频率为20kHz/28kHz的双频超声波条件下处理15min，可获得优于传统酒样的口感效果。曹新志等采用20kHz超声波对白酒进行处理，对白酒的总酸、总酯、甲醇等成分有一定的影响，随着处理时间的延长，总酸呈先降低后增加趋势，总酯则呈增加趋势，而甲醇呈下降趋势，同时发现超声波处理后的酒体，香气及味道都逐渐增加，而之后均有所降低。

（4）磁场催陈　磁场能使白酒中的各类成分的分子有规则地排列，特别是使乙醇和水缔合得更好，从而使酒体醇和。磁场的激活作用可以加速白酒中酯的生成，磁场催陈白酒应适当延长处理时间，使大量分子被激活，产生大量产物，从而避免因处理时间较短，产生暗逆反应而导致产物分解。

蔡素雯等研究认为，磁场处理催熟效果与磁场强度密切相关，强度过低达不到催熟效果，过高使得酒味暴辣。磁场处理催熟效果与处理后酒样中总酸、总酯和总醛含量的变化呈非线性相关，因其变化甚微，且规律性不强。

（5）光催陈　将各种可见光、红外线、紫外线、激光、γ射线等白酒催陈方法统归为光催陈，其对白酒均有不同程度的催陈作用。

利用激光方法催陈白酒，常用的激光器有He-Ne激光器、CO_2激光器、CO激光器、N_2激光器、准分子激光器等。一般情况下，被激光照过的白酒，酯类、高级醇类增加，甲醇、乙醛等有害成分降低。

紫外线具有较高的化学能量。在紫外线作用下，可产生少量的初生态氧，促使一些成分的氧化。应用紫外线催陈白酒要特别注意对处理时间的控制，以防止过氧化的发生。茅台酒厂是用253. 7nm的紫外线对酒直接照射，初步认为以12℃处理5min效果较好。处理20min后，出现过分氧化的异味。

γ射线催陈法可能使酒体产生一些无法预测和控制的复杂反应产物，而这些产物并非都是传统白酒中应有的成分，经γ射线催陈的白酒经常出现风味变异或产生“照射臭味”的现象，且γ射线存在高能辐射的安全防护问题，因此不宜在酒厂推广。

白酒陈化过程中的氧化反应、缩合反应、酯化反应等的反应速率不仅仅与光照剂量有关，而且在很大程度上取决于光照的功率密度。在波长 514.5nm 和 530nm 处有较好的催陈效果，波长过长的光对白酒催陈效果不是很明显，普通强光源（碘钨灯等）具有很宽的连续光谱，是较好的催陈光源。

（6）电场催陈　使用电场催陈，在高电位的推动下，可促进乙醇分子和水分子的缔合作用，增强极性分子间的亲和力，形成更大更牢固的分子之间的缔合群，还可以增强各类物质的分子活化能，提高分子间的有效碰撞，加速酯化、缔合、氧化还原等反应，还可以加速低沸点物质的挥发，从而起到加速陈化的作用。常用的电场催陈方法有高压脉冲电场催陈和高压静电场催陈。

采用场强变化范围在 75～500kV/m 的高压静电场处理的清香型白酒明显变得绵甜柔和、闻香好。国内已有数家酒厂利用此类方法进行酒的催陈。但催陈后的白酒后味比较平淡，处理时间越长回味越差，这是因为高压静电催陈过程中破坏了酒液中乳酸等非挥发性酸所特有的香味，使得酒体不协调，采用高压静电场催陈优质白酒时，处理不慎极易造成优质酒降档，因此此法更适用于对普通白酒的催陈。

殷涌光等采用高电压脉冲电场对浓酱兼香型“榆树大曲”进行了催陈研究，在脉冲数 50 个、场强 $E=25$kV/cm、助剂碳酸钠浓度 $10^{-6}\sim10^{-4}$mol/L 的条件下催陈效果较好，处理后的酒样总酸、总酯和总醛等有所增加，总醇含量有所下降，与自然陈酿 6 年以后的酒样成分变化趋势相同，且酒体透明、陈香明显、辛辣味减少、柔和绵软、有余香。

（7）高压均质催陈　高压均质催陈处理法破坏了酒精水溶液中的各种缔合分子群，在某瞬间将部分的酒精分子及水分子切成单独分子，然后再促进其结合成稳定的缔合分子群。同时，由于分子的高速运动，产生大量的热量，使酒温急剧上升，从而使酒的酸、醇酯化反应加速，总酯含量上升，酒的香味增加。所以，高压均质处理不但能促进酒的物理性能上的变化，而且也能促进酒的化学性能上的变化。

叶盛权等研究指出，高压均质处理能改善低度白酒香气的稳定性、组织和醇厚，最佳的均质条件为压力 35MPa、流量 800L/h，此时得到的产品具有较好的风味和品质，新酒味降低，口感相当于白酒自然老熟 1~2 年的效果，同时经这种方法处理后的白酒挥发性降低，减少了酒在保存过程中的挥发损失。随着原酒质量的提高，人工陈酿的效果降低，即便是质量较差的酒，经高压均质方法处理后，质量提高比较明显，质量好的酒，效果则差一些。

（8）其他催陈方法　其他的物理催陈法还有超滤法、界面法、纳米工艺法、超高压法、电晕法等，这些方法在一定程度上对白酒有催陈作用。

超滤法是使白酒分子在经过滤膜时受到强制挤压，增加彼此之间碰撞机会，加快物理、化学变化。用超滤膜对新酒进行强制过滤，超滤膜的毛细管孔具有分子级孔径，酒中各类分子在压力下经过超滤膜受到强制挤压，彼此碰撞机会剧增，促使缔合、缩合、酯化、氧化反应速度加快。超滤膜对极性分子具有选择性吸附作用，能使醇、醛、羧酸等极性物质因吸附而在超滤膜中保持较高的相对浓度，能够促进熟化进程。超滤还能除去白酒中浑浊成分和造成酒味恶劣的因子。生产实验证明，将新酒用超滤膜强制过滤后，能增加饮用时的舒适感，陈酿效果明显。

界面催陈法即根据容器物质微观表面层原子的排列有一半空间开放自由的特殊情况，利用容器表层分子、原子、电子直接参与和促进酒液当中氧化、还原、酯化活动及分子的聚合、缩合、缔合过程，从而使得界面层所发生的老熟陈化活动远比液体深部迅速。于琪海在研究中人为地造成一个加大表面活性的体系，有意地增加器壁表面参与促进酒液老熟陈化活动的分子、原子和电子的数量，放大原有的老熟活动区域和加强原有老熟活动的积分效应，经过这种方法处理几小时到十几天，可相当于 3~5 年以上自然陈酿效果，色、香、味、风格俱佳。

纳米工艺催陈法是将流动的液体物质在一定的高压作用下，以 2 股极高的超声速流，通过 1 组单晶金刚石沟槽成一定角度对撞，从而使金刚石晶片产生高频超声波长，使酒中的各类物质产生极强的活性，并在这种特殊的状态下，使酒的老熟过程瞬间完成。姚纪将纳米工艺处理技术及设备应用于白酒的人工老熟并取得成功，该技术可除去新酒中的苦味，增强新酒的酯化作用，提高白酒的品质。

超高压老熟对新酒的效果比较明显，新酒味明显降低，类似 2~3 个月贮存期酒的口感，贮存 2 年的老酒没有明显的变化。樊迪等研究超高压水射流技术对白酒的催陈效果。结果表明，经 350MPa 超高压水射流催陈，白酒的总酸含量升高，总酯及杂醇油含量降低，压力越高，风味及口感越好，放置 6 个月效果更佳，且没有出现“回生”现象。

冯荣琼等利用电晕法进行了加速酱香型白酒老熟的试验研究，新酒经电晕法处理几个小时后，能与贮期为 1 年的同类酒相媲美。

2. 化学法

（1）氧化法　氧化法主要是向酒体中加入氧气、臭氧、过氧化物或 $KMnO_4$ 等氧化剂，利用其氧化性加快酒体中醇、醛的氧化，从而促进酒体老熟。

臭氧化学性质很不稳定，在水中容易发生分解反应。杨文领等就强氧对白酒的催陈和除浊机理做了研究，利用强氧的氧化能力加速白酒的氧化反应和酯化反应，从而缩短陈酿期。

强制氧化能将常规老熟中不能氧化的不饱和多元醇氧化成酸，降低不饱和多元醇的刺激性，从而使酒体变得醇香。张忠茂等对白酒的自然储存和强制加氧储存进行了比较，表明两种方法的处理效果比较相近。采用强制氧化对新产浓香型白酒进行处理，处理后的酒醇和、绵甜、浓香，减轻了刺激性。

$KMnO_4$ 有强氧化性，可将酒中的醛类氧化去除，促进酒的氧化和酯化作用，而本身则还原为 MnO_2 沉淀经过滤而除去。尚宜良对高锰酸钾与活性炭联合处理加速白酒老熟进行了研究，结果表明，随着 $KMnO_4$ 处理剂量的增加，酒中的各种香味成分，除乙醛外，均呈下降趋势。加入 $KMnO_4$ 的最佳比例为 0.5‰~0.8‰，此时酒味较为醇厚绵软，无新酒味。

2021 年，余有贵等利用电化学方法和超高效液相色谱-四极杆-静电场轨道阱串联质谱（UPLC-Q-Orbitrap-MS/MS）技术对白酒陈酿的风味形成机理进行了研究，金属表面的氧化反应可以通过催化从醇到酸的转变来加速白酒的陈酿。尽管自然陈酿对白酒的化合物变化影响更大，但自然陈酿过程中基于氧气的氧化过程与整个电化学氧化过程相似。该研究为陈酿白酒的风味形成机理提供了新的见解，为白酒相关企业优化陈酿工艺提供了新途径。

（2）催化法　催化法一般有金属离子催化法、加酸催化法等。

一些金属离子对酯化、醇醛缩合有催化作用。钾离子、铜离子可增加酒的醇甜、老熟感，尤其是添加铜离子可增加酒的老熟，去除新酒气味。刘沛龙等从白酒中金属元素的含量与来源，白酒中金属元素与酒质的关系，金属元素在酒体老熟过程中的作用几方面进行了研究。通过金属元素催化试验，从 2 个方面证实了 5 种金属元素对酒有催熟能力，一是醇氧化，二是酸氧化。程志强认为陶坛中本身存在着 Ni^{2+}、Ti^{4+}、Cu^{2+}、Fe^{2+} 等离子，对酒质的老熟具有催化作用，它们降低了反应的活化能，从而增加了活化分子数，单位时间内的有效碰撞次数增多，加快了化学反应速度，促进了酒质的老熟。高倩研究了醋酸铜、醋酸亚铁、醋酸钾的添加对新酒及两年酒的影响，发现能提高酒体中 K^{+}、Cu^{2+}、Ni^{2+} 等金属离子的含量，同时增加酒体黏度及电导率，并降低 pH，有利于酒体的老熟。

有研究认为，用不锈钢料制成的贮酒罐，由于其不含 Fe^{2+}、Cu^{2+}、Ni^{2+} 等促进白酒陈酿的金属离子，导致新酒老熟速度慢，且陈味不如陶坛贮存。

加酸能从两方面促进白酒老熟。一方面，酯化反应先要经过羰基质子化，氢离子浓度的增大可加快质子化过程；另一方面，酯化反应是可逆反应，增大反应物浓度可以促使平衡向正反应方向移动，酸的加入增大了酒体中的反应物含量，可促进酯化反应的进行。蔡定域等研究发现，酸性环境可以加速酯化反应，采用特定的可以提供质子的催化剂，可使酯化反应加速约 10 倍。

3. 生物法

生物催熟，国外起源于 20 世纪 30 年代，最早用于白兰地、威士忌的催熟处理。生物催熟的显著特点就是具有特殊的选择性。

（1）YS-Ⅱ生物催熟　YS-Ⅱ天然无毒，是从植物中提取 α-酵酶和酵素，并经生物技术处理而得到的生物催熟剂。其可加速酒精分子与水分子的缔合，使酒精香气消失，醇厚感增强。通过对不同白酒 YS-Ⅱ生物催熟发现，蒸馏酒通过该法处理后，刺激性和辛辣感会明显减轻，口味变得醇厚绵软，香气风味得到改善，有效地克服了传统人工催化老熟白酒带焦苦味的缺陷，酒的后味干净，并有效防止“返生现象”的发生。

（2）脂肪酶催陈　传统的自然贮存方法对于酯、酸、醇的平衡是一种缓慢的化学过程，反应时间很长，这就是白酒需要很长时间贮存的原因。而脂肪酶具有只改变反应的动力学平衡而不能改变热力学平衡及催化作用的特点，恰好能够在短时间内促使酯、酸、醇达到相对平衡。吴华昌等通过在白酒中添加不同种类的脂肪酶，发现添加诺维信脂肪酶 435（Novozym435）的酒中，总酯变化幅度较为明显，且作用 5h 后，酶活性保持 50% 左右。初步证明了脂肪酶应用于白酒催陈的可能性。

4. 不同人工催陈方法比较

据秦丹将主要不同人工催陈方法特点比较，归纳如表 8-1 所示。

表 8-1　主要不同人工催陈方法特点比较

人工催陈方法		原理	优点	缺点
物理法	高温催陈	提高老熟过程中化学反应的速度和促进低沸点物质的挥发	操作简单，节省时间，提高设备的使用率	造成酒体中更多挥发性成分的挥发和酒体损失，白酒易出现返生现象
	红外催陈	红外线的热效应加热作用，促进酒体中醇水间的缔合反应	辐射源无毒，不与酒直接进行化学反应	处理量小，不利于大规模生产，温度过高会造成酒体损失

续表

人工催陈方法		原理	优点	缺点
物理法	磁场催陈	加快白酒中酯的生成，促进乙醇和水的缔合	永磁材料价格低廉，处理简便，不污染酒体	白酒易出现返生现象，磁铁“退磁”影响酒质
	超高压催陈	利用高压破坏氢键提供能量，促进酒体各种反应的进行	工艺流程短，设备相对简单，具有一定的杀菌作用	白酒易出现返生现象
	超过滤催陈	白酒分子在经过滤膜时受到强制挤压，增加分子间碰撞机会，加快物理和化学反应的速度	处理效果好，精度高	需频繁冲洗和更换滤膜，设备滤膜寿命短，处理费用高，酒耗大
	微波催陈	加快酒体中化学反应的速度，促进乙醇和水的缔合	节省时间，加快酒体老熟进程	处理器复杂，设备价格昂贵，微波的制热效应造成酒体损失大
	电场催陈	将电引入酒体产生电解反应生成电解氧对新酒进行催陈	电耗低，经济实用	前期设备投入高，催陈后的白酒后味淡
	超声波催陈	超声波可以增强分子活化，提高分子间的有效碰撞，加快化学反应的速度	促进白酒醇香味的形成	条件不易控制，易产生非传统白酒应有的成分
	紫外催陈	紫外线可促进少量初生态氧的产生，促进酒体中的氧化反应	加快酒体老熟进程	有返生现象，易产生非传统白酒应有的成分
	激光催陈	促进分子化学键的断裂，加速酒体中物理和化学反应的进行	陈化速度快，不改变酒体温度	激光设备成本高，不适合小规模的酒厂，易产生非传统白酒应有的成分
	X 射线催陈	X 射线具有高能量，促进酒体中分子的电离和激发，形成活性中间体，加快化学反应的进行	加快酒体老熟进程	成本高，易造成环境污染，有高能辐射的安全问题，易产生非传统白酒应有的成分
	γ 射线催陈	促进酒体中分子的电离和激发，形成大量自由基，加快化学反应的进行	能量很大，采用此法照射时，可用密闭的容器或用连续流动的方法加快酒体老熟进程	成本高，有高能辐射的安全问题，易产生非传统白酒应有的成分，异香大
	组合法	光-磁组合、超声波-紫外线-磁组合、超声波-红外线-磁组合等	催陈效果比单项催陈效果好	设备、工艺复杂，投资成本高

续表

人工催陈方法		原理	优点	缺点
化学法	氧化法	向酒体中注入氧气、臭氧或加入过氧化物、高锰酸钾等氧化剂，促进酒体中醇、醛的氧化	投资小；臭氧可分解高级脂肪酸使酒体澄清，还可以降解酒中的酚类以及芳香烃类等物质；氧气安全卫生	臭氧在酒体的氧化程度不易控制，催陈成本高；氧气催陈对设备要求高；$KMnO_4$在酸性条件下会分解生成Mn^{2+}，易造成Mn^{2+}超标
	催化法	向酒体中加入催化剂，促进酯化反应和醇醛缩合反应的进行	陶坛贮酒简单方便；固体酸易于分离，不会给酒体引入杂质	液体酸会对酒体造成污染
生物法	YS-Ⅱ生物催陈	促进酒体中醇与水的缔合	YS-Ⅱ生物催陈助剂对人体无影响，用量少，操作简便，成本低	技术难度大
	黄浆水	作为白酒发酵的副产物，含有丰富的酸、酯、醛等香味物质，还有较多的有益微生物	减少酒精味，提高酒质	菌种在酒体中残留

四、结语及展望

早在20世纪80年代，人们就尝试采用人工催陈手段促进白酒老熟的进程，历经40余年，仍然没有一种人工催陈技术在酒厂实现产业化。除了人工催陈技术本身的缺陷外，最根本的还是人们对白酒老熟的机理认识不够深入。白酒老熟是一个物理变化和化学变化同时发生的过程，某一个或几个学说并不能全面揭示白酒的老熟机理。白酒中98%是乙醇水溶液，它们是决定酒体刺激味和辣味的主体，其余2%是微量成分，它们决定了酒体的风味和品格。白酒老熟过程中其酒体和微量成分都在发生变化，白酒老熟不仅仅是香气成分发生变化，酒体的厚实、细腻也是老熟的重要标志。如果能在确定白酒老熟过程中的关键香气成分的基础上，对于关键香气成分间的交互作用进行研究，对关键香气成分与乙醇-水之间的缔合状态进一步研究，将有助于进一步明晰白酒老熟过程的物理化学变化。原子力显微镜的出现为人们认识白酒的微观世界提供了可能，通过原子力显微镜确定白酒老熟过程中微观结构变化，将进一步促进人们对白酒老熟机理的认识。目前白酒老熟过程中对于滋味化合物变化的研究还相对较少，有必要同时对白酒老熟过程中的香气化合物和滋味化合物进行研究。只有真正弄清楚白酒老熟的机理，才能从根本上找到短期快速催陈白酒的技术方法。

第二节　白酒的风味理论

白酒分析检测发展至今，其中经历了初期发展到稳定成熟阶段，目前进入新的发展阶段，获得了令人瞩目的成果。包括常规检测技术、色谱技术、光谱技术以及其他分析检测技术在内的众多分析检测手段构建起了白酒行业分析检测的体系。经过多年的发展，现在白酒行业分析检测有了新的发展趋势，即，食品安全控制已成为当前检测的重中之重，白酒风味物质研究已成为行业研究的大趋势，新仪器、新技术、新方法应用已成为白酒分析检测领域的潮流，白酒与健康的关系研究也有赖于分析检测技术的进一步发展。同时，由于行业的发展，也对白酒分析检测领域提出了新的问题，即该领域的服务对象问题、发展方向问题和新的历史使命问题。

一、 白酒成分的分析检测成就

经多年研究证明，白酒香味组成极其复杂，组分种类很多，含量范围很广。分析技术的进步，特别是色谱分析技术的应用，大大地推动了白酒行业的技术进步，为继承和发扬中国白酒传统产业，做出了卓越的贡献。

据曾祖训研究总结，20 世纪 60 年代以前，都是采用化学法测定总酸、总酯、总醛、甲醇、杂醇油等，随着技术进步，色谱分析技术开始广泛应用，1963 年凌川白酒试点，1964 年茅台、汾酒试点，采用纸层析定性及半定量，检出白酒中的酸、酯，提出己酸乙酯是浓香白酒的主要香味成分，乙酸乙酯是清香白酒的主要香味成分。

1964 年，内蒙古轻工业研究所以纸层析对五粮液、茅台、汾酒、泸州大曲中的氨基酸进行了分析，各种酒层析图谱很相似，含量约在 1mg/L。

1965 年，内蒙古轻工业研究所采用柱层析定量分析了白酒中的酸酯成分。

1966 年，内蒙古轻工业研究所用气相色谱分析了泸州大曲、汾酒、三花酒、四川小曲酒及合肥薯干酒的高沸点酯类，如己酸乙酯、乳酸乙酯、辛酸乙酯、月桂酸乙酯等。

1967 年，轻工业部食品发酵工业科学研究所与中科院大连物理化学研究所合作，对茅台酒香味组分进行剖析研究，采用化学富集、气相色谱分离、红外光谱与质谱进行鉴定，定性香味组分 50 种，其中新发现 26 种，可检出含量在 0. 1~1. 0mg/L 的微量组分。

1968 年，四川制糖发酵所（现四川省食品发酵工业研究设计院）采用氢火焰气相色谱仪，对泸州大曲和五粮液的酸、醇、醛、酯成分进行了研究，发现其中 40 种成分，并对己酸乙酯进行了定量，发现泸州大曲和五粮液香味成分基本一致，唯含量不同，首次对浓香型大曲酒主体香味成分进行了定性定量。

1973 年，辽宁金县试点，黑龙江轻工业研究所，原无锡轻院（现江南大学），应用气相色谱对白酒中酸、醇、酯进行了初步定量分析。

1974 年，在北京昌平试点中，应用柱层析对白酒中的有机酸在蒸馏过程中的游动情况进行了查定。

20 世纪 70 年代初期，内蒙古轻工业研究所、轻工业部食品发酵工业科学研究所提出了白酒中醇、酯、醛、酮及高沸点成分等一系列分析方法，并对近百种各类白酒进行了分析研究。

1976 年，内蒙古轻工业研究所在承担轻工业部“提高液态发酵白酒质量研究”课题时，通过对分析方法的研究，提出醇、酯、醛主要成分，游离酸、羰基化合物以及高沸点化合物四个色谱分析方法，其中醇、酯、醛等直接进样的 DNP（邻苯二甲酸二壬酯）

加吐温-60的混合柱法，能定量检测白酒中醇、酯、醛等主要香味成分约20种，方法简便实用，已在全行业内推广应用，后列为白酒国家标准分析方法，应用至今。

1980年，轻工业部食品发酵工业科学研究所对茅台酒挥发性酚类化合物，通过溶剂萃取、分离、浓缩，经毛细管柱分离和质谱鉴定，检出12种酚类化合物。

胡国栋等研究用PEG-20M填充柱测定茅台酒，采用程序升温，酒中主要醇酯基本上能分离和定量，但存在乙缩醛与甲醇、乙酸乙酯分离不好，正丙醇与丁酸乙酯不易分开，乳酸乙酯与正己醇分不开等不足。

20世纪80年代后期，蔡心尧等开始采用毛细管柱直接进样分析白酒香味组分的技术，此后又进行采用FFAP键合柱的研究，对包括有机酸的高级脂肪酸乙酯在内的57个组分进行定量，1995年他们又采用HP-INNOWax柱，通过直接进样，并结合压力脉冲进样技术，使茅台酒的定性组分达81种。原轻工业部食品发酵工业科学研究所一直采用瓦里安公司的Cp-wax57CB柱，能克服以上3种毛细管柱分析白酒存在的缺陷，使乙酸乙酯与乙缩醛能得到分离。

1981年，江苏日化研究所、江苏发酵研究所与广东石湾酒厂合作，通过填充柱、毛细管柱色谱分析和色谱-质谱联用技术，检出玉冰烧酒香味成分150种，其中定性检出酸类10种、酯类19种、醇类11种、醛类5种，并确认由大酒饼中香味带入的α-蒎烯，豉香型白酒的特征成分辛二酸二乙酯和壬二酸二乙酯。后经继续研究取得了良好成绩，“豉香型白酒”于1984年率先从米香型中分离出来，成为独立香型。

1982年，山东一轻科研所分析了景芝白干酒中的丁二酸二乙酯、β-苯乙醇和四甲苯吡嗪。

1982年陕西轻科所和西凤酒厂合作，以填充色谱法和毛细管色谱-质谱联用技术，对西凤酒的香味成分进行了较系统的鉴定分析，剖析了83种香味成分。其中定性57种，并探讨了这些香味成分的量比关系。确认西凤酒中含有酸类18种、酯类35种、醇类15种、醛类6种，还检出了1，3，5-环庚三烯以及丙酸羟胺和乙酸羟胺。

1981—1983年，轻工部日化研究所再次对汾酒的香味成分进行剖析研究，剖析出204种香味成分。其中醇类20种、酯类80种、有机酸18种、羰基化合物18种、缩醛类37种、含氮化合物6种、酚类及内酯11种、醚类14种。

1983年，四川省食品发酵工业研究设计院承担“气相色谱对泸州曲酒芳香成分剖析与风味关系的探讨”项目，历时三年多，采用岛津GC-7AG色谱，对泸州曲酒、五粮液等进行了大量分析检测，共分离芳香成分136种，其中定量108种（因缺乏标样尚余28种暂无法定性定量），其中酯类39种、酸类25种、醇类26种、羰基化合物18种，并新发现9种。这是对浓香型白酒的全面分析，对浓香型白酒勾兑技术的提高起到了重要的指导作用，今天也普遍使用。

1991年，轻工部食品发酵工业科学研究所与白云边酒厂和景芝酒厂合作，开展了“其他香型名优白酒特征香味组分的剖析研究”，应用毛细管柱一次进样可检出67种组分，用动态顶空进样技术，可检出74种成分，其中酯类41种、醇类10种、醛类7种、酮类5种、缩醛类10种及芳烃1种。同时还检出36种含氮化合物。该分析技术达到国际20世纪80年代先进水平。该项研究初步认定景芝白干是兼具浓、酱、清3种香，被誉为“芝麻香型”，白云边酒以浓与酱香为主，略偏向酱香，被称为兼香型。

1992 年，五粮液科研所练顺才对酒中硫化物的研究，说明新酒中的硫化物 50%会在最初一周内挥发，陈年老酒中的硫化物很少，在一定意义上说明硫化物是酒老熟的标志之一。

1993 年，轻工部食品发酵工业科学研究所对四特酒的香味成分进行分析。定量测定醇类 14 种、酯类 20 种、有机酸 10 种、羰基化合物 7 种、缩醛类 3 种、吡嗪 2 种、呋喃化合物 1 种，共检出 57 种成分，并研究了白酒中的二甲基硫、二甲基二硫及二甲基三硫等含硫化合物。于 1994 年首次检出景芝白干酒中含有 3-甲硫基丙醇。通过研究表明四特酒中富含奇数碳脂肪酸乙酯，被称为特型。

20 世纪 90 年代中期以来，国家名酒的龙头企业，如五粮液、剑南春、茅台、泸州老窖、古井、全兴等，以及相关大专院校相继购置一些先进的分析仪器，围绕生产开展了课题研究。分别采用色谱质谱联用、原子吸收光谱等手段取得了水平较高的科研成果，为解决生产技术问题起到积极而有效的作用。

江南大学联合衡水老白干，通过研究初步确定了对老白干香型白酒整体香气有重要贡献的呈香化合物，确定了老白干香型白酒的主要香气成分，为“老白干香型”的正式确立奠定基础。香气贡献非常大的香气物质有 2 种，分别为香气为丁香的 4-乙基愈创木酚和香气为玫瑰香、花香的乙酸-2-苯乙酯。有四种香气物质首次在中国白酒中检测到，分别为己内酯、香兰素、3-甲基-3-丁烯-1-醇、3-乙氧基丙醇。

以剑南春为代表的名酒企业在年份酒研究等方面取得了进展。2007 年年底，剑南春集团研究出陈酿年份酒鉴别的科学方法——“挥发系数鉴别法”，为陈酿剑南春年份酒的鉴别提供了可靠的科学依据、标准和方法。利用引进的世界尖端分析仪器“美国 DI/VEECO 公司的原子力显微镜（AFM）”，把以往应用化学分析检测白酒中微量香味成分构成转变为对微观多分子聚合体物理形态特征的研究，并将纳米科技应用于蒸馏酒酒体形态与质量风味特征关系的研究；利用“全二维气相色谱—飞行时间质谱仪”定性定量检测出剑南春酒中近千种香味物质和不饱和脂肪酸及吡嗪类杂环化合物等百余种有益于人体健康的生理活性物质。

茅台与中国科学院大连化学物理研究所（国家色谱研究分析中心）合作，采用全二维气相色谱-飞行时间质谱仪研究白酒中微量成分，对我国主要传统香型白酒中微量成分进行了比较。在相同条件下，酱香型白酒分出 963 个峰，浓香型白酒分出 674 个峰，清香型白酒分出 484 个峰。鉴定出酱香型白酒匹配度大于 800 的组分 873 种，浓香型白酒 342 种，清香型白酒 178 种。

进入 21 世纪，江南大学应用顶空-固相微萃取（HS-SPME）方法研究酱香型大曲的挥发性成分。从大曲中共检出 112 种微量挥发性成分，其中烷烃 3 种、硫化物 3 种、呋喃类化合物 9 种、醛类 6 种、酯类 8 种、酮类 7 种、醇类 12 种、芳香族化合物 21 种、吡嗪类化合物 23 种、酸类 11 种、酚类 4 种、其他杂环化合物 5 种。含量最高的化合物是异戊酸，其次是 β-苯乙醇。

五粮液采用清蒸法获得了生产用包包曲粉中的游离香气成分，进一步利用固相萃取法结合全二维气相色谱-飞行时间质谱法系统研究了包包曲中的游离香气成分。结果表明，共鉴定出 209 种游离香气成分，包括 34 种醇类、30 种芳香类、26 种酮类、22 种酯类、22 种醛类、21 种吡嗪类、21 种呋喃类、7 种硫化物、6 种酸类，以及 20 种其他类成分，其中 68 种游离挥发性香气成分为首次在包包曲中检出，并且大多数挥发性香气成分对白酒的香气具有重要贡献。

另外，分析技术的发展，对白酒其他物质的检测也有一定的促进。如采用双波长法检测酿酒原料糯高粱中支链淀粉的含量；采用石墨炉原子吸收分光光度法检测白酒中的铅含量，采用火焰原子吸收光谱法测定白酒中铁和锰的含量，采用平台石墨炉原子吸收光谱法测定酒中锰的含量等，开发出内标法极谱软件，用于酒中金属含量定性定量的分析，以及采用电感耦合等离子体原子发射光谱仪（ICP-AES）进行白酒样品中痕量重金属元素的测定；利用毛细管气相色谱法测定白酒中甜蜜素，或使用高压液相色谱测定白酒中是否含有甜味剂糖精钠等食品添加剂；另外应用氨基酸分析仪和凯氏定氮仪测定原料和大曲中的蛋白质，更是经典方法。

自 20 世纪 60 年代采用纸色谱分析白酒中风味成分后，随着 GC、GC-MS、GC-O、GC×GC-MS、全二维气相色谱仪（GC×GC）、气相色谱-离子迁移谱联用仪（GC-IMS）等不断在白酒风味分析中应用，白酒中鉴定出的挥发性成分和香气活性成分越来越多。据孙宝国通过查阅、总结 1990~2019 年公开报道的 1726 篇文献，发现白酒中已报道的挥发性成分有 2067 种，包括 517 种酯类、276 种醇类、157 种酸类、107 种醛类、171 种酮类、163 种烃类、94 种含硫类、92 种其他含氮类、88 种萜烯类、82 种呋喃类、72 种吡嗪类、63 种缩醛类、56 种酚类、55 种杂环类、40 种醚类、10 种内酯类、24 种其他类。

二、 分析技术对白酒生产的具体贡献

曾祖训认为，总结传统工艺说明了分析是先导、微生物是基础、生产工艺是关键。特别是色谱分析对白酒香味成分的剖析，使白酒工业的生产技术及产品质量产生了质的飞跃。

1. 明确了中国白酒的香气特征

从香气成分含量上看，与国外蒸馏酒相比，中国传统固态法白酒酸、酯、醛含量高，高级醇含量较低，其中又以酯的含量最多。

白酒中的酸类除乙酸外，是以 6 个碳以下的低级脂肪酸和乳酸为主，量大的是乙酸和乳酸，在酱香型和浓香型白酒中含有一定的己酸和丁酸，酸是味的主体，酸的种类多，味的复合性强，并起到重要的协调作用。

与酸相对应的酯类，乙酸乙酯、乳酸乙酯是白酒中的主要酯类。酱香型和浓香型白酒中存在数量众多的己酸乙酯和少量丁酸乙酯，这些酸、酯成分的含量分别占其总酸、总酯量的 90%以上。酯类是白酒香的主体，不同酯的比例，就有不同的风味。白酒中的高级脂肪酸乙酯主要是棕榈酸、油酸、亚油酸的乙酯，它是白酒又一特征性香气成分。

蒸馏酒中的高级醇，主要是异戊醇、异丁醇和正丙醇三种，一般是异戊醇占首位，国外蒸馏酒是以醇香物为主。在中国白酒香气中，醇类占有一定比例，是香和味的桥梁，恰到好处，甜意绵绵，在酒中起调和作用。

羰基化合物主要是醛酮，白酒中的乙醛、乙缩醛、羟丁酮、丁二酮的含量，关系到白酒风味的质量。乙缩醛和乙醛占总醛量 90%以上，酱香型白酒中含有较多的糠醛，米香型白酒中，有一定量丙醛。醛类可以协调香气释放，并提高香气质量。

2. 为白酒香型划分提供科学依据

香型的区分是随着消费市场的需求而做的科学总结，有利于生产和消费。白酒香型区分始于1979年的全国第三届评酒会，发展至今白酒香型已有12大类，已明确了清香型和浓香型的香味成分，对其余的香型，经分析研究提出了其相应的主体香味成分。

（1）米香型白酒　从测定的数据看，乳酸乙酯、乙酸乙酯、β-苯乙醇是该酒的特征性成分，乳酸乙酯占73%，β-苯乙醇含量高（3.32mg/L），其口感具有β-苯乙醇的蜜香玫瑰味的清雅香气，落口有绵甜清爽之感。

（2）酱香型白酒　香味成分更为复杂，是由酱香、醇甜、窖香三种典型体所组成，研究认为有如下特征性成分：

① 呋喃化合物，糠醛含量较高（达260mg/L）。

② 芳香族化合物，有苯甲醛、4-乙基愈创木酚、酪醇等，其中苯甲醛含量高于浓香型和其他香型白酒。

③ 吡嗪类化合物，以四甲基吡嗪为主，最高含量在3~5mg/L，高于浓香型和清香型白酒。

（3）凤香型白酒

① 乙酸乙酯与己酸乙酯具有特殊的量比关系，乙酸乙酯80~100mg/L，己酸乙酯10~50mg/L，随市场需求已有提高。

② 酯醇比值大于清香型和浓香型白酒，其比值为1∶0.55（清香型1∶0.18；浓香型1∶0.13）。

③ 检出了丙酸羟胺和乙酸羟胺等特征性成分。

（4）豉香型白酒

① 酸酯含量低，总酯为0.34g/L，总酸为0.19g/L。

② β-苯乙醇含量高，为白酒之冠。

③ 确认了α-蒎烯、庚二酸和壬二酸及其二乙酯为其特征性成分。

（5）芝麻香型白酒

① 代表芝麻香型白酒的景芝白干中，丁二酸二乙酯、β-苯乙醇和四甲基吡嗪含量最高。

② 不能忽视四甲基吡嗪在淡雅芝麻香型白酒中的作用。

③ 原轻工业部食品发酵工业科学研究所认定了3-甲硫基丙醇为其特征性成分。2021版标准中取消了3-甲硫基丙醇指标要求。

（6）兼香型白酒

原轻工业部食品发酵工业科学研究所对白云边酒进行研究，确定其特征性成分有庚酸、庚酸乙酯、α-辛酮、乙酸异戊酯、乙酸-2-甲基丁酯、异丁酸和丁酸。

（7）特香型白酒

① 富含奇数碳脂肪酸乙酯，包括丙、戊、庚和壬酸乙酯，其含量为各类白酒之冠。

② 含有大量的正丙醇与丙酸及丙酸乙酯，之间有极好的相关性。

③ 高级脂肪酸及其乙酯含量超过其他白酒近1倍。

（8）董香型白酒

① 一高，是丁酸乙酯含量高，丁酸乙酯与己酸乙酯之比为其他名白酒的3~4倍。

② 二高，是高级醇含量高，其中主要是正丙醇和仲丁醇含量较高。

③ 三高，是总酸含量高，为其他名白酒的2~3倍，其中又以丁酸含量高为特征。

④ 一低，是乳酸乙酯比其他酒低。

（9）馥郁香型白酒　经中国食品发酵工业研究院对酒鬼酒的分析研究，馥郁香型白酒有以下特点。

① 己酸乙酯和乙酸乙酯含量突出，含量达100~170mg/100mL，二者含量相当接近，二者呈平行的量比关系。

② 酒鬼酒有机酸含量高，总量达到200mg/100mL以上，除低于酱香型白酒外，远高于浓香、清香和川法小曲酒。

③ 酒鬼酒中高级醇含量适中，总量在110~140mg/100mL，高于浓香、清香型白酒，低于小曲清香型白酒。酒鬼酒口感绵甜与其较高的正己醇含量有关。

④ 酒鬼酒乙缩醛含量较高，乙醛：乙缩醛=1.00：1.21。与浓香型白酒相近，高于清香和川法小曲酒。

⑤ 酒鬼酒存在四甲基吡嗪等含氮化合物，吡嗪类含氮化合物的存在对酒鬼酒的风格有着怎样的影响，是否与酒鬼酒中的酱（陈）香有关，尚待进一步研究。

（10）老白干香型白酒　江南大学联合衡水老白干集团的研究，确定了该香型白酒的酸性组分中的呈香物质主要是脂肪酸和酚类化合物，水溶性组分的香气物质主要是高级醇类物质，该香型白酒的中性/碱性组分是三个组分中最复杂的组分。并确认：

① 对该型白酒中香气贡献非常大的香气物质有2种，分别是香气为丁香的4-乙基愈创木酚和香气为玫瑰香、花香的乙酸-2-苯乙酯，其香气强度均为3.83。

② 香气贡献大的物质有6种，分别为丁酸、3-甲基丁醇、β-苯乙醇、2-乙酰基-5-甲基呋喃、苯丙酸乙酯、γ-壬内酯，其香气强度为3.67。

③ 次重要的香气物质有5种，分别为3-甲基丁酸、香兰素、乙酸乙酯、1，1-二乙氧基-3-甲基丁烷、（2，2-二乙氧基乙基）-苯，香气强度为3.50。

以上各香型酒的研究，随着市场要求的变化和生产技术的改进，有的已调整和改变。

3. 认识到细菌发酵在白酒酿造中的重要作用

传统的开放式固态发酵白酒，除由霉菌糖化、酵母菌发酵外，细菌同样参与整个发酵过程，并形成白酒固有的风味质量，它们是必不可少的基础菌类，从窖泥中提供的丁酸菌、己酸菌，发酵酒醅中的乳酸菌、乙酸菌已有很多论述。

4. 加速推动了新型白酒的发展

国家早在20世纪50年代提出了采用液态法生产白酒，限于当时技术水平低及传统的饮酒习俗以及对白酒香味成分不了解，就直接调配，所谓的“三精酒”，给社会造成极坏的影响，后经串蒸工艺解决了白酒质量风味问题，经过液态除杂、固态增香、固液结合的技术路线，逐渐走向成熟。我们走了一条从失败到成功又发展提高的道路。

20世纪80年代以后，应用气相色谱分析，开始明确了白酒香味成分，随着酒精及各种食品添加剂质量的提高，特别是传统固态白酒质量的提高和综合利用，认识到它是新型白酒发展的脊梁，这才大大推动了新型白酒的发展。

近年随着白酒勾调技术的进步，科学勾调理念的深化，这类白酒由先前的低档向中、高档白酒发展，市场占有率上升至70%左右。

5. 大力发挥色谱分析作用，促进白酒业技术创新

随着科学技术进步，色谱仪器的灵敏度、精确度及稳定性都有很大提高，加之各种配套设备的完善，为科研工作提供了良好的条件。今后，在原料粮食香气的影响方面，窖泥、曲子微生物代谢产物的测定方面，固态发酵工艺的检查、蒸馏提香的研究、储存机理与质量变化、白酒香味成分与感官的关系等方面的研究，以及固态发酵副产物中香味物质的分析、提取、利用等诸方面还有许多工作要做。

三、 风味导向技术的研究

风味导向技术：即采用现代风味化学和分析化学理论，从白酒上千种微量成分中，发现和确定对白酒具有风味贡献度的物质——风味化合物；发现并确认关键风味和异嗅（味）物质的化学本质；研究关键风味和异嗅（味）物质的形成机制、机理和途径。通过风味化合物的指向，形成功能微生物高通量筛选技术、风味化合物发酵调控技术、风味优化重组技术。生产上指导白酒制曲、发酵酿造、蒸馏取酒、贮存老熟、基酒组合与专家调味等，实现高效制造，以确保白酒风味协调、个性突出、批次稳定、饮后舒适等特征。与以往的研究相比，风味导向技术更加注重和体现出将白酒研究中分析化学技术提升到风味化学技术的层面，将传统的单体功能微生物的研究提升到分子水平的群体功能微生物学层面的技术变化。2013 年由江南大学、茅台、汾酒、洋河等共同完成的“基于风味导向的固态发酵白酒生产新技术及应用”项目荣获 2013 年度国家技术发明奖二等奖，这是传统白酒行业第一次荣获国家技术发明奖，研究成果已全面应用，产生了显著的社会经济效益，激励和鼓舞了传统白酒行业的科学研究动力和产业发展。现将其研究总结介绍如下。

1. 白酒风味化合物的研究

据统计，目前分析研究已经从不同的白酒样品中定性到超过 2400 种风味物质。对中国白酒微量成分的分析始于 20 世纪 60 年代，当时使用纸层析、柱色谱对白酒进行研究。发展到目前，已全面应用气相色谱-质谱（GC-MS）、多维气相色谱-质谱（MDGC-MS）等。由于白酒中的微量成分对白酒的风味贡献不尽相同，不是所有的微量成分都对风味有贡献，所以风味化合物是指对白酒具有贡献的微量组分。徐岩等应用现代仪器分析与感官分析相结合的现代风味化学研究学术思想对不同香型中国白酒的特征风味组分进行了系统研究，建立了适合于中国白酒风味物质研究的技术方法体系（图 8-1）。

（1）微量组分的研究　进入 21 世纪，中国白酒的微量成分研究已进入一个全新阶段。酱香型白酒的微量成分已经达到 873 个，出峰数 963 个，鉴定出 528 个化合物，包括有机酸 38 种，酯类 145 种，醇类 122 种，酮类 94 种，醛类 39 种，缩醛 10 种，含氮化合物 19 种，含硫化合物 6 种，内酯类化合物 8 种。江南大学与茅台企业合作研究，利用白酒风味研究的技术方法体系，从酱香型白酒中确定了 432 种化合物的结构；从清香型白酒中共检测出 703 种化合物，其中醇类 58 种，醛类 19 种，缩醛类 10 种，酮类 38 种，酯类 124 种，脂肪酸类 31 种，吡嗪类 12 种，酚类 27 种，芳香族化合物 91 种，萜烯类 41 种，吡啶及吡咯类 8 种，呋喃类 22 种，内酯类 10 种，硫化物 16 种，氨基类 7 种，烷烃类 38 种，未知化合物（有色谱峰，但不能确定的化合物）140 种，确定了 366 种化合物的结构。在凤香型中，共检测出 826 种化合物，精确鉴定了 345 种化合物的结构。

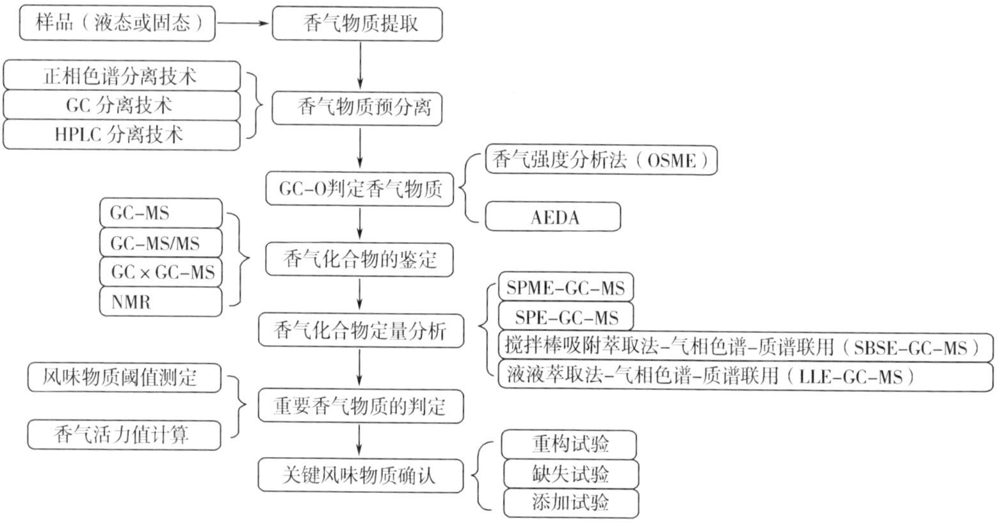

图 8-1　白酒风味化学研究技术路线

（2）风味化合物的研究　对白酒风味具有贡献的物质统称为风味化合物，其中包括风味活性物质和生物活性物质，风味活性物质主要体现在呈香呈味上的风味贡献，而生物活性物质除了具有风味特征外，还具有生物活性功能。主要传统香型白酒中的风味化合物研究如下：

① 酱香型白酒：将 GC-O、GC-MS 技术结合 OSME、AEDA 的风味分析理念进行酱香型白酒的风味研究，检测到茅台酒中 300 余种具有风味贡献的风味物质，对其风味特征和风味贡献力进行了全面研究，其中，126 种对茅台酒香味形成影响较大，产生重要作用的有 65 种。如，含有较高浓度的吡嗪类化合物，其检测到 26 种吡嗪类化合物，2，3，5，6-四甲基吡嗪含量最高，达 1600~2000μg/L，其次是 2，3，5-三甲基吡嗪。研究证明，这种由芽孢杆菌类微生物产生的吡嗪类化合物与酱香没有直接的联系。

② 浓香型白酒：应用液液萃取从浓香型白酒中将风味物质萃取出来，然后应用正相色谱分离技术，将香味化合物按极性分离，再运用 GC-MS 结合 GC-O 的方法，采用双柱定性。应用该法一次性可分析白酒中的呈香化合物 92 种，包括有机酸 10 种，酯 32 种，醇类 13 种，酚类 8 种，芳香族化合物 6 种，酮类 2 种，呋喃类化合物 1 种，缩醛类化合物 3 种，硫化物 2 种和未知化合物 15 种。从五粮液与剑南春白酒中共检测出风味化合物 132 种，鉴定出 126 种，6 种为未知化合物。从江淮流域单粮型白酒中检测出重要风味化合物 22 种；剑南春酒中检测出重要风味化合物 21 种，五粮液中检测出重要风味化合物 25 种。确认了浓香型白酒的主体香己酸乙酯，同时也发现丁酸乙酯、戊酸乙酯、辛酸乙酯、庚酸乙酯等酯类具有较大的作用，验证了原有理论正确性；首次提出并证明川味浓香型白酒与江淮流域纯浓香型白酒的主要感官上的区别可能是杂环类化合物引起的。据统计，在浓香型白酒中共发现了 861 种微量成分。

③ 清香型白酒：应用 GC-O 中的 OSME 和 AEDA 技术，从汾酒中共检测到香气组分 100 种，包括醇类 16 种，酯类 23 种，酸类 13 种，醛类 2 种，芳香族化合物 14 种，酚类

7 种，萜烯类 1 种，呋喃类 3 种，吡嗪类 2 种，缩醛类 2 种，硫化物 2 种，内酯类化合物 2 种，其他化合物 1 种，未知化合物 12 种。从汾酒中共检测到 8 个香气强度大的化合物，从高到低依次为：辛酸乙酯、β-二甲基甲苯基硫胺（β-DMST）、己酸乙酯、乙缩醛、乙酸乙酯、2-甲基丁酸乙酯、3-苯丙酸乙酯、乙酸-3-甲基丁酯。

应用液液萃取后再 GC-O 结合 GC-MS 技术，从牛栏山二锅头中检测到 101 种香味化合物，其中包括 35 种酯类、13 种酸类、15 种醇类、5 种醛类、1 种酮类、15 种芳香族化合物及酚类、5 种呋喃类、2 种吡嗪类、3 种缩醛类、1 种硫化物、6 种其他类化合物。确定其关键风味化合物 8 种，为辛酸乙酯等。

从老白干香型白酒中共检测到 107 种香气成分，其中，醇类 14 种、酯类 20 种、酸类 14 种、呋喃类 9 种、酚类 6 种、吡嗪类 5 种、硫化物 1 种、内酯类 3 种、芳香族化合物 14 种、缩醛类化合物 2 种、其他化合物 2 种、未知化合物 17 种。确定比较重要的风味化合物有 4-乙基愈创木酚、乙酸-2-苯乙酯等 13 种物质。确定的重要风味化合物有 2-甲基丁酸乙酯、3-甲基丁酸乙酯、辛酸乙酯、β-DMST 等。

清香型白酒的研究表明，同一香型的白酒具有相类似的关键风味化合物；同一香型白酒的细微区别在于微量成分的多少及其量比关系；清香型白酒特有的重要香气成分辛酸乙酯、特有香气成分 β-DMST 的量比关系在清香型白酒中基本上是不变的。在此基础上进一步通过香气重组、缺失实验对清香型白酒中的关键香气物质的香气作用进行了验证。

在国内外首次发现并证明了清香型白酒中重要的萜烯类化合物与清香型白酒风味的关系，对形成清香型白酒的风格十分重要。同时，还发现了形成萜烯类的微生物机制。

④ 凤香型白酒：应用 GC-O 技术从西凤酒中鉴定出 102 种风味化合物，其中醇类 16 种，醛酮类化合物 2 种，缩醛类化合物 3 种，酯类 26 种，脂肪酸 14 种，芳香族化合物 14 种，吡嗪类化合物 2 种，酚类化合物 6 种，呋喃类化合物 4 种，内酯类化合物 2 种，硫化物 1 种，其他化合物 1 种，未知化合物 11 种。确定重要风味化合物 7 种，分别为己酸乙酯、辛酸乙酯、2-甲基丁酸乙酯、丁酸乙酯、β-DMST、3-苯丙酸乙酯、乙酸乙酯。

⑤ 药香型白酒：董酒由于酿造工艺带来十分独特的香气特征。结合正相色谱分离技术及 GC-O/MS 分析技术从董酒中共鉴定出香气化合物 113 种，主要香气物质是挥发性有机酸、酯类、游离态萜烯类、醇类、芳香族类、酚类、醛酮类、呋喃类以及含硫化合物等。其中，萜烯类香气化合物对董酒的香气特征具有重要贡献。目前已从董酒中鉴定出 52 种游离态萜烯化合物，对董酒香气贡献较大的有 β-大马酮、β-紫罗兰酮、小茴香醇、β-愈创木烯等物质，并发现大部分游离态萜烯化合物来源于大曲酒。

⑥ 兼香型白酒：应用 GC-O 技术，从兼香型口子窖白酒一次检测出 90 种香气化合物，定性的呈香化合物有脂肪酸 13 种，醇 11 种，酯类 27 种，酚类 6 种，芳香族化合物 10 种，酮类化合物 4 种，缩醛类化合物 3 种，硫化物 1 种，内酯类化合物 1 种，吡嗪类化合物 7 种，呋喃类化合物 5 种，未知化合物 2 种。主要香气化合物为己酸乙酯、4-乙烯基愈创木酚、己酸、3-甲基丁醇、3-甲基丁酸乙酯、4-乙基愈创木酚、香草醛、乙酸-2-苯乙酯和丁酸。

黄明泉团队通过感官组学分析，系统地确定了兼香型琅琊台白酒的主要香气活性化合物。采用气相色谱-嗅觉分析-质谱（GC-O-MS）/Osme 分析筛选出 56 种香气化合物，鉴定出 15 种香气活性成分。定量后，在兼香型、琅琊台白酒中 30 种香气化合物的气味活性值>1.0。重组和缺失实验证明，酯，醇，酸，尤其是己酸乙酯、γ-壬内酯和二甲基三硫对其风味至关重要。基酒和成品酒在酯和酸的骨架组成上有明显差异。

我国主要香型白酒的微量和风味化合物见表 8-2。

表 8-2　主要香型白酒的微量和风味化合物

香型酒	微量成分	风味成分	重要风味成分	特征化合物
酱香型	>800 种	>300 种	~65 种	四甲基吡嗪等
浓香型 1（川酒）	>800 种	>130 种	~20 种	—
浓香型 2（江淮）	>800 种	>90 种	~20 种	—
清香型 A	≤703 种	>100 种	~8 种	DMST
清香型 B	>720 种	≤127 种	~17 种	—
老白干香型	>750 种	≤106 种	~12 种	土味素
兼香型	>850 种	≤113 种	~14 种	—
凤香型	约 820 种	>102 种	~11 种	—
董香型	—	≤115 种	~15 种	萜烯类物质
米香型	>109 种	—	—	—

2021 年，郑福平等对清香、浓香和酱香型白酒中的两种热带果香硫醇，即 3-巯基己醇（3MH）和 4-甲基-4-巯基-2-戊酮（4MP）的感官影响进行了系统的感官评价、定性和定量分析以及多变量统计分析。在浓香型白酒和酱香型白酒中，3MH 和 4MP 的含量分别为最高（$P<0.001$）。根据它们的气味活性值（OAV），3MH 和 4MP 对白酒的香气非常重要。同时研究证实，2-甲基-3-呋喃硫醇和糠硫醇对清香、浓香和酱香型白酒的风味起到重要作用的同时还可以作为区分三种香型白酒的标志物。

（3）异嗅化合物的确定

① 白酒中呈土霉味异嗅化合物的解析：非辅料糠臭味是清香型白酒中一种普遍存在的异味，经白酒专家阈值测定会议将糠味的描述规范为“土霉味”。长期以来，土霉味一直是影响清香型白酒风味品质最主要的异味，该异味被企业作为主要的感官品质缺陷指标，该异味严重制约各酒厂名酒率的提高。由于对土霉味化学本质认识的匮乏，早期直观地认为其来源于辅料——糠壳，对白酒中土霉味的控制也一直缺乏有效的措施。

采用气相色谱-闻香（GC-O）技术，并通过不同极性色谱柱保留指数定性，MS 标准离子图谱比对，香气特征比对和添加标准品验证试验等方法首次确认中国白酒中的土霉味化合物为土臭味素（geosmin）。并经过国家评委品评确定，在酒精含量为 46%vol 的水溶液中土臭味素的气味阈值为 0.11μg/L。基于顶空固相微萃取技术（HS-SPME）联合 GC-MS 分析建立了白酒中土臭味素的精确定量方法。并对清香型、浓香型、酱香型等 10

种香型的成品酒中土臭味素的含量进行检测分析。结果表明，清香型白酒及其相似香型（老白干香型）白酒中土臭味素的含量最高（约 10μg/L）。已检测酒样中土臭味素的含量都超出该物质在白酒中的气味阈值（0.11μg/L）。

进一步研究发现，酿酒原辅料高粱和蒸前蒸后的稻壳，并未发现含有土臭味素，从而排除了白酒中土霉味来源于糠壳的论断。对酿造工艺环节中土臭味素的分析研究发现，酿造酒醅及大曲中均存在土臭味素，其中，大曲中的土臭味素含量明显高于酒醅，从而推测白酒中土臭味素的产生与生产用大曲具有密切的关系。

② 窖泥臭化合物：窖泥臭是对浓香型白酒有严重影响的不愉快气味，其来源于窖泥，制作和使用不好的人工老窖都易产生窖泥臭，对酒品质产生负面影响。范文来等确认产生窖泥臭的化合物是 4-甲基苯酚，并进行感官品尝确认，测定了其阈值，该化合物在 46%vol 酒精-水溶液中的阈值为 166.7μg/L，在浓香型白酒中含量最高，达 1200μg/L。凡与窖泥接触的酒醅所产的酒均含有一定量的 4-甲基苯酚，而不与窖泥接触的酒——清香型白酒中未检出。该化合物不会因为储存而减少，也是由于微生物代谢所产生。

2020 年，吴文睿等对浓香型窖泥和有窖泥臭味的基酒成分进行分析，筛选到基酒中产生窖泥臭味或异味的物质，香气重构和缺失验证试验定性研究表明，产生窖泥臭味物质主要是三个部分：以含硫化物引起窖泥臭味，以丁酸、己酸等有机酸引起窖泥臭味，以丁酸、辛酸等与 4-甲基苯酚相互作用引起窖泥臭味。

（4）生物活性新物质的发现

① 白酒中的吡嗪类化合物：在中国白酒中，通过大量研究发现多种类别的化合物具有功能活性。吡嗪类化合物具有极低的风味阈值，对白酒风味有重要贡献。近年来已从中国白酒中检测出吡嗪类化合物 26 种，其中有 20 种左右是新发现的。酱香型和兼香型白酒中吡嗪类化合物的种类和含量最高，在3000~6000μg/L；浓香型次之，其含量范围在 500~1500μg/L；清香型白酒中含量最少。

在酱香型白酒中检测到高含量的四甲基吡嗪（盐酸川芎嗪），尤其在茅台酒中含量特别高。四甲基吡嗪是从传统中药伞形科藻本属植物川芎中分离出来的一种生物活性功能成分，具有增加脑血管的血流量等功效，已被广泛应用于心脏血管和脑血管疾病的治疗。四甲基吡嗪还适用于治疗闭塞性血管疾病、脑血栓、脉管炎、冠心病、心绞痛等。

② 白酒中的萜烯类化合物：采用液液萃取（LLE）、顶空固相微萃取（HS-SPME）、正相色谱技术串联气相色谱-质谱法等多种方法对中国白酒中的生物活性功能成分萜烯类化合物进行研究分析。从董酒中分析检测出 52 种萜烯类化合物，含量较高的是茴香脑（295~2200μg/L）、p-茴香醛（269~880μg/L）、白菖油萜（17~1762μg/L）、α-雪松烯（7~377μg/L）、β-桉叶油醇（32~291μg/L）等，这些化合物具有抗癌症、抗病毒以及抗炎症等活性功效。萜烯类化合物是我国白酒研究中新近发现的一类化合物，在董酒中的种类和含量最显著，董酒成品酒中的萜烯类物质总量在 3400~3600μg/L，其中萜烯烃含量在 1400~1500μg/L，约占总量的 44%；萜烯氧化物含量在 1900~2200μg/L，约占总量的 55%。在酒体中，这些萜烯类化合物不但具有生物活性成分的功能功效，而且还具有呈香或呈味的作用，推测其主要来源于制曲过程

中添加的中草药及其发酵产物。

除从白酒中发现大量的萜烯类化合物外，本研究还对各种清香型白酒中萜烯类化合物进行系统的研究，从中检测到多种萜烯类化合物，并对我国青稞酒的原料特征与游离态萜烯类化合物的关系进行了探索。2017 年，孙宝国团队首次从景芝芝麻白酒中分析出含有生物活性成分四肽，其含量达到 8.497μg/L。

国内外研究表明，葡萄酒中萜烯类化合物的总含量小于 1000μg/L，所以从酒体中萜烯类化合物的活性功能及其健康作用而言，中国白酒尤其是董酒中的萜烯类化合物明显高于葡萄酒，而且也没有超过美国香精香料生产者协会规定的香料限制标准，符合食品安全法规。

除在各香型白酒中发现含量较高的吡嗪类、萜烯类生物活性功能成分外，在中国白酒中还存在微量浓度的芳香族、酚类等化合物，甚至也许还有其他一些未知的生物活性成分。这些研究结果更进一步证明了中国白酒的食品安全性和健康活性功能的科学性。

（5）白酒风味化合物嗅觉阈值测定　2008—2009 年，中国白酒风味化合物嗅觉阈值测定经过四个阶段的工作，最后组织白酒国家评委 130 人，对 79 个风味化合物进行风味描述，确定风味描述词。按国家标准相关要求规范测定过程在 46%vol 酒精-水溶液介质中进行测定。本次阈值测定是我国历史上规模最大、参加人数和测定化合物最多、测定方法最规范的一次阈值测定。结论见本节后文。

（6）白酒中非挥发性脂肽物质的发现及其对白酒香气物质释放的影响　地衣芽孢杆菌是中国白酒固态发酵过程中的优势功能微生物，其对白酒的风味品质具有重要贡献。在对酱香型白酒生产过程中分离的地衣芽孢杆菌生理特征进行研究中发现，在白酒高温固态酿造环境中地衣芽孢杆菌表现出的生理特征与液态培养环境存在显著的差异。地衣芽孢杆菌在高温固态环境中代谢产生一类特征代谢产物——脂肽类化合物。通过进一步研究，采用超高效液相色谱-四极杆-飞行时间质谱（UPLC-QTOF-MS）结合 NMR 技术首次在中国白酒中鉴定出多种脂肽类化合物（地衣素、伊枯草菌素、丰原素、枯草素）的存在。该研究成果拓展了白酒物质组成范围，证明了中国白酒采用的固态蒸馏操作方式能够将大分子物质不挥发性组分蒸馏至白酒中。这也是中国白酒区别于世界其他蒸馏酒的显著特征之一。

对白酒中主要脂肽类物质——地衣素在白酒中的风味作用研究发现，地衣素能够显著影响白酒中其他挥发性香气化合物的挥发性，其对白酒中异味物质如酚类化合物的挥发性产生明显的抑制作用。研究发现，酒体中地衣素浓度达到 160μg/L 时，对白酒中苯酚、4-乙基愈创木酚挥发性的抑制率分别达到 30%和 28%。通过分子间相互作用的热力学分析，发现地衣素与苯酚类化合物的作用力主要表现为氢键方式；采用氢核磁共振（^{1}H NMR）和二维核欧沃豪斯效应谱（^{2}D NOESY）实验分析，确定了地衣素与 4-乙基愈创木酚的酚羟基之间的结合位点位于地衣素的 aH（Val）区；运用分子对接手段，可以形象地表征地衣素的 aH（Val）与 4-乙基愈创木酚的酚羟基的结合方式。

中国白酒中大分子非挥发性脂肽物质的发现及其对白酒风味作用的解析进一步说明了中国白酒组分的复杂性和香气特征的复杂性。上述研究为“白酒风味轮”的建立奠定了基础，见图 8-2。

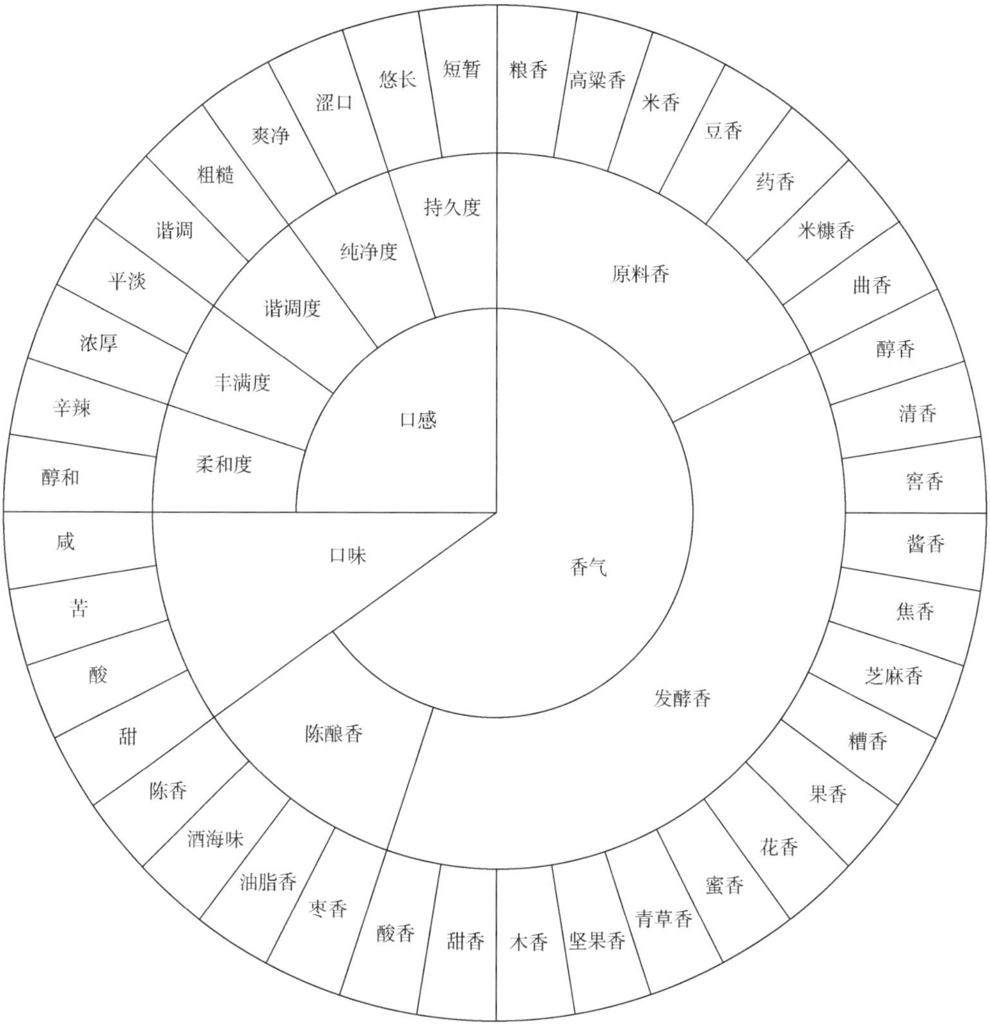

图 8-2 白酒风味轮

2. 中国白酒重要风味物质形成途径和机理的研究

该研究内容包括风味导向功能微生物研究学术理论和风味导向功能微生物研究技术。对中国白酒特征及重要风味物质形成机理进行研究，突破了传统的生物技术手段，有效地将传统酿制技术与现代生物技术紧密结合起来，将系统生物学、微生物分子生态学和固态发酵控制等技术综合运用于重要功能微生物的研究中；并在此基础上进一步形成白酒功能微生物研究的方法学，包括风味导向微生物未培养技术（定性与定量）、群体微生物分析技术、风味导向功能微生物筛选技术、系统功能微生物学技术、微生物固态发酵技术、代谢调控技术等。

（1）高产2，3，5，6-四甲基吡嗪微生物及其非美拉德产生途径 根据四甲基吡嗪（TTMP）及其前体物质乙偶姻的微生物代谢，本研究建立了适于风味化合物筛选的内源前体筛选策略，并应用此策略，从酱香型高温大曲中筛选到 1 株高产 TTMP 芽孢杆菌枯草芽孢杆菌（*Bacillus subtilis*）XZ1124。

非美拉德产生途径发现并证实，中国白酒中 2，3，5，6-四甲基吡嗪是微生物发酵代谢为主代谢途径形成，明确提出非化学（美拉德反应）产生途径，并在国际上得到认可。

微生物发酵产 TTMP 的机制一般由微生物经糖降解产生丙酮酸，两分子的丙酮酸缩合生成 α-乙酰乳酸，α-乙酰乳酸脱羧产生乙偶姻，发酵体系中的乙偶姻和氨在相关酶的催化作用下生成 TTMP。利用 GC-MS 和 HPLC 对代谢途径中的主要代谢物进行了定性、定量分析，确定菌株 XZ1124 发酵产 TTMP 的主要代谢途径。TTMP 生成过程分为两个阶段：第一是前体物质乙偶姻的积累阶段；第二是乙偶姻和氨反应合成 TTMP 的阶段。根据各阶段菌株对培养基组分和培养条件的需求，建立了多阶段磷酸铵盐补加策略、多阶段 pH 控制策略以及多阶段搅拌转速耦联温度控制的策略，应用上述策略，有效提高了枯草芽孢杆菌发酵生产 TTMP 的能力（TTMP 产量>7.46g/L）。

（2）高效产酱香风味微生物及其发酵代谢特征　通过将风味导向与微生物生理特征导向相结合的原理，建立了高温大曲中特征香高效产生细菌的有效筛选方法，从不同代表性来源的高温大曲中筛选获得多株具有不同特征的产酱香功能细菌。经形态学、生理生化特性和 16S rDNA 序列分析，鉴定为地衣芽孢杆菌（*Bacillus licheniformis*）。菌株目前已形成国家发明专利保护，保藏编号分别为 CGMCC3962、CGMCC3963、CGMCC3964。

首次采用转录组学技术和风味化学技术研究了功能细菌发酵特征及代谢风味特征，明确了产酱香重要影响因素及其重要风味代谢产物如四甲基吡嗪、3-羟基-2-丁酮等；并基于微生物功能特征，结合固态发酵技术，建立了功能细菌在白酒生产中的应用技术。将产特征香功能细菌成功地应用于洋河酒厂股份有限公司和古贝春酒业有限公司白酒生产中，通过功能细菌在两类型白酒生产中的应用，明显赋予白酒典型特征香——空杯留香，且更突出和持久，取得了较好的应用效果，具有很好的推广应用前景。

另外，还明确了酿造过程产酱香功能酵母的结构变化规律，获得了 9 个不同种的酵母，包括酿酒酵母、接合酵母、毕赤酵母、裂殖酵母、红酵母、少孢酵母、汉逊酵母、伊萨酵母、白地霉等，明确了在堆积及窖池发酵中的 4 株绝对优势酵母及其在白酒酿造中的主要功能，并将其在酱香型白酒生产中进行有效应用，有效提高了白酒的出酒率以及品质。

（3）清香型白酒特征物质 DMST 产生微生物及其产生途径　DMST 是清香型白酒中的重要风味物质，属于 C13 萜烯类芳香化合物，具有水果香、蜂蜜香、苹果味等香气特征，对清香型白酒具有重要的香气贡献。明确了生产过程 DMST 产生的环节及 DMST 产生的来源。首次从清香型白酒酿造过程中筛选获得 2 类高产 DMST 功能酵母，并对其产生 DMST 的机制进行了深入探讨，发现其产生的降解酶能够促进 DMST 的释放产生，并明确了该酶的性质。将该菌株应用于清香型白酒酿造，能有效调控 DMST 含量。对促进清香型白酒品质的提升及其行业规模的进一步扩大具有重要的意义。

（4）白酒微生物组合发酵风味调控研究　中国白酒酿造属于多菌种混合发酵方式，众多微生物代谢活动产生种类复杂的风味代谢产物，最终形成了中国白酒独具一格的风味特征。早期对白酒风味代谢微生物的研究多集中于对单一微生物风味代谢特征的研究。近年来率先对白酒酿造微生物间的相互作用关系及其对风味代谢产物的调控进行深入研究。以清香型白酒为例，固态组合发酵发现不同种类酵母在酿造过程表现出复杂的生物学相互作用关系，如菌种间的相互抑制、协同促进等。不同菌种间相互作用的生物学过程最终也显著影响着酿造体系中重要风味物质的代谢。结果表明，5 种不同酵母混合发酵体系中风味代谢能力要显著高于单一菌株代谢。对白酒酿造体系中产风味核心微生物菌群的结构特征及功能的解析，对于指导构建产酒微生物与产风味核心微生物组合发酵体系具有重要意义。

（5）非辅料糠嗅气味产生微生物及其产生途径　关于白酒中异味物质的产生机制，以及相应的异常发酵状态下，微生态变化情况的深入研究是非常缺乏的。对糠嗅味物质 TDMTDL 在清香型白酒酿造过程的产生原因和形成机理进行了跟踪分析，并在国际上发表。对照生产辅料糠造成的糠味物质，首次发现非辅料造成的新的糠嗅味物质 TDMTDL，并证明非辅料糠嗅是造成清香型白酒糠味的主要原因，明确证实 TDMTDL 是微生物产生。首次从清香型大曲中获得 5 株不同特征的产 TDMTDL 菌种，被鉴定为链霉菌（*Streptomyces* sp.）；解析了其形成途径和机制，在分子水平上证明了 TDMTDL 产生关键酶的基因。根据不同链霉菌中编码 TDMTDL 合成酶的基因序列，从分子水平上建立了检测产 TDMTDL 的荧光定量方法。以风味为导向，同时建立可培养与未培养准确、快速的筛选方法。该研究不仅建立了清香型白酒酿造糠味形成机理的理论，而且形成了生产过程有效调控 TDMTDL 的工艺措施，对全面提高清香型白酒的品质，提高生产效率提供了重要理论指导和应用实践。

（6）窖泥臭产生微生物及其途径　采用 GC-O 技术及缺失试验分析发现并确定浓香型白酒中的窖泥臭物质为 4-甲基苯酚（PC）。通过对产生 PC 的微生物筛选、产 PC 能力的考查及对这些微生物分子鉴定，发现能产 PC 的微生物主要为专性厌氧的梭状芽孢杆菌。合成 PC 的途径主要为两条，一是间接合成 PC 途径：即上述部分微生物首先在特定酶的作用下利用酪氨酸合成 PC 前体物质，该物质在脱羧酶的作用下最终合成 PC；二是直接合成 PC 途径：主要是一些梭菌发酵过程中产生酪氨酸裂解酶直接降解酪氨酸，最终形成 PC。

（7）中国白酒酿酒微生物的基因组研究　以具有自主知识产权的浓香型白酒酿造关键功能微生物高产酯的华根霉以及酱香型白酒酿造中产特征风味物质的地衣芽孢杆菌为对象，对其基因组进行解析。

① 高产酯的华根霉（*Rhizopus chinensis* CCTCC：M201021）的基因组：基于基因组学的研究方法和手段，开展了中国白酒大曲中具有合成活性脂肪酶的重要微生物丝状真菌——华根霉的基因组学研究，获得了其基因组全序列，并对该基因组进行了较深入分析，研究发现，华根霉全基因组大小为 45.70Mb，GC 含量为 36.99%；共预测得编码基因 17676 个，获得功能注释基因 13243 个。与已知近源接合菌基因组相比，序列相似性普遍偏低，而同源基因的相似性在 60%左右，与目前基因组测序完成的仅有的 3 株接合菌相比存在较为显著的差异。代谢途径的分析表明，华根霉中存在较为复杂的代谢。该研究对于加深传统酿造过程及其相关微生物的认识和理解，提高传统行业的科技水平和技术含量具有极其重要意义。

② 高效产酱香的地衣芽孢杆菌（*B. licheniformis*，CGMCC 3963）的基因组：地衣芽孢杆菌 CGMCC3963 基因组约为 4. 525Mb，比模式菌地衣芽孢杆菌 ATCC14580 多 302kb。已预测出的基因数目为 4448（大于 120bp），基因的平均长度为 848bp。该样本有 2149 个基因映射到 20 个同源蛋白簇（COG）分类中。对预测基因进行了 KEGG 注释，注释到 686 个不同的酶，映射到 172 个代谢途径，其中注释上最多基因的 5 个图及途径分别为 ko02010，ABC 转运；ko02020，两组分系统；ko00230，嘌呤代谢；ko03010，核糖体；ko00240，嘧啶代谢。上述途径对该细菌耐受环境压力以及产生特定产物的代谢途径具有重要的作用。

（8）中国白酒酿造微生物结构及功能研究　针对酒醅中群体微生物结构多样性特征和微生物识别的难度，采用宏基因组学的 MiSeq 方法，结合改良的可培养方法及荧光定量 PCR（qRT-PCR），系统剖析了白酒酿造微生物菌群结构及变化规律。在酱香型酒醅中鉴定出优势酵母菌 15 种、优势细菌 12 种、优势霉菌 13 种；首次发现酱香型白酒发酵过程中乳酸菌为窖池绝对优势细菌，存在 31 个乳酸菌种，其中 22 个种属于乳杆菌属。

发现堆积过程中富集酵母菌群及其演变规律，为堆积终点判定提供理论依据。并阐明在酱香型习酒中主要产酒酵母为酿酒酵母。不同轮次发酵过程中乳酸菌菌群结构与酒质显著相关。发现乳杆菌属对酿造微生态系统菌群结构具有重要意义。

3. 风味导向技术形成的生产应用技术

针对不同香型白酒生产的不同特征，通过理论与生产应用实践结合验证，形成了多项生产应用技术，有些已在实际生产中得到有效证实与发挥效用。

（1）风味化学技术的生产应用　采用风味化学技术在不同香型白酒生产中形成了一系列的生产应用技术，在白酒的蒸馏取酒、贮存老熟、基酒组合、专家调味以及原产地保护等方面都产生了重要的作用。以下以清香型白酒生产应用为例，介绍清香类型原酒等级及原产地鉴别技术等。

① 原酒等级鉴别技术：根据一定的判别聚类建模原则，通过计算机建模建立原酒等级数据库，应用 73 个成分可以将不同工艺、不同等级原酒明显区分开来，该方法可用于清香型原酒等级区分与鉴定。

② 原酒原产地鉴别技术：应用 91 个成分，对 153 个样品进行分析，发现属于牛栏山二锅头的 1、2、3 与属于衡水老白干的 5 号在一组，属于汾酒的 4 号单独一组，而属于小曲清香型白酒的 6、7、8 为一组。结果表明，使用 91 个成分，有可能将不同企业生产的清香类型白酒进行区别，形成原产地鉴别技术。

在 91 个成分中发现特别重要的 21 个成分，这些成分可以用于区分不同产地的白酒。

③ 基于 21 个成分的原产地识别技术：利用清香型白酒中的 21 个特征风味化合物，建立判别方法。该方法可有效对清香型白酒进行分类和原产地识别。该方法对麸曲清香型白酒、小曲清香型白酒、大曲清香型白酒、老白干进行明显区别，可用于清香型原酒的原产地鉴别。

（2）白酒功能微生物（群体）的生产应用

① 产酱香地衣芽孢杆菌的强化应用技术：将产酱香地衣芽孢杆菌成功地应用于洋河酒厂股份有限公司芝麻香型白酒和古贝春酒业有限公司酱香型白酒生产中，结果表明，能明显赋予白酒典型特征香——空杯留香，且更突出和持久，取得了较好的应用效果。

在洋河酱香型生产应用中，所生产酒质明显提高，具有酱香纯正、酒体丰满、醇甜、柔顺、味长、空杯留香突出且更持久的特点。同时，采用功能细菌应用工艺后，49%的风味成分的含量明显提高，其中酯类、芳香类和苯酚类物质总量增加较明显，分别增加21%、43%和15%；其中，乙酸乙酯、乙酸-2-甲基丙酯、2-丁醇、苯乙酮、萘、乙酸-2-苯乙酯、愈创木酚、苯酚等物质含量均增加了50%以上。

在芝麻香型白酒生产中，将功能细菌应用于生产中，所产酒酒质明显提高，酒体协调丰满。应用功能细菌后，72%风味成分的含量得到了明显提高，其中酯类、苯酚类和芳香类物质总量增加较明显，分别增加38%、29%和142%；尤其是十二酸乙酯、2-甲基丙酸、苯乙醛、萘、苯乙酸乙酯、乙酸-2-苯乙酯、苯甲醇、苯丙酸乙酯、苯乙醇、苯酚、乙缩醛、己醛、二甲基三硫等物质含量均增加了1倍以上。

② 清香类型白酒功能微生物应用技术：通过β-DMST、TDMTDL等不同原酒特征风味成分产生功能微生物及其代谢机制的认识，发现并获得一批代谢重要风味化合物的功能微生物，丰富了对清香类型功能微生物的认识，建立清香类型白酒功能微生物的应用技术，包括制曲方式的改良、大曲质量的安全评价技术、酿造过程检测及监控技术、发酵过程调控和风味成分预测技术等，为最终真正实现清香型白酒机械化与现代化的改造提供了重要理论和实践的指导。

③ 小曲清香型白酒功能菌群体的应用：小曲清香型白酒生产具有发酵周期短、出酒率高等优点，但由于传统粗放式生产工艺，导致存在生产可控性差，酒质、出酒率稳定性差等问题。

通过与湖北劲牌有限公司合作，研究酿造过程中群体微生物结构及其功能微生物。应用分子生态学技术等，解析劲酒酿造体系中的微生物群落结构及其功能微生物动力体系，明确重要风味组分的产生机制及相关代谢功能微生物，如解析了劲酒中乙酸乙酯、高级醇的产生机制等。在此基础上，建立了以功能微生物酿酒酵母、东方伊萨酵母、米根霉为基础的小曲酒风味品质缺陷性组分的酿造微生物生态调控技术体系，与原用酿造工艺相比，应用该技术体系后出酒率提高2.79%，达到55%以上；乙酸乙酯含量提高近1倍，在120mg/100mL以上；乙醛、乙缩醛、乳酸乙酯等其他指标也有不同幅度的提高（表8-3），提升了酒的品质。

表8-3　功能菌和小曲分别应用时所产酒的酒质、出酒率　单位：mg/100mL

项目	出酒率/%	乙醛	乙缩醛	乙酸	乙酸乙酯	乳酸乙酯	甲醇	高级醇
功能菌	55.93	12.85	1.90	55.10	161.22	62.09	8.41	99.21
小曲	54.41	8.128	0.146	29.878	81.114	52.194	8.4	92.294

该技术体系应用于劲酒的机械化酿造生产，可实现吨酒耗水、耗标煤和污水排放有效降低，为白酒行业的机械化升级提供了有力的技术支持和保障。

④ 大曲酒功能微生物群体的应用：白酒生产中微生物的相互作用对微生物群落的有效应用具有重要的作用。例如，霉菌与酵母的相互作用影响着糖化与产酒的速度；产酒酵母与产香酵母的相互作用影响着白酒的品质与产量；产香细菌与产酒酵母的相互作用也影响着白酒的品质与产量。因此，在功能微生物应用中，对以上三类关系进行了分子

水平的深入探讨，然后对三类关系进行了调控优化，实现了酒质与产量的共同提升。

在多家企业的生产规模水平上，通过对白酒酿造微生物群落的研究应用，确定了4株霉菌、8株不同功能的酵母以及4株不同功能的细菌作为关键功能微生物建立应用技术体系应用于企业生产，堆积40h后，入池发酵30d，收集上、中、下层次的蒸馏酒分析。结果表明，出酒率较对照样提高了3%；白酒的特征香、丰满度、细腻感、甜度、舒适感、协调感等方面都有明显提高；酒体中的风味成分酯类、醇类、挥发酸类、芳香环类、苯酚类、吡嗪类成分均得到一定程度的提高。表明该微生物菌剂应用效果明显。此应用连续生产3排效果一致。目前已投入扩大生产半年以上时间。

四、 白酒成分的细分

中国白酒是由乙醇、水、微量成分三部分组成，微量成分的提出、检测、研究和应用是我国白酒行业取得的重要技术进步之一。占白酒总量约2%的各种香味成分，习惯上统称为“微量成分”，此种说法似不够确切。白酒气相色谱的常规定量分析的20种左右的成分，其含量高于2~3mg/100mL，但不能包括所有的微量成分，故称其为色谱骨架成分。20世纪90年代，四川大学陈益钊教授把白酒香味成分划分为色谱骨架成分、谐调成分（或协调成分）、复杂成分三部分进行研究。

1. 色谱骨架成分

色谱骨架成分是指常规色谱分析所得的成分，约20种，含量高于2~3mg/100mL。它们的含量占当时发现的100多种物质总量的95%，是白酒香和味的主要构成要素，是中国白酒的骨架，普通色谱均能分析出。以浓香型白酒为例，包括：4大酯4大酸、主要醇类及两种醛，还有戊酸乙酯、甲酸乙酯、丙酸、戊酸、正丙醇、正己醇、2，3-丁二酮等；而米香型中β-苯乙醇含量较高，它是米香型的色谱骨架成分之一。香型不同、风格不同，其色谱骨架成分构成也不同。

2. 白酒的协调成分

色谱骨架成分由4类物质组成：乙酯、杂醇、乙醛（乙缩醛）和羧酸。白酒中的任何成分同时具有两方面的作用，即对香和味的贡献，只不过各自的贡献程度大小不一，香和味的贡献的总和并非各个成分各自香和味的贡献的简单叠加。在生产中必须解决好四方面的问题：香的协调、味的协调、香和味的协调、风格（典型性）。研究发现，浓香型白酒的乙醛、乙缩醛、乙酸、乳酸、己酸、丁酸这6种成分就是协调成分，前2种主要起对香的协调作用，后4种主要起对味的协调作用。注意这6种成分含量均超过2~3mg/100mL，属于色谱骨架成分，但它们还起到其他色谱骨架成分无法替代的特殊作用，故具有双重作用。在酒体设计时应将这6种成分作为一个整体对待。

3. 白酒中复杂成分

凡含量小于2~3mg/100mL的香味成分，统称为复杂成分，它们的总含量仅占白酒1%~2%的各种香味成分总量的5%左右，是真正的“微量成分”（从一定意义讲，这5%的成分决定了酒的档次）。其种类数量多，来源于多种途径（如原料、曲子、发酵和蒸馏条件等），是影响白酒风味的因素。在新型白酒中解决这一问题主要是靠固态发酵酒及其工艺的综合利用、调味酒、食品添加剂等。

五、 相关成分的特征、 关系及作用

利用色谱与质谱联用、色谱与红外光谱联用、液-质联用等先进分析方法，经鉴定已发现的各种香味成分上千种。弄清这些单体成分的特征、相互关系，以及它们在白酒中的地位和作用，对提高产品质量有很大帮助，特别是勾兑技术水平的提升。

（一） 白酒中的微量香味成分是构成白酒香味和风格的重要物质

从以上分析成果可知，白酒中的香味成分由许多单体成分组成。由于这些单体成分在白酒中的含量不同、各自的香味阈值也不同，形成了不同的香味强度，含量高的、阈值低的单体成分，其呈香呈味的强度大，对白酒的质量和风格影响也大。特别是受两种以上的复合香气的影响，要说清其在白酒中的香味地位和作用是较难的，就目前掌握的微量香味成分所反映的白酒特征，分析如下：

1. 醇类

醇类化合物在白酒组分中（除乙醇和水外，下同），占12%左右的比例。由于醇类化合物的沸点比其他组分的沸点低，易挥发，这样它可以在挥发过程中“拖带”其他组分的分子一起挥发，起到助香作用，在白酒中低碳链的醇含量居多。醇类化合物随着碳链的增加，气味逐渐由麻醉样气味向果实气味和脂肪气味过渡，沸点也逐渐增高，气味也逐渐持久。在白酒中含量较多的是一些小于6个碳的醇。它们一般较易挥发，表现出轻快的麻醉样气味和微弱的脂肪气味或油臭。

醇类的味觉作用在白酒中相当重要，它是构成白酒相当一部分味觉作用的骨架。它主要表现出柔和的刺激感和微甜、浓厚的感觉，有时也赋予酒体一定的苦味。饮酒的嗜好性大概与醇的刺激性、麻醉感和入口微甜、带苦有一定的联系。醇类还是酯类的前体物质。

茅台酒和四特酒的正丙醇含量较高，而浓香型和酱香型还含有一定量的正丁醇。

醇类物质在46%vol酒精水溶液中的嗅觉阈值及感官描述见表8-4。

表8-4　醇类物质在46%vol酒精水溶液中的嗅觉阈值及感官描述　单位：μg/L

风味物质	阈值	感官描述
正丙醇	53952.63	水果香，花香，青草香
正丁醇	2733.35	水果香
3-甲基丁醇	179190.83	水果香，花香，臭
2-庚醇	1433.94	水蜜桃香，杂醇油臭；水果香，花香，蜜香
1-辛烯-3-醇	6.12	青草香，水果香，尘土风味，油脂风味

2. 酯类

酯类化合物是白酒中除乙醇和水以外含量最多的一类组分，它约占总组分含量的60%。白酒中酯类化合物多以乙酯形式存在。在白酒的香气特征中，绝大多数是以突出酯类香气为主。就酯类单体组分来讲，根据形成酯的那种酸的碳原子数的多少，酯类呈现出不同强弱的气味。含1~2个碳的酸形成酯，香气以果香气味为主，易挥发，香气持续时间短；含3~5个碳的酸形成酯，有脂肪臭气味，带有果香气味；含6~12个碳的酸形成的酯，果香气味浓

厚，香气有一定的持久性；含 13 个碳的酸形成的酯，果香气味很弱，呈现出一定的脂肪气味和油味，它们沸点高，凝固点低，很难溶于水，气味持久而难消失。

在酒体中，酯类化合物与其他组分相比较绝对含量较高，而且酯类化合物大都属较易挥发和气味较强的化合物。因此，表现出较强的气味特征，在酒体中，一些含量较高的酯类，由于它们的浓度及气味强度占有绝对的主导作用，使整个酒体的香气呈现出以酯类香气为主的气味特征，并表现出某些酯类原有的感官气味特征。例如，清香型白酒中的乙酸乙酯和浓香型白酒中的己酸乙酯，它们在酒体中占有主导作用，使这两类白酒的香气呈现出乙酸乙酯和己酸乙酯为主的香气特征。而含量中等的一些酯类，由于它们的气味特征有类似其他酯类的气味特征，因此，它们可以对酯类的主体气味进行“修饰”“补充”，使整个酯类香气更丰满、浓厚。含量较少或甚微的一类酯大多是一些长碳链酸形成的酯，它们的沸点较高，果香气味较弱，气味特征不明显，在酒体中很难明显突出它的原有气味特征，但它们的存在可以使体系的饱和蒸汽压降低，延缓其他组分的挥发速度，起到使香气持久和稳定香气的作用。这也就是酯类化合物的呈香作用。

酯类化合物的呈味作用会因为它的呈香作用非常突出和重要而被忽略。实际上，由于酯类化合物在酒体中的绝对浓度与其他组分相比高出许多，而且它的感官阈值较低，其呈味作用也是相当重要的。在白酒中，酯类化合物在特定浓度下一般表现为微甜、带涩，并带有一定的刺激感，有些酯类还表现出一定的苦味。例如，己酸乙酯在浓香型白酒中含量一般为 150~200mg/100mL，它呈现出甜味和一定的刺激感，若它含量降低，则甜味也会随之降低。乳酸乙酯则表现为微涩带苦，当酒中乳酸乙酯含量过多，则会使酒体发涩带苦，并由于乳酸乙酯沸点较高，使其他组分挥发速度降低，若含量超过一定范围时，酒体会呈现出香气不突出。再例如，油酸乙酯及月桂酸乙酯，它们在酒体中含量甚微，但它们的感官阈值也较低，它们属高沸点酯，当在白酒中有一定的含量时，它可以改变体系的气味挥发速度，起到持久、稳定香气的作用，并不呈现出它们原有的气味特征；当它们的含量超过一定的限度时，虽然体系的香气持久了，但它们各自原有的气味特征也表现出来了，使酒体带有明显的脂肪气味和油味，损害了酒体的品质。

在我国白酒中，己、乳、乙、丁四大酯占总酯的 90%以上。乳酸乙酯在三花酒中占总酯的 73%左右，而乙酸乙酯是清香型的主体成分，己酸乙酯是浓香型的主体成分。

酯类物质在 46%vol 酒精水溶液中的嗅觉阈值及感官描述见表 8-5。

表 8-5　　酯类物质在 46%vol 酒精水溶液中的嗅觉阈值及感官描述　　单位：μg/L

风味物质	阈值	风味描述
乙酸乙酯	32551.6	菠萝香，苹果香
丙酸乙酯	19019.33	香蕉香
丁酸乙酯	81.5	苹果香，菠萝香，花香
戊酸乙酯	26.78	水蜜桃香，花香，甜香
己酸乙酯	55.33	甜香，青瓜香，窖香
庚酸乙酯	13153.17	花香，蜜香，甜香
辛酸乙酯	12.87	梨子香，荔枝香，甜香，百合花香

续表

风味物质	阈值	风味描述
壬酸乙酯	3150.61	酯香，蜜香
癸酸乙酯	1122.3	菠萝香，花香
乳酸乙酯	128083.8	甜香，青草香
己酸丙酯	12783.77	酯香，老窖香，菠萝香，甜香
2-甲基丙酸乙酯	57.47	桂花香，苹果香，水蜜桃香
3-甲基丁酸乙酯	6.89	苹果香，菠萝香，香蕉香
乙酸-3-甲基丁酯	93.93	香蕉香，甜香，苹果香
丁二酸二乙酯	353193.25	花香，花粉香
乙酸香叶酯	636.07	玫瑰花香

据孙宝国研究，白酒中的酯类物质共有517种，依据风味贡献，首次绘制了白酒酯类物质风味轮，发现对白酒风味具有贡献的酯类物质有48种，其中9种酯类物质，包括乙酸乙酯、乳酸乙酯、丁酸乙酯、戊酸乙酯、己酸乙酯、辛酸乙酯、2-甲基丙酸乙酯、2-甲基丁酸乙酯和3-甲基丁酸乙酯，对白酒的风味贡献尤为突出。已有观点认为与白酒的风味密切相关的酯类物质为四大乙酯（乙酸乙酯、乳酸乙酯、丁酸乙酯和己酸乙酯）。该总结修正和发展了已有的观点，对于科学认知白酒风味的形成和不同酯类物质的风味贡献，进而进行理性的白酒风味调控提供了依据，同时指出了白酒发酵过程的微生物对于酯类物质形成具有重要作用。

3. 酸类

酸类在白酒组分中除水和乙醇外，占组分总量的14%~16%，是白酒中重要的呈味物质。白酒中有机酸的种类较多，大多是含碳链的脂肪酸化合物。根据碳链的不同，脂肪酸呈现出不同的电离强度和沸点，同时它们的水溶性也不同。这样，这些不同碳链的脂肪酸在酒体中电离出的H^+的强弱程度也会呈现出差异，也就是说它们在酒体中的呈香呈味作用表现出不同。根据这些有机酸在酒体中的含量及自身的特性，可将它们分为三大部分。

（1）含量较高、较易挥发的有机酸　在白酒中除乳酸外，如乙酸、己酸和丁酸都属较易挥发的有机酸，这4种酸在白酒中含量都较高，是较低碳链的有机酸。相比较而言，它们都较易电离出H^+。

（2）含量中等的有机酸　这些有机酸一般是3个碳、5个碳和7个碳的脂肪酸。

（3）含量较少的有机酸　这部分有机酸种类较多，大部分是一类沸点较高、水溶性较差、易凝固的有机酸，碳链一般在10个或10个以上碳的脂肪酸。例如油酸、癸酸、亚油酸、棕榈酸、月桂酸等。

有机酸类化合物在白酒中的呈味作用似乎大于它的呈香作用。它的呈味作用主要表现在有机酸贡献H^+，使人感觉到酸味，并同时有酸刺激性感觉，由于羟基电离出H^+的强弱受到碳链的负基团的性质影响，同时酸味的“副味”也受到碳链负基团的影响，因此，各种有机酸在酒体中呈现出不同的酸刺激和不同的酸味。在白酒中含量较高的一类有机酸，它们一般易电离出 H^+，较易溶于水，表现出较强的酸味及酸刺激感，但它们的酸味也较容易消失（不易持久），这一类有机酸是酒体中酸味的主要供体。另一类含量中等的有机酸，它们有一定的电离 H^+能力，虽然提供给体系的 H^+不多，但由于它们一般含有一定长度的碳链和各种负基团，使得体系中的酸味呈现出多样性和持久性，协调了小分子酸的刺激感，延缓了酸的持久时间。第三类有机酸是在白酒中含量较少的，以往人们对它的重视程度不够，实际上它们在白酒中的呈香呈味作用是举足轻重的。这一部分有机酸碳链较长，电离出 H^+的能力较小，水溶性较差，一般呈现出很弱的酸刺激感和酸味，似乎可以忽略它们的呈味作用。但是，由于这些酸具有较长的味觉持久性和柔和的口感，并且沸点较高、易凝固、黏度较大，易改变酒体的饱和蒸汽压，使体系的沸点及其他组分的酸电离常数发生变化，从而影响了体系的酸味持久性和柔和感，并改变了气味分子的挥发速度，起到了调和体系口味、稳定体系香气的作用。例如，在相同浓度下，乙酸单独存在时，酸刺激感强而易消失；而有油酸（适量）存在时，乙酸的酸刺激感减小并较持久。再例如，在相同浓度下，乙酸乙酯单独存在时，气味强烈而易消失；而有适量油酸存在时，气味柔和而持久。这都说明了这一类有机酸的呈香呈味作用。

有机酸类化合物的呈香作用在白酒香气表现上不十分明显。就其单一组分而言，它主要呈现出酸刺激气味、脂肪臭和脂肪气味，有机酸与其他组分相比较，沸点较高。因此，在体系中的气味表现不突出。在特殊情况下，例如，酒在酒杯中长时间敞口放置，或倒去酒杯中的酒，放置一段时间闻空杯香，我们能明显感觉到有机酸的气味特征。这也说明了它的呈香作用在于它的内部稳定作用。

白酒中含有一定量的高级脂肪酸及其乙酯，即棕榈酸、油酸、亚油酸及其乙酯，是构成白酒后味的重要物质。生产低度白酒时，要除去多余的上述 3 大高级脂肪酸及其乙酯，以达到酒液清亮透明的目的。

酸类物质在 46%vol 酒精水溶液中的嗅觉阈值及感官描述见表 8-6。

表 8-6　　酸类物质在 46%vol 酒精水溶液中的嗅觉阈值及感官描述　　单位：μg/L

风味物质	阈值	风味描述
丁酸	964.64	汗臭，酸臭，窖泥臭
2-甲基丁酸	5931.55	汗臭，酸臭，窖泥臭
3-甲基丁酸	1045.47	汗臭，酸臭，脂肪臭
戊酸	389.11	窖泥臭，汗臭，酸臭
己酸	2417.16	汗臭，动物臭，酸臭，甜香，水果香
庚酸	13821.32	酸臭，汗臭，窖泥臭，霉臭
辛酸	2701.23	水果香，花香，油脂臭
壬酸	3559.23	脂肪臭
癸酸	13736.77	山羊臭，酒稍子臭，胶皮臭，油漆臭，动物臭
十二酸	9153.79	油腻，酒稍子味，松树味，木材味

2021 年，郑福平等成功检测了 3 种白酒（酱香、浓香、老白干香）中的 36 种不挥发

性有机酸，乳酸的含量最高，分别为 1069.16±58.74、7330.11±47.67 和 2054.02±54.15mg/L。基于所得到的不挥发性有机酸的定性定量数据，使用主成分分析（PCA）、热点（量）地图（Heatmap）和分层聚类分析（HCA）成功将 3 种白酒区分开来，表明不同香型白酒中的不挥发性有机酸具有较大的差异。

4. 羰基化合物

羰基化合物在白酒组分中占 5%~8%。低碳链的羰基化合物沸点极低、极易挥发，它比相同碳数的醇和酚类化合物沸点还低，这是因为羰基化合物不能在分子间形成氢键的缘故。随着碳原子的增加，它的沸点逐渐增高，并在水中的溶解度下降。羰基化合物具有较强的刺激性气味，随着碳链的增加，它的气味逐渐由刺激性气味向青草气味、果实气味、坚果气味及脂肪气味过渡。白酒中含量较高的羰基化合物主要是一些低碳链的醛、酮类化合物。在白酒的香气中，由于这些低碳链醛、酮化合物与其他组分相比较，绝对含量不占优势，同时自身的感官气味表现出较弱的芳香气味，以刺激性气味为主，因此，在整个香气中不十分突出低碳链醛、酮原始的气味特征。但这些化合物沸点极低、易挥发，它可以“提扬”其他香气分子挥发。所以，这些化合物实际起到了“提扬”香气和“提扬”入口“喷香”的作用，如五粮液的“喷香”。

羰基化合物，尤其是低碳链的醛、酮化合物具有较强的刺激性口味。在味觉上，它赋予酒体较强的刺激感，也就是人们常说的“酒劲大”的原因，这也说明酒中的羰基化合物的呈味作用主要是赋予口味以刺激性和辣感。

醛类物质在 46%vol 酒精水溶液中的嗅觉阈值及感官描述见表 8-7。

表 8-7　醛类物质在 46%vol 酒精水溶液中的嗅觉阈值及感官描述　单位：μg/L

风味物质	阈值	风味描述
丁醛	2901.87	花香、水果香
3-甲基丁醛	16.51	花香，水果香
戊醛	725.41	脂肪臭，油哈味，油腻感
己醛	25.48	花香，水果香
庚醛	409.76	青草香，青瓜香
辛醛	39.64	青草香，水果香
壬醛	122.45	肥皂味，青草香，水腥臭

5. 酚类化合物

酚类化合物是指含羟基苯环的芳香族化合物，该类化合物都具有较强烈的芳香气味（芳香酸沸点较高，气味弱），而且阈值极低。这类化合物的感官特征一般都具有类似药草气味、辛香气味及烟熏气味。这类化合物在白酒中含量甚微，其总量也不超过组分总量的 2%。所以它们在酒体中的呈味作用不是很明显。但值得一提的是，芳香族的酸一般具有较高的沸点，它比相应的脂肪酸沸点还高。

由于这类化合物的香气感觉阈值极低，而且具有特殊的感官特征，所以，它很微量的存在也许会对白酒的香气产生影响。这类化合物原有的感官特征气味明显而具特殊性，易与其他类香气混合，或补充、修饰其他类香气，形成更具特色的复合香气；或被其他类香气修饰，形成类似它原有气味特征的香气。这类化合物在一些特殊香型白酒或某一类白酒香气中的特殊气味特征中的作用还没有彻底研究清楚。例如，在酱香型白酒香气中的所谓“酱香”气味，有人曾提出4-乙基愈创木酚是“酱香”气味的主体成分。4-乙基愈创木酚的感官特征可描述为“辛香气味或类似烟熏的气味”，它被认为是酱油香气的特征组分，它的香气感觉阈值极低（<1μg/100mL）。经后来的研究表明，4-乙基愈创木酚的感官特征与酱香型白酒的“酱香”气味有一定的差距，将它作为酱香的主体成分有不少疑点。但可认为4-乙基愈创木酚的感官气味特征在这类白酒香气中发挥了一定的作用。它是否与烤香气味、焦香气味、煳香气味共同混合形成特殊的复合气味特征还不得而知，但毕竟它的气味特征易和上述气味混合，并具有较为类似的气味特征。当然，其他酚类化合物的呈香作用也不能忽视。

对于“酱香”气味的主体成分的探讨，目前又有一些新的认识和看法（见白酒风味导向技术），相信通过不断探索研究，这一问题会逐步明朗。

白酒风味物质在46%vol酒精水溶液中的嗅觉阈值及感官描述见表8-8。

表8-8　白酒风味物质在46%vol酒精水溶液中的嗅觉阈值及感官描述　单位：μg/L

芳香族化合物	阈值	风味描述
苯甲醛	4203.10	杏仁味，坚果香
2-苯-2-丁烯醛	471.77	水果香，花香
苯甲醇	40927.16	花香，水果香，甜香，酯香
乙酰苯	255.68	肥皂味，茉莉香
2-苯乙醇	28922.73	玫瑰花香，月季花香，花粉香
4-（4-甲氧苯基）-2-丁酮	5566.28	甘草味，桂皮味，八角味，似调味品
苯甲酸乙酯	1433.65	蜂蜜味，洋槐花香，玫瑰花香
2-苯乙酸乙酯	406.83	玫瑰花香，桂花香，洋槐花香，蜂蜜香
3-苯丙酸乙酯	125.21	菠萝蜜香，水果糖香，蜂蜜香，花香
乙酸-2-苯乙酯	908.83	玫瑰花香，橡胶臭
萘	159.30	樟脑丸味，卫生球味
酚类化合物	**阈值**	**风味描述**
苯酚	18909.34	来苏水臭，似胶水味，墨汁味
4-甲基苯酚	166.97	窖泥臭，皮革臭，焦皮臭，动物臭
4-乙基苯酚	617.88	来苏水臭，牛马圈臭
愈创木酚	13.41	水果香，花香，焦酱香，甜香，青草香
4-甲基愈创木酚	314.56	烟熏风味，酱油香，烟味，熏制食品香
4-乙基愈创木酚	122.74	香瓜香，甜香，花香，烟熏味，橡胶臭
4-乙烯基愈创木酚	209.30	甜香，花香，香瓜香
丁子香酚	21.24	丁香味，桂皮味，哈密瓜香
异丁子香酚	22.54	香草香，水果糖香，香瓜香，哈密瓜香
香兰素	438.52	香兰素香，甜香，奶油香，水果香，花香，蜜香
香兰酸乙酯	3357.95	水果香，花香，焦香
乙酰香兰素	5587.56	哈密瓜香，香蕉香，葡萄干香，橡木香，甜香，花香

续表

内酯类化合物	阈值	风味描述
γ-辛内酯	2816.33	奶油香，椰子奶油香
γ-壬内酯	90.66	奶油香，椰子香，奶油饼干味
γ-癸内酯	10.87	水果香，甜香，花香
γ-十二内酯	60.68	水果香，蜜香，奶油香
含硫化合物	阈值	风味描述
二甲基二硫	9.13	胶水臭，煮萝卜臭，橡胶臭
三甲基三硫	0.36	醚臭，甘蓝味，老咸菜味，煤气臭，腐烂蔬菜臭，洋葱臭，咸萝卜味
3-甲硫基-1-丙醇	2110.41	胶水臭，煮萝卜臭，橡胶臭

6. 杂环类化合物

化学上将具有环状结构，且构成环的原子除碳原子外还包含有其他原子的化合物称为杂环化合物，常见的原子有氧、氮和硫 3 种。含氧杂环化合物一般称作呋喃；含硫的杂环化合物称为噻吩；含氮的化合物根据杂环上碳原子数的不同命名也不同。还有含两个其他原子的杂环化合物。

（1）呋喃类化合物　呋喃类化合物可以由碳水化合物和抗坏血酸的热分解形成；也可以由糖和氨基酸相互作用形成，它几乎存在于所有的食品香味之中。

呋喃类化合物的感官特征主要伴以似焦糖气味、水果气味、坚果气味、焦煳气味的印象。它的气味特征较明显，香气感觉阈值极低，很容易被人觉察。白酒中含量较高的呋喃化合物是糠醛。除此之外，在研究景芝白干酒的香味组分时，又新发现了一些呋喃类化合物。这些呋喃类化合物含量很少，其总量占总组分的比例也不超过 1%，它们的呈味作用主要体现在糠醛的微甜、带苦的味觉特性上。其他呋喃类化合物含量太低，在味觉上构不成很大的呈味作用。

关于呋喃类化合物在白酒中的呈香作用方面的研究得到了相当的重视。国外学者对呋喃在食品风味中的作用的研究开展得较多，为我们了解白酒香气中呋喃的作用提供了许多启示。例如，日本从清酒的陈酒香气特征组分的分析中发现，3-羟基-4，5-二甲基-2（5H）-呋喃酮是陈酒香气特征组分；酱油香气的特征组分之一是 2-乙基-4-羟基-5-甲基-3（2H）-呋喃酮（HEMF）；3-甲酰呋喃是朗姆酒的香气特征组分之一；γ-内酯在白兰地及威士忌酒中被认作香味组分等。我们结合白酒生产的原料、工艺过程，可推测出呋喃类化合物必然也会存在于白酒之中。因为白酒生产使用的原料是含淀粉的碳水化合物，加工过程有酸存在、有热处理过程，这些条件都能产生一定量的呋喃类化合物。另外，从对白酒的感官气味嗅辨上，我们也能感觉到一些似呋喃类化合物的焦香气味和甜样焦糖气味的特征。这些气味特征在芝麻香型白酒和酱香型白酒香气中尤为明显。从目前对白酒的组分分析结果看，至少分析到 α-乙酰呋喃、α-戊基呋喃、5-甲基糠醛、糠醛等化合物的存在，也为上述的推测提供了数据证明。因此，呋喃类化合物的呈香作用与构成焦香气味或类似这类气味特征的白酒香气有着某种内在联系；同时，贮酒过程中，呋喃类化合物的氧化、还原对构成陈酒香气或酒的成熟度也有着密切的关系。

（2）吡嗪类化合物　吡嗪类化合物是分布在食品中较广泛的一类特征组分。这类化合物主要是通过氨基酸的斯特勒克降解反应和美拉德反应产生的。

其感官特征一般具有坚果气味、焙烤香气、水果气味和蔬菜气味等特征。从白酒中已经鉴别出的吡嗪类化合物有几十种，但绝对含量很少。它们一般都具有极低的香气感觉阈值，极易被觉察，香气持久难消。近年来对这类化合物在白酒香气中的呈香作用非常重视。通过分析表明，在有较明显焦香、煳香气味的香型白酒中，吡嗪类化合物的种类及绝对含量相应较高。这说明吡嗪类化合物的气味特征影响着白酒的香气类型和风格特征。关于吡嗪类化合物如何与呋喃类化合物、酚类化合物相互作用，如何赋予了白酒香气的特殊风格方面的研究还有待深入。

吡嗪类、呋喃类化合物在46%vol酒精水溶液中的嗅觉阈值及感官描述见表8-9。

表8-9　吡嗪类、呋喃类化合物在46%vol酒精水溶液中的嗅觉阈值及感官描述 单位：μg/L

风味物质	阈值	风味描述
2-甲基吡嗪	121927.01	烤面包香，烤杏仁香，炒花生香
2，3-甲基吡嗪	10823.70	烤面包香，炒玉米香，烤馍香，烤花生香
2，5-甲基吡嗪	3201.90	青草香，炒豆香
2，6-二甲基吡嗪	790.79	青椒香
2-乙基吡嗪	21814.58	炒芝麻香，炒花生香，炒面香
2，3，5-三甲基吡嗪	729.86	青椒香，咖啡香，烤面包香
2，3，5，6-四甲基吡嗪	80073.16	甜香，水果香，花香，水蜜桃香
糠醛	44029.73	焦煳香，坚果香，馊味
2-乙酰基呋喃	58504.19	杏仁香，甜香，奶油香
5-甲基糠醛	466321.08	杏仁香，甜香，坚果香
2-乙酰基-5-甲基呋喃	40870.06	饼干香，烤杏仁香，肥皂味

7. 含硫化合物

含硫化合物是指含有硫原子的碳水化合物，它包含链状和环状的含硫化合物。一般含硫化合物的香气阈值极低，很微量的存在就能察觉它的气味。它们的气味非常典型，一般表现为恶臭和令人不愉快的气味，持久难消。在浓度较稀时，气味表现为较能令人接受，有葱蒜样气味；极稀浓度时，则有咸样的焦煳或蔬菜气味。目前，从白酒中检出的含硫化合物只有几种，除杂环化合物中的噻吩外，还有硫醇和二硫、三硫化合物等，它们在白酒中含量极微量。如在景芝白干酒中检出的3-甲硫基丙醇、3-甲硫基丙酸酯，它们被认作该类酒的特征组分。3-甲硫基丙醇在浓度很稀时有似咸样煳香或焦香气味，也有似咸样酱（菜）香气特征。3-甲硫基己醇则有似腐败样泥臭气味特征。根据含硫化合物的一些气味特征，能否猜测它的呈香作用与一些酒中的所谓“窖泥”和“咸酱”气味，或修饰焦香、煳香气味有着某种联系？

8. 微量金属元素

微量金属元素在白酒中的来源，一方面与加浆用水带入的金属离子密切相关；另一方面，它还与贮酒容器密切相关。传统贮酒是采用陶质材料的陶坛。经研究发现，除加浆用水带入酒中金属元素外，贮存过程中，陶坛亦会溶入酒中一些金属元素。这主要是因为传统的陶坛的坯体组成中也含有许多微量金属元素。经研究发现，金属元素的存在，一方面呈现出咸味特征；另一方面，金属元素能改变酒体口味柔和程度。适当的金属离子浓度能减小酒体刺激感，使酒体的口味变得浓厚。当浓度超过一定界限，它反而会使酒体口味变得粗糙。这一发现是通过研究金属元素与贮酒关系得到的。

此外，金属元素在贮酒过程中，能否催化陈酿的氧化、还原反应呢？

五粮液曾对白酒中金属元素与酒质的关系进行了研究。白酒中含有一些微量、痕量金属元素，且几乎以离子状态存在于酒中，它们分别由酒生产原料、设备、用水、贮酒容器等引入，并对酒质起着不可忽视的作用。从测定结果看，几乎所有的金属元素含量均随存放时间延长而增加，某些金属元素对白酒中醇的氧化反应有催化作用，某些金属元素还可以加快酒中高沸点酸的氧化分解。并从两个方面证实了5种金属元素对酒有催化能力，一是醇氧化，二是酸氧化。

（二） 白酒香味成分的量比关系是影响白酒质量和风格的关键

从上所知，每种香型白酒都具有典型的风格，决定白酒典型风格的是白酒香味成分及其量比关系。不同香型的白酒，其香味成分的种类不同、香味成分的量比关系也不同；在同一香型不同酒种中（比如浓香型的3大流派），由于其环境、工艺操作等的不同，虽然其香味成分绝大部分相同，其量比关系也不尽相同。

第三节　尝评与勾兑

一、 尝评的原理与方法

尝评又称品评或鉴评，是利用人的感觉器官（视觉、嗅觉、味觉）来鉴别酒类质量优劣的方法。它具有快速而又比较准确的特点，是目前检测和控制白酒质量的重要手段，迄今为止，尚未出现能够全面正确判断香味的仪器，理化检验还不能代替感官品尝。

1. 尝评的作用和意义

（1）尝评是确定质量等级和评选优质产品的重要依据。

（2）通过品评，了解酒质存在的缺陷。

（3）加速检验勾兑和调味的效果。

（4）利用品评鉴别假冒伪劣商品。

2. 尝评的方法

目前主要有以下几种：

一杯尝评法，可以考察尝评员的基本功，对训练尝评员的记忆力和再现性较好。

二杯尝评法，此法可提高尝评人员对酒质量差异的辨别能力。

三杯尝评法，此法用于提高尝评人员的准确性和辨别能力。

顺位尝评法，该法可训练尝评人员对酒质量差异的分辨能力，在企业中常用于选拔基础酒和调味酒，以便确定配方。

计分尝评法，主要用于评酒和检评酒质。

3. 尝评具体步骤

（1）眼观其色　人眼能观察到颜色是因为观察对象对光波的反射作用。它可感觉到的可见光是在波长 400~750nm 的电磁波，在白光照射下，如果溶液不吸收可见光，则白光全部通过，溶液呈无色透明；如果可见光被溶液全部吸收，则溶液不透光呈黑色。

在白酒尝评中，利用视觉器官（眼睛）来判断酒的色泽和外观状况，如透明度，有无悬浮物、沉淀物等。白酒国家标准规定："无色或微黄，清亮透明，无悬浮物，无沉淀。"由于工艺条件不同和储存时间较长容易产生微黄色（如酱香型白酒），"当酒的温度低于 10℃时，允许出现白色絮状沉淀物质或失光。10℃以上时应逐渐恢复正常。"这是由于低温时酒中一些高沸点物质等会部分析出，像白色絮状物一样呈现于酒中，造成失光。

将酒样放于评酒桌的白纸上，用眼正视和俯视，观察其色泽、透明度等；然后将酒杯拿起轻轻摇动再观察，做出色泽的判断。

（2）鼻闻其香　人的嗅觉器官是鼻腔。当有香物质混入空气中，经鼻腔吸入肺部时，经由鼻腔的甲介骨形成复杂的流向，一部分到达嗅觉上皮，此部位带有黄色素的嗅斑，呈 7~8 角形、大小为 2.7~5.0cm^3，嗅觉上皮细胞由支持细胞、基底细胞和嗅觉细胞组成，其中嗅觉细胞呈杆状，一端到达嗅觉上皮表面、浸于分泌在上皮表面的液体中；另一端是嗅球部分，与神经细胞相连，把刺激传达到大脑。嗅觉细胞表面由于细胞的代谢作用经常保持负电荷，当遇到有香味物质时，其表面电荷发生变化，从而产生微电流，刺激神经细胞，使人闻出香气。一般从嗅闻到气味至发生嗅觉的时间为 0.1~0.3s。

人的嗅觉细胞约有 500 万个，鼻腔面积 5cm^2，而狗的嗅觉细胞有 2 亿个，鼻腔面积 150cm^2，所以人的嗅觉灵敏度虽高，但比狗差远了。注意人的嗅觉容易疲劳，当身体欠安、精神不爽时灵敏度会下降，有其他气味（如化妆品）或刺激性气味时，对白酒香味判断不准。

闻香时要求酒量一致，鼻子与酒杯距离 1~3cm，对酒吸气，吸气量要一致；再按顺序闻，仔细辨别酒的香气和异香，做好记录，再反顺序比较。有经验的人凭闻香就能判断酒质的好坏，可见鼻闻其香的重要性。

（3）口尝其味　味觉是呈味物质作用于口腔黏膜和舌面上的味蕾，通过味细胞再传入大脑皮层所引起的兴奋感觉，随即分辨出味道来。不同味觉的产生是味细胞顶端的微绒毛到基底接触神经处在 1ms 之内传导味信息，使味细胞膜振动发出的低频声子的量子现象。不同部位的味蕾乳头的形状不同，所显示的味感也不同。如舌头的茸状乳头对甜味和咸味敏感，舌两边的叶状乳头对酸味敏感，舌根部的轮状乳头对苦味敏感……从刺激到味觉产生仅需 1.5~4.0ms，较视觉快。咸感最快、苦感最慢，所以尝酒时往往有后苦感。

尝评时将酒饮入口中，注意酒液入口时要慢而稳，使酒液先接触舌尖，次两侧，最后到舌根，使酒液铺满舌面，进行味觉的全面判断。除了味的基本情况外，更要注意酒味的协调及刺激的强弱柔和、有无异杂味、是否愉快等。有经验的品酒师一次就能将酒质好坏、优劣分辨出来。要一边尝，一边做好记录，最好给出分数。要注意每次入口的酒量，做到基本相等，可避免偏差。一般认为，高度白酒每次入口白酒量为 2~3mL，低度白酒为 3~5mL，酒液在口中停留时间为 2~3s，便可将各种味道分辨出来。酒液在口中停留时间不宜过长，因为酒液和唾液混合会发生缓冲作用，时间过久会影响味的判断。

（4）综合判断、确定风格　风格又称酒体、典型性，是指酒色、香、味的综合表现。它是由原料、工艺相结合而创造出来的，即使原料、工艺大致相同，通过精心勾兑，也可以创造出自己的风格。酒的独特风格，对于名优酒更为重要。品尝就是对一种酒做出判断，是否有典型性及它的强弱。对于各种酒风格的正确描述，主要靠平时广泛接触各种酒类，逐步积累经验，通过反复品尝，反复地对比和思考，才能细致、正确地辨别。

4. 酒中诸味及关系

传统的人的基本口味只有酸、甜、苦、咸四味，现在鲜味也是。但辣味不属于味感，因为辣不是由味觉神经传达而是由刺激性产生的。在白酒生产中还有一些其他味觉出现，如涩味、金属味、糠味、泥味……结合生产及勾兑调味具体谈及。

二、评酒、评酒员及训练方法

1. 评酒与评酒员

评酒，包括各级政府对酒类质量的检测，在我国正式的全国性评酒开展了五次。而企业，特别是大型酒厂，对每一批将要出厂的酒或新开发的产品均要进行评酒，这项活动是常态性的。评酒需要有一定水平的尝评人员，即评酒员（简称评委）。目前我国评酒员主要分为：白酒评酒员、啤酒评酒员、葡萄酒评酒员、露酒评酒员等。

对于各级评委，特别是国家评委，除具备良好的基本功外，还应坚持为社会服务的宗旨。在历史发展的新阶段，全国白酒评比专家组组长沈怡方提出了创新要求。他说，要成为市场型的白酒评委，就要多接触市场，跟市场需求相结合；要多接触产品，使白酒口感更贴近消费者；要根据市场的需要，来提升国家评酒委员的评酒水平，用消费者需求的口感来不断满足市场的需要。

一般来讲，评酒员都懂得勾兑和调味，对酒体设计有一定的经验；而勾兑人员必须具备评酒能力，二者之间关联度较高，故国家评委中大部分是生产一线的技术骨干或科研人员。对他们的要求在相关章节中结合内容讲解。

2. 评酒员常用的训练方法

（1）色的区别

第一组：以黄血盐配成0.1%的水溶液，及递增0.05%不同浓度的水溶液共5种，进行密码编号，观测由浅而深的情况，并排列次序。

第二组：进行陈酒（贮存两年以上）、新酒、60%vol酒精和白酒（一般白酒）的颜色比较。

第三组：选配微浑、浑浊、失光、沉淀和有悬浮物的样品，认真加以区别。

（2）嗅觉训练，对酒中各种气味（香、异、怪气味）的认识。

第一组：以乙酸、丙酸、丁酸、戊酸、己酸、庚酸、辛酸、乳酸等，分别配成0.1%的酒精溶液（酒精浓度为54%vol），进行明嗅，以了解各种酸类物质在酒中所产生的气味。记住各自的特点，认真加以区别。

第二组：以甲酸乙酯、乙酸乙酯、丙酸乙酯、丁酸乙酯、乳酸乙酯、乙酸异戊酯、己酸乙酯、庚酸乙酯、戊酸乙酯、辛酸乙酯等分别配成0.01%的酒精溶液（酒精浓度为54%vol，下同），进行明嗅，以了解各种酯类在酒中所产生的气味，记下各自的特点，认真加以区别。

第三组：取香蕉、菠萝、葡萄、玫瑰、茉莉、香草、广柑、橘子、柠檬、杨梅、桂花、猕猴桃等香精，分别配成 1mg/L 的水溶液，先明嗅，后暗嗅，反复练习。若浓度不够，不易嗅出，可根据本人情况，适当加大溶液浓度。

第四组：取乙醇、丙醇、正丁醇、异丁醇、戊醇、异戊醇、正己醇等，分别配成 0.02%的酒精溶液，进行明嗅，以了解各种醇类在酒中所产生的气味，记下各自的特点，认真加以区别。

第五组；取甲醛、乙醛、乙缩醛、糠醛、丁二酮等分别配成 0.1% ~ 0.3%的酒精溶液，进行明嗅。

第六组：取阿魏酸、香草醛、丁香酸等分别配成 0.001%的酒精溶液，进行明嗅。

第七组：取 60%vol 酒精、液态法白酒、串香酒、调香酒、一般曲酒、小曲酒及不同香型的曲酒进行明嗅，以了解不同酒种和香型所产生的不同气味。

第八组：取黄浆水、酒头、酒尾、窖泥、霉糟、糠蒸馏液、曲药、木材、橡胶、铁锈等进行明嗅，区分异常气味。再将上述物质制成酒精蒸馏液（或取浸出液）进行明嗅。

（3）味觉的训练

第一组：以乙酸、乳酸、丁酸、己酸、琥珀酸、酒石酸、苹果酸、柠檬酸等，每一种配成 0.1%、0.05%、0.025%、0.0125%、0.00625%浓度的酒精溶液，反复明尝。

第二组：以乙酸乙酯、丁酸乙酯、乳酸乙酯、己酸乙酯、戊酸乙酯、乙酸异戊酯、庚酸乙酯等，每一种分别配成 0.00625%、0.0125%、0.025%、0.05%、0.1%浓度的酒精溶液，反复明尝，记住其特点。

第三组：五味的区别：取砂糖 0.75%、食盐 0.2%、柠檬素 0.015%、奎宁 0.0005%、单宁 0.03%、味精 0.1%、丙烯醛 0.0015%，分别配成各自的水溶液，进行品尝鉴别。

第四组：异杂味的区别：取黄浆水、酒头、酒尾、窖泥液、糠蒸馏液、丢糟液、霉糟液、底锅水等，分别配成 54%vol 酒精溶液，进行反复明尝，记住各自的特点。

第五组：酒精度高低的鉴别。取同一酒基，分别兑成酒精含量为 65%vol、60%vol、55%vol、50%vol、45%vol、40%vol、35%vol 等不同酒精度的酒，品尝鉴别其酒精度高低。

三、 勾兑技术

勾兑是把贮藏老熟的合格酒进行兑加、掺和，成为基本符合本厂产品质量要求的基础酒。勾兑主要是将酒中的各种微量成分以不同比例兑加在一起，使其分子重新排布和缔合，协调平衡，以烘托出基础酒的香气、口味和风格特点。

调味：勾兑成的基础酒在香味或口味有某些方面的不足，通过用极少量的调味酒，对基础酒进行调味，使之完全符合质量要求。

可以用“画龙点睛”来形容二者关系，即勾兑是“画龙”，调味是“点睛”。

一般来说，勾兑技术由尝评、组合、调味三部分组成，简称勾兑技术，它是酒厂特别是名优酒生产工艺中非常重要的一环，是酒体设计的基础和根本。下面仅根据多年的体会，结合相关资料谈谈目前生产中容易忽略的问题。

（一） 白酒勾兑人员的素质提高

1. 要求勾兑人员不断提高评酒水平

对于勾兑师来说，评酒与勾兑二者是密不可分的。凡是食品风格质量的评价，感官鉴别的作用是决定性的，虽然科学发展至今，人们已经剖析出白酒香味成分上千种，但人的感觉器官是最灵敏的，是任何先进分析仪器都无法取而代之的。同样的原材料（指基酒、酒精、香料、调味酒等），不同的勾兑师勾兑出的产品的风格质量就大不相同，这与其评酒能力（包括实践经验）密切相关。因此，评酒水平是做好勾兑工作的先决条件。要成为优秀的评酒师，在品尝技术的要求上，必须具备以下 3 方面的基本素质：

（1）具有尽量低的味觉和嗅觉的感觉阈值（敏感性）。

（2）对同一产品的各次品尝的结果保持一致（准确性）。

（3）精确地表达所获得的感觉（精确性）。

要想上述素质得以提高，就需要经过长期艰苦的训练。此外，具有实事求是的工作态度和良好的职业道德对于一个优秀评酒师来讲也是非常重要的。

2. 深刻认识各种香型白酒的微量成分及风味特征

白酒中各种微量成分的含量多少和适当的比例关系是构成各种名白酒风味和香型的重要组成部分。各种白酒的微量成分有许多共同点，亦有其特殊性（特征组分），要善于分析、总结，这是搞好白酒勾兑调味的重要基础工作，也是勾兑出质量优异的不同香型酒的前提。

（二） 白酒勾兑调味的技术关键

1. 准确认识基础酒和调味酒

白酒的勾兑，主要是依靠人的味觉和嗅觉，逐坛选取能相互弥补缺陷的若干坛酒组合在一起。如何认识基础酒，了解其优缺点，如何搭配能取长补短，这就“非一日之功”。不同香型、风格的酒厂，尤其是名优酒厂，生产有长期的延续性，通过多年的色谱分析和品评，积累了大量的数据和经验，要善于总结、分析、思考，从而指导勾兑。

当今白酒勾兑，经常采用多种组合方式，如何确定多种组合方式，一是靠人，二是靠白酒的色谱定量分析数据库，三是利用计算机及相关软件系统。这最后一种方式就是所谓的“计算机的色谱成分组合”，其组合的最终结果都能满足设定的多种成分的含量范围的要求，但还要依赖于人，靠人的经验来确定其中哪一、二种或几种组合方式更符合实际要求。

依靠色谱定量分析数据进行组合，只包含了或者说只解决了白酒中一部分成分的组合，并没有也解决不了其余复杂成分的组合问题，还得依赖勾兑员准确、高水平的品评，对各种基础酒有清晰的辨别能力，才能组合出高质量的基酒。

合格的基酒组合好以后，选择哪些调味酒才能“画龙点睛”，这就要求勾兑员要有丰富的实践经验。

2. 根据市场变化进行酒体设计

目前市场上畅销的多是中低度白酒，其酒精含量一般为 35%vol～46%vol。生产这个范围酒精度的酒，降度除浊是必需的工艺步骤，在这个酒精度范围相溶不好的物质大部分被除去，有的则损失殆尽。也就是说，这些主要表现呈味性质的物质的浓度和味感强度被充分降低了。与度数高的酒相比，这些物质浓度之间的差异相当大，它们对酒的呈味作用已不再是影响白酒口味的重要物质。

中低度酒中的各种物质，即使它们与高度酒有很近似或大体相同的色谱骨架成分，这些成分之间的相互作用、液相中的相溶性、气相中的相溶性、味阈值和嗅阈值、相应的味感和嗅感强度、味觉转变区间、酒的酸性大小等，均发生了强烈的改变。因此，不能用高度酒的一般经验规律来认知、解释或代替低度酒的规律性。例如，羧酸在水中的酸性比在乙醇中强 1~10 万倍，同样用量的酸在 52 度的白酒中酸性小，在 38 度的酒中酸性就大得多。

用较高度的酒加浆降度除浊，还是一个多种可溶性成分的浓度同时被降低的过程，本来就含量不多的复杂成分的浓度亦相应降低，以致酒的质量和风格发生了根本的变化。

3. 传统白酒与新型白酒的关系

新型白酒是在传统白酒科学技术发展的基础上诞生和成长起来的，传统白酒品质的提高、香味成分的认识及生物技术的发展，是新型白酒发展的基础。未来白酒的发展，专家预测是传统白酒与创新白酒并行，低醉酒度的产品将是市场的主流。

传统白酒生产，要认真贯彻传统工艺，提高基础酒和调味酒的质量，根据市场的变化，调整传统产品的口味，生产有特色有个性的名牌产品。“资源整合、品牌创新”是名优酒厂发展的思路。

新型白酒灵活性很强，不受香型的束缚，针对地域口味、消费者的爱好，进行整体设计。但有一个原则，勾兑出来的产品要“醇、甜、净、爽”，要刺激性小、顺喉，饮后消失快。

根据消费习惯的变化，市场上白酒的酯含量普遍比以前偏低。如市场上比较畅销的一类产品，其风格特征描述为：“芳香绵甜、醇和爽净”，经品尝才知是浓香型，但没有传统浓香型的“窖香浓郁、回味悠长”等描述。这就是消费口味的变化，不喜欢“香浓”，也不喜欢“后味太长”。

4. 准确的计量

白酒勾兑调味从小样到大样，要使用一些工具和容器，由于计量不够准确，造成酒质差异的事经常发生，应引起足够的重视。

（1）勾兑罐计量　勾兑罐是勾兑组合基础酒必备的容器，有大有小，小的 1~2t，大的超过 100t。现在各厂使用的勾兑罐无论大小，大多没有计量装置，罐内装多少酒只靠经验来定，有的插一竹竿作为计量，一般误差在 0.2%~0.5%，这些误差造成小样与放大样之间的差距，应引起高度重视。在那些人为误差控制得很好的工厂，则必须考虑另外几种误差对容积的影响，并在生产中加以修正。首先，没有装酒的空罐和装了4/5~5/6酒的同一罐的容积不相同，往往是后者的容积较大。这是因为酒罐的制作材料并非没有弹性，在压力作用下，装满酒的大酒罐的罐内压力（液体静压）大于大气压力，使酒罐呈略有膨胀的变形。其次，夏天和冬天温差大，金属的膨胀系数差变大，对大容积酒罐的容积影响不可忽视。勾调用酒罐的容积相对计量准确，对勾调生产的作用和效果明显。因此，大罐组合酒时应以流量计或正确称重计量，才能保证计量的准确。

（2）小样勾调时的计量　从20世纪80年代开始，白酒勾调技术逐步在全国普及和应用。那时勾调小样都推荐使用2mL的医用注射器和配5号半的不锈钢针头，作为滴加调味酒或酒用香料的计量仪器。应该说这种计量方法的推广，在当时勾调技术推广普及的初期，是勾调计量上的一个进步，它比原来用竹提扯兑细致准确得多，而且使用习惯了也相当方便。但是，随着勾调技艺的深入研究，要求更加细致、准确，人们发现2mL医用注射器针筒仅是一种工具，不是计量用的仪器，针筒上的刻度误差太大，其数值只能供参考，不能作计量依据。由于5号半针头的针尖斜截面的大小和不锈钢细管的直径大小很难规范制作，因此，人们运用这一工具时，滴出液体的体积始终不准确，无法控制。

另外，勾兑人员在操作时力量、角度和方向的掌握不同，也会出现误差。

因此，很多勾兑员已不再使用注射器，而改用精密的计量仪器，如多规格的色谱进样器（微量注射器）。若勾兑小样要适当放大时，可用移液管或刻度吸管。

此外，需要特别提醒的是，不论小样制作或生产放样都应以容积为单位，并控制相对计量误差，才能保证小样酒与生产的大样酒质量较为一致。

第四节　酒体设计学

一、概述

中国白酒传统工艺精湛，产品风格独特，质量优良，在世界蒸馏酒中独树一帜。随着人们生活水平的不断提高，科学技术的不断创新和发展，中国白酒这个非物质文化遗产的传统酒业怎样发展壮大，工艺技术如何创新，产品如何增强企业的核心竞争力是大家思考的问题。只有在全面继承传统的基础上，充分依靠现代技术的优势，加快技术创新的步伐，发挥中国各类蒸馏白酒的质量魅力，运用先进的设备技术、方法和生产模式，全面地升华传统技术，创新具有浓郁民族风味特色的中国传统名优白酒为主的多元化酒类特色产品，才是中国白酒的发展之路。这就产生了新时期酿酒业的新领域、新学科——酒体设计学（也称酒体风味设计学）。

徐占成认为，研究酒体风味设计是对我国酿酒技术创新升华到理论体系的一次尝试，也可以说是酿酒理论创新的一次总结。酒体风味设计是根据新产品的风味特征形成的规律和市场适应度的需求，结合工艺技术水平设计出具有典型风味个性特征的酒类产品的生产全过程的一整套技术实施方案和管理准则。它是对传统酿酒技艺的传承和发展，是中国传统民族特色酒业的工艺创新和升华；是对中国白酒业技术创新的理论性总结，对提升全行业总体科学技术水平具有重要意义和深远影响。

酒体风味设计学：研究酒体风味特征形成规律，实现品牌质量目标的价值体系。设计出构成完美酒体和典型风格特征的整套技术方案和管理准则的科学。

酒体设计：就是为形成酒体风味特征的技术要素和实现品牌质量目标，设计出有效控制产品风味质量的整套技术标准和管理准则。

二、 酒体设计学的原则

酒体设计学的原则是“特色优先、质量第一、结构合理”。

1. 特色优先

当今世界任何产品要想有竞争能力都必须具有“自主知识产权”的品牌特色。中国蒸馏白酒是一个典型的民族工业，它具有其他产品不可替代的独特魅力。消费者心目中的时尚产品，它必须是具有较好的风味特色，而且知名度高和信誉度高的产品。要达到这些价值目标，就必须具备优异的质量、先进的工艺、优美的造型、超群的特色性能、良好的形象、消费者青睐等若干条件，说到底就是特色。

2. 质量第一

产品质量是工业的生命，国内外市场竞争最终体现在产品质量和适应度上。任何产品的质量性能都是由各项技术指标构成的。要想酒类产品的竞争力强，那么构成酒体风味质量的微量香味成分的各项技术指标必须具有行业领先水平。各香味物质之间必须“平衡”。当今的市场竞争已不再是单纯拼广告和靠品牌效应来支撑，而是品牌文化、技术含量、质量的优劣、消费者的满意度等综合因素的较量。在这些因素中，质量又是最关键的。所以酒体设计者必须遵循“质量第一”的原则。

3. 结构合理

企业的产品结构是否合理决定着企业的生存与发展，任何饮品企业生产的产品都有一个产品结构问题。形成合理的产品结构应该是“时尚”“优质”“大众”三大类，这样才能适应各类消费者的不同需求。产品结构是要根据市场变化调整的。依靠科技进步，提高各类产品的酒体风味质量的个性特征和各项质量指标，走质量效益型的发展之路，不能光靠变换广告和包装来调整结构。

三、 酒体设计的程序

1. 酒体设计前的调查

酒体设计前的调查包括市场调查、技术调查、形成设计构想方案。

（1）市场调查　市场调查就是为了了解国内外市场对酒的品种、规格、数量、质量的需要，包括市场容量、生产厂家、规模产量如何；消费者的购买力如何，何种产品最好销，该产品的风格特征怎样等；这些酒属于什么香型，内在质量应达到什么标准，感官指标应达到什么程度，是用什么样的生产工艺在什么样的环境条件下生产出来的，为什么会受到人们的喜爱等。这从现代管理学来讲就叫市场分析，分得越细，对酒体设计就越有利。

（2）技术调查　调查有关产品的生产技术现状与发展趋势，预测未来酿酒行业可能出现的新情况、新趋势，为制定新的酒体产品设计方案准备第一手资料。

（3）形成设计构想方案　通过对本厂产品进行感官和理化分析，找出质量上差距的原因。根据本厂的实际生产能力、技术条件、工艺特点、产品质量情况，参照国际国内优质名酒的特色和消费者饮用习惯的变化情况进行新产品的构思，确定产品初步方案。

2. 品牌设计方案的来源与筛选

将专业人员和市场部人员的多种预案进行对比筛选。

（1）用户　要通过各种渠道掌握用户（消费区域及消费者）的需求，了解消费者对原有产品有哪些看法，广泛征求消费者对改进产品质量的建议。同一个样酒，高寒地区的消费者会提出此酒太醇和或是香气不足，而东南沿海一带的消费者又会认为酒精度太高，刺激性过大等。在接收了这些信息后，勾兑人员的头脑中就有了新的酒体设计的创意。也就是说，头脑中就有了根据广大消费者的饮用习惯，对什么地区，设计什么样的酒体和风格特色。

（2）本企业员工　要鼓励本企业职工勇于提出新的酒体设计方案创意，尤其对销售人员和技术人员，要认真听取他们的意见。

（3）科研人员　专业科研人员知识丰富，了解的信息和收集的资料、数据科学准确，要充分发挥他们的专业知识作用。目前一些大厂均设有酒体设计中心，要充分调动他们的积极性。

3. 品牌方案的内容

（1）产品的风味特色。

（2）达到产品质量的香味物质和理化、卫生、安全性指标。

（3）产品的结构形式。

（4）形成酒体风味质量的关键技术和生产工艺模式。

4. 品牌设计方案的决策

（1）酒体风味质量目标的价值评估（价值=功能/成本）；提高产品价值的五种途径：

① 功能一定，成本降低。

② 成本一定，提高功能。

③ 增加一定的成本，使功能大大提高。

④ 既降低成本，又提高功能。

⑤ 功能稍有下降，成本大幅度地下降。

（2）确定酒体风味质量要达到的价值目标。

（3）确定生产模式和各项技术要素的指标。

5. 标样的试制和鉴定

按照新开发品牌设计方案中酒体风味质量的理化和感官技术指标进行定性，确定微量香味成分的含量和相互比例关系的参数，制定合格酒的验收标准和基础酒的质量标准。最终形成品牌的试制样品和风味质量的各项指标，并做出鉴定结论。

鉴定工作必须严格进行，只有在得出鉴定结论后才能进行批量生产。

根据剑南春多年的研究和实践来看，新品牌产品的开发必须要进行酒体风味质量保证体系设计，才能确保开发的产品具有鲜明个性特征和完美酒体风味质量特色。同时也才能够克服中国纯粮固态发酵传统白酒批次之间由于系统性原因所造成的质量波动，保证和提高名优白酒质量，大幅度地提高名优白酒的合格率，从而有效地帮助我们进行工艺改革和新产品开发，达到增强企业核心竞争力的目的。

四、 酒体设计与勾兑调味的区别

1. 酒体设计在形成成品酒价值体系中的作用

酒体设计是根据产品风味特征形成规律和市场适应度的质量要求，结合工艺技术水平设计出具有典型风味特征的酒类产品的生产全过程的技术标准。在品牌开发之前，酒体设计师就要系统地在市场和生产技术方面进行细致调查，按消费习惯和市场适应度等要素进行分类，将待开发的产品的风味特征和质量标准以及要达到的风味质量水平所需要的原料配方，糖化发酵剂的制作模式，生产工艺技术标准和基酒的分类、成品酒的风格特征、质量指标和目标进行确定。将检测方法以及管理法规进行综合平衡，然后制定出一个形成完美酒体、典型风味特征的切实可行的实施开发方案，并实施。每一个环节都是不可分割的有机整体，这就是酒体设计与勾兑调味的本质区别。

2. 勾兑在形成基础酒风味质量中的作用

传统的具有中华民族特色的蒸馏白酒，就是用传统的纯粮固态发酵模式和工艺技术生产出来的。它的酒体风味质量特征物质的形成，依赖于自然微生物接种制成的大曲药和老窖泥中产生香味物质的两大类复合微生物，而风味物质含量的多少又取决于独特的传统生产工艺技术上的控制。因季节不同、环境差异、发酵设备和窖龄长短、技术水平等客观因素的影响，不同车间、班组生产出来的基础酒由于微量香味物质的不同，造成每窖有别、每坛有异、各具特色，和成品酒的质量标准有一定差距，为了使基础酒中各种香味物质得到平衡，就必须进行勾兑，才能为调味打下坚实的基础。

3. 调味在形成成品酒酒体风味质量中的作用

调味是对基础酒的精加工，是名优白酒包装前的最后一道工序，使名优白酒质量得到提高，酒体更加完美，风味特征更加鲜明典型，它赋予基础酒灵魂和生命。

调味就是将基础酒中微量香味物质的含量及其相互间的比例关系，所造成的感官反应与成品酒进行对比，找出差距，然后用一种或数种采用特殊工艺生产的有特定的香味物质含量和独特风味、具有特定效能的调味酒去弥补基础酒的这种差距，使基础酒中某种和数种微量香味成分的含量增加，达到新的平衡，体现出新的风味特征，全面达到出厂成品酒的各项质量指标的一道不可缺少的工序。调味就是起“添加”和“平衡”的作用。我们说勾兑好比按图装配机器，调味则好比调试机器的性能，装配与调试的这种比喻既说明勾兑和调味之间的关系，又说明了勾兑和调味的重要作用。

4. 酒体风味物质形成与白酒生产工艺要素的关系

中国传统白酒生产工艺的显著特色是：自然微生物接种制曲、固态发酵、甑桶蒸馏、陶坛储存老熟。其最大特色是在固态发酵的过程中生成诸多香味物质，对形成中国白酒的独特风味、保证名优白酒的质量优势起到了决定性的作用。

我国传统固态发酵白酒大多以大曲为糖化发酵剂，在传统白酒生产中，大曲不单作为糖化发酵剂，更重要的是生香，大曲中含有经过自然富集、培养、筛选、驯化的微生物群系，为大曲酒固态发酵提供微生物种源，从而形成代谢产物的多样性，即香味成分的复杂性，同时大曲还是复合酶制剂，大曲中含有淀粉酶、糖化酶、酒化酶、酯化酶、蛋白酶等多种酶系，为形成复杂的香气成分提供催化剂；此外，大曲在培养过程中，还形成了复杂多样的香气成分，这些香气成分有的在生产过程中直接带入酒中。可见大曲对酒体风格的形成起着极其关键的作用，名酒之所以有名，就是名在质量，贵在风格。没有高质量的大曲，就不可能酿出风格独特、滋味优美的高质量的中国白酒。

（1）酒体风味物质形成与白酒大曲的关系和作用

① 白酒大曲：为白酒酿造提供菌系，由于不同的糖化发酵剂所含的微生物种类和数

量不同，以及酶系种类和数量的差异，因而导致了代谢产物种类、数量和比例的不同，从而影响着白酒的质量和风味。

② 影响曲药质量的因素：

a. 环境。

b. 原料配比。

c. 水分。

d. 温度控制模式。

曲药质量与上述四项因素有直接的关系，也直接影响酒体风味物质生成种类和数量，这是值得重视的。

（2）酒体风味物质形成与发酵设备的关系和作用　传统蒸馏白酒的发酵设备与世界蒸馏酒设备相比较既简单又独特，主要是泥窖、陶坛以及石材窖池这三种盛料装置为发酵设备。

① 陶缸为发酵设备：陶缸为发酵设备的好处在于避免发酵糟中的水分渗透遗漏，保证发酵的正常进行；第二个优点在于隔绝曲药微生物以外的其他菌种侵入，使粮糟在发酵时充分利用曲药微生物产酒生香。

② 用泥窖制作发酵设备：用泥料制作的黄泥老窖是浓香型酒发酵的典型设备。它不但是蓄积糟醅、进行发酵的容器，而且在发酵的过程中，泥窖中的土壤微生物（梭状芽孢杆菌，如己酸菌等）与发酵糟中醅的营养成分作用而生成具有鲜明特色的以己酸乙酯为主的香味物质，使产品具有浓郁的芳香、丰满的酒体。故泥窖除了作为发酵容器的作用外，还为名优白酒中己酸乙酯等香味物质生成的特殊微生物的生长繁殖提供了一个良好的环境，也为香味物质的形成提供了场所和菌种。所以我们认为浓香型大曲酒中的产品质量的优劣与黄泥老窖所起的作用是密切相关的。在浓香型酒类企业的发展中，把窖泥的培养和黄泥老窖的保养放在了极其重要的位置。其目的是提高产品质量，增强酒体风味特色。

③ 石材窖池为发酵设备：如酱香型白酒采用的条石砌成的窖池。见酱香型一节。

（3）酒体风味物质形成与原料的关系和作用

① 粮食品种：传统名优白酒的生产原料通常是以粮谷为主。原料是基础，不同原料产出的白酒，在风味上差别很大。粮谷原料一般是以糯（黏）者为好，即支链淀粉含量高者为佳。

② 水质优劣：名酒产地，必有佳泉，这是古人对水质和酒质关系问题做出的结论。水质的优劣直接影响产品酒体风味特征的形成和产品质量的稳定提高。

（4）酒体风味物质形成与关键生产要素之间的关系和作用

① 发酵时间：发酵时间较长，酿造出来的酒中的微量成分多，主体香突出，味感浓厚，回味悠长。

② 入窖温度：入窖温度的高低对发酵微生物的生长和代谢酒中各种香味物质具有非常重要的作用。

③ 母糟水分：适当的母糟水分是正常发酵的重要因素。

④ 母糟酸度：母糟中酸度过高，会造成发酵困难，产酒少；母糟酸度过低，发酵中生成的香味物质就不多，酒中的酸酯物质就少，酒味不浓郁。

⑤ 母糟淀粉：母糟淀粉含量低，会造成发酵升温困难，很难做到低温入窖发酵，造成酒风味特征不典型，酒味淡薄。

⑥ 辅料配比：谷壳是良好的填充剂和疏松剂，但过多过少都会影响发酵和蒸馏。

不同香型、不同地域掌握的尺度不一，要因地制宜。

5. 中国白酒风味特征与洋酒的区别

（1）固态发酵与液态发酵的区别，糖化发酵剂的区别　中国白酒的传统工艺采用纯粮在酒曲作用下的天然多种微生物混合固态发酵工艺，用甑桶蒸馏、陶坛储存老熟的生产模式，这些都凝聚着我们祖先举世无双的智慧，它的风味质量物质是微生物自然的代谢产物。而洋酒采取的是液态发酵的生产模式，使用的是单菌种作糖化发酵剂。这是中国白酒与外国酒的最大区别。

（2）酒中香味物质的区别　中国白酒和其他蒸馏酒相比，组成酒体风味的物质要复杂得多，随着分析技术的发展，已发现构成中国白酒风味质量的微量香味物质就高达2000种以上，其中酸、酯含量较高，这使得中国白酒风味独特，滋味幽雅，而且还具有较多的有利于人体健康的因子，经研究证实，在剑南春酒中含有200余种有利于人体健康的成分。这是中国白酒的天然多种微生物作糖化发酵生香剂的结果，这些都是固态发酵和甑桶蒸馏的功劳。而洋酒中酸酯类物质的含量极少，乳酸的含量也甚微。因为洋酒是液态发酵，它的主要香气构成来自橡木桶和液态发酵中产生的高级醇。

6. 中国各类香型白酒的风格特征（见前文）

7. 酒体风味质量感官特征的类型

（1）悠雅型风味质量特征。

（2）浓郁型风味质量特征。

（3）纯正型风味质量特征。

（4）醇厚型风味质量特征。

（5）醇和型风味质量特征。

（6）醇净型风味质量特征。

（7）丰满型风味质量特征。

8. 浓郁型酒体风味质量设计案例

（1）在市场调研的基础上确定新产品的风味质量要达到的水平。

（2）确定原料品种和工艺技术标准　浓郁型酒以多种粮谷为原料，黄泥老窖作发酵设备，使用传统的中温大曲作糖化发酵剂，经固态发酵，坚持“一长二高三适当”的技术原则生产的基础酒经陶罐储存，精心组合而成。

（3）体现酒体风味物质的微量香味物质种类及含量控制范围　如果酒中有100种成分的话，高、中度名酒中微量香味成分应控制在80%以上，也就是要有80种微量香味成分。低度酒应具备70%以上，应控制在70种以上微量香味成分，以保持传统名酒的民族特色。为了达到香气幽美，浓郁典雅，酒体丰满完整，风格典型独特，必须对多种微量香味成分的含量范围及其比例关系做出相应的规定。

（4）提出制定质量指标，感官指标为：色泽清亮透明，芳香浓郁典雅，味道绵柔甘洌，回味悠长爽净，酒体醇厚丰满，风格典雅独特。卫生指标符合GB2757要求。

（5）配制样品在验收合格酒和调味酒的基础上，把这些酒经过贮藏并且待到酒的贮藏期达标后，进行基础酒的勾兑组合，然后进行样品酒调味等工艺环节，最后形成批量样品。

（6）最终产品的分析检测结论。

（7）全面符合品牌的质量标准方可批准包装出厂销售。

（8）获取消费者的反馈信息，根据信息确定改进意见。

五、 酒体设计的发展

对酒体设计的研究不断深入，如泸州老窖提出的“酒体层级设计”的理论，太白酒业的酒体设计的新诠释等。

1. 酒体层级设计

酒体层级设计包括三个方面：

（1）理论的内容

第一层级：酒体定位。根据细分市场、消费群体，确定散酒和酒体成本。

第二层级：讲究酒体是否干净、爽口。

第三层级：讲究酒体香气。酒体香气是否愉悦，低档酒消费人群不太介意，对品酒有研究或者长期饮用高档酒的消费群体非常介意。

第四层级：讲究香和味的平衡。

第五层级：讲究酒体的绵软、柔顺、幽雅、舒适程度，是酒体设计的最高层级。

（2）理论的作用　酒体设计初学者的理论指导，酒体设计者的水平提升。

（3）理论的应用　指导开发新酒品，与时俱进地调整产品品质。

2. 酒体设计的新诠释

白酒具有“嗜好、助兴、寄托、保健”等多方面的功能。它是一种与人们心理、精神、审美、身份、地位等相关的特殊消费品。我国地域辽阔、民族众多，不同地区、不同民族的风土人情、饮食文化、消费层次等都存在较大差异，加之生活水平的不断提高，决定了白酒酒体的多样性、差异性。据谭滨研究如下。

（1）酒体设计的区域性　如东南沿海，由于气候较潮湿炎热，饮酒风格以清淡为主；东部、南部地区喜欢饮用低度酒；西部、北部地区喜欢饮用高度酒；东南部以清淡、绵软为主；西北、西南部以香浓、醇甜为主。

（2）酒体设计的层次性　对于高档酒而言，消费者都是社会的高收入阶层，其购买的是身份和地位的象征。除包装要求高档典雅外，酒体设计的内在质量还要求做到精雕细琢，体现产品的雍容华贵和鲜明个性。对于中低档次的产品，酒体设计要体现区域化、大众化。

（3）酒体设计的多样性　不同民族、不同地区都有自己的饮酒风格。在酒体设计时，就要体现多样性。对北方则要求窖香浓郁纯正，入口净爽，清淡不上头，醉后易醒，酒精度多以中度酒为多。南方则要求酒体饱满，窖香浓郁，香气纯正，诸味谐调，醇和绵软，酒精度多以偏高度酒为主。

（4）与时俱进提高酒体设计要求　以前，消费者对白酒要求是越浓越好，劲越大越好，而随着消费水平和社会文化的提高，对白酒的要求是“来得快，去得快”（低醉酒度），即开瓶喷香而饮后要求尽快去其香味，以免“满嘴酒气”。作为酒体设计人员，要时刻关注市场的变化，不断发现新情况，研究新问题，把最大限度地满足消费者的要求作为酒体质量设计的出发点。只有这样，所设计的产品才具有生命力。

（5）酒体设计的原则

① 紧密联系消费群体，忠诚于消费者。根据饮食文化、消费习惯、经济状况和社会阶层等要求，做到产品定位准确。

② 体现产品的个性化。

③ 掌握市场变化规律，反应快速，提前设计，抢占市场。

④ 酒体设计要敢于大胆创新，打破传统观念，只要符合国家标准，深受消费者欢迎，就是好酒。

⑤ 对新设计的产品进行多方论证，寻找与消费者要求和期望的差距，及时进行优化、调整，力求完美。

（6）给酒体设计者的建议

① 酒体设计面对的问题：以前是企业生产什么酒，消费者就买什么酒。而如今是消费者或经营者喜爱什么酒，企业就要设计开发出什么酒。市场经济规律决定了酒体设计者必须两眼紧盯市场，紧跟消费者口感变化，与消费者交流沟通，拉近距离，把对企业负责、对品牌负责、对香型负责的态度一直延伸到对市场和消费者负责的层面上来，把必须保持的专业界定水准延伸到对市场和消费者爱好和趋向这两个既对立又统一的问题解决好。

消费者对白酒的鉴别取向可概括为三个方面：一要不上头，不干喉；二要适口、好喝，顺口、顺喉；三要有特色，有个性。消费群体的变化其中一个特点是趋向性很强，镇长喝什么酒，镇里的人就多数喝这种酒，因而引导消费群体的引领人口感也很重要。

② 酒体设计者与消费者的认识差异

a. 设计需求理念模式上存在缺陷：前者是工作和专业，后者是消费和享用。二者是一个系统过程中的头和尾，其为因果关系，相互影响。原来那种勾调—销售—消费的过程是不完整的，应该有个导向反馈或主导与反主导的过程。

b. 消费感性和理性上存在差异：勾调员是轻啜淡尝，消费者是大口吞咽，甚至干杯。或者说勾调员注重鼻口腔反应，消费者同时注重喉、食道反应，对白酒作用于生理器官方面的反应的区别往往具有不同的评价。

c. 追求取向存在差异：勾调员注重专业细分，什么香型（香浓、香爽、香甜）、什么风味等，消费者注重白酒的总体反应，即酒体的总味道、总印象、总反应。或者说，勾调员重口味，消费者重体征（饮后反应），所以勾调员重过程轻结果，消费者轻过程重结果。勾调员重感觉不讲感情，消费者重感情轻感觉。

d. 判定定律的稳定性差异：勾调员受过专业训练，不易受外来因素影响；消费者则会跟着感觉走，其接受的影响是立体性的。勾调员对企业、品牌负责；消费者只对自己负责，包括爱好、印象、健康追求和审美观等。

e. 以市场为中心、以群体消费为导向：专业勾调员的群体作用和个体作用同样重要，有时甚至是个体起主导作用，而消费者的个体反应就远不及群体反应作用大。当然，影响消费群体反应的因素也是多种多样的，所以，勾调员一定要认真分析市场信息来源的准确度和代表性，最大限度地满足有代表性的群体需求，不要自以为是，不能强加于人。

③ 对勾调的建议

a. 熟悉市场，了解消费者口味的变化：每位勾调员应该每年定期到全国各大市场进行调研，一改过去买几瓶国家名酒关在房里研究其色、香、味的做法，就算国家名酒也不能说它的产品感官质量就能适应全国各大市场消费群众的喜爱和要求。只有自己的产品更加贴近市场，才更具有生命力，才更加体现对企业品牌负责和对消费者负责的一致性，这就要求勾调人员在观念上有所转变、有所突破。

b. 勾调员要增加知识，提高技术，成为专业上的多面手：勾调员既要掌握高超的传统勾调技术，又要掌握不断进步的新工艺酒的勾调技术；既要掌握本企业的主体香型，又要多种香型都熟练；既要做到保持原有质量风格，又要探索勾调出有特色、有个性的产品；既要有出众的尝评能力，又要探索其后反应的先兆性。这里提出两个问题：一是浓香型酒的同质化如何突破，二是对新产品品种如何评鉴优劣。

c. 不断提高创造性勾调思维能力：目前，基本上是在经验勾调的范围，但可能或将进入创造性勾调的新阶段，这个新阶段的特点是特色性的勾调和更科学的组合。

d. 提高分析解决问题的能力：当前的主要任务是剖析白酒饮后干喉、上头的原因和机理，对消费者而言是不讲客观原因的，应主动分析主观因素，以积极的态度对待消费者带有趋向性的意见。

e. 倡扬文化，引导消费：勾调员要积极投身于企业产品的文化宣传和倡导消费，宣传白酒的四大功能：即品评、饮用、观赏、（收藏）礼品，但如今人们多把其功能定位于饮用，被人们忽视的白酒品尝及酒道是意蕴无穷的，是白酒文化和文明的厚重体现，是白酒全部滋味的体现。应该说，白酒饮用涵盖了知识性、文化性、趣味性、功能性，内涵深厚，回味无穷。

六、 实例介绍： 金角楼、 银角楼的酒体设计

四川远鸿小角楼酒业是中国白酒100强企业，四川名牌，四川省著名商标。长期以来以中低档酒为主，为改变这一现状，提升“小角楼”品牌，做大做强企业，2004年该厂与四川省食品发酵工业研究设计院合作，决定开发高档的金角楼、银角楼产品，为此专门成立以余乾伟高级工程师领衔的项目组，笔者为项目组制定了相应的计划，从三个方面入手。

（一） 充分进行调研分析， 明确思路

1. 市场调查

通过小角楼酒业遍布全国的几百个市场网络、上万个销售点的广泛市场调查发现，在风云变幻的白酒市场中，浓香型酒以传统固有的优势占据了半壁江山，而浓香多粮型酒则是其中典型代表，且不说传统名酒中的五粮液、剑南春，它们以“口感丰富，酒味全面”而著称，名酒新贵中的水井坊、国窖1573、舍得酒等都是酒中上品，其质量风格得到消费者共识，虽价格不菲，但市场份额逐年提高。因而不少浓香型厂家都在陆续开发多粮型酒，且偏重中高档产品，市场上浓香多粮型白酒层出不穷，通过品尝发现，其质量参差不齐。而小角楼的产品基本上属于中低档酒，且多为浓香单粮型，市场对浓香

多粮型白酒比较喜欢，有必要开发具有复合香的白酒。

2. 厂内调查

针对厂内，采取问卷、会议等形式，集思广益，对一线工人、勾兑人员、管理人员全面调查。内容主要有：对现有产品的看法，如何提高产品质量，现有生产条件、技术水平还能提高多少等一系列问题。

通过上述调研汇总、分析认为，要提升小角楼的品牌、稳固扩大市场，需要1~2个高档产品来树立形象；发现市场200~300元/瓶的产品较少（当时水井坊、五粮液、国窖1573、舍得酒均在400元左右）。项目组通过充分酝酿，明确思路，报公司领导层决定，借鉴相关成功品牌的营销经验，以现有基础出发，开发具有浓香多粮型白酒酒体风格的产品，以银角楼占领200~300元的市场空当，金角楼进入高档名酒的消费群，介入高端市场，填补本厂高档酒的空白。

（二） 酒体设计

白酒的酒体设计包含尝评组合、小样勾调、批量勾调几个主要步骤，其关键在于基础酒（原酒）的质量鉴定、选择组合，调味酒的甄别，勾调只是起最后“画龙点睛”的作用。基础酒又分不同贮存期、不同发酵期、不同季节、不同质量的酒……

浓香多粮型白酒的酒体设计应把握三个基本点：基础酒质量的提高，选酒，小样的勾调。

1. 基础酒的生产与质量提高

浓香多粮型酒的生产有别于单粮工艺，即特制包包曲、跑窖操作、沸点量水等。要生产出优质的基础酒，除严格按照多粮工艺操作外，对原料的选择也是至关重要的，特别是糯高粱，据调查，个别“单粮”改“多粮”厂家，选用东北粳高粱，在粮食配比上应适当少于糯高粱，还应除杂，同时分别粉碎（不应简单地按比例混合粉碎，否则粒度不一），五粮粉碎混合后能通过20目筛的细粉≤20%。

浓香多粮型酒工艺主要特征为“一长二高三适当”，发酵期比一般单粮要长，其实质就是使母糟与窖泥有更多的接触时间，有利于窖内酯化及芳香物质的生成，己酸乙酯和醇甜物质生成量更多，高沸点酸、酯更丰富。

针对现有生产状况，结合走访宜宾、泸州等名优酒厂参观学习经验，除先期的小批量高档酒生产外，在酿酒生产上还重点从以下几个方面对部分车间改进提高。

（1）原料精选，不合格坚决不用，高价收购川产糯高粱，粮食分别粉碎混合。

（2）采用四川省食品发酵工业研究设计院先进的“人工老窖”技术，对窖泥重新配制，精选优质黄泥，富集己酸菌等窖泥功能菌培养，加适量大曲、酒头酒尾及腐殖质混合堆积，踩揉，成熟后搭窖。

（3）扩大优质基础酒及调味酒的生产，延长发酵期长达7个月以上，并加强发酵后期管理。

（4）强化蒸馏操作，严格按照分层蒸馏，按质并坛，分级贮存。流酒温度低、时间稍长，接酒度数不高，甑内综合酒样平均度数要求不到60度，该酒乙醛、乙缩醛相对含量高且比例接近，酸类物质丰富，总酸1.8g/L以上，酒味全面，是不可多得的优质基酒。

经过一年多的实践，基础酒质量比以前提高了，勾兑人员选择起来就易如反掌，酒体设计也就方便多了。这解决了先期小规模金角楼、银角楼上市以后批量生产的基础酒问题，保证了成品酒的质量稳定，又为以后开发新产品奠定了基础。我们认为，要做好浓香多粮型白酒酒体设计，必须重视基础酒的生产，有些厂家急于求成，简单地进行多粮生产，或外购少量多粮基酒，就生产出多粮型白酒上市，其质量当然不能保证；在单粮基础上加少量多粮型酒组合勾兑，多粮的复合香很难体现出来，酒的丰满度不够，酒体柔和不足，市场竞争力不强。

2. 选酒

实践证明："高粱产酒香，玉米产酒甜，大米产酒净，糯米产酒绵，小麦产酒糙。"多粮型酒正是吸取多种粮食的特点，利用粮食间营养互补、作用互补的优势，采取恰当的比例混合发酵而成。通过全面分析，确定酒体设计方案，进行基础酒的组合、调味酒选择，色谱分析合格后再行小样勾调，反复尝评，达到要求后大样生产。

（1）选择多粮风格突出的基础酒进行组合分析。

（2）调味酒的选择　双轮底、陈酒、乳酸乙酯和己酸乙酯高的酒、长发酵期的酒（注意乙酸乙酯含量）……

3. 小样的勾调

将选定的基酒进行原酒组合，每个小样 500mL 计，共 6 个样酒，按 3 轮进行，每轮次中挑选出香味纯正、多粮风格突出的样酒降成 52 度存放，并进行理化色谱分析，3d 后进行尝评鉴定，符合酒体设计骨架要求后再行调味处理。

在组合小样时，对口感有差异的酒，应找出质量差距，并通过色谱分析数据分析原因，如微量成分量比关系与设计酒体的要求等，以丰富勾调人员的实践经验。

组合样经尝评合格后，再进行细致的小样调味，用多粮双轮底调前香、增加组合样的复合香；用陈酒调整样品的后味、增加微量成分中的酸类物质……小样调好后分析（表 8-10），存放 10d，若有坐味（注：专业术语，勾兑中常用，形容勾兑好的酒经过一段时间储存，口感有一定变化）、降香现象，需进行二次调味，然后经尝评小组品尝意见一致后确定。最后进行大样组合调味，合格产品投放市场后，及时收集相关质量反馈信息，认真分析解决存在的不足。

表 8-10　　52%vol 酒样的色谱骨架成分分析　　单位：mg/100mL

组分	名酒 1	名酒 2	样品 1	样品 2
乙醛	24.55	27.65	23.83	25.53
乙缩醛	23.67	26.85	34.64	35.89
甲醇	16.43	11.87	13.71	10.28
正丙醇	16.76	20.33	22.30	10.66
仲丁醇	5.87	4.71	3.90	2.44
正丁醇	12.63	5.08	10.98	4.55
异丁醇	10.28	26.24	7.99	7.05

续表

组分	名酒 1	名酒 2	样品 1	样品 2
异戊醇	27. 10	32. 82	24. 77	27. 04
丁酸乙酯	18. 06	15. 84	22. 62	17. 48
乙酸乙酯	84. 49	110. 99	106. 29	95. 46
戊酸乙酯	4. 06	4. 84	6. 54	5. 43
乳酸乙酯	125. 29	135. 98	123. 69	123. 11
己酸乙酯	241. 31	228. 48	223. 36	227. 14
总酸/（g/L）	1. 31	1. 34	1. 26	1. 29

4. 结果分析

金角楼、银角楼一进入市场就受到欢迎，仅 2005 年，两款酒累计销售近 200t，普遍反映口感良好，价位适度，物超所值。改变了小角楼酒业无高档酒的局面，进一步提升了“小角楼”品牌形象，得到业内专家的好评。经过“小角楼”人不断的努力，2006 年“小角楼”荣获“中国驰名商标”称号，成为继五粮液、泸州老窖等六朵金花后，第七家荣获该称号的川酒企业。该品牌 10 年来得到持续的发展，为该公司创造出丰厚的利润。

要生产出好的多粮型酒，除了重视本厂基础酒生产外，适当的调味酒储存必不可少，丰富调味酒的品种、数量，具有一些风格独特的酒，开发新品就会得心应手。从以上实践而知，浓香多粮型酒的酒体设计，关键要解决好多粮复合香味，四大酯比例关系协调，但目前众多厂家的基础酒乳酸乙酯偏高（有时超过己酸乙酯），组合样时要引起重视，52 度成品酒中乳酸乙酯含量应小于己酸乙酯 80mg/100mL 以上，否则酒体放香不足、闷甜，还可能带涩味，消费者饮后易醉……乳酸乙酯、己酸乙酯的比及与醇、酸、醛量比关系的调整，是一个重点，也是一个难点，认真把握微量成分的关系，是酒体设计的关键。

第九章　低度白酒

第一节　低度白酒的发展

回顾低度白酒的发展过程，说明白酒是随着社会的发展、消费需求的变化而变化和发展的。根据梁邦昌等的考察研究，低度白酒古已有之。

一、 低度白酒的发展历程

1. 古代低度白酒的推断

对于中国白酒（蒸馏酒）的起源，民间、史学界、考古界有多种论述：有元代起源说（李时珍《本草纲目》“烧酒非古法也，自元时始创其法……”）、唐代起源说（白居易“荔枝新熟鸡冠色，烧酒初开琥珀香”）等。至今有实物为证者是上海博物馆马承源用汉代蒸馏器蒸酒试验所得的酒，最高酒精度为 26.6%vol，最低为 14.7%vol，平均为 20%vol 左右，而且“酒香、味甚佳”。由此可见，该酒当属超低度白酒系列，这可能是在中国白酒（蒸馏酒）初始阶段受蒸馏器具（设备）、蒸馏技术的限制所生产而成的。另外，我们是否可以大胆地设想：古代人既能生产高度酒也能生产低度酒，古人生产酒精度较低的低度白酒是其有意而为之，还是设备的限制呢？有待我们及后人发掘研究。

夏家骏为了推动低度白酒的发展曾撰写《古人尊尚薄酒》一文：“酒味之日趋于厚，近代尤其明显。而在古代，崇尚薄酒则有着相当长的一段历史……”文中引用大量的历史材料，论述了古人不仅尊崇薄酒，而且往往以能饮到薄酒为荣。由此证明，在古代，中国白酒并非开始就是“烧酒”，其酒精度和感官风味是随着社会的发展而变化的。

2. 近代中国白酒（20 世纪初至 20 世纪 70 年代）

据查证，由魏岩涛、何正礼编撰，1935 年出版的中国第一本白酒专著《高粱酒》中记载：1934 年，全国 20 个省饮料酒总产量为 5071905.78 石（折合 25.359 万 kL），其中，高粱酒类占 1521571.744 石（折合 7.62 万 kL）（各省及各种数量统计从略）。

按当时的称谓，白酒分为：高粱酒、土烧酒、汾酒、白酒、小酒等。

当时白酒酒精度无酒精度表测量，更无统一标准，《高粱酒》中文字描述为：“商场市肆所呼之‘原乾’‘原酒’‘白干’‘干酒’‘炮子酒’皆谓酒蒸馏后之未掺入生水者也，普通为三花至四花随各地之习惯而定。所谓某酒有几个花，乃某酒可加十分之几生水而为花酒也。所谓花酒乃原酒加水，使其酒泡达小米粒大小，接连若串珠，停一二分钟不灭，为其准则之酒。所含酒精成分约在 42%（以标准温度为 15℃时的重量百分比计）”。若折合成现在 20℃，体积百分比酒精度应该是 54%vol（以标准温度为 20℃时的体积百分比计，1957 年国际标准会议测定酒度的标准温度由 15℃改为 20℃），这是商品出售的最低酒精度。按原来所认为的酒精度越高酒质越好，当时市售白酒酒精度一般为 60%vol 左右。

中华人民共和国成立以后，各地白酒酿造作坊都进行了合作化改造，白酒才开始了真正意义上的工业化生产。由于白酒这一传统产业历来是师徒相授，又限于各地的原料、生产工艺和酒曲种类不同，其产品质量与风味各异。为提高白酒出酒率和酒质，国家先后组织了“泸州试点”“烟台试点”“汾酒试点”“茅台试点”等，解决了许多技术难题，规范了生产工艺，提高了产品质量。但是，中国白酒酒精度过高，刺激性大，消费群有限，难以走出国门。而高度白酒降度以后出现失光浑浊，酒味寡淡，失去了原酒的风味和特色，始终困扰着白酒界。过去也做了一些工作，但始终未能突破。如 1965 年“汾酒试点”期间所做的工作是，汾酒原酒在 68%vol~71%vol，出厂时加水降至（65±1）%vol，习惯称为加浆，加浆降度后 3~5d 内形成白色絮状沉淀。经当时科研组研究确定为加浆用水中硫酸根离子、钙离子过高所致，采用离子交换树脂处理加浆用水，解决了 65%vol 汾酒的沉淀问题，这是见诸报道的以解决白酒沉淀问题为目的的第一例，但仅限于解决加浆水硬度高和高度酒沉淀的问题。

3. 低度白酒的面世阶段（20 世纪 70 年代）

1971—1974 年，河南张弓酒厂郭宗武为解决高度白酒降度以后出现失光浑浊，酒味寡淡，失去了原酒的风味和特色——这一始终困扰着白酒界的技术难题，经过艰难的探索，历时 4 年，经数百次实验，研究了自来水加浆降度、蒸馏水加浆降度、低温复馏、加热溶解等方法后发现，在降度过程中，酒中所出现的白色颗粒和白色絮状物是随着酒精度和温度的变化而溶解度发生改变，因此，采用将温度降到 -18~-15℃，待白色颗粒和白色絮状物大量形成后，将酒样在低温下分别过滤后观察，38%vol 以上的酒样都达到了无色透明。在保持原酒风味方面，采取了提高基酒质量、加香泥板、回酒发酵、中高温曲配合使用等措施。1975 年研制成功 38%vol 张弓酒，并完成其大生产推广应用。

1975 年 6 月，时任中科院微生物所所长方心芳组织人员对张弓 38%vol 低度酒进行了鉴定，意见为：“无色透明、香气浓郁、绵软醇和、后味甜长，具有泸型曲酒风格，是目前我国第一个突破 40%vol 以下的曲酒。”

1976 年 2 月，经轻工业部、商业部、外贸部等批准，张弓低度酒在北京涉外商店、酒店出售。1976 年春季广交会上，张弓酒厂和香港五丰行签订出口合同，张弓低度酒销往日本、新加坡、中国香港等国家和地区。1976 年，张弓低度酒经轻工业部食品发酵工业科学研究所熊子书、万良才等鉴定并验证了冷冻过滤生产工艺是可行的。

1978 年 11 月，五粮液酒厂采用“优选法”研制成功低度酒，华罗庚表示祝贺。同年 12 月，轻工业部在长沙召开“全国名优白酒会议”上，张弓酒厂做了“低度大曲酒的研制情况——38%vol 张弓大曲酒”的经验介绍。会议期间，由潘裕仁局长主持，组织了周恒刚、熊子书、沈怡方、辛海庭等专家进行了专题品评讨论，品评意见：“38%vol 张弓酒无色透明，芳香较浓，香味纯正，落口甜净，回味较长。”在潘裕仁所做的会议总结中指出：河南张弓酒厂采取冷冻过滤的工艺研制而成的 38%vol 优质大曲酒，是我国白酒发展史上的一大突破，填补了我国低度白酒的空白。它有利于人民身体健康、节约粮食、扩大出口贸易，指出了我国白酒的发展方向。

同期，四川、江苏、黑龙江、天津等相关科研单位、酒厂相继对低度酒进行了研究，取得了可喜成绩。1975 年黑龙江轻工所对北大仓酒冬天出现的絮状沉淀以及玉泉大曲酒尾上漂浮的油珠应用气相色谱进行了鉴定，明确这两种物质同为高沸点棕榈酸乙酯、油酸乙酯及亚油酸乙酯的混合物。在低度酒的研究推广方面，倾注了老一代著名酿酒专家的心血及全行业技术人员的汗水。

4. 低度白酒的推广阶段（20 世纪 80 年代）

在轻工业部、商业部等的大力倡导下，各地白酒企业纷纷相互学习，研发各自的低度白酒。首先在浓香型白酒展开，而后是清香型白酒、酱香型白酒等。经过第三届、第四届、第五届国家白酒评比，涌现出并命名了一批低度名优白酒。1979 年，第三届国家名酒评比中，共参评样品 313 个（包括其他酒种），低度白酒 4 种，39%vol 双沟大曲第一个获得国家优质酒称号；1984 年，第四届国家名酒评比中，共参评白酒样品 148 个，低度白酒 8 种，评酒结果：38%vol 洋河大曲、39%vol 双沟特液、38%vol 张弓大曲、38%vol 津酒获得国家名、优酒称号；1989 年，第五届国家名酒评比中，参评样品 331 个，其中低度酒 168 个，14 种低度白酒首次被命名为国家名酒，24 种低度白酒被命名为国家优质酒。这对白酒的生产和发展具有重大的指导意义。

1987 年，国家经济委员会、轻工业部、商业部、农业部等在贵阳全国酿酒工业增产节约会议上，就中国酿酒工业的发展方向提出了“优质、低度、多品种”和“四个转变”，即“普通酒向优质酒转变，高度酒向低度酒转变，蒸馏酒向发酵酒转变，粮食酒向水果酒转变”的发展方针。明确要求白酒降度、发展低度白酒。这一政策的推出有力地推动了低度白酒、降度白酒的发展，第五届全国白酒评比就是最好的证明。

通过贵阳会议及第五届国家白酒评比，极大地激发了白酒企业生产低度白酒的热情，降度、低度白酒产量占白酒总产量的比例达到了 50%以上，国家提出的“优质、低度、多品种、低消耗”得到了较好的落实。

5. 低度白酒的调整整顿阶段（1990 年至今）

1990 年以后，受贵阳会议“优质、低度、多品种”和“四个转变”及第五届国家评酒后效应的影响，白酒低度化的趋势逐步增强，另外，我国白酒一定程度上摆脱了计划经济的束缚，是较早进入初期市场经济的行业之一。20 世纪 90 年代中期，受经济过热的影响，白酒产量一度达到 700 万~800 万 kL，其中，白酒低度化是不可忽视的因素：一是低度白酒生产技术相对成熟，低度白酒生产质量不再是难题，在不增加生产班次的情况下，1kL 60%vol 的白酒可以生产 38%vol 的白酒 1. 58kL，同时随着市场需求的变化，原来认为不能搞或者不宜搞的香型、品牌也相继开发推广低度白酒，如茅台酒等，近几年取得了突破性的进展。随着国家宏观调控政策的出台、竞争加剧，一些企业把低度白酒开发，适应市场需求，作为寻求突破的主要手段之一。白酒行业产量虽有所下降，但低度白酒的比例仍在扩大。据统计，40%vol 以下白酒占总量的 36%，40%vol~50%vol 白酒占 50%，50%vol 以上高度酒占 14%。产品结构趋向合理。

2007 年 8 月举行了“首届中国低度白酒发展高峰论坛”。会议系统总结了我国低度白酒发展历程，并对“中国低度白酒生产技术”进行了评述。低度白酒经过 40 多年的发展，质量进一步稳定与提高。同时扩大了白酒消费群，扩大了市场；改变白酒“烧酒”

的不雅形象；节约了酿酒用粮；在酒精度上与世界实现接轨；催生了低度白酒后处理技术和设备行业。

总结过去，展望未来，低度白酒应该在以下几个方面加强。

（1）低度白酒水解机理及勾兑技术的研究。

（2）提高基础酒、调味酒及勾兑用水质量。

（3）低度白酒后处理技术研究。

（4）低度白酒的新产品开发，以适应市场变化。

2022 年 1 月 10 日，工信部《关于加快现代轻工产业体系建设的指导意见（征求意见稿）》中指出：针对年轻消费群体、国外消费群体发展多样化、时尚化、个性化、低度化白酒产品。未来，低度白酒的发展前景广阔。

二、 低度白酒贮存中的变化

1. 低度白酒贮存中芳香成分的剖析

随着低度白酒的发展、产量的增加，发现低度白酒贮存中发生变化，口味变淡并带异味，随着贮存时间的增加和贮存条件的差异，这种变化尤甚。为了探索低度白酒在贮存中质量变化的原因，找出解决问题的科学依据，众多科研机构和大型酒厂纷纷开展了此项研究，从中发现了一些规律性的东西，掌握了降度酒和低度酒在贮存中微量成分的变化，了解到口感变化的原因，为稳定和提高低度曲酒质量提供了可靠和科学的依据。

2. 芳香成分变化对低度白酒风味的影响

（1）不同贮存期曲酒的感官品评　为了解不同贮存期曲酒口感的变化，在取样检测微量成分的同时，即每隔 3 个月取样进行感官品评。

从尝评结果看，瓶装降度酒只要密封良好，贮存 1 年口感基本无大的变化；低度白酒即使密封良好，贮存 9 个月后会出现不同程度的不愉快味道，随着贮存时间的增加，这种味道会加重，酒味也随之变淡。这是由于酒中微量成分量比关系变化所致，与检测结果吻合。

（2）有机酸变化对酒质风味的影响　从色谱检测结果看，降度曲酒和低度曲酒在贮存过程中有机酸大多呈增加趋势。在浓香型曲酒中，乳酸、己酸增加较多，其次是乙酸和丁酸；在酱香型曲酒中，乙酸、乳酸、正丁酸、丙酸增加较多。“氧化”和“水解”反应是低度曲酒贮存中有机酸增加的途径。低度酒比降度酒增加幅度更大，这是引起口感变化的重要原因。

有机酸含量的高低，是酒质好坏的一个标志，在一定比例范围内，酸含量高的酒质好，反之，酒质差。瓶装酒，本来出厂时就已勾兑好，微量成分平衡、协调，但经贮存后，由于酒中有机酸的增加，使酒中酸、酯等微量成分平衡关系破坏、失调，引起了酒质的变化。

（3）酯类变化对酒质风味的影响　降度酒和低度酒经贮存后，酯类含量普遍降低，而且随着贮存时间的延长，酯类减少也随之增加。低沸点酯类中以己酸乙酯、乳酸乙酯等酯类变化最大；高沸点酯类变化微小，但亦呈下降趋势。

据李大和报道，经过贮存，39%vol 五粮液低沸点酯类总量从 447.17mg/100mL 降到 417.58mg/100mL；38%vol 沱牌曲酒从 307.76mg/100mL 降到 215.70mg/100mL；酱香型郎酒（39%vol）降低幅度更大，从 466.05mg/100mL 降到 375.05mg/100mL。一般来说，

低度曲酒在贮存中低沸点酯类的减少速度比降度酒或高度酒快。酯类减少，酸类增加，酸酯比例失调，是低度白酒贮存后口感变淡、出现不愉快气味的原因。

酯类在中国白酒中存在着下面的平衡关系：

$$RCOOR'（酯）+H_2O \rightleftharpoons R'OH（醇）+R'COOH（酸）$$

这个反应是可逆的，当酒中乙醇含量较高，酸的含量也足够时，反应趋向酯化方向。但当原酒加浆降度，特别是降至低度酒后，酒中酸、酯含量减少（与原度酒或高度酒比较），乙醇含量也减少。而水的比例增加很多，促使酯类的水解，造成酯类含量减少，酸类含量增加。当然这个反应是十分缓慢的，通过1年多的跟踪检测，这个反应确实存在。

（4）醇、醛、酮变化对酒质风味的影响 低度酒和降度酒经一段时间贮存后，醇类普遍呈上升趋势，特别是异戊醇、正丙醇等；无论是降度酒还是低度酒，经贮存后，乙醛含量降低，随着贮存时间的延长，乙醛降得越多，乙缩醛则相反，这是醇、醛缩合的反应。醇、醛、酮、酸、酯在酒中是一个平衡体系，这些物质的变化造成平衡失调是低度白酒在贮存中质量变化的根本原因。

如何减缓或防止低度白酒在贮存中的“水解”，是低度白酒发展中应解决的技术问题。

第二节 对降度浑浊的再认识

通过多年的研究，白酒降度引起浑浊的主要表现形式有：白色片状沉淀、白色絮状沉淀、棕黄色沉淀和油状物等。经过梳理分析，主要是三个原因引起的，即水质原因、原酒因素、生产过程因素。现分叙如下。

一、 水质原因

水的质量不仅在酿造过程中有很重要的作用，而且在低度酒生产中更直接关系到成品酒品质的好坏，从原酒的60%vol降到40%vol以下，加浆用水量在原酒量的50%以上，这样大的加浆水量要求水质要达到清澈透明，无异味、无污染，入口纯净甘洌，含离子量适中，以软水为好。目前各厂加浆用水各不相同，尤其是小企业，质量隐患较大（这也是中高度酒货架期出现沉淀的主要原因）。白酒的加浆用水有以下几种。

1. 地表水

一些小企业一般使用在100m以内的浅井水，水质不稳定，常带有泥沙、浑浊沉淀，硬度大，有泥腥味，属有严重缺陷的水。这种水含有很多杂质，主要是悬浮杂质，如泥土、水藻的遗体等；胶体物质，如水中带电荷的硅、铁、铝的化合物及有机质等；溶解物质，如二氧化碳、氯化物、硫酸盐、金属离子等。

2. 自来水

指直接使用城市用自来水，大多是经过过滤、消毒等处理的居民生活用水，缺陷是经过漂白粉消毒后含次氯酸根离子，有较浓的漂白粉味而影响酒质。

3. 深井水

指使用300m以上的水层的深井水，是属于不易再生的地下水资源，现各地均控制开采使用量，其水质稳定，味甘甜，离子含量较高，硬度偏大，缺点是如果硬度过大会造成成品酒固形物含量高和货架期的沉淀。

4. 去离子水

阴、阳离子交换树脂串联使用，隔一段时间需用盐酸和烧碱对阴、阳离子交换树脂进行再生，达到去除 Ca^{2+}、Mg^{2+} 的效果。其缺点是操作不稳定，水有不同程度的碱味。

5. 纯净水

现较普遍使用，是经过电渗析、反渗透、超滤等现代科技而得到的高纯度去离子水（一般电导率 10μS/cm 以下），其水质稳定、口味纯净，作为加浆用水还可降低成品酒固形物含量。

经多年的实践表明，具有一定矿化度的自然泉水用来加浆降度效果不错，不少名优酒就一直使用天然矿泉水降度，这可能是因为具有一定矿化度的水能有效降低白酒中酯类物质水解速度，减少成品白酒货架期浑浊现象。

二、 原酒因素

据研究，原酒中引起低度酒出现浑浊的物质具体成分为：棕榈酸（$C_{16}H_{32}O_2$）、亚油酸（$C_{18}H_{32}O_2$）、油酸（$C_{18}H_{34}O_2$）及其乙酯类；还有一些杂醇油和其他酯类、酸类等 70 余种物质（不同香型酒有一定差异），但主要的是前三种高级脂肪酸乙酯。它们均溶于乙醇但难溶于水，其溶解度随着温度和酒精度的降低而降低，因而在白酒降度或低温时溶解度减小，以白色状态呈现出来，出现了白色絮状沉淀。另外勾调进入酒中的大曲酒头、酒尾、调味酒较多时，会导致酒中的三种高级脂肪酸乙酯含量较高（为此有的厂将调味酒除浊后使用）。尤其是当酒精度降低到 40%vol 以下或温度低于 -5℃时，白色浑浊物出现更为明显。但这种白色絮状沉淀一般是可逆的，当酒精度、温度升高时，酒体又变得澄清了。在生产时可采用低温（0℃以下）贮存一周，再进行过滤，这类沉淀就会解决。

新国家标准中都有这么一句“当酒的温度低于 10℃时，允许出现白色絮状沉淀物质或失光，10℃以上时应逐渐恢复正常”。我们在处理低度白酒时，是否一味要求将高级脂肪酸乙酯等彻底去除？还是要确保酒体的完整性？

三、 生产过程因素

1. 香料和添加剂

为了提高酒的风味，低度酒勾兑时要加一点香料或其他的添加剂（注意 2021 年版国标要求，均不得直接或间接添加食用酒精及非自身发酵产生的呈色呈香呈味物质）。但加入的添加剂纯度一定要高，达到 CP（化学纯）或 AR（分析纯）级。若添加剂纯度不高，加入酒中后 1~2d 看不出异常，3~4d 后出现少量、细碎的白色片状物，随着时间的延长逐渐呈絮状且量多，一周后现象更明显。如果在销售旺季，生产单位为了保证市场，在沉淀不充分的情况下提前过滤、灌装，往往会造成货架期沉淀。例如，乳酸是白酒中重要的呈味物质，它在酒中若含量适中会赋予酒醇厚丰满的口感。但若使用的乳酸质量不好，尤以棕红色乳酸最差，由于其黏度较大，加入酒中后生成微小白色絮状物。在生产时还不易被发现，过一段时间沉于瓶底造成酒货架期沉淀。这种沉淀物质被定性是丙交酯化合物，是一种乳酸聚合物，易溶于乙醇、乙醚中。所以，对使用的香料要严格把关，切忌使用劣质香料，并且在保证口味及理化指标的前提下也得严格控制使用量，同时要保证酒在处理过程中的沉淀时间。生产中可先将香料溶于高度调味酒后，再倒入大样酒中，这样就可以避免油状物的过多产生。

2. 管道、阀门

在白酒的贮存过程中，不时会出现白酒着色发黄的现象，影响了白酒的质量。实验表明，白酒的黄色主要和铁离子含量有关，白酒中的铁的主要来源是在长时间的贮存过程，白酒与容器、管道、阀门等铁质材料接触，金属铁与白酒中的有机酸反应，使酒中溶入较多的 Fe^{2+}；Fe^{2+} 溶于酒呈黄色，在贮存过程中进一步氧化成 Fe^{3+} 而形成棕色沉淀析出，从而影响白酒的卫生指标及感官质量。对于此类白酒，应首先测定其铁离子的含量，然后通过计算加入适量的植酸，搅拌处理 24h，处理后的酒样无色、清亮、透明、口感更好。流酒的管道、阀门等最好采用不锈钢材料。

3. 贮存设备

铝罐贮存：铝罐虽有一层氧化铝保护层，但它还是能被酸腐蚀。用铝罐贮酒，酒中的酸把铝表面的氧化铝溶于酒中，在混入半成品酒后，在以后酒中形成白色细片状沉淀。很少量的酸都能与氧化铝起反应。用铝罐贮存酒精，酒精中含的酸与铝起反应，生成透明黏稠状物，溶入白酒后因它们的结构松散，又极易聚合，故很难滤清。唯有取上清液使用，剩余的白酒重新蒸馏后使用。所以不要用铝罐贮存白酒、酒精。若要旧物充分利用，也应在铝罐内壁涂上无毒的防腐材料。

涂血料容器：以猪血、鸡蛋清和生石灰混合涂刷在容器内壁，形成不渗漏的胶膜。但在贮酒过程中会溶出钙离子与低分子的含氮化合物，钙与酒中的乳酸以及其他的酸生成钙盐，在条件合适时便发生钙盐沉淀，为白色片状物。这类容器贮存 30%vol 以上的酒有防渗漏作用，贮存 30%vol 以下的酒，因长时间的浸泡会把血料浸泡下来，使酒质变黄，并有血腥味。对这类贮酒容器应勤检查，查看糊容器纸是否有脱落处，避免酒与血料直接接触，造成血料污染。在北方地区采用涂血料容器的厂家应多加注意。

4. 过滤设备

企业使用的硅藻土过滤机和陶瓷过滤机均为粗滤设备，过滤精度不够，只能拦截大分子物质和一定量的小分子物质，致使部分小分子物质留在酒中，随着时间气候的变化，小分子物质逐渐聚集为大分子物质而形成沉淀。另外，由于过滤布使用时间过长，布质疏松，或是滤盘松，在过滤时，硅藻土被带入酒中引起白色沉淀。所以，在酒质过滤时，应将粗滤和精滤相结合，即在精滤机过滤之前再加一至两道粗滤。这样既能保证过滤效果，又能延长精滤机的使用寿命。

5. 新酒瓶

新酒瓶因为没使用过，洗瓶时往往粗放。新酒瓶内壁会附有硅酸盐，硅酸盐是可溶性盐，硅酸根离子和酒中的氢离子发生作用，生成硅酸，它是很弱的酸，溶解度很小，又很易与酒中的金属离子发生反应。酒经放置一段时间后产生沉淀，俗称货架期沉淀。所以，用新酒瓶包装时，必须用处理过的软化水彻底清洗。必要时可加 5%的稀酸进行刷洗，然后再用软化水冲洗，瓶洗净，水控干后再送往灌装。

另据报道，部分高档酒瓶的配料中有铅盐，在使用这类酒瓶时要更加注意。

由于白酒是一种多组分体系，它在生产、贮存、勾兑、再贮存过程中发生一系列化学反应，造成很多使白酒产生沉淀的因素。只有加强对浑浊（沉淀）现象的认识，做好防范工作，才能避免。

第三节　低度白酒生产方法评述

一、冷冻过滤法

根据三种高级脂肪酸酯的溶解度随温度降低而降低的特点，将待处理的白酒冷冻至-15～-12℃，保持数小时后，高级脂肪酸酯积聚致颗粒增大析出，可在低温状态下吸取上清液过滤，并去除絮状沉淀物，即可获得澄清透明的低度白酒。由于过滤的是油状物，一般要采用石棉、纤维素粉等助滤剂。

由于该种方法投资大、费用高，特别是需要一套高制冷的冷冻设备和低温过滤房间，且温度必须在-12℃以下，会产生1%～2%的浪费，因此，较少采用（特别是南方）。尽管北方可以利用冬季室外温度低的自然条件进行冷冻除浊，但受温差、时间等因素的限制，过滤速度慢，因此，建议只作为一种辅助手段考虑。

二、吸附法

原理：利用吸附剂表面许多微孔形成的巨大表面张力，对低度白酒中的沉淀物质进行吸附。吸附能力与分子大小成正比，棕榈酸乙酯、油酸乙酯、亚油酸乙酯等油性高级脂肪酸酯的化学结构、相对分子质量、化学键，均与其他微量成分差别大，易被吸附。一般来说，吸附剂作用的强弱与其性质和结构关系密切，吸附能力与吸附剂的比表面积大小有关，表面积越大，吸附能力越强，吸附剂孔隙越多，平均微孔径与被吸附分子的大小尺寸匹配性越好，那么吸附能力越强。

使用原则：既去除酒中沉淀性物质，又不使酒中的香味物质产生较大损失，同时不会影响酒体的风格和特点。详细见表9-1。

表9-1　几种吸附法比较

吸附剂	作用机理	优点	缺点
酒用活性炭	表面布满微孔，因而具有巨大的比表面积和表面张力；微孔孔径的控制使其对吸附的物质分子直径有一定的选择性	吸附力强，速度快；操作简便，设备投资少；同时可除去苦杂味，加快老熟，安全性高	选择性差，出渣劳动强度大，白酒损耗大
淀粉或变性淀粉	淀粉膨胀后颗粒表面形成许多微孔，淀粉的葡萄糖基链上的羟基易与高级脂肪酸乙酯的氢原子形成氢键	操作简便，设备投资少；过滤速度快，能保持酒的原有风格	成本高，排渣较困难，易出现再次失光等现象；有时会带给成品酒不良气味
无机矿物质	具有离子交换性和吸附性	速度快，用量少。沉淀易清除，酒损少，能够抑杂味	选择性稍差

续表

吸附剂	作用机理	优点	缺点
絮凝剂	琼脂多糖分子通过氢键交联形成絮状物，将白酒中浑浊物吸附凝聚并沉淀，鸡蛋清可形成絮凝物	能保持酒的原有风格	易出现再次失光或絮状沉淀现象
大孔吸附树脂	具有毛细孔结构，具有巨大的表面积	树脂可再生重复使用	选择性稍差

三、 硅藻土过滤

硅藻土是单细胞藻类植物遗骸的矿物成分，为非晶质的氧化硅，由于壳体上微孔密集，堆密度小，比表面积大，因此具有较强的吸附力和过滤性能，能吸附大量微细的胶体颗粒，滤除 0.1~1.0μm 的粒子和细菌。目前使用较多，有一定的普遍性，有时也会出现处理不彻底的现象，一定要选用材质好的硅藻土过滤机和介质。但据报道，美国 FDA 提出有些硅藻土存在毒性问题。

四、 膜分离技术

膜分离技术（超滤法）是 20 世纪 60 年代发展起来的，其选择性地使棕榈酸、油酸、亚油酸及其酯类不能通过，而其他相对分子质量较小的酸、醇、酯类能通过微孔孔径的超滤膜，并通过位于膜表面的微孔的筛选，可以有效地截留沉淀性物质，并可以通过等压冲洗和反冲洗进行再生。但需要注意的问题有二：一是由于酒体是醇类物质，所以膜材料要具有对醇的稳定性；二是膜要有适宜的孔径和孔分布，以使酒的有效成分能通过膜，而有害成分被膜截留。这种技术分离效果明显，通过近年来的发展普及，使用成本逐步降低。

五、 再蒸馏法

酒中三种高级脂肪酸乙酯在蒸馏时多积累于酒头和酒尾中，利用它们不溶于水的特点，将基础酒加水稀释至酒精体积分数为 30%，再进行蒸馏，并截头去尾，这样所得的酒再加水稀释时不会出现浑浊，但这种方法使酒中的香味物质损失较多，消耗能源大，生产成本高。

六、 增溶法

笔者曾于 1987 年应用表面化学理论（见《广州食品工业科技》，1989 年 2 期《低度白酒速效增溶剂的研究》，余乾伟），使用增溶剂（或称助溶剂）等表面活性剂（即吐温混合物）改变液体的表面张力，产生增溶作用，可保留原酒的香味成分，对保持酒的风味有重要作用。表面活性剂能使浑浊的低度白酒在不除去沉淀性物质和全部保留原酒中固有风味物质的前提下变得清亮透明，这样既不减少白酒中香味成分的含量，又不影响香味成分的配比，是白酒除浊技术中最简单、最方便、成本最低的一种方法，而且不局限于处理低度白酒。

表面活性剂是由非极性的亲油的碳氢链部分和极性的亲水的基团共同构成的，这两部分处于分子的两端，形成不对称的结构，在低度白酒中形成亲油基向里、亲水基向外的层状或球状的分子聚集物（胶团）而呈溶解状态。这样，高级脂肪酸乙酯等油性分子进入表面活性剂胶团的中心或其夹缝中而为胶团的亲油基所溶解；表面活性剂分子的亲水基一端伸在水中，亲油基一端吸附在白酒中浑浊物固体粒子表面，在固体表面层形成亲水性吸附层，从而使溶液稳定，并呈透明状态。添加适量的抗凝剂后，使白酒中的各种物质，尤其是沉淀性物质，在一定的酒精浓度和温度条件下，保持溶液的相平衡，防止溶质凝聚析出。

此间，相关人员也对增溶法进行了研究，有的还申请了国家专利。但该法的缺陷是，处理的酒经振荡后会出现泡沫，影响酒的外观。由于当时的局限性，未深入的研究。今天看来，随着技术的进步，酒类添加剂的丰富发展，作为增溶法这一技术，还是可以进一步完善提高，如果能解决添加增溶剂后出现泡沫的问题，那将会是众多低度白酒生产厂家的福音。

对于处理低度白酒浑浊，应视其具体情况分析，如浓香型低度酒可采用冷冻法加活性炭吸附，再经复合膜净化过滤处理方法，对产品质量的稳定、保持固有风格效果较好。

第十章　新型白酒

第一节　新型白酒的优势及特点

新型白酒从20世纪80年代以来，技术越来越成熟，生产企业众多。新型白酒以其“香气柔和、绵甜自然、酸酯谐调、口味干净”的特定风格，符合现代人消费的需求而深受欢迎。它是我国数十年白酒科学技术成果的结晶，倾注了很多酿酒科技工作者的心血。

新型白酒，又称新工艺白酒。它和传统白酒如何划分和区别，业内有不同认识，笔者认为，应执行GB/T 20822—2007、GB/T 20821—2007标准及其修改稿。在最新GB/T 17204—2021中的定义见前文。

2021版标准中白酒是不能添加非自身发酵产生的物质，即不得外加食品添加剂。只有配制酒、露酒两大类可以加。但作为中国白酒发展进程中的一门技术，本书还是予以介绍，以期推动白酒的技术进步及健康发展。

一、新型白酒的优势

1. 经济效益高

新型白酒淀粉出酒率高，能节粮降耗，大幅度降低成本，经济效益高。据测算，传统固态法白酒平均吨酒粮耗2.6~3.0t，而液态法白酒每吨耗粮仅1.7~1.8t，吨酒节粮近40%；二者结合生产的新型白酒成本比传统固态白酒降低30%以上，若生产中、低度白酒，成本更低，有很好的经济效益和社会效益。

2. 安全卫生

食用酒精比固态法白酒杂质少，安全卫生。在食用酒精标准GB 10343—2008，GB 31640—2016中，其有害物质如甲醇、氰化物、重金属含量等都比固态法白酒低得多，优质食用酒精稀释后带甜味，没有一般固态法白酒中的苦味、涩味，更不会有霉味、糠味、泥臭味等异杂味。故以食用酒精为基础的新型白酒口感舒适、干净带甜，更卫生安全。

3. 是提高中、低档固态法白酒质量的捷径

传统的中、低档固态法白酒，一般质量上存在一定的问题，如基酒中主体香味成分比例失调，其他微量成分含量不足或不谐调，苦味、涩味等异杂味较重，若将其与食用酒精相结合生产新型白酒，质量问题就不难解决。若采用精湛的勾兑技艺，可使质量等级提高1~2个档次。

4. 新型白酒的可塑性强

可根据市场需要和不同消费者的口味特点，随意开发新品种。白酒微量成分的剖析和勾调技术的进步，为新型白酒的生产提供了科学依据，可开发不同香型、不同风格、不同酒精度的各类产品，参与激烈的市场竞争。

5. 便于全国基酒大流通

有利于南北优势互补。北方地区受气候、水土、微生物区系等条件的限制，较难生产出优质浓香型基酒，普遍存在己酸乙酯偏低、异杂味重、典型性差等问题，从四川、贵州等盛产浓香型、酱香型曲酒的地区引进优质基酒和调味酒，可弥补北方酒的不足。北方食用酒精产量大，质量不错，价格也较合适。全国基酒大流通，加速了资金的周转，促进了新型白酒的发展。

二、 新型白酒与传统固态法白酒的关系

李大和认为，就当前的认识和技术水平来看，要想生产优质的新型白酒，都离不开传统的固态法白酒，而且与其质量密切相关。现今市场上销售的档次较高、质感较好的新型白酒，在纯净的食用酒精中都加入了较多的传统固态法（或半固态法）白酒，再用香料按名优白酒香味成分的量比关系补充其不足，最后用调味酒使酒体谐调、丰满。因此，新型白酒的质量与传统白酒的下列因素紧密联系。

（1）传统固态法白酒基酒的质量　不论哪种香型的基酒，若酒质好，在勾调新型白酒时，用量可以减少，成本可降低，且成品酒质量好；若基酒质量较差，带苦味、涩味甚至臭味、霉味、糠味等异杂味，即使在勾调新型白酒时加入较少，有些杂味仍然难以克服，以致严重影响成品酒的质量。

（2）通过串蒸使食用酒精去杂增香　这是生产新型白酒的主要方法之一，其串蒸所用的固态法酒醅质量至关重要。浓香型大曲酒的底糟、红糟、粮糟、上中下层糟、特殊工艺糟；清香型大曲酒的大楂酒醅、二楂酒醅；酱香型大曲酒不同轮次的糟醅等，串蒸出来的酒差异很大。

（3）传统固态法白酒的酒头、酒尾、尾水等亦左右着新型白酒的质量。

（4）传统固态法白酒的调味酒质量，是补充新型白酒中“复杂成分”的关键材料，没有好的调味酒，难以使新型白酒“香气柔和自然，口感绵顺、谐调”。

（5）名优白酒香味成分的剖析，为新型白酒勾调先搭好“骨架”，再用“谐调成分”使酒体谐调，最后用调味酒中的“复杂成分”画龙点睛，提供了科学依据。

第二节　新型白酒的生产方法

当前新型白酒的生产方法主要采取：将食用酒精净化、脱臭加水稀释再加入一定量的固态法白酒，配以部分酒头、酒尾及发酵副产物提取液和多种食用香精香料（食品添加剂）等，按不同香型名酒中微量成分的量比关系或自行设计的酒体进行增香调味而成。

一、新型白酒的原料质量

1. 食用酒精

国标 GB 10343—2008、GB 31640—2016、GB/T 17204—2021 等规定了食用酒精的术语和定义、分类、技术要求、分析方法、检验规则以及包装、运输和贮存。

全国白酒企业都十分重视发展新型白酒，各企业所处地域不同，香型不同、品位不同、价位不同、档次不同，应用酒精的等级也各异。高、中档新型白酒的开发所使用的酒精，必须采用以粮食（玉米）为原料、六塔蒸馏的工艺手段，符合 GB 10343 优级以上要求。

（1）影响酒精感官质量的主要杂质　酒精中杂质的组成及含量，取决于原料的品种和质量、发酵条件、蒸馏设备及工艺等。有些杂质尽管含量甚微，由于其阈值很低，对酒精的感官质量影响较大。酒精中的杂质主要分为醛、高级醇、酸、酯、挥发性含氮物、硫化物等。除某些特殊产品如伏特加，对酸和酯的含量有限制外，酸和酯对酒精的口感不利的影响较少。此外，挥发性含氮物和硫化物对酒精的口感也有较大影响。

① 醛类：正常情况下，酒精中的醛主要是乙醛。当原料有霉烂时，或因发酵过程中感染某些细菌，则会产生甲醛、丙醛、丁醛、巴豆醛和丙烯醛等。醛类物质属于低沸点（如乙醛）和中沸点（如丙烯醛、巴豆醛等）杂质，有灼热感和强烈的刺激感，刺激口腔黏膜和鼻黏膜，还会引起头痛。酒精的辣味主要来自低级醛类。日本小西一敬等认为，影响酒精质量的主要原因之一是存在用一般蒸馏法不容易排除的中沸点有机杂质，包括中沸点醛和醇类。这点可通过感官鉴定和气相色谱分析予以证实。

② 高级醇：杂醇油的主要成分是丙醇、异丁醇、异戊醇等，其毒性和刺激性均高于乙醇。

③ 挥发性含氮物：尽管这一类物质未直接列入酒精标准，但实验结果表明，酒精中含氮物质的量大体与感官评分成反比。

④ 硫化物：由原料或加工设备带到酒精中的含硫化合物有硫化氢、硫醇、硫醚等。硫化物的阈值较低，有臭味，对酒精的口感影响较大，目前我国引进的法国 Speichhim 公司和奥地利奥高布殊生物工程公司生产设备中都设有紫铜贮罐或填料，目的是除去酒精中含有的微量硫。

（2）提高食用酒精感官质量常用的方法

目前，在大生产中采用的酒精脱臭方法有以下几种：

① 高锰酸钾氧化法：根据小实验确定的用量，将高锰酸钾溶液直接加到酒精中。高锰酸钾是一种强氧化剂，可将酒精中乙醛等还原物质氧化成相应的酸。但在氧化的同时还生成可溶的钾盐和二氧化锰，对酒精的口味有影响，使用不当还会使酒中的锰超标。

② 粉末活性炭处理法：把粉末活性炭直接加入酒精贮罐，充分搅拌，待其自然澄清。或先用高锰酸钾处理，再加活性炭。这种方法简单易行，为大多数工厂采用，但也存在不少弊端。首先这一过程是在一个大罐中进行，这种静态吸附的方法存在一个吸附与解吸的平衡过程，一方面杂质被吸附，另一方面被吸附的杂质又重新溶解，因此吸附效果并不十分理想。其次，在大罐中自然澄清需要几天的时间，稍有不慎，粉末活性炭就会带入酒精中，给后工序过滤和装瓶带来许多麻烦。沉淀下来的活性炭，久而久之，形成

厚厚的沉淀层，清理起来比较麻烦。

③ 炭柱吸附：将桦木炭或粒状活性炭装入吸附柱内，使酒精连续通过，达到净化脱臭的目的。

生产伏特加的传统方法是利用桦木炭。将大块的桦木炭破碎成直径5~30mm，装入组合炭塔中（每组塔由3~7个塔串联），酒精以一定流速通过炭塔，接触时间不少于24h。

用桦木炭脱臭，除吸附酒精中的杂质外，还希望使产品具桦木炭的特殊风味，但就吸附能力而言，桦木炭远比不上活性炭。活性炭在制造过程中，去除挥发性有机物后，晶格间生成的空隙形成许多形状和大小不同的细孔。这些细孔壁的表面积（即比表面积）一般高达500~1700m^2/g，这是活性炭吸附能力强、吸附容量大的主要原因。

活性炭的吸附能力除与其表面积有关外，还与其细孔结构、细孔分布和表面性质有关。因此，它具有选择吸附性。不同牌号的活性炭用于酒精脱臭其效果大不相同，原因也就在此。

采用炭粒处理酒精需解决的关键问题是：选择合适的炭的品种；确定处理的工艺条件如接触时间、炭层高度等；选择有效的再生炭的方法，使吸附炭经再生后，可反复使用。只有解决以上问题，才能实现该工艺的有效性和经济性。

2. 串香

采用固态长期发酵，然后以小曲酒放置于底锅加热，酒蒸气经香醅串蒸得到白酒，是董酒生产的传统工艺。20世纪60年代中期将其引用到酒精串蒸固态发酵香醅制成新工艺白酒，开创了固液结合的生产工艺，解决了液态发酵法生产白酒的质量风味关键问题。发展至今已成为新型白酒生产的主要方法之一。串香工艺既能生产名优酒，又能生产普通级白酒。

在固态发酵的浓香、酱香、清香及其他香型白酒生产中，酒糟内还残留着大量的有机酸、酯、醇、醛等物质。为了充分利用这些有益物质，故加入酒精进行串蒸提取，也可在糟中加入少量粮食回窖发酵，然后再串香，酒质会更好。

用串香法来净化酒精，其处理效果与固态酒醅质量密切相关。有的厂本来酒醅质量就差，甚至霉味、泥味、异杂味严重，如用此酒醅串香，必然是“劳民伤财”，得不偿失。四川具有得天独厚的自然条件，对酿造浓香型酒特别适宜，故四川的串香酒就能达到较高的质量。串香法适用于任何香型白酒，不受限制。此外，串香法应注意甑桶和蒸馏过程的密封程度、流酒速度、流酒温度、上甑技术等，千方百计提高酒精回收率，降低生产成本。

常用的串香操作方法：将食用酒精加水稀释至60%vol~65%vol，倒入底锅中，液面离甑箅20~25cm。按正常操作要求上甑，酒醅层厚度为原甑的1/4~1/3即可，慢火蒸馏，截头去尾，留取中馏部分，酒头酒尾回锅重蒸。切忌大火大汽快速蒸馏。一般串香的酒精损失在3%~10%。

串香酒的质量与新型白酒质量密切相关，有的厂为了进一步提高串香酒质量，采用一些特殊措施：如用特殊方法制备香醅；在酒精稀释液中加入适量混合香料，串香后只需稍作调整，便可作为成品；将适量混合香料均匀混入固态酒醅中，按常法上甑、串蒸等。

3. 基酒和调味酒

准确地认识和选择基酒和调味酒，是提高新型白酒质量的重要工作。传统白酒勾调是酒勾酒、酒调酒，没有添加其他成分。但新型白酒勾调是在基酒中加入部分（多少视配方而定）食用酒精，再补充微量成分然后用高质量的调味酒进行“画龙点睛”。

固液勾兑酒的质量与基酒和调味酒的质量密切相关。几年前不少厂采用劣质固态法基酒（或一般固态法基酒）加入大量的食用酒精调兑新型白酒，这种酒因酒精占的比例大，加之固态法基酒杂味重，质量上存在香味单调、刺激性强、后味苦辣、浮香明显及酒精气味突出等缺点。此酒虽然在一段时间内在低档酒市场占有一定的份额，但随着生活的改善，人们对口感要求的提高，已渐渐不受欢迎。人们已经逐步认识到，要想生产高质量的新型白酒，固态法基酒和调味酒质量至关重要。只要固态法基酒和调味酒质量好，勾兑时用量可以减少，成本不会增加太多，成品质量却可提高 1~2 个档次。四川的浓香型、贵州的酱香型都有得天独厚的自然条件优势，应该充分利用并进一步发挥。可以肯定，优质的固态法基酒和具有特色的调味酒会有广阔的市场。

4. 食品添加剂

新型白酒调兑时，使用香精香料等添加剂要严格按照 GB 2760—2021 规定。但据多年实践得出，现在市场出售的酒用香料存在下列问题：品种少，特别是酒中的复杂成分香料无法购买，造成调兑时无法添加；纯度不够，常用的酒用香料纯度高的在 98%以上，低的不足 80%。也就是说，即使全部使用高纯度的香料，也有 2%左右的杂质，恰好是这些杂质严重影响酒的口感，若杂质含量多，影响更甚，有的还会造成沉淀浑浊。此外，同一品种的香料，生产厂不同，质量差异较大，应引起足够重视。

二、 新型白酒的酒体设计

1. 按酒体的色谱骨架成分进行设计

以大量的色谱定量分析数据为基础，从统计学意义上总结出一些基本经验规律，就可以得到来源于实践的色谱骨架成分的合理含量范围，见表 10-1。

表 10-1　某 52%vol 浓香型名酒色谱骨架成分含量范围　单位：mg/100mL

成分名称	含量范围	成分名称	含量范围	成分名称	含量范围
乙醛	30~80	异戊醇	20~45	丁酸	7~30
乙缩醛	40~140	乙酸乙酯	90~130	乙酸	30~75
正丙醇	15~30	丁酸乙酯	20~40	乳酸	7~50
仲丁醇	1.5~2.0	戊酸乙酯	5~15	己酸	10~60
异丁醇	6~20	乳酸乙酯	100~160	总酯/（g/L）	2.0~3.5
正丁醇	10~40	己酸乙酯	180~250	总酸/（g/L）	0.4~0.9

进行酒体的色谱骨架成分设计，有几个问题值得讨论：

（1）色谱骨架成分含量范围的划定　综合相关研究结果以及很多名酒厂发表的资料，其色谱骨架成分的含量都有一个范围，有的范围还较大。我们进行酒体设计时，究竟色谱骨架成分在什么样的含量范围内最合适，这是至关重要的。应该说这主要来源于实践，即使含量范围相对集中，也仅能作为参考数据，切忌生搬硬套。更要注意不同的酒精度有不同的色谱骨架成分含量范围，不能简单按酒精度进行折算。

（2）色谱骨架成分的设计数值是可变的　生产中碰到的色谱定量分析数据是一些非常具体的数值。把具体的含量数值加以设定，通过各种手段实现这一目标，就是白酒色谱骨架成分的设计。白酒色谱骨架成分的设计数值不应该看作一个固定不变的数值，而应该把它们看作各个物质的一个更为窄小的含量范围。例如设定组合后的基础酒的己酸乙酸含量值是 200mg/100mL（52%vol），应理解为（200±X）mg/100mL，这里的 X 值一般在 15 左右比较符合实际，应把它看作一个理论值。合格基础酒的色谱定量分析数据，就是对预先设定目标（骨架成分设计）的客观检验。但应指出，这些数据是有分析偏差的近似值，也不是真实值。某些含量较少的组分更是如此。选酒时，即使色谱骨架成分非常接近，但绝不是一种酒，因复杂成分的差异以致口感相差甚远，这是实践中经常碰到的。

（3）基础酒色谱骨架成分与成品酒的色谱骨架成分等同　基础酒按设计的骨架成分组合后，再进行“调味”，因调味酒用量少，根本不可能对基础酒的色谱骨架成分的含量有任何实质性的改变，但对酒的质量和风格却产生了重大影响。

（4）尽量采用优秀的色谱骨架成分方案　设计方案应是从长年累月的实践中总结出来的优秀方案。一个好的设计方案，其色谱骨架成分含量范围有以下一些特点：色谱骨架成分的谐调性好，酒体的宽容度大，香和味一致性好，风格稳定。

2. 根据市场变化进行酒体设计

据调查，市场上最畅销的是中低度白酒，其酒精含量一般为 28%~46%。生产这个范围酒精度的酒，降度除浊是必需的工艺步骤，在这个酒精度范围相容不好的物质大部分被除去，有的则损失殆尽。也就是说，这些主要表现呈味性质的物质浓度和味感受强度被充分降低了。与度数高的酒相比，这些物质浓度之间的差异相当大，它们已不再是影响白酒口味的重要物质。

中低度酒中的各种物质，即使它们与高度酒有很近似或大体相同的色谱骨架成分，这些成分之间的相互作用、液相中的相容性、气相中的相容性、味阈值和嗅阈值、相应的味感和嗅感强度、味觉转变区间、酒的酸性大小等，均发生了改变。因此，不能用高度酒的一般经验规律来认知、解释低度酒的规律性。例如，羧酸在水中的酸性比在乙醇中强 1 万~10 万倍，同样用量的酸在 52 度的白酒中酸性小，在 38 度的酒中酸性就大得多。

用较高酒精度的酒加浆降度除浊，是一个多种可溶性成分的浓度同时被降低的过程，本来就含量不多的复杂成分的浓度亦相应降低，以致酒的质量和风格发生了根本的变化。

28%vol~46%vol 的中低度白酒进行酒体设计应遵循什么原则？降度过滤除浊后的低度白酒，色谱骨架成分含量在多大范围内才是合理可行的呢？这与具体酒精度及色谱骨架成分中的几个重要物质含量有极重要的关系。以 45%vol 浓香型白酒为例（表 10-2）。

表 10-2　　45%vol 浓香型白酒的色谱骨架成分（供参考）　　单位：mg/100mL

成分	含量	成分	含量	成分	含量
己酸乙酯	120~180	正丙醇	15~25	己酸	29~32
乙酸乙酯	80~100	异戊醇	18~25	乳酸	10~11
乳酸乙酯	90~140	乙缩醛	20~40	丁酸	5~6
丁酸乙酯	12~16	乙醛	30~50	总酸	60~65
戊酸乙酯	3~5	乙酸	16~18		

3. 重视酸及乙醛、乙缩醛的功能和作用

（1）酸的功能　白酒中的酸绝大部分是羧酸（RCOOH）。它们在白酒中的地位和作用，近年有更深入的认识，酸是主要的谐调成分，酸的作用力最强，功能相当丰富，影响面广，也不容易掌握好。

酸能够减轻酒的苦味。白酒中的苦味有很多种，主要是由原料和工艺上的问题带来的。正丁醇小苦，正丙醇较苦，异丁醇苦味较重，异戊醇微带苦，酪醇 0.005%就苦，丙烯醛是持续的苦，单宁和酚苦涩，一些肽也呈苦味。在勾兑过程中，这些物质都存在，不能去掉，但有的酒就不苦，或不同程度的苦，说明苦味物质和酒中的某些存在物有一种显著的相互作用关系。实践证明，这种存在物主要是羧酸，问题是酸量的多少。酸量不足酒苦，酸量适中酒带甜，酸量过多酒可能不苦，但会使酒带糙或产生别的问题。因此，酸的掌控十分重要。

酸是新酒老熟的催化剂。存在于酒中的酸，自身就是老熟催化剂。它的组成情况和含量多少，对酒的谐调性和老熟的能力影响有所不同。控制好入库新酒的酸度，以及必要的谐调因素，对加速酒的老熟起到很好的效果。

酸是白酒最好的呈味剂。酒的口味是指酒入口后对味觉刺激的一种综合反应，酒中所有的成分，既对香又对味起作用。羧酸主要是对味觉的贡献，是最重要的味感物质。羧酸可以增长酒的后味、增加酒的味道，有机酸能使酒口味丰富而不单一，增加酒的回甜和甜味，在色谱骨架成分合理的情况下，只要酸量适度，比例协调，可使酒出现甜味和回甜感；消除糙辣感，增加白酒的醇和度；可适当减轻中、低度酒的水味。

（2）乙醛和乙缩醛的功能

① 乙醛的作用

水合作用：乙醛是一个羰基化合物，羰基是一个极性基团，由于极性基团的存在，乙醛易溶于水。乙醛与乙醇或水互溶。乙醛与乙醇互溶主要是物理的变化，与水互溶则是反应性的溶解。醛自发地与水发生水合反应，生成水合乙醛。这是一个平衡反应，反应被酸催化，在醋酸催化下，反应速度加快。白酒中乙醛有两种形式存在，即以乙醛分子和水合乙醛的形式对酒的香气做出贡献。

携带作用：由于乙醛同水有良好的亲和性，较低的沸点和较大的蒸汽分压，使乙醛有较强的携带作用。何为携带作用？即酒中的乙醛等在向外挥发的同时，能够把一些香味成分从溶液中带出。要具有携带作用，必须具备两个条件：它本身要有较大的蒸汽分压；它与所携带的物质之间在液相、气相均要有好的相容性。乙醛就是这样一种物质。

乙醛不论与该酒液或是与该酒液相平衡的气相中的各组成物质之间，都有很好的相容性。相容性才能给人的嗅觉以“复合”型的感知。刚打开酒瓶时的香气四溢（喷香）与乙醛的携带作用有关。

阈值的降低作用：在勾兑调味中，乙醛对各种物质的阈值有明显的降低作用，对放香强度有放大和促进作用。这就是乙醛对各种物质阈值的影响，阈值不是一个固定值，在不同的环境条件下有着不同的值。即提高了嗅觉感知的整体效果，白酒的香气更加突出。

掩蔽作用：蒸馏酒或者不同形式的固液结合白酒，在进行色谱骨架成分调整时，最难以解决的问题之一是闻香和气味的分离感突出（即明显地感觉到外加香），这将大大影响这类酒的质量。即使是完全用发酵原酒，甚至用“双轮底酒”加浆降度后，有时也会出现闻香和味分离感。产生这一现象的原因极其复杂，其原因可能有两个：一是骨架成分的不合理性；二是没有处理好四大酸、乙醛和乙缩醛的关系。四大酸的主要表现为对味的协调功能。酸压香增味，乙醛、乙缩醛增（提）香压味。只要处理好这两类物质之间的平衡关系，使其综合表现为对香和味都做出适当的贡献，就不会显现出有外加香味物质的感觉，不论是全发酵酒、新型白酒或中低度白酒。这就是说，乙醛、乙缩醛和四大酸量的合理搭配大大提高了白酒中各种成分的相容性，掩盖了白酒某些成分的弊端。

乙醛的聚合：在酸催化下，或者在微量氧气存在下，乙醛自身能发生聚合反应，主要生成三聚乙醛。例如市售的40%的水合乙醛，室温放置就会自动聚合，产生分层现象，上层是三聚乙醛，下层为乙醛水溶液。三聚乙醛是一种不溶于水的化合物，沸点为128℃，是一种可散发出愉快香味的挥发物质。三聚乙醛在酸的作用下，又被解聚，生成乙醛。

② 乙醛和乙缩醛的依存关系：乙醛在白酒贮存过程中，除了发生氧化、水合、三聚和解聚反应外，还要发生乙醛的醇合反应，生成半缩醛和缩醛。乙醛的缩醛化反应可被酸催化，最终产物是乙缩醛。乙醛的缩醛化反应和乙缩醛的水解反应是一个平衡反应，经过长期贮存的白酒，从理论上讲，乙醛和乙缩醛的摩尔比应近似地等于1。某些情况下，乙醛略大于乙缩醛；在另一些情况下，乙缩醛又略大于乙醛。因此，我们在勾兑调味时应正确掌握乙醛、乙缩醛的比例关系，它们在白酒中的绝对含量可从每100mL中几毫克到上百毫克，但这两种物质的相对比值不应有大的波动范围，比例应掌握在1~1.2较好。特别应注意的是，乙醛的色谱定量分析数据误差范围较大，分析值的可用性低于其他组分，故组合酒时只能作为参考。

4. 准确计量

见第八章第三节。

三、 调整产品结构， 适应市场变化

传统固态法白酒与新型白酒是当今市场的两大主流，它们都有各自的市场和消费群。传统的固态法白酒，是中华民族珍贵的遗产，在世界酒林中独树一帜，它以优越的品质、独特的个性和深厚的文化底蕴而誉满中外。传统固态白酒要在继承的基础上，运用现代科技和微生物技术，在保持传统风格特色的同时不断发展。这个酒种有很深的根基，中华民族千百年的饮用习惯，像日本清酒、法国白兰地、俄罗斯的伏特加等一样，是其他

酒种不可能取代的，随着消费者品位的提高，这个传统产品必将有它稳定的市场并有所发展。随着科学技术的进步，特别是酒体设计学的发展，香型融合技术的应用，对市场研究的深入，消费者饮用习惯的改变等，新型白酒的发展空间还很大，如养生、保健酒的崛起，这就要求厂家根据市场变化，调整产品结构，开发更多的受消费者喜爱的新型白酒。

第十一章　配制酒和露酒

第一节　概　　述

新版（2021 版）国家标准是这样分类的：

配制酒（integrated alcoholic beverage）

以发酵酒、蒸馏酒、食用酒精等为酒基，加入可食用的原辅料和/或食品添加剂，进行调配和/或再加工制成的饮料酒。

调香白酒（flavored baijiu）

以固态法白酒、液态法白酒、固液法白酒或食用酒精为酒基，添加食品添加剂调配而成，具有白酒风格的配制酒。

露酒（lujiu）

以黄酒、白酒为酒基，加入按照传统既是食品又是中药材或特定食品原辅料或符合相关规定的物质，经浸提和/或复蒸馏等工艺或加入从食品中提取的特定成分，制成的具有特定风格的饮料酒。（注：酒基不包括调香白酒。酒基中可加入少量以粮谷为原料制成的其他发酵酒。）

配制酒和露酒是我国四大类酒中的两种（蒸馏酒、发酵酒、配制酒、露酒），调香白酒是配制酒的一种。

下面为与国家标准接轨，便于叙述，以配制酒加以介绍，供借鉴参考。

第二节　配制酒的酒体设计

配制酒具有色泽多彩悦目、酒精含量适中、风味多样独特、营养更为丰富的特点，既有适于某些特殊人群饮用的酒品，又有适合不同性别、不同年龄段多层次消费者的功效产品。如何使配制酒产品体现出个性化，成为每个配制酒设计人员必须思考的问题。好的产品能使企业发展壮大，因此必须努力设计出受人们欢迎喜爱的产品，满足不同消费者的需求。汾酒公司的经验值得借鉴学习。

一、　个性化设计

个性化，顾名思义就是非一般大众化的东西，在大众化的基础上增加独特、另类的需求，打造一种与众不同的效果。配制酒酒体个性化设计即设计个性化的配制酒。

配制酒在我国具有良好的市场前景，想要做出消费者喜欢的个性化产品，首先要做好市场调研，搞清楚消费者到底喜欢什么样的酒，开发出具有针对性、真正适合消费者的新产品。另外产品还需要创新，新原料、新技术、新装备要不断提高产品的科技含量。而后还要有好的宣传，让更多的消费者认识产品，了解产品的特点及保健功效，从而引导更多的消费者前来品尝和购买。

个性化作为新时代年轻人追求的价值观之一，更多的是体现在树立个人形象和个人生活品味上，品味个性化的酒也会使人拥有与众不同的气质。

二、 配制酒酒体设计原则

1. 基本原则

（1）紧密联系消费群体，贴近消费者，根据饮食文化、消费习惯、经济状况和社会阶层等要求，做到产品定位准确。

（2）配制酒酒体设计要体现产品的个性化。

（3）掌握市场的变化规律，对市场需求变化反应快速，能捕捉潜在的和预测未来的消费需求，提前设计出产品，抢占市场。

（4）酒体设计要敢于大胆创新，打破传统观念。

（5）对设计出的产品进行多方论证，寻找出与消费者要求和期望的差距，及时进行优化、调整，力求完美。

具体到配制酒酒体的个性化设计应该主要符合如下两方面的原则：

①思路要创新

a. 寻找新资源，打开思路，寻找本地有特色的资源，像宁夏枸杞、藏红花、海南岛椰子等特产，也可以考虑各地不常见的野花、野果，作为地方特色隆重推出。这点，宁夏的枸杞系列酒做得比较成功。

b. 发掘新的营养滋补源，利用现代技术最大限度地提取植物中的有效功能成分，如人参、陈皮等单体有效成分的提取，多种香源加入配制酒中搭配使用。

c. 开拓新的基酒，白酒、黄酒、果酒、葡萄酒、乳酒等均可作为配制酒基酒，但同样可以考虑在基酒上的创新，如利用菌丝体发酵或浸渍制得基酒或颇具特色的蔬菜发酵酒作为基酒再添加增香物质生产配制酒。

②设计要典型

一款好的配制酒需要有独特的个性，即通常所说的典型性，与众不同才能使人饮后印象深刻。配制酒酒体是酒的色、香、味的综合体现，因此设计的重点应放在这三个方面。就像艺术创作一样要“源于生活而高于生活”。

a. 酒色　大多数配制酒的色泽都是五彩缤纷，这是由于动植物本身具有的色泽浸入到基酒中，形成了配制酒各种各样的色泽，正是因为这些诱人的色彩，才吸引人们去慢慢品味酒的香气、味道。

b. 酒香　以香定型，在定香的基础上选择基酒和辅助配料，如花香、果香、木香等香味。另外在选择基酒时应注意与香味的搭配，最好选用清香淡雅无邪杂味的清香型白酒作基酒。当然选择个性化的乳酒作基酒也未尝不可。

c. 酒味　选用的香源物质的浸出物口感浓厚，如枸杞、人参、菊花等。这类产品的口感丰富，可定为酒的主体，在不改变主体风味的基础上寻找辅助香，并注意香与味的协调。

2. 酒体个性化设计依据标准

配制酒的风格多种多样，但一定要符合国家标准及法规。

3. 酒体个性化设计差异性

我国地域辽阔、民族众多，不同地区和不同民族的风土人情、饮食文化、消费层次等都存在较大差异，决定了配制酒酒体设计的差异性。配制酒酒体设计的差异性主要体现在以下几个方面：

（1）不同地区的消费习惯决定了酒体设计的区域性。

（2）消费层次的多元化决定了酒体设计的多层次。

（3）不同地方饮食文化、风土人情决定了酒体设计的多样化。

（4）时代进步、消费心理变迁给酒体设计提出了更高的要求。

4. 配制酒个性化设计方式

配制酒个性化设计的方式多种多样，以下几种设计方向可作为参考。

（1）以产品功能定型　开发营养保健酒，这类酒的开发要注意与药酒有所区分。保健酒属于“饮料酒”范畴，药酒属于“药”的范畴；保健酒主要用于调节生理机能，以保健、养生、健体为目的，满足消费者的需求。药酒主要用于治病，有其特定的医疗作用。我国的营养保健酒主要有：竹叶青酒、劲酒、五加皮酒、椰岛鹿龟酒等。这些酒中有的含有栀子、陈皮、当归、党参等常见的对人体有益的中药材。我国地大物博，可以开发利用的资源还很丰富，我们在做研究时可以选用新食品原料，如玛咖粉、茶树花、雪莲培养物等。

（2）以目标人群定型　配制酒中所用的中草药，主要是益补药和祛风通络药，针对的人群不明确。我们在开发配制酒时不妨从目标人群入手。根据年龄段的不同还应该有所区分，针对现代年轻人，应将产品定位于新奇、好玩，好喝不上头；而老年人的产品则应定位于营养滋补、强身健体。

（3）以饮用场合定型　根据饮用场合选择适宜的酒，如商业活动、情侣约会、亲朋聚会、婚庆喜宴、酒吧用酒、家庭用酒。另外，要想打造一款个性化产品，吸引眼球的包装必不可少。俗话说“人靠衣装马靠鞍”，一款好酒同样需要美观和别具特色的包装来点缀和衬托。

三、设计实例

下面介绍两款新型配制酒，希望能使读者开阔视野，开拓思路，做出更多、更好的特色产品。

1. 一种新型健康白酒的研制

本研究研制的新型健康白酒以清香型汾酒为酒基，以低聚木糖为功能性糖源，枸杞子、灵芝、甘草、菊花等药材经科学合理配伍后利用现代数字提取技术制备调味液，制成一款营养健康的功能性白酒。低聚木糖属于新食品原料，是一类非消化性低聚糖，具有调节肠道菌群、防治便秘、增强机体免疫功能、防龋齿、促进钙吸收等作用。采用负压蒸馏提取技术，不仅最大限度地保留药材香和味的有效成分，而且增加了酒体口感的丰富度以及内在附加值。

（1）原料与试剂　汾酒、低聚木糖、枸杞子、灵芝、甘草、菊花、蒸馏水等。

（2）仪器与设备　旋转蒸发仪、广口瓶、玻璃棒、烧杯、微量进样器、电子秤、移液管、量筒、滤纸、漏斗等。

（3）工艺流程

① 调味液的制备流程

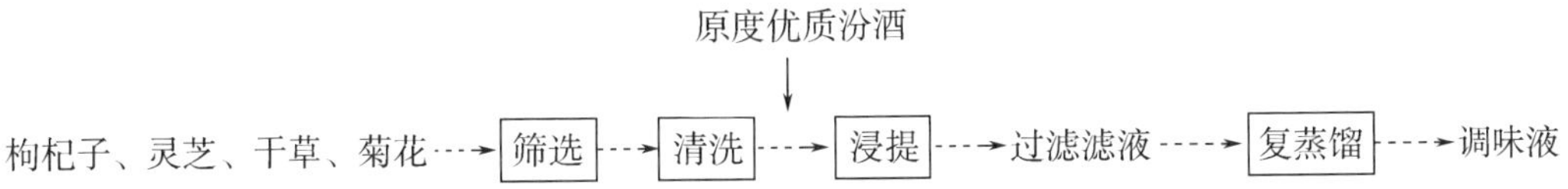

② 功能性白酒制备工艺流程

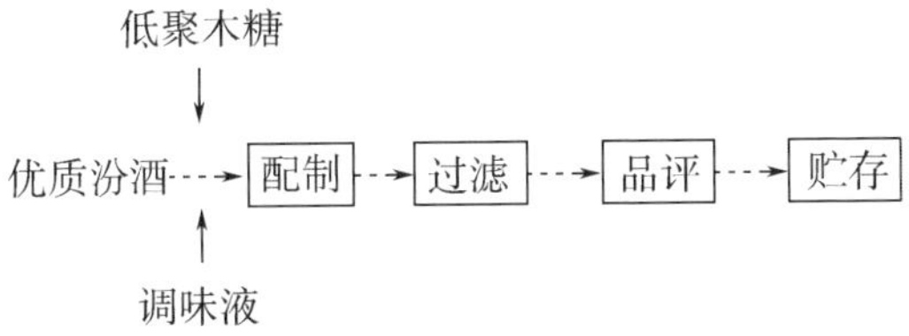

（4）质量标准　见表 11-1。

表 11-1　　一种新型健康白酒的质量标准

评价指标	评语
感官要求	酒体无色或呈微黄色，清亮透明
酒体风格	清香，略带有清淡的芳香但不露头，酒体醇厚，舒顺，绵柔，丰满，酒体完整，余味长
符合标准	酒体、理化指标符合 GB/T 27588，卫生指标符合 GB 2757、GB 2762

（5）产品优势　低聚木糖赋予酒新的功能，而且令酒体更加醇厚；在药材复配上，将传统配方中的灵芝、枸杞子、菊花、甘草等进行黄金组合，提高人体免疫功能、抗疲劳、保护肝脏等。

2. 黑米养生酒

黑米养生酒是以黑米为原料酿制的黑米酒为酒基，与由大枣、枸杞子、沙苑子、五味子四种常用中药提取的药液及糖浆，经过精心勾兑而成。它保持了原酒的特色和风味，融药香酒香为一体，而药不露头；它融黑米营养作用与药物保健作用于一体，使食补药补兼而有之。

（1）原料与试剂　黑米酒、大枣、枸杞子、沙苑子、五味子、冰白糖糖浆。

（2）仪器与设备　广口瓶、玻璃棒、烧杯、微量进样器、电子秤、量筒、滤纸、漏斗等。

（3）工艺流程　药液的制备流程如下：

黑米养生酒制备流程如下：

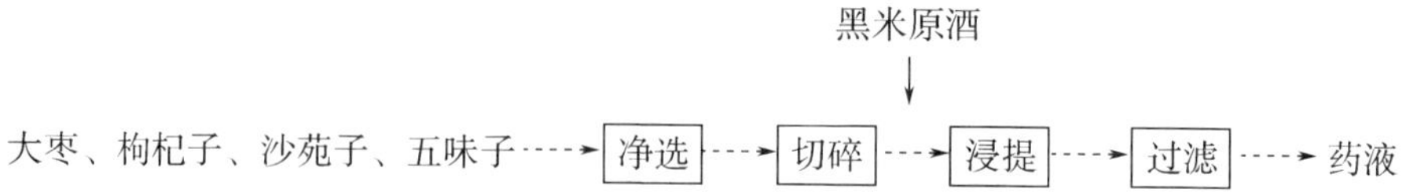

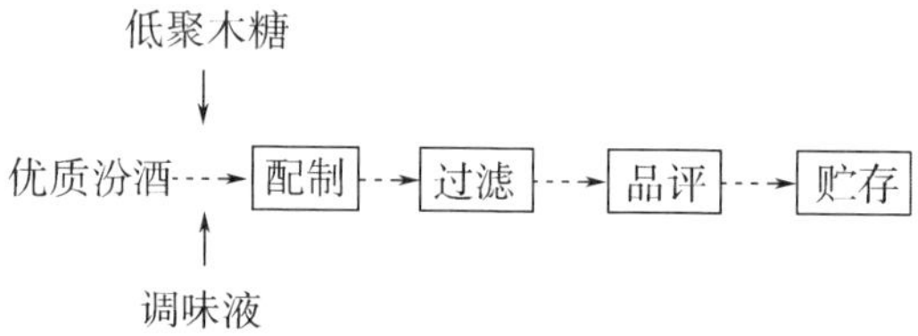

（4）质量标准　黑米养生酒的质量标准见表 11-2。

表 11-2　　黑米养生酒的质量标准

评价指标	评语
感官要求	色泽棕褐，微带紫红，透明
酒体风格	酒体风格具有和谐的药香和醇香而药不露头，甜美醇和，余味舒畅
符合标准	酒体、理化指标符合 GB/T 27588，微生物指标符合 GB 2758 规定

（5）产品优势　黑米养生酒富含人体必需的 18 种氨基酸、维生素 B_1、维生素 B_2 和微量元素等营养成分。常饮此酒，可消除疲劳、增进食欲、增强人体免疫力。

3. 结论

只有个性突出，风味独特，切合实际的产品才能载入千年的酿酒史册。我们坚信根据市场变化和消费者需求，为消费者量身定做的个性化配制酒必将引领潮流，成为中国白酒行业今后发展的新方向。

第三节　保　健　酒

一、　科学认识中国白酒中的生物活性成分

白酒是几千年中华传统传承产业，其酿造方式与西方存在显著差异。独特的固态多微酿造工艺赋予了中国白酒丰富的呈香呈味物质和生物活性成分，这是世界上其他蒸馏酒望尘莫及的。然而，对中国白酒如此丰富的呈香呈味物质和生物活性成分的功能认识仍然滞后于产业和消费的发展。中国白酒中的生物活性成分的科学奥秘仍然是世界一大科学难题，加快其科学研究、探索，有利于促进中国白酒产业的科学化发展、可持续化发展。鉴于此，徐岩等在查阅大量文献资料的基础上，结合中国白酒微量成分的研究结果，对中国白酒的一些特殊功能成分做一归纳、整理。

1. 酒与生物活性成分

中华民族拥有五千多年的酿酒历史，在漫长的发展过程中，形成了独特的风格。黄酒是世界上三大最古老的酒种之一，是我国的民族特产，其富含蛋白质、活性低聚糖、无机盐、微量元素、维生素以及多种生物活性成分等。李时珍在《本草纲目》中记载，“诸酒醇不同，唯米酒入药用”，米酒即黄酒，它具有通曲脉、厚肠胃、润皮肤、养脾气、扶肝、除风下气等治疗作用。在《本草纲目》中还列举了69种以黄酒作药引的药方“酒”。董酒“国密工艺”的理念正是将白酒文化与养生之道融为一体，实现了国宝《黄帝内经》《本草纲目》在中国白酒中的展现与升华。

以葡萄为原料酿造的葡萄酒也蕴含多种氨基酸、矿物质和维生素，这些物质都是人体必需的营养成分。《本草纲目》指出葡萄酒有“暖腰肾、驻颜色、耐寒”功效，西医学也认为，适量饮用葡萄酒对心血管疾病的防治、抗氧化、抗衰老等有相当明显的效果。

“酒是一门深奥的艺术”，作为世界六大蒸馏酒之一的中国白酒，其成分的近98%是水和酒精，2%左右为呈香呈味物质，恰恰就是这约2%的呈香呈味物质决定着白酒的风格、品位与特性。传统观念，常常容易将白酒与高耗粮、有害健康以及酗酒造成的社会问题相联系，而往往忽略了白酒复杂酒体体系中对健康有益并可以减轻酒精伤害的另一部分生物活性成分（功能成分或健康成分）。白酒的养生功效很大。白酒中有机酸类、不饱和脂肪酸类、杂环类化合物和酚类化合物含量非常丰富，如何客观科学地认识中国白酒中的生物活性成分、白酒的保健功效，在目前白酒发展的关键时期显得尤为重要。

客观地讲，白酒生物活性成分是指一系列能够缓解酒精伤害，充分显示人体防御功能、调节生理节奏，以及预防疾病和促进康复等方面的功能因子或生理活性物质。

2. 中国白酒的特殊生物活性特征

前已叙及，国际上的蒸馏酒——白兰地、威士忌和朗姆酒都采用液态发酵、壶式蒸馏、橡木桶贮存，伏特加酒采用的是食用酒精的生产工艺，而金酒则是将发酵蒸馏得到的食用酒基加入杜松子配以芳香性植物进行提香。由此可见，这些蒸馏酒中独特的风味物质主要来自后续的贮存、浸提工序，是从植物原料、贮存容器中通过浸渍萃取得到的，国外蒸馏酒功能的研究也主要集中在有限的植物原料成分、贮存容器成分、经验和概念层面上。

与国外蒸馏酒相比，为了达到和谐而丰满的酒体风格，中国白酒传统酿造工艺采用了窖池、多粮、环境多维微生物、固态发酵、固态蒸馏等一系列策略，通过自然而科学的酿造体系来实现。酒体中的风味物质来源于复杂的原料体系（草本植物，次要途径）、微生物自然发酵代谢体系（主要来源）、后期贮存体系（次要途径），达到了酒体成分丰富、风味和谐而统一的效果。中国白酒酒体中的丰富风味成分和生物活性成分主要来自复杂的微生物发酵过程的代谢体系富集，这与世界上其他蒸馏酒中成分来源、丰富度都大相径庭，具有其独特性。中国白酒酿造体系的独特性、品质优势是国际上纯种液态发酵工艺难以达到的，而且中国白酒中的生物活性成分也是世界上其他蒸馏酒望尘莫及的。可以这样讲，中国白酒代表了世界最高酿造水平，中国白酒的科学性、科学奥秘代表了世界蒸馏酒最复杂的科学性和科学体系，其产品中的生物活性成分种类和量比关系也代表了世界蒸馏酒健康性特征的科学性与合理性。

3. 中国白酒中的特殊生物活性成分

白酒，作为特有的蒸馏酒，是中国的国粹，其工艺的多样性、复杂性形成了中国白酒香型的丰富性。不同香型白酒之间因制曲、工艺等不同，其酒体风味风格与生物活性成分种类及其量比都存在明显的差别和个性特征差异，具有每种香型的特殊性。

（1）董香型白酒　以董酒为代表，董酒“国密工艺”传承“百草入曲”的酿造原理，采用大曲和小曲两种工艺，制取大曲用 40 余味中药材，制取小曲用 90 多味中药材。采用特殊的工艺形成独特的董香型风格，再经过 18 个月以上的漫长发酵期完全发酵后，配以国密工艺——“双醅串蒸工艺”，蒸馏出酒质与酒香完美融合的“琼浆”。

萜烯类化合物广泛存在于植物中，以异戊二烯为结构单位的烃类及其含氧衍生物，包括单萜烯类、倍半萜烯类以及二萜烯类化合物等。中药材含有大量的萜烯类化合物，这类化合物具有抗癌症、抗病毒以及抗炎症等活性功效。在酒体中，这些萜烯类化合物不但具有生物活性成分的功能功效，而且还具有呈香或呈味的作用。对葡萄酒、苹果酒等发酵水果酒中萜烯类化合物的研究较多，其上述相关功能已得到证实。如，2007 年江南大学应用液液微萃取与顶空固相微萃取研究苹果酒的特征香气成分过程中检测到萜烯类化合物。同年又应用溶剂辅助蒸馏-气相色谱-串联质谱法检测到酿酒葡萄中 30 种游离态萜烯类化合物，这些化合物主要来源于葡萄原料；2011 年江南大学应用正相色谱技术串联气相色谱-质谱法检测分析董酒，从中检测到 52 种萜烯类化合物，发现 *p*-茴香醛的含量最高（占 27.21%），其次是白菖油萜（11.31%）、*δ*-杜松烯（7.38%）、卡拉烯（5.11%）、樟脑（4.13%）、(-)-龙脑（3.65%）、*α*-雪松烯（3.29%）等。在董香型白酒中含量较高的萜烯类化合物含量分别是茴香脑（295~2200μg/L）、*p*-茴香醛（269~880μg/L）、白菖油萜（17~1762μg/L）、*α*-雪松烯（7~377μg/L）、*β*-桉叶油醇（32~291μg/L）等。这些化合物很少在其他白酒中检测到，推测其主要来源于制曲过程中添加的中草药及其发酵产物。

萜烯类化合物是我国白酒研究中新发现的一类化合物，其在董酒中的种类和含量最显著。董酒成品酒中的萜烯类物质总量为 3400~3600μg/L，居中国白酒之首，其中萜烯烃含量为 1400~1500μg/L，约占总量的 44%；萜烯氧化物含量为 1900~2200μg/L，约占总量的 55%。国内外研究表明，葡萄酒中萜烯类化合物的总含量小于 1000μg/L，所以从酒体中萜烯类化合物的健康作用而言，董酒明显高于葡萄酒，而且并没有超过美国香精香料生产者协会规定的香料限制标准，符合食品安全法规。

国外相关文献还报道了 *d*-柠檬油精具有抗癌功效。*β*-石竹烯、橙花叔醇、*β*-紫罗兰酮、*δ*-杜松烯等 10 种萜烯类化合物也具有体外抗肿瘤细胞的活性。有些萜烯具有抗病毒、抗癌、抗炎症等活性，这些化合物主要有 *d*-柠檬油精、*p*-伞花烃、*α*-长叶蒎烯、*β*-绿叶烯、(-)-丁子香烯、长叶松环烯、*α*-古芸烯、*D*-樟脑、香附烯、*α*-雪松烯、长叶松烯、*β*-石竹烯、小茴香醇、*β*-榄香烯、*α*-香柑油烯、白菖油萜、4-萜品醇、(+)-桉树烯、异佛尔酮、*β*-愈创木烯、*γ*-绿叶烯、薄荷醇、(-)-别香树烯、*γ*-古芸烯、*γ*-蛇床烯、*γ*-衣兰油烯、*α*-萜品醇、(-)-龙脑、*α*-蛇床烯、*α*-衣兰油烯、*β*-没药烯、*β*-花柏烯、*δ*-杜松烯、*γ*-杜松烯、*α*-姜黄烯、*α*-松烯、(+)-花侧柏烯、*β*-大马酮、卡拉烯、香叶基丙酮、*α*-白菖考烯、喇叭茶醇、*β*-紫罗兰酮、*E*-橙花叔醇、*γ*-桉叶油醇、*α*-杜松醇、*β*-桉叶油醇、法尼醇等。

（2）浓香型白酒　近年来，研究发现，浓香型白酒中含有丰富的功能成分，已有报道，如在中国浓香型白酒中检测出的呋喃类化合物。国外研究表明，呋喃类化合物具有抗氧化和抗癌活性。如 Koga 等人研究了 4-羟基-2，5-二甲基-3（2H）-呋喃酮（HDMF）和 4-羟基-2（或 5）-乙基-5（或 2）-甲基-3（2H）-呋喃酮（HEMF）的抗氧化性能，发现这两个化合物能抑制氢过氧化物的作用。

5-羟甲基糠醛（5-HMF）大量存在于中药复方制剂中。其药理作用有：① 改善血液流变学的作用。近年来，证实了从熟地中分离得到的 5-HMF 在增进血红细胞改变性能方面的作用，这不仅证实了 5-HMF 的药理作用，同时阐明了熟地改善血液流变学的药效物质基础；② 抗酪氨酸酶。5-HMF 是一个氧化左旋多巴的非竞争抑制剂，并且不同基团的取代物其药效也相应改变；③ 影响甘草酸代谢。5-HMF 能抑制甘草次酸氧化为 3-脱氢甘草次酸，并能增加甘草酸在体内的吸收，从而促进甘草酸和甘草次酸的抑制肿瘤、抗炎、降低血液中胆固醇的作用；④ 杀虫作用。通过药效学实验发现，5-HMF 针对黑腹果蝇幼虫有杀虫的作用。

糠醛的许多衍生物也具有很强的杀菌能力。苯并呋喃类化合物具有抗炎作用。

近年，史改玲检测到承德山庄酒厂浓香型酒中的 D-柠檬烯在 2371.46～2552.92μg/L，某市售浓香型酒中叶绿醇高达 5643.23μg/L。

（3）酱香型白酒　独特的工艺，赋予了酒体复杂而独特的风味体系和生物活性成分。近年来的研究表明，酱香型白酒中的多类化合物具有功能性，特别是吡嗪类化合物的种类和含量是所有白酒中最丰富、含量最高的，是其特征风味成分和生物活性物质。存在于白酒中的含氮化合物主要是吡嗪类化合物，吡嗪是 1，4 位含氮的六元杂环化合物，其衍生物广泛存在于天然和发酵食品中，由于它们具有极低的风味阈值，对白酒风味有重要贡献。近年来，吡嗪越来越受到人们的重视和关注。

目前，已在中国白酒中检测出吡嗪类化合物 26 种，其中有 20 种左右是新发现的。研究结果表明，酱香型和兼香型白酒中吡嗪类化合物的种类和含量最高，在 3000～6000μg/L。浓香型白酒次之，其含量在 500～1500μg/L，个别浓香型白酒的吡嗪类化合物总量也能达到酱香型白酒的水平。清香型白酒含吡嗪类化合物最少，含吡嗪类化合物的种类也最少。W. L. Fan 等对不同酒样中吡嗪类化合物的浓度进行了详细的比较和分析。

在酱香型白酒中检测到高含量的四甲基吡嗪（盐酸川芎嗪），尤其在茅台酒中含量特别高。四甲基吡嗪是从传统中药伞形科藻本属植物川芎（*Ligusticum wallichii* Franch.）中分离出来的一种活性成分，具有增加脑血管的血流量等功效，已被广泛地应用到心脏血管和脑血管疾病的治疗。四甲基吡嗪还适用于治疗闭塞性血管疾病、脑血栓、脉管炎、冠心病、心绞痛等，并对缺血性脑血管病的急性期、恢复期及其后遗症，如脑供血不足、脑血栓形成、脑栓塞、脑动脉硬化等均有较好疗效，能改善这些疾病引起的偏瘫、失语、吞咽困难、肢体麻木、无力、头痛、头晕、失眠、耳鸣、走路不稳、记忆力减退等症状。

（4）芝麻香型白酒　2021 年，史改玲等利用液液萃取结合气相色谱-质谱/选择离子扫描技术（LLE-GC-MS-SIM）检测 20 种酒样，某芝麻香型白酒的 4-甲基愈创木酚、4-乙基愈创木酚和异丁香酚质量浓度范围分别为 1153.08～2086.04μg/L、1202.05～1273.91μg/L 和 752.86～1013.52μg/L，显著高于其他香型酒样。Zheng Yang 等通过不同香型白酒的香气重组和缺失实验发现，4-乙基愈创木酚在芝麻香型白酒中比重最高且其香味特点突出，香味保留时间长，是名优酒优雅、醇厚等风味的重要因素。麝香草酚在20种酒样中含量差异较大，其中11号酒样中质量浓度最高，为108.51μg/L。同时20种白酒中都检测到四甲基吡嗪，但不同香型酒样中含量差异显著。酱香型酒样中四甲基吡嗪含量最高（2379.65~2985.09μg/L）；芝麻香型酒样平均达到1183.29μg/L；浓香型中四甲基吡嗪含量最低至6.83μg/L。孙啸涛等对67种白酒的四甲基吡嗪含量分析也有相同结果：酱香型白酒最高达2434.3μg/L，浓香型白酒中四甲基吡嗪最低，仅为1.5μg/L。

亚油酸乙酯随着酒体进入人体后，被水解或酶解成亚油酸，发挥降胆固醇、降血压、抗血栓、抗氧化、抗癌以及提高记忆能力和免疫力等功效。史改玲检测到部分酒样中亚油酸乙酯为1951.96~7183.35μg/L，与刘奕霏等在5种市售白酒中检测到的6.2~8.0mg/L结果相差不大。

（5）凤香型白酒　2020年，陈雪峰等采用超高效液相色谱-四极杆/静电场轨道阱高分辨质谱研究12种香型白酒，发现相比其他香型白酒，西凤酒中的胆碱、甜菜碱、别嘌呤醇、D-（+）-脯氨酸、腺香、腺碱、6-氨基己酸含量最高，且胆碱、甜菜碱、别嘌呤醇、D-（+）-脯氨酸相对含量均高于100μg/L，特别是别嘌呤醇含量达到2624μg/L。采用四甲基偶氮唑盐微量酶反应比色法（MTT）探讨甜菜碱修复乙醇损伤细胞作用效果，研究发现甜菜碱对乙醇损伤肝细胞具有较好的恢复作用。

徐岩等通过直接进样UPLC-MS/MS检测白酒中重要的吡嗪类化合物。经检测不同香型、生产过程中不同时间的酒样，表明酱香型白酒吡嗪类化合物含量最高，多元统计主成分分析（PCA）显示吡嗪类化合物可以区分四种主要香型的白酒（浓香、清香、酱香、芝麻香），酱香型白酒发酵及蒸馏过程中，吡嗪类化合物含量随着时间增加。这对了解白酒生产过程中吡嗪类化合物含量变化的趋势，为从发酵及蒸馏过程调控白酒品质提供一定的依据。

最近，国际上的研究还表明，四甲基吡嗪对中枢神经有一定影响，能改善学习障碍。四甲基吡嗪还具有防止由无水乙醇引起的胃黏膜损伤、由无水乙醇引起的肾中毒、由硫代乙酰胺引起的急性肝中毒等功效，并能降低脑萎缩的伤害。

除了以上在各香型白酒中含量较高的功能性成分外，在白酒中还存在一些含量甚微的生物活性成分，如芳香族与酚类化合物：

乙酰香草酮，其英文名称为acetovanillone，中文译名为加拿大麻素、夹竹桃麻素、香荚兰乙酮。其药物名称是罗布麻宁（apocynin）。该化合物具有安定、利胆的功效。

香草醛（vanillin）：医学上有香草醛片剂。1965年由中国药科大学（原南京药学院）首次合成，具有良好的抗癫痫效果，广泛用于临床治疗癫痫和脑病。2003年，经国家食品药品监督管理局正式批准为国药准字H32025802。不少病人在服用香草醛片后反映其食欲增加，睡眠改善（无过强的镇静作用），精神良好，工作效率较服用其他药物时有进步，有利于学习和工作。

没食子酸（gallic acid）：又名五倍子酸，药理作用有：① 抗菌抗病毒。体外对金黄色葡萄球菌、八叠球菌、A型链球菌、奈瑟球菌、绿脓杆菌、弗氏痢疾杆菌、伤寒杆菌、副伤寒杆菌等均有抑制作用，其抑菌浓度为5mg/mL。体外，在3%的浓度下对17种真菌有抑菌作用，对流感病毒亦有一定抑制作用；② 抗肿瘤。对吗啉及亚硝酸钠所致的小鼠肺腺瘤有强抑制作用。

麝香草酚（thymol）：别名百里香酚蓝。其药理作用有：① 杀菌作用。麝香草酚的杀菌作用比苯酚强，且毒性低，对口腔咽喉黏膜有杀菌、杀真菌作用；对龋齿腔有防腐、局麻作用，用于口腔、咽喉的消毒杀菌、皮肤癣菌病、放线菌病及耳炎；② 能促进气管纤毛运动，有利于气管黏液的分泌，易起祛痰作用，再加有杀菌作用，故可用于治疗气管炎、百日咳等；③ 有很强的杀螨作用，1%的麝香草酚溶液 30min 死亡率达 100%，0.03%的溶液 24h 杀灭效果 100%；④ 可用作驱蛔虫剂。0.05%~0.2%的麝香草酚溶液有较强的杀原头蚴作用，可在 5~10min 内达到 100%杀死原头蚴的效果，作用迅速，可靠，毒性小。原头蚴与药液接触后可在 2~3min 内出现皮层起泡、起刺、皮层分离、溶解及虫体发暗、钙粒减少等形态结构变化。原头蚴经药液处理 10min 后，给小白鼠腹腔接种，均未发育成棘球蚴。

丁香酚（eugenol）：又名丁香油酚。药理作用有：① 抗菌。在 1∶16000~1∶8000 浓度时，对致病性真菌有抑制作用；在 1∶8000~1∶2000 浓度时，对金黄色葡萄球菌及肺炎、痢疾（志贺）、大肠、变形、结核等杆菌均有抑制作用；② 健胃。5%的乳剂可使胃黏液分泌显著增加，而酸度不增加；③ 其他。家兔静脉注射可产生麻醉、降低血压、呼吸抑制与抗惊厥等作用，但小鼠皮下注射不产生麻醉作用。体外，经肌肉标本实验表明，有较强的抗组织胺作用。

阿魏酸（ferulic acid）：其药理作用主要有抑制血小板聚集和^{3}H-5HT（^{3}H-5-羟色胺）从血小板中释放的作用。0.4~0.6mg/mL 能抑制 ADP 和胶原诱导的大鼠血小板聚集。其钠盐 0.2g/kg 和 0.1g/kg 静脉注射能分别抑制 ADP 和胶原诱导的大鼠血小板聚集。用^{3}H-5HT 标记血小板，观察血小板聚集和释放反应的关系中，其钠盐 1~2mg/mL 对凝血酶诱导的血小板聚集有明显抑制，同时也抑制^{3}H-5HT 从血小板中释放。在缺血性中风治疗中，可通过抑制血栓形成及降低血黏度，以增加脑微循环。

有学者曾经对酚酸类化合物对 UMR106 细胞活性的影响进行了研究。发现 7 个酚酸类化合物香草醛、乙酰基香草酮、松柏醛、丁香醛、对羟基苯甲酸、对羟基桂皮酸、原儿茶酸可同时促进 UMR106 细胞的增殖与分化。

愈创木酚（guaiacol）：可用于慢性气管炎的多痰咳嗽治疗，多与其他镇咳平喘药合用。

苯乙酮（acetophenone）、4-羟基苯乙酮（4-hydroxyacetophenone）：具有催眠作用。

苯酚（phenol）：是很多药物（如水杨酸、阿司匹林及磺胺药等）、合成香料、染料（如分散红 3B）的原料。此外，苯酚的稀水溶液可直接用作防腐剂和消毒剂。

水杨酸盐类（salicylate）化合物：是阿司匹林代谢后的主要成分。主要功效有：① 镇痛、解热。可缓解轻度或中度的疼痛，如头痛、牙痛、神经痛、肌肉痛及月经痛，也可用于感冒、流感等退热；② 消炎、抗风湿。阿司匹林为治疗风湿热的首选药物，用药后可解热、减轻炎症，使关节症状好转，血沉下降，但不能去除风湿的基本病理改变，也不能预防心脏损害及其他合并症；③ 治疗关节炎。除风湿性关节炎外，也用于治疗类风湿性关节炎，可改善症状，为进一步治疗创造条件。还用于骨关节炎、强直性脊柱炎、幼年型关节炎以及其他非风湿性炎症的骨骼肌肉疼痛，也能缓解症状；④ 抗血栓。对血小板聚集有抑制作用，阻止血栓形成，临床可用于预防暂时性脑缺血发作，心肌梗死，心房颤动，人工心脏瓣膜、动静脉瘘或其他手术后的血栓形成，也可用于治疗不稳定型心绞痛；⑤ 可治疗皮肤黏膜淋巴结综合征（川崎病）。

琥珀酸（Butanedioic acid；Succinic acid）：又名丁二酸。药理作用有：① 抗菌作用。琥珀酸在 2mg/mL 浓度时对金黄色葡萄球菌、卡他球菌以及伤寒、绿脓、变形、痢疾杆菌有抑制作用；② 中枢抑制作用。大鼠、小鼠、豚鼠、兔、猫和狗腹腔注射琥珀酸能保护动物对抗高压氧、电休克和听源性惊厥，与戊巴比妥有协同作用，还有镇静和降低体温的作用；③ 抗溃疡作用。大鼠幽门结扎产生胃溃疡，腹腔注射或口服 50mg/kg，具有抑制胃液分泌和扩张胃肌起抗溃疡作用；④ 解毒作用。琥珀酸对蛇毒中毒小鼠有明显的保护作用。

亚油酸（linoleic acid）：又名十八碳二烯酸。亚油酸能降低血液胆固醇，预防动脉粥样硬化。研究发现，胆固醇必须与亚油酸结合后，才能在体内进行正常的运转和代谢。如果缺乏亚油酸，胆固醇就会与一些饱和脂肪酸结合，发生代谢障碍，在血管壁上沉积下来，逐步形成动脉粥样硬化，引发心脑血管疾病。

亚麻酸（linolenic acid）：主要功效有：① 预防心脑血管病。可改变血小板膜流动性，从而改变血小板对刺激的反应性及血小板表面受体的数目。② 降血脂。α-亚麻酸的代谢产物对血脂代谢有温和的调节作用，能促进血浆低密度脂蛋白（LDL）向高密度脂蛋白（HDL）的转化，使低密度脂蛋白（LDL）降低，高密度脂蛋白（HDL）升高，从而达到降低血脂，防止动脉粥样硬化的目的。③ 降低临界性高血压。仅 α-亚麻酸的代谢产物可以扩张血管，增强血管弹性，从而起到降压作用。④ 抑制癌症的发生和转移。α-亚麻酸的代谢产物可以直接减少致癌细胞生成数量，削弱血小板的凝集作用，抑制二烯前列腺素的生成，恢复及提高人体免疫系统功能，从而能有效防止癌症形成以及抑制其转移。因纽特人乳腺癌的发病率很低，是因为她们大量进食鱼类或其他海产品，脂肪摄取量虽然大，但不饱和脂肪酸成分多，主要是 α-亚麻酸，因此其癌症的发病率极低。⑤ 抑制过敏反应、抗炎作用。α-亚麻酸可降低多核白细胞（RMNS）及肥大细胞膜磷脂中花生四烯酸（AA）的含量，使过敏反应发生时 AA 释放量减少，从而降低白三烯的生成；α-亚麻酸对过敏反应的中间体 PAF（血小板活化因子）有抑制作用。所以认为，α-亚麻酸对过敏反应及炎症有抑制效果。⑥ 抑制衰老。随着年龄的增加，人体内各种自由基的数目不断增多，而谷胱甘肽过氧化物酶（GSH-Px）及超氧化物歧化酶（SOD）数量逐渐降低，活性逐渐减弱，因此，自由基代谢产物丙二醛（MDA）的生成增多，使细胞受到损伤，导致组织器官功能下降。服用 α-亚麻酸后，GSH-Px 及 SOD 活性增加，MDA 的生成减少，起抗衰老作用。⑦ 增强智力。健全的大脑绝对不可缺少脂肪酸，特别是 α-亚麻酸。α-亚麻酸可以进一步延伸碳链，增加双键个数，生成 EPA 和 DHA。DHA 在脑神经细胞中大量集存，是智力提升的必需物质。⑧ 保护视力。视网膜中特别是视细胞外 DHA 特别多，如果缺乏，视力就会下降，视网膜反射能力恢复时间延长，而 α-亚麻酸代谢产物 DHA 可以提高和保护视力。

洛伐他汀（lovastatin）：洛伐他汀是常用的心血管疾病类药物。洛伐他汀为合成胆固醇早期阶段的限速酶（HMG-CoA 还原酶）的抑制剂，可抑制胆固醇的生物合成，减少肝细胞内胆固醇含量，从而刺激低密度脂蛋白受体的合成，增加对低密度脂蛋白微粒的摄取，最终使血浆中总胆固醇、低密度脂蛋白和载体蛋白的水平降低。洛伐他汀还可以提高高密度脂蛋白（HDL）水平以及降低甘油三酯水平。洛伐他汀首次被 FDA 授权用作药物时，是从土曲霉（*Aspergillus terreus*）中分离出来的，红曲霉也可以产生该化合物。

柠檬烯（limonene）：具有抗癌作用；具有利胆、溶石、理气开胃、消炎、止痛等作用，还具有抑制胆固醇合成的限速酶——HMG-CoA 还原酶活性，从而有可能抑制胆固醇合成。通过胆囊引流给予含 97%*d*-柠檬烯的混合物，可有效溶解术后结石遗留病人的胆固醇结石。

香叶醛（geranial）：具有多种功效，如：① 抗细菌和真菌作用。对须发癣菌和奥杜安氏小孢子菌的最低抑菌浓度为 0.39mg/mL；② 小剂量香叶醇能抑制大鼠的自发活动。大鼠口服香叶醇能抑制胃肠运动，少量口服有轻度利尿作用；③ 有驱豚鼠蛔虫作用。

柠檬醛（citral）：药理作用有：① 对金黄色葡萄球菌、大肠杆菌、伤寒杆菌和痢疾杆菌有较高的抑菌活性；② 抗真菌；③ 消炎作用；④ 治疗心血管疾病的作用。药理实验发现柠檬醛能增加离体兔心冠脉流量，降低小鼠整体耗氧量；改善垂体后叶素所致家兔实验性心肌缺血性心电图；改善异丙肾上腺素所致大鼠心肌缺血性心电图；柠檬醛对 ADP、胶原诱导的大鼠血小板聚集有明显的抑制作用。此外，还发现柠檬醛能抑制血小板聚集时产生的 TXA2 样物质的释放。

硫醇类化合物（R-SH）：临床上，常用某些含有巯基的化合物作重金属的解毒剂。

2-噻吩甲醛：为替尼酮、替尼泊苷等中间体。3-甲基环己酮具有镇痛作用；3-辛醇具有抗炎作用。

（6）中国固态发酵白酒与葡萄酒生物活性成分的比较　多年来，葡萄酒一直被作为“最洁净、最保健的饮料”，在世界范围内得到消费者的青睐。人们普遍认为葡萄酒具有很好的健康功能，而对中国传统白酒知之甚少，甚至还存在一些误解。为了明确中国传统白酒的健康功能，现将中国传统白酒和葡萄酒酒体中已经明确的 3 种功能成分进行比较（表 11-3）。

表 11-3　　中国传统白酒与葡萄酒中三类特殊性功能成分的比较

项目	功能成分/（μg/L）		
	萜烯类化合物	吡嗪类化合物	多酚类化合物
中国固态发酵白酒	1900~4500	500~6000	可检测的
葡萄酒	400~800	ND	40~140

由表 11-3 可知，中国传统纯粮固态发酵白酒中的萜烯类和吡嗪类化合物含量远远高于葡萄酒，而葡萄酒中的多酚类物质含量较高。这主要归结于中国传统白酒是采用多菌系自然堆积固态方式制曲、多维微生物固态发酵酿造和高温蒸馏工艺，而葡萄酒为酿造酒，更多的风味物质来自葡萄原料和后期的橡木桶陈酿，多酚类化合物主要来源于原料成分。

截至 2021 年 5 月，已报道的白酒中的健康因子共有 202 种，包括 12 种酚类化合物，16 种酸类化合物，5 种酯类化合物，1 种内酯类化合物，6 种吡嗪类化合物，6 种含硫化合物，108 种萜烯类化合物，1 种呋喃类化合物，1 种醛类化合物，10 种氨基酸，5 种多元醇，10 种矿物质，8 种维生素，12 种肽类化合物，1 种他汀类化合物。目前对白酒健康因子的研究虽已取得很大进展，但仍存在 2 个主要问题：一是以上众多的健康因子被报道具有功能活性，然而有些缺乏确凿的证据；二是“量效关系”，很多健康因子的含量在白酒中很低，摄入达到其发挥功效的剂量，可能需要过量饮酒，这显然是不现实的。鉴于此，除对健康因子的功效采用现代科学手段验证外，还应着重考虑这些健康因子的协同作用，即将白酒作为一个整体来研究其功效。

4. 中国白酒对健康的作用

据孙宝国统计，近年来国内外的很多研究已表明，适量饮酒有助于身体健康，包括提高抗氧化、抗炎和抗抑郁能力，降低患心脑血管疾病、脑卒中（中风）和阿尔茨海默病的风险，调节血脂代谢，缓解肝损伤，提高认知能力等功效。

（1）抗氧化作用　2015 年，石亚林等研究了 5 种香型（浓香、清香、酱香、芝麻香和老白干香型）白酒的体外抗氧化能力，发现白酒具有一定的自由基清除能力，不同香型白酒的清除能力由高到低依次为清香型、酱香型、芝麻香型、老白干香型和浓香型，并推测酚类化合物是使白酒具有抗氧化活性的主要物质。2017 年吴继红等研究表明，芝麻香白酒提取物能够在一定程度上清除细胞内产生的活性氧。2020 年，张明珠等利用超声处理得到市售清香型、浓香型及酱香型白酒的提取物，对 DPPH（22.91%）、羟自由基（31.93%）、ABTS（23.41%）和超氧阴离子几种自由基均有一定的清除能力，表现出一定的抗氧化能力。白酒的抗氧化作用可能与酒中的酚类、醛类、多肽类等成分相关。

（2）抗炎作用　2018 年，有人利用 RAW 264.7 细胞模型探究白酒有机萃取物（CME）对脂多糖诱导炎症的保护机制。研究表明，白酒有机萃取物对由脂多糖 LPS 诱导的炎症介质、肿瘤坏死因子 α（TNF-α）和一氧化氮（NO）有抑制作用，可促进与免疫相关基因的表达，增强细胞的抗感染能力，并证明白酒有机萃取物的抗炎作用是通过抑制 MAPK 和 PI3K/AKT 通路来实现的。白酒的抗炎活性可能与白酒中的单酚类物质有关。

（3）对心血管疾病（高血压、心脏病）的影响　多项研究表明，适量饮酒可以预防动脉粥样硬化，降低冠心病风险，降低心血管疾病的发病率，控制或缓解高血压患者的血压水平，降低高血压的患病风险，然而，存在个体和性别差异。

有人对 45 名健康的年轻志愿者（男 23 名，女 22 名）给予某品牌白酒（酒精度 45°，30mL/d），连续饮用 28d 后，发现他们的总胆固醇和血小板凝集下降，连续适量饮用白酒对年轻人起到一定的保护心血管的效果。吴寿岭等以 6041 名男性糖尿病患者为研究对象，探究不同饮酒量对糖尿病人群心脑血管事件的影响，结果发现适量饮用白酒可以降低中国男性糖尿病人群心脑血管事件和脑梗死事件的发生。

国外最新研究表明，男性饮酒水平与心血管疾病发病率之间存在 J 型剂量-反应关系；女性大量饮酒（≥46.0g/d）增加了死于冠心病的风险，而少量饮酒（0.1~22.9g/d）降低了死于心血管疾病的风险，但存在个体差异。另外，对于女性，饮酒与高血压呈 J 型关系，每天 1 到 2 杯（12~14g/d）与患高血压的风险较低有关；而对于男性来说，这种关系呈相对线性，这说明饮酒对高血压的影响存在性别差异。

（4）对脑卒中（中风）的影响　Cunningham 等调查了 30239 名年龄在 45 岁及以上的中老年人，研究他们饮酒与中风发病的关系。其中，参与者的平均年龄为 64.7 岁，平均每周饮酒 2.2 杯，在中位数 9.1 年的随访中经历了 1140 次首次中风事件。调查结果显示，不喝酒的人患中风的风险比目前饮酒者高 12%；那些曾经饮酒但目前不再饮酒的人患中风的风险更高，特别是女性；而目前少量饮酒的人患中风的风险最低。

2021 年，Wang 等对饮酒量与卒中预后之间的关系进行研究。在 2016 年至 2018 年从天津招募了 3830 名急性缺血性中风患者，通过为期 12 个月的随访调研，根据饮酒量将患者分为两组，比较两组在卒中后 3 个月和 12 个月的死亡率、复发率和依赖率的差异。根据急性脑卒中的治疗分类，在动脉粥样硬化性血栓形成卒中患者中，既往饮酒降低了卒中后 3 个月的死亡风险。此外，对于小动脉疾病患者，饮酒显著降低了中风后 12 个月复发和依赖的风险。

以上研究表明，适量饮酒可降低老年人患中风的风险，以及降低中风后的死亡风险，并有助于改善卒中预后。

（5）对糖尿病的影响　国外最新研究表明，适度饮酒（啤酒、葡萄酒、烈酒，12～24g 乙醇/d）对于缓解Ⅱ型糖尿病患者的病情具有积极的作用，而少量或者重度饮酒不利于病情的缓解。另外，适量饮酒还可以降低患Ⅱ型糖尿病的风险。2005 年，Koppes 等对 369862 人（其中包括 11959 例Ⅱ型糖尿病患者）进行为期 12 年的研究，发现饮酒量与Ⅱ型糖尿病的患病风险之间呈 U 形关系，即与不饮酒者相比，每天轻度饮酒的人患Ⅱ型糖尿病的相对风险为 0.87，中度饮酒者相对风险为 0.70，重度饮酒者患Ⅱ型糖尿病的风险为 1.04，与非饮酒者相当。

宁光院士团队研究了饮用白酒与Ⅱ型糖尿病患病风险之间的关系，发现饮用白酒与Ⅱ型糖尿病患病风险之间也呈 U 型关系。适量饮用白酒能够抑制肝糖原异生，减轻炎症反应，增加瘦素水平等，从而改善机体对胰岛素的敏感性，以此改善Ⅱ型糖尿病的病症。2017 年，李容瑢等探讨摄入贵州某白酒对Ⅰ型糖尿病小鼠胰岛 β 细胞可能的影响及相关机制，结果发现适量饮用白酒对小鼠的胰岛 β 细胞无明显影响，并未加重Ⅰ型糖尿病小鼠胰岛 β 细胞的损伤。

可见，白酒或其他酒类与Ⅱ型糖尿病的患病风险呈 U 型剂效关系，即适量饮用白酒可改善Ⅱ型糖尿病的病症。另外，适量饮酒对Ⅰ型糖尿病没有影响。

（6）对血糖和血脂代谢的影响　Yue 等将 675 名成年中国男性分为不饮酒者、戒酒者、轻度饮酒者（0.1～19.9g 乙醇/d）、中度饮酒者（20.0～39.9g 乙醇/d）和重度饮酒者（≥40.0g 乙醇/d）5 类，并测定他们的代谢指标，结果表明，轻度饮酒能够降低空腹血糖（FBG）、甘油三酯（TG）和总胆固醇（TC）的水平，降低胰岛素抵抗指数（HOMA-IR），提高 β，细胞功能（HOMA-β）。可见，适量饮酒有利于调节血糖代谢。

2017 年，刘银等观察 2 种 52°浓香型白酒对大鼠血脂及脂代谢关键酶的影响，分析不同酒样对脂代谢影响的差异，探讨适量饮酒调节机体脂代谢的可能机制，结果显示，适量浓香型白酒可提高部分脂肪分解关键酶的水平，同时降低脂肪合成关键酶水平，这可能是适量饮酒对机体脂代谢调节的机制之一。

（7）对肝脏功能的影响　乙醇对于肝脏有损伤，而白酒不等于乙醇，现有多项研究显示一定剂量范围内白酒不仅对肝脏功能没有影响，还可以起到缓解疲劳和非酒精性脂肪肝的症状的作用，同时白酒中的微量成分还可以缓解乙醇造成的肝损伤。

2018 年，Sun 等研究慢性适度饮酒在高脂和高胆固醇（HFHC）饮食诱导的啮齿动物模型肝纤维化中的作用，结果发现，与 HFHC 组相比，适量纯乙醇可减轻 HFHC 饮食诱导的大鼠肝纤维化。2019 年，方程在动物模型中的研究发现，酒中的短链脂肪酸及其乙酯等风味物质对乙醇代谢诱导的肠道微生物改变也有影响，它们通过增加肠道中艾克曼菌属（*Akkermansia*）比例及降低普氏菌属（*Prevotella*）比例来保护肠道屏障，从而降低乙醇对肝脏的损伤。2019 年，王莹等比较了中国白酒和伏特加酒对肝脏聚球体的作用，结果表明：与伏特加酒相比，中国白酒能抑制乙醇代谢引起的氧自由基的上升，对人体肝脏损伤较小，推测与白酒中的生物活性成分有关，如酚类、萜烯类、吡嗪类等。

2021 年，徐岩等采用三种类型的白酒以及无菌水和乙醇作为对照，构建了一个为期 8 周的小鼠模型。通过表型、生化和病理学分析，所有白酒引起的小鼠肝损伤水平均低于乙醇（相同的乙醇浓度下）。此外，还观察到白酒挥发物影响小鼠肠道菌群结构和血清代谢组学模式。与乙醇相比，白酒喂养能显著增加乳酸菌的相对丰度（白酒喂养组的最高相对丰度为 11.16%±1.52%，乙醇喂养组的相对丰度为 1.80%±0.66%）。挥发物中的酯、酸和酚与乳酸菌呈强正相关（$P<0.01$，$R>0.6$）。此外，与乙醇相比，白酒喂养的动物能量（即 D-葡萄糖，倍数最高变化为 1.16）和抗炎性（花生四烯酸，倍数最高变化为 1.43）显著（$P<0.05$）丰富了血清代谢产物。最后，微生物和代谢功能分析表明，挥发物将增强柠檬酸循环和不饱和脂肪酸途径的生物合成。总体而言，这些数据证明了挥发性化合物通过调节肠道菌群和宿主代谢来减轻酒精性肝病发展的潜力。

（8）对抑郁症的影响　2018 年，Paulson 等评估了 3177 名年龄在 65 岁以上的社区居民 8 年来适度饮酒和抑郁症状的关系，并检测 C 反应蛋白（CRP）指示的炎症。结果显示，与不饮酒的人相比，适度饮酒的人（每周 1~14 杯）抑郁症状更少，且适度饮酒者的 CRP 水平较低。这说明适度饮酒可以减少老年人的抑郁症状，炎症部分介导了适度饮酒与抑郁症状之间的关系。2019 年，赵德义等分析芝麻香型白酒饮后行为情绪及对神经递质水平的影响，结果表明：小鼠饮用某品牌芝麻香白酒后感受愉悦，行为表现为适度兴奋及放松，且易恢复正常，同时大脑皮层和海马体中多巴胺表达水平增加，推测可能与酒体中微量成分整体作用对酒精代谢和饮酒后行为情绪影响有关。

（9）对阿尔茨海默病与认知的影响　饮酒对阿尔茨海默病患病风险和认知水平也有重要影响。国外有研究表明，适量饮酒可以降低患阿尔茨海默病的风险，提高认知水平，而不饮酒或过量饮酒，使患阿尔茨海默病的风险增加。酒与患阿尔茨海默病的风险也存在 U 型剂量关系。

2020 年，Zhang 等调查了美国中、老年人低到中等程度的饮酒与认知功能的关系，结果表明：在美国中、老年男性和女性中，低到中等程度的饮酒与更好的总体认知功能和更好的单词回忆、精神状态和词汇的个人认知领域结果相关，也与认知减退的速度较慢有关。此外，当所有参与者每周饮酒 10~14 杯时，与更好的认知功能之间的关联最强。

（10）调节免疫活性的作用　刘明华等研究了灌胃白酒（酒精度 15°）对小鼠免疫器官质量、腹腔巨噬细胞功能、细胞免疫功能和体液免疫功能的影响，结果表明，灌胃 20mL/kg 和 40mL/kg 白酒能显著提高小鼠的高脾指数与胸腺指数，提高巨噬细胞吞噬功能，降低小鼠耳廓肿胀度（$P<0.05$），提高血清溶血素含量（$P<0.01$），体现白酒调节小鼠免疫活性的作用。

（11）其他方面的影响　国外研究表明，饮酒与死亡率关系也很密切，饮酒与总死亡率之间的关系呈现 J 形或 U 形，总体上与不饮酒者和重度饮酒者相比，低至中度饮酒者的死亡率降低。另外，针对美国成年人的研究结果也表明，轻度-中度饮酒能够降低全因死亡风险和心血管疾病死亡风险，重度饮酒会显著增加全因死亡风险和癌症死亡风险。

对老年人来说，适量饮酒还可以增强身体，提高力量。2018 年，Kawamoto 等在日本社区居民中调查了饮酒是否与握力（HGS）有关，研究对象为 764 名 70 岁男性和 955 名 70 岁女性，结果显示，无论男、女，随着每日饮酒量的增加，HGS 显著增加。在男性中，每日适度饮酒者（45.8~68.7g 乙醇/d）的 HGS 显著高于从不饮酒者、偶尔饮酒者和每日少量饮酒者（22.9~45.8g 乙醇/d）。在女性中，每天少量饮酒者（22.9~45.8g 乙醇/d）和适度饮酒者（45.8~68.7g 乙醇/d）的 HGS 明显高于从不饮酒者。这些结果表明，饮酒与 HGS 也存在 U 型剂量关系。

另外，饮酒还可以降低髋部骨折风险，缓解疼痛症状。2018 年，美国疼痛医学学会的 Scott 等对 2583 名慢性疼痛患者疼痛、纤维肌痛症状和适度饮酒之间的关系进行评估，结果表明，适度饮酒者的纤维肌痛（FM）症状、疼痛严重程度、焦虑和抑郁显著降低。慢性疼痛患者适度饮酒与疼痛严重程度和干扰程度降低、疼痛区域减少、躯体和情绪症状降低以及身体功能增强有关。

Shibata 等对 1276 人进行持续 11 年的研究观测，对血清 γ-谷氨酰转移酶、每日酒精摄入量和慢性肾脏疾病风险的关系进行探究。在同一梯度的血清 γ-谷氨酰转移酶（GGT）下，每日饮酒量与持续性蛋白尿的发展呈 U 型关系：饮酒量在 24.6g/d 以下时，持续性蛋白尿的发病率低于不饮酒组和高饮酒量组；当 GGT 大于 58IU 时，不饮酒者的相对持续性蛋白尿风险最高。

综上可见，近年来对白酒和其他酒类的健康功效的研究发展很快，酒与多项身体健康指标存在 U 型或 J 型剂量关系，总体上表明适量饮酒是有益于身体健康的，虽然可能存在个体和性别差异。另外，目前研究的手段主要是体外细胞试验、动物试验以及流行病学调查研究，需要更深入科学的试验来进行功能研究，比如解析酒类健康功效与具体微量成分之间的关系，以及在伦理学的允许下进行临床人体试验，研究白酒对人体代谢、神经递质、细胞损伤、肠道菌群等各方面的影响。

在国家《“健康中国 2030”规划纲要》的引导下，白酒行业应继续坚持在“风味与健康”双导向下发展，实现生产现代化、市场国际化和产品健康化。对白酒风味的研究虽取得很大成绩，但仍存在很多缺陷。今后应在风味成分的香气阈值、味觉特征和味觉阈值、风味成分间的互作机制、群体微生物代谢机制等方面加大研究力度，尤其是“风味成分间的互作机制”研究可以作为解决白酒品质稳定性问题的新思路。饮酒对健康的影响受多个因素限制，已有的研究表明酒与多项身体健康指标存在 U 型或 J 型剂量关系，适量饮酒虽有益健康，但应充分考虑个体差异、性别差异等。今后，应继续研究白酒的健康功效，解析其与健康因子间的因果关系，探究白酒适度的饮用量及对身体的反应机制，用科学技术支撑白酒行业的健康发展，促进消费者理性饮酒、适量饮酒。

二、保健酒技术

上面我们认识到中国白酒中特有的生物活性成分，充分发挥这些优势，利用药食同源理论生产的保健酒，近年来得到迅速发展，在当今白酒新常态下，保健酒业异军突起，产量、产值逐年上升，众多龙头企业发力抢占这一酒业第四大市场。下面就保健酒及其技术做一介绍。

（一） 正确认识保健酒

保健酒是指对人体具有保健功能的饮料酒。它适用于特定人群食用，有调节机体功能，但不以治疗为目的。保健酒必须具备 3 种属性，即食品属性、功能属性、非药品属性。

就目前市场情况来看，由于历史原因，保健酒名目繁多，概念模糊，品种、品质良莠不齐，市场比较混乱，如何正确认识保健酒，是消费者非常关注的问题。

据“中国养生保健酒高峰论坛”介绍，目前我国具有酒类保健食品 500 个左右，保健酒已批准的品种涉及免疫调节、耐缺氧、抗氧化、调节肠道菌群功能、抗疲劳、改善睡眠、对胃黏膜损伤有辅助保护功能等功效。

随着新《食品安全法》《保健食品注册与备案管理办法》，以及即将出台的保健酒的行业标准等，将使整个保健酒市场得到规范，使其得到进一步发展。

1. 药酒和保健酒

中国的药酒和保健酒，其主要的特点是在酿酒过程中或在酒中加入了中草药和其他营养成分。因此，药酒和保健酒两者并无本质上的区别。其中，药酒是以治疗疾病为主要目的，有特定的医疗作用；而保健酒则是以滋补养生健体为主，对人们具有保健强身作用。

药酒在使用方法上可分为内服、外用、既可内服又可外用的三大类产品。保健酒与药酒相比，虽然两者都是在酿造过程中加入了药材，但它们之间的区别是十分明显的。以下是中国劲酒对保健酒与药酒的一些区别界定，供参考：

（1）所属范畴不同　保健酒属于“饮料酒”范畴，药酒属于“药”的范畴。

（2）功能作用不同　保健酒主要用于调节生理机能，以保健、养生、健体为目的，满足消费者的嗜好。药酒主要用于治病，有其特定的医疗作用。

（3）生产管理部门不同　保健酒由食品生产企业生产，由国家食品药品监督管理总局主管，其他部门监管，产品质量不合格可以调整或回收。药酒由药厂生产，由药品部门主管，产品质量不合格只能报废。

（4）配方和质量依据不同　药酒的配方要经过严格的审批，要求有内在的以有效成分为指标的质量标准。以前保健酒配方一般不需要审批，很少规定检测其内在功效成分，但第三代保健酒要求有明确的功能因子。

（5）适用人群和对象不同　保健酒对年龄和性别没有特别严格的限制，主要使用对象是健康或亚健康人群。药酒有针对性较强的适用人群，使用对象是疾病患者，需要在医生的处方或在专业人士的指导下服用。

（6）销售场所不同　保健酒主要在酒店、商场、超市等一般商品销售场所销售；药酒主要在药店或医疗场所销售。

2. 保健酒的历史

人类最初的饮酒行为虽然还不能称之为饮酒养生，但却与保健养生有着密切的联系。最初的酒是人类采集的野生水果在剩余的时候得到适宜条件自然发酵而成的，由于许多野生水果本身就具有药用价值，所以最初的酒可以称得上是天然的“保健酒”，它对人体健康有一定的保护和促进作用。随着生活水平的提高，人们对健康的需求也越来越高，追求健康的方式也越来越多。保健酒作为一个全新的名词，正逐步走进人们的生活。其实，保健酒早在远古时期就已经出现，只是那时候它更多的是作为“药酒”被人们认知的。

殷商的酒类，除了“酒”“醴”之外，还有“鬯”。“鬯”是以黑黍为酿酒原料，加入郁金香草（一种中药）酿成的。这是有文字记载的最早“药酒”。

长沙马王堆三号汉墓中出土的一部医方专书，后来被称为《五十二病方》，被认为是公元前3世纪末秦汉之际的抄本，其中用到酒的药方不下于35个，其中至少有五方可认为是酒剂配方，用以治疗蛇伤、疽、疥瘙等疾病。

《养生方》是马王堆西汉墓中出土的帛书之一，其中共有六种药酒的酿造方法。秦汉时期的医学典籍《黄帝内经》中的《素问·汤液醪醴论》专篇曾指出：“自古圣人之作汤液醪醴者，以为备耳。”“邪气时至，服之万全。”这就说古人之所以酿造醪酒，是专为药而备用的。

汉代药酒逐渐成为中药方剂的组成部分，其针对性和治疗功效也大大加强。汉代《神农本草经》论述：“药性有宜丸者，宜散者，宜水煎者，宜酒渍者”。汉代名医张仲景在《金匮要略》中记有药酒的生产方法实例。还有一例“红蓝花酒方”，故班固在《前汉书·食货志》中称酒为“百药之长”。

晋代葛洪的《肘后备急方》中记有桃仁酒、猪胰酒、金牙酒、海藻酒等治疗性药酒。

南朝齐梁时期的著名本草学家陶弘景在《本草经集注》中提出“酒可行药势”，在总结前人采用冷浸法制备药酒的经验基础上，提出了冷浸法制药酒时“凡渍药酒，皆须细切，生绢袋盛之，乃入酒密封，随寒暑日数，视其浓烈，便可漉出，不必待至酒尽也。滓可暴燥微捣，更渍饮之，亦可散服”，阐明了粉碎度、浸渍时间及浸渍时的气温对于浸出速度、浸出效果的影响，并指出71种药材不可浸酒，可见此时药酒的制法和用法已不断完善。

热浸法制药酒的最早记载是北魏《齐民要术》中的“胡椒酒”，该法把干姜、胡椒末及安石榴汁置入酒中后，“火暖取温”。这被当作一种方法在民间流传，故也可能用于药酒的配制。热浸法确实成为后来药酒配制的主要方法。

唐宋时期，药酒补酒的酿造较为盛行。这期间的一些医药巨著如《备急千金要方》《外台秘要》《太平圣惠方》《圣济总录》都收录了大量的药酒和补酒的配方和制法。唐宋时期，由于饮酒风气浓厚，社会上酗酒者也渐多，解酒、戒酒似乎也很有必要，故在这些医学著作中，解酒、戒酒方也应运而生。在上述四部书中这方面的药方多达100余例。唐宋时期的药酒配方中，用药味数较多的复方药酒所占的比重明显提高，这是当时的显著特点。复方的增多表明药酒制备整体水平的提高。唐宋时期，药酒的制法有酿造法、冷浸法和热浸法。

这一时期，药酒已开始由治疗性药酒向补益强身的养生保健酒发展，质量有了提高，不仅达官贵人饮用，而且有不少成了宫廷御酒。

元代忽思慧所著《饮膳正要》是我国第一部营养学专著，共三卷，天历三年（公元1330年）成书，收集了不少适合中老年人饮用的养生保健酒。并对酒的利弊概括为“酒味性甘、辛，性热，有毒，主行药势，杀百邪、通血脉、厚肠胃、消忧愁，少饮为佳，多饮则伤神损寿，易人本性，其毒甚也，饮酒过度，伤生之源。”

明代李时珍在其世界名著《本草纲目》中记载补酒方200余种，还有其他名家名著甚多，记录药酒不少。这些药酒大多以烧酒为基酒，与明代以前的药酒以黄酒为基酒的有明显区别。以烧酒为基酒，可增加药中有效成分的溶解。这是近现代以来，药酒及保健酒类制造上的一大特点。

清代特别盛行养生保健酒，清宫补益酒空前兴旺发达。明清的很多药酒配方采用平和的药物以及补气养阴药物组成，这样就可以适用于不同的机体状况，使药酒可以在更广泛的领域中发挥作用。

近现代以来，保健酒得到了空前发展，但也有一些波折，药酒、保健酒逐渐分化。特别是保健酒，在《保健食品管理办法》出台后终于取得了合法的身份，与药酒完全分离。

（二） 药食同源理论

世界上没有任何一个民族的饮食文化像中华民族一样，在食与药之间含有充满哲理而又颇为微妙的关系。这当中有中华民族无数代先贤的心血和六七千年药食同源文化的积淀。具有鲜明民族特色的中国食品、中药材和介于二者之间的保健食品可谓中华民族药食同源文化孕育出的三胞胎。在中国许多药食兼用之物可谓传统保健食品的代名词，而其根本正植于中医学“药补不如食补”“药治不如食治”的深厚理论。

药食同源即药与食物相同，《黄帝内经太素》中写道：“空腹食之为食物，患者食之为药物”，反映出“药食同源”的思想。滋养身体为“补”，排泄体内废物为“泻”，这些“补”或“泻”的药，都取自食物。“补”药大多含在谷物、果实、豆类、蔬菜类、动物性食物和矿物质食物之中。“泄”也有“补”性，如红小豆、黑豆、绿豆、冬瓜、黄瓜、海带、鲤鱼、葱、姜、薏米等，都具有利尿、消肿、发汗、解毒等作用。我们每天食用的蔬菜、谷物、水果等很多食物，都既是食物又是药物。药食同源才是健康的根本。

所谓药食同源，即许多食物亦可为药物，许多药物亦可作食物。在“药食同源”的理论基础之上，中国自古就产生了“食物疗法”（简称食疗）。药膳作为食疗的一种，广泛被中国古代医者所用。药膳疗法即运用具有药性的食物及药物，经过烹调成菜肴以防治疾病的一种方法。

保健酒正是利用药食同源理论，将酒与这些“既是食品又是药品”的材料完美结合，应用医药学、制剂学、方剂学、香精香料学、酿酒工艺学、酒体设计学等原理，生产出具有一定保健作用的饮料酒。可在保健酒中使用的原料如下。

卫生部《关于进一步规范保健食品原料管理的通知》（卫法监发［2002］51号）：

附件1：既是食品又是药品的物品名单87种（按笔画顺序排列）

丁香、八角茴香、刀豆、小茴香、小蓟、山药、山楂、马齿苋、乌梢蛇、乌梅、木瓜、火麻仁、代代花、玉竹、甘草、白芷、白果、白扁豆、白扁豆花、龙眼肉（桂圆）、决明子、百合、肉豆蔻、肉桂、余甘子、佛手、杏仁（甜、苦）、沙棘、牡蛎、芡实、花椒、赤小豆、阿胶、鸡内金、麦芽、昆布、枣（大枣、酸枣、黑枣）、罗汉果、郁李仁、金银花、青果、鱼腥草、姜（生姜、干姜）、枳椇子、枸杞子、栀子、砂仁、胖大海、茯苓、香橼、香薷、桃仁、桑叶、桑椹、桔红、桔梗、益智仁、荷叶、莱菔子、莲子、高良姜、淡竹叶、淡豆豉、菊花、菊苣、黄芥子、黄精、紫苏、紫苏籽、葛根、黑芝麻、黑胡椒、槐米、槐花、蒲公英、蜂蜜、榧子、酸枣仁、鲜白茅根、鲜芦根、蝮蛇、橘皮、薄荷、薏苡仁、薤白、覆盆子、藿香。

附件2：可用于保健食品的物品名单114种（按笔画顺序排列）

人参、人参叶、人参果、三七、土茯苓、大蓟、女贞子、山茱萸、川牛膝、川贝母、川芎、马鹿胎、马鹿茸、马鹿骨、丹参、五加皮、五味子、升麻、天门冬、天麻、太子参、巴戟天、木香、木贼、牛蒡子、牛蒡根、车前子、车前草、北沙参、平贝母、玄参、生地黄、生何首乌、白及、白术、白芍、白豆蔻、石决明、石斛（需提供可使用证明）、地骨皮、当归、竹茹、红花、红景天、西洋参、吴茱萸、怀牛膝、杜仲、杜仲叶、沙苑子、牡丹皮、芦荟、苍术、补骨脂、诃子、赤芍、远志、麦门冬、龟甲、佩兰、侧柏叶、制大黄、制何首乌、刺五加、刺玫果、泽兰、泽泻、玫瑰花、玫瑰茄、知母、罗布麻、苦丁茶、金荞麦、金樱子、青皮、厚朴、厚朴花、姜黄、枳壳、枳实、柏子仁、珍珠、绞股蓝、胡芦巴、茜草、荜茇、韭菜子、首乌藤、香附、骨碎补、党参、桑白皮、桑枝、浙贝母、益母草、积雪草、淫羊藿、菟丝子、野菊花、银杏叶、黄芪、湖北贝母、番泻叶、蛤蚧、越橘、槐实、蒲黄、蒺藜、蜂胶、酸角、墨旱莲、熟大黄、熟地黄、鳖甲。

附件3：保健食品禁用物品名单（按笔画顺序排列）

八角莲、八里麻、千金子、土青木香、山莨菪、川乌、广防己、马桑叶、马钱子、六角莲、天仙子、巴豆、水银、长春花、甘遂、生天南星、生半夏、生白附子、生狼毒、白降丹、石蒜、关木通、农吉痢、夹竹桃、朱砂、米壳（罂粟壳）、红升丹、红豆杉、红茴香、红粉、羊角拗、羊踯躅、丽江山慈姑、京大戟、昆明山海棠、河豚、闹羊花、青娘虫、鱼藤、洋地黄、洋金花、牵牛子、砒石（白砒、红砒、砒霜）、草乌、香加皮（杠柳皮）、骆驼蓬、鬼臼、莽草、铁棒槌、铃兰、雪上一枝蒿、黄花夹竹桃、斑蝥、硫磺、雄黄、雷公藤、颠茄、藜芦、蟾酥。

卫生部《卫监发［1988年］第9号》文件还公布了六类14种过去按食品新资源，现可作为普通食品进行管理的原料：油菜花粉、玉米花粉、松花粉、向日葵花粉、紫云英花粉、荞麦花粉、芝麻花粉、高粱花粉、魔芋、钝顶螺旋藻、极大螺旋藻、刺梨、玫瑰茄、蚕蛹。

卫生部2009年3月16日批准蛹虫草为新资源食品，使用范围：直接食用、酒类、罐头、调味品、饮料。

国家食品药品监督管理总局食药监食监三〔2014〕242号公告，允许养殖梅花鹿及其产品作为保健食品原料使用。其中，养殖梅花鹿鹿茸、鹿胎、鹿骨的申报与审评要求，按照可用于保健食品的物品名单执行；鹿角按照《保健食品注册管理办法（试行）》第六十四条的规定执行。

2014年新增15种中药材物质：人参、山银花、芫荽、玫瑰花、松花粉、粉葛、布渣叶、夏枯草、当归、山奈、西红花、草果、荜茇、姜黄等，在限定使用范围和剂量内作为药食两用。

2020年1月2日，国家卫健委、国家市场监管总局发布《关于对党参等9种物质开展按照传统既是食品又是中药材的物质管理试点工作的通知》，即党参、肉苁蓉、铁皮石斛、西洋参、黄芪、灵芝、山茱萸、天麻、杜仲叶。上述物质作为食药物质时，建议按照传统方式适量食用，孕妇、哺乳期妇女及婴幼儿等特殊人群不推荐食用。作为食药物质时其标签、说明书、广告、宣传信息等不得含有虚假内容，不得涉及疾病预防、治疗功能。上述物质作为保健食品原料使用时，应当按保健食品有关规定管理；作为中药材使用时，应当按中药材有关规定管理。国家卫生健康委将会同国家市场监管总局根据试点情况，研究适时将相关物质纳入食药物质目录管理。

根据《食品安全法》和《新食品原料安全性审查管理办法》规定，国家卫生健康委近年来先后公布了新食品原料还有：(3R，3′R）-二羟基-β-胡萝卜素、木姜叶柯、β-羟基-β-甲基丁酸钙、γ-亚麻酸油脂、米糠脂肪烷醇、西兰花种子水提物、顺-15-二十四碳烯酸、*N*-乙酰神经氨酸、宝乐果粉、黑果腺肋花楸果、球状念珠藻（葛仙米)、枇杷花、明日叶、赶黄草、透明质酸钠、蝉花子实体（人工培植)、β-1，3/α-1，3-葡聚糖、二氢槲皮素、食叶草、关山樱花、吡咯并喹啉醌二钠盐；菌种包括：弯曲乳杆菌、瑞士乳杆菌 R0052、婴儿双歧杆菌 R0033、两歧双歧杆菌 R0071、马乳酒样乳杆菌马乳酒样亚种、鼠李糖乳杆菌 MP108、拟微球藻（*Nannochloropsis gaditana*）等。

2005 年国家食品药品监督管理局公布了保健食品的保健功能及相对应的适宜人群、不适宜人群表，见表 11-4。

表 11-4　　保健食品的保健功能及相对应的适宜人群、不适宜人群表

保健功能	适宜人群	不适宜人群
增强免疫力	免疫力低下者	
抗氧化	中老年人	少年儿童
辅助改善记忆	需要改善记忆者	
缓解体力疲劳	易疲劳者	少年儿童
减肥	单纯性肥胖人群	孕期及哺乳期妇女
改善生长发育	生长发育不良的少年儿童	
提高缺氧耐受力	处于缺氧环境者	
对辐射危害有辅助保护功能	接触辐射者	
辅助降血脂	血脂偏高者	少年儿童
辅助降血糖	血糖偏高者	少年儿童
改善睡眠	睡眠状况不佳者	少年儿童
改善营养性贫血	营养性贫血者	
对化学性肝损伤有辅助保护功能	有化学性肝损伤危险者	
促进泌乳	哺乳期妇女	
缓解视疲劳	视力易疲劳者	
促进排铅	接触铅污染环境者	
清咽	咽部不适者	
辅助降血压	血压偏高者	少年儿童
增加骨密度	中老年人	

续表

保健功能	适宜人群	不适宜人群
调节肠道菌群	肠道功能紊乱者	
促进消化	消化不良者	
通便	便秘者	
对胃黏膜有辅助保护功能	轻度胃黏膜损伤者	
祛痤疮	有痤疮者	儿童
祛黄褐斑	有黄褐斑者	儿童
改善皮肤水分	皮肤干燥者	
改善皮肤油分	皮肤油分缺乏者	
营养素补充剂	需要补充者	

从事保健酒生产的企业应密切关注国家相关部门的规章制度。目前，已批准的保健酒的保健功能主要集中在：免疫调节、抗疲劳、延缓衰老、调节血脂、改善肠胃功能、抗氧化等。

（三）保健酒生产技术

目前保健酒的生产方法主要为两类，一是采用食药两用的中药材，以传统白酒或食用酒精为溶剂，使用浸渍、渗滤的方法获取浸出液，再与白酒等勾调而成；二是将具有某种功效的活性因子与白酒等勾调而制得。而加功效活性因子的方法，在保持原传统白酒风味的同时，营养保健功效明显，易为消费者所接受或青睐。

1. 保健酒的功效因子选择

庄名扬认为，保健酒所选择的功效因子，应注意两个原则，一是功效明显而安全，二是可完全与酒体互溶。现介绍几类主要物质供参考。

（1）真菌多糖　大多数活性多糖可提高人体的免疫调节作用，它是发挥生理和药理作用的基础，经水解或酶解成短链小分子多糖，具有同样的生理活性，且可溶解于白酒。活性多糖有纯多糖和杂多糖之分，纯多糖一般由 10 个以上单糖通过糖苷键连接起来的纯多糖链，可分支，也可不分支。杂多糖除含多糖链外往往还含有肽链、脂类成分，如云芝多糖是一种含蛋白质 25%~30%的蛋白多糖。分布较广且活性显著的多糖，大部分是真菌多糖，真菌多糖在调节生理功能和抗病治病方面得到了广泛的应用，其生理功能如下：

① 免疫调节功能，增强宿主细胞免疫作用：它具有刺激网状内皮系统的吞噬功能，刺激或恢复 T 淋巴细胞和 B 淋巴细胞，增强淋巴细胞的转化作用，增强 K 细胞、NK 细胞和 LA 细胞活性。

② 增强宿主体液免疫作用：真菌多糖可作为干扰素等许多细胞因子的促诱导剂。

③ 抗肿瘤作用：真菌多糖可作为一类免疫增强剂。它的抗肿瘤作用，源于其免疫功能的增强，因而预防肿瘤的发生，同时也可杀伤已产生的肿瘤细胞。

综上所述，提高免疫功能的原材料，应选用真菌多糖。

（2）人参皂苷　人参的主要成分为人参皂苷、人参倍半萜烯、人参酸等，人参能提高细胞寿命。国外报道，在含有适当浓度人参提取物的培养介质中，人胚肺成纤维细胞密度显著高于对照组；国内有人用40代龄人胚肺二倍体细胞为实验模型，观察人参皂苷对其群体倍增水平、增殖天数及衰老后细胞群体死亡天数的影响。结果表明，以上三项指标加药组均优于对照组。提示适量的人参皂苷可延长寿命。其主要是增加了细胞群体倍增的能力，以维持衰老后细胞的生存能力。人参还可以促进人血淋巴细胞体外的有丝分裂，延长人羊膜细胞生存期。人参含有的麦芽醇具有抗氧化活性，它可以和机体内自由基相结合，从而减少脂褐素在体内的沉积。

（3）多不饱和脂肪酸　天然存在的不饱和和多不饱和脂肪酸种类繁多，特别重要的是亚油酸、亚麻酸和花生四烯酸。因为它们不能在人体内自行合成而必须从食物中摄取，因此这三种被称为“必需脂肪酸”。严格地说，只有亚油酸在人体内不能自行合成，而其他两种都可在体内由亚油酸部分转化而成。亚油酸在人体内可被转化为γ-亚麻酸、DH-γ-亚麻酸和花生四烯酸。

亚油酸的主要生理功能：作为某些生理调节物质（前列腺素）的前体物，如缺乏亚油酸，则可引起肾功能衰退，生殖功能丧失；它可使胆固醇酯化，从而降低血清和肝脏中的胆固醇水平；亚油酸对维持肌体细胞膜功能也起着重要作用。

亚麻酸有α-亚麻酸和γ-亚麻酸两个同分异构体，为全顺6，9，12-十八碳三烯酸，它们与花生四烯酸构成了前列腺素PG-Ⅰ、PG-Ⅱ、PG-Ⅲ的前体物，可直接降低血管张力，对高血压病人的收缩压和舒张压有明显的降低作用。对嗜酒者，γ-亚麻酸可促进被酒精损伤的肝功能的恢复。γ-亚麻酸是细胞膜的基本成分和多种活性物质的前体，对多种疾病有疗效，如过敏性湿疹、经前期综合征、糖尿病、皮肤瘙痒和心血管疾病等。

（4）自由基清除剂　自由基具有高度的化学活性，是人体生命活动中多种生化反应的中间产物，人的生命离不开自由基，在正常情况下，人体内的自由基处于不断产生与清除的动态平衡之中。自由基是机体的防御系统，如果不能维持一定水平的自由基，则会对机体的生命活动带来不利影响。自由基对人体有益的作用主要体现在：增强白细胞的吞噬功能；提高杀菌效果；促进前列腺素的合成；参与脂肪加氧酶产物的生成及胶原蛋白的合成；参与肝脏的解毒作用。但自由基产生过多或清除过慢，会通过攻击生命大分子物质及各种细胞器，造成机体在分子水平、细胞水平及组织器官水平的种种损伤，加速各种机体的衰老进程并诱发各种疾病。自由基清除剂能够清除机体代谢过程中产生的过多自由基，因此是一种可增进人体健康的重要活性物质，也是一类重要的功能食品的功效因子。

自由基清除剂分为酶类清除剂（抗氧化酶）和非酶类清除剂（抗氧化剂）两大类。酶类清除剂主要有超氧化物歧化酶（SOD）、过氧化氢酶（CAT）和谷胱甘肽过氧化物酶（GSH-Px）等。非酶类清除剂主要有维生素E、维生素C、β-胡萝卜素和还原型谷胱甘肽、硒、锌、铜、生物类黄酮、银杏萜内酯、茶多酚、泛醌（辅酶Q）、植酸、丹参酮、五味子素、黄芪苷及铜锌络合物等，都是好的天然抗氧化剂，即自由基清除剂。作为保健酒中的功效因子，酶类清除剂要慎用，因此类化合物不易溶于乙醇。

（5）条件性必需氨基酸　氨基酸是人体重要的营养物质，有些氨基酸具有极其重要的生理功能，如牛磺酸，牛磺酸被发现存在于牛的胆汁中而得名，其化学名称为α-氨基乙磺酸（$H_2N-CH_2-CH_2-SO_3H$）。它广泛分布于体内，尤其脑组织浓度最高，主要以游离氨基酸形式存在，不参与蛋白质组成。

牛磺酸的生理功能：保护视网膜；促进中枢神经系统发育；抗氧化作用；调节渗透压；促进脂肪消化吸收。

牛磺酸以海产品中含量高，如牡蛎、蛤蜊，淡菜中牛磺酸可达 400mg/100g 以上。日常的各种食物，包括谷物、水果和蔬菜等都不含牛磺酸。

（6）活性肽与活性蛋白质　是指那些有特殊生物活性的肽与蛋白质，主要有谷胱甘肽、降血压肽、促进钙吸收肽及抑制胆固醇合成的活性蛋白质等。它们的特殊功能在于清除自由基、降低血压和提高机体的免疫功能等。众多活性肽及活性蛋白质，不易溶于乙醇，故不进行介绍。现只通过谷胱甘肽的生理活性的介绍，来说明二肽、三肽的重要性。谷胱甘肽是由谷氨酸、半胱氨酸和甘氨酸缩合而成的三肽化合物，谷胱甘肽分子中含有一个活泼的巯基—SH，使之具有诸多方面的生理活性：解毒，可用于丙腈、氟化物、CO、重金属及有机溶剂等解毒；可作自由基清除剂；对放射线、放射性药物所引起的白细胞减少，能起到保护作用；对缺氧血症、恶心及肝脏疾病引起的不适具有缓解作用；改善性功能等。

具有降血压作用的短肽——甲巯丙脯酸也是一重要活性肽。

（7）黄酮类化合物　包括黄酮、黄烷酮、异黄酮、双黄酮及其苷类。其基本结构为两个母核通过连接各种基团而成为一系列化合物，常见的取代基有羟基、甲氧基、二甲氧基及萜类等。其主要生理功能：降低胆固醇、缓解冠心病、降血压；抗氧化性和清除自由基；抗肿瘤作用；抗毒、抗病毒作用；抗肝脏毒，有很强的保肝脏作用。

黄酮类化合物最早是在橘皮中发现的，柑橘类水果均含有此类化合物，一般在下列食品中含量最为丰富：蔷薇果、花茎甘蓝、荞麦叶、罗马甜瓜、柑橘、柠檬、樱桃、木瓜、李、杏、茶、咖啡、葡萄等。

（8）功能性甜味剂　包括四大类：功能性单糖、功能性低聚糖、多元糖醇、强力甜味剂。

功能性单糖有 D 型糖和 L 型糖两类，它们的共同特点是：其代谢途径与胰岛素无关，可供糖尿病人及其他糖代谢紊乱病人食用。

2. 功能因子的分离技术

（1）真菌多糖的提取、纯化　真菌多糖大多选用食用或药用的真菌子实体提取分离而制得。香菇多糖、银耳多糖、金针菇多糖、云芝多糖、灵芝多糖、冬虫夏草多糖等均具有极强的提高人体免疫功能之功效。从真菌子实体中提取多糖的工艺比较简单。首先将真菌子实体进行粉碎，然后用 5~10 倍体积的水，在微酸或微碱的状态下于 50~80℃ 的温度下进行浸提，有时为了加快浸提速度，也可添加纤维素酶或半纤维素酶。现举香菇多糖提取纯化工艺为例以示之。

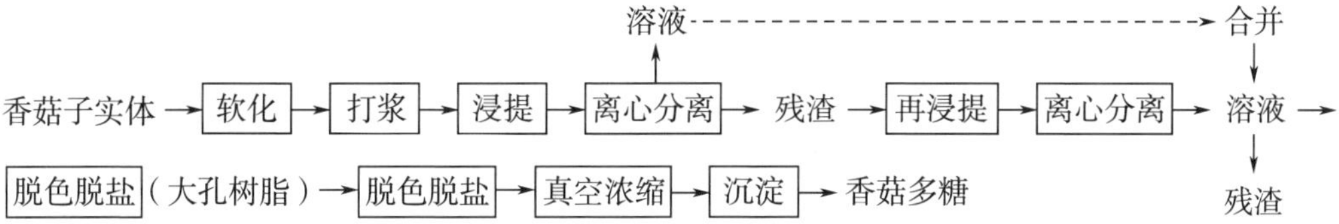

注：打浆后加 5~10 倍水，加适量纤维素酶 80℃、2h 浸提。

香菇多糖提取纯化时应注意几点：① 香菇多糖易溶于水，不溶于乙醇。所以在提取时，加入适量的纤维素酶，可使大分子多糖酶解为小分子，而增加在白酒中的溶解度。② 浸提液带有明显的棕色，可用脱色脱盐树脂处理。③ 浓缩最好用真空浓缩，避免溶液再产生颜色。④ 由于多糖不溶于乙醇，用3~5倍95%乙醇沉淀可除去脂溶性杂质。⑤ 将沉淀滤出后，加水溶解，可加入中低度白酒中，即制成多糖型功能性白酒。由于多糖不溶于乙醇，所以多糖不宜加入高度白酒中。

（2）人参皂苷的提取及抗衰老功能白酒的制作

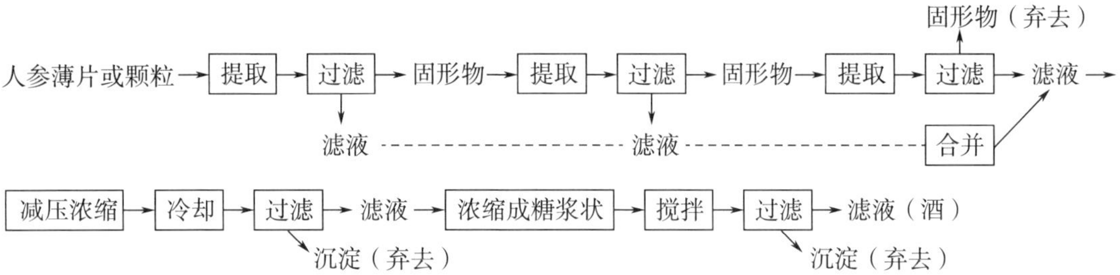

注：一般加5倍水，100℃提取；最后加3倍的基酒或60度食用酒精搅拌过滤成酒。

过滤出的白酒中，含人参皂苷量高，可将其作为浓缩添加剂与基酒勾兑、调味，即制成抗衰老的功能性白酒。

（3）多不饱和脂肪酸的提取

① 虎耳草科植物中γ-亚麻酸的提取：γ-亚麻酸成分在虎耳草科植物——黑醋栗的籽中含量很高，可达13.57%。采用种籽油提出的方法获得脂肪酸，其工艺如下：

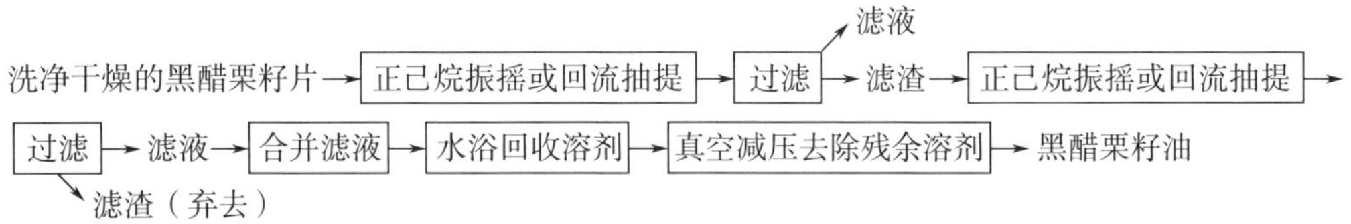

黑醋栗籽油不饱和脂肪酸含量高，极易氧化，应加入酒精或基酒稀释，低温避光保存，作保健酒功能因子使用。

② 花椒籽油中α-亚麻酸的分离：花椒油中含有棕榈酸、硬脂酸、油酸、亚油酸、α-亚麻酸。本方法是提高α-亚麻酸相对含量的技术措施。

a. 花椒籽油混合脂肪酸的制备：取花椒籽油加入4~5倍1.0mol/L NaOH-乙醇溶液，60℃水溶上加热回流40min，至溶液清澈透明。取出烧瓶，冷却至室温，加入适量的石油醚，除去不皂化物，放入冰箱，使皂化物析出。减压抽滤除去乙醇。加入适量的水，使皂化物溶解。再用10%盐酸调pH至2~3，用石油醚萃取，有机相水洗至中性，经无水硫酸钠脱水，低温回收石油醚，残余物即为混合脂肪酸。

b. 尿素包合处理：取混合脂肪酸置于烧瓶中，在65℃水浴中，边搅拌边加入9倍量95%乙醇、3倍量尿素，混合均匀，尿素完全溶解后，取出，于0℃包合18h，抽滤得滤液，加入适量石油醚，用10%盐酸酸化至pH2~3，再加适量水，充分多次萃取，合并有机层，用蒸馏水反复洗至中性，有机层用无水硫酸钠脱水，回收石油醚，残余物即为不饱和脂肪酸，其中 α-亚麻酸相对含量可达 60%以上。

③ 低度酒生产中的综合利用：低度酒生产中高级脂肪酸及其乙酯，往往被活性炭吸附而除去，所以油酸乙酯、亚油酸乙酯在活性炭吸附饱和后，其含量甚高。我们可用 95%vol 食用酒精，在一定温度下（不超过 60℃）充分搅拌，使高级脂肪酸乙酯解析而进入乙醇溶液，此溶液可提高高度酒中高级脂肪酸及乙酯的含量。

（4）自由基清除剂的提取

① 茶叶中茶多酚的提取：茶叶中茶多酚（tea polyphenols，简称 TP）的含量占干物质的 10%~15%。TP 主要包括五大类物质：儿茶酚类、黄酮类、花青素类、酚酸及缩酚酸类。其中儿茶酚类含量最多，占 TP 总量的 60%~80%。茶多酚是一种高效、低毒的抗氧化剂，对活性氧自由基具有很强的清除作用。其提取工艺如下：

将茶叶粉末加入 8 倍量的水，加热至（70±2）℃，保温 2h，过滤，反复浸提两次。合并滤液，离心，取上清液，浓缩至总体积的 20%，加 95%vol 乙醇沉淀，过滤取滤液，浓缩至无乙醇，用等体积 CH_2Cl_2 萃取。取水相用 2mol/L HCl 调 pH6，加入饱和氯化铝/氯化锌（1∶1）混合液至沉淀完全，滤取沉淀，用 6mol/L HCl 溶解，用乙酸乙酯萃取两次，合并乙酸乙酯有机溶液，用无水 Na_2SO_4 脱水，回收乙酸乙酯，残留物干燥、粉碎，即得茶多酚。避光保存，备用。

② 从红酵母菌体中提取类胡萝卜素：类胡萝卜素是异戊二烯为单元组成的共轭双键为基础的一类色素，属于多烯色素，多达 300 种以上，广泛存在于植物的叶、花、果、茎、根中，动物、微生物也存在，是食品着色剂，也是自由基清除剂。从天然植物中提取类胡萝卜素存在成本高、工艺复杂等问题，而从红酵母菌体中提取类胡萝卜素已日趋成熟。其工艺包括两个部分。

a. 酸热法破壁：称取一定量的干菌体，按 12mL/g 干菌体加入浓度为 3mol/L 的盐酸，浸泡 40min 后于沸水浴中加热 2min，迅速冷却，离心。洗涤沉淀，除去上清液，即得细胞碎片。

b. 类胡萝卜素的提取：将所得的细胞碎片，按 20mL/g 干菌体加入丙酮作为浸提剂，作用 30min 后于 4000r/min 离心 15min，上清液即为类胡萝卜素溶液，收尽丙酮即可。

③ 白藜芦醇的合成：白藜芦醇存在于许多植物如葡萄、桑葚、花生、苜蓿之中，其中葡萄，尤其葡萄皮中含量极高。红葡萄酒中白藜芦醇含量可达 1. 5mol/L。研究表明，白藜芦醇有降低血脂含量，防止低密度脂蛋白的氧化，抗血小板凝集及减少心脏病的突发作用。天然资源中白藜芦醇含量低、成本高，限制了在医药及功能食品中的应用。现科学家们开始了合成研究，即以 3，5-二甲氧基苯甲醛和对甲氧基苄基溴为原料，经维蒂希（Wittig）反应，顺反异构化和去保护基三步反应，合成白藜芦醇，具有反应条件温和、收率高等优点。

④ 苹果中原花青素的提取和分离：苹果有较高的营养价值和特殊的保健作用，富含糖、蛋白质、有机酸、维生素和多种酚类化合物。原花青素为苹果中主要的酚类成分，它由不同数量的儿茶素或表儿茶素缩合而成。

现代药理研究表明，原花青素具有抗氧化、抗腹泻、抗抑郁、抗癌、抗突变、抑菌、降血压、清除自由基及促进毛发生长的疗效，毒理试验表明，属安全无毒级，因而其在营养保健、食品、医药等领域的应用越来越广泛。欧、美、日等国以葡萄籽、银杏、松树皮为原料，开发出多种含原花青素的食品、药品。近年来，我国苹果产量迅速增长，为此介绍以苹果为原料，提取分离原花青素的方法。

工艺路线：苹果破碎，加入 95%vol 乙醇，在 60℃下浸提 120min，必要时可浸提两次，过滤取滤液，真空浓缩回收乙醇，得浓缩液，调 pH 至中性，通过 H 型吸附树脂进行分离。上柱后，先用无离子水冲洗，去除其他成分，再用 70% 乙醇洗脱。收集洗脱液，减压回收乙醇至干，残余物干燥后备用。

⑤ 黄酮类化合物的提取：黄酮类化合物类型和种类众多，也表现出多方面的生理活性，广泛存在于植物界，花、果、叶较多，种子、心材中也存在。现举常见的几例以示之。

a. 从黄芩中提取黄芩素：黄芩是中医常用的药物，实验证明，黄芩素具有降压、解热、利尿、抑菌作用，黄芩素提取工艺如下：

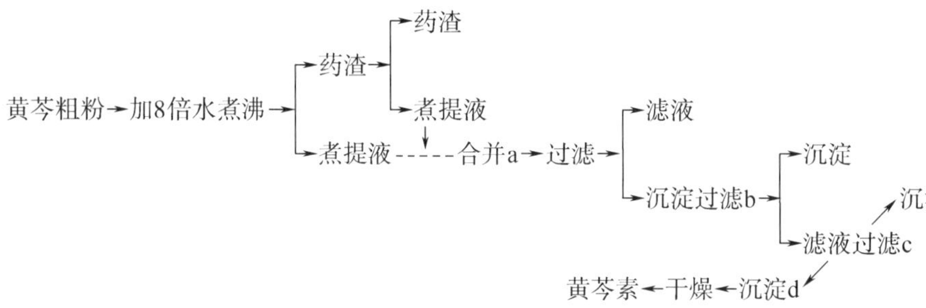

注：a. 条件：HCl 调 pH2、80℃、30min 放置；b. 条件：适量热水、NaOH 调 pH7；c. 条件：HCl 调 pH2、80℃、30min 放置；d. 条件：加等量 95% 乙醇。

b. 葛根总黄酮的提取：葛根总黄酮能增加冠状动脉血流量，降低心肌耗氧量，对脑血管有一定的扩张作用。葛根总黄酮经氧化铝柱层析，可分离获得大豆黄素、葛根素系列化合物。提取方法如下：

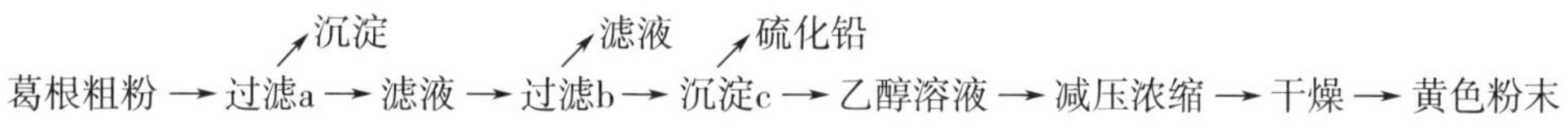

注：a、b：葛根粗粉加 70% 乙醇提取浓缩液，在饱和碱式醋酸铅溶液下过滤；c：悬浮于酒精，通过 H_2S 过滤。

c. 银杏叶中黄酮类化合物提取：银杏叶中的黄酮类化合物是血管中动力学因子，可有效防治心脑血管症。其分离工艺如下：

注：萃取液 A，乙醇：氯仿 = 85：15；萃取液 B，乙醇：氯仿 = 50：50。

d. 苦荞麦中苦荞黄酮的提取

ⅰ. 苦荞麦的筛选与清洗、粉碎：选择优质，无霉变、杂质的优质苦荞麦为提取原料；苦荞麦粉碎前要清洗干净并烘干；苦荞麦粉碎、备用。

ⅱ. 浸提：苦荞粉投入后，按照一定比例加入 60% 的食用酒精（加入前要加热至 55℃左右并保温），浸泡一段时间后放出料液，用中速定性滤纸过滤，同法再次加入 70% 食用酒精，再浸泡一段时间后放出料液，用减压抽滤，合并滤液，滤渣干燥后可用于酿酒固态发酵；真空减压浓缩回收酒精，浓缩至苦荞加入量接近一半，放出料液。

ⅲ. 脱脂、吸附及冷藏除杂：水混浊液经离心得沉淀物，经真空干燥的苦荞黄酮的粗提物；粗提物与 85% 食用酒精混合充分，再经过离心、脱脂、冷藏除杂、吸附除杂、真空干燥等工序，获得苦荞黄酮的精提物成品。

ⅳ. 中间体检测：由取样化验检测苦荞黄酮含量。

ⅴ. 储藏：精提物成品置于冷库密封低温保存，或加入基酒保存，备用。

⑥ 低聚肽和氨基酸类混合物的分离：蛋白质或多肽经过不同条件的水解或酶解反应，生成物比较复杂，既可能包括多种不同的氨基酸，又可能有许多低聚肽类。碱性氨基酸或低聚肽可以被硅胶或弱酸性阳离子交换树脂选择吸附，酸性氨基酸或低聚肽能被酸性氧化铝或弱碱性阴离子树脂吸附，活性炭对芳香环衍生的氨基酸有特异的吸附性能，根据这些性质，一般先将蛋白质水解的生成物分成四大部分，其流程如下：

```
                 ↗吸附物 ↗吸附物 → 酸性氨基酸和低聚肽
蛋白质水解产物 --> 溶液 --> 溶液 --> 溶液 --> 中性脂肪族氨基酸和低聚肽
                              ↘吸附物 --> 芳香族氨基酸和低聚肽
```

3. 劲酒技术介绍

现代保健酒不同于传统的药酒，它是通过现代化的生产工艺、规范的生产流程，利用萃取、浸提和生物工程等科学技术手段，按一定比例提取各种药材中的有效成分制成的安全、营养、高效的养生保健酒。保健酒的几大巨头历来重视技术研发，不少新技术得到应用，以中国劲酒为例：2008 年 9 月经中国合格评定国家认可委员会认可，劲牌公司获得国家实验室认可，成为我国保健酒行业中唯一拥有国家实验室的企业。目前，全国所有酒类生产企业中，仅有贵州茅台酒厂（2006 年 6 月 9 日获得）、北京牛栏山酒厂和劲牌公司通过了国家实验室认可。其中，茅台酒厂和牛栏山酒厂通过的项目均为白酒产品。2000 年，劲牌技术研发中心成立，联合北京大学、中国药科大学、香港浸会大学等科研院校，在中药工程技术和质量控制、中药药理分析、工业微生物检测等领域开展了多项富有建设性的科研攻关工作。对中药超临界提取技术、超声波提取技术、热回流提取技术、超微粉碎技术等现代药材提取分离技术以及中药指纹图谱技术进行了系统分析研究，并在保健酒生产实践中得以应用，促进了科研成果向现实生产力的转化。坚持“按做药的标准生产保健酒”，原料基地以 GAP 为指导规范，保健酒生产按照国际食品安全认证的 HACCP 要求，全面贯彻实施 GMP 管理规范，实现产品自动化无菌灌装。2011 年，“中药保健酒原料提取工艺优化及过程控制技术”荣获中国食品工业协会科学技术奖一等奖。劲酒先进的工艺技术体现在：

（1）药材炮制工艺　秉承古方之精髓，锐意创新，实现了建立在现代研究理论基础上的微电脑控制操作的配方药材炮制工艺。

（2）渗漉工艺　依照中医理论，结合现代保健酒配制技术，摒弃浸制法、酿制法这两种传统的配制方法，将渗漉工艺运用到生产的各个方面。通过渗漉法，使基酒充分进入药材组织的内部，有利于渗漉过程中有效成分的提取。

（3）功能因子提取工艺　保健酒的功效是通过配方药材中功能因子之间的共同作用体现出来的。如何将配方中的功能因子和有效活性成分提取出来，充分体现原方意图是重要的一环，是实现原方功效的前提和基础。采用先进的功能因子提取工艺，最大程度保留配方中功能因子的活性，充分吸取配方精华，去除杂质和有害成分，达到去粗取精的效果。

（4）精过滤工艺　利用现代生物技术对药材进行了科学处理和提取，既有效地保留了药的营养精华，又避免了酒中有药的杂质存在；其次，在灌装前还必须再经过一次特殊的精过滤，采用鸡蛋清沉降和精过滤技术剔除无用的药渣及其他有害成分，使酒中不含任何人工合成的化学成分，赋予酒体晶莹剔透的琥珀色。

（5）陈酿工艺　通过陈酿于地下室橡木桶中，温度长年保持在12℃，湿度控制在85%，为酒的老熟和高品质酒的贮藏创造条件。橡木桶不仅赋予了酒特殊的风味，且通过橡木桶壁的木质细胞的透气功能，可以让极少量的空气穿过桶壁，渗透到桶中使酒产生适度的氧化作用。缓慢渗入桶中的微量氧气却可以将酒的口感柔化，让酒体更为圆润、丰满。

另外，劲牌的新生物提取车间从国外进口阿法拉伐碟式离心机，并规模化应用3.5t×6罐组逆流提取、0.05μm陶瓷膜、超滤膜分离、纳滤膜浓缩、层析等先进的工艺设备，进一步提高中草药的提取技术水平，减少产品中的无功效物质。

4. 中药材有效成分提取与分离的新技术进展

由于中药有效成分的提取与分离是生产保健酒中非常关键的步骤，直接关系到中药制剂的效果与产量，近年来高新技术手段包括超临界流体萃取、微波辅助萃取、超声辅助提取、酶工程技术等的引入极大地提高了中药有效成分的提取与分离，同时也解决了传统的提取方法所出现的周期长、产量低和杂质偏多等问题。据刘佳霖介绍如下所示。

（1）中药材有效成分提取技术的进展

① 超临界流体萃取法：超临界流体萃取法即将实验较为常用的一些有机溶剂转换成超临界的流体来对中药中所含的有效成分进行分离和提取的一种技术和方法。超临界的流体可以在临界位点的附近区域和混合物当中想要提取分离的溶质达到一个平衡的状态，而且能够实现一定的传递。随着环境压力以及温度的不断变化，超临界的流体对于溶质的溶解力具有很大的变化范围。超临界的流体具有渗透能力较强且黏度较低等特点，同时还有液体的密度以及可以将其他的物质进行溶解的特点。超临界流体萃取的方法可以在常温的条件下进行操作，提取分离出极性以及沸点有差异的化学成分，同时不会残留有机溶剂，可以完全地对提取的中药有效成分进行保留。

② 超声提取法：超声提取法是目前较为常用的一种对中药的有效成分进行提取的方法，主要利用超声进行微扰的效应，进而增大溶剂能够进入提取物组织的渗透性，增强了传质的过程。超声空化的过程能够产生强大的剪切力，因此可以使得植物的细胞壁发生破裂，进而促进细胞能够很容易地释放出其内含的物质。和传统提取的技术相比较而

言，超声提取法具有提取时间较短以及提取率较高等诸多优点。此外，在低温的实验条件下，超声提取法还可以维持原药当中的有效成分所具有的性质。

③ 高速逆流色谱法：高速逆流色谱法是不使用任何的固态作为载体或者支撑体的一种液液分配的色谱技术。该技术的分离效率较高，分离获得的产品纯度较高，且不会存在载体对于样品产生吸附或者黏染的现象，因此具备制备量较大且溶剂的消耗较少等诸多优点。目前，随着一些逆流色谱技术的出现，极大地增加了高速逆流色谱的进样量，实现了快速方便对克数级别的样品进行有效的分离，同时更有利于中药活性成分分离和制备。高速逆流色谱法有望发展成为对中药所含有效成分进行质量标准评价的新方法。

④ 酶提取法：在对中药成分进行提取的过程当中，其细胞的原生质体当中所含的有效成分会向提取的介质中发生扩散现象，必须能够克服来自细胞壁以及细胞间质两者的双重压力。通过合适的酶类，减小植物细胞的细胞间质等带来的传质屏障，减少中药有效成分能够从胞内向提取的介质中进行扩散的阻力，进而从传质的角度来促进中药有效成分的提取。

（2）中药有效成分分离技术的进展

① 大孔树脂吸附分离技术：树脂吸附法在中药有效成分分离中的应用，已成为中药现代化的最有效的方法之一。史作清根据吸附树脂的结构特点，从理论上和实验上修正了国内外长期使用的吸附动力学方程，并从此项研究中发现了分子筛吸附树脂。孙江晓进行了非极性 ADS 大孔吸附树脂的表面化学结构修饰对沙棘黄酮产品质量的影响研究，研究表明：含酯基和酰胺基两种基团的树脂，其酰胺基和羰基可能分别以“给体”和“受体”的形式与黄酮分子形成一个以上的氢键，用于提取沙棘黄酮苷显示出良好的吸附选择性，可大幅度地提高沙棘黄酮的纯度，提取物中黄酮苷的含量达到 43.5%。目前，该技术已在国内广泛用于纯化苷类、黄酮类、生物碱类等成分。

② 膜分离技术：MST 是一项新兴的高效分离技术，已被国际公认为是 20 世纪末到 21 世纪中期最有发展前途的一项重大高新生产技术。膜分离技术是指通过特定膜的渗透作用，借助于外界能量或化学位差的推动，实现对两组分或多组分的气体或液体进行分离、分级、提纯和富集的技术，是现代分离技术领域最先进的技术之一。使用膜技术可以在原生态体系环境下实现物质分离，可高效浓缩富集产物，有效除去杂质。膜技术种类多，包括反渗透、纳滤、超滤、微滤、透析、电渗析、渗透蒸发、液膜、膜萃取和膜蒸馏等，为满足各种中药生产的需求提供了广阔的选择空间。

③ 分子蒸馏技术：分子蒸馏，又叫短程蒸馏，是在高真空度下（0.1～100Pa）进行分离精制的连续蒸馏过程，是一种特殊的液-液分离技术，能解决大量常规蒸馏技术所不能解决的问题。分子蒸馏特别适用于高沸点、热敏性及易氧化物系的分离。分子蒸馏和超临界 CO_2 萃取联用还可用于挥发油等非极性物质提取分离有效成分。

④ 双水相萃取技术：ATPE 为一种较新的固-液分离方法，具有较高的选择性和专一性，利用被提取物质在不同的两相系统间分配行为的差异进行分离，可获得较高收率。这对于含有众多成分的中药来说，无疑为其有效成分的提取提供了一种新的方法。

随着科学技术的高速发展，越来越多的新技术、更新的方法将会运用到中药提取保健酒的有效成分，这样将会大大加快先导化合物的发现，推动创新中药提取保健酒的发展。这些新技术具有传统方法无法比拟的优点，将对提高中药提取保健酒的制剂质量、增加保健酒的口感、提高生产效率、降低环境污染等方面起到积极的推动作用。可以预见，新技术在中药提取保健酒有效成分提取分离领域中的广泛运用，必将极大地推动中药产业的发展和中药现代化进程。

5. 保健酒关键技术集成创新及产业化

2016 年 4 月 6 日，劲牌有限公司等完成“保健酒关键技术集成创新及产业化”项目技术鉴定。该项目以保健酒所设计功能为目标，应用高通量和动物模型重要筛选技术，确定了几十种具有抗疲劳、增强免疫力或抗氧化作用的保健食品原料；根据中医中药相关理论构建保健酒“配方”，建立了“整体-器官-组织-细胞-分子”功效及机理模型，完成了达到分子水平的机理研究并形成了确切的人体功效验证评价；研究确定了固态小曲白酒功能性微生物并研发了固态白酒生产的纯种制曲和混菌发酵等工艺技术；创建了保健酒“一体化”质量控制技术体系和系统控制模型及保健酒中药原料 GAP 基地，通过全过程指纹图谱控制技术和近红外在线快速检测技术，明晰了保健酒质量稳定机理，确保保健酒产品的质量稳定性。

2021 年劲酒团队通过香气提取物稀释分析（AEDA）和气相色谱-质谱（GC-MS）技术共鉴定了 136 种香气化合物。研究发现风味稀释（FD）因子在 2~1024 的范围内，作者还鉴定了 70 种 FD ≥8 的香气活性化合物，并进一步采用分子感官科学方法鉴定了 43 种香气活性化合物。此外，有 13 种化合物被证实是中国劲酒中存在的关键香气活性化合物。

截至 2018 年年底，国家相关部门共批准了 599 种保健酒，这是 10 年前的 2 倍。全国有保健品生产企业 3000 多家，品种 4000 多个，年产值超过 500 亿元。近年来，保健酒的批准是严格的，但产值年增长率较稳定。在过去，保健酒偏向药用且适口性不佳，大大限制了消费群体的普及。未来通过工艺的改进，降低药味与酒精度、增加适口性，才会让更多的消费者接受。随着保健酒功能和安全性的提高，保健酒越来越受到人们的认可和信赖。品牌升级为“流行性保健酒”就必须从以下几个方面改进酒的色香味、感官、品评效应：一是酒基，可选择适口性好与文化底蕴好的“平民”酒；二是配方，配方经过不同的研究改良而成；三是选材，药材的功能应贴切消费者的需要；四是工艺，需有独特的新颖的工艺，让投入市场的保健酒表现出口感好、功效强、品质高。

第十二章　包装、检验、生产计算

第一节　酒库、包装、保管

一、酒库管理

1. 新酒入库

传统白酒的生产，特别是名优酒，酒库管理尤为重要。不能把酒库孤立地看作存放和收发酒之处，它是酿酒工艺中的一个重要工序。新酒通过储存老熟后，使酒味醇和、酒体绵软，为下一工序（勾兑调味及酒体设计）创造一个良好条件。酒库管理包括原酒贮存及成品酒生产，是传统白酒工艺中重要一环。做好酒库管理，可从以下几点入手。

（1）新酒入库，要先经（厂）尝评小组人员评定等级后，按等级和风格特点在库内排列整齐。注意新酒与老酒（陈酒）的尝评有区别，要求有较熟练的尝评技巧。

（2）各种不同风味的白酒，即使是同一个等级，也不要不分好坏任意合并，以保证质量。

（3）容器上挂上标签，建立档案，注明：坛号、日期、产酒窖号、酒的风格特点、毛重、净重、酒精度等。最好有色谱数据储存于勾兑系统中，便于勾兑。

（4）做好酒库卫生，勤扫、勤抹，常开窗通风，避免霉臭味产生和青霉生长。

（5）分级贮存后，定期品尝复查，调整级别，做到心中有数。

（6）调味酒要单独原度贮存，不能任意合并，最好有单独房间的小酒库贮存。

（7）勾兑员与酒库管理员保持密切联系，后者要为前者提供方便。

（8）陶坛贮酒，要经常检查是否渗漏，以免造成损失。如在陶坛底用砖砌两个小墩，中央插入一块纸板，便于每日抽出检查。

（9）不要脏坛（罐）贮存。不少酒厂的贮酒罐疏于清洗，底部沉积物较多，如残酒、泥沙、糟屑、稻壳、纤维、金属氧化物等），这些物质是白酒不应有的成分，贮存期间内它们与酒中众多化学物质可能发生复杂反应，给白酒引入不应有的成分，产生不良后果。

（10）坛口密封。一般用无塑化剂的厚塑料薄膜封口，也可采用符合食品安全的牛皮纸来封口。

（11）大罐用水封问题。多数酒厂采用，要注意时间长了水易于污染，同时在揭盖时可能将水带入酒中，这两个问题应引起重视。

2. 贮酒设备

白酒贮存容器有许多种，各种容器都有其优缺点，在确保贮存中酒不变质、少损耗并有利于加速老熟的原则下，可因地制宜选择使用。现常用的贮酒容器有陶瓷容器、血料容器、金属容器和水泥池等。

（1）陶瓷容器　这是我国历史悠久的盛酒和贮酒容器，这种容器的优点是能保持酒质，而且由于陶坛的细微毛孔缝隙容易进入空气，能促进酒的老熟。此外，陶瓷坛各地都有生产，成本较低，但陶瓷坛容量较小，一般为 50kg、100kg、200kg、500kg、1000kg 等。占地面积较大，每吨酒平均占地面积约 $3m^2$，陶质容易破裂，怕碰撞，质量不好的坛子也时常出现渗漏的现象，造成损失，每年损耗为 3%~8%。使用陶瓷容器应注意以下几点：

① 陶瓷容器的制造和涂釉是否精良、完整。

② 装酒前先用清水洗净，浸泡数日，以减少“皮吃、渗酒”等损耗。

③ 检查有无裂纹、沙眼。

④ 若有微毛细孔，可采用糊血料纸或外涂环氧树脂等方法加以修补，以堵漏。

（2）血料容器　用荆条或竹篾制成的篓、木箱或水泥池内表糊以血料纸，作为贮酒容器的，统称血料容器。这种容器的利用在我国有悠久的历史，在我国北方酒厂多用。所谓血料，是使用动物血（一般是用猪血）和石灰制成的一种可塑性的蛋白质胶质盐，遇到酒精形成半渗透性的薄膜，这种薄膜的特性是水能渗透而酒精不能渗透。实践证明，对酒精含量 30%vol 以上的白酒有良好的防止渗漏的作用。酒精含量 30%vol 以下的酒，因含水量较高，易渗透血料纸而引起损耗，贮存过久，可以导致血料纸层泡软而脱落，所以不宜用血料容器来贮存酒精含量 30%vol 以下的酒。血料容器的优点是便于就地取材，造价较低，不易损坏。为了进一步防止酒的渗漏，还可以采用在血料容器内壁挂蜡和烤蜡的方法来防止白酒损耗。

血料容器具有就地取材、制作方法简单、造价较低、不易损害、贮存量大、酒损少的特点。凤型白酒贮酒的容器“酒海”就是一种血料容器。传统的酒海常用柳条编制成 $5m^3$ 以上的大型酒篓，然后以麻纸裱糊，以猪血与石灰粉混合为涂料，裱糊层数达到上百层，确保长期贮存不露酒；待其烘干后，再用鸡蛋清、菜籽油和蜂蜡做表面处理。这种血料酒海容器与其他血料容器有一定的区别，主要在制作工艺、涂料配方和表面处理方面不同。用酒海贮酒，对凤型白酒的老熟和质量的提高起着至关重要的作用。

血料容器有的以木材制成木箱或用钢筋混凝土结构制成大型酒池，再涂以血料纸；内壁挂蜡或烤蜡制成贮酒容器，效果也不错，一般的血料容器有“皮吃”损耗大的不足，新的或间歇使用的酒篓，其干燥的血料纸吸收酒液所造成的损耗是比较大的。为了减少酒损，现大多数血料容器均采用内壁挂蜡和烤蜡的方法。

（3）金属容器　现不少酒厂采用了大容量的金属容器来贮酒，使用较多的是不锈钢大罐容器。不锈钢容器具有耐腐蚀性、密封性好、对酒质基本无不良影响、贮酒效果较好的特点。可根据不同要求制成各种容量的贮酒容器，可以根据生产能力进行选择，使用不锈钢容器来贮酒，只是其一次性投资较大，用于低度白酒的生产较好。它的优点是容量大，有 5t、10t、20t、50t、100t、300t、500t 等。还有一个优点是不容易损坏，非常牢固，其形状一般有立式和卧式两种，容量大的一般为立式。

不锈钢容器使用前必须清洗。不锈钢板制成容器需进行切割、焊接等工序，容易造成污染。所以使用前必须进行清洗，清洗步骤如下：

水洗→碱洗→水洗→酸洗→水洗→酒精洗→水洗

如果不进行碱洗及酸洗，所生产出来的酒（低度白酒）就会带黄色或微黄色，还可能出现絮状物，这主要是一些碱溶性物和酸溶性物没有除去，渗入低度白酒中而呈现黄色，或者其金属离子与酒中的酸结合，生成絮状沉淀物，对酒质产生严重的污染。

铝是中性金属，易被酸腐蚀，酒中若有铝的氧化物，就会出现浑浊沉淀，含铝过多的酒对饮者健康也有影响，用铝制容器贮酒，容器内壁时常会出现很多白色的突出的小斑，即所谓白锈。目前贮存白酒已不再使用铝制容器。

其他金属制造的容器用来贮酒的不多，用金属铸制的容器更不适宜贮酒，这是由于酒中的有机酸对金属有腐蚀作用，使酒中的金属含量增加，白酒中的水与金属接触易引起生锈氧化，严重时还会导致容器壁产生砂眼和漏洞，氧化后的金属在白酒中对酯类起破坏作用，从而降低酒中的香气，并使白酒变色。铁制容器绝对不能用来贮酒或盛酒，白酒接触铁后，会带铁腥味，并使酒变色（铁锈）。镀锌铁皮的容器也不适宜贮酒；铜制容器也很少用来装白酒，过去民间有用锡壶盛酒的习惯，由于商品锡中铅含量较高，容易使酒中铅含量超标；用搪瓷容器盛酒和贮酒效果较好，但造价高，也基本不适用。

（4）水泥池　水泥池也是一种大型贮酒设备，建筑于地下、半地下或地上，采用混凝土钢筋结构，北方多用。普通水泥池是不能用来贮酒的，因为水泥池壁易渗漏，呈碱性且不耐腐蚀，用来贮酒不仅损耗大，而且会使酒带水泥味。水泥池用来贮酒，最好是经过加工的，即在水泥表面贴上一层不易被腐蚀的东西，使酒不与水泥接触，大多采用以下方法：

① 猪血桑皮纸贴面。

② 内衬陶瓷板，用环氧树脂填缝。

③ 瓷砖或玻璃贴面。

④ 使用环氧树脂或过氯乙烯涂料或其他防腐涂料。

使用以上方法，必须符合食品安全要求。

水泥贮酒池容量大，可根据实际情况任意设计，贮酒温度较低，池体密封，便于保持酒的质量，符合贮酒要求，酒损较低（一般为0.3%~0.5%），投资省，坚固耐用，并可在酒池上建房，节约用地，有利于酒的勾兑，使酒质更稳定，且贮酒安全，管理方便。使用水泥贮酒池应注意以下几个方面：

① 水泥贮酒池的顶盖应采用混凝土浇灌方法制成，使之与池身紧密相连为一体，有利密封。

② 每个水泥贮酒池的顶盖应开两个出入人孔，要求开口直径为60cm左右，这样便于罐放酒时检查池内情况和入池进行清洗工作。

③ 每次放完酒后，应仔细检查水泥表面的贴面或涂料有无损坏或脱落，发现情况应及时修补。

④ 由于水泥贮酒池容量大，一般计量方法不够准确，因此勾调时最好选用自动流量计计量。

3. 酒库建造

在制作酒罐及装酒前，要了解其罐体的直径和高度，准确计算其容积。同时根据原酒、成品酒的不同酒精度，计算出每吨酒在罐中的高度，并准确标记出。酒海及水泥池制作时也如此。

在设计建设酒库时，要严格符合国家相关法律法规。如消防安全必须达到 GB 50694《酒厂设计防火规范》等。

二、过滤、包装

（一）过滤

1. 白酒需要过滤的原因

白酒应是无色透明、无悬浮物、无浑浊、无沉淀，但生产过程中多种因素会给白酒带来上述物质，主要有：

（1）在蒸馏及流酒操作中，不慎将酒醅、稻壳残粒落入接酒容器内；撒曲时曲粉飞扬；打扫场地时酒醅残渣、尘土飞扬也会落入接酒容器中。

（2）车间生产的酒往酒库运输过程中路上的尘土；输酒管道不洁；贮酒容器不净；酒库中的尘渣或酒库卫生差等。

（3）加浆用水随着酒精含量的降低，用量增大。若水质不佳，或有时水中金属盐类含量过高，加入酒中后其盐类逐渐析出，造成浑浊和沉淀。

（4）白酒降度后，高级脂肪酸乙酯会析出，造成浑浊。

由此，白酒（特别是低度白酒）必须通过过滤，才能包装出厂。

2. 主要过滤设备

（1）砂滤棒过滤　其外壳为金属密闭容器，内有固定筛板上的几根至几十根砂滤棒，砂滤棒是硅藻土或玻璃熔制或烧结成一端开口的棒芯，可用于水处理和白酒的过滤。20 世纪 70 年代起在酒厂广泛使用，对除去酒中悬浮物、沉淀物效果较好，但除浊效果较差。

工作原理：原水（或酒）用泵压入过滤器，使水中的有机物及微生物或酒中的悬浮物、析出物等被砂滤棒的微孔截留在砂滤棒表面，水（或酒）进入棒芯由出口排出。一般工作压力为 100~200kPa。该过滤器使用一段时间后需要清洗，清洗时按其说明书操作。

（2）硅藻土过滤机　常用的移动式不锈钢过滤机，由机腔壳体、空心轴、滤板、滤布、隔环、卡箍及缓冲板等部件组成，有卧式、立式、烛式等，使用比较普遍。

工作原理：利用硅藻土兼具过滤介质及助滤剂的双重功能之特点，先将硅藻土滤层预涂，待滤出的酒液清亮时，即可正式过滤，一般一次可过滤 20~50t。

（3）白酒净化器　其核心为净化介质，它是由多种吸附剂组成的复合材料，不同的吸附材料吸附的对象不同，有除浊的、去杂的等，有相当的灵活性。白酒净化器结构简单，由不锈钢板材做成吸附塔体，塔内装入颗粒状净化介质，即可使用。可单塔也可数塔并用。

工作原理：即吸附原理，对白酒进行脱臭、除杂，防止产生絮状沉淀。白酒净化器另一特点，就是介质与酒接触充分、均衡，酒液靠酒泵的压力强行通过 1 米至数米高的净化介质层，完成有效接触。为确保高效无死角，净化器吸附塔还采用流化床的吸附过滤方式等多重技术。目前使用很普遍，如各种成品酒生产，酒尾回收，酒精脱臭除杂等。

（4）膜过滤　采用不锈钢外壳，过滤介质为高分子聚乙烯为主的混合物经冷压烧结而成的滤饼。其特点是微孔丰富、间隙微小，能截留的最小固体颗粒为 0.4μm，过滤效果可达 100%。

工作原理：采用分子筛原理，利用物理现象中的渗透性，即当溶液通过微孔介质时，溶液中较大的溶质分子被阻滞在膜表面，较小的溶质和溶剂分子渗透过去，从而起到分离、净化作用。这样，白酒中的高级醇、高级酯类以及酒中的大颗粒固体及杂质被阻滞在滤片表层，起到除杂、净酒的效果。

（二）包装

1. 洗瓶

目前洗瓶主要有机械刷洗和高压喷洗两种方式。机械刷洗是将经碱液浸泡后的瓶子，利用刷子刷洗瓶子的内外壁，去除污物及商标。现国内常用的白酒洗瓶机大多数采用高压喷洗法，洗瓶机使用前需冲洗干净，及时更换碱液，保证浓度符合要求。反冲喷水管需刷干净，以保证喷冲压力。机械洗瓶的操作流程如下：

浸泡→碱液浸泡→热水、温水喷洗→清水淋洗

近年来，大中型企业逐步采用了全自动洗瓶机，它可适用于新瓶和回收旧瓶。其型式按进出瓶的方式分为双端式和单端式两种。其主要构造由机架、输瓶机构、浸泡槽、喷射系统和自控装置等组成。单端式浸泡与喷射式全自动洗瓶机工作流程如下：

去掉杂余物与预热→洗液浸泡→洗液喷射→热水喷射→温水喷射→冷水喷射

全自动洗瓶机对洗液浓度、温度和冷、温水的加热更换都采用自动控制装置，以达到最佳的清洗效果并节能、节水。

2. 灌装

白酒灌装以定容法为主，定容法又有等压法和压差法之分。等压法就是在灌装时，贮液罐顶部空间压力和包装容器顶部空间压力相同，白酒靠自身重力流入包装容器（瓶）内，它既可以在常压下灌装（常压法），也可以在大于 0.1MPa（高压法）或者在小于 0.1MPa（真空法）灌装。压差法是指在灌装时，贮液罐的压力和包装容器的压力不一样，且贮液罐的压力大于包装容器的压力，这种灌装方法速度较快。

灌装机主要由瓶、罐输送和升降机构、灌装阀机构及附属机构组成。

白酒经勾兑调味、陈酿、过滤后，即可进入灌装车间贮酒罐进行灌装。

3. 压盖设备

灌装完毕后，应立即进行封口，以保证其进入流通领域后不再受到污染和损坏。目前酒瓶应用最广的瓶盖是皇冠盖、防盗盖。封口作业通过压盖机来完成。

在连续化生产线上，压盖机与灌装机配套使用，或与灌装机合成一体，构成灌装封口机组。

4. 白酒产品包装过程中存在的问题及改进

（1）白酒中出现杂质　在白酒中出现杂质是一种常见的质量问题，主要原因在酒瓶的存储运输以及清洁消毒过程中出现失误，导致酒瓶内出现残存的杂质；有的企业是因为专用的过滤设备出现故障使活性炭等物质进入了酒体，出现黑色杂质，企业应加强过

滤设备的维护及每瓶酒的质量检测。

（2）白酒中出现纤维状物质

在白酒中出现纤维状物质很可能是因为酒瓶清洗过程中包装材料上的纤维脱落，依附在酒瓶内部。由于这些纤维丝非常细小，用肉眼很难观察到，所以无法及时清理，出现在部分成品酒中。尽量使用环保类的纸箱作为盛放酒瓶的工具，严抓生产现场的环境卫生，在清洗酒瓶的过程中，一定要认真做好酒瓶内部的清洁，对于过滤设备的过滤布也要按照规定定期更换。

（3）白酒的度数与实际度数不符

这种情况大多是白酒的实际度数比标示的度数低，主要原因一方面可能是因为酒瓶清洗之后残存有清水，稀释了白酒造成浓度降低；另一方面也可能是因为密封条件不达标导致酒精挥发，从而引起度数降低。这需要对洗瓶环节、工艺处理进行优化，确保清洗过的酒瓶完全干燥之后再进行后续的流程。在罐装酒前要对酒瓶是否存在裂缝进行检验，尤其是要注意做好倒置实验，观察是否存在白酒外漏现象。

（4）白酒中存在悬浮物

个别企业白酒中存在悬浮物，主要原因在于酒瓶烧制过程中工艺不达标，使瓶壁上的二氧化硅与白酒中的某些物质发生了化学反应，反应发生之后就出现了这种悬浮状的物质，也有可能是因为没有做好清洁工作造成的，这需要生产企业不断加大检查力度，杜绝不合格产品流入市场。

（5）酒瓶出现漏酒现象

酒瓶出现漏酒现象大多都会发生在酒瓶倒置的情况下，主要原因在于生产企业所选用的瓶盖与瓶口不配套；或是瓶盖密封的时候因为压力过大而出现裂缝。

（6）白酒中混入塑料颗粒类杂质

有些白酒中也会出现一些细小的颗粒状塑料杂质，其原因在于很多白酒使用的是塑料瓶盖，瓶盖上残存一些塑料的碎屑。如果没有及时清理干净，就会导致在白酒灌装过程中进入了白酒之中，也有可能是因为酒瓶清洗工作没有开展到位。需要生产企业不断加大对设备和原材料的关注，在瓶盖压制过程中，一定要认真做好检查，并将瓶盖中的残余塑料废弃物及时清理干净，确保瓶盖压制前不存在杂质，最大限度地减少此类问题的发生。

（7）商标粘贴位置不正

商标粘贴位置不正会影响产品质量，这一方面是因为设备或人工原因，在后期的质量检测过程中也没有及时发现；另一方面也有可能与所使用的纸张和胶水有关。应该对商标纸张硬度进行检测，选取与之相配套的胶水来进行商标的粘贴，要确保商标粘贴之后对外界环境和温度的适应性，以此来降低此类问题的发生。

（8）商品生产日期喷码信息模糊

现在不时会发现商品生产日期存在喷码不清楚的问题。其原因在于喷码的过程中，瓶盖处于潮湿状态或者是在喷码油墨未干的情况下就进行了包装处理，这都有可能导致喷码信息模糊不清的现象，需要生产企业质检部门认真做好出厂前的检查，发现问题要及时处理。

（9）白酒中出现昆虫类异物

在白酒中偶尔出现昆虫类异物，其原因在于生产企业包装区没有认真做好防虫害处理，这要求生产企业在出厂前一定要认真做好白酒的检查，防止混有昆虫等异物的酒类出厂。对于一些陶瓷类酒瓶，要对消毒和罐装区进行隔离防虫措施，最大限度地避免此类问题的发生。

（10）白酒中存在玻璃碎屑

白酒中存在玻璃碎屑是非常危险的，人们在喝白酒的过程中，一旦将玻璃碎屑喝进口中，就很有可能造成人们的口腔损伤。这是因为生产过程中压制瓶盖的环节压力过大导致瓶口被压破，从而使部分玻璃碎屑进入白酒之中。

三、酒库、包装、保管生产规范

1. 灌装车间

（1）应设有与生产能力相匹配的灌装车间，应远离锅炉房和原材料粉碎、制曲、贮曲等粉尘较多的场所。

（2）灌装车间的设计与设施应能满足洗瓶、灌装、压盖、装箱等工艺技术要求。

（3）灌装车间应有防尘设施。

（4）灌装车间应满足工艺和食品安全要求，根据生产需要划分相应的功能区域，包括更衣区、包装材料暂存区、待包装酒暂存区、洗瓶区、灌装区、成品暂存区等。

（5）灌装车间根据生产工艺要求可划分为洗瓶区、灌装区及更衣室等区域。各区域按不同的卫生要求进行控制和管理。灌装区要具备符合消防要求的排风、人员疏散通道；灌装区从净瓶到压盖生产过程的设备和链道应采用防尘、防异物的密闭设施；从更衣室进入灌装区入口处应设置洗手、干手和消毒垫设施；员工进入灌装区必须着工作服、鞋、帽，保持整洁并定期消毒。灌装车间大门应设置满足需求的风幕。灌装车间严格控制非工作人员进出。

2. 成品库

（1）成品库的容量应与生产能力相适应；应符合 GB 50694《酒厂设计防火规范》的要求。

（2）成品库内应阴凉、干燥，并有防火防爆设施。

（3）原料贮存区、基酒贮存区、灌装区、成品库区应有防虫措施。

3. 包装材料采购、运输和贮存

（1）采购与酒体直接接触的食品包装材料应当查验材料的合格证明文件（应有易迁移的醇溶性有害成分含量检测报告，如重金属、邻苯二甲酸酯等），实行许可管理的食品相关材料还应查验供货者的许可证。食品包装材料必须经过验收合格后方可使用。

（2）运输酒类包装材料的工具和容器应保持清洁、维护良好，并能提供必要的保护，避免食品原料污染和交叉污染。

（3）酒类包装材料的贮藏应有专人管理，定期检查质量和卫生情况，及时清理变质或超过保质期的相关产品。仓库出货顺序应遵循先进先出的原则。

（4）采购洗涤剂、消毒剂等酒类相关材料应当查验材料的合格证明文件，实行许可管理的洗涤剂、消毒剂还应查验供货者的许可证。洗涤剂、消毒剂必须经过验收合格后方可使用。

（5）运输洗涤剂、消毒剂的工具和容器应保持清洁、维护良好，并能提供必要的保护，避免其泄漏造成污染。

（6）洗涤剂、消毒剂的贮藏应有专人管理，定期检查质量和卫生情况，及时清理变质或超过保质期的食品相关产品。仓库出货顺序应遵循先进先出的原则。

4. 生产过程的食品安全控制

（1）生产场地环境等应按工艺要求进行清理，保持整洁卫生。

（2）生产过程应严格遵守工艺操作规程，防止遭受有害生物污染，出现异常时应及时处理。

（3）生产过程中应监测不良代谢产物产生情况，如氨基甲酸乙酯，必要时采取措施控制。原酒贮存过程中宜监测易迁移的醇溶性有害成分的含量，如重金属、邻苯二甲酸酯等。

5. 检验、贮存和运输

应符合 GB 14881—2013、GB 8951—2016 等相关规定。

第二节 检　　验

一、原（辅）料分析

对于传统白酒生产，原料主要有高粱、大米、玉米、糯米、小麦等，辅料有糠壳等。现以贵州白酒生产用高粱为例，检测范围包括感官指标、理化指标、食品安全指标。

1. 感官指标

（1）感官要求　应符合表 12-1 的规定。

表 12-1　感官要求

指标范围	指标要求	
	糯高粱	粳高粱
色泽	具有本品固有的色泽，一般为红色、深褐色、褐紫色	具有本品固有的色泽，一般为白色、浅黄色
气味	具有本品固有的气味，无异杂味	
净度	无霉变、无污染	

（2）检测方法　检验的一般规则，按 GB/T 5490 的要求执行。其中，扦样、分样按 GB 5491 的要求执行。色泽、气味检验按 GB/T 5492 的要求执行。类型及互混检验按 GB/T 5493 的要求执行。

2. 理化指标

（1）理化指标　应符合表 12-2 的规定。

表 12-2 理化指标要求

项目	糯高粱	粳高粱
体积质量/（g/L）或 千粒重/（g/千粒）	体积质量≥700 千粒重 13~25	体积质量≥700
不完善粒/%	≤3.0	≤3.0
杂质/%	≤1.0	≤1.0
水分/%	≤14.0	≤14.0
总淀粉/%	50~75	50~70

（2）检测方法 杂质、不完善粒检验按 GB/T 5494 的要求执行。水分检验按 GB/T 5497 的要求执行。千粒重检验按 GB/T 5519 的要求执行。淀粉检验按 GB/T 5514 的要求执行。其他，诸如蛋白质、脂肪、纤维素等的检测见食品类检测等专业书籍。

3. 食品安全指标

应符合 GB 2761，GB 2762，GB 2763 的规定。

酿造用水的检验按 GB/T 5750 要求执行。

二、 糖化发酵剂分析

传统白酒生产使用的糖化发酵剂主要是大曲、小曲、麸曲。它们在酿造中起到重要作用，其质量的优劣对白酒风味影响较大。在我国白酒生产中，尤以大曲使用量最大，现以众多酒厂联合制定的 QB/T 4257—2011《酿酒大曲通用分析方法》做重点介绍。

（一） 基本术语和定义

（1）液化力单位 指在 35℃、pH4.6 条件下，1g 绝干曲 1h 能液化淀粉的克数为一个单位，符号为 U，以“克每克·小时［g/（g·h）］”表示。

（2）发酵力单位 指在 30℃、72h 内 0.5g 大曲利用可发酵糖类所产生的二氧化碳克数为一个单位，符号为 U，以“克每 0.5 克·72 小时［g/（0.5g·72h）］”表示。

（3）酯化力单位 每 50g 大曲在 35℃，经过 7d 催化己酸和乙醇合成己酸乙酯的毫克数为一个单位，符号为 U，以“毫克每 50 克·7 天［mg/（50g·7d）］”表示。

（4）糖化力单位 指在 35℃、pH4.6 条件下，1g 大曲 1h 转化可溶性淀粉生成葡萄糖的毫克数为一个单位，符号为 U，以“毫克每克·小时［mg/（g·h）］”表示。

（5）体积质量 指单位体积大曲的质量，单位为克每立方厘米（g/cm^3）。

（二） 感官检验

（1）外观 在适宜光线（非直射阳光）下，从大曲六个面立体观察曲坯表面菌丝的颜色、穿衣、裂缝及光洁度等外表特征，并进行记录。

（2）断面 将曲块断开，观察界面上菌丝形态、颜色、菌斑、泡气等情况，并进行特征记录。

（3）曲皮厚度 对曲块表层未发酵的生淀粉及菌丝不密集部分的厚度（并非水圈以

外的部分）进行观测和记录。

（4）曲香　嗅闻大曲断面散发出来的香气，分辨是否纯正、有无复合曲香，检查有无异杂味等，并进行记录。

（三）理化分析

所用的大曲试样，一般指粉碎机粉碎后的大曲试样，粉碎后的曲粉要求通过20目筛的不低于90%。

1. 水分

（1）方法提要　将大曲试样置于101～105℃下烘干，根据烘干前后质量之差，计算出所失去的质量分数，即为水分含量。

（2）分析步骤　取洁净称量瓶置于101～105℃电热干燥箱中，瓶盖斜支于瓶边，加热1h，取出盖好，置干燥器内冷却0.5h，称量，并重复干燥至前后两次质量差不超过0.002g，即为恒重。用烘干至恒重的称量瓶称取大曲试样4～5g，精确至0.0001g，置于101～105℃电热干燥箱中烘干3h（烘干时打开瓶盖，侧立于该瓶边）。取出，迅速移入干燥器内（盖上瓶盖）冷却0.5h，称量。再放入电热干燥箱内，继续烘干1h，冷却称量，直至恒重。

（3）结果计算

$$X_1 = \frac{m_1 - m_2}{m_1 - m} \times 100$$

式中　X_1——试样的水分含量，g/100g；

m_1——烘干前，称量瓶加试样的质量，g；

m_2——烘干后，称量瓶加试样的质量，g；

m——恒重称量瓶的质量，g。

2. 酸度

（1）方法提要　采用酸碱中和，以pH指示终点的电位滴定法，测定大曲试样的酸度。

（2）分析步骤

① 样液的制备：称取大曲试样10g，精确至0.01g，放入500mL烧杯中，加无二氧化碳水200mL，用玻璃棒搅拌0.5min，浸泡30min（每隔5min搅拌一次）后，用滤布过滤，收集滤液，备用。

② 电位滴定：取样液20.0mL于100mL烧杯中，加无二氧化碳水30mL，摇匀，插入电极，放1枚磁力转子，开启电磁搅拌器，用0.1mol/L氢氧化钠标准溶液进行滴定，当接近滴定终点时，放慢滴定速度，每次加半滴氢氧化钠标准溶液，直至pH8.2为其终点，记录消耗氢氧化钠标准溶液的体积V_1。

以水作空白，同样操作进行空白试验，记录消耗氢氧化钠标准溶液的体积V_0。

（3）结果计算

$$X_2 = \frac{c \times (V_1 - V_0) \times 200}{20}$$

式中 X_2——试样的酸度，即 10g 试样消耗 0.1mol/L 氢氧化钠标准溶液的毫摩尔数，mmol/10g；

c——氢氧化钠标准溶液的浓度，mol/L；

V_1——滴定试样时，消耗氢氧化钠标准溶液的体积，mL；

V_0——空白试验时，消耗氢氧化钠标准溶液的体积，mL；

200——试样稀释体积，mL；

20——取样液进行滴定的体积，mL。

试样酸度（以绝干计）计算：

$$X_3 = \frac{X_2}{100 - H} \times 100$$

式中 X_3——试样酸度（以绝干计），mmol/10g

H——试样的水分含量，g/100g

3. 淀粉含量

（1）方法提要 淀粉分子在盐酸作用下，被水解生成还原糖。利用斐林溶液与还原糖共沸，生成氧化亚铜沉淀，用次甲基蓝作指示剂，以水解后的样液滴定斐林溶液，达到终点时，稍微过量的还原糖将蓝色的次甲基蓝还原成无色，以示终点。根据生成的还原糖量折算出淀粉含量。

（2）分析步骤

① 试样溶液的制备：曲粉原滤液：称取曲粉 1.5~2.0g，精确至 0.001g，放入 250mL 锥形瓶中，加 100mL 盐酸溶液，装上回流冷凝管，加热至沸后，记下煮沸时间，准确微沸回流 2h 后，取下立即冷却，用稀碘液检查水解是否完全，若未完全水解，则延长反应时间直至完全水解，完全水解后，用氢氧化钠溶液中和至微酸性，将全部滤液和残渣转移至 500mL 容量瓶中，用水洗涤锥形瓶，洗液合并于容量瓶中，加水稀释至刻度，过滤弃去初滤液 20mL，滤液备用。

② 滴定

预备试验：吸取斐林甲、乙液各 5.0mL 于 150mL 锥形瓶中，摇匀，加 10mL 水，用滴定管加入样液 15.0mL，摇匀后，置于电炉上加热至沸腾，保持瓶内溶液微沸 2min，加入 2 滴次甲基蓝指示剂，继续用样液滴定，直至溶液的蓝色完全消失为终点，记录消耗试样溶液的体积。

正式试验：吸取斐林甲、乙液各 5.0mL 于 150mL 锥形瓶中，摇匀，加 10mL 水，再用滴定管加入比预备试验少 1mL 的样液，摇匀，在电炉上加热至沸，并保持瓶内溶液微沸 2min，加两滴次甲基蓝指示剂，在沸腾状态下于 1min 内继续用样液滴定，直至蓝色完全消失为终点，记录消耗样液的总体积 V_2。

（3）结果计算

$$F = \frac{m \times V_1}{1000}$$

式中 F——斐林甲、乙液各 5.0mL 相当于葡萄糖的质量，g；

m——称取葡萄糖的质量，g；

V_1——正式滴定时，消耗葡萄糖溶液的体积，mL；

1000——葡萄糖溶液的体积，mL。

试样的淀粉含量计算：

$$X_4 = \frac{F \times 500 \times 0.9}{m \times V_2} \times 100$$

式中 X_4——试样的淀粉含量，g/100g；

F——斐林甲、乙液各 5.0mL 相当于葡萄糖的质量，g；

500——相当样液的总体积，mL；

0.9——葡萄糖换算为淀粉的系数；

V_2——正式滴定时，消耗样液的总体积，mL；

m——试样的质量，g。

4. 发酵力

（1）方法提要 大曲中的微生物可将糖发酵生成酒精和二氧化碳，通过测定发酵过程中产生的二氧化碳气体质量，可以衡量大曲发酵力的强弱。

（2）分析步骤 7°Bé 糖化液：取高粱粉一份，加自来水 5 份蒸煮 1~2h，按使用说明加入淀粉酶液化，液化后补加 60℃温水一份，加入原料量的 5%糖化酶（5 万活力单位），搅拌均匀，在 60℃糖化 3~4h，用稀碘液试之不显蓝色，再加热至 90℃，用细白布过滤，测量溶液的糖度并调整为 7°Bé 后使用。

量取 50mL 上述的糖化液于 100mL 锥形瓶中，塞上棉塞，外包油纸。另用油纸包好发酵栓，将两者同时置于蒸汽灭菌锅中，在 0.1MPa 压力下灭菌 20min，待冷却至 28℃左右时，在无菌条件下加入 0.5g 曲粉，同时做空白试验（不加入曲粉），装好发酵栓，并在发酵栓中注入约 5mL 硫酸，封口，瓶塞周围用石蜡密封，擦干瓶外壁，置感量为 0.0001g 的分析天平上称取，读数为 M_1（空白试验读数为 M_3）。置发酵栓于 30℃培养箱中，发酵 72h，取出发酵栓，轻轻摇动，使二氧化碳逸出，称量后记下读数为 M_2（空白试验读数为 M_4）。

（3）计算

$$X_5 = (M_1 - M_2) - (M_3 - M_4)$$

式中 X_5——试样的发酵力，U；

M_1——发酵前发酵栓与内容物总质量，g；

M_2——发酵后发酵栓与内容物总质量，g；

M_3——空白试验发酵前发酵栓与内容物总质量，g；

M_4——空白试验发酵后发酵栓与内容物总质量，g。

5. 液化力

（1）方法提要 利用淀粉能与碘产生蓝色反应的特性，试样浸出液在 35℃、pH4.6 溶液中酶解至试液对碘的蓝紫色特征反应消失。根据所需时间计算 1g 绝干曲在该条件下 1h 能液化淀粉的克数，表示液化力的大小。

（2）分析步骤

5%酶液制备：根据测得的试样水分，称取相当于 10g 绝干试样量，精确至 0.01g，于 250mL 烧杯中，根据试样水分计算加水量，加 pH4.6 缓冲液 20mL 后总体积为 200mL，充分搅拌。将烧杯置于 35℃恒温水浴锅中保温浸渍 1h 过滤备用。

测定：取20mL可溶性淀粉于试管中，加5mL pH4.6缓冲液摇匀，于35℃水浴中预热至试液为35℃时，加入10mL 5%酶液充分摇匀并立即计时，定时用吸管吸取0.5mL反应液注入预先装了5mL稀碘液的试管中起呈色反应，或将反应液放入盛有约1.5mL稀碘液的白瓷板中，直至碘液不显蓝色（或与标准比色液对比）为终点，记下反应时间t。

（3）计算

$$X_6 = \frac{20 \times 0.02 \times 60 \times V}{10 \times 10 \times t}$$

式中　X_6——试样的液化力，U；

20——可溶性淀粉毫升数，mL；

0.02——可溶性淀粉浓度，g/mL；

V——酶液定容体积，mL；

60——1h之分钟数；

t——反应完结耗用时间，min。

6. 糖化力

（1）方法提要　大曲中糖化型淀粉酶能将淀粉水解生成葡萄糖。试样在规定条件下从淀粉的非还原性末端开始依次水解α-1，4-葡萄糖苷键产生葡萄糖，用斐林法测定所生成的葡萄糖量，以此来表示糖化力。

（2）分析步骤

大曲样液的制备（50g/L）：根据测得大曲试样的水分，称取相当于绝干试样量10g，精确至0.001g，放入250mL烧杯中，加20mL乙酸-乙酸钠缓冲溶液，再加水，用玻璃棒搅拌均匀，定容至200mL。将上述烧杯置于35℃恒温水浴中保温浸渍1h，过滤，收集滤液，备用。

测定：于一试管内加入25.0mL可溶性淀粉溶液，再加5.0mL大曲样液，摇匀，加入20%NaOH溶液1mL后，吸取5.0mL作为空白溶液，用葡萄糖标准溶液滴定，记录其消耗体积V_1，操作程序同测定淀粉含量步骤；于另一试管内加入25.0mL可溶性淀粉溶液，再加5.0mL大曲样液，摇匀，置于35℃恒温水浴中，准确计时，糖化1h，加入20%NaOH溶液1mL后，吸取糖化液5.0mL于盛有斐林溶液甲、乙液各5.0mL的锥形瓶中，加水10mL，用葡萄糖标准溶液滴定，记录其消耗体积V_2，操作程序同测定淀粉含量步骤。

（3）计算

$$X_7 = \frac{(V_1 - V_2) \times 2.5 \times 30}{0.25 \times 5}$$

式中　X_7——试样的糖化力，U；

V_1——滴定空白时，消耗葡萄糖标准溶液的体积，mL；

V_2——滴定试样时，消耗葡萄糖标准溶液的体积，mL；

2.5——每毫升葡萄糖标准溶液中含有葡萄糖的质量，mg；

30——糖化混合液（可溶性淀粉溶液加大曲样液）的总体积，mL；

0.25——5mL大曲样液相当大曲的质量，g；

5——滴定时吸取的糖化液体积，mL。

7. 酯化力

（1）方法提要　在规定的试验条件下，大曲中酯化酶催化游离有机酸与乙醇合成酯，再用皂化法测定所生成的总酯（以己酸乙酯计），表示其酯化力。

（2）分析步骤

酯化样品的制备：吸取 1.5mL 己酸于 250mL 锥形瓶中，加 25.0mL 无水乙醇，稍微振荡后，加入 75mL 蒸馏水，充分混匀。再称取相当于绝干试样量 25g，精确至 0.01g，加到锥形瓶中，摇匀后，用塞子塞上，置于 35℃恒温箱内保温酯化 7d，同时做空白试验。

蒸馏：将酯化 7d 后的试样溶液全部移入 250mL 蒸馏瓶中，量取 50mL 乙醇溶液分数次充分洗涤锥形瓶，洗液也一并倒入蒸馏烧瓶中，用 50mL 容量瓶接收馏出液（外用冰水浴），缓缓加热蒸馏，当收集馏出液接近刻线时，取下容量瓶，调液温 20℃，用水定容，混匀，备用。

皂化、滴定：将上述馏出液倒入 250mL 具塞锥形瓶中，加两滴酚酞，以氢氧化钠标准溶液中和（切勿过量），记录消耗氢氧化钠标准溶液的体积。再准确加入 25.0mL 氢氧化钠标准溶液，摇匀，装上冷凝管，于沸水浴上回流 0.5h，取下，冷却至室温。然后，用硫酸标准溶液进行反滴定，使微红色刚好消失为其终点，记录消耗硫酸标准溶液的体积 V_i。

（3）计算

① 试样的总酯含量（以己酸乙酯计）计算：

$$A_i = \frac{(c \times 25.0 - c_1 \times V_1) \times 0.142}{50.0}$$

$$A = A_1 - A_0$$

式中　A_i——测定总酯含量（以己酸乙酯计），g/L；

c——氢氧化钠标准溶液的浓度，mol/L；

25.0——皂化时，加入 0.1mol/L 氢氧化钠标准溶液的体积，mL；

c_1——硫酸标准滴定溶液的浓度，mol/L；

V_1——滴定时，消耗 0.1mol/L 硫酸标准溶液的体积，mL；

0.142——与 1.00mL 氢氧化钠标准溶液相当的以克表示的己酸乙酯的质量；

50.0——样品体积，mL；

A——试样总酯含量（以己酸乙酯计），g/L；

A_1——未扣除空白试样所测总酯含量（以己酸乙酯计），g/L；

A_0——空白试验所测总酯含量（以己酸乙酯计），g/L。

② 试样的酯化力计算：

$$X_8 = A \times 50 \times 2$$

式中　X_8——试样的酯化力（以己酸乙酯计），U；

A——馏出液的总酯，g/L；

50——取样体积，mL；

2——大曲酶活单位折算系数。

8. 体积质量

（1）方法提要　单位大曲体积的质量为体积质量。用台秤称一块完整大曲的质量；再用传统排水法测其体积（因为大曲形状不规则，且块与块之间也不尽相同），计算出体积质量。

（2）分析步骤

曲块质量的测定：取一块完整的大曲，在台秤上称其质量，记录为 m。

曲块体积的测定：将该块大曲用保鲜膜严密地包裹一层，并用封口胶密封后，放入装满水的容器内进行排水试验，用量筒测定排出水的体积，记录为 V。

（3）结果计算

$$X_9 = \frac{m \times (100 - H)}{V \times (100 - 13.5)}$$

式中 X_9——曲块的标准体积质量，g/cm^3；

m——整块曲的质量，g；

V——整块曲的体积，cm^3；

H——曲块实测水分含量，g/100g；

13.5——按曲块进入贮存期以此水分作基准进行折算，g/100g。

9. 灰分

（1）方法提要 将一定质量粉碎后的大曲，装入已知质量的坩埚中，经高温电炉灼烧（550±25）℃至恒重后，减去坩埚重，即为所测大曲试样的灰分含量。

（2）分析步骤 将坩埚浸没于盐酸溶液中，视洁净程度，煮沸 10~60min，清洗干净后在（550±25）℃高温电炉中灼烧 4h，待炉温下降至 200℃以下，取出放入干燥器中冷却至室温，直至恒重。准确称量 2~10g 曲粉，精确至 0.0001g，均匀置于恒重的坩埚中。

预灰化：将带试样的坩埚置于电炉上逐渐升温使试样炭化，当试样加热至无黑烟后，移入高温电炉中，（550±25）℃高温下灼烧 4h，待炉温下降至 200℃以下，取出放入干燥器中冷却至室温，在称量前如果灼烧残渣有炭粒，则向试样中滴入少许水湿润，使结块松散，蒸干水分再次灼烧至无炭粒方可称量。重复灼烧至前后两次称量相差不超过 0.0005g 为恒重。

（3）结果计算

$$X_{10} = \frac{m_3 - m_1}{m_2 - m_1} \times 100$$

式中 X_{10}——试样中灰分的含量，g/100g；

m_1——空坩埚的质量，g；

m_2——试样加空坩埚的质量，g；

m_3——试样加空坩埚灼烧后的质量，g。

10. 氨基酸态氮

（1）方法提要 根据氨基酸的两性作用，加入甲醛后与分子中的氨基反应后失去碱性，使羧基呈酸性。用氢氧化钠标准溶液滴定羧基，以 pH 指示和控制滴定终点，通过消耗氢氧化钠标准溶液的量计算出氨基酸态氮的含量。

（2）分析步骤

样液的制备：称取 20.0g 大曲粉，精确至 0.01g，于约 60mL 水中，准确浸泡 30min，然后完全移入 100mL 容量瓶中，加水定容，摇匀。用滤布过滤，收集滤液，备用。

测定：中和酸度，吸取样液 20.0mL 于 150mL 烧杯中，加水 60mL，摇匀，将事先用标准缓冲溶液校准好的电极插入样液中，放入 1 枚磁力转子，开启电磁搅拌器（转速适当），用氢氧化钠标准溶液进行滴定，直至刚好 pH8.2 为其终点（切勿过量）。

滴定氨基酸：向上述滴定至 pH8.2 的溶液中，加入 10.0mL 甲醛溶液，再用氢氧化钠标准溶液继续滴定至 pH9.2，为其终点，准确记录消耗氢氧化钠标准溶液体积 V_1。

空白试验：取 80mL 水于 150mL 烧杯中，同上操作，先用氢氧化钠标准溶液滴定至 pH8.2，然后加入 10.0mL 甲醛溶液，再用氢氧化钠标准溶液继续滴定至 pH9.2，准确记录加入甲醛后消耗氢氧化钠标准溶液的体积 V_2。

（3）结果计算

$$X_{11} = \frac{(V_1 - V_2) \times c \times 0.014}{20 \times 20/100} \times 1000$$

式中　X_{11}——试样中氨基酸态氮的含量，g/kg；

V_1——加入甲醛后滴定至终点（pH9.2）时，样液消耗氢氧化钠标准溶液的体积，mL；

V_2——加入甲醛后滴定至终点（pH9.2）时，空白溶液消耗氢氧化钠标准溶液的体积，mL；

c——氢氧化钠标准溶液的浓度，mol/L；

0.014——氮的毫摩尔质量，g/mmol。

11. 酒化力

（1）方法提要　大曲能将原料中的淀粉转化为乙醇，以试样在规定条件下将淀粉转化为乙醇的量表示酒化力的大小。

（2）分析步骤

糖化发酵：称取 100g 大米加 160mL 水于蒸饭器皿中，并将器皿放于常压蒸汽锅中蒸饭，蒸饭约 1h 后取出，加 100mL 水进行摊晾，当摊晾温度达 30℃左右时，加入 20g 大曲粉并拌匀，装入 250mL 三角瓶中（量以自然装满为宜）。或者，称取 100g 大米于 250mL 三角瓶中，加 160mL 水，放于灭菌锅中，于 121℃下灭菌 20min 后取出，冷却到 30℃左右，在无菌操作台加入 100mL 无菌水、20g 大曲粉，并拌匀，使其疏松适度。封口密闭后，置于（30±1）℃恒温箱内发酵 15d。

蒸馏酒精：发酵 15d 后取出三角瓶，将发酵醪拌匀，用烧杯称取发酵醪 50g，精确至 0.01g，然后移入 250mL 蒸馏瓶中，用 125mL 水将烧杯及瓶壁上所附着的发酵醪分数次洗入蒸馏瓶中，加几滴消泡剂，用 50mL 容量瓶接收馏出液（外用冰水冷却），缓缓加热蒸馏，当收集馏出液接近刻线时，取下容量瓶，调液温 20℃，用水恢复至原重，混匀，备用。

用密度瓶法测酒精含量：将密度瓶洗净，放入（103±2）℃的电热干燥箱中烘干 1h，取出，放入干燥器中冷却 30min，称量，反复操作直至恒重。

将煮沸冷却至 15℃的蒸馏水注满密度瓶，插入带温度计的瓶塞（瓶中应无气泡），立即浸于（20±0.1）℃高精度恒温水浴中，待内容物温度达 20℃，并保持不变后，取出，用滤纸吸去溢出支管的水，立即盖好小帽，擦干后称量。

将密度瓶中的水倒出，用馏出液反复冲洗比重瓶3次，然后，注满制备的馏出液，按上述同样操作，准确称量。

（3）结果计算　馏出液（酒精水溶液）在20℃的密度为：

$$D_{20}^{20} = \frac{m_2 - m}{m_1 - m}$$

式中　D_{20}^{20}——馏出液（酒精水溶液）的密度；

m_2——密度瓶加馏出液的质量，g；

m_1——密度瓶加水的质量，g；

m——密度瓶的质量，g。

三、发酵过程分析

1. 酒醅分析

传统白酒发酵中，出入窖池的酒醅分析包括感官鉴定和理化指标（水分、酸度、淀粉、还原糖、酒精含量等）。按四分法取样，一般取样250g。对其样品及时分析，对指导生产有重要作用（特别是浓香型白酒生产）。

2. 黄水分析

浓香型白酒生产中，对其黄水的分析，对判断发酵正常与否比较重要。主要有感官鉴定，及理化指标（酒精度、酸度、残余淀粉、还原糖等）。

3. 窖泥分析

窖泥是浓香型大曲酒生产过程中的重要条件之一，它对酒中微量成分的形成及量比关系所起的作用，不亚于大曲。窖泥质量的好坏直接影响浓香型大曲酒产品质量的优劣。因此，分析窖泥有效成分对控制窖泥培养条件、制定窖泥质量标准、判断其发酵情况显得十分重要。主要包括感官鉴定及理化分析（水分、pH、氨态氮、有效磷、有效钾、腐殖质、有机酸等）。

上述酒醅、黄水、窖泥的感官鉴定方法，本书前面章节有详细介绍，后面章节还要阐述其重要性及其利用。理化指标可参见沈怡方主编的《白酒生产技术全书》及相关分析检测书籍等。

四、成品分析

白酒生产中，对生产的（原酒）成品酒的分析，是每个酒厂必须做的。具体分析方法见GB/T 10345《白酒分析方法》，在此不一一赘述。

第三节　生产计算

一、物耗计算

1. 出酒率

（1）理论出酒率（理论淀粉出酒率）　白酒生产中，原料淀粉糖化为葡萄糖，再发酵生产酒精。白酒产量在统计上按酒精度为65%vol的容量计算，高于或低于65%vol的折合为65%vol计算。

总反应式如下：

$$\underset{\substack{\text{淀粉}\\ n\times162.140}}{(C_6H_{10}O_5)_n}+nH_2O\longrightarrow\underset{\substack{\text{葡萄糖}\\ n\times180.155}}{nC_6H_{12}O_6}\longrightarrow\underset{\substack{\text{乙醇}\\ n\times2\times46.068}}{2nC_2H_5OH}+2nCO_2$$

由上列方程式可知，162.140∶100＝2×46.068∶X；则 X＝100×92.136/162.140＝56.825kg。即100kg淀粉可产100%vol的酒精为56.825kg。

换算成65%vol的白酒为：（56.825×100）÷57.1527＝99.427kg；即，淀粉理论出酒率为99.43%。①

（2）淀粉出酒率（实际淀粉出酒率）　该指标是考核原料中主要成分利用率的重要经济指标。表示每100kg淀粉产65%vol的酒的千克数。按下列公式表示：

$$\text{淀粉出酒率(\%)}=\frac{\text{65\%vol 的酒产量(t)}}{\text{淀粉总耗用量(t)}}\times100\%$$

上式中的淀粉总耗用量（t），为粮食原料、曲料（大曲或小曲或混合曲）的实际使用量，分别乘以各自的淀粉含量之积的总和。一般指淀粉含量5%以上的原料均计。

（3）原料出酒率　在生产中使用最多的一个指标。按下列公式表示：

$$\text{原料出酒率(\%)}=\frac{\text{65\%vol 的酒产量(t)}}{\text{原料总耗用量(t)}}\times100\%$$

上式中的原料总耗用量（t），为粮食原料、曲料（大曲或小曲或混合曲）的实际使用量，不包括糠壳等辅料。

2. 发酵效率

$$\text{发酵效率(\%)}=\frac{\text{发酵酒醅质量(t)}\times\text{酒精含量(\%)}+\text{黄水质量(t)}\times\text{酒精含量(\%)}}{[\text{原料质量(t)}\times\text{淀粉含量(\%)}+\text{曲料质量(t)}\times\text{淀粉含量(\%)}]\times56.82\%}\times100\%$$

上式中的56.82%为淀粉理论产酒精率。

3. 蒸馏效率

$$\text{蒸馏效率(\%)}=\frac{\text{实际产酒质量(t)}\times\text{酒精含量(\%)}}{\text{发酵酒醅质量(t)}\times\text{酒精含量(\%)}}\times100\%$$

二、能耗计算

1. 煤耗计算

$$\text{1t 原酒耗标煤量(kg)}=\frac{\text{标准煤耗用量(kg)}}{\text{65\%vol 的原酒产量(t)}}$$

标准煤以1kg发热量29308kJ为标准。不同发热量的燃料应折合成标准煤。7t蒸汽折合成标准煤1t，1t重油折标准煤1.5t，1000m^3天然气折标准煤1.22t。

---

① 国家统计局统计时，白酒产量按酒精度为65%vol的容量计（千升，kL），下同。实际生产中，一般按质量（吨，t）计，注意换算。

2. 电耗

$$1t\ 65\%vol\text{的原酒电耗（kW·h）} = \frac{\text{生产该酒总耗电量（kW·h）}}{65\%vol\text{的原酒产量（t）}}$$

上述两式均指生产该酒时直接耗用的煤（电）量，不包括食堂、办公、宿舍等非生产用煤（电）量。

三、不同酒精度的白酒相互换算

1. 高酒精度和低酒精度的相互换算

首先将高度酒和低度酒的体积分数换算成质量分数，然后计算。

高度酒折算低度酒的公式为：

$$\text{低度酒的质量（kg）} = \frac{\text{高度酒的质量分数}}{\text{低度酒的质量分数}} \times \text{高度酒的质量（kg）}$$

低度酒折算高度酒的公式为：

$$\text{高度酒的质量（kg）} = \frac{\text{低度酒的质量分数}}{\text{高度酒的质量分数}} \times \text{低度酒的质量（kg）}$$

2. 不同酒精度的勾兑调整

$$m_1 = \frac{m(w - w_2)}{(w_1 - w_2)};\ m_2 = m - m_1$$

式中　w_1——较高酒精度的原酒质量分数,%；

w_2——较低酒精度的原酒质量分数,%；

w——勾兑后酒的质量分数,%；

m_1——较高酒精度的原酒质量，kg；

m_2——较低酒精度的原酒质量，kg；

m——勾兑后酒的质量，kg。

关于酒精度换算，一般酒厂均备有《酒精换算表》。目前市面上也有多种软件可供使用，手机下载一个 APP 即可，如四川省食品发酵工业研究设计院开发的“白酒勾调大师”，除酒精度换算方便外，该 APP 还储存多款经典配方，对酒厂开发新品、进行酒体设计提供帮助。

白酒制造业技术进步及循环经济

第五篇

第十三章 现代白酒的技术创新

第一节 白酒酿造微生物的研究进展

自然界任何环境条件下的微生物都不是单一的、彼此独立的群体，微生物和微生物之间的相互影响、依赖、互生、共生，同时微生物和环境间的特定关系，使微生物表现出与之相适应的形态和功能。中国白酒得天独厚的生态环境、传统的制曲工艺、特殊的发酵容器形成了纷繁复杂的微生物群。数十年来，众多的科研单位与科技工作者，对中国白酒的酿造微生物进行分离、鉴定，确定其种类主要包括四大类，原核生物中的细菌、放线菌，真核生物中的酵母菌、霉菌。下面主要以浓香型酿酒微生物的研究进展来进行阐述（其余香型见前文）。

中国浓香型白酒的生产以泥窖窖池为基础，发酵过程是栖息在窖池糟醅、窖泥中的庞大微生物区系在糟醅固、液、气三相界面的复杂的物质能量代谢过程。发酵过程中产生的黄水充当着窖泥与糟醅物质交换的载体，封窖发酵形成的窖内压力变化使酒糟中的养分和来自曲药、环境的微生物及其代谢产物不断通过黄水进入泥中，而窖泥中的特种微生物种群及其代谢产物又不断地进入糟醅中，在实现窖泥自身新陈代谢的同时，也完成窖泥与糟醅的物质能量交换。窖泥微生物经过长期的驯化和变异发展，微生物种类不断丰富，慢慢形成了以己酸菌、丁酸菌为主的窖泥微生态菌群体系，其生命代谢所产生的复合窖香香气构成了浓香型白酒窖香浓郁的基础。窖池在连续生产过程中，每一个批次，窖池中就产生一次曲药微生物、环境微生物与窖泥微生物的相互迁徙以及微生物菌群在糟醅中的演化交替并趋于稳定。因而，每一次固态发酵过程，就是窖池微生态环境中微生物区系的一次动态平衡过程。而每一次平衡体系的形成，制约了窖池内物质代谢和能量代谢的走向，决定了白酒不同的风味特征。正因为中国浓香型白酒风格形成的独特性，中外科研工作者对中国浓香型白酒窖池微生态系统及其构成做了大量的研究工作，并取得了一些可喜的成果。有代表性的研究如下：

一、 曲药微生物的研究

我国利用微生物进行谷物酿酒的历史至少可追溯到4000多年前的龙山文化时期，古人对曲药中微生物存在的认识也早于西方1500多年，却一直停留在感性及外在描述上。随着17世纪显微镜的出现，19世纪中叶对发酵现象的本质性认识，外国人开始把目光转向了中国的酿酒曲药。据张文学查证，1892年，法国人A. Calmette研究了中国的小曲，从中分离出糖化力极强的鲁氏毛霉（*Mucor rouxianus*），建立起了利用淀粉发酵生产酒精的“阿米露法”。20 世纪初以来，日本人齐藤、山崎等开始了对中国酿酒微生物的研究，20 世纪 90 年代初，花井、横山等对中国大曲微生物区系的形成与酶活性的关系进行了详尽的调研，对各种酒曲中微生物区系、酶活性、化学成分等有了清楚的认识。横山等通过异地制曲实验比较，基本上已能再现中国曲的制备及其功能特性，在对天津某酿酒厂大曲进行微生物分类鉴定后，提出了中国大曲霉菌的主要类别是犁头霉属（*Absidia*）而非根霉属（*Rhizopus*）的看法。

我国科研工作者一直没有停止过对大曲的认识和对大曲微生物区系的研究，特别是 20 世纪 80 年代后期以来，随着对传统固态发酵白酒再认识的需要，对大曲微生物的研究也逐渐进入高潮，提出了曲药微生物代谢指纹分析理论等。

在曲药菌种分离鉴定方面，李能树等对大曲微生物进行了较为深入的研究。他从大曲中分离出霉菌 25 种；细菌（包括芽孢杆菌、乳酸杆菌）11 种，酵母菌 9 种。菌种类群包括芽孢杆菌（*Bacillus*）、乳杆菌（*Lactobacillus*）、酿酒酵母（*Saccharomyces cerevisiae*）、汉逊酵母菌（*Hansenula* sp.）、假丝酵母菌（*Candida* sp.）、根霉（*Rhizopus* sp.）、毛霉（*Mucor* sp.）、黑曲霉（*Aspergillus niger*）、红曲霉（*Monascus* sp.）、犁头霉（*Absidia* sp.）、黄曲霉（*Aspergillus flavus*）、米曲霉（*Aspergillus oryzae*）。

邓启宝等从影响大曲理化指标的微生物的方面进行研究，结果表明糖化力以曲霉菌最高，其次为毛霉、红曲霉等；液化力由高到低为毛霉、米曲霉、根霉、红曲霉；发酵力和酒精度仍以黄曲霉群中的米曲霉为最高，红曲霉次之，接着为毛霉、根霉，并推测以曲霉属为主的多种霉菌是凤型曲的主要微生物，尤其是黄曲霉群中的米曲霉对凤型曲理化指标中的糖化力、液化力和发酵力 3 个指标起十分重要的作用。

廖建民等在前人研究霉菌及酵母的基础上，对大曲中的细菌菌系进行了研究，指出曲药中的细菌主要是数量和种类均较多的芽孢杆菌，而无芽孢杆菌和球菌的数量相对较少。无芽孢杆菌主要是醋酸杆菌和乳酸杆菌，而球菌种类比较单一，主要是乳球菌类。

施安辉等对徐坊大曲的微生物区系进行了系统的调查，初步弄清了微生物的构成情况，认为中温大曲和中高温大曲的微生物区系的构成存在明显差异。中高温大曲中芽孢杆菌的数量和种类都较中温大曲多，而且还含有蜡状芽孢杆菌和嗜热脂肪芽孢杆菌；中温大曲中的酵母主要是酵母属和汉逊酵母属的种类，而中高温大曲主要是耐高温的假丝酵母和白地霉占优势；中温大曲的霉菌主要是黑曲霉、毛霉、根霉和青霉，而中高温大曲则主要是米曲霉、红曲霉和土曲霉等。

余有贵对中、后期在楼上培养的邵阳大曲进行了研究，探讨了制曲过程中位于曲外层和曲心的细菌、霉菌、酵母 3 类主要微生物的消长情况，认为主要微生物总数在初期出现高峰，中期步入低谷，后期在曲心稍有回升；前期以细菌和酵母菌为优势类群，中期以霉菌占优势，后期以霉菌和细菌居多；无论哪个时期，曲外层的霉菌数和酵母菌数明显高于曲心；而细菌数偏高的原因是中后期在二楼培菌，曲表保温保湿不够，而曲心水分难以排出，有利于细菌的过度增殖，影响出酒率与酒质。

赖登燡等对中国浓香型白酒（水井坊）大曲微生物酶功能进行了研究，通过对酶活性、产酸力、产酯力、氨基酸含量等进行分析，论述了中国浓香型白酒大曲中淀粉酶、糖化酶、蛋白水解酶、酯化合成酶活性的高低与浓香型白酒质量及产量之间的关系。

闻长生等成功地从大曲中分离出了具有较强酯化能力的菌株，应用在黄浆水的酯化中，使黄浆水中的有机酸类得到了充分利用，产生的酯化液用于白酒生产，酯化效率高、风味突出，酒质明显提高，不仅减少了污染物的排除，而且使过去弃之不用的副产物变废为宝，实现了企业内部的资源再生利用。

胡永松等对几家名酒厂的制曲过程，采用微机控制架式发酵的方式，进行生态环境的模拟研究，并利用计算机辅助方法对微生物类群及生化性能进行了分析，通过上万个数据的收集整理和计算机处理，认为采用人工生态环境模拟，完全可以制备质量稳定、优质率高的大曲，且液化酶和糖化酶活性明显提高，在节约空间、减轻劳动强度上有明显优势，经过几家名酒厂的生产实际应用，人工模拟制曲技术体现了良好的经济和社会效益。

吴衍庸等研究表明，浓香型酒曲中的细菌总数高于酱香型酒曲。芽孢菌则是酱香型酒曲高于浓香型酒曲；产酸菌、分解菌是浓香型酒曲高于酱香型酒曲。产酸细菌上，表现出不同浓香型酒的酒曲均高于酱香型郎酒酒曲，醋酸细菌数出现在郎酒酒曲上又高于其他浓香型酒酒曲，酒曲中存在一定数量的梭状芽孢杆菌，检测均为产丁酸的细菌，未检测到己酸菌的存在，这也说明丁酸菌在自然界中普遍存在；而己酸菌只在特定环境中生存，己酸菌主要分离于老窖泥，培养优质窖泥应增殖己酸菌以控制丁酸菌，这有利于新窖酒质的提高。浓香型酒曲与酱香型酒曲其细菌区系结构不同，主要反映在制曲温度上，由于酱香型酒曲为高温制曲，生产的是高温曲，因此，在菌群构成上，则以高温嗜热菌为主；浓香型酒曲以中温培菌，菌群则以常温菌为主。两类酒曲其菌群代谢特征不同，对白酒风味的形成产生不同影响，表现出酱香型酒与浓香型酒的特有风格。剑南春酒曲与其他的浓香型酒曲有异，菌群分析结果介于浓、酱香型酒曲之间，分析可能仍与制曲温度有关，受制曲工艺影响所致。

张文学等人利用免培养法提取浓香型白酒曲药中细菌的总 DNA，在分子水平上运用 PCR 扩增技术和 16S rDNA 序列同源性分析等方法测定曲药中细菌的 16S rDNA 基因近全序列，并建立系统发育树图。结果表明，组成该曲药的细菌分属于代尔夫特菌属（*Delftia*）、黛单胞菌（*Dysgonomonas*）、拟杆菌（*Bacteroides*）、拟诺卡菌属（*Nocardiopsis*）、假单胞菌属（*Pseudomonas*）、节杆菌属（*Arthrobacter*）几大类群，表现出高度的细菌多样性。

黄丹等从泸型大曲中筛选得到 1 株高产酯化酶的黄曲霉菌株，并对该菌产酯化酶条件进行了研究，该菌种以黄豆粉为 N 源，淀粉为 C 源，pH6.0，于 36℃，150r/min 恒温振荡培养 72h，酶活性可达 9.16U/mL。

张霞等从贵州某名酒厂大曲中分离到 104 株丝状真菌（霉菌），通过形态特征和生理特性检测等传统鉴定方法，初步把形态和生理生化特征一致的霉菌归类为 14 个大类群；并采用 18S rDNA 序列分析，进一步把菌株归类为 MJ-I 至 MJ-V 5 个类群，随后构建系统发育树。结果表明，样品中的霉菌以曲霉属（*Aspergillus*）为主，占总分离菌数的 40.38%；犁头霉属（*Absidia*）也占有相当的比例，达到 31.73%；还有 16.35%的假埃希氏菌属（*Pseudallescheria*）、6.73% 的茎点霉属（*Phoma*）以及 4.80% 的拟青霉属（*Paecilomyces*）。其中，假埃希氏菌属菌株在相似生态环境中还未见公开报道。MJ-I 菌群的代表菌株 MJ-10 与烟曲霉（*Aspergillus fumigatus*）的相似度达到了 99%，MJ-V 菌群的代表菌株 MJ-11 与伞枝犁头霉（*Absidia corymbifera*）的相似度达到 100%，表明菌株MJ-

10 和菌株 MJ-11 已经鉴定到种。研究表明，在生态环境有差异的情况下，大曲中微生物的多样性既有相似性，也有所差异，这是贵州浓香型白酒区别于其他地方浓香型白酒的一个重要原因。

周瑞平等人对宜宾大曲中的细菌和制曲车间中的霉菌进行常规分离。对分离后的细菌进行 16S rDNA 序列分析得出，曲药中的细菌主要以能耐高温的产芽孢细菌为主；对分离后的霉菌进行制片观察得出，生产车间内霉菌的种类和数量显著高于厂区内和厂区外。制曲车间空气中的霉菌种类和数量最多，分别占分离菌株总数的 43.1%和分类总属数的 68%；发酵车间次之，分别为 38.9%和 46.4%；而其他 3 个采样点一共占 18%和 25%。在生产车间空气中，霉菌存在一定程度的多样性和特殊性，葱花霉属为优势属。

王兴初等从北方包包曲中分离到 8 株酵母菌。经过生理生化、耐酸能力、耐酒精能力等特性试验和发酵能力研究，最终确定 3#、8#两株菌株作为生产出发菌株，配合红曲霉菌，在浓香型白酒增产增香试验中取得理想效果。

徐占成团队对剑南春大曲曲药做了较为系统的研究，采用聚合酶链式反应-变性梯度凝胶电泳（PCR-DGGE）技术研究中温大曲真菌群落结构及其多样性分析。结果表明，大曲霉菌优势种群主要分布在透孢犁头霉、总状毛霉、黑曲霉、米根霉等。大曲酵母菌优势种群主要分布在酿酒酵母、东方伊萨酵母、汉逊酵母、假丝酵母和毕赤酵母等。对细菌的研究中，发现乳酸菌的种群多样性，包括发酵乳杆菌、桥乳杆菌、植物乳杆菌、短乳杆菌、耐酸乳杆菌、弯曲乳杆菌、瑞士乳杆菌、木糖葡萄球菌、魏斯菌等十六种，同时在大曲中检测到了传统培养方法未检测到的糖多孢菌属、融合魏斯氏菌、食窦魏斯氏菌、产酸克雷伯菌、木糖葡萄球菌等多种有益细菌。该研究结果为深入研究白酒微量香味物质生成机理提供了技术支撑。

董琪等从浓香型大曲中共分离出 9 株酵母菌，其中菌株 NDY-06 性能最突出，可耐受 42℃的高温，16%vol 的酒精度，且具有一定的发酵产酒能力；该菌株被鉴定为产香酵母 *Zygosaccharomyces cidri*，从其液态发酵产物中共检测到 35 种挥发性风味物质，包括醇类物质 7 种，酯类物质 13 种，酸类物质 7 种，吡嗪类物质 3 种，对白酒香气成分有一定的贡献。

2020 年，唐清兰等对剑南春曲制曲过程细菌多样性特征进行了分析，结果表明，随着制曲的进行，在门水平下各阶段酒曲中细菌群落多样性无显著差异，丰富度存在一定的差异，优势细菌均分布于厚壁菌门（Firmicutes）、变形菌门（Proteobacteria）、放线菌门（Actinobacteria）中；在属水平下，在培养过程中细菌群落多样性逐渐增加，丰富度存在此消彼长关系，不同阶段酒曲中优势细菌属也存在一定的差异，最终成品曲优势细菌为乳杆菌属（*Lactobacillus*）、芽孢杆菌属（*Bacillus*）、魏斯氏菌属（*Weissella*）、泛菌属（*Pantoea*）、片球菌属（*Pediococcus*）、克罗彭斯特菌属（*Kroppenstedtia*）属、高温放线菌属（*Thermoactinomyces*）等。

二、窖泥微生物的研究

科研人员对百年老窖进行了较系统的研究，见本章第三节。窖泥微生物的研究促成了人工窖泥的成功培养，打破了新窖不能出好酒的规律，对浓香型大曲酒的发展起到了重要推动作用。

2004 年剑南春在其发酵窖池的老窖泥中分离到产己酸的菌株，经 BioLog 微生物系统鉴定为“*Clostridium cocleatum*”，即耳涡形梭菌。该菌种在生理生化特性上与克拉瓦氏菌有明显的不同，在分类学上也有较远的距离。对该菌的单菌种发酵实验并利用气相色谱仪对发酵产物进行分析，证实在改良的巴氏培养基或厌氧培养基中，在一定的培养条件下，耳涡形梭菌发酵生成正丁醇、丁酸与己酸。耳涡形梭菌是行业内首次确定己酸菌的科学名称。

2019 年，徐占成研究了剑南春不同窖龄窖泥的微生物群落结构，解析其主导微生物菌群，并在天益老号老窖泥中分离选育窖泥特殊功能微生物。结果表明，窖泥中优势种群均分布在厚壁菌门、广古菌门、拟杆菌门。梭菌属、甲烷八叠球菌属在老窖池窖泥中含量远远高于新窖池窖泥，这两种微生物是窖泥老熟度的标志性微生物。选育到 1 株产己酸能力强的菌株，产己酸能力可达到 18000mg/L 以上，经 16S rDNA 序列分析和 BioLog 全自动微生物鉴定仪鉴定，定性为生孢梭菌（*Clostridium sporogenes*），并将该功能菌发酵液用于人工窖泥的培养及窖池的维护保养，均取得了显著的效果。

2006 年刘莉荫等从浓香型窖池中分离到的 24 株片球菌，鉴定属于 7 个种，并提出了 1 个新种。从白酒窖池中分离得到数量和种类如此多的片球菌是研究窖池窖泥微生物群落构成的首次报道。大量的片球菌存在于窖池中，其代谢产物在发酵过程中应该会起到重要作用。已报道的片球菌不仅可作为促酵物，而且有些种可以降低发酵产物中的含胺量，对风味的形成有较大影响。

邓依等对贵州某酒厂位于多粮原料生产的窖壁和窖底的新窖和老窖窖泥中原核微生物的 16S-23S rRNA 内转录间隔区（ITS）进行扩增片段长度多态性（AFLP，amplified fragment length polymorphism）分析，利用 NTSYS pc 2.10e 软件构建聚类图，分析其关系。结果表明，来自不同窖池的不同部位的原核微生物在 16S-23S rRNA ITS 水平上呈现出差异，其中老窖窖底和新窖窖底的原核微生物多样性存在着明显差异，其相关系数为 0.47；而老窖窖壁和新窖窖壁的原核微生物多样性差异却不大，其相关系数为 1.00。这就从分子水平的角度解释了老窖和新窖窖泥中细菌种群结构的差异性，从而给老窖发酵的酒与新窖发酵的酒的品质存在差异的根本原因提供了分子水平上的理论支持。

施思等利用细菌 16S rDNA 的 V7~V8 区和产甲烷古菌 16S rDNA V3 区的 PCR-DGGE 技术，分析了水井坊不同窖泥的微生物群落特征；同时进行了部分细菌 16S rDNA 的 V7~V8 区的序列测定。结果表明，不同窖龄及不同颜色的窖泥表征出特异性的细菌与产甲烷古菌群落发育状况：UPGMA 聚类分析显示 50 年和 150 年黑色窖泥的菌群结构最为相似；序列分析表明，DGGE 图谱中部分条带的基因序列与基因库相似菌的相似性在82%~99%，其中梭菌属和未被鉴定的细菌是这些窖泥样品的优势菌。通过 DGGE 免培养技术对窖泥微生物群落特征进行初步分析，定性描述菌群组成，寻求相关优势菌和特征指示菌，进而通过纯培养等研究手段获得相关菌株，才能更好地揭示窖泥性状特征及功能，为窖泥质量标准的建立奠定理论和技术基础。

罗青春定量检测四川某名酒厂窖龄分别为 5 年、30 年、50 年窖泥中的主要产甲烷菌和放线菌，得到甲烷鬃菌属（*Methanosaeta*）、甲烷八叠球菌属（*Methanosarcina*）、甲烷杆菌属（*Methanobacterium*）的原始拷贝数。结果表明，随着窖泥年份的增加，3 种产甲烷菌属的拷贝数均呈不同幅度的增加趋势；另外，同一酒厂相同窖龄的不同窖池窖泥中，放线菌数量较为接近，随着窖泥窖龄的增加，放线菌的拷贝数随之增加。这两项研究结果为进一步揭示窖泥微生物变化规律以及判断窖泥的老熟程度提供了相关依据。

据中新网 2014 年 3 月 28 日报道，中科院成都生物所李大平课题组采用焦磷酸测序方法研究了剑南春公司不同窖龄窖泥原核微生物群落结构和多样性，结果表明：随着窖龄增加（直到 25 年），原核微生物多样性在 1 年、10 年、25 年三个不同窖龄中呈显著增加趋势，其变化与环境变量（pH、NH_4^+、乳酸、丁酸和己酸）显著相关。变化特征可分为三个阶段：第一阶段是驯化期，窖泥中具有丰富的乳酸菌，其性质为高乳酸和低 pH；第二阶段是过渡期，乳酸菌的丰度减少，而拟杆菌和产甲烷菌增加；第三阶段是相对成熟期，原核生物菌群多样性达到最高值，产己酸能力最强。该研究推测长期的酿造操作形成了窖泥独特的原核菌群结构和多样性，有利于产生更多的浓香型白酒主体呈香物质及其前体物，从而提高浓香型白酒的品质。该研究提供科学依据印证了传统的老窖池产生高品质白酒这一说法。该研究成果发表在国际环境微生物领域杂志《应用与环境微生物学》（*Applied and Environmental Microbiology*）上。

2020 年，胡晓龙等解析了河南某浓香型白酒企业 35 年窖龄窖泥原核微生物群落多样性及其在窖壁上层、中层、下层和窖底窖泥中的分布。厚壁菌门（71.1%）和拟杆菌门（16.3%）为供试窖泥的主要优势菌门；78.1%（共 32 个）的优势属隶属梭菌纲和拟杆菌纲，其中产己酸菌属含量最高（27.3%），且存在大量未鉴定菌属（17.5%）。对 α-和 β-的多样性分析表明，窖泥原核微生物群落：①物种多样性和丰度存在空间分布差异但不显著（$P>0.05$）；②门、纲、属和操作分类单元（operational taxonomic units，OTU）水平组成均具明显的空间异质性。冗余分析（redundancy analysis，RDA）显示，pH 和有效磷可能是影响窖泥微生物群落空间分布的主要理化因素。

同时对豫酒某浓香型酒企 4 年和 40 年窖池的窖壁、窖底泥原核微生物群落多样性和组成进行分析。结果表明，窖泥样品操作分类单元 OTU 数量、Chaol 指数和 ACE 指数没有显著性（$P>0.05$）差异，40 年窖底泥香农指数（Shannon）和辛普森指数（Simpson）显著性（$P<0.05$）偏低。窖泥优势菌门为厚壁菌门（Firmicutes）、变形菌门（Proteobacteria）、拟杆菌门（Bacteroidetes）、广古菌门（Euryarchaeota）和放线菌门（Actinobacteria）；优势菌属为乳酸杆菌属（*Lactobacillus*）、产己酸菌属（*Caproiciproducens*）、不动杆菌属（*Acinetobacter*）、理研菌属（*Petrimonas*）等 12 个菌属，隶属于 4 个门，且集中在厚壁菌门（Firmicutes）。Firmicutes 在 40 年窖底泥中占绝对优势，Bacteroidetes 和 Euryarchaeota 在 4 年窖底泥和 40 年窖壁泥中含量都较高；*Lactobacillus* 为 40 年窖壁、窖底泥第一大优势菌属，而 4 年窖壁泥和窖底泥第一优势菌属分别为 *Acinetobacter* 和 *Caproiciproducens*。冗余分析 RDA 显示，总酸（30.7%）和 pH（15.7%）与窖泥优势菌群的相关性最高且显著（$P<0.05$），说明总酸和 pH 可能是影响上述不同类型窖泥优势菌群空间分布的主要理化因子。

陈慧颖等研究了河南三个不同酒厂的浓香型酒醅的细菌微生物菌群，逐次在门、纲、目、科和属 5 个水平上分析入窖酒醅和出窖酒醅的菌群多样性，探究酒醅发酵后菌群的共性变化规律。结果表明：浓香型酒醅在门水平上的优势菌为厚壁菌门、变形菌门、放线菌门、拟杆菌门、异常球菌-栖热菌门。在属水平上的优势菌有乳杆菌属、肠杆菌属、短波单胞菌属、克罗彭施泰特氏菌属、节杆菌属、糖多孢菌属、葡萄球菌属。浓香型酒醅发酵后细菌菌群的物种多样性降低，厚壁菌门、杆菌纲、乳杆菌目、乳杆菌科、乳杆菌属的相对丰度增加，而变形菌门、γ-变形菌纲、肠杆菌目、肠杆菌科、肠杆菌属的相对丰度降低。高通量测序研究充分展示了浓香型酒醅的细菌菌群多样性，显示了其酒醅发酵后细菌菌群的共性变化规律。

姚亚林等以从浓香型白酒窖泥所分离的白色链霉菌、桑氏链霉菌、鲁地链霉菌为试验对象，探究该放线菌在酿酒过程中的发酵特性。结果表明：放线菌具有较高的酶活性，可促进丁酸菌产酸；对白酒产香有积极作用，能够提高酯类、3-羟基-2-丁酮与2，3-丁二醇等香味物质含量。其中，桑氏链霉菌的发酵性能更好，用其制备的麸曲糖化酶活性为（661.8±10.2）U/g，蛋白酶活性（146.3±1.6）U/g，酯化力为（26.0±0.8）mg/（g·100h），且能够显著提高香味物质含量。

三、 糟醅微生物的研究

由于中国传统固态发酵白酒生产的工艺特殊性，以及相关研究技术及手段受生产地域、发酵周期、产品风格等多方面因素的限制，加之糟醅微生物区系研究的鉴定工作量相当浩大，对其动态性探讨相对较少，针对不同的生产厂家做了一些探索性的工作。现归纳如下。

熊昌绪采用新疆“八一”酒厂的浓香型特种酒醅，对其22d发酵过程中的微生物消长状况做了初步探索，实验中微生物按细菌、酵母、霉菌进行了初步分类和数量统计。整个发酵过程中，细菌总数高于霉菌和酵母，其中细菌数量的变化相对较小，细菌多为革兰染色 G^- 杆菌；酵母繁殖较快，第三天就达到数量高峰；霉菌在入窖时数量最多，估计与大曲粉中存在大量霉菌有关。根据对霉菌的镜检及分析情况，显示酒醅中多为黑曲霉和黄曲霉，根霉和毛霉数量极少，青霉菌罕见，估计为污染所致。

施安辉以山东兰陵美酒厂及莘县酒厂的特曲窖为试验窖，对浓香型白酒50d发酵过程中酒醅微生物区系进行了动态跟踪，初步剖析了动态发酵过程中酒醅中微生物的构成数量变化状态。根据分析结果，细菌总数以发酵第三天最高（8.0×10^5个/g糟），以后逐渐下降，其中芽孢杆菌发酵第八天达到最高（1.9×10^5个/g糟），30d后几乎全是芽孢杆菌，以已酸菌、丁酸菌为主，其次是乳酸菌；酵母总数在发酵第三天最高（3.3×10^7个/g糟），以后逐渐下降；霉菌总数在发酵8d内急剧下降。20d后回升到入窖水平，发酵50d下降到最低点。各类微生物常规分类的鉴定结果显示，细菌类分别是短杆菌属、链球菌属、葡萄球菌属、乳酸杆菌属、丁酸杆菌属、芽孢杆菌属、芽孢梭菌属、微球菌属、甲烷杆菌属等，以芽孢杆菌属为主；酵母类分别是汉逊酵母属、酵母菌属、球拟酵母属、假丝酵母属、红酵母属、德巴利酵母属等，以汉逊酵母属、酵母菌属为主；霉菌类主要是曲霉，其次是根霉，毛霉一般3d后即消失，曲霉中大多是黄曲霉（部分米曲霉）。

2005年张文学等对浓香型窖池中心糟醅样品进行了DGGE分析和16S rDNA同源性比较。研究发现，发酵初期表现出明显的微生物多样性分布，共检出柯扎克氏菌属（*Kozakia*）、醋杆菌属（*Acetobacter*）、芽孢杆菌属（*Bacillus*）、葡萄球菌属（*Staphylococcus*）、乳杆菌属（*Lactobacillus*）、颗粒链菌属（*Granulicatella*）、节杆菌属（*Arthrobacter*）、微杆菌属（*Microbacterium*）、希瓦氏菌属（*Shewanella*）、梭菌属（*Clostridium*）等细菌分类属；随着发酵的进行，*Lactobacillus* 属细菌成为主要优势菌。检出的有效克隆达到全部克隆的

56.1%，并全部为耐酸乳杆菌（*Lac. Acetotolerans*）（98%）菌株。主要细菌菌群的数量分布及变化趋势显示，在浓香型白酒糟醅发酵过程中，*Lactobacillus* 属细菌可能充当着重要的角色。

向文良等测定了窖池中原核微生物的16S rRNA基因全序列，根据与基因数据库中相似菌群16S rDNA序列的同源性比较建立系统发育树图。结果发现，当浓香型窖池中酒醅发酵60d后，窖池中心部位仅有细菌分布且主要分为4个菌群，高（G+C）mol%革兰阳性放线菌群、低（G+C）mol%革兰阳性乳酸细菌群、梭杆菌群、革兰阴性紫细菌群，其中，β-紫细菌群约占窖池中原核微生物的80%。

2006年吴飞等从发酵7d的浓香型白酒发酵酒醅中分离到84株酵母菌，通过形态特征、生理特性检测及18S rDNA分子生物学水平鉴定方法将其归为6个类群，并建立系统发育树。结果表明，样品酒醅中可培养酵母以伊萨酵母属（*Issatchenkia*）和毕赤酵母属（*Pichia*）为主，德巴利酵母属（*Debaryomyces*）和假丝酵母属（*Candida*）也占有相当的比例，其中还有一定数量的其他属种，如酵母属（*Saccharomyces*）和红酵母属（*Rhodotorula*）。

2006年罗俊成等从泸州老窖国宝窖池酒醅中分离到69株芽孢杆菌，通过形态特征和生理特性检测等传统鉴定方法，将其归为5个类群。用聚合酶链式反应PCR扩增出5个类群代表菌株的16S rDNA基因全序列，并对其进行测序。用Blast软件在Genbank中进行所得序列的同源性检索，并构建系统发育树。从系统发育树可以看出，样品中芽孢杆菌以地衣芽孢杆菌（*Bacillus licheniformis*）和解淀粉芽孢杆菌（*Bacillus amyloliquefaciens*）为主，枯草芽孢杆菌（*Bacillus subtilis*）和环状芽孢杆菌（*Bacillus circulans*）也占有相当的比例，还有一定数量的蜡状芽孢杆菌（*Bacillus cereus*）。表明窖池酒醅中芽孢杆菌呈现多样性，且优势种群不明显。

2007年赵东等以五粮液技术中心试验窖池为研究对象，通过跟踪发酵过程取样，对酒醅中的微生物区系及其生态因子进行了研究。发现在发酵初期，窖池内存在大量氧气，加之酒醅中有机酸和酒精含量都相对较低，好氧细菌、酵母菌、霉菌等需氧生长微生物都得到了迅速增殖。而杂醇油主要在这一时期产生。由于微生物生长过程中代谢产热，促进了窖内温度的迅速升高。随着发酵进程的向前推移，窖内氧气迅速耗尽，好氧细菌、霉菌迅速消亡。发酵2~15d为酒精主发酵期，酵母菌则在发酵2~5d边生长边发酵，而后，随着酒醅中酒精含量的逐渐提高，大量对环境耐受力差的酵母菌发生自融消亡。在酒精主发酵期内产生了大量热量，促进了酒醅温度的迅速升高。在发酵中后期，窖池酒醅处于厌氧环境，乳酸菌的代谢活动开始活跃，产生了大量的乳酸，促使窖内酒醅的酸度迅速升高。在此阶段，酒醅内酸与乙醇的含量都很高，酸醇酯化反应加速，生成了大量以乳酸乙酯为主的酯类物质。另外取样分析发现，中层边糟醅样中的己酸、丁酸以及与它们相对应的己酸乙酯、丁酸乙酯的含量均高于同期的中层中心样，证明己酸和丁酸以及相应的酯类物质的形成与来源于窖泥的功能性微生物息息相关。同时，通过该研究提出了对乳酸菌作用的再认识：过去人们谈“增己降乳”，主要是因为发酵过程中乳酸菌过度产酸，己酸菌代谢产己酸活动受到抑制，造成酒体中乳酸和己酸以及它们相应的乙酯比例失调，进而失去浓香型白酒的典型风格。然而，乳酸菌在浓香型白酒生产中的重要作用不可忽视，在发酵中后期，糟醅中的乳酸菌占据了微生物的主体地位，通过代谢活动产生了大量的乳酸，有效地抑制了部分杂菌的代谢活动。乳酸菌代谢产生的乳酸以及由乳酸衍生而来的乳酸乙酯是酒醅中除乙醇外的最重要的微生物代谢产物。通过蒸馏，部分乳酸和乳酸乙酯进入酒体中，它们与其他成分按适当比例存在，能够增强酒体的浓厚感，是浓香型白酒风格形成的重要物质基础。因此，需要在生产中对乳酸菌进行有效的控制，控制其代谢所产生的酸酯在合理的范围内，对发酵产酒以及最终酒体风格的形成做出积极的贡献。

2011 年刘念等人对四川中西部名酒厂老窖池上层和下层糟醅中的微生物进行分析，探讨浓香型白酒糟醅中酵母和丝状真菌的区系构成及演变规律。研究发现，浓香型白酒窖池糟醅中存在酵母属（*Saccharomyces*）、伊萨酵母属（*Issatchenkia*）、假丝酵母属（*Candida*）、汉逊酵母属（*Hansenula*）、丝孢酵母属（*Trichosporon*）、固囊酵母属（*Citeromyces*）、曲霉属（*Aspergillus*）、根霉属（*Rhizopus*）、散囊菌属（*Eurotium*）、木霉属（*Trichoderma*）和青霉属（*Penicillium*）11 个真菌分类属。结果表明，糟醅样品中以酵母属（*Saccharomyces*）、伊萨酵母属（*Issatchenkia*）、假丝酵母属（*Candida*）、汉逊酵母属（*Hansenula*）和曲霉属（*Aspergillus*）5 属真菌为主要优势菌；上层糟醅比下层糟醅的菌群丰富；发酵前中期以酵母属（*Saccharomyces*）、伊萨酵母属（*Issatchenkia*）酵母菌和曲霉属（*Aspergillus*）丝状真菌为主，发酵后期以假丝酵母属（*Candida*）、汉逊酵母属（*Hansenula*）酵母菌和散囊菌属（*Eurotium*）丝状真菌为主。

2014 年李德林等研究了泸州老窖糟醅微生物群落结构，对 DGGE 图谱中单一条带的切胶回收、测序和细菌 16S rDNA 克隆子的挑取、测序及 Blast 比对，测序结果显示：浓香型白酒糟醅中存在的细菌包括 18 个属，其中首次分离出成对杆菌属（*Dyadobacter*）、泛菌属（*Pantoea*）、片球菌属（*Pediococcus*）、糖单孢菌属（*Saccharomonospora*）、巴伐利亚球菌属（*Bavariicoccus*）、沙雷氏菌属（*Serratia*）、微小杆菌属（*Exiguobacterium*）菌株。获得比较全面的发酵过程中各类微生物群落结构信息，为浓香型白酒生产工艺创新提供一定的理论基础。

李家明等对沱牌酒厂两个不同窖池的浓香型大曲发酵的黄水浸泡界面糟、中层糟和双轮底糟及蒸馏酒后粮糟样品所提取的总 DNA 进行细菌 V7～V8 区、真菌 18S rDNA 和古菌 V3～V4 区片段的 PCR，后进行 DGGE 分析，同时对糟醅真菌 DGGE 图谱中主要优势条带进行克隆测序。结果表明，不同的窖池其糟醅细菌、古菌和真菌群落结构有一定差异，而相同窖池的糟醅细菌、古菌和真菌群落结构具有较大的相似性，浓香型大曲发酵糟醅双轮底糟的微生物种类最为丰富，其次是中层糟。

2016 年，贾连会等为明确泸型酒发酵酒醅中乳酸菌的来源、群落演替规律以及潜在功能，利用 16S rRNA 基因高通量测序技术比较了大曲、酒醅和窖泥中的乳酸菌群落结构，并解析了酒醅乳酸菌在发酵过程中的动态变化，最后采用 PICRUSt 分析对酒醅微生物群落中乳酸菌的功能进行了预测。高通量测序结果显示，发酵过程酒醅中存在 49 种乳酸菌，其中 16 种来源于大曲，3 种来源于窖泥。酒醅乳酸菌群落结构在发酵的第一周出现剧烈变动，发酵 2d 后耐酸乳杆菌（*Lactobacillus acetotolerans*）取代融合魏斯氏菌（*Weissella confusa*）成为优势微生物并保持至发酵结束。PICRUSt 分析表明，乳酸菌在酿酒过程中可能主要参与糖酵解途径，也具有参与丁酸、丙酸等重要香气前体物质代谢的潜力。

2017 年，杨牢记等以安徽某浓香型酒醅为材料，分析发酵过程中主要酶系酶活性变化规律，为研究酿造酶学提供依据。结果表明，酒醅主要酶系在整个发酵期表现出规律性变化。酒醅糖化酶活性呈现持续下降的变化曲线，由发酵初期的高酶活性到发酵期满的低酶活性；酒醅蛋白酶的变化规律表现为先快速上升后下降的规律，酶活性峰值出现在前期；酒醅酯化酶的变化规律是先缓慢上升后平稳下降趋势，酯化酶的活性峰值点出现在中期。酒醅中淀粉酶、蛋白酶、酯化酶的规律性变化，反映了浓香型酒醅在发酵期的物质转化的内在特征，对酿酒生产具有指导意义。

2019 年，高江婧等为解析浓香型古井贡酒发酵周期与原酒品质的关系，跟踪了发酵周期长达 5 个月的窖池，并重点关注了窖池下层酒醅中主要风味物质和微生物菌群的动态变化。研究发现酒醅中的乳酸、乙酸在发酵初期（0～14d）迅速增加，之后增速放缓；己酸、丁酸以及己酸乙酯含量则随发酵时间的延长逐渐增加。整个发酵过程中，乳杆菌科占绝对优势，随着发酵时间的延长，酒醅中瘤胃菌科（Ruminococcaceae）和梭菌科（Clostridiaceae）微生物的相对丰度逐渐上升，这些微生物也是窖泥中的高丰度微生物。结果表明，在长期发酵过程中，窖泥为酒醅持续不断地提供其主体的厌氧微生物，相关性分析进一步表明，这些微生物对发酵后期己酸、丁酸、乙酸的合成具有重要贡献。虽然窖泥来源的微生物在酒醅微生物中占比较低，但对于浓香型白酒的贡献却非常巨大。

2020 年，韩兴林等对安徽某浓香车间进行发酵过程酒醅微生物结构剖析，发现不同车间的微生物结构差异相对较小，不同发酵阶段的微生物结构差异相对较大，在发酵前期主要以乳酸杆菌属（*Lactobacillus*）、葡萄球菌属（*Staphylococcus*）、不动杆菌属（*Acinetobacter*）、根霉属（*Rhizopus*）、复膜孢酵母属（*Saccharomycopsis*）和曲霉属（*Aspergillus*）等为主，发酵中后期以 *Lactobacillus*、醋酸杆菌属（*Acetobacter*）、酵母菌属（*Saccharomyces*）等为主。

胡晓龙等分析了贾湖酒业酒醅微生物群落演替性及其在上中下层的空间分布。结果表明，各层酒醅微生物群落 α- 和 β-多样性变化规律相似，基于 β- 多样性分析结果可将整个发酵过程分为发酵前期（0～7d）、中期（7～15d）和后期（15～60d），其中前期物种多样性及丰富度均显著高于后期（$P<0.05$），乳杆菌属是发酵中、后期酒酪中的绝对优势微生物。各层酒醅微生物群落 α-多样性及门水平组成差异的显著性与发酵时间相关。整体上，相同发酵节点下各层酒醅微生物群落 α-及 β-多样性几乎不存在显著差异，即同层酒醅不能有效地聚成一类。

刘冰冰等对不同发酵时间、不同位置酒醅样品中的霉菌进行分离；根据形态特征去重复后进行 18S rRNA 基因克隆测序，初步判断其分类地位；采用点接法进行酒醅发酵相关 5 种功能酶筛选。结果表明，宋河浓香型白酒酒醅中蕴含丰富霉菌类群，共获得纯培养霉菌 63 株，形态去重复后共计 12 株，归属于：草本枝孢（*Cladosporium herbarum*）、黑曲霉（*Aspergillus niger*）、沃特曼篮状菌（*Talaromyces wortmannii*）、嗜松篮状菌（*Talaromyces pinophilus*）、杂色曲霉（*Aspergillus versicolor*）、米曲霉（*Aspergillus oryzae*）、毛栓菌（*Trametes hirsuta*）、桔青霉（*Penicillium citrinum*）、弗瑞青霉（*Penicillium freii*）、雪白丝衣霉（*Byssochlamys nivea*）及两个潜在新分类单元；霉菌的纯培养检出率在宋河浓香型白酒酒醅发酵 3～15d 较高，之后随发酵时间增加逐渐降低；酒醅中的纯培养霉菌菌株具有丰富的功能酶酶活特性，淀粉酶、纤维素酶、果胶酶、蛋白酶、酯化酶的酶活筛选率分别为：100%、93.3%、33.3%、73.3%、46.7%，为后续进一步研究菌株的功能及开发利用奠定基础。

刘延波等从赊店老酒酒醅中筛选得到产纤维素酶能力最强的菌株4-2，并鉴定为特基拉芽孢杆菌（*Bacillus tequilensis*）。在液体发酵培养基中，该菌株最优产纤维素酶的条件为淀粉添加量3.5%，酵母粉添加量0.6%，初始pH5.8，培养时间5d，培养温度34℃。此优化条件下，该菌株产纤维素酶活性达3101.83U/mL，是优化前的20.69倍。

2021年，陈慧颖等通过高通量测序研究河南三个不同酒厂的浓香型酒醅的真菌微生物菌群，逐次在门、纲、目、科和属5个水平上分析入窖酒醅和出窖酒醅的菌群多样性，探究酒醅发酵后菌群的共性变化规律。结果表明：出窖酒的真菌微生物多样性高于入窖酒的真菌微生物多样性，出窖酒的真菌主要有镰刀菌属（*Fusarium*）（相对丰度17%～32%），小不整球壳属（*Plectosphaerella*）（相对丰度10%～19%），链格孢属（*Alternaria*）（相对丰度2.5%～3.7%）等。入窖酒中的真菌有酵母目的伊萨酵母属（*Issatchenkia*）（相对丰度27%～57%）和复膜孢酵母属（*Saccharomycopsis*）（相对丰度58.8%）等。浓香型酒发酵后子囊菌门（Ascomycota）的相对丰度稳定，担子菌门（Basidiomycota）的相对丰度增加，锤舌菌纲（Leotiomycetes）、银耳目（Tremellales）、镰刀菌属（*Fusarium*）、链格孢属（*Alternaria*）、小不整球壳属（*Plectosphaerella*）的相对丰度增加，而伊萨酵母属（*Issatchenkia*）、复膜孢酵母属（*Saccharomycopsis*）、发菌科（Trichocomaceae）的相对丰度降低。该研究揭示了河南浓香型酒的真菌菌群多样性以及发酵后真菌菌群的共性变化规律。

四、环境微生物的研究

张良等研究了泸州老窖3个有代表性的古酿酒作坊内外环境中的空气细菌。作坊内外空气细菌浓度差别显著，并随季节变换而变化。营沟头作坊内细菌浓度显著高于作坊外环境，什字头和新街子则是作坊外高于作坊内。细菌浓度在作坊内外均表现出春、夏季较高，冬季最低的分布特征。鉴定出空气细菌10属22种，作坊内外环境的优势菌属依次为芽孢杆菌属（*Bacillus*）、微球菌属（*Micrococcus*）、葡萄球菌属（*Staphylococcus*）和假单胞菌属（*Pseudomonas*）。其中，芽孢杆菌属在作坊内占有绝对优势，浓度比可达40%以上。微球菌属浓度在10.7%～33.7%。

蒲岚等对分离自宜宾多家企业窖房（窖池车间）空气中的104株霉菌产糖化酶能力进行检测，发现其中有14株具备产糖化酶能力。结合形态、特征和基于ITS nu-rDNA的系统发育分析，此14株菌分属于曲霉属（*Aspergillus*）（6株）、毛霉属（*Mucor*）（3株）、青霉属（*Penicillium*）（2株）、根霉属（*Rhizopus*）（1株）、赤霉属（*Gibberella*）（1株）、枝孢属（*Cladosporium*）（1株）6个属，*Aspergillus*为优势属，显示浓香型白酒窖房中空气存在多样性较为明显的产糖化酶霉菌。

游玲等对宜宾多粮浓香型白酒企业（6家规模企业12个车间）酿造车间空气、窖泥及发酵糟醅中细菌群落及部分酿造性能进行比较分析。结果表明：蜡状芽孢杆菌（*Bacillus cereus*）、甲基营养型芽孢杆菌（*B. methylotrophicus*）及特基拉芽孢杆菌（*B. tequilensis*）细菌在酿造车间内分布最广；3个取样点中，糟醅和窖泥中细菌群落的相似性指数最高，达85%；耐乙醇或分解淀粉的细菌主要分布于糟醅；耐乙酸细菌主要分布于窖泥；空气中分离到的细菌既不耐乙醇，也不耐乙酸，表明长期开展多粮浓香型白酒生产的酿造车间内已形成具备一定多样性、与酿造环境相适应、相对稳定的细菌群落；窖房空气、糟醅、窖泥中细菌群落相互间均存在相关性，且糟醅与窖泥细菌群落密切相关。

2020年，翟磊等利用高通量测序技术全面解析宜宾产区（5个企业7个车间）浓香型白酒酿造环境中的微生物菌群结构，并对窖泥、大曲、酒醅和黄水中的细菌种类和丰度进行对比分析。结果表明，从宜宾产区白酒酿造环境的26个样品中共注释到来自201个属的1493个OTUs，主要分布于拟杆菌门（Bacteroidete）、变形菌门（Proteobacteria）和厚壁菌门（Firmicutes），其中5个来自古菌域的广古菌门（Euryarchaeota）。窖泥样品中微生物菌种的多样性最高，主要以古菌、瘤胃球菌和乳酸菌为主；大曲的多样性次之，主要包括鉴定到属水平的细菌，芽孢杆菌、乳酸菌和高温放线菌等；酒醅和黄水中的微生物多样性最低，其主要微生物类群以乳酸菌和瘤胃球菌为主。宜宾产区浓香型白酒酿造过程微生物群落结构呈现出从多种微生物共同作用到功能微生物主要发挥作用的趋势。该研究为探究浓香型白酒酿造过程中功能微生物，解析白酒酿造机理，提高白酒品质奠定了基础。

2021年，孙宝国梳理了参与发酵过程的微生物，包括大曲、酒醅和窖泥来源的细菌、丝状真菌、酵母菌、放线菌和古细菌。文献报道的种水平上明确鉴定的微生物共508个种。细菌可分为8门、18纲、33目、76科、103属、335种；丝状真菌可分为3门、7纲、13目、22科、31属、62种；酵母菌可分为2门、6纲、7目、16科、30属、78种；放线菌可分为1门、1纲、2目、2科、2属、18种；古细菌可分为1门、2纲、3目、7科、7属、15种。在微生物区系分析的基础上，研究总结了9种对白酒风味有突出贡献的乙酯类物质的微生物代谢合成途径，发现小分子直链脂肪酸酯的代谢合成与糖代谢密切相关，而支链脂肪酸酯与氨基酸代谢关系紧密。需要指出的是，白酒的微生物发酵过程是一个开放或者半开放的环境，参与发酵过程的不同微生物对于白酒的贡献程度仍有待评估。同时提出了白酒功能微生物选取的依据，包括4点：① 将原料谷物转化为低分子量基质的微生物；② 合成风味化合物的微生物；③ 发酵过程中调节微生物共存的微生物；④ 促进其他微生物稳定合成风味化合物的微生物。结合微生物的微生态研究和白酒微生物区系的前期研究进展，同时借鉴其他传统发酵食品如奶酪的微生态研究，并提出白酒固态发酵过程批次稳定性调控的基本理念，以最小功能微生物组驱动白酒微生态发酵过程，实现不同批次发酵过程的相对稳定，以此确保风味物质的稳定合成和最终的产品风格。

五、 酿酒微生物生态系统的建立及应用

在中国传统白酒特定的酿酒微生物环境中，微生物群与其存在的微环境就构成了微生态系统，满足物质循环、能量流动和信息传递的“三流运转”规律。来源于窖泥、曲药以及生产现场的各种微生物，经过窖泥和糟醅之间不断的菌群迁徙演变和物质能量交换，最后在糟醅中达到一个平衡，形成特有的糟醅微生物区系，而伴随平衡的形成，完成固态白酒发酵生产的基本过程。可以说，浓香型白酒窖池微生态是由从大曲、窖泥及园区生产现场微生物演化而来的糟醅微生物区系所构成，通过生产发酵产品体现窖池主要功能菌的存在状态，特别是曲药微生物和窖泥微生物，是糟醅微生物生态形成的基础，

窖池中的所有微生物和其所处的特定的窖池环境构成了彼此相互作用、相互联系的统一体，即窖池微生态系统。

中国的酿酒文化源远流长，而酿酒与环境的相互关系，自古就被我国人民所重视，并在生产实践中自觉和不自觉地运用着生态学的原理及方法。古人酿酒，自然环境的气候状况、土壤条件、水质优劣都是必须考虑的因素，而与之相适应的酿酒技术的不断改良和进步，造就了多种多样各具风格的酒类品牌，丰富了中国的酿酒文化。而符合自然地理规律构筑而成的中国传统固态发酵酿酒窖池，浓缩了自然环境的各种地域特征，成为酿酒生产的基本单元。窖池微生态系统，作为酿酒生产园区更大系统的有机组成部分，通过酿酒生产园区从属于所处的周边自然地理环境，依托周边大生态圈而存在。针对中国传统酿酒行业能耗高、生产率低、环境污染严重的生产实际出发，不少学者发起了发展我国生态酿酒产业的倡议，在 20 世纪 90 年代末，促成了我国第一个生态酿酒工业园区——沱牌酿酒生态园的诞生。

六、其他研究成果

（一）酱香型

1964 年，茅台试点成功从窖底泥中分离出与甲烷短杆菌共栖的芽孢杆菌——己酸菌。研究表明，窖泥中的微生物主要有己酸菌、梭状芽孢杆菌、甲烷菌、酵母菌、乳酸菌、厌氧异养菌、硫酸盐还原菌、硝酸盐还原菌、霉菌、放线菌等。成都生物研究所杨涛等从优质窖泥中分离获得 1 组复合产酸菌，将该菌培养窖底泥，应用于窖泥，提高了窖底香和产酒率。徐军等通过对老窖泥与新窖泥中微生物的分析，发现老窖泥含有大量梭状芽孢杆菌，老窖泥中厌氧型的细菌种类及数量均多于新窖，往往这些细菌对白酒中香味物质的形成起着重要作用，这也是为什么老窖产好酒的重要原因。然而，以茅台酒为代表的酱香型白酒的酒窖为石窖，只在表面和底部由黄泥构成（优质黄水含有丰富的微生物种群及营养物质，有利于窖泥中的有益微生物的生长和利于新窖泥老熟），老窖未必比新窖强，窖池的重要性低于浓香型白酒。

2003 年，庄名扬、孙达孟等以酱香型白酒高温堆积糟醅为含菌样品，分离得到多株耐高温、耐酸酵母菌株，对它们的发酵力、产香特征及次生代谢产物进行分析检测，确定 Y1、Y5-1、Y5-2、Y6-1 为主要功能菌，通过形态特征、生理生化特征的测定，鉴定它们分别归属于酵母属的意大利酵母、地生酵母、酿酒酵母、间型假丝酵母。泸州唐玉明等以郎酒厂第 4 次酒入窖糟醅正常生产窖池为研究对象，研究发酵过程窖池糟醅中不同空间位置的微生物区系的动态分析。结果表明，酱香型白酒糟醅发酵过程糟醅上、中、下层不同层面的各类微生物区系在数量上存在一定差异，总的分布趋势为上层高于中、下层，兼性厌氧细菌及其芽孢杆菌的数量分布亦是上层略高于中、下层。2007 年，崔利总结了郎酒酱香型白酒中吡嗪类化合物的生成途径及环节，认为微生物在其形成过程中也起了很重要的作用。不同窖龄窖池发酵糟醅中因糟层不同而糟醅中的微生物种群的多态性特征也不同，其多态性的总体特征是老窖泥中的微生物种群和数量比新窖多，微生物种群在窖池微生态中的分布总体特征呈现为上、中、下层呈递增趋势。叶光斌等采用构建细菌 16S rRNA 基因文库，研究郎酒超高温大曲中细菌群落结构。随机挑选 58 个阳性克隆子进行测序分析。结果表明，大曲内细菌群落组成较为简单，主要分布于芽孢杆菌科和高温放线菌科；将序列相似度大于或等于 97% 的定义为同一个 OTU（*Operational taxonomic units*），可分为 6 个不同的 OTUs。其中，枝芽孢杆菌属（*Virgibacillus*）和高温放线菌属（*Thermoactinomyces*）为优势种群，占全部克隆子的比例分别为 44.83% 和 43.1%；其他类群包括芽孢杆菌属（*Bacillus*）和葡萄球菌属（*Staphylococcus*）。

茅台集团与中科院微生物所合作，对茅台大曲和茅台酒醅中的微生物体系这一酿造茅台酒的独特资源进行研究，共分离鉴定出 79 种微生物，并建立了我国第一个白酒微生物菌种资源库。与天津科大合作，用高温富集法从太空搭载的茅台酒大曲中筛选到 3 株在 50℃以上可旺盛生长的霉菌，通过归属鉴定，它们分别为孔球孢属（*Gilmaniella*）和犁头霉属（*Absidia*）；最适生长温度分别为 50℃、50℃和 45℃，最适 pH 分别为 4.0、4.0 和 4.5，热致死温度分别为 70℃、70℃和 65℃。

随着生物技术的进步，各种微生物分析技术逐步应用于酱香型白酒发酵研究中，人们逐渐认识到酿酒微生物的丰富多样及其贡献。山其木格等总结了近 20 年微生物分析技术在酱香型白酒研究中的应用情况，并对酱香型白酒微生物研究提出了展望，旨在推动酱香白酒行业的技术升级和高质量发展，对其他香型白酒研究具有重要参考价值。

① 高温制曲阶段：酱香型大曲在开放环境下不同来源的微生物不断更替富集，经长期自然选择，在大曲中形成以细菌、酵母菌和霉菌为主微生物体系，经过高温制曲能够存活下来的优势菌主要为耐热的芽孢杆菌属细菌。目前研究主要集中在大曲发酵的不同阶段、不同层面微生物群落结构及其变化以及不同区域甚至不同工艺大曲之间微生物群落差异分析（表 13-1）。

表 13-1　　酱香型大曲微生物多样性研究近况

时间	分析技术	研究对象	研究内容及结论
2008 年	可培养方法	大曲	对大曲不同层面、不同发酵时期微生物菌群的动态变化进行研究
2010 年	可培养方法/rDNA 基因同源性分析	大曲	筛选到 3 株产酱香的 GP 杆菌，鉴定其为地衣芽孢杆菌
2012 年	可培养方法/rDNA 基因同源性分析/PCR-RFLP 技术	大曲（福建酱香型高温大曲）	分离出 89 株芽孢杆菌，通过初步筛选鉴定发现该高温大曲中可培养芽孢杆菌具有微生物多样性
2012 年	可培养方法	大曲	对高温大曲中细菌进行分离培养，经生理生化鉴定，发现乳酸杆菌属细菌充当着重要角色
2012 年	可培养方法/rDNA 基因同源性分析	大曲	分离出 147 株微生物，经研究发现大曲微生物具有较高的多样性
2012 年	PCR-RFLP 技术	大曲	研究制曲过程中细菌菌群结构及其消长规律，结果发现随着大曲的发酵，细菌多样性下降。发酵后期芽孢杆菌属和乳酸杆菌属成为绝对优势菌，并对酱香型风味的形成至关重要

续表

时间	分析技术	研究对象	研究内容及结论
2013年	可培养方法/Biolog微生物自动鉴定系统	大曲	分离纯化得到1株细菌，并鉴定该菌为阿尔莱特葡萄球菌
2014年	rDNA基因文库	大曲（郎酒超高温大曲）	研究郎酒超高温大曲中细菌群落结构。结果表明，大曲内细菌群落组成较为简单，主要分布于芽孢杆菌科和高温放线菌科，其他类群包括芽孢杆菌属和葡萄球菌属
2014年	ARDRA技术/rDNA基因文库	大曲（郎酒超高温大曲）	鉴定出枯草芽孢杆菌、地衣芽孢杆菌和解淀粉芽孢杆菌等优势细菌
2014年	可培养方法/rDNA基因同源性分析	大曲	从大曲中分离到19株霉菌，筛选到2株同时具有较高液化酶、糖化酶和蛋白酶活性的菌株，鉴定为谢瓦散囊菌和阿姆斯特丹散囊菌
2014年	PCR-DGGE技术	大曲、堆积糟醅	对大曲和连续七轮堆积前、中、后期糟醅细菌群落结构进行解析，发现不同样品群落结构多样性差异明显。就细菌多样性而言，大曲>堆积酒醅；堆积中期>后期>前期。随着轮次的递进，多样性逐渐降低
2015年	可培养方法	大曲	分离得到几株霉菌，经感官评定及挥发性物质的检测，确定该霉菌菌株可产酱味
2015年	PCR-DGGE技术	大曲	随着温湿度变化，大曲发酵的不同阶段微生物群落构成也呈现出明显的规律性变化
2015年	可培养方法/rDNA基因同源性分析	大曲	分离筛选到1株高产蛋白酶的菌株，鉴定为地衣芽孢杆菌
2016年	可培养方法/rDNA基因同源性分析	大曲	分离筛选出12株酵母，经产香功能初筛，将1株主要产果香味的酵母菌鉴定为扣囊复膜孢酵母
2016年	可培养方法/rDNA基因同源性分析	大曲（驻马店某酒厂）	分离出20株芽孢杆菌，并从中筛选到2株产酱香的芽孢杆菌，鉴定为芽孢杆菌和枯草芽孢杆菌
2017年	高通量测序	大曲	剖析大曲成熟过程中原核微生物群落结构变化，并用共存模式方法分析不同种属微生物之间的相关关系，并分析贮存过程中风味成分的变化规律
2017年	PLFA技术	大曲（酱、浓、清）	对酱香、浓香和清香型大曲微生物群落结构进行研究，发现不同工艺大曲微生物群落结构差异明显，制曲温度的升高对大曲微生物多样性影响较大
2018年	高通量测序	大曲	对6种不同区域的大曲样品进行微生物群落分析，揭示酱香型大曲的微生物群落具有显著的时空特征

续表

时间	分析技术	研究对象	研究内容及结论
2018 年	高通量测序	大曲、糟醅	对高温大曲、堆积发酵和窖池发酵过程中的真菌菌群结构进行分析，发现高温堆积和窖池发酵使得微生物多样性有所改变
2019 年	高通量测序	大曲、糟醅	全面剖析制曲和发酵酿酒阶段的细菌群落结构。结果显示，糟醅和大曲中细菌菌群在数量及结构分布上有所差异，但菌群种类基本一致，进而说明了大曲是糟醅发酵的微生物来源
2019 年	可培养方法/rDNA 基因同源性分析	大曲、环境	对连续七轮次的大曲和酿酒环境样品的可培养细菌进行研究，发现各轮次大曲与环境样品中的细菌菌群多样性结构存在差异，但其主要功能菌群结构及其演变基本一致
2019 年	高通量测序	大曲、糟醅、窖泥	解析第四轮次酱香型白酒酿造过程中真菌多样性，并阐明了大曲、堆积糟醅、窖池和窖泥中的优势菌及其变化趋势

② 堆积发酵阶段：高温制曲过程中酵母菌被高温杀死得所剩无几。堆积过程中网罗环境及空气中的微生物，尤其富集酵母菌，因此该阶段又称为“二次制曲”。高温堆积淘汰了一部分杂菌，驯化了耐高温菌，有利于酿酒微生物的繁殖代谢，使原料中淀粉、蛋白质等大分子物质产生初步的分解，生产酱香物质或其前体物质，为入窖发酵创造条件。该阶段主要围绕不同酿酒轮次、不同堆积时间及不同位置的糟醅展开酿酒微生物的研究，揭示着环境因素对微生物菌群的影响以及不同的菌群结构对不同轮次酒酒体的影响（表 13-2）。

表 13-2　　堆积糟醅微生物多样性研究近况

时间	分析技术	研究对象	研究内容及结论
2007 年	传统可培养方法	堆积糟醅	研究堆积过程中微生物区系的动态变化，发现此过程中酵母菌、非芽孢细菌、芽孢细菌、霉菌的数量变化均有差异
2013 年	传统可培养方法/rDNA 基因同源性分析/PCR-RFLP 技术	堆积糟醅	筛选到的 9 株酵母菌，发现均显示出不同的生理生化特征
2014 年	传统可培养方法/rDNA 基因同源性分析	堆积糟醅	分离 11 株酵母菌，从中筛选出 1 株产酒精良好的酵母菌，并鉴定为酿酒酵母
2016 年	PCR-DGGE 技术	堆积糟醅	研究堆积过程中微生物种群变化，结果发现细菌多样性多于真菌，下沙微生物种类很少，糙沙开始逐渐增多，二轮次微生物种类最丰富，在酿酒年度末期，微生物多样性减少
2016 年	PCR-DGGE 技术	堆积糟醅	研究不同堆积时间细菌群落差异，发现呈现先减少再增加，最后趋于稳定的趋势

续表

时间	分析技术	研究对象	研究内容及结论
2017 年	高通量测序	堆积糟醅	对堆积糟醅原核微生物结构及优势菌进行了分析，发现堆积空间位置对于其种类影响较小，但对数量影响较大
2017 年	高通量测序	堆积糟醅 窖池糟醅	对第二轮窖内发酵末期、第三轮堆积发酵、第三轮窖内发酵中期的酒醅微生物进行分析，实验证明了该过程中菌群多样性
2017 年	高通量测序	堆积糟醅 窖池糟醅	对二轮次堆积及窖池发酵过程中糟醅微生物多样性及主要功能菌进行研究，结果表明环境、状态及工艺的差异可导致糟醅微生物也存在较大差异
2019 年	高通量测序	堆积糟醅 窖池糟醅	对一轮次堆积和窖池发酵糟醅中细菌群落进行研究，结果表明堆积过程的细菌多样性和丰富度均高于窖池发酵
2020 年	高通量测序	堆积糟醅 （机械化酿造）	对机械化酿造 7 个轮次堆积糟醅的细菌群落进行分析，发现柄杆菌属（*Caulobacter*）和红球菌属（*Rhodococcus*）为机械化酿造过程中特有菌属，可能来源于机械设备和环境

③ 窖池发酵阶段：窖池发酵上、中、底层糟醅微生物分布及生长代谢有明显差异，其酒体风格也各异。随着发酵的进行，窖池内部会形成高乙醇含量、低氧、低 pH 的特点，微生物数量下降，形成一系列对白酒产香产气影响较大的厌氧微生物体系。目前在窖池发酵不同时期、不同位置的微生物群落分析、功能菌的筛选以及不同区域微生物差异分析等方面展开了大量的研究（表 13-3）。由于窖底酒在酱香型白酒勾调中的重要地位，窖泥厌氧微生物的研究也开始受到重视。

表 13-3　　窖池微生物多样性研究近况

时间	分析技术	研究对象	研究内容及结论
2010 年	传统可培养方法/rDNA 基因同源性分析	窖池糟醅	筛选出 1 株高效降解糠醛的微生物，鉴定为宛氏拟青霉
2012 年	传统可培养方法/rDNA 基因同源性分析	窖池糟醅	分离筛选酵母菌，经鉴定归为 9 株酵母菌。高温低酸环境造就了一群既对极端环境具有抗性，也产丰富的醇、酸、酯类风味物质的菌株
2012 年	传统可培养方法/rDNA 基因同源性分析	窖池糟醅	分析不同发酵阶段的北大仓酱香型糟醅中酵母菌群落结构。发现发酵初期酵母菌多样性逐渐增加，5d 后逐渐下降
2012 年	ARDRA 技术/rDNA 基因文库	窖泥	研究窖泥中的古菌群落结构。结果表明古菌主要为广古菌门中的甲烷袋状菌属、甲烷八叠球菌属、甲烷鬃毛菌和甲烷杆菌属

续表

时间	分析技术	研究对象	研究内容及结论
2013 年	传统可培养方法/PCR-DGGE 技术	窖池糟醅（酱、清）	对比分析酱香型与清香型白酒发酵过程中乳酸菌群的演变规律，发现该两种香型白酒发酵过程乳酸菌群组成及动态变化均呈现明显的差异
2014 年	传统可培养方法/Biolog 微生物鉴定系统	窖池糟醅	分离纯化 6 株细菌，经鉴定为芽孢杆菌属、无色杆菌属和伴放线菌嗜血菌
2014 年	PCR-DGGE 技术	窖池糟醅（不同地域）	研究不同地域酱香型白酒糟醅菌群落的差异，结果表明其细菌群落差异较大
2014 年	传统可培养方法	窖池糟醅	对上、中、底层糟醅中酵母菌变化趋势进行研究，发现不同位置、不同阶段酵母菌数量具有明显差异
2014 年	DGGE/实时荧光定量 PCR	窖池糟醅	对产量、酒质量较高的第五轮次和较低的第七轮次发酵过程中的酵母菌群落结构进行解析，结果表明酵母菌群结构变化对白酒产量及品质影响明显
2015 年	高通量测序	窖底泥、环境土壤	对不同时间的窖泥及环境土壤微生物区系进行分析，发现在土壤驯化成窖泥的过程中，微生物多样性逐渐降低，乳酸杆菌科、梭菌科和瘤胃菌科厌氧微生物逐渐成为优势种群
2017 年	高通量测序	人工窖底泥	比较不同区域的 4 种人工窖泥细菌多样性，发现不同区域窖泥细菌群落理化指标都存在一定差异，且距离越远，群落结构差异越大
2017 年	高通量测序	窖池糟醅	对三轮次、七轮次糟醅微生物多样性进行研究。结果表明二者的微生态多样性存在较大差异，导致该两个轮次酒在产量和质量上也存在较大差异
2018 年	传统可培养方法/厌氧工作站/rDNA 基因同源性分析	窖池糟醅（窖底糟醅）	筛选出 4 株厌氧细菌，鉴定为丁酸梭菌、解木聚糖梭菌、近端梭菌和煎盘梭菌
2018 年	高通量测序	堆积糟醅、窖池糟醅（机械化设备酿酒）	对机械化设备（从润粮、上甑、摊晾起堆到入窖）酿酒微生物以及出酒率、酒质与传统班组对比研究。结果表明，堆积和窖池发酵过程主要功能微生物与传统生产基本一致，但出酒率、优质品率等指标低于传统班组
2019 年	高通量测序/传统可培养方法	窖池糟醅	分析糟醅酵母菌多样性，发现不同时期酵母菌种类和数量差异明显，并应用可培养分离方法获取酵母菌主要功能菌株
2019 年	高通量测序/全基因组测序	宛氏拟青霉	获得宛氏拟青霉（茅台酒酿造微生物）全基因组信息，并分析其潜在功能，为深入了解酱香型白酒生产过程中代谢机理提供遗传信息基础

续表

时间	分析技术	研究对象	研究内容及结论
2019 年	高通量测序	窖池糟醅	对细菌和真菌多样性进行了全面解析。结果表明，下、糙沙期间优势细菌均为乳酸菌，优势真菌均为酵母菌
2020 年	荧光定量 PCR	窖池糟醅	建立一种基于特异性引物的荧光 PCR 方法，应用于乳酸杆菌属（*Lactobacillus* sp.）在 10 个白酒酿造产区的分布特征分析
2020 年	高通量测序	糟醅（清酱香型白酒陶坛发酵）	对清酱香型白酒陶坛发酵过程中糟醅细菌群落结构进行分析。结果表明，其细菌群落结构兼具清香和酱香白酒酿造主要细菌的群落结构特点

2021 年，孙宝国等分析了北方地区酱香型白酒第五和第六轮次的发酵过程。其优势微生物属为乳酸杆菌属（*Lactobacillus*）和伊萨酵母属（*Issatchenkia*）；乙酯类化合物和对甲酚对这两轮次发酵酒醅的风味差异有重要贡献；首次提出了细菌和真菌代谢合成对甲酚的途径。

2021 年，黄永光等分析研究堆积发酵 7 个生产轮次过程中微生物群落的多样性和演替规律。结果表明，在 130 个单独样本获得的 26 个复合样本中，共鉴定出 27 个细菌门和 658 个细菌属，7 个真菌门和 156 个真菌属。尽管在 7 个生产轮次中微生物群落丰富且变化多样，但有几个属高度稳定，包括核心细菌属：芽孢杆菌属（13.32%~31.98%），慢生芽孢杆菌属（*Lentibacillus*）（1.08%~28.79%），克罗彭斯特菌属（*Kroppenstedtia*）（0.68%~24.02%），海洋杆菌属（0.11%~11.04%）和乳杆菌属（0.43%~26.41%），以及核心真菌属：嗜热真菌属（9.48%~53.21%），丝衣霉属（1.8%~52.14%），嗜热子囊菌属（5.75%~28.26%），未分类的散囊菌属（4.04%~24.35%）和曲霉菌属（0.15%~9.58%）。每个生产轮次也有自己的特征菌属。发酵参数（淀粉、水分、酸度和还原糖）与核心和特征菌群演替有关。核心微生物群落影响发酵参数，并且发酵参数调控特征菌群。这项研究可能有助于增进人们对酱香型白酒酿造过程中菌群演替以及堆积发酵过程中菌群与发酵参数之间关系的理解。

黎瑶依等选取仁怀市茅台镇观音寺区、上坪村、椿树村、岩滩村、向阳村、卢荣坝村及合马镇街道社区等酱香型白酒主酿区域的 17 个代表性酿酒企业，于 2018 年 1~9 月，共计 7 个轮次（每轮次对酿造环境进行一次采样），采用高通量测序技术结合数理统计软件分析方法，系统研究茅台镇酱香型白酒不同酿造轮次生产环境中的真菌菌群结构及特征。7 个轮次中共检测到 4 个真菌门、212 个真菌属。根据各菌门、属的相对丰度，得出结论：子囊菌门（Ascomycota）和担子菌门（Basidiomycota）是茅台镇酱香型白酒酿造环节中各酿造轮次的优势菌门，节担菌属（*Wallemia*）、复膜孢酵母属（*Saccharomycopsis*）为各轮次绝对优势真菌属。不同轮次环境样品中真菌组成结构的相似度较高，但其各轮次标志性真菌属存在差异。7 个酿造轮次共有相同真菌属 56 个，在各轮次占主导地位，特征性真菌属在各轮次当中相对丰度和占比较小但种类丰富。本研究揭示了茅台镇酱香型白酒不同酿造轮次环境中真菌菌群结构及其特征，为深入研究酱香型白酒酿造机理以及对酿造环境中微生物结构的解析提供了参考。

任爱容等系统研究茅台镇酱香型白酒不同酿造区域生产大曲中的细菌菌群结构特征，共检出细菌 21 个门和 532 个属，首次在酱香大曲中检出解硫胺素芽孢杆菌属（*Aneurinibacillus*）、鲁梅尔芽孢杆菌属（*Rummeliibacillus*）、摩根氏菌属（*Morganella*）、普劳斯氏菌属（*Prauserella*）、橄榄形菌属（*Olivibacter*）、库特氏菌属（*Kurthia*）、两面神菌属（*Janibacter*）、巴尔通氏体属（*Bartonella*）、香味菌属（*Myroides*）等。研究发现，不同区域生产大曲的细菌多样性丰富且存在差异，但各区域在相对丰度较高的优势细菌门、优势细菌属及核心细菌属的菌群结构组成上具有高度的相似性。其优势细菌门为厚壁菌门（Firmicutes）、变形菌门（Proteobacteria）、放线菌门（Actinobacteria）和拟杆菌门（Bacteroidetes），优势细菌属为慢生芽孢杆菌属（*Lentibacillus*）、克罗彭斯特菌属（*Kroppenstedtia*）、泛菌属（*Pantoea*）、大洋芽孢杆菌属（*Oceanobacillus*）和肠杆菌属（*Enterobacter*），芽孢杆菌属（*Bacillus*）为其关键核心细菌属；区域间微生物具有良好的共性，强化了茅台镇稳定的酿造微生态结构，是茅台镇能够稳定产酱香型白酒的重要原因之一。各区域内的不同轮次大曲中细菌菌群差异小于区域间菌群差异，而区域间的细菌差异主要集中在丰度较小功能菌群上。研究结果揭示了茅台镇不同主酿区生产大曲的细菌菌群结构，为相关研究奠定了基础，也为酱香型白酒生产监测及企业选址提供了参考和指导。

2021 年贵州大学张瀚之等对酱香型白酒机械化酿造七个轮次堆积发酵酒醅的真菌菌群结构进行分析。结果表明，七个轮次酒醅中共检出真菌 4 个门，102 个属，185 个操作分类单元（OTU）。嗜热真菌属（*Thermomyces*）、嗜热子囊菌属（*Thermoascus*）、曲霉属（*Aspergillus*）、有孢圆酵母属（*Torulaspora*）、丝衣霉属（*Byssochlamys*）、假丝酵母属（*Candida*）和威克汉姆酵母属（*Wicker hamomyces*）是酱香型白酒机械化堆积过程中的重要真菌属。酱香型白酒机械化酿造过程中的真菌微生物受淀粉含量、水分和酸度的影响较大，1~3 轮次酒醅发酵白酒的微生物结构与水分和酸度呈负相关，而 4~7 轮次酒醅的微生物结构与水分和酸度呈正相关，且不同轮次酒醅存在着与水分、淀粉含量和酸度紧密相关的菌属，保证动态的调控酿造发酵过程，但重要的菌属受环境因子的调控不大，为酿造过程提供稳定的内在动力。

左乾程等对酱香型白酒机械化制曲发酵过程中细菌群落结构进行分析。结果表明，其发酵过程的优势菌门为厚壁菌门（Firmicutes）、变形菌门（Proteobacteria）、放线菌门（Actinobacteria）及蓝菌门（Cyanobacteria），随着发酵的进行，逐渐由多菌种演替为单一 Firmicutes 为主导。机械化制曲发酵过程中共检出 84 个细菌属，稍高于传统制曲的 82 个细菌属；机械化制曲发酵过程优势细菌属共 14 个，包括汽菌属（*Pantoea*）、根瘤菌属（*Rhizobium*）、乳酸杆菌属（*Lactobacillus*）、魏斯氏菌属（*Weissella*）、芽孢杆菌属（*Bacillus*）、*Oceanobacillus*、*Lentibacillus*、*Kroppenstedtia*、高温放线菌属（*Thermoactinomyces*）、葡萄球菌属（*Staphylococcus*）、*Enterobacter*、糖多孢菌属（*Saccharopolyspora*）、片球菌属（*Pediococcus*）和解木聚糖温暖微菌属（*Tepidimicrobium*），其中 *Pediococcus* 和 *Tepidimicrobium* 是机械制曲发酵过程特有的优势细菌属，明串珠菌属（*Leuconostoc*）及假单胞菌属（*Pseudomonas*）是传统制曲过程特有的优势细菌属，表明机械化制曲与传统制曲过程优势菌具有较高的相似性。通过优势菌与环境因子相关性分析发现，主要功能细菌属 *Bacillus*、*Lactobacillus* 及 *Weissella* 都与大曲制曲温度呈正相关，与大曲酸度呈正相关，表明在机械化制曲过程中要合理科学控制相对较高的温度及酸度，既有利于主要功能微生物的生长，又能抑制不耐热、不耐酸杂菌的繁殖。本研究从发酵细菌群落结构上说明酱香型白酒的机械化制曲可以代替人工制曲。

（二）清香型

乔晓梅等分析了冷季和热季清香白酒生产用曲真菌群落结构。结果表明，用不同的宏基因组 DNA 提供试剂盒，以及不同测序区域得到较为一致的结果，清香大曲在热季和冷季的主要真菌类群相同，主要的真菌类群有霉菌和酵母，霉菌有米根霉（*Rhizopus oryzae*）和伞枝犁头霉（*Lichtheimia corymbifera*），酵母有库德里阿兹威氏毕赤酵母（*Pichia kudriavzevii*）和扣囊复膜孢酵母（*Saccharomycopsis fibuligera*），2 种霉菌含量明显高于酵母，而且冷季酵母比例较热季明显减少。通过本实验可以确认清香大曲主要真菌类群有米根霉、伞枝犁头霉，酵母菌则比较少，主要有扣囊复膜孢酵母和库德里阿兹威氏毕赤酵母。这与马凯等研究一致。马凯等用传统平板分离纯化法从汾酒大曲中分离了 81 株真菌，经基于 rDNA 的分子生物学方法鉴定扣囊复膜孢酵母、伞枝犁头霉和匍枝根霉是优势菌种。

雷振河等对汾酒大曲发酵过程微生物变化进行了初步分析，表明了酵母菌的数量整体呈先上升后下降趋势；霉菌的数量整体呈先上升后下降趋势；细菌在大曲发酵过程中的数量变化呈先上升后下降，再略有上升，然后逐渐下降的趋势。另外，应用高通量测序技术对清香型大曲和酒醅中微生物构成进行分析，得出大曲中优势原核微生物主要包括厚壁菌门、变形菌门、放线菌门、酸杆菌门，这四类原核微生物占大曲中原核微生物的 30%左右；优势真核微生物主要包括曲霉菌属、热子囊菌属、根霉菌属、嗜热真菌属、假丝酵母。酒醅中优势原核微生物主要包括肠杆菌科、醋酸杆菌科、明串珠菌科、乳杆菌科、球菌科、芽孢杆菌科、假诺卡氏科，醋酸杆菌科和乳杆菌科是清香型发酵酒醅中优势原核微生物，占原核微生物 70%以上；优势真核微生物主要包括双足囊菌科、假丝酵母、小囊菌科、毛霉科、毕赤酵母科、鬼伞科、酵母科、复膜孢酵母科、发菌科，假丝酵母和毕赤酵母科是清香型发酵酒醅中真核微生物绝对优势菌。

程伟等从金种子发酵酒醅筛选出两株适合清香型白酒酿造的酵母菌菌株；其中，高产乙酸乙酯的菌株 jmz-01，其发酵力为 0.968%、酯化力为 4.694U/L；高发酵力的菌株 jmf-01，其发酵力为 2.230%、酯化力为 1.466U/L。菌株 jmz-01 的单菌种固态发酵产挥发性风味物质有乙醇、苯乙醇等醇类，乙酸、异戊酸等酸类，并含有多种其他类风味物质，如：苯乙醛、2-十五烷酮、乙酸乙酯等；其强化麸曲的酯化力为 65U、糖化力为 132U、发酵力为 4.30%，表明该菌株在白酒酿造生产中具有较高的应用前景。

2020 年，刘雪婷等采用纯培养技术对清香型白酒（湖北石花酒业）酒醅中的乳酸菌和芽孢杆菌进行分离鉴定，同时通过 Illumina MiSeq 高通量测序技术解析其细菌群落结构。结果表明，所有酒醅样品共分离得到 13 株乳酸菌，分别鉴定为乳酸片球菌（*Pediococcus acidilactici*）4 株、副干酪乳杆菌（*Lactobacillus paracasei*）3 株、短乳杆菌（*Lactobacillus brevis*）3 株、屎肠球菌（*Enterococcus faecium*）2 株以及希氏乳杆菌（*Lactobacillus hilgardii*）1 株。从酒醅中分离得到的 17 株芽孢杆菌菌株分别鉴定为地衣芽孢杆菌（*Bacillus licheniformis*）9 株、枯草芽孢杆菌（*Bacillus subtilis*）2 株、短小芽孢杆菌（*Bacillus pumilus*）2 株、澳洲芽孢杆菌（*Bacillus australimaris*）2 株、解淀粉芽孢杆菌

（*Bacillus amyloliquefaciens*）1 株以及蜡样芽孢杆菌（*Bacillus cereus*）1 株。Illumina MiSeq 测序结果显示，酒醅中优势菌门分别为厚壁菌门（Firmicutes）占 97.96%、放线菌门（Actinobacteria）占 1.24%和变形菌门（Proteobacteria）占 0.76%；优势细菌属为乳酸杆菌属（*Lactobacillus*）占 97.42%、栖热嗜油菌属（*Thermoleophilum*）占 1.22%和假单胞菌属（*Pseudomonas*）占 0.72%。

卫春会等对汾酒酒醅发酵过程进行检测、分析、对比。结果显示：汾酒酒醅发酵过程的物质变化呈现一定规律，大楂和二楂酒醅中物质的消长规律有较大差异性，酒醅样品一共获得 98 个真菌可操作分类单元，大楂、二楂酒醅样品真菌多样性存在显著差异，大楂中真菌多样性呈现先上升后下降的趋势，二楂中真菌多样性从入缸到发酵逐步降低；大楂、二楂酒醅发酵初始的真菌群落相似，主要的优势菌均为毕赤酵母（*Pichia*），发酵后期优势菌有较大差异性，大楂酒醅最主要的优势菌为酿酒酵母（*Saccharomyces cerevisiae*），二楂酒醅最主要优势菌为假丝酵母（*Candida*）。通过研究大楂、二楂两次发酵过程物质消长和真菌群落多样性变化规律，对进一步研究汾酒关键风味物质代谢途径和提高产量、品质有重要意义。

2021 年，蔚慧欣等采用实时荧光定量聚合酶链式反应（real－time quantitative polymerase chain reaction，qPCR），对汾酒发酵过程中的大楂、二楂发酵 0、7、15、28d 酒醅样品进行总细菌、总真菌、耐酸乳杆菌、芽孢杆菌和酵母菌的定量分析。结果表明：汾酒发酵过程中耐酸乳杆菌和酵母为酒醅中的主体微生物，占总细菌和总真菌总和的 80%以上。大楂、二楂发酵中，功能微生物在发酵前期（0~7d）演替规律相似，二楂发酵中后期菌群呈现显著衰亡趋势，且大楂发酵期间各菌群生物量均高于二楂发酵。大楂发酵期间总细菌、耐酸乳杆菌和芽孢杆菌的生物量整体呈上升趋势，分别于 28、15、7d 达到最大值（5.53×10^{16}、1.40×10^{13}、1.21×10^{6}拷贝数/g 酒醅 DNA）。在大楂和二楂发酵中总真菌和酵母的生物量在发酵 0~7d 差异不大，呈快速增长趋势，大楂发酵在 15d 后至发酵结束逐渐上升至最高值（1.07×10^{15}、1.56×10^{14}拷贝数/g 酒醅 DNA）。二楂发酵中总真菌和酵母生物量在第 7 天达到最大值（3.03×10^{14}、1.43×10^{14}拷贝数/g 酒醅 DNA）。

侯强川等通过综合采用理化指标测定、宏基因组测序技术和微生物纯培养技术等方法，解析了（湖北石花酒业）三种低温大曲（后火、红心和青茬）在发酵力、糖化力、酯化力等理化指标以及微生物菌群群落结构和功能等方面的共性和差异，揭示了三种低温大曲在后续清香型白酒酿造中各自潜在的功能。研究发现，低温大曲的微生物组成极为丰富，在所有研究的样品中共检测到 1286 个菌属和 4157 个菌种。细菌和真菌是低温大曲中的主要微生物，两者的相对含量之比在 4∶1 以上。芽孢杆菌（21.18%）和地衣芽孢杆菌（17.45%）分别是相对含量最高的属和种。基于培养的方法发现，细菌、真菌和乳酸菌在后火大曲的丰度最高，而基于微生物宏基因组的分析发现，细菌和真菌的相对丰度分别在后火和红心中最高。尽管三种低温大曲的微生物群落组成具有高度的共性，但每种类型的低温大曲都具有特定的微生物群落和功能特征，并且三种低温大曲中的微生物功能在白酒酿造中可能具有较强的互补性。具体而言，后火大曲中具有代表性的微生物主要参与了与白酒风味物质产生相关的代谢途径。相比之下，在青茬和红心大曲中富集的微生物不仅能够产生白酒中特定的风味产物，而且具有很强的降解原料中大分子物质的能力，可以促进发酵环境中相关微生物的生长。

（三）其他

对其他香型白酒的研究，各大名酒厂、科研院校等也一直在进行，研究成果有：

罗志腾对西安大曲发酵酒醅在 13d 发酵过程中的微生物区系做了初步研究，初步弄清了细菌、霉菌和酵母之间的相互消长规律，同时对发酵过程中微生物的消长原因进行了初步探索。根据菌落统计分析结果，细菌总数占全部微生物数量的 47.68%，酵母占 48.37%，霉菌占 3.93%。霉菌在入窖后前 3 天有少量存在，进入中期后低于 10d 不能被发现；酵母的数量优势在发酵前期，进入中期后急剧下降；细菌随发酵时间延长逐渐增加，后期数量达到最高峰。在窖池不同深度，微生物的分布存在差异，大体为浅层较多，深层较少。全部 75 份样品中得到 192 株菌，计 24 属微生物，分别是酵母 4 种，霉菌 5 种，细菌 15 种。细菌中的优势菌主要是芽孢杆菌 2 种，节杆菌 1 种，醋酸杆菌 2 种；酵母有汉逊酵母、假丝酵母、酿酒酵母和红酵母；霉菌有根霉、毛霉、青霉和曲霉。

2015 年唐小丽等研究了芝麻香型白酒高温大曲（扳倒井）制作过程中的微生物群落结构多样性。通过对其微生物代谢强度和多样性指数分析发现，发酵第 9 天（第一次翻曲）的大曲微生物的代谢强度最高，微生物多样性最为丰富；而发酵 12d、20d 和 36d 时曲样的碳源利用能力最弱，微生物多样性也较差。此外，基于碳源利用的主成分和聚类分析将整个发酵过程曲样分为 4 类，其中发酵 9d 时曲样自身聚为一类，发酵 0d 时聚为一类，发酵 2d、12d、20d、36d 时聚为一类，发酵 5d、15d、25d 时聚为一类。这也从侧面反映了高温大曲制作过程中的微生物动态演替过程。

江南大学王海燕等对比研究了江苏地区浓香型和芝麻香型白酒酒醅在发酵过程中的微生物菌群结构。DGGE 图谱分析显示，随着发酵时间的延长，酒醅中的微生物多样性不断降低；发酵结束时食木薯乳杆菌（*Lactobacillus manihotivorans*）成为最主要的优势菌种。16S rRNA 克隆文库的测序结果在数据库中进行比对后表明，浓香型和芝麻香型酒醅中的微生物种属存在巨大差异，仅有 *Weissella*、*Bacillus*、*Acetobacter* 和 *Lactobacillus* 4 个属的微生物在两个文库中均能检测到，发现并鉴定出在白酒曲药和酒醅的研究中尚未报道的细菌属。

近些年利用宇宙系列生物卫星、科学返回卫星、空间站及航天飞机等空间飞行器，搭载微生物材料进行空间诱变育种，通过外层空间特殊的物理化学环境，引起菌种 DNA 分子的变异和重组，从而得到生物效价更高的高产菌种。中国科学院微生物研究所等单位先后利用卫星搭载了真菌、酵母菌、放线菌、细菌等 30 多种微生物菌种，从中选育出了一些能提高抗生素和酶产量的新菌种，现已投产应用。东北制药总厂开展了卫星搭载育种研究，选出了 5 株高产菌，发酵转化率提高 2.3%~4.7%，发酵周期缩短 9%~20%，并成功应用于生产实践。在维生素 C 生产中，高产株的筛选是实现工业化的关键，河北大学用“神舟四号”飞船搭载维生素 C 产生菌，选出了 4 株高产菌，发酵转化率提高了 3.9%~5.2%。白酒领域中，酱香型的茅台及清香型的陕西杜康曾开展过酒曲搭载“神舟飞船”进行太空育种的研究，也取得了明显的效果。泰山酒业与中科院成都生物所合作，对浓香型白酒、芝麻香型白酒酿造微生物进行太空育种的研究，其结果如下。

（1）以己酸菌 SJ 为出发菌株，经“神舟八号”飞船搭载进行太空育种，返回地面后分离筛选，获得一株高产突变株 SJ-20，产酸能力比原始菌株提高了 45%，将该菌株应用于浓香型白酒生产，酒体中己酸、己酸乙酯等酸酯类化合物含量增加，突出了典型性。

（2）以芝麻香型白酒生产的主要功能微生物芽孢杆菌、酵母菌、河内白曲为出发菌株，经“神舟八号”飞船搭载进行太空诱变育种，芽孢杆菌的蛋白酶活性增加约一倍、酵母菌的产酯能力提高70%、河内白曲的糖化酶活性提高约50%，且遗传稳定性良好。应用于生产，可减少芝麻香专用曲的用量，出酒率平均提高2.8%，缩短发酵周期，生产的基酒中四甲基吡嗪等杂环化合物含量升高，酒体丰满，香气幽雅，芝麻香风格典型性更强。

2015年刘俊超等采用稀释平板测数和酵母菌分子分类鉴定方法，对白云边酒机械化酿造和传统酿造工艺过程中的第1轮至第7轮入池前堆积料和第3轮至第7轮出池酒醅中酵母菌的数量和种类进行了分析。结果表明，机械化酿造对酵母菌数量的影响具有一定的波动性，不同轮次酒醅中酵母菌的数量与该轮次酒的出酒率和品质呈正相关。从机械化和传统酿造工艺过程中共分离到69株酵母菌，采用酵母菌26S rDNA D1/D2区域序列扩增及同源比对方法，将这些酵母菌株鉴定为7个属7个种，分别为：盔状毕赤酵母（*Pichia galeiformis*）、东方伊萨酵母（*Issatchenkia orientalis*）、酿酒酵母（*Saccharomyces cerevisiae*）、矮小假丝酵母（*Candida humilis*）、德尔布有孢圆酵母（*Torulaspora delbrueckii*）、拜耳接合酵母（*Zygosaccharomyces bailii*）、粟酒裂殖酵母（*Schizosaccharomyces pombe*）。两种工艺操作过程中，*Pichia galeiformis* 和 *Issatchenkia orientalis* 均占优势，其中，入池前的堆积醅中均以 *Issatchenkia orientalis* 和 *Pichia galeiformis* 占优势，而出池酒醅均以 *Saccharomyces cerevisiae* 为优势种，从两种操作工艺中分离的酵母菌种群结构无明显差异。该研究为在白酒发酵过程中采用机械化操作提供理论依据和指导。

2021年，朱国星等从宣酒（芝麻香型）高温大曲中筛选了6株高产蛋白酶的芽孢杆菌，通过鉴定分别为贝莱斯芽孢杆菌、解淀粉芽孢杆菌、地衣芽孢杆菌和枯草芽孢杆菌，其中贝莱斯芽孢杆菌XJXJ-002麸曲中蛋白酶活性最高，达到256.72U/g，且该菌株麸曲符合优质细菌麸曲标准。

张温清等从宣酒大曲中筛选出10株高产四甲基吡嗪的功能菌株，通过鉴定分别属于枯草芽孢杆菌、解淀粉芽孢杆菌和地衣芽孢杆菌，其中解淀粉芽孢杆菌（*Bacillus amyloliquefaciens*）XJB-104固态发酵生产麸曲中TTMP的含量最高，为202.54mg/kg。

近年来，贵州大学利用高通量测序并结合数理统计对清酱香型白酒（贵州岩博酒业）陶坛发酵过程中酒醅的细菌群落结构进行分析。结果表明，其发酵过程的优势细菌门为Firmicutes和Proteobacteria，主要细菌属为 *Weissella*、葡糖杆菌属（*Gluconobacter*）、*Lactobacillus*、*Staphylococcus*、*Pseudomonas*、*Acetobacter*、*Bacillus*、*Kroppenstedtia*、*Oceanobacillus*、*Lentibacillus*、*Pediococcus*、*Enterobacter*、*Acinetobacter*、*Leuconostoc*、*Kozakia* 和 *Pantoea*，优势细菌属为 *Weissella*、*Staphylococcus*、*Lactobacillus* 和 *Gluconobacter*。清酱香型白酒酿造过程的主要细菌群落结构兼具了清香和酱香白酒酿造主要细菌的群落结构特点。其发酵过程平均73.53%的主要细菌属含量呈高度显著上升，20.59%呈高度显著下降。发酵结束阶段，主要细菌属的群落组成结构相对稳定，相对丰度均在25.97%以下。且平均81.12%的主要细菌属之间呈显著正相关，18.88%呈拮抗相关。

同时，从其发酵酒醅中共检出14个菌门，113个菌属，发酵开始（0d）时，Firmicutes、Proteobacteria 及 Cyanobacteria 在酒醅占主导地位，平均相对丰度均大于10%。随着发酵的进行，逐渐演替为单一的 *Firmicutes* 为主导。发酵过程相对丰度前10的细菌属为 *Lactobacillus*、*Bacillus*、*Weissella*、*Acetobacter*、*Gluconobacter*、*Pediococcus*、*Kroppenstedtia*、*Staphylococcus*、

Enterobacter、*Scopulibacillus*，再随着发酵的进行，逐渐演替为单一的 *Lactobacillus* 为主导。通过分析酒醅样品（发酵 0d）、酒曲、环境样品（不添加大曲堆积酒醅）的细菌群落结构，结果表明酒醅中的细菌属 31.67%来自环境，50%来自酒曲，23.33%由酒曲及环境共同提供，5%的细菌属只由环境提供。此外，优势细菌属中 *Gluconobacter* 仅来自环境。本研究系统解析了清酱香型白酒窖池发酵过程细菌群落结构，初步分析了堆积发酵过程酒醅中细菌来源，有助于完善白酒发酵微生态的研究。

第二节　分析技术的发展

我国白酒分析技术是从 20 世纪 60 年代起步的，进入 21 世纪以后得到迅速发展，特别是风味导向技术的应用。这部分内容见第八章第二节。

第三节　酿酒工艺传承与创新

中国白酒酿造是一个复杂的系统工程，涉及方方面面，主客观因素很多，名优酒的占比较低一直困扰着各大酒厂的领导层。提高名优酒的比率，是酿酒界一直努力的方向。百年老窖的剖析就是传统工艺的创新。其他香型酒从中可以借鉴、发挥、应用，共同为我国传统白酒的传承与创新而努力。

一、　窖泥技术及窖池价值评估

（一）　百年老窖的研究剖析

浓香型大曲酒传统采用泥窖发酵，“老窖出好酒”已是人所共知，“百年老窖”之奥秘为酒界神往，无数酒师、专家、学者为揭开其神秘的面纱，进行了不懈的努力。

1962 年茅台试点试验证明，窖底的主体香气为己酸乙酯，同时它又是浓香型酒的主体香气。随后着手从窖泥中分离己酸菌。尽管通过各种手段，但梭状芽孢杆菌仍与甲烷菌共栖在一起，并对该菌做了生理试验，这为科学研究老窖拉开序幕。

20 世纪 60 年代以后，原中科院西南生物所、四川食品所、四川大学、山东大学、天津轻院、无锡轻院、内蒙古轻工业研究所、广西轻工所、黑龙江轻工所、廊坊轻工所以及泸州、五粮液、剑南春、全兴、洋河、双沟、古井等酒厂先后对浓香型酒酿造中窖泥、窖内外微生物分布做了不同深度的研究，都取得了可喜的成果。

1965 年全国名酒协作会议在原泸州酒厂召开，河北邯郸酒厂介绍了人工培窖的经验。同期原四川食品所、中科院西南生物所与泸州曲酒厂、五粮液酒厂等合作，在邯郸酒厂、濉溪酒厂的经验基础上，进一步剖析了泸酒新、老窖泥的主要成分（表 13-4），通过合理配料、补足营养成分并采用老窖泥培养液混种发酵，提高了窖泥中丁酸菌、己酸菌含量，同时进行了在发酵中途用老窖泥培养液灌窖等试验，成功地进行了“特曲窖搬家”，新建窖池连续三排可产头曲酒。1967 年在五粮液酒厂南岸车间的改窖试验，也取得了同样的效果，“培养较好的窖池，三四年后已接近百年老窖的水平”。

表 13-4　泸酒不同泥土的化学成分

样名	水分/%	pH	氨态氮/（mg/100g）	腐殖质/（g/100g）	有效磷/（mg/100g）
屋基泥	33.19	4.54	11.80	1.84	0.11
田间泥	23.10	4.60	6.78	2.50	0.02
田边泥	41.77	6.60	8.59	1.70	65.80
老窖皮	31.80	6.90	29.32	4.04	45.30
老窖泥	38.60	4.80	121.28	14.92	601.10

1. 窖泥微生物的研究

中科院成都生物所与原泸州曲酒厂、五粮液酒厂自 20 世纪 60 年代起对浓香型名酒发酵微生物、发酵机理进行了长期的研究。在老窖的菌群结构与生态分布、泸型酒生香功能菌的发酵、老窖的已酸菌与甲烷菌的相互关系等方面进行研究，取得了宝贵的资料，发现老窖和新窖中的细菌数量和类群有显著差异，老窖泥的细菌总数超过新窖泥的 2 倍多，而且主要表现在嫌气细菌方面。在同一窖中，嫌气菌数量多于好气菌，不同窖龄的三种窖均为同一趋势，因此，泸州老窖是嫌气细菌，特别是嫌气芽孢杆菌的主要栖息地，这是泸州老窖窖泥中独特的微生物学特征。在窖泥微生物研究中着重对生香功能菌进行发掘，分离出已酸菌、甲烷菌、甲烷氧化菌、生丝微菌和铜绿假单胞菌，并将窖泥功能菌应用于生产，取得明显的效果。

不同窖龄窖泥中的细菌分类计数见表 13-5。

表 13-5　不同窖龄窖泥中的细菌分类计数　　单位：万个/g 干土

细菌数	细菌总数	好气细菌数	嫌气细菌数	嫌气菌/好气菌*	芽孢细菌总数	好气芽孢菌数	嫌气芽孢菌数	嫌气芽孢菌/好气芽孢菌*
老窖	103.6	17.3	86.3	5.0	46.1	9.9	36.2	3.6
中龄窖	39.3	11.0	28.3	2.6	21.6	5.2	16.4	3.1
新窖	33.7	12.1	21.6	1.8	20.5	6.5	14.0	2.2
老窖/新窖*	3.1	1.4	4.0		2.3	1.5	2.6	

注：* 比值无单位。

不同窖龄窖泥厌氧细菌数量垂直分布见表 13-6。

表 13-6　不同窖龄窖泥厌氧细菌数量垂直分布　　单位：个/g 干土

菌类	窖类	窖泥土壤层次与厌氧细菌数量				
		0~4cm	4~8cm	8~12cm	12~16cm	16~20cm
已酸菌	新	3.93×10^3	5.3×10^3	3.7×10^2	6.0×10	0
	中	7.3×10^5	4.6×10^5	8.6×10^4	3.8×10^2	—
	老	8.1×10^7	3.6×10^7	7.8×10^7	3.3×10^7	8.5×10^6

续表

菌类	窖类	窖泥土壤层次与厌氧细菌数量				
		0~4cm	4~8cm	8~12cm	12~16cm	16~20cm
丁酸菌	新	2.2×10^4	1.4×10^4	8.2×10^5	3.7×10^4	1.4×10^3
	中	1.2×10^4	2.5×10^4	3.6×10^4	8.3×10^4	—
	老	6.7×10^4	5.8×10^4	8.3×10^5	7.4×10^5	2.3×10^4
乳酸菌	新	6.0×10^5	8.7×10^5	6.8×10^5	5.2×10^4	6.0×10^3
	中	4.8×10^5	6.4×10^6	5.2×10^5	1.8×10^5	—
	老	3.6×10^6	6.2×10^5	6.1×10^5	2.3×10^6	7.4×10^6
甲烷菌	新	0.2×10	1.2×10	0.1×10	0	0
	中	2.2×10	9.4×10	0.9×10	0.6×10	—
	老	3.3×10^4	5.8×10^4	2.9×10^4	3.6×10^4	2.6×10^3
硫酸盐还原菌	新	7.0×10^4	9.2×10^4	7.6×10^3	2.1×10	0.9×10
	中	1.1×10^3	3.7×10^3	8.4×10^3	1.6×10^2	—
	老	1.8×10^5	2.7×10^6	7.7×10^5	8.4×10^5	2.8×10^4
硝酸盐还原菌	新	3.2×10^2	5.3×10^3	1.2×10	0.3×10	0
	中	5.8×10^3	7.2×10^3	2.7×10^2	3.9×10	—
	老	2.8×10^5	2.2×10^5	1.0×10^4	6.1×10^5	9.3×10^4

五粮液不同窖龄老窖厌氧菌群分布特征见表 13-7。

表 13-7　　五粮液不同窖龄老窖厌氧菌群分布特征　　单位：个/g 干土

窖龄	层次	厌氧异养菌	甲烷菌	己酸菌	乳酸菌	硫酸盐还原菌	硝酸盐还原菌
100 年	上层	2.76×10^4	3.40×10^2	4.00×10^2	—	8.10×10^5	9.30×10^2
	中层	1.33×10^4	1.60×10^3	1.90×10^3	2.10×10^5	8.90×10^5	6.10×10
	下层	7.57×10^4	3.80×10^3	1.90×10^3	（混样）	2.00×10^4	5.20×10
200 年	上层	1.10×10^4	0.00×10	0.00×10	1.24×10^4	9.30×10^2	2.10×10^2
	中层	1.70×10^6	6.19×10^2	4.50×10^3	6.00×10^6	4.40×10^2	6.20×10^3
	下层	6.19×10^6	—	6.50×10^4	1.30×10^5	3.90×10^4	3.80×10^3
300 年	上层	1.38×10^5	0.00×10	6.41×10^2	2.00×10^8	2.00×10^5	8.60×10
	中层	3.62×10^5	1.30×10^2	7.24×10^2	8.90×10^7	8.00×10^4	8.60×10^3
	下层	3.97×10^5	2.50×10^6	7.94×10^4	1.40×10^7	3.40×10^4	3.30×10^3
400 年	上层	4.48×10^4	1.30×10	1.20×10^2	8.70×10^5	7.90×10^6	7.20×10^3
	中层	8.59×10^5	8.35×10^3	1.88×10^4	2.00×10^4	1.90×10^6	7.60×10^4
	下层	4.88×10^5	1.71×10^4	8.10×10^4	3.00×10	2.30×10^5	9.00×10^4
600 年	上层	3.67×10^3	0.30×10	1.30×10	5.13×10^5	2.30×10^3	1.80×10^6
	中层	1.14×10	2.03×10^3	4.50×10^2	1.02×10^5	3.18×10^5	1.00×10^7
	下层	2.64×10^5	5.74×10^4	9.88×10^5	3.17×10^9	5.80×10^5	1.20×10^5
2 年（新窖）	上层	4.40×10^3	0.00×10	6.20×10	2.00×10^8	6.50×10^5	2.01×10^4
	中层	3.90×10^3	0.00×10	1.10×10^2	1.10×10^5	1.44×10^3	7.50×10^2
	下层	4.38×10^3	0.00×10	2.00×10^3	1.30×10^7	1.20×10^3	1.49×10^3

己酸菌、甲烷菌是老窖的指示菌，又是佳酿浓香型酒的重要功能菌，它们的共栖生长是老窖的标志，表 13-8 所示为五粮液酒厂窖泥的检测数据。

表 13-8　　五粮液酒厂老窖窖泥中己酸菌与甲烷菌数量分布特征　　单位：个/g 干土

功能菌		己酸菌	甲烷菌
新窖	2 年	5.12×10^2	0.00×10
老窖	100 年	1.20×10^4	6.67×10^2
	300 年	2.32×10^4	2.22×10^2
	400 年	3.33×10^4	6.49×10^3
	600 年	3.29×10^5	1.98×10^4

可见，老窖泥中的己酸菌与甲烷菌数量均明显多于新窖，新窖的窖泥中未测出甲烷菌，己酸菌数量相对比较少，在老窖中随着窖龄增长，己酸菌增加，甲烷菌也随着增加。

己酸菌与甲烷菌共栖于老窖中，其甲烷发酵与己酸发酵的耦联则有助于己酸发酵进程，增进产酸。由于甲烷发酵存在“种间氢转移”关系，甲烷发酵与己酸发酵产生二元共酵效应（表 13-9）。

表 13-9　　甲烷发酵与己酸发酵二元共酵效应

发酵方式	己酸产量/（mg/kg）
甲烷发酵	—
己酸发酵	3084
二元发酵	9804

窖内甲烷发酵的存在有助于提高己酸含量，同时，甲烷对己酸合成也有直接效应。实验表明，在己酸发酵过程中通入 CH_4，明显地提高了己酸含量。如菌株 LC-4，己酸发酵中未通入 CH_4，只产己酸 650mg/kg，通入 CH_4后却可产己酸 4000mg/kg。

甲烷菌与己酸菌共酵培养“人工老窖”，产酒质量明显提高（表 13-10）。此项技术已在河南杜康、社旗、封丘，新疆伊宁推广应用，效果依然。

表 13-10　　甲烷菌与己酸菌共酵培养窖泥效果　　单位：mg/100mL

四大酯	仅移植己酸菌		移植己酸菌与甲烷菌	
	前排酒	后排酒	前排酒	后排酒
己酸乙酯	169.45	183.47	179.33	232.13
乳酸乙酯	188.54	201.54	175.68	158.86
乙酸乙酯	127.34	164.74	163.90	173.44
丁酸乙酯	21.83	20.60	18.33	24.44

20 世纪 70 年代内蒙古轻工业研究所曾搜集了国内一些名、优白酒厂的窖泥，从中分离出己酸菌（内蒙 30#）进行了发酵对比试验，并对其培养条件做了深入研究，应用于液

态法白酒生产及浓香型白酒生产都取得了较好的效果。辽宁大学生物系分离的梭状芽孢杆菌（己酸菌）应用于生产，许多厂深得裨益。1979 年从沈阳老龙口酒厂筛选出己酸菌 L-Ⅱ号菌种，产己酸稳定在 120~150mg/100mL，使酒质提高。

在窖泥功能菌与产酯菌共酵生产应用方面也有新的发现。1986 年四川省食品发酵工业研究设计院（下简称四川省食研院）与泸州曲酒厂合作，通过半年连续三排试验，试验窖与对照窖比较，酒质提高 1~2 个等级。

新窖与百年老窖酒质对比见表 13-11。

表 13-11　　新窖与百年老窖酒质对比　　单位：mg/100mL

窖号	窖龄/年	发酵周期/d	基础酒主要成分						
			总酸/%	总酯/%	己酯	乙酯	乳酯	丁酯	乳酯/己酯
QH-31	2	60	0.1028	0.4080	262.49	165.35	160.42	34.99	1∶1.6
QH-34	2	60	0.0708	0.3701	272.60	138.64	112.89	47.34	1∶2.41
1-1-14	122	60	0.0770	0.3244	94.20	154.50	185.10	10.40	1∶0.51
1-1-15	122	80	0.0886	0.4012	182.0	169.70	226.0	23.30	1∶0.80

可见，采用窖泥功能菌和产酯菌共酵，并与人工老窖及配套措施巧妙结合，是提高浓香型曲酒质量和名优酒比率的有效措施。该院分离出窖泥功能菌 1.262 和 1.064 及产酯菌 2.206、2.180 等，产酸量为 1100mg/100mL，产酯量为 400~500mg/100mL。

山东大学生物系也做过大量的窖泥微生物研究工作，取得了很好的成绩。河南宋河酒厂对发酵罐液体窖泥的生产与应用研究，是用优质老窖泥为菌种来源，经富集培养和 F-1500L 反应罐定向培养，得到较纯的复合菌种培养液用于人工老窖泥生产或直接喷窖，使酒中己酸乙酯含量分别增加 30%和 26%，且酒中四大酯比例协调。

2021 年许育民等从河南省 5 家浓香型白酒酒企窖泥中分离厌氧菌株并研究其挥发性代谢产物。结果表明，分离出的 138 株菌的最高相似菌分别隶属于梭菌纲和芽孢杆菌纲中的 8 个属共 30 个种，包括 15 种梭菌纲细菌和 15 种芽孢杆菌纲细菌，涉及苯溶副梭菌、彼得罗里氏杆菌等鲜有报道的窖泥源可培养细菌；30 种代表性菌株发酵液中的挥发性代谢产物主要为酸类和醇类化合物，包括己酸、丁酸、丁醇等浓香型白酒的重要呈香物质及前体；梭菌纲菌株酪丁酸梭菌、生孢梭菌、丁酸梭菌、肉毒梭菌、彼得罗里氏杆菌、苯溶副梭菌、谲诈梭菌及芽孢杆菌纲菌株地衣芽孢杆菌、面状类芽孢杆菌、富马里奥利芽孢杆菌、人葡萄球菌、海内氏芽孢杆菌与 41 种挥发性代谢产物呈正相关，其可能对浓香型白酒的风味形成贡献较大。

2021 年张明珠等为揭示各项理化特性对窖泥细菌群落结构的影响，分析不同年份窖泥的理化因子差异及与其原核微生物群落的相关性。结果表明：（安徽文王酒厂）20 年窖池池壁和池底窖泥中的水分、pH、铵态氮及有效磷和速效钾的含量均显著高于 2 年窖泥，但其钙含量却显著低于 2 年窖泥。30 年池壁和池底窖泥与 2 年相比，除水分含量和腐殖质外，其他指标均存在显著差异。理化因子与菌群的相关性分析发现，水分含量、pH 和铵态氮对菌群的影响最为显著，与 *Lactobacillus* 呈极显著负相关（$P<0.01$），与氨基杆菌属（*Aminobacterium*）、互营单胞菌属（*Syntrophomonas*）和沉积菌属（*Sedimentibacter*）等

6 个菌属呈显著正相关（$P<0.05$）。新窖泥中不同的微生物菌群在长期往复的发酵过程中相互作用，优势菌属逐步占据主导地位并达到动态平衡，形成优质窖泥。

2021 年孟雅静等分析了安徽古井酒业公司新、老窖池分层池底窖泥总氢相对含量、优势菌属与乳酸含量之间的关系，发现新、老窖池分层池底窖泥中总氢相对含量均随窖泥深度和 pH 的增加而降低，且老窖泥的递降幅度更大。新、老窖泥总氢相对含量随乳酸的减少而减少，老窖泥的减少幅度更大。老窖泥中优势菌属拷贝数普遍高于新窖泥。新、老窖泥中乳酸含量与优势菌属总拷贝数相关性差异明显（-0.6652 和 0.0256），新窖泥中两者呈较强负相关。新窖泥中有 15 个优势菌属与其乳酸含量呈较强负相关（<-0.5）；老窖泥中大多数优势菌属与乳酸的相关系数值较小且正负参半，只有 2 个优势菌属［产己酸菌属（*Caproiciproducens*）和氢孢菌属（*Hydrogenispora*）］与乳酸含量呈较强相关性。推测新、老窖泥优势菌属的代谢重点存在差异，新窖泥中优势菌属（15 个）主要参与降解乳酸。本研究证实窖泥中乳酸含量的减少与窖泥菌群总氢代谢有关，窖泥菌群的总氢代谢有利于提高窖泥的 pH，进而提高窖泥质量。

综合相关研究，己酸菌是能够以乙醇、乳酸、葡萄糖、D-半乳糖醇等为碳源，发酵积累己酸的一类微生物的总称。目前已报道的己酸菌主要为来自梭菌纲梭菌属、梭菌纲瘤胃菌科及革兰阴性菌巨球型菌属细菌。己酸菌在环境系统中分布广泛，浓香型白酒生态系统、厌氧消化污泥、牛羊瘤胃和淤泥等中均有己酸菌存在。目前已经分离出多种己酸菌，并获得了国际分类新属的认可，由江南大学新定义的己小杆菌属经国际原核生物系统学委员会审核通过。这是白酒酿造窖泥己酸菌生态学研究方面取得的重大突破。

2. 人工培窖配方的研究

随着百年老窖成分的揭秘和窖泥微生物研究的不断深入，人工培窖的配方全国各地进行了广泛的研究，百花齐放，各有高招。

（1）培窖原料的选择　培养窖泥的原料要根据人工培窖的理论，结合各种原辅料的成分，尽量选用酿酒生产的下脚料，减少不必要的物质，以较小的投入成本换取较大效益的产出，以最佳配合缩短培泥老熟时间。主要材料有黏性黄泥、窖皮泥、老窖泥、黄浆水、大曲粉、活性淤泥、水果发酵物、肠衣发酵液、泥炭、酒糟、复合肥等。有些单位添加肉汤、骨粉甚至大粪等，于酒质极其不利，带来异臭、异味。培窖材料应选择富含腐殖质、磷、适量的氮、钾、生长因子等营养成分的材料。总的原则是根据窖泥微生物生长发育所需进行配伍。

（2）人工窖泥的配方　根据对各种窖泥的分析，确定以老窖泥的含量为基础，选择老窖皮、田边泥、泥炭等，按成分的差异，将微生物生长所需的磷和氮等补足。下面介绍几个全国各地效果较好的配方：

① 50%老窖皮、25%老窖泥、25%新泥混合培养。

② 70%新泥与 30%老窖皮，接入老窖泥培养液混合发酵。

③ 90%黄黏泥、10%窖皮泥，加入丢糟粉、黄水、复合肥、曲粉、酒尾、老窖泥培养液等。

④ 黄泥中加入腐殖质、曲粉、熟黄水、窖泥混合菌培养液、尾酒等。

⑤ 黄黏土 90%、窖皮泥 10%，加入氮、磷、钾及黄水、丢糟、曲粉、尾酒、窖泥富

集培养液及己酸菌、甲烷菌液等混合培养。

⑥ 黄泥、肥田泥、腐殖质（泥炭），加入氮、磷、钾及黄水、酯化液、曲粉、母糟、酒头、酒尾及窖泥混合菌培养液等混合培养。

各地应因地制宜并结合生产实践进行选择。

3. 窖泥成分和窖泥老化的研究

20 世纪 80 年代，中科院成都生物所对窖泥中的氨基酸、无机物及微量元素和白色团块及白色结晶物等进行了系统的研究。

（1）窖泥中的氨基酸含量与酒质的关系　利用日立 835-50 型氨基酸分析仪和日本岛津 GC-5AG 气相色谱仪对浓香型大曲酒的酒质和窖泥中的氨基酸成分进行了分析，得出了百年老窖和使用仅数年的人工老窖泥中各种氨基酸含量。一般氨基酸含量在 2%～10%范围内，比土壤中氨基酸含量高数倍至数十倍。同一配方的人工培养窖泥与百年老窖一样，其氨基酸含量随上、中、下层的次序增加，酒中总酯和己酸乙酯含量亦随上、中、下层顺序而增加，说明窖泥中氨基酸的含量与曲酒的质量有关。

（2）窖泥中无机及微量元素对酒质的影响　通过物理化学方法对不同类型不同层次窖泥中无机元素进行了分析。首先找出基本上没有变化的元素有硅、镍、钴、铬、镓、铜、矾、铅、镉等，可视为非主要影响元素；而铁、铝、钙、镁、锰、铜、锌、钛、硼、磷等元素差异较大，初步认为是对曲酒质量有影响的元素。研究表明，百年老窖比一般曲酒窖和人工老窖高的元素有锌、锰、钙、镁、钼、钛等。通过对有效磷的检测，发现人工窖泥和一般曲酒窖中有效磷含量比百年老窖高 2.7～9.8 倍，这点值得重视。磷虽是微生物生长代谢必需的元素，但过低或过高均不适宜，并影响着曲酒的质量。研究中还发现硼和氨态氮在不同类型的窖泥中变化较大，在人工培窖时亦值得注意。

（3）窖泥中白色团块和白色晶体　通过显微照相观察、X-射线能谱仪、红外分光光度计和 HPLC 分析，认为浓香型曲酒窖中白色团块为乳酸亚钙，钙占无机元素的 86.6%，乳酸占总有机酸的 65.6%。白色晶体为乳酸亚铁，铁占晶体中无机元素总量的 64.3%～83.1%，乳酸占总有机酸的 75.11%。天然白色团块中乳酸钙含量为 73.4%，天然白色晶体中乳酸亚铁含量为 67.6%。否定了过去认为白色结晶物是乳酸钙和乳酸亚铁，证明了白色团块和白色晶体不是同一类化合物。

在研究窖泥成分对浓香型大曲酒质量影响过程中，对白色团块和白色晶体进行了系统深入研究，特别是进行了白色团块和白色晶体对己酸菌和窖泥混合菌产酸影响的试验，认为这两种物质会使己酸菌和窖泥混合菌所产生的总有机酸、乙酸、丙酸、丁酸、己酸下降，并会使己酸和丁酸比例明显失调。

乳酸亚铁、乳酸钙对己酸菌繁殖与代谢影响见表 13-12。

表 13-12　　乳酸亚铁、乳酸钙对己酸菌繁殖与代谢影响

添加量/%	己酸生成量/（mg/100mL）		活菌数/（$\times10^7$个/g）	
	加乳酸亚铁	加乳酸钙	加乳酸亚铁	加乳酸钙
0	278.0	250.8	19.7	19.7

续表

添加量/%	己酸生成量/（mg/100mL）		活菌数/（$\times10^7$个/g）	
	加乳酸亚铁	加乳酸钙	加乳酸亚铁	加乳酸钙
0.025	327.4	273.6	15.5	13
0.05	306.6	252.9	14	12.7
0.1	257.6	221.9	8.25	12
0.5	247.1	173.6	10	1.0
1.0	241.2	149.1	9.5	9.3

（二） 优质窖泥培养实例

我国著名酿酒专家、已故川酒泰斗陈茂椿在泸州试点时就指出："窖泥是基础、曲药是动力、操作是关键。"这是对浓香型大曲酒生产的精辟论述。20世纪80年代笔者跟随陈先生先后在泸州、宜宾、全兴、沱牌等"六朵金花"及仙潭等名优酒厂开展"提高泸州曲酒厂名优酒比率的研究""仙潭大曲争优创名、提高质量的研究"等多项科研课题，聆听先生的教诲和指点，受益匪浅，深刻体会到上述"15字"的内涵。

窖泥是生产浓香型曲酒的基础，优质窖泥是通过长年不断、周而复始的曲酒生产而自然老熟的（酿酒有益微生物的自然驯化），但这一过程往往要经过漫长的几十年，甚至更长时间。"人工老窖、新窖老熟"成为众多厂家研究的课题，不同程度地缩短了窖泥老熟的时间，对提高浓香型曲酒的质量做出了重要贡献。20世纪90年代初四川省食研院曾举办多期全国性的"人工老窖"技术培训班，并在20余个省、市、自治区数百家酒厂推广应用这一技术，笔者也亲自在新疆、山东、江西等地开展应用研究，现结合相关资料及应用实践总结如下，供参考。

培养优质人工窖泥成功的关键主要取决于"种子"（窖泥微生物）是否优良、培养方法是否恰当、配方是否合理等方面。利用对原材料的分析结果来指导窖泥原料的配比，使其各项指标合理；pH、氨态氮、腐殖质、有效磷等的含量适合，采用适宜的培养温度和密封条件培养并加强管理。

1. 人工窖泥培养原理

利用现代的微生物培养手段将对酿造浓香型白酒有益的微生物菌群进行扩大培养，使之在较短时间达到自然条件下长期驯化的数量和效果。

2. 人工窖泥培养的关键点

培养优质人工窖泥成功的关键主要取决于以下三方面。

（1）"种子"是否优良　从多年实践经验来看，"种子"（以己酸菌为主，另有较多甲烷菌、丁酸菌等的混合微生物体系）质量的优劣，是人工窖泥培养成功与否的关键。老窖泥是天然的优良种子，从老窖泥中分离出的己酸菌也是十分优秀的种子。但大生产中优质老窖泥（特别是窖底泥）的数量是极其有限的，在实际培养中多采用复合己酸菌菌种和老窖泥搭配使用的办法。

我们曾发现一些酒厂存在以下问题：

① 微生物来源不足或不正导致培养不成功：人工培窖的目的是大量繁殖老窖泥中的有益功能菌，那么自然就需要接种老窖泥微生物，但有的厂以为窖泥培养得越臭越好，于是在黄泥中加入大量污泥，如臭水沟泥、屠宰场排污泥、饲养场污泥甚至厕所粪便泥，这类来自污泥的微生物大多与酿酒无关，却带来致病菌。这样培养的窖泥必然带有严重的恶臭，产的酒往往质量低劣，带苦味、怪味、邪杂味。

② 微生物种类单一也不行：有些厂家采取单一培养己酸菌。用纯己酸菌液涂抹窖壁，或入窖时添加到粮糟中，或窖内主发酵结束后灌入窖内等办法来提高酒质。这种方法使菌种单一，缺少老窖泥中丰富的窖泥功能菌，以致酒质单调。

（2）配方是否合理　培养人工窖泥的配方，要看所使用的材料是否能满足酿造浓香型白酒的微生物所需要的营养，这是培养窖泥微生物的关键。我国疆土辽阔，东西南北土质相差很大，所以培养人工窖泥的配方不是一成不变的，要对所使用的材料进行分析检测后，合理调整。分析检测的主要指标：水分、pH、有效磷、氨态氮、腐殖质等。

（3）培养方法是否恰当　好的培养方法是窖泥微生物旺盛生长的保障。培养人工窖泥的最佳季节是在夏季，气温高，便于窖泥微生物的生长繁殖，在其他季节培养人工窖泥则要求具备保温措施，造成能源浪费。窖泥微生物主要是一些微好氧微生物，可以采取堆积密封培养法、窖底培养法等。

大规模培养人工窖泥，容易出现拌料不均匀、种子质量下降、短时间需要大量原材料及人力等缺点，所以也有企业专门成立一个窖泥培养小组，常年不断地小规模、精细培养，效果不错。

3. 复合己酸菌（种子）的培养

（1）己酸菌菌种来源　国内多家科研单位、菌种保藏中心均有己酸菌菌种出售，也有专门生产己酸菌培养液的，如四川省食研院提供的复合己酸菌二级液体种子。

（2）己酸菌的扩大培养　相关书籍中均有介绍，现仅采用复合己酸菌举一例。

复合己酸菌二级液体种子 10%~15%，本厂窖底泥 5%，优质酒糟浸液 50%~55%，优质大曲粉 5%，优质黄水 20%，酒头、酒尾共约 5%，酵母膏 0.05%，其他各类营养盐 0~3%，食用酒精 1.5%。pH5~6，32~34℃，密封培养 7~10d。使用 250kg、500kg、1000kg 陶坛等逐级扩大。

（3）注意事项　尽量使用本厂的原辅材料，如酒糟、黄水、曲药等。这既降低成本，又有利于适应大生产环境。

酒糟浸液的制作：取优质底层母糟，用底锅水按一定比例充分浸提，初滤、备用。酒糟浸液不能隔夜。

本厂窖底泥须用 80℃以上热水进行热处理，时间 10min 或 100℃热处理 3min，灭掉非芽孢菌，驯化出培养窖泥所需的芽孢杆菌。

加入营养盐和酒曲时，液体温度须冷却到 50℃以下，并留出少许酒精最后封液面，以防杂菌感染。注意调节培养基的 pH，控制不当容易造成己酸菌培养液发黑，并有臭鸡蛋气味。

每一级扩大培养，接种量按 10%~15%。接种的种子要求镜检，必须使芽孢杆菌达到一定的数量，且数量上占绝对优势。培养期间做好保温工作，定期观察并做详细记录。

4. 人工窖泥的培养实例

（1）窖泥配方及原料要求（以 $100m^3$ 计），须分析出水分、pH、有效磷、氨态氮、腐殖质等指标。

① 黄泥土：约 $70m^3$。泥土是己酸菌、甲烷菌等微生物栖息场所，所以要对窖泥的基础物质——黄泥做精心挑选。一般土壤中腐殖质含量仅有 1.0%~2.0%，菜地、果园中含量稍高一些，黄黏土约在 0.5%以下，窖泥的腐殖质一般要求在 5%~15%，且窖龄越长腐殖质含量越高；土壤中有效磷多为植酸状态下的有机磷，是细菌与真菌分泌的分解酶作用后生成的，一般土壤中有效磷含量低，仅有 3~7mg/100g（干土），而老窖泥中有效磷含量在 2000mg/100g（干土）以上。有条件的还可加部分藕塘泥、鱼塘泥（含腐殖质较高）。

黄泥土应选择黏性较强的大田土，避免使用沙质重的土壤。泥土沙性过大，会妨碍土壤的含水量。若水分稍重，容易造成窖泥滑坡甚至塌窖；水分过少，又使窖泥微生物生长代谢受阻。

② 泥炭：约 $20m^3$。泥炭含有丰富的腐殖质，含量一般在 30%以上，可分为草原泥炭和高山泥炭两种。培养窖泥最好使用草原泥炭。国内有多家生产泥炭的厂家，根据泥炭的质量选择使用干的泥炭较好。

③ 窖皮泥：$5m^3$。窖皮泥由于长期与母糟、窖泥接触，含有大量的己酸菌、丁酸菌、甲烷菌，也可起到接种的作用。

④ 丢糟粉：$2m^3$。为窖泥提供营养和疏松介质。

⑤ 大曲粉：$3m^3$。曲药内含酵母菌、霉菌、细菌，提供了酿酒所需要的多种微生物混合体系。曲药配入优质泥中，其作用还在于给土壤的细菌提供生长繁殖的营养物质，并增加窖泥香味。

⑥ 生物酯化液：3%~5%（另制作）。提供营养物质，增加窖泥香味。

⑦ 复合己酸菌培养液：15%。提供大量的窖泥有益微生物；使窖泥有益微生物在所培养土壤中占绝对多数。

⑧ 优级黄水、酒头、酒尾适量。提供营养，调节土壤干湿程度。黄水中含有大量功能菌，含有丰富的酵母自溶液及 N、P、K 和其他未知促进因子，能有效地促进己酸菌的繁殖。

⑨ N、P、K 复合肥等适量（根据土壤分析结果而定用量）。提供窖泥微生物生长所必需的营养物质。

（2）前期准备工作　黄泥土、窖皮泥须晒干打细，无大疙瘩、无霉变；丢糟晒干、粉细，无霉变；黄水要新鲜，无生水。

（3）窖泥的踩制　将培制窖泥的主要原料分薄层铺放在和泥的场地上，同时加上复合己酸菌培养液、生物酯化液、营养盐等，材料要求拌和均匀。踩柔熟后收堆（可人工踩制、机械和泥），需密封严实，培养。若外界气温低，可将踩柔熟的窖泥堆积在室内或窖底，并做好保温措施。在夏季一般培养一个半月左右，窖泥即成熟，可投入使用。

（4）注意事项

① 窖泥在堆积培养期间，保持所培养的窖泥处于密封环境，做到经常检查，因塑料薄膜日晒雨淋后容易老化。培养时，如密封不严，容易发生感染现象，长水毛、青霉，

甚至出现小昆虫，这对窖泥的培养有极大的危害。

② 北方地区由于昼夜温差大、气候干燥，水分容易散失，在拌和及堆积培养时应在场地上铺设一层塑料布（注意使用不含塑化剂的），以免水分蒸发，使用黑色塑料布密封，以利于吸热。

③ 拌和窖泥时杜绝加生水，以免带入大量杂菌。所加入水分除复合培养液、生物酯化液、黄水、酒头、酒尾外，若需加水分，一般采用底锅水补充。

④ 所加营养盐准确计量，事先应充分溶解后随酒头、酒尾、黄水、底锅水等一并加入。

5. 搭窖

（1）新建窖池，最好用黏土按一定倾斜度夯筑窖壁，用竹钉按梅花瓣状嵌入，竹钉间距约 30cm，并用麻绳在竹钉间做成网，以加强窖泥对窖壁的附着力；窖底要求能保水，而且要求地下水不能浸入，可根据具体情况对窖底进行防水处理（如我们在新疆一酒厂新建时，专门在酿酒车间做了 20cm 左右的隔水层）；若原有窖池空置时间较长，须将原有窖泥清除，并将窖池打扫干净。

（2）若使用砖窖，一般窖壁较干，所以在搭窖前一天用开水烫淋一次，起到杀菌和吸水的作用，搭窖时再用 5%左右的乙醇将窖壁喷湿。一般搭窖后就可投入生产。从产酒的质量来看，砖窖的效果不及泥窖好。

（3）搭窖　糟醅入窖前，即进行搭窖（将培养好的窖泥按要求抹到窖壁上）。窖底窖泥厚度应在 20cm 以上，窖壁能抹多厚就抹多厚，一般 10cm 左右。抹窖壁时，也可以在窖泥中加入少许麦秆，起加固作用。搭窖完毕，需用少许曲粉均匀撒在窖泥上，粮糟可以入窖发酵了。搭窖后，应立即投入使用，避免长期暴露在空气中，表面干涸，窖泥功能菌会受到影响。每次母糟起窖，注意不要挖到窖泥。母糟出池后应对窖泥进行保养，用复合己酸菌培养液、黄水、营养盐、曲粉（按比例）、低度酒进行喷（淋）窖，效果良好。

6. 效果

成功的“人工窖泥”，由于明显提高了曲酒中己酸乙酯含量，大幅度提高了窖泥中有益酿酒微生物数量，因而大大提高了大曲酒的质量，衡量浓香型大曲酒的质量优劣的重要指标——己酸乙酯和总酯含量明显提高。利用对原材料的分析结果来指导窖泥原料的配比，使其各项指标合理。酸度、氨态氮、腐殖质、有效磷等的含量适合。加之配合适宜的培养温度和密封条件，能使酿酒有益微生物大量生长繁殖，窖泥中相关微生物的数量众多，窖内酯化反应加强，自然会提高所产曲酒的己酸乙酯的含量。

培养成熟的人工窖泥应通过检验，并应有相应的验收指标，目前尚无统一标准。下面介绍一四川名酒厂的评定标准，供酒厂参考。由两部分组成：一是感官鉴定；二是理化、微生物检测。

窖泥理化、微生物指标评定见表 13-13。

表 13-13　窖泥理化、微生物指标评定表

项目	水分/%	氨态氮/（mg/100g 干土）	腐殖质/%	有效磷/（mg/100g 干土）	细菌总数/（亿个/g）	芽孢杆菌数/（万个/g）
范围	38~42	110~250	11~18	150~300	≥2.0	≥35

窖泥感官质量评定见表 13-14。

表 13-14　窖泥感官质量评定表

项目	等级	标准要求
色泽	一	灰褐色或褐色，无投入原料本色
	二	黄褐色，无投入原料本色
	三	黄色或主体泥色，无其他原料本色
气味	一	香气纯正，有浓郁的老窖泥气味，略有酯香、酒香，香味持久，无其他异杂味
	二	香气正，有老窖泥气味和酯香、酒香，香味较持久，无其他异杂味
	三	香气较正，无其他异杂味如酸败味、霉味、生味、腐烂味、腥臭味等
手感	一	柔熟细腻，无刺手感，断面泡气，质地泡气，均匀无杂质，明显有黏稠滋润感
	二	较柔熟细腻，有刺手感，断面泡气，质地泡气，均匀无杂质，有一定黏稠感
	三	柔熟感一般，刺手感明显，断面较死板，均匀，有少许杂质，微带黏稠感

我们发现，有些酒厂由于配方不合理，操作不当，缺乏必要的检验和标准，培养的窖泥在窖内发酵数年甚至 10 多年，仍有异臭，并出现板结老化，酒质难以提高。

（三）窖池管理及日常养护

1. 老化现象

浓香型白酒厂的窖池，及一些人工窖泥经一段时间使用之后，池内窖壁上逐渐起碱、变硬，表面析出白色晶体或细长的针状结晶。此时，酒的质量也随着窖泥起碱、变硬而下降。这就是窖泥老化的表面现象（即板结、退化，如果窖池管理不善，这种现象会加重、提前出现）。老化窖池所产的酒，有时质量好，口味正，但唯独没有窖香，含己酸乙酯极低，不具有浓香型白酒的风格。窖泥老化给酒厂带来很大的经济损失，必须早日采取相应措施。

某名酒厂正常窖泥与老化窖泥比较见表 13-15。

表 13-15　某名酒厂正常窖泥与老化窖泥比较

项目	正常窖泥	老化窖泥
色泽	乌黑，在阳光下呈荧光，五光十色	浅灰黄，有白色盐层
手感	湿润，细软，油滑	干燥，砂粒，板结，坚硬
嗅	浓郁芳香	缺少香味
镜检	杆菌、梭菌多，而且肥壮	杆菌、梭菌少，并瘦弱
产酒质量	总酸 1.894，总酯 5.137，己酸乙酯 1.60	总酸 1.072，总酯 3.721，己酸乙酯 0.55
	芳香浓郁，醇甜甘美，后味悠长	香味淡薄

注：表中理化指标单位为 g/L。

旺盛窖泥与老化窖泥成分分析见表 13-16。

表 13-16 旺盛窖泥与老化窖泥成分分析

泥别		水分/%	pH	氮/(mg/100g 干土)	磷/(mg/kg)	钾/%	腐殖酸/%	己酸菌/($\times10^4$)	放线菌/($\times10^2$)	酵母菌/($\times10^4$)
旺盛窖泥	1	42	6.7	276	1900	0.40	11.25	633	139.5	715
	2	47	6.5	196.2	800	0.96	11.9	7.5	51.5	715
	3	44	6.7	140.7	480	0.59	9.38	965	41.6	600
老化窖泥	1	36	5.1	89.4	150	0.02	5.6	270	7.6	251
	2	26	4.8	46.2	400	0.0025	3.75	245	—	278
	3	31	3.5	61	2000	0.04	1.88	56	7.1	0.53
	4	36	4.1	126	6750	1.6	12	177	7.6	28.13
	5	36	5.6	114.8	5000	0.48	4.6	50	12.4	29.85

由于土质及操作方法不同，北方窖泥老化较南方严重。南方窖泥很少出现老化现象，主要原因在于操作细致，严格控酸，酒醅酸度小，窖泥泥质好，窖池不漏水，能积存黄水。老化物质被溶出而随黄水排出，减少了毒害作用。

窖泥开始培养时，在各种营养成分方面，各厂家差别很大。相比较，优质窖泥较老化窖泥己酸菌数要丰富得多，营养成分也高出许多，当然优质窖泥的产香也好。

2. 造成窖泥老化的一些因素分析

(1) 窖泥培养的配料不合理，营养失调，即营养严重不足或过剩。泥中混入大量钙盐、铁盐，为窖泥加速老化提供了物质基础，与乳酸化合后而起碱，生成白色晶体或团块，致使窖泥板结。若土质砂性过大，则妨碍酒醅加水量，不但影响功能菌的生长繁殖代谢，而且促进窖泥加速老化；如选用红色泥，其泥中含铁较高，或使用劣质污泥也会加速老化；在添加营养物质时，若不经测定与计算，盲目添加污秽物，也是诱使窖泥老化的重要原因。例如有的厂在窖泥中添加大量己酸乙酯，结果蒸馏后酒中己酸乙酯尚不足添加量的一半，不但增加成本，而且还给己酸菌留下毒害，使活菌数大为下降，也给窖泥留下后患。还有些厂盲目地添加大量烂水果、猪肠衣水、动物蛋白等，给窖泥带来恶臭，后味苦涩不正，产的酒己酸乙酯只有 40mg/100mL，而乳酸乙酯和乙酸乙酯却高达几百毫克，没有浓香型曲酒的典型特征。

(2) 窖池修建存在缺陷 建窖时，没有充分了解当地地质情况，如存在渗水而未采用良好的防水措施，渗漏严重，酿酒生产中没有黄水或很少（北方多出现，对于黄水，周恒刚先生有精辟的阐述，见浓香型一节），直接导致窖泥水分不足；或外界水分渗入窖中，底层酒糟长期泡在水中，使有效成分过多流失。两种情况都会致使有益微生物的生长繁殖不利，加速窖泥退化。若建窖用的泥土呈碱性（pH8 以上），且量多，由于发酵母糟是酸性，在窖泥干燥的情况下，酸碱作用转化出一部分盐类物质，也易使窖泥板结。

(3) 工艺操作不合理

① 酒醅酸度过大，为生成乳酸亚铁、乳酸钙提供了条件。长期发酵（双轮底等），使窖内温度下降、酸度上升、营养消耗、酒醅还原性物质增加，给己酸菌繁殖代谢带来极为不利的影响，并加速了窖泥的老化。

② 酒醅入池水分不足。生产中量水温度不足（<80℃），或数量不够，使发酵不正常，黄水减少，没有足够水分滋润窖泥，致使己酸菌难以生长繁殖代谢。

③ 窖池投料不满或长期空着，使窖泥在这期间营养成分消耗殆尽，造成窖泥退化。

④ 出窖时挖窖伤泥。窖泥混入酒醅内，蒸馏时蒸入酒中，造成酒呈泥臭。

⑤ 寒冷地区冬季气温低，冬季无窖帽（或窖帽低），跌窖后，部分窖泥裸露在外，失水过多，使上部窖泥干裂、退化。

窖泥板结后，使生香微生物不能自由进入酒醅，酒醅中的细菌不能自由地返回窖泥，而且酒醅中的营养物质不能进入窖泥，使窖泥中营养成分枯竭、营养比例失调。窖泥不仅是己酸菌等有益微生物的栖息场所，它还担负着保存菌种贮备养料，为己酸菌等提供繁殖条件，窖泥对己酸菌具吸引力，己酸菌对泥土又有一定的亲和力（亲泥性）。窖泥的营养成分失调会严重影响己酸菌、丁酸菌、放线菌等的生长繁殖，引起窖泥最终逐渐退化。为了防止应必须注意以下几点：

a. 在窖泥培养时，配料中应尽量减少铁盐及钙盐物质，以消除老化物质的基础。

b. 有效降低酒醅酸度，以减少不必要的乳酸钙等有害物质的形成。

c. 加强防水措施，加固窖池，使“漏窖”的窖池能保住黄水，充分起到养窖作用，防止窖泥退化。

3. 窖池的日常管理保养

我们都知道，马路要定期养护，汽车要“小保”“大保”，窖池同样也是这个道理，需随时保养。常用方法有：

（1）每天出窖后，应把窖底、窖壁清扫干净，若窖壁上段因封窖条件不好而长有青霉，要彻底清除刷去，用20%左右的酒尾均匀喷洒窖四周及底部，或用黄水代替酒尾，最后均匀撒上适量曲粉。发现“起碱”或板结，应及时铲除，并用新培养的“窖泥”修补，如出现大面积板结起晶，应彻底改窖方能根除隐患。

（2）出窖时不慎碰损了窖壁，或挖取了老窖泥后的空隙，应及时用培养好的窖泥修补完善。并应将落入酒糟中的泥团捡出，否则蒸出的酒会有泥腥味，特别是有的酒厂采用夹泥（夹馅）发酵工艺，更应引起重视。

（3）窖池不应长期空窖，空气干燥的省份地带特别要注意（尤其北方），正常生产中也不应该将窖空置太久，热季应及时用塑料布盖好，尤其采用跑窖操作工艺的酒厂，每次起完一甑都应将窖盖严，以免敞露于空气中太久，一是造成酒精挥发损失，二是感染杂菌。

（4）对于全用黄泥打夯成的窖泥，使用一段时间后，可能会出现塌窖现象，要及时填补重新打夯筑紧，以维持常规生产。

（5）对于老熟较慢，产酒质量不够理想的人工老窖，可以考虑此法：对于窖池下段较干燥的，出窖后可往窖内泼入适量40~50℃热水，因为较好的老窖泥水分多在40%左右；还可以在出窖后往窖壁淋洒己酸菌培养液，以增加己酸菌的数量。

（6）新窖提前保养，一般新窖泥步入旺盛期后一段时间，由于水分不足，营养消耗等因素使窖泥渐趋退化。因此可提前补充营养，强化窖泥，使之保持活力、有益微生物生长代谢正常。

一些酒厂采取春夏两季以培养窖泥为重点，秋冬两季以养护为重点，合理使用劳动力和设备。在几年内的一定时间内，窖泥要有计划地轮流更新，不能一次全面更新，以免引起质量的大波动，应特别予以注意。

近50年来，许多酒厂为防止窖泥老化与科研单位、大专院校共同研究对策，不论在理论上或应用上都取得了丰硕成果。不同的酒厂，要根据当地具体情况，结合生产实际，因地制宜，择优选择窖泥培养方法，切忌生搬硬套，避免不必要的损失。只要认真养护，加强窖池管理，措施得当，可有效地防止窖泥退化。百年老窖是个微生物宝库，有几百种微生物共同作用，尽管我们对它做了许多工作，也取得不少成绩，但在这个宝库中尚有不少谜尚未解开，有用微生物还没有得到充分发掘和利用，有待同仁努力。

（四） 浓香型白酒窖池价值评估体系研究

窖池作为一种特殊的发酵设施，是支撑浓香型白酒生产的重要资源。同时，窖池作为白酒生产企业的一种固定资产，与机械设备、厂房等其他固定资产相比，具有其特殊性，主要表现在如何使用和科学养护，窖龄越长所产酒的品质越好，窖池的价值也越高，这种特殊性也使得其价值评估不能简单地采用一般固定资产价值评估方法。

在过去很长一段时期由于缺乏对浓香型白酒窖池价值评估体系的系统研究，没有形成一套科学完整的浓香型白酒窖池价值评估体系，导致一些浓香型白酒生产企业在征地拆迁、并购重组、窖池抵押贷款、窖池参保理赔等过程中对窖池价值的评估存在较大的主观性。我院（四川省食品发酵工业研究设计院）通过10余年的研究，建立了一套科学完整的浓香型白酒窖池价值评估体系，为浓香型白酒窖池价值评估提供客观依据。

1. 浓香型白酒窖池

泥窖之所以与浓香型白酒的质量关系密切，是因为与其他香型白酒发酵容器相比其最大的结构特点是窖池的内壁涂有窖泥层。窖泥中栖息着丰富酿酒功能微生物菌系，浓香型白酒酿造过程也是窖泥中的微生物利用糟醅中的营养成分进行复杂物质代谢的过程。而优质窖泥中功能微生物的自然驯化和富集与地域气候特征、土壤、水及区域环境中的微生物群落结构关系密切，且一般需要多年的时间，这也使得优质浓香型白酒窖池具有稀缺性、典型的地域性和不可复制性。

2. 窖池价值

（1）窖池价值的形成

据刘念等研究，窖池的结构主要包括窖池壁、窖池底及窖泥，窖池口与地面相平，窖壁和窖底用泥土夯筑而成，窖底设有黄水收集池，用于收集发酵过程中产生的黄水，窖壁和窖底铺设窖泥层。一口窖池的建造，首先要根据酿酒工艺技术要求，筑建好窖池壁及窖池底，然后将发酵培养好的人工窖泥涂抹在窖池内壁及窖底上即可投入生产，自此窖池也就形成了一定的基本价值（或称初始使用价值）。不难看出，一口窖池基本价值的形成过程也是人类劳动和各种物力不断投入的过程，而这种人类劳动和物力投入是可以用货币来衡量的，其直接表现为窖池的建造成本。同时，窖池不同于企业厂房、机器设备等一般固定资产，随着使用时间的延长会有一定的损耗。窖池在长期的使用过程中，如果养护措施科学，其窖泥中的酿酒有益微生物会不断驯化和富集，窖池所产原酒质量也会越来越好，其使用价值也会越来越高。另外，企业品牌建设情况和浓香型白酒市场景气度等因素也会对窖池价值产生一定影响，即在基本价值的基础上会有一定的增值，形成附加价值。

（2）窖池价值的构成

通过以上对窖池价值形成过程的分析，我们可以将窖池价值分为两部分，分别为基本价值（评估时点建窖成本）和附加价值。其中：基本价值为评估时点该地区建造一定容积窖池（含窖泥，不含土地和厂房费用）所需成本；窖池除了具有一定的基本价值外，随着连续使用时间的延长、窖泥质量的提高及品牌形象的提升等，窖池在基本价值的基础上，还会增加一定的无形价值，即附加价值。窖池价值构成及其所表现的内容见表13-17。

表 13-17　窖池价值构成及其所表现的内容

窖池价值构成	表现的内容
基本价值	评估时点建造一定容积窖池（含窖泥）所需成本，包括人工成本、材料成本等，不包含土地及厂房成本
附加价值	① 窖泥质量是影响白酒质量的重要因素之一，也是体现窖池价值的主要指标，品质优良的窖泥赋予窖池一定的附加价值。 ② 生产管理状况越好，窖池的附加价值越高。 ③ 由于科学使用和养护窖池，随着窖龄的延长，窖池质量不断提升而赋予附加价值。 ④ 因企业品牌美誉度不断提高而赋予窖池附加价值

3. 窖池价值的影响因素

（1）建造成本

窖池基本价值的形成过程也是各种成本费用的投入过程，因此，建窖成本对窖池基本价值具有决定性影响，窖池建造成本的高低决定了窖池基本价值的大小。

（2）窖龄

窖池使用和保养科学合理，连续使用时间越长，其中栖息的酿酒有益微生物菌系越复杂、数量越多，所产白酒的品质也越优良，窖池的价值也越高。

（3）生产管理状况

窖池是否有损坏、清洁卫生状况是否良好，将影响窖池的使用功能，因此窖池日常的生产管理是否到位，直接影响窖池的价值。生产管理状况越好，窖池的价值也就越高。

（4）窖泥质量

窖池窖泥作为酿酒有益微生物生长繁殖的主要载体，其质量优劣对窖池所产原酒质量具有重要影响。在同等酿酒原料和操作工艺条件下，窖泥质量越好，所产原酒质量品质也越好，窖池的价值也越高。

（5）企业品牌建设情况

品牌是人们对一个企业及其产品、售后服务、文化价值的一种评价和认知，是一种信任。品牌已经成为产品质量、性能、可靠性等方面的综合体现，拥有品牌优势的公司往往能获取相应的品牌溢价，盈利能力也高于那些品牌优势不突出的企业。窖池虽然不是最终产品，但却是构成浓香型白酒企业品牌形象的重要元素，具有良好品牌形象的企业，其窖池也将具有更大的无形价值。

（6）浓香型白酒市场景气度

为企业创造经济利益是窖池作为企业资产的本质属性。对于企业来说，窖池价值的高低主要取决于其为企业创造经济利益的能力，而企业经济利益的实现必须在保证一定利润率的前提下通过市场将白酒产品交易出去。如果白酒市场不景气，白酒产品不能顺利地实现交易或即使能交易出去但利润率极低，那么经济利益就不能顺利地流入企业，则窖池价值也就无从体现，因此，浓香型白酒市场情况对窖池价值存在一定程度的影响。

（7）企业社会贡献度

社会贡献度是影响企业品牌形象和知名度、影响力的重要因素。一般来说，企业社会贡献度越大，其品牌形象越好，社会知名度和影响力越高，其拥有的窖池对应价值应该也越高。

4. 窖池基本价值的评估

窖池基本价值的评估采用重置成本法。对评估时点窖池所在地建造容积为 $20\sim25m^3$ 的窖池所需建造成本进行调查或核算，得到单口窖池建造成本（即单口窖池基本价值 $W_{基}$），包括人工成本、材料成本等，不包含土地及厂房成本。

5. 窖池附加价值评估

（1）窖池附加价值的评估指标及权重

根据影响窖池价值的因素，将窖池附加价值的评估指标设定为 4 个一级指标和 14 个二级指标。其中 4 个一级指标分别为窖龄、企业生产管理状况、窖泥质量和企业品牌建设情况；14 个二级指标分别为建窖年限、窖池完整性、窖池清洁卫生状况、窖泥色泽、窖泥气味、窖泥质感、窖泥水分含量、窖泥 pH、窖泥有机质含量、窖泥产酸能力、窖泥细菌总数、窖泥耐热芽孢杆菌数、被评估企业的技术中心获政府部门认定情况和被评估企业品牌建设情况。评估指标权重的确定方法主要有 3 类，分别为主观赋权法、客观赋权法和组合赋权法。其中主观赋权法研究比较成熟，它主要有专家调研法、最小平方和法、相对比较法及层次分析法。本文采用专家调研法确定各指标权重。具体评估指标及各指标权重分配见表 13-18。

表 13-18　　窖池附加价值评估指标及各指标权重分配表

目标层	一级指标	一级权重	二级指标	二级权重
窖池附加价值评估	窖龄	0.12	建窖年限	1
	生产管理状况	0.18	窖池完整性	0.6
			窖池清洁卫生状况	0.4
	窖泥质量	0.65	色泽	0.1
			气味	0.15
			质感	0.15
			水分含量	0.12
			pH	0.15
			有机质含量	0.05
			产酸能力	0.12
			细菌总数	0.05
			耐热芽孢杆菌数	0.11

续表

目标层	一级指标	一级权重	二级指标	二级权重
窖池附加价值评估	企业品牌建设情况	0.05	技术中心获政府部门认定情况	0.5
			近10年获政府奖情况	0.5

（2）附加价值评估指标的评分标准

① 窖龄评分标准

窖池的窖龄主要利用建窖年限来表征。一般情况下，在生产过程中对窖池养护方法科学，窖池质量会随着连续使用时间的延长而提高。本研究根据窖池建窖年限的长短对窖池的窖龄进行评分，具体见表13-19。

② 生产管理状况评分标准

被评估企业的生产管理状况主要由窖池完整性和车间清洁卫生状况2个指标表征，具体评分标准见表13-20。

表13-19　窖龄评分标准

建窖年限	分值	备注
<10年	每年1分，未满1年不得分。	查验建窖年限证明材料，包括（提供其中1项即可）：（1）建窖原始记录；（2）政府部门出具的证明文件；（3）关于该窖池建造项目的政府立项文件；（4）生产台账；（5）其他可证明建窖年限的材料。
≥10年	10分	

表13-20　生产管理状况评分标准

指标	评分标准	分值
窖池完整性	窖墙完整无损坏	10
	窖墙稍有损坏	7~9
	窖墙有较大面积损坏	3~6
	窖墙完全垮塌	0~2
车间清洁卫生状况	地面清洁，工器具摆放整齐，无与生产无关的杂物	10
	地面较清洁，工器具摆放较整齐，无与生产无关的杂物	7~9
	地面较脏且有与生产无关的杂物	3~6
	窖池及车间整体表现极为脏、乱、差	0~2

③ 窖泥质量评分标准

为了保证窖泥质量评价标准真实可靠并具有一定的区分度，通过采集和分析不同地区、不同窖龄、不同质量档次的近200份窖泥样品，在不同质量档次窖泥各指标检测结果的基础上进行归纳总结，并结合前人研究成果，制定了窖泥质量评价标准，具体见表13-21。

表 13-21　　窖泥质量评分标准

窖泥质量评价指标	评分标准	分值	备注
色泽	灰褐色、乌黑色或灰白色，无窖泥制作原料本色 黄褐色，无窖泥制作原料本色 黄色，带有窖泥制作原料本色	8~10 4~7 0~3	窖泥里层允许带有乌黑色、绿色、黄色等颜色
气味	香气纯正，带有浓郁的老窖泥香气，窖香舒适，香味持久 香气正，稍有老窖泥香气，带有明显的酯香、酒香，香味较持久 稍有酯香和酒香，有一定异杂味（酸败味、生泥味、腐臭味等）		
质感	表层柔熟细腻、起悬或有明显黏稠感，断面泡气或呈疏松的颗粒状，手感细滑 表层较柔熟细腻，有一定的黏稠感，断面较泡气 柔熟一般，手感较硬，断面板结	8~10 4~7 0~3	氨味不应视为异杂味
水分（%）	≥36 30~35 25~29	10 5~9 0~4	
有机质含量（%）	≥8 6.0~7.9 5.0~5.9 2.0~4.9	10 7~9 3~6 0~2	
产酸能力（mg/g 窖泥·9d，以己酸+丁酸量计）	≥280 200~279 100~199 10~99	10 7~9 3~6 0~2	
pH	6.0~7.5 5.0~5.9 或 7.6~8.5 4.5~4.9 2.5~4.4 或 8.6~9.6	10 7~9 3~6 0~2	
细菌总数（$\times 10^{11}$个/g 干泥）	≥1.3 0.9~1.2 0.5~0.8	10 5~9 0~4	
耐热芽孢杆菌数（$\times 10^{11}$个/g 干泥）	≥1.0 0.6~0.9 0.2~0.5	10 5~9 0~4	

④ 企业品牌建设情况评分标准

企业品牌建设情况主要通过企业技术中心获政府部门认定情况及近 10 年获政府奖（技术、质量、管理类）情况来表征，具体评分标准见表 13-22。

表 13-22 企业品牌建设情况评分标准

指标	评分标准	分值	备注
技术中心获政府部门认定情况	国家级	10	查验证书或政府部门出具的认定文件复印件
	省级	6	
	市县级	3	
	无	0	
近 10 年获政府奖（技术、质量、管理类）	国家级	10	查验证书或政府部门出具的表彰文件
	省级	6	
	市县级	3	
	无	0	

表 13-23 随机抽取评估样本窖池数量（比例）

每类窖池数量（口）	≤100	101~200	201~300	>300
抽取数量或比例	4 口	6 口	8 口	3%

（3）样本窖池的抽取

对企业窖池进行分类（相同窖龄、相同容积的窖池归为一类），根据每类窖池的数量，由评估专家组会同相关方随机抽取窖池，作为进行附加价值评估的样本窖池，具体抽取数量（比例）见表 13-23。

（4）窖泥样本的采集

窖泥样品宜在酒醅出窖完毕后立即采集。将窖壁及窖底的残糟清扫干净，分别采集四个窖壁中心及窖底中心共 5 个点的窖泥样品，每个采样点的采样深度及采样量（每点采样量在 300g 左右）要尽量统一。样品采集完成后应立即放入样品袋密封保存。

（5）各评估指标的评分

由 5 名评估专家根据窖泥样品的感官状态和实验室分析检测结果，按照评分标准对各指标进行评分，评分采用十分制。

（6）单口窖池附加价值的模糊综合评估

根据窖池在窖龄、生产管理状况、窖泥质量、企业品牌建设情况等指标的评估得分，按照基于层次分析法的窖池附加价值评估数学模型，经综合计算得到单口窖池的附加价值等级，根据表 13-25 确定单口窖池的附加价值。

① 构造准则层及指标层各指标的权重矩阵

由表 13-18 可知：

▲ 准则层中窖龄、生产管理状况、窖泥质量、品牌建设情况所占权重矩阵为 A = [0.12 0.18 0.65 0.05]

▲ 窖龄指标层中对应“建窖年限”所占权重矩阵为 B1 = [1]

▲ 生产管理状况指标层中“窖池完整性、清洁卫生状况” B2 = [0.6 0.4]

▲ 窖泥质量指标层中对应“色泽、气味、质感、水分含量、pH、有机质含量、产酸能力、细菌总数、耐热芽孢杆菌数”所占权重矩阵为 B3 = [0.1 0.15 0.15 0.12 0.15

0.05 0.12 0.05 0.11]

▲ 品牌建设指标层中对应“技术中心获政府部门认定情况、近 10 年获政府奖情况”所占权重矩阵为 B4= [0.5 0.5]

表 13-24　　窖泥质量专家评分矩阵构造表

窖泥质量指标	评 0 分专家人数	评 1 分专家人数	评 2 分专家人数	评 3 分专家人数	评 4 分专家人数	评 5 分专家人数	评 6 分专家人数	评 7 分专家人数	评 8 分专家人数	评 9 分专家人数	评 10 分专家人数
色泽	0	0	0	0	0	1	2	2	0	0	0
气味	0	0	0	0	0	0	1	2	2	0	0
质感	0	0	0	0	0	0	2	2	1	0	0
水分含量	0	0	0	0	0	0	0	0	5	0	0
pH	0	0	0	0	0	0	0	0	0	5	0
有机质含量	0	0	0	0	0	0	0	5	0	0	0
产酸能力	0	0	0	0	0	0	0	0	5	0	0
细菌总数	0	0	0	0	0	0	0	5	0	0	0
耐热芽孢杆菌	0	0	0	0	0	0	0	0	5	0	0

② 构造指标层各指标的专家评分矩阵

通过对各指标评分情况的统计分析，填写专家评分矩阵构造表，构造专家评分矩阵。以由 5 位专家对窖泥质量指标评分为例进行具体说明，通过对评分情况的统计分析，得到窖泥质量专家评分矩阵构造表（见表 13-24），则窖泥质量专家评分矩阵为：

$$\text{窖泥质量评分矩阵}=\begin{bmatrix}0&0&0&0&0&1&2&2&0&0&0\\0&0&0&0&0&0&1&2&2&0&0\\0&0&0&0&0&0&2&2&1&0&0\\0&0&0&0&0&0&0&0&5&0&0\\0&0&0&0&0&0&0&0&0&5&0\\0&0&0&0&0&0&0&5&0&0&0\\0&0&0&0&0&0&0&0&5&0&0\\0&0&0&0&0&0&0&5&0&0&0\\0&0&0&0&0&0&0&0&5&0&0\end{bmatrix}$$

同理可得窖龄、生产管理状况、企业品牌建设情况专家评分矩阵，设：

▲窖龄评分矩阵为 B11

▲生产管理状况评分矩阵为 B21

▲窖泥质量评分矩阵为 B31

▲品牌建设情况评分矩阵为 B41

③ 窖池附加价值的模糊综合评估

对指标层各指标进行一级模糊综合评判得到：

D1=B1 · B11

D2 = B2 · B21

D3 = B3 · B31

D4 = B4 · B41

将 D1，D2，D3，D4 合并为新矩阵 E，则：

$$E=\begin{bmatrix} D1 \\ D2 \\ D3 \\ D4 \end{bmatrix}$$

对准则层各指标进行二级模糊综合评判得到：

Q = A · E = [Q1，Q2，Q3，Q4，Q5，Q6，Q7，Q8，Q9，Q10，Q11]

将 Q 归一化处理，得向量：[q_1，q_2，q_3，q_4，q_5，q_6，q_7，q_8，q_9，q_{10}，q_{11}]

则：窖池附加价值级别（四舍五入，结果取整数）= $1\times q_1+2\times q_2+3\times q_3+4\times q_4+5\times q_5+6\times q_6+7\times q_7+8\times q_8+9\times q_9+10\times q_{10}+11\times q_{11}$

根据窖池级别，查询表 13-25 可得到单口窖池的附加价值。

表 13-25　　单口窖池附加价值的等级划分表

窖池等级划分	1 级	2 级	3 级	4 级	5 级	6 级	7 级	8 级	9 级	10 级	11 级
各等级窖池对应附加价值（万元/口）	$W_{附1}$	$W_{附2}$	$W_{附3}$	$W_{附4}$	$W_{附5}$	$W_{附6}$	$W_{附7}$	$W_{附8}$	$W_{附9}$	$W_{附10}$	$W_{附11}$

表 13-26　　白酒行业不同行业产销率对应 α_1 取值

评估时点前 3 年平均产销率（P）（%）	P≥104	102≤P<104	100≤P<102	97≤P<100	95≤P<97	93≤P<95	90≤P<93	85≤P<90	75≤P<85	65≤P<75	55≤P<65	P<55
α_1	1.2	1.1	1.04	1	0.96	0.92	0.87	0.8	0.72	0.63	0.51	0.4

6. 确定白酒市场景气度因子

$$\alpha=\alpha_1(1+\alpha_2)$$

式中：α——白酒市场景气度因子；

α_1——与评估时点前 3 年全国白酒平均产销率所对应的取值系数，具体见白酒行业不同产销率对应 α_1 取值（见表 13-26）；

α_2——评估时点前 1 年上市白酒企业平均毛利率比前 3 年上市白酒企业毛利率平均值增减百分率。

$$上市白酒企业平均毛利率(\%)=\frac{上市企业总营业收入-上市企业营业成本}{上市企业总营业收入}\times 100\%$$

7. 窖池价值的容积调整系数

同等质量的窖池，单口容积不同，其价值不同，应根据窖池容积对单口窖池的价值进行调整，调整系数（β）见表 13-27。

表 13-27　　单口窖池容积对应的调整系数（β）

单口窖池容积（V）/m^3	V≤15	15<V≤20	20<V≤25	25<V≤30	V>30
β	0.85	0.92	1	1.08	1.15

注：窖池容积（平地面）根据窖池上口尺寸和窖深计算，计算结果四舍五入精确到小数点后 1 位。

8. 浓香型白酒窖池价值的计算

综上所述，单口浓香型白酒窖池价值计算公式为：

$$W_{窖池}=[W_{基}+W_{附}\times\alpha]\times\beta$$

式中：$W_{窖池}$——单口窖池价值，万元/口；

$W_{基}$——单口窖池基本价值，万元/口；

$W_{附}$——单口窖池附加价值，万元/口；

α——白酒市场景气度因子；

β——单口窖池容积对应的调整系数。

评估窖池总价值=单口窖池价值×窖池数量。

二、 提高浓香型白酒质量的措施

通过几十年的研究，在继承传统工艺的基础上，各地酒厂、科研院所等共同努力，探索创新出一整套行之有效的方法，使全国白酒质量得到提升。下面重点介绍提高浓香型白酒质量的具体方法，供借鉴参考。

（一） 常规方法

1. 回酒发酵

浓香型白酒风格体现的是以己酸乙酯为主的复合香气。己酸乙酯的含量高低和窖内己酸含量直接相关。据研究，只有当己酸含量达到一定时，己酸乙酯的合成含量才多，而己酸含量又跟窖内己酸合成需要的底物浓度和己酸菌数量、活性成正相关关系，己酸菌的繁殖和代谢所需要的碳源主要是乙醇，所以可以用回酒的方式提高窖内糟醅中的酒精含量，以达到己酸合成最适的浓度。一方面为己酸菌的繁殖提供营养，另一方面为己酸乙酯合成提供乙醇，以利于己酸乙酯的合成。回酒的方法是用丢糟黄水酒或面糟二段酒，用尾水或开水凉冷后稀释到酒精度 20%vol 以下，根据双轮底糟的数量均匀地泼洒到糟醅中，使糟中含酒量基本达到 5%vol 左右。需要注意的是：

（1）回酒量不能太多，酒精浓度过高会抑制窖内微生物的生长代谢，而且生化反应都是动态反应，产物过多会导致逆向反应。

（2）回酒浓度不能太高，窖内微生物都有一定的酒精耐受力，当酒精度过高时，因微生物细胞内蛋白质和酶凝固而失活，失去繁殖的代谢能力和酯合成能力，而阻碍糟醅中香味物质的生成。

2. 回沙发酵

沙即糟醅（传统的称呼）。发酵成熟的糟醅不仅含有乙醇和其他呈香呈味物质，还因窖内微生物的演替和信息流动而含有一些活性微生物及其酶类。回沙发酵也就是在本轮糟中加入未经蒸馏的糟醅。一方面提供一些微生物种源，另一方面提供产生呈香呈味成分和酶类，以期加速下排糟醅的产香能力。方法是在摊晾好的糟醅中均匀撒入一定量的未蒸馏的经选择的母糟，并拌和均匀进入窖内发酵。要注意的是回沙量不能太多，所用回沙一定要选择骨力好、颜色正常的糟醅。

3. 双轮底发酵

“双轮底”发酵是四川宜宾五粮液酒厂在总结传统操作经验的基础上于20世纪60年代首先试验成功的，经多年生产实践，证明双轮底发酵是提高浓香型曲酒质量极其有效的措施。其特点为：一是双轮乃至多轮次的发酵，其在窖内的周期长，通过每轮次糟醅发酵产生的呈香呈味成分不断随黄水富集到下部糟中，里面含有的香味物质浓度很高，成分也非常复杂。二是，双轮底糟既为底糟，则必然和窖底泥有充分的接触，因窖泥微生物的作用，使底糟中含有丰富的呈香呈味成分。三是，由于长期处于窖底，多次浸入黄水，使双轮底糟酸度和含水量都比较高，且糟醅比普通糟醅缺少骨力。

（1）操作要点

① 双轮底单独进行蒸馏：先将要蒸馏的双轮底糟滴尽黄水，在上甑前加入熟糠，由于水分较大，糠壳用量比普通面糟用糠量要适当大一些，拌和均匀后，在底锅中加入清洁水和回酒，回酒量根据双轮底糟的香味的气色而定，质量好的双轮底可以多回一些酒，一般可以回150~300kg粮糟二段或好的面糟酒，最好不要回丢糟酒。然后严格按质分段摘酒，并分级入库贮存。

② 双轮底配料：由于双轮底糟酸度高、水分含量大，一般来说不能全部使用双轮底进行配料，将要配料的双轮底糟放在出窖红糟上，配入原料，按粮糟方式进行拌和蒸馏。普通粮糟含酒量在正常季节比双轮底糟含酒量高一些，这样可以利用配糟中较高的含酒量提高双轮底糟中香味成分的萃取率，又可以用双轮底糟调整母糟风格，但要注意量的使用。在短发酵期的糟醅中可以适当多配一些双轮底糟，周期长的糟醅中少用或不用，其量以不影响入窖糟的酸度和骨力为准。二是盖面串蒸，又叫薄层串蒸。其原理是利用甑内浓缩的酒精提高双轮底糟中香味成分提取效率，这种方式提香效果比混糟效果好，但操作上不如混糟方便，糟醅均匀度也不如混糟。以这种方式配糟后的粮糟出甑后应在晾糟前后多进行翻糙。

③ 双轮底夹沙：双轮底糟因为长期同窖底泥接触，其中含有同窖底泥菌群相似的微生物，因此可以作为粮糟发酵的菌种源，方法是在每一甑粮糟入窖勾平后，上面薄撒一层未蒸馏的双轮底，依次到粮糟入窖完毕。这种方法可以提高母糟生酯能力，但如果控制不好则可能会影响粮糟发酵而导致出酒率降低。

④ 双轮底再生：利用窖底丰富的微生物底糟中前体物质，可以起到快速生香的作用。方法是选择骨力好的双轮底糟，多回些酒，并尽量多蒸馏些时间，以降低双轮底糟的酸度。然后进行摊晾下曲，摊晾时温度可以稍高于粮糟，一般控制在30~35℃，下曲量为粮糟的一半左右，入到窖池底部，然后勾平整，迅速将稀释后的酒均匀洒入。下排单独取出进行回酒蒸馏，所得酒即为再生双轮底酒，己酸乙酯含量可以达到500~600mg/100mL。蒸完后，作为丢糟。

（2）四川某名酒厂使用双轮底发酵的注意事项：

① 选窖选母糟：选择窖泥质量好、不渗漏的窖池；母糟要求发酵正常，如泡气疏松、大颗有骨力、香浓。即进行“双轮底”的窖，上排发酵、产酒、酒质都必须正常。

② 上排入窖温度不得超过 21℃，最好在 21℃以下才做双轮底，否则会因生酸过大造成减产。在夏季不宜做，一般在 11~4 月这段时间较宜。

③ 双轮底酒糟出窖后要单独堆放，堆糟坝要有一定的斜度，再滴黄水 24h 左右（滴出的黄水最好收集），使双轮底糟含水量降到 60%以下，否则蒸不出酒；若过分加大糠壳用量，会严重影响酒质的提高。

④ 双轮底酒糟酸度较大，单独蒸馏后，有的作丢糟处理。但这部分酒糟香味较大，含有较多的产香前体物质，扔掉实在可惜，可作为配醅分层（甑）回于窖中，但最好不要返回下层或中下层，以免酸度过大影响出酒率。

⑤ 在蒸馏双轮底糟时，不要在底锅内加入黄水或酒尾，并做好量质接酒。

⑥ 双轮底发酵必须结合本厂工艺操作，窖泥、酒醅等具体情况，酌情采用。一般不宜在一个窖连续做下去，特别是在夏季转排后更应注意。

（3）此技术经全国各地推广应用后，又发展为三轮底、隔排双轮底和连续双轮底等。但有的厂采用双轮底发酵工艺，效果不理想，分析原因如下：

① 将丢糟或回活置入窖底作双轮发酵。

② 母糟发酵不正常。

③ 上排入窖温度过高（特别是夏季）。

④ 双轮底发酵糟中加入的物料不恰当，如曲粉过多，打量水、酯化液或培养液质量差等。

⑤ 滴窖不净或蒸双轮底糟时在底锅中加入黄浆水等。

4. 延长发酵周期

在窖池、入窖条件、工艺操作大体相同的情况下，酒质的好坏在很大程度上取决于窖池发酵周期的长短，因此，延长发酵期已成为提高浓香型大曲酒质量的重要技术措施之一。窖池的发酵生香过程，要经历微生物的繁殖与代谢、代谢产物的分离或合成等过程。而酯类等物质的生成，则是一个极其缓慢的生物化学反应过程，这是由于微生物，特别是窖泥微生物生长缓慢等因素所决定的。所以，酒中香味成分的形成，除了提供适当的工艺条件外，还必须给予较长的发酵时间，否则窖池中复杂生物化学反应就难以完成，自然也就得不到较多的、较丰富的香味物质。

（1）操作方法　在生产上，为了勾兑调味，需要一定量的调味酒。通过延长发酵期，可得到酯含量较高的酒。发酵期在 60d 以上的发酵窖池，都可获得己酸乙酯含量在 250mg/100mL 的成品；若发酵期再长一点，己酸乙酯含量也相应增高。在一个生产班组，都要选上几个窖池作长期发酵的窖来进行生产。

以四川某名酒厂生产为例，延长发酵期为 0.5~1 年的工艺方法如下：

① 第一步，选择窖池。窖池应是优质窖池，窖泥芳香浓郁，含水量丰富，且窖池不漏气、漏水；要选择发酵正常的酒醅，要求酒醅色泽红润，团粒大颗，疏松不糙，柔熟不黏。

② 第二步，选择时间。确定窖池后，应在合适的时间内进行操作。半年窖在每年 4、

5 月份进行，这段时间正是生产上的“小转排期”，气温由冷逐渐转暖，微生物活力旺盛，有较适宜的、易于控制的温度。经过半年时间的发酵，在当年的 10、11 月开窖。1 年窖也在这一时间范围内进行，发酵 1 年后才开窖。

③ 第三步，把握入窖条件。在具体生产操作时，做发酵周期长的窖池更应严格操作，注意入窖条件的合理选择。入窖酸度不宜太大；入窖淀粉浓度应比正常的窖池略高一点；量水使用量应大一点；做到低温入窖，严格密封窖。

（2）延长发酵周期的窖池操作时，应采用的技术措施

① 清洁卫生工作要彻底。清洁卫生包括生产场地、工用器具、原辅料和糟醅不被污染等。如果在生产操作过程中，忽视了这方面的工作，会对长时间的窖池发酵带来不利影响，例如大量的杂菌侵入，致使生酸幅度大，糟醅质量不良等。

② 用全泥密封窖池。因为发酵时间长达半年或 1 年，故窖池必须使用全泥封窖。封窖泥选用黏性强、细密的新黄泥，经热水浸泡松散，反复踩柔后才能使用。要求封窖泥厚度不低于 10cm，而且各部分的厚度要求基本一致。

③ 严格管理窖池。因为窖池发酵时间较长，故窖池的管理工作十分重要。除了经常清窖外，还需经常检查，如果发现封窖泥有裂缝、泥土掉落等现象，要及时纠正。总之窖池要密封好，不能使空气进入，否则窖池会废于一旦。

④ 半年或 1 年的发酵期到后，在起窖过程中应加强滴窖，以降低酸含量。

⑤ 长期发酵窖所蒸取的酒，均应作为调味酒使用。量质摘酒，单独贮存。

对于浓香多粮型大曲酒，普遍都延长发酵期，其实质是使母糟与窖泥有更多的接触时间，有利于窖内酯化和芳香物质的生成，使已酸乙酯和醇甜物质生成更多，高沸点酸酯更丰富，酒体更丰满。

5. 浓香型调味酒的生产

（1）窖香调味酒　酒中窖香主要来自窖底及周边成熟窖泥，尤其是窖底泥。窖底泥中微生物特别是厌氧细菌含量多，其产生的香味成分多而复杂，其中来自糟醅发酵过程及原料中的累积和甑内提取。而窖香本身同已酸乙酯等成分虽有关系但又不同于已酸乙酯及其复合香气。制备窖香酒的方式是选择气色正、有骨力、含酒量高、发酵正常的母糟和窖泥成熟的窖池，将糟醅翻沙后均匀地铺在窖底部，糟厚度 20cm 以下长时间发酵，一般时间为 2 年以上，待其略呈黑色。将这部分糟起出滴尽黄水，拌上糠壳，上甑时轻撒入甑，上甑时气压稍大，避免塌汽，选择优质双轮底黄水按每甑 75~100kg，口感干净的基酒 300kg 左右入底锅串蒸，串蒸气压小于粮糟气压。量质摘取其中窖香突出的部分单独存放即为窖香调味酒。其余部分视其特点也要进行单独存放。

（2）高酯调味酒　一般来说发酵周期 1 年左右可以得到高酯酒。方法是选取优质母糟，翻沙回到窖底约 1 年左右取出进行蒸馏，取其前段即为高酯调味酒。时间过长，糟醅含酯量反而会下降。

（3）酱味调味酒　选取优质糟醅拌料蒸馏、摊晾后堆积 24h 左右入窖发酵，下排取出蒸馏，所得酒即具有浓郁酱香味，其总酸也较高，用于调味能增加酒的绵柔醇厚感，使香和味更谐调。

（4）高酸调味酒　采用固态法酿酒丢糟为原料，拌和生料粮粉进行晾堂堆积开放式

培菌，配伍生香醪入泥窖密封发酵，出窖糟醅辅以生香醪复式蒸馏提香的酿造工艺，制备出高酸调味酒，用于白酒的勾兑调味。“以酒调酒”可以解决白酒酒体总酸偏低的问题，同时为丢糟资源再利用提供了一条更合理、更经济的途径。

以上介绍了提高优质酒比率及调味酒的基本方法，不同酒厂还有一些。不过需要指出的是，各地酒厂应该有选择性地采用。

6. 其他新技术

为了提高名优酒比率，各大酒厂、科研院校通力合作，在总结传统工艺操作基础上提出了一些新措施、新方法及新概念，有的已在生产实践中应用，取得了不同程度的效果；有的正在探索研究。在生产工艺方面，除上面介绍的外，还有薄层串蒸、黄水酒尾有效物质的提取利用及酒类添加剂的开发、堆积发酵技术、香型融合技术；制曲方面，如强化大曲、架式制曲、机械化制曲；勾兑方面，如计算机勾兑专家系统、酒体风味设计、低度酒后处理技术；利用分析数据指导酿酒生产、酿酒微生物的研究及应用……如此种种，本书在不同章节中择优讲解。

关于糖化酶及活性干酵母使用问题，相关书籍、文章介绍较多，这里强调一点：使用糖化酶和活性干酵母对提高白酒出酒率帮助较大，但忽略了酒的风格形成，传统固态白酒是多种复合微生物代谢的产物，所以今天的固态白酒生产企业，主要使用在丢糟的追酒上，浓香型大曲酒如此，其他香型类似。开发富含复合微生物的酶制剂产品，提高白酒产、质量还需努力。

（二）DMF 工艺应用

浓香型大曲酒名优酒比率是各种香型白酒中最低的一个。以四川省为例（20 世纪 80 年代），五粮液、剑南春、泸州老窖、全兴大曲等的优质酒比率仅占总产量的 15%~35%。有些省的名优酒，优级品比率更低，甚至在 10%以下。因此，提高浓香型曲酒名优酒比率是全国性的一个问题。

自 1986 年开始，四川省食研院与四川仙潭酒厂合作，承担省级项目“仙潭大曲争优创名、提高质量的研究”，在国内较先开展了“DMF 工艺”（即夹泥发酵）的研究，笔者亲临第一线，通过连续几排生产试验，取得了较显著的效果。双优产品——仙潭大曲酒的比率比原来提高 12 倍，最高可达 75. 34%。全厂推广后，一年增收 42 万元以上（1987 年的经济指标），获得了巨大的经济效益，大幅度提高了基础酒质量，为“仙潭大曲”获得第五届全国评酒银质奖奠定了坚实基础。该研究报告发表在《酿酒》1987 年 6 期。现将试验情况总结如下：

1. 试验基本情况

“DMF 工艺”是根据酿酒生产中窖泥与酒醅的接触面积越大，则生成的己酸乙酯的量也越高，酒的香味特浓，其他主要酸酯含量也高的实践，将人工培养充分成熟的优质窖泥，以适当的方式加入发酵糟中，加上其他配套工艺，可使酒质有明显的提高。

试验窖条件见表 13-28。

出窖糟检验见表 13-29。

表 13－28　　试验窖条件

试验窖号	粮糟甑数	全窖用粮/kg	量水/%	用糠/%	用曲/%	地温/℃	平均入窖温度/℃	试验内容
7－2－1	8	1040	82.21	23	23	17	18	RF
7－3－1	11	1430	88.11	23	23	↓	↓	RF
7－4－1	12	1560	85.57	23	23	↓	↓	RF－DMF
9－4－3	11	1430	83.11	23	23	↓	↓	DMF
9－3－2	11	1430	75.52	23	23	↓	↓	AM－RF
9－2－2	12	1560	75.96	23	23	19	20	AM－RF
7－3－7	10	1300	86.54	23	23			对照窖

表 13－29　　出窖糟检验

窖号	水分/%	酸度	还原糖/%	淀粉/%	说明
7-2-1	63.60	3.6	1.0	8.1	试验窖母糟发酵基本正常，黄水挂悬，有酸涩味
7-3-1	61.71	3.8	1.05	8.2	
7-4-1	64.0	4.0	2.70	7.0	
9-4-3	61.0	4.3	3.40	7.2	
9-2-2	60.62	4.0	2.15	7.3	
9-3-2	59.32	3.3	1.90	8.1	
7-3-7	58.4	3.6	2.10	9.03	对照窖母糟香味好

产酒数量、质量见表 13-30。

表 13-30　　产酒数量、质量　　单位：kg，以 60%vol 计

窖号	7-2-1	7-3-1	7-4-1	9-3-2	9-4-3	9-2-2	7-3-7
优级酒	218.75	386.85	314.95	346.65	406.4	321.25	53.0
合格酒	203.5	188.55	103.1	270.5	216.65	319.65	507.9
总数	422.25	575.4	418.05	617.15	623.05	640.9	560.9
优级率/%	51.8	67.24	75.34	55.94	66.81	50.02	9.45
出酒率/%	40.60	40.60	27.0	43.33	43.58	41.08	43.15

试验酒常规分析见表 13-31。

表 13-31　　试验酒常规分析　　单位：g/L

	7-2-1	7-3-1	7-4-1	9-3-2	9-4-3	9-2-2	7-3-7
总酸	0.383	0.463	0.671	0.550	0.508	0.356	0.239
总酯	6.770	5.289	6.131	6.870	5.756	5.443	4.132

注：均取中层糟酒分析，7-3-7 为对照窖（上同）。

试验酒与其他成品酒色谱分析比较见表 13-32。

表 13-32　　试验酒与其他成品酒色谱分析比较　　单位：g/L

酒名	己酸乙酯	乙酸乙酯	丁酸乙酯	乳酸乙酯
9-4-3-（6）	11.593	7.649	1.160	1.416
9-2-2-（3）	8.306	8.287	0.413	1.704
9-3-2-（8）	7.217	5.296	0.194	1.066
对照优级酒	4.738	1.221	0.212	1.447
一般合格酒	2.775	1.014	0.308	2.758
泸州特曲（1）	2.060	1.097	0.201	1.233
泸州特曲（2）	2.232	1.215	0.218	1.616
泸州双轮底酒	4.407	1.140	0.391	1.620
五粮液	1.984	1.264	0.205	1.354
剑南春	2.184	1.013	0.398	1.345

注：9-4-3-（6）为 9 车间 4 排 3 号窖第 6 甑，名酒样品为市售酒样。

2. 结论

（1）采用“DMF 工艺”，可使浓香型曲酒名优酒比率（或称优级品比率）有大幅度的提高。通过该厂几十个窖池的试验，其平均优级品比率可达 50%以上。

（2）采用本工艺生产，只要操作细致，其他工艺条件配合得当，出酒率与对照窖相似，一般可在 40%以上。

（3）采用“DMF 工艺”或相关结合工艺，可使成品酒中己酸乙酯含量大幅度增加，最高可达 1159.3mg/100mL，浓香扑鼻，酯香特浓，是一种高质量的调味酒，并能明显达到“增己降乳”的效果。但酒中乙酸乙酯含量有所增加，拟在菌种、配方、工艺上研究解决。

3. 正确应用 DMF 工艺的一些思考

“DMF 工艺”是在总结浓香型大曲酒传统操作经验基础上发展起来的，其理论基础：浓香型大曲酒的质量与糟醅接触窖泥的面积成正相关关系，单位体积糟醅接触窖泥的面积越大，糟醅中的己酸乙酯等香味物质的生成量就越多，曲酒的质量就越好。“DMF 工艺”（夹泥发酵）就是在入窖粮糟中每甑或隔甑以适当方式铺设一定数量的人工培养优质窖泥，使单位体积母糟占有窖泥的表面积比未夹泥的接触面积增加 2~3 倍，使己酸菌等窖泥功能菌的数量及其活动场所均相应增加。在同样的工艺条件下，可使酒质有明显的提高。夹泥发酵是人工培窖技术的发展，是提高浓香型曲酒质量的有效措施，若方法得当、操作细致，成品酒（全窖平均）的己酸乙酯含量可达 400mg/100mL 以上，而且酒中“复杂成分”亦随之丰富。

仔细揣摩，该工艺并没有什么深奥的理论，只是在挖掘传统工艺基础上而进行的发挥而已。这是否给酒界同仁一些启示，在整理、挖掘、继承我国传统白酒精湛技艺时，深刻领会我们祖先留下的宝贵遗产，如何进一步发扬光大。“他山之石，可以攻玉”，这是酿酒前辈的希望，也是作者编著本书的目的之一。

“DMF 工艺”问世以来，得到了众多厂家的学习研究、推广和应用，对浓香型曲酒的优级品率的提高起到了积极的作用。但也存在一些问题，如应用效果不明显，酒质提高不多等，根据我们的试验情况和推广应用经验，提出一些注意事项与同行商榷。

（1）应用 DMF 工艺的窖池，应该上排发酵、产酒都比较正常。即选择不渗漏的窖池，上排母糟要求发酵比较正常，出酒率稳定；选择连续几排酒质一般，或酒质下降的窖，如果酒质比较好，不必使用该工艺。

（2）“DMF 工艺”关键有两点：一是人工窖泥的质量；二是仔细的操作。若配方不当、菌种不良，造成人工培养的窖泥质量不佳，则夹泥效果体现不出来；若入窖条件控制不好，或操作不细或管理不善，酒质提高不明显。甚至还会使酒带泥腥味、杂味。如果厂家本身操作就不很规范的话，使用该工艺还可能适得其反。

（3）采用夹泥发酵的方法主要有直接将窖泥分层铺入糟醅中、用编织袋装好窖泥分层铺入糟醅中、用竹帘固定好窖泥分层铺入糟醅中等方法。可根据厂家实际情况选用。一定要注意尽量避免不要将夹泥混入糟醅中。可研究一种有效的方法，解决夹泥易落入糟醅中的现象。

（4）夹泥使用一排后，质量有所下降。有的厂家还会出现泥变硬、板结、不柔软，部分出现针状结晶等（人工窖泥配方不合理造成）。因此，要对夹泥进行再生。简单的方法是：去掉部分老化泥，再兑入部分新的人工窖泥（新泥的兑入不宜过多），再加入复合己酸菌液，重新踩制柔熟，方可投入下排使用。详细的人工窖泥培养及再生方法见前文。

可喜的是，通过夹泥发酵实践，有厂家创新出子母窖、混合窖等不同形式。

（三） 单粮改多粮技术

在传统浓香型三大流派中，由于其原料、酿酒工艺不同，其酒中色谱骨架成分和复杂成分具有一定差异，故酒体风格特点不一。随着酿酒工业的发展以及市场反映，消费者对浓香多粮型白酒偏爱有加，其市场占有率逐年提高。这是五粮液、剑南春、水井坊、国窖 1573、舍得酒等“名在质量、贵在风格、好在信誉”的结果。许多浓香型白酒生产厂家，从 20 世纪末开始纷纷将其“单粮”生产改为“多粮”，目前多粮酿酒已成为各香型白酒提高风格质量的重要措施。下面从原料、制曲及酿酒工艺方面，结合有关资料与多年的实践谈一些看法和体会。

1. 原料及配比

关于原料的特点，在前面章节中有详细介绍，下面探讨配比中的使用问题。

浓香多粮型白酒的生产用料通常是以粮谷为主。在粮谷为主的原料中，高粱占主导地位，其次为大米、小麦、糯米、玉米等。在名优白酒的生产中，原料是基础，不同原料产出的白酒，在风味上差别很大。相同的原料因品种、产地不同，其产品质量与出酒率也大不相同。因此酿酒之前对原料的选择要特别慎重，关键是要根据酒体设计方案来选择原料及其品种，并采取相应的技术措施，才能收到最佳的效果。粮谷原料一般以糯（黏）者为好，即支链淀粉含量高者，具体为糯高粱和糯米。具体见原料一节。

（1）高粱　糯高粱绝大部分含支链淀粉，结构较疏松，适于根霉生长，传统“川法小曲酒”就以糯高粱为原料，淀粉出酒率较高；浓香多粮型白酒均以糯高粱为主料，占 30%以上。

（2）玉米　五粮液和剑南春生产中都用5%~10%的玉米，使酒体更加醇厚绵甜，并为促进多粮风味特征的形成，起到了积极的作用，也证明这样的粮食配比是科学的。

由于玉米细胞组织结构比较坚硬，淀粉颗粒形状不规则，呈玻璃质的组织状态，结构紧密，故难以糊化，所以在蒸煮时应适当延长蒸煮时间。但一般粳玉米蒸煮后不黏不糊，这也是糟醅中残余淀粉含量高的原因之一，是浓香多粮型白酒采用“一长二高三适当”理论的基础之一。

（3）大米　大米在混蒸混烧的白酒蒸馏中，可将饭的香味成分带至酒中，使酒质爽净。故五粮液、剑南春等均配用一定量的粳米；三花酒、玉冰烧、长乐烧等小曲酒均以粳米为原料。糯米质软，蒸煮后黏度大，故须与其他原料配合使用，使生成的酒具有甘甜味。如五粮液及剑南春等均使用一定量的糯米。这也是五粮液和剑南春等多粮型白酒的独到之处。大米和糯米经蒸煮后，质软性黏易糊烂，导致发酵不正常，所以必须与其他原料配合使用。

（4）小麦　小麦是微生物生长繁殖所需要的C、N的主要来源；其K、Fe、P、S及Mg的含量适当，是微生物生长的必要元素，尤其适合霉菌生长。由于小麦的淀粉含量较高，所以在发酵中产生的热量较大，因而在生产中不能单独使用，常常作为配料使用。小麦是制作大曲发酵剂的主要原料。

（5）大麦　黏结性能较差，皮壳较多。主要用于制曲时的辅料，单独制曲，则品温速升骤降。制曲中加入一定比例的大麦有利于木糖酶的生成，有助于分解粮食的保护壳，释放出淀粉，提高淀粉利用率。剑南春的生产就利用了大麦的这一特点，在制曲中加入10%~15%。

由于多种粮食的共同作用，赋予了浓香多粮型名优白酒突出的“复合粮香及酒体丰满”的风格特征。因为这些粮食分别赋予了传统名优酒不同的风味，经长期的生产实践证明：“高粱产酒香、玉米产酒甜、大米产酒净、糯米产酒（绵）浓。”从口感呈现所谓的“浓中带酱”也是多粮型的明显个性，所以充分认识到不同的粮食作酿酒的原料，其酒体风味特征的明显的个性，是“单粮”生产改为“多粮”重要的一环。因此在酒体设计时，一定要事先确定原料的配比。

2. 制曲及酿酒工艺要点

传统的多粮型白酒生产主要采取混蒸混烧、续糟配料、黄泥封窖、固态长期发酵及其特制包包曲作糖化发酵剂。大多数内容前面章节已讲述，现结合实际提炼出一些侧重点分述如下：

（1）制曲工艺

① 传统制曲要求是将小麦磨成“烂心不烂皮”的“梅花瓣”，各浓香型大曲酒厂对制曲原料的粉碎度的要求略有差异，如浓香多粮型代表的五粮液是过20目筛为30%~35%，剑南春的小麦磨成过20目筛为50%。制曲原料的配比各不相同，五粮液是纯小麦，剑南春则加15%左右的大麦。而江淮派则加一定量的豌豆。原料的粉碎度视原料品种、制曲季节、制曲工艺等具体情况应做适当调整。

② 拌料、装箱、踩曲：五粮液传统操作如下：拌料前，将场地、器具等打扫干净，将麦粉倒于地面，粉堆成凹形，用量水桶将水注入麦粉堆凹中，用耙梳、铁锹等工具彻底拌和均匀。拌料加水量37%（以麦粉重计），加水量视季节不同而异，水温也不同（夏

季用冷水，冬季用 40~60℃热水）。将拌和均匀的曲料装入盒内，用手压紧，再用双足掌从两头往中间踩，踩出包包并提出麦胶（俗称提浆）。踩曲中要注意踩紧，特别是四角一定要踩实在，松紧均匀，中间可略松，结构紧密，应均匀无裂缝。

③ 晾汗、安曲、培养：踩好的曲平放于晾场，收汗后入室安曲。曲房内先铺上糠壳 2~4cm，曲坯边安放边搭盖草帘，曲坯间距 1.5cm（约 1 手指宽），曲坯与墙距 10cm，安满曲房后，关闭门窗，保温保湿。

曲坯升温快慢视季节及室温的高低而异。在品温上升至 40℃，曲坯表面全部长出菌丝时即第 1 次翻曲。方法为：先揭开草帘，然后底翻面、四周翻到中间，硬度大的放在下层，翻 1 遍后，要求品温缓慢上升。翻曲后，曲坯必须整齐、无倒状，以后每 2~5d 再进行翻曲。随着微生物的生长，翻两次后即收堆（堆烧），堆至 4~5 层。收堆后应搭盖草帘保温，避免品温急剧下降。堆烧品温原则上≤60℃，否则应开窗调节，堆烧时曲坯间应留 3cm 的间距。若发现曲心的水分已大部分蒸发，品温逐渐下降，可进行最后 1 次翻曲，即收拢（打拢），此时曲坯间不再留空隙，可堆至 5~6 层。收拢后应避免品温下降过快，致使后火太小，产生黑心、窝心曲等。曲坯入房到成熟约需 1 月（季节、气温不同有伸缩），成熟后运至干燥通风的贮曲房。

总之，制曲应遵循“前火不可过大，后火不可过小”，因为前期曲坯微生物旺盛，温度极易升高，如不及时控制，则细菌大量繁殖；后期微生物繁殖较慢，水分逐渐减少，温度下降，有益微生物不能充分生长。

④ 入库贮存：入库后应保证曲库通风良好。一般贮存 3 个月后的陈曲方可投入酿酒生产。五粮液和剑南春有使用贮存 1 年以上的陈曲的习惯（特别是夏季）。这是它们的一大特色。因为 1 年的陈曲贮存期长，染菌少，其糖化力不高，酵母相应减少，但其他酿酒发酵的有益菌较多，仍生长繁殖，能耐比较高的温度，有利于安全度夏。在热季温度高的情况下，有利于控制发酵缓慢升温，这样才能出好酒。

这里要特别指出的是，传统浓香单粮型大曲踩成平板曲，而多粮型酒大曲则要求踩成包包曲，踩曲过程更细致。虽然平板曲和包包曲均属于中温曲，但包包曲因“包包”部位较厚且较疏松，在培菌过程中其品温相对较高，是中温曲块中的高温区，该高温区由于温、湿度同平面部位的差异，在其发酵过程中微生物生长及代谢产物的积累有所不同。包包曲既有浓香型大曲的共性，又有其个性，其个性的形成与多粮型独特风格之一“酱陈味”的产生有相当大的关系，使得多粮型酒带有陈味，并衬托出主体香更加突出，酒体更丰满。现有关浓香型酒厂亦从平板曲逐步改为包包曲。

（2）酿酒工艺

① 充分发挥各种酿酒原料的优势，浓香多粮型酒正是利用粮食间营养互补、作用互补的特点，科学配料，为多粮酒在香、浓、甜、净、爽层次全面而丰富地提供了物质基础，这是多粮型的独特之处，五粮液和剑南春酒均采用 5 种粮食酿制。目前不少名优酒厂亦逐步从单粮改为多粮，由于各厂环境、微生物区系、工艺等差异，在原料配比上不能一概而论，同时应注意在改粮过程中，第 1、2 轮不能加高粱，将高粱份额折成其他原料按比例加入。

原料粉碎前应除杂，有条件的大厂通常采用振动筛去除原料中的杂物（如高粱壳等），用吸式去石机除石，用水磁滚筒除铁。剑南春一年去掉粮食中的杂质就达几百吨，不可小视。

五粮液原料的粉碎要求：高粱、大米、糯米、小麦均粉碎成 4、6、8 瓣，成鱼籽状，无整粒混入；玉米粉碎成颗粒，大小相当于上述 4 种原料，无大于 1/4 粒者混入；五种粮粉混合后能通过 20 目筛的细粉≤20%。

而泸州老窖的高粱要求粉碎成 4~6 瓣，通过 40 目筛占 50%。但 5 种粮食颗粒不一，特别是玉米粒大于其他 1 倍以上，且千粒重也不一样。据调查，有不少单粮改多粮的厂家，由于习惯于单种粮食的粉碎，将 5 种粮食混合在一起粉碎，其细粉间很不均匀，个别大厂也存在这个问题。粉碎好的原料运到堆糟坝一看，有些整袋为稻谷类细粉，有些大半为玉米粉，按此配料酿出的酒怎能有五粮风格？在此提醒一些单粮改多粮的厂家，在不增加设备的基础上，不妨将 5 种粮食分别粉碎，按比例混合。

② 单粮与多粮工艺比较（见浓香型一节）：传统的单粮型多采用原窖法工艺（以泸州老窖为代表），多粮则为跑窖循环操作。五粮液酒厂认为：跑窖操作即混合使用发酵糟，也是一次“大型勾兑”。多粮型生产应多注意：

a. 糠壳清蒸时间更长。剑南春在使用糠壳前，须敞蒸 2~3h，以上汽开始计时，由于糠壳中含有多缩戊醛和果胶质等成分，在酿酒过程中会生成糠醛和甲醇等物质，对酒质有很大影响。

b. 滴窖勤舀黄水。

c. 由于有玉米原料，蒸粮时间应适当延长。

d. 冲酸时间比单粮长，量水温度要高（>80℃），甚至高达 100℃（沸点量水）。

③ 沸点量水　它是多粮型又一重要特征，量水温度提高到 100℃，有利于混合原料中谷物颗粒充分吸水，利于其淀粉颗粒的破坏，增加与曲粉的接触面积，易于糖化；高温量水不易带入杂菌特别是乳酸菌类，这就是其乳酸乙酯比单粮型低的主要原因之一。

④ 其他工艺要点阐述

a. 浓香多粮型酒其工艺主要为“一长二高三适当”，一长即发酵期长，其实质是使母糟与窖泥有更多的接触时间，有利于窖内醇化和芳香物质的生成，使己酸乙酯和醇甜物质生成更多，高沸点酸醇更丰富，酒体更丰满。其双轮底更是不可多得的调味酒。

b. 二高，指酸高、淀粉高。均比单粮型高，即所谓“高进高出”。发酵时间长，产生的酸就多，出窖糟酸度达 3.5~4.0，而理论上讲要在 3.0 以下，实际多粮型名优酒的生产中酸度要高些，有酸才能产生酯。

剑南春采取提高入窖母糟酸度的办法，把入窖酸度控制在 2.0~2.4，出窖酸度达 3.6 以上。如果母糟内酸的含量少，就会导致酒味短、淡，不柔和也不谐调。稍偏高的入窖酸度，使产出酒的己酸乙酯含量平均增加了 50~80mg/100mL。在长期的生产实践中，也证实母糟内酸含量高、淀粉低，发酵升温困难，所产的酒少且杂味多，风味不典型。解决的办法就是提高入窖淀粉含量，在发酵过程中，经微生物作用随淀粉的转化而温度呈上升的特点，来解决母糟酸高不升温不发酵的弊端。在相同的入窖酸度条件下，把淀粉含量控制在 19%左右进行发酵，有利于酒中各种香味物质的生成。如果出窖母糟淀粉含量在 10%~13%，有颗粒，少部分未发酵完最好，每次不要使其发酵太完全，糟子不能太空了。如果母糟残余淀粉在 10%以下，就只能产一般曲酒，而产不出名优好酒。母糟发酵空了而且在热天又减糠，肯定在发酵中不升温，所以母糟要肥实一些，即残余淀粉要稍多一点，粮食粉碎稍粗一点，但不要整颗粒的，投粮也不要太多，以免酒中带生粮味。过去一到热天为了安全度夏就实行一减粮、二加糠、三加水。加糠壳、加水的目的是减酸，但酿出来的酒味淡，有糟味、辅料味。现在我们采取热天不减粮、不减曲、不加糠壳、不加过多的水而采用上述方法安全度夏。

c. 三适当，是指水分、温度、糠壳适当。适当的水分是发酵良好的重要因素。入窖水分过高，也会引起糖化和发酵作用快、升温过猛，产出的酒味淡；而水分过少，会引起酒醅发干，残余淀粉高、酸度低、糟醅不柔和，影响发酵的正常进行，造成出酒率下降，酒味不好。剑南春酒厂的入窖水分控制在53%~54%，出窖水分一般在58%~60%，基础酒的乙酸乙酯含量就高。

温度是发酵正常的首要条件，如果入窖温度过高，会使发酵升温过猛，使酒醅酸度过高，在增加了己酸乙酯含量的同时，也增加了醛类等成分，使酒质差，口感不好。而低温入窖，虽然对控制杂味物质的生成和提高出酒率有利，但己酸乙酯等香味成分的生成量也会减少。按照“热平地温冷17℃”的原则来控制入窖发酵温度，更有利于正常发酵、产酯，产出的酒浓香、醇和，无杂味，具有典型风格。根据多年的实践经验，剑南春根据入窖糟的淀粉含量来控制入窖温度比较好。

糠壳是良好的疏松剂和填充剂，在保证母糟疏松的前提下，应尽量减少糠壳的用量，如果糠壳多，就会导致母糟糙，将造成酒的味道单调。但糠壳用量太少，会使母糟发腻，同样影响发酵和蒸馏，而且还因糠壳含糠醛、多缩戊糖和其他邪杂味物质，对酒的质量有很大的影响，所以在使用糠壳之前，必须敞蒸2h以上，其用量一般控制在原料的20%之内。

另外，五粮液酒厂和剑南春酒厂传统生产热季均不停产。一年四季连续生产，在工艺上还认真贯彻缓汽上甑、分层蒸馏、量质摘酒、分级贮存、精心勾兑等传统操作。

综上所述，粮食的独特配方、窖泥中微生物富集的浓香型窖池、微生物天然接种的浓香型曲药发酵剂及传统而独具特色的浓香型白酒生产工艺特点，共同构成了多粮型大曲酒浓香型风味特征形成的技术要素。在“单粮”改“多粮”中，要充分领会上述要点，根据当地实际，制定相应的操作工艺，方能做到事半功倍之效果。不仅在浓香型白酒中，在凤香、芝麻香、馥郁香型白酒中也纷纷采用多粮酿酒，多粮酿酒已成为各香型白酒提高风格质量的重要措施。

（四） 堆积发酵技术

堆积发酵，是酱香型酒生产的典型工艺，近年来，有的浓香型酒厂，由于入窖条件不当，糟醅入窖后不升温，采取“堆积发酵”，再次入窖后便可正常升温，出酒率和酒质都会提高。有的厂用正常的粮糟，采用窖外堆积发酵，经测定表明，不仅丰富了酒糟中微生物的种类和数量，同时增加其代谢产物的种类和含量，增加了白酒中的香味成分，所产酒的香气更加幽雅、细腻，陈味明显，口味更醇甜绵软、丰满味长，且己酸乙酯含量亦有不同程度的增加。现以实例说明：

1. 堆积发酵技术在双沟酒业的应用

在浓香型白酒中，采用高温堆积发酵工艺产酒与原工艺产酒相比，己酸乙酯的含量增加了60~80mg/100mL，以己酸乙酯为主的复合香气更加浓郁、丰满，酒体更趋绵软、醇甜、细腻、幽雅、味长、尾净。与原工艺相比，新酒味明显减少，而且酒的陈味显著。经过2~3个月的短时间贮存，酒的陈味进一步增加，香气浓郁幽雅，口味醇甜绵软，酒体更加丰满。

堆积发酵的操作基本同酱香型酒生产，其主要变化如下：

（1）温度与微生物生长之间的相互关系见表13-33。

表13-33　温度与微生物生长之间的相互关系

项目	堆积时间				
	第1天	第2天	第3天	第4天	第5天
平均温度/℃	24.65	37.65	48.4	47.2	38.55
平均细菌数	8.34	8.16	8.50	12.14	19.60
平均酵母数	5.3	57	86	81	77
平均霉菌数	8.6	22	1.1	0.16	0.018

注：表中细菌数为1×10^5个/g醅；霉菌、酵母菌数为1×10^4个/g醅。

温度与微生物的生长关系为：当温度达到最高时，除霉菌之外，微生物的繁殖加快，虽然在第4天、第5天，温度有所下降，酵母菌的数量在减少，并且可以看出酵母菌的数量和温度的变化有同步现象，而细菌数量在5d的堆积发酵过程中，一直是增加的。而霉菌的数量变化规律则为：霉菌数量在第2天达到最高，当温度达到最高时，霉菌数量降到了最少。

（2）在堆积过程中粮醅的变化及酒的风味特征变化　粮醅在高温堆积过程中，与正常醅相比，增加了糟醅的酱香气味、甜味；糟醅的色泽与正常醅相比，颜色有加深现象。堆积发酵工艺产酒香气复合幽雅，酒体丰满细腻，口味醇甜绵软，尾净味长，陈味明显。原工艺产酒窖香浓郁，酒体醇厚，尾净味长，新酒味明显。原工艺与堆积发酵工艺产酒混合样品的主要成分分析结果见表13-34。

表13-34　原工艺与堆积发酵工艺产酒混合样品的主要成分对比　单位：mg/100mL

方案	酒精度	己酸乙酯	乳酸乙酯	乙酸乙酯	丁酸乙酯	己酸	乙酸	丁酸	乙醛	乙缩醛
原工艺	73.4	423	75	85	46	43	46	31	34	34
堆积1	72.6	498	96	102	69	46	53	35	51	65
堆积2	73.0	512	101	92	71	38	51	36	53	69

采用堆积发酵工艺生产的酒的己酸乙酯比正常方案产酒要高60~80mg/100mL，乳酸乙酯增加20~30mg/100mL，乙酸乙酯增加10~20mg/100mL，丁酸乙酯增加20~30mg/100mL，其他酸类相近，乙醛、乙缩醛含量分别增加10~35mg/100mL。

（3）堆积发酵的一些要点

① 堆积时间的调整：粮醅在堆积过程中，随着微生物数量的增加，微生物的生长、发酵产热促使粮醅温度快速上升，温度在第3天、第4天就能上升到最高，最高温度在

45~51℃，而且温度的上升也随季节变化而不同，因而堆积时间也应根据季节变化进行调整。

② 粮醅在堆积过程中微生物的变化规律：在粮醅堆积的内部，细菌数量的变化规律在堆积过程中一直是在增加的，特别是随温度的上升，嗜热细菌数量不断增加。而酵母菌在堆积的前 2 天，数量增加较快，当温度升到 42℃以上时，酵母菌的数量开始下降。霉菌在前 2 天生长繁殖较快，但霉菌的耐高温性差，随温度的上升，数量直线下降，第 3 天以后粮醅中的霉菌数量较少。

在堆积过程中，虽然粮醅内部微生物的数量有减少的现象，霉菌的数量出现"快增快降数量少"的规律，但是在堆积醅的表面，由于热量散发较快，堆积粮醅的表面酵母菌、霉菌生长、繁殖很好。因而数量也较多，容易出现菌丝结块的现象，而影响粮醅的热量传递，因此要根据堆积的具体情况及时翻拌，调节堆积醅的热量和水分等。

③ 粮醅在堆积过程中的成分变化：粮醅在堆积过程中，水分、淀粉浓度随堆积时间的延长逐渐下降；糖分、酒精的含量随堆积时间的延长而逐渐增加，因而在堆积过程中有糖化、液化现象，从而也说明固态白酒生产是边糖化边发酵的"双边发酵"过程。粮醅酸度变化极小，几乎没有变化。

④ 其他注意事项

a. 由于堆积醅的表面温度散发快，表面霉菌生长较快，在第 3 天以后，醅的表面出现点状霉菌菌丝，如不进行调整，在第 5 天堆积醅表面将出现大量霉菌菌丝，使堆积醅的表面出现结块，使粮醅产生霉味，会给酒带来霉味、苦味，因此在堆积过程中，要注意调整堆积醅的发酵时间及温湿度。

b. 由于不同季节的气温变化较大，要保证堆积醅的正常发酵，用曲量要随之进行调整。

c. 在堆积发酵过程中，由于堆积醅的温度较高，要考虑到堆积醅的热量传递，堆积醅不可堆得过紧，以有利于醅的水分散发，防止表面结块。

⑤ 高温堆积发酵工艺问题的探讨

a. 传统的酿酒生产工艺采用低温入窖发酵以利于产生醇甜物质，但是通过高温堆积发酵生产出的酒质十分醇甜，也就是说低温发酵、高温发酵都可产生醇甜性物质，那么在不同发酵温度下所产生的醇甜性物质之间有何关系和区别，有待于进一步深入探讨。

b. 在高温堆积发酵过程中，堆积温度达 45~51℃。在这么高的堆积发酵温度下，所存活的嗜热菌种为何种菌及对形成酒的细腻、幽雅、醇甜风味的作用，有待研究。

c. 在高温堆积发酵过程中，根据美拉德反应在食品加工中的呈香呈味机理，添加反应的前体物质，如多糖类以及可以生成氨基化合物类的生物蛋白、植物蛋白等，将会对白酒风味产生显著影响，但对添加的蛋白源的种类、添加比例、数量也有待探索。

2. 堆积发酵在浓香多粮型酒中的应用

四川叙府酒业将传统的浓香多粮型生产工艺融入酱香型的高温堆积发酵工艺，利用高温堆积过程中的美拉德反应结合浓香多粮型的泥窖发酵，较明显地改善了白酒的风格特征，优化了原酒酒体的香味成分，为浓香多粮型酒塑造个性化品牌提供了借鉴。

（1）生产原料、高温曲和空气中微生物富集为美拉德反应提供物质保证　原料配比为高粱 36%、小麦 16%、玉米 8%、糯米 18%、大米 22%。多种粮食混合（特别是 16%的小麦）含有丰富的植物蛋白等物质为美拉德反应提供了必需的底物。在高温堆积反应采用的曲药为高温曲，通过高温培菌为美拉德反应提供了前体物质还原糖和氨基酸。同时，高温制曲全部使用小麦原料，也为美拉德反应提供了丰富的植物蛋白。通过高温堆积，富集了空气中的酵母菌、霉菌等微生物，特别是酵母菌生长繁殖非常快。堆积到48h后，堆积糟醅表面层明显可见厚厚的一层白色物质，就是堆积过程中富集的酵母菌。而后酵母菌消亡、自溶，这就为美拉德反应提供了丰富的动物性蛋白源。

所以，生产原料、高温曲药本身的营养物质及在堆积过程中生成的大量还原性物质和富集的微生物为美拉德反应提供了基本保证，也就为改善酒体品质提供了基本保证。

（2）高温堆积在浓香多粮型工艺中的应用

① 高温堆积：该试验研究中，采取在生产车间选取2个长期生产稳定的班组的80口窖来进行对比生产试验。在原来传统工艺中采取母糟摊晾后在车间选取干净的地方堆积。堆积时，严格注意堆积的高度和堆积时间，尽可能增加糟醅与空气接触的面积，同时要注意糟醅堆积的疏松度。并且在堆积过程中注意翻拌，尽量为微生物的二次自然接种创造条件。

② 高温堆积过程中的温度变化：选取3个测量点：表层为表面3cm处，底层为窖底上10cm处，中层测量中间点附近的品温。试验时间在清明节（4月）前后。测量情况如下：

在高温堆积过程中，前36h糟醅的品温上升得较慢，特别是底层糟醅的品温基本没有变化，此阶段为各种微生物繁殖代谢积累过程。在36~48h堆积糟醅的表层品温上升迅速，可见糟醅表层有许多白色粉状物质生成。在表层温度达到43℃时，中层和下层糟醅的品温明显升高，在49h时，为了使堆积效果更理想，把堆积糟醅均匀地翻拌一次。而此时的糟醅品温达到了32℃。翻拌后49~72h堆积糟醅上、中、下层品温升得比较迅速，表面层糟醅的品温达到58℃，而底层糟醅的品温也达到49℃。到72h时堆积糟醅表面白色粉状的酵母菌群落更加突出，糟醅有明显而悦人的复杂酒香气，并且堆积后的糟醅有明显的甜味。

③ 高温堆积后糟醅的理化分析：在高温堆积过程中，自然接种的大量微生物快速生长繁殖，促使糟醅品温不断升高。同时，糟醅内的淀粉和营养物质不断被消化，从而造成了堆积糟醅内的淀粉、水分、酸度不断变化。堆积前后糟醅分析检测对比见表13-35。

表13-35　堆积前后糟醅分析检测对比

项目	淀粉/%	酸度	水分/%	残糖/%
堆积前	22.4	1.9	58	0
堆积后	18.6	2.6	54	5.5

淀粉在堆积过程中不断被消化，经过72h的堆积后淀粉下降了3.8%，酸度增加了0.7，水分减少了4%，特别是葡萄糖类增加了5.5%，说明高温堆积过程中的物质变化为美拉德反应创造了有利的条件。

④ 高温堆积糟醅在窖内发酵的温度变化：选取2个长期生产比较稳定的班组，一个班组选取40口窖在清明节前后进行高温堆积后入窖发酵，而另一个班组采取传统的浓香

多粮型生产工艺（未堆积发酵）；温度是每个组 40 口窖发酵过程中糟醅上、中、下层温度变化综合后的平均值。

堆积后的糟醅的入窖温度为 32℃，在发酵过程中，高温堆积后的糟醅升温比较迅猛，在 9d 就可以达到最高品温 38℃，中挺时间为 9d 左右，糟醅的品温开始迅速下降，发酵到 60d 时发酵温度只有 27℃；而未堆积的糟醅（未使用高温曲）的入窖温度为 21℃，要 15d 才到达 34℃的顶温，中挺时间为 18d，后缓落过程比较明显。

从温度变化趋势来看，未经高温堆积的糟醅发酵基本保证前缓、中挺、后缓落的正常发酵过程；而高温堆积发酵后的糟醅在窖内的升温比没有堆积的糟醅的升温要更早、更猛、更快，堆积过后的糟醅发酵过程中顶温比没有堆积的糟醅发酵顶温要提前达到。说明高温堆积发酵经过 2 次接种后，网罗了大量微生物，其代谢过程产生了大量的热，发酵升温迅猛。顶温比对照窖高 4℃。通过高温发酵促使美拉德反应更加顺利进行，保证了酒体的香味物质更加丰富。

（3）高温堆积发酵后原酒的比较　从高温堆积发酵和未堆积发酵的原酒的香味物质对比来看，前者的乙醛含量要高 0.416g/L（单位下同）、乙缩醛高 0.888、乙酸乙酯高 4.616、正丙醇高 2.198、异戊醇高 0.594、醋𬳽高 0.6833、乳酸乙酯高 1.433、乙酸高 2.641，总酸要高 1.894、总酯要高 0.83。但对比窖的己酸乙酯、己酸比试验窖显著要高。前者出酒率仅为 34%，比对照窖低 4%。

经过堆积后生产的原酒口感更加细腻、丰满、幽雅，后味酱香突出，有明显的芝麻香。原酒的风格特征得到了明显的改善，也是不可多得的调味酒。促使原酒的风格特征更加个性化、独特化，为浓香多粮型白酒企业进一步提高白酒的风格特征、塑造个性化品牌开创了有利条件。为提高整个浓香型白酒企业的产品质量开创了另一个途径。

3. 黄山头酒业的浓香制作工艺

高温堆积基本工艺参数：每窖总投料 1150kg，粮曲比例 30%（中温曲和高温曲各占 50%），粮糠比 30%以上，堆积发酵 2~3d，收堆温度 28~30℃，水分 54%~56%，酸度 1.5~2.5，淀粉 21%~23%，顶点温度 48~50℃，入池温度 28~30℃，入池发酵 70d。

破堆移位发酵：为了使堆积效果更理想，当堆积顶点温度达到 48~50℃时，把高温堆积糟醅霉层打散，均匀地翻拌至少两次，堆型由原来的圆锥形变为长方形，根据环境温度调整厚度为 30cm 左右，开启鼓风降温，一般经过 1~2h，糟醅温度降到 30~35℃，迅速入池，入池综合温度控制在 28~30℃。“破堆移位”有效改善好氧菌的生长，增加芽孢杆菌、高温放线菌和慢生芽孢杆菌等好氧细菌，提高真菌物种的多样性，增加了醛类与酯类物质的相对含量，降低兼性厌氧的乳酸杆菌含量，从而使堆积发酵更充分，为窖内发酵做准备。

从高温堆积发酵和未堆积发酵所产基酒综合样的微量香味成分对比来看：前者酒中酸类（丁酸、戊酸、己酸、庚酸、乙酸），酯类（乳酸乙酯、己酸乙酯）含量明显高于后者，且酮类、醛类、醇类含量也有不同程度升高。微量成分的含量和比例关系，直接决定了酒的风格特征，例如酸是主要的呈味物质，在酒体中起平衡协调作用，一般酸过低，酒味淡薄；酯类是形成酒体复合特征香气浓郁、典型的关键因素；醇类也是呈味物质，含量过低会导致白酒风味不足；醛酮类对香味起辅助作用；杂环类主要由美拉德反应、蛋白质热分解、氨基酸热分解及微生物代谢等多种途径生成，对香味具有显著的烘托和叠加作用。

从以上三个实例看出，采用堆积发酵技术，能较明显地改善酒质，特别是酱陈味的提高。但效果有一定不同，建议在采用该技术时，应根据自身实际生产状况做相应调整。除在浓香型生产中应用堆积发酵技术外，在芝麻香型、浓酱兼香型中运用很成功，具体见前文。

三、 江淮地区企业的技术进步

酿酒界一般称江淮地区的苏鲁皖豫等在内的白酒企业为江淮派（又称黄淮名酒带），中国白酒地理版图中有人将白酒主要产区划为两大板块，即南方地区的川黔板块为代表，江淮流域的华东、华北、东北地区统称为北方地区。该地区的浓香型企业在白酒大家庭中占有重要地位。由于所处地理位置，决定了其酿酒技术与南方存在差异，符合“天时地利人和”的酿酒哲学。近 10 多年其技术进步对推动中国白酒的健康发展起到了积极作用。

1. “增己降乳”在浓香型白酒中的应用研究

古井贡酒在其老窖泥中分离筛选出 6 株优势菌，鉴定为瘤胃球菌科细菌（Ruminococcaceae bacterium）CPB6，丁酸梭菌（*Clostridium butyricum*），乳杆菌［*Lactobacillus* sp（GJG1）］，酸鱼乳杆菌（*Lactobacillus acidipiscis*），木犀科细菌 BTY6，拜氏梭菌（GJG2）。按照一定比例混合在一起制成混合菌液，并投入窖池底部进行发酵的初步应用。混菌制剂的实验研究结果表明，混菌制剂的加入能够使得己酸菌活跃程度提高，提高白酒固态发酵过程中的己酸乙酯含量，同时降低乳酸乙酯含量，且呈香物质的总量高、出池酒醅淀粉残余量小，发酵更充分。

2. 复合型封窖方法的研究和应用

河南赊店老酒公司分析了国内目前浓香型白酒封窖方法的优劣，结合传统封窖方法优点，创建北方复合型封窖方法，综合考虑了窖池形状、大小、厂房条件、气候环境、成本、可操作性等因素，并将新型封窖方法广泛应用于生产。

（1）原理结构　该方法共四层结构：单窖面糟之上由内到外依次是单窖内封塑料膜、封窖泥、单窖外封塑料膜，三者共同构成单窖“三明治”密封结构，单窖塑料膜四周都要掖严，最后多个窖池（一般 5~6 个）外共同覆盖一层多窖外封塑料膜，四周用软质沙袋或软质水管压盖完成总的密封结构，该结构形成的窖帽高度应小于 40cm。

（2）操作步骤

① 将面糟堆成龟背形或拱形，并用铁锨拍实修平，撒一层熟稻谷壳；② 将单窖内封塑料膜直接覆盖在龟背形或拱形面糟之上，四周掖严，完成第一层密封；③ 将和好的封窖泥盖于单窖内封塑料膜之上，厚度 10~15cm，完成第二层密封；④将单窖外封塑料膜盖于封窖泥之上，四周掖严，完成第三层密封，主发酵期内，每天养窖护窖；⑤ 主发酵结束后，多个窖池（密封窖池数量以实际方便操作而定）外共同覆盖一层多窖外封塑料膜，四周用软质沙袋或软质水管压盖；⑥ 发酵期结束时，依次揭窖，发酵期未到的窖池，依然可用多窖外封塑料膜继续保持密封结构；⑦ 塑料膜都可循环利用。

（3）优越性　该方法封窖时首先使用单窖内封塑料膜作为第一层密封层，避免了封窖泥有害物质和杂菌与面糟的直接接触；其次，该方法实施于拱形面糟之上，能够保证第二密封层的封窖泥水分直接下淋到窖口四周，既加强了窖口的密封作用，又避免了对面糟的污染；第三，该方法加盖的第四层密封层——多窖外封塑料膜，在内部构建了一个微型保湿和厌氧环境，避免了北方干燥环境的影响，既大大提高了窖池的整体密封效率，又抑制了大部分好氧性杂菌的生长，保证了封窖泥的质量及封窖效果；第四，该方法几乎没有增加劳动强度，却解决了北方干燥环境和封窖泥有害物质及杂菌对面糟的不利影响，又成倍提高了封窖效率；第五，该方法适用性广，不受窖池大小及厂房环境影响，新老厂房皆可使用，路面是青石板时，路面用水润湿后覆盖多窖外封塑料膜，密封效果更好；第六，该方法具有成本低、柔性好、密封性好、操作性强、循环性好等优点，推广实用性强。

3. 多轮底混合蒸馏提高白酒品质

江苏汤沟两相和酒业通过对窖底酒醅进行多轮次循环发酵，得到高质量的多轮底发酵酒。同时，应用酯化酶回沙工艺强化积累多轮底发酵酒醅中的风味物质。然后将发酵好的多轮底酒醅与上层 30d 发酵酒醅混合蒸馏，使得多轮底酒醅中丰富的风味物质在酒精浓度相对较高的上层酒醅中得到充分的馏取。最后参与蒸馏的多轮底发酵糟醅与上层 30d 发酵的糟醅混合均匀后进入下一轮发酵。结果表明经过本试验可以将本厂浓香型白酒生产发酵周期缩短至 30d，与 42d 生产发酵周期比较，窖池周转率提高 40.6%，原酒特一级品率提高 25%、特二级品率提高 16%、优级品率提高 25%、一级品率提高 6%，各级原酒己酸乙酯含量提升 2~3 倍，四大酸、四大酯比例更加协调。操作要点如下：

（1）回沙工艺方法

① 取质量分数为 0.8%~2%的 30%vol~50%vol 酒放于不锈钢酒桶中，加入 0.2~0.6g/L 的酯化酶搅拌均匀备用；② 将等量于 50%~70%多轮底发酵酒醅的 30d 发酵大楂酒醅与 30%~50%的多轮底发酵酒醅混合翻拌均匀，保证酒醅无蛋团；③ 称取质量分数为 0.3%~1%的大曲均匀抛撒在翻拌好的混合酒醅上，继续翻拌均匀；④ 将第①步配制好的酒均匀洒在第③步的混合酒醅上，继续翻拌均匀；⑤ 将第④步制得的酒醅平铺于窖底，进行下轮次发酵。

（2）多轮底发酵工艺　立楂时留一定量的压窖酒醅，经过回沙工艺后置于窖池底部进行下一轮次发酵，在第一轮发酵结束时取留于窖池底部酒醅的 50%~70%用于上部 30d 发酵期酒醅的混蒸，另外 30%~50%与本轮次相当于取用底部酒醅的量的 30d 发酵期大楂酒醅经过回沙工艺混合后置于窖池底部进行下一轮次发酵，以此类推即为多轮底发酵工艺。

（3）多轮底混蒸工艺方法　取 50%~70%发酵好的多轮底酒醅，按一定比例与上层 30d 发酵的酒醅混合蒸馏取酒。混合比例为：多轮底：大楂（二楂）=（2~3）：5；多轮底：小楂=1：4。接酒方式与对照组接酒工艺一致，接取 6 段酒，分别为：特一、特二、优级、一级、二级、酒尾。

4. 多底发酵提高浓香型白酒质量

湖北黄山头酒业利用不锈钢窖泥盘装入生态窖泥后，分多层平铺放置在窖池内的酒醅中，使窖池内部形成多个窖底，适用于各种结构的窖池使用，经实践可提高浓香型白酒的优级率 35%以上。且窖泥盘结构简单，使用方便，能大幅降低浓香型白酒生产成本，效果稳定可靠。具体原理及方法见本节“DMF 工艺应用”。

四、 香型融合技术

中国白酒自1979年第三届全国评酒会正式确立了浓香、酱香、清香、米香四大香型后，有些酒种不属于四种香型范围，列为其他香型。四大香型中，米香型不属固态发酵；浓香、酱香、清香型都是传统的固态发酵、固态蒸馏，这三种香型后来业内人士都认为是中国传统白酒的三大基本香型。现在12种香型中，只要是采用大曲为糖化发酵剂的固态发酵法白酒，虽然香型不同，但其风格特征、香味成分和工艺特点有着密切的关系，都以“浓香、酱香、清香”三大基本香型为母体，以一种、两种或两种以上的香型，将制曲、酿酒工艺加以融合，结合当地地域、环境、消费习惯等加以创新，形成各自独特的工艺，衍生出多种香型。芝麻香型、馥郁型、兼香型等就是其典型代表。

香型融合技术使中国白酒不断创新与发展，学创结合、精华融合是调整产品结构、开发新产品的重要技术措施。

1. 香型融合技术在芝麻香型中的应用

芝麻香酒以其幽雅舒适的香气、醇和细腻的风味深受当地和邻近地区消费者的喜爱。它的制曲、酿酒工艺是香型融合创新的具体表现。

（1）高、中温曲混合使用　高温大曲是酱香型酒成香的关键因素，同时也是芝麻香型酒焦香的来源，是产生酱香及芝麻香的微生物嗜热芽孢杆菌的来源。优质的高温曲，曲块呈褐色的部位，焦香都较浓郁，其成分为呋喃类、酚类和吡嗪类。中温曲是浓香型酒的主要用曲，它也是形成芝麻香型酒风格的又一关键条件，也是大曲中积累各种微生物适温芽孢杆菌的来源之一，此种曲有较高的糖化力和发酵力，且有特殊的曲香。芝麻香酒工艺的用曲方法是中温曲与高温曲以5∶3的比例混合使用。用曲量较大，为原料的35%~40%，在酱香与浓香型之间。两种曲混合按恰当比例使用，对芝麻香型白酒香味物质的形成起到关键作用。

（2）纯种曲与大曲并用　芝麻香型白酒尽管生产工艺各厂不尽相同，但都选用河内白曲、耐高温细菌、复合酵母曲及部分大曲。河内白曲有一定的糖化力，酸性蛋白酶含量也高，能将原料中的淀粉及蛋白质有效地降解；耐高温细菌来自高温大曲，具有一定的液化力、糖化力、蛋白质分解力和酯化力，是提高芝麻香型白酒质量的有效菌株；复合酵母兼顾生香及产酒；适量高温大曲则赋予酒体一定的酱香和焦香及复杂成分，使酒体谐调、自然。

（3）原料配比独特　芝麻香型白酒在酿酒原料配比上十分注意碳氮比，也就是说在配比上要注意提高蛋白质的含量，为进行美拉德反应提供必要的基础物质条件，故配料中以高粱为主，适当配以麸皮、小麦或玉米等，其芝麻香和酱香均较突出，口味丰满、自然、和谐。生产中使用麸曲、酒母也是这个道理。

（4）工艺路线博采众长，创新发展　芝麻香型白酒工艺的选择，主要围绕着怎样利用原料中的淀粉和蛋白质两种资源，取三大基本香型工艺之长，并创新发展。

① 高温润料或高温隔夜蒸料，两种方式都是为蛋白质的降解创造条件；而江苏沭阳酒厂在工艺上采用了清香型白酒有关的清蒸续糙工艺，而在操作上又融进了浓香型酒的老五甑工艺，这是芝麻香型酒工艺的独特之处。糊化前采用低温润料，使用28~30℃温水润料，以润透淋浆为止，堆积3~4h，使原料吸足水分，易于糊化。

② 高温堆积是酱香型酒的典型工艺，芝麻香型白酒采用此工艺，也是为了网罗空气中有益微生物，为芝麻香和积累前体物质创造条件，要求堆积升温达 50℃。

③ 高温发酵是形成芝麻香风格的必要条件。要求入窖发酵温度在 35℃以上，入窖后的前 3 天升温到 40℃以上，一直维持约 7d，然后平稳逐步下降，该发酵条件类似酱香型白酒。

④ 高淀粉浓度，是高温堆积和高温发酵的必要条件，底物浓度是发酵热的重要物质。

⑤ 窖池构造，以水泥、砖或石条砌均有，但全是泥底，有的窖底泥还经人工培养，对提高窖底香效果显著。

⑥ 长期发酵二次蒸馏。哈尔滨龙滨酒厂生产芝麻香型酒即 10d 发酵的麸曲酱香酒为酒基，以长期发酵的香醅为香源，进行二次蒸馏。香醅是以糊化好的高粱、小麦、麸皮适量配入蒸酒后的粮糟，加白曲、酵母、细菌、高温曲。高温堆积和高温发酵 45d 以上制成。出窖将一次蒸馏酒与成熟香醅进行倒烧二次蒸馏，比例为 3∶1，量质摘酒，分级贮存。

⑦ 分楂摘酒，按质贮存。按焦香、窖香和醇甜分别贮存。酸度大的酒，焦香也较突出。芝麻香酒贮存期要 3 年以上，这点与酱香型酒要求相同。

由此可见，芝麻香型酒尽管各厂有异，但都是以酱香型酒工艺为基础，融合了浓香与清香的某些工艺，创新而成。

2. 香型融合技术在馥郁香型（酒鬼酒）白酒中的应用

酒鬼酒其酿造工艺集清香型小曲酒和浓香型大曲酒工艺为一体，多粮颗粒原料、小曲培菌糖化、大曲配醅发酵、泥窖提质增香、粮醅清蒸清烧、洞穴贮存陈酿、精心组合勾兑。

（1）多粮颗粒原料，高温浸泡，原料清蒸　采用五粮配方，除玉米要求粉碎成能通过 2.0mm 筛孔的占 3/4 外，其他原料均为整粒使用。整粒原料酿酒是川法清香型小曲酒的典型工艺。

高温泡粮和蒸粮方式都具有川法小曲酒的操作特点。

（2）小曲培菌糖化　将蒸好的原料出甑平铺于晾床上，翻拌吹晾至 28~32℃，均匀撒上 5%~6%的根霉曲，再翻拌均匀晾至规定的温度，入糖化箱培菌糖化。小曲培菌糖化相当于二次制曲，料醅在培菌过程中网罗了空气中大量的微生物；同时部分淀粉转化为还原糖，并形成一定量的呈香前体物质。这也主要是川法小曲酒的操作方式。

（3）大曲配醅发酵，泥窖增香　将经过蒸馏的酒醅出甑放置于晾床摊晾至接近入窖温度时，加入经培菌后的料醅，撒入 20%~22%的大曲粉，翻拌均匀，低温入泥窖发酵，发酵期为 50d 左右。酒鬼酒生产用的大曲是中偏高温曲，制曲温度为 57~60℃，是浓香型白酒生产用曲。生产用的窖池为优质泥窖，这也是酿造优质浓香型酒的基础。

（4）清蒸清烧，配醅发酵　清蒸清烧是清香型酒的典型工艺，即蒸粮与蒸酒彻底分开，有利于酒体净爽。完成培菌糖化工序以后，转入大曲浓香型酿造发酵工艺，在入窖酒醅的排列上，沿用了小曲酒的方法，即窖面和窖底均为不投粮的糟醅，中间为三个大楂，底醅也采用双轮底发酵增香蒸取调味酒。这部分的酒醅成分和浓香型酒不一样，所产的酒可能是产生酱（陈）香味的又一来源。大楂酒醅所投的粮食配料都经过蒸熟及二次制曲的培菌工序，因此入窖时微生物数量及种类，理化分析结果都和浓香型大曲酒完全不同，估计酵母菌中产膜酵母较多，使发酵后产品中乙酸乙酯含量高。采用人工培窖技术，必然使酒中有相当的己酸乙酯，形成酒中己酸乙酯与乙酸乙酯含量近乎平行的独特量比关系。

酒鬼酒是融合清香、浓香和部分酱香工艺的产品，以致酒质优美、芳香馥郁、独具一格。

3. 凤香型与浓香型的融合——凤兼浓酒

凤兼浓酒是凤香型酒生产厂为适应消费市场的变化，在凤香型酒土暗窖固态发酵混蒸混烧老五甑工艺的基础上，通过技术创新，融合浓香型酒部分生产工艺特点，生产出的一种既有凤香型酒醇香秀雅、甘润挺爽的特征，又有浓香酒绵柔、甜净风格的新香型白酒。

（1）凤香型酒与凤兼浓香型酒工艺上的区别

① 制曲和酿酒原料：制曲原料凤香型酒只有大麦、豌豆两种，而凤兼浓香型制曲原料增加了小麦，属多粮制曲；酿酒原料凤香型酒只有高粱一种，为单粮发酵，而凤兼浓香型酿酒原料为高粱、大米、小麦，属多粮发酵。

② 制曲最高温度不同，凤香型 58~60℃，凤兼浓香型 58~63℃，提高了制曲温度，曲中微生物的数量和种类均发生了变化，为凤兼浓香型酒香味物质的生成提供了条件或前体物质。

③ 发酵期延长，传统凤香型酒发酵期 14~16d，凤兼浓香型发酵期为 22~30d。并采用浓香型“双轮底”工艺生产调味酒，增加基础酒的醇厚感。

④ 窖泥不同，凤香型酒为了控制酒中己酸乙酯含量每年更换一次新窖泥，而凤兼浓香型则采用两年修补一次或人工培养窖泥。

⑤ 生产工艺：凤香型酒一年为一个生产周期，当年 9 月立窖，次年 6 月挑窖；凤兼浓香型则为部分连续生产或挑一半压一半，秋季中下旬开始掰窖生产。

⑥ 贮存容器，传统凤香型酒是酒海贮存 1~3 年，凤兼浓香型是先在酒海贮存 0.5~1 年，再转入陶坛或不锈钢罐中贮存 3~6 个月，再勾兑调味。

（2）凤香型酒与凤兼浓香型酒比较（以 45%vol 的成品酒为例）

凤香型酒与凤兼浓香型酒成分比较见表 13-36。

表 13-36　凤香型酒与凤兼浓香型酒成分比较　单位：mg/100mL

成分	总酸/(g/L)	总酯/(g/L)	乙醛	乙酸乙酯	正丙醇	仲丁醇	乙缩醛	异丁醇	正丁醇	丁酸乙酯	异戊醇	乳酸乙酯	己酸乙酯
凤香型	0.55	1.97	24.95	105.9	43.08	5.44	12.60	7.52	5.30	10.31	28.55	90.36	39.39
凤兼浓香型	0.70	2.36	18.18	98.15	33.90	4.69	11.66	9.46	4.35	10.65	26.11	95.60	82.17

二者感官特征比较：

凤香型：清亮透明，醇香秀雅，醇厚丰满，甘润挺爽，诸味协调，回味悠长。

凤兼浓香型：清亮（或微黄）透明，香气馥郁，凤浓协调，绵甜柔和，余味悠长。

除凤香型与浓香型的融合，有关酒厂还进行了凤香型与酱香型结合生产出凤兼酱香型的产品；并开展了“发酵法凤兼复合型白酒生产工艺”研究，通过“多粮酿造，发酵成型”的方法生产凤兼复合型白酒，与“分型发酵，勾兑成型”的生产方法有本质的区别，为个性化凤香型白酒的发展创出了一条新路。

4. 绵柔凤香型的工艺创新

为了适应消费者对柔和、淡雅口感的喜好，西凤酒公司从 2012 年开始进行绵柔凤香型白酒设计生产。从酿酒原料的选择，窖池的设计改造，酿酒用曲的选择，发酵工艺、发酵周期、入池条件控制等各方面整体进行了设计和调整。绵柔凤香型白酒在香型融合上进行了大胆创新、科学的改良，所产酒质既具有凤香型的醇香秀雅，又具有浓香型的绵柔甜爽，入口甘美、绵甜，酒体丰满，余味悠长。绵柔度、舒适度都得到了提升，为传统名酒的传承创新探索出一条新路。具体介绍见凤香型一节。

5. 兼香型

兼香型酒的确立是在 1979 年全国第三届评酒会上，湖北松滋县白云边酒率先获得国家优质酒称号，随着科学技术的发展，生产工艺日臻完善，生产的厂越来越多，如黑龙江玉泉酒、湖南白沙液、湖北西陵特曲在 1989 年都获得国家银牌。这几种酒都是浓酱相兼、浓酱协调的典型代表，是将酱香型与浓香型酒巧妙融合、创新的成功范例。

（1）白云边酒是酱中有浓的兼香型酒代表，它是以高粱为原料，用小麦制高温曲。从投料开始至第 7 轮次大多采用大曲酱香（茅台酒）操作法，即投料分为第 1 次、第 2 次混蒸的 2 次投料法，进行高温堆积及高温多轮次发酵。到第 8 轮时，改用浓香型酒工艺，即再将总投料量 9%~10%的高粱粉与第 7 轮次的出窖酒醅混匀后混蒸，出甑后的酒醅加 15%的水，20%中温曲，再低温入窖发酵 1 月。除第 1 轮次的酒全部回入酒醅进行再次发酵外，其各轮次酒则分层、分型摘取、贮存，尾酒也单独贮存。一般是上层酒乙酸乙酯放香突出，微带酱香；中层酒味较醇和，甜度大，清雅爽净；下层酒己酸乙酯含量较多，味甘绵软，但略带苦涩；尾酒酱香突出，酸味重，乳酸乙酯及糠醛含量高。将这几种酒组合成型是产品质量的重要一环。

（2）黑龙江玉泉酒是浓中带酱的兼香型酒代表，采用酱香、浓香分型发酵产酒，分型陈贮，科学勾调工艺。玉泉酒是根据北方气候选择最佳季节投料，采用 6 轮发酵酱香大曲酒工艺，发酵期为 25d；6 轮后第二次投料，转入泥窖中续糙老五甑混烧，使用中温曲，按浓香型酒工艺操作，发酵 45d。在投料时增加部分麸皮用量，强化高温大曲质量。在浓香型白酒生产时采用人工老窖等综合措施，控制乳酸乙酯与己酸乙酯之比值小于 1；在酱香型白酒生产时，使乙酸乙酯与乳酸乙酯之比值大于 1。该厂还有专门的浓香型酒生产，完全采用浓香型酒的典型工艺，是玉泉酒质量的重要保证。基酒分型、按质分别贮存 3~5 年，浓香与酱香的勾兑比例为 8∶2。

（3）清中带酱大曲酒　20 世纪 90 年代初四川省食品发酵工业研究设计院融合酱香型、清香型酒传统工艺的特点，研制出“清中带酱”大曲酒。

① 工艺特点

制曲工艺：以小麦为原料，分别生产低温曲和高温曲；产酯曲是用自行选育的产酯酵母制成麸曲。

酿酒工艺：按清香型曲酒工艺要求粉碎原料；高温润糁；低温曲、高温曲、产酯曲混合使用；高温堆积，堆积温度高达 50~52℃；回酒发酵，发酵期每轮 1 月；用水泥池发酵，发酵期每轮1月；量质摘酒，分质贮存；精心勾兑。

清中带酱酒主要成分见表13-37。

表13-37　清中带酱酒主要成分　单位：mg/100mL

成分	含量	成分	含量	成分	含量	成分	含量
总酸/（g/L）	103.58	甲酸乙酯	4.2	异戊酸	0.586	丙酸	2.99
总酯/（g/L）	591.11	乙酸乙酯	386.9	正丙醇	24.7	乳酸	19.81
乙酸异戊酯	0.37	乙酸丙酯	0.29	异丁酸	1.05	壬酸	0.20
十八酸乙酯	0.01	丙酸乙酯	1.4	环戊醇	0.03	己酸	0.42
肉豆蔻酸乙酯	0.11	丙酸甲酯	1.4	正丁酸	0.85	甲酸	3.192
月桂酸乙酯	0.04	丁酸乙酯	0.6	仲丁醇	12.9	乙酸	105.30
亚油酸乙酯	2.99	乳酸乙酯	218.0	异戊醇	42.2	甲醇	8.5
棕榈酸乙酯	4.92	戊酸乙酯	/	异丙醇	11.0	庚醇	0.02
乙酸正己酯	0.07	戊酸丁酯	0.02	异己醇	0.02	癸醇	0.19
乳酸异戊酯	1.25	己酸乙酯	/	双乙酰	5.1	醋鎓	5.4
乙酸特丁酯	1.2	辛酸乙酯	0.29	异丁醇	14.0	糠醛	1.2
乙酸正戊酯	1.7	庚酸乙酯	0.03	正丁醇	1.4	乙醛	24.8
β-苯乙醇	0.38	壬酸乙酯	0.38	正戊醇	0.7	乙缩醛	47.4
油酸乙酯	2.12	2-己醇	0.9	肉桂醇	0.32		
3-戊醇	0.05	癸酸乙酯	0.50	叔戊醇	3.0		

② 风格和香味成分特点：本产品既有“清香纯正”的特点，又有“酱香优雅、回味余长”的风韵，口感和理化成分都独具特色。其香味成分特点如下：

a. 酯类以乙酸乙酯和乳酸乙酯为主，占总酯的绝大多数，不含己酸乙酯，这些与清香型白酒相似；酯种类很多，与酱香型白酒类似。

b. 酸总量介于清香与酱香型白酒之间。

c. 清香型和酱香型的醇区别较大的是正丙醇，清香型为10mg/100mL，酱香型为20mg/100mL，本品为24mg/100mL，与酱香型白酒接近。

d. 羰基化合物：酱香型白酒中含乙缩醛120mg/100mL，乙醛55mg/100mL左右；而清香型白酒较低，分别为50mg/100mL和15mg/100mL左右；而本产品介于两者之间。糠醛比清香型白酒高1~2倍。

6. 香型融合技术在北方酒厂的应用

大连辽一酒厂经过多年实践和总结，通过香型创新、工艺创新，提升了北方烧酒的质量水平，传承和开发了辽酒优质化的工艺路线，并创新提出将优质的辽酒风味特征命名为“辽香型”，总结出了辽香型白酒生产工艺技术参数和生产条件，制定了《辽香型白酒生产工艺技术规范》，规范了辽香型白酒的生产管理，统一工艺要求。

辽一酒厂的辽酒生产以清香为主，辅以酱香、浓香等，融合贯通发展成为“辽香型”。其工艺特点：严格遵循传统的高粱原料、优良泉水，小麦大曲、自然发酵、甑桶蒸馏、陶缸储存的古法酿制，即高温大曲、高温堆积（发酵）、高温流酒、长期发酵、长期储存的工艺，即“三高二长”的独特工艺。具有酒香纯正、自然；入口醇厚、丰满；余味回甜、悠长的风格。具体做法如下：

（1）向多粮复合香转变。辽一酒在配料上，集南北名优酒工艺之特色，采用多粮酿制，原料处理有面有糙，科学配比原料，为发酵微生物提供合理化代谢条件，打破原北方烧酒单粮酿造的传统。

（2）采用水泥、岩石、泥砖、泥底复合型窖池，不做防水处理，留有低位渗水池，防止地下水的浸扰，让发酵材料与大地微生物接触，汲取大地之灵气，也改变了北方烧酒窖池结构。

（3）采用了保温蒸甑蒸馏，节能冷却器，有效地提升北方烧酒的蒸馏控制条件，提升了蒸馏和分馏水平。

（4）采用半机械化生产，采用了鼓风凉糙，门吊抓斗，行车打糙等有利于排酸增氧，既保留传统操作特点，又降低了工人的劳动强度，做到稳、准、细、净操作，克服了作坊式生产管理落后、劳动强度大、入池条件难控准确的弊端。

（5）采用大曲、复合高温多菌种微生物发酵技术，对增加丰富北方烧酒复合香、醇厚感起了决定性的作用，是提升酒质的动力。

（6）科学的酒体设计　经过对北方烧酒的全面分析与总结，研究个性特点、风味特征，从生产工艺到产品的感官风格，对比差异，发现辽香酒酒体设计的特征。其特点与其他各香型酒不同，与现有的十多个香型白酒的风味风格不同，它虽有清香的基型，又不同于清香型、老白干型、二锅头型，它有酱香的元素，又不同于酱香酒，清中有陈、陈中有酱、酱陈复合的风味特征，具有明显的个性化。经全国专家鉴评：酒香自然纯正，清香带酱香，酒体醇厚、丰满、回甜，余味悠长，具有辽宁白酒特殊风格。沈怡方认为：清中带酱的新产品是当今复合香组合的一种创新，是改善清香酒口味、适应市场变化的一项技术举措。

7. 三香融合——石花“生态三香”酒

湖北石花酒业结合本地实际，通过多年的努力，成功研制出独具特色的石花“生态三香”酒。具体做法如下：

（1）工艺特点　多粮，地缸、泥窖固态发酵，采用高、中、低温曲，三香工艺融合，混蒸混烧，高温堆积，多轮发酵，量质摘酒，分质陈酿，精心勾调。

① 糖化发酵剂：以小麦等制大曲，分为低温曲（45~50℃），偏高中温曲（包包曲）（60~62℃），高温曲（68~70℃），3 种曲视不同糟醅单独或混合使用。

② 原料配比及处理：高粱、大米、糯米、玉米。高粱碎成 4 瓣、6 瓣、8 瓣，玉米粉碎度与高粱相近（通过 2.0mm 筛孔占 3/4），大米、糯米为整粒。

③ 工艺过程及主要参数

a. 多粮配比：高粱 50%、大米 30%、糯米 12%、玉米 8%。

b. 高温润糁：每班投粮 1200kg，高粱、大米、糯米、玉米分别润料。水温在 95℃以上，时间为 20~24h 润糁，中间翻拌 1~2 次。

c. 高温堆积：采用低温曲 12%，高温曲 10%的组合。温度 48~50℃堆积，时间随气温而变。

d. 发酵：粮醅比1：（4~5），每甑投粮400kg（多粮，配比同上）。浓香糟与清香、酱香糟混合作配糟，稻壳用量20%~23%，大曲总用量20%~25%。粮醅混合后润料45~60min。地缸发酵30d。

e. 蒸馏摘酒：上甑要求“轻撒匀铺、探汽上甑”，流酒温度30~35℃，流酒速度3~4kg/min，量质摘酒。

f. 入窖条件：酸度1.7~2.2、淀粉16%~21%（夏少冬多）、水分52%~55%、温度16~20℃。

g. 多轮发酵：下层糟经加粮、蒸酒后加高温曲，进行高温堆积（堆温45~48℃），入窖底进行双轮（或多轮糟）发酵。上层、中层糟发酵50~60d；双轮糟（或多轮糟）发酵100~120d以上。

h. 分质陈酿、勾兑：分质贮于陶坛陈贮3年以上。按质量标准，精心勾调。

（2）“三香”酒的香味组分特点及风格特征

① 成分特点：石花“生态三香”酒与典型的浓香、清香、酱香型白酒的香味成分有明显的不同，这是其独特的工艺形成的。

“三香”酒中乙酸乙酯含量高于浓香型，其含量介于浓、清、酱之间；己酸乙酯只有浓香型酒的一半左右；乳酸乙酯含量与清香型、酱香型酒接近，但低于浓香型酒；丁酸乙酯含量低于浓香型酒，但高于酱香和清香型酒。

酸类是中国固态法白酒重要的呈味物质。“三香”酒的乙酸、丙酸、异丁酸、丁酸、异戊酸、戊酸含量都在浓、清、酱之间；己酸含量只有浓香型酒的50%左右，但却高于酱香型酒4倍，更高于清香型酒；庚酸、辛酸含量大大低于浓香型酒与酱香型酒，与清香型酒接近。

“三香”酒的醇类与浓、清、酱香型酒亦有显著差异：正丙醇低于酱香型酒，但远高于浓香型酒、清香型酒；许多醇类含量“三香”酒都介于清、浓、酱香型酒之间；2，3-丁二醇、3-羟基-2-丁酮的含量都高于浓香、清香型酒，在酒体中发挥了重要的作用。

“三香”酒中的棕榈酸乙酯、油酸乙酯和亚油酸乙酯，经降度、除浊处理后，已大部分被除去，其含量明显低于浓香型、清香型、酱香型酒。

② 风格特点：2013年3月秦含章、曾祖训等在北京对石花“生态三香”酒进行了品鉴。专家们一致认为，该公司利用当地独特的生态环境，融合了中国白酒三大基本香型的工艺精华，形成三香共生、和谐，在传承的基础上，创造了“生态三香”酒独特的工艺，酿造出独具特色的“三香”酒。“三香”酒为无色透明，芳香幽雅，三香融合，醇厚绵柔，丰满圆润，甘洌爽净，诸味协调，具有浓、清、酱三香一体的独特风格。

8. 香型融合技术的思考

在上面介绍的几个典型范例的基础上，针对近年来出现的一些观点现象，对香型融合技术的应用、发展，谈一点粗浅的认识。

（1）保持特色，融合创新　我国幅员广阔，东西南北地域气温、湿度、土质差异甚大。千百年来，各地都采用当地盛产的淀粉质原料，结合本地的气候、水质、土质、民俗、口味等诸多因素来生产白酒，形成了我国多种香型白酒。白酒香型发展，是各地技艺交流、科学技术的进步，各种香型白酒之间不断相互模仿、融合、借鉴的体现。

清香、浓香、酱香是白酒三大基本香型，它们差异很大，特点各异。中国白酒虽然香型不同，但风格特征、香味成分和工艺特点有着密切的关系。为了适应市场，适应消费的变化，各相关酒厂要在保持特色的前提下，继续传承和发展，取各香型酿造工艺之精华和香味成分（特别是复杂成分）的差异，弥补自身产品的某些不足，注重多种粮食配合使用，从源头上使产品质量得到升华。

（2）“一香为主，多香并举” 从生产规模和市场影响力来看，“浓、清、酱”三大基本香型仍是主体，但在产品、工艺、风格、口感等方面，都不同程度地与时俱进。大型名酒企业，以传统优势香型为主，并开发其他香型，如泸州老窖兼并酱香型酒厂；茅台、汾酒开发浓香或兼香型白酒；有些却以浓香型为主，投巨资兴建酱香型、清香型酒车间；郎酒一直是以酱香型为主，同时生产浓香型和兼香型。“一香为主，多香并举”是未来大中型名酒企业产品开发的主攻方向。

（3）酱香与浓香融合创新 采取“循环下沙”“回糟发酵”和“六分法”“双轮底”等工艺，生产不同特点的基酒和调味酒。利用传统酱香型酒生产工艺生产为我所用的功用白酒，应不拘泥于典型的“传统工艺”，可在原料、曲药、工艺条件、发酵周期等方面广开思路，传承创新。酱香型功用白酒含有丰富的有机酸和高沸点物质，经 3 年以上贮存，用于浓香型或新产品的基酒组合、调味，对改善口感，增加后味、陈香、丰满、醇厚，效果十分明显。

（4）清香与浓香融合创新 清香型白酒有大曲清香、小曲清香和麸曲清香之分，各有不同的风格特点。采用清香与浓香结合，生产清香特点的功用酒，视用曲、用糟、工艺、发酵期等不同，有不同的特点和用途，可单独作基础酒，也具调味之功能。

（5）串香提质 串香是董酒（药香型）的传统工艺，将其技术应用于其他香型，早已见成效。用得最多的是固液结合。用固态法生产的不同香型酒醅互串，其酒的风味更是变化多端。利用串香的特有技术，将不同香型酒相互融合、浓缩，增加其丰富的微量成分，是新产品创意较理想的工艺，但必须注意，若要想串香酒独具个性和特点，必须要将不同香型的固态酒醅做好，否则难以取得理想的效果。

（6）提高酒体设计水平 通过酒体设计队伍水平的提升，指导开发新酒品，与时俱进地提高产品品质。

白酒香型的融合，将有助于推动中国白酒技术的发展与创新。泸州老窖等不少名酒企业早年就立项“中国白酒香型融合的研究”等课题，其目的是达到以浓香为主、口感多样化，满足个性需求而协调、平衡。使浓香型白酒向幽雅、绵软、柔顺、爽净方面发展，以适应市场需求。洋河股份在这方面走在不少企业的前面，成为现阶段白酒行业的标兵。

五、 酒类添加剂的开发利用

（一） 概述

1. 国家相关规定

食品添加剂是指“为改善食品品质和色、香、味，以及为防腐、保鲜和加工工艺的需要而加入食品中的人工合成或者天然物质。食品用香料、胶基糖果中基础剂物质、食品工业用加工助剂也包括在内。”食品添加剂的正确使用对于改善食品的质量和档次，保持原料乃至成品的新鲜度，提高食品的营养价值，开发新食品和改善食品加工工艺等方面有着极为重要的作用。

按新版 GB/T 17204—2021 等国家标准及《食品安全法》规定。目前只允许配制酒（露酒）添加 GB 2760 规定的一些食品添加剂。而（传统）的 12 大香型白酒、液态法白酒、固液法白酒中均不得使用非自身发酵产生的呈香呈味物质。甜味剂是目前白酒中使用容易出现问题的，下面就此进行一些探讨。

现将 GB 2760—2014 对酒类食品的细分列入，见表 13-38。

表 13-38　酒类食品的细分（摘自 GB 2760—2014 表 E 食品分类系统）

类别/名称	酒类	蒸馏酒	白酒	调香蒸馏酒	白兰地	威士忌	伏特加
分类号	15.0	15.01	15.01.01	15.01.02	15.01.03	15.01.04	15.01.05
类别/名称	朗姆酒	其他蒸馏酒	配制酒	发酵酒	葡萄酒	无汽葡萄酒	起泡和半起泡葡萄酒
类别/名称	调香葡萄酒	特种葡萄酒	黄酒	果酒	蜂蜜酒	啤酒和麦芽饮料	其他发酵酒
分类号	15.03.01.03	15.03.01.04	15.03.02	15.03.03	15.03.04	15.03.05	15.03.06

可在酒类中使用的甜味剂见表 13-39。

表 13-39　可在酒类中使用的甜味剂

名称（代码）	食品分类号（使用范围）	最大使用量/（g/kg）	备注
糖精钠（19.001）sodium saccharin	15.02（配制酒）	0.15	以糖精计
环己基氨基磺酸钠（又名甜蜜素）（19.002）sodium cyclamate 环己基氨基磺酸钙 calcium cyclamate	15.02（配制酒）	0.65	以环己基氨基磺酸计
三氯蔗糖（又名蔗糖素）sucralose	15.02（配制酒） 15.03（发酵酒）	0.25 0.65	
N-［*N*-（3，3-二甲基丁基）］-L-α-天冬氨酰-L-苯丙氨酸-1-甲酯（又名纽甜）（19.019）neotame	发酵酒（15.03.01 葡萄酒除外）	0.033	
异麦芽酮糖（19.003）isomaltulose（palatinose）	15.02（配制酒）	按生产需要适量使用	
赤藓糖醇（19.018）erythritol	各类食品	同上	
罗汉果甜苷（19.015）Lo-han-kuo extract	各类食品	同上	
木糖醇（19.007）xylitol	各类食品	同上	
乳糖醇（19.014）lactitol	各类食品	同上	

2. 白酒生产中存在的甜味剂问题

甜味剂是改善食品口味的一种食品添加剂。按 GB 2760—2014 规定，可用于白酒（液态法白酒、固液法白酒）加工的甜味剂包括糖精钠、甜蜜素、蔗糖素、纽甜、异麦芽酮糖、赤藓糖醇、木糖醇、罗汉果甜苷、乳糖醇 9 种。糖精钠是最早的人工合成甜味剂，它不参与人体代谢，直接从尿液中排出体外，甜蜜素也不参与人体代谢，只有少数人可将其代谢。目前国际上对于糖精钠、甜蜜素使用的安全性仍存在争议。

（1）各香型白酒国家标准中均规定，不得加入非自身发酵物质，甜味剂（糖精钠、甜蜜素、甜味素等）均是人工合成的非自身发酵物质，而市场上白酒产品有违规添加各种甜味剂的现象，严重侵犯了消费者权益。

（2）标签标注不规范，按国标 GB 7718—2011《预包装食品标签通则》的规定：在产品中使用甜味剂、防腐剂、着色剂等添加剂时应按 GB 2760 中规定标示添加剂的具体名称，任何错误或不标注都是违反国标中强制性规定的，不少白酒生产企业都出现过上述的标签标注问题。

（3）各企业原材料进货检验把关不严，造成白酒中被动添加糖精钠的问题较为突出，一是很多企业在生产勾调过程中，因使用含有糖精钠等甜味剂的陈香剂、除苦剂、糟香剂、窖香剂或复合调酒液等酒用香精香料，造成白酒产品中糖精钠违规；二是部分企业因使用含有糖精钠的外购原酒，而导致被动违规。

（4）多数企业对与甜味剂相关的标准、法规了解不够，理解把握不足，从而引发错用和乱用甜味剂等问题。

事实上各酒类生产企业从自身利益出发，不少企业都在酒中添加食用香料（如酸、酯）、甜味剂等改善酒质及口感，但又都不愿承认白酒产品中使用了甜味剂这一事实，而目前市场上几乎没有任何中、低档白酒产品标签标识标注了使用的食品添加剂（或甜味剂）名称，都怕承认后影响产品销售和遭遇同行指责。目前多数中、低档产品未按各香型白酒标准要求进行生产，标签标注方面未严格按照 GB 7718 的要求进行标注，却在标签上错误标注各香型标准作执行标准。应严格按照最新国家标准及《食品安全法》等相关规定，生产安全合格的白酒产品，从而推动白酒行业的健康发展。

（二） 从酿酒副产物中提取酒类添加剂

酿酒企业每年产生大量的黄水、丢糟、酒尾、底锅水等酿酒副产物，其中含有一定的呈香呈味物质，未得到高效回收利用就直接排放，不仅会造成极大的资源浪费，而且给环境带来一定的污染，严重制约了白酒优质品率的提高和可持续循环经济的实现，成为行业共性技术难点。对此各大酒厂、相关科研单位相继进行了一系列研究，传统的酒用呈香呈味物质的提取方法包括酸醇酯化、串蒸等技术，其主要采用蒸馏法提取，提取率低、产品质量差。采用超临界 CO_2 萃取技术从酿酒副产物中提取酒用呈香呈味物质——作为酒类添加剂应用效果明显，是酿酒行业循环发展的重点。

1. 酿酒副产物的香味成分分析

传统浓香型曲酒发酵过程中黄水、丢糟、底锅水、酒尾中含有大量的香味物质成分，包括有机酸、酯类、醇类、羟基化合物、酚类化合物、含氮化合物、杂环类化合物等，均是在白酒发酵阶段形成的。据有关单位分析：黄水中主要香味成分含量见表 13-40。

表 13-40　　黄水中主要香味成分含量　　单位：mg/100mL

项目	含量	项目	含量	项目	含量	项目	含量
乙醇/%vol	0.8~8.9	甲酸	7.5~12	乙酸乙酯	4.7~65	乙醛	3.3~16
甲醇	5.7~10.2	乙酸	11~870	丁酸乙酯	0.9~16	乙缩醛	1.1~27
正丙醇	2.3~88.5	丙酸	0.2~70	己酸乙酯	2.6~105	总酸/%	58
正丁醇	1.5~16.3	丁酸	6.9~203	乳酸乙酯	21~294	总酯/%	28
异戊醇	2.3~55.5	己酸	6.9~372	辛酸乙酯	0.8~11	总醇/%	4
β-苯乙醇	3.9~33	乳酸	97~7800	癸酸乙酯	10.3~35	总醛/%	0.7
2，3-丁二醇	2.3~52	戊酸	1.5~25	月桂酸乙酯	6.3~41	其他/%	9.3

丢糟中的香味成分见表 13-41。

表 13-41　　丢糟中的香味成分　　单位：mg/100mL

项目	含量	项目	含量	项目	含量
正丙醇	30.71	乙酸	34.7	总酸/%	21.98
异丁醇	15.8	己酸	40.8	总酯/%	40.53
异戊醇	38.7	己酸乙酯	127.11	总醇/%	23.81
乙醛	15.6	乳酸乙酯	87.6	总醛/%	11.08
3-甲基丁醛	3.26	戊酸乙酯	8.7	其他/%	2.6

底锅水中的香味成分见表 13-42。

表 13-42　　底锅水中的香味成分　　单位：mg/100mL

项目	含量	项目	含量
正丙醇	5.49	总酸/%	8.95
异丁醇	6.87	总酯/%	26.35
异戊醇	24.10	总醇/%	12.56
己酸乙酯	38.98	总醛/%	0.34
乳酸乙酯	703.87	其他/%	51.8
乙酸乙酯	5.49		

从上述 3 个表可以看出，黄水中除了含有大量有机酸、醇、酯、醛外，还含有一定量的蛋白质、还原糖、含氮物质、有机物等成分；丢糟中含有很多酯、酸、醇、醛等香味物质；底锅水中含有大量的杂醇油、乳酸乙酯等物质。这些有益成分完全可以为我所用。

各种提取方法比较见表 13-43。

表 13-43　各种提取方法比较

提取方法	效果比较	提取率/%
蒸馏	中、高沸点物质提取率非常低；只能利用少量有机酸	≤0.5
酸醇酯化	产品质量较差，只能应用到低档酒中，目前推广应用情况差	≤1.0
丢糟串蒸	只能利用丢糟中少量的酯类、有机酸等，提取率低	≤0.5
液液萃取	溶剂损失较大，产品中残留溶剂，不能应用到白酒行业	≤1.0
超临界 CO_2 萃取	应用到白酒行业生产成本低，产品质量优良，安全性高	≥4.0

2. 采用超临界 CO_2 萃取工艺路线

（1）萃取工艺路线 1

新鲜优质黄水→过滤→超临界萃取→分离釜→萃取物→过滤→产品
　　　　　　　　　　　　　　　→萃取釜→黄水残余物

工艺条件：萃取压力 30MPa，萃取分离温度 45℃；CO_2 流量 10L/h，萃取时间分别为 1h、1.5h、2h 和 2.5h，每 30min 从分离釜取 1 次提取物。

（2）萃取工艺路线 2

黄水→蒸馏→中和发酵→浓缩结晶→乳酸钙晶体→乳酸
调味酒↑（蒸馏）　菌种↑（中和发酵）　浓缩结晶↓母液→萃取→产品

工艺条件：萃取压力 15MPa，萃取温度 50℃；柱分离压力为 6.8MPa，分离温度 50℃；解析釜分离压力为 4.5～6.0MPa，分离温度 55℃；萃取时间 3～4h，得率 4.0% 左右。

（3）萃取工艺路线 3

新鲜优质底锅水→粗蒸→超临界萃取→分离釜→过滤→产品
　　　　　　　　　　　　　　　→萃取釜→废液

工艺条件：萃取压力 20MPa，萃取温度 45℃；CO_2 流量 10L/h，萃取时间分别为 1h、1.5h、2h 和 2.5h，每 30min 从分离釜取 1 次提取物。

（4）萃取工艺路线 4

丢糟→原料选择→水洗→干燥→粉碎→超临界萃取→后处理→产品

工艺条件：萃取温度 50℃，萃取压力 15MPa，萃取流速 10L/h，干燥温度 105℃。

（5）萃取工艺路线 5

酒尾→蒸馏→超临界萃取→分离柱分离→解析釜分离→产品
　　　　　　　　　　　　　　　　→废液
蒸馏↓调味酒

工艺条件：萃取条件为15MPa（50℃），一级（柱）分离条件为9MPa（50℃），二级（解析釜）分离条件为6.0MPa（40℃），萃取温度50℃，萃取压力15MPa。萃取时间为1h，每30min从解析釜取1次提取物。

备注：2、4、5的工艺路线为五粮液采用。

3. 提取的酒用呈香呈味物质分析

利用酿酒发酵副产物所生产的萃取物中除含有大量的酸、酯、醛、羟基、酚类、杂环类化合物外，还有大量的微量风味成分。因其量比关系的变化，从而形成不同风味的呈香呈味物质。利用气-质联用设备分析表明，为酿酒发酵产生的风味物质。成分主要有：

酸类：乙酸、丙酸、丁酸、己酸、庚酸、辛酸、癸酸、十五酸、十六酸、十七酸、十八酸、二十酸、油酸、亚油酸、7-十六烯酸。

醇类：异戊醇、正丙醇、异丙醇、苯甲醇、苯乙醇、3-甲基苯甲醇、9，12，15-三烯十八醇。

多元醇：1，2-丙二醇、1，3-丙二醇、2-丁醇、2，3-丁二醇、1，3-丁二醇、丙三醇。

酯类：十三酸乙酯、苯丙酸乙酯、甲酸-2-丁酯、十四酸乙酯、十五酸乙酯、十六酸乙酯、棕榈酸乙酯、油酸乙酯、亚油酸乙酯、十七酸乙酯、亚麻酸乙酯、油酸癸酯、油酸单甘油酯、乳酸乙酯、苯甲酸乙酯、月桂酸乙酯、苯丙酸乙酯、丁二酸单乙酯、甲氧基乙酸乙酯、6，9-二烯十八酸甲酯、11-十六烯酸乙酯、4-羟基-3-甲氧基苯丙酸乙酯。

酚类：对丁酸甲酯酚、对乙醇酚、对乙基酚。

胺类：乙酰胺、3-甲基丁酰胺、3-甲基戊酰胺。

烷类：辛烷、2-乙氧基苯烷、1，3，12-三烯十九烷、2，3-二苯基丁烷。

酮类：丁二酮、6，10，14-三甲基-2-十四酮。

醛类：乙醛、乙缩醛、2，4-癸二烯醛、5-羟甲基-2-呋喃甲醛。

杂环类：苯乙酰吡唑、2-苯基-4，5-二甲基-1，3-二氧五环、2-甲基吡嗪、2-苯基-1，3-二氧六环、2-苯基-4-甲基-1，3-二氧五环、糠醇、2-甲酰吡咯、2-羟基-3，4，5-三氢呋喃、2-羟基吡咯、1，4，7，10，13，16-六氧十八环。

4. 提取物——酒类添加剂的应用

据五粮液应用实践表明：黄水提取物应用量在0.3%左右，产品的质量最好；丢糟提取物应用量在0.1%~0.16%，效果最好；酒尾提取物在39%vol、52%vol基酒中应用量均为0.08%时对白酒风味的改善效果最明显。

目前，该项目已经工业化，按照该工艺计算出的生产成本分别为：以黄水为原料生产的产品成本为68.5元/kg；以丢糟为原料生产的产品成本为101元/kg；酒尾为原料生产的产品成本为85.2元/kg。从2005年10月至2007年3月，项目运行已生产酒用呈香呈味物质300余吨，并运用于生产，提高了五粮液优质酒率，新增利税6.0亿元，新增创汇22.5万美元，呈香呈味物直接节约1125余万元，增加就业120人以上。为白酒行业酒用呈香呈味物质的提取（即酒类添加剂的开发）提供了一种全新的思路，对白酒行业的发展起到了较大的推动作用。在酒中的应用试验表明，在几种提取物中黄水提取物对酒的质量提高幅度最明显，另外利用黄水提取酒用呈香呈味物质的同时还生产了1800t/年的乳酸，且利用黄水为原料生产的酒用呈香呈味物质得率最高，理化指标及尝评效果最好，工艺较简单，操作方便，综合效果最好。

以上这些丰富的呈香呈味物质作为酒类添加剂不仅可以应用在传统固态白酒中，符合国家标准中不得加入非自身发酵物质的规定，而在新型白酒（固液结合）中使用会大大提高其产品质量，可谓一举多得。

传统的分离提纯工艺主要采用蒸馏提取，但酿酒副产物中含有的大量呈香呈味物质只有极少量被蒸馏到酒中，而超临界CO_2萃取技术在保持原料原有的色、香、味不因受热破坏的前提下，能将其充分提取并回归应用到白酒生产中。因此，该技术在白酒工艺中的应用只是开始，通过对白酒其他酿酒资源如曲药、粮食等原料中呈香呈味成分提取的研究和工艺的优化，将传统的酿酒工艺与现代分离技术完美结合，开发更多的酿酒自身发酵物质——提取酒类添加剂，是未来白酒添加剂的发展方向。在行业的倡导、国家的规范下只有纯天然、纯发酵产品才能用于白酒中，非发酵物质将逐渐淘汰。

另外，还可利用黄水中富含的各种有机酸和相当量的醇发生酯化反应，以产生能作为白酒勾调的香味成分的各种酯类物质。比较成熟的酯化原料有黄水、大曲粉、酒糟、酒尾、窖泥、酯化酶，可针对黄水的质量、要求的酯化效果及经济成本等多方面考察具体使用的原料品种及各原料的用量。引入酯化酶可以催化黄水中有机酸与醇的酯化，如罗惠波等人在引入酯化酶的基础上还应用了TH-AADY（耐高温活性干酵母），黄水经酯化后，总酯含量上升率可达120%~150%，特别是作为浓香型大曲主体香成分的己酸乙酯上升幅度更为明显，达9倍。伍显兵等人利用自制的酯化酶对黄水进行酯化，取得了很好的效果（将己酸乙酯的含量提高了6倍左右）；张培芳等人通过引入酯化酶的方法，有效地提高了黄水中香味成分的含量（其中黄水中己酸乙酯的含量由70.0mg/L提高到2.49g/L，提高了35倍多）。通过酯化后，再分离作为酒类添加剂，效果也不错。国内已有专业厂家利用先进生物技术进行工业化生产。

第四节　白酒生产机械化

一、白酒生产机械化回顾及发展

1. 中国白酒机械化发展历程

20世纪50年代，中国白酒（特别是固态法）酿造基本上是手工操作，原料粉碎用牛拉石磨，制曲为人工拌料、人工踩曲，人工搬运入室安曲培菌，人工翻曲，人工搬运入库；运糟用大筐、竹篓，大筦篼，鸡公车；起窖、入窖用木锨、钉耙、铁叉；上甑用端撮（撮箕）；蒸馏用天锅、木甑，人工挑水、人工搅动天锅水帮助冷却，接酒用竹篓；晾堂用石板或泥巴铺成，摊晾用木锨、拉耙（竹木制成），降温用芭蕉扇（竹编成），手摸脚踢测糟温；封窖泥人工搬运。泥掌抹光，贮存用陶坛、酒海，酒的搬运、包装也全是人工操作。

20 世纪 60 年代起，在轻工部多次试点推动下，先后对白酒生产工艺和装备进行大胆改革创新，先后采用电动石磨、锤式和对辊式粉碎机，部分酿酒企业率先试用多种机械酿酒，如出入窖糟用绞龙，蒸馏用转盘甑，上甑用机械手等，由于机械与工艺不配套，绞龙输送辅料用量大，母糟易发腻。机械手上甑不匀，酒及香味物质损失大，以致酒质下降，经过多年生产实践，部分酿酒机械被淘汰。

1980 年以后，部分酿酒机械几经改进，得以保留并在众多企业应用。如行车、抱斗起窖运糟；晾糟机，地下通风晾糟，拌糟、晾糟用打糟机，窖泥拌和及封窖泥拌和用泥浆机；制曲用压曲机，全机械化代替人工拌料和踩曲，部分采用架式自控制曲；酒的贮存和勾兑用陶坛、酒海、不锈钢罐、水泥池，输酒用管道、酒泵，水处理和酒的净化除浊全套采用机械化、自动化；在洗瓶、装瓶、贴标、装箱、打包和酒库管理工序上都实现了机械化、自动化。大大减轻了劳动强度，使酿酒企业向工业化、现代化迈进。

2. 中国白酒生产机械化的现状

按目前行业内普遍的说法，白酒现分为 12 种香型，除豉香型、米香型白酒外，其余均属固态法白酒，采用大曲、混曲为糖化发酵剂，固态糖化发酵，固态甑桶蒸馏。目前，机械化水平较高的是豉香型和米香型白酒，整个酿制流程中，大米输送、洗米（含浸米）、煮饭、摊冷、撒曲、入罐糖化发酵、保温降温、出罐、釜式蒸馏、酒糟排放、酒的输送等采用全机械或部分自动化。这两个香型的酒，均为液态发酵，为机械化奠定了基础。

其余 10 种香型的固态法白酒，制曲、酿酒、蒸馏等方面的机械化依然处在一个较低水平，只是部分实现了机械化，整体机械化水平依然很低。但与传统操作、装备比较，已实现了不少的进步。

我国台湾地区比大陆地区较早推行了机械化生产白酒。一方面，台湾白酒是清香型的，其酿造不像酱香、浓香型白酒对窖泥的依赖性强，较易推行机械化生产；另一方面，由于台湾更早面临了劳动力成本、土地资源、能源消耗、生产环境等的压力和严格要求，台湾酿酒行业在白酒核心技术部分进行了机械化的实践。在制曲、酿造设备、酿造工艺、蒸馏等方面大胆改进，为白酒工艺实现机械化创造条件，同时，台湾白酒行业通过实践把白酒酿造工艺的整个机械化实现了联通和协调。如，制曲用机械拌和、压曲（曲呈圆饼形或长方形），输送、架子多层置曲培菌；机械粉碎、拌和、不锈钢罐蒸煮，自动出甑，经输送带摊晾撒曲、拌和，入发酵容器（不锈钢或塑料制成）、在控温发酵室中多层重叠发酵，出入窖全是机械操作。蒸馏用不锈钢甑桶。用阀门控制分段摘酒，自然注入储酒容器中。台湾白酒虽然采用全机械化、自动化设备酿造，而酒质清香纯正、酒体爽净，为大陆清香型大曲酒、小曲酒生产机械化提供了宝贵的经验，许多设备也可为其他香型白酒生产借鉴。台湾酒研究所设计的固态法白酒蒸馏装置，它像蒸馒头的甑子，底层是蒸锅，上面分若干层（5~6 层）蒸隔，发酵糟平铺于每层蒸隔中，避免了传统甑桶上甑操作时技术要求高，上甑技术较易掌握。据介绍，这套装置优于现有的甑桶。大陆白酒生产搞机械化设计时可借鉴。

3. 日本烧酒生产机械化发展

国外的蒸馏酒大都属于液态发酵蒸馏酒。日本烧酒与我国的米香型白酒工艺十分相似，采用固态培曲、液态发酵工艺。其酿造工艺为：

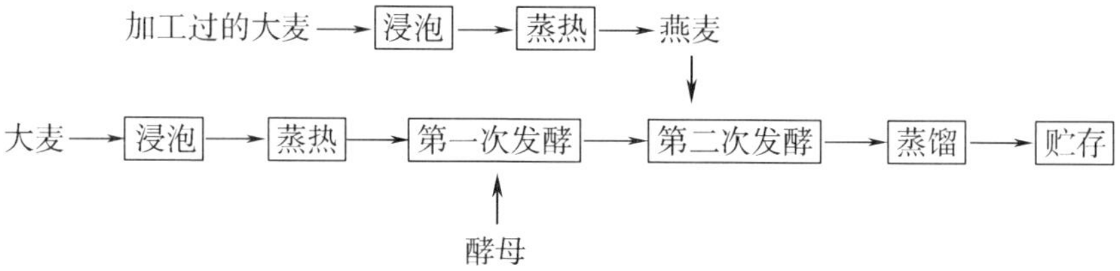

日本烧酒采用纯种制曲、常压蒸馏或减压蒸馏（釜式蒸馏器），其处理酒糟废液的一种仪器不仅减少能源消耗，甚至不需要大规模的设备及电源。在 2005 年，下田猛发明了一种制造烧酒的方法，即采用固态培曲、固态发酵工艺，通过二次配醅发酵。该法不仅提高了酒体的香味成分含量，而且极大地提高了原料利用率。日本烧酒具有以下几个特点：

（1）注重原料　日本烧酒生产选料很讲究，而且原料的加工要求严格。将大麦表层碾去 30%~40%。通过该工序，将影响酿酒质量的脂肪层和蛋白质去除干净，这样便能酿造出清澈、醇厚的优质烧酒。

（2）生产用曲　采用纯种制曲，用曲量为 50%，白曲。

（3）蒸馏　技术先进，常压蒸馏、减压蒸馏。

（4）贮存　原酒贮存采用不锈钢容器和橡木桶。

（5）感官特点　原料特征明显、香味化合物含量极低，但是个性风格突出，柔和，非常适宜降度饮用。

4. 加快中国白酒机械化进程

（1）研究团队的建立　中国白酒机械化发展是整个中国白酒行业的需求，集全行业的力量和智慧推动中国白酒机械化的发展是白酒行业义不容辞的责任和义务。因此，中国白酒行业具有较大影响和技术水平较高的骨干企业都在积极行动，同时成立了中国白酒“158 计划”等组织。在继承和发展中国传统白酒酿造技艺基础上，学习和借鉴同行先进经验，如中国大陆在白酒贮存、勾调等方面计算机集成制造技术还是优于中国台湾。日本的固态培曲设备是我们在白酒功能微生物培育方面非常值得借鉴的。

（2）研究项目

根据中国白酒机械化、自动化水平现状进行分项、分段研究，协调联接、攻克难关。

① 制曲阶段研究：实现踩曲机械化、培曲机械化操作，成品曲搬运、贮存机械化。机械制曲技术已经较为成熟，但是培曲机械化研究难度还是很大。在培曲设备的研究方面中国台湾和日本的白酒制曲工艺和制曲设备给了我们很好的启示，我们完全可以在他们成功经验的基础上，结合中国白酒大曲的特点再进行创新研究机械制曲、培曲设备。抓住温度、湿度控制的核心数据，实现智能化控制。

② 发酵工艺研究：采用自动输送设备，在拌料、上甑喂料、出甑至摊晾等环节，进行糟醅的自动转运、集中输送。

集成在线计量、在线检测、大数据、自动化技术，精准智能配料、拌和，以达到“配料准确、拌和均匀”的工艺要求。应用自动控制技术和在线计量系统，准确计量粮食、量水用量和控制水温，自动定速翻拌，达到“润粮透彻、无灰包疙瘩”的效果。

基于封窖工艺原理，开发窖池密封装置，集成在线温度、压力等监测系统，利用自动化控制技术。

③ 蒸馏工艺研究：研究人工智能装甑设备（翻转甑桶、自动上甑），酒醅冷却（风冷、水冷）、机械配料、拌料设备，甑桶蒸馏、蒸煮设备。

利用仿真技术模拟人工上甑操作，通过机器替代人工上甑，利用在线检测技术，实现“轻撒匀铺、探汽上甑”的传统工艺要求，并确保操作的稳定性。

摘酒阶段应用光谱技术、视觉图像技术，将酒中的主要香味物质进行在线检测。将自动检测技术、在线测温技术应用于出甑、摊晾和加曲环节。

④ 勾调技术研究：实现计算机智能原酒的检验、分级入库，酒库管理，根据调酒方案实现自动组合酒体等，该技术已经伴随着分析技术、计量技术、计算机智能技术、酒体设计、大容器勾调等相关技术的进步而进步，实现计算机集成生产。

⑤ 智能化立体仓库。

（3）白酒机械化要与酿酒功能菌的研发同步　酿酒微生物是中国白酒酿造中的关键，种类众多，盛衰交替，既有协同作用，又有相互抑制，许多风味物质的形成过程和生成机理，尚难搞清楚。酿酒微生物大概可分为三大类：①容易分离和培养的功能菌，即采用常规的分离手段，便可将其分离选育，乃至诱变；②难培养的微生物，即采取常规方法难以分离和培养，但采用特殊手段，如厌氧、特殊培养基等，可将其分离选育；③特定环境和条件下繁衍活动的微生物，如固态发酵窖池中的某些功能菌，只能在窖池、窖泥、母糟及其特定条件下生长繁殖。这类微生物一旦离开此环境便难以存活。

就目前来看，近数十年，酿酒行业对第一类微生物研究较多，也选出一批在酿酒中效果良好的菌株，如根霉、曲霉、酿酒酵母、生香酵母等。对第二类微生物的研究也有不少成果，如己酸菌、丁酸菌、枯草芽孢杆菌、放线菌等，不少也应用于生产，且效果显著，但对第三类微生物至今未见有重大突破。白酒机械化，一些传统工艺必然改变，酿酒功能菌的生长繁殖和代谢环境及条件亦会随之而变，因此，白酒机械化必须与微生物的研发同步，而且微生物的研究某些方面还应走在前面，为机械的设计、制造、运行提供技术支撑和技术参数。

（4）白酒机械化要分香型进行研究与实施　中国白酒现有 12 个香型，以固态法酿造为主，并以浓、清、酱为基础。大曲清香和小曲清香应能最先实现机械化。内蒙古河套酒业和湖北劲酒已有成功的案例。酱香型酒传统用石砌泥底窖池；浓香型酒是泥窖，可以考虑用不锈钢容器，内底和内壁挂上人工窖泥进行发酵（如宜宾六尺巷酒业）。“窖池”可以移动，在控温室内发酵。现有的车间窖池，可考虑用行车抱斗与输送带结合进行出入窖糟的运送。可以借鉴先进经验，拌料后自动上甑，或人机结合进行操作，但一定要保证上甑效果，保证酒质。

在前期研究取得经验的基础上，还需在图像识别技术、自动化技术、仿真技术、工业机器人、在线检测、大数据方面取得突破。白酒智能化酿造就在不远的未来。

二、先进成果介绍

（一）景芝酒业机械化实例介绍

山东景芝酒业股份有限公司作为国家白酒酿造骨干企业，近几年来，公司全面导入互联网思维，积极打造数字化企业，ERP 系统、OA 协同办公平台、营销管理平台、防伪追溯系统、酿酒自动化信息化、O2O 平台和定制酒平台等系统完成并投入运行。2015 年，公司被工信部评定为两化融合管理体系贯标试点企业和全国工业企业质量标杆，现将公司实施麸曲生产自动化信息化、酿酒生产自动化信息化、输送勾调智能化和中央监控系统的实践介绍如下：

1. 麸曲生产自动化信息化

借鉴酱油现代生产设备，创新实施麸曲信息化自动化，建成目前国内最大的芝麻香麸曲自动化生产线。该生产系统由培菌系统、蒸煮系统、仓储配料系统和自动化工艺控制等部分组成。培菌系统包括种曲机、种子培养罐、大型圆盘制曲机，实现了自种子培养到成曲的机械化自动化；蒸煮系统包括麸皮提升机、蒸球、风冷摊晾机，实现了原料蒸煮、摊晾的机械化自动化；仓储配料系统包括进出圆盘制曲机和贮存立仓物料输送设备、大型立仓、定量混合机、定量包装机，实现从原料到成品曲的输送、仓储及混合分装机械化自动化。

自动化控制系统做到重量、温度、水分、供氧等工艺参数的采集和实时处理，以过程数据分析为基础，结合麸曲生长曲线，实现了麸曲培养的智能化控制。控制精度大幅提升，温度准确到 0.1℃，风机频率准确到 1Hz，实现制曲工艺标准化和全程信息化管理。工艺过程控制点图见图 13-1。

2. 酿酒生产自动化信息化

酿酒自动化信息化系统由配料系统、物料输送系统、蒸酒蒸粮系统、粮糟堆积系统、自动化控制系统等部分组成。

（1）配料系统，包括润粮机、酒醅喂料机、加稻壳机、加浆机、加曲机等。

（2）物料输送系统，包括出入池抓斗、行车，配料输送机、上甑输送机、出甑输送机、堆积上料输送机、堆积出料输送机等。

（3）蒸酒蒸粮系统，包括装甑机、三联甑、风冷机、摊晾机等。

（4）粮糟堆积系统，包括堆积箱、摊晾机等。

（5）自动化控制系统，包括称重机、变频电机、料位感应器、温度传感器、电磁流量计以及主控机、辅控机以及数据处理系统等。

酿酒自动控制系统具有重量、温度、流量、液位、料位检测及数据采集功能，实现配料输送、蒸酒、蒸粮、摊晾、堆积等主要过程的自动控制和信息处理。主要控制过程包括：原料输送过程、配料润粮过程、蒸酒温度管理、晾楂过程、堆积过程等的自动控制和各关键过程设备的连锁控制，以及数据分析处理、共享，实现酿酒过程信息化管理。工艺过程控制点图见图 13-1。

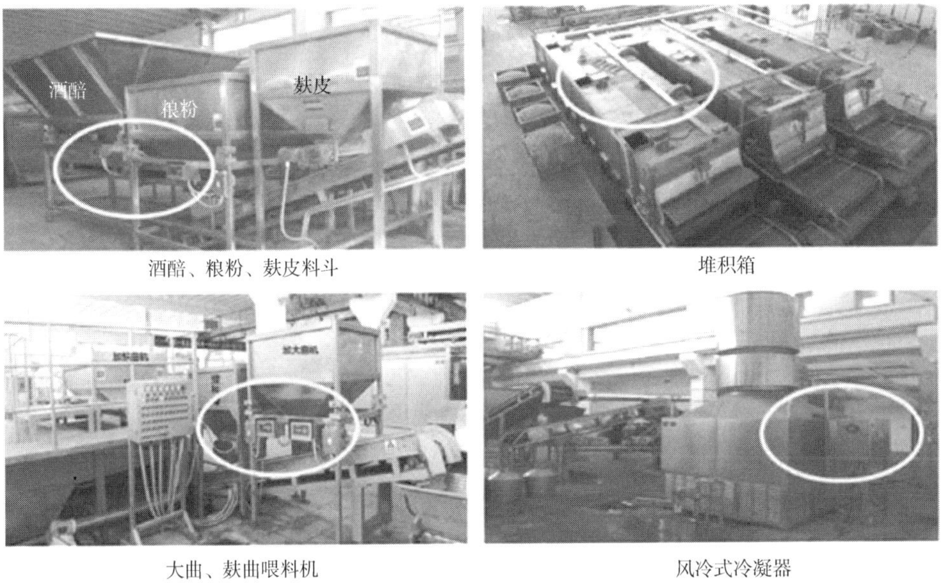

酒醅、粮粉、麸皮料斗　　堆积箱

大曲、麸曲喂料机　　风冷式冷凝器

图 13-1　工艺过程控制点图

图 13-2　三联甑、装甑机

三联甑和装甑机（图 13-2）是酿酒机械化的核心设备，三联甑和半自动装甑机从 20 世纪 70 年代就开始设计使用，一直在白酒中使用到现在，经过实践证明是优秀的机械化酿酒设备。

每套甑锅配备一套摆动装甑机，装甑机采用三连臂方式，上料端位置固定，装甑出料端摆动幅度大，摆动灵活，能够达到与手工装甑相同的效果。三联甑锅第一工位装甑，第二工位馏酒，第三工位出料，三甑锅按节拍流转，协调工作。三联甑、装甑机作为酿酒自动化设备中最重要的部分，工艺操作较复杂，在整个操作区内是最为关键的设备，解决了传统酿酒生产机械化的关键难题。

图 13-3 堆积箱

堆积箱（图 13-3）采用长方形厢式设计，底部采用网带，料层厚度 1m，配有自动加热、加湿、鼓风装置，既满足了堆积的保温需要，又可适量通风供氧。堆积期间，自动控制系统根据工艺要求自动通风供氧，保证了芝麻香微生物生长需求，堆积温度达到 50~55℃，大幅提高了堆积效果，是芝麻香型白酒实现机械化的关键。

3. 白酒自动输送计量控制、智能勾调系统

（1）白酒自动输送计量控制系统　自动输送计量控制系统一部分连接各个酿造车间、各原酒库，实现整个公司的原酒输送控制和贮存管理。另一部分完成公司大样勾调自动控制和暂存酒贮存管理，大样勾调准确度和效率大幅提高。

（2）智能勾调系统　通过引入智能算法实现计算辅助勾调，能够有效提高勾调质量和效率，解决单纯依靠勾调人员设计配方工作量巨大、效率低下的难题。设计一个配方的时间由原来的 1~3d，缩短到最少 3min。智能勾调流程见图 13-4。

4. 中央监控系统

自动化管理中心为公司总的生产、能源、安全管理中心，实现对各生产单元的工艺数据、能源消耗、安全情况即时监控；同时还提供各类统计分析数据，为公司生产管理决策提供支持。

通过实施两化融合在白酒生产过程中的应用实践，质量过程控制能力大幅提升，主要过程参数控制准确度提升 3 倍以上，麸曲生产效率提高约 3 倍，酿酒生产效率提高约 1 倍，勾调准确度提高 10 倍，效率大幅提升。麸曲优级品率提高 20%、酿酒出酒率提高 4%、一次配酒合格率由 75%提高至 95%、节能减排明显，综合能耗降低 33%。形成发明专利 2 件，实用新型专利 6 件。近年来，公司的“白酒酿造机械化自动化的研究与应用”

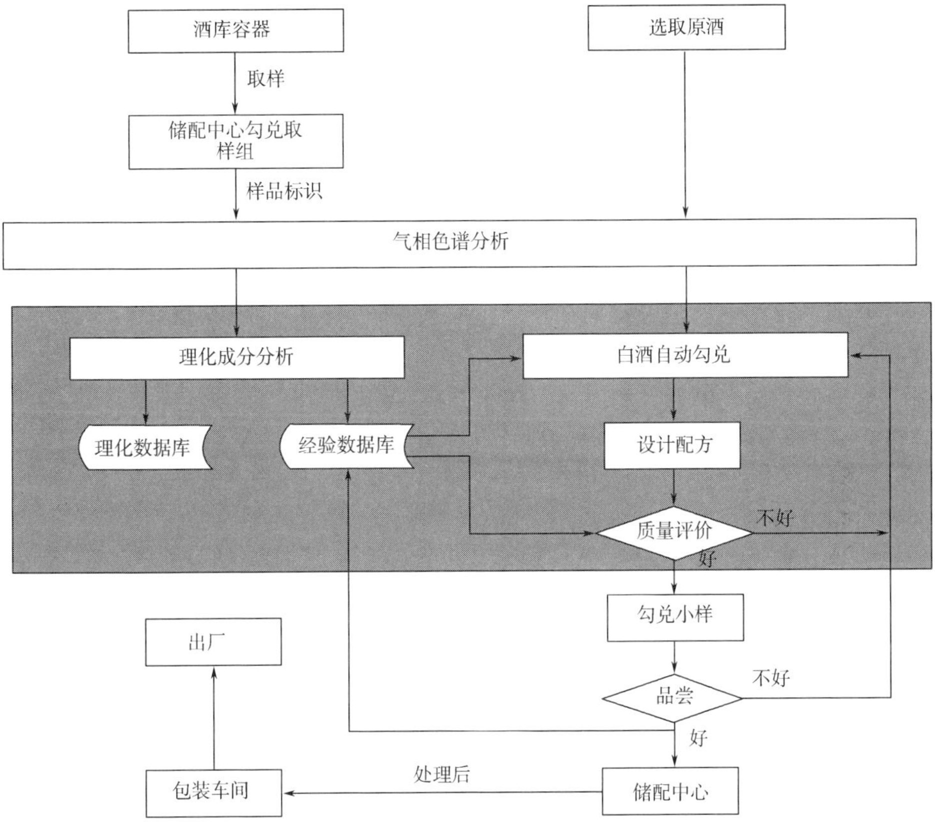

图 13-4　智能勾调流程图

“信息化在酿造企业中的应用”“白酒智能勾兑和质量评价的研究”先后荣获部、省级科技进步奖。成为白酒酿造工业由传统手工模式向现代化生产模式转变的标杆。

（二）上甑机器人在清香型白酒酿造生产中的应用

上甑作为白酒酿造的核心工序对有效保证产酒的质量和产量具有重要作用。酒醅上甑机器人在白酒酿造行业中逐渐受到重视，并得到不断的研发和应用，有效保证了蒸馏工艺的效率，降低了酿酒操作的劳动强度。金种子酒业李遥等介绍了某上甑机器人的主要结构特点、工作原理和自动控制，及其在清香型白酒酿造生产中的应用。

1. 结构特点、工作原理与自动控制

（1）主要结构特点　该上甑机器人（图 13-5）主要包括：底座部、回转部、大臂部、小臂部、布料皮带机、热源识别系统、工作面形态监测系统、控制系统等部分。其显著特点主要有如下几个方面：① 模仿人转身，机器人回转部可带动大臂部以左右旋转，能够在 2 个酒甑间切换；② 模仿人起身和俯身，大臂部可以俯仰运动，能随着酒醅布料层面增高而上升；③ 模仿人工手动铺料，小臂部有两个动作：360°无限旋转，-40°～-20°的摆动，可以模仿人工在酒甑上实现布料动作，布料出口安装布料皮带机，模仿人工水平铺酒。

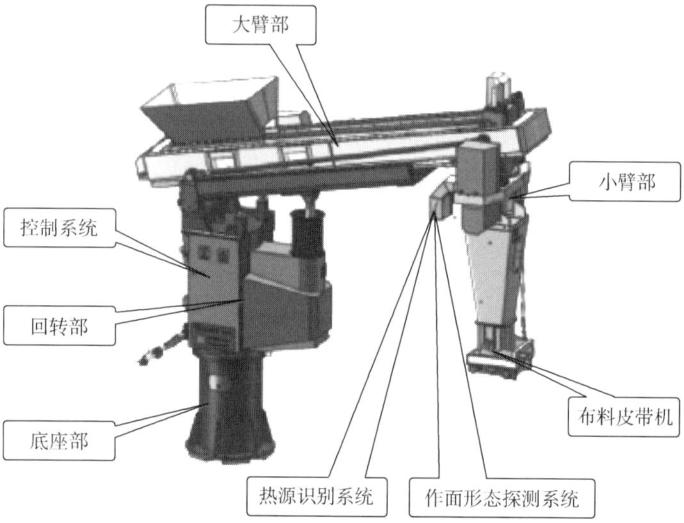

图 13-5　上甑机器人主要结构及控制系统

上甑机器人的基座设置于立柱的下方，立柱的上方通过大臂旋转机构与大臂的一端连接，大臂的另一端固定连接小臂连接座，小臂连接座通过小臂旋转机构与小臂连接。小臂主轴为空心轴，其下端通过小臂摆动机构连接落料斗。螺旋输送机构设置于大臂支座的上部，其进料端设有进料斗，其出料端通过小臂主轴连通落料斗。大臂旋转机构包括位于大臂支座内的旋转电机和 RV 减速机，旋转电机通过旋转电机过渡法兰与 RV 减速机的输入端连接，RV 减速机外圆与大臂支座相连，RV 减速机内圆端面与动臂相连。小臂旋转机构设置于小臂连接座上，其包括旋转电机减速机组、皮带轮组，旋转电机减速机组通过皮带轮组驱动小臂主轴旋转。小臂摆动机构包括相互连接的摆动电机减速机组和减速机吊耳，减速机吊耳固定于小臂主轴上，摆动电机减速机组与落料斗直接连接。

在执行方面的特点：①模仿人工作业：上甑设备要求做到自动上甑，一台上甑机器人负责两个（或三个）酒甑，无需人工辅助；布料头可以实现升降运动，能随着酒醅布料层面增高而上升，出料口自动跟随贴近料面，保证不砸料，不堆积，不起团；酒醅输送通过输送机可实现连续供料，将酒醅送到甑口；上甑时间可根据工艺要求在 30~40min/甑范围内调节；布料头可以实现 360°旋转和 90°摆动，模仿人工在酒甑上实现布料动作。②遵循传统工艺：采用热源识别系统来检测蒸汽分布情况，并引导布料头将酒醅准确布撒到将要穿汽的地方，实现连续“探汽上甑”；采用工作面形态监测系统来检测酒醅铺撒的厚度或均匀性；上甑机器人既能自动控制相关外围设备的启停，也能单独手动控制；可自动控制酒甑、甑盖、蒸汽大小等，也能单独手动控制，可实现蒸汽控制与机器人布料动作联动。应用过程中，还具有其他方面的显著特点：① 安全：上甑机器人布料时运动部分只能在酒甑直径范围内移动，不得超出甑体范围；设备与原料接触部分必须采用食品级材质设计制作；设备设计制造必须具备防酸、防腐、防潮等特性；所有设备活动范围有警示标志，有机械安全防护和电气安全防护；② 设备清洗方便：具有自动清洁功能，能完成 80%的清洁工作，省时省力。

（2）工作原理与自动控制　上甑过程中，通过立柱升降机构调节立柱的高度，以使机器人能适应相应蒸馏甑的作业要求。小臂上的热源感知系统和激光测距系统可以动态监测甑内温度，并迅速确定最高温度坐标位置。大臂旋转机构驱动大臂旋转到落料区，小臂旋转机构驱动小臂旋转，对落料方向进行进一步调整。最后小臂摆动机构驱动落料斗摆动，最终实现均匀、高效地布料，如此循环作业。皮带输送机实现将酒醅送到甑口（模仿工人运送酒醅），布抖动机构、布抖头等可以实现将酒醅均匀铺撒在酒甑里。工作面形态探测系统，可以检测酒醅铺撒的厚度或均匀性，热源检测识别系统主要用于检测蒸汽分布情况，并引导布料头将酒醅准确布撒到将要穿汽的地方（相当于上甑技师的眼睛），实现“见汽压醅”。并安装了酒醅热源探测识别系统成像，温差布料法避免了酒精蒸气散失，提高了出酒率。

其软件配置主要包括：机器人控制器、控制软件、热源检测识别系统、工作形态探测系统等，其布料自动识别系统包括红外传感器、激光测距传感器、内嵌运算软件的控制器，红外传感器用于识别热源位置并向控制器发送实时数据。激光测距传感器用于感知距离并向控制器发送实时数据，控制器通过其内嵌的软件结合红外传感器和激光测距传感器传来的实时数据计算出热源的绝对坐标，同时可以屏蔽掉红外传感器感知的罐体内壁的余温，有利于实现动态监测甑内温度并迅速确定最高温度坐标位置，最高温度处即为冒蒸汽最多处，也即布料较少处，使布料智能化。

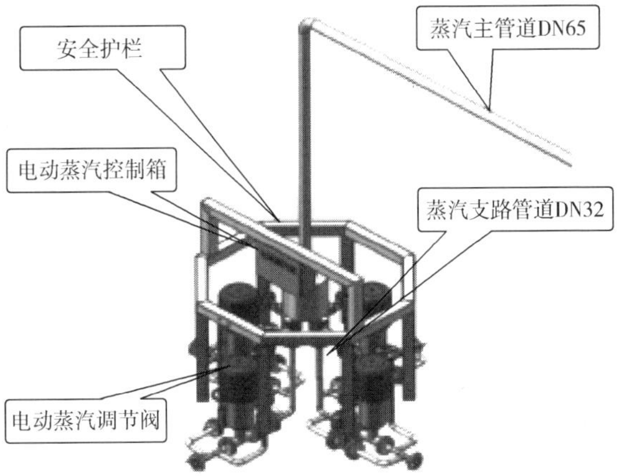

图 13-6　上甑机器人蒸汽控制系统的主要结构

图 13-6 为蒸汽控制系统的主要结构，根据上甑工艺分为多阶段实行，上甑阶段调节方式为根据热源检测识别系统探测酒甑中蒸汽状况，自动调节蒸汽压力大小。馏酒时调节方式为根据工艺设定压力值保持恒定压力，主系统根据酒甑压力传感器反馈值，进行 PID 调节，达到稳定控制酒甑蒸汽。手动控制时，在触摸屏上切换至手动控制，设定需求阀门开关大小，系统控制阀门开关。关闭手动阀，可用现场并联手动阀门进行手动控制蒸汽大小。热源识别系统具有调节压力的作用，通过人工设置压力值，蒸汽控制系统接收压力值，蒸汽控制系统可以实现自动调节蒸汽大小。图 13-7 为小曲清香型车间酒醅上甑机器人及其周边控制设备，配备有酒醅输送系统、蒸汽控制系统、水冷冷却系统、自动摘酒系统等。

2. 上甑机器人在清香型白酒酿造生产中的应用

根据工艺要求，对上甑机器人的功能需求主要包括酒醅的输送转移，酒醅需要铺放到甑桶

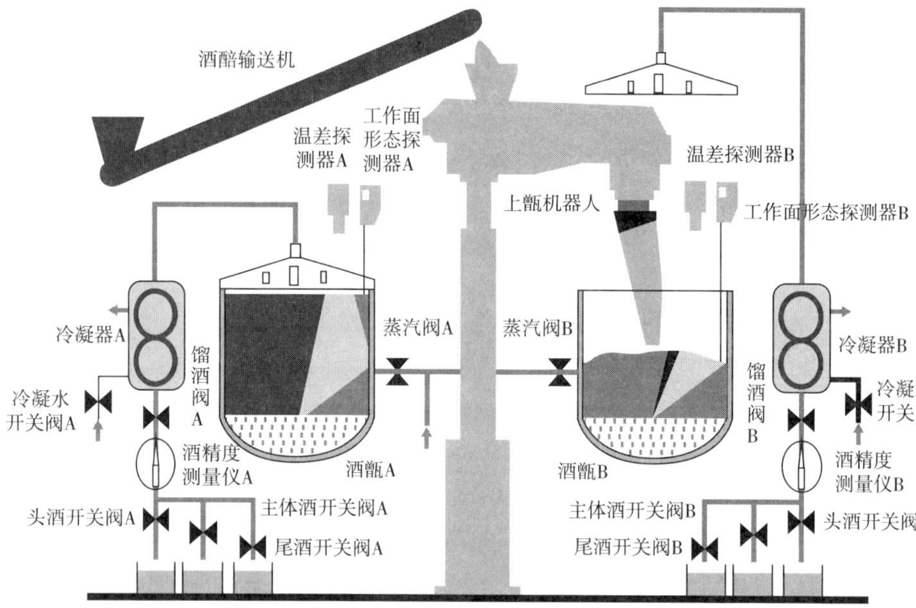

图 13-7　上甑机器人及其周边控制设备

内的任意空间位置，甑桶内酒醅表面的温度或蒸汽等信息需要实时采集，顺利进行多个工位之间的切换等。目前，可分为基于关节机器人的上甑机器人和专用型上甑机器人两大类。

（1）结合上甑机器人的清香型白酒机械化酿造工艺　当前，酒醅上甑机器人主要配旋转酒甑作为应用较好的蒸馏方式，但实现精准探汽和精细化铺料操作等较难控制，尤其是对于物料黏度较大的浓香型白酒。同时，连续蒸馏有利于提高酒醅蒸馏的机械化程度，有利于实现酿酒过程的连续化。机械化酿酒车间物料输送设备主要包括输送机、斗式提升机、管道泵配合管道输送设备和气力输送设备等，其中的输送机采取皮带、链式、埋刮板、螺旋等方式。在白酒酿造生产过程中，需要根据物料性质以及生产要求选择合适的输送设备。酿酒发酵工序中，尤其是清香型白酒的发酵普遍采用槽车发酵工艺，使用叉车输送槽车；在窖池发酵的工艺，使用行车配合抓斗或吊斗等实现入池和挖窖的机械化操作。

小曲清香型白酒酿造生产的蒸粮工序通常包括泡粮、初蒸、焖水、复蒸 4 个环节。劳动强度大、人工需求多、蒸煮时间长。目前，主要采用泡粮桶和带压蒸煮罐组成的泡粮蒸粮一体机完成蒸粮工艺操作，降低了劳动强度，减少了蒸煮时间，对提高原酒的出酒率起到积极的促进作用。传统的摊晾方式是通过人工翻拌和自然通风或机械通风的方式实现粮醅的快速降温，当前较多使用摊晾机作为通风摊晾设备。摊晾机的主体一般包含链轮输送机构、鼓风降温机构、机械翻拌机构等部分。现已形成能够满足加水、加曲、加酵母、低温摊晾、常温摊晾以及通过温度传感器自动控制调整风量的各种类型的摊晾机，基本满足了各种不同香型白酒酿造工艺的粮醅自动机械化摊晾操作。

目前，根据水资源条件和自然气候环境状况，主要应用水冷式冷却器、风冷式冷却器等。其中，前者冷凝速度快、冷却效率高；后者将酒蒸气通过翅片管与冷却风交换热量，冷却效率高；同时，二者均可以通过温度传感器实现酒温与冷却风量的自动控制。前者冷却效果较稳定，但水的消耗较大；后者虽节约用水，但是需要消耗电能，由于风的不稳定性和降温效率，导致冷却稳定效果稍差。

摘酒操作是关键环节，传统摘酒方法包括“看花摘酒、量质摘酒和分段摘酒”等，通常取决于摘酒工的水平和经验，出酒率和优质酒率都难以保证。整个上甑机器人配备有水冷冷却器、自动摘酒装置等设备。自动摘酒装置采用 DCS 系统，在甑桶甑盖出口上设置温度变送器、压力变送器以及在出酒管道上设置酒精度、风味物质在线监测仪等，通过收集数据并进行比对判断，以控制接酒点自动调节阀的开闭。目前，在清香型白酒的摘酒中应用效果较好，由于浓香、芝麻香等香型白酒的摘酒分级较为复杂，因而不适宜采用自动摘酒方式。

（2）机器人上甑的产酒情况对比

实绩显示，该厂 9 月份产酒优级率较人工上甑平均优级率高出 2.5%，达到 92.5%优级率目标，出酒率同比有大幅上升，平均出酒率提升 8.95%。根据交付到酒库的酒质分析，二者酒质无明显差异。相比出酒率情况，从 7 月份各上一口甑的产酒分析，机器人的单甑产量平均高出 4.3kg 左右。由表 13-44 对比可知，机器人上甑时间符合工艺规定，出酒率与断尾浓度均优于人工上甑。

表 13-44　　采用机器人上甑的效果（清香型酿酒车间）

类别	平均上甑时间/（min/甑）	平均产量/（kg/甑）	断尾酒精度/（%vol）
人工上甑	30.3	53.9	30.5
机器人上甑	28.6	58.2	33.6
变化幅度	+1.7	-4.3	-3.1

3. 讨论

随着现代科技的进步与应用，白酒机械化酿造模式具有明显时代特征，减轻了劳动强度，提高了劳动效率，实现了白酒酿造的清洁化和节能减排，尤其是小曲清香型白酒酿造车间的机械化程度较高。机器人技术应用于传统的白酒酿造行业，对改进和完善酿酒生产工艺，解决酿酒行业的工作环境差、招工难等问题都有积极的意义。传统的白酒酿造设备，向机械化、智能化酿造设备成套生产线转型，具有重要意义。在实际生产中，机器人上甑存在着“探汽不准、铺料不均、压蒸”等问题，影响酒质和出酒率，仍需要不断开展理论研究与实践，从而为上甑机器人的研发提供指导。机器人上甑的研究与实践重点在于如何实现精准探汽、精细化铺料，解决漏气等问题，还需要优化机器人的铺料运动路径，以提高响应速度，优化对上甑时间的把控，提高蒸馏效率。

（三）新进展、新动态

1. 传统酿造向智能、智慧酿造转变

2016 年 3 月中国国际酒业博览会上，机器人智能酿酒系统、白酒云平台闪亮登场。据了解，机器人智能酿酒系统包括润粮拌和机、自动上甑系统、摊晾加曲拌和机、无重力拌和机、称量机、自动蒸馏系统等部分。据泸州智通自动化有限公司介绍，从前需要 20 多个酿酒工人的车间，现在只需要一名巡视工人，一名系统操作工人即可。“以前一名上甑师傅要经过 3 年左右的学习，才能较好地掌握上甑的节奏和酒糟的均匀铺撒，现在这样的工作均可由智能机器人替代，大大节省了企业的人力成本。”

20 世纪 90 年代，泸州老窖便开始了微机控制架式制曲、微机勾调辅助调味的应用。新世纪初，泸州老窖建立了基酒输送计量管网及管板集中控制系统，率先在白酒行业基酒输送中采用质量流量计和管板集中控制技术。2012 年，泸州老窖双床热解气化规模化生产生物质燃气设备研发与示范，并在智能化上甑机器人、包装自动码垛机、自动检测系统、生产过程与计划控制系统等方面，加强生产自动化和信息化建设，走智能化生产之路。泸州老窖拥有国家固态酿造工程技术研究中心、国家酒类及加工食品质量监督检验中心、国家酒类包装产品质量监督检验中心等国家级科研创新平台，众多科研项目列入国家火星计划、国家科技支撑项目、863 科技支撑计划等，拥有领先于行业的强大的科研能力，而这些都为泸州老窖机械化、自动化、智能化进程奠定了坚实的基础。

2. 全国白酒装备升级改造

2016 年 4 月由中国酒业协会主办、稻花香集团协办的“全国白酒装备升级改造稻花香现场会”上，代表们参观了龙泉古镇稻花香集团包装工业园，关公坊酒业公司，稻花香酒业公司机械化酿造车间，粉碎车间，制曲车间，藏酒洞等；稻花香集团介绍了企业发展情况和企业白酒升级改造经验，衡水老白干公司介绍企业升级改造情况，三个装备制造企业介绍白酒装备应用情况。

稻花香集团从六个方面总结了公司装备升级改造的做法：① 勾调自动化控制系统的研发；② 传统酿酒车间的机械化改造；③ 稻花香新工艺白酒酿造设备的研发；④ 机械化制曲项目的研究；⑤ 酿酒原粮粉碎的机械化改进；⑥ 白酒装备升级改造的经验和思路。

衡水老白干公司介绍了《实施酿酒机械化技改工作汇报》。通过近十年企业装备升级改造效果显著：节约人力，效率提升 3.75 倍；万吨酒生产人员减少 390 人；吨酒节汽 48%；吨酒节水 36%；节约土地 75%。

会上，江苏聚缘机械设备有限公司介绍了“白酒智能化研发及应用”，重点讲解机器人在装甑上的应用和智能化控制酿酒设备等。扬州显业集团有限公司介绍了“白酒装备的创新和升级”，重点介绍智能化酿酒，以及酱香型白酒连续化生产过程。湖北纵横科技有限责任公司结合稻花香装备升级改造现场重点介绍了智能白酒生产应用情况。

近年来，在智能化酿造领域，古井也已经开始实践。2020 年 3 月启动投资 89 亿元实施酿酒生产智能化技术改造项目，预计 2024 年 12 月完成工程，将形成年产 6.66 万吨原酒、28.4 万吨基酒储存、年产 13 万吨灌装能力，集白酒酿造、制曲、基酒储存生产配套设施、旅游文化产业为一体的现代化智能园区。

位于四川宜宾的六尺巷酒业，将在 2023 年建成国内先进的机械化、智能化白酒酿造基地，建成后产能将达 3.7 万吨，储酒能力达 15 万吨，致力于成为中国浓香型白酒智能酿造的标杆企业。

2022 年 2 月，“泸州老窖酿酒工程技改项目”荣获中国建设工程鲁班奖，成为全国唯一获奖的酒类企业。该项目于 2016 年启动，2020 年全面竣工，总占地面积约 3270 亩，建筑面积 83.7 万平方米，总投资 74.14 亿元，秉承 690 余年非遗酿制技艺，结合现代工业仿生酿酒工艺与“智能、互联”技术，是目前全国酿酒行业中规模最大的低耗、高效、循环发展的白酒技改工程。

项目包含原辅料处理、酒曲生产、白酒酿造、原酒储存、智能包装、质量管理六大核心功能，以纯粮固态发酵、智能化酿造、循环利用为核心技术，全面提升公司产能规模、绿色生态水平和基础酒质量。

项目具有“技术领先、高效节能、绿色环保、安全可靠”的特点，在酿酒生产工艺中应用大数据分析、人工智能等技术创新，实现了白酒生产机械化、智能化和信息化。

项目实现年产能 10 万 t 浓香型固态基酒，酒曲 10 万 t，储酒能力 38 万 t，年产值 400 亿元、税收 100 亿元、利润 80 亿元，新增就业岗位 2400 余个，以白酒酿造带动上下游产业链整合升级和三产联动发展，用信息化串联起从农田到餐桌的价值链，用智能化整合关键环节联动创新发展。

3. 白酒产业智能制造展望

下面引用中国工程院陈坚院士团队在中国工程院院刊《中国工程科学》2021 年第 2 期发表的《传统发酵食品产业技术转型升级战略研究》做一总结。

工业 2.0、3.0、4.0 概念在制造业各领域的含义和理解均有不同。对于传统发酵食品产业，进入工业 2.0 的标准是实现电气化与自动化；进入工业 3.0 的标准是应用电子与信息技术，进一步提高传统发酵食品生产的自动化水平。

发酵食品产业的工业 4.0 是实体物理世界与虚拟网络世界融合，生产全过程的数字化、网络化、智能化是突出特点。白酒因其固态发酵工艺带来了发酵机理不清、在线感知困难等问题，使得机械化、自动化水平发展较慢。

“十一五”以来，随着龙头企业和行业协会的努力，尤其是中国酒业协会组织的白酒“169 计划”“158 计划”，通过资金共同投入、成果共有共享这一新模式，白酒行业在机械化制曲、蒸馏、废弃物处理等方面均取得了较大进展，整个行业机械化、自动化、信息化水平得到了较大提升（图 13-8）。

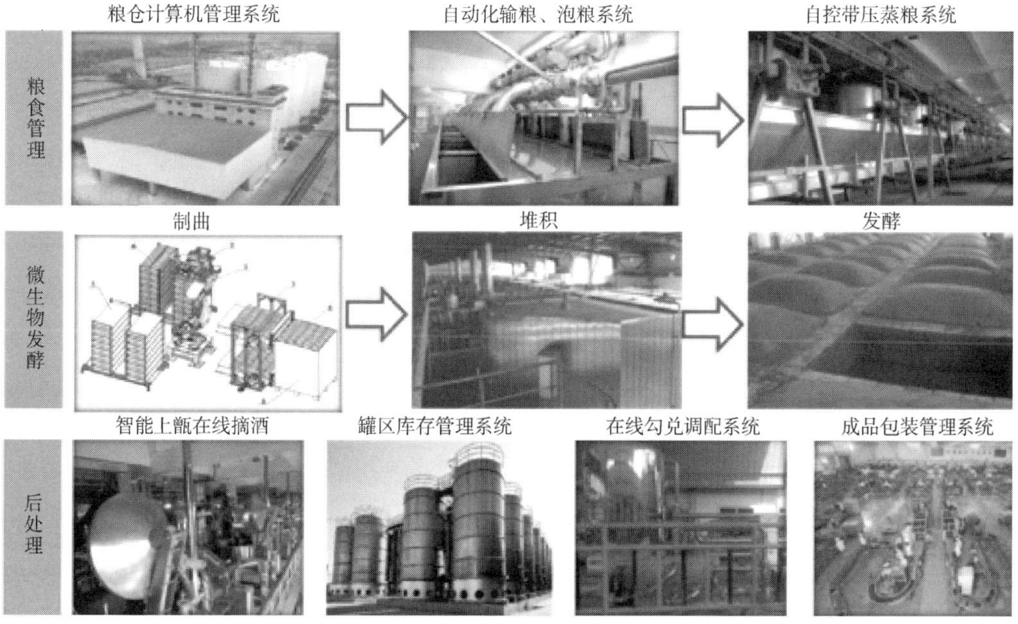

图 13-8　白酒酿造的机械化、自动化

在微生物发酵方面，开发了机械化制曲的技术装备，实现了曲料堆积机械自动化生产，基于物联网实现了白酒发酵池部分数据的在线监控。白酒生产的后处理方面基本实现了自动化生产，开发了智能机器人上甑系统等管理系统。

整体来看，我国白酒企业在制造方面达到了工业3.0水平，通过智能化酿造车间、生产线和监控系统方面的必要投入，提高了劳动生产效率和出酒率；但在窖池发酵阶段，受限于机理解析程度不够，虽有窖池物联网等新技术尝试，但仍处于半机械化生产状态。

在各方通力协作、共同努力下，白酒工业4.0定会实现。

第十四章 “三废处理”及循环经济建设

第一节 “三废处理”

我国每生产1t白酒一般耗粮2~3t，耗煤0.6~1.5t，产生酒糟2~5t，尤其是优质酒更为低产高耗。目前，我国年平均生产白酒800万t左右，所耗用煤炭达600万t以上，这些煤炭燃烧后要产生和排放1600万t以上的CO_2和30万t以上的SO_2。同时，在酿酒过程中产生的酒糟有3000万t以上，这些酒糟中含有50%以上的有机物和1%左右的有机酸，而目前我国酒糟的利用率还不到40%，其余部分作为废弃物抛入大自然，给生态环境造成严重的危害和污染。目前，我国多数中小酿酒企业仍处在高投入、高消耗、高排放、低效率的粗放型发展模式中，使酿酒行业的经济效益与环境效益不容乐观。清洁生产和低碳发展是酿酒行业科技创新和科技进步的重要步骤和手段，也是促进酿酒行业经济增长和发展方式转变的需要，要从生产、流通、消费等各个环节入手，强调“减量化、再利用、资源化”，不仅是白酒行业乃至企业生存和发展的前提，也是其应尽的责任和义务，对贯彻执行新《环境保护法》意义重大。

一、废水

白酒废水是指从粮食原料生产到成品包装出厂过程中所产生的工业废水。按污染程度可分为两部分，一部分属于低浓度废水，包括冷却水、洗瓶水、场地冲洗水等。其污染物浓度远低于国家排放标准，一般可循环利用或直接排放；另一部分为高浓度废水，如蒸馏锅底水、制曲工段废水、发酵池盲沟水、蒸馏工段地面冲洗水、地下酒库渗漏水、“下沙”和“糙沙”工艺中原料冲洗、浸泡排放水等。其主要成分为水、淀粉、低碳醇、脂肪酸、氨基酸等。水质呈酸性，污染物浓度高，其COD值高达100000mg/L，必须经处理达标后才能排放。随着国标GB 27631—2011《发酵酒精和白酒工业水污染物排放标准》的强制实施，白酒酿造企业必须具备相应的污水处理设施。将白酒在发酵、蒸馏等过程中产生的高浓度废水进行处理，达标后才能排放。王富花等梳理了国内一些白酒企业在污水排放和治理方面的实际工作，现阐述如下。

（一）白酒生产废水处理

1. 预处理

（1）常用的预处理方法　包括过滤法、重力沉淀法、气浮法、离心法、中和法等。

白酒废水中通常含有谷壳、麦麸、破碎粮食颗粒等悬浮物质。为避免管道等设施的堵塞，使后续处理能顺利进行，需要对废水中较大的固体垃圾进行清除，通常设置离心或气浮分离装置和初沉池，或是用格栅过滤。白酒废水 pH 小，对微生物的生长不利，也会抑制甲烷菌生长，对此需设置调节池或设置水解酸化池，利用兼性水解菌对有机物进行初级分解，调节水质和水量。减轻后续处理负荷，并为后续处理创造稳定条件。

（2）综合利用为主的预治理方法

① 底锅水提取乳酸：蒸馏底锅水是白酒酿造生产过程中的主要废水污染源，其中含有大量的有机成分，国内一些名酒企业从底锅水中提取乳酸制品获得了较好的经济效益和环境效益。底锅水中可以提取到乳酸和乳酸钙。一个日处理高浓度（COD 120000mg/L）有机污水 180t 的工程，可以年产高质量乳酸 1800t、乳酸钙 300t，年产值可达 1700 多万元，同时，还可大大降低底锅水中的有机物和 COD 值，经济效益及环境效益显著。

② 发酵废水（黄水）酯化：酒醅在发酵过程中产生黄水。黄水在窖池养护、窖泥制作、底锅水回收等方面有一定的功效，但许多企业黄水的利用率不高。同时，由于黄水 COD、BOD 高，常规污水处理工艺需用新鲜水将其稀释 35 倍左右，这样会浪费大量用水。而对黄水中的有益成分如酸、酯、醇类物质进行提取，提取后的黄水不需清水稀释，可直接进行常规的“生化+物化”处理。应用生物酯化酶对黄水进行酯化，可使黄水中的 COD、BOD 在原有基础上下降 80%，每吨黄水可产 60%vol 原酒 20～30kg。钟家波等报道，洋河集团用生物酯化酶对黄水进行酯化，生成酯化液及高酯调味酒。由酯化酶催化合成的香酯液，其己酸乙酯含量大大超过高酯调味酒，且具备“窖香”“糟香”等特点。用该产品在车间串蒸，可使原酒质量提高而不受发酵周期的限制，与用化学合成香料勾兑新型白酒相比，酯化液生产的高酯调味酒质量更稳定，风格更典型，还可解决化学香料所产生的“浮香”问题。姚琪等采用红曲酯化酶对黄水进行生物酯化，总酯含量上升率可达 120%～150%，特别是作为浓香型大曲主体香成分的己酸乙酯上升幅度尤为明显，其含量也提高了 6~9 倍。

2. 生化处理

对高浓度废水的生化处理系统，一般分为好氧法、厌氧法和厌氧-好氧法处理等。随着生物技术的发展和监测技术的提高，厌氧和好氧生化处理工艺的研究取得了许多成果。

（1）厌氧处理　厌氧法具有高负荷、高效率、低能耗、投资小、可回收能源等优点。对高浓度废水进行厌氧处理可以获得沼气，同时对有机物的去除也有一定的效果。特别适用于对白酒废液如“黄水”“底锅水”“发酵盲沟水”等高浓度有机废水的处理。目前，主要是围绕各型反应器的研究开发并予以工程实践，如 AF（厌氧生物滤池）、AFB（厌氧流化床）、IC（厌氧高效内循环）、UASB（上流式厌氧污泥床）、EGSB（厌氧膨胀颗粒污泥床）、UAHB 或 UBF（上流式厌氧复合床）等。

① AF：AF 的原理是通过附着生长的厌氧微生物，将污泥“固定”在反应器内部，延长污泥龄（SRT）。在保持相同处理效果的情况下，污泥龄（SRT）的提高可大大缩短废水在反应器内的停留时间（HRT），从而可以提升废水的处理速率，降低反应器的容积，实现比较高的工艺负荷，AF 在处理溶解性高浓度有机废水时负荷可达 10～15kg COD/（m^3·d）。

② AFB：其工作原理是利用轻质颗粒作为生物膜附着生长的载体，并沿用化工中的流态化技术，以所处理的废水为介质，在外界动力的作用下，使载体生物颗粒克服自身重力与流体阻力而形成流态化。李丽等采用颗粒活性炭为载体，用 AFB 反应器对白酒蒸馏底锅废水进行污泥驯化培养，结果表明，当温度 30～32℃，pH6.8～7.3，接种量 1500mL 和活性炭 200mL 时，培养出的活性污泥对废水 COD 值的去除率可达 83.8%；杜文鹏等研究了床层膨胀率、HRT、温度以及有机容积负荷冲击等因素对 AFB 反应器 COD 值去除率的影响。

③ IC 工艺：IC 厌氧反应器由上下两个厌氧反应区串联组成，废水可在反应器内部实现循环。其具有效率高、高径比大、占地少等优点。

④ UASB 工艺：其基本原理是高浓度有机废水均匀地从反应池的底部进入池中，并由下向上运动，水流穿过在池中呈悬浮状态分布的颗粒污泥或絮状污泥层。污泥层中生活着大量厌氧微生物菌群，将水中的有机物协同进行降解作用，最终产生甲烷、CO_2，及剩余的有机物和其他分解产物，从而起到降低 COD 值的作用。UASB 工艺近年来在白酒酿造废水处理中得到了广泛应用。先元华报道，采用升流式厌氧污泥床（UASB）处理工艺，结果表明，UASB 池 pH 为 7.0、容积负荷在 10000mg/L、温度为 37℃、进水 SS 量<500mg/L、池内污泥量为 20%、VFA 浓度<3mmol/L 时，COD 去除率>85%效果最佳，处理能力满足实际生产的要求，运行效果良好。UASB 占地较少，投资省，能耗低，便于操作，运行稳定，同时可以产生沼气，适用于规模化处理泸型白酒企业废水。

⑤ EGSB：EGSB 反应器是新型的可以形成颗粒化厌氧污泥为特征的高效厌氧生物反应器。在运行过程中其颗粒污泥层处于膨胀状态。与 UASB 相比，EGSB 反应器具有布水易均匀、传质效果好、有机物去除率高、能够在更高的进水浓度和更高的容积负荷下运行的优点。此外，EGSB 反应器的高度可以为 UASB 的 2 倍以上，因此，其占地面积更小。作为新型的第三代厌氧反应器，EGSB 反应器已在多个高浓度废水处理项目中得到运用。

⑥ UAHB：上流式复合床将 UASB 与厌氧生物滤床相结合，称之为 UAHB 反应器。它在污泥床层与三相分离器之间加入填料层，具有利用厌氧生物滤床收集悬浮污泥的特点。既提高了出水水质，又可改善传统 UASB 反应器悬浮污泥床层处理效率低的问题。张振家等的研究表明，在 55℃下，UAHB 可有效处理酒精糟液。当废水容积负荷在 20kg COD/（m^3·d），糟液投配率为 70%，水力停留时间缩短至 1.4d，污泥床可去除 70%的 COD 值和 80%的有机氮。UAHB 对于有机氮的去除效果是传统厌氧滤床所不及的。

（2）好氧处理　厌氧处理可大幅度降低 COD 值、BOD 值，但去磷酸盐和氨的作用有限。好氧生化处理是利用好氧微生物降解有机物实现废水处理。好氧生物法一般适合处理中、低浓度的有机废水，适合作为厌氧法后处理工艺。目前，常用的好氧生化废水处理工艺主要分为两大类：一类为活性污泥法，如传统活性污泥工艺及其改进工艺、生物氧化沟工艺、生物脱氮除磷工艺（AO 法、A/A/O 法及其改进工艺、A-B 工艺、SBR 工艺、CASS 工艺）；另一类为生物膜法，如生物滤池（普通生物滤池、高负荷生物滤池、塔式生物滤池、曝气生物滤池）、生物转盘、生物接触氧化法。根据国内外的污水处理实践和经验，比较适合白酒废水好氧处理的工艺主要有间歇式活性污泥法 SBR（或 CASS）、生物接触氧化法和曝气生物滤池（BIOFOR）这 3 种方式。

① SBR 工艺：SBR 工艺采用间歇运行方式，污水间歇进入处理系统并间歇排出，系统内只设一个处理单元，该单元在不同时间发挥不同的作用，污水进入该单元后按时间先后进行不同功能的处理。该法不易发生污泥膨胀，处理构筑物简单，运行参数调整后可有效进行生物脱氮除磷。黄忠泉研究了采用 SBR 处理酒厂生产废水工艺中活性污泥的培养与驯化及工艺参数的选择，分析了不同容积负荷对废水处理效果的影响。实验结果表明，SBR 法在室温下就能高效处理高浓度白酒废水。唐黎明等分别采用厌氧-SBR 工艺和蒸馏浓缩-SBR 工艺对周口某白酒企业高浓度有机废水进行处理，结果发现经过厌氧-SBR 工艺处理后，COD 由20000mg/L降到 347mg/L；而经过蒸发浓缩后 COD 由 20000mg/L 降到 3200mg/L 左右，再经过好氧生物处理后能降到 50mg/L 以下。即直接用生物方法处理仅能达到三级处理要求，可排入城镇污水厂进一步处理。而经过蒸发浓缩以后，再经过后续的好氧生物处理，COD 可达到一级 A 的要求。

② CASS 工艺：CASS 工艺采用周期性曝气，弥补了 SBR 进水的缺点，实现了连续进水、间歇排水。CASS 工艺流程简洁，主要是由预反应区和主反应区组成。预反应区控制在缺氧状态，主反应区为曝气状态。

③ BIOFOR 工艺：BIOFOR 工艺具有一次性投资少、运行费用低、处理效果好、运行稳定、维护方便等优点，是白酒废水处理的优选工艺。但该工艺要求进水水质在 700mg/L 以下，为实现更好的废水处理效果，可采用生物接触氧化法+BIOFOR 滤池结合作为好氧处理工艺。一般情况下，白酒废水经厌氧处理先去除 80%左右的 COD 后，进生物接触氧化池进一步去除 60%~80%的 COD，200~400mg/L 的 COD 值废水进曝气生物滤池处理即可达标。

（3）厌氧-好氧法处理　大量的白酒废水处理实践表明，高浓度白酒废水经厌氧处理后，出水 COD 浓度仍然达不到排放标准。而若直接采用好氧处理需要大量的投资和占地，能耗高，不够经济合理。目前，白酒生产废水处理方法多以厌氧-好氧结合进行处理。一般采用：厌氧-好氧-气浮三级处理工艺、好氧-气浮两级处理工艺、氧化沟工艺、厌氧-好氧-物化组合处理工艺。

厌氧-好氧-气浮法工艺成熟、稳定，处理效果好，设施抗冲击能力强，但基建费用高；好氧-气浮法工艺简单、易于操作管理、投资较少，但处理负荷低，往往需要加水稀释，容易出现污泥膨胀现象；氧化沟法具有处理效果好、耐冲击负荷、污泥产量少的特点，但投资、占地面积大。不适宜处理此类产生量小的废水；水解酸化-厌氧-SBR 法是一种间歇式活性污泥法，硝化和反硝化在 1 个池中进行，它不需回流污泥，灵活性较高，处理有机污染物负荷高，可在厌氧与好氧中灵活调剂，且操作简单、投资省、占地少，可有效处理季节性、间隙式排放废水。

3. 后处理系统

经厌氧处理后，由于蛋白黑素及“下沙”“糙沙”工艺中高粱冲洗水和浸泡水的影响，废水呈黑褐色，需要进行进一步的后处理。白酒生产废水深度处理方法有吸附法、膜过滤法、催化氧化法、混凝沉淀法等。吸附法常用活性炭、粉煤灰等为吸附剂；混凝沉淀法通过投加混凝剂和助凝剂进行混凝沉淀，进一步去除有机物和色度；通过活性炭滤料及生物膜对残余有机物的吸附和曝化氧化，使有机物进一步降解。经深度处理废水可排入生物净化池，运用生物处理法，建立自净能力强的生态系统来改善低度污染废水，逐级消化废水中的无机物和有机物，实现白酒工业低度污染废水的自然净化。据朱怔钢等报道，丰谷酒业有限责任公司废水经水解酸化、厌氧微生物水解酸化，再进行厌氧微生物消化，把有机物转化成沼气和污泥，污水流入 SBR 池内进行曝气，以消化水中的有机物和无机物，并转化成气体溢出同时形成其他有机体浮游于水中排出或结成固体颗粒沉降；通过水生动植物的新陈代谢作用，运用种植水上蔬菜、接种水草、养殖鱼苗、放生青蛙等生物处理法，消化水中的有机体，达到净化水质的目的，取得了良好的经济效益。

（二）其他处理方法

目前，关于白酒酿造废水的其他处理方法也有研究，如生物膜法、微波催化法、慢速渗滤土地处理系统法、微生物絮凝剂法等。

生物膜法具有水质水量适应性强、操作稳定、不会发生污泥膨胀、剩余污泥少不需污泥回流等优点，在白酒废水处理中常被采用。但由于该法有机负荷不太高，实际应用受到一定限制。

杨爱江等采用慢速渗滤土地处理系统对白酒企业酿酒底锅水处理效果进行实验研究，分析土地处理系统在不同进水量、pH、停留时间条件下对高浓度有机废水 COD 的去除效果。结果表明，3 个影响因素对处理效果的影响从大到小次序为：出水时间>pH>进水量。进原污水量为 1000mL，pH 为 6~7，出水时间取 5h 时，处理效果好，可达到排放标准。

邢春艳用微生物絮凝剂 HQG9 处理白酒生产过程中产生的高浓度废水，实验结果表明，HQG9 对不同浓度的废水 COD 的去除率达到 57.0%~64.4%，大幅降低了白酒废水的污染程度，再辅以其他处理方法，可以实现废水的达标排放。

王剑虹等利用微波催化氧化处理白酒废水，其催化氧化的最佳条件为 100mL 白酒废水，加活性炭 1.0g，H_2O_2（30%）1.0mL，微波功率为 490W，加热时间 20min，COD 值去除率达 79.4%。

（三）白酒酿造高浓度废水工程治理措施

目前，文献报道的已应用于工程实践且取得较好效果的高浓度废水工程治理措施较多，见表 14-1。

表 14-1　我国部分白酒企业高浓度废水工程治理措施及效果

生产企业名称	工程治理措施	处理效果
五粮液酒厂	酸化调节池-两段常温 UASB 装置-UBF-SBR	处理高浓度有机废水底锅水、黄水和冲滩水。各单元 COD 去除率为：酸化调节池 20%，两段 UASB 为 95%，UBF 为 60%，SBR 为 75%。采用该工艺进行资源化综合治理，达到国家排放标准

续表

生产企业名称	工程治理措施	处理效果
河南张弓酒厂	生物接触氧化法	工程处理水量为 4000m^3/d，进水 SS、COD、BOD 分别为 762mg/L、791mg/L、350.8mg/L 的条件下，排出水 SS、COD、B0D 分别为 28mg/L、55.0mg/L、23.5mg/L，处理后水质达到排放标准。单位处理成本为0.51 元/m^3
广东九江酒厂	EGSB 反应器-RC 好氧反应器	厌氧处理单元一级处理反应器能在 20kg COD/（m^3·d）左右稳定运行，并且有机物去除率平稳上升。若一级厌氧进水 COD 浓度在 25000mg/L 左右，二级厌氧出水通常在 2000mg/L 以内，总去除率达 90%以上。高效、合理，降低处理成本
安徽金沙酒业	两级预处理-两级厌氧（UASB 反应器、高效厌氧生物滤池）-A/O（厌氧水解-好氧）	处理废水产生量为 41000m^3/d，COD、BOD、SS 浓度分别为 43250mg/L、23787mg/L、6390mg/L 的高浓度废水。经该工艺处理后，废水中的COD、BOD 等指标均能达标排放。采用自动化控制，提高系统的可操作性，便于管理
泸州某小型酒厂	水解酸化-厌氧消化-SBR	出水 COD、BOD、氨氮、SS 的质量浓度分别为 61.6mg/L、16.09mg/L、4.45mg/L、35mg/L，色度为 33 度，pH 为 7.8，COD、BOD、氨氮去除率均达 97%以上。处理效果好，运行稳定、占地面积小、一次性投资少、操作简单、运行方便、处理灵活。复工后重新启动容易，是小型白酒企业废水处理宜采用的工艺
贵州醇酒厂	固液分离-多级污泥厌氧分解-多级有氧硝解-活性炭吸附	人工培养硝化菌和光合细菌泼洒在厌氧沉降污泥池；增加消解作用；利用破损陶坛、作废陶瓶及再生颗粒活性炭作为硝化菌附作载体和吸附剂，增设三级处理；将蒸馏冷却水采用保温管道输送到第三级污水处理阶梯沟。工程处理效果显著，运行成本低，无任何污染，可直接用于生产，也可用于养殖
茅台酒厂	UASB-生物接触氧化法-过滤	UASB 反应池 6 座，两级生物接触氧化罐 4 个。COD、BOD、SS 的去除率分别达 93%、95%、99%。处理效率高、运行稳定、能耗低、容易调试，适合在白酒有机废水处理中推广应用
福建厦门亚洲酿造公司	水解酸化-低负荷活性污泥	酸化水解池，BOD、COD 去除率约为 25%；低负荷活性污泥池 COD、BOD 的去除率高达 95%、98%。处理效果稳定，出水水质好，易于管理，不产生污泥膨胀，污泥量少，处理工艺简单，可直接作厂区内绿化用有机肥料
河南宋河酒业	两级 UASB-絮凝沉淀-两级好氧滤池	工程各单元设施处理效果明显，总排污口污染物浓度为 COD 83.6mg/L，悬浮物 100mg/L。运行平稳，易于操作、单位处理费用低、工艺路线有操作弹性，对 COD、温度、流量变化适应性较强

续表

生产企业名称	工程治理措施	处理效果
江苏洋河集团	水解酸化-生物接触氧化-气浮-污泥脱水	进水 COD、BOD 浓度分别为 800~1500mg/L、800~1200mg/L，出水 COD、BOD 浓度分别为 40~80mg/L、30~55mg/L。工程采用 CQV-H 型高效回转气浮，比平流式、竖式气浮的效率高，运行费用低，操作方便
云南 15000t/年基酒扩建工程	格栅-调节-厌氧-生物接触氧化-沉淀组合工艺	运行结果表明，出水 COD、BOD、SS、NH_3-N、TN、TP 的浓度（mg/L）分别为 40、8.0、6.5、4.45、12.0、0.45，出水水质达到 GB 18918 中一级 A 标准的要求。COD、BOD 去除率均达 99%以上，NH_3-N、TN、TP、SS 去除率均达 92%以上，处理效果较好，运行稳定，经济和环境效益显著

此外，吴健报道了某大型酒业公司采用以 ABR+SBR 为主的废水处理工艺，且部分回用废水采用絮凝沉淀+砂滤+消毒工艺进行深度处理。处理后作为冷却水回用于酿酒车间。运行结果表明，该工程处理效果稳定，运行管理简便，污泥产率低，污泥泥龄高，运行成本低，占地面积小，可满足排放标准的要求；胡滨等采用 EGSB-CASS-混凝过滤处理酿酒废水，废水进水 COD 浓度 12000mg/L，出水 COD 浓度小于 100mg/L；刘斌等采用将白酒废水清污分流，高浓度废水采用初沉+水解酸化+IC+CASS+BAF 工艺处理，控制关键工艺参数 IC 反应器进水 pH 为 6.5~7.2，处理后的废水出水达到 GB 27631—2011 排放限值。

（四）展望

随着现代材料的发展，利用各种新型材料作为曝气生物滤池滤料，提高曝气生物滤池降解污染物的能力，加大曝气生物滤池在污水处理中的作用，是今后酿酒高浓废水处理的发展方向之一。

微生物絮凝剂无毒、无害，不会引起二次污染。絮凝后的沉淀物可以进一步加工成饲料产品。深入加强微生物絮凝剂在白酒废水处理中的应用研究，将为白酒废水综合治理提供新的途径。

目前，关于超滤膜在酿酒废水处理中的应用研究报道不多，但从膜处理技术进行浓缩处理可提高分离效果，减少后续工艺流程和工程投资，实现废水的回收处理等优势来看，膜处理技术将在今后酿酒高浓废水处理方面有较大的发展空间。

与大中型酒厂比较，小酒厂具有投资少、规模小、清洁生产水平低、污水混排、吨酒产污量大、污染严重的特点。研究开发一些占地面积小、一次性投资少、操作简单、运行方便、处理灵活的适合小型白酒企业废水治理工艺是有必要的。

二、废气、废渣及节能减排

白酒生产单元操作基本上都涉及电气装置与设备，如搅拌器、电机、泵、空压机组、制冷机组、照明设备等，不同装置与设备在同一工艺下电耗会有差别，主要是电气装置与设备的先进与落后，以及是否采用变频调速技术。同时，耗电量还与生产工艺有关。

白酒生产中涉及料液与中间产品的加热、液化、糖化、蒸馏、干燥、灭菌等工艺，均需消耗大量蒸汽。生产每吨酒精、白酒耗汽量均超过 5t，特别是生产每吨清香型、浓香型、酱香型白酒（包括原酒）耗汽分别为 7t、14t、21t，主要原因是白酒的生产工艺有液化、加热、蒸馏单元操作。酿酒生产汽耗占其综合能耗的 80%以上，因此除关注蒸汽消耗外，还应关注二次蒸汽（各种料液加热与蒸发时产生的蒸汽，也称低低压蒸汽）汽化热回收利用工艺、回收率、经济效益，它反映了节约能耗、水耗的潜力。目前，酿酒工业二次蒸汽回收率仅为 30%左右。

白酒大型企业在取水、节水、节电、节汽方面大都有一定的措施，并取得了较好的成绩，单位产品取水量、水重复利用率、电耗、汽耗能达到行业先进水平；中小型企业，特别是小型、微型企业，节水、节汽措施普遍不力。同一行业不同企业生产单位产品能耗可相差一倍，甚至更多，深究其原因主要是选择的生产工艺与设备不尽合理，没有采用行业推荐的节能工艺与设备，特别是尚未在洗涤、加热、蒸发、蒸馏、干燥、灭菌等单元操作后，配套合适的冷却（冷凝）、多效蒸发、压缩、回收等工艺，以大力回收水、汽资源。

1. 优化酿酒生产工艺与设备以达到节能减排

酿酒生产均需符合“合理地简化工艺流程，科学地进行动力匹配”原则。以先进的生产设备替代落后的设备，如以燃气蒸汽锅炉替代燃煤锅炉，玉米酒精糟采用耗水量小的固液分离设备和多效蒸发器浓缩；生产采用集成控制系统、烟道气余热利用技术、CPI 清洗系统。

采用绿色照明，各类水泵、电机、空压机、冷冻机、风机等用电设备应用变频恒压技术，控制系统采用自动控制。

2. 大力回收酿酒生产排出的二次蒸汽（低压蒸汽）汽化热

酿酒生产应大力回收料液的加热及冷却工艺、液化与糖化及冷却工艺、灭菌工艺、蒸馏与冷却工艺、浓缩与冷却工艺、固体废弃物干燥工艺的二次蒸汽汽化热。

将各种二次蒸汽集中、收集，采用气体喷射再压缩工艺（TVR、气体喷射压缩器），将加压后二次蒸汽继续用于加热工艺。浓缩、干燥工艺的大量二次蒸汽也可采用机械再压缩工艺（MVR、热泵），即将单效蒸发器与热泵组成节能的浓缩系统，回收热能。二次蒸汽还可采用低温多效蒸发工艺回收热能。各种二次蒸汽采用气体喷射和机械再压缩工艺后，无需再使用大量冷却水，从而达到节水的目的。锅炉的烟道气热量可用来干燥肥料、燃料等物料。

目前，高效利用中低压（0.3~1.3MPa）、低低压（0.035~0.3MPa）二次蒸汽已成为国内外节能的重点研究和攻关方向。酿酒工业二次蒸汽汽化热如都加以回收利用，则生产汽耗、耗标煤量均能在原基础上大幅度降低。同时，建议白酒生产企业可将再压缩技术（TVR、MVR）应用于两次蒸汽再利用。

3. 燃煤锅炉的合理利用

对于使用燃煤的白酒企业，原煤贮存改造为封闭系统并添置喷洒抑尘剂设备，减少原煤储存过程的损失，以及粉尘污染环境。产生的煤渣要充分考虑其出路，可以出售给建筑企业作为建材的原辅料，也可作为一些地区的铺路材料。

总之，现有及改扩建白酒企业，一定要按照国家相关要求，对煤废渣（煤渣）、包装废弃物等要有切实可行的处置方法，做到清洁化生产。关于“申报国家节能减排项目补助资金”的有关情况见本章第二节。

三、 酒糟的利用

白酒丢糟是以高粱、小麦、玉米等谷物为原料经过固态发酵、蒸馏取酒后的残留物。据统计，我国白酒酿造行业每年产生约 3000 万 t 的丢糟。白酒丢糟中含水量大、酸度高，堆积储放时极易霉变腐烂，若随意丢弃或焚烧，会造成严重的环境污染。同时，由于酿造工艺的特殊性，丢糟中残存着未能完全利用的淀粉和丰富的蛋白质、氨基酸、维生素、矿物质元素、微生物残体等营养成分，若能将丢糟中的营养成分加以充分的综合利用，不仅能解决环境污染问题，也能节约粮食、降低生产成本，具有显著的经济效益。据王超等总结，我国在白酒丢糟的资源化综合利用方面做了许多研究，主要包括生产饲料、肥料、食品、板材、曲药、燃料酒精、燃料棒等方面，申请了发明专利 100 余项，在《酿酒科技》《酿酒》等专业学术刊物上发表了 200 余篇文章，取得了显著的学术型和实用型成果。

1. 白酒丢糟的营养成分

传统固态法发酵白酒的过程中，酿酒原料中的大部分淀粉被利用，但白酒丢糟中仍残留有一定的粗淀粉、粗蛋白、粗脂肪和粗纤维。经检测分析，丢糟大部分成分为未发酵完全的残余淀粉，还含有以磷为主的多种矿物质元素，它们是构成微生物细胞的物质基础；同时白酒丢糟的干物质中粗蛋白含量甚高，可以为微生物提供丰富的氮源，还含有 18 种氨基酸，其中天冬氨酸和谷氨酸含量较高，尤以谷氨酸最为丰富，它们是形成白酒香气物质的重要来源。表 14-2、表 14-3 分别列出了白酒丢糟中的常规营养成分和氨基酸含量。

表 14-2　　白酒丢糟中的常规营养成分　　单位:%

名称	水分	粗淀粉	粗蛋白	粗脂肪	粗纤维	灰分	无氮浸出物	酸度
含量	7~10	10~13	14.3~21.8	4.2~6.9	16.8~21.2	3.9~15.1	41.7~45.8	3

备注：无氮浸出物中包含粗淀粉。

表 14-3　　白酒丢糟中的氨基酸含量　　单位:%

名称	含量	名称	含量	名称	含量
谷氨酸	2.209	缬氨酸	0.636	酪氨酸	0.332
丙氨酸	0.948	甲硫氨酸	0.170	苯丙氨酸	0.705
苏氨酸	0.441	天冬氨酸	0.884	赖氨酸	0.400
丝氨酸	0.518	异亮氨酸	0.588	组氨酸	0.328
色氨酸	1.530	甘氨酸	0.498	精氨酸	0.494
胱氨酸	0.754	亮氨酸	1.252	脯氨酸	0.961

从以上两表可以看出，白酒丢糟中的营养成分十分丰富，另外还含有一定量的酸、

酯、醛、醇等发酵产物。依照循环经济及可持续发展思路，固态法白酒丢糟的资源化综合利用具有十分重要的现实意义。

2. 白酒丢糟资源化综合利用

（1）提取蛋白质、生产菌体蛋白及饲料添加剂　白酒新鲜丢糟具有酸度高、适口性差、极易腐败产生黄曲霉毒素等特点，鲜丢糟直接作为辅助饲料具有一定的局限性。刘念等探索丢糟干燥方法，发现三级干燥法，一级生石灰中和脱水、除酸，二级烟道气干燥，三级旋风干燥，可控制干燥之后丢糟的含水量达到15%左右，实现了干燥过程低能耗、高效率、低成本和操作简便，有利于对干燥后丢糟进行进一步循环利用。

白酒丢糟中所残留的蛋白质可通过一定方式进行提取。姜福佳等采用响应面法优化了丢糟中蛋白质的醇-碱法提取条件：提取时间 87.2min，固液比（g/mL）为 1∶42.3，醇碱比为 1∶2.7，在此条件下提取率大于 19%。

作为动物饲料是白酒丢糟的主要传统利用方式，而通过微生物菌剂处理固态白酒丢糟可明显提高饲料中的蛋白质含量和可消化性。刘军等以白酒丢糟为主要原料，通过白地霉、黑曲霉、米曲霉、产朊假丝酵母、热带假丝酵母混合协同发酵，在尿素投加量为 0.5%的条件下发酵，使发酵丢糟中蛋白含量提高了 8%。陆步诗等利用假丝酵母进行丢糟发酵试验，发酵产物粗蛋白和还原糖分别达到 17.5%和 1.13%。罗惠波等基于正交设计原理，利用白地霉、黑曲霉和绿色木霉混合发酵白酒丢糟，接种量 12%，硫酸铵添加量为 3%，30℃发酵 7d 获得蛋白质含量 28.88%的丢糟饲料，蛋白质含量提高 14.1%。考虑到好氧堆积过程中某些微生物可能分泌毒素的问题，袁颉等认为，利用乳酸菌、酵母菌等进行混合厌氧发酵生产蛋白饲料是一种新的发展趋势。张健等利用光合细菌采用单因素结合正交试验方法，优化厌氧发酵丢糟饲料，发酵后白酒干酒槽蛋白含量可从 11.7%上升至 30.2%，提高了丢糟饲用效果。也有人采取两步发酵法，首先利用绿色木霉对丢糟进行好氧发酵降解丢糟中纤维素，之后利用光合细菌红假单胞菌厌氧发酵生产水产饲料。

童兴灵等利用白酒丢糟中分离黑曲霉对丢糟发酵产木聚糖酶工艺进行研究，发现最适产酶培养基组分为：干酒糟 40%、麦麸 50%、蔬菜的残渣及枯叶 10%，在此基础上添加 $(NH_4)_2HPO_4$ 0.25%、吐温-80 0.1%，30℃培养 2~3d，产酶最高达 13265.8IU/g，具有较好的经济效益和市场前景。

微生物饲料添加剂是指在饲料中添加国家规定的饲用微生物，以提高饲料利用度，利于动物生长。邱树毅等利用酱香型白酒丢糟，接种乳酸菌（嗜酸乳杆菌、植物乳杆菌和德氏乳杆菌保加利亚亚种）进行液态发酵，低温填充干燥生产乳酸菌数目达到 10^8 CFU/g 数量级的微生物饲料添加剂。谭静等优化酱香型白酒丢糟生产酵母菌饲料添加剂工艺，料液比 1∶10，接种量 10%，葡萄糖 2%，培养 5d，酒糟菌悬液菌数为 10^{10} CFU/mL。

（2）生产丢糟曲　大曲作为白酒生产环节中的重要部分，提高大曲质量，降低制曲成本，是各个白酒企业所追求的目标。早在 20 世纪 50 年代，孙学敏等就采用湿丢糟、麸皮、种曲进行了制曲试验，并成功运用于酿酒生产，提高了 3%~5%的出酒率；张福等则将丢糟经常压灭菌处理后，加入红曲霉发酵后生产出了糖化力 600U/g 以上的丢糟红曲，代替部分白酒糖化发酵剂，达到了“增己降乳”的效果，增加了白酒的醇香味，提高了产品质量，节约了大量粮食。

随着研究的不断深入，逐渐出现了以小麦为主要原料，添加一定量的丢糟进行制曲的工艺。袁光和、洪松等以清水为分离介质，把丢糟分为糠壳和粮渣两个部分，将粮渣部分按照干重 1∶3 加入小麦粉进行制曲，所得曲皮薄，断面灰白色，菌丝分布广而均匀且糖化力、液化力、细菌总数和霉菌数都显著高于对照曲。将该曲用于酿酒生产试验，不仅可以提高 3.81%的出酒率，也可以提高 97.29%的已酸乙酯含量；李家顺等则将丢糟经堆积发酵、烘干、筛分后分离为丢糟粗壳、丢糟细壳、丢糟粉三部分，再将丢糟粉添加到小麦粉中拌和、压制成曲，尽管该曲能提高出酒率和酒中的酸、酯含量，但存在丢糟堆积发酵过程中场地的浪费和环境的污染等问题。程宏连等将丢糟直接烘干、粉碎后代替部分小麦生产丢糟曲，不仅使得丢糟曲的质量等级达到了一级曲的质量标准，也使得酿酒生产中大曲的用量下降了 2%~4%，显著降低了酿酒生产成本；张宝年等也先将丢糟进行粉碎，再添加到小麦粉中进行制曲，其中丢糟曲的液化力和糖化力分别比对照曲提高了 38.8%和 37.54%。

尽管丢糟采用烘干、粉碎后用于制曲的方式能够显著降低制曲的生产成本，提高大曲质量，但烘干、粉碎处理环节工艺烦琐、能耗大、粉尘污染大等问题则严重制约着丢糟制曲的发展。因此，一些研究人员对丢糟进行部分脱水处理，也取得了较好的效果。刘安然等将鲜丢糟除去 50%的水分，再添加到小麦粉中生产丢糟曲，贮存 3 个月后用于酿酒生产，结果发现，大曲的各项理化指标均得以提高，品质得到了较大的改善，能够显著地提高大曲酒的出酒率和优质酒率，同时降低了 10%左右的制曲成本；边明鸿等人也将丢糟除去 50%的水分后添加到小麦粉中制曲，使得大曲的发酵力和酯化力得以显著提高。

随着丢糟制曲研究的进一步深入，研究人员发现以上对丢糟的各种处理均需要较大的能耗，也不利于工业化规模生产。通过采用调节制曲工艺参数，直接将丢糟加入小麦中进行制曲的方式，不仅使得大曲的质量等级得以提升，也使得大曲的生产成本得以极大的降低。张彬、王君等在制曲拌料过程中按照小麦∶湿丢糟比例为 100∶15 生产大曲，曲坯的升温正常，顶温略高于传统大曲，贮存 3 个月后用于酿酒生产，所产酒的已酸乙酯提高了 9.73%，乳酸乙酯下降了 14.2%，节约制曲原料 5.71%；吴士业等则采用小麦、玉米粉、麸皮、啤酒糟、丢糟、酵母泥、窖泥功能菌固化剂、麸皮根霉曲、黑曲霉曲及酵母曲等制曲，不仅缩短了生产周期，降低了生产成本，还有效提高了曲的酯化力；许德富等人以丢糟为基质，加入曲药后自然网罗接种微生物，再与小麦粉混合后制曲，所得大曲各项理化指标正常，且曲香纯正、浓郁；谢国排等在现有制曲原料基础上（纯小麦曲），通过添加 15%的新鲜酒糟和一定比例的飞箩曲（曲块破碎过程中产生的副产物，又称飞箩面）生产出了优质大曲，贮存 6 个月后，该丢糟曲的糖化力达 840U/g。

（3）生产丢糟酒　白酒丢糟富含丰富营养物质的同时，也有大量的糠壳。如果用丢糟作为酿酒发酵的原料，丢糟中的谷壳不仅可起到疏松作用，也能使糟醅保持一定的含氧量，从而保证正常的发酵和提高蒸馏效率。此外，丢糟中残存的淀粉和香味物质，可以作为酿酒原料和白酒风味物质。基于上述优点，丢糟也广泛应用于开发丢糟酒。

早在 20 世纪 90 年代，李家明等发明了一种香醅生产新工艺，即曲酒丢糟出甑、摊晾后添加丢糟粉拌匀，再加优质曲酒底锅水、营养液、根霉曲、糖化酶、干酵母、生香酵母、酯化菌和曲药拌匀，经堆积围盖人工窖泥、竹席、黄泥密封进行厌氧发酵生香。该工艺可缩短50%的发酵周期，但该香醅直接生产出的酒酒体较为寡淡，且工艺过程中难以控制各种辅料的最佳配比，采用窖泥、黄泥密封发酵不仅成本高、费时费力，而且很容易将窖泥、黄泥中的杂菌带入糟醅中，影响白酒质量。针对上述情况，张文学等则通过发酵菌剂强化麸曲和发酵菌剂的制备，再与丢糟、自来水以质量比为1：（1.8~2.5）：（0.8~1.2）拌和均匀，用保鲜膜半密封封口，置于25~27℃的恒温培养箱中培养10~45d，精确地控制发酵菌剂强化麸曲和发酵菌剂的添加量，还能实现46%~62.4%的淀粉利用率和46.1%~90.1%的酒精转化率。但由于该方法只是强调了丢糟中残留淀粉的再利用，而忽略了丢糟中残留的大量有机酸的再利用，且发酵条件的要求较高，不具备大规模产业化的条件。赵东等则通过在白酒丢糟中加入0.6%的强化发酵菌株、60U/g的糖化酶、0.6%的大曲粉、0.5%的复合酶入窖强化发酵生产复糟酒。采用该方法，可得到产质量较好的复糟酒，但是酒体中的酯类含量相对偏低。刘家兴等通过在双轮底丢糟中加入活性干酵母、糖化酶、生香酵母、高温曲后入池发酵13~15d得到香醅，然后经串蒸后得到一级原酒质量标准的优质白酒，很好地解决了丢糟酒中酯类物质含量相对不足的问题。

尽管通过在丢糟中添加糖化酶、干酵母、复合酶、强化发酵菌株等辅料，可以实现丢糟酒的再生产，也能提高丢糟酒质量等级，但是辅料种类繁多、配比难以精确控制、生产工艺烦琐等不足严重制约着丢糟酒再生产的工业化。杨崇平等人将投粮入窖发酵串蒸法改为利用优质酒丢糟入窖发酵串蒸法，即优质酒丢糟在鼓风摊晾后加入糖化酶、干酵母、黄水，再入窖发酵10d得到发酵香醅，然后在底锅中加入食用酒精、酒尾酒进行串蒸，从而得到串香酒，在保证酒的原有风味基础上，显著地降低了生产成本，节约了大量粮食。张良等人在丢糟中加入2%~3%曲药堆积发酵8~10d，然后再加入酒尾酒、黄水、酯化酶、已酸发酵液等物质进行拌和均匀后用塑料薄膜（无塑化剂）密封发酵25~40d。这样不仅能促进酯类物质的生成，还能减少发酵菌剂或强化发酵菌株的制备工艺，使得生产工艺得以简单化，同时也获得了一种口味淡雅、香味协调的新型白酒。张玉东等则对丢糟复式发酵过程的预处理堆积时间、曲药用量、发酵时间等工艺参数进行优化，大幅提高了基础酒品质。张宿义等则对丢糟复式发酵模式的辅料配比进行了简化，采用酱香型白酒的堆积工艺与药香型白酒的串香工艺相结合，得到既有浓香型白酒的醇和细腻又具有酱香型白酒的醇厚爽净、酱香幽雅的白酒产品，并实现了大规模生产。

（4）栽培食用菌　近年来，白酒丢糟用于培养食用菌已引起了广泛的重视，并在不少地区已实现了大规模的工业化生产。王冲等采用酱香型白酒丢糟代替部分木屑进行平菇栽培试验，得到了最佳培养配方为：丢糟50%、木屑10%、棉籽壳28%、麸皮10%、石灰1%、蔗糖1%，采用该培养基的平菇转化率提高了27%，出菇后的菌糠中含粗蛋白达11.4%，可以作为饲料再加以利用。游玲等则以多粮浓香型白酒丢糟为主体设计和优化了茶树菇的栽培方法，生产的茶树菇符合有机食品的要求，其价值为2000元/t，实现了较高的经济效益。王涛等同样以浓香型白酒丢糟为主要原料开展了秀珍菇的栽培研究，缩短了秀珍菇的生产周期、提高了转化率。此外，关于利用白酒丢糟生产金针菇、鸡腿菇、猴头菇等也有相关报道。

（5）生产调味品　利用丢糟生产调味品的相关研究主要包括生产食醋和酱油。陆步诗等以大曲丢糟代替部分米糠生产麸曲醋，在酒精发酵阶段和醋酸发酵阶段通过单因素试验确定了丢糟的理想比例分别为30%~40%和20%~30%，丢糟的添加不仅改善了醋醅的疏松性与营养成分，还使得出醋率提高了2%，总酯提高了25.1%，同时也促进了麸曲醋生产工业的革新。高晓娟等人则先以清香型白酒酒糟为原料进行醋酸固态发酵，获得了营养丰富、酱香醇厚、风味独特的醋基，然后再将优质醋基应用到液态发酵食醋中，通过单因素试验确定了醋基添加量为5%，在30℃、200r/min，发酵周期为160h的摇床培养条件进行醋酸发酵，最终得到了醋液酸度为38.4g/L，口味柔和、香味丰富的新型食醋。王传荣等应用耐高温酒精活性干酵母、糖化酶和纤维素酶以鲜丢糟为原料酿造食醋，每100kg鲜丢糟产醋33.5kg，其产品质量和卫生指标均符合国家标准。陆步诗等在传统酱油曲制作过程中添加部分白酒丢糟，成曲的蛋白酶活性、孢子数、感官指标均高于传统酱油曲。岳德宏等以白酒丢糟为原料，采用低盐固态酿造技术生产的酱油也达到了国家标准的要求。

（6）生产燃料棒　生物质能作为清洁可再生能源，是太阳能贮存在生物中的一种能量形式，遍布于世界各地。丢糟含有丰富的生物质能，将白酒丢糟通过干燥成型转化为生物质燃料棒，是生产生物质能的方式之一。与煤炭、轻柴、天然气的燃烧比较，废弃丢糟燃烧具有热值较高（接近烟煤）、锅炉热效率高、尾气排放对环境污染最小、燃烧成本最低等优点，是理想的原煤替代燃料。白酒丢糟生产燃料棒的工艺步骤包括：酸碱中和、干燥、挤压成型和风冷干燥等。

（7）生产白炭黑　由于固态白酒丢糟中富含稻壳，稻壳中含无定形水合二氧化硅为15%~20%，其余为碳水化合物，若采用酒糟锅炉燃烧后的丢糟灰可得到50%~60%的二氧化硅及35%~40%的碳。目前，国内外生产白炭黑主要是采用湿法生产，用碱提取出硅酸钠，再用酸酸化后生成白炭黑提纯。沈红等利用酒糟锅炉燃烧后的固态白酒酒糟灰为原料，以氯碱企业中氯气干燥后产生的副产物硫酸为酸化剂，采用沉淀法制备白炭黑，工艺流程图如下。

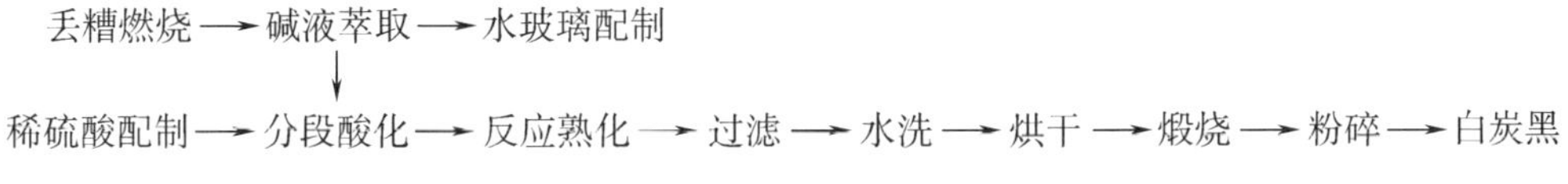

经研究确定了采用沉淀法制备白炭黑工艺条件为：丢糟灰碱液比为1∶1.4，碱化处理时间4h，加酸速度为0.06mL/（g·min），搅拌速度40r/min，产物比表面积为189.0m^2/g，制备的白炭黑经质量检测符合国家产品标准。因此，可利用酿酒企业的白酒酒糟为原料，以氯碱企业的副产物硫酸为酸化剂生产白炭黑，实现二者的综合利用。

除以上所提及的白酒丢糟利用方式外，关于利用白酒丢糟制备活性炭，提取纤维素、半纤维素和膳食纤维，生产生物有机肥，提取菌体蛋白等也有较多的研究报道。

3. 总结与展望

固态法白酒副产物丢糟的资源化综合利用主要是针对丢糟中剩余淀粉、蛋白质、木质纤维等的转化降解和再利用，其次是充分利用丢糟中所富含的有机酸和各种呈香呈味物质。目前所提出的各种丢糟利用方式各有其优缺点，如，生产丢糟曲和丢糟酒，尽管经济效益高，可实现白酒企业的自我消化，丢糟曲的再生产可以提高丢糟的利用率，实现丢糟的高效利用，但丢糟的产质量会直接制约着丢糟曲的产质量；而生产丢糟酒，目前已有规模化生产，但仍有大部分原料成分未能得到充分利用，酸度大可能会造成二次环境污染；生产调味品虽然可以拓展市场品种，但其利用量和利用率的低下会限制其对丢糟的充分利用；生产燃料棒成本低、热值高，但需要考虑丢糟中氮、硫等元素可能造成二次环境污染等。从环保、经济和操作难易程度等方面考虑，利用固态法白酒副产物丢糟生产饲料、食用菌等仍为目前较为可行的利用方式。但由于丢糟总量的巨大和当今社会环境压力的日益增加，继续探讨更为高效的白酒丢糟利用模式是很有必要的，包括传统利用方式水平的提升和新利用途径的开拓。从白酒丢糟的组成成分和其特殊性来看，结合多种利用方式和技术手段，建立综合性、生态化的白酒丢糟利用转化技术体系，应当是今后丢糟资源化利用的基本方向。

第二节　循环经济

一、概述

循环经济是一种生态经济，它要求运用生态学规律来指导人类社会的经济活动。循环经济是国际社会推进可持续发展的一种实践模式，它强调最有效利用资源和保护环境，从“资源-产品-废弃物-再生资源-再生产品”的经济增长方式，实现生产和消费“污染排放最小化、废物资源化和无害化”，以最小资源环境成本获得最大的经济效益和环境效益。要通过发展循环经济，促进资源循环式利用，鼓励企业循环式生产，推动产业循环式组合，倡导社会循环式消费，逐步建立起资源、环境保护与经济发展相协调的发展体系，大力降低原材料和能源消耗，努力实现废弃物的资源化、减量化、无害化，切实提高资源的利用效率。

循环经济主要有三大原则，即“减量化、再利用、资源化”。

减量化原则针对的是输入端，旨在减少进入生产和消费过程中物质和能源流量，对废弃物的产生，是通过预防的方式而不是末端治理的方式来加以避免的。如在白酒生产中，可以通过减少每个产品的原料使用量、通过科学设计制造工艺来节约资源和减少排放。

再利用原则属于过程性方法，目的是延长产品和服务的时间强度。也就是说，尽可能多次或多种方式地使用物品，避免物品过早地成为垃圾。在白酒生产中的蒸馏冷却水等，可以采用一定方式循环再利用，而不必每次重新取新鲜水源。

资源化原则是针对输出端，把废弃物再次变成资源以减少最终处理量。资源化能够减少垃圾的产生，制成使用能源较少的新产品。资源化有两种，一是原级资源化，即将消费者遗弃的废弃物资源化后形成与原来相同的新产品，例如用废玻璃酒瓶生产玻璃；二是次级资源化，即废弃物变成与原来不同类型的新产品，如丢糟生产饲料。

二、白酒制造业的循环经济

1. 白酒企业发展循环经济的意义

一是可缓解资源约束矛盾，将传统的“资源-产品-废弃物排放”的单项开环式经济，转变为“资源-产品-废弃物-再生资源”的闭环式经济，当有限资源得到无限循环利用时，就能成为无限多的资源，从而保证酿造所需资源的持续供给。

二是可提高企业效益，目前，我国白酒酿造企业资源综合利用和酒副产品循环利用率与国际先进水平相比仍然较低，较低的资源利用水平，使得发展循环经济有更大的空间和潜力，也成为白酒酿造企业降低生产成本、提高企业效益的必由之路。

三是实现可持续发展，目前，白酒酿造企业资源利用率低，特别是副产品加工利用能力在许多企业缺失，影响了企业可持续发展。

2. 白酒行业发展循环经济途径

根据酿酒行业特点，以及各大酒厂实际经验，在白酒行业发展循环经济，主要从技术和管理两个层面来实施。

（1）技术环节

① 降低粮耗，提高出酒率：对提高出酒率的技术措施，白酒科技人员和白酒生产企业做了大量工作，取得了多项成果，已有成熟的技术和经验规范管理、标准化操作，完全可以达到预期目标。如果生产浓香型白酒企业出酒率达到现在五粮液水平（五粮液出酒率高达 41.67%，而全国平均水平只有 33%左右），全国至少可降低白酒耗粮 150 万 t 以上。

② 废弃品的综合利用：以池底水（黄水）为例，它是白酒生产企业的宝贵原料，既可以作为乳酸等化工产品的生产原料，也可以进入底锅蒸馏，提高白酒质量，还可以用于养窖，最次之，可用于和窖泥，提高窖泥质量。此外，蒸馏冷却水、洗瓶用水等废水也要进行工业化处理，实现综合利用；旧瓶和包装物要循环利用；废气也要通过治理与利用，避免环境污染。

③ 建立工业生态园区，实现产业集群：把发展循环经济与工业生态园区建设结合起来，形成循环经济的生态系统。工业生态园区必须执行环境保护和发展循环经济清洁生产的法律和政策；循环经济要实现地域化规模经营，产业集群可以扩大循环生产的规模。在生态工业园区内，酿酒可增加空气中有益菌群的繁殖，有利于生态白酒的酿造。中小企业在生产中都会产生各种废弃物，但是在企业内部独立循环利用资源由于不够规模而没有可行性，这就需要有专业化的、达到规模经济要求的废弃物收集、分类、加工处理、再利用的专门企业。

（2）产业化循环经济　循环经济不仅仅是生产企业内的小循环，还是以白酒行业为原点，向上下游产业延伸，带动关联产业，如饲料产业、养殖业、有机肥料产业等，从而形成更大规模的产业化循环经济，构成良性循环的工业共生系统。

3. 五粮液的循环利用实例介绍

发展循环经济是今后相当长一段时间转变经济增长方式的重要途径，是实现新型工业化的基础工作。近年来，五粮液集团公司站在可持续发展的立场，排难奋进，大力发展循环经济，为全行业做出了榜样，作为国家 6 部委确定的全国 42 家循环经济试点企业中白酒行业唯一的一家企业，其主要成果有以下几点：

（1）革新工艺技术和装备，提高资源利用效率，减少污染物排放　每年节约新鲜用水 526.35 万 t 以上，减少约 50%的运输量，降低生产成本 534.35 万元。具体做法如下：

① 采用流水线包装替代手工包装，每条流水线都配套建设了洗瓶水沉淀处理池和回

收利用设施，将包装洗瓶水进行沉淀处理后，循环利用，仅此一项，每年节约洗瓶新鲜用水 100 万 t 以上。

② 将车间清液废水用于配料，清液回用率达 30%，提高了资源利用率，降低了污水排放量，每天减少清液废水排放约 600t。

③ 在全国白酒行业率先以聚酯瓶替代玻璃瓶，作为低档白酒的包装。与原来的玻璃瓶包装相比较，由于省去了洗瓶工序，每年可节约用水 90 余万 t，还可减少约 50%的运输量。

④ 在酿酒车间实施蒸馏一次水补充及二次水恒温控制技术改造，使每吨原酒节约用水约 22.41m^3，全年可节水 100 万 t，节约水费 150 万元。

⑤ 实施锅炉冲渣水循环使用、锅炉脱硫除尘废水循环利用等措施，每年可节约新鲜用水约 230 万 t。

⑥ 按传统酿酒生产的老工序，工人下班前需用清水将摊场冲洗干净，这样不仅消耗大量水源，还会将摊场上残留的粮粉等有机物冲入废水中，造成污染。公司决定以预防为主，禁止用清水冲洗生产场地，此举使酿酒生产用水量大大减少，每年减少污水排放量 90 万 t。

⑦ 在新建的激光全息防伪包装材料生产线上，其主要的用水工序实现了进水闭路循环，生产用水循环率达 82.2%。

（2）无害化、效益化处理丢弃酒糟工艺技术　用丢弃酒糟生产复糟酒，废弃丢糟送至锅炉房产蒸汽，丢糟灰生产白炭黑，形成了年处理丢弃糟 50 万 t，每年增产原酒 15000 多 t，丢糟燃烧年产 90 万 t 蒸汽，稻壳灰生产资源化利用、无害化处理、减量化排放，彻底解决了酿酒丢糟污染的问题。

（3）乳酸工程　投资 3300 余万元建成乳酸工程，日处理高浓度底锅水 180t，年产乳酸 1800t，乳酸钙 300t；利用底锅水生产乳酸后，酿酒底锅水 COD 排放量降低 75%以上，每年降低 COD 排放量达 7000 多吨，年新增销售收入 800 万元，利税 50 万元。

（4）超临界 CO_2 萃取工程　运用超临界 CO_2 萃取技术，年处理结晶母液 2000t。提取呈香呈味物质 120t，使乳酸生产过程产生的废液得到了 100%再利用，实现了清洁生产。

（5）废水厌氧发酵生产沼气及煤沼混烧技术　投入资金 12700 万元，建成了废水处理一站、废水处理二站、废水处理三站、废水处理四站等废水治理设施，均采用能耗低、效益好、效率高的污水处理新技术对废水进行利用和处理。形成了日处理高浓度有机废水 1300t 的能力，不仅使生产废水实现了达标排放，而且厌氧发酵可日产沼气约 10 万 m^3。将废水处理产生的每天约 10 万 m^3 沼气，全部输送至煤沼混烧锅炉燃烧生产蒸汽，可替代原煤约 100t/d，减少煤渣排放量约 40t，减少二氧化硫排放量约 6t，节约燃料费 3.2 万元/日。

综合以上方面，五粮液公司全年废水循环利用量 698 万 t。各类资源“三废”综合回收利用产品实现销售收入 1.6 亿元。

通过学习借鉴，全国白酒行业纷纷行动，各自采取有效措施，大力开展节能减排、循环利用，取得了很好的成绩，推动了我国传统白酒的可持续发展。

三、 国家节能减排投资项目

为了进一步发展循环经济，实现节能减排，促进我国经济的可持续发展，国家相继出台了一系列方针政策，如 2008 年 8 月颁布的《中华人民共和国循环经济促进法》，把资源高效利用和循环利用的要求以及“减量化、再利用、资源化”的原则，用法律的形式固定下来，成为国家、地区和企业实现可持续发展的一部重要法律。提出要在 7 个方面（包括税收优惠）采取激励措施以促进循环经济的发展，应该说是非常重要的。因为诸多事实说明，法律的落实必须要有具体措施的保证，特别是需要有关政策的支持。

《循环经济促进法》的核心在“促进”。有关政府部门以实现国民经济健康、协调、可持续发展为标准，在规划、资金、贷款、税收、推广、进出口等相关方面，逐步完善现行政策，推出新的政策，为促进循环经济的发展提供动力支持和政策保证。

从 2005 年起，国家发展改革委每年都下达“申报本年度资源节约（包括节能、节水、综合利用）和环境保护中央预算内投资备选项目”的通知，其中，有些年度还下达“申报本年度重点流域工业污染防治中央预算内投资备选项目”的通知。通过专家评审和发改委审批的两大类“投资备选项目”，国家将按总投资的 10%给予补助。全国每年有 20 多个酿酒生产企业申报上述两大类国家投资项目，但也总有一些企业不符合申报条件而被淘汰。

酿酒企业可以通过省发改委申报的两大类“中央预算内投资备选项目”，申报材料需符合“申报投资备选项目的通知”要求，如，由甲级资质的咨询设计单位编制材料，有企业与项目基本情况表，有项目审批、能评、环评、土地预审、规划选址、资金等文件，同时，项目内容符合酿酒企业节能技术改造和产业政策，有一定的创新性、数据可靠（年节标煤 2000t 以上），申报成功的可能性是很大的。现介绍一些可以申报的节能减排项目，供参考。

1. 优化酿酒生产工艺与设备以达到节能减排

酿酒生产以先进的生产设备替代落后的设备，如，以燃气蒸汽锅炉替代燃煤锅炉，玉米酒精糟采用耗水量小的固液分离设备和多效蒸发器浓缩；啤酒生产煮沸工艺用低压与动态煮沸方法、澄清工艺用错流膜过滤；酒类生产采用集成控制系统、烟道气余热利用技术、CPI 清洗系统。大多数酿酒企业是以此内容申报国家项目的。

2. 酿酒生产废弃物的综合利用

酿酒生产废弃物按生产生化药剂、食品与饲料添加剂、饲料、燃料、肥料序列进行综合利用。酒类生产的各类糟可生产饲料、蛋白饲料、燃料；白酒发酵的黄水生产调味液与复合酸，甑锅底水生产乳酸；啤酒麦糟生产膳食纤维，废酵母生产核苷酸等生化药物；葡萄皮渣生产葡萄籽油、果胶。生产综合利用产品序列应按经济效益排列，先考虑生产生化、添加剂产品，最后才是饲料、燃料、肥料。将废弃物生产各种综合利用产品，大大减少了因废弃物堆放、贮存、运输引起的环境污染，增加了产品品种，提高了经济效益。酿酒生产企业用此内容申报国家项目不多。

3. 酿酒生产综合废水处理技术改造

玉米与糖蜜酒精糟 COD 分别为 70000mg/L 与 100000mg/L，玉米浸泡水 COD 为 20000mg/L。必须采用浓缩-干燥工艺生产饲料或肥料，由此产生的浓缩工艺冷凝液及各种洗涤水的污染负荷可降到 7000mg/L，即给后继废水处理带来方便。高浓度废水采用浓缩与干燥工艺后，酿酒生产综合废水主要是来自处理原料废水，洗涤罐、瓶、设备、容器水，车间冲洗以及浓缩设备洗涤水与二次蒸汽冷却水。大部分酿酒行业综合废水污染物浓度在 COD 1000~8000mg/L，采用一级到二级生化为主的多级处理工艺，各种废水清污分流后可以以 COD 1000mg/L 为界，以下采用一级或二级好氧为主的生化处理工艺，以上采用一级厌氧与一级好氧为主的多级生化处理工艺，进入厌氧工艺的废水 COD 最好能在 3000mg/L，以保证厌氧发酵有较高效率，进水 COD 浓度低则造成厌氧工艺投资大。

白酒原酒生产综合废水的污染负荷达到 10000mg/L 左右，则可在上述处理基础上再增加 1~2 级生化处理工艺。木薯、红薯、秸秆纤维素酒精（燃料乙醇）糟滤液污染负荷高（30000~35000mg/L），这需有大量投资和运行费用，拟采用二级厌氧与二级好氧生化处理为主的多级（10 级）治理工艺。企业先将综合废水处理到生态环境部规定的间接排放标准后，再排入园区污水厂进一步处理是理想的。

酿酒行业综合废水排放原执行《污水综合排放标准》（GB 8978—1996）中一、二、三级，从 2005 年开始，生态环境部相继发布了啤酒、酒精、白酒、黄酒、葡萄酒行业“水污染物排放标准”。由此，综合废水排放执行标准几经变动，生产企业废水处理也需经必要的技术改造。因此，酿酒企业以此内容申报国家补助项目很多，但处理综合废水的投资与运行费用，以及处理工艺常存在很多问题。

4. 应用节能电气设备与变频技术，控制系统采用自动控制

采用绿色照明，各类水泵、电机、空压机、冷冻机、风机等用电设备采用变频恒压技术，控制系统用自动控制。有企业以此内容申报项目。

5. 改造管网与合理利用水、冷却水、低污染水

改造供水管网，生产工艺采用梯度用水，如，稍经处理的低污染水与冷却水可用于拌料与各种洗涤，也可继续回用于冷却系统；加热蒸汽冷凝水可继续返回锅炉。有企业以此内容申报项目。

6. 采用先进的生产工艺提高产品收得率

酿酒生产采用新型高效菌种和浓醪发酵，在不增加生产设备前提下，提高酿酒产品收得率，从而提高了产量，同比传统生产的低收得率与低产量，降低了生产单位产量能耗与污染物排放。申报材料要阐明是在同样设备基础上提高产量，绝不是变相扩大产能。多年来，很少有酿酒企业以此内容申报项目。

7. 回收酿酒生产排出的二次蒸汽（低压蒸汽）汽化热

酿酒生产应大力回收料液的加热及冷却工艺、液化与糖化及冷却工艺、灭菌工艺、蒸馏与冷却工艺、浓缩与冷却工艺、固体废弃物干燥工艺的二次蒸汽汽化热。

将各种二次蒸汽集中与收集，采用气体喷射再压缩工艺（TVR、气体喷射压缩器），将加压后二次蒸汽继续用于加热工艺；加热、浓缩、干燥工艺的大量二次蒸汽还可采用机械再压缩工艺，即将蒸发器与热泵组成节能的浓缩系统，回收热能；二次蒸汽还可采用低温多效蒸发工艺回收热能。各种二次蒸汽采用气体喷射和机械再压缩工艺后，无需再使用大量冷却水，从而达到节水。

目前，高效利用中低压（0.3MPa~1.3MPa）、低低压（0.035MPa~0.3MPa）二次蒸汽已成为国内外节能的重点方向。酿酒工业二次蒸汽汽化热如都能回收利用，则生产能耗均能在原基础上大幅度降低。多年来，酿酒企业尚未用此内容申报国家项目。2015 年中国酒博会上，展出了回收酒类生产各种二次蒸汽的蒸汽再压缩（TVR、MVR）和低温多效蒸发（MED）技术装备，为申报节能减排国家项目奠定了基础。

多年来，为降低浓缩工艺耗能，项目申报材料基本停留在原蒸发器上增加一、二效蒸发器。如，玉米、糖蜜酒精糟生产饲料、肥料需采用多效蒸发器浓缩滤液，多效蒸发器比双效、单效节能很多，通过技术改造，将三、四蒸发器增加一、二效蒸发器。另外，为回收浓缩工艺二次蒸汽汽化热，酿酒生产企业都采用不太合理的冷却（用水）工艺。

8. 酿酒生产综合废水的深度处理

酿酒企业综合废水排放标准历经数次变动，但考核的水污染物排放项目只是 pH、化学需氧量（COD）、生化需氧量（BOD）、悬浮物（SS），然而酿酒各行业的“水污染物排放标准”，均提出了氨氮、总氮、总磷污染物排放标准，应指出的是，大部分酿酒企业综合废水中这些污染物是超标排放的。“十三五”期间，生态环境部将严格执行标准，并将氨氮、总氮、磷排放纳入总量排放控制指标，酿酒生产企业拟改造原处理工艺，增加深度处理工艺，如，增加具有脱氮功能的推流式曝气池、SBR 反应池、接触氧化池、生物滤池；采用生物与化学除磷，再加上沉淀过滤工艺。酿酒企业综合废水增加深度处理工艺是可考虑申报国家补助项目的。

作为白酒生产企业，我们要抓住机遇，自觉地落实这部法律，按照 HJ/T 402—2007《清洁生产标准 白酒制造业》、GB 27631—2011《发酵酒精和白酒工业水污染物排放标准》等的要求，把循环经济、清洁化生产、低碳绿色的发展理念和模式贯穿于产品生产、销售的始终，高效利用资源，保护生态环境，实现白酒行业的可持续发展。

据报道，为贯彻落实《中国制造 2025》（国发［2015］28 号）和《水污染防治行动计划》（国发［2015］17 号），推进食品工业等 11 个重点行业实施清洁生产技术改造，降低取水量，提高水重复利用率，减少水污染物产生和排放，工业和信息化部、财政部、环境保护部组织编写了《水污染物防治重点工业行业清洁生产技术推行方案》，并提出了做好技术支持、加强政策引导、提高支持力度等要求。2016 年 4 月 5 日，生态环境部在北京召开了“水污染防治重点行业清洁生产技术推行方案”专家咨询会，会上对九个食品项目进行了评审，同意三个酒类项目列入“清洁生产技术推行方案”。

白酒生产机械化改造技术由机械化酿酒工艺代替传统人工作坊式生产工艺，利用自动化控制技术对物料从泡粮、输送、蒸煮、摊晾、加曲、糖化、冷却、发酵、蒸酒整个酿造过程实行信息化标准控制，提高酿酒效率，实现稳定白酒产量和质量。该技术达到：降低粮耗；节约生产成本；提高出酒率；降低有害成分（高级醇类物质）；降低吨酒原煤消耗；减少吨酒污水排放量。以年产 10 万 t 原酒厂为例，实施该技术后年节约原煤 3.5 万 t，减少污水排放 80 万 t。

9. 饮料酒制造业污染防治技术政策

生态环境部 2018 年 1 月 11 日发布了《饮料酒制造业污染防治技术政策》。现将有关白酒制造的部分摘要如下：

（1）总则

为贯彻《中华人民共和国环境保护法》《中华人民共和国清洁生产促进法》等法律法规，防治环境污染，改善环境质量，规范饮料酒制造业污染治理和管理行为，引领饮料酒制造业生产工艺和污染防治技术进步，促进饮料酒制造业的绿色低碳循环发展，制订本技术政策。

白酒制造是指以粮谷为主要原料，用大曲、小曲或麸曲及酒母等为糖化发酵剂，经蒸煮、糖化、发酵、蒸馏而制成蒸馏酒的生产过程。

本技术政策为指导性文件，为饮料酒制造业环境保护相关产业政策制定、环境管理和企业污染防治工作提供技术指导。

饮料酒制造业污染防治应遵循减量化、资源化、无害化的原则，采用源头控制、生产过程减排、废物资源化利用和末端治理的全过程综合污染防治技术路线，强化工艺清洁、资源循环利用。

鼓励在生产过程中采用自动控制系统和生产监控系统，在各用水节点安装计量装置，加强用水量监控。积极在全行业推行清洁生产技术和工艺，满足行业清洁生产的基本要求。

（2）源头及生产过程污染防控

① 源头控制

白酒、啤酒、黄酒制造业应加强原料储存与输送过程的污染控制，原料宜采用标准化仓储、密闭输送。

② 生产过程污染防控

a. 鼓励蒸馏冷却系统以风冷代替水冷，降低耗水量。

b. 提高生产用水的重复利用率。蒸馏用冷却水应封闭循环利用，洗瓶水经单独净化后回用。

c. 鼓励蒸粮车间安装集气排气系统，实现蒸粮、馏酒及摊晾过程中废气的集中收集、处理和排放。

d. 应推进粉碎车间采用大功率、低能耗的新型制粉成套设备，并安装高效的除尘设备及降噪系统。

（3）污染治理及综合利用

① 大气污染治理

原料输送、粉碎工序产生的粉尘应采用封闭粉碎、袋式除尘或喷水降尘等方法与技术进行收集与处理。

酒糟、滤渣堆场应采取封闭措施对产生废气进行收集，采用化学吸收法或活性炭吸附法等技术对收集废气进行处理。

②水污染治理

高浓度废水（锅底水、黄水、废糟液、洗糟水、米浆水、酒糟堆存场地渗滤液等）宜单独收集进行预处理，再与中低浓度工艺废水（冲洗水、洗涤水、冷却水等）混合处理。

鼓励白酒企业提取锅底水中的乳酸和乳酸钙，黄水中的酸、酯、醇类物质。

综合废水宜采取“预处理+（厌氧）好氧”的废水处理工艺技术路线。对于排放标准要求高的区域或需废水回用的企业，废水应进行深度处理，宜在生物处理后再增加混凝沉淀、过滤或膜分离等处理单元。

③ 固体废物处理处置及综合利用

酒糟、麦糟宜作为优质饲料或锅炉燃料。葡萄酒与果酒皮渣应100%收集，并进行综合利用或无害化处理。黄酒糟宜制备糟烧酒、调味料、栽培食用菌，开发饲料蛋白等。

鼓励白酒企业废窖泥经处理后作为肥料利用。

应对废硅藻土全部收集并妥善处置（填埋等），禁止排入下水道和环境中。鼓励对废酒瓶、废包装材料等进行收集、利用。

（4）二次污染防治

鼓励将废水厌氧生化处理过程中产生的沼气，经净化处理后作为燃料使用。废水处理过程中产生的恶臭气体应收集和处理，采用生物、化学或物理等技术进行处理。

鼓励将废水生物处理产生的剩余污泥、沼渣等进行资源化综合利用。酒糟、滤渣等堆场应防雨、防渗。

（5）鼓励研发与推广的新技术

① 鼓励研制白酒蒸汽再压缩工艺与装置，回收二次蒸汽热量。

② 鼓励培育白酒优良菌种，提高大曲、小曲、麸曲和酵母发酵力，提高淀粉出酒率。

③ 鼓励开发可循环利用的新型过滤材料。

第三节 酒庄酒镇及生态园建设

根据工业生态学的基本原理，生态园的建设要满足闭路循环、减少污染物的发散、非物质化、非碳化等基本要求，具体到酿酒生态产业，可解读为以下几个方面的内容：① 现代科技与传统酿酒工艺的紧密结合，减少粮食等原辅料的耗用；② 生产工艺的优化和生产过程的人性化，减轻工人劳动强度及生产过程能量的消耗；③ 有效利用生产副产物，实现全部物质的无废化和资源化；④ 营造园区布局合理的自然生态环境，促进园区内有益于健康和酿酒的微生物区系的富集和繁殖；⑤ 酿酒原料的生态化和基地化生产等。

一、 酿酒生态园建设

（一） 沱牌酿酒生态园建设

在我国，针对中国传统酿酒行业能耗高、生产率低、环境污染严重的生产实际出发，不少学者发起了发展我国生态酿酒产业的倡议，在20世纪90年代末，促成了我国第一个生态酿酒工业园区——沱牌酿酒生态园的诞生。好的生态环境可以产好酒，国家名酒——沱牌产品的酿酒环境就得益于从外到内层次递进的三个大的生态圈和沱牌酿酒工业生态园的交互作用。在这个特大生态系统中，处于最外层的是大生态圈，指位于中国腹心地域的四川盆地，该生态圈属亚热带生物气候区，降水量大，平均气温较低，孕育了五粮液等众多国家名酒，是作用于沱牌的第一个生态圈；中层是亚生态圈，指位于四川盆地中部的射洪县，该县地处巴蜀腹心地带，依山傍水，气候温和，是连续多年的国家绿化先进县，这是作用于沱牌的第二个生态圈；内层是核心生态圈，即位于射洪县南部的柳树沱，该地处在岷山与秦岭之间的涪江由北至南流经射洪形成的一块冲积平原上，山清水秀，气温与湿度适宜，这是作用于沱牌的第三个生态圈。在核心生态圈之内，是模拟生态系统功能建立的微生态圈，即沱牌酿酒工业生态园区。正是从外到内层次良好的生态系统和沱牌酿酒工业生态园的保证作用，为长盛不衰的沱牌优质曲酒的酿造环境提供了最基本的存在条件。酿酒生态工业园区的建设，为中国传统酿酒业的持续发展提供了崭新的产业发展模式和新颖的思考方法。

酿酒大师周恒刚先生生前实地考察该生态园后，对沱牌系列酒科学的生产工艺、完善的质量保障体系、先进的设施设备以及近乎完美的自然生态环境十分赞赏，称赞沱牌的生产管理代表了我国白酒生产的最高水平。秦含章先生为其题词，“天人合一，生生不息，动植物种，世代更易；酿酒行业，生物技术，内外古今，时常结合”。如今这座占地650 万 m^2 的生态酿酒工业园成为“现代技术与传统工业结合的典范”。

沱牌（舍得）酿酒生态园通过多年的建设，如今建立全面的生态酿酒体系，构造出舍得酒业的“品质八维”：

（1）生态地域

① 舍得酒业位于酿造天然好酒的地理带，拥有不可复制的优良酿酒生态圈。

② 位于神秘的北纬 30°，拥有适宜酿酒微生物富集繁衍的生态环境，是世界公认的适合酿酒的黄金地带，中国白酒的白酒金三角和长江、黄河、淮河三大名酒带。中国知名白酒茅台酒、郎酒、五粮液、剑南春、绍兴老酒、酒鬼酒、武陵酒等，都在北纬 30°附近。

③ 四川盆地具有得天独厚的地理形态，是一口巨大的天然酿酒窖池，舍得酒业位于四川天然窖池底部区域，窖池底部是酿造高品质酒的公认场所。气候、土壤、水源“三位一体”的生态环境，极有利于酿酒微生物的生长、繁衍，窖泥的老熟和制曲微生物的富集，为舍得系列酒风味物质的形成提供了丰富的微生态基础。

④ 倾力数十年打造酿酒生态园植被生态系统，形成完备独特的植物名录，现有各类乔木、灌木、草本植物共 300 多种（其中种植 150 余种，自然生长 150 余种），植株超过390 万棵，麦冬、沿阶草等草坪达 331909m^2，绿化率达到 98.5%，绿地率达 43.7%，绿化覆盖率达 47.4%，厂区全面绿化。

（2）生态水源

① 优质水源：源自海拔 5588m 岷山雪宝顶的积雪化为的涪江之水，沱泉水系植物体经地质演变矿化而涵养的水源，又经多层砂砾过滤，水质清澈、无杂质；泉水用于酿酒则色清气香，不同于一般饮用泉水。

② 三级处理：一级为植物质矿化层与砂砾渗析上涌；二级为万吨高位水池物理净化；三级为价值 2000 余万元的世界一流水处理设备生产的小分子团活性水，能很好地促进人体新陈代谢，使酒体更舒适。

（3）生态酒曲

① 舍得 312 制曲生态园，该园年平均气温 17.3℃，相对湿度平均为 78.5%，适宜制曲有益微生物的富集和微生物区系的稳定和优化，为制曲生产提供了生态环境。舍得制曲车间建筑面积 87000m^2，具有年产大曲 40000t 的生产能力。

② 黄金酒曲：传承《太禾曲经》中古老的制曲工艺，研创“211”制曲工艺：二种粮食（大麦小麦）、“一保”（安放保湿）、“一合”（合堆）。制出的浓香大曲有三大特点：黄金色（曲体表面部分为黄金色）；黄金圈（曲体断面边沿有黄褐色圈）；黄金斑（曲体断面中部有黄色的菌斑）。通过多年的酿酒生产应用，对提高酒体的品质具有不可替代的作用，堪比黄金一样珍贵，因此命名为“黄金酒曲”。

（4）生态原粮

① 六粮配方：甄选优质原粮主产区的生态原粮，配合“六粮浓香工艺”，其六粮配料的最大奥秘是大米和糯米的含量高，形成了舍得基酒的“醇、甜、净、爽”风格

特征。

② 智能化物理储存：耗资4000多万元人民币从美国GSI公司全套引进的先进储粮设备——10万t自动化粮仓，采用低温物理储存方式，自动控温、除湿、除杂、翻仓。粮食储存过程中的温度由谷物冷冻机调节，常年保持在15℃以下，保证粮食不生虫、不发霉不变质；更不用喷洒药物熏蒸除虫，有效避免了粮食的二次污染，是公司的绿色储粮基地。

（5）生态老窖

① 舍得酒业32栋标准化生态酿酒厂房、10000余口老窖，其中包括延续千年优势菌群的明清时期老窖。

② 所有窖池均甄选当地特有的、未耕种的、无污染的坡地黄泥夯筑而成。

（6）生态酿艺

“两缓一清”的酿酒工艺：窖内缓慢发酵——前缓、中挺、后缓落；缓火流酒——保证糟醅中不同香味物质精确地随酒精蒸汽分段分类馏出；一清到底——保证基酒生产“原质原味”。

（7）生态陈藏

① 老酒储量多：舍得酒业高端陈年老酒储量12万余吨。

② 储酒容器好：有江苏宜兴优质紫砂陶坛（单面釉），酒质更柔和、醇厚。

③ 陈酿时间长：浓香基酒必须储存时间3年以上，调味酒必须7年以上才能使用。

（8）生态灌装

推行智能制造，建立智慧包装工场，占地面积达2万余m^2，2017年12月正式开始运行，包装日产量可达10万件。该智慧包装工场的系统配套齐全，智能化程度高，且具有三大特点：①清洁生产、放心品质；②智慧包装、行业典范；③3T时代、引领潮流（3T即DT数据技术、AIT人工智能技术、IoT物联网）。

（二） 国内其他生态酿酒工业园介绍

近年来，生态酿酒如一阵春风吹遍了中国的大江南北，先后有沱牌舍得、五粮液、茅台、泸州老窖、迎驾贡、稻花香、白云边、金六福、景芝、金江津、百脉泉、李渡、姚花春、湘窖等30余家白酒企业实行生态化酿造和生态化经营。“生态酿酒”经过20余年的艰辛探索之后，逐渐成为酿酒行业蓬勃兴起的企业行为，生态酿酒园建设遍布全国各地。2008年10月“生态酿酒”正式列入《白酒工业术语（GB/T 15109—2008）》，其定义为“保护与建设适宜酿酒微生物生长、繁殖的生态环境，以安全、优质、高产、低耗为目标，最终实现资源的最大利用和循环使用”。

二、 酒庄酒镇

（一） 酒庄

1. 概述

酒庄（Chateau）一词源于法国波尔多，原意是城堡，是中世纪的贵族领地，即在一块政治上和经济上完全独立的领地范围内生产葡萄酒。随着时代的发展，酒庄的功能已从最初的葡萄种植与葡萄酒酿造，逐渐发展成集葡萄酒生产酿造、葡萄园观光采摘、葡萄酒品鉴销售、葡萄酒品牌推广、葡萄酒文化体验等于一身的综合性旅游目的地，成为葡萄酒产业与旅游产业融合的最佳契合点，使两者形成了良好互动，达到了“1+1>2”的产业融合理想状态。因此，学者们再对葡萄酒庄界定时，除了强调其本身能够生产独具特色的葡萄酒之外，还格外关注其所具备的传播葡萄酒文化、科普展示、旅游休闲、娱乐观光等功能。卜建东认为，中国白酒酒庄从中国古代的“前店后厂”的酒作坊演变而来，特别是中华人民共和国成立以来，中国白酒的快速发展与进步，为白酒酒庄建设打下坚实的基础，创造了先决条件。在白酒产业急需转型升级的今天，各知名酒企在借鉴吸收葡萄酒庄成功经验的基础上，开启了中国白酒酒庄的建设之路。

从广义上来说，酒庄文化是指与酒庄相关的全部要素的综合，它包括酒庄建筑风格、葡萄园及酿酒设施的管理水平、酒庄及产品面向社会所展示的美好形象等诸多内容；而狭义的酒庄文化则指除了“硬件设施”以外的“软实力”，比如酒庄的企业形象和产品形象，围绕品牌提升所开展的各类推广活动等。无论是狭义的还是广义上的酒庄文化都是酒庄生存之源，立命之本。酒庄不仅是一种地理空间更是一种由多重文化体系交织在一起的多维文化空间。

（1）作为生产空间的酒庄　酒庄在兴起之初，是以欧洲封建贵族的私有土地财产形式存在的。随着酒庄工业化和商业化的运作，使葡萄酒的产量大幅提升，酒庄酒已不仅仅是为了满足自我需求的产品，而是更多地走向普通消费者的商品，酒庄也逐渐转变成了“工厂”。为了区别于普通的葡萄酒企业或私立的葡萄酒作坊，葡萄酒庄必须具备三个核心要素：其一，在一定的地域范围内拥有属于自己的葡萄种植园；其二，葡萄种植园的葡萄全部用作自己酿酒所使用的原料而不对外销售；其三，葡萄酒酿造和灌装等生产环节全部在本单位内进行，以确保葡萄酒的品质。中国白酒拥有自己独特的酿造工艺，随着现代工业的渗透，古老的白酒作坊逐渐被现代化的工厂所取代。因此，无论是葡萄酒庄园的葡萄园、酿造厂房、酒窖，还是白酒企业的制曲车间、酿造车间或酒库酒窖，这些生产酒的地理空间和基本设施都是酒庄的重要元素。

（2）作为文化展示空间的酒庄　酒庄不仅是酒产品生产的重要基地，同时它还是酒文化展示的重要文化空间。每个酒庄都是当地政府和各大酒企展示当地葡萄酒文化的重要窗口。这些文化不仅包括葡萄酒本身的酿造工艺、品鉴文化、葡萄酒艺术等，还包括附着在葡萄酒身上的饮食文化、企业文化、品牌文化、节庆文化等。而作为中国传统文化重要组成部分的酒文化，本身蕴藏着丰富的历史文化、地域文化、酿造文化、企业文化等，同样也是构建白酒酒庄不可或缺的元素。通过对酒庄的参观和了解，使客商对酒本身以及附着在酒身上的各种文化体系有更直观的认知。这样，可以更好地提升消费者的消费体验，提高消费者的满意度，培育消费者对酒品牌的忠诚度。

（3）作为体验营销和消费空间的酒庄　通过向消费者开放庄园与酒窖，吸引消费者，使消费者对酒文化有更加深刻的认知与理解，从而激发他们的消费热情，即体验营销。体验营销是指通过看、听、用、参与的手段，充分刺激和调动消费者的感官、情感、思考、行动等感性因素和理性因素，重新定义、设计的一种营销理念。具体到酒庄体验层面，就是“五味体验法”：酒庄通过视觉、听觉、嗅觉、味觉与触觉的方式与消费者建立连接，从而引导消费者认知，促进品牌传播与产品销售。为了能够让消费者停留在酒庄，细细地品味酒文化，传统酒庄的设施、活动和功能逐渐丰富起来了。

（4）作为旅游目的地空间的酒庄　20 世纪 90 年代开始，学者开始将“葡萄酒旅游”脱离乡村旅游和工业旅游，作为一种新的旅游类型进行研究和探索。葡萄酒庄逐渐转变成为很多国家重要的旅游资源。随着越来越多的消费者涌入酒庄，酒庄为了吸引更多不同消费动机的消费者，在产品组合设计方面都下足了功夫。酒庄逐渐演变为集观光娱乐、餐饮住宿、酒水品鉴、酒文化体验、养生理疗、度假休闲等功能于一体的旅游综合体。而酒水及其周边产品，也成为酒庄这一旅游综合体里重要的消费品和旅游纪念品。

2. 兴起中的中国白酒酒庄

白酒酒庄是在借鉴吸收葡萄酒庄成功经验的基础上，以弘扬和传播中国白酒文化为使命，以推动白酒行业整体转型升级为目标而产生的一种新业态。2014 年中国白酒酒庄联盟在泸州宣告成立；2015 年，四大酒庄在泸州举办中国白酒酒庄酒全球首发仪式；2017 年中国酒业协会牵头制定了《酒庄酒生产准入细则》；2018 年，中国白酒酒庄联盟年会提出白酒酒庄要举起国际化、时尚化的大旗走出国门、迈向世界，进一步明确了中国白酒酒庄的发展方向。这也标志着中国白酒酒庄正式迈出了从作坊向庄园转变、从落后向现代发展、从本土经营到与世界接轨的跨越的步伐。白酒酒庄正在以自己独特的表达方式，向全世界传递中国白酒的故事和声音。经过十多年的发展，中国白酒酒庄呈现出如下态势。

（1）酒企参与热情高涨　对于所有的中国白酒企业而言，将中国传统白酒文化发扬光大，让中国白酒走向世界，不仅是各大白酒企业的使命，同样在市场竞争日趋激烈的今天，也是各白酒企业的生存之本。近年来很多知名白酒企业都在打造自己的精品酒庄，如贵州的国台酒庄、金酱酒庄，四川的龙洄酒庄、沈酒酒庄、郎酒庄园，安徽的古井酒庄，江苏的洋河酒庄，山东的国井 1915 酒庄，重庆的江记酒庄，广东的石湾酒庄等，而这些知名白酒企业则逐渐成为中国白酒酒庄建设的发起者与倡导者。

（2）整体特色鲜明　目前白酒酒庄在建筑风格上大多以中国传统建筑及园林建筑为蓝本，体现厚重的中国传统文化。在建筑布局上，多以酒文化博物馆或展览馆+酒库（酒窖）+生产车间+品鉴营销中心为基本格局；在内容呈现方面，多以白酒酿造工艺+白酒知识普及+白酒文化与企业文化宣传+产品展示等为主要内容；在整体文化呈现方面，形成了与葡萄酒酒庄截然不同的中国白酒文化风格。

（3）在部分地区呈现集群态势　从国外酒业酒庄集群发展实践看，法国的波尔多葡萄酒酒庄集群、美国的纳帕谷（Napa Valley）酒庄集群等均是运营较为成功的酒庄集群。目前，白酒行业正在呈现出酒庄热的发展态势，并在某些传统白酒产区已呈现集群化的发展态势，如在我国酱香型白酒主产区的赤水河流域，白酒酒庄正如雨后春笋，给该区域白酒产业带来了新的生机。这些酒庄除了具备基本的政务商务接待能力外，其酒窖、酒库、生产车间、产品展示馆等基础设施同时也逐步在向游客开放。该地区正成为酱香型白酒酒庄集中分布的区域。再如四川泸州一批浓香型白酒酒庄、成都邛崃一带的酒庄集群，都有其较为鲜明的区域地方特色。

3. 白酒酒庄存在的问题

（1）开发模式单一　目前，大部分酒企只是将其作为产品销售的一种模式，针对的目标群体也主要是白酒消费者。因此，在开发过程中主要侧重于对白酒产业链中游产品的打造，所以形成了“白酒+博物馆”“白酒+酒厂”“白酒+车间”“白酒+酒库”的基本开发模式。这样做的结果必然容易形成同质化的酒庄产品。

（2）功能发挥欠佳　酒庄应该面向所有对白酒文化和白酒产品感兴趣的消费者，而不仅仅是特定的白酒消费者，这样才能将酒庄的功能进行最大化地发挥，将潜在的白酒消费者转化为现实消费者。但普遍存在重白酒消费者轻旅游消费者的情况。在产品设计方面，主要以白酒产品展示和体验为导向，忽略了潜在的消费者的需求。且产品主要以酒文化博物馆（展览馆、体验馆）为主，体验感较差，并未将酒庄的功能充分地发挥出来。

（3）运营模式单一　由于受到开发主体所限，目前国内白酒酒庄的运营模式略显陈旧与简单。大多数白酒企业仅将白酒酒庄视作一种运营模式。因此，利用传统的白酒营销渠道，吸引消费者前来参观，成为白酒酒庄的主要客源。同时，与传统销售渠道相匹配的销售人员，无论是从服务意识还是从服务方法上，都与作为功能多样化的酒庄要求有着很大的差距。虽有部分酒庄正在走酒旅融合的运营道路，但白酒酒庄的盈利点就决定了单纯从文旅角度去切入白酒酒庄运营则难以实现其价值的最大化。

（4）缺乏专业人才　酒庄本身是一个舶来品，在本地化的发展过程中，应该由专业的人士对其进行指导。但目前国内鲜有专门从事白酒酒庄设计与运营的团队或人才。国内的相关院校也很少有涉及此方面专业知识的相关学科。而在世界各葡萄酒产业强国中，除了其本身优良的风土条件和良好的产业基础之外，这些国家在对葡萄酒庄园的运营与管理过程中，已形成了一套相对成熟的专业人才培养体系，除了建有专业的高等院校外，政府主管部门、行业协会、企业等在此体系中也扮演着重要角色。

4. 白酒酒庄发展对策

（1）产业融合之路　从目前中国白酒酒庄的建设和发展来看，无论是开发建设的模式、经营管理的理念和产品设计等，大多数依然停留在白酒营销的范围之中，给消费者带来的体验就是简单的“白酒商场”，酒庄的功能并没有得到充分地发挥。因此，想要发挥其真正的作用，必须实现一二三产业的完全融合，形成“酒庄带农庄，农庄带产业，产业带农户”的乡村经营模式和“城市与乡村共融，市民与农民共融，田园与工厂共融”的深层发展模式，使其将中国白酒从粮到酒过程中的每一个环节都呈现在消费者的面前，讲好中国白酒故事，这样才能吸引更多的除白酒消费者以外的对中国白酒文化感兴趣的各类消费者的关注。在此方面，我们可以借鉴和吸收国外葡萄酒酒庄的成功经验和做法，将中国的农业文化、工业文化、企业文化、饮食文化、节日文化等众多与白酒相关的文化融入白酒酒庄的开发建设、宣传营销、产品设计、运营管理当中，让消费者能够看到一个动态的白酒酒庄，而不是一个静态的陈列馆。

（2）文化创意之路　国外葡萄酒酒庄走过了几个世纪的发展之路，经历了功能丰富、产品升级的不断发展，才形成今天的模式。因此，将创新白酒文化产业之路融入白酒酒庄的建设中，是必需的也是必要的。虽然很多酒庄已经将“跳出白酒卖白酒”的理念作为建设酒庄的理念，但在具体贯彻和落实这一理念的过程中，往往难以落地。因此，在建设酒庄的过程中，应该塑造每家白酒酒庄独特的 IP，这样才能让每个酒庄都能够有自己的文化气息，并加大对于“酒+文化”“酒+产品”“酒+服务”“酒+管理”等具体组合路径的研究。同时，要加大对白酒周边产品开发的力度，开发出能够满足不同消费者需求的产品。

（3）品牌建设之路 在品牌金融（Brand Finance）发布的《2021年全球品牌价值500强报告》中，茅台、五粮液等中国白酒的身影也出现在榜单中。良好的产业基础和品牌效应，为中国白酒酒庄走品牌化的发展之路奠定了良好的基础。因此，在白酒酒庄的建设过程中，一定要将中国白酒享誉世界的品质体现出来，打造一批享誉世界的精品酒庄，并建设酒庄品牌。酒庄做品牌工作，最大的价值有三点：降低消费者的选择成本，为产品提供溢价能力，为企业带来长期利润。这样才能让白酒酒庄更快地走进更多消费者的视野。

酒庄是以一个空间的方式承载了讲述酒故事的功能。传承中国白酒文化，讲好白酒故事，这是白酒酒庄的使命。而在白酒酒庄的建设过程中，一定要集合所有利益相关群体的力量讲好酒文化故事，打造有格调和高度的白酒酒庄；讲透品质故事，打造有厚度和底气的白酒酒庄；讲细服务故事，打造有温度和生命的白酒酒庄。让中国白酒酒庄以高品质的形象走出国门，走向世界，成为中国白酒文化传播的一条重要途径。

5. 郎酒庄园介绍

2022年春节期间，CCTV多频道及央视新媒体端聚焦郎酒庄园，在最具中国味道的春节里，向全国亿万观众介绍青花郎“生长养藏”的独特魅力，展现极致追求的磅礴气度。

通过央视平台向亿万观众展示郎酒庄园之魅力，对郎酒来说并不罕见，此前2020年初，央视《新闻联播》后的黄金时段，就曾播放过120秒宣传视频展示这处白酒爱好者的向往之地，并一度刷屏朋友圈。

建立郎酒庄园的筹划始于2008年，是郎酒集团董事长汪俊林在前往欧洲的酒庄考察后定下的目标——建立一座世界级的白酒庄园。

此后十余载，从规划到筹建，到逐渐的完善，直至2019年郎酒的品质战略元年，郎酒庄园揭开了神秘的面纱，正式与大众见面。这一年开始，酒业同行、商界精英、白酒爱好者开始走进庄园，体验独特的“生长养藏”文化，感受到属于郎酒庄园的独特魅力。

至今经过几次业务和架构调整，专门成立独立负责郎酒庄园运营与管理的郎酒庄园公司，统筹负责公司客户接待、参观体验服务、品牌活动、高端私人定制及整体销售业务；同时作为双总部的另一个选址，其二郎总部大楼也设在庄园之内，足以见其对庄园发展的重视。

郎酒庄园作为郎酒品质、品牌、品味的承载，成为外界眼中亮眼的自有IP。按照郎酒战略来看，郎酒计划在未来实现三大战略目标：其中之一就是将郎酒庄园打造成白酒爱好者的向往之地，一个世界级庄园。

今天，“人们来到郎酒庄园，不是因为庄园的房子好，而是酒好。”无论是对于郎酒的VIP客户，还是单纯的白酒爱好者，郎酒庄园都要努力成为所有爱酒人士向往的白酒圣地。郎酒庄园也在持续发生质的变化，成为强化郎酒三品战略和长久发展的核心阵地。

2018年是郎酒重回百亿俱乐部的第一年，也是郎酒持续加码郎酒庄园建设的关键年。“打造郎酒庄园、坚持品质主义，只是想把品质做好，让大家静下心来看庄园的环境、酿出的酒是什么样的。酒的品质由消费者说了算，郎酒说了不算。”汪俊林给出了最实在的表达。

从 2019 年 3 月开始，郎酒以郎酒庄园为基础，展开以“品质为核心、以体验为主”的品质工程建设和消费者培育运动，进一步强化郎酒军团的领跑地位。事实上，品质引领、品牌驱动、价值营销，这成为郎酒的立身之本，郎酒庄园发挥着不可替代的价值平台和引擎作用。

幸运的是，郎酒生对了地方，“大自然厚爱郎酒”不是一句虚言。生于赤水河的郎酒，才有了“正心正德、敬畏自然、崇尚科学、酿好酒”的明悟与理念。

承自然馈赠的郎酒庄园，更讲究来自科学与体系化的成长，作为郎酒品质工程的生态系统，打造“生、长、养、藏”的独特酿造体系，让郎酒的品质得到更大提升。到 2020 年，郎酒提出三品战略，“品质、品牌、品味”，并定调郎酒三品是郎酒之魂、庄园之魂，郎酒庄园为郎酒三品而生。

2021 年 3 月青花郎战略定位升级，“赤水河左岸 庄园酱酒”深入人心，到首届郎酒庄园三品节将“宠粉”进行到底、到重阳下沙迎来百年郎酒历史最高产能，再到独家特约《春晚有心意》红花郎品牌势能回归，郎酒用实际行动深入贯彻实施三品战略，积极践行社会责任，实现了郎酒庄园破层出圈及品牌影响力的再提高再升级。

立足品质大战略，对郎酒庄园还将持续赋能，系统诠释“生长养藏”酿酒法则，构建系统化的品质战略体系，引领白酒行业的高品质发展。

司马迁《史记》有记载：“独蜀出枸酱，多持窃出市夜郎。”古时夜郎，正是今天郎酒和茅台所在的赤水河畔。悠久的历史，为郎酒带来了历史纵深感和文化价值内涵，郎酒庄园已非同寻常，未来 5~10 年郎酒将与对岸的茅台一起共同做大高端白酒市场，并把郎酒庄园打造成白酒爱好者向往之地、世界级庄园。

（二）酒镇

古时候一些作坊将自家酿造的白酒送到集市上售卖，在古典小说中，常常看到“往集市打酒”的说法。后来，这些集市渐渐发展成村镇，又因为酒的品质特别出众而闻名遐迩，因此，“酒缘镇而名，镇因酒而兴”的酒镇便渐渐形成了，茅台镇、洋河镇、沱牌镇、二郎镇、古井镇等酒镇既孕育了名酒的历史、工艺，酒镇自身的发展更与白酒产业息息相关。

酒镇，在古时是名酒孵化器，在现代是白酒产业技术、文化的承载体。中国酒镇经历作坊到酒厂到酒镇再到产区，最后又回到核心产区——酒镇的发展历程。在这个过程中，白酒产业越来越庞大，所承载的文化内涵越来越多。2020 年 3 月，泸州市发出《四川省泸州市古蔺县古蔺经济开发区管理委员会古蔺县茅溪镇酱酒园区基础设施项目可研编制及两案一书咨询服务采购项目》的公告，投资 200 亿元打造古蔺县茅溪镇酱酒园区，地点位于茅溪镇天富村，与茅台镇隔赤水河相望，将中国白酒的酒镇运动推上了新的高峰，引起广泛的关注，也引发了关于茅溪镇和茅台镇的热议。很显然，大家关注的不仅是茅溪的未来，也关注着酒镇建设会不会成为白酒下一个十年的发展重点。下面引用钱小军等发表在 2020 年度《新食品》特别策划——《中国酒镇再行动》的观点，谈谈中国酒镇的发展历史。

1. 中国酒业产地四次运动

（1）白酒产地运动第一波：酒厂兴起（1949—1988年） 白酒尤其是名酒从作坊演变到酒镇、产区，中华人民共和国成立可作为一个明确的时间点。资料显示，直到1949年我国白酒年产量仅10万t。对比如今仅茅台一年就超4万t的产量，足以说明建国之前白酒行业尚停留在作坊阶段，距离产业化还有一定距离。

中华人民共和国成立后，白酒行业的发展呈现出各个地方传统“烧坊”合并、国营酒厂开始兴起为特征而进入新发展阶段：白酒行业迈出了从家庭酒坊到工厂化的新模式，开启了白酒的工业化时代。

在私人烧酒作坊的基础上，国营酒厂成立，白酒逐渐走向市场，这是中华人民共和国成立后白酒发展的主要特征。当时的白酒行业更多对标了苏联的伏特加，同时引进苏联酿酒技术的管理模式，通过液态法或固态法酿酒，提高了白酒的产量。而具体到各个白酒品牌，以茅台、五粮液、泸州老窖等名酒为典型案例，自中华人民共和国成立后，三大酒厂都相继成立，同样经历了改制、改名、扩建、投产等过程，形成了如今以各自为核心的产区，同时带动了产地周围农业、物流、旅游等全产业链的发展，形成了真正意义上的酒镇。

① 三大烧坊和茅台：茅台酒厂和成义、荣和、恒兴三大烧坊的故事流传甚广。1951年，国家以1.3亿元（旧币）赎买成义烧坊，正式成立“贵州省专卖事业公司仁怀县茅台酒厂”（简称茅台酒厂），1952年，仁怀县财委会将没收的荣和烧坊估价500万（旧币），划拨给茅台酒厂。茅台酒厂由贵州省专卖事业管理局领导，厂名更为“贵州省专卖事业管理局仁怀茅台酒厂”。1953年，茅台酒厂划为贵州省企业，由省工业厅领导，遵义地区专员公署代管，厂名更为“贵州省人民政府工业厅茅台酒厂”。地方食品工业部投资10亿元（旧币），发展茅台酒生产。1954年，“贵州省人民政府工业厅茅台酒厂”更名为“地方国营茅台酒厂”，国家投资8万元扩建茅台酒厂，正式生产“金轮牌”（五星牌）茅台酒，至今已有近70年历史，是茅台酒厂的核心产品。

从建厂起，国家每年都会对茅台投资扩建，茅台酒厂第一台自制制曲机组试制正式投产、改地窖烧煤烤酒为锅炉蒸汽烤酒、建立中共茅台酒厂核心领导小组，茅台通过一系列改造与扩建，产能也出现了两个明显的阶段。

在1952—1960年的起步期，国家支持推动茅台初步扩产，专门拨款用于恢复茅台酒的生产，产能从1952年的75t左右逐渐增长至1958年的500t以上；之后茅台酒厂的产量激增，到1960年达到历史小高峰912t，但因急于追求产量而忽视了工艺节奏配合季节时令的规矩，此期质量下降，在全国名酒评选中的名次从1952年的第 ·降至1963年的第五。

② 五粮液成就宜宾“酒城”：五粮液最初是由长发升、利永川、全恒昌、天锡福、张万和、钟三和、听月楼、刘鼎兴等8家古传酿酒作坊联合组建的宜宾市大曲酒酿造工业联营社所发展起来的。这8家酒坊所组成的联营社，在1952年成立了宜宾国营二十四酒厂，而这也是如今五粮液集团的前身。如今的五粮液还沿用着利永川酒坊的酿酒技艺，使用着长发升酒坊那具有600多年历史的明代地穴式曲酒发酵酒池来进行酿酒，也就是如今的“宜宾五粮液501车间”。

1959年，四川省宜宾酒厂正式更名为宜宾五粮液酒厂，1998年改制为四川省五粮液集团有限公司。此后，五粮液经历了5次大扩建。在其中4次扩建中，五粮液在岷江北岸修建了新的生产区，占地9.96万m^2，产酒能力超4440t。完成了年包装能力为8万t的中国第一的勾兑中心，1999年1月又建成有世界先进水平的占地1.5万m^2的现代大型塑胶包装车间，2000年投入巨资建成了一个4万t的酿酒车间。

同时在孜岩山下，荡平数座小山，建起了以五粮液系列酒生产为主业，涵盖塑胶加工、模具制造、印务、药业、果酒、电子器材、运输、外贸等多元化经营的特大型企业集团。至此，五粮液集团成为占地7km^2的“十里酒城”，成为“千年酒城”宜宾的象征。

③ 泸州老窖、郎酒各自整合：1950年秋，泸州解放还不到一年，泸州曲酒酿造工业联合社成立营业。1955年，泸州曲酒厂成立。1960年，将公私合营酒厂及地方国营酒厂合并为“泸州曲酒厂”，1990年8月21日易名为“泸州老窖酒厂”，其系列产品注册的商标为“泸州牌”。到了改革开放的20世纪80年代，进入鼎盛时期。当时不仅在四川省遥遥领先，在全中国，也是屈指可数的几家酒厂之一。在80年代末，有统计数据显示，当时的泸州曲酒厂一年的销售额，比四川省内另外“五朵金花”的总和还要多。

另一名酒郎酒酿造历史悠久，自西汉的“蒟酱”以来已有千年，现代工厂是在清末的“絮志酒厂”酿酒作坊的基础上发展起来的。中华人民共和国成立后，郎酒于1957年恢复生产，壮大为大型骨干酿酒企业。二郎、泸州两大生产基地“两翼齐飞”，产能布局、酒体储备日益提升。

2021年四川省提出“浓酱双优”的发展战略，这将进一步助力泸州酒业的发展。

④ 扩产提价，酒厂打下牢固基础：1955年，全国第一届糖酒食品交易会召开，开启了会展交流的初级模式，此后糖酒会也成了糖酒食品圈内人一次重要的聚会，其主导的“商业搭台、工业唱戏”的现代模式，极大地推动了传统酿造行业走出去、请进来，成为行业发展的重要动力。

20世纪50~60年代，为了推动白酒行业的发展，国家轻工部先后在四川、山西、贵州，分别对泸州曲酒厂、汾酒厂、茅台酒厂进行查定写实及试点，开展对白酒香味成分剖析的探讨，通过对白酒曲种、酿造工艺、微生物特性及香味成分深入研究、成功检测和科学总结，探究各香型白酒微量成分含量之谜，为后来提高白酒酿造的整体水平奠定基础。

以1978年改革开放为起点，经济建设环境相对宽松且有序，茅台酒厂也随之进入较好的发展时期，产量增长明显，达到了143.74万t，30年增长了14倍。其中1983年增长到了1200t，并有序开启800t产能扩建工程，到1991年总产能达到了2000t。此轮产能扩建中，茅台实现了酒窖工艺的统一，新的制酒车间完全按照机械化生产工艺流程设计，逐步趋向工业化。这一期间茅台产量翻倍，年均增量接近70t。

改革开放打破了计划经济的限制，白酒行业的发展速度也在加快。到1985年，全国白酒企业达到了990家，产量达到了337.97万t，全行业实现工业总产值32.63亿元，实现利税总额10.67亿元。到了2017年，全国规模以上白酒企业1593家，累计完成销售收入5654.42亿元，实现利润总额1028.48亿元。

1988年，价格放开之前的茅台、五粮液、泸州老窖、剑南春、汾酒的价格相差无几。

但是随着价格的放开，五粮液为首的名酒开始涨价。据悉，1989—2003 年，五粮液涨价四次，是当时当之无愧的巨头。1988 年 7 月 16 日，国务院印发《国务院关于做好放开名烟名酒价格提高部分烟酒价格工作的通知》文件，名酒价格随之放开，这对名酒以后的发展产生了重要影响。以名酒企业为首的白酒企业在这一阶段快速发展，带动了农业、包装、运输等相关产业的发展，安排 40 余万劳动力就业，为经济社会发展做出了重要贡献。这一时间段，可以说是白酒酒厂成型、进行力量储备的阶段。这期间，全国名酒厂都经历了公私合营，地方政府把私人酿酒作坊变成工业化酒厂。从技术装备到白酒试点研究，这个时期内，行业的发展主要集中在全国名酒上，这在一定程度上奠定了白酒行业的发展格局。

（2）产地运动第二波：酒镇（1988—2000 年） 名酒的诞生地本就是酿酒条件极佳的区域，再加上名酒产能不足，导致周边出现的小酒厂依然有销路。同时，随着全国名酒的评比、全国糖酒会、国家政策对白酒价格的开放，也吸引了大批创办酒厂的外行。而在当地政府的推动下，投资酒厂、名酒厂扩产、子公司模式出现，由此形成了一个大厂带动多个小厂发展的模式，最终形成酒镇。这期间在川黔地区有“当好县长办好酒厂”之说。

① 从茅台开始，酒镇萌芽：1988 年末，市场出现通货膨胀，这一年，国家开放了 13 种名烟名酒的价格，全国各大城市就出现了抢购名烟名酒的风潮。1989 年，国家开始对宏观经济进行整顿，实行适度从紧的货币政策，这也是改革开放后中国经济的第一次治理整顿。这段时间白酒产量依然保持增长，但增速明显下降。

同样在这样的背景下，茅台镇出现新的模样，以名酒为中心的酒镇开始萌芽，大量区域酒厂出现良好的发展势头，甚至与全国名酒比肩。

茅台镇丰富的水源、湿热的空气和适宜的温度为微生物群繁衍生息提供了绝佳条件，因此，仅仅一个茅台镇，就逐渐诞生了数百家白酒厂；二来由于茅台的影响，茅台镇成为酱香型白酒生产地，也吸引了一大批酒厂建立于此。

在 20 世纪 80 年代，茅台的产量不算高，酱香型的消费体量和市场相对较小。当时四川有“六朵金花”，贵州省委决定学习川酒，打造继茅台、董酒后的另一优质酒品牌。1986 年，“贵州茅台酒易地生产试验厂”正式改名为“贵州珍酒厂”，“珍酒”之名由此诞生。始建于 1952 年的习酒，在这段时期内发展非常迅速，不仅屡获大奖，晋升为“国家二级企业”，20 世纪 90 年代，习酒销售规模一度达到 2 亿多元，1997 年年底，习酒更是加快了扩张速度。

② 原酒立镇的邛崃：邛崃是成都平原内著名的酒镇，但在其发展历史上经历了盛极而衰，又缓慢恢复的过程。资料显示，20 世纪 80 年代以来，邛崃建立了 468 个酒厂，以生产瓶装酒为主，共注册商标 480 个，其中有 108 个邛酒品牌先后获部省市优质产品和行业优质产品称号。以文君酒为代表的邛酒各种品牌在全国迅速打开市场，远销港台地区，乃至美国、澳大利亚、日本等。当时的邛酒，迅速发展成为邛崃的经济支柱，邛崃也一举成为成都市第一个食品工业亿元县。

数据显示，在 1992—1997 年，邛崃原酒每年以 20 万 t 左右的规模，销往山东、湖北、内蒙古、新疆等 20 多个省、自治区、直辖市，甚至由香港转口销往台湾，一举奠定了“邛酒走天下，天下有邛酒”的地位。1989 年文君酒在全国评比中主动放弃全国优质产品银奖，退出评比，轰动一时。这一行为，被市场解读为邛酒将弱化成品酒建设，转向原酒。这也将国内一些厂家的目光吸引到了邛崃原酒（基础酒、调味酒）上。

然而以原酒为发展重点的邛酒在几年后便遇到了危机。1996 年，全国白酒产量达 801 万 t，酒类市场的供大于求，使以原酒为支撑点的邛酒产量难以再增长。由于缺乏品牌支撑，不少酒厂倒闭，到了 2010 年，邛酒年产量仅为 8 万 t，仅占鼎盛时期年产量的约四分之一。

③ 名酒带动酒镇崛起：在四川和贵州之外，几乎同一时间，江苏宿迁双沟镇、陕西凤翔柳林镇等产酒地也涌现出了因白酒产业聚集而形成的酒镇。

1998 年，江苏省委、省政府提出了“振兴苏酒”的口号，拥有洋河、双沟两大中国名酒的宿迁，迅速找到了自己着力的支点。目前，宿迁市共有白酒企业 300 多户，约 55%的企业分布在洋河镇，35%的企业分布在双沟镇。其中规模以上白酒企业 48 户，销售过亿元的有 3 户。

陕西凤翔县柳林镇因西凤而获得了发展动力。柳林镇酿酒业历史悠久，唐时柳林酒即为贡品。1956 年在镇东兴建年产白酒 3000t 的陕西省西凤酒厂。1985 年全镇乡村酒厂 6 家，其中以 1975 年镇办柳林镇酒厂规模较大，占地 600m^2。1986 年，西凤酒厂扩建二期工程开始，扩建后年产量达 8800t。至 1988 年，全镇所辖乡村酒厂已达 15 家。

1992—1997 年，区域酒企快速发展，豫酒、徽酒和鲁酒板块也涌现出一批优秀的地方优势企业。1994 年山西汾酒在上海证券交易所正式挂牌上市，成为第一家白酒上市企业，从此开启了酒企的上市之路。

以汾酒为代表的山西杏花村镇以汾酒品牌知名度为基础，被称为全国重点镇、中华名酒第一村、国家特色景观旅游名镇，全国最大的清香型白酒生产基地、山西省百镇建设示范镇和山西省历史文化名镇。杏花村镇是中国最早的白酒酿造地，历史文化悠久，旅游资源丰富，拥有数量众多的古建筑群，通过整合传统文化资源，形成了“一座古镇、十里酒城、百里杏花、千年文化、万里飘香”的发展格局。杏花村镇位于吕梁山东麓子夏山下，汾阳市境东北部，太原盆地西缘，地势西北高、东南低。镇域面积 86km^2，交通便利，有夏汾高速、太中银铁路横穿而过，307 国道横穿杏花境内。杏花村镇以汾酒品牌知名度为基础，形成了酿造产业为支柱，旅游开发为突破口的产业形态，不断拉动全镇经济发展。其中汾酒文化博物馆是中国第一座酒史博物馆，现有汾酒史、中国历代酒器酒具、汾酒荣誉产品、馆藏书画精品等五个专题陈列馆。与此同时，杏花村镇积极发展“互联网+”项目，以酒类销售为基础，发展了 650 余家电子商务经销商，成为全省最大的电商聚集地。

20 世纪 90 年代可以看作中国白酒的第一次酒镇运动。在上一轮酒镇发展中，名酒对当地产业的带动能力表现无遗。名酒所在地的业态会因为企业的一个转型决定而发生巨大变化。可以说，三十年前的第一次酒镇运动是市场自发行为，名酒的稀缺性为当地吸引投资、增加就业，在这个过程中名酒企业是占据优势的。

当白酒产业自发自觉聚拢在名酒产地，在酒镇的小范围内形成了产业共识，以产地作为标识，与其他的白酒形成区分。这直接引发了白酒产地的产区意识。

（3）产地运动第三波：产区（2008—2017 年）

在酒镇的基础上，行业不断探索白酒香型、口感形成的奥秘。研究发现白酒的品质固然与原料和工艺分不开，但酿造地的温度、湿度、水、空气、微生物等自然条件也会对酒的品质产生影响。当茅台离开赤水河就再也酿不出浓郁的酱香味，人们意识到，白酒的产地不仅仅是酒厂地址那么简单，而是包含了整个生态系统的复杂概念。产区，应运而生。

① 白酒金三角：产区的诞生，与川酒的发展分不开。一直以来，川酒在中国白酒发展史上占据着举足轻重的地位，产量占据中国酒业的大半壁江山，是白酒“品质”“历史”“浓香正宗”等的代名词。天府之国得天独厚的自然环境孕育了川酒卓尔不群的神韵品格，巴山蜀水别具一格的历史人文催生了川酒与众不同的酿造工艺，四川境内盛产美酒的长江、岷江和赤水河流域，酒城、酒都、酒镇、酒厂、酒庄星罗棋布、延绵不绝，集中代表了中华酒文化的底蕴风采，是中国打造世界级白酒区域品牌的地区。

随着生产技术的提高以及科技的发展，川酒继续以拥有独特的自然酿酒条件、优异的品质和巨大的产量赢得了优势。在2007年，四川省白酒年产量以86万t超过山东省在中国位居第一，四川省也是全国白酒销售收入、利润和出口量最大的省份。同时，多年来全国多家大酒厂一直在四川采购原酒，形成了邛崃、崇州、大邑、绵竹、宜宾、泸州等生产原酒的中小企业群。

然而，随着市场竞争不断加剧，四川白酒品牌区域集中度不高，很多白酒品牌认知度较弱，川酒市场鱼目混珠、良莠不齐，因此对川酒在全国范围内的名誉有一定的影响。基于此，四川省委、省政府于2008年提出白酒产业战略构想，位于川黔产区，由四川、贵州两省三市的宜宾、泸州和遵义所构成的三角地带，建设“中国白酒金三角”产区。这是中国白酒发展史上首次提出产区建设。

彼时，中共四川省委常委、省工业化城镇化工作领导小组组长王少雄表示，“中国白酒金三角”，它既是一个地域空间概念，更是一个区域品牌概念。从空间范围看，它主要是指川南长江上游交汇的宜宾、岷江流域的泸州以及赤水河流域所形成的中国盛产白酒尤其是优质高端白酒的“金三角”地带；从区域品牌看，这一地区已孕育形成了五粮液、茅台酒、泸州老窖、郎酒等中国最著名的白酒品牌，且在白酒产业和文化名镇的结合发展上具有不可复制的独特地域资源。

由于独特的地理位置和历史因素，“中国白酒金三角”区域内形成了众多知名品牌和丰厚的酒文化遗产。例如，泸州老窖拥有中国连续使用时间最长、保护最完整、始建于明万历元年的古老窖池群，1996年泸州老窖1573国宝窖池被国务院认证为全国重点文物保护单位，2006年被国家文物局列入“世界文化遗产预备名录”。有了这些知名酒企的品牌和品质“背书”，产区打造会更容易被外界接受。

2015年，中国白酒金三角酒业园区入驻176家企业，实现产值和服务性收入360.3亿元。2016年收入439.6亿元、增长22%，规模以上工业增加值79.3亿元、增长22%。同一时期，在省委、省政府的策划与支持下，由郎酒集团打造的四川省首个名酒名镇——“二郎酒镇”的建设工作也同步开启。彼时，郎酒集团董事长汪俊林称，根据规划，郎酒集团将投入20亿元，计划通过5~8年，将围绕郎酒的酒文化和二郎镇的特色及红色文化，将二郎镇打造成一个世界级的、有地域特色的，涉及旅游、文化、生产和居住的名酒小镇。正是依托得天独厚的自然环境条件及政策支持，古蔺县的发展迎来了新一轮的机遇。

② 仁怀的酱香白酒核心产区：随着“中国白酒金三角”产区的建立，隔岸的贵州省也跟进了产区建设。2011 年，贵州省委、省政府领导多次在仁怀召开会议，会议上，提出要把茅台酒打造成“世界蒸馏酒第一品牌”、把茅台镇打造成“中国酱酒之心”、把仁怀市打造成“中国酱酒文化之都”，最终实现“未来十年中国白酒看贵州”的目标，这一目标被仁怀市总结为“一看三打造”。

近年来，在贵州省“一看三打造”战略目标指引下，按照遵义市打造世界酱香白酒产业基地的要求，2019 年，规模以上白酒企业白酒包装销售量 25 万 kL，产值 880 亿元以上。

③ 世界十大烈酒产区中国占六席：伴随着中国白酒行业的调整与复苏，白酒向着名酒化集中，同时中国白酒面临着走向世界舞台的需要，白酒需要进行“抱团式”“产区式”发展。正如中国酒业协会理事长宋书玉多次在公开场合强调，中国白酒产区特点是具有文化力、品牌力、经济分量以及产区效应。只有产区化发展才能将白酒文化、品牌、规模等最大化。

事实上，白酒产区发展建设进入行业主视线是在 2017 年。以中国酒业协会为主评选出“世界十大烈酒产区”——宿迁、亳州、遵义、宜宾、泸州、吕梁、苏格兰、干邑、波多黎各、瓜达拉哈拉。中国白酒占据六席。

这六大产区分别是以茅台、五粮液、洋河、泸州老窖、汾酒、古井六大名酒为核心的产区。因此，白酒企业品牌影响力开始加持到产区影响力之上。比如，2018 年上半年，17 家白酒上市企业实现营收 856.05 亿元，其中代表 6 大产区的 6 大白酒企业共占比 86.27%。17 家白酒上市企业实现利润 348.07 亿元，其中 6 大白酒企业占比 91.00%。由此可见，白酒企业品牌和产品的影响力直接带动了所属产区的发展。

当白酒产区逐渐成形，产区之间的竞争模式已经开始显现。由于地缘因素已然形成天然产区同盟，四川的泸州产区、宜宾产区被打上“浓香产区”的印记，深深印在人们心中。而作为“中国白酒金三角”的另一个重要白酒产区——遵义产区，则是中国最大的酱香型白酒生产基地。亳州产区发挥药都独特资源优势，通过酒药融合、酒旅融合，将酒庄与康养产业有机结合。以洋河为代表的宿迁产区则将“绵柔特色”发挥得淋漓尽致。山西吕梁产区以“清香”而闻名，通过发展白酒产业实现了与旅游文化产业的融合发展……另外，中国白酒文化源远流长，历史悠久，经过几千年沧海桑田的变化，历史上产酒的名地逐渐成了一个遥远的符号，而绵延千年延续下来的名酒更可谓凤毛麟角。贵州仁怀、江苏宿迁、山西汾阳、四川宜宾四座有着悠久酿酒历史的古都被评为“中国四大酒都”，四座各具特色的“酒都”，经过几千年沧海桑田的变幻，形成了四种不同风格的产区。

在白酒产区建设完善的同时，产区内各大产业也不断完善。遵义产区内能源、通信、交通等基础设施完善，医疗卫生、教育、金融、保险等社会服务机构健全。茅台镇整个城区建设主要突出“三大文化”——酒文化、古盐文化、长征文化的内在含义。按“三大文化”突出的三条主线所进行的产区内工业区、商贸区、住宅区、旅游区建设已经形成，遵义产区内以酒业为主，旅游、运输、建材、饮食服务等多业并举的发展格局初步形成。泸州产区、宜宾产区立足区域特色经济，以经济发展促进当地充分就业，积极开展充分就业乡镇创建工作，呈现区域经济长足发展，同时发展包装业、运输业等，引导重点企业抓好技术改造和增资扩营，积极推进企业体制创新。亳州产区面临不充分、不平衡的考验，也可以发挥药都独特资源优势，通过酒药融合、酒旅融合、一二三产业融合引入康养理念，将酒庄与康养产业有机结合，尽显美酒美妙的文化，实现大中小企业错位发展。以杏花村为代表的吕梁产区，又是全国最大的清香型白酒生产基地，实现了与旅游文化产业的融合发展。杏花古镇、汾酒博物馆、贾樟柯电影艺术中心、晋绥边区革命纪念馆、刘胡兰纪念馆等红色文化、黄河黄土文化已融为一体，吸引了国内外众多游客，有力地推动了吕梁产区白酒文化走向世界。

（4）产地运动第四波：酒镇再运动（2016 年至今） 其实我们往回看中国白酒发展的历史，酒企与产区就是相互成全紧密联系的关系。近年来随着白酒行业不断深入调整以及消费升级的变化，消费者对白酒的认知不再局限于品质和品牌层面，也深入了精神和文化领域。于是酒企顺势升级，让酒镇和产区成为企业文化符号和价值观的载体。

① 多元文化推动特色酒镇：茅台集团将“文化茅台”的打造放在重要地位，投入重金打造的“中国第一酒镇”让消费者从根源上追寻茅台的品质和文化，另外，茅台数字博物馆的开启让大家足不出户就能感受到茅台文化的魅力。五粮液、洋河、泸州老窖等名酒企业把白酒与文化结合起来，打造工业旅游，让消费者从视觉、听觉、味觉、嗅觉亲自感受到酒企的文化魅力。

② 多功能、多元素的新酒镇：伴随着白酒行业的调整与复苏，众多白酒企业纷纷将“酒旅融合”作为重要的战略目标。2017 年 5 月 28 日，“中国酒都 · 神秘茅台”酒旅融合发展大会在茅台镇 1915 广场隆重举行，以酒促旅、以旅兴酒、酒旅融合是大会的总基调。通过打造“茅台国际旅游区”，先后建成吴公岩美酒河景区、茅台红军四渡赤水景区等一批酒文化标志性景观，重点升级了红军四渡赤水纪念园，创建了茅台酒厂全国工业旅游示范点，同时构建了“一心两带三区四游”，即：

一心：茅台镇酱酒之心；

两带：赤水河酒文化旅游体验带和仁赤高速休闲产业经济带；

三区：盐津河度假区、空港生态旅游度假区和赤水河流域生态农业休闲观光区；

四游：酱酒之心探秘游、长征文化体验游、酱香名酒品鉴游、美丽乡村度假游，并在“吃、住、购、游、赏”方面完善丰富的旅游配套设施。

古井贡酒以大中原酒谷文化旅游开发有限公司为主体，规划建设古井质量科技园、酒神广场、张集生态酿造基地、古井贡酒酿造遗址公园、古井乐酒家园，精心打造中国白酒博物馆、中国白酒科普馆、古井白酒文化小镇。随后，全世界最高“曹操像”在古井落成；在古井酒神广场上建造的全国首家党建文化主题馆“古井党建企业文化馆”正式开馆，吸引了国内外大批游客前来游览。

由汾酒集团出资并打造的汾酒文化景区，是集工业旅游、酒文化旅游、休闲观光旅游于一体的旅游景区，景区内包括国家文物保护单位汾酒作坊遗址、汾酒博物馆酿酒生产参观场所、酒文化生态园区、复古生产线、酿造车间、成品包装线、陈年酒库、万吨酒海、醉仙楼和汾酒工业园林等。景区内还设置有特色购物场所、旅游观光车及特色酒店，提供吃、住、行、游、购、娱一体化的旅游服务。汾酒历史文化底蕴深厚，在白酒行业独树一帜，是全国4A级工业旅游示范点和全国酒文化学术活动基地，汾酒文化景区的打造和开放，让清香汾酒的文化特色与历史底蕴展现在人们面前，进而加深了消费者对汾酒文化的理解以及品牌的认可。

依山而建的郎酒庄园，生动诠释了郎酒“生在赤水河，长在天宝峰，养在陶坛库，藏在天宝洞”的独门秘籍，高品位的郎酒庄园，充满绿色健康、宜居宜游的生机与活力。

从2016年到现在，基于酒旅融合和更多元的文化表达需求，白酒企业将重点从产区收缩回酒镇，斥巨资、花心血重新规划建设酒镇的硬件设施，提升酒镇的旅游接待能力，改造酒镇景观，将酒厂承载不下的文化意义都延伸到酒镇上。中国白酒著名酒镇见表14-4。

表14-4　　中国著名酒镇（白酒）

序号	酒镇	地理位置	所属产区	主导企业	发展历程
1	茅台镇	贵州遵义市/仁怀市	遵义产区	茅台	1935年红军在茅台四渡赤水，被誉为“中国酱酒第一镇”。1951年，成立“贵州省专卖事业公司仁怀县茅台酒厂”；1954年，茅台酒厂扩建；1986年，“珍酒”诞生；1994—2000年，茅台镇小城镇建设准确定位；2000年之后，茅台镇农业、工业、商业、旅游业等进入快速发展阶段；2017年，茅台镇“酒旅融合”大会举行，以酒促旅、以旅兴酒、酒旅融合成为茅台镇发展总基调；2019年，茅台镇销售量25万kL，产值880亿元以上
2	洋河镇	江苏宿迁市洋河新区	宿迁产区	洋河	1949年，洋酒酒厂建立；1972年以来，洋河大曲被评为江苏省历届名酒；1979年洋河大曲跻身全国八大名酒；2009年，洋河挂牌上市；2013年洋河新区成立；2018年，洋河镇入选“全国综合实力千强镇”；2019年10月，洋河镇入选“2019年度全国综合实力千强镇”；12月，洋河镇入选“2016～2018年度江苏省文明乡镇”
3	沱牌镇	四川遂宁市/射洪市		沱牌舍得	1940年，沱牌酒厂成立；1951年，射洪县实验曲酒厂建立；1996年，沱牌上市，成为白酒行业第三家上市公司；2003年，沱牌完成第五期技改工程；2007年，柳树镇全镇GDP20亿，2009年50亿；2010年，柳树镇更名为沱牌镇；目前，入驻沱牌工业园区的规模企业已达10家，先后被评为全省首批小城镇建设试点镇、全省首批10个重点建设镇、省级环境优美示范镇乡、四川省第三批百镇建设行动试点镇、全国500家小城镇建设试点镇、第二批全国发展改革试点镇、全国创建文明镇工作先进镇、全国工业型重点小城镇、全国重点镇

续表

序号	酒镇	地理位置	所属产区	主导企业	发展历程
4	二郎镇	四川泸州市古蔺县	泸州产区	郎酒	清代二郎镇已有大小酒坊、糟房20余家，除生产著名的“凤曲法酒”外，还酿造各种曲酒、白酒、果酒和杂粮酒；1957年，郎酒恢复生产；1984年，郎酒获“中国名酒”称号；1987年将二郎、新华、复陶3乡合并建二郎镇；2016年9月，二郎镇列为全国重点镇；目前，二郎镇依托郎酒的扩张和矿产资源开发，有大小工业企业202家，规模酿酒企业8家，酱香型白酒年产量达5000t，是中国历史文化名镇、省级小城镇建设重点镇、省综治模范镇，是全国100个著名文化乡镇之一
5	古井镇	安徽亳州	亳州产区	古井贡酒	1959年，亳县古井酒厂建立；1963年，被评为全国八大名酒；1987年，减店镇改为古井镇；1992年，古井集团成立；1996年，为安徽省百家小城镇建设示范镇；2006年，张集镇并入古井镇；2018年，古井镇被评为亳州市首批特色小镇；2019年，古井镇被评为安徽省第二批特色小镇；目前，该镇拥有一家大型国有企业和三家省级企业集团在内的七十多家白酒生产厂家，每年的白酒生产销售收入20亿
6	柳林镇	陕西宝鸡		西凤酒	清光绪十五年（1889）有酿酒作坊25家。1915年参加美国旧金山召开的“巴拿马—太平洋大博览会”获银奖的白酒即为该镇产品。1956年在镇东兴建年产白酒3000t的陕西省西凤酒厂。1985年全镇乡村酒厂6家，其中以1975年镇办柳林镇酒厂规模较大，占地600m^2，建筑面积400m^2，职工120多人，年产白酒400多t。1986年，西凤酒厂扩建二期工程年产量达8800t。至1988年，全镇酒厂已达15家。2004年实现工农业总产值3.24亿元，是省、市级商品粮、秦椒、秦川牛生产基地，被授予市级文化先进镇、小康镇、省级文明镇、全国创建文明村镇工作先进单位等称号
7	李渡镇	江西南昌		李渡	李渡原为北方移民南迁的过渡地区，名为“清远”。唐朝时在此兴建码头命名为“清远渡”，此地商贸兴盛，至元、明时期，清远渡更名为李家渡。清代更名明贤乡，驻地李家渡，1949年，为称呼便利，李家渡更名李渡，1984年称李渡镇。2002年考古发掘李渡烧酒作坊遗址面积300m^2，主要为元、明、清遗迹与遗物，被评为“2002年十大考古发现”，2006年入选为第六批全国重点文物保护单位。1955年，李渡镇的九家私营作坊合并成为公私合营民生酒厂，即李渡酒业的前身。如今，李渡镇是全国重点镇、全国发展改革试点镇、全国小城镇建设

续表

序号	酒镇	地理位置	所属产区	主导企业	发展历程
					试点镇、国家级生态乡镇、江西省级重点建设示范镇，李渡镇有李渡烧酒作坊遗址、李渡老街、李渡万寿宫等旅游景点。2019 年 10 月，李渡镇入选“2019 年度全国综合实力千强镇”
8	杏花村	山西吕梁市/汾阳市	吕梁产区	汾酒	明、清时期，杏花村政区包括尽善北里、尽善南里、两仁里等。1959 年 3 月，成立杏花公社，驻杏花东堡村。1984 年 6 月，杏花村公社改设杏花村镇至今。境内历史文化遗产丰富，酒文化源远流长，酿酒历史可以追溯至四千多年前，汾酒集团就坐落在杏花村镇镇区，素有“酒都”之美称。山西杏花村镇以汾酒品牌知名度为基础，2011 年 7 月被列为第二批全国特色景观旅游名镇；2014 年 7 月被列为全国重点镇；2016 年 10 月被列为第一批中国特色小镇；2019 年 1 月，入选第七批中国历史文化名镇

这是一次政企联手推动的新酒镇运动，是白酒企业在市场竞争日益剧烈，行业向头部企业聚集越来越显著的时候另辟的蹊径。在酒企与政府联手打造酒镇的时候，泸州市要在茅溪镇打造酱酒产业园的举动无疑将新酒镇运动推上了一个新的层次，由政府主导规划，统筹安排，一步到位，打造一个产能巨大的酱香酒产业园，这样的动作已经类似 IT 行业的产业园规划。而茅溪镇的打造方法会是孤本还是开先河，且要拭目以待。

2. 产区之源，酒镇为大

白酒产区与白酒酒镇之间的关系，就好比是“先有鸡，还是先有蛋”的问题。从横向的产业进程的角度来看，产区的概念是酒镇进阶到一定文明程度的结果；从纵向的维度来看，酒镇却是产区规模下精品化的结果。

“产区”这一概念最早来源于法国的波尔多，波尔多是世界闻名的优质葡萄酒产区。中国专家把这一舶来品概念本土化，比如泸州产区、仁怀产区、汾阳产区等。行业专家认为未来国内白酒市场之间的竞争很可能由单个企业竞争转化为以产区为单位的竞争。尤其是一些白酒企业相对集中的地区，打造一个好的“产区”概念将有助于整个地区白酒产业的发展。所以随着“产区”一词在中国白酒行业的流行倡导，打破了过去酒企孤军奋战的局面，以抱团共赢的合作发展方式呈现。这种集群化的结果，也恰恰是中国白酒市场化发展到一定阶段的产物。

酒镇，顾名思义，即因有酒而具盛名的小镇，是一个极具地域名片意味的专属名称简称，直截了当地表明这个镇子是以生产酿造白酒为主要产业的小镇。但如今“酒镇”的内涵概念不仅仅只停留在字面意思，而是在美酒产区基础上的精品化的结果。这主要得益于近年来“酒旅融合”概念的演变和升级，其特征主要呈现为核心产区精细化，龙头品牌知名化，白酒品类强势化。往往称得上酒镇的地方，都有一两家全国名酒品牌在此落地；而全国名酒品牌的出现又源自该酒镇的发展进程。

产区与酒镇的关系，相互补充，相互重合，是你中有我、我中有你的交织关系。

(1) 名实协同，突显特色 “酒因镇而生，镇因酒而名。”简单讲，这个镇生产白酒，有一家特别优秀的酒企闻名全国，因而打造成为酒镇。其实，酒镇中的镇只是一个承载酒生产的地域概念，白酒酒镇的核心是酿造、品牌、市场综合竞争力，具有地方产业带动作用。

① 酒、镇合一，柳树镇更名沱牌镇：从本质上来说，酒镇的文明往往是伴随着当地一家知名品牌的辐射效应。这就好比人类历史发展上的四大文明古国与四大文明发祥地的对应关系。酒镇是单一酒企实力强大后辐射作用的结果，这也就是为什么称之为“酒因镇而生，镇因酒而名”。

2010 年，通过考察、论证、分析，省政府同意将射洪县柳树镇更名为沱牌镇。这是按照“打造中国白酒金三角”的战略部署，实施白酒、旅游、文化和城建“四位一体”融合打造，将川酒文化和千年古镇建设结合起来。

更名当年，沱牌镇城镇总体规划、近期发展区控制性详细规划、诗酒文化名镇核心区 $1.5km^2$ 修建性详细规划和建设项目即完成。集镇改造、魏家营新农村综合体建设等工程先期启动。投资 35 亿元，实施诗酒文化公园、中国酒海等文化旅游和服务性基础设施建设，丰富诗酒文化名镇内涵，增强生态田园新城功能，提升工业园区服务产业能力，全面提高产城一体化建设水平。“中国白酒第一镇”的概念也应运而生。

② 洋河酒镇升级“酒都”：从沱牌镇一路往东，在京杭大运河上，“客酬诗兴江帆去，船捎酒香运河来。”这是唐诗宋词中对洋河酒香的描述。作为具有“运河第一酒镇”美誉的宿迁市洋河新区洋河镇也是因为洋河酒业名酒头衔闻名全国。

隋朝时期，隋炀帝开凿大运河，纵贯南北，被称为黄金水道。有了运河之便，洋河古镇依托富饶的江东地区，开始利用“秫谷”酿酒，借着舟楫便利，洋河酒通过水路运往沿线各商业市。明清时期，洋河漕运更为发达，洋河酒坊林立，商贸繁荣，有“小金陵”之称。美酒自古以来都颇受文人骚客垂青，千年酒镇洋河，当时是许多文人的第一去处。到了清光绪年间，洋河镇酒坊多达 27 家，省内外近百名酿酒师云集于此，洋河酿酒达到空前繁荣。1949 年，洋河国营酒厂建立。1979 年，沉寂了近 20 个春秋的洋河大曲重新赢得了全国名优酒的声誉，被评为全国八大名酒之一。到 1988 年底，洋河镇已有大小酒厂 30 余家，年生产能力达 4 万 t，使洋河成为名副其实的酒镇。

到目前，白酒酿造作为洋河镇支柱性产业，共有白酒企业 100 余家，拥有中国驰名商标、省著名商标、市知名商标 1000 多个。洋河镇规划建设了占地面积 1500 亩的酒类酿造产业集聚区，16 家酒企入驻园区，2017 年创建为“全国绵柔型白酒知名品牌示范区”。积极申创省级绵柔白酒特色小镇，加快推进世外酒村、世界名酒体验中心等项目建设，着力构建“酒厂（洋河股份）、酒镇（特色小镇）、酒村（河西村）、酒街（南大街）、白酒集聚区、白酒体验中心”多位一体联动发展白酒产业格局。2012 年 8 月，宿迁市正式被中国轻工业联合会和中国酒业协会联合授予“中国白酒之都”称号，洋河镇的酒镇概念逐步被更广阔意义的“酒都”概念取代。2019 年 7 月，《关于加快推进宿迁“中国酒都”建设的意见》正式出台，“中国酒都”发展确立了新的起点和高度。当前，宿迁市洋河新区积极投入到“中国酒都”建设的大格局中去定位、谋划和推进，主动担负起建设“中国酒都核心区”的重大使命。

（2）产区太大，酒镇刚好　相较于酒镇，产区以规模取胜，赢在集群效应，具有齐全的配套设施和资源聚集。放到白酒产业来看，以泸州、宜宾、邛崃为核心的浓香核心产区的群聚效应表现得尤为明显。

北京卓鹏战略咨询机构田卓鹏表示："川酒整体优势明显，一是名酒优势，二是产能优势，三是原酒优势。"综合来看，这就是白酒产区的实力与优势，胜在规模。四川省政府对白酒产业政策引导重心也是落脚产业，2018 年明确提出构建"5+1"现代产业体系，就是要进一步深化产区结构调整。辩证地来看待白酒产区构建，一是需要超过 3 家的全国名酒为产业基础，形成点、线、面三个层面结合的产业面貌；二是需要 10~20 家的第二阵营队伍，腰部力量的壮大才意味着产区的形成；三是高度现代工业化的发展程度。透过这三大点来看产区太大，而酒镇恰恰弥补了产区在"精而美"方面的短板。

① 酒镇是天时地利的结果："坚持一切从实际出发"的原则指导，造就了今天茅台镇的繁荣。归根结底，走酒镇路线最根本的原因是地理环境占主导因素。相较于赤水河对岸的四川省，贵州地貌属于中国西南部高原山地，全省地貌可概括分为：高原、山地、丘陵和盆地四种基本类型，高原山地居多，素有"八山一水一分田"之说，是全国唯一没有平原支撑的省份。多山地丘陵的地形地貌特征决定了仁怀市酱香型白酒核心产区无法走上产业化集群的道路。这也就是四川白酒依托四川盆地的地理条件形成庞大产区的根本原因。

除此之外，独特的气候环境也要求茅台镇在酱香白酒酿造过程中无法离开这块生态空间。要严格按照"12987"工艺酿造酱香型白酒，就要满足"水、土、气、气、生"的酿造环境。这也就是为什么离开茅台镇就酿造不出茅台酒。地理与气候两大自然要素的叠加，要求酱香型白酒酿造过程必须在这样的条件下完成，也就是说茅台镇不可复制的先天性自然优势决定了酒镇道路的科学性。

尊重自然基础，再谈酒镇发展是坚持科学发展观的体现。

② 五大战略实现酒镇升级蜕变：从产业聚集的模式看，通常情况下小镇的产业规律分为两种：一种是聚集型产业小镇，即通过原有的地方性块状经济的聚集，带来大规模的中小型企业的集体发展，从而形成同类产业的聚集带。另一种是由大企业主导的产业小镇，这种小镇往往依赖于一个巨型企业带来的产业集群，像遍布在欧美小镇里的跨国公司带来的上下游百余家企业的产业集群，从而自发形成了一个小镇功能社区。

这两类产业集聚模式，都是以一类主导产业为核心衍生出不同的小镇功能片区，即所谓的"一镇一品"模式，由于区域人文历史、自然资源、产业禀赋的不同，最终形成了各自独有的特色。近年来，茅台围绕"产业壮大、环境整治、交通疏解、旅游开发"四大工程逐步展开，通过五大战略规划实现了从产业小镇升级为文旅酒镇的蜕变。

3. 酒业要上位，酒镇必运动

回溯白酒产地的发展历程，最初是酒厂作为个体存在，随着单个酒厂的壮大或群体性的聚焦，在历史延展中形成了产区。同时近年来许多酒企升级了回厂游的形式与规模，进而产生了我们之前谈论的"白酒后花园"建设，随之而来的就是酒旅融合概念的深化。与此同时，一些企业为了打造差异化的品牌特征或者接轨国际、突出自身文化基因，开始打造白酒庄园，进而实现了传统酒厂的一种新的表达；而酒镇建设，则是在产业集群打造以及酒文化推广、白酒品牌传递等多层面进行的更大规模的运动，一面是重资产投入带来的热火朝天的建设局面，一面是基于酒文化传承和大众体验升级而引发的白酒传播升级。酒镇里可能包含酒庄，并且以酒旅融合的形式展现。最终，这些努力将促成白酒产区的成熟，让白酒融入更广阔的空间。

（1）特色小镇的三种模式　目前，中国特色小镇主要有三种开发模式：政府主导、企业主导、政企共建。政府引导、企业主导模式应用案例较多，为目前主流开发模式。

（2）特色小镇发展趋势　特色小镇一头连着城市，一头连着乡村，是推进以人为核心的新型城镇化、实现乡村振兴的一项重要战略性举措。有专家认为未来特色小镇建设会呈现几个趋势：① 产业立镇② 做强特色③ 产业链聚集④ 万物互联⑤ 特色小镇旅游。

4. 美酒名镇之标准

为规范酒镇的发展，中国酒业协会制定了《中国美酒名镇 T/CBJ 2304—2021》团体标准，规定了中国美酒名镇的技术指标体系、数据采集和评价方法。本文件适用于中国酒业协会已经核定公布的中国优势酿酒产区中的中国美酒名镇的评价依据。

中国美酒名镇：具有悠久的酿酒历史、深厚的文化底蕴与地方特色鲜明的建筑群，是生态良好、人文和谐、科技先进、产品优美的产酒城镇。

第十五章　白酒生产安全及质量体系建设

第一节　全面的白酒安全解读

一、 科学解读白酒塑化剂

2011年，台湾的塑化剂事件成为重大的食品安全事件，2012年，某白酒塑化剂超标事件曝光后，白酒“塑化剂”事件引发了全社会对白酒行业食品安全的普遍关注。尽管白酒塑化剂风波所引发的负面影响已逐渐消退，但依旧存在各种隐患。现将权威部门——国家卫计委2014年6月27日“白酒产品中塑化剂风险评估结果”公布如下，以期对塑化剂及其他食品安全因素有一个全面清晰的认识，消除人们心目中的种种疑问。

1. 什么是塑化剂？

塑化剂一般称为增塑剂。简单地说，增塑剂就是添加到塑料聚合物中增加塑料可塑性的物质。使用增塑剂后，塑料聚合物的硬度下降、柔韧性提高，易于拉伸和做成各种形状。可用作增塑剂的物质种类很多，如邻苯二甲酸酯类、脂肪酸酯类、聚酯、环氧酯等。邻苯二甲酸酯类化合物是一类常见的增塑剂，如邻苯二甲酸二（2-乙基己基）酯（DEHP）、邻苯二甲酸二丁酯（DBP）、邻苯二甲酸二异壬酯（DINP）等。邻苯二甲酸酯类物质主要作为增塑剂用于软质聚氯乙烯（PVC）等材料。

2. 增塑剂能够用在哪些产品中？

我国食品安全国家标准GB 9685—2008《食品容器、包装材料用添加剂使用卫生标准》规定DEHP可用在塑料（聚乙烯、聚丙烯、聚苯乙烯、苯乙烯-丙烯腈、丙烯腈-丁二烯-苯乙烯、聚酰胺、聚对苯二甲酸乙二醇酯、聚碳酸酯、聚氯乙烯）、涂料、橡胶、黏合剂中。DBP可用在塑料（聚乙烯、聚丙烯、聚苯乙烯、苯乙烯-丙烯腈、丙烯腈-丁二烯-苯乙烯、聚酰胺、聚对苯二甲酸乙二醇酯、聚碳酸酯、聚氯乙烯、聚偏二氯乙烯）、橡胶和黏合剂中。塑料在食品包装材料中的应用十分广泛。经过充分安全性评价的增塑剂如果列入相应的国家标准，可根据工艺需要在食品容器和包装材料生产过程中使用，并应符合标准中使用范围、使用量和迁移量等相关规定。

3. 我国塑料制品中增塑剂使用情况？

在全部的邻苯二甲酸酯使用中，大约有80%用于塑料，其余则用于橡胶、涂料、胶黏剂等。邻苯二甲酸酯主要作为增塑剂用于软质聚氯乙烯等材料，未增塑（硬质）聚氯乙烯一般不使用增塑剂。

4. 白酒中为何含有 DEHP 和 DBP？

鉴于塑化剂在环境中普遍存在，白酒中塑化剂既可以来自环境污染，也可来自包装材料迁移污染。白酒中的塑化剂经溯源分析发现塑料管道中的 DEHP 和 DBP 容易迁移至酒中，是导致白酒中存在 DEHP 和 DBP 的主要因素。另外，其他生产环节中各种管道的塑料密封垫中的 DEHP 和 DBP 迁移也是白酒中存在邻苯二甲酸酯类物质的因素之一。（下文将详细叙述）

5. DEHP 和 DBP 对健康有什么危害？

DEHP 和 DBP 急性毒性较低。动物实验表明 DEHP 和 DBP 具有内分泌干扰作用，啮齿类动物长期摄入该类物质可造成生殖和发育障碍，但目前尚缺乏临床案例及人体健康损害的直接证据，也没有证据表明其具有致癌作用。

6. 人体会通过哪些途径接触 DEHP 和 DBP？

普通人群可通过使用含有 DEHP 和 DBP 的消费产品（玩具等）以及食品、水、空气等暴露于 DEHP 和 DBP。此外，DEHP 是聚氯乙烯材质的医疗设备中最主要的增塑剂。医学暴露途径包括静脉注射、经口和吸入。

7. 进入体内的 DEHP 和 DBP 会排出体外吗？

目前没有证据表明 DEHP 和 DBP 具有蓄积性，动物试验发现，绝大部分 DEHP 和 DBP 在 24~48h 内会随尿液或粪便排出体外。因此 DEHP 和 DBP 一般不会在体内蓄积。

8. 人体每天摄入 DEHP 或 DBP 的安全限量是多少？

国家食品安全风险评估专家委员会通过检索国际权威网站，分析科学文献资料后认为，对于 60kg 体重的人来讲，每天摄入 3.0mg 的 DEHP 是安全的。DBP 的毒性较大，对于 60kg 体重的人来讲，每天摄入 0.6mg 的 DBP 是安全的，与欧洲食品安全局评估制定的安全限量是一致的。

9. 摄入受 DEHP 和 DBP 等邻苯二甲酸酯污染的问题食品是否会影响健康？

DEHP 和 DBP 等邻苯二甲酸酯类物质对健康的影响取决于其摄入量，如 DEHP 和 DBP 只要每天的平均摄入量不超过国家食品安全风险评估专家委员会提出的安全限量，摄入受 DEHP 或 DBP 污染的问题食品不会对健康造成危害。

10. DEHP 和 DBP 在我国允许使用吗？

DEHP 和 DBP 是我国批准允许在食品容器和包装材料中使用的添加剂，并规定这两种物质仅用于接触非脂肪类食品，且分别规定了最大允许迁移到食品中的量。按照我国目前食品容器、包装材料用添加剂使用卫生标准，DEHP 迁移到食品中的最大量不得超过 1.5mg/kg，DBP 迁移到食品中的最大量不得超过 0.3mg/kg。实际上，按照规定使用，由包装材料正常迁移到食品中该类物质的含量极低，远小于标准规定的限值。此外，还规定这两种物质均不允许用于接触婴幼儿食品的包装材料。

DEHP 和 DBP 不是我国批准使用的食品添加剂，不允许直接加入食品中，原卫生部已经将其列入第六批公布的“食品中可能违法添加的非食用物质”黑名单中。

11. DEHP 和 DBP 在其他国家是如何管理的？

DEHP 和 DBP 在很多国家都被批准用于食品接触材料，即可用于食品容器和包装材料的生产。目前，各个国家均没有制定食品中塑化剂限量标准。

欧盟规定 DEHP 和 DBP 仅用于重复使用的接触非脂肪性食品的材料（脂肪性食品包

括乳及乳制品、酒精含量高于20%的酒精性饮料、在酒精基质中的水果和蔬菜以及酒精提取物），不得接触婴幼儿食品。迁移到食品中的量分别不允许超过1.5mg/kg和0.3mg/kg。作为工艺支撑剂时，可以接触所有类型的食品（包括脂肪性食品、非脂肪性食品和婴幼儿食品）。DEHP和DBP在终产品中分别不得超过0.1%和0.05%。此外，欧盟法规还规定食品接触材料中所有非挥发性物质的总迁移量不得超过60mg/kg。由于迁移并不是暴露的唯一途径，欧盟要求在测定食品中的此类物质时，应同时考虑其他因素。

DEHP在1957年之前已经在美国市场上使用，可以作为增塑剂用在食品包装材料中，但只能用于与高水分含量的食品接触，具体规定如下：当DEHP用于黏合剂时，对其最大使用量未作规定；当DEHP用作流动性促进剂时，其占所在单体的比重不能超过3%（质量分数）；当DEHP用于玻璃纸时，DEHP本身或DEHP和其他邻苯二甲酸酯类物质的总量占用于包装玻璃纸比例不能超过5%（质量分数）；用于金属商品生产过程中的表面润滑剂时，对其最大使用量未作规定。

DBP在美国可用于玻璃纸［DBP或与其他邻苯二甲酸酯总用量不得超过5%（质量分数）］、交联聚酯树脂、重复使用橡胶（用量不得超过产品的30%（质量分数）、黏合剂、树脂聚合物涂层［当用于重复使用盛放含8%以上乙醇的液体时，仅可用于容量大于1000gal（1gal=3.785L）的容器］以及纸和纸板（用于杀菌剂）。

12. 我国有食品中塑化剂限量标准吗？

台湾塑化剂事件发生后，《卫生部办公厅关于通报食品及食品添加剂中邻苯二甲酸酯类物质最大残留量的函》（卫办监督函［2011］551号）规定，食品、食品添加剂中的DEHP和DBP最大残留量分别为1.5mg/kg和0.3mg/kg。

1.5mg/kg和0.3mg/kg不是食品安全国家标准，仅用作排查违法添加行为。当发现食品中DEHP和DBP含量超过1.5mg/kg和0.3mg/kg时，需要溯源，排查含量过高的原因，排除违法添加行为。

13. 如何理解白酒中DEHP和DBP的最大含量分别为5mg/kg和1mg/kg？

国家食品安全风险评估专家委员会基于风险评估结果认为，白酒中DEHP和DBP的含量分别在5.0mg/kg和1.0mg/kg以下时，对饮酒者的健康风险处于可接受水平。该风险评估结果是从保护健康角度得出的，未考虑其他相关因素，因此不是食品安全国家标准。

14. 白酒中DEHP和DBP的最大含量，与原卫生部规定的1.5mg/kg和0.3mg/kg的关系是什么？

原卫生部规定的食品中DEHP和DBP的最大残留量仅用于排查违法添加行为。若白酒中DEHP和DBP含量高于1.5mg/kg和0.3mg/kg，但排除了违法添加行为，则只要含量分别低于5mg/kg和1.0mg/kg，对饮酒者的健康风险处于可接受水平。

此外，鉴于DEHP和DBP是环境污染物，建议企业改善工艺，进一步降低白酒中DEHP和DBP含量。

2019年11月3日国家市场监管总局《关于食品中“塑化剂”污染风险防控的指导意见》，再次明确：白酒和其他蒸馏酒中邻苯二甲酸二（2-乙基己基）酯（DEHP）和邻苯二甲酸二丁酯（DBP）的含量，分别不高于5mg/kg和1mg/kg。其他酒类中DEHP、邻苯二甲酸二异壬酯（DINP）、DBP最大残留量，分别为1.5mg/kg、9.0mg/kg、0.3mg/kg。

二、白酒安全研究进展

近年来，塑化剂事件、勾兑门事件、甜味剂问题、年份酒问题、散装白酒中毒事件等白酒质量安全事件偶有发生，给白酒行业造成巨大的经济损失的同时，也给消费者的健康带来重大威胁。下面就从影响白酒质量的安全指标及其控制，研究进展（检测方法）及发展方向等方面进行探讨，并提出相应的控制措施及建议对策，促进白酒行业可持续发展。

白酒安全，顾名思义是指消费者饮用白酒后对身体健康不造成伤害。为加强行业的管理，国家相继出台修订了一系列有关酒类食品安全国家法律法规、标准等，如新修订颁布了“史上最严”的《食品安全法》《食品标识管理规定》《食品召回管理办法》，GB 7718—2011《食品安全国家标准　预包装食品标签通则》，GB 2757—2012《食品安全国家标准　蒸馏酒及其配制酒》，GB 2760—2014《食品安全国家标准　食品添加剂使用标准》，GB 2761—2011《食品安全国家标准　食品中真菌毒素限量》，GB 2762—2012《食品安全国家标准　食品中污染物限量》，GB 2763—2014《食品安全国家标准　食品中农药最大残留限量》等。这些质量的安全指标分为内源性安全指标：白酒酿造副产物，甲醇、氰化物等；外源性安全指标：塑化剂、重金属等。

（一）内源性安全指标及检测

1. 甲醇

（1）特点及来源　甲醇是一种麻醉性较强的无色液体，具有刺激性气味，毒性较大，摄入过量甲醇可导致人体中枢神经系统麻痹和视网膜病变，当摄入量为 5g 时会导致人体中毒，摄入量超过 12.5g 时就会导致人体中毒死亡。甲醇的超标将会给消费者带来巨大的安全隐患。国家安全标准中将甲醇作为重要控制指标。GB 2757—2012 规定蒸馏酒及其配制酒中甲醇含量粮谷类≤0.6g/L，其他类≤2.0g/L。

甲醇主要来源于酿酒用原料以及辅料中的果胶质，果胶质经微生物的果胶酶分解形成甲醇，因此，原辅料中果胶质含量过高将直接导致酒中甲醇含量增加，伴随原料在蒸煮糊化过程、糖化过程、发酵过程、蒸馏过程产生。甲醇在蒸馏过程中的产生并馏出的问题值得重视，王春、王海平、张志刚等均报道过甲醇的馏出规律为酒身含量大于酒头和酒尾中的含量。同时认为，甲醇的馏出规律主要与甲醇的产生有关，即原料和辅料中含有的果胶质受热分解而产生甲醇，果胶质随着蒸馏过程中酒精度的降低和温度的升高加快分解，导致有大量甲醇馏出，当分解高峰过去后，甲醇馏出量减少。但是也有报道认为，甲醇在蒸馏过程中馏出规律为酒头含量大于酒身和酒尾，他们主要考虑了甲醇的挥发系数、精馏系数以及水分子缔合作用。甲醇的挥发系数在任何乙醇浓度下都大于 1，当乙醇浓度在 80%vol 以下时，甲醇的挥发系数随着乙醇浓度的增加而减少，其精馏系数则随乙醇浓度的增加而增加，在乙醇浓度为 95%vol 时，精馏系数达到最高值。在蒸馏过程中，刚开始蒸酒时的乙醇浓度低，此时甲醇的挥发系数却较高，因此，在酒头大量馏出之后，乙醇浓度升高，甲醇的精馏系数在乙醇浓度为 40%vol 以上时大于 1，其挥发性强于乙醇，故也能馏出，最后由于糟醅中甲醇含量不断降低，再加上水分子对甲醇的缔合作用使得甲醇比乙醇更难挥发而在酒尾馏出。对于蒸馏过程中甲醇馏出规律的解释还存在一定的异议，这有待于更多学者的进一步研究。

（2）甲醇的控制　可以通过选用低果胶质含量的原料、降低原辅料蒸煮压力并增加排放气次数、对原料进行堆积和浸泡处理等措施降低白酒中甲醇的含量，或者利用分子筛吸附、二氧化钛催化照射等手段尝试除去，但其适用性有待进一步研究。王娟、敖宗华等报道根据甲醇产生途径以及蒸馏规律，可以从以下几方面控制酒中甲醇的产生：第一，合理掐头去尾，控制酒中甲醇含量；第二，采用果胶质含量低的原、辅料。对于含果胶质较多的原、辅料采用高温润粮，堆积处理15~18h，集中清蒸辅料20~30min，以降低原、辅料中果胶质的含量，从而控制甲醇的产生量，最终控制酒中甲醇含量；第三，液体蒸馏时，可增加塔板数或提高回流比，从而把甲醇从酒精中提取出来，因为甲醇在高浓度酒精溶液中更易分离。

一些不法商贩为降低成本添加劣质酒精（工业酒精）勾兑成食用酒，给消费者造成损害甚至中毒。从表15-1就可以看出使用工业酒精的危害性。

表15-1　　食用酒精与工业酒精的比较　　单位：mg/L

GB/T 394.1—2008 工业酒精		优级	一级	二级	粗酒精
甲醇	≤	800	1200	2000	8000
异丁醇+异戊醇	≤	10	80	400	—
GB 10343—2008 食用酒精		特级	优级	普通级	
甲醇	≤	2	50	150	
异丁醇+异戊醇(1)	≤	1	2	30	
重金属（以Pb计）	≤		1		
氰化物(2)	≤		5		

注：（1）GB 2757已取消该项指标。

（2）系指木薯原料的产品要求，以其他原料制成的食用酒精无此项要求。

（3）检测　分光光度计比色法是GB/T 5009.48常用方法，但比色法稳定性较差、操作烦琐、时间长、精度低。近年来此方法也得到进一步优化。随着科技的进步，色谱技术的普及，气相色谱法（GC）逐渐成为白酒中甲醇含量测定的首选，其操作简便、准确性高。随着无损检测技术的发展，近红外光谱分析技术也逐渐应用于白酒中甲醇含量的检测，其分析检测方便、效率高。

2. 氰化物

氰化物通常与糖分子结合，并以含氰糖苷的形式存在于木薯等酿酒原料中，在发酵过程中，氰糖苷经水解产生氢氰酸（HCN），这是白酒氰化物的主要来源。氰化物属于窒息性毒物，在人体内析出的氰离子能阻止氧化酶中的三价铁还原，抑制细胞呼吸而导致组织缺氧窒息，从而死亡。白酒中氰化物超标可能是生产者直接使用不符合规定的原料加工或用木薯为原料的酒精勾调制成成品白酒上市出售，也可能是生产工艺去除氰化物不彻底造成。GB 2757—2012中对氰化物（以HCN计）的限量为8.0mg/L。

国标GB/T 5009.48中采用比色法检测白酒中的氰化物含量，但易受显色剂加入后出现浑浊影响，且操作复杂、检出限偏高，后续经过试验，逐渐得到改进。随着检测技术的发展，荧光法、原子吸收光度法在检测白酒氰化物含量上也逐渐成熟，检测限也在μg/L级，适合微量氰化物的测定。电化学法在白酒氰化物的检测中，受干扰因素较多，检测结果不理想。如今，色谱技术高效率、高灵敏度等特点，逐渐在白酒氰化物检测中广泛应用，也是检测技术发展的方向，阎冠洲等采用顶空气相色谱法测定白酒中氰化物，该方法相对标准偏差（RSD）小，回收率高，检测限低，且准确度高。

李雪春对异烟酸-吡唑啉酮分光光度法测定蒸馏酒及其配制酒中氰化物进行改进，消除检测过程中产生的干扰。样品经 2g/L 的氢氧化钠溶液碱解、磷酸盐缓冲溶液调节 pH 后，与氯胺 T 溶液反应，用异烟酸-吡唑啉酮溶液显色，用 0.22mm 水系滤头过滤，于 638nm 处进行比色分析。氰化物的最低检测限为 0.1mg/L，相对标准偏差（RSD）为 3.3%~2.9%，加标回收率为 95.0%~97.0%。0.1~5.0mg/L 范围内，相关系数 $r=0.9991$。该方法能满足酒中氰化物测定，有效消除干扰。

3. 氨基甲酸乙酯

（1）特点及来源　氨基甲酸乙酯（ethyl carbamate，EC），是发酵酒精饮料发酵过程中的一种副产物，普遍存在于饮料酒（烈酒、葡萄酒、啤酒、黄酒）、面包、酱油和酸奶中，含量级别在 ng/L 至 mg/L。1999 年，EC 被国际食品法典添加剂和污染物委员会（CCFAC）列入潜在食品安全优先风险评估的物质名单，引起了国际社会广泛关注。2004 年，美国毒理学研究计划（NTP）将 EC 列入“潜在引起癌症的物质”名单。2010 年，国际癌症研究机构（IARC）对 EC 进行了重新评估，将其列入 Group 2A 组，与铅、汞并列，意味着其对人类有致癌作用。有调查研究表明，如果酒中氨基甲酸乙酯含量超过30×10^{-6}g/L，人饮用后致癌的概率将大大增加。通过多年的研究，我国已经制定了《黄酒中氨基甲酸乙酯预防控制措施指南》国家标准，为我国黄酒中 EC 的预防控制提供了方向。同时，《酒类氨基甲酸乙酯限量国家标准》也正在制定过程中。

EC 具有醇、水相溶的特性，其沸点高于乙醇沸点，且其合成速率与温度有关，有研究发现温度每升高 1℃，氨基甲酸乙酯的合成速度提高 10 倍，因此在蒸馏过程中，氨基甲酸乙酯在酒体中含量随乙醇浓度和蒸馏温度的改变而改变。在甘蔗酒蒸馏前期，由于分子之间的相互作用。氨基甲酸乙酯进入酒体。由于甘蔗酒蒸馏采用燃烧甘蔗渣的方式进行加热，导致热转移量不稳定，因而进入酒体的氨基甲酸乙酯含量很低。

目前，国内对于氨基甲酸乙酯在蒸馏过程的变化研究较少，更多的是对酒中氨基甲酸乙酯测定方法的研究。国外一些学者已经开始对氨基甲酸乙酯在蒸馏过程中的变化进行了研究，探讨其馏出规律以及不同蒸馏设备和蒸馏条件对氨基甲酸乙酯馏出量的影响。巴西学者采用气质联用的方法检测了巴西甘蔗酒在蒸馏过程中氨基甲酸乙酯的变化，结果发现，氨基甲酸乙酯在前 8L 馏出液中平均含量为 59.7mg/L，中段酒为 52L 和酒尾（乙醇浓度低于 35%vol）为 1.57mg/L，蒸馏后酒糟中氨基甲酸乙酯残余量为 53.1mg/L。通过合理地“掐头去尾”，可以控制氨基甲酸乙酯在酒中的含量。蒸馏设备结构及蒸馏条件对于酒中氨基甲酸乙酯残留量具有很大的影响。研究发现，大多数采用蒸馏塔进行蒸馏的甘蔗酒中氨基甲酸乙酯含量已经超出了巴西国家的规定限量，而采用立式蒸馏釜蒸馏而获得的甘蔗酒中氨基甲酸乙酯平均含量很低，只有 64μg/L。为了评估蒸馏釜结构对氨基甲酸乙酯含量的影响，A. R. Alcardet 等研究发现，采用设有精馏塔的立式蒸馏釜对甘蔗酒醪进行二次蒸馏，能对氨基甲酸乙酯具有很好的消除作用，其消除率可达到 94%~98.5%，同时 A. R. Alcarde 等还发现高回流率能够更有效地减少甘蔗酒中氨基甲酸乙酯的含量，也有专家研究同样证实了这一点。

（2）控制　EC 是由前体物质（如氢氰酸、尿素、L-瓜氨酸、氨甲酰天冬氨酸）和乙醇反应生成的。因此 EC 的前体物质的含量将决定酒中的潜在 EC 含量，而温度、光照等环境条件也会影响饮料酒中 EC 的实际生成量。国际上主要围绕着原料、发酵、贮存等环节系统开展 EC 预防控制技术措施研究。目前主要的控制措施包括控制原料中特定氨基酸（如精氨酸）含量，筛选特定功能性微生物菌株，添加酸性脲酶降低尿素含量，调节生产和贮存环节参数等。同时在蒸馏过程中，应严格控制蒸馏温度，因为温度过高，氨基甲酸乙酯合成量增多。摘酒时严格控制掐头去尾量也能很好控制其进入酒体。其次，通过氨基甲酸乙酯的形成途径可知降低尿素的含量能够降低其产生量。

针对白酒中 EC 的控制，要根据土壤中含氮量的状况，合理使用氮肥，以降低粮谷中的 EC 前体物质尿素、精氨酸、结合态氰化物、瓜氨酸等含氮化合物的含量。在用于生产前，宜采用原料脱壳、原料清蒸或洗粮浸泡等方式处理，以降低原料中的结合态氰化物的含量。蒸馏过程中，最初几分钟的酒头宜舍弃或入底锅重新蒸馏，以降低酒中氢氰酸的含量。宜对 EC 和氢氰酸含量较高的原酒进行二次蒸馏，以降低 EC 的含量。原酒应避免高温。白酒宜在 40℃ 以下贮存、陈酿老熟、运输。并根据原酒中 EC 和 EC 前体物质含量水平，合理安排原酒的陈贮时间和使用方式。

（3）检测　目前，在白酒中 EC 的检测，以气相色谱（GC）、液相色谱（HPLC）、气-质联用（GC-MC）等技术为主。其中，多个国家、相关组织及我国进出口标准 SN/T 0285—2012《出口酒中氨基甲酸乙酯残留量检测方法　气相色谱-质谱法》等均采用气-质联用（GC-MC）法，该法具有高灵敏度、准确度和精密度的特点。针对 SN/T 0285—2012 其操作费时烦琐、回收率不高的问题，王健等利用专用氨基甲酸乙酯固相萃取柱进行提取净化，同位素内标法进行定量，该法灵敏度高，操作快速简便、有较好的稳定性和回收率，并且对二氯甲烷要求量不高，安全性强。陈达炜等利用高效液相色谱-荧光检测法（HPLC-FLD）对不同酒精度白酒中 EC 含量进行测定，并与 45%vol 酒精建立了氨基甲酸乙酯峰面积相对校正系数，与气-质联用（GC-MC）法相比，提高了准确性，且更适合大批量样品的检测。黄秋婷等使用薄层数码成像技术实现了对氨基甲酸乙酯定量分析，通过研究衍生显色中的单因素，确定了方法的最优衍生条件，40mL 丙酮中，肉桂醛含量 250μL，磷酸含量 3mL，浸板时间 4s，加热温度 120℃，加热时间 12min。采用最优条件对薄层成像法定量 EC 进行了方法学上的考察，不同薄层板上斑点的 RSD=9.70%（n=5，10ng）；烤板结束 2min 后，斑点的平均灰度值趋于稳定；当 EC 含量在 8~18ng/点的范围内，其含量与平均 GL 呈线性关系，相关系数 R2=0.992，检出限为 0.595mg/L，样品加标回收率在 60.12%~84.70%。

4. 高级醇

（1）特点及来源　高级醇也称杂醇油，是多种醇的混合物，如异戊醇、异丁醇、异丙醇、丙醇和正丁醇等。主要来源于蛋白质氨基酸与糖类经酵母细胞“氮代谢”，是发酵的副产物，也是白酒中不可缺少的香味组分。发酵过程中生成高级醇的产量，与加水量、加曲量、加糠量和投粮量等工艺因素有关。如果白酒中高级醇含量过高，饮用者会出现头痛等症状，引起“上头”。含量过高还会导致酒苦、涩、辣味。目前，发达国家和地区在有关饮料酒的标准或法规中均未对蒸馏酒中“高级醇”含量进行限制，自 2006 年起，我国相关标准也取消了对高级醇的限量要求，这是国家标准向国际通用标准的一种靠拢。虽然高级醇的微弱毒性不足以为其做限量标准，但在人们越来越注重健康的今天，白酒的适口性及饮用后的体验也更多地被关注。如何有效地降低酒中高级醇含量，已经成为白酒生产的一个必然趋势。

将整个蒸馏过程视为一个“水、乙醇、杂醇油”的三元体系，在该体系中虽然杂醇油沸点高于乙醇，但是由于杂醇油各组分的空间结构比乙醇复杂，妨碍其与水分子的氢键缔合，导致它们与水分子的缔合强度小于乙醇，比乙醇更易馏出。在蒸馏初期，酒醅中水分含量大于乙醇含量，因杂醇油阻力小而大部分在酒头馏出，之后随着酒醅中杂醇油含量的减少以及甑内糟面气相中乙醇浓度的增加，水分的减少，杂醇油挥发性相对减小，导致杂醇油各组分含量均逐渐降低。故杂醇油在蒸馏过程中总体规律为酒头含量稍高之后有所下降，最后趋于稳定。在以高粱为主要原料的蒸馏酒蒸馏过程中，杂醇油馏出规律为酒头大于酒尾。杂醇油主要成分——正丙醇、仲丁醇、异丁醇和异戊醇在汾酒蒸馏过程中变化规律表现为酒头含量较高，之后下降。童国强测得杂醇油在清香型小曲酒蒸馏过程中酒头含量最高。杂醇油在普通玉米白酒蒸馏过程中的馏出规律为酒头含量为 2.5g/L，基酒从 1.87g/L 降低到 1.80g/L。

（2）杂醇油的控制　有研究表明，发酵过程中酒曲、酵母、蛋白酶、糖化酶、淀粉酶等的适量添加，均能够显著降低高级醇的形成。蒸馏过程中，根据杂醇油在馏酒过程中酒头含量高于酒尾的馏出规律，采用掐头去尾的工艺能够较好地控制酒中杂醇油含量，可适当增加酒头掐除量。其次，控制发酵过程中稻壳的添加量，因为稻壳添加过多，导致糟醅疏松度增加。含氧量高，酵母在发酵前期就会大量增殖，其氨基酸代谢也更加旺盛，产生大量杂醇油。此外，适当增大用曲量，增加酵母数量，降低酵母增殖倍数，由氨基酸途径产生的杂醇油含量就相应减少。掌握好蒸馏过程的温度变化，可以减少杂醇油的含量。

（3）检测　可以按照 GB/T 5009.48 操作，色谱法检测高级醇也很简便，效果不错。

5. 生物胺

生物胺（Biogenic Amine，BA）是指一类含氮的脂肪族、芳香族或杂环类有机化合物，其中脂肪族生物胺包括腐胺、尸胺、精胺、亚精胺等；芳香族包括酪胺、苯乙胺等；杂环类包括组胺、色胺等。生物胺根据其组成可以分为单胺和二胺，前者如组胺、色胺，后者如腐胺和尸胺等，在调节生长、增强代谢活力、控制血压、消除自由基等方面具有显著作用；酪胺和组胺在人和动物激素介导、多巴胺和羟色胺在中枢神经系统传递方面也具有重要作用。通常，人们摄入的食品中所含的少量生物胺不会对人体产生影响。而当生物胺积累到一定浓度时便具有潜在的毒性作用，如色胺和 β-苯乙胺可导致特定病人的高血压和偏头痛，组胺可导致食源性中毒，造成腹部痉挛、呕吐和腹泻等症状。亚硝胺作为一种强烈的致癌物也可以由一些生物胺和亚硝酸盐反应生成，因而在普遍加入亚硝酸盐作为发色剂的肉类食品中控制生物胺的生成显得更加重要。

生物胺广泛存在于各类食品中，在富含蛋白质和氨基酸的食品中相对更多，如乳酪及乳制品，鱼、肉及其制品，巧克力，酒及各类发酵制品和水果、蔬菜等。生物胺中，以组胺毒害性最大，许多国家规定了葡萄酒中组胺的限量指标，德国为 2mg/L、法国为 8mg/L、瑞士为 10mg/L、比利时为5～6mg/L。我国到目前为止，在酒精饮料中尚没有关于生物胺的具体限量标准。

1965 年首次对饮料酒中生物胺进行研究，当时利用色谱分析葡萄酒中有毒物质时，检测到组胺。目前，生物胺的研究以葡萄酒、啤酒、黄酒居多，已经检测到组胺、酪胺、苯乙胺等几十种。而在白酒中，微生物胺研究较少。2012 年，杜木英等研究了青稞酒中生物胺在发酵过程中的变化，利用液相色谱进行测定，但测定回收率不是很理想。2013 年，温永柱等在利用液液萃取（LLE）技术与气相色谱-质谱（GC-MS）联用技术研究白酒中生物胺时，建立了测定白酒中生物胺的方法，并第一次在中国白酒中鉴定出乙胺、甲胺、异戊胺等 9 种生物胺。同年，温永柱等利用紫外检测-反相高效液相色谱（RP-HPLC）检测技术，建立了白酒中多种生物胺的定量方法，该法准确度高、检测限低、回收率高。

白酒的酿造采用开放式发酵，在此过程中，无法避免杂菌的侵入。这样，只能尽量从生产过程上来监控生物胺的含量变化，建立相应的检测方法和监控手段，以确保终产品中的生物胺含量处于较低的状态。

（二） 外源性安全指标及检测

1. 重金属及其他金属离子

（1）特点及来源　白酒中可能存在的重金属污染包括铅、镉、汞、砷、铜等数十种。一般是通过蒸酒器具、输酒管道、储酒容器等途径与酒体发生接触，从而造成污染；也有可能是从被重金属污染的酿酒原料和加浆水中带入终产品中。酒中重金属（离子）进入人体能与人体内蛋白质及酶发生强烈的相互作用，造成慢性中毒。GB 2762—2012 对白酒（黄酒）中污染风险最高的铅提出了更严格的要求，其限量值降为 0.5mg/kg，其余酒为 0.2mg/kg。对于饮料酒来说，铅污染的来源包括酒体可能接触到的含铅涂层、设备、包材等，例如管道系统和铅焊设备；含铅染料上色的彩色塑料袋和包装纸；带铅衬的酒瓶盖；以及用于包装或贮藏酒液的铅釉陶器、铅玻璃或含铅金属容器等。

如果生产中酿造用水不合格，如硬度过高、无机物残留过多等都会将一些金属离子带入酒中，如钙离子、镁离子和钡离子等。其次，窖泥中含有一定量的铁离子和钙离子，如果其含量过高，不仅会造成窖泥老化，而且还可能迁移至糟醅，进而进入酒体。再者，由于土壤中某些金属离子含量过高而迁移进入谷物中，也会造成酒体污染，如铅、铬、镉等。残留于酒醅中的绝大部分金属离子在蒸馏过程中由于自身沸点高，故在蒸馏过程中很难挥发进入酒体；其次，各重金属离子在糟醅中多以化合物的形式存在，其水雾拖带作用效果不明显也很难进入酒体中，因此，各金属离子经蒸馏后大多残留于酒糟之中，还有部分进入底锅水中。在木薯酒精生产过程中，将含有铅、砷和汞的糟醅进行蒸馏，实验结果发现，金属离子主要残留于残渣和废水中，在酒精中无检出，其中铅、汞主要残留在废渣中，砷在废水和废渣中均有残留。

杨基智等分析了酿酒车间 15 种建材的重金属含量，放射性核素含量，X 射线、γ 射线辐射剂量率，确定了对白酒生产的安全性有重要影响的建材。结果表明，陶质釉面砖的铅（Pb）和铬（Cr）含量分别为 520.95mg/kg 和 751.44mg/kg，不锈钢的汞（Hg）含量为 60.16mg/kg，聚氯乙烯（PVC）板的镉（Cd）含量为 137.65mg/kg，超过了相关国家标准中相应重金属元素的限量要求，这三类建材可能对车间环境存在一定的重金属污染风险。轻质隔热夹芯板超过了国家标准中对建筑材料表面释放的 γ 射线照射剂量率≤0.2μSv/h 的限制要求，其放射性水平相对较高，可能对车间环境存在部分或少量的放射性风险。

（2）控制　白酒重金属污染的控制着重于预防，如将生产设备和贮酒容器换成不锈钢材料，严格把关原料和加浆水的质量等。对于重金属已污染且含量过高的白酒，可利用生石膏、麸皮或果胶进行处理，使酒中的重金属盐凝集而共同析出，但可能对白酒风味造成一定影响，因此对已污染的白酒进行重蒸处理效果更好，不仅有更好的重金属除杂效果，还可最大限度地保留原始风味。

金属离子主要由外界污染带入酒中。其控制方法有，首先，严格控制蒸酒用甑桶、甑盖、冷凝器和冷凝选材，杜绝酒体与外来金属离子的接触，避免带入酒中。其次，由原料带入的金属离子大多经蒸馏后均会残留于糟醅中，能很好控制其进入酒体。

杨基智等提出，新建车间或车间维修时，应兼顾控制重金属及放射性污染风险。建议选用水泥瓦、石棉水泥波瓦做屋顶，灰砂砖、黏土红砖做墙体，青石板做地板，普通混凝土或水泥板做墙柱，天然生成木板做梁架，不锈钢或竹板做摊凉板，不锈钢做运糟车和蒸馏甑桶，不宜选用轻质隔热夹芯板或陶质釉面砖做墙体或屋顶。同时，酿酒车间还应结合车间结构、朝向和空气环境等因素，采取相关预防措施，以进一步降低车间环境的重金属和放射性污染风险，为酿造白酒营造安全的车间建筑环境。

（3）检测　在重金属的检测中，总砷及无机砷主要是利用氢化物原子荧光光度法，检测铅主要采用原子吸收石墨炉方法，检测汞主要采用原子荧光光度法，但这些方法比较烦琐，设备贵且耗时长。2011 年，张莹等对电感耦合等离子体质谱法（ICP-MS）在线内标法测定白酒中五种重金属元素方法的研究，凸显出优势，该方法检出限更低、灵敏度更高并可同时检出多种金属元素。2013 年，张建等也利用 ICP-MS 检测白酒中 28 种元素，也体现出操作简单快速、精密度高、准确度好、检出限低等特点。

谢贞建等在四川不同产地浓香型白酒金属元素测定及主成分分析中，根据酒中金属元素含量，采用火焰原子吸收光谱法测定白酒中的 K、Ca、Na、Mg、Fe、Zn 含量，石墨炉原子吸收光谱法测定白酒中的 Cu、Cd、Pb、Mn 含量，同时利用 SPSS20.0 软件对其进行主成分分析。结果显示，各类酒常规元素中 Na 的含量普遍较高，而 Zn 的含量普遍较低，Mn 含量最高；结果表明，钠、镁、钙、锰是白酒中的特征元素；同种酒中的不同金属元素含量有显著的差异，而不同种类酒中的同种金属元素也有明显的差别，造成各种酒之间元素含量的差异，主要是与勾兑用水、接酒容器、贮藏容器、盛酒器等因素相关。

李永娇等采用微波消解结合 ICP-MS 技术测定了不同发酵时间糟醅中 Na、K、As、Pb、Cd、Ti、Mg、Fe、Cu、Mn、Zn、Ca、Al、Ni、Cr、Ba 共 16 种金属元素的含量与变化规律。糟醅中各金属元素的含量与分布与糟醅的空间层面分布和发酵时间均有显著关系。中下层糟醅中金属元素含量显著高于中上层糟醅，且随着发酵时间延长，糟醅中金属元素含量先快速增加，然后增速变缓达到稳定。中上层糟醅中对应金属元素增加速率低于中下层糟醅，前者在发酵 28~35d 达到稳定，后者在发酵 28d 左右增速降低。不同空间层面糟醅中多种金属元素的含量和变化差异可能与发酵产生的黄水的渗透与迁移有关。该研究表明白酒发酵中间代谢产物会显著影响糟醅中的金属元素组成，影响了酿酒原料中的金属元素向成品白酒转移效率。

2. 农药残留

（1）特点及来源　作为现代农业生产中不可或缺的投入品之一，农药在控制植物病虫害、保障粮食产量方面发挥了巨大作用。但是，由于超限量或者不合理使用农药，也给食品安全和环境健康带来威胁。现代医学研究证明，在致癌因素中，有毒有机物（主要为农药）占60%以上。我国是农药生产和使用大国，农药用量居世界首位，每年达130万t，是世界平均水平的2.5倍，受农药污染的耕地面积达1.36亿亩（9.07万km^2）。由于农药品种结构不合理，加上有些使用者违反规定，不合理使用农药，致使我国农药残留问题比较突出。一是在蔬菜、瓜果上使用高毒农药，采摘后短时间内食用引起急性中毒事故。二是农产品中农药残留量超过最大允许限量（MRL值），长期食用会引起慢性中毒。目前，国家标准对白酒中农药残留限量未作要求，但对其原料具有严格的规定。GB 2763—2014《食品安全国家标准　食品中农药最大残留限量》明确了387种农药3650项最大残留限量值，其中对高粱、大米、小麦、玉米等酿酒原料都做了相应的农药残留限量要求。但是，由于世界上经常使用的农药品种达500多种，数量巨大。农药施用除造成直接污染外，通过土壤、大气、水源等媒介造成的间接污染更加具有不确定性，酿酒企业在对农药风险的全面监测上存在困难。

王娟等报道，在蒸馏过程中低蒸汽压的农药和分子质量超过350u的农药都不会转移至蒸馏液中。相反，具有高蒸汽压和低分子质量的农药容易进入蒸馏液中。酒中农药残留问题很早就引起了国内学者的重视。早在20世纪80年代，轻工业部食品发酵研究所采用气相色谱测定了某米酒中的农药残留，结果发现，在蒸酒过程中酒中六六六残留量为酒头大于中段酒，中段酒大于酒尾。六六六的分子质量较小，在蒸馏过程中可能由于拖带作用而进入酒体中。

国外学者也密切关注酒中农药残留的问题。2010年，日本学者Tomonori Inoue等对大麦烧酒中农药在蒸馏过程中的变化进行了研究。采用液态蒸馏的方式进行蒸馏，于200mL发酵液（含20%vol乙醇）中按50ng/mL的比例人为加入249种农药。经蒸馏后采用LC-MS/MS的方法对蒸馏液中残留的农药进行定量分析，结果发现，经过蒸馏后89%的农药不会出现在蒸馏液中，充分证明了蒸馏工艺对于农药残留具有一定的消除作用。同时Tomonori Inoue等还比较了不同蒸馏方式对农药残留的影响，一种采用大气压下蒸馏，另一种采用减压蒸馏方式进行蒸馏。在大气压蒸馏条件下，220种农药未检出，在减压蒸馏条件下，241种农药未检出，表明不同的蒸馏工艺条件对农药残留具有不同的消除作用。

（2）控制　为防止农药使用造成的酿酒原料污染，保障终产品的质量安全，酿酒企业迫切需要更多地借助国家层面力量，对农业生产中关于农药施用的系统性风险进行有效管控；同时，相关企业应采取措施确保上游原料种植农户规范农药的使用，降低高毒农药用量（如建立无污染、无公害的有机原粮基地，采用物理灭虫技术，避免使用农药，采用农家肥，避免化学肥）。同时加强环境污染的监测与环境保护，加强对原料的进厂检验和储存管理；其次，对于土壤中的农药残留等因素造成的原粮再次污染，可以通过控制蒸馏工艺条件，消除酒中残留农药，保障最终产品质量安全。

（3）关于农药残留的检测　GB 2763—2014中均附有详细的检测方法，供参考。

3. 真菌毒素污染

（1）特点及来源　真菌毒素是由丝状真菌（霉菌）产生的一类对人和动物有毒害作

用的次级代谢产物，广泛存在于以粮谷为原料的食品和饲料中。目前已确定了由350种真菌产生的300种以上的真菌毒素，黄曲霉毒素、赭曲霉毒素、单端孢霉烯族类化合物、伏马毒素等是常见且毒性较大的真菌毒素，可以损害肝脏、肾脏、神经组织，甚至致癌、致畸、致突变等。使用被真菌毒素污染的粮食生产白酒，会带来安全隐患。GB 2761—2011《食品安全国家标准　食品中真菌毒素限量》对酒类青霉素规定≤50μg/kg。

从我国大规模普查食品霉菌污染资料来看，我国粮食中黄曲霉毒素的污染情况南方比北方严重，沿海地区比内陆严重。各种粮食中玉米和花生污染比大米、小麦和豆类严重。无论国家是否制定了相应的真菌毒素限量，食品生产和加工者均应采取措施，使食品中真菌毒素的含量达到最低水平。根据资料分析，世界主要国家的真菌毒素限量标准要求正在逐步完善和具体化，并呈现出限量指标全球趋于一致的趋势；同时，出于全食物链控制的考虑，各国对真菌毒素的限量标准制修订已经扩展到饲料领域。

（2）控制　为严格控制白酒中可能存在的真菌毒素污染，行业、企业应积极建立自己的真菌毒素污染控制与监测体系。通过政策和经济手段引导，鼓励农民选育对真菌抗性大的作物品种。在农作物生长期间，喷洒低毒低残留杀菌剂来控制真菌病害，减少真菌污染。同时，着重改善收储粮食的存储条件，减少贮存过程中真菌污染。并采取有效的脱毒技术，来降低粮食中的真菌污染。以保证原料、终产品和副产品的安全性。

（3）检测　目前白酒中对真菌毒素检测的研究相对较少。2009年，孙林超将免疫亲和柱-高效液相色谱应用于白酒中赭曲霉毒素A的检测，但回收率低；2013年，罗慧波等利用酶联免疫试剂盒对浓香型白酒中黄曲霉毒素B_1进行了测定，样品中黄曲霉毒素B_1可测定的范围在1~81μg/kg；2014年，韩现文利用固相萃取-高效液相色谱净化分析方法对三种真菌毒素（AFB1、OTA、DON）进行测定，表明该法在准确性、精密度、检出限方面优于免疫亲和柱-高效液相色谱法，且操作简单、成本较低。

4. 塑化剂

（1）特点及来源　台湾塑化剂风波、酒鬼酒塑化剂事件、婴幼儿奶瓶双酚A问题，使塑化剂成为食品行业因包装和接触材料带来的重大食品安全风险之一。在酒鬼酒爆出塑化剂问题后的4天里，不包括酒鬼酒在内的13家上市白酒企业，市值蒸发高达447亿元。作为一种外源污染物，邻苯二甲酸酯类是目前使用量最大的塑化剂。2014年，国家食品安全风险评估中心评估报告认为，白酒中DEHP和DBP的含量分别在5mg/kg和1mg/kg以下时，对饮酒者的健康风险处于可接受水平。

对于白酒来讲，其生产过程中可能带来塑化剂污染的主要来源包括：接触到的塑料制品（如酿酒原料堆积发酵时覆盖的塑料薄膜、储酒容器、酒瓶盖内的塑料垫圈、塑料管道等），与酒体接触的合成软木塞（合成塞、复合软木塞等），包装上的涂料、橡胶制品、黏合剂和密封剂，以及新工艺白酒和配制酒生产中可能使用到的香精、香料等添加剂，均可能带入塑化剂污染。

（2）控制　减少或杜绝相关材料、物质和容器具的使用。另外，当白酒中塑化剂超标时，可根据其含量多少加入千分之几的纯天然、安全可靠的活性炭处理，然后过滤掉活性炭。加大生产过程中质量安全的管理控制是关键。白酒可使用陶瓷或不锈钢制品来对酒体进行存储，但输送环节却不得不采用塑料制品，目前已经开放并工业化生产的增塑品种中对环境友好的有对苯二甲酸酯、苯多酸酯、二元酸酯、聚酯、植物油基和环氧植物油、柠檬酸酯等系列产品。因此，可进一步研究新产品对人体的毒理学实验，并从中找出替代当前的塑化剂产品。

（3）检测　白酒中邻苯二甲酸酯类主要采用气-质联用技术（GC-MS）进行检测，但白酒中乙醇浓度对邻苯二甲酸酯的提取有干扰，使结果准确度、回收率偏低。后续经过优化，通过氮吹或旋转蒸发、降度等可以降低乙醇对提取效果的干扰。孙海燕等采用液液萃取，萃取后利用固相微萃取法，降低了乙醇的干扰，提高了精确度。彭丽英等利用离子迁移谱技术筛查白酒痕量邻苯二甲酸酯，该法无需样品前处理，可以快速定性筛查和初步定量白酒中邻苯二甲酸酯类。近年来也出现了一些新的检测方法。

5. 甜味剂等食品添加剂

（1）甜味剂的特点　甜味剂是赋予食品甜味的物质，属于食品添加剂中的一类。甜味剂分为天然甜味剂和人工合成甜味剂。根据我国最新《食品添加剂使用标准》（GB 2760—2014）的规定，纽甜、甘草酸铵、甘草酸一钾及三钾、D-甘露糖醇、甜蜜素、麦芽糖醇和麦芽糖醇液、乳糖醇、三氯蔗糖、阿斯巴甜等作为甜味剂可以用于面包、糕点、饼干、饮料、调味品等食品中。在酒类的使用见表 14-28 等。

甜味剂的优点主要有五个方面。第一，化学性质稳定，不易出现分解失效现象，适用范围比较广泛。第二，不参与机体代谢。大多数高倍甜味剂经口摄入后原原本本地排出体外，不提供能量，适合糖尿病人、肥胖人群和老年人等需要控制能量和碳水化合物摄入的特殊消费群体使用。第三，甜度较高，一般都在蔗糖甜度的 50 倍以上，有的达到几百倍、几千倍。第四，价格便宜，同等甜度条件下的价格均低于蔗糖。第五，不是口腔微生物的合适作用底物，不会引起牙齿龋变。甜味剂对于食品工业而言，是一类重要的食品添加剂，已在包括美国、欧盟及中国等 100 多个国家和地区广泛使用，有的品种使用历史长达 100 多年。

（2）甜味剂的使用　按照标准规定合理使用甜味剂是安全的，但仍需高度关注甜味剂的超范围、超限量使用。根据 GB 2760 规定，甜味剂在允许使用的食品中通常规定了相应的最大使用量（注意白酒是不能用的）。这些规定都是经过严格的风险评估，确保安全的前提下制定的，而且与其他允许使用的国家基本相同。另一方面，国际上对食品添加剂安全性评价的最高权威机构——联合国粮农组织和世界卫生组织联合食品添加剂专家委员会（JECFA）对每一种待批准甜味剂的毒性试验（包括急性、亚慢性、致突变性、致癌性、生殖毒性、慢性毒性等）和代谢途径及动力学等研究报告会进行较长时间“苛刻”的科学评价，在此基础上提出每日允许摄入量（Acceptable Daily Intake，ADI）。在制定 ADI 值时已充分考虑了人种、性别、年龄等各种因素。JECFA 认为，按照 ADI 值正常摄入甜味剂，不存在安全问题。只要按照相关法规标准正确使用甜味剂，就不会对人体健康造成损害。

然而，从国家公布的近几年食品安全监督抽检结果来看，因超范围、超限量使用食品添加剂不合格的在总体不合格样品中占比较高，其中也有涉及甜味剂不合格的产品。其原因可能是生产厂家不了解相关标准的规定，技术管理水平不高，也不排除个别厂家为节约生产成本，故意违法使用。

（3）检测　对于甜味剂等食品添加剂的检测分析及研究较多，国内外都有成熟的方法可供使用。糖精钠检测按 GB/T 5009.28 执行，主要有高效液相色谱法、薄层色谱法、离子选择电极测定方法等；甜蜜素（环己基氨基磺酸钠）按 GB/T 5009.97 执行，主要有气相色谱法、比色法等；安赛蜜（乙酰磺胺酸钾）按 GB/T 5009.140 执行；阿斯巴甜按 GB/T 2225 进行检测。随着分析技术的发展，越来越多先进技术得到应用，如张卫东等建立了高效液相色谱测定安赛蜜和糖精钠标准曲线的方法，具有操作简便，检测结果准确可靠的特点。王茜等建立一种超高效液相色谱法测定青稞酒中的阿斯巴甜。阿斯巴甜在 10~200μg/mL 线性良好（$R^2=0.9998$），检出限为 5μg/mL，加标回收率为 93.0%~120.5%，此方法前处理简单、操作简便，具有较好的准确性和重复性。

（三）　白酒的产品真实性问题

年份和产地是中国白酒，特别是知名白酒品牌标榜自身产品质量的重要指标。中国白酒历来讲究年限和产地，“酒是陈的香”“好山好水酿好酒”的说法也由来已久。近年来，众多酒企业为适应消费者的心理需求，纷纷推出年份酒。同时，也加大了对原产地域、地理标志等概念的宣传运用。据中国酒业协会统计，目前市场上标注“陈酿”概念的知名白酒品牌包括茅台、五粮液、泸州老窖、酒鬼、郎酒、西凤酒、汾酒等十几个，已获得国家地理标志保护的白酒产品超过 70 个。这些品牌和企业，在我国白酒行业中起到引领和带头作用，应该得到更多的技术支撑和保护。但由于我国白酒行业在技术、资源、鉴别等方面的储备不足，目前还无法有效辨别年份白酒、产地白酒在质量等级上的差异，从而给不法企业借用概念虚假宣传带来机会，造成市场行为不规范和消费者认知上的混乱，不利于白酒行业长远健康发展。

对于上述白酒产品真实性问题的控制，除了通过建立一套行之有效的产品溯源和质量保证体系外，最关键的手段则是开发出一系列能够有效鉴别酒精来源、产地、年份信息的检测方法，配合政府部门的强力监管，从而对不法企业造成有效震慑，保障合法企业和消费者的利益。

可喜的是，同位素比质谱技术（IRMS）在白酒行业研究取得进展，如白酒中乙醇稳定碳同位素 ^{13}C 和 ^{12}C 比值测定等，开启了应用 IRMS 技术对白酒中不同元素同位素比值的研究，为后续利用 IRMS 开展白酒真实性鉴定奠定了初步基础。同位素比质谱技术是白酒掺假、溯源和真实性鉴定有用而可行的工具，结合不同的前处理工具可以得到白酒中不同成分如水、乙醇及高级醇中 C、O、H 等同位素比值信息，再利用相应的接口和软件实现白酒测定中不同同位素之间的全自动转换。

再如，张建等采用 GC/EA-IRMS 对 20 家白酒企业中酱香型白酒的 $\delta^{13}C$ 值和 $\delta^{15}N$ 值进行测定，得到 $\delta^{13}C$ 值和 $\delta^{15}N$ 值范围分别为 20.340‰ ~ −20.279‰和 −2.288‰ ~ −1.942‰，该结果可为酱香型白酒的产地溯源提供重要的数据支撑。酿酒过程中酿酒原料的光合作用会停止，其 C^{14} 与自然环境中的 C^{14} 平衡关系被打破，β 放射性衰变率按指数函数随着时间变化而衰减。秦人伟利用该原理对以农副产品为原料生产酿造的年份酒的 ^{14}C β 放射性进行分析测试以判别年份酒的贮存时间。

2020 年，胡雪等以 6 个不同品牌的浓香型白酒为研究对象，采用气相色谱-质谱法对样品的风味成分进行定性与定量研究，并结合聚类分析、主成分分析及偏最小二乘判别分析等化学计量学手段对白酒的品牌进行识别和分类。结果显示，不同品牌的浓香型白酒间风味物质的含量均存在显著差异（$P<0.05$）；聚类分析、主成分分析和偏

最小二乘判别分析能将 6 个品牌的酒样进行有效区分和聚类；利用偏最小二乘判别分析模型，预测结果准确率达 100%。利用风味成分之间的差异及结合适当的化学计量学手段可以快速、准确地对白酒样品的品牌进行区分和鉴别，可以为白酒的溯源及真实性鉴定提供理论支撑。

标准方面，中国酒业协会牵头制定了《T/CBJ 2101—2019 白酒年份酒》，明确定义了白酒年份酒是以传统白酒工艺酿造，经贮存三年及以上基酒勾调而成，标注年份为所用主体基酒加权平均酒龄；中国食品工业协会也在抓紧制定《原包装贮存年份白酒（瓶贮年份酒）》团体标准。四川则专门制定了《DB 51/T 2861—2021 川酒（浓香型）年份酒 术语》及《DB 51/T 2862—2021 川酒（浓香型）年份酒生产规范》等，明确浓香型年份酒为：以粮谷为原料，采用浓香大曲为糖化发酵剂，经连续生产 20 年以上窖龄的泥窖固态发酵，固态蒸馏，专库陈酿 5 年以上，勾调而成的。其他一些省份也正在制定年份酒的规范、标准。

三、 白酒质量安全追溯体系建设

上述分析的种种白酒安全问题，生产中或多或少都会遇到，减少杜绝这些安全隐患，就需要建立一套企业质量安全追溯体系，不少大型企业已做出了表率，但众多中小型白酒企业还有很多工作要做。国家食品药品监管总局 2015 年 9 月发布《关于白酒生产企业建立质量安全追溯体系的指导意见》。2019 年 5 月 30 日从工信部获悉，我国将加快推进全国白酒质量安全追溯体系建设，并加快建立和完善全国酒业防伪追溯平台，不断完善全程追溯协作机制，切实保障质量安全，并启动全国白酒质量安全追溯体系建设试点工作。推进实施白酒质量安全追溯工作对行业高质量发展具有重大现实意义。2020 年 8 月 11 日工信部发布了《白酒质量安全追溯体系规范》征求意见稿。现将其主要内容介绍如下：

本标准规定了白酒质量安全追溯体系中的术语和定义、一般要求、追溯体系功能、追溯标识要求、追溯编码要求、追溯信息要求、公开信息要求、追溯信息采集要求、追溯信息管理要求、追溯信息查询要求、追溯系统建设与管理要求。适用于白酒质量安全追溯体系的建设与管理。

1. 标准主要内容

（1）术语和定义　对信息追溯、追溯标识、追溯码、标识码、追溯节点、追溯信息等关键术语给出了定义。

（2）一般要求　对追溯体系的设计、实施、管理、运行应遵守的一般要求进行了规定。

（3）追溯系统功能　对全国酒业防伪追溯协同平台、白酒生产企业追溯系统、白酒销售企业追溯系统应具备的基本功能进行了规定。

（4）追溯标识要求　对追溯标识的展示、管理、技术、包含信息、载体等进行了规定。

（5）追溯编码要求　应为每个单独的最小包装产品编制唯一的追溯编码，并且为上级的所有包装级别提供唯一的追溯编码。

（6）追溯信息要求　对企业应收集并存储的原辅料信息、生产加工信息、成品信息、发货单信息、收货单信息、销售信息、消费信息、其他信息进行了规定；对应对外公开的信息进行了规定；对应上传至全国酒业防伪追溯协同平台的信息进行了规定。

（7）公开信息要求 对面向社会、供消费者查询的公开信息及企业应上传至全国酒业防伪追溯协同平台的产品追溯信息进行了规定。

（8）追溯信息采集要求 对配料环节、生产加工环节、销售环节、消费环节、召回环节进行信息采集的要求进行了规定。

（9）追溯信息管理要求 对信息存储、信息传输、信息交换、信息安全的要求进行了规定。

（10）追溯信息查询要求 对扫描方式和输入方式的要求进行了规定。

（11）追溯系统建设与管理要求 对生产企业和销售企业的追溯系统建设和管理提出了要求。

2. 解决的问题

截至当前，行业内还没有产品质量安全追溯的相关标准，行业内追溯体系建设主要以行政指导为依托，依据相关指南、制度等文件实施。本标准的制定，将进一步完善和健全我国白酒行业技术标准体系。

企业通过对标本标准，可实现白酒全程追溯，有效降低在追溯体系建设中的投入，提升产品品牌价值，并可运用追溯体系实现生产与经营管理的精细化、动态信息辅助的打假、防窜货、市场营销等，通过整体解决方案消化成本；消费者可以通过对标，及时了解购买产品的真实性，维护自身权益；主管部门可通过标准的实施，依据标准对白酒行业进行有效监管。

本标准主要指导和规范白酒质量安全信息追溯体系的建设，对白酒行业健康、安全发展，提升企业品牌效益、保护消费者利益，支撑政府监管，具有重要的指导作用。

该标准的批准实施，将对白酒行业发展起到积极的推动作用。

第二节 白酒质量相关体系

一、白酒产品生产许可证

（一）实施工业产品生产许可证的重要性

工业产品生产许可证制度是国家为了加强质量管理，确保危及人体健康、人身财产安全的重要工业产品的质量，配合国家产业政策的贯彻执行，促进市场经济的健康发展，而实施的一项政府行政审批制度。一方面，政府通过对企业的生产必备条件审查，并对产品质量进行型式试验和全项目抽样检验，审查企业是否具备连续生产合格产品的能力。对符合条件的企业，由政府颁发证书，准予生产。另一方面，通过执法监督对无证生产、销售无证产品以及有证生产不合格产品等违法行为，依法予以查处。因此，生产许可证制度是政府依法对产品质量实行强制管理的一项有效措施。

1. 发放工业产品生产许可证，提高企业准入门槛

按工业产品生产许可证工厂条件审查细则，白酒企业必须达到以下四个方面的要求：

（1）生产环境

（2）生产设备

（3）质量检验，包括① 检验机构② 检测条件③ 检验人员④ 计量工作。

（4）生产管理，包括① 标准文件② 工艺规程③ 质量检验制度④ 安全规程⑤ 卫生管理制度⑥ 原始记录。

2. 加强获证企业的日常监督，保证产品质量

企业取得生产许可证后，应积极采取有效的措施，以保证其生产条件符合取证时的要求，保证其产品质量的稳定。为了全面贯彻落实国家相关规定，各级质量技术监督部门应充分发挥生产许可证制度从源头抓质量工作中的重要作用，不断提高生产许可证制度的有效性，强化本行政区域内获证企业的日常监督管理工作，严厉打击获证企业的各类违法行为，确保产品质量安全。对获证企业进行年审，保证企业生产条件。加大无证查处力度，打击假冒伪劣产品。

（二） 白酒产品生产许可证的政策沿革

1.《全国生产加工食品质量安全专项整治实施细则》出台

2007 年 9 月 6 日，国家质检总局发出通知“关于印发《全国生产加工食品质量安全专项整治实施细则》（国质检食监［2007］424 号）”文件制定了工作目标如下：

2007 年年底前，首先确保完成生产加工食品质量安全整治两个百分百的艰巨任务，即食品生产加工企业 100%取得生产许可证，并加贴 QS 标志；小作坊 100%签订质量安全承诺书。同时，要加大对食品生产加工企业和小作坊的整治力度，严格市场准入，开展强制检验和专项抽查，加大食品召回力度，强化添加剂使用备案制度，严厉打击制售假冒伪劣食品、使用非食品原料和回收食品加工食品及滥用食品添加剂等违法行为，彻底解决县城以上城市、乡镇政府所在地和城乡接合部食品无证生产加工问题。

2. 小酒厂纳入食品安全管理体系

“小酒厂”（具备卫生许可证和营业执照，未取得生产许可证）要与当地质量技术监督部门签订质量安全承诺书。只生产散装白酒的企业，不要求有灌装设备，生产许可证书上加注“散装”，其产品标识应当按照（GB 10344 饮料酒标签标准）的规定，在包装物明显位置注明；同时将生产许可证的标记和编号标注在适当的位置。

3.《关于进一步推进白酒企业换发生产许可证的通知》

国家质检总局“（质检食监函［2007］71 号）”文件要求，白酒企业原工业产品生产许可证（XK16-030××××）2008 年 12 月 31 日以后到期的，也必须在 2008 年年底前进行换证（QS××××1501××××）。白酒获证企业必须在生产许可证到期提前半年换证，这样更换包装才有时间。

国家质检总局 2008 年将开始全面查处无证生产的企业（质检食监函［2007］115 号）。获证白酒产品生产企业，在包装上必须印上“QS”和生产许可证编号。到期未换证的企业，视同无证生产。

4. 白酒生产许可证专项整治

据新华社，2009 年 1 月从贵州省质量技术监督局了解到，在近期开展的对白酒生产行业专项整治活动中，遵义仁怀市有 108 家获证生产企业被限期整改，占当地白酒获证生产企业七成以上。通过各地几年来的专项整治，全国范围内已注销生产许可证的白酒企业上百家，取缔无证白酒企业上千家，查处不合格产品上万批次，此举进一步净化了白酒市场。

5.《食品生产许可管理办法》出台

2015 年 8 月 31 日，国家食品药品监督管理总局令第 16 号发布《食品生产许可管理办法》，从 2015 年 10 月 1 日起，我国开始启用新版食品生产许可证。对公众来说最直观的变化是，食品包装袋上印制的“QS”标识（全国工业产品生产许可证），将被“SC”（食品生产许可证）替代。“QS”体现的是由政府部门担保的食品安全，“SC”则体现了食品生产企业在保证食品安全方面的主体地位，而监管部门则从单纯发证，变成了事前、事中、事后的持续监管。

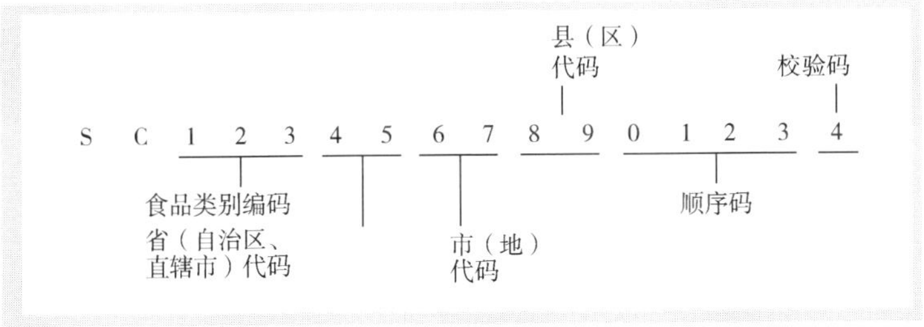

该办法规定，食品生产许可证编号应由“SC”（“生产”的汉语拼音缩写）和 14 位阿拉伯数字组成，有效期从 3 年延长至 5 年。许可证载明的事项增多，包括日常监管机构、日常监管人员、投诉举报电话、签发人、二维码等信息，副本还要载明外设仓库。食品生产许可证编号 14 个数字从左至右依次为：3 位食品类别编码、2 位省（自治区、直辖市）代码、2 位市（地）代码、2 位县（区）代码、4 位顺序码、1 位校验码。

食品、食品添加剂类别编码用第 1～3 位数字标识，具体为第 1 位数字代表食品、食品添加剂生产许可识别码，“1”代表食品、“2”代表食品添加剂；第 2、3 位数字代表食品、食品添加剂类别编号，“01”代表粮食加工品，“02”代表食用油、油脂及其制品，“03”代表调味品，“15”代表酒类（白酒、葡萄酒及果酒、啤酒、黄酒、其他酒），以此类推……“27”代表保健食品，“28”代表特殊医学用途配方食品，“29”代表婴幼儿配方食品，“30”代表特殊膳食食品，“31”代表其他食品。而食品添加剂类别编号标识为：“01”代表食品添加剂，“02”代表食品用香精，“03”代表复配食品添加剂。

除婴幼儿配方乳粉、特殊医学用途食品、保健食品等重点食品原则上由省级食药监部门组织生产许可审查外，其余食品的生产许可审批权限可以下放到市、县级食品生产监管部门。各级食品药品监督管理部门建立并完善食品生产许可档案，详细记录食品生产者许可信息及生产的全部食品品种、日常监督管理机构、日常监督管理人员等内容。

需要注意的是，食品生产许可证编号一经确定便不再改变，以后申请许可延续及变更时，许可证书编号也不再改变。新办法取消了食品生产许可审查收费。食品生产监管部门在接收企业生产许可包括换证申请、实施生产许可审查、发证产品检验审查时不得收取任何费用。

截至2019年2月27日，根据国家食品药品监督管理总局统计，全国共有11004家酒企业拥有有效生产许可证，含一家一证，一家两（多）证的。六大产区分布如表15-2所示。

表15-2　全国6大白酒产区酒类生产许可证分布（仅供参考）

	生产许可证（家/张）	其中：白酒（家/张）
全国	11004	
四川	1223	1052
其中：泸州	293	275
宜宾	109	100
贵州	773	465（贵州大学统计）
其中：遵义	597	376
江苏	439	
其中：宿迁	146	74
安徽	524	
其中：亳州	155	133
山西	269	
其中：吕梁	131	78

6. 白酒生产许可审查细则（2021版）

2021年12月15日，国家市场监督管理总局发布了关于征求《白酒生产许可审查细则（征求意见稿）》意见的公告。现将其主要条款摘要如下，以正式发布文本为准。

第一章　总则

（1）为了做好白酒生产许可审查工作，依据《中华人民共和国食品安全法》及其实施条例、《食品生产许可管理办法》等法律法规和标准规范，制定白酒生产许可审查细则（以下简称细则）。本细则应与《食品生产许可审查通则》结合使用，适用于白酒生产许可审查工作。企业仅有包装场地、工序、设备或企业具有完整的制曲、发酵、蒸馏等生产场所、设施设备、生产工艺等条件，但以勾调、灌装等包装工序作为生产开始的，均属于分装行为，不予生产许可。

（2）实施食品生产许可管理的白酒，是指以粮谷为主要原料，以大曲、小曲、麸曲、酶制剂及酵母等为糖化发酵剂，经蒸煮、糖化、发酵、蒸馏、陈酿、勾调而成的蒸馏酒。其类别名称为白酒（类别编号1501），品种明细分为：1. 白酒；2. 白酒原酒。

申请白酒生产许可的企业应当具备与生产规模、品种、产量相适应的生产场所、设备设施，原则上应具备从制曲、发酵、蒸馏、陈酿、勾调、灌装等完整生产工艺。仅申请白酒原酒生产许可的企业可不具备勾调、灌装等生产工艺以及相应的生产场所、设备设施。

第二章　生产场所

（1）企业厂房选址和设计、厂区环境、功能区划分、建筑内部结构、辅助生产设施等应当符合 GB 14881 和 GB 8951 相关规定。厂区环境应保持清洁，不应有严重积水、渗漏、淤泥、污秽、损毁。厂房建筑、设备应能满足生产工艺、卫生管理、设备运行的要求，人流、物流设置合理，避免交叉污染。

（2）应有与企业生产能力、生产工艺、产品特性相适应的生产车间、辅助生产设施，其设计应按工艺流程及卫生要求有序而合理布局。根据生产工艺需要，原料贮存、原料处理、培菌或制曲、制酒、基酒贮存、勾调、成品包装、成品贮存应设置独立的厂房或车间，并有效分离。生产车间通常包括原辅料库、粉碎车间、制曲车间、制酒车间、酒库、勾调车间、包装车间、成品库等。

① 原辅料库：选择合适的贮存条件分别贮存，对物料的品种和质量状态做出标识，清洁剂等化学物品应与原辅料分库存放，并应显著标识。原辅料库应阴凉、通风、干燥、洁净，并有防水、防潮、防火、防虫、防鼠等设施，根据需要设置防爆设施。

② 原料粉碎车间：应有独立的原料粉碎车间，车间应能满足原料除杂（土杂物）、粉碎、防尘的工艺技术要求。车间内的除尘设施应保证室内粉尘浓度符合相关要求，架空构件和设备的安装应便于清理，防止和减少粉尘积聚。

③ 制曲车间：其设计与设施应能满足相应香型白酒酒曲配料、成型、培养、贮存、粉碎的工艺技术要求，应利于制曲微生物的生长和繁殖。制曲车间应按照工艺要求划分相应的功能区域，通常包括粉碎区、曲块成型区、培养区、贮存区等。根据工艺需要，粉碎区应有除杂、防尘设施，粉尘浓度应符合相关要求。培养区、贮存区应有符合工艺要求的通风措施。

④ 制酒车间：其设计与设施应能满足配料、糖化、发酵、蒸馏的工艺技术要求。车间内应根据生产需要设置相应的功能区域，如晾堂操作区、发酵区、馏酒区等功能区域。操作区域应有自然或人工通风设施，蒸馏区域应保持清洁、无积水。发酵窖、池、缸、箱、罐、槽应按特定技术要求制作。

固态法制酒车间应满足固态法制酒条件下配料、糊化、糖化、发酵、蒸馏的工艺技术要求，窖、池、缸、箱等发酵容器应有利于酿酒微生物的生长与繁殖。半固态法制酒车间应满足制酒条件下配料、蒸煮、接种、糖化、发酵、蒸馏的工艺技术要求，槽、池、缸、罐等发酵容器应有利于酿酒微生物的生长与繁殖。液态法制酒车间应满足制酒条件下配料、蒸煮、糖化、发酵、蒸馏的工艺技术要求，发酵区域应与其他区域分开，并有良好的调温设施。

⑤ 酒库：应符合相关工艺要求，须有防火、防爆、防尘、防渗漏设施，保持安全、整洁。基酒不得与其他物品混贮。如有基酒暂存区域的，应划分固定区域，贮存容器应做好标识并加盖，该区域应通风良好，便于清洁。

⑥ 勾调车间：应配备勾调的仪器和用具，扩大勾调应有适宜的搅拌、过滤（必要时）设备设施和贮存场所，具有通风、防火、防爆设施。

⑦ 包装车间：应设有与生产能力相匹配的包装车间，应远离锅炉房和原材料粉碎、制曲、贮曲等粉尘较多的场所，应能防尘、防虫、防蚊蝇、防鼠、防火、防爆。应满足洗瓶、灌装、压盖、装箱等工艺技术要求以及工艺和食品安全要求，根据生产需要应具备相应的功能区域，如更衣区、包装材料暂存区、待包装酒暂存区、洗瓶区、成品灌装区等。其各区域按不同的卫生要求进行控制和管理，成品灌装区地面应使用易清洗和消毒的材料铺设，墙壁和天花板应有防霉措施，从洗瓶到压盖生产过程的设备和链道应采用防尘、防异物的设施；从更衣区进入成品灌装区入口处应设置洗手和干手设施；人员进入成品灌装区应着工作服、鞋、帽，保持整洁并定期消毒；包装车间应严格控制非工作人员进出。

⑧ 成品库：应避免日光直射、雨淋、冰冻和撞击，容量应与生产能力相适应，符合相关规定。库内应阴凉、干燥，不得与可能影响酒体质量的物品混存。

注：外购酒曲生产白酒的企业可不要求制曲车间；申请获得白酒原酒生产许可的，可不要求包装车间和成品库；外购粉碎好的原粮和曲粉的企业可不要求原料粉碎车间和曲块粉碎区，但需要原料库和曲库。自建纯菌种培养车间（室）的，其无菌室的设计与设施应符合无菌操作的工艺技术要求，环境应避免杂菌污染纯菌种，应符合纯种微生物生长、繁殖、活动的工艺技术要求。

（3）厂房内设置的检验室应与生产区域分隔，车间内设置的过程检验室应符合相关区域卫生要求，有防止污染的措施。

第三章　设备设施

（1）生产设备和设施根据实际工艺需要配备并布局合理，通常包括：原料粉碎设备（如粉碎机等）、配料设备（如称量器、搅拌器等）、制曲设备（如曲模、制曲机等）、发酵设备（如窖、池、缸、罐、槽等）、蒸馏及蒸煮设备（如甑、甑桶、甑锅、蒸馏釜等）、陈酿或贮存设备（如池、坛、缸、罐、酒海等）、过滤设备（如活性炭过滤机、精密过滤器等）、勾调设备（如量筒、混合罐等）、灌装设备（如洗瓶机、灌装机等）、酒糟存放设施、供汽设施等。酒糟以及废弃物应便于存放和清理，鼓励企业对酒糟进行综合利用；供汽系统应与生产能力相适应，供汽设施、设备应定期检查、维护、保养。

（2）生产设备的配备及其数量应与生产规模、工艺流程、工艺参数相适应，具备一定数量的发酵蒸馏设备应产出与之相适应产量的白酒或白酒原酒。不应使用国家及地方禁止或明令淘汰的生产工艺和设备，鼓励企业研发并使用数字化、信息化、智能化的先进生产工艺和技术装备。

（3）所有接触或可能接触白酒的管道、包装材料、容器、工具和设备等应符合相关的食品安全标准，应使用无邻苯二甲酸酯类物质（俗称塑化剂）、无铅、无毒、无异味、耐腐蚀、易清洗、不与白酒起化学反应的材料制作，确保塑化剂、铅等污染物符合标准等要求。表面应光滑，无裂缝。蒸馏冷却器应用不锈钢或其他无毒害的惰性材料制作。设备使用的可能直接或间接接触白酒的润滑剂、冷却剂等不得对料液或容器造成污染。

（4）生产车间、酒库应根据工艺技术要求，配备温度计、湿度计、糖度计、酒度计等。设备和工器具应易于清洗、必要时可消毒或灭菌，便于生产操作、维修和保养。

（5）设备台账、说明书、档案应保管齐全，维护保养完好，其性能与精度符合生产工艺要求。维修、保养的措施不得影响产品质量安全，应有设备使用、维修、保养记录。直接接触生产原材料、半成品、成品的易损设备，必须有安全防护设施，防止有毒有害物质渗出和异物混入，并应定期检查和记录。

（6）生产设备、设施应有运行状态标识，需要检定或校准的仪器、装置、仪表、量具等生产、监控和检验设备，应有检定或校准状态标识。与设备连接的主要固定管道设施应有管道内物料名称和流向标识。相关标识应有专人进行管理，并定期对标识进行检查和记录。

（7）做好供水设施防护，保证酿造用水等食品加工用水水质符合 GB 5749 及国家相关规定，勾调用水一般应经软化处理并具备相应处理设备设施。食品加工用水与非食品接触用水的输送管道应完全分离并明显标识。

（8）有合理的排水设施和废水处理设施，物流管道和生产车间地面应有适当的排水坡度及排水系统，车间污水应遵循从清洁程度要求高的区域向清洁程度要求低的区域排放的原则。排水道应通畅，排水系统入口应安装防护设施，防止固体废弃物进入及浊气逸出。

（9）应配备生产设备和工器具的清洁和消毒用设备、设施、用具，放置在专用场所或区域妥善保管。应及时、有效进行清洗和消毒，确保生产场所、设备、管路清洁卫生。清洁剂选择应符合国家相关安全标准。

（10）生产加工过程中产生的废弃物应使用专用设施存放，盛装废弃物的容器或区域应有明显标识，不应与盛装产品和原料的容器混用。废弃物放置场所不应有不良气味或有毒、有害气体逸出，废弃物应定期清除，易腐败、变质的废弃物应及时清除，不得流向其他食品生产企业。

（11）包装车间成品灌装区的入口处，应设置足够数量的非手动式洗手、干手设施，并在临近洗手设施的显著位置标示洗手消毒程序。进入成品灌装区的更衣、洗手、干手顺序应符合作业指导书的规定，一般流程为换鞋、更外衣、洗手、干手、更清洁工作服帽。

（12）根据需要设置的卫生间应保持清洁，并与生产场所保持一定距离，不得与生产、包装或贮存等区域直接连通。卫生间应有洗手设施，门、窗不得与生产作业区域入口相对，采光、排气良好。

（13）厂房内应提供充足的人工照明设施或自然采光，光泽应使食品呈现真实颜色，亮度应能满足生产和操作需要。如需在暴露白酒和原料的正上方安装照明设施，应使用安全型照明设施或采取防护措施。酒库、包装车间、成品库使用的机电和照明设施应符合酒厂防火设计规范。

（14）企业自行开展原料检验、半成品检验、成品出厂检验，或开展部分自检的，应具备满足自检检验项目所需的检验室、检验设备和试剂。检验室应当布局合理，检验设备的数量、性能、精度等应满足需求。检验设备通常可包括：分析天平、电子天平、品酒杯、温度计、酒精计、滴定管、三角瓶、移液管、水浴锅、冷凝管、气相色谱仪、烘箱、蒸发皿、原子吸收分光光度计、分光光度计、气-质联用仪、相应检测特征性指标的设备（如香型特征指标等）及相关的计量器具等。

鼓励企业建立甲醇、氰化物、塑化剂、甜味剂等食品安全关键指标的自行检验能力并具备相应的仪器设备；鼓励企业建立感官评价实验室，开展感官检验和品质品评。

第四章　设备布局和工艺流程

（1）生产设备的配备和布局必须符合工艺需要，并便于操作、清洁、维护和消毒或灭菌，避免交叉污染。停用设备应有明显标志。

（2）生产工艺流程一般应包括原料处理、配料、制曲、蒸煮、糖化、发酵、蒸馏、陈酿、勾调、灌装等完整工序，外购酒曲生产白酒的企业可不要求制曲工序，仅申请白酒原酒生产许可的，可不要求勾调、灌装工序。

（3）企业应通过危害分析方法明确白酒生产过程中的食品安全关键环节，并设立食品安全关键环节的控制措施。关键控制点或关键工序应制定相应的操作规程或作业指导书。鼓励企业采用危害分析与关键控制点体系（HACCP）对生产过程进行食品安全控制。

（4）企业应建立生产工艺文件、操作规程或作业指导书等生产技术文件及记录。

（5）白酒生产过程关键控制环节及措施通常包括：

① 原辅料验收及贮存环节。制定原辅料验收标准和检验方法，有采购记录和验收记录，设立原辅料贮存专人管理制度，定期检查质量和卫生情况，及时清理变质或超过保质期的原辅料。

② 配料环节。原料粉碎度、原辅料配比符合相应要求，控制曲粮比例、润料时间、水温。企业的工艺文件中应有配料工序的控制管理规定，如实记录投料的种类和数量。

③ 制曲环节。原料拌和前的场地、踩曲场及曲模等设备设施应清洁，以减少有害杂菌的侵染；制曲和曲块储存过程应采取控制措施确保酒曲质量，防止再次发酵、霉变和虫害。

④ 发酵环节。对水分、温度、发酵周期以及氨基甲酸乙酯等发酵过程关键指标进行监控，必要时采取控制措施，防止发酵异常或遭受污染。

⑤ 蒸馏环节。制定上甑操作要领和量质摘酒技术要求，对蒸馏气压、蒸馏时间、酒质特点等蒸馏过程关键指标进行监控，具备适当的蒸馏排杂措施。

⑥ 贮存环节。不同质量等级的原酒、调味酒应分类贮存，并记录生产日期、生产轮次（批次）、质量等级、酒精度、贮存数量、贮存地点等详细信息。因工艺或生产需要转移的，应记录转移日期、数量、原贮存地点、现贮存地点等详细信息。贮存过程中宜监测重金属、塑化剂等易迁移的醇溶性有害成分的含量。

⑦ 勾调环节。勾调用基酒、调味酒应符合相应质量安全标准，勾调用水使用经过处理的软化水，并记录勾调用酒名称、酒精度、等级、数量、批次等详细信息，不得添加食品添加剂及其他物质进行调配。

⑧ 灌装环节。严格控制人流、物流，防止污染，包装容器检验合格后方可使用，压盖封装应在规定时限内完成，制定灯光检测等在线检测要求和控制措施。

（6）企业应有控制措施对制酒、贮存、勾调、灌装等过程中记录的基酒、调味酒、勾调用水等物料和成品的名称、质量等级、数量、批号、生产日期等信息进行管理和复核，保证记录可溯源性。

（7）为了防止生产中不同批次、不同酒精度、不同品种白酒之间的混淆，各生产工序在生产结束后、更换品种或批次前，应对现场进行清场并进行记录。记录内容包括：工序、品名、生产批次、清场时间、检查项目及结果等，清场负责人及复查人应在记录上签名。

第五章　人员管理

（1）企业应设置独立的食品安全管理机构，配备与生产能力和生产规模相适应的食品安全管理负责人、食品安全管理人员、技术人员（包括生产和检验人员）、生产操作人员等，并符合下列要求：

① 应设立独立的食品质量安全管理部门，配备专职或兼职的食品安全管理人员。

② 应以书面文件形式明确企业负责人、食品安全负责人、食品安全管理人员、生产技术人员、检验人员、生产操作人员的岗位职责和任职资格。

（2）培训管理工作由指定部门或专人负责，负责建立培训管理制度并组织实施。建立从业人员健康管理制度。

第六章　管理制度

（1）企业应当按照《食品安全法》等有关法律法规和食品安全国家标准的规定建立并实施食品安全管理制度。

（2）企业应建立原辅料供应商审核制度；进货查验记录制度，包括制定原辅料验收标准，以及进厂的原辅料进行验证、检验、记录、报告以及接收或拒收的处理意见和审批手续等内容。采购的容器、包装材料、密封垫片、过滤材料等食品接触材料为塑料材料的，应符合《食品安全国家标准 食品接触材料及制品通用安全要求》（GB 4806.1）、《食品安全国家标准 食品接触用塑料材料及制品》（GB 4806.7）、《食品安全国家标准 食品接触材料及制品用添加剂使用标准》（GB 9685）等要求，白酒包装应符合《限制商品过度包装要求 食品和化妆品》（GB 23350）。

（3）企业应建立与之相适应的原辅料管理制度；生产过程控制管理制度；白酒勾调管理制度。

（4）企业应建立产品标签标识管理制度。使用食用酒精勾调的液态法白酒和固液法白酒，其配料表应标注食用酒精，不应标注酿造食用酒精的粮谷原料；各种配料应按加入量的递减顺序一一排序。生产年份酒的企业应建立年份酒质量安全标准，年份酒标签应如实标注所使用各种基酒的真实年份和比例。白酒标签不得标注“特供”“专供”“专用”“特制”“特需”等字样。

（5）企业还应建立检验管理制度、产品留样制度、记录管理制度、食品安全追溯体系、产品召回制度及不合格品管理制度、食品安全自查制度、食品安全文件管理制度并建立完整的食品质量安全管理档案，制定食品安全事故处理制度等。

第七章　试制产品检验

（1）企业按所申报白酒的品种明细和执行标准，分别从同一规格、同一批次的试制产品中抽取具有代表性的样品检验。

（2）企业应对提供的检验报告真实性负责。检验项目应覆盖产品适用的食品安全标准、产品标准、经备案有效的企业标准以及相关管理公告要求的所有检验项目。

检验项目还应包括产品标签标识以及塑化剂、氨基甲酸乙酯等食品安全风险监测指标。

7.《产业结构调整指导目录》

按照原国家经贸委第 14 号令《工商投资领域制止重复建设目录》（第一批）的规定，1999 年 9 月 1 日以后注册登记的白酒企业，不予受理生产许可证的申请。[注：国发〔2005〕40 号的有关规定，并就工业产品生产许可工作中贯彻执行《产业结构调整指导目录》（以下简称“《目录》”）的有关事项，发出《关于工业产品生产许可工作中严格执行国家产业政策有关问题的通知》。在《目录》中，白酒生产线、酒精生产线（燃料乙醇项目除外）属于限制类投资建设项目。通知指出，对投资建设《目录》限制类所列的国家禁止投资项目的企业，省级质量技术监督部门不得受理其办理生产许可证的申请。]

在《目录》（2011 年本）修正中，继续对“白酒生产线”进行限制。经过多年发展，特别是白酒产业近 10 年发展取得的成就，原有的规定已不适应市场的发展，在（2019 年本）修改中，取消了对白酒的限制。《产业结构调整指导目录》（2019 年本）经国家发展和改革委员会 2019 年 8 月 27 日委务会议审议通过，自 2020 年 1 月 1 日起实施。自此，白酒的发展迎来新的春天。

二、质量管理体系

（一）ISO 质量管理体系

1. 概论

ISO 全称是 International Organization for Standardization，翻译成中文就是“国际标准化组织”，又称“经济联合国”（现有成员国 160 多个）。成立于 1947 年 2 月 23 日。ISO 的最高权力机构是每年一次的“全体大会”，其日常办事机构是中央秘书处，设在瑞士的日内瓦。ISO 宣称它的宗旨是“发展国际标准，促进标准在全球的一致性，促进国际贸易与科学技术的合作”。在 2008 年 10 月 16 日中国正式成为 ISO 的常任理事国，标志着我国标准化工作实现了历史性的重大突破。

ISO9000 是指质量管理体系标准，它不是指一个标准，而是一族标准的统称。ISO9000 是由 TC176（TC176 指质量管理体系技术委员会）制定的所有国际标准。ISO9000 是 ISO 发布之 12000 多个标准中最畅销、最普遍的产品。

2. 企业实施 ISO9000 标准的意义

（1）强化品质管理，提高企业效益，增强客户信心，扩大市场份额。

（2）质量代表了一个企业的生产水平、管理水平和文化水平。促使企业质量管理走上规范化、程序化、法制化的轨道。

（3）满足客户要求，赢得用户信赖。

（4）取得市场通行证。

（5）提高了企业的知名度和声誉。

（6）全员素质发生质变。

（7）有效地避免产品责任

3. ISO9000，ISO14000，ISO18000 的区别

ISO9000 是国际标准化组织（ISO）发布的质量管理与质量保证系列标准，首次发布于 1987 年；ISO14000 是该组织发布的环境管理体系系列标准，首次发布于 1996 年。近几年来，随着国际上对职业健康问题的关注，有些国家向国际标准化组织提出了制定职业健康安全管理体系国际标准的立项计划，并建议编号为 ISO18000。

ISO9000《质量管理和质量保证》系列标准，是由 ISO 的质量管理和质量保证标准化技术委员会（TC176）制定的，从 1986 年正式颁布，到现在已形成由 20 多个标准组成的标准族（它不仅包括 9000 系列，还包括由 TC176 制定的 10000 系列）。

ISO14000（环境管理系列标准）是国际标准化组织（ISO）环境管理标准化技术委员会（TC207）制定的。TC207 于 1993 年 6 月成立并开始工作，到 1996 年 10 月先后制定并经 ISO 颁布了两批共 5 个属于环境管理体系和环境审核方面的标准。以后又陆续颁布了术语、环境标志、生命周期评价等方面的标准。ISO14000 系列有可能成为比 ISO9000 还庞大的管理标准体系。

ISO18000《职业安全卫生管理体系》，是由一系列标准来构筑的一套系统，它表达了一种对企业的职业安全卫生进行控制的思想，也给出了按照这种思想进行管理的一整套方法。这种体系，应当是科学的、有效的，能够被接受的，并与企业的其他活动及整体的管理是相容的。同时，它作为一套标准，应该能得到广泛的接受和承认，具有规范性。职业安全卫生管理体系是一种对企业的职业安全卫生工作进行控制的战略及方法。

应该指出 ISO18000 虽然继承而且发展了上述两个系列的思想和方法，但在解决的具体问题上，从技术层面上，却和前两者有所区别。

我们欣喜地看到，我国众多大型名优酒企业都很重视质量管理，先后均开展了 ISO 质量认证。据《酿酒科技》报道，北京“红星”是我国第一批通过 ISO9001 质量认证的企业之一，并先后通过 ISO14000、ISO18000、ISO22000 等一系列食品安全质量体系认证，是中华老字号中质量保证体系认证最多的企业之一，也是质量管理与国际接轨最早的企业之一。

（二） HACCP

1. HACCP 的定义

HACCP 是 Hazard Analysis and Critical Control Point 的缩写，即“危害分析和关键控制点”。国家标准对其的定义是：生产（加工）安全食品的一种控制手段；对原料、关键生产工序及影响产品安全的人为因素进行分析，确定加工过程中的关键环节，建立、完善监控程序和监控标准，采取规范的纠正措施。国际标准 CAC/RCP-1《食品卫生通则》对 HACCP 的定义是：鉴别、评价和控制对食品安全至关重要的危害的一种体系。

HACCP 是对可能发生在食品加工环节中的危害进行评估，进而采取控制的一种预防性的食品安全控制体系。有别于传统的质量控制方法；HACCP 是对原料、各生产工序中影响产品安全的各种因素进行分析，确定加工过程中的关键环节，建立并完善监控程序和监控标准，采取有效的纠正措施，将危害预防、消除或降低到消费者可接受水平，以确保食品加工者能为消费者提供更安全的食品。

HACCP 表示危害分析的临界控制点。确保食品在消费的生产、加工、制造、准备和食用等过程中的安全，在危害识别、评价和控制方面是一种科学、合理和系统的方法。但不代表健康方面一种不可接受的威胁。识别食品生产过程中可能发生的环节并采取适当的控制措施防止危害的发生。通过对加工过程的每一步进行监视和控制，从而降低危害发生的概率。

2. HACCP 的 7 个基本原理

HACCP 是对食品加工、运输以至销售整个过程中的各种危害进行分析和控制，从而保证食品达到安全水平。它是一个系统的、连续性的食品卫生预防和控制方法。以 HACCP 为基础的食品安全体系，是以 HACCP 的七个原理为基础的。HACCP 理论是在不断发展和完善的。1999 年食品法典委员会（CAC）在《食品卫生通则》附录《危害分析和关键控制点（HACCP）体系应用准则》中，将 HACCP 的 7 个原理确定为：

原理 1：危害分析。

原理 2：确定关键控制点。

原理 3：确定与各 CCP 相关的关键限值（CL）。

原理 4：确立 CCP 的监控程序，应用监控结果来调整及保持生产处于受控状态。

原理 5：确立经监控认为关键控制点有失控时，应采取纠正措施。

原理 6：验证程序。

原理 7：记录保持程序。

3. HACCP 在白酒企业的应用

白酒行业作为食品行业的重要支柱产业之一，白酒的安全性问题成为研究的重点。下面着重从白酒生产的特点出发，运用 HACCP 原理进行探讨研究，从源头上降低了白酒中的危害成分，提高了白酒的安全性。

具体来说，HACCP 体系推广应用带来的收益体现在以下几方面：提升国内白酒在国际上的认可程度、增强对中国白酒安全的信心；推行 HACCP 体系的企业将增强企业竞争力、有利于市场宣传；如果能够在整个食品链实行 HACCP 体系，将有利于整个食品链的安全控制，有利于促进政府监管机构的有利配合，解决监管缺位现象；增强酒类从业人员的食品安全及风险意识，从而切实提高食品质量水平，提升人民健康指数。

对于白酒企业在应用 HACCP 时，不妨参照 GB/T 22098—2008《啤酒企业 HACCP 实施指南》及《DB51/T 1504—2012 白酒生产企业 HACCP 应用指南》，有很好的借鉴作用。

（1）确认生产流程图　包括白酒生产过程中所有步骤的次序和相互关系，原料和中间产品的投入点、返工和循环点，中间产物、副产品、废弃物的去除点和污水的排放点以及源于组织之外的过程等。

（2）原料和产品描述　对酿酒所用的原料、加工方式、白酒产品的食用方式、包装、销售方式、储存方式、适宜人群以及企业所生产的白酒重要特性进行详细的描述。

（3）危害分析　对照流程图上每一道工序进行危害分析。根据白酒生产的特点，对白酒生产的危害分析至少应包括以下内容：

① 白酒生产过程的危害分析，主要对以下几个过程进行分析：原辅料（包括高粱、豌豆、大麦、小麦、大米、糠壳等）验收和贮存；内包装材料（瓶子、盖子）的验收和贮存；外包装材料（纸盒、纸箱、标签）的验收与贮存；生产用水；原料粉碎过程；配

料过程、蒸煮蒸馏过程；原酒入库与贮存过程；勾兑与调味过程；半成品酒检验和贮存过程；半成品酒的过滤过程；洗瓶过程；灌装过程；压盖过程。对灯检、贴标、装箱、抽检、成品入库与运输出厂等过程，必要时也要进行相应的危害分析。

② 生产过程中的循环部分进行危害分析：传统的白酒生产过程中有相当一部分过程是在循环，对循环过程也应进行危害分析，这些过程主要包括以下几个方面：出甑过程、打量水过程、摊晾过程、加曲过程、入窖池发酵过程、出窖过程、配料过程、蒸馏过程。

③ 制曲过程危害分析：主要对下列过程进行分析：碎粮过程、拌料过程、踩曲（压曲）过程、入房发酵过程、出房与贮存过程。

④ 生产用的蒸汽危害分析：传统的白酒酿造是要耗用大量的蒸汽来进行蒸煮和蒸馏，其中蒸汽也直接与原辅料和白酒接触，因此对酿酒所用的蒸汽也要进行危害分析，这些过程主要有以下几方面：水处理过程、蒸汽的生产过程、蒸汽的供应过程。

（4）生产过程的 HACCP 计划表，通过分析确立 HACCP 计划表，主要分为：关键控制点、监控对象、控制指标、纠偏措施、记录、验证等项目。确保生产的正常进行。

（5）在白酒企业实施 HACCP 管理是一个复杂的系统工程。而体系实施的效果直接与企业领导层的重视和员工的责任心有着密切的联系。从上到下首先要树立全员参与的战略思想。

HACCP 食品安全管理体系在白酒企业中成功应用，能够有效控制白酒的安全性和白酒的质量，提高白酒的品质，对企业经济效益和社会效益的提升具有重要作用。

4. HACCP 在不同香型白酒企业的应用介绍

近年来，国内一些大中型白酒生产企业建立了 HACCP 食品安全管理体系，以确保其产品的安全性，现介绍几个。

（1）某浓香型白酒企业　某浓香型白酒企业危害分析及关键控制点确定见表15-3。

表 15-3　　某浓香型白酒企业危害分析及关键控制点确定

1. 加工步骤	2. 识别引入或增加的潜在危害	3. 危害是否显著	4. 对第（3）栏的判定提出依据	5. 采取的措施	6. 关键控制点
原、辅料选择	生物性危害：有害微生物	是	农作物容易遭受病原菌污染	后续蒸煮工序可以杀死大量有害微生物	是
	化学性危害：农药残留、黄曲霉毒素、有毒大米	是	农药使用不当，原料储存不当容易产生黄曲霉毒素；不法分子用矿物油抛光大米，造成污染	提供检验报告、抽样检测	
	物理性危害：杂质、异物	否	原料收割、加工、储存、运输过程中混入	抽样检测，加强原料标准的执行力度	

续表

1. 加工步骤	2. 识别引入或增加的潜在危害	3. 危害是否显著	4. 对第（3）栏的判定提出依据	5. 采取的措施	6. 关键控制点
生产用水	生物性危害：有害微生物	是	由于末梢水中余氯量较低或管网受到污染，水中可能存在细菌等有害微生物	可以通过 SSOP 卫生标准操作程序中的生产用水的安全进行控制	否
	化学性危害：铁、铜、锌等重金属含量超标	是	管网腐蚀、老化等造成水中铁、铜、锌重金属含量超标	可以通过 SSOP 中的生产用水的安全进行控制	
	物理性危害：泥沙和碎屑等杂物，有异味，水硬度偏高、有机物超标	是	水中存在泥沙和碎屑等物理性杂物，供水设备不清洁，水源带入	可以通过 SSOP 中的生产用水的安全进行控制	
粉碎	生物性危害：有害微生物	否	粮食在粉碎过程中可能引起微生物危害	蒸煮过程可以杀灭有害微生物	否
	物理性危害：异物	否	粉碎过程中混入异物	粉碎过程中加装除尘装置可以去除	
配料	生物性危害：杂菌污染	否	操作时间很短	场地、工具干净卫生；蒸煮过程中可以杀灭有害微生物	否
蒸煮蒸馏	生物性危害：有害微生物	是	蒸煮温度与蒸煮时间控制不当致使有害微生物残存	按工艺要求，严格控制气压、温度和时间等工艺参数	是
	化学性危害：甲醇、杂醇油	是	蒸馏温度、时间速度控制不当；含果胶质高的原料会造成甲醇超标	按工艺要求，严格控制气压、温度和时间等工艺参数；缓火蒸馏、低温流酒，量质接酒、掐头去尾；选择果胶质含量低的原料	是
	物理性危害：蒸馏设备管道、盛酒器具的材质含铅量超标	是	蒸馏容器、管道、盛酒器具材质选择不当，造成酒对容器中的铅产生溶蚀作用，使酒中铅含量超标	选择不含铅或含铅量较低的蒸馏设备、管道、盛酒器具（如不锈钢材料）	

续表

1. 加工步骤	2. 识别引入或增加的潜在危害	3. 危害是否显著	4. 对第（3）栏的判定提出依据	5. 采取的措施	6. 关键控制点
摊晾冷却	生物性危害：杂菌污染	否	暴露在空气中，长时间摊晾冷却容易遭受杂菌污染	场地和工具干净卫生，打80℃以上的热量水，尽快入窖	否
入窖发酵	生物性危害：杂菌污染	是	车间、设施、窖池卫生差，会引起染菌；入窖淀粉、水分、温度、酸度等工艺条件不合理，适合杂菌生长繁殖；曲质差	控制车间、设施、窖池清洁、卫生；控制蒸煮过程中的温度、时间可杀灭有害微生物；按工艺技术要求控制入窖淀粉、水分、温度、酸度等；使用质量好的大曲	否
	化学性危害：甲醇、杂醇油	是	使用含果胶质多的原料，会使甲醇含量超标；黏液菌妨碍发酵，枯草杆菌分解果胶，增加甲醇含量；发酵过程中入窖淀粉、水分、温度、酸度等工艺条件控制不当；曲质差、用量不合理	选择果胶质含量低的原料；蒸馏操作时，掐头去尾、量质摘酒；按工艺技术要求控制入窖淀粉、水分、温度、酸度等；使用质量好的大曲、用量合理	否
原酒入库储存	化学性危害：铅引起的危害	否	储酒容器材质选择不当，造成酒对容器中铅产生溶蚀作用，使酒中铅含量超标	选择不含铅或含铅量较低的储酒容器、管道	否
	物理性危害：杂质、异物	否	储存过程中可能混入杂质、异物	定期清洗和维护过滤设备；后道工序可去除杂质、异物	
勾兑	生物性危害：有害微生物	是	勾兑用水的卫生质量，使勾兑加浆过程中可能污染有害微生物	勾兑用水应预先处理，使符合国家卫生标准和生产要求	否
	化学性危害：食品添加剂超标	是	不按规定使用食品添加剂，或误用、滥用	严格按照GB 2760规定要求使用	

续表

1. 加工步骤	2. 识别引入或增加的潜在危害	3. 危害是否显著	4. 对第（3）栏的判定提出依据	5. 采取的措施	6. 关键控制点
灌装	生物性危害：细菌、霉菌	否	不洁灌装环境、灌装设备，操作人员不注意个人卫生均会使产品受致病菌污染	对灌装机和管道彻底清洗与灭菌；强化企业SSOP执行力度	否
	物理性危害：杂质、异物	否	瓶、盖等包材中混入；灌装过程中可能引入杂质、异物	加强验收、清洗、检验环节，去除瓶、盖等中的异物；加强灯检，剔除有杂质、异物的产品	
贴标、装箱、储存和运输	生物性、化学性、物理性危害：无				

某浓香型白酒企业 HACCP 纠偏措施执行表见表 15-4。

表 15-4　　某浓香型白酒企业 HACCP 纠偏措施执行表

1. 关键控制点 CCP	2. 显著危害	3. 关键限值	4. 监控				5. 纠偏措施	6. 验证	7. 记录
			对象	方法	频率	人员			
原辅料接收（CCP1）	农药残留、黄曲霉毒素	索取分供方的检验报告	分供方的检验报告	查验其检验报告单	每一批	原料接收人员	若分供方不能提供检验报告单，或其检验项目不符合标准，拒收原料	本厂抽取每批原料检验、送检。主管领导复核检验报告单	分供方的检验报告、进货检验、本厂抽检、送检记录
蒸煮蒸馏（CCP2）	甲醇、杂醇油	流酒温度、速度，量质接酒、掐头去尾	计时器、压力表	监视	每一甑	操作员	调节蒸煮蒸馏时间和气压，量质接酒、勾兑和调味处理	定期将压力表送检，管理人员和 HACCP 小组成员定期复查蒸煮蒸馏时间和馏酒气压，每月记录审核	蒸煮蒸馏时间、馏酒气压，CCP 纠偏记录
	铅等重金属	材质符合国家标准	蒸馏设备、盛酒容器			设备管理员	材质使用前必须检验合格，确保铅等重金属符合国家标准		设备管理员记录

（2）某酱香型白酒企业　某酱香型白酒企业危害分析及关键控制点见表 15-5。

表 15-5 某酱香型白酒企业危害分析及关键控制点

生产步骤	潜在危害	危害种类	控制措施	CCP
原辅料	夹杂石块、金属碎屑等	物理危害	1. 使用前过筛、除铁 2. 后道蒸馏工序可除杂质	否
	农药残留	化学危害	1. 要求原料基地加大监管 2. 供方提供检测报告 3. 酒厂采购前抽样	是
	储存中受潮霉变产生黄曲霉毒素	生物危害	1. 及时剔除一些发霉原料，常温通风条件下储存 2. 后道工序可有效去除，对酒质不会产生影响	否
	虫害、鼠害	生物危害	1. 用物理方法去除 2. 安装捕鼠器	否
高粱磨碎	机械设备磨损，金属碎片脱落	物理危害	后道工序可去除杂质	否
润粮	润粮用水不净，引入杂质	物理危害	后道工序可去除杂质	否
	水理化指标超标	化学危害	对工艺用水实施监测	否
摊晾	工作环境不洁净带入杂质	物理危害	1. 加强车间卫生管理 2. 后道工序可去除	否
	工作环境不净或操作人员不健康可能带入有害微生物	生物危害	1. 后续高温发酵和蒸馏过程可起到筛选酿酒有益微生物的作用 2. 加强车间卫生管理 3. 定期对员工进行体检	否
堆积发酵	控制不当可能产生过多的异、杂醇等	化学危害	后续的量质接酒能控制过多的异、杂醇等带入酒中	否
封窖	工作环境不净或操作人员不健康可能带入有害微生物	生物危害	1. 后续高温发酵和蒸馏过程可起到筛选酿酒有益微生物的作用 2. 加强车间卫生管理 3. 定期对员工进行体检	否
	封窖泥带入杂质	物理危害	后道工序可去除	否
	封窖泥带入金属离子	化学危害	1. 经检测，少量铁及部分金属离子对酒质和安全不会产生影响 2. 终产品检测	否
开窖起糟	抱斗不卫生可带入有害微生物	生物危害	定期清理	否
	封窖泥等落入糟中	化学危害	1. 清理并加强操作工的培训 2. 带入酒中产生泥味，分别储存处理	否

续表

生产步骤	潜在危害	危害种类	控制措施	CCP
蒸馏取酒	蒸馏时糟醅中异、杂醇带入酒中	化学危害	1. 后续的量质接酒能控制过多的异、杂醇等带入酒中 2. 终产品检测	否

某酱香型白酒企业 HACCP 计划表见表 15-6。

表 15-6　　某酱香型白酒企业 HACCP 计划表

CCP	CCP1（高粱、小麦、糠壳等原辅料验收）	CCP2（蒸馏取酒）
显著危害	农药残留	异、杂醇等化学危害
监控对象	《卫生检验报告》《供方评审记录》	接酒温度、接酒浓度
控制标准	符合国家标准	生产工艺要求
纠偏措施	不达标高粱、小麦、糠壳拒收	及时检查工艺，发现偏差及时纠正
记录	采购人员记录	《检测报告》
验证	每批记录审核	终产品检验

（3）某米香型白酒企业 HACCP 计划表见表 15-7。

表 15-7　　某米香型白酒企业 HACCP 计划表

关键点控制 CCP	显著危害	关键限值	监控				纠偏行动	验证	记录
			对象	方法	频率	人员			
CCP1 大米验收	黄曲霉毒素、农药和化肥残留，汞等重金属	符合相关的粮食企业标准、GB 2715《粮食卫生标准》	供方提供的原料	按企业标准对感官、理化指标进行自检、委托送检	每一批	质量检验专职人员	感官、理化指标不合格的停止采购，送检不合格的停止采购	专职人员对供方的各批材料的检验记录和送检记录报告单进行验证，供应部门和 HACCP 小组不定期抽检	粮食检验记录、送检记录单、CCP 纠偏记录
CCP2-1 截酒头	化学危害（甲醇）	≥ 100mL/锅	刻度杯	控制截酒头每锅 1～2L	每一锅	接酒员	将酒重新进行蒸馏	最终产品检验	《酒厂 CCP 记录》
CCP2-2 去酒尾	化学危害（杂醇油）	≤250%	酒精计	控制去酒尾，不小于 25%vol 去尾	每一锅	接酒员	将酒重新进行蒸馏，并控制截酒头	最终产品检验	《酒厂 CCP 记录》

续表

关键点控制CCP	显著危害	关键限值	监控				纠偏行动	验证	记录
			对象	方法	频率	人员			
CCP3 玻璃碴检验	物理危害（玻璃碴）	肉眼未检出	玻璃碴	班组质检员对看酒人员已检合格产品进行抽检	0.04%	班组质检员	看酒人员重新进行100%全检	最终产品检验	《酒厂CCP记录》

（三）HACCP与ISO9000的关系

共同点在于：均需要全体员工参与；两者均结构严谨，重点明确；目的均是使消费者（用户）信任。

不同点在于：HACCP是食品安全控制系统，ISO9000适用于所有工业整体质量控制体系；ISO9000是企业质量保证体系而HACCP源于企业内部对某一产品安全性控制要求的体系，HACCP其原理为危害预防，而非针对最终产品检验，一般被较大型食品企业采用，一般企业也采用相近的控制系统生产高品质产品。

HACCP是用于分析和测定关键控制点的一项专门技术，它不是一个死板的体系，必需根据产品的生产加工及设备等因素相应制定。

HACCP是一个动态的、详细的体系，不是一个纸面上的东西。HACCP需要其他质量管理措施及卫生规范的支持，如供应商质量保证，统计质量控制及良好实验室操作规范等。这些均与ISO9000原理相连，使企业向全面质量管理方面发展。

三、标识标志保护产品

（一）原产地与地理标志

1. 概论

地理标志是用于商品上的具有特殊地理来源和与原产地相关的品质或声誉的标记。最通俗地讲，地理标志是由商品的原产地名称构成的。农产品通常都具有源于其产地的品质并受当地诸如气候和土壤这些特殊地理因素的影响。

地理标志是表示商品或者服务来源于某个国家、地区、区域，并且该商品的品质、信誉或者其他特征是由该产地的自然因素或者人文因素所决定的，商品的特殊品质与其产地的水、土、气候等环境有紧密联系。例如，绍兴黄酒、章丘大葱。地理标志最基本、最常见的就是地名，可以是国家名称、地理名称或者行政区划名称。地理标志也可以由具有显著特征便于识别的文字、图形、字母、数字等可视性标志构成。

地理标志产品制度在国际上亦称为原产地命名制度或地理标志，它作为世贸组织之间的通行规则，是针对具有鲜明特色的名、优、特产品所采取特殊的产品质量监控制度和知识产权保护制度。实施国家地理标志产品保护是一项与国际接轨的知识产权保护，对提高和保护地理标志产品的知名度、质量信誉和无形资产价值，具有十分重要的意义。地理标志是知识产权保护的内容之一。地理标志是产品正宗的质量认证标志。地理标志的保护是近年来国际知识产权领域的重要议题之一，在国内人们对其认识程度也日益提高。我国自 1994 年开始即将地理标志纳入了商标法律体系予以保护。根据商标法，地理标志作为证明商标或者集体商标予以注册，注册人享有商标专用权，受法律保护。2001 年修改《商标法》时，肯定和完善了这种保护制度，使我国的地理标志保护达到了与有关国际规则相适应的水平。

据国家工商总局商标局统计，截至 2015 年年底，我国累计注册地理标志 2984 件，其中外国地理标志 83 件。从地域分布来看，已注册地理标志数量最多的 5 个省份分别为山东（425 件）、福建（272 件）、湖北（249 件）、江苏（215 件）、重庆（201 件）；范围涉及白酒、葡萄酒、黄酒、茶叶、水果、花卉、工艺品、调味品、中药材、水产品、肉制品以及其他加工食品等多个领域。据统计，受保护产品的经济效益平均提高 20%以上。在 83 件外国地理标志中，法国最多，共有 33 件；意大利（18 件）和美国（14 件）紧随其后。

2005 年 6 月，质检总局在总结、吸纳原有《原产地域产品保护规定》和《原产地标记管理规定》的基础上，制定发布了《地理标志产品保护规定》。这个规定的制定、发布和施行标志着地理标志产品保护制度在中国的进一步完善。同时制定了《地理标志产品标准通用要求》（GB/T 17924—2008）。

国家工商行政管理总局《地理标志产品专用标志管理办法》（2007 年 1 月 30 日施行），第三条对地理专用标志的基本图案确定为：由中华人民共和国国家工商行政管理总局商标局中英文字样、中国地理标志字样、GI 的变形字体、小麦和天坛图形构成，绿色（C：70　M：0　Y：100　K：15；C：100　M：0　Y：100　K：75）和黄色（C：0　M：20　Y：100　K：0）为专用标志的基本组成色。

如原产地域产品水井坊酒（GB 18624—2002）现为地理标志产品水井坊酒（GB/T 18624—2007）。

2. 全国地理标志概况

《中国地理标志》课题组 2005 年进行首次调研的地理标志有 323 个。地理标志市场销售额达到 1000 亿元。按省份，山东、四川、浙江所占比例最大，分别是 13.25%、11.07%、7.93%，按分类，瓜果蔬菜类、酒类所占比例最大，分别达到 30.14%、25.58%。

全国地理标志销售额前 100 名企业前十名依次是：四川省宜宾五粮液集团有限公司、中国贵州茅台酒厂有限责任公司、四川剑南春（集团）有限责任公司、中国烟台张裕集团有限公司、安徽金种子集团、四川泸州老窖股份有限公司、山东天府集团公司、中国绍兴黄酒集团有限公司、四川沱牌集团有限公司、湖南省浏阳市金生烟花制造有限责任公司。

全国地理标志销售额前 100 名企业的市场销售额门槛是 8000 万元，平均额是 4.18 亿元。

全国地理标志销售额前 100 名企业分布最多的省份是山东、四川、浙江，分别有 13 个、8 个、8 个，分布最多的类别是酒类和瓜果蔬菜类，分别有 30 个、25 个，全国地理标志销售额前 100 名企业是我国地理标志的领军力量，是代表国粹精华的支柱品牌，将在我国地理标志国际化的进程中起主导作用。

第二次全国地理标志调研工作完成于2010年，地理标志数量达到1949个，产值达8000亿元；第三次完成于2010年，地理标志数量达到3210个，产值达130000亿元。地理标志是一个巨大的无形资产，还成为市县的形象名片。比如，绍兴市——绍兴黄酒，仁怀市——贵州茅台酒，成都市——水井坊，绵竹市——剑南春，泸州市——泸州老窖等。

地理标志实例，根据《地理标志产品保护规定》，国家质量监督检验检疫总局和国家标准化管理委员会联合发布的玉泉酒国家地理标志产品标准，从2008年5月1日开始实施。这是黑龙江省白酒企业迄今所获得的第一个标志产品。

截至2008年年底，据国家质检总局统计，我国受保护的地理标志产品的酒类共74种：白酒（44）、葡萄酒及果酒（16）、啤酒（1）、黄酒（6）、药酒、保健酒（2）、其他（5）。

白酒（44）包括（按拼音）：宝丰酒、北京醇系列（华灯牌）、崇明老白酒、大泉源白酒、古井系列（古井贡、古井牌）、桂林三花酒、国窖1573、剑南春系列、金种子酒、口子窖酒、景芝神酿、酒鬼酒、道光廿五、泸州老窖特曲、茅台酒、绵竹大曲系列、水井坊、泸州酒（许可仙潭等16个厂家使用）、张弓酒、互助青稞酒、汝阳杜康系列、贵州醇白酒系列（南盘江牌）、江津白酒、奇香贵州醇白酒系列（LEADDORY牌）、赊店老酒、舍得系列、太白酒、五粮液系列、四特系列、沱牌系列、西凤酒、津酒、枝江酒、迎驾贡酒、伊川杜康、洋河大曲、玉泉酒、仰韶酒、郎酒系列、牛栏山二锅头系列等。

据国家知识产权局，截至2020年年底，我国累计批准地理标志产品2391个，核准专用标志使用企业9479家，累计注册地理标志商标6085件。

（二）生态原产地保护产品

生态原产地保护产品（Protected Eco-origin Product by China，简称PEOP）项目是由中国国家质量监督检验检疫总局发起的一项产品保护项目，旨在通过完善的保护机制和原产地溯源管理制度，在国家行政部门的监督下，保护生产者和消费者的利益。

生态原产地产品，是指产品全生命周期（即生长、原材料提取、生产、加工、制造、包装、储运、使用、废弃处理等）过程中，符合绿色环保、低碳节能、资源节约要求并具有原产地特征和特性的良好生态型产品。包括原产地标记产品、原产地名称保护产品、生物物种起源产品、具有历史传承的名、优、特产品或自主知识产权的创新型产品等。生态原产地产品的评定采取国际上通用的评定模式，具有应有的社会地位。生态原产地产品保护是由国家行政部门颁证、实施保护。生态原产地产品保护是一种知识产权的保护。

1. 适用范围

生态原产地产品适用范围包括5项：原产地标记产品；原产地名称保护产品；生物物种起源产品；具有历史传承的老字号名优特产品；具有自主知识产权的创新型产品。

2. 生态原产地保护产品介绍

2012年中国创立了生态原产地产品保护制度的世界先河。这是基于世界贸易组织（WTO）原产地规则并融合了生态产品理念的一种国家产品保护制度。生态原产地产品保护制度深深牵动着政府、协会和企业的发展战略。

（1）产品保护名称：中华人民共和国生态原产地保护产品（PEOP）。

（2）管理机关：国家质量监督检验检疫总局（生态原产地产品保护管理办公室）。

（3）生态原产地产品定义：在生命周期中符合绿色环保、低碳节能、资源节约要求并具有原产地特征与特性的生态良好型产品。

（4）保护评定依据：《生态原产地产品保护管理办法》《生态原产地产品评审通则》《生态原产地产品评审技术规范》等规定。

（5）产品分类：按照国际标准化组织（ISO）分类，分为硬件、软件、流程型材料和服务。

（6）申请保护的种类：生态原产地保护产品、生态原产地产品保护示范区。

（7）申请保护的作用：受到国家行政保护、获得国家最高级别的产品保护标签、消费者心中最追捧的标志、正宗绿色的品牌声望、享受地方和国家相关的扶持政策、知识产权保护、维护在全球的合法权益等。

（8）生态原产地产品保护的特色：国家保护、国际规则（WTO 成员互认互保）、顶级覆盖（涵盖了原产地规则、生态产品、知识产权保护、环境评价、清洁生产、职业健康安全、社会责任等）。

（9）已经保护的产品：由于酒类行业对此项认定工作了解较少，目前获认定企业占全部认定产品比例还不大，白酒类产品获得认证的有：

邛崃市金龙酒厂“百年至尊”浓香型白酒，古蔺仙潭酒厂有限公司“潭”牌酱香型（纯粮固态发酵）系列酒，玉泉酒业有限责任公司生产的玉泉酒，洛阳杜康控股有限公司生产的酒祖杜康，远鸿小角楼酒业有限公司“小角楼”浓香型白酒，景阳冈酒厂有限公司“景阳冈牌白酒”，宝丰酒业有限公司“宝丰酒”等。

生态原产地产品保护标志可以直接施加在产品、包装物或者说明书上；也可以用于企业宣传。

（三） 纯粮标志与酒类质量认证

1. 纯粮标志

为促进中华民族传统食品产业的健康协调发展，建立并实施白酒行业生产经营自律行为，形成白酒行业自主管理、自我发展、自我约束的行业自律机制，提高传统纯粮固态发酵白酒产品质量信誉，继承和发展中国白酒酿造技术，保障食品安全，促进统一、开放、竞争、有序的白酒市场的繁荣与发展，2005 年 2 月，中国食品工业协会颁布实施了《全国白酒行业纯粮固态发酵白酒行业规范》，开始推行该标志。这一标志颁发给完全以粮食为原料发酵、蒸馏的传统工艺白酒，用以区别以食用酒精为基本原料勾兑的新工艺白酒。

据国家食品质量监督检验中心程劲松介绍说，获准使用纯粮固态发酵白酒标志的产品及其生产企业必须经得起如下技术检验。

（1）生产纯粮固态发酵白酒的主要原料要求符合国家农产品相关标准，必须是高粱、玉米、小麦、大米、糯米、大麦、荞麦、青稞等粮食和豆类等（不包括薯类与果蔬类），颗粒均匀饱满、新鲜、无虫蛀、无霉变、干燥适宜、无泥沙、无异杂味、无其他杂物。

（2）在生产条件上，纯粮固态发酵白酒的生产必须具备良好的环境条件，生产企业必须具备齐全的纯粮固态发酵白酒生产装备及必要的检测手续，建议采用 ISO9000 质量保证体系、ISO14000 环境保证体系和 HACCP 食品安全保证体系及完善的产品质量检测系统生产出纯粮固态发酵白酒。使用纯粮固态发酵白酒标志的产品必须要有足够的生产能力（如窖池数量等）相匹配。

（3）在工艺过程、卫生安全方面必须符合《纯粮固态发酵白酒审定规则》对制曲、发酵、蒸馏、贮藏、勾兑、灌装等全过程的工艺控制规定，特别是关键工艺点要严守《规则》推荐使用、允许使用、禁止使用等的规定。

（4）白酒成品的感官质量和理化卫生指标必须超过国标、行标及相关标准优级品的要求。

2005 年 5 月 13 日，由中国食品工业协会和四川剑南春集团举办的“实施纯粮固态发酵白酒行业规范暨剑南春酒纯粮标志新闻发布会”在人民大会堂隆重召开，为四川剑南春（集团）有限责任公司生产的剑南春酒（38%vol、45%vol 和 52%vol，大曲浓香型）颁发了纯粮固态发酵白酒标志。这是白酒行业第一个获得该称号的产品。

2005 年 8 月 9 日，确认五粮液、贵州茅台、泸州老窖和全兴大曲四个白酒行业知名品牌，系全部采用纯粮固态发酵工艺生产，获准使用纯粮固态发酵白酒标志。

2007 年 3 月，中国食品工业协会白酒专业委员会在北京为台湾金门酒厂实业股份有限公司的产品颁发“纯粮固态发酵白酒标志”。据介绍，这是我国白酒行业第一个自律性生产工艺技术规范正式启动两年多来首次授予大陆以外的企业。金门白酒被获准今后可以在产品外包装上标识“纯粮发酵固态”这个白酒证明商标，产品包括 38 度、56 度和 58 度金门高粱酒。已有 50 多年历史的金门公司占据台湾市场八成，年营业额达到 26 亿元，有“台湾第一白酒”之称，金门公司董事总经理王毅民表示，借助此次获许使用纯粮标志的机会，公司在大陆的品牌战略也正式启动。

据悉，《纯粮固态发酵白酒行业规范》发布以来，已在白酒行业引起热烈响应，四川、山东、江苏、贵州、河南、安徽、湖北省和北京、重庆市等地积极响应，“纯粮固态发酵白酒”成为“传统、优质、高档”产品的身份证明，并获国家工商总局的证明商标注册保护。据不完全统计，已有 50 余个知名白酒品牌先后获准使用这一标志。

2. 酒类质量认证

2006 年 1 月 18 日，国家认证认可监督管理委员会、商务部在北京联合召开了“中国酒类质量认证首批获证企业颁证大会”，向茅台、五粮液、燕京、青岛、张裕、长城、古越龙山等首批 29 家企业共计 115 个单元产品颁发了中国酒类质量认证证书（占全国酒类企业生产总量的 6.2%，产值为 205.9 亿元，占全国酒类总产值的 15.3%）。这是我国首批由政府部门组织由第三方认证机构认证的食品质量认证产品，标志着中国酒类质量等级认证取得突破性进展。根据《食品质量认证实施》（国家认监委、商务部于 2005 年 9 月发布），获得优级产品认证的生产企业必须建立符合良好生产规范（GMP）、危害分析与关键控制点（HACCP）原理要求的质量管理体系，同时企业产品必须符合相关国家标准优级产品要求；获得一级和二级产品认证的生产企业的质量管理体系必须符合良好生产规范（GMP）要求，其产品也必须符合相关国家标准的相应等级要求。

作为国家在食品行业推出的第一项质量等级认证开展以来，得到酿酒行业多家重点生产企业的积极参与。经过严格第三方评审和定期审查，现已有上百家企业、300 多个单元产品通过认证并获得保持，覆盖了80%以上的国家级名优酒类产品，在行业和市场都取得了比较好的效果。这是政府主管部门支持，采用第三方认证的市场通行模式，“集行业特别是重点酿酒企业之力”，建立具有市场公信度的产品质量认证体系的重要举措，对提升名优酒的质量水平，带动行业整体质量水平提升非常必要。

（四）绿色食品、有机食品认证

绿色食品是指遵循可持续发展原则，按照特定生产方式生产，经专门机构认定，许可使用绿色食品标志商标的无污染的安全、优质、营养类食品。绿色食品在生产、加工食品的过程中，必须具备以下条件和要求：

（1）产品或产品原料的生产地必须符合绿色食品的生态环境标准，如大气、土壤、水源需由省级环境检测部门检测。大气质量达到国家一级标准，水源的水质达到国家二级标准，土壤达到国家卫生标准。

（2）农作物种植、畜禽饲养、水产养殖及食品加工必须符合绿色食品的生产操作规程。如农作物栽培过程中，农药如化学肥料的使用量，必须限制在不对环境和农产品质量产生不良后果的用量以内，不使农副产品中毒残留进入人体；食品加工过程中，防止二次污染，不得使用添加剂、化学色素等。

（3）产品必须符合绿色食品质量标准和国家卫生标准。如粮食类，国家卫生标准只检测10项指标，而绿色食品要检测农药残留量、重金属含量等21项指标。

有机食品这一词是从英文Organic Food直译过来的。有机食品是指来自有机农业生产体系，根据有机农业生产要求和相应标准生产加工，并且通过合法的、独立的有机食品认证机构认证的农副产品及其加工品。其特点为：

（1）目标定位

无公害农产品：规范农业生产，保障基本安全，满足大众消费。

绿色食品：提高生产水平，满足更高需求、增强市场竞争力。

有机食品：保持良好生态环境，人与自然的和谐共生。

（2）质量水平

无公害农产品：中国普通农产品质量水平。

绿色食品：达到发达国家普通食品质量水平。

有机食品：达到生产国或销售国高级农产品质量水平。

（3）运作方式

无公害农产品：政府运作，公益性认证；认证标志、程序，产品目录等由政府统一发布；产地认定与产品认证相结合。

绿色食品：政府推动、市场运作；质量认证与商标转让相结合。

有机食品：社会化的经营性认证行为；因地制宜、市场运作。

（4）认证方法

无公害农产品和绿色食品：依据标准，强调从土地到餐桌的全过程质量控制。检查检测并重，注重产品质量。

有机食品：实行检查员制度。国外通常只进行检查；国内一般以检查为主，检测为辅，注重生产方式。

严格来讲，无公害是食品的一种基本要求，食品都应达到这一要求。绿色食品是从“普通食品”向“有机食品”发展的一种过渡性产品，经农业部门认证推广，分A级和AA级两种。其中A级绿色食品允许在生产过程中限量使用化学合成物质，AA级绿色食品则较为严格地要求不使用化学合成物质。

有机食品与无公害食品、绿色食品的最显著差别在于，在生产和加工过程中绝对禁止使用农药、化肥、除草剂、合成色素、激素等人工合成物质，它的生产难度更大。有机食品是一类真正源于自然、富营养、高品质的环保型安全食品。

近年来，国家先后颁布和修订了《HJ/T 80—2001 有机食品技术规范》《GB/T 19630—2019 有机产品生产、加工、标识与管理体系要求》《NY/T 1054—2021 绿色食品产地环境调查、监测与评价规范》《NY/T 432—2021 绿色食品 白酒》等。进一步规范了其产品的认证。目前已有茅台酒等部分名优白酒获得“绿色食品”“有机食品”称号，并获准使用其专用标志。

（五） 中华老字号

据相关资料统计，中华人民共和国成立初期，我国约有“中华老字号”企业16000家。但自1990年以来，这一群体已锐减至1600多家，这“残留下的10%”老字号，大部分经营困难。

2006年、2011年商务部两次共认定1128家中华老字号，覆盖食品、饮料、制造业和餐饮业等行业，其中酒类企业共计148个，占比达13.12%。白酒有：安徽口子窖、金种子、迎驾贡酒，河南张弓，北京红星、牛栏山，河北避暑山庄、乾隆醉、丛台、衡水老白干、刘伶醉、泥坑、唐山曹雪芹，天津津酒，山西太原，广东陈太吉、九江、顺德，广西三花、桂林湘山，甘肃滨河、红川、武酒，江西章贡、堆花、临川，贵州鸭溪、赖永初，湖北稻花香、黄山头、枝江，山东景芝酒业、趵突泉、扳倒井、古贝春、兰陵、青州云门，陕西白水杜康、秦川、城固、太白，江苏今世缘、汤沟、梅兰春，哈尔滨大兴昌、宾州、北大仓、富裕老窖、玉泉、花园酒业，吉林大泉源、梅河、洮儿河、榆树钱，辽宁道光二十五、凤城老窖、千山、龙泉、老龙口，内蒙古河套酒业、百年，四川八百寿、江口醇、丰谷，重庆江津，新疆第一窖、三台酒业，青海互助，以及茅台酒、五粮液、泸州老窖、剑南春、全兴、沱牌、郎酒、西凤酒、洋河、双沟、宝丰、宋河、董酒、黄鹤楼、西凤等。

“中华老字号”认定需要符合7项标准：拥有商标所有权或使用权；品牌创立于1956年（含）以前；传承独特的产品、技艺或服务；有传承中华民族优秀传统的企业文化；具有中华民族特色和鲜明的地域文化特征，具有历史价值和文化价值；具有良好信誉，得到广泛的社会认同和赞誉；国内资本及港澳台地区资本相对控股，经营状况良好，且具有较强的可持续发展能力。

国家层面历来都很重视老字号的发展，出台了一系列的相关文件。如2006年，商务部启动“振兴老字号工程”，2008年的《关于保护和促进老字号发展的若干意见》，2017年的《商务部等16部门关于促进老字号改革创新发展的指导意见》。

近年来，我国老字号发展活力不断增强，品牌影响力持续提升，但仍然存在创新能力不够、发展水平不高等突出问题。为推动老字号创新发展，充分发挥老字号在建设自主品牌、全面促进消费、坚定文化自信方面的积极作用，更好满足人民美好生活需要，2022 年 1 月 25 日，商务部、中共中央宣传部、自然资源部、住建部、文旅部、国家市场总局、国家文物局、国家知识产权局联合印发了《商务部等 8 部门关于促进老字号创新发展的意见》（以下简称《意见》）。

《意见》从加大老字号保护力度、健全老字号传承体系、激发老字号创新活力、培育老字号发展动能四个方面提出了 13 项意见。即：加强老字号保护法治建设，保护老字号知识产权、保护老字号历史网点、保护老字号文化遗产；传承老字号传统技艺、活化老字号文化资源、壮大老字号人才队伍；推动老字号创新产品服务、支持老字号跨界融合发展、促进老字号集聚发展；引导老字号体制机制改革、优化老字号金融服务、推动老字号走出国门。

（六） 非物质文化遗产

我国是历史悠久的文明古国。在漫长的岁月中，中华民族创造了丰富多彩、弥足珍贵的文化遗产。党中央、国务院历来高度重视文化遗产保护工作，在全社会的共同努力下，我国文化遗产保护取得了明显成效。同时也应清醒地看到，当前我国文化遗产保护面临着许多问题，形势严峻，不容乐观。为了进一步加强我国文化遗产保护，继承和弘扬中华民族优秀传统文化，推动社会主义先进文化建设，国务院决定从 2006 年起，每年六月的第二个星期六为我国的“文化遗产日”（国发［2005］42 号），《中华人民共和国非物质文化遗产法》已由全国人大于 2011 年 2 月 25 日通过，自 2011 年 6 月 1 日起施行。

文化遗产包括物质文化遗产和非物质文化遗产。物质文化遗产是具有历史、艺术和科学价值的文物，包括古遗址、古墓葬、古建筑、石窟寺、石刻、壁画、近代现代重要史迹及代表性建筑等不可移动文物，历史上各时代的重要实物、艺术品、文献、手稿、图书资料等可移动文物；以及在建筑式样或与环境景色结合方面具有突出普遍价值的历史文化名城（街区、村镇）。非物质文化遗产是指各种以非物质形态存在的与群众生活密切相关、世代相承的传统文化表现形式，包括口头传统、传统表演艺术、民俗活动和礼仪与节庆、有关自然界和宇宙的民间传统知识和实践、传统手工艺技能等以及与上述传统文化表现形式相关的文化空间。

中华人民共和国国务院先后批准命名了四批国家级非物质文化遗产名录：

2006 年 5 月 20 日第一批国家级非物质文化遗产名录（共计 518 项）。

2008 年 6 月 14 日第二批国家级非物质文化遗产名录（共计 510 项）。

2011 年 6 月 10 日第三批国家级非物质文化遗产名录（共计 191 项）。

2014 年 7 月 16 日第四批国家级非物质文化遗产名录（共计 153 项）。

2021 年 5 月 24 日第五批国家级非物质文化遗产名录（共计 325 项）。

作为历史悠久的酿酒业，传统手工艺技能精湛。在第一批公布的国家级非物质文化遗产名录中有茅台酒酿制技艺（贵州省）、泸州老窖酒酿制技艺（四川省泸州市）、杏花村汾酒酿制技艺（山西省汾阳市）、绍兴黄酒酿制技艺（浙江省绍兴市）入选。第二批有 16 项酿酒技艺入选，它们是：

入围的蒸馏酒酿制技艺：北京二锅头酒传统酿造技艺（北京红星股份有限公司、北京顺鑫农业股份有限公司）；衡水老白干传统酿造技艺（河北省衡水市）；山庄老酒传统酿造技艺（河北省平泉市）；板城烧锅酒传统五甑酿造技艺（河北省承德县）；梨花春白酒传统酿造技艺（山西省朔州市）；老龙口白酒传统酿造技艺（辽宁省沈阳市）；大泉源酒传统酿造技艺（吉林省通化县）；宝丰酒传统酿造技艺；五粮液酒传统酿造技艺；水井坊酒传统酿造技艺；剑南春酒传统酿造技艺；古蔺郎酒传统酿造技艺；沱牌曲酒传统酿造技艺。

入围的酿造酒酿制技艺：封缸酒酿造技艺（江苏省丹阳市、江苏省常州市金坛区），金华酒酿造技艺（浙江省金华市）。

入围的配制酒酿制技艺：菊花白酒传统酿造技艺（北京仁和酒业有限责任公司）。

第五批有 9 项酿酒技艺入选：

入围的蒸馏酒传统酿造技艺：洋河酒酿造技艺（江苏省宿迁市）、古井贡酒酿造技艺（安徽省亳州市）、景芝酒传统酿造技艺（山东省潍坊市安丘市）、董酒酿制技艺（贵州省遵义市汇川区）、西凤酒酿造技艺（陕西省宝鸡市凤翔区）、青海青稞酒蒸馏酒传统酿造技艺（青海省海东市互助土族自治县）。

入围的酿造酒传统酿造技艺：刘伶醉酒酿造技艺（河北省保定市徐水区）、红粬黄酒酿造技艺（福建省宁德市屏南县）。

入围的配制酒酿制技艺：严东关五加皮酿酒技艺（浙江省杭州市建德市）。

目前五批“非遗”名录，共有 29 家酒企的酒类酿造技艺入选国家级“非遗”，充分印证了中国酒酿造技艺悠久深厚的文化基因和时间沉淀的价值。

同时，赖高淮等一批专家获得首批国家级非物质文化遗产传承人（传统手工技艺）称号，上百人获得省级非物质文化遗产传承人称号。

据国家文物局于 2006 年、2012 年、2019 年先后更新公布的《中国世界文化遗产预备名单》，其中中国白酒老作坊有：河北徐水刘伶醉烧锅遗址、江西进贤李渡烧酒作坊遗址、四川泸州老窖作坊群、成都水井街酒坊、绵竹剑南春酒坊及遗址、宜宾五粮液老作坊、射洪县泰安作坊、山西杏花村汾酒老作坊、宜宾红楼梦糟房头老作坊、古蔺县郎酒老作坊。

（七） 国家工业遗产

在推动我国从工业大国向工业强国转变的过程中，既需要技术发展的刚性推动，也需要文化力量的柔性支撑。2021 年 11 月 30 日，根据《国家工业遗产管理暂行办法》（工信部产业〔2018〕232 号）和《关于开展第五批国家工业遗产认定申报工作的通知》，经工业遗产所有权人自愿申请、相关省级工业和信息化主管部门或中央企业推荐、专家评审、现场核查和网上公示等程序，确定了第五批国家工业遗产名单。陕西西凤酒股份有限公司申报的西凤酒厂、烟台啤酒集团有限公司申报的烟台醴泉啤酒股份有限公司旧址入选。至此，在国家工业遗产名单中“老四大”名酒工业遗存聚齐。

西凤酒厂核心物项有：901 车间 A 区，1、2、3、6、14 号酒库，制曲车间，成品酒包装车间；酒海，甑桶 6 个，航行式单吊梁天车，轨道式搅拌机，冷却器，花壶、花苞、丫丫、接酒笼、接酒管等酿酒工具；档案资料。

此前，工信部已先后开展了四批国家工业遗产认定。

2017 年 12 月，第一批公布了 11 个项目，酒业有张裕酿酒公司 1 项。

2018 年 11 月，第二批公布了 42 处工业遗产，酒业有李渡烧酒作坊遗址、青岛啤酒厂、泸州老窖窖池群及酿酒作坊、五粮液窖池群及酿酒作坊、茅台酒酿酒作坊 5 处。

2019 年 12 月，第三批公布了 49 处工业遗产，酒业有洋河老窖池群及酿酒作坊、绍兴鉴湖黄酒作坊、古井贡酒年份原浆传统酿造区、成都水井街酒坊 4 处。

2020 年 12 月，第四批公布了 62 处工业遗产，酒业有张家口沙城酒厂、刘伶醉古烧锅、杏花村汾酒老作坊及传统酿造区、老龙口酒厂、双沟老窖池群及酿酒作坊、口子窖窖池群及酿酒作坊、扳倒井窖池群及酿酒作坊、景芝酒窖池群和酿酒作坊 8 处。

业内人士表示，宣传工业文化，传播工业遗产，对包括酒类行业在内的制造业高质量发展，具有战略意义。

如今，消费者需要在认同品牌价值取向的基础上与品牌、产品展开互动、交流，工业遗产就赋予了品牌与消费者沟通的载体，消费者可以在游览百年青啤博物馆、在古井贡酒的原酒探秘之旅、在江西李渡的沉浸式体验中，体会“穿越文化新周期”的品质新表达，在工业旅游、自由勾调酒品中体味消费新场景。“可以说，工业遗产，让品质表达穿越了新周期，契合新时代的多元化消费诉求。”正如古井集团董事长梁金辉此前提出的，“工业遗产既是固态的，也是流动的，既是物质的，更是精神的，我们要面向未来，面向新经济，创新发展理念，保护历史、传承文化，工业遗产是一种唤醒，一种朴实的教育，要赋予工业遗产以灵魂和新的内涵。”

2021 年 10 月 9 日至 10 日，首届国家工业遗产峰会在安徽亳州举办，会上发布了《国家工业遗产亳州倡议》（简称《倡议》）。《倡议》提出，国家工业遗产具有重要的历史、科技、社会、文化和经济价值，是不可再生资源，一旦被破坏，损失将不可挽回。我们应当尽力推动相关法律、法规和标准的研究制定，推动建立分级保护利用体系，充分利用工业遗产资源，更好地将工业遗产融入城市发展格局，促进工业文化与产业融合发展。

（八） 中国驰名商标的认定

驰名商标，顾名思义指的是具有很高知名度，为公众所熟知的商标。“驰名商标”来自《保护工业产权巴黎公约》，在该公约中规定成员国应承担对驰名商标予以大于普通商标的保护。从这个意义上说，“驰名商标”是一个法律概念而非约定俗成的称谓，而且汉语中的“驰名”原本是作动词用的，即传播、扬名的意思而不能作为名词的。

国家工商行政管理总局商标局是法律授权的全国商标主管机关，根据国务院批准的国家工商行政管理局“三定”方案以及 2003 年 4 月 17 日国家工商行政管理局发布的《驰名商标认定和保护规定》，驰名商标的认定与管理机关是国家工商行政管理局商标局。其他任何组织和个人不得认定或者采取其他变相方式认定驰名商标。首批“中国驰名商标”于 1991 年 9 月 20 日产生。这次活动由法治日报社、中央电视台、中国消费者报社联合举办。这批“驰名商标”共 10 件，分别是：茅台（酒）、凤凰（自行车）、青岛（啤酒）、琴岛-利勃海尔（电冰箱）、中华（香烟）、北极星（钟表）、永久（自行车）、霞飞（化妆品）、五粮液（酒）、泸州（酒）。“中国驰名商标”既代表着我国商标管理的最高荣誉，又作为企业重要的知识产权，在商标的显著性、独创性方面受到国家法律的严格保护，对于提升品牌信誉、品牌价值、品牌美誉度等具有重要的现实意义。

第三节　国家标准解读

一、白酒标准发展过程

我国白酒从 20 世纪 80 年代初开始建立标准，制定了《蒸馏酒及配制酒卫生标准》（GB 2757—1981），产品标准有浓香型白酒及其试验方法（QB 850—1983）、清香型白酒及其试验方法（QB 941—1984）、米香型白酒及其试验方法（QB 942—1984）三项部颁标准。

20 世纪 80 年代末，根据行业的发展和需要，又分别制定了白酒产品、分析方法、检验规则、饮料酒标签等 16 项国家标准。即 GB/T 10781. 1～10781. 3—1989 浓（清、米）香型白酒，GB/T 11859. 1～11859. 3—1989 低度浓（清、米）香型白酒，GB 10344—1989 饮料酒标签标准，GB/T 10345. 1～10345. 8—1989 白酒试验方法，GB/T 10346—1989 白酒检验规则等一系列白酒国家标准，GB 10343—1989 食用酒精，GB 8951—1988 白酒厂卫生规范等。

20 世纪 80 年代又相继公布了 QB/T 1498—1992 液态法白酒、GB/T 14867—1994 凤香型白酒、GB/T 16289—1996 豉香型白酒、QB/T 2187—1995 芝麻香型白酒、QB/T 2305—1997 特香型白酒，GB/T 15109—1994 白酒工业术语，QB/T 1852—1993 白酒工业劳动安全技术规程，QB/T 1981—1994 露酒，GB/T 17204—1998 饮料酒分类及一些地方标准。

进入 21 世纪，白酒标准得到了一定的发展，特别是 2004 年后，国家标准委员会对现行的国家标准进行了大规模清理整顿工作，清理整顿后，将浓、清、米香型高低度白酒六项国家标准整合为三项国标；白酒分析方法十五项国家标准整合为一项国标。这期间还对浓香型等标准做了一些小的修订和调整。

随着白酒工业的发展，原有标准已经不能很好满足当前白酒现状，在指导消费与确保行业监管上存在一定局限，一定程度上对行业的创新与发展、服务消费和强化行业监管都产生了影响。国家标准化管理委员会从 2013 年开始着手制定第三代白酒国家标准制修订方案与工作计划。经过多年的努力，几易其稿，于 2021 年 3 月 9 日正式发布了 GB/T 10781. 1—2021《白酒质量要求 第 1 部分：浓香型白酒》国家标准，该标准有 2 个重要变化：一是名称修改为《白酒质量要求》，强调是对该香型酒的质量要求；二是白酒系列产品标准全部整合为部分标准，呈系列发布，如已发布的：

GB/T 10781. 8—2021 白酒质量要求　第 8 部分：浓酱兼香型白酒。

GB/T 10781. 9—2021 白酒质量要求　第 9 部分：芝麻香型白酒。

GB/T 10781. 11—2021 白酒质量要求　第 11 部分：馥郁香型白酒。

2021 年 5 月 21 日，国家市场监管总局、国家标准化管理委员会联合发布了新修订的 2 个基础性标准《GB/T 15109—2021 白酒工业术语》、《GB/T 17204—2021 饮料酒术语和分类》。本次做了较大幅度的修订，增加了不少内容。

二、 标准的未来发展

我们从已发布的2021版浓香型等几个国家标准及2个基础性标准来看，第三代白酒国家标准的修订有几个特点，从中可以看出未来的发展趋势和方向。

1. 确保食品安全

严格按照国家法律法规要求，如新修订的《食品安全法》，确保白酒的质量安全。

2. 与国际接轨

全部标准中白酒英文改为：baijiu。其技术指标及其对应的分析方法要积极参照采用国际标准，与国际接轨，逐步消除白酒迈向国际市场时标准的壁垒。

3. 标准要具有科学性、先进性和可操作性

在充分调研的基础上，客观、科学地体现标准的可操作性。将浓香型等高低度白酒的界限设为40%vol，高度酒：40%vol<酒精度≤68%vol，低度酒：25%vol≤酒精度≤40%vol，同时解决原标准中高低度酒界限模糊的问题。根据行业调研和样品分析情况，白酒尤其是低度浓香型白酒在贮存一段时间后，在自然条件下，总酸和总酯发生可逆的平衡反应，相互转化，总酯含量下降，总酸含量则上升，酸和酯是白酒中重要的风味物质，酸酯含量的变化将会影响白酒风格，另外由于总酸和总酯分析方法中分别以乙酸和乙酸乙酯计，而浓香型白酒中酸类和酯类成分复杂，乙酸和乙酸乙酯并不能完全代表其中酸类和酯类，因此为客观、科学地体现浓香型白酒中酸酯平衡和酸类、酯类物质总量表征问题，本次标准修订中将总酸和总酯分别根据其分析方法折算成消耗氢氧化钠标准溶液的毫摩尔数加和以表示产品中的酸酯总量。同时己酸乙酯是浓香型白酒主要代表的酯类物质之一，在乙醇溶液中将会发生酸酯可逆反应，与己酸相互转化，因此本次修订将己酸和己酸乙酯的含量进行合并计算代替原标准中的己酸乙酯含量。

4. 要结合国情和产品特点

不同香型有不同的风格特点，有不同的专业品评。如浓酱兼香型，在专业品评表述的基础上，总结浓酱兼香型白酒的感官共性与特性，有利于监督检验机构、消费者正确品评与欣赏，感受其特殊风味；同时删除了正丙醇这一有争议的指标。指出浓香型采用泥窖发酵，明确了浓香型生产中窖泥是基础——这一基本概念，这是中国特有的白酒生产特点。

5. 与相关标准法规协调一致

新标准浓香型白酒生产采用浓香大曲（QB/T 4259），便于标准间的相互衔接，改变以往标准之间脱节的问题。

6. 促进行业健康发展与技术进步。

结合白酒行业发展的特点，标准修订中注重引导。如《GB/T 17204—2021 饮料酒术语和分类》中，将兼香型独立出来，改变了以往模糊不清的概念性问题，除现有的浓酱兼香型外，以后还会发展产生其他兼香型，丰富白酒香型这个大家庭；再如新标准将饮料酒分类由原来的三大类改成四大类，即发酵酒、蒸馏酒、配制酒、露酒，分别修改了其定义，增加了“露酒”术语，还原露酒的本质，理清配制酒、露酒是平行的关系；新标准明确调香白酒属于配制酒范畴。这一系列的改变有助于行业的进步，促进企业加快

技术投入、产品升级。

面向未来，酿酒产业在标准建设、标准创新和标准应用上仍有较大提升空间。对于整个行业而言，这既蕴含发展机遇，又将带来更多挑战。站在“十四五”酒业发展新征程的起点上，酿酒产业应当进一步充分认识标准化建设的必要性、紧迫性和战略性，围绕高质量发展的新目标和新任务，持续加快酒业标准化体系的建设步伐，大力推动行业实现标准和质量的“双提升”、机制和效能的“双升级”，用更加科学、现代和健全的标准体系为行业繁荣兴旺、永续发展指引方向、保驾护航。

第四节　技能人才与酿酒队伍建设

一、中华人民共和国成立 70 周年高技能人才工作巡礼

国家发展靠人才，民族振兴靠人才。技能劳动者始终是推动历史进步的动力。高技能人才是各行各业产业大军的优秀代表，是技术工人队伍的核心骨干。中华人民共和国成立以来特别是党的十八大以来，高技能人才队伍建设步入“快车道”，技能报国、匠心回归，劳动光荣、技能宝贵、创造伟大成为时代风尚。

1. 夯实制度地基，吹响进军技能大国的嘹亮号角

人才造就伟业，时代呼唤人才。党中央对技能人才发展高度重视。据人社部，1950 年 5 月，政务院通过《关于救济失业工人的指示》。随后，全国各地普遍开展了以工代赈和转业训练。从 1950 年到 1953 年，全国参加职业训练的失业人员达 15 万人，很多人通过培训获得了工作。

1953 年，我国实施第一个五年计划，对技术工人的需求激增，国家开始建立有计划培养后备技术工人的制度，“一五”期间，相继出台《技工学校暂行办法草案》《工人技术学校标准章程（草案）》等，确立了我国技工教育的基本制度。从 1949 年到 1959 年，全国共培养技工 20 余万人，通过各类形式培训技术工人 800 多万人，奠定了工业化建设的工人队伍主体。

1978 年，国务院批准全国技工学校综合管理工作由教育部划归劳动总局，各级劳动部门开始恢复和建立职业培训管理机构，积极开展职工培训工作。

1981 年 2 月，《关于加强职工教育工作的决定》颁布，全国职工培训工作出现了蓬勃发展的新局面，到 20 世纪 80 年代末，对 3000 万职工进行了初中文化、初级技术补课和政治培训，累计培训职工达 2 亿人次。全国各类职工学校、培训中心，以及企业办学率达 70%以上，许多大中型企业投资建起了工人技能训练基地，工人技术等级培训稳步发展。在工人中评聘技师、高级技师，调动了工人学习技术业务的积极性，累计培训中级工 1200 万人次、高级工 350 万人次，评聘技师 20 万人次，初步形成从初级工、中级工、高级工到技师、高级技师的工人技术等级和技术职务序列及培训体制。

1993 年 7 月，原劳动部颁发了《职业技能鉴定规定》，对劳动者进行技术等级考核和技师、高级技师的考评。1994 年 2 月，劳动部、人事部颁发了《职业资格证书规定》，将专业技术资格和职业技能鉴定纳入职业资格证书制度。1994 年 5 月，原劳动部对职业技

能鉴定实行社会化管理。

“十一五”期间，我国经济发展和就业形势都对高技能人才队伍建设提出了新挑战。提升劳动者素质能力、加强对技能人才的培养，实现由数量就业向素质就业转变，成为根本方向。

2003 年 12 月，全国人才工作会议明确提出，高技能人才是国家人才队伍的重要组成部分，将高技能人才提升到与高层次人才并列的高度。全面加强高技能人才工作由此发轫，一系列重大政策不断出炉，构筑起技能人才工作的法律政策框架，为新时期高技能人才工作提供了有力支撑。

2006 年，《关于进一步加强高技能人才工作的意见》应运而生，意见明确提出，要建立起培养体系完善、评价和使用机制科学、激励和保障措施健全的高技能人才工作机制，成为我国高技能人才政策制度基础。

2010 年，《国家中长期人才发展规划纲要（2010—2020 年）》出台，首次将高技能人才队伍建设纳入国家人才队伍建设总体规划，提出了高技能人才未来十年发展的“硬”目标。这标志着国家层面对于高技能人才建设的目标、举措、载体、投入均已明确。

近年来，从开展技能振兴专项活动到全面推行企业新型学徒制，从推动技工院校改革创新发展到对“十三五”技工教育绘出蓝图，从深入实施高技能人才振兴计划到组织实施职业技能提升行动，从建立职业资格证书制度到规范职业资格相关活动，再到减少职业资格许可认定工作，使技能人才总量大幅攀升，人才素质明显提升。目前，全国技能劳动者总量近 1.7 亿人，高技能人才近 4800 万，占技能劳动者比例近 29%。

2. 激活力添动力，技能人才在“大时代”振翅高翔

从 2013 年开始，人社部牵头清理职业资格许可认定工作，经国务院同意共七批取消了 434 项部门设置的职业资格。公布 140 项国家职业资格目录，发布 13 个新职业，制定修订 90 个国家职业技能标准。

2018 年，中共中央办公厅、国务院办公厅印发《关于提高技术工人待遇的意见》，把提高技术工人待遇上升到全局高度，提出要实现技高者多得、多劳者多得。各地相继实施工资激励计划，提高技术工人收入水平，在人才落户、职称评审、学历认定等方面，给予技能人才和专业技术人才同等重视。

1995 年，原劳动部会同 46 个行业主管部门及各省、自治区、直辖市建立了中华技能大奖和全国技术能手评选表彰制度。截至目前，高技能人才表彰活动共举办 14 届，表彰“中华技能大奖”获得者 260 名、“全国技术能手”3028 名（不含竞赛授予），2729 名高技能人才享受国务院政府特殊津贴。

从 2014 年开始，我国每年举办国家级一类大赛近 10 项、国家级二类竞赛 50 余项，参与竞赛人数达到 1000 多万人，涉及的竞赛职业工种有上百个。同时，各地区也结合实际组织开展了各类省级竞赛活动。

世界技能大赛被誉为“世界技能奥林匹克”。我国 2010 年加入世界技能组织，2011 年首次参加第 41 届世界技能大赛，至今已参加五届，累计获得 36 枚金牌、29 枚银牌、20 枚铜牌和 58 个优胜奖。第 44 届大赛上，中国荣登金牌、奖牌榜榜首，进入世界技能竞技领域“第一方阵”。第 45 届大赛，中国代表团蝉联金牌榜、奖牌榜、团体总分第一。

“用技能报国，不负历史赋予的光荣使命”成为技能大师的共同心声；党的十九大上，一批大国工匠响亮发声。通过一系列举措的实施，“知识改变命运、技能成就未来”“崇尚一技之长、不唯学历唯能力”理念逐渐深入人心，技术工人职业荣誉感、自豪感、获得感不断增强，催生出技能人才价值得到体现、能力得到发挥、活力得到释放的可喜局面。

3. 技工教育实力不断增强，职业培训大有作为

技能是立业之本。传承技术技能，技工教育使命在肩。《技工教育“十三五”规划》为技工教育事业发展描绘了新的蓝图，目前，技工院校将校企合作上升为技工教育基本办学制度，校企共同招生招工、共商专业规划、共议课程开发、共组师资队伍、共创培养模式、共建实习基地、共搭管理平台、共评培养质量，“校企双制、工学一体”的高技能人才培养模式在神州大地处处生花。

截至2018年年底，全国共有技工院校2379所，在校生341.6万人，毕业生就业率保持在97%以上。

随着国家重大人才工程之一——高技能人才振兴计划的持续实施，全国累计建设698个国家高技能人才培训基地、862个国家技能大师工作室。目前，全国每年开展政府补贴职业培训1600多万人次。

2018年，我国确立并推行面向全体劳动者的终身职业技能培训制度，“招工即招生、入企即入校、企校双师联合培养”的企业新型学徒制在我国全面推行，技能人才培养模式迎来重大创新。2019年，我国开展职业技能提升行动，按照行动目标，3年期间，国家将投入1000亿元完成培训5000万人次，随着大规模的职业技能培训的实施，我国劳动者职业技能水平和就业创业能力将得到全面提升。

2016年7月，人社部、国务院扶贫办开展技能脱贫千校行动，这一行动被写进打赢脱贫攻坚战三年行动中。2018年9月，人社部、国务院扶贫办在全国组织开展深度贫困地区技能扶贫行动。2018年全年开展贫困劳动力培训200万人次，技工院校招收建档立卡贫困家庭子女6.42万人。2019年，技能脱贫千校行动向纵深发展，技能扶贫冲刺蓄势待发。

4. 匠心回归，技能报国成为时代强音

“中国已经不再是那个只能批量生产他国创新产品的国家了，中国制造正在转型为中国创造。”没有一流的技工，就没有一流的产品。国际经验证明，技能人才是通向制造业强国的阶梯。

党的十八大以来，更是用创新赋能，中国制造向全球价值链高端攀升。创造这一奇迹的，正是中国广大劳动者，特别是数亿技能劳动者一双双勤劳的双手。

从《大国工匠》《我在故宫修文物》等纪录片的“走红”带给人们感叹与感动，再到“工匠精神”被写入《政府工作报告》带来欣喜与振奋，“工匠精神”渐渐在各行业形成共鸣，在全社会汇成共识。

数据显示，2016年、2017年全国技工院校在校生数量实现两连增。倾心技能的年轻人越来越多，技能成才、匠心回归的时代奔腾而来。

聚焦“中国制造2025”和创新驱动发展战略，围绕“一带一路”建设、京津冀协同发展、长江经济带发展、东北振兴、中部崛起、西部大开发等国家和区域经济发展战略的需求，提供技能人才保障和支撑。

5.1万余名高技能人才取得职称

据人民日报报道，2021年，人才评价机制改革取得突破，全面深化职称制度改革任务总体完成。人社部累计出台27个职称系列改革指导意见，印发9个综合性配套政策，上线运行全国职称评审信息查询平台；高技能人才与专业技术人才职业发展进一步贯通，1万余名高技能人才取得职称；推动各类企业开展技能人才自主评价，遴选发布全国性社会培训评价组织，1.2万多家企业、3400多家社会培训评价组织完成备案，全年620余万人取得职业技能等级证书；公布新版国家职业资格目录，颁布智能制造、互联网营销师等59个国家职业标准。

6. 对职业教育工作的重要指示

要坚持党的领导，坚持正确办学方向，坚持立德树人，优化职业教育类型定位，深化产教融合、校企合作，深入推进育人方式、办学模式、管理体制、保障机制改革，稳步发展职业本科教育，建设一批高水平职业院校和专业，推动职普融通，增强职业教育适应性，加快构建现代职业教育体系，培养更多高素质技术技能人才、能工巧匠、大国工匠。各级党委和政府要加大制度创新、政策供给、投入力度，弘扬工匠精神，提高技术技能人才社会地位，为全面建设社会主义现代化国家、实现中华民族伟大复兴的中国梦提供有力人才和技能支撑。

近些年来，各地区各相关部门认真贯彻党中央、国务院决策部署，推动职业教育发展取得显著成绩。要坚持以习近平新时代中国特色社会主义思想为指导，着眼服务国家现代化建设、推动高质量发展，着力推进改革创新，借鉴先进经验，努力建设高水平、高层次的技术技能人才培养体系。要瞄准技术变革和产业优化升级的方向，推进产教融合、校企合作，吸引更多青年接受职业技能教育，促进教育链、人才链与产业链、创新链有效衔接。加强职业学校师资队伍和办学条件建设，优化完善教材和教学方式，探索中国特色学徒制，注重学生工匠精神和精益求精习惯的养成，努力培养数以亿计的高素质技术技能人才，为全面建设社会主义现代化国家提供坚实的支撑。

坚持立德树人，优化类型定位，加快构建现代职业教育体系。要一体化设计中职、高职、本科职业教育培养体系，深化“三教”改革，“岗课赛证”综合育人，提升教育质量。要健全多元办学格局，细化产教融合、校企合作政策，探索符合职业教育特点的评价办法。各地各部门要加大保障力度，提高技术技能人才待遇，畅通职业发展通道，增强职业教育认可度和吸引力。

二、 酿酒行业人才队伍建设

改革开放40年来，在国家有关部门，行业协会（中国食品工业协会、中国酒业协会），酒企的共同努力下，我国白酒行业人才队伍建设取得了令人瞩目的成就。

1. 评委队伍不断壮大

我国的国家级白酒评委考核工作，是从1979年8月第三届全国评酒会正式开始的，经考核聘请评委17人，加上5名特聘评委共22人。1984年第四届全国评酒会前，经过考核、择优聘请评委34人（含免试4人）。1988年，中国食品工业协会在湖南省长沙市组织了全国白酒国家评委考核，聘任李静、韩印、李树林等44人为第五届评酒会白酒国家评委，特聘丁柏年、丁前胜、于树民等35人为特邀评委。2000年9月分别在贵州省贵阳市和山东省淄博市召开第六届白酒国家评委考评会，经考核，聘任白酒国家评委 107 人，白酒资格评委 37 人，组建了第六届白酒国家评委队伍。之后，中国食品工业协会白酒专业委员会分别于 2006 年 10 月和 2011 年 10 月在北京召开第七、八届白酒国家评委考评会，分别聘任白酒国家评委 175 人和 161 人，资格评委 26 人，特邀评委 28 人。

中食协第九届白酒国家评委换届考评工作分别于 2016 年 8 月 29~31 日和 10 月 13~14 日在丹东和北京开展。第八届白酒国家评委 122 人和各地推荐的新考生 160 名分别参加了相应考试。通过理论考试以及 11 轮的品评实操考核，新聘任第九届白酒国家评委 103 人；第八届评委经考试成绩合格，继续聘任为第九届白酒国家评委 121 人；第八届白酒国家评委经批准免予考试，继续聘任为第九届白酒国家评委 103 人。第九届白酒国家评委共计 327 人。此外经研究，聘任国家资格评委 17 人；聘任特邀国家评委 24 人。第九届白酒国家评委任期于 2021 年末届满，2023 年 4 月 25 日，中国食品工业协会下发了《关于聘任第十届白酒评委的通知》。此次考评共有原第九届白酒国家评委和各省、自治区、直辖市推荐的新考生 411 人参加。其中，有 173 人被新聘任为第十届白酒国家评委；继续聘任考试合格的第九届白酒国家评委 172 人为第十届白酒国家评委；继续聘任符合免予考试条件的 128 人为第十届白酒国家评委。

2000 年 9 月，原中国酿酒工业协会（现为中国酒业协会）在原国家轻工业局领导下，举办国家级白酒评委考核，通过一系列考核、推荐、选拔等工作，确定了 2000 届国家级白酒评委 80 名，资格评委人员 34 名。之后，原中国酿酒工业协会联合中国财贸轻纺烟草工会、中国就业培训技术指导中心、中国轻工业职业技能鉴定指导中心等，先后组织了三届全国白酒职业技能大赛（2005、2010、2015 年）。第一届通过严格考核，决定聘请 2005 届国家级白酒评酒委员 107 人，特邀评委 24 名；第二届于 2010 年 11 月在北京举行，本次大赛全国有 29 个省区市 400 多家企业 4000 多人参加了选拔赛，各省经过严格选拔，推荐出参加全国决赛的选手共 205 名。本次大赛不仅是全国白酒行业品评技术的一次大比武，同时又是 2010 届白酒国家级评酒委员选拔考试。根据 2010 年 3 月 12 日全国酿酒行业秘书长工作会议精神，决定聘任 2010 届国家级白酒评酒委员 146 名、国家级特邀白酒评酒委员 39 名；2015 年 12 月 7~9 日，中国酒业协会组织的第三届全国白酒品酒职业技能大赛在广东佛山召开。来自全国 30 个省市自治区的 256 名选手参赛，大赛全程运用电子考核系统，最大程度地排除外界因素干扰，保障大赛公平性；裁判员队伍换新，素质过硬，并全部启用非白酒行业人员，保障大赛公正性；大赛样品模式更新，首次应用瓶装样品，保障定量准确，全部大赛所用样品公开透明，保障大赛公开性。最终决定聘任 2015 届国家级白酒评酒委员 202 名。

2020 年 12 月 31 日，中国酒业协会决定，根据国家评委管理办法有关规定，聘任 2020 届国家级白酒评酒委员 351 人，并说明：新推荐人员决赛成绩 1~300 名直接录取，往届评委决赛成绩 1~350 名直接录取；新推荐人员决赛成绩 300~350 名、往届评委决赛成绩 350 名之后的人员，按照相关规定优先录取的原则进行录取。

在两大协会推动下，全国各省、市食品行业组织和相关行业组织积极开展了省级白酒评委和科技专家的培训、考核、评定工作，聘任了上千名省级白酒评酒委员。逐渐建立和完善了各地方白酒工艺技术专家队伍。

中国白酒评酒委员的考试选拔工作在老一代酿酒专家的带领下走过了 40 多年的历程。

随着我国白酒工业的快速发展，评酒技术同样取得了长足的进步，建立和完善了我国白酒行业最具权威的感官品评专家队伍，为白酒质量安全水平不断提升和风格特色创新发展发挥了巨大作用。

2. 酿酒大师、酒业精英的评选

为了传承我国酿酒事业，鼓励和调动酿酒行业从业人员的积极性和创造性，推动行业人才队伍建设。2006 年，由中国轻工业联合会和原中国酿酒工业协会联合开展首届“中国酿酒大师”评定工作，季克良、王国春等 32 名酒业精英获得了“中国酿酒大师”的荣誉称号，对长期战斗在酿酒行业一线的、有突出贡献的带头人在行业内的地位给予了确立和肯定，并进而在行业内掀起了尊重劳动、尊重知识、尊重人才的热潮，涌现了一大批有威望、有造诣、有贡献的新一批行业带头人和专家学者。2010 年 11 月，中国轻工业联合会和原中国酿酒工业协会联合启动第二届“中国酿酒大师”的评定工作，评选出了第二届“中国酿酒大师”43 名，并在北京钓鱼台国宾馆隆重召开了颁证大会，人社部、质检总局、工信部、工商总局、民政部、国资委等行业主管部门的相关领导出席了会议，对本次活动都给予了高度评价。

前两届评选出“中国酿酒大师”共 75 位，目前仍在职在岗的仅 23 位。

2021 年 3 月 25 日，中国轻工业联合会与中国酒业协会联合发文《关于开展第三届“中国酿酒大师”评选工作的通知》。全国酿酒行业共申报 266 人，经评选工作办公室资格审查，共 231 人符合评审条件。经过最终评审共评选出“中国酿酒大师”42 人。（包括王莉、沈毅等白酒行业 27 位，啤酒行业 5 位，葡萄酒行业 4 位，黄酒行业 4 位，露酒行业 2 位）。

根据评选名单，入选人员均来自企业生产科研一线，或者是由生产科研一线成长起来的企业管理人才，他们热衷于酿酒事业，有着深厚的酿酒理论基础和实践经验，在酿酒技术研究、创新、新成果开发以及新技术应用等方面业绩突出，并取得重大经济效益和社会效益，为推动我国酿酒事业做出了巨大的贡献。

2014 年，由中国轻工业联合会和中国酒业协会共同举办了首届“中国首席白酒品酒师”评定工作。“中国首席白酒品酒师”是在国家品酒师、国家级白酒评酒委员范围内考评、认定的基础上，通过严格把关，层层选拔评选产生。本次考评条件严格，范围明确，旨在从全国白酒行业中评选出长期从事品评、酒体设计、技术和质量管理工作，并具备丰富经验的权威专家。活动开展以来，共收到来自白酒行业 82 份品酒师人员材料，考评委员会对全部申请人进行了初审、复审考评，最终通过考核认定 46 人，于 2014 年 10 月 21 日在北京钓鱼台国宾馆正式发布“首届中国首席白酒品酒师”聘任名单。

2014 年 11 月，在第二届中国白酒科学技术大会前夕，根据《中国白酒大师等荣誉称号评定实施办法（试行）》等文件精神，中国食品工业协会白酒专业委员会在全国白酒专家委员会基础上，会同部分省、自治区、直辖市食品工业协会等有关机构的专家组成评审委员会，经过认真评选，评定王贵玉等 42 名专家为中国白酒大师，王耀等 53 名专家为中国白酒工艺大师，陈佳等 35 名专家为中国评酒大师。

三、酿酒行业的职业教育（培训与鉴定）

20 世纪 90 年代中期，我国白酒生产单位达 3.7 万家，其中乡以上独立核算企业达 4700 家。此后，在市场竞争和国家政策的双重作用下，白酒集中度不断提高，至 2014

年，白酒行业获得生产许可证企业 7310 家，正常生产经营的企业有 4000 余家，另外还有白酒小作坊 14700 家，从业人员 500 多万，分布于全国所有的省、自治区、直辖市。

2019 年 12 月 10 日，人力资源社会保障部（人社厅发〔2019〕107 号）公布 24 个国家职业技能标准，酿酒行业有：

酿酒师：职业编码 GBZ 6-02-06-01，分 2 级，二级/技师、一级/高级技师；将原有 3 个等级缩减为 2 个等级，并与各酒种酿造工对接。

酒精酿造工：GBZ 6-02-06-02，分一、二、三、四共 4 级，将原有 5 个等级缩减为 4 个等级，取消了五级/初级工等级。

白酒酿造工：GBZ 6-02-06-03，分三、四、五共 3 级，五级/初级工、四级/中级工、三级/高级工，将原有 5 个等级缩减为 3 个等级，并与酿酒师两个等级对接。

啤酒酿造工：GBZ 6-02-06-04，分三、四、五共 3 级；将原有 5 个等级缩减为 3 个等级，并与酿酒师两个等级对接。

黄酒酿造工：GBZ 6-02-06-05，分三、四、五共 3 级；将原有 5 个等级缩减为 3 个等级，并与酿酒师两个等级对接。

果露酒酿造工：GBZ 6-02-06-06，分三、四、五共 3 级；将原有 5 个等级缩减为 3 个等级，并与酿酒师两个等级对接。

品酒师：GBZ 6-02-06-07，分 4 级，四级/中级工、三级/高级工、二级/技师、一级/高级技师，将原有 3 个等级调整为 4 个等级。

酒体设计师：GBZ 6-02-06-12，人社部 2021 年 3 月 18 日公布的新职业，其定义为：以消费市场为导向，应用感官鉴评技能与营养科学知识对原酒与调味酒的组合特性进行分析与综合评判，提出最优酒体配比方案并生产特定风格酒类产品的人员。

根据党中央、国务院转变政府职能，推进“放管服”改革要求，结合近年来国务院有关部门职责调整、行政审批事项改革等情况进行优化。除与公共安全、人身健康等密切相关的职业工种外，73 项水平评价类技能人员职业资格全部退出目录，不再由政府或其授权的单位认定发证。这对于进一步提高职业资格设置管理科学化、规范化水平，推动降低就业创业门槛，优化就业创业环境，持续激发市场主体活力和社会创造力，推动高质量发展具有重要意义。酿酒行业工种从原职业鉴定改为水平评价，其相应的教材正在修订编写中。

在“十五”到“十三五”期间，酿酒行业本着以服务产业经济发展为宗旨，以建设高技能人才队伍为重点，健全、完善技能人才评价体系，规范职业技能鉴定工作，通过培训和考核，提高了职业技能鉴定质量，实现了职业培训的针对性和有效性。自工作开展以来，累计为行业培训和资质鉴定了 5 万余名专业技术人才，有多名选手获得了中华全国总工会颁发的“全国五一劳动奖章”，几十名选手获得国家人力资源和社会保障部颁发的“全国技术能手”荣誉称号，上百人获得中国酒业协会和全国财贸轻纺烟草工会颁发的“全国酿酒行业技术能手”的荣誉称号。

以四川省为例，截至 2021 年年底，四川省拥有“中国酿酒大师”21 名、“中国白酒大师”13 名，国家级白酒评委 92 名、省级白酒评委 600 余名，经鉴定、认定获得高级品酒师 11000 名、高级酿酒师 15000 余名，各类“白酒专家”数量位居全国首位，成为国内酿酒人才集聚高地，为四川省白酒产业实现又好又快发展提供了坚实的智力保障。

笔者从事酿酒研究近 40 年，主持、参与白酒行业技术培训 100 多期，编写培训教材多部。20 世纪 90 年代中期就在国家职业技能鉴定所（川-131）担任考评员，先后培训近万人（次）酒厂各类人员、鉴定上千人，与全国各省、市、自治区的白酒企业多有接触，对白酒行业工人队伍的现状也很熟悉。下面以中国酒业协会“第二届全国白酒品酒职业技能大赛”为例进行技术点评，希望对酒厂一线人员、希望考取品酒师或评委的同志们有所帮助。

1. 命题分析

这次大赛命题宗旨就是要考出参赛选手真正的白酒品酒能力。理论考试 150 分，技能考试 600 分，总分 750 分。题目类型，分数设定都是第一次采用。

（1）理论题目范围涵盖了国家一级品酒师教材全部，由于采用了计算机判分，所以理论题目设置受到一定局限，难度较小，但是题量较大。题型有：判断、单选、多选。建立了包含 300 题的题库。题库公开，考题选择由大赛监审组在考前两天从题库中抽取 100 题为考试题目，同时负责试卷的印制。

（2）能力测试题目由大赛评审组出题并组织好轮次和酒样。大赛监审组在每轮考试前 20min 负责对每一轮酒样进行重新编号，重新编号结果在每轮考试结束后才通知大赛评审组，充分体现了大赛的试题保密性，公正、公平竞争。这次大赛能力测试题量较大，由于客观环境的影响，加上又是难度较大的六杯品评法，能力测试题目共十四轮，所以本次大赛是历届品评考试题量最大、难度最大的一次竞赛。

2. 品评技术、标准解析

为了搞好本次大赛，克服以往竞赛选手品评技能训练方法和标准不统一的局限性，此次竞赛明确了 18 种中国白酒典型类型酒样、9 种典型类型白酒的质量等级系列酒样，以及中国白酒重要呈香化合物 102 种，并且组织了所有标准酒样，同时责成提供具体办法，明确了白酒质量等级感官分值范围。

3. 评判方法解析

品评能力测定及判分方法采取“白酒品评能力测试系统”，这个系统组合考题非常灵活，综合性很强，但也不妨碍个别出题，显然难度比以往的考试要大，但具备品评经验和长期从事品评的技术人员更有优势。因为这样的考试要求综合能力更强。在线考试可以跨轮次，增加了考题的难度。判分科学公正，真正考出品酒师能力。

糖化发酵剂、酿酒设备、典型类型分值设定为 1 分，酒样总分设定分值为 3 分，质量排序每杯酒样设定为 3 分，酒精度测定每杯酒样是 4 分，重现分值是 3 分，再现分值也是 3 分。酒精度判分是按偏离度，就是标准酒精度左右 3 度差得分，按接近标准酒精度给分。总分按给定的分值范围给分，只要在给定范围就得满分。

在质量排序判定方面做了较大改进。1~6 序位，即如果 6 杯酒 6 个质量差就是 6 个序位，质量差的题目往往和重现性考试一起出题，那就可能是 5 个序位，也可能是 4 个或 3 个或更少。在回答这类题目时，品评者在当轮次认为样品是哪个质量序就填涂相应序号，但首先要明确当轮次中有没有重现酒样。

这类题目的设置克服了以往考试非对即错的判定原则，质量差设定的判分标准是按序差扣分，即假定本轮质量排序是 18 分，每杯酒样答对 3 分，每个序差是 0.6 分，如果把第一质量排到了第二，扣 0.6 分；排到了第三，扣 1.2 分，以此类推，偏离越多扣分越多。为什么要这样设定？

(1) 因为质量排序的标准不应该是唯一的，因此不应该是非对即错。以往考试在这类题目上一些老评委和一些资深评委都很吃亏，他们回答出不了大错，但往往是由于一个序差错了，最后不得分，十分可惜，所以非对即错的判分标准有问题，没有测定出真正的品评水平。品评测试的目的是测定品评能力，而不是测定和专家设定的结果是否一致。

(2) 按偏离度扣分，偏离度越大扣分越多，真正体现出偏离度越小品评能力越强，反之品评能力越差。

(3) 重复杯号，直接填涂，也就是直接回答，也不像以往用同样的分值来描述。这样的好处在于，这一轮没有找出重现酒样，不影响下一轮再现性考试。

(4) 再现表述。再现的回答与以往考试有很大不同。A、本轮酒样无论以上哪一轮出现都可以直接回答，可以是上一轮，也可以隔轮。B、假如前些轮重现酒样出现了再现，前些轮又没有找出重现酒样，这时也可以改正，回答正确的再现杯号就可以得分。C、可以多轮次再现，每一杯酒可以再现不同轮次酒样。

4. 能力测试题目分析

(1) 第一轮　闻香鉴别化合物（答案），见表 15-8。

表 15-8　　第一轮：闻香鉴别化合物（答案）

杯号	1	2	3	4	5	6
化合物名称	香兰素	苯乙醛	2-乙酰基呋喃	2，5-二甲基吡嗪	4-乙基愈创木酚	异丁香酚
编号	069	051	017	011	040	048

总分 18 分，答对 1 个得 3 分。考前将 102 种化合物训练范围缩小到了 30 种，应该说大大缩小了范围，这轮考试没有全部答对的，非常出乎预料，分析原因可能是考试现场主席台背景布散出的甲醛气味影响了选手的发挥。

(2) 第二轮　兼香质量排序（答案），见表 15-9。

表 15-9　　第二轮：兼香质量排序（答案）

杯号	1	2	3	4	5	6
排序	2	4	3	1	3	1

总分 42 分，典型类型：兼香，6 分；糖化发酵剂：大曲，6 分；重现 4=6，3=5，12 分；排序：18 分。这一轮选择了兼香白云边酒的质量等级前四个样品，这轮题难度不是很大，多数选手发挥不错，但是有两个相同酒样，多数没有答对。

(3) 第三轮　大曲清香质量排序（答案），见表 15-10。

表 15-10　　第三轮大曲清香质量排序（答案）

杯号	1	2	3	4	5	6
排序	2	1	2	3	3	1
糖化发酵剂	大曲	大曲	大曲	大曲	大曲	大曲

总分：54 分。典型类型：汾酒大曲清香，6 分；糖化发酵剂：大曲，6 分；酿酒设

备：地缸，6分；重现1=3、2=6、4=5，18分；排序：18分。

这轮考题相对难度较大，一是多数参赛选手对清香类型白酒训练不够，二是考题选用了大曲清香前三个酒样，质量等级不是特别容易区别。由于心理影响，一些选手没有答好这轮题。有个别选手没有鉴别出是汾酒，出现较大错误。

（4）第四轮　典型酒样（答案），见表15-11。

表15-11　第四轮典型酒样（答案）

杯号	1（剑南春）	2（泸州）	3（剑南春）	4（四特）	5（口子窖）	6（郎酒）
典型类型	多粮浓香	浓香	多粮浓香	特型	兼香	酱香
酿酒设备	泥窖	泥窖	泥窖	石窖	泥窖	石窖

特别提示：总分分值范围96≥优级酒≥93；93>一级酒≥90；90>二级酒≥85。总分：36分。糖化发酵剂：大曲，6分；打分：全部优级，大于93分，小于96分。

这轮题目难度较小，但还是有一部分选手没有把握好得分机会。本轮给出等级酒样分值范围，某种意义上成了烟幕弹。许多选手明明品尝出是优级酒，由于受心理影响，将最终答案定为一级酒，甚至二级酒。

（5）第五轮　质量排序——单粮浓香质量排序（答案），见表15-12。

表15-12　第五轮质量排序——单粮浓香质量排序（答案）

杯号	1	2	3	4	5	6
排序	5	4	6	3	2	1
糖化发酵剂	大曲	大曲	大曲	大曲	大曲	大曲

总分：36分。排序18分，重现0分；糖化发酵剂：大曲，6分；典型类型：浓香，6分；酿酒设备：泥窖，6分。

这轮酒样是泸州老窖质量排序酒样，难度较小，没有重复酒样，部分选手品尝出没有相同酒样，但不够自信，没有拿到该得的分数。

（6）第六轮　质量排序——小曲酒质量排序（答案），见表15-13。

表15-13　第六轮质量排序——小曲酒质量排序（答案）

杯号	1	2	3	4	5	6
排序	4	2	3	3	2	1

总分：42分。典型类型：重庆江津，小曲清香，6分。糖化发酵剂：小曲，6分。重现3=4，2=5，12分；排序：18分。

这轮题难度一般，普遍得分较高，但是也有个别选手由于缺乏这类型酒样的训练，没能全面准确地回答好。

（7）第七轮　酒精度（答案），见表15-14。

表 15-14 第七轮 酒精度（答案）

杯号	1	2	3	4	5	6
酒精度	48 度剑南春	46 度泸州	46 度郎酒	46 度汾酒	52 度泸州	50 度汾酒
典型类型	多粮浓香	浓香	酱香	清香	浓香	清香
酿酒设备	泥窖	泥窖	石窖	地缸	泥窖	地缸

总分：42 分。典型类型，6 分；糖化发酵剂：大曲，6 分；酿酒设备：6 分。酒精度：4×6=24 分，4 度差（±2 度），按偏离度扣分。

这轮题难度较大，不同类型酒样在同一轮回答酒精度，同时又是相同或接近的酒精度。类似于一杯品评法，多数选手缺乏这方面训练，普遍得分不高。

（8）第八轮 质量排序——芝麻香酒质量排序（答案），见表 15-15。

表 15-15 第八轮质量排序——芝麻香酒质量排序（答案）

杯号	1	2	3	4	5	6
排序	2	5	1	4	4	3

总分：36 分。排序 18 分；重现 4=5，6 分；典型：芝麻香，6 分；糖化发酵剂：大曲，6 分。芝麻香白酒也是大多数选手感到难度较大的类型。这轮题出题时就降低了难度，训练基础好的选手都比较好地完成了这轮题。

（9）第九轮 质量排序——兼香酒质量排序，再现第二轮（答案），见表 15-16。

表 15-16 第九轮质量排序——兼香酒质量排序，再现第二轮（答案）

杯号	1	2	3	4	5	6
排序	5	3	5	1	2	4
再现第 2 轮	—	3，5	—	4，6	1	2

总分：54 分。典型：兼香，6 分；糖化发酵剂：大曲，6 分；重现 1=3，6 分；排序：18 分；再现：18 分。

这轮题与第二轮再现是较大的难度。关键在于隔了好多轮，又相隔一天时间，没有很好的记录、很强的记忆力和很好的训练基础，很难回答完整。同时又增加了一个 5 号样，第二轮又是两个重复酒样在这轮再现，难度的确比较大，所以这轮题得分普遍偏低。

（10）第十轮 质量排序——多粮浓香酒质量排序（答案），见表 15-17。

表 15-17 第十轮质量排序——多粮浓香酒质量排序（答案）

杯号	1	2	3	4	5	6
排序	5	3	2	1	5	4

总分：42 分。典型：多粮浓香，6 分；糖化发酵剂：大曲，6 分；酿酒设备：泥窖，6 分；重现 1=5，6 分；排序：18 分。这轮题难度较小，主要是多数选手比较熟悉浓香类

型白酒，低分较少。

（11）第十一轮　酒精度（答案），见表15-18。

表15-18　第十一轮　酒精度（答案）

杯号	1	2	3	4	5	6
酒精度	53度三花	48度江津	50度三花	53度扳倒井	48度江津	53度郎酒
典型类型	米香	小曲清香	米香	芝麻香	小曲清香	酱香
糖化发酵剂	小曲	小曲	小曲	小曲	小曲	大曲

总分：36分。酒精度24分，按照±2度差扣分。

这轮题与第七轮相近，难度也较大，不同类型和相近类型酒样在同一轮回答酒精度，也是相同或接近的酒精度。类似于一杯品评法，一些没有训练基础的选手有盲目猜的情况，所以高分不多。

（12）第十二轮　质量排序——清香酒质量排序，再现第三轮（答案），见表15-19。

表15-19　第十二轮质量排序——清香酒质量排序，再现第三轮（答案）

杯号	1	2	3	4	5	6
排序	1	5	2	2	3	4
再现第3轮	3，6	—	1，3	1，3	4，5	—

总分：66分。排序18分；重现：3=4，6分；糖化发酵剂：大曲，6分；典型类型：大曲清香，6分；再现：24分；酿酒设备：地缸，6分。

这轮堪称难度最大的一轮考题，难在这类型酒令很多选手头痛，再加上又是相隔近10轮再现，同时又增加了两个酒样，很难判断哪个是新增加的酒样，再加上第三轮所有酒样全部再现，没有特别高的品评水平，很难回答全面。这轮题目分值是整个能力测试题中最高的。所以，这轮题得分高低决定着选手最终比赛成绩。

（13）第十三轮　质量排序——多粮浓香酒质量排序，再现第十轮（答案），见表15-20。

表15-20　第十三轮质量排序——多粮浓香酒质量排序，再现第十轮（答案）

杯号	1	2	3	4	5	6
排序	2	1	4	5	2	3
再现第10轮	3	4	6	1，5	3	2

总分：63分。排序18分；重现：1=5，6分；糖化发酵剂：大曲，6分；典型类型：多粮浓香，6分；酿酒设备：泥窖，6分；再现：21分。

这轮题再现第十轮，相隔较近又是多数选手熟悉类型酒，有些选手得了高分，但是有一部分选手表现出隔天再现能力较弱，没有很好地发挥出水平。

（14）第十四轮　典型类型和酒精度（答案），见表15-21。

表 15-21　　第十四轮　典型类型和酒精度（答案）

杯号	1	2	3	4	5	6
酒精度	50 度湘山	50 度玉林泉	53 度汾酒	53 度三花	53 度汾酒	50 度湘山
典型类型	米香	小曲清香	大曲清香	米香	大曲清香	米香
糖化发酵剂	小曲	小曲	小曲	小曲	小曲	小曲

总分：33 分。酒精度：3、4、5 号杯，15 分；糖化发酵剂：6 分；典型类型：12 分。

这轮题目是典型类型酒中的相近类型白酒，没有很好的训练基础也不是很容易区分的，酒精度没有经过调整，题目虽然简单，但是主要考查选手的训练水平。

5. 环境心理分析

这次大赛在比赛环境以及选手心理方面也有许多方面需要总结。比如说品酒能力测试的第一轮由于竞赛环境影响了选手的发挥，在今后品酒考试时，应该特别注意。还有一项需要引起高度重视的是：由于这次大赛考试内容公开，各地参赛选手按规则训练备考，大赛时有许多选手感觉训练酒样与考试酒样明显不一样，其实酒样是一样的，为什么会感觉不一样呢？大赛前到异地培训的选手给出了答案，他们讲同样酒样在家训练与到异地培训感觉不一样。这就是环境不同时，品评酒样的感觉会有明显区别。对本次大赛充分重视，赛前做出相应调整的选手大都取得了好成绩，比如五粮液集团的参赛选手取得优异成绩就充分说明了这一点，他们把训练的全部酒样和化合物空运到北京，提前在驻地进行赛前训练，并且为了克服寒冷干燥的北方天气，还采取了配备加湿器等一系列的措施。

心理因素影响品酒结果，每个参赛选手都清楚，但往往他们还犯这方面的错误。第一感觉很对，但自己又会问自己：会有两个剑南春吗？汾酒清香质量排序都是好酒吗？没有一级酒和二级酒怎么会给出提示分数呢？培训酒样考试时没有重新兑一下吗？酒样一定调整过，不会拿我们训练酒样来考试吧？这些猜想影响了许多选手的发挥。甚至有些赛前十分看好的高水平选手因自己心理干扰的影响打败了自己，没有取得预想成绩。

6. 成绩分析

本次大赛最好成绩是 648. 3 分，最低分数是 383. 3 分；600 分以上的有 18 名；580 分以上的 53 名；560 分以上的 103 名；500 分以上的 169 名。也就是说，82%的选手取得了 500 分以上的优异成绩。新选拔参赛的选手成绩喜人。前 23 名里有 12 名新选手，前 100 名有 70 名新选手。新选手成绩优异，共有 72 名新选手入选了 2010 届国家白酒评委。

前 23 名有老评委 11 名，新老选手平分秋色。老评委成绩两极分化，前 100 名有 30 名老评委，后 50 名里有 20 名老评委。据了解，积极备战、强化训练的老评委取得了理想成绩，不重视的老评委成绩较差，有个别老评委非常遗憾没有录取为 2010 届国家白酒评委。

从地区大赛成绩可以看出白酒重要产区以及在初赛和赛前强化培训方面组织得力的省市选手取得了较好成绩。应该特别提出的有 13 人次在不同轮次由于测试表填涂错误导致不得分，主要原因是赛前训练不够，有个别选手根本没有认真备战，所以才导致这样非常不应该出现的问题。

大赛的确考出了真正的品酒水平和训练水平，提高了所有参赛选手的品酒能力。全国白酒行业高水平的品酒师队伍又增添了新的活力。大赛取得了丰硕成果，但仍然有许多不足之处需要在今后品酒师培训和考试中改进和提高。如何确定和完善白酒感官质量等级标准，怎样更好地应用品评指导和监督白酒质量的稳定、提升，这些都是需要在今后的工作中探索和解决的问题。

附　　录

附录 1　　历年（主要年份）饮料酒的生产情况　　单位：万吨（万千升）

年度	酿酒总产量	饮料酒总产量	白酒	啤酒	黄酒	葡萄酒	果露酒	酒精
1949	—	15. 69	10. 80	0. 70	2. 50	0. 085	1. 60	—
1953	—	34. 47	—	—	—	—	—	—
1957	—	66. 94	—	—	—	—	—	—
1962	—	72. 00	—	—	—	—	—	—
1965	—	89. 05	—	—	—	—	—	—
1970	—	121. 29	—	—	—	—	—	—
1975	—	211. 55	127. 10	—	—	—	—	—
1978	287. 42	246. 82	143. 74	40. 38	39. 95	6. 40	16. 35	40. 60
1979	354. 91	309. 83	187. 94	51. 59	47. 39	6. 51	16. 40	45. 08
1980	417. 71	368. 40	215. 28	68. 78	43. 15	7. 79	33. 40	49. 31
1981	499. 49	446. 50	245. 70	90. 90	55. 30	11. 10	43. 50	52. 99
1982	553. 05	493. 09	253. 29	117. 3	59. 10	11. 80	51. 60	59. 96
1983	669. 91	604. 55	290. 17	163. 36	62. 46	12. 86	75. 70	65. 36
1984	783. 99	711. 25	317. 10	223. 96	62. 30	15. 99	91. 90	72. 74
1985	934. 91	851. 67	337. 96	310. 44	65. 70	23. 25	114. 32	83. 24
1986	1077. 68	985. 15	350. 77	412. 88	86. 85	25. 33	109. 32	92. 53
1987	1297. 15	1194. 60	431. 03	540. 43	90. 31	27. 87	104. 96	102. 55
1988	1466. 07	1357. 29	468. 54	662. 77	85. 9	30. 85	109. 23	108. 78
1989	1392. 42	1284. 63	448. 31	643. 41	83. 66	27. 18	82. 07	107. 79
1990	1514. 63	1385. 33	513. 91	692. 23	75. 56	25. 43	78. 20	129. 30
1991	1674. 92	1538. 92	524. 48	838. 37	80. 64	24. 19	71. 24	136. 00
1992	1897. 64	1752. 61	547. 43	1020. 66	93. 26	24. 60	66. 66	145. 03
1993	2110. 60	1959. 36	593. 67	1192. 00	103. 61	13. 62	56. 46	151. 24
1994	2403. 52	2233. 05	651. 29	1414. 66	104. 81	18. 03	44. 26	170. 47
1995	2795. 14	2567. 33	798. 62	1568. 82	134. 53	22. 91	42. 45	227. 81
1996	2851. 22	2650. 94	801. 30	1681. 91	119. 70	17. 03	31. 00	200. 28
1997	3047. 39	2834. 11	781. 79	1888. 94	121. 63	18. 55	23. 20	213. 28
1998	2949. 63	2739. 63	584. 96	1987. 67	125. 00	22. 00	20. 00	210. 00

续表

年度	酿酒总产量	饮料酒总产量	白酒	啤酒	黄酒	葡萄酒	果露酒	酒精
1999	2981. 46	2776. 46	502. 26	2098. 77	130. 00	25. 43	20. 00	205. 00
2000	3085. 47	2886. 41	476. 11	2231. 32	134. 79	24. 19	20. 00	199. 06
2001	3113. 87	2913. 04	420. 19	2288. 80	154. 00	25. 05	25. 00	200. 83
2002	3188. 03	2975. 03	378. 47	2402. 70	140. 00	28. 86	25. 00	213. 00
2003	3341. 13	3091. 13	331. 35	2540. 48	160. 00	34. 30	25. 00	250. 00
2004	3788. 98	3503. 02	311. 70	2948. 59	180. 00	36. 73	26. 00	285. 96
2005	3965. 00	3596. 87	347. 39	3126. 05	50. 00	43. 43	30. 00	368. 13
2006	4637. 23	4091. 61	397. 08	3543. 58	70. 20	49. 75	31. 00	545. 62
2007	5203. 51	4567. 53	439. 95	3954. 07	75. 70	66. 51	31. 30	635. 98
2008	5599. 97	4918. 70	569. 34	4156. 91	89. 62	69. 83	33. 00	681. 27
2009	5920. 30	5188. 56	706. 93	4162. 18	106. 26	96. 00	—	731. 74
2010	6361. 27	5535. 34	890. 83	4401. 49	134. 14	108. 88	—	825. 93
2011	6816. 08	6022. 88	972. 70	4834. 50	—	115. 69	—	793. 20
2012	7202. 25	6381. 63	1153. 16	4778. 58	—	138. 16	—	820. 62
2013	7511. 88	6600. 33	1226. 20	4982. 79	—	117. 83	—	911. 55
2014	7528. 27	6543. 99	1257. 132	4936. 29	—	116. 10	—	984. 28
2015	7429. 33	6412. 59	1312. 80	4715. 72	—	114. 80	—	1016. 74
2016	7226. 30	6274. 20	1358. 36	4506. 44	—	113. 74	—	952. 10
2017	7077. 42	6050. 13	1198. 06	4401. 49	—	100. 11	—	1027. 29
2018	5631. 93	4985. 30	871. 20	3812. 24	—	62. 91	—	646. 63
2019	6281. 71	5590. 13	785. 95	3765. 29	—	45. 15	—	691. 58
2020	5600. 76	4676. 50	740. 73	3411. 11	—	41. 33	—	924. 26
2021	5406. 86	4598. 60	715. 63	3562. 43	—	26. 80	—	808. 26
2022	5427. 50	4560. 00	671. 24	3568. 70	—	21. 37	—	869. 24
2023	6131. 00	4758. 00	629. 00	3789. 00	190. 00	30. 00	120. 00	1373. 00

说明：

1. 据国家统计局，1998 年及以后年份，统计范围为全部国有及年主营业务收入在 500 万元以上非国有工业企业，500 万元以下非国有工业企业的产量不再进行统计。2011 年调整提高到年主营业务收入在 2000 万元及以上的法人工业企业。表中斜体数字及空白—— 指未有确切数字。本表仅供参考。

2. 2002 年白酒规模以上企业只有 1300 多家，规模以下企业产量合计在 120 万吨左右。2005 年规模以上企业为 940 家，2007 年 1160 家，2008 年 1200 家，2009 年 1435 家，2011 年 1233 家，2012 年 1290 家，2013 年 1423 家，2014 年为 1498 家（截止 2014 年，白酒行业获得生产许可证企业 7310 家，正常生产经营的企业有 4000 余家，另外还有白酒小作坊 14700 家），2015 年 1563 家，2016 年 1578 家，2017 年 1593 家，2018 年 1445 家，2019 年 1176 家，2020 年 1040 家，2021 年 965 家，2022 年 963 家。产业集中度逐步增加。

3. 啤酒 2003 年及以前计量单位为万吨，以后为万千升。为国家统计局数据。

4. 黄酒 2006 年及以后只统计规模以上企业的产量。

5. 酒精，为折 96 度，商品量。

6. 酿酒总产量=饮料酒总产量+酒精。饮料酒总产量=白酒+啤酒+黄酒+葡萄酒+果露酒。

附录2 白酒（产品）国家标准汇集（截至2024年12月，供参考）

名称	标准号	发布日期	实施日期	备注	代替标准
白酒质量要求 第1部分：浓香型白酒	GB/T 10781.1—2021	2021-03-09	2022-04-01		GB/T 10781.1—2006
白酒质量要求 第2部分：清香型白酒	GB/T 10781.2—2022	2022-07-11	2023-02-01		GB/T 10781.2—2006
米香型白酒	GB/T 10781.3—2006	2006-07-18	2007-05-01	修订中	GB/T 10781.3—1989 GB/T 11859.3—1989
白酒质量要求 第4部分：酱香型白酒	GB/T 10781.4—2024	2024-05-28	2025-06-01		GB/T 26760—2011
凤香型白酒	GB/T 14867—2007	2007-01-19	2007-07-01	修订中	GB/T 14867—1994
豉香型白酒	GB/T 16289—2018	2018-06-07	2019-01-01	修订中	GB/T 16289—2007
特香型白酒	GB/T 20823—2017	2017-09-07	2018-04-01	修订中	GB/T 20823—2007
白酒质量要求 第8部分：浓酱兼香型白酒	GB/T 10781.8—2021	2021-11-26	2022-06-01		GB/T 23547—2009
白酒质量要求 第9部分：芝麻香型白酒	GB/T 10781.9—2021	2021-08-20	2022-03-01		GB/T 20824—2007
白酒质量要求 第10部分：老白干香型白酒	GB/T 10781.10—2024	2024-11-28	2025-12-01		GB/T 20825—2007
白酒质量要求 第11部分：馥郁香型白酒	GB/T 10781.11—2021	2021-03-09	2022-04-01		
董香型白酒质量要求	DB52/T 550—2023	2023-10-26	2024-01-01	国标制定中	DB52/T 550—2013
液态法白酒	GB/T 20821—2007	2007-01-19	2007-07-01	含第1号修改单	
固液法白酒	GB/T 20822—2007	2007-01-19	2007-07-01	含第1号修改单	
小曲固态法白酒	GB/T 26761—2011	2011-07-20	2011-12-01	修订中	
奶酒	GB/T 23546—2009	2009-04-14	2009-12-01	修订中	
地标产品 贵州茅台酒	GB/T 18356—2007	2007-09-19	2008-05-01	含第1、2号修改单	
地标产品 水井坊酒	GB/T 18624—2007	2007-09-19	2008-05-01	含第1号修改单	GB 18624—2002
地标产品 古井贡酒	GB/T 19327—2007	2007-09-19	2008-05-01	含第1号修改单	GB 19327—2003
地标产品 口子窖酒	GB/T 19328—2007	2007-09-19	2008-05-01	含第1、2号修改单	GB 19328—2003
地标产品 道光廿五贡酒	GB/T 19329—2007	2007-09-19	2008-05-01	含第1号修改单	
地标产品 互助青稞酒	GB/T 19331—2007	2007-09-19	2008-05-01		GB 19331—2003
地标产品 西凤酒	GB/T 19508—2007	2007-09-19	2008-05-01		GB 19508—2004

续表

名称	标准号	发布日期	实施日期	备注	代替标准
地标产品 剑南春酒	GB/T 19961—2005	2005-11-17	2006-03-01	含第 1 号修改单	
地标产品 玉泉酒	GB/T 21261—2007	2007-12-13	2008-05-01		
地标产品 牛栏山二锅头酒	GB/T 21263—2007	2007-12-13	2008-05-01	含第 1 号修改单	
地标产品 舍得白酒	GB/T 21820—2008	2008-05-05	2008-10-01		
地标产品 严关五加皮白酒	GB/T 21821—2008	2008-05-05	2008-10-01		
地标产品 沱牌白酒	GB/T 21822—2008	2008-05-05	2008-10-01		
地标产品 国窖 1573	GB/T 22041—2008	2008-06-25	2008-10-01		
地标产品 泸州老窖特曲酒	GB/T 22045—2008	2008-06-25	2008-10-01		
地标产品 洋河大曲	GB/T 22046—2008	2008-06-25	2008-10-01	含第 1 号修改单	
地标产品 五粮液酒	GB/T 22211—2008	2008-07-31	2008-11-01	含第 1 号修改单	
地标产品 景芝神酿酒	GB/T 22735—2008	2008-12-28	2009-06-01		
地标产品 酒鬼酒	GB/T 22736—2008	2008-12-28	2009-06-01	含第 1 号修改单	

附录 3 **白酒主要相关国家标准**

名称	标准号	发布日期	实施日期	备注	代替标准
定量包装商品净含量计量检验规则	JJF 1070—2023	2023-10-12	2024-04-12	含第 1 号修改单	JJF 1070—2005
食品安全国家标准　食品生产通用卫生规范	GB 14881—2013	2013-05-24	2014-06-01	修订中	GB 14881—1994
食品安全国家标准　蒸馏酒及其配制酒生产卫生规范	GB 8951—2016	2016-12-23	2017-12-23	修订中	GB 8951—1988
食品安全国家标准　发酵酒及其配制酒生产卫生规范	GB 12696—2016	2016-12-23	2017-12-23	修订中	GB 12696—1990 等
食品安全国家标准　粮食	GB 2715—2016	2016-12-23	2017-06-23		GB 2715—2005
饮料酒术语和分类	GB/T 17204—2021	2021-05-21	2022-06-01		GB/T 17204—2008
白酒工业术语	GB/T 15109—2021	2021-05-21	2022-06-01		GB/T 15109—2008
白酒企业良好生产规范	GB/T 23544—2009	2009-04-14	2009-12-01	修订中	
白酒质量安全追溯体系规范	QB/T 5711—2022	2022-04-08	200-10-01		
发酵酒精和白酒工业水污染物排放标准	GB 27631—2011	2011-10-27	2012-01-01	修订中	
清洁生产标准　白酒制造	HJ/T 402—2007	2007-12-20	2008-03-01	修订中	
排污许可证申请与核发技术规范　酒、饮料制造工业	HJ 1028—2019	2019-06-14	2019-06-14		
排污单位自行监测技术指南　酒、饮料制造	HJ 1085—2020	2020-01-06	2020-04-01		
食品安全国家标准　蒸馏酒及其配制酒	GB 2757—2012	2012-08-06	2013-02-01	修订中	GB 2757—1981
食品安全国家标准　食品添加剂使用标准	GB 2760—2024	2024-02-08	2025-02-08		GB 2760—2014
食品安全国家标准　食品中真菌毒素限量	GB 2761—2017	2017-03-17	2017-09-17		GB 2761—2011
食品安全国家标准　食品中污染物限量	GB 2762—2022	2022-06-30	2023-06-30		GB 2762—2017
食品安全国家标准　食品中农药最大残留限量	GB 2763—2021	2021-03-03	2021-09-03		GB 2763—2019 等
生活饮用水卫生标准	GB 5749—2022	2022-03-15	2023-04-01		GB 5749—2016
食品安全国家标准　预包装食品标签通则	GB 7718—2011	2011-04-20	2012-04-20	修订中	GB 7718—2004

续表

名称	标准号	发布日期	实施日期	备注	代替标准
白酒分析方法	GB/T 10345—2022	2022-07-11	2023-02-01		GB 10345—2007
白酒检验规则和标志、包装、运输、贮存	GB/T 10346—2023	2023-09-07	2024-10-01		GB/T 10346—2006
地理标志产品标准通用要求	GB/T 17924—2008	2008-10-19	2009-06-01		GB 17924—1999
绿色食品　白酒	NY/T 432—2021	2021-05-07	2021-11-01		NY/T 432—2014
绿色食品　配制酒	NY/T 2104—2018	2018-05-07	2018-09-01		NY/T 2104—2011
露酒	GB/T 27588—2011	2011-12-05	2012-06-01	修订中	
食用酒精质量要求	GB 10343—2023	2023-03-17	2024-04-01		GB 10343—2008
食品安全国家标准　食用酒精	GB 31640—2016	2016-12-23	2017-06-23	修订中	GB 10343—2008 部分指标
酒类生产企业防尘防毒技术规范	AQ 4222—2012	2012-03-31	2012-09-01		
玻璃容器　白酒瓶质量要求	GB/T 24694—2021	2021-12-31	2022-07-01		GB/T 24694—2009
陶瓷酒瓶	QB/T 4254—2011	2011-12-20	2012-07-01		
酒类及其他食品包装用软木塞	GB/T 23778—2009	2009-05-18	2009-12-01		
酒厂设计防火规范	GB 50694—2011	2011-07-26	2012-06-01		
工业用水定额　第15部分：白酒	GB/T 18916.15—2024	2024-09-29	2025-01-01		GB/T 18916.15—2014
品牌价值评价酒、饮料和精制茶制造业	GB/T 31280—2022	2022-12-30	2022-12-30		GB/T 31280—2014
酒类产品流通术语	SB/T 10710—2012	2012-08-01	2012-11-01		
酒类行业流通服务规范	SB/T 11000—2013	2013-04-16	2013-11-01		
白酒原酒及基酒流通技术规范	SB/T 10713—2012	2012-08-01	2012-11-01		
酿酒大曲通用分析方法	QB/T 4257—2011	2011-12-20	2012-07-01		
酿酒大曲术语	QB/T 4258—2011	2011-12-20	2012-07-01		
浓香大曲	QB/T 4259—2011	2011-12-20	2012-07-01		
白酒工业用酒甑	QB/T 5614—2021	2021-05-17	2021-10-01		
白酒工业用堆积糖化箱	QB/T 5615—2021	2021-05-17	2021-10-01		
白酒工业用摊凉机	QB/T 5616—2021	2021-05-17	2021-10-01		

续表

名称	标准号	发布日期	实施日期	备注	代替标准
食品安全国家标准　酒和食用酒精中乙醇浓度的测定	GB 5009. 225—2023	2023-09-06	2024-03-06		GB/T 5009. 225—2016
食品安全国家标准　食品中甲醇的测定	GB 5009. 266—2016	2016-12-23	2017-06-23		
感官分析　术语	GB/T 10221—2021	2021-10-11	2022-05-01		GB/T 10221—2012
白酒感官品评导则	GB/T 33404—2016	2016-12-31	2017-07-01		
白酒感官品评术语	GB/T 33405—2016	2016-12-31	2017-07-01		
白酒风味物质阈值测定指南	GB/T 33406—2016	2016-12-31	2017-07-01		
食品安全国家标准　食品接触材料及制品通用安全要求	GB 4806. 1—2016	2016-10-19	2017-10-19		
食品安全国家标准　食品接触用塑料材料及制品	GB 4806. 7—2023	2023-09-06	2024-09-06		GB 4806. 7—2016 等
食品安全国家标准　食品接触材料及制品用添加剂使用标准	GB 9685—2008	2008-09-09	2009-06-01	修订中	GB 9685—2003
食品安全国家标准　食品接触材料及制品总迁移量的测定	GB 31604. 8—2021	2021-09-07	2022-03-07		GB 31604. 8—2016
食品接触材料及制品购销基本信息描述	GB/T 40996—2021	2021-11-26	2021-11-26		
食品包装评价技术通则	GB/T 40001—2021	2021-04-30	2021-11-01		
限制商品过度包装要求　食品和化妆品	GB 23350—2021	2021-08-10	2023-09-01	含第 1 号修改单	GB 23350—2009
瓶装白酒灌装生产线通用技术要求	GB/T 44832—2024	2024-10-26	2025-05-01		

附录 4　历届中国名酒名录

中国名酒——白酒				
企业名称	注册商标	产品名称	香型	获奖届次
贵州茅台酒厂	飞天牌、贵州牌	茅台酒	酱香	①②③④⑤
杏花村汾酒总公司	古井亭、长城牌	汾酒	清香	①②③④⑤
泸州曲酒厂	泸州牌	泸州老窖	浓香	①②③④⑤
西凤酒厂	西凤牌	西凤酒	其他香（现称凤香型）	①②④⑤
五粮液酒厂	五粮液牌	五粮液酒	浓香	②③④⑤
亳州古井酒厂	古井牌	古井贡酒	浓香	②③④⑤
成都全兴酒厂	全兴牌	全兴大曲酒	浓香	②④⑤
遵义董酒厂	董牌	董酒	其他香（现称董香型）	②③④⑤
绵竹剑南春酒厂	剑南春牌	剑南春酒	浓香	③④⑤
洋河酒厂	羊禾牌、洋河牌	洋河大曲	浓香	③④⑤
双沟酒厂	双沟牌	双沟大曲、特液	浓香	④⑤
武汉市酒厂	黄鹤楼牌	黄鹤楼酒	清香	④⑤
古蔺郎酒厂	郎泉牌	郎酒	酱香	④⑤
常德武陵酒厂	武陵牌	武陵酒	酱香	⑤
宝丰酒厂	宝丰牌	宝丰酒	清香	⑤
鹿邑宋河酒厂	宋河牌	宋河粮液	浓香	⑤
射洪沱牌酒厂	沱牌	沱牌曲酒	浓香	⑤

中国名酒——啤酒				
企业名称	注册商标	产品名称	香型	获奖届次
青岛啤酒厂	栈桥牌、青岛牌	青岛啤酒		②③④
北京啤酒厂	丰收牌	北京特制啤酒		④
上海啤酒厂	天鹅牌	上海特制啤酒		④

中国名酒——黄酒				
企业名称	注册商标	产品名称	香型	获奖届次
绍兴酿酒公司	鉴湖牌	鉴湖长春酒，加饭酒		①②
福建龙岩酒厂	新罗泉牌	龙岩沉缸酒		②③④
中国绍兴黄酒集团有限公司	古越龙山牌	古越龙山牌黄酒		2007 年
中国绍兴黄酒集团有限公司	沈永和牌	沈永和牌黄酒		2007 年
会稽山绍兴酒有限公司	会稽山牌	会稽山牌黄酒		2007 年
上海金枫酿酒有限公司	石库门牌	石库门牌黄酒		2007 年
冠生园（集团）有限公司	和牌	和牌黄酒		2007 年
浙江省粮油食品进出口股份有限公司	塔牌	塔牌黄酒		2007 年
江苏张家港酿酒有限公司	沙洲牌	沙洲牌黄酒		2007 年

续表

中国名酒——葡萄酒（注：其中白兰地应归属蒸馏酒类）				
企业名称	注册商标	产品名称	香型	获奖届次
烟台张裕葡萄酿酒公司	葵花牌	红葡萄酒	甜	①②③④
烟台张裕葡萄酿酒公司	葵花牌	金奖白兰地		①②③
烟台张裕葡萄酿酒公司	葵花牌	味美思		①②③④
青岛葡萄酒厂	葵花牌	白葡萄酒	甜	②
北京酿酒厂，东郊葡萄酒厂	夜光杯牌	中国红葡萄酒		②③④
北京酿酒厂，东郊葡萄酒厂	夜光杯牌	特制白兰地		②
河北沙城酒厂	长城牌	沙城白葡萄酒	干	③④
民权葡萄酒厂	长城牌	民权白葡萄酒	干	③
天津中法葡萄酒公司	王朝牌	半干白葡萄酒	半干	④
烟台张裕集团有限公司	张裕牌	白兰地		2007 年

中国名酒——露酒				
企业名称	注册商标	产品名称	香型	获奖届次
杏花村汾酒厂	古井亭牌，长城牌	竹叶青		②③
园林青酒厂（湖北）	园林青牌	园林青酒		④
烟台张裕集团有限公司	张裕牌	三鞭酒		2007 年
劲牌有限公司（湖北）	劲牌	劲酒		2007 年
海南椰岛（集团）股份有限公司	椰岛牌	鹿龟酒		2007 年
山西杏花村汾酒厂股份有限公司	竹叶青牌	竹叶青酒		2007 年
宁夏红枸杞产业集团有限公司	香山牌	枸杞酒		2007 年

注：（1）白酒中第五届评酒除茅台酒外，其他名酒均为 2 种到 3 种酒精度，即含低度酒；香型进行了细分，如大曲浓香、大曲清香等。

（2）为了尊重历史，上表中的企业名称、香型等是当时公布的名称，随着时间的推移、社会的发展，有一定的变化。使用此表时请注意。

参考文献

[1] 余乾伟．传统白酒酿造技术（二版）．北京：中国轻工业出版社，2017.

[2] 赖登燡等．白酒生产实用技术（二版）．北京：化学工业出版社，2021.

[3] 沈怡方．白酒生产技术全书．北京：中国轻工业出版社，2007.

[4] 徐占成．酒体风味设计学．北京：新华出版社，2003.

[5] 陈益钊．中国白酒的嗅觉味觉科学及实践．成都：四川大学出版社，1996.

[6] 洪光柱．中国酿酒科技发展史．北京：中国轻工业出版社，2001.

[7] 朱宝镛等．中国酒经．上海：上海文化出版社，2000.

[8] 李寻等．酒的中国地理．西安：西北大学出版社，2019.

[9] 徐岩．白酒生态发酵与智能化酿造．北京：中国轻工业出版社，2019.

[10] 张宿义．白酒酒体设计工艺学．北京：中国轻工业出版社，2020.

[11] 余乾伟．“天时、地利、人和”与酿酒．酿酒科技，2013，12（总 234）：105~108.

[12] 唐平等．赤水河流域不同地区酱香型白酒风味化合物分析．食品科学，2021，6（42）：274~281.

[13] 杨强等．清香型小曲白酒产酯酵母的筛选及应用．酿酒科技，2016，1（总 259）：78~80.

[14] 王春晓等．酿酒小曲中功能微生物的研究进展．食品科学，2019，17（40）：309~316.

[15] 杜静怡等．清香型志都五谷酒关键香气成分分析．食品科学，2021，2（42）：185~192.

[16] 周森等．牛栏山二锅头酿造过程中的真菌多样性分析．食品工业科技，2018，1（39）：127~136.

[17] 江汶钰等．豉香型白酒酒丸、酒饼和酒醪中微生物群落多样性研究．中国酿造，2021，7（总 353）：33~37.

[18] 徐柏田等．复合大曲对特香型基础酒风味成分影响的研究．酿酒科技，2021，5（总 323）：27~31.

[19] 高洁．绵柔凤香型白酒酒体风格成因探究，酿酒，2015，4（42）：108~110.

[20] 范文来等．药香型董酒的香气成分分析．食品与生物技术学报，2012，8（31）：810~817.

[21] 李秋志等．不同添加量高产酯低产高级醇酵母菌在芝麻香白酒酿造中的作用．

现代食品，2019，10：56~60.

［22］张倩等 .2 种芝麻香型白酒中香气活性成分分析．食品科学，2019，14（40）：214~222.

［23］白乐宜等．四种芝麻香型白酒中香气活性成分分析．食品与发酵工业，2020，2（46）：272~276.

［24］张勇．馥郁香型白酒的发展历程．酿酒科技，2011，10（总 208）：117~121.

［25］常宇桐等．全二维气质技术解析馥郁香型白酒风味与质量品评关系．食品科学技术学报，2019，6（37）：64~70.

［26］李宜聪等．偏最小二乘回归法筛选馥郁香型白酒瓶贮年份特征标记物．食品与发酵工业，2020，22（46）：14~20.

［27］吴秋蕾等．酒鬼酒发酵车间空气源细菌系统发育多样性研究．酿酒科技，2019，11（总 305）：17~23.

［28］赫立娟等．酒鬼酒成熟糖化料细菌的分离和系统发育多样性分析．酿酒科技，2021，7（总 325）：22~28.

［29］朱会霞等．衡水老白干酒发酵过程理化参数变化规律研究．酿酒科技，2016，1（总 259）：37~40.

［30］马雅杰等．全二维气相色谱/飞行时间质谱分析传统工艺与机械化工艺老白干原酒的挥发性成分．中国食品学报，2019，3（19）：266~279.

［31］樊倩等．老白干老五甑工艺和三排净工艺原酒的挥发性成分分析．食品科学技术学报，2019，5（37）：50~63.

［32］王新磊等．老白干原酒主要风味物质含量批次间差异及变化规律．食品科学技术学报，2021，5（39）：125~134.

［33］文淑婷等．老白干酒曲中酵母菌多样性分析．食品科学，2018，24（39）：175~182.

［34］马冰涛等．老白干香型白酒制曲过程中微生物多样性及其与风味成分的关系．食品与发酵工业，2020，16（46）：7~16.

［35］马冰涛等．老白干香型白酒酿造微生物菌群及其与微量成分的关系．食品科学技术学报，2020，2（38）：20~33.

［36］唐东恒等．“曲粮合一”的天佑德青稞酒生产工艺．酿酒，2021，4（48）：50~54.

［37］秦丹等．不同贮存时间青稞酒挥发性香气成分分析．食品科学，2021，16（42）：99~107.

［38］许锦文等．陶坛贮存对青稞酒的老熟效果研究．酿酒，2021，6（48）：76~78.

［39］杨晓等．五粮生料液态发酵酿造浓香型白酒的初步试验．中国酿造，2019，10（38）：35~39.

［40］谢贞建等．四川不同产地浓香型白酒金属元素测定及主成分分析．酿酒科技，2014，11（总 245）：87~93.

［41］罗政等．不同贮藏容器对浓香型白酒品质的影响．食品与发酵工业，2019，1（45）：118~122.

［42］卢中明等．不同陈酿方式对酒体主要金属元素含量及电导率变化规律的研究．酿酒，2021，4（48）：44~46.

［43］张树平等．不同贮存容器对酒体风味成分的影响研究．酿酒科技，2021，7（总 325）：65~69.

［44］秦丹等．白酒老熟过程中风味成分的变化及人工催陈技术的研究进展．食品科学，2021，23（42）：260~267.

［45］谢再斌等．酱香型白酒陈酿研究进展．中国酿造，2021，3（40）：1~5.

［46］孙宝国等．白酒风味化学与健康功效研究进展．中国食品学报，2021，5（21）：1~5.

［47］史改玲等．LLE-GC-MS-SIM 检测白酒中 9 种微量功能成分．食品科学，2021，20（42）：114~119.

［48］沈毅等．酱香新酒陈酿方式初步探讨．酿酒，2020，1（47）：40~43.

［49］李晓晓等．配制酒个性化设计及设计实例．酿酒，2014，5（41）：92~95.

［50］徐岩等．科学认识中国白酒中的生物活性成分．酿酒科技，2013，9（总 231）：65~68.

［51］王玉洁等．浅析中国保健酒市场的现状及应用前景．农产品加工，2019，6（总 481）：89~93.

［52］程伟等．浓香型白酒酿造微生物研究进展．中国酿造，2014，3（33）：1~4.

［53］李丽等．传统固态发酵白酒的酿酒微生物区系研究概况．酿酒科技，2014，5（239）：79~83.

［54］唐清兰等．剑南春酒曲培养过程细菌群落结构变化规律的研究．酿酒，2021，6（48）：35~41.

［55］胡晓龙等．浓香型窖泥原核微生物群落多样性及其在窖池中的空间异质性．食品与发酵工业，2020，11（46）：77~84.

［56］姚亚林等．浓香型白酒窖泥中放线菌的发酵特性研究食品研究与开发．食品研究与开发，2020，13（41）：191~197.

［57］贾连会等．泸型酒发酵酒醅中乳酸菌群落的来源、演替规律及功能预测．食品与生物技术学报，2018，12（37）：1242~1247.

［58］高江婧等．浓香型白酒酒醅风味物质和微生物菌群结构随发酵时间的变化规律．食品与发酵工业，2019，20（45）：1~6.

［59］韩兴林等．浓香白酒发酵过程中酒醅微生物结构分析．酿酒，2021，1（48）：81~86.

［60］胡晓龙等．浓香型酒醅微生物菌群演替规律及其空间异质性．食品与发酵工业，2020，10（46）：66~73.

［61］刘冰冰等．宋河浓香型白酒酒醅纯培养霉菌群落的组成及功能酶筛选．现代食品科技，2019，12（35）：197~207.

［62］陈慧颖等．河南浓香型酒醅的真菌微生物菌群多样性及共变性．工业微生物，2021，2（51）：37~45.

［63］翟磊等．宜宾产区浓香型白酒酿造生境中细菌的群．食品与发酵工业，2020，

2（46）：18~24.

［64］刘雪婷等．清香型白酒酒醅发酵菌株分离鉴定及细菌群落结构分析．中国酿造，2021，1（40）：39~43.

［65］卫春会等．汾酒酒醅发酵过程中真菌群落的变化规律．食品科学，2021，14（42）：121~128.

［66］景思等．GC×GC-TOF MS 分析中国劲酒基酒挥发性成分．食品科学技术学报，2021，6（39）：64~76.

［67］胡小霞等．清酱香型白酒陶坛发酵细菌群落结构多样性分析．食品科学，2020，8（41）：130~138.

［68］张瀚之等．酱香型白酒机械化酿造不同轮次堆积发酵酒醅真菌群落结构多样性研究．中国酿造，2021，12（40）：64~69.

［69］黎瑶依等．茅台镇酱香型白酒酿造环境中真菌菌群多样性分析．食品科学，2021，18（42）：164~170.

［70］王洪彬等．北方复合型封窖方法的研究和应用．酿酒，2020，5（47）：27~30.

［71］许育民等．窖泥源可培养厌氧菌株挥发性代谢产物解析．轻工学报，2021，6（36）：21~29.

［72］刘念等．浓香型白酒窖池价值评估体系研究（一）．食品与发酵科技，2021，6（57）：1~3.

［73］陈柏润．白酒包装质量检验创新因素分析．中国市场，2021，28（总 1091）：75~76.

［74］汪江波等．我国白酒机械化酿造技术回顾与展望．湖北工业大学学报，2011，5（26）：50~53.

［75］赵德义等．两化融合在白酒生产过程中的应用实践．华夏酒报，2015-09-29.

［76］李遥等．酒醅上甑机器人的结构分析及其在清香型白酒酿造生产中的应用．酿酒科技，2021，12（总 330）：95~99.

［77］郑森等．白酒质量安全风险及其控制．食品科学技术学报，2016，2（34）：18~23.

［78］王娟等．食品安全有害成分蒸馏机理及控制措施研究进展．酿酒科技，2014，12（总 246）：77~80.

［79］杨基智等．建筑用材对白酒安全生产影响研究．中国酿造，2015，7（34）：108~111.

［80］王传荣等．HACCP 在浓香型白酒酿造中的应用探讨．现代食品科技，2010，6（26）：639~642.

［81］刘明等．中国年轻人群对白酒香气感官偏好特性的研究．酿酒科技，2015，2（总 248）：136~139.

［82］张国强．传统中国白酒酒体设计与主流白酒市场酒体质量风格．酿酒，2014，5（41）：7~14.

［83］刘源才等．酒的作用与现代医学应用．酿酒科技，2014，12（总 246）：128~131.

［84］李大和．香型融合是白酒的发展趋势．酿酒，2012，1（39）：3~8.

［85］曹远亮等．传承创新的湖北石花“生态三香”酒．酿酒科技，2013，5（总227）：73~75.

［86］王富花等．白酒酿造中废水处理方法及工程治理措施．酿酒科技，2013，12（总234）：80~84.

［87］王超等．固态法白酒丢糟的资源化综合利用．酿酒科技，2015，12（总258）：103~106.

［88］卜建东．中国白酒酒庄建设刍议．中国酿造，2021，8（40）：227~230.

［89］钱小军等．中国酒镇再行动．新食品，2020年度特别策划：23~58.

［90］赵建华等．第二届全国白酒品酒职业技能大赛技术点评．酿酒，2011，1（38）：10~13.